Werner Nachtigall

Bionik – Grundlagen und Beispiele für Ingenieure und Naturwissenschaftler

Springer

*Berlin
Heidelberg
New York
Hongkong
London
Mailand
Paris
Tokio*

Werner Nachtigall

Bionik

Grundlagen und Beispiele für Ingenieure und Naturwissenschaftler

2. Auflage

Mit 440 Abbildungen

Springer

Prof. Dr. Werner Nachtigall

Naturwissenschaftlich Technische Fakultät III
Fachrichtung 8.4
Universität des Saarlandes
Postfach 15 11 50
66041 Saarbrücken
w.nachtigall@rz.uni-sb.de

ISBN 3-540-43660-X 2. Auflage Springer-Verlag Berlin Heidelberg New York
ISBN 3-540-63403-7 1. Auflage Springer-Verlag Berlin Heidelberg New York

Die Deutsche Bibliothek – CIP-Einheitsaufnahme

Nachtigall, Werner:
Bionik : Grundlagen und Beispiele für Ingenieure und Naturwissenschaftler /
Werner Nachtigall. – 2., vollst. neu bearb. Aufl.. – Berlin ; Heidelberg ; New York ;
Hongkong ; London ; Mailand ; Paris ; Tokio : Springer, 2002
   ISBN 3-540-43660-X

Dieses Werk ist urheberrechtlich geschützt. Die dadurch begründeten Rechte, insbesondere die der Übersetzung, des Nachdrucks, des Vortrags, der Entnahme von Abbildungen und Tabellen, der Funksendung, der Mikroverfilfmung oder der Vervielfältigung auf anderen Wegen und der Speicherung in Datenverarbeitungsanlagen, bleiben, auch bei nur auszugsweiser Verwertung, vorbehalten. Eine Vervielfältigung dieses Werkes oder von Teilen dieses Werkes ist auch im Einzelfall nur in den Grenzen der gesetzlichen Bestimmungen des Urheberrechtsgesetzes der Bundesrepublik Deutschland vom 9. September 1965 in der jeweils geltenden Fassung zulässig. Sie ist grundsätzlich vergütungspflichtig. Zuwiderhandlungen unterliegen den Strafbestimmungen des Urheberrechtsgesetzes.

Springer-Verlag Berlin Heidelberg New York
ein Unternehmen der BertelsmannSpringer Science+Business Media GmbH

http://www.springer.de

© Springer-Verlag Berlin Heidelberg 1998, 2002
Printed in Germany

Die Wiedergabe von Gebrauchsnamen, Handelsnamen, Warenbezeichnungen usw. in diesem Werk berechtigt auch ohne besondere Kennzeichnung nicht zu der Annahme, dass solche Namen im Sinne der Warenzeichen- und Markenschutz-Gesetzgebung als frei zu betrachten wären und daher von jedermann benutzt werden dürften.

Herstellung: Renate Albers
Satz: PTP-Berlin, Berlin
Einbandgestaltung: deblik, Berlin

Gedruckt auf säurefreiem Papier   SPIN: 10865135   62/3020 ra – 5 4 3 2 1 0

Vorwort

Die erste Auflage war so rasch vergriffen, dass einige unveränderte Nachdrucke nötig waren. In der Zwischenzeit hat sich die Bionik vielfältig weiterentwickelt. Eine gründliche und vollständige Überarbeitung und eine deutliche Erweiterung schien geraten. Die zweite Auflage wurde deshalb gleich vollständig neu geschrieben. Dabei hat sich allerdings gezeigt, dass eine Reihe allgemeiner Kapitel wie auch grundlegender Beispiele, die für die erste Auflage ausgearbeitet worden sind, Bestand haben. Man hat mir versichert, dass sie die charakteristische Ansatzweise und typischen Beispiele aus den Themenfeldern der Bionik nach wie vor repräsentieren. Deshalb wurden solche Abschnitte beibehalten, allerdings gründlich durchgesehen, von Satz- und Sachfehlern bereinigt, häufig gekürzt, teils auch ergänzt und erweitert.

Das Bionik-Lehrbuch und das Bionik-Netzwerk

Die erste Auflage dieses Buchs war der Starter für eine Kettenreaktion, die zur Gründung eines *Bionik-Kompetenznetzes* durch das BMBF geführt hat, bisher unter Beteiligung der Universitäten Saarbrücken, Berlin, Karlsruhe, Bonn, Ilmenau und Münster. Diese zweite Auflage kann man nun bereits als eine *Berichtspublikation dieses Netzwerks* betrachten, denn sie hat von der Datensammlung, die wir in Saarbrücken als Basis für das Netzwerk aufgebaut haben, profitiert.

Das Kompetenznetz hat sich auf eine allgemeine Einteilung des Gesamtgebiets der Bionik geeinigt, die sich aus der Gliederung der erste Auflage weiterentwickelt hat. Die somit *„standardisierte" und zukunftssichere Gliederung*, in die sich nun alle Teilgebiete der Bionik einordnen lassen, findet sich in der neuen Gliederung dieser Auflage wieder. Die Zahl der ausgearbeiteten Beispiele wurde verdoppelt, so dass sich jetzt für fast jeden Hauptabschnitt zehn Unterabschnitte finden. Der jeweils letzte Unterabschnitt enthält manchmal, in Kurzform, weiterführende neue und neueste Entwicklungen.

Der Verfasser hofft, dass ihm auf diese Weise eine Art Spagat geglückt ist zwischen einer allgemeinen Einführung mit Herausarbeitung der grundlegenden Gedanken, Sichtweisen und Beispiele und einer speziellen Darstellung, welche die derzeit wichtigen und die in der Zukunft möglicherweise besonders bedeutsamen Ansätze enthält.

Eigenständige Gebiete

Wie bereits in der ersten Auflage dargestellt gibt es eine Reihe von Gebieten, die – folgt man den allgemeinen Definitionen – zur Bionik gerechnet werden müssen, die sich aber als eigenständige und abgrenzbare Gebiete entwickelt und mit einem eigenen methodischen Instrumentarium abgegrenzt haben. Dazu zählt vor allem *die Neurobionik, die Prothetik, die Biomedizinische Technik*, in gewisser Weise auch schon die *Robotik;* auf den Weg dahin ist die *Sensorik*. Da darüber bereits eine ausführliche und eigenständige Literatur existiert, sind diese Teilgebiete im vorliegenden Buch jeweils zwar als bionikzugehörig angesprochen und mit einem oder wenigen typischen Beispielen eingeordnet, aber nicht explizit und schon gar nicht vergleichend dargestellt.

Danksagungen

Einem Autor kann nichts besseres passieren, als wenn seine Bücher sehr kritisch gelesen werden. Insbesondere Saarbrücker Studenten der Technischen Biologie und Bionik, die sich damit auf ein Teilexamen vorbereitet haben, verdanke ich bzgl. Druckfehler und Schwachstellen Hinweise, die ich für diese Auflage berücksichtigen konnte. Ich danke allen, insbesondere Frau Veronika Szentpétery und Frau Constance Hofstötter. Hinweise verdanke ich auch Herrn Dr. A. Krebs und selbstredend all den Kollegen, deren Arbeiten ich geschildert habe und die sich zum größeren Teile der Mühe unterzogen haben, meine Ausarbeitungen kritisch durchzusehen. Wenn die einigermaßen mühsame Arbeit des Sichtens, Exzerpierens, Kurzfassens und vergleichenden Darstellens dadurch erleichtert wird, dass *Zitate und Abbildungen* übernommen werden dürfen (so etwa von U. Küppers), dass bereits *vorformulierte Kurzfassungen* zur Verfügung gestellt werden (so etwa von Th. Stieglitz) oder dass gar ein kapitelweiser Nachdruck genehmigt wird (so etwa von I. Rechenberg, s. 1. Aufl.), so ist der Autor darüber natürlich alles andere als unglücklich.

Für diese Auflage war ein vollständiger Neusatz mit sehr starker Erweiterung nötig, was die Verlagskosten erhöht. Dem Verlag, insbesondere dem Betreuer dieses Buchs, Herrn Dr. D. Merkle, danke ich für sein Verständnis und für die Zustimmung zum Umfang der Neubearbeitung. Den Inhabern der Bildrechte von Fremdabbildungen danke ich für die Abdruckgenehmigungen.

Die Ausarbeitung der Abbildungen und die Mühe der Schreibarbeiten haben in bewährter Weise wieder Frau Angelika Gardezi und Frau Irmtraud Stein übernommen, das Vor-Layout Herr Dr. Alfred Wisser, der für die Endphase des Buchs auch das Projektmanagement übernommen hat. Ihnen gilt mein besonders herzlicher Dank, denn nur mit ihrer Hilfe war es möglich, dem Gebiet der Bionik eine angemessene Breitenwirkung in der Öffentlichkeit zu geben.

Schließlich danke ich dem Sekretär unserer Gesellschaft für Technische Biologie und Bionik, Herrn Knut Braun. Die Internet-Recherchen, Korrespondenzen und Datensammlungen zum Gesamtgebiet Bionik, die er bisher ehrenamtlich durchgeführt hat und nun als Mitglied des Bionik-Netzwerks weiter ausbaut, haben mir bei so mancher zeitaufwendigen Datenbeschaffung weitergeholfen.

Saarbrücken, im Frühjahr 2002
Werner Nachtigall

Vorwort zur 1. Auflage

Wie kam dieses Buch zustande, und was hat sich der Autor bei seiner Abfassung vorgestellt?

Populäre Darstellungen

Bionik – Lernen von der Natur für die Technik: Unter diesem Grundgedanken ist in den letzten Jahren eine Reihe von Büchern erschienen. Die meisten allerdings waren populärwissenschaftlich orientiert, und der kleine Rest war sachspezifisch auf bestimmte Themen ausgerichtet.

Allgemeinverständliche Zusammenfassungen im Sinne einer *„Öffentlichen Wissenschaft"* soll man nicht unterschätzen. Sie sind sehr wichtig zur Information des nichtfachlichen (steuerzahlenden) Publikums und helfen, die *Akzeptanz eines neuen Forschungsgebiets* in der Öffentlichkeit herzustellen. Der Verfasser dieses Buches hat denn auch kräftig versucht, seinen Teil zu dieser Facette beizutragen.

Dokumentation von Entwicklung und Forschungsansätzen

In der Zwischenzeit ist Technische Biologie und Bionik als anerkanntes Forschungsgebiete etabliert; es gibt Ausbildungsrichtungen an Universitäten und vielfältige Kontakte der Forschung mit Industrie und Wirtschaft. Es ist nun an der Zeit, eine *Zusammenschau* vorzulegen oder, wenn man so will, eine Art Lehrbuch zu verfassen, das dieses Forschungsgebiet dokumentiert. Diesem Ziel soll das vorliegende Buch mit einer allgemeinen Darstellung und mit einer Auswahl detailliert ausgearbeiteter Fallbeispiele dienen.

Die Auswahl der Beispiele ist, wie könnte es anders sein, in gewisser Weise subjektiv, doch habe ich versucht, wichtige, teils bereits „klassische" Entwicklungen ebenso zu berücksichtigen wie derzeit bearbeitete zukunftsweisende Projekte. Aus der Summe dieser Einzeldarstellungen mag sich ergeben, daß Bionik bereits ein integriertes Werkzeug für technische Entwicklungen ist.

Bionik-Design

Ähnlich wie im technischen Bereich kann man auch von einer Art „Design" eines biologischen Wesens sprechen. *Bionik-Design im Sinne von innerer und äußerer funktioneller Formgestaltung* stellt einen spezifischen Aspekt bionischen Arbeitens dar, über den ich im selben Verlag bereits in Buchform berichtet habe: „Vorbild Natur – BIONIK-Design für funktionelles Gestalten" (1997).

Überwindung der Sprachbarrieren

Die bisherige Ausbildung lief sowohl in Technik wie Biologie rein zielgerichtet ab. Der Blick über den Zaun ist Einzelnen überlassen worden; Querbeziehungen wurden in der

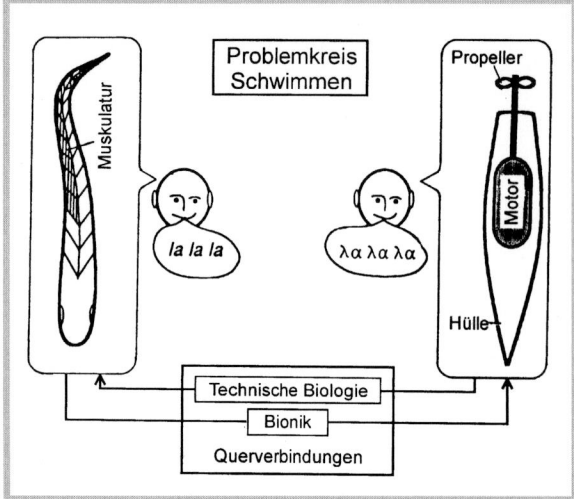

Abb. 1 Hemmnisse bei der Umsetzung biologischer Forschung in Technologien sind Differenzen in Sprache und Blickwinkel, historische Bedingungen und Komplexität. Wenn es beispielsweise um das Schwimmen geht, denken Biologen und Ingenieure an unterschiedliches und sprechen unterschiedlich darüber. Bionik kann helfen, eine gemeinsame Basis zu finden.
(Nach Blickhan 1992, ergänzt)

Lehre nur in seltenen Ausnahmefällen eingebracht. Somit sprachen und sprechen im allgemeinen auch heute noch *Ingenieur und Biologe unterschiedliche Sprachen,* wenn sie von ein und demselben Phänomen berichten. Einer meiner früheren Mitarbeiter hat das in seiner Habilitationsschrift sehr drastisch dargestellt (Abb. 1).

Das Buch soll *auch* dazu beitragen, diese Sprachbarrieren zu überwinden. Biologen sollten lernen, das kleine Einmaleins der Technik zu praktizieren (das große ist Ingenieurssache), damit Techniker und Ingenieure überhaupt die Bereitschaft zeigen, mit ihnen zu reden. Und die Vertreter der technisch orientierten Fächer sollten lernen, daß die Biologie nicht trivial ist, auch wenn ihre Sprache manchmal (im morphologischen Bereich) einfach erscheint, daß die Crux in der Komplexität des Einzelfalls und der ungeheuren Vielfalt der natürlichen Lösungsansätze steckt, eine Crux, die allerdings rasch in ein *geradezu faszinierendes Anregungspotential* umschlagen kann, wenn man sich nur ein wenig eindenkt oder mit Biologen unterhält.

Überwindung von Abgrenzungen

Seitdem wir, vor wenigen Jahren, in Saarbrücken den Studiengang „Technische Biologie und Bionik" für Biologen eingeführt haben und auch (in reduzierter Form) als Nebenfach für Techniker anbieten, beginnt sich das wenigstens im kleinen Bereich, den man selbst beeinflussen kann, zu ändern.

Die Ausbildungsrichtung „Technische Biologie und Bionik" kann deshalb als geradezu ideales Bindemittel dienen, *das Biologie und Technik in der Blickrichtung der jungen Naturwissenschaftler und Techniker vernetzt.* Wir kommen daran nicht mehr vorbei, und es ist auch kein Grund mehr vorhanden, die klassischen Grenzen der Disziplin so starr aufrechtzuerhalten. Es ist freilich nicht nur bei der Bionik so: was weiterführt, geschieht heute im wesentlichen im *quirligen Grenzgebiet zwischen allen nur möglichen Disziplinen*. Man besinnt sich immer mehr darauf, daß sich alle Wissenschaft mit einem einzigen, großen Kontinuum abgibt und daß man pragmatische Grenzen, wie sie für Studium und Beruf ja nun sicher nötig sind, nicht überstrapazieren soll.

Es ist mir ein Anliegen, mit diesem Buch auch einen *Beitrag zur Integration* zu leisten. Bionik ist selbst in dieser Hinsicht ein machtvolles Werkzeug. Man muß es nur anwenden und in die Ausbildung der jungen Ingenieure und Biologen einbauen.

Ein holländischer Kollege, von dessen Ansätzen ich in Abschnitt 8.8 berichte, fordert denn auch unumwunden: „Bionics ought to be an obligatory subject in higher technical education".

Bearbeitungsaspekte

Die Beispielauswahl für die einzelnen Unterkapitel habe ich im Wesentlichen nach folgenden Kriterien getroffen:

- Übertragung Biologie → Technik nachgewiesen
- Hohes Übertragungspotential gegeben
- Klassisches, für die Entwicklung der Bionik wichtiges Beispiel

Wo Vorarbeiten vorhanden waren – z. B. die von mir herausgegebenen oder mit herausgegebenen Berichte zu den drei Bionik-Kongressen 1992, 1994, 1996 unserer Gesellschaft für Technische Biologie und Bionik – habe ich zur Vereinfachung des immensen Bearbeitungsumfangs darauf zurückgegriffen. Textliche und vor allem bildliche Verfügbarkeit, die im unmittelbaren Bereich natürlich am ehesten gegeben ist, war ein weiteres Auswahlkriterium. Dabei habe ich aber versucht, alle wesentlichen Facetten der Bionik ausgewogen zu berücksichtigen. Doch gibt es für jeden Aspekt unterschiedlich viele und unterschiedlich weit gediehene Ansätze. Manchmal kann man den Erfolg des Bionik-Gedankens gut dokumentieren, *vom biologischen Vorbild zum Patent*. Manchmal haben die Beispiele mehr *Aufforderungscharakter für technische Übertragung*.

Inhalt

1	**Definitionen und Gliederungen**	3
1.1	Definitionen	3
1.1.1	Grunddefinition Bionik	3
1.1.2	Erweiterte Definition	3
1.1.3	Eine Abgrenzung	3
1.2	Zum Bionik-Begriff	4
1.2.1	Begriffsbildung	4
1.2.2	Begriffskennzeichnung	4
1.2.3	Herkunft des Begriffs „Bionik (bionics)"	5
1.2.4	Technische Biologie und Bionik als Antipoden	7
1.2.5	Technische Biologie und Bionik als integrative Disziplinen mit sich ergänzenden Aufgabenstellungen	7
1.2.6	Wurzeln und Vorgehensweisen der technisch-biologisch/bionischen Strategie	8
1.2.7	Bionik als Analogieforschung	9
1.2.8	Bionik als Kreativitätstraining	9
1.2.9	Bionik – was also ist das?	10
1.3	Teilgebiete der Bionik	10
	Literatur	15
2	**Personen und Organisationen**	19
2.1	Allgemeines	19
2.2	Das Bionik-Kompetenznetz BioKoN	19
2.3	Gesellschaften und sonstige Zusammenschlüsse	20
3	**Publikationen und Öffentlichkeitsarbeit**	25
3.1	Bücher	25
3.2	Zeitschriftenartikel	27
3.3	Ausstellungen	30
3.4	Messen und Zentren	30
3.5	Film und Fernsehen	31
3.6	Wettbewerbe und Preise	31
3.7	Werbung	31
4	**Fachstudium und Fachtagungen**	35
4.1	Bionik-Studiengänge	35
4.2	Tagungen und Kongresse	35

5	**Vorwissenschaftliches und Historisches**	39
5.1	Allgemeines	39
5.2	Beispielgruppen für die Anfangsentwicklung der Technischen Biologie und Bionik	39
5.2.1	Von den ersten Ansätzen bis zum 19. und beginnenden 20. Jahrhundert	39
5.2.2	Nationalsozialismus und Kommunismus	41
5.2.3	Übergang zur funktionellen Verknüpfung	43
5.3	Beispielgruppen für die Entwicklung der Technischen Biologie und Bionik nach dem Zweiten Weltkrieg	43
5.3.1	Zur Technischen Biologie	43
5.3.2	Zur Bionik	45
5.3.3	Istzustand und Ausblick	48
5.4	Historische Kette – Konzepte für Schiffsvortriebe u. a. nach dem Prinzip der Fisch-Schwanzflosse	48
5.4.1	Einführendes	48
5.4.2	v. Limbecks „Fischpropeller" (1903)	49
5.4.3	Lies „Lotsenfisch" (1905)	49
5.4.4	Frosts „Wasserfächer" (1926)	50
5.4.5	Schramms „Wellenschwingungsantrieb" (1927)	50
5.4.6	Budigs schrägangeströmter Schlagflügel	51
5.4.7	Moineaus „Vortriebsmechanismus" (1943)	51
5.4.8	Hertels „TUB-TUB" (1963)	52
5.4.9	Hertels „Schwingflächenpumpe" (1973)	52
5.4.10	Hertels „Flossenpropeller" (1977)	53
	Literatur	53
6	**Materialien und Strukturen**	57
6.1	Biologische Materialien, Strukturen und Oberflächen – das Typische an biologischen Materialien	57
6.1.1	Kann man die typischen Eigenschaften biologischer Materialien angeben?	57
6.1.2	Hierarchische Materialgestaltung in der Natur	58
6.1.3	Selbstorganisation im Materialbereich	59
6.2	Die Arthropodenkutikula – Anregungsquelle für technische Faserverbundwerkstoffe	60
6.2.1	Mikrostrukturierung von Arthropodenoberflächen: Eine vergleichende Bestandsaufnahme	60
6.2.2	Biologische Faserverbundwerkstoffe mit variablen mechanischen Parametern	61
6.3	Schalen, Schichtungen, Perlmutt – Mehr komponentenwerkstoffe mit erstaunlichen mechanischen Eigenschaften	62
6.3.1	Strukturelle Basis für die Bruchzähigkeit von Strombus-Schalen	62
6.3.2	Perlmutt von Meeresschnecken	62
6.3.3	Bifunktionelles Calcitmaterial	63

6.4	Spinnseiden und Byssusfäden – Biomaterialien und zugleich technische Anregungen	64
6.4.1	Seidenraupenfäden und ihre Produktbedeutung	64
6.4.1.1	Schusssichere Westen aus Seide	64
6.4.1.2	Seidenraupenfäden-Fibroin als Basis für Gewebezucht	64
6.4.2	Spinnenfäden und ihre Produktbedeutung	64
6.4.2.1	Kenndaten von Spinnenfäden	64
6.4.2.2	„Biostahl" aus Ziegenmilch	66
6.4.2.3	Nephila-Fäden und „künstliche" Spinnenseide	66
6.4.2.4	Formierung „künstlicher" Spinneseide	67
6.4.3	Miesmuscheln und Braunalgen in der Brandung	67
6.5	„Bio"-Kunststoffe – Vielzweckstoffe auf Naturbasis	69
6.5.1	Chitin und Chitosan	69
6.5.2	Bio-Kunststoffe und Bio-Plastik aus Pflanzen	70
6.5.3	Mikrobiell abbaubare Kunststoffe	72
6.6	Zellulose und Pflanzenfasern – auch Bestandteile biologisch-technischer Materialchimären	74
6.6.1	Zellulose: Chemierohstoff aus der Natur	74
6.6.1.1	Zellulose und Zellulosederivate	74
6.6.1.2	Zellulose und ihre selektive Funktionalisierung	75
6.6.2	Lignin und „Flüssiges Holz"	76
6.6.3	Allgemeines zu regenerativen Materialien	76
6.6.4	Pflanzliche Strukturen als intelligente Teile von technischen Kompositmaterialien	78
6.6.5	Biomineralisation: Auf dem Weg zu organisch-anorganischen Verbundwerkstoffen	79
6.7	Hölzer und Gräser – Anwendungspotential im Mikro- und Makrobereich	80
6.7.1	Technisch interessante Eigenschaften pflanzlicher Fasern und Faserverbundmaterialien	80
6.7.1.1	Grundlegende Eigenschaften pflanzlicher Fasern und Verbundmaterialien	81
6.7.1.2	Bruchverhalten und Energiedissipation bei Ästen unterschiedlich brüchiger Weidenarten	81
6.7.1.3	Bruchverhalten und technisch interessante Eigenschaften des Rhizoms des Pfahlrohrs, *Arundo donax*	82
6.7.1.4	Technischer Ausblick in Bezug auf „Naturfaser-Verbundmaterialien"	82
6.7.2	Eine Kompositplatte nach dem Faserverlauf in Holz	82
6.7.3	Hochwachsende Gräser und langgestreckte Strukturen	83
6.8	„Intelligente" und autoreparable Materialien – schwierig Umzusetzendes aus der Biologie	84
6.8.1	Eine Übersicht über „smarte" Materialien	84
6.8.2	„Intelligente" Gele und anderes	85
6.8.3	Materialien, die regenerieren oder sich selbst reparieren	86
6.9	Klebungen in der Natur – Vorkommen und Technikpotenziale	86
6.9.1	Klebetypen und ihr Umsetzungspotenzial	86

6.9.1.1	Klebungen in der Natur	87
6.9.1.2	Spezielle Klebesysteme – spezielle Vorbilder	88
6.9.1.3	Besonderheiten einiger biologischer Klebstoffe	88
6.9.1.4	Anwendungsfelder in Industrie und Medien	89
6.9.1.5	Anwendungsfeld Verpackungsindustrie	89
6.9.1.6	Anwendungsfeld Bauindustrie	89
6.9.1.7	Anwendungsfeld Medizinbereich	89
6.9.2	Strategien und Techniken des Klebeeinsatzes	89
6.9.2.1	Prinzipielles	90
6.9.2.2	Beispiele	91
6.10	Kurzabschnitte zum Themenkreis „Materialien und Strukturen"	93
6.10.1	Geigenkästen aus biologisch-technischem Verbundmaterial	93
6.10.2	Spinnenfäden als Feinstaubsammler	93
6.10.3	Poröse Werkstoffe mit einstellbarer Porengröße	93
	Literatur	94

7 Formgestaltung und Design ... 99

7.1	Bionik-Design – Sichtweisen und Vorbilder	99
7.1.1	„Funktionelles Design" in Biologie und Technik	99
7.1.2	Akzeptanz im Designbereich	100
7.2	Problemkreise des Bionik-Designs	100
7.3	Das Pterygoid der Python-Schlange als Vorbild für ein Stuhlbein	102
7.4	Ideenwettbewerb Bionik-Design – „Bionic architecture – made of wood"	102
7.5	Kurzabschnitte zum Themenkreis „Formgestaltung und Design"	105
7.5.1	ICE-Design und der Beginn des neuzeitlichen Bootsdesigns	105
7.5.1.1	ICE-Design	105
7.5.1.2	Praktische Naturbeobachtung und frühes Schiffdesign	106
7.5.2	Zwei Studentenprojekte „Bionik-Aspekte im Design" von Klassen an den Kunsthochschulen Berlin und Saarbrücken	106
	Literatur	107

8 Konstruktionen und Geräte ... 111

8.1	Biomechanische Mikrosysteme – vergleichende Analyse und Technikpotenzial	111
8.1.1	Funktionselemente und Elementarfunktionen biomechanischer Mikrosysteme	111
8.1.1.1	Bionischer Bezug	112
8.1.1.2	Anwendungspotenzial	113
8.1.2	Mikrobiomechatronik aus der Ilmenauer Sicht	114
8.1.3	Zwei Demonstrationsbeispiele: Ruderbein und Mikrogreifer	114
8.1.3.1	Ruderbein des Rückenschwimmers	114
8.1.3.2	Mikrogreifer mit zweistufigem Übersetzungsverhältnis	115
8.2	Präzisionstechnische Antriebssysteme – neuartige konstruktive Wege	116

8.3	Mikrotribologie – eine Disziplin mit Zukunft	118
8.4	Reibung und Haftung – sehr unterschiedliche Mechanismen	120
8.4.1	Von der Schlangenhaut zum Skibelag	120
8.4.2	Die Haftung der Geckofüße – Vorbild für Trockenklebebänder	120
8.4.2.1	Gecko-Setae und Überlegungen zu Haftungsumsetzung	120
8.4.2.2	Messungen der Kraft einer Einzelseta	121
8.4.2.3	Umsetzungspotenzial	122
8.5	Mikromaschinen – Nanomaschinen	122
8.5.1	Mikromaschinen	122
8.5.2	Nano(bio)technologie	123
8.5.3	Auf dem Weg in die molekulare Nanowelt	125
8.5.4	Nanomaschinen	125
8.6	Stoßdämpfung und Sprunggeräte – Wie mit Leistungsspitzen umgegangen werden kann	127
8.6.1	Schockabsorption und Motorradhelme	127
8.6.2	Kängurusprung und Sprung-Sportgerät	128
8.6.3	Kängurusprung und PowerSkip-Sportgerät	129
8.7	Abriebfestigkeit und Stabilität – Anregungen von Zähnen und Schalen	130
8.7.1	Radulazähne von Napfschnecken geben Konzeptanregungen für Schneidewerkzeuge	130
8.7.2	Formstabilität von Seeigelschalen	131
8.8	Strömungsmechanische Konstruktionen – Vorschläge nach Naturvorbildern	131
8.8.1	Gestaltung der Flügelenden	131
8.8.2	Schleifenflügel und Schleifenpropeller	133
8.8.3	Von der Wirbelspule zum Berwian	134
8.8.4	Die „Schwertfischnase" und ein Flugzeugbug	135
8.8.5	Anwendungsvorschlag des Mikroturbulenz-Effekts	136
8.9	Spiegeloptik im Krebsauge – Vorbild für Röntgenteleskopie und -kollimatoren	137
8.9.1	Einführendes	137
8.9.2	Prinzipbau des Krebsauges	137
8.9.3	Brechungsindizes	138
8.9.4	Hell- und Dunkeladaptation	139
8.9.5	Orthogonale Spiegeloptik	140
8.9.6	Zusammenfassung der Spiegeloptik-Prinzipien im Krebsauge	141
8.9.7	Technologische Umsetzungen	141
8.10	Kurzanmerkungen zum Themenkreis „Konstruktionen und Geräte	142
8.10.1	Würmer, Polypen und ein Ausstülpungs-schlauch für medizinische Katheder	142
8.10.1.1	Ausstülpungsmechanismen bei Würmern	142
8.10.1.2	Technischer Ausstülpungsschlauch	143
8.10.2	Surfbrettsegeln nach Fledermaus- und Fliegenvorbild	143
8.10.3	Die Schwimmflosse „Monopalme"	144
	Literatur	144

9	**Bau und Klimatisierung**	149
9.1	Umwelt und Bauten – Sichtweisen eines Biologen und eines Architekten	149
9.1.1	Begründung für ein regionales Bauen	149
9.1.1.1	Studium von Extremsituationen	150
9.1.1.2	Ökologische Betrachtung von Bauformen	150
9.1.1.3	Zufällige Entwicklungen im Sinn der Evolution	151
9.1.1.4	Anonymes Bauen als örtliche Anpassung	151
9.1.1.5	Biologie und Kultur	151
9.1.2	Architektur und Zeitgeist	152
9.2	Das Eisbärfell – eine Art transparentes Isoliermaterial	154
9.2.1	Das Eisbärfell als solar betriebene Wärmepumpe und transparentes Isoliermaterial	154
9.2.1.1	Das Prinzip der Wärmepumpe	154
9.2.1.2	Das Eisbärhaar: Morphologie und Strahlungseffekte	154
9.2.1.3	Das Eisbärhaar als Lichtfalle und solar betriebene Wärmepumpe	154
9.2.1.4	Das Eisbärfell als transparentes Isoliermaterial	156
9.2.1.5	Technologiepotenzial des natürlichen Systems	157
9.2.2	Transparentes Isoliermaterial in der Technik	157
9.3	Der Termitenbau – ein verblüffendes Funktionssystem mit Anregungscharakter	158
9.3.1	Klimaregelung im Termitenbau	158
9.3.2	Solarkamine bei Termitenbauten und Gebäuden	158
9.3.2.1	Energiebilanz von Gebäuden	158
9.3.2.2	Lüftungskanäle an Termitenbauten und ihre technologische Übertragung	159
9.3.3	Eine bionische Übertragung: die Porenlüftung	160
9.4	Lehm und Adobe – ursprüngliche Materialien mit interessanten bauphysikalischen Eigenschaften	161
9.4.1	Ton- und Mörtelnester	161
9.4.2	Bauen mit Adobe	162
9.5	Einbindung der Windkraft – Tierbauten und ursprüngliche Baukulturen als Vorbilder	163
9.5.1	Nutzung des Bernoulli-Prinzips	163
9.5.2	Nutzung des Staudruck-Prinzips	165
9.6	Architektonische Gestaltung und die Funktionalität der Natur	165
9.6.1	Einbindung bionischer Vorgehensweisen in den Planungsprozess	165
9.6.1.1	Präriehundbau/Lüftungssystem	166
9.6.1.2	Eisbärfell/Wärmedämmung	167
9.6.1.3	Fotosynthese/Fotovoltaik	167
9.6.2	Bionische Aspekte behindern nicht eine klare architektonische Formensprache	167
9.6.2.1	Doppelwohnhaus Pullach 1986–89	167
9.6.2.2	Jugendbildungsstätte Windberg 1987–91	167
9.7	Kurzanmerkungen zum Themenkreis „Bauen und Klimatisierung"	168
9.7.1	Eine Schülerarbeit: Überdachung eines Pausenhofs	168
9.7.2	Moleküle als Wärmespeicher	169

9.7.3	Erkenntnisse über schwingende Bienenwaben können Hochhäuser vielleicht weniger erdbebenanfällig machen	170
	Literatur	170

10 Robotik und Lokomotion — 175

10.1	Roboterarme – Androiden	175
10.1.1	Integration von Serienelastizitäten bringt Vorteile	175
10.1.1.1	Bionische Anregungen für den Einbezug elastischer Elemente in die Robotik	175
10.1.1.2	Roboterarm und Primatenarm	175
10.1.1.3	Ein biologisches Konzept der Armbewegung	176
10.1.1.4	Auf dem Weg zu einer bionischen Übertragung	176
10.1.1.5	Aktuatoren mit Serienelastizitäten bei Laufrobotern	178
10.1.2	Roboterkonzepte aus Japan	178
10.2	Muskeln und Aktuatoren – „Künstliche Muskeln" in der Technik	179
10.2.1	Entwicklung „Fluidischer Muskeln"	179
10.2.2	Eine „Künstliche Hand" mit Fluidmuskeln	181
10.3	Laufen mit zwei bis acht Beinen – Laufmaschinen	181
10.3.1	Designhilfen aus der Natur für Laufmaschinen	181
10.3.1.1	Vorteile des Beins gegenüber dem Rad	182
10.3.1.2	Anregungen aus der Natur	182
10.3.1.3	Konstruktive Umsetzungen	183
10.3.1.4	Entwicklungspotenzial	184
10.3.1.5	Autonomes Laufen	185
10.3.2	Ein Insekten-analoger Laufroboter nach dem Prinzip des Stabheuschreckengangs	186
10.3.2.1	Allgemeines	186
10.3.2.2	Das Bein der Stabheuschrecke und der Laufmaschine	186
10.3.2.3	Die Beinbewegung der Stabheuschrecke und der Laufmaschine	186
10.3.2.4	Auslegung der Laufmaschinenbeine	188
10.3.2.5	Laufregelung	189
10.3.3	Timberjack, ein 6-beiniger Waldroboter	190
10.3.4	Entwicklungen am MIT „Leg laboratory"	190
10.4	Klettern, Kriechen, Springen – nachahmenswerte Ortsbewegungsformen	190
10.4.1	IV. Konferenz über Kletter- und Laufroboter	190
10.4.2	Kletterroboter	191
10.4.3	Schlangenartige Kriechroboter	191
10.4.4	Springroboter	191
10.5	Schwimmroboter – „Künstliche Fische"	192
10.5.1	Schlagflossenboote – Übertragung des Schwanzflossenprinzips	192
10.5.1.1	Allgemeines und Historisches	192
10.5.1.2	Auf dem Weg zu einem Tretboot mit Flossenantrieb	192
10.5.2	„Künstliche Fische": Thunfisch- und Hecht-Roboter	194
10.5.3	Neunaugen-Schwimmroboter	196
10.5.4	Weitere biomimetische Unterwasserroboter	197

10.6	Verminderung des Strömungswiderstands – Rümpfe und Oberflächen	197
10.6.1	Dicke Rümpfe mit Anregungspotenzial für technische Rumpfformen	197
10.6.1.1	Prinzipielle Körpergestalt	197
10.6.1.2	Widerstandbeiwertsbestimmung im Auslaufverfahren	198
10.6.1.3	Messbeispiele und Beiwertsdefinitionen	198
10.6.1.4	Ergebnisse und Vergleich mit technischen Strömungskörpern	199
10.6.2	Kleinfahrzeuge: Bionik im Automobilbau	201
10.6.2.1	3- und 4-rädrige Kleinwagenkonzepte	201
10.6.2.2	Kofferfische – Formvorbilder für wendige Unterseeboote und widerstandsarme Kraftfahrzeuge	203
10.6.3	Geriefte Haischuppen und Ribletfolien für den Airbus	204
10.6.3.1	Haut und Schwimmstil der Haie	204
10.6.3.2	Riefenlinien und Umströmungsbild	204
10.6.3.3	Riefenstrukturen und Schwimmstile	205
10.6.3.4	Messungen zur Funktion der Riefen	205
10.6.3.5	Ölkanalmessungen	206
10.6.3.6	Interpretation der Widerstandsverminderung	208
10.6.3.7	Technische Übertragung	208
10.6.4	Weitere widerstandsvermindernde Oberflächengestaltungen	210
10.6.4.1	Gerippte Rennboot-Rümpfe, Schwimmanzüge und Rohrwandungen	210
10.6.4.2	Die Delfinhaut und ein Schiffsanstrich	211
10.6.5	Fischschleim und Polyox	212
10.6.6	Luftblasenschleier bei Pinguinen und Unterwassergeschossen	213
10.6.7	„Sandfische" und die Verminderung von Festkörperreibung	214
10.7	Mittel zur Auftriebserhöhung – Verringerung der Gefahr des Überziehens	215
10.7.1	Bewegliche Flügelklappen nach dem Gefiederprinzip	215
10.7.2	Strömungsbeeinflussung durch Felloberflächen	215
10.7.3	Daumenfittich und Vorflügel	216
10.8	Insektenflug – Entomopteren	217
10.8.1	Luftkrafterzeugung durch Schlagflügel bei Fliegen, zweiflügelige Entomopteren	217
10.8.1.1	Allgemeines	217
10.8.1.2	Flügelbewegung	217
10.8.1.3	Der Flügel als stationärer Luftkrafterzeuger	219
10.8.2	Instationäre Effekte und der Weg zu Kleinstfluggeräten	221
10.8.2.1	Definitionen	221
10.8.2.2	Morphologische und kinematische Voraussetzungen für instationäre Effekte	221
10.8.3	Ein Miniatur-Schwingflügler nach dem Vorbild der fächelnden Honigbiene	224
10.9	Vogelflug – Ornithopteren	224
10.9.1	Untersuchungen des Vogelflugs als Basis für die Konzeption vogelähnlicher Kleinfluggeräte	224
10.9.1.1	Historie	224
10.9.1.2	Übertragungsmöglichkeiten	225
10.9.1.3	Die detaillierteste kinematische Messung	225
10.9.1.4	Frischtote und lebende Vögel	228

10.9.1.5	Impulsdiagramme	228
10.9.1.6	Clap and fling bei Vögeln	230
10.9.1.7	Flügelgitter- und Rückschnelleffekte	230
10.9.1.8	Das Wedeln des Eissturmvogels	230
10.9.2	Technische Aspekte von Kleinfluggeräten nach Art von Vögeln	231
10.9.2.1	Struktur	232
10.9.2.2	Aerodynamik	232
10.9.2.3	Flugleistung	233
10.9.2.4	Miniaturisierungstendenzen auf dem Weg zu Kleinstfluggeräten	234
10.10	Kurzanmerkungen zum Themenkreis „Robotik und Lokomotion"	235
10.10.1	Frühe Studien des Naturvorbilds „Vogel"	235
10.10.2	Dezentrale Steuerung von Roboterarmen nach dem Krakenprinzip	236
10.10.3	Polymer-Hydrogel-Aktuator	236
10.10.4	Vogelflügel und adaptive technische Flügel	236
10.10.5	Elektrische Felder und Auftriebserhöhung	237
	Literatur	237

11 Sensoren und neuronale Steuerung 243

11.1	Allgemeines zu Sensoren – Gedanken eines Biologen über Fühler und Fühlen	243
11.2	Optische Sensoren und Wärmesensoren – neuartige Prinzipien	244
11.2.1	Natürliche Spiegeloptik führt zum Röntgenkollimator	244
11.2.2	Entspiegelung und Sichtverbesserung durch Feinstnoppung nach dem Prinzip von Nachtfalteraugen	245
11.2.3	Das schwingende Fliegenauge und die federnde Netzhaut der Springspinne: technische Bildschärfenerhöhung	246
11.2.4	Ein fotomechanischer Detektor für Wärmestrahlung beim „Feuerkäfer" und seine Umsetzung	246
11.3	Akustische Sensoren – Lösungen bei Insekten	248
11.3.1	Schallschnelle-Einstandspeiler bei Stechmücken und Sonarpeilgeräte	248
11.3.2	Das Schallortungsprinzip von Raupenfliegen, Vorbild für Miniaturhörgeräte	249
11.4	Geruchssensoren und Elektrosensoren – Basistechnologien von der Natur	249
11.4.1	Zeitverzögerungseffekte beim Riechen	249
11.4.2	Schwach elektrische Fische als Sensormodelle	250
11.5	Bewegungssteuerung – Roboterorientierung	251
11.5.1	Bewegungssteuerung und Bewegungslernen in der Biologie: unkonventionelle Vorbilder für technische Anwendungen	251
11.5.1.1	Bewegungssteuerung beim Heuschreckenflug	251
11.5.1.2	Lernen beim Heuschreckenflug	252
11.5.1.3	Ein Modell für das motorische Lernen	253
11.5.1.4	Optimierung als Rückkopplungsreduktion	254
11.5.1.5	Allgemeines Lernschema und Reafferenzprinzip	254
11.5.1.6	Biologische und bionische Bedeutung der Lernschemata	256
11.5.2	Vom Fliegenauge zur Roboter-Orientierung	257

11.5.2.1	Einführendes	257
11.5.2.2	Robotersteuerung nach dem Prinzip des Fliegenauges	257
11.5.2.3	Der Bewegungstypus des Roboters	259
11.5.2.4	Informationsfluss und Schaltungsplatinen	259
11.5.2.5	Zusammenfassung und allgemeine Erkenntnisse	260
11.5.3	Visuelle Stabilisierung und Führung kleiner Flugroboter nach dem Fliegenaugenprinzip	260
11.5.4	Ein „Ameisenroboter", der sich an polarisiertem Licht orientiert	261
11.6	Kleine Neuronenverbände – neuronale Netze mit Anregungscharakter	262
11.6.1	Prinzipien neuronaler Netze	262
11.6.2	Kleine Neuronenverbände und ihre Leistungsfähigkeit	263
11.6.2.1	Das optosensorische Verrechnungssystem der Hausfliege – kleiner als ein Stecknadelkopf	264
11.6.2.2	Ingenieurmäßige Anwendung von Forschungsergebnissen an „kleinsten Gehirnen"	266
11.6.3	Neuronale Netze für Mustererkennung und Bewegungssteuerung	268
11.6.3.1	Allgemeines	268
11.6.3.2	Vom biologischen zum technischen „Neuronennetz"	268
11.6.3.3	Beispiel: Assoziative Speicherung von Buchstabenmustern	269
11.6.3.4	Simulation eines organismischen Bewegungsvorgangs mit Hilfe künstlicher neuronaler Netze	270
11.6.3.5	Ausblick	272
11.7	Koppelung von Biomolekülen oder Mikroorganismen mit Messelektroden – Mikrobiosensoren	272
11.7.1	Molekulare Messtechnik in der Biosensorik	273
11.7.2	Mikrobielle Messtechnik in der Biosensorik	274
11.7.2.1	Prinzipieller Sensoraufbau	274
11.7.2.2	Anwendungsbeispiel	274
11.8	Kopplung biologischer Systeme mit technischen Geräten – Biomonitoring	274
11.8.1	Ein Sensorsystem zur Messung extrem geringer Stoffkonzentrationen	274
11.8.1.1	Einführendes	274
11.8.1.2	Insektenantennen und das Elektroantennogramm (EAG)	276
11.8.1.3	Einbau der biologischen Antenne in ein technisches Gerät und Eichung	276
11.8.1.4	Messbeispiel	276
11.8.2	Online-Biomonitoring	277
11.9	Kommunikationstechniken – Anregungen aus der Natur	279
11.9.1	„Delfinsprache" und Unterwasserkommunikation	279
11.9.2	Fotonische Kristalle bei der „Meermaus" und Glasfaseroptiken	279
11.10	Kurzanmerkungen zum Themenkreis „Sensoren und neurale Steuerung"	280
11.10.1	„Künstliche Nasen"	280
11.10.2	Bionische Drucksensoren	280
11.10.3	Retinaartige Lichtsensoren	280
11.10.4	Steuerung über Gehirnpotenziale	281
	Literatur	281

12	**Anthropo- und biomedizinische Technik**	285
12.1	Menschen an Maschinen – Maschinen im Menschen	285
12.1.1	Zusammenwirken von Mensch und Maschinen	285
12.1.2	Beispiel: Unfallforschung	287
12.2	Radfahrer und Rad – ein biomechanisch abgestimmtes Funktionspaar	288
12.2.1	Optimale Muskelarbeit beim Pedaltreten	288
12.2.2	Charakteristiken von Radfahrer und Rad	289
12.2.3	Alternative Pedalbewegungen	289
12.3	Implantate und Knochen – sie sollten eine biomechanische Einheit bilden	290
12.3.1	Knochenspongiosa und „Metallspongiosa"-Implantate	290
12.3.2	Hüftgelenksendoprothesen nach dem Trajektorienprinzip	291
12.3.3	Eine elastische Knieprothese	292
12.4	Retinaimplantate – Mikrochips im Auge	292
12.4.1	Retinaersatz	292
12.4.2	Retinastimulation	293
12.5	Schwingungsdynamik der Gehörknöchelchen – biomechanische Anpassung eines Mittelohrimplantats	294
12.6	Interaktion Kohlenstoff-„Technologie" – Silizium-Technologie	295
12.6.1	Biologisch-technische Hybridschaltungen (Zell-Elektronik-Hybride)	295
12.6.2	Interaktionen „einfacher" biologisch-technischer Hybridschaltungen	297
12.6.3	Mikroelektroden schließen Langzeitkontakte zu Neuronen in situ	297
12.6.3.1	Prinzipielle Anforderungen	298
12.6.3.2	Siebelektroden zur Kontaktierung regenerierender Nerven	299
12.6.3.3	Manschettenförmige Elektroden für periphere Nerven	300
12.7	Gewebeanwachsen auf technischen Materialien – biokompatible Werkstoffe	300
12.7.1	Anwachsen von Schleimhautzellen auf Zahnimplantatmaterial	300
12.7.2	Biokompatible Titanwerkstoffe	301
12.8	Naturstoffe als Schutz- und Pflegemittel	303
12.9	Interaktion des Organismus mit Wellen-Nutzung von Licht zur Einkoppelung von Mikrowellen	303
12.9.1	Steigerung von Enzymaktivitäten	303
12.9.2	Entwicklung einer lichtbetriebenen Mikrowelleneinkopplung	304
12.9.3	Anwendungsprinzip	304
12.10	Kurzanmerkungen zum Themenkreis „Anthropo- und biomedizinische Technik"	306
12.10.1	Kontrollierte Wirkstofffreisetzung	306
12.10.2	Ein osteokonduktives Ersatzmaterial aus Algen	306
12.10.3	Fliegenmaden als Wundheiler	306
	Literatur	307
13	**Verfahren und Abläufe**	311
13.1	Solarnutzung – Vielfalt der Technologien	311

13.1.1	Die Sonne als Energiespender	311
13.1.2	Vom biologischen Umgang mit der Sonnenstrahlung	311
13.1.3	Makroskopische solarbetriebene Energiesysteme	314
13.1.3.1	Wärme, Kälte	314
13.1.3.2	Lichtsammlung, Tageslichtsysteme	315
13.1.3.3	„Intelligente" Oberflächenstrukturen	316
13.1.4	Schmetterlingsflügel als Solarfänger und Vorbilder für die Computerchip-Kühlung	316
13.2	Indirekte Solarnutzung – künstliche Fotosynthese und Wasserstofftechnologie	318
13.2.1	Molekulare solare Energiesysteme: Mechanismen und Umsetzungspotenzial	318
13.2.1.1	Visionen	318
13.2.1.2	Heutige Sichtweise	319
13.2.1.3	Prinzipabläufe an der Fotosynthesemembran	320
13.2.1.4	Elementarschritte und ihre technische Übertragung	320
13.2.1.5	Lichtbetriebene biologische Protonenpumpe	321
13.2.1.6	Erforschungsgeschichte und prospektive Potenz technischer Farbstoff-Solarzellen	322
13.2.1.7	Der solare Brennstoffzyklus als Denkanstoß	322
13.2.2	Artifizielle Fotosynthese aus molekularer Sonnenenergiekonversion	322
13.2.2.1	Solarthermische Verfahren	324
13.2.2.2	Fotovoltaische Verfahren	324
13.2.2.3	Fotoelektrochemische Verfahren	324
13.2.2.4	Fotochemische Verfahren	324
13.2.2.5	Mechanismen fotochemischer Verfahren zur Reduktion von H_2O u. CO_2	324
13.2.2.6	Kohlendioxidreduktion	324
13.2.2.7	Sensibilisatoren	325
13.2.2.8	Quencher	325
13.2.2.9	Katalysatoren	325
13.2.3	Wasserstoff als Energiespender der Zukunft	325
13.2.4	Wasserstoffproduktion durch artifizielle Bakterien-Algen-Symbiose	326
13.2.4.1	Grundlagen	326
13.2.4.2	N_2-Bindung und H_2-Produktion im Zellenverbund	327
13.2.4.3	Grünalgen-Purpurbakterien-Verbund	327
13.2.4.4	Feldforschung in der Sahara	327
13.2.5	Fotosynthetische Proteinkomplexe bei Cyanobakterien	328
13.2.6	Algenkonverter – Fluidreinigung, Nahrungsmittel- und Wertstoffproduktion in einem System	328
13.2.6.1	Algen als Wasser- und Luftreiniger	328
13.2.6.2	Algen und Wasserpflanzen als Nahrungsmittelproduzenten	329
13.2.6.3	Algen als Wertstoffproduzenten	329
13.3	Fotovoltaik – solarbedingte Spannungserzeugung	329
13.3.1	Prinzipielle Wirkungsweise fotovoltaischer Zellen	329
13.3.2	Probleme der Fotovoltaik auf Siliziumbasis	330
13.3.3	Fotovoltaische und thermoelektrische Effekte bei Hornissen	331
13.3.4	Organisch-fotovoltaische Solarzellen	332
13.3.4.1	Grätzels Farbstoff-sensitive Solarzelle	332

13.3.4.2	Wirkungsgraderhöhung und Selbstorganisation bei organisch-fotovoltaischen Solarzellen	334
13.3.5	Bereits weitgediehen: die Plastik-Solarzelle	335
13.4	Solarverdunstung – ein bislang vernachlässigtes Naturverfahren	336
13.5	Wassergewinnung durch Nebelkondensation	337
13.6	Verträgliche Frostschutzmittel	338
13.7	Selbstreinigende pflanzliche Oberflächen – schmutzabweisende Beschichtungen	339
13.7.1	Epidermale Oberflächenstrukturen	339
13.7.2	Experimente über Selbstreinigungseffekte	340
13.7.3	Ökologische Bedeutung und Störung der Selbstreinigungseffekte	341
13.7.4	Physikalische Grundlagen der Selbstreinigung	342
13.7.5	Technische Umsetzung des „Lotus-Effekts"	343
13.8	Verpackungen in der Natur – Ideenreservoir für die Technik	344
13.8.1	Natürliches Verpacken und natürliche Verpackungen	344
13.8.1.1	„Verpackungs"- Materialien in der Natur	345
13.8.1.2	Öffnung von Verpackungen	345
13.8.1.3	Schichten, Hüllen und Verbundverpackungen	345
13.8.1.4	Farben und Farbmuster	346
13.8.1.5	Verpackungen für Extremanforderungen	346
13.8.1.6	Unterschiedliche funktionelle Anforderungen	346
13.8.1.7	Druckfeste Verpackungen	347
13.8.1.8	Raum- und materialsparende Verpackungen	347
13.8.1.9	Mitwachsende Verpackungen	347
13.8.1.10	Die Kokosnuss: Eine Multifunktions-Verpackung	348
13.8.1.11	Rezyklierung der Verpackungen	348
13.8.2	Bionisch orientierte Verpackungen	349
13.9	Diagene Mineralisation nach dem Vorbild der biogenen Mineralisation	349
13.10	Kurzanmerkungen zum Themenkreis „Verfahren und Abläufe"	351
13.10.1	Lichtausnutzung durch Oberflächenschichtung bei Pflanzenblättern und Fotozellen	351
13.10.2	Solardachstein und Solarschiefer	352
13.10.3	Papierherstellung	352
	Literatur	353

14	**Evolution und Optimierung**	**357**
14.1	Optimierung in der Natur – kann man sie erkennen, beschreiben und nachahmen?	357
14.1.1	Der Optimierungsbegriff in Wirtschaft und Technik	357
14.1.2	Der Optimierungsbegriff in der Biologie	358
14.1.2.1	*Beispiel 1:* Ein Optimalwert ergibt sich aus einer Theorie; die tatsächlich gemessene Kenngröße erfüllt die Theorie: der Baumstamm als Körper gleicher Festigkeit	359
14.1.2.2	*Beispiel 2:* Ein Optimalwert ergibt sich aus einem Experiment; die tatsächlich gemessene Kenngröße stimmt mit der experimentell bestmöglichen überein: Partikelstrom von Säugerblut und Hämatokrit	359

14.1.2.3	*Beispiel 3:* Ein Optimalwert ergibt sich aus dem Vergleich mehrerer experimentell zu ermittelnder Werte von Kenngrößen, die wiederum von Randbedingungen abhängig sind: Gleitanpassung beim Vogelflug und Gleitzahl	360
14.1.3	Konsequenzen für die Verwendung des Optimierungsbegriffs bei bionischen Übertragungen	361
14.2	Evolution und Optimierung – Umsetzung der Art, wie biologische Konstruktionen entstehen	361
14.3	Evolutionsprinzipien: Stufen der Imitation biologischer Evolutionsprozesse	362
14.3.1	Evolution und Evolutionsnachahmung	362
14.3.2	Elementare Spielregeln für die Evolutionsstrategie	363
14.3.3	Universelle Nomenklatur für Evolutionsstrategien	368
14.4	Evolutionsstrategisches Bergsteigen – eine naturbasierte Vorgehensweise	368
14.4.1	Zwischen Erfolg und Fortschritt	368
14.4.2	Das zentrale Fortschrittgesetz	369
14.4.3	Evolution zweiter Art	369
14.4.4	Gipfelklettern im Hyperraum	370
14.4.5	Optimierung mit Technologietransfer	370
14.4.6	Logik der Optimierung	371
14.5	Evolutive Systemoptimierung – Naturstrategien zum Nutzen von Technik und Wirtschaft	372
14.5.1	Ökonomische Lösungsstrategie für technisch-wirtschaftliche Innovationen	372
14.5.2	Kosten/Gewinn-Zeitfunktion	373
14.6	Optimierung mit Evolutionsstrategien – weitere Beispiele	373
14.7	Adaptives Wachstum – nach dem Vorbild der Bäume konstruieren	374
14.7.1	Methodische Grundlagen	375
14.7.2	Anwendung der CAD-Methode auf biologische Objekte	377
14.7.3	*Beispiel:* Optimierung der Baumgestalt nach Läsionen	377
14.7.4	*Beispiel:* Baumgabelung als Zugzwiesel und Wurzelquerschnitt bei Biegebelastung	378
14.7.5	*Beispiel:* Optimaler Faserverlauf im Holz	378
14.7.6	Gestaltoptimierung von Maschinenelementen nach Art des biologischen Wachstums	380
14.7.7	*Beispiel:* Gewindeoptimierung einer orthopädischen Schraube	381
14.7.8	*Beispiel:* Gestaltoptimierung einer Balkenschulter	381
14.7.9	*Beispiel:* Dreidimensionale Formoptimierung einer Welle mit Rechteckfenster	382
14.7.10	Eine Weiterentwicklung: das CAIO-Verfahren	382
14.8	CAO-optimierte Autobauteile – weniger Material- und Energieverbrauch bei gleicher Stabilität	383
14.8.1	*Beispiel:* Neue Leichtmetallfelgen und Motorenhalter	383
14.8.2	*Beispiel:* Locherzeugung und optimale Sickenanordnung: Schaltgestänge	384

14.8.3	Weitere Anwendungsmöglichkeiten	385
14.9	Krümmeroptimierung – ein Beispiel aus der Rohrströmungsmechanik	386
14.10	Kurzanmerkungen zum Thema „Evolution und Optimierung"	387
14.10.1	Zum Verständnis der Konturierung von Tiger- und Bärenkrallen	387
14.10.2	Knochen und Lasthaken	387
	Literatur	388
15	**System und Organisation**	**391**
15.1	Selbstorganisation – Ein Naturprinzip und seine sozioökonomische Anwendung	391
15.1.1	Über das Prinzip Selbstorganisation	391
15.1.2	Selbstorganisation in der Sozioökonomie	392
15.1.2.1	Vergleichskenngrößen	393
15.1.2.3	Selbstorganisation in sozioökonomischen Systemen	393
15.1.2.4	Anwendungen	394
15.2	Molekulare Selbstorganisation – Oberflächen und Materialien	395
15.2.1	Sich selbst organisierende biomolekulare Materialien	395
15.2.2	Selbstorganisation bei der Herstellung organischer Solarzellen	396
15.2.3	Selbstorganisation und Nanomaschinen	396
15.3	Organismische Selbstorganisation – Ameisen und Verwaltungen	397
15.3.1	Ameisenartiges Zusammenarbeiten autonomer Roboter	397
15.3.2	Nistplatzfinden und Verteidigungsverhalten bei Honigbienen	398
15.3.3	Organisation von Erkundungspfaden bei Ameisen	400
15.4	Suchstrategien beim Absuchen von Arealen	400
15.5	Biologische Verpackungsstrategien – Entwicklung umweltökonomischer Verpackungen	401
15.5.1	Sichtweisen des Deutschen Verpackungsinstituts	401
15.5.2	Umweltökonomische Verpackungsorganisation	402
15.5.2.1	Alte und neue Zielkriterien der Verpackungstechnik	402
15.5.2.2	Technische Verpackungen und Ökologie	403
15.5.2.3	Verpackungsbionik als systemischer Lösungsansatz	403
15.5.2.4	Drei Verpackungstricks der Natur als Anforderungskriterien	404
15.5.2.5	Vernetzte Rückkopplungen bei Verpackungsnetzwerken	404
15.5.2.6	Wachstumskurven und Ausblick	404
15.6	Funktionshilfe bei komplexen Wirtschaftssystemen – Analogien können Impulse geben	407
15.6.1	Vernetzte Querbeziehungen in Beziehungsgefügen des Waldes	408
15.6.2	Zufall und Regelung im Funktionsablauf von Tiersozietäten	408
15.7	Innovationsmanagement – „Nachhilfe in Biologie" für Manager	409
15.7.1	Postindustrielles Innovationsmanagement	409
15.7.2	Produktive Kreativität zur Förderung von Innovationen	410
15.8	Bereichsüberschreitungen 1. Art – Anregungen aus der Biologie können in andere Funktionsbereiche hineinwirken	410
15.8.1	*Beispiel 1:* Umströmung des Pinguins	410

15.8.1.1	Schwimmleistungen	411
15.8.1.2	Pinguin-Modelle und abstrahierte Rotationskörper	411
15.8.1.3	Strömungsvisualisierung	411
15.8.1.4	Widerstandsmessungen	412
15.8.1.5	Übertragungspotenzial	413
15.8.2	*Beispiel 2:* Stachel des Seeigels *Diadema setosum*	413
15.8.2.1	Aufbau	413
15.8.2.2	Abstrahierte Ideen	413
15.8.3	*Beispiel 3:* Das Bienenwabenprinzip	414
15.8.3.1	Bienenwaben	414
15.8.3.2	Klassische Umsetzungen des Bienenwabenprinzips	414
15.8.3.3	Ziegel, wie Honigwaben strukturiert	415
15.8.3.4	Bienenwaben-Autoreifen	416
15.9	Bereichsüberschreitungen 2. Art – Verklammern von Einzelfächern	417
15.9.1	Kratzen am Kontinuum	417
15.9.2	Bionik in der Schule	418
15.10	Kurzanmerkungen zum Themenkreis „Systemik und Organisation"	419
15.10.1	Sich selbst organisierende Biomaterialien	419
15.10.2	Evolutionäres Gestalten – eine Alternative zum Recycling?	420
	Literatur	420

16	**Konzeptuelles und Zusammenfassendes**	**425**
16.1	Bionik als technische und wirtschaftliche Herausforderung – was nicht gegen Naturgesetze verstößt, ist prinzipiell machbar	425
16.2	Bionik als Betrachtungsaspekt – die fächerübergreifende kybernetische Sichtweise	425
16.2.1	Die kybernetische Betrachtungsweise	426
16.2.2	Vermaschung, Vernetzung komplexer Systeme	427
16.2.3	Ökosysteme als kybernetische Systeme	428
16.3	Bionik als Kreativitätstraining – die Vielfalt biologischer Lösungsmöglichkeiten regt die kreative Fantasie an	429
16.4	Bionik als Ansporn für vernetztes Denken – auf dem Weg zu einer zukunftsorientierten Bildung	430
16.4.1	Bewusstseinswandel zum vernetzten Denken und Reaktion der Bildungsgremien	431
16.4.2	Neue Ansätze des Lernens als Überlebensunterweisung	431
16.4.3	Probleme beim Verständnis komplexer Zusammenhänge	431
16.4.4	Spielen hilft verstehen; Unschärfe erlaubt Muster erkennen	432
16.4.5	Lernen vom Fertigungsbetrieb Natur	432
16.4.6	Fachübergreifend Ganzheit erkennen	433
16.5	Bionik und weiterführende Netzwerkplanung – vom vernetzten Denken zum Sensitivitätsmodell	433
16.6	Bionik und Ansatzmöglichkeiten – Grundregeln für bionische und biokybernetische Ansätze	435

16.6.1	Zehn Grundprinzipien natürlicher Systeme mit Vorbildfunktion für die Technik	435
16.6.2	Acht Grundregeln der Biokybernetik mit Vorbildfunktion für komplexe technische Systeme	436
16.7	Fünf Aspekte – Einkoppeln bionischer Aspekte in den Konstruktionsprozess	437
16.8	Nochmals Bionik und Organisation – systemisches Organisationsmanagement	439
16.9	Bionik als Teil einer Überlebensstrategie – vom Ökosystem zum Wirtschaftssystem	441
16.9.1	Biostrategie – die Summe bionischer Ansätze	441
16.9.2	Das Symbioseprinzip	442
16.9.3	Recycling und Verbundtechnologie	443
16.9.4	Wachstum, Funktion, Organisation	444
16.9.4.1	„Stetiges Wachstum"	444
16.9.4.2	Exponentielles Wachstum	445
16.9.4.3	„Sigmoides Wachstum"	445
16.9.4.4	Systemstabilität	446
16.9.4.5	Ausblick	447
16.10	Kurzanmerkungen zum Themenkreis: „Konzeptuelles und Zusammenfassendes"	447
16.10.1	Neue Formen in Unterricht und Bildung	447
16.10.1.1	Schule und Unterricht	447
16.10.1.2	Bildungsschwerpunkt „Fähigkeiten entwickeln"	448
16.10.2	Glühwürmchen und der Sinn allen Forschens	448
	Literatur	449
17	**Patente und Rechtsaspekte**	**453**
17.1	Zwei historische Patente – eines davon hat die Welt verändert	453
17.1.1	Der Stahlbeton Joseph Moniers (Patente ab 1867)	453
17.1.2	Der „Salzstreuer" Raoul H. Francés (Patent 1920)	454
17.2	Sind Vorbilder aus der Natur patentschädigend? – Patentrechtliche Verwertung von Bionik-Erfindungen	455
17.2.1	Vorbemerkungen	455
17.2.2	Patentrechtliche Wertung der Neuheit von Bionik-Erfindungen	455
17.2.2.1	Mögliche Neuheit bei der Aufgabenstellung	456
17.2.2.3	Mögliche Neuheit des Zwecks	456
17.2.3	Patentrechtliche Wertung des technischen Fortschritts von Bionik-Erfindungen	456
17.2.4	Patentrechtliche Wertung der Erfindungshöhe von Bionik-Erfindungen	456
17.2.5	Aufgabe-Lösung-Zweck: neuere Sichtweise	457
17.3	Patentrechtliche Formulierungsprobleme – Beispiel Ausstülpungsschlauch	457
17.4	Patente in Biologie und Medizin I – Die Wirkungen des Patents	458

17.5	Patente in Biologie und Medizin II – Lizenzierung biotechnologischer Erfindungen	459
17.6	Geistiges Eigentum – Sinn und Unsinn von Patenten auf Lebewesen oder Teilen davon	460
18	**Statt eines Ausklangs: Fragen und Antworten zur Bionik**	465

Sachverzeichnis 469

Tier- und Pflanzenverzeichnis 485

Personenverzeichnis 489

Kapitel 1

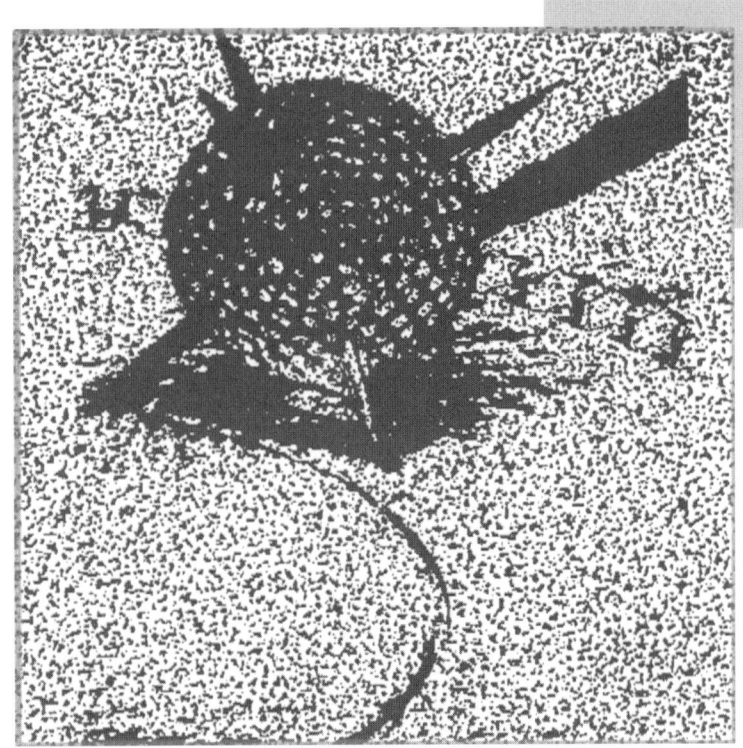

1 Definitionen und Gliederungen

1.1 Definitionen

"*Lernen von der Natur als Anregung für eigenständiges technisches Weiterarbeiten*" – diese Arbeitsformulierung habe ich in den 70er-Jahren aufgestellt.

1.1.1 Grunddefinition Bionik

Die Gliederungsschwerpunkte dieses Buchs finden sich in einer *Bionik-Definition* wieder, die mit den Teilnehmern einer Tagung "Analyse und Bewertung zukünftiger Technologien: Technologieanalyse Bionik" des VDI, Düsseldorf 1993, erarbeitet worden ist (Neumann 1993).

> "*Bionik als Wissenschaftsdisziplin befasst sich systematisch mit der technischen Umsetzung und Anwendung von Konstruktionen, Verfahren und Entwicklungsprinzipien biologischer Systeme.*"

1.1.2 Erweiterte Definition

In den Folgejahren hat sich gezeigt, dass diese strikte Definition zu sehr einengt, gerade wenn man aufblühende Teilgebiete der Systemik, Selbstorganisation, Organisation und Interaktion einschließlich der kausalen Ökologie und der Soziobiologie betrachtet. Entsprechend ist für eine zukunftsadaptive Umschreibung noch der Satz anzufügen:

> "*Dazu gehören auch Aspekte des Zusammenwirkens belebter und unbelebter Teile und Systeme sowie die wirtschaftlich-technische Anwendung biologischer Organisationskriterien*".

In dieser Definition ist Grundlagenforschung als solche nicht enthalten; wir sprechen hierbei von "*Technischer Biologie*". Technische Biologie und Bionik verzahnen sich wie Bild und Spiegelbild: was die eine Richtung erforscht, setzt die andere um.

Dieses Buch handelt im Wesentlichen von Bionik im eben definierten Sinne. Es folgt in etwa auch der Grobgliederung *Konstruktionen – Verfahren – Entwicklungsprinzipien*, wie sie in der dort angeführten VDI-Definition gegeben worden ist.

Mensch-Umwelt-Technik: Diese Facetten sollten zwar ein Kontinuum bilden, doch divergieren sie heute bekanntlich drastisch. Es gibt noch viel zu viele Negativbeziehungen in diesem Gefüge. Bionik ist nun sicher kein Allheilmittel, aber sie könnte ein Werkzeug sein, eines von vielen, die Zukunftsvision einer besseren Ausgewogenheit und positiveren Verzahnung nicht ganz irreal erscheinen zu lassen. Akzeptiert man diese Sichtweise, könnte man auch sagen:

> "*Bionik betreiben bedeutet Lernen von den Konstruktionen-, Verfahrens- und Entwicklungsprinzipien der Natur für eine positivere Vernetzung von Mensch, Umwelt und Technik.*"

1.1.3 Eine Abgrenzung

Im Internet habe ich eine ganz andere Definition gefunden. Sie hier appendixartig anzuführen bietet die Gelegenheit einer klaren Bereichsabgrenzung, wie man sie als Biologe, Kreationisten und Fundamentalisten gegenüber häufig genug zu vertreten hat:

> "*Bionik ist das Nachdenken der Schöpfungsgedanken Gottes.*"

Diese schlechterdings nicht weiter steigerbare Definition von I. Heppner kann man einfach deshalb akzeptieren, weil der Autor verdeutlicht, "dass es sich bei der Entscheidung für Schöpfung oder Evolution gerade *nicht* um eine Frage der größeren Wissenschaftlichkeit einer der beiden Alternativen handelt, sondern dass es letztlich um eine *Glaubensentscheidung* geht." Allerdings mit einer Einschränkung: Man kann sich durch eine Glaubensentscheidung zum Schöpfungsbegriff bekennen, nicht aber zum Evolutionsbegriff. Im Gegensatz zum Ersten ist der Letztere ein naturwissenschaftlich definierter und somit strikt festgelegter und eingeengter Begriff. Er unterliegt somit ausschließlich dem Instrumentarium der Naturwissenschaft (das zugegebenermaßen eng und rigide ist). Man kann sich also als Mensch wohl überlegen, ob man im naturwissenschaftlichen Sinn oder im Glaubenssinn an das herangeht, was uns umgibt. Nur ist eine Grenzüberschreitung nicht zulässig, in beide Richtungen nicht, und Glauben ist keine „wissenschaftlich gleichwertige Alternative zur Naturwissenschaft", wie Kreationisten uns weismachen wollen, sondern etwas ganz anderes (vergl. Nachtigall, Kage 1980).

1.2
Zum Bionik-Begriff

1.2.1
Begriffsbildung

Vergleicht man zwei Begriffe, gibt es immer auch zwei Vergleichsrichtungen. Bei der Gegenüberstellung von Biologie und Technik kann man die Biologie ins Zentrum stellen und fragen, was Technik und Physik der Biologie nutzen. Man kann auch die Technik als zentralen Topos betrachten und sich überlegen, welche Anregungen sie von der Biologie bekommen kann.

Die erstere Betrachtungsweise und die Disziplin, die sich daraus entwickelt hat, wird als „*Technische Biologie*" bezeichnet, die letztere als „*Bionik*" (Abb. 1-1). – Wie sind diese beiden Disziplinen im Einzelnen zu kennzeichnen?

1.2.2
Begriffskennzeichnung

Die „*Technische Biologie*" untersucht und beschreibt Konstruktionen, Verfahrensweisen und Evolutionsprinzipien der Natur unter Einbeziehung der Analysen- und Deskriptionsverfahren von Physik und Technik. Sie ist also eine biologische Disziplin, in der Grundlagenforschung gemacht wird. Um diese angemessen durchzuführen und die Ergebnisse adäquat zu formulieren, macht sie Anleihen bei physikalisch-technischen Nachbardisziplinen (Abb. 1). Im Jahr 1971 habe ich, in Anlehnung an Vorkriegsautoren, für diese Disziplin den Begriff „*Biotechnik*" verwendet. Der Begriff ist aber in den letzten drei Jahrzehnten von Molekularbiologie und Gentechnologie besetzt worden. Um Verwechslungen zu vermeiden, habe ich den Begriff „*Technische Biologie*" eingeführt.

Die „*Bionik*" durchforstet das Reservoir an Konstruktionen, Verfahrensweisen und Evolutionsprinzipien der belebten Welt im Hinblick auf Anregungen für eigenständig-technisches Gestalten. Bionik ist also eine grenzüberschreitende Disziplin, die Ergebnisse der Grundlagenforschung einer technischen Anwendung zuführt. Sie sichtet und überträgt zwar die Vorbilder der Natur, kopiert sie aber nicht. Die Natur bietet dem Techniker keine fertigen Blaupausen. Die Natur zu kopieren wäre unwissenschaftlich. Sie zu ignorieren wäre allerdings nicht nur unweise, sondern geradezu unverzeihlich. *Bewusster Wissensverzicht ist eine der Todsünden in der Naturwissenschaft.* Richtig verstanden bietet die Bionik dem Naturwissenschaftler, Ingenieur und Techniker unserer Zeit, der verantwortungsbewusst nach bestmöglichen, umweltverträglichen Lösungen sucht, in vielen Bereichen eine Fülle von Anregungen, oft gekoppelt mit massiven Herausforderungen. – Wann aber kann nun eigentlich von bionischen Ansätzen gesprochen werden?

Von Bionik kann immer dann gesprochen werden, wenn die Anregungen aus der Natur gekommen sind.

Es könnte der Verdacht aufkommen, dass die Bioniker dazu neigen, ihre Ansätze über zu bewerten. Trotzdem ist es nötig, die Sichtweisen klar heraus zu stellen. Die Problematik des Einordnens sei an einem ersten Beispiel in der Nanobiotechnologie/Mikrotribologie verdeutlicht.

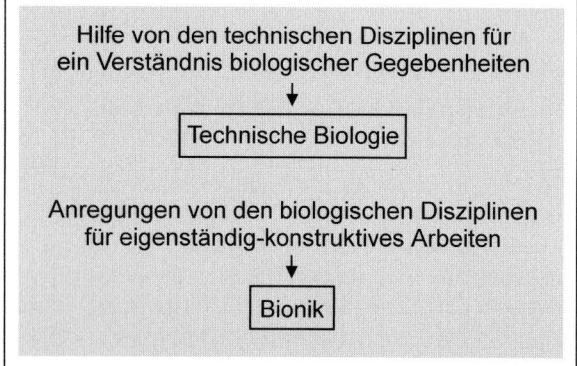

Abb. 1-1 Beziehungen zwischen den Disziplinen. **A** Technische Biologie ⇔ Bionik, **B** Bionik ⇔ Technik

Die Nanobiotechnologie hat sich aus der Nanotechnologie entwickelt, einem Verfahren, im Nanobereich zu messen und konstruktiv zu gestalten. Bindet man z. B. Cellulosemoleküle als Nano-Adhärentien an Silanoberflächen (Abschn. 6.7), so ist das nicht schon deshalb Bionik, weil die ersteren organische Moleküle sind. Bekommt man aber aus dem Naturstudium die Anregung, es einmal mit langkettigen Molekülen als Van-der-Waals-Kraftkoppler zu versuchen – ähnlich, wie der Gecko es mit den submikroskopischen Spatula-Enden seiner feinen Setae macht (Abschnitt 8.4), so ist dies eine naturinspirierte technische Vorgehensweise und damit eine Facette bionischer Übertragung.

Bionik als Vorgehensweise ist somit ein Gesichtspunkt oder, wenn systematisch eingesetzt, eine Art Strategie, die tatsächlich an allen nur denkbaren Enden zum Tragen kommen kann, an denen sich Biologie und Technik berühren.

Ein weiteres Beispiel: Becher aus Presscellulose sind auf dem Komposter vollständig verrottbar. Die Technik bedient sich zum Zweck des vollständigen Abbaus eben eines Naturstoffs, der für diese Eigenschaften bekannt ist. Dies ist bionische Vorgehensweise im Sinne der erweiterten Definition. Um dem biologischen Prinzip der vollständigen Abbaubarkeit und des restlosen Recyclierens zu entsprechen, hat man aber auch nach chemisch günstig konfigurierten Kunststoffen gesucht – sinnigerweise als „Biokunststoffe" bezeichnet – die von Bakterien und Pilzen genau so angegriffen und abgebaut werden können wie Naturstoffe (Abschn. 6.7). Die Grundidee, „Kunst-Stoffe" zu entwickeln, die es in dieser Hinsicht den „Natur-Stoffen" gleich tun können, impliziert einen bionischen Ansatz, weil der Naturvergleich Ideengeber war. Die Ausführung ist dann selbstredend in einem Fach „Technische Chemie" oder „Biotechnologie" oder einem anderen naturwissenschaftlichen-technischen Fach angesiedelt. Bionik ist eben (auch) eine nicht-fachspezifische und zugleich fächerübergreifende Sichtweise.

Ein letztes Beispiel: Die Entwicklung der Windturbine „Berwian" ging auf das Prinzip der Wirbelspule zurück, mit dem die Funktion der aufgefingerten Handschwingen großer Landsegler beschrieben werden konnte. Der Einsatz dieses Prinzips in der Technik hat zwar zu anderen Konfigurationen der den Handschwingen analogen Stator-Flügel geführt (Abschn. 8.8); die Vorgehensweise ist aber – geradezu klassisch – bionisch, da es auf eine Prinzipübertragung, nicht auf eine Formähnlichkeit ankommt.

1.2.3
Herkunft des Begriffs „Bionik (bionics)"

In Bionik-Büchern heißt es üblicherweise, der Begriff „Bionik" stamme vom amerikanischen „bionics" ab, einem Begriff, den der Luftwaffenmayor J. E. Steele bei einem Kongress „Bionics Symposium Living prototypes – the key to new technology" 1960 geprägt hat. Bionik sei ein Kunstwort, zusammengezogen aus den Anfangs- bzw. Endsilben der beiden Worte „*Bio*logie" und „Tech*nik*". Beides ist im strengen Sinne nicht nachweisbar.

Der besagte Kongress fand vom 13.–15. 9. 1960 in Dayton, Ohio, USA, statt. Er wurde unterstützt von der Wright Air Development Division. Neben einer einführenden und einer ausleitenden allgemeinen Sitzung fanden vier technische Sitzungen statt:

- Biowissenschaften und Bionik
- Analyse biologischer Prinzipien
- Physikalische Analogien biologischer Komponenten und Subsysteme
- Mechanische Realisation höherer Funktionen belebter Systeme.

Nach einem Grußwort von H. Foerster sprach J. E. Keto in der ersten allgemeinen Sitzung über „Bionics – new frontiers of technology through fusion of the bio- and physiodisciplines". In der allgemeinen Schlusssitzung sprach Major J. E. Steele über „How do we get there". Steele war Vorsitzender des Technischen Komitees.

Dem 499-seitigen Berichtsband ist nicht zu entnehmen, dass Steele den Begriff selbst geprägt hat; offensichtlich ist er in der vorbereitenden Diskussion als griffiges Schlagwort entstanden. In seinem Vortrag fragt Steele zunächst: „Wo stehen wir, wohin gehen wir und wie gelangen wir dahin, wohin wir wollen? Offensichtlich fangen wir an, Geräte und Systeme zu entwerfen, die für den naiven Beobachter so aussehen, als seien sie lebendig. Dazu gehören Vorgänge und Techniken, die Funktionen einbringen, die bisher nur in lebenden Systemen existierten. Wir stehen am Aufbruch – manche mögen sagen, wir sind schon ein wenig weitergekommen – einer Ära wissenschaftlicher und technischer Entwicklung, in der solche Leistungen möglich sind. Wir stehen hier, weil wir uns klar sind, welche Methoden wir dafür anwenden müssen und weil wir in dieser Hinsicht schon einige praktische Erfahrung haben". – Der nun folgende Schlüsselsatz lautet:

„We have given the name 'Bionics' to the recognition and practice of these methods"

Der Bionik-Begriff ist demnach also methodisch definiert. Es wird nicht direkt gesagt, dass er aus den Wörtern „Biologie" und „Technik" zusammengesetzt ist; im Englischen ginge das auch nicht, weil Technik nicht „technics" heißt, sondern „technical science". In Bezug auf die Endung „-nics" kann man eher sagen, der Begriff sei im Deutschen etwa wiederzugeben mit „Dinge, die mit belebten Systemen zu tun haben".

Steele fragt sich weiter, wie man zu einer besseren Zusammenarbeit zwischen Biologen und Technikern kommt. Er beklagt die Spezialisierung und fordert – ganz modern! – einen Blick über den Zaun des Spezialistentums und Zusammenarbeit. Der Bioniker ist eben nicht „nur" ein Biologe, nicht „nur" ein Ingenieur, nicht „nur" ein Mathematiker.

„Herein lies part of the motivation behind the generation of the bionics."

Abschließend meint Steele – und auch das klingt wieder ungemein modern –, dass Bionik nicht so sehr Einzellösungen anbietet als überhaupt eine völlig neue Sichtweise, die bei Ingenieuren und Biologen Mut zur Überschau ins andere Fachgebiet und Mut zur Zusammenarbeit fordert:

„The manner in which bionics will mark its greatest contribution to technology is not through the solution of specific problems or the design of particular devices. Rather it is through the revolutionary impact of a whole new set of concepts, a fresh point of view."

In H. Foersters Vorwort zum Berichtsband des Kongresses heißt es: „Sie halten den offiziellen Berichtsband in Händen, einen Berichtsband sozusagen zur Geburtsfeier eines neuen Wortes: 'Bionics'. Dieses Symposium setzt einen offiziellen Schlussstein unter das Ende einer Ära wissenschaftlicher Entdeckung und läutet gleichzeitig eine neue ein: Spezialisation ist out, Universalität ist in".

Das aber war zu früh gegriffen. Das Symposium war seiner Zeit voraus und hatte keine dramatischen Konsequenzen. Wenn die Bionik nun, 40 Jahre danach, glanzvoll aufblüht, muten uns allerdings manche Formulierungen in den damaligen Pionierveranstaltungen seltsam modern an. So schreibt J. E. Keto:

„Was heißt Bionics? Bionics ist ein neues Wort für eine Sichtweise, die den Menschen über viele Generationen beschäftigt hat.

Vielleicht liegt die wirkliche Bedeutung dieses neuen Begriffs darin, dass er wesentlichen Fortschritt fordert im Verstehen der Funktionen, Charakteristiken und Phänomene, die wir in der belebten Welt finden, und dass er dieses Wissen anwendet für die Entwicklung neuer Gerätschaften und Techniken unserer „Maschinenwelt".

Per Definition ist Bionics breit angelegt in der Sichtweise, ebenso breit auch in der Art wie Forschung betrieben wird und was erforscht werden soll.

Bionik versucht nicht mehr und nicht minder als die gesamten Sichtweisen unserer gesamten Forschungsansätze unter einen Hut zu bringen. Schlicht gesagt: Wir versuchen, unser Know-how bzgl. lebender Prototypen mit unseren Ansätzen zur Lösung technischer Probleme zu vernetzen. Manche Leute sehen Bionik in erster Linie im Sinne neuraler Analogien. Zweifellos ist die Problematik der Handhabung von Informationsprozessen wichtig und ein bionischer Zweig, doch gibt es viel mehr Ansätze.

Bionics besitzt ein ganz klares Anwendungspotenzial, etwa bei Elektronik – Luftfahrt – Flugkörperkontrolle – Navigation – Kommunikation – Meerestechnologie – Medizin – Biologie – Chemie – Materialwissenschaften – Mathematik."

Der Autor – Chefwissenschaftler bei der Wright Air Development Division, Ohio – führt dann logischerweise aus, welche Bedeutung Bionik für die Militärforschung haben kann, insbesondere für die Airforce, schwenkt aber gleich auf „humanitarian aspects" ein, insbesondere auf die Bedeutung bionischer Forschung für Hilfsmittel für Behinderte.

Es klingt damit auch in dem reichlich enthusiastisch wirkenden Berichtsband ein wenig die Problematik des Missbrauchs an, die bei jeder Forschung gegeben ist. Der Band endet mit der Frage:

„Es ist noch nicht lange her, dass gescheite junge Leute eine atomare Kettenreaktion in Gang gesetzt haben. Heute beklagen manche, dass sie ihr neues Spielzeug früh und leichtfertig aus der Hand gegeben haben. Könnte es sein, dass es mit der Bionik ähnlich läuft?"

McCulloch gab die folgende Antwort und mir scheint, dass diese Überlegungen in einem Bionik-Buch, das auch versucht, die Potenz abzuschätzen, die sich durch bewusstes Überschreiten der naturwissenschaftlichen Fachgrenzen ergeben können, nicht fehlen dürfen.

„Das Problem ist viel ernster als Sie wohl annehmen. Was immer ein Wissenschaftler an den Tag bringt, ist, *bona fide*, eben Wissenschaft. Ob es zu Nutzen oder zu Schaden führt, hängt von der Menschheit ab, nicht vom einzelnen Wissenschaftler. Jede Generation wird immer wieder bestimmen, ob eine Entdeckung zu ihrem Nutzen oder ihrem Schaden angewendet wird. Die Menschheit wird die Welt beherrschen, daran ist kein Zweifel. Man kann nur hoffen, dass die dazu nötigen Techniken verlässlich genug sind, so dass nicht irgendein Zufall oder eine Feindeinwirkung oder sonst etwas die Sache schief gehen lassen. Was Bionik anbelangt, werden die positiven Seiten die potenziell negativen überwiegen."

Mit anderen Worten: Der Komplexheitsgrad unserer zukünftigen Technologie, die zu einem Überleben der Menschheit nötig ist, wird immer größer, und damit werden diese Technologien störungsanfälliger. Ich habe die Ausführungen McCullochs so verstanden, dass die Methoden der Natur, höchst komplexe Systeme störungsarm zu managen, auch zum Erhalt der Zivilisation des Menschen beitragen werden.

1.2.4
Technische Biologie und Bionik als Antipoden

Technische Biologie und Bionik sind von der Definition her (Nachtigall 1992) Antipoden. Es sind Sichtweisen, die sich zu eigenständigen Disziplinen gemausert haben. Sie ergänzen sich wie Bild und Spiegelbild, wie Kopf und Zahl. Max Planck hat einmal gesagt:

„Dem Anwenden muss das Erkennen vorausgehen."

Das bezieht sich ganz direkt auch auf unser Thema. *Bionik* kann man einerseits nicht betreiben ohne vorangehende Untersuchung der natürlichen Gegebenheiten, d. h. ohne Grundlagenforschung im biologischen Bereich. Die Ergebnisse der *Technischen Biologie* laufen andererseits Gefahr, in den Bibliotheken der Elfenbeintürme zu verkümmern, würden sie nicht durch die Bionik aufgegriffen, aufbereitet und der Technik zur Umsetzung angeboten.

Man kann auch sagen: *Technische Biologie* ist der fachwissenschaftliche Auftrag an den Biologen, dem Physik und Technik behilflich sind. *Bionik* ist der gesellschaftspolitische Auftrag an die technischen und die biologischen Disziplinen bei einer praxisbezogene Umsetzung zusammenzuarbeiten.

Wie bei allen grenzüberschreitenden Disziplinen ist auch hier ein Grundverständnis für die Eigentümlichkeiten und Vorgehensweisen des jeweils anderen Fachs gefordert. Um auf dem Gebiet der Bionik Erfolg zu haben, auch schon um ein grenzüberschreitendes Gespräch zu beginnen, muss der Biologe das kleine Einmaleins technischer Disziplinen gelernt haben, der Ingenieur sich Grundkenntnisse über die Fragestellungen und Vorgehensweisen der biologischen Fächer erarbeitet haben müssen. – Inwieweit sind diese beiden Disziplinen aber wirklich grenzüberschreitend?

1.2.5
Technische Biologie und Bionik als integrative Disziplinen mit sich ergänzenden Aufgabenstellungen

Es wurde festgestellt: *Technische Biologie* bedeutet „Natur verstehen mit Hilfe der Technik". *Bionik* bedeutet „Lernen von der Natur für die Technik". Beide Sichtweisen sind nicht trivial. Sie überschreiten bewusst die fachlichen Grenzen und kennen keinen Wissensverzicht. Sie erachten ein Zusammenführen von Biologie und Technik für wesentlich, sind sich aber der jeweiligen methodischen Eigentümlichkeiten und der Grenzen einer integrierten Betrachtung bewusst. Aus der Welt des Unbekannten deckt die Technische Biologie einen kleinen Sektor auf. Das ist eine eigenständige zivilisatorisch-kulturelle Aufgabe, wie jede naturwissenschaftliche Grundlagenforschung. Die Bionik führt diese Ergebnisse weiter zur Anwendbarkeit. Das ist eine praktische Notwendigkeit unserer Zeit (Abb. 1-2). – Wo liegen nun die Wurzeln und die Chancen dieser Doppelstrategie? Dazu zwei Beispiele, ein historisches und ein modernes (Abschn. 1.2.6).

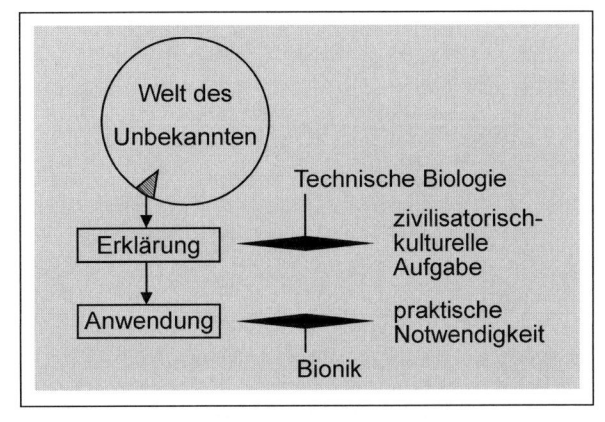

Abb. 1-2 Aufgaben der Technischen Biologie und Bionik

1.2.6
Wurzeln und Vorgehensweisen der technisch-biologisch/bionischen Strategie

Von Leonardo da Vinci, der in seinen Manuskript-Kladden um 1505 in Florenz Vorstellungen über den Vogelflug zusammengetragen hat, stammt die folgende Beobachtung. Die freien Handschwingen des Vogelflügels schließen aufgrund ihrer eigentümlichen Lagerung und Asymmetrie beim Abschlag spaltfrei; beim Aufschlag jedoch öffnen sie sich unter Bildung von Strömungsdukten (Abb. 1-3 A). (Nach heutiger Begriffsbildung ist dies eine Grundbeobachtung der *Technischen Biologie*.)

Darauf aufbauend hat Leonardo vorgeschlagen, an technischen Flügeln Klappen aus leinenbespanntem Weidenflechtwerk anzubringen, die sich beim Abschlag schließen, beim Aufschlag öffnen (Abb. 1-3 B). (*Ein typisch bionischer Vorschlag*: Die Grundbeobachtung wurde nicht kopiert, das Prinzip der spaltfreien Flächenschließung und duktbildenden Flächenöffnung wurde vielmehr technisch adäquat abstrahiert.) Dass die Übertragung so nicht funktionieren konnte, ist für die vorliegende Betrachtung nicht relevant. Der bionische Realisierungsvorschlag war eingebettet in die technische Vorstellungswelt seiner Zeit.

Im Auge des Krebses *Orconectes* formen die quadratischen Facetten (Abb. 1-4 B) ein eigentümliches Spiegelprinzip (Abb. 1-4 A). Nach seinen Entdeckern K. Vogt (1975) und M. Land (1976) wirkt dies wie ein virtuelles

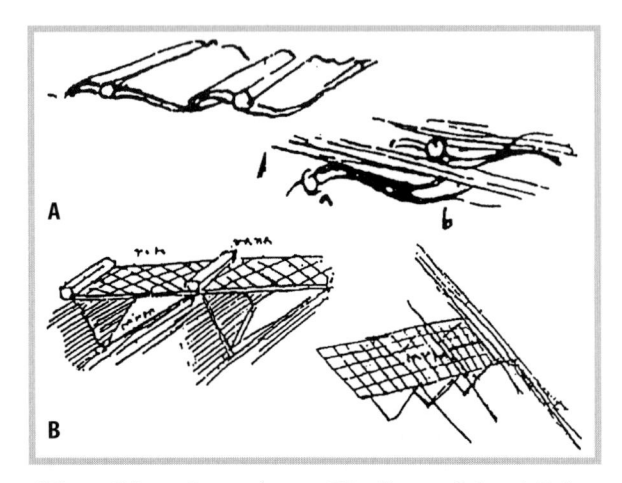

Abb. 1-3 Skizzen Leonardos zur Flügelkonstruktion. **A** Federüberlappung und Durchströmung beim Vogelflügel, **B** Flügelklappen und Durchströmung bei einem künstlichen Flügel *(nach Giacometti 1936)*

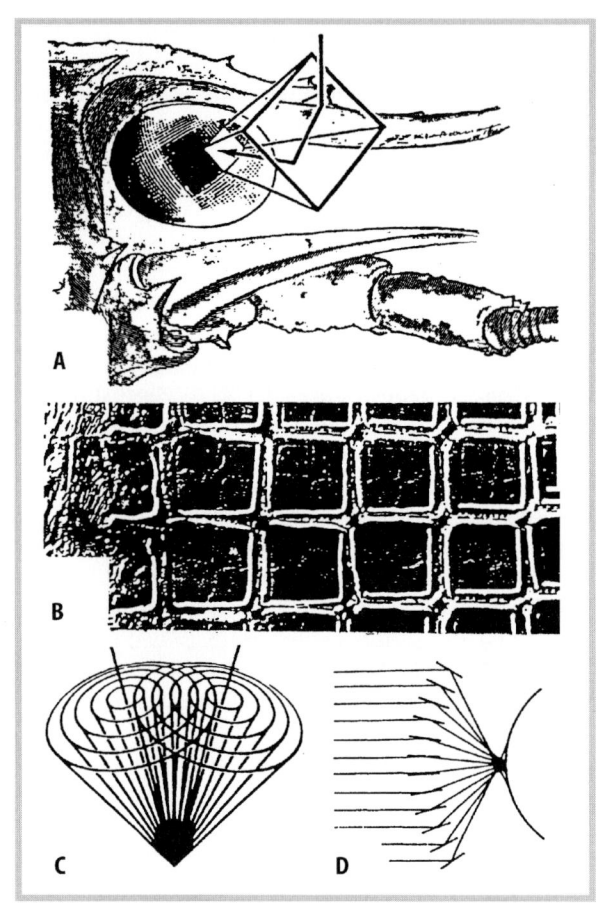

Abb. 1-4 Morphologie und Funktion beim Krebsauge **A** Prinzip des Strahlengangs *(nach Kirschfeld 1968)*, **B** quadratische Facetten, **C** „virtuelle Kegelflächen" beim Krebs, **D** Strahlengang bei der Röntgen-Fokussierung und Kollimator-Prinzip *(B–D nach Vogt 1982)*

System konzentrischer, kegelförmiger Spiegelflächen, die dem Weitwinkelauge hohe Bildschärfe und zugleich höchste Lichtstärke garantieren (Abb. 1-4 C). Die Lektüre der Arbeiten brachte den Astronomen J. L. G. Angel vom Steward Observatorium in Tucson/Arizona darauf, ein Weitwinkel-Teleskop für „Röntgenlicht" zu konstruieren. Es soll Röntgenquellen im Universum monitorieren. Nach der Krebsaugen-Idee werden die Röntgenstrahlen durch Totalreflexion in Bleiglasröhrchen quasi-fokussiert, so wie das auch an polierten Metallflächen unter sehr geringem Winkel geschieht (Abb. 1-4 D). – Dieses moderne Beispiel aus der Konstruktionsbionik wird in Abschn. 8.9 unter Gesichtspunkten der Sensorik weitergeführt.

Muss bionisches Arbeiten aber immer zu direkt Verwertbarem führen? Zwei Aspekte machen die Bionik auch dann höchst interessant, wenn eine Direktumsetzung nicht oder nicht unmittelbar erreicht wird oder auch gar nicht erst angestrebt wird: Bionik als Analogieforschung und Bionik als Kreativitätstraining. – Was hat es damit auf sich?

1.2.7
Bionik als Analogieforschung

An der Basis einer jeden Umsetzung steht der Vergleich. So stellt man Gebilde der Natur und der Technik erst einmal einander gegenüber, sucht zunächst deskriptiv nach Vergleichbarem, das in die Aufdeckung von Kausalbeziehungen münden kann, aber nicht muss: Analogieforschung (Helmcke 1972). Es gibt z. B. viele struktur-funktionelle Querbeziehungen bei botanischen und technischen Hochbaukonstruktionen wie etwa Getreidehalmen und Fernsehtürmen, ob man sie nun im Längsschnitt betrachtet (Abb. 1-5 A) oder im Querschnitt (Abb. 1-5 B) (Nachtigall 1986, Nachtigal et al. 1986). Ähnlichkeitsgesetze verhindern zwar die direkte kausale Vergleichbarkeit, doch ist bereits die Art der Ausformung, Lagerung und Einbettung von versteifenden Zugelementen an der Peripherie eines Grashalms – hier gibt es drei „Bewehrungs-Typen" (Abb. 1-5 B) – von großem bautechnischem Interesse.

1.2.8
Bionik als Kreativitätstraining

Die gedankliche Vorgehensweise der Bionik bietet insbesondere dem Techniker Möglichkeiten, mit einer Fülle von Problemlösungen bekannt zu werden, auf die man sonst so leicht nicht kommt.

Für das technische Problem „Verklammern" z. B. hat die Technik mehrere hundert Konstruktionsideen entwickelt, die Natur aber mehrere hunderttausend.

Die Einbeziehung der Natur beim Nachdenken über die Lösung technischen Fragestellung führt in der Regel zu verblüffenden, ungeahnten und durchaus unkonventionellen Lösungsvorschlägen und ermuntert dazu, Unkonventionelles zu wagen: Kreativitätstraining (s. Abschn. 16.3).

Betrachtungen der beiden letzten Kategorien können ohne direkte Übertragungsabsicht durchgeführt werden. Sie lehren integratives Denken und fördern ungemein die schöpferische Kreativität. Architekten

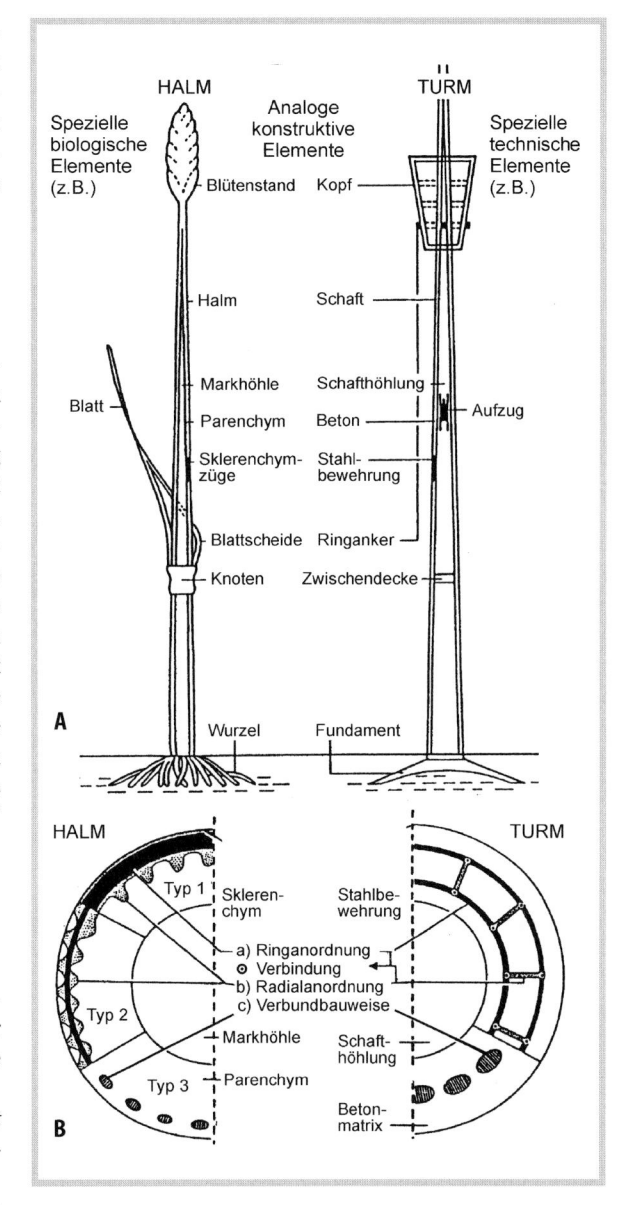

Abb. 1-5 Beispiel für einen analogen Vergleich: Grashalm und Fernsehturm. **A** Längsschnitte. **B** Querschnitte *(nach Nachtigall et al. 1986)*

wissen das seit langem. Im Gegensatz zu den Bauingenieuren verzichten sie bewusst nicht auf Analogien. Sie arbeiten u. a. gerne mit leicht zu fertigenden Papierfaltwerken, die sich jeder gedanklichen Vorstellung anpassen.

1.2.9
Bionik – was also ist das?

Die Eingangsfrage in Abschn. 1.2, die mit der Begriffsbildung zur Bionik implizit gekoppelt ist, kann wie folgt beantwortet werden: Bionik ist eine *abgrenzbare Disziplin* mit *eigenen Problemstellungen* und gleichzeitig eine Betrachtungsweise. Sie ist darüber hinaus ein fallweise einsetzbares Werkzeug. Wenn man Grenzüberschreitungen wagt – dieses Buch allerdings soll im naturwissenschaftlichen Bereich bleiben – kommt man rasch auch zu philosophischen, ethischen und moralischen Aspekten, die sich aus der Anwendung dieser Betrachtungsweise ergeben. Sie sollen an anderer Stelle einmal diskutiert werden.

Bionik versucht, Konstruktionen und Verfahrensweisen der Natur als Anregung, Vorbild und Herausforderung für eigenständig-technisches (Weiter)Konstruieren zu nehmen. Als fachübergreifende Disziplin wirkt sie Fächer-integrierend. Sie basiert auf der Technischen Biologie und bereitet deren Ergebnisse für eine technische Weiterführung auf. Unkritisches Naturkopieren lehnt sie ab. Ihr Ziel ist es, zur Entwicklung letztendlich technisch-eigenständiger Konstruktionen, Geräte und Verfahren anzuregen, die zu einem besseren Verkoppeln von Natur und Technik – Umwelt und Menschenwerk – führen.

Am Beginn stehen jedoch immer – zunächst wertfrei – *analoge Gegenüberstellungen*. Diese können, müssen aber nicht zur Aufdeckung funktionaler Gemeinsamkeiten führen. Darüber hinaus ist Bionik ein ideales *Kreativitätstraining* für Ingenieure.

1.3
Teilgebiete der Bionik

Für das Bionik-Kompetenznetz (s. Vorwort) wurde eine detaillierte Gliederung aller Aspekte erarbeitet, die das Gesamtgebiet der Bionik umfassen. Darüber wurde bei allen Mitgliedern des Netzwerks Konsens erzielt. Die Teilgebiete lassen sich in 17 Kategorien aufgliedern. Sie bilden auch die Grobgliederung dieses Buchs. Im Folgenden sind unter diesen 17 Titeln Untergliederungsmöglichkeiten angegeben, wie sie z. B. für den Aufbau einer weltweiten Datenbank zur Bionik benötigt werden. In diesem Buch wird die Untergliederung nicht so weit getrieben. Es werden vielmehr unter jeder der 17 Kategorien i. Allg. 10 als typisch und besonders aussagekräftig erscheinende Beispiele und Aspekte zusammengestellt.

Hier sei nun jede Kategorie durch die Angabe von Untergliederungsmöglichkeiten umrissen, in ihren Grundfragestellungen gekennzeichnet und, wo möglich, durch ein typisches Beispiel illustriert. Bei den Untergliederungen stehen die jeweiligen biologischen Aspekte (bei „Konstruktionen" z. B. die „Konstruktionsmorphologie") stets an erster Stelle.

(1) Definitionen und Gliederungen
Zum Bionik-Begriff und Bionik-Netzwerk. Teilgebiete, Sichtweisen.

(2) Personen und Organisationen
Namen und Anschriften von Bionik-nahen Wissenschaftlern und sonstigen Personen, national und international und Bionik-nahen Organisationen, Zentren, Gesellschaften, Messen, Arbeitsstellen und Unternehmen.

(3) Publikationen und Öffentlichkeitsarbeit
Allgemeine schriftliche Publikationen über Bionik und den Bionik-Begriff. Vorträge und Rundfunksendungen. Filme und Fernsehsendungen. Tagungen, Kongresse, Workshops. Bionik-nahe Werbung.

(4) Fachstudium und Fachtagungen
Allgemeine Aspekte des Bionik-Studiums, Hauptfach und Nebenfach. Studiengänge und Weiterbildung. Spezielle Symposien, Fachtagungen und -kongresse.

(5) Vorwissenschaftliches und Historisches
Frühe Konzepte und Publikationen. Frühe Patente. Methodische Vorgehensweisen.

Die Entwicklung des Fachgebiets kann an mehreren Teilaspekten der Biologie und Technik dargestellt werden, z. B. anhand der Entwicklung der Maschinenelemente

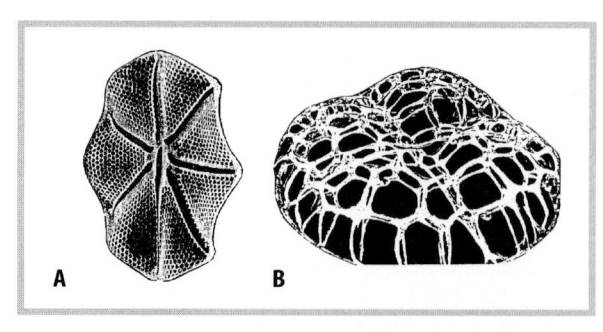

Abb. 1-6 Beispiel: Die Analyse von Diatomeenschalen hat zu Tragwerksvorschlägen geführt. **A** Beispiel für eine Diatomeenschale *(nach Noser 1985)*, **B** Teil einer analogen Kunstharz-Kuppel *(Ausstellungsstück von Noser)*

im 19. Jahrhundert oder, besonders gut, am Beispiel des Vogelflugs und der frühen Versuche, mit Schlagflügeln zu fliegen. Der oben genannte Ansatz Leonardo da Vincis (Abb. 1-6) ist eines der klassischen Beispiele (Giacometti 1936).

(6) Materialien und Strukturen
Materialien, biochemische, biophysikalische und Recycling-Aspekte. Materialkomplexe, Verbundmaterialien. Biokompatible Materialien und Implantwerkstoffe.

Biologische Strukturelemente werden untersucht, beschrieben und verglichen. Die Eignung bestimmter, auch unkonventioneller Materialien für spezielle Zwecke wird betrachtet. Auch unkonventionelle, naturentlehnte Strukturen wie z. B. anisotrope Verbundmaterialien und pneumatische Strukturen oder flächenüberspannende Membranstrukturen werden im Hinblick auf ihre Eignung für technische Großausführungen untersucht. Formbildungsprozesse im biologischen Bereich bieten unkonventionelle technische Vorbilder.

(7) Formgestaltung und Design
Nicht-funktionelle und funktionelle Formgestaltung. Bionik-Design.

Bei einem Lebewesen bildet die „äußere Form" zusammen mit dem „Innenleben" stets ein funktionelles Ganzes. Ein Bionik-Design muss diesem funktionellen Aspekt entsprechen, will es nicht in reine Formähnlichkeit abgleiten, wie die Abbildung eines klassischen Entwurfs zeigt (Abb. 1-7).

(8) Konstruktionen und Geräte
Konstruktionsmorphologie und funktionelle Anatomie. Allgemeine und angewandte Biomechanik. Konstruktionen. Geräte. Mechatronic. Mikrosysteme. Nanosysteme.

Konstruktionselemente und Mechanismen aus den Bereichen der biologischen und technischen Welt werden analysiert und verglichen. Es wird herausgearbeitet, wie die Konstruktionselemente zu funktionierenden Gesamtkonstruktionen zusammenspielen. Es finden sich verblüffende Gemeinsamkeiten, so z. B. in Pumpkonstruktionen (Speichelpumpen bei Insekten, Wirbeltierherzen, technische Pumpen). Doch hat die belebte Welt sehr viel stärker als die Technik zu integrativen Konstruktionen geführt, bei denen die Einzelelemente oft eine Mehrzahl von Aufgaben zu erfüllen haben. Dabei spielen auch unkonventionelle Materialeigentümlichkeiten wie z. B. partiell unterschiedliche Elastizitäten eine Rolle. Gerade im Hinblick auf technische Konstruktionen ist der Gesichtspunkt der besseren integrativen Abstimmung von Einzelkomponenten für Mehrzweckaufgaben bedeutsam.

Bei der Geräte-Bionik handelt es sich um die Entwicklung einsetzbarer Gesamtkonstruktionen nach Vorbildern aus der Natur. Besonders im Bereich der Pumpen- und Fördertechnik, der Hydraulik und Pneumatik finden sich vielfältige Anregungsmöglichkeiten (Abb. 1-8).

(9) Bau und Klimatisierung
Tierbauten. Bauen und Gebäude. Klimatisierung, Energieoptimierung.

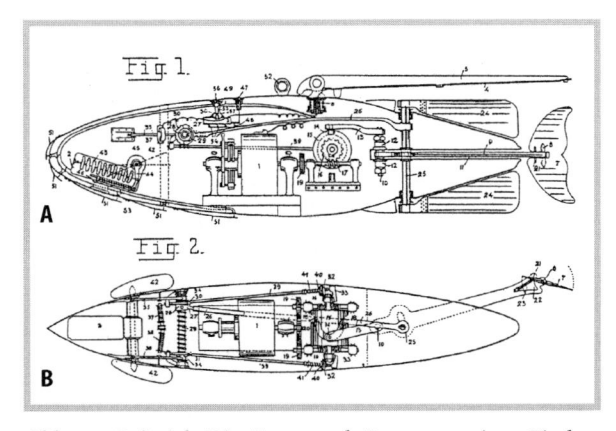

Abb. 1-7 Beispiel: Die Form und Bewegung eines Fisches haben zu einem Beispiel für ein klassisches überwiegend formähnliches Design geführt *(aus C. Lie „Lotsenfisch" (1905), Abb. nach der Patentschrift)*

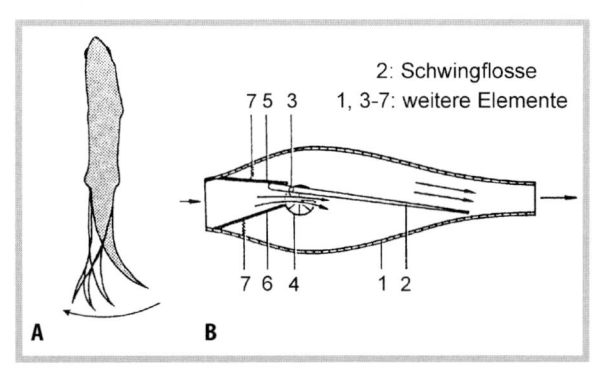

Abb. 1-8 Beispiel: Die Untersuchung der Schwanzflossenbewegung bei der Forelle hat zur Konstruktion einer Flossenpumpe geführt. **A** Bewegungsweise der Schwanzflosse bei der Forelle, **B** Konstruktions-Schnittzeichnung einer nach dem Fischschwanzprinzip arbeitenden Flossenpumpe *(nach Affeld und Hertel 1968)*

„Natürliches" Bauen bedeutet zum einen eine Rückbesinnung auf traditionelle Baumaterialien, die auch in der Biologie verwendet werden (z. B. Tonmaterialien mit ihren baubiologisch interessanten Eigentümlichkeiten). Andererseits gewinnt man aus dem Studium biologischer Leichtbaukonstruktionen Anregungen für temporäre technische Leichtbauten. Anregungen können u. a. kommen von: Seilkonstruktionen (Spinnennetzen), Membran- und Schalenkonstruktionen (biologischen Schalen und Panzern), schützenden Hüllen, die Gasaustausch erlauben (Eischalen), Etagenbauten, Integration abgehängter Einheiten, wandelbaren Konstruktionen, Konstruktionen mit stärker recyklierbaren Materialien als die Technik das bisher kennt, idealen Flächendeckungen (Blattüberlagerungen) und Flächennutzungen (Wabenprinzip). Wichtig sind Abstimmungen einzelner Wohnelemente in der Gesamtfläche, in ihrer Ausrichtung z. B. zu Sonne und Wind, in Analogie zu Blattüberdeckungen und Blütenkonstruktionen und anderes mehr (Lebedev 1983).

Passive Lüftung, Kühlung und Heizung sind wesentliche Gesichtspunkte. Das Studium natürlicher Konstruktionen ebenso wie die Analyse sog. primitiver Bauten z. B. in Zentralamerika und Nordafrika können zu unkonventionellen Anordnungen und Einrichtungen führen. Allein die Idealausrichtung zu Sonne und Wind, Dachformen, Einnischungen in die Erde, ideale Unterkellerung und Luftführung vom kühlen Erdreich in sommerwarme Räume, Luftumwälzung nach Art der Termitenbauten mit Gasaustausch unter Verwendung poröser Materialien könnten über 80 % der (elektrischen) Energie zur sommerlichen Kühlung und 40–60 % der Energie zur Winterheizung sparen. Symbiontische Integration von Pflanzen in die Wohnlandschaft kann der Verbesserung des Sauerstoffpartialdrucks und der Nahrungsversorgung dienen (Abb. 1-9).

(10) Robotik und Lokomotion
Bewegung und Fortbewegung in der Biologie. Robotik. Lokomotion auf festem Substrat. Lokomotion in Fluiden.

Laufen, Schwimmen, Fliegen sind die Haupt-Lokomotionsformen im Tierreich. Fluidmechanisch interessante Interaktionen zwischen Bewegungsorganen und umgebendem Medium finden sich im Bereich kleiner wie mittlerer Reynolds-Zahlen (Mikroorganismen, Insekten) ebenso wie in der Region sehr hoher Reynolds-Zahlen, die an den Re-Bereich von Verkehrsflugzeugen heranreichen (Wale). Fragen der Strömungsanpassung bewegter Körper, des Antriebsmechanismus von Bewegungsorganen und ihrer strömungsmechanischen Wirkungsgrade stehen im Vordergrund. Auch Fragen der funktionsmorphologischen Gestaltung z. B. von Flügeln können interessante Anregungen geben, so etwa die Oberflächenrauhigkeit von Vogelflügeln infolge der Eigenrauhigkeit des Gefieders, die in bestimmten Bereichen positive Grenzschichteffekte nach sich zieht (Abb. 1-10).

(11) Sensoren und neuronale Steuerung
Biologische Sensoren. Technische Sensoren. Neurale biologische Systeme. Neuronale technische Steuerung und Regelung. Einkopplung biologischer Teilsysteme.

Fragen der Monitorierung physikalischer und chemischer Reize, Ortung und Orientierung in der Umwelt

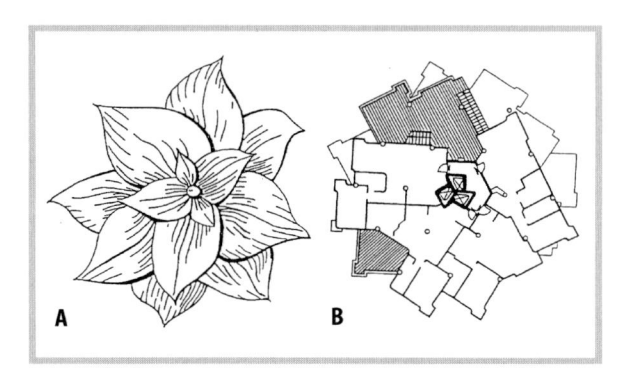

Abb. 1-9 Beispiel: Die Analyse der Blattstellung von Rosettenpflanzen hat zu Wohnbaukonzepten geführt. **A** Blattrosette beim Breitwegerich, **B** im Grundriss rosettenförmige Wohnbaukonstruktion mit günstiger lokaler Besonnung/Beschattung *(nach Lebedev 1983)*

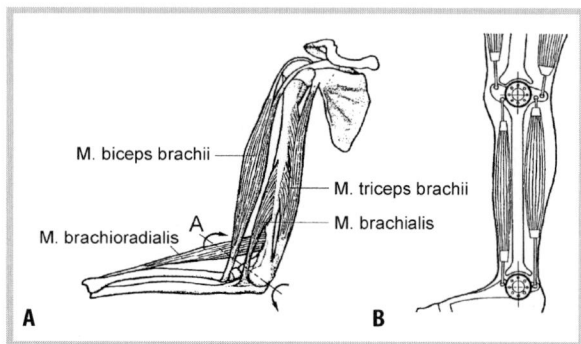

Abb. 1-10 Beispiel: Die Untersuchung von Muskeln als Elastizitätsglied hat zu ruckfrei-pneumatischen Stellgliedern geführt. **A** Armmuskulatur des Menschen *(nach Thews et al. 1989)* **B** Vorschlag einer Bewegungssteuerung *(nach Exameca 1983 aus Coineau und Kresling 1987)*

gehören zu diesem Bereich. Das Problem, chemische Substanzen z. B. im Körper des Menschen (Stichwort: Zuckerkrankheit) oder bei großtechnischen Konvertern (Stichwort: Biotechnologie) zu monitorieren, wird immer wichtiger. Sensoren der Natur, die für alle nur denkbaren chemischen und physikalischen Reize ausgelegt sind, wurden schon früh (Gérardin 1962) und werden heute verstärkt unter dem Gesichtspunkt einer Übertragungsmöglichkeit für die Technik analysiert.

Datenanalyse und Informationsverarbeitung unter Benutzung intelligenter Schaltungen befinden sich in einer stürmischen Entwicklung. Insbesondere die Verschaltung von Parallelrechnern und die Entwicklung „Neuronaler Schaltkreise" haben entscheidende Anregungen aus dem Bereich der Neurobiologie und der Biokybernetik bekommen. Nachdem sich dieses Gebiet auch in Bezug auf die biologische Grundlagenforschung rasch weiterentwickelt, ist in den nächsten Jahren mit einer verstärkten Interaktion zum Nutzen beider Disziplinen zu rechnen. Da diese bereits zu einem eigenständigen Fachgebiet geführt hat, werden solche Aspekte hier nur kurz gefasst und beispielorientiert behandelt (Abb. 1-11).

(12) Anthropo- und biomedizinische Technik
Anthropotechnik (Mensch und Maschine – Interaktion). Biomedizinische Technik (ohne Prothetik). Prothetik.

Der immer wichtiger werdende Problemkreis der Mensch-Maschinen-Interaktion und die vielfältigen Anwendungsmöglichkeiten der Robotik gehören zu diesem Schwerpunkt. Bedienungsfreundliche Gestaltung der Cockpits moderner Verkehrsflugzeuge, die den sensorischen Gewohnheiten des Menschen angepasst sind, sind ein modernes Beispiel.Die Suche nach Idealkonfigurationen von Fahrrädern, mit denen u. a. mit höherer Muskeleffizienz gefahren werden kann als der Mensch das beim Laufen fertig bringt (!) sind ein anderes. Probleme der Robotik, z. B. Greifarmsteuerungen, könnten durch vergleichendes Studium beispielsweise der Beinbewegungen von Invertebraten (Krebse, Insekten) auf unkonventionelle Weise gelöst werden (Abb. 1-12).

(13) Verfahren und Abläufe
Organische Bioenergetik (inkl. Fotosynthese). Artifizielle Fotosynthese (inkl. Wasserstofftechnologie). Passive Solarnutzung. Windnutzung. Erdwärme- und Erdkühle-Nutzung.

Nicht nur natürliche Konstruktionen kann man auf ihre technische Verwertbarkeit abklopfen, sondern mit besonderem Vorteil auch Verfahren, mit denen die Natur die Vorgänge und Umsätze steuert. Eines der wesentlichsten Vorbilder ist die Fotosynthese im Hinblick auf eine zukünftige Wasserstofftechnologie. Weiter könnten Aspekte der ökologischen Forschung mit großem Gewinn im Hinblick auf die Steuerung komplexer industrieller und wirtschaftlicher Unternehmungen untersucht werden. Schließlich sind es die natürlichen Methoden des totalen Recyclierens, des vollständigen Vermeidens von Deponiematerial wert, in allen Details auf eine Übertragbarkeit abgeklopft zu werden (Abb. 1-13).

(14) Evolution und Optimierung
Biologische Evolution. Form- und Bauteiloptimierung (exkl. Evolutionsstrategien). Evolutionsstrategien.

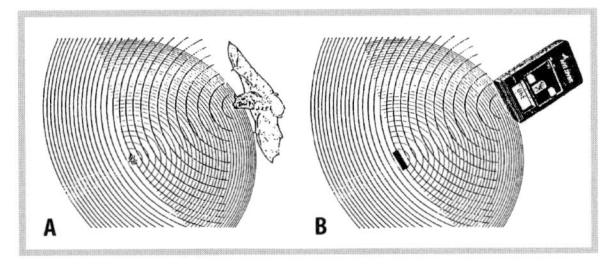

Abb. 1-11 Beispiel: Die Untersuchung des Fledermaussonars und technischer Sonareinrichtungen haben sich gegenseitig befruchtet. **A** Schema der Beuteortung bei Fledermäusen *(aus Nachtigall 1987 nach Griffin 1958)*, **B** technischer „Sonar-Meterstab" *(nach Conrad-Katalog 1992)*

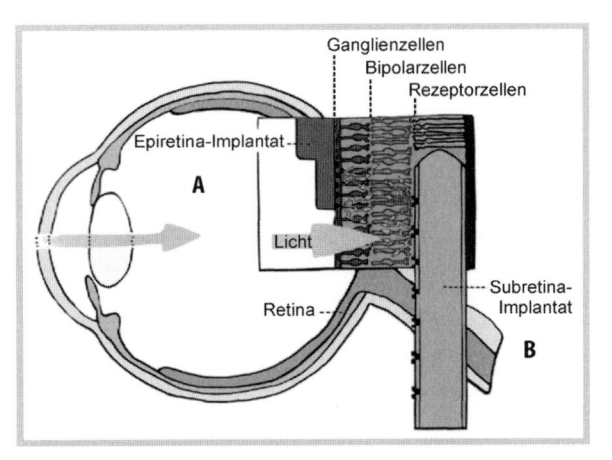

Abb. 1-12 Beispiel: Aus dem genauen Verständnis des Aufbaus der Retina und ihres Informationsflusses haben sich zwei Möglichkeiten für Retinaimplantate ergeben, **A** das Epiretina- und **B** das Subretina-Implantat *(nach Bothe, Engel 1998)*

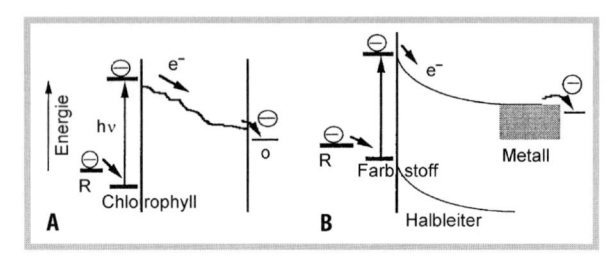

Abb. 1-13 Das detaillierte Studium der Elektronentransfer-Ketten in der Photosynthese (**A**) hat zu den organischen Farbstoffzellen der Technik (**B**) geführt *(nach Tributsch 1995)*

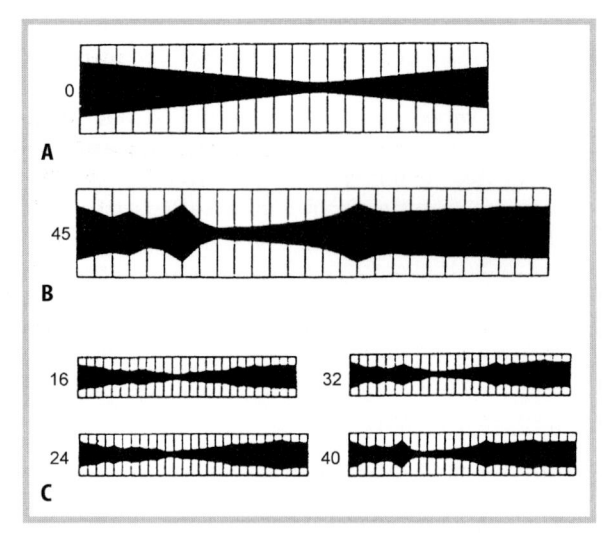

Abb. 1-14 Beispiel: Evolutionsstrategische Überlegungen haben zur Optimierung einer 2-Phasen-Überschalldüse geführt. **A** Ausgangsform nach Art einer klassischen Venturi-Düse, **B** Übergangsformen, **C** nach 44 zufälligen Änderungen evolutionsbionisch gefundene, optimierte Endform *(nach Schwefel 1968)*

Evolutionstechnik und -strategie versucht, die Verfahren der natürlichen Evolution der Technik nutzbar zu machen. Insbesonders dann, wenn die mathematische Formulierung bei komplexen Systemen und Verfahren noch nicht so weit gediehen ist, dass rechnerische Simulierung möglich wäre, bleibt die experimentelle Versuchs-Irrtums-Entwicklung als interessante Alternative. Diese geht zu einem großen Teil auf die Arbeiten von Rechenberg und Schwefel zurück (Rechenberg 1973) (Abb. 1-14).

(15) Systematik und Organisation
Spezifika von Biosystemen. Selbstorganisation, Synergetik, Systemtheorie. Umweltökologie. Bioinformatik, Biokybernetik. Wirtschaftssysteme.

Wenn bionische Einzellösungen in ganze Strategien so eingebunden sind, kann man von Systemik sprechen. Dazu gehören z. B. umweltangemessene Verpackungen, die – sollten sie wirksam werden – in eine Gesamtstrategie eingebunden sein müssen, welche vom Konzept bis zum Recycling führt. Fragen, wie staatenbildende Lebewesen oder Ökosysteme im systemischen Zusammenwirken komplexe Organisationsprobleme meistern, gehören auch hierher (Abb. 1-15).

(16) Konzeptuelles und Zusammenfassendes
Bionik als gesellschaftspolitische Herausforderung. Bionik als fächerübergreifender Betrachtungsaspekt. Bionik als Kreativitätstraining. Bionik und vernetztes Denken. Bionik und Bildung. Bionik in der Schule. Bionik als Überlebensstrategie. Bionik und Ethik

Hier werden Strategien zusammengefasst und Lösungsfelder abgesteckt, die bionisches Vorgehen an sich zum Thema haben und Methodisches beinhalten, die aber auch durch Kombinieren von Einzeldisziplinen zu übergeordneten Komplexen führen.

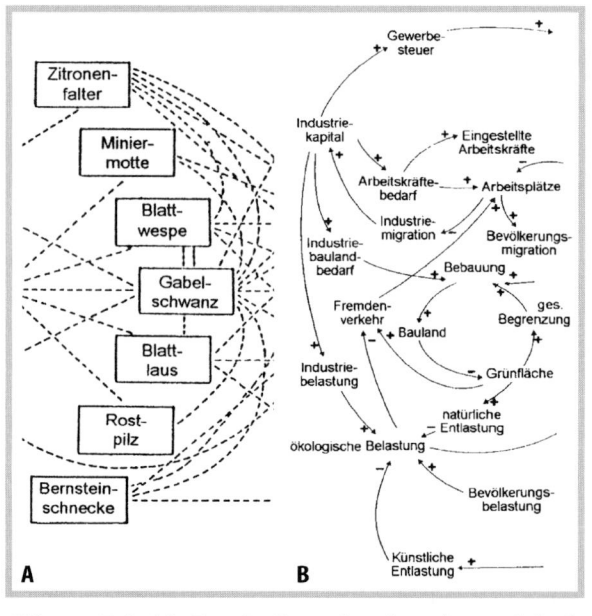

Abb. 1-15 Beispiel: Das Studium eines komplexen ökologischen Beziehungsgefüges (**A**) hat geholfen, entsprechende Gefüge im ökonomisch-technischen Bereich (**B**) zu formulieren *(nach Dylla, Krätzner 1972 und Vester 1988)*

(17) Patente und Rechtsaspekte
Patente. Gebrauchsmuster. Rechtlich relevante Aspekte.

Gebrauchsmuster und Patente sind die äußeren Zeichen, dass Grundlagenforschung in angewandte Sektoren hineingeführt hat. Für die Bionik gelten einige spezielle Aspekte, die zu beachten sind.

Literatur

Affeld K, Hertel H (1973) Pumpe zum Fördern von Flüssigkeiten mittels schwingender Flächen. Patentanmeldung Deutsches Patentamt H 58–654–Ic/59e; Offenlegungsschrift 170 3294

Anonymus (1961) Bionics symposium. Living prototypes – the key to new technology. Wadt Technical Report 60-600, 5,000- März 1961 – 23 – 899. United States Airforce Wright-Paterson Airforce Base, Ohio

Bechert DW, Reif W-E (1985) On the drag reduction of shark skin. AIAA-85-0546 report, AIAA Shear flow control Conference, March 12–14, Boulder-Colorado

Bothe H-W, Engel M (1998) Neurobionik. Umschau-Buchverlag, Frankfurt a. M.

Coineau Y, Kresling B (1987) Les inventions de la nature et la bionique. Hachette, Paris

Gérardin L (1968) La bionique. Hachette, Paris

Griffin DRV (1958) Listening in the dark. Yale Univ. press, New Haven

Helmcke JG (1959) Form und Funktion der Diatomeenschalen. Gesetzmäßigkeiten im Kleinsten. Beitr. Naturkunde Niedersachsen 12, 110–114

Helmcke JG (1972) Ein Beispiel für die praktische Anwendung der Analogieforschung. Mitt. d. Inst. f. leichte Flächentragwerke der Universität Stuttgart (IL) 4, 6–15

Heppner I (1999) http://dom.ica3.uni-stuttgart.de~ingo/Bionik/ bionics.html

Lebedev JS (1983) Architektur und Bionik. Verlag für Bauwesen. Berlin

Nachtigall W (1971) Biotechnik. Quelle & Meyer, Heidelberg

Nachtigall W (1974) Biological mechanisms of attachment. Springer, Berlin, Heidelberg, New York

Nachtigall W (1983) Biostrategie. Eine Überlebenschance für unsere Zivilisation. Hoffmann und Campe, Hamburg

Nachtigall W (1986) Konstruktionsmorphologie und Analogieforschung. In: Pflanzenbiomechanik (Schwerpunkt Gräser). Konzepte SFB 230, Heft 24, 21–66

Nachtigall W (1987) La nature réinventée. Plon. Paris.

Nachtigall W (1992) Technische Biologie und Bionik. Ein neues Forschungs- und Ausbildungskonzept. Campus (Universität des Saarlandes) 2/92, 10–11

Nachtigall W (1991a) Lassen sich Biologie und Technik überhaupt vergleichen? In: Rundschreiben der Gesellschaft für Technische Biologie und Bionik, 3 (Zool. Inst. Univ. d. Saarl., Saarbrücken) Febr. 1991, p. 2

Nachtigall W, Kage M (1980) Faszination des Lebendigen. Herder, Freiburg

Nachtigall W, Wisser A, Wisser C-M (1986) Pflanzenbiomechanik (Schwerpunkt Gräser). Konzepte SFB 230, Heft 24, 12–22

Neumann D, Hrsg. (1993)Technologieanalyse BIONIK. VDI-Verlag, Düsseldorf

Noser T (1985) Natur als Baumeister. Architektur der Diatomeen. Modelle der Formbildung – Kräfte und Prozesse – Bauprinzip Pneu. Publ. Hochschule der Künste, Berlin

Rechenberg I (1973) Evolutionsstrategie. Optimierung technischer Systeme nach Prinzipien der biologischen Evolution. Frommann, Stuttgart. Neubearbeitung (1994) Evolutionsstrategie '94. Gleicher Verlag

Schwefel HP (1968) Experimentelle Optimierung einer Zweiphasen-Düse. Bericht 35 des AEG Forschungsinstituts Berlin zum Projekt MHD-Staustahlrohr

Szodruch J (1991) Riblets Haarfeine Rille verringern den Reibungswiderstand von Flugzeugen. Spektrum d. Wiss., Dez. 91, 36–46

Thews G, Mutschler E, Vaupel MA (1989) Anatomie, Physiologie, Pathophysiologie des Menschen. Wiss. Verlagsgesellschaft.

da Vinci L (1505) Sul volo degli uccelli. Florenz

Vogt U (1975) Zur Optik des Flusskrebsauges. Z. Naturforschung 30 c, 692

Kapitel 2

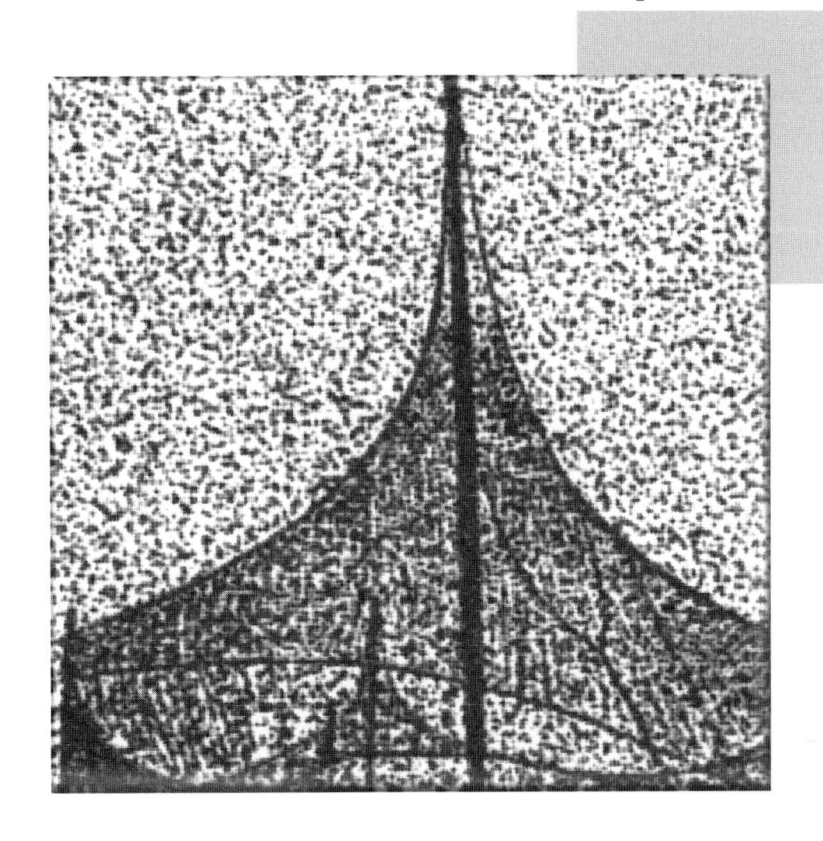

2 Personen und Organisationen

2.1 Allgemeines

Eine wesentliche Aufgabe zur Förderung eines aufblühenden Fachgebiets ist stets das Zusammenführen von Einzelkämpfern. Dies gilt auch für den fächerübergreifenden Bionik-Bereich. Es gibt in den Forschungseinrichtungen von Hochschulen und Industrie weltweit schätzungsweise 5000 Menschen in 200 Einrichtungen, die sich mit Bionik befassen, auch wenn Bionik so eng definiert wird wie in Abschn. 1.1 geschehen. Dazu kommen interessierte Einzelpersonen, immer mehr auch Studenten, die sich für eine Ausbildung in Technischer Biologie und Bionik interessieren.

Oft ist es allerdings noch so, dass diese Forscher, Forschungen und Interessenslagen wenig Kontakt miteinander haben. Nicht selten auch wird bionisch geforscht, ohne dass dies als bionisch bezeichnet wird. Aber erst dann, wenn sich Sichtweisen unter einem allgemein akzeptierten Überbegriff einordnen, entwickelt sich eine Schlagkraft, die auch für die Formierung einer Disziplin und ihre gesellschaftspolitische Verankerung die nötige Basis bietet.

Es kann nicht Gegenstand des Buchs sein, an dieser Stelle Forscher und Forschergruppen alphabetisch aufzulisten, doch sind die Forscher, auf deren Ergebnisse das Buch aufbaut, in einem Namensanhang angeführt. Pars pro toto sei vielmehr kurz über das Bionik-Kompetenznetz des BMBF und über Gesellschaften und Zusammenschlüsse berichtet, zu deren Aufgaben auch die Datenzusammenstellung von Bionik-Forschern und -forschungen gehört, ebenso wie die Kontaktpflege untereinander und zwischen Forschung und Anwendung.

2.2 Das Bionik-Kompetenznetz BioKoN

Das Bundesministerium für Bildung und Forschung hat am 22. Mai 2001 ein Bionik-Kompetenznetz genehmigt, mit zunächst drei Jahren Laufzeit. Darin sind erst einmal die in Abb. 2-1 A genannten sechs Universitäten vernetzt. Das Konzept ging von Saarbrücken aus; die beiden Hauptschwerpunkte (die sich später auch mehr um den nordöstlichen bzw. südwestlichen Raum kümmern sollen) sind Berlin und Saarbrücken, der Organisator ist R. Bannasch/Berlin. Zunächst muss das Netzwerk in allen Verzahnungsdetails aufgebaut werden. Dann geht es um die Kompetenzabstimmung und die sinnvolle Tätigkeitsverteilung, die u. a. von einer weltweiten Bionik-Datensammlung (lokalisiert in Saarbrücken) bis zur Mikrosystemforschung (lokalisiert in Ilmenau) reicht. Die Aufgaben des Netzes sind in Abb. 2-1 B zusammengefasst. Es soll bei Bewährung erweitert und ggf. internationalisiert werden, wofür jedoch noch zahlreiche Basisarbeiten zu erledigen sind.

Besonders wichtig erscheint mir Punkt 2: *Die programmatische Systematisierung der Bionik*. Was gehört dazu? Was lässt sich sinnvoll verzahnen? Was liegt mit Sicherheit außerhalb? Der Klarstellung und Wegfindung dient auch die Neuauflage dieses Buchs mit seiner von allen Mitgliedern des Bionik-Kompetenznetzes mitgetragenen Einteilung. Zu Punkt 3 liegen schon zahlreiche Arbeiten mit mehreren Tausend Literaturstellen in Saarbrücken vor, so dass man eher von einer Weiterführung und Ausweitung sprechen kann. Erst wenn eine solche Datenbank wirklich praktikabel organisiert ist, kann sie auf Anfragen aus Forschung und Industrie sinnvoll reagieren. Die industrielle Kooperation und die Umsetzung erarbeiteten technisch-biologischen Wissens in die Anwendbarkeit sollen sich schließlich als zukunftsorientierte Standbeine des Netzes festigen und über Pilotprojekte zu einer dauerhaften Verzahnung zwischen Grundlagenforschung und industrieller Anwendung führen.

Die bereits einigermaßen ausreichend betriebene Öffentlichkeitsarbeit, für das Gesamtgebiet der Bionik bisher praktisch ausschließlich in Saarbrücken angesiedelt, kann und soll noch intensiviert werden. Ein trauriges Kapitel ist die momentane Lage der universitären Ausbildung, die infolge Kompetenzgerangels und Ignoranz von Gremien und Exekutive – zumindest in Saarbrücken, wo ich seit Jahren ein erfolgreiches Ausbildungsprogramm „Technische Biologie und Bionik" für Diplombiologen laufen hatte –, z. Z. in einer schwierigen Phase ist. Anderenorts dagegen wurde bereits ein völlig neuer Studienplan „Bionik" genehmigt (FHS Bremen) oder man befindet sich im Stadium von Vorplanungen (München, Heidelberg etc.).

Die einzelnen Mitglieder des Kompetenznetzes werden sich über laufend angepasste Homepages vorstellen, die Aktivitäten aufzeigen und Kooperationsangebote ausschreiben. Die derzeitigen Homepages lauten:

Saarbrücken: http://www.uni-saarland.de/fak8/bi13win;

Berlin: http://www.bionik.tu-berlin.de

Bonn: http://www.botanik.unibonn.de/system/bionik.htm

Karlsruhe: http://www.fzk.de/imf2/numerische_werkzeuge/biomechanik/d_index.html;

Ilmenau: http://www.maschinenbau.tu-ilmenau.de/mb/wwwmm/mm.htm;

Münster: http://www.uni-muenster.de/Physik/TD/

2.3
Gesellschaften und sonstige Zusammenschlüsse

Im Jahr 1982 wurde die „Association for Ecology Design" in Schweden gegründet. Ihr Initiator und langjähriger Promotor war Stefan Bartha, Svedala/Schweden. Die Gesellschaft befasst sich, wie der Name sagt, mit ökologisch vertretbaren Konstruktionen und Designvorschlägen, ähnelt in ihrer Zielsetzung also stark dem Bionik-Gedanken. Seit Oktober 1989 gibt es auch eine Zweitorganisation in Ungarn „Öcological Design-Társulat". Eine weitere Zweitorganisation wurde 1989 in England gegründet. Bisher hat diese Gesellschaft zahlreiche Tagungen abgehalten, häufig in Schweden. Ein vielbeachteter Kongress fand 1992 in Budapest/Ungarn statt.

Im Jahr 1983 wurde am Pariser Naturhistorischen Museum eine kurzfristig existierende „Assocation pour la promotion de la Bionique" anlässlich der Vorbereitungsarbeit für eine Bionik-Ausstellung gegründet.

Der Bionik-Verband wurde von B. Werzinger, München, 1990 gegründet. Ziele des Verbands sind Gestaltung und Herstellung von Werbematerialien sowie Durchführung von Messen, Kongressen und Seminaren. Der Verband hat die erste Bionik-Ausstellung (Wiesbaden 1992) der Gesellschaft für Technische Biologie und Bionik gesponsert.

Wir haben in Saarbrücken 1990 die Gesellschaft für Technische Biologie und Bionik gegründet (Generalsekretär K. Braun, Gebäude 9.1, Universität des Saarlandes, Postfach 15 11 50, 66041 Saarbrücken. Tel. 0681/302-3205, Fax: 0681/302-6651, E-Mail: gtbb@mx.uni-saarland.de). Sie versucht die beiden Facetten der Technischen Biologie (Natur verstehen mit Hilfe der Technik) und der Bionik (Für die Technik von der Natur lernen) zu verbinden. Sie hat sich schnell zu einer angesehenen Vereinigung entwickelt; z. Z. mit rund 300 Mitgliedern. Sie steht jedem Interessenten offen und ist im Begriff, sich international zu öffnen. Im Jahr gibt A. Wisser drei Rundschreiben heraus, die über neue und neueste Aspekte berichten. Die Gesellschaft veranstaltet Kongresse, Symposien und Ausstellungen, ist Anlaufstelle für Anfragen aus Industrie und Wirtschaft, wirbt für

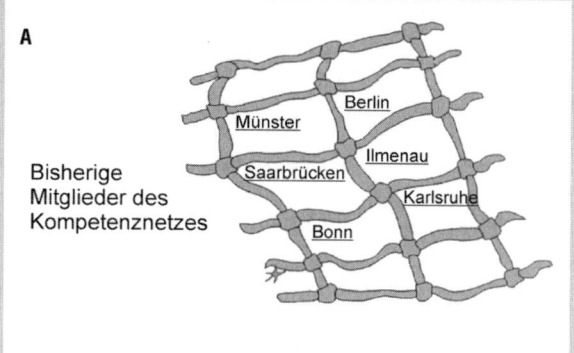

Abb. 2-1 2001 gegründete Anfangsversion eines Bionik-Kompetenznetzes. **A** Mitglieder, **B** Aufgaben *(nach Homepage: tu-berlin.de)*

die Bionik im industriellen Bereich und gibt Hinweise auf bionik-relevante Veranstaltungen und Termine.

Nach meinem Ausscheiden aus dem aktiven Universitätsdienst (10/2002) werde ich die Leitung einer Arbeitsstelle „Technische Biologie und Bionik" übernehmen, welche die Akademie der Wissenschaften und der Literatur Mainz an der Universität des Saarlandes, Saarbrücken, eingerichtet hat.

Die Gesellschaft für Technische Biologie und Bionik, die Arbeitsstelle Technische Biologie und Bionik und das Bionik-Kompetenznetz werden ihre Aktivitäten bündeln.

Kapitel 3

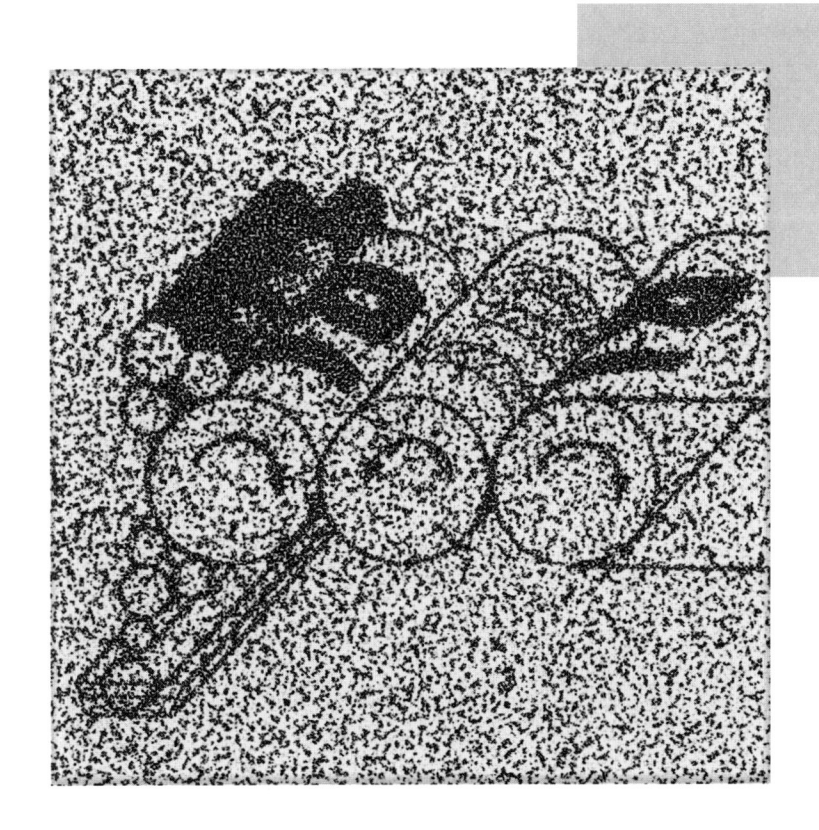

3 Publikationen und Öffentlichkeitsarbeit

3.1 Bücher

Vor allem R. H. Francé (1919, Die technischen Leistungen der Pflanze. Veit & Co, Leipzig) und andere Werke sowie A. Gießler (1939, Biotechnik, Quelle & Meyer, Heidelberg) haben für ein „Lernen von der Natur" geworben, sind aber kaum beachtet worden.

Klassiker der Literatur über Bionik nach 1950 sind bspw. W. Beiers und K. Glaß „Bionik" (1968, Urania, Berlin), L. Gérardins „La Bionique" (1968, Hachette, Paris), H. Hertels „Biologie und Technik – Struktur, Form, Bewegung" (1963, Krausskopff, Mainz), L. Mironows „Bionik" (1970, Mir, Moskau) und H. Heynerts „Einführung in die allgemeine Bionik" (1972, Deutscher Verlag der Wissenschaft, Berlin). Diese Bücher fand ich vor, als ich daranging, nach einigen populärwissenschaftlichen Artikeln ein eigenes Buchkonzept zu realisieren. All diese Bücher waren damals eher etwas für den interessierten Spezialisten. Sie haben mich stark motiviert, eine allgemein verständliche Sprache zu finden.

Dass sich mein Buch „Phantasie der Schöpfung – Faszinierende Erkenntnisse der Biologie und Biotechnik" (1973, Hoffmann und Campe, Hamburg) heute als impulsgebender Klassiker darstellt, konnte ich damals freilich nicht ahnen. Unter demselben Titel erschien es 1983 als Taschenbuch bei Heyne, München, nachdem es 1976 als „Fantesie van de schepping" bei Meulenhoff in Baarn auf Holländisch herausgekommen war. In überarbeiteter Form ist es 1987 unter dem Titel „La nature réinventée" auch in französischer Sprache erschienen (Plon, Paris). Als ich es vor fast dreißig Jahren schrieb, war an eine Verankerung der Bionik in Wissenschaft, Industrieforschung und Medien noch nicht zu denken. Ich hatte es aber damals schon ganz bewusst als „Wegbereiter" geplant. Als „Biotechnik" (1970, Quelle & Meyer, Heidelberg) hatte ich in Übernahme der Wortprägung von Francé und Gießler früher noch die Aspekte zusammengefasst, die heute unter dem Fachbegriff „Technische Biologie" laufen. Die Gründe für die Namensänderung lagen darin, dass dieser Begriff von anderer Seite mit Fragen der Biotechnologie, Bakteriengenetik etc. bereits erfolgreich und irreversibel besetzt worden ist.

Im selben Jahr, als Hans-Henning Heynert sein zweites Buch publizierte (Grundlagen der Bionik; 1976, Deutscher Verlag der Wissenschaften, Berlin) veröffentlichte Helmut Tributsch sein Werk „Wie das Leben leben lernte" (Deutsche Verlagsanstalt, Stuttgart). Von eigenen Reisen bis hin in den südamerikanischen Raum ausgehend schilderte er die „technischen" Prinzipien, mit denen sich Pflanzen und Tiere den Umweltanforderungen gewachsen zeigen und diskutierte eine größere Zahl von Anwendungsmöglichkeiten. Tributsch kommt von der physikalischen Chemie her und leitet heute ein Universitätsinstitut in Berlin.

E. Zerbsts Buch „Bionik – Biologische Funktionsprinzipien und ihre technische Anwendung" (1987, Teubner, Stuttgart) erläutert im Vorwort die damaligen Schwierigkeiten, Bionik, vom „Populärwissenschaftlichen" zu trennen. Es behandelt eine größere Zahl von Übertragungsmöglichkeiten, insbesondere auf dem Gebiet der Medizintechnik auf nüchtern-wissenschaftliche Weise. E. Zerbst kommt ursprünglich von der Medizin.

Y. Coineau und B. Kresling veröffentlichten 1986 ihr Werk „Les inventions de la nature et la bionique" (Hachette, Paris). Es ist 1989 auch in deutscher Sprache erschienen (Tessloff, Hamburg). Y. Coineau ist Biologe und Bodenkundler. Wie er mir einmal erzählt hat, kam er über die Lektüre meiner „Phantasie der Schöpfung" zur Bionik. B. Kresling hat in Wien Architektur studiert und längere Zeit als Architektin gearbeitet. Sie war einige Zeit als freie Mitarbeiterin bei uns in Saarbrücken. Heute arbeitet sie in Paris.

Mein zweites Buch über Biologie und Technik heißt „Erfinderin Natur". Es ist 1984 bei Rasch und Röhring,

Hamburg erschienen. Obwohl es immer als Bionik-Buch apostrophiert wird, handelt es im Grunde von Technischer Biologie, denn es zeigt, wie „Natürliche Konstruktionen" unter technischen Aspekten zu beschreiben und zu verstehen sind.

Im Jahr 1983 habe ich dann bei Hoffmann und Campe, Hamburg, das Buch „Biostrategie" herausgebracht (1983 unter demselben Titel als Taschenbuch bei Heyne, München). Die Aspekte des „Lernens von der Natur" wurden hier – nach Fachgebieten geordnet – als Überlebensstrategie zusammengefasst. Es wurde gezeigt, dass nicht Naturkopie sondern Anregung aus der Natur einem eigenständig-technischen Gestalten zum Wohle des Menschen in vielfältiger Weise nutzen kann. Das Buch enthält eine ausführliche Bibliographie.

Mein Buch „Konstruktionen – Biologie und Technik", das 1986 im VDI Verlag, Düsseldorf, herausgekommen ist, ist als „visuell orientierter" Band grafisch besonders ansprechend aufgemacht. Es lebt von der Gegenüberstellung technischer und (rasterelektronenmikroskopischer) biologischer Aufnahmen. Wenngleich wissenschaftlich nicht sonderlich bedeutend, hat das Buch viele Techniker und Kaufleute in den Chefetagen der Wirtschaft erreicht und für den Bionik-Gedanken sensibilisiert, (der ja bekanntlich mit der Analogieforschung beginnt, der Gegenüberstellung biologischer und technischer Konstruktionen).

I. Rechenberg, Hauptbegründer der Evolutionsstrategie und Bionik-Pionier, hat seine Gedanken und eine Anzahl von Beispielen aus eigener Forschungspraxis in seinem 1973 bei Frommann-Holzboog, Stuttgart erschienen Buch „Evolutionsstrategie – Optimierung technischer Systeme nach den Prinzipien der biologischen Evolution" dargestellt. Dieses Buch ist „der Klassiker" dieser bionischen Disziplin; seine Beispiele werden häufig zitiert. Das Buch ist in einer vollständig überarbeiteten Fassung 1994 neu erschienen (Evolutionsstrategie '94, Frommann-Holzboog, Stuttgart). Sehr in die praktischen Details geht das Buch von H. P. Schwefel, Mitbegründer der Evolutionsstrategie, „Evolutionsstrategie und numerische Optimierung", das als gedruckte Doktorarbeit (D 83, Fachbereich für Verfahrenstechnik, TU Berlin) 1975 in Berlin erschienen ist. Im Jahr 1988 fand ein Kongress „Evolution und Evolutionsstrategien in Biologie, Technik und Gesellschaft" statt. Die Ergebnisse sind in einem gleichnamigen Buch (Freie Akademie, Berlin 1989) zusammengefasst. Die beiden grundlegenden Abschnitte über Evolutionsstrategie des vorliegenden Buches stammen direkt aus I. Rechenbergs Feder.

„Architektur und Bionik" ist der Titel einer kleinformatigen Buchpublikation von I. S. Lebedev (Verlag für Bauwesen, Berlin 1983). Das Buch handelt überwiegend von Bau-Bionik und zwar im Wesentlichen aus der Sicht russischer Architekten und Ingenieure. Es ist eine Fundgrube für Bionik-Aktivitäten in der damaligen Sowjetunion, die aus ideologischen Gründen (s. Abschn. 5.2) erwünscht waren und gefördert wurden. Es bringt gleichzeitig auch eine Vielzahl von Negativbeispielen, Aspekten also, nach denen wir heute Bionik gerade nicht definieren wollen. Eine Darstellung in der Formelschreibweise des Technikers haben U. Gheorghe und A. Popescu auf Rumänisch vorgelegt („Introducere in Bionica", 1990, Editura sciintifica, Bucuresti).

In Zusammenarbeit mit dem Siemens-Museum entstand 1991 das Buch „Bionik – Von der Natur lernen" von H. Marguerre (Siemens AG Berlin, München). Es befasst sich im Wesentlichen mit dem Teilgebiet „Sensorbionik" und geht hier teilweise tiefer in die Details. H. Marguerre ist Ingenieur und arbeitete bei der Siemens AG.

Sehr erfolgreich wurde das im Pro-Futura-Verlag in Zusammenarbeit mit der Umweltstiftung WWF Deutschland 1991 erschienene Buch „Bionik – Patente der Natur". Wegen des großen Echos ist 1993 ein Folgeband erschienen („Bionik – Natur als Vorbild") ebenfalls vorzüglich illustriert, und „journalistisch" geschrieben.

Im Jahr 1993 erschien, im Auftrag der Georg Agricola Gesellschaft von A. Hermann und W. Dettmering, Düsseldorf und von Ch. Schönbeck herausgegeben, das Werk „Technik und Wissenschaft" als Band in der Reihe „Technik und Kultur" im VDI-Verlag, Düsseldorf. In diesem Buch habe ich die Beiträge über Technische Biologie und Bionik bearbeitet, wie früher schon die entsprechenden Stichworte in der „Enzyklopädie Naturwissenschaften und Technik" (1981, Verlag Moderne Industrie).

Somit ist bereits eine ausführliche Literatur zum Themenkreis „Bionik" vorhanden, die von populärwissenschaftlichen Darstellungen bis zur ingenieurspezifischen Ausarbeitung reicht.

Im Sommer 1995 fand an der Fachhochschule Hamburg eine Ringvorlesung über bionische Themen statt, die A. v. Gleich 1998 in Buchform herausgegeben hat: „Bionik – Ökologische Techniken nach dem Vorbild der Natur?" (Teubner, Stuttgart). In dem Fragezeichen äußert sich die kritische Grundhaltung des Herausgebers.

Mehr hübsch zu lesender Erzählband über Bionik ist „Der Delphin im Schiffsbug. Wie Natur die Technik inspiriert" von D. Willis (Birkhäuser, Basel 1997). Im selben Jahr ist „Biomimicry" von J. M. Benyus erschienen (Morrow, New York), mit dem Untertitel „Innovation inspired by Nature". Auf dem Titelblatt steht ein Satz, den man unterschreiben kann: „Inside the revolutionary new science that is rediscovering life's best ideas – and changing the world". Das Buch enthält keine Abbildungen. Weniger enthusiastisch äußert sich S. Vogel zur Bionik in seinem Werk „Von Grashalmen und Hochhäusern" (Verlag Spektrum der Wissenschaft 2001) zur Bionik. Er bezieht sich allerdings auch nur auf klassisch ausgewalzte Beispiele.

Ich selbst habe in neuerer Zeit fünf Bücher mit bionischem und technisch-biologischem Inhalt auf den Markt gebracht. 1997 erschien bei Springer/Heidelberg ein Buch über Designfragen: „Vorbild Natur. Bionik-Design für funktionelles Gestalten". Im Jahr 1998 ist die erste Auflage des vorliegenden Lehrbuchs erschienen, 2000 das inzwischen in zweiter Auflage vorliegende Lehrbuch „Biomechanik. Grundlagen, Beispiele, Übungen" (Vieweg, Wiesbaden) und im selben Jahr der zusammen mit dem Wissenschaftsjournalisten K. G. Blüchel verfasste Band „Das große Buch der Bionik. Neue Technologien nach dem Vorbild der Natur" (DVA, München). Es ist ein reich ausgestatteter Bildband mit Aufnahmen der bekanntesten Wissenschaftssfotografen. Schließlich erschien 2001 das Kinderbuch „Natur macht erfinderisch" im Ravensburger Buchverlag. Wenn man sich schon auf allgemeine Weise für Bionik einsetzt, wie ich es seit jeher getan habe, darf man Kinder nicht übergehen. Die Kinder von heute sind die Studenten und Ingenieure von morgen und übermorgen. Vielleicht ist dies letztere mein wichtigstes Buch.

3.2
Zeitschriftenartikel

Wissenschaftliche Originalmitteilungen erscheinen üblicherweise in fachspezifischen wissenschaftlichen Zeitschriften. Wenn sich populärwissenschaftliche Zeitschriften, technische Magazine und Illustrierte mit einer Thematik befassen, so ist dies ein untrügliches Kennzeichen für zunehmendes Interesse der Öffentlichkeit: Spezielle Forschungsergebnisse verlassen die Elfenbeintürme, werden einem breiteren Publikum nahegebracht und stehen damit selbstredend auch einer breiteren Kritik offen. Selbst wenn Kritik gelegentlich hart ausfällt, kann einem Fachgebiet nichts besseres geschehen als eben dieses. Es wird sich auf Dauer im Kräftefeld der öffentlichen Meinungen nur behaupten können, wenn es die Öffentlichkeit überzeugt. Artikel in Zeitschriften mit großen Auflagen haben hierfür eine sehr wichtige Pilotfunktion.

Ich will einer Zusammenstellung von Bionik-Artikeln aus den letzten Jahren zwei historische Zitate voranstellen. Im Jahr 1927 hat R. Welzien in der Zeitschrift „Kosmos" (Francksche-Verlagshandlung, Stuttgart 24, 44–47) ein Beitrag veröffentlicht: „Ist der Roggenhalm schlanker gebaut als unsere modernen Schornsteine?" Dieser Artikel hat mich in den 50er-Jahren als Schüler sehr beeindruckt, zeigt er doch in aller Klarheit, dass Gegenüberstellungen von Biologie und Technik sinnvoll sind, aber niemals unkritisch ablaufen dürfen. Größenrelationen verhindern eine direkte Übertragbarkeit. (Aus dem gleichen Grund kann der Mensch nicht über einen Kirchturm springen, und wäre er auch so kräftig wie ein Floh). In den Jahren 1971 und 1972 habe ich dann selbst versucht, mit fünf Artikeln über Technische Biologie und Bionik in der Zeitschrift „Kosmos" ein breiteres Publikum zu erreichen.

In den letzten Jahren hat es eine Vielzahl von Bionik-Beiträgen in Zeitungen, Zeitschriften und Illustrierten gegeben. Eine Auswahl (ab 1990) davon ist in Abb. 3-1 zusammengestellt.

In der Zwischenzeit ist Informationsbedarf über Bionik auch in wissenschaftlichen Zeitschriften aufgetreten. So hatte ich Gelegenheit, für die erste Auflage der Zeitschrift Biopractice 1, 1992, p 6–11 einen Beitrag zu verfassen mit dem Titel „Bionics: Discipline between Biology and Technical Science". Zusammen mit B. Kresling schrieb ich 1992 für die Zeitschrift „Naturwissenschaften" zwei bau-bionisch orientierte Beiträge „Bauformen der Natur": I Technische Biologie und Bionik von Knoten-Stab-Tragwerken (79, 193–201) und II Technische Biologie und Bionik von Platten- und Faltkonstruktionen (79, 251–259). In der Zwischenzeit gibt es auch eine Reihe von wissenschaftlichen Zeitschriften, die Bionik-Artikel aufnehmen, in der Regel fachspezifisch, zum Themenkreis der jeweiligen Zeitschrift passend. So nimmt sich die Fachzeitschrift „Biomimetics" vor allem des Materialaspekts an.

3 Publikationen und Öffentlichkeitsarbeit

Anonymus (1989): **Wenn die Natur die Analogien liefert.** FAZ, 28.07.1989

Grassmann, P. (1990): **Bionik: Grenzen u. Perspektiven** Naturwissenschaften 77, 305–309 (1990)

Strunz, A. (1990): **Die Natur liefert Technikern oft die besten Lösungen.** Impulse 3/90

Stelzer-Meidinger, E. (1991): **Die Natur weist Erfindern den Weg.** Süddeutsche Zeitung, Nr. 155, 08.07.1991

Reckert, B. (1991): **Bionik – Techniken von der Natur abgeschaut.** DF, 8/91 11-12

Blum, W. (1991): **Die Natur als Vorbild.** Süddeutsche Zeitung, 10.10.91

anonymus (1992): **Die genialen Erfindungen der Natur.** TV, 10/91

Martin, G. (1991): **Das Know-how der Natur auf die Technik übertragen.** Saarbrücker Zeitung, Nr. 291, 17.12.91

Wilinsky, W. (1991): **Jede technische Lösung sollte sich am Vorbild der Natur orientieren und mit ihr in Harmonie stehen.** Umweltmedizin, Möve Verlag, Idstein

N.N. (1991): **Bionik – Das Beste aus Biologie und Technik.** Physis. 7. Jg., Heft 9

anonymus (1992): **Klein dick, schnell: Der Pinguin und die Bionik.** Saarbrücker Zeitung, 13.02.92

Küllmer, H. (1992): **Bionik – Die Natur als Vorbild für die Technik.** Telecom Unterrichtsblätter, Jg. 45, 2/92, 82–83

v. d. Weiden, S. (1992): **Der Traum von der grünen Energie.** VDI-Nachrichten, Nr. 11, 3/92

Schneider, W. (1992): **Supertechnik – Abgekupfert von der Natur.** Quick, Nr. 18, 4/92, 56–60

anonymus (1992): **Natur-Bild Natur.** Natur Magazin, Nr. 5, 5/95

Detann, W. (1992): **Bionik – Lernen von der Natur. „Sanfte" Technologie verheißt die Lösung unserer Umweltprobleme.** BIO, Juni/Juli 1992, 6–7, 42

Marguerre, H. (1992): **Kreatives Gestalten der Technik nach dem Vorbild der Natur.** Elektronik 21/92

Teichmann, K., Wilke J. (1992): **Das Paradoxe als Programm „Enge Verknüpfung zwischen Biologie und Architektur".** Uni Stuttgart, Natürliche Konstruktionen, Forschung, Mitteilungen der DFG 1/93

John, F. (1992): **Bionik – Gibt es eine Verbindung zwischen Biologie und Technik?** St. Ingbert, Diskurse des Bodmer-Kreises für interdisz. Orientierung e.V.

Nachtigall, W. (1992): **Bionik inspiriert Konstruktionen – Ideen aus der Natur.** F + E Trendbuch 1992

Wandtner, R. (1992): **Die Natur – Fundgrube für Techniker.** Frankfurter Allgemeine Zeitung 24.06.1992, Nr. 144

Müller-Christiansen (1992): **Die Idee der Bionik, Lernen von der Natur, hatten schon Dädalus und Ikarus auf Kreta.** Wiesbadener Zeitung, 25.06.1992

Erster deutscher Bionik-Kongress (1992): **Hai-Tech hilft Treibstoff sparen.** VDI-Zeitschrift 1992

Nachtigall, W. (1993): **Bionik: Von der Natur lernen** anonymus Januar 1993

Blickvin, R. (1993): **Fisch-Forscher der Saar-Uni testen künstliche Forelle.** Saarbrücker Zeitung 30./31. Oktober 1993, Nr. 254

anonymus (1994): **Auf Känguruhs Sohlen.** 2. Oktober 1994

Schmid, R. (1994): **Bionik des Laufens.** Naturwissenschaftl. Rundschau, 47. Jahrgang. Heft 6/1994

anonymus (1994): **Fisch ohne Gräten.** Geo Nr. 12, Dez. 1994

Dario, P., Sandini, G., Aebischer, P. (1995): **Robots and Biological Systems: Towards a New Bionics?** Computer and Systems Sciences, Vol. 102

anonymus (1995): **Natur als Vorbild.** Strom, 3/95

anonymus (1995): **Tricks der Natur.** Der Spiegel 5/1995

anonymus (1995): **Geheimnis gelüftet – das Geheimnis der Spinnennetze.** Der Spiegel 5/1995

anonymus (1995): **Schnelle Rillen.** Der Spiegel 6/1995

Braun, R. (1995): **Vorbild Natur.** Tierfreund 2/95, 46. Jahrg.

Braun, R. (1995): **Bionik – Nach dem Vorbild der Natur.** Tierfreund 2/95, 46. Jahrg.

Gora, H.-J. (1995): **Wie ein Hirschgeweih.** Auto Motor Sport 1/1995

Deussen, N. (1996): **Bionik.** Lufthansa Bordbuch, 1/96, 2/96, 3/96, 4/96, 5/96, 6/96

Blüchel, Kurt (1996): **Von der Natur lernen.** Die Welt Nr. 138-24, 15./16.Juni 1996

anonymus (1996): **Bionik steckt noch in den Kinderschuhen.** Stuttgarter Zeitung, 17.06.1996

anonymus (1996): **Was lässt sich von der Hundenase alles lernen?** Rhein-Neckar-Zeitung 18.06.1996

anonymus (1996): **Wie Technik von der Natur lernt.** RNZ 17.06.1996

anonymus (1996): **Lernen von der Haifischhaut.** Rheinpfalz 17.06.1996

anonymus (1996): **Für die Kombizange zur Insektenjagd steht der Ameisenlöwe Pate.** Rheinpfalz 05.06.1996

anonymus (1996): **Von Düsenjets und Pinguinen.** Mannheimer Morgen 03.06.1996

anonymus (1996): **Dieser Chip ist eine Nase.** SZ, Nr. 266, 13.11.1996

Lindemann, M. (1996): **Viele Fußballer trainieren falsch.** SZ, Nr. 268, 15.11.1996

Dhein, Chr. (1996): **Von Gelbrandkäfern, Eisbären und Bügeleisen.** Süddeutsche Zeitung, 27.08.96

anonymus (1996): **Lehrmeister Natur.** Bild Woche, Nr.47, 14.11.96, S.16-19

Häcker, B. u. Nachtigall, W. (1996): **Bionik – Natur als Vorbild.** Biologie in unserer Zeit, 26. Jahrgang, Nov.1996, Nr.6

Norbert, T. (1996): **Spritsparende Schwingen.** Bild der Wissenschaft, 12/1996

anonymus (1997): **Sonderseite Bionik-Centrum.** Westfalen-Blatt, Nr. 55, 6. März 1997

anonymus (1997): **Beim Eisvogel abgekupfert.** ZUG, 4/97

anonymus (1997): **Insects can't fly – right?** EuroPhotonics, February/March 1997

anonymus (1997): **Noch ist die Spinne dem Roboter überlegen.** Frankfurter Allgemeine Nr. 87, S. 19, 15.04.97

Sievers, K. (1997): **Termitenbau als Vorbild für Hauslüftung.** Braunschweiger Zeitung, 15.04.97

anonymus (1997): **Der Natur abgekupfert.** Messe-Zeitung, 16. 04. 1997

Penner, J. (1997): **Leonhardt: Ideen von der Leine an die Saar.** Saarbrücker Zeitung, Nr.90, 18.04.97

anonymus (1997): **Reif für die Zukunft.** Saarbrücker Zeitung, Nr. 91, 19.04.97

Maas, H. (1997): **Die Natur als Vorbild.** ReformhausKURIER, 1/97

Nachtigall, W. (1997): **Biologisches Design.** Saarbrücker Hefte 77, S. 40-47

Nachtigall, W. (1997): **Grass shows way to light constructions.** Eureka, June 1997, S. 33–34

Hasenpusch, W. (1997): **Seeigel-Stachel – ein Objekt für die Bionik.** Mikrokosmos 86, Heft 4, S. 211–215

Gorczytza, H. (1997): **Mutter Natur auf die Finger geschaut.** D/R/S, 15.08.97

Schirawski, N. (1997): **Gesucht: Die genialsten Konstrukteure.** PM Magazin,)/97

Knapp, W. (1997): **Das magische Sechseck.** Bild der Wissenschaft 11/1997

Jacob, K. (1997): **Die Natur soll der Technik Flügel verleihen.** FACTS, 23/1997

Faltermeier, Ch. (1998): **Bei der Natur gespickt.** EurowingsMagazin, 1/98

anonymus (1998): **Schatzkammer der Natur.** Der Spiegel, Nr. 11, 09.03.98

Garganico, Ch. (1998): **Folie aus Fischhaut für Flugzeuge spart...** Welt am Sonntag, 22.03.1998

Irsch, W. (1998): **Von der Haifischhaut zum Airbus.** Factum Nr. 3/4, April 1998

anonymus (1998): **„Tierische" Erfindungen.** Saarbrücker City Journal, Mai '98

Barthlott, W. u. Neinhuis, C. (1998): **Lotus-Effekt und Autolack.** Biologie in unserer Zeit, 28. Jahrg., Nr.5, 1998

Meister, M. (1998): **Haihaut hilft Sprit sparen.** Philip Morris Magazin, 1998

Bartz, Th. (1998): **Vorbild Natur.** Victor's Magazin, Nr. 3, Juli/August 1998

Schwarzburger, H. (1998): **Wie Sandfische der Technik weiterhelfen.** VDI Nachrichten, Nr. 32, 07.08.98

Niehaus-Osterloh, M. (1998): **Der Saugnapf – ein Patent der Natur.** Mare No.9, Aug./Sept. 1998

Dargaz, Th. (1998): **Wundertechnik Neurobionik.** Bild am Sonntag, S. 70–71, 13.09.1998

anonymus (1998): **So revolutionär ist die Neurobionik.** Die aktuelle, Nr. 38, Sept. 1998

Vöhringer, K.-D. (1998): **Vorbild Natur.** Bild der Wissenschaft 10/1998

anonymus (1998): **Durchs Hirn klicken.** Saarbrücker Zeitung, Nr. 246, 23.10.1998

anonymus (1998): **Ingenieure lernen von der Natur.** SuperTV, Nr. 43, 15.10.98

anonymus (1998): **Künstliche Haihaut für Flugzeuge.** Naturw. Rdsch., 51. Jahrgang, Heft 11, 1998

Schmidt, A. (1998): **Neue Wege in der Luftfahrt. Bionik – eine Synthese.** Neue Zürcher Zeitung, Nr. 274, 25.11.98

Roloff, E. (1998): **Lotus-Effekt – Reines Patentrezept.** MERKURplus, Nr. 49, 04.12.98

Kaiser, G. (1999): **Vorwärts zur Natur zurück.** Der Tagesspiegel, Nr. 16 634, 14.03.99

Janositz, P. (1999): **Der Klettverschluss war nur der Anfang.** Der Tagesspiegel, Nr. 16 634, 14.03.99

Schmidt, U. (1999): **Bionik – Kein direkter Weg in die Produktion.** Dfd, 6/99, 19.03.99

Wagner, G. (1999): **Über die Stubenfliege zum Hüftgelenk.** Berliner Morgenpost, 22.04.99

Marx, V. (1999): **Haihaut und Lotus-Effekt zu neuer Folie für Flugzeuge kombiniert.** Die Welt, 13.07.99

Hammes, A. (1999): **Nach dem Vorbild glatter Haifischschuppen.** Saarbrücker Zeitung, 10.08.99

Wagner, G. (1999): **Lotuspflanze hilft Wissenschaftlern auf die Sprünge.** Saarbrücker Zeitung, 11.08.99

Ball, Ph. (1999): **Shark skin and other solutions.** Nature, Vol.400, 487-598, 05.08.99

Abb. 3-1 Beispiele für Zeitschriftenartikel der letzten Jahre

3.3 Ausstellungen

Janßen, A. (1999): **Die reinste Revolution.** Lufthansa Magazin 8/99, S. 76–81

Nachtigall, W. (1999): **Bionik-von der Forschung zur techn. Anwendung.** Biologen heute 4/99, S. 6–7

v. Schmude, M. (1999): **Von der Natur das (Über-)Leben lernen.** Politische Ökologie 62 stoff.wechsel, Sept. 99

Seidenfaden, U. (1999): **Roboter auf dem Marsch in die Arbeitswelt.** Saarbrücker Zeitung Nr. 209, 08.09.99

Schumacher, S. (1999): **Die Natur ist das Vorbild.** GlücksRevue, Nr. 41, 06.10.99, S. 40–41

Streckfuß, Ch. (1999): **Blinde Architekten.** ÖKO Test, Heft 10, Oktober '99, S. 88–91

Küppers, U. (1999): **Bionik-Lernen von der Natur.** WECHSELWIRKUNG, 38, Okt. 1999, S. 38–45

Willmann, U. (1999): **Spuren im Sand.** Die Zeit, 30/1999

Huesmann, M. (1999): **Bionik – Copyright by nature.** ReSOLUTION 02, 99, S. 4–12

Weber, D. (1999): **Bionik oder das Gesellenstück des Zauberlehrlings.** BIOforum 11/99, S. 678–679

Theuerkauf, K. (1999): **Reifen wie Froschfüße.** MediaMobil Special 4/99, Nov. 1999, Blatt 8–9

Röthlein, B. (1999): **Bionik – Von der Natur lernen.** BMWMagazin 4/1999, S. 56–62

Ippen, H. (1999): **Motor mit Nerv.** AUTOZeitung, Nr. 1, 22.12.99, S. 68

Wurm, Ch. (1999): **Zurück in die Zukunft.** GLOBAL 2000, Dez. 1999, S. 5–11

Jurkovics, U. (1999): **Vorbild Natur.** ÖKO TEST, Heft 12, Dez. 1999, S. 8–21

Scholz, C. (1999): **Tierisch viel Grips.** Continental ReifenMagazin, Nr. 3, Dezember 1999, S. 16–18

Bahnen, A. (1999): **Das Tier benimmt sich unmöglich.** FAZ, Nr. 294, 17.12.99, S. 48

Röthlein, B. (2000): **Bionik: Aus der Werkstatt der Natur.** Natur & kosmos, Februar 2000, S. 14–27

Hill, B. u. Nader, W. (2000): **Biologische Systeme, eine unerschöpfliche Innovationsquelle.** Biologie in unserer Zeit, 2/00, S. 88–96

Röthlein, B. (2000): **Bionik: Was die Technik von den Bäumen lernen kann.** Natur & kosmos, März 2000, S. 14–27

Schmidt, U. (2000): **Ein Mann für alle Stämme.** Rheinischer Merkur, Nummer 14, S. 26

Ehrenberg, P. (2000): **Haihaut und aufgepumpte Gedärme.** Die Welt, 21.03.2000

anonymus (2000): **Die Natur der Dinge.** Die Woche, NRW FORUM, Nr. 02/2020, 24. März 2000

Seipp, B. (2000): **Forstwirtschaft schreitet voran.** Die Welt, 20.04.00, S. WR 2

Bechert, W. et al. (2000): **Fluid Mechanics of Biological Surfaces and their Technological Application.** Naturwissenschaften, 87/4/2000, S. 157–171

anonymus (2000): **Schwimmen wie ein Haifisch.** Welt am Sonntag, Nr. 17, 23.04.00, S. 65

anonymus (2000): **Unterricht bei Mutter Natur.** VDInachrichten, Nr. 17, 28.04.00, S. 25

Nachtigall, W., Kesel, A. (2000): **Biologisch komponierte Materialien u. Systeme – Schwerpunkt „Biomimetische Materialien".** magazin forschung, 1/2000, April 2000, S. 49–56

Lugger, B. (2000): **Bauen wie die Natur.** Natur & kosmos, Juni 2000, S. 36–45

Hilger, I. (2000): **Ein Aufbruch im doppelten Sinn** (Kongress). Mitteldeutsche Zeitung, Nr. 138, 17.06.2000, S. 9+11

Küppers, U. (2000): **Bionik des Organisationsmanagements.** Iomanagement, Nr. 6 2000, S. 22–31

Worm, Th. (2000): **Die Erben des Ikarus.** Natur & kosmos, Juli 2000, S. 40–45

Küffner, G. (2000): **Bionik: Von der Natur lernen.** Viessmann aktuell, 32. Jahrgang, Ausgabe 2, Juli 2000, S. 6–8

anonymus (2000): **Rauher, schneller, weiter...** Innovation Lambda 4, Juni 2000, S. 4–8

Frick, F. (2000): **Lotus – Effekt. Viel Arbeit für die Saubermänner.** Bild der Wissenschaft, 7/2000, S. 102–104

Bartmann, S. (2000): **Comback für „neue" Oldies.** Fliegermagazin Nr. 9, Sept. 2000, S. 6–11

N.N. (2000): **Entwickeln nach dem Vorbild der Natur.** Ke 9/00, September 2000, S. 3

Breuer, H. (2000): **Rolle rückwärts.** Der Spiegel, 38/2000, 18.09.2000

Albrecht, H. (2000): **Kabel statt Nerv.** Die Zeit, 26/2000

Borchert, Th. (2000): **Geschichten aus der Zukunft.** Stern, 45/2000, S. 99–112

Nachtigall, W. (2000): **Oberflächeneffekte in der Biologie-bionische Anregungen . . .** Oberflächen 5, 41. Jahrgang, November 2000, S. 6–10

Ewe, Th. (2000): **Mutter Natur fährt mit.** Bild der Wissenschaft, 11/2000, S. 92–97

Mayer, B. (2000): **Viel schneller stehen.** FOCUS 49/2000, S. 236-239

N.N. (2000): **Segeln wie die Fledermaus.** MorgenWelt, 08.11.2000

Stauß, O. (2000): **Immer mehr Entwicklungsingenieure hören die Vorlesungen der Natur.** Industrieanzeiger Nr. 48, 122.Jg., S. 36–39

N.N. (2000): **Die großen Themen der Biowissenschaften – Bionik.** BIUZ, 30. Jahrgang, November 2000, S. 371–372

Blüchel, K. (2000): **Die Natur ist das größte Patentamt der Welt.** Die Welt – Wissenschaft, 25.11.2000

Blüchel, K. (2000): **Korallen haben Sonnenschutz.** MorgenWelt, 15.12.2000

Blüchel, K. (2000): **Lernen von der Natur.** Thüringer Allgemeine, 21.12.2000

Blüchel, K. (2000): **Schneekristalle als Lehrmeister.** Die Welt – Wissenschaft, 23.12.2000

Blüchel, K. (2000): **Fallschirme aus Spinnenseide.** Die Welt – Wissenschaft, 27.12.2000

Blüchel, K. (2000): **Forscher lernen von Pflanzen, die es in sich haben.** Die Welt – Wissenschaft, 28.12.2000

N.N. (2000): **Elektrischer Kunstaal.** MorgenWelt, 28.12.2000

Blüchel, K. (2000): **Der Pneu als Bauprinzip aus der Natur.** Die Welt – Wissenschaft, 30.12.2000

Blüchel, K. (2001): **Zum Lernen von der Natur darf man sich in Deutschland nicht bekennen.** Die Welt – Wissenschaft, 02.01.2001

Blüchel, K. (2001): **Hochzeit an der Flammenfront.** Die Welt – Wissenschaft, 04.01.2001

N.N. (2001): **Fallschirme aus Spinnenfäden.** MorgenWelt, 05.01.2001

N.N. (2001): **Fliegen wie die Saurier?** MorgenWelt, 30.01.2001

Blüchel, K. (2001): **Wühlen in der Schatztruhe der Natur.** Süddeutsche Zeitung, Nr. 40, 17./18.02.2001, S. 10

Blüchel, K. (2001): **Patentamt Natur.** RP, Nr. 47, 24.02.2001

Blüchel, K. (2001): **Werkspionage in der Natur.** RP, Nr. 49, 27.02.2001

Blüchel, K. (2001): **Hochzeit an der Flammenfront.** RP, Nr. 50, 28.02.2001

Hecht, T. (2001): **Die Natur zeigt es uns – Bionik für Transport und Logistik.** DACHSER aktuell, 1/2001, S. 4–7

Nachtigall, W. (2001): **Die Natur als Vorbild. Pharmazie in unserer Zeit,** Nr. 1, 30. Jahrgang 2001, S. 85

Seegers, D. (2001): **Klimatisieren wie die Präriehunde.** DIE WELT, 25.03.2001

Dreesmann, D. (2001): **Der Natur in die Karten geschaut.** Neue Zürcher Zeitung, Nr. 73, 28.03.2001, S. 79

Richarz, H.-R. (2001): **Sag an, Herr Frosch.** AutoForum, Nr. 2, 06.04.-05.07.2001, S. 66 – 71

Zähringer, H. (2001): **Kommt es oder kommt es nicht?** Laborjournal, 04/2001, S. 8

Richarz, H.-R. (2001): **Tierische Haftung.** Stern, Nr. 16, 11.04.2001, S. 140

Braun, K. (2001): **Vorwärts zur Natur.** Die Woche, 12. April 2001, S. 36

Austilat, A. (2001): **Sind Eier bessere Milchtüten?** Der Tagesspiegel Nr. 17380, 15.-16. April 2001, S. W2

Lohmann, M. (2001): **Bionik – Von der Natur abgeschaut.** Klär-Werk Nr. 4, März/April 2001, S. 1

AH (2001): **Leuchtende Meduse als Sonnenschutz fürs Haupt.** DIE WELT, 28.04.2001, S. 18

Perutz, M. (2001): **Der beste Konstrukteur.** Naturwissenschaftl. Rundschau, 54. Jahrgang, Heft 5, 2001, S. 246–251

Schulz, St. (2001): **Handprothesen – Druckluft in den Fingern.** SPEKTRUM DER WISSENSCHAFT, 5/2001, S. 60–66

Wimmer, K. (2001): **Autos nach Bauplan der Natur.** AUSTRIA INNOVATIV, 1/2001, Mai 2001, S. 36–37

Hecht, T. (2001): **Der selbstreinigende LKW - Logistik lernt von der Natur.** DACHSER aktuell, 2/2001, S. 6–7

Obst, M. (2001): **Der Natur auf der Spur.** Berliner Zeitung, Nr. 121, 26./27.05.2001, AutoMarkt S. 3

Vogelsang, M. (2001): **Visionen - Bionik.** Madame Nr. 8, August 2001, S. 188–189

Kieselbach, R. (2001): **Von der Natur lernen: Bionik.** AVENUE Peugeot, Nr. 3/2001, S. 28–39

Burazerovic, M. (2001): **Technik lernt von der Natur für die Zukunft.** VDI nachrichten Nr. 41, 12.10.2001, S. 12

N.N. (2001): **Natur als Lehrmeister.** Lufthansa Cargo's planet, 4/2001, S. 44–47

Born, A. (2001): **Millionenförderung für Bionik-Netz.** CAMPUS, 31. Jahrgang, Ausgabe 4, Dezember 2001, S. 19

Breu, M. (2002): **Bionik, Wissenschaft der Zukunft.** St. Galler Tagblatt, 18.01.2002, S. 41

N.N. (2002): **Biologische Vielfalt - Das Netz des Lebens.** Broschüre des BfN, Bonn, S. 8 - 9

N.N. (2002): **Mit Insekten den Mars erforschen.** WirtschaftsWoche heute, 22.01.2002

Burazerovic, M. (2002): **Konstruieren nach dem Vorbild der Natur.** VDI nachrichten, Nr. 8 S 6, 22.02.2002

Dotzert, J. (2002): **Was Wissenschaftler von der Lotusblüte lernen.** Darmstädter Echo, 02.03.2002

Irle, K. (2002): **Tempo machen mit der Rille.** Frankfurter Rundschau, 05.03.2002

Irle, K. (2002): **TU Darmstadt lernt von der Natur.** Frankfurter Rundschau, Hessenteil, 05.03.2002, S. 40

N.N. (2002): **Fliegen wie ein Vogel – im Flatterflugzeug.** P.M., April 2002, S. 34

N.N. (2002): **Künstliche Spinnenseide.** Natur & kosmos, April 2002, S. 84

3.3 Ausstellungen

Schon vor zwei Jahrzehnten hat sich das Siemens-Museum in München die Aufgabe gestellt, das Thema Bionik einem breiten Publikum vorzustellen. Dazu wurde 1984 eine Wanderausstellung mit dem Titel „Bionik – Lernen von der Natur" aufgebaut. Diese Ausstellung wurde seitdem an 30 Orten des In- und Auslands gezeigt. Sie stieß überall auf großes Interesse und weckte den Wunsch, das Thema weiterzubehandeln und zu vertiefen. Deshalb ließ das Siemens-Museum 1991 eine zweite Ausstellung mit dem Titel „Bionik – Biologie und Technik" folgen. Beide Ausstellungen entstanden in Zusammenarbeit mit H. Heywang und H.-W. Franke, München. Die erste Ausstellung ging im Wesentlichen auf praktische Beispiele ein; die zweite war kritischer konzipiert und zeigte in einem Abschnitt „Aktuelle Aufgaben der Bionik" auch Probleme auf, welche die Natur beherrscht, für die der Mensch aber noch keine oder nur unvollkommene Lösungen gefunden hat.

Diese zweite Ausstellung wurde u. a. in München, Stuttgart, Dortmund (bei Nixdorf/Siemens), Köln und Hamburg gezeigt.

Eine Bionik-Ausstellung mit vielen Exponaten wurde von Y. Coineau und B. Kresling in Paris ins Leben gerufen. Diese Ausstellung wurde zusammen mit dem Pariser Naturhistorischen Museum konzipiert und war dort auch 1985/86 zu sehen. Anhand von Beispielen aus der Hydro- und Aerodynamik, der Statik und der Robotertechnik wurden bevorzugt anschauliche Aspekte der Mechanik dargestellt. Zusätzlich erläuterten Filme, Fotos und Zeichnungen die Untersuchungsmethoden der Technischen Biologie und Bionik. Ab 1987 ist diese Ausstellung, reduziert auf 37 transportable Tafeln und Vitrinen, als Wanderausstellung „La Bionique" durch Frankreich gereist; 1990/91 wurde sie auch in der Schweiz gezeigt, in La Chaux-de-Fonds.

Aus dem Institut für Leichte Flächentragwerke in Stuttgart ging noch unter seinem Begründer, Frei Otto, eine von B. Burkhardt inspirierte „Tableaux-Ausstellung" auf Reisen. Sie befasste sich nicht ausgesprochen mit dem Bionik-Gedanken (dieser wurde in diesem Stuttgarter Institut traditionell nicht gepflegt), dafür aber intensiv mit Fragen des Leichtbaus in Natur und Technik. Ein besonderer Aspekt lag darin, dass die ganze Ausstellung – bestehend aus 50 extrem leichten Rolltafeln – in einer einzigen Rundbox von 20 cm Durchmesser versandt werden konnte, die nicht mehr als 25 kg wog. So reiste sie z. B. durch die Goethe-Institute Südasiens.

Es gibt auch schon „Klassiker". Bereits 1978 hatte F. Vester eine internationale Wanderausstellung „Unsere Welt – ein vernetztes System" ins Leben gerufen, konzipiert zusammen mit seinem Mitarbeiterstab in seinem Privatinstitut in München. Diese sehr „haptische" Ausstellung hat viele Menschen erreicht und erfolgreich für den Gesichtspunkt des vernetzten Denkens geworben. Zusammen mit dem Bionik-Verband in München, gesponsert von B. Werzinger, habe ich mit U. Warnke 1992 eine Ausstellung „Bionik – Lernen von der Natur" konzipiert. Sie lief vom 11.–13. Juni in den Rhein-Main-Hallen in Wiesbaden parallel zu unserem ersten Bionik-Kongreß und ging danach auf Reisen. In der Schweiz ist eine Ausstellung „HiTechNatur" konzipiert worden (http://www.bionik.ch/index.html), zu der ein außergewöhnlich informativer Katalog erschienen ist (2000, ISSN: 1018-2462).

Eine große und sehr erfolgreiche Bionik-Ausstellung hat das Landesmuseum für Technik und Arbeit in Mannheim unter beratender Mitwirkung unserer Gesellschaft für Technische Biologie und Bionik 1996 ausgerichtet. Auf mehreren Etagen waren insbesondere Originalexponate aus unterschiedlichen Disziplinen der Bionik zu sehen. Dazu ist 1998 ein von R. Bappert u. a. herausgegebener, reich bebilderter Katalog erschienen, der über das Landesmuseum noch erhältlich ist. Diese Ausstellung ging in Teilen vielfach auf Reisen und war z. B. auch auf dem Bionik-Kongress unserer Gesellschaft für Technische Biologie und Bionik 2000 in Dessau zu sehen, Ende 2001 im Historischen Zentrum in Hagen.

Kleinere Ausstellung sind von verschiedenen Seiten gemacht worden, u. a. vom Bundesministerium für Umwelt in der Kunst- und Ausstellungshalle in Bonn. In Saarbrücken haben wir eine leicht transportable Tafelausstellung über Prinzipien der Bionik konzipiert und aufgebaut (Nachtigall, Wisser, Braun). Auch das kürzlich gegründete Bionik-Kompetenznetz trägt sich mit Ausstellungsgedanken.

3.4 Messen und Zentren

Nach einem eigenen Hallenteil „Neurobionik" 1996 wurde für die Hannover-Messe 1997 ein Hallenabschnitt „Bionik" konzipiert. Seitdem wurde auf der Hannover-Messe des Öfteren zu diesem Themenbereich ausgestellt, das letzte Mal 2002. Auch auf der Weltausstellung 2000 war Bionik vertreten, allerdings nicht, wie ursprünglich geplant, in größerem Rahmen und in eigenen Hallen.

3.5
Film und Fernsehen

Das Fernsehen als beherrschendes Medium unserer Zeit ist selbstredend auch das ideale Vehikel für die Verbreitung des Bionik-Gedankens. Mit der Gegenüberstellung von Natur und Technik habe ich in den späten 60er-Jahren begonnen, als ich für drei 40-Minuten-Filme die Drehbücher geschrieben und die Filme selbst auch vor der Kamera moderiert habe (Dr. Lütje-Film, München; ZDF). In der Zwischenzeit war Bionik mehrfach Gegenstand von Fernsehfilmen, Ende April 1992 z. B. in der Sendung „Aus Forschung und Technologie". Es war auch eine siebenteilige Serie geplant, die eine Züricher Firma für einen großen Elektronik-Konzern realisieren sollte, die aber nicht zur Ausführung kam.

Im Jahr 1992 begann auch der Westdeutsche Rundfunk mit Vorarbeiten zu einer vierteiligen Bionik-Serie. Hierbei wurde auch ausführlich auf unser Saarbrücker Repertoire zurückgegriffen. Die vier Filme wurden von Th. Brodbeck für „arte" gedreht und liefen auch in anderen Kanälen. Sie sind bestechend gut gemacht, insbesondere auch biologisch und technisch korrekt.

In den letzten Jahren war Bionik häufig Gegenstand von Fernsehberichten. Auch bekannte Moderatoren wie J. Bublath und G. Jauch haben sich mit bionischen Problemen befasst.

3.6
Wettbewerbe und Preise

Für den 1. Bionik-Wettbewerb, ausgeschrieben 1992 und vom Bionik-Verband München (B. Werzinger) mit einem Preis dotiert, gingen zahlreiche Bewerbungen ein. Preisträger war D. W. Bechert mit seiner Berliner Arbeitsgruppe. Aufbauend auf Analysen des Tübinger Paläontologen W. E. Reif hat diese strömungsmechanisch orientierte Forschergruppe die widerstandsvermindernde Wirkung der Haischuppen auf Verkehrsflugzeuge übertragen (vergl. Abschn. 10.6). Für diese Forschungen haben D. W. Bechert und Mitarbeiter 1998 auch den Philipp-Morris-Preis erhalten. 1993 wurde an H. Cruse und F. Pfeiffer (Bielefeld und München) für die Entwicklung einer insekten-analogen Laufmaschine der Körber-Preis vergeben (vergl. Abschn. 10.3). Nach Saarbrücken ging der Fritz-Bender-Preis 1996. W. Barthlott und Mitarbeiter haben 1999 für ihren „Lotus-Effekt" (vergl. Abschn. 13.7) neben anderen auch den Deutsche Bundespreis Umwelt anteilig erhalten, und waren in der engeren Wahl für den Zukunftspreis 2000 des Bundespräsidenten.

3.7
Werbung

Firmen haben längst begonnen, mit dem Bionik-Begriff zu werben, ebenfalls ein untrügliches Zeichen für seine Verankerung in der Wirtschaft. Vor mehreren Jahren produzierte die Glasfirma Schott, Mainz, großformatige Bionik-Kalender, in denen Vorbilder der Natur Produkten aus der eigenen Palette gegenübergestellt werden. Dieselbe Firma führte 1992 eine Werbekampagne durch, die in Anlehnung an Verhaltensmuster der belebten Welt Firmenstrategien vermitteln soll. Es handelt sich zwar in allen diesen Fällen nur um „äußere Analogien", doch ist allein der Gedanke, durch Gegenüberstellungen mit natürlichen Gegebenheiten einen Werbeeffekt zu erzielen, interessant.

Von der Firma Siemens stammt ein 1992 herausgegebener Bionik-Kalender, in dem weitgehend auf Beispiele der Siemens-Bionik-Ausstellungen zurückgegriffen wird. Im Fernsehen warb die Firma Opel mit Analogien aus der Natur für ihre Autos.

Die Bayerische Hypotheken- und Wechselbank, München hat – basierend auf ihren Kempfenhausener Gesprächen – 1997 einen bionik-nahen Jahreskalender „Vorbild Natur" herausgebracht, 1999 erschien ein Bionik-Kalender von der Zeitschrift GEO.

Kapitel 4

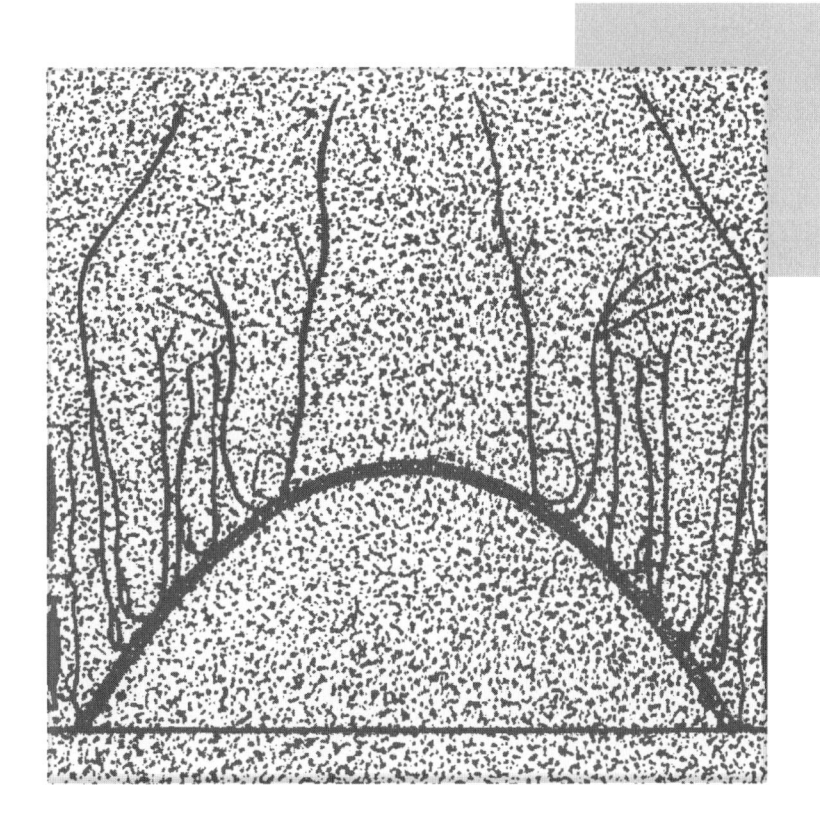

4 Fachstudium und Fachtagungen

4.1
Bionik-Studiengänge

Die wichtigste Aktivität für den Bionikgedanken ist zweifellos seine Verankerung bei den Studenten im Sinne einer „Sicherung der Generationenfolge". Die beiden bisher etablierten Studiengänge sollen in dieser Zusammenstellung über bionische Aktivitäten kurz vorgestellt werden.

Bereits seit den 80er Jahren läuft in Berlin an der Technischen Universität bei I. Rechenberg ein Bionik-Studiengang. Er bietet das Nebenfach „Bionik" für Studiengänge an, die zum „Diplomingenieur" führen, auch für Hörer und Hörerinnen aller Fakultäten.

Seit 1992 lief auch im Fachbereich Biologie der Universität des Saarlandes ein von mir ins Leben gerufener Studiengang „Technische Biologie und Bionik" für Biologen. Wie alle bisherigen Studiengänge des Fachbereichs Biologie war er als 8-semestriges Regelstudium konzipiert; die vier ersten Semester waren für alle diese Studiengänge identisch. Nach dem 4. Semester (Vordiplom) muss sich für einen der Studiengänge entschieden werden.

Das 4-semestrige Hauptstudium enthielt nachfolgend angeführten Ausbildungskomplexe. Es führte zum „Diplom-Biologen" mit dem Ausbildungsschwerpunkt „Technische Biologie und Bionik" (s. Abb. 4-1).

Des Weiteren boten wir „Technische Biologie und Bionik" als Nebenfach für Naturwissenschaftler und Ingenieure an. Hier entfallen selbstredend die obengenannten Grundausbildungen.

Neuerdings hat es die Universität des Saarlandes für weise erachtet, die bisherigen sechs Studiengänge in der Biologie und damit auch die immer ausgebuchte zukunftssichere „Technische Biologie und Bionik" (TBB), die ihre Absolventen stets spielend untergebracht hat, zugunsten eines einzigen, neu errichteten Studiengangs (Human- und Molekularbiologie) aufzugeben. Für die Weiterführung der TBB-Ausbildung wurde eine Junior-Professur mit dem Schwerpunkt Materialbionik angedacht.

Für die Fachhochschule Bremen haben wir von Saarbrücken aus einen Studienplan „Bionik" für Ingenieure ausgearbeitet, der 2002 startet. Gespräche mit Universitäten im süddeutschen Raum sind im Gange.

4.2
Tagungen und Kongresse

Wie oben ausgeführt fand der erste Bionik-Kongress, organisiert von J. E. Steele, unter dem Leitthema „Living prototypes – The key to new Technology" am 13. September 1960 in Dayton/Ohio statt. „Lernen von der Natur" war sein Motto, doch wurde „bionics" mehr im Sinne von „was das Leben so fertig bringt" verstanden, und der Kongress blieb auf spezielle Fragen ausgerichtet. Er blieb eine Eintagsfliege und hat keine Folgeveranstaltungen nach sich gezogen.

Abgesehen von den Jahrestagungen der Society for Ecological Design/Schweden gab es dann auch keine regelmäßigen Tagungsaktivitäten im Bionik-Bereich. Das änderte sich erst in den 90er-Jahren.

Vom 1.–3. Okt. 1990 fand in Dortmund die 1. Europäische Bioinformatik-Konferenz statt, veranstaltet von H.-P. Schwefel, Lehrstuhl für Systemanalyse der Universität Dortmund. Sie trug den Titel „Parallel problem solving from nature". Es nahmen rund 70 Experten aus aller Welt teil, die schon seit Jahren unabhängig voneinander das Nachahmen biologischer Evolutionsprinzipien propagieren, und solche Ideen in Computerprogramme umsetzen. „Bei der bewussten Nachahmung natürlicher Prinzipien kann es auch zu einem besseren Verständnis der imitierten Vorgänge kommen. Vielleicht können wir solche komplexe Prozesse am ehesten dadurch begreifen, dass wir versuchen, sie nachzubilden" (Schwefel).

> *Hauptfachanforderungen*
>
> (V = Vorlesungen, Ü = Übungen, P = Praktika, Zahlen = Semesterwochenstunden)
>
> 1. Grundlegende und Angewandte Physiologie: 4 V, 5 Ü, 4 P
> 2. Biologische und Biomedizinische Techniken: 6 V, 6 Ü, 8 P
> 3. Ökologie und Umwelttechniken: 7 V, 8 Ü
> 4. Kybernetik und Datenverarbeitung: 5 V, 10 Ü
> 5. Grundlagen der Konstruktion: 2 V, 2 Ü
> 6. Wahlpflichtveranstaltungen (8 S WS)
> 7. Exkursionen: 2
> 8. Studienarbeit (3 Monate)
> 9. Diplomarbeit (9 Monate)
>
> *Nebenfachanforderungen*
>
> TBB wird in gekürzter Form auch für Physiker, Ingenieure und Techniker als Nebenfach angeboten. Es werden - je nach den unterschiedlichen Anforderungen der Prüfungsämter - Auswahlfächer in einem gewissen Gesamtumfang festgelegt. Ein Intensivkurs für Ingenieure ist in Vorbereitung.
>
> *Studienaufbau*
>
> Das Studium ist so aufgebaut, dass die Zahl der Pflichtveranstaltungen vom 5. bis zum 8. Semester sinkt. Entsprechend sollte der Besuch von Wahlpflichtveranstaltungen und Wahlveranstaltungen nach eigenen Vorstellungen zunehmen können.
> Die Pflichtveranstaltungen werden i. allg. in Sachblocks angeboten, zu denen jeweils eine Vorlesung, eine Übung (Seminar, Kolloquium, Exkursion) und ein Praktikum gehören.
> Die Studienarbeit soll nicht vor Ende der Vorlesungszeit des 5. Semesters begonnen werden. Die Diplomarbeit ist experimentell ausgerichtet, sie soll nicht vor Ende der Vorlesungszeit des 8. Semesters begonnen werden.

Abb. 4-1 Ausbildungskomplexe für das bislang viersemestrige Fachstudium „Technische Biologie und Bionik (TBB)" (bis 2001) an der Universität des Saarlandes, Saarbrücken *(nach Nachtigall 1997)*

Der erste europäische Kongress über Bionik im engeren Sinn fand 1992 in Wiesbaden statt, veranstaltet von der Gesellschaft für Technische Biologie und Bionik, Saarbrücken und unterstützt von der Bionik-Gesellschaft. In Referaten und Posterdemonstrationen, begleitet von der obenerwähnten Bionik-Ausstellung unter Vergabe des 1. Bionik-Preises, wurde versucht, das Gesamtgebiet in typischen Vorträgen abzustecken.

Der zweite derartige Kongress fand 1994 in Saarbrücken statt, der dritte 1996 in Mannheim, der vierte 1998 in München, der fünfte 2000 in Dessau und der sechste wird 2002 wieder in Saarbrücken stattfinden. Zu jedem Kongress ist ein Beitragsband erschienen (BIONA-report Nr. 8, 9, 10, 12, 15, 17, früher Fischer, Stuttgart, jetzt GTBB, Saarbrücken, A. Wisser, Tel. 0681/3026656).

Kongresse der Gesellschaft für Technische Biologie und Bionik werden weiter im Zweijahresrhythmus stattfinden; alternierend finden jeweils Bionik-Workshops statt. Diese Workshops liefen 1993, 1995, 1997 und 1999 in Saarbrücken, Kaiserslautern, Jena und Saarbrücken. Teilweise sind auch über sie Berichtsbände erschienen (z. B. BIONA-report 14 über die Saarbrücker-Tagung).

„Von der Natur lernen: Technik nicht gegen, sondern mit der Natur" war der Titel einer Bionik-Tagung, welche die Evangelische Akademie Tutzing am Starnberg See in Kooperation mit dem Beauftragten für Naturwissenschaft und Technik der bayerischen Landeskirche für Ingenieure und Naturwissenschaftler durchgeführt hat. Sie fand im Mai 1992 statt. Ähnliche Tagungen folgten, dazu mehrere Duzend Fachtagungen anderer Disziplinen, auf denen Bionik in Grundsatzreferaten vorgestellt werden konnte.

Kapitel 5

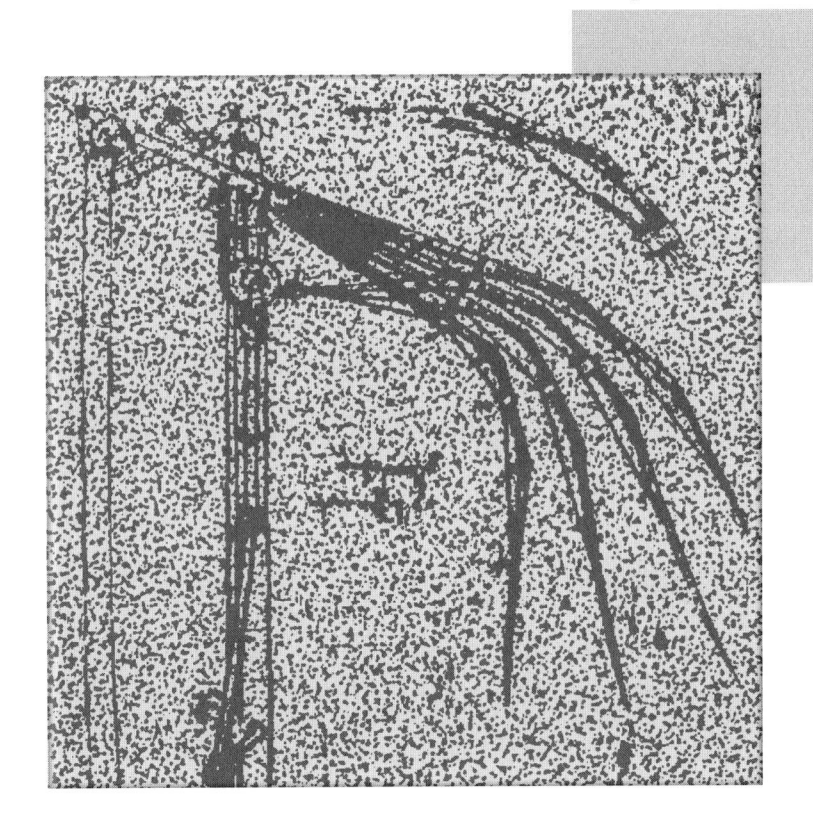

5 Vorwissenschaftliches und Historisches

5.1 Allgemeines

Dieses Kapitel befasst sich mit den beiden oben definierten Aspekten von „Natur und Technik": Übertragung technischer Kenntnisse auf die Biologie zum besseren Verständnis biologischer Konstruktionen und Verfahrensweisen („Technische Biologie") und Durchforsten der Natur als Anregung für technisch-eigenständiges Gestalten („Bionik").

Aus pragmatischen Gründen ist es sinnvoll, die beiden entgegengesetzt gerichteten Querbeziehungen zwischen Natur und Technik getrennt zu betrachten. Auch in der Forschungspraxis sollten die Disziplinen getrennt verfolgt werden. Technische Biologie als Grundlagenforschung betreiben eine Reihe biologischer Institutionen seit eh und je, darunter die Arbeitsgruppe im Fachbereich Biologie der Universität des Saarlandes. Bionik bedeutet in jedem Fall eine starke Technikanbindung. Sie kann im Grunde sowohl von Institutionen der Biologie als auch solchen der Technik betrieben werden.

Die folgende Darstellung gibt einen kurzen Einblick in den historischen Werdegang der beiden Disziplinen und kennzeichnet Fragestellungen mit einigen Beispielgruppen. Sie befasst sich dabei mit der Grundfrage, was die beiden Disziplinen voneinander lernen können. Es geht um ein besseres Naturverständnis auf der einen Seite und um die Entwicklung einer besseren, dem Menschen angemessenen Technologie auf der anderen. (Die Darstellung und das gesamte Buch befassen sich nicht mit der Schadenssetzung durch die menschliche Technik in der Biosphäre, nicht mit Fragen der Umweltzerstörung und auch nicht mit Problemen des zukünftigen Einflusses angewandter biologischer Forschung auf die Umwelt und den Menschen, etwa im Hinblick auf die Gentechnologie.)

5.2 Beispielgruppen für die Anfangsentwicklung der Technischen Biologie und Bionik

So neuartig manche Aspekte der Technischen Biologie und Bionik erscheinen: im Grunde sind sie es nicht. Es gab immer wieder Gelehrte und Forscher, die es verstanden haben, in ihrer Person unterschiedlich gerichtete Denkansätze zu vereinen, auch wenn dabei der Zeitgeist manche skurrile Blüten getrieben hat. Hierfür gibt es mehrere Gruppen klassischer Beispiele.

5.2.1 Von den ersten Ansätzen bis zum 19. und beginnenden 20. Jahrhundert

Die Ansätze von Leonardo da Vinci (1452–1519) wurden im Abschn. 1.2 bereits angesprochen. Er versuchte den Vogelflug zu verstehen, und aus diesem Verständnis Flugapparate für den Menschen zu konstruieren. Das Erstere ist ihm für damalige Verhältnisse glänzend gelungen, wie die Herausgabe seiner diesbezüglichen Notizkladden unter der Überschrift „Sul volo degli uccelli" zeigt (Giacometti 1936). Manche wichtige Beobachtungen gehen auf Leonardo zurück, z. B. das Abspreizen des Daumenfittichs bei hohen Anstellwinkeln (Abb. 5-1 A) oder die Bestimmung der Schwerpunktslage bei einem Vogel durch Aufhängung (Abb. 5-1 B). Wir würden heute sagen, er betrieb klassische Technische Biologie. Für den Menschen überlegte er sich ein Flugkorsett (Abb. 5-1 C), eine Art Exoskelett mit angeschnallten Flügeln, die über die Armmuskeln bewegt werden sollten. Beobachtungen an „natürlichen Konstruktionen" wurden als Anregung für technisches Weitergestalten genommen und mit den Mitteln der Zeit technisch umgesetzt. Diese Vorgehensweise entspricht präzise der oben gegebenen Definition der Bionik. Dass Leonardo mit diesen bionischen Ansätzen keinen Erfolg hatte, sollte in diesem Zusammenhang nicht stören: Eine Idee kann gut sein, ihre Umsetzung nicht oder noch nicht.

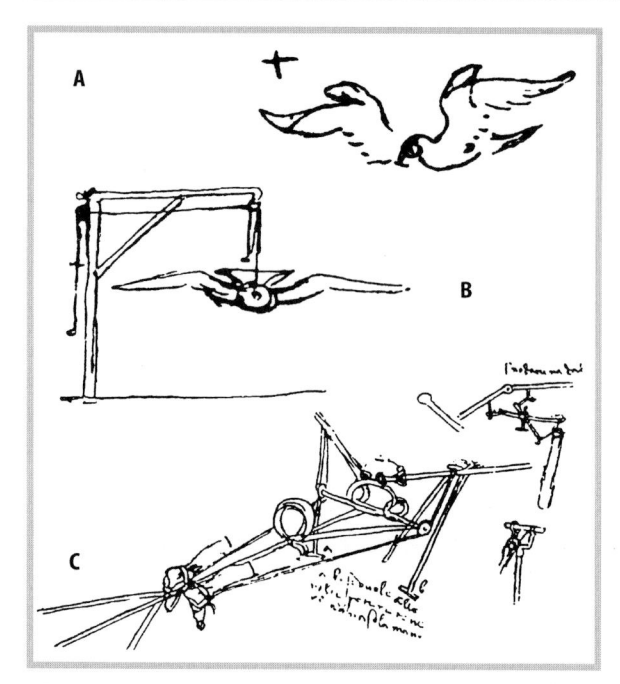

Abb. 5-1 L. da Vincis Vorstellungen (1507) vom Abspreizen der Daumenfittiche (**A**), zur Bestimmung der Schwerpunktslage beim Vogel (**B**) und zur Konstruktion eines technischen Flugkorsetts (**C**) *(nach Giacometti 1936)*

A. Borelli (1608–1679), Mathematikprofessor in Florenz und Pisa, brachte in seinem Buch „De motu animalium" ungemein eigenständige Ansätze. So ging er bspw. von der bekannten Wirkung eines Keils aus (Abb. 5-2 A) und versuchte, die Funktion des Flügelschlags eines Vogels als keilförmiges Verdrängen von Luft zu erklären (Abb. 5-2 B). Anleihen aus der Physik sollten biologisches Funktionieren verständlich machen. „Technische Biologie" par excellence, wiederum eingebunden in den Kenntnisstand der Zeit.

Zwei Jahrhunderte später zog Sir G. Cayley (1773-1857), ein englischer Landedelmann, aus der Naturbeobachtung entscheidende Impulse (Gibbs-Smith 1962). Er schnitt ein kleines, gefrorenes Exemplar eines angespülten Delfins (Abb. 5-3 A) bzw. eines Spechts (Abbildung 5-3 B) in Scheiben und konstruierte daraus 1816 die Form eines Ballons mit seiner Meinung nach besonders geringem Widerstand (Abb. 5-3 C). Auch hier findet man in dieser Vorgehensweise Naturbeobachtungen und Naturumsetzung – eben „Technische Biologie" und „Bionik", – eng miteinander verkettet.

In der Geschichte der Pflanzenbiomechanik gab die Technik mehrmals entscheidende Anregungen. Schwendener (1874) wurde z. B. durch die Betrachtung der „eisernen Brücken und Bahnhofshallen mit ihren zahllosen Doppel-T-Trägern" (Haberland 1919) dazu angeregt, die biegefesten Pflanzenorgane (Abb. 5-4 A) als System solcher Träger aufzufassen (Abb. 5-4 B) und den Satz zu prägen: „Die Pflanze konstruiert zweifellos nach denselben Regeln wie die Ingenieure, nur dass ihre

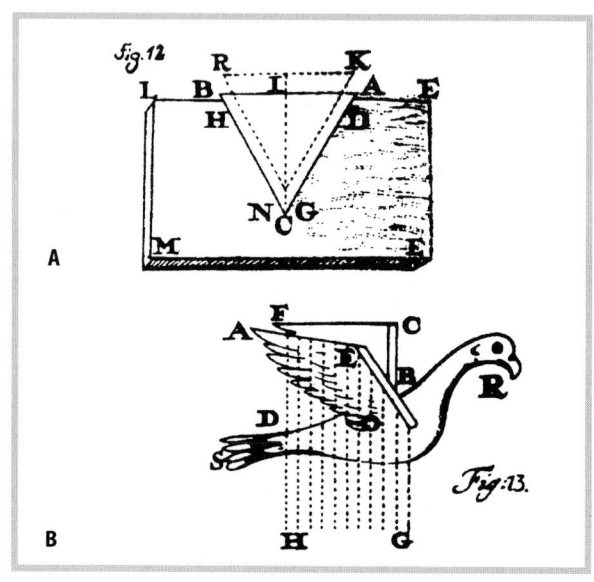

Abb. 5-2 A. Borellis Vorstellungen (1685) über die Wirkungen eines Keils (**A**) und zur Funktion der Schlagflügel beim Vogel (**B**) *(nach L. Batav [ed] 1927)*

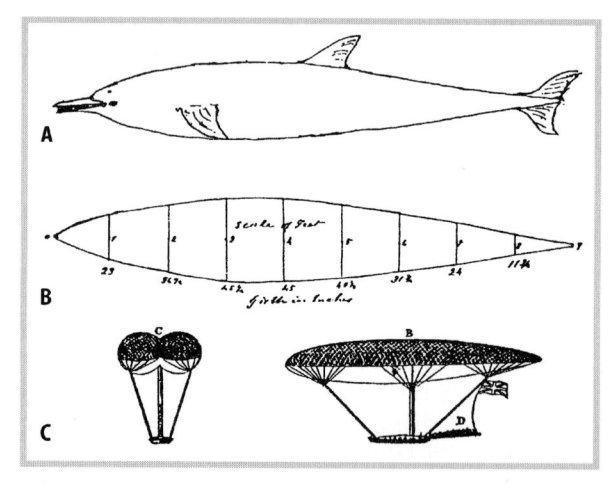

Abb. 5-3 Sir G. Cayleys Vorstellungen (1816) über die Form eines Delfins (**A**), eines Spechtrumpfs (**B**) und einer widerstandsarmen Ballonform (**C**) *(nach Gibbs-Smith 1962)*

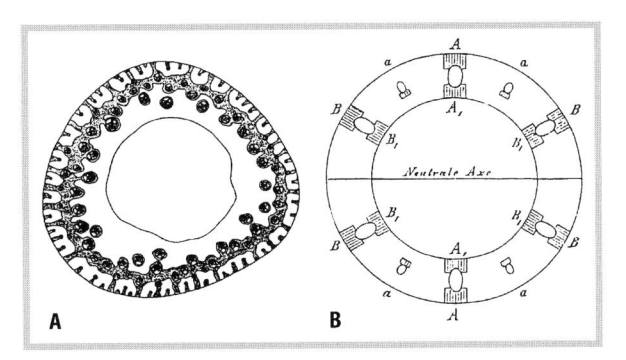

Abb. 5-4 S. Schwendeners Vorstellungen über den Stängel von *Cladium mariscus*. (**A**) und seine Kalkulation zur „Masse der Biegemomente" (**B**) *(nach Schwendener 1874)*

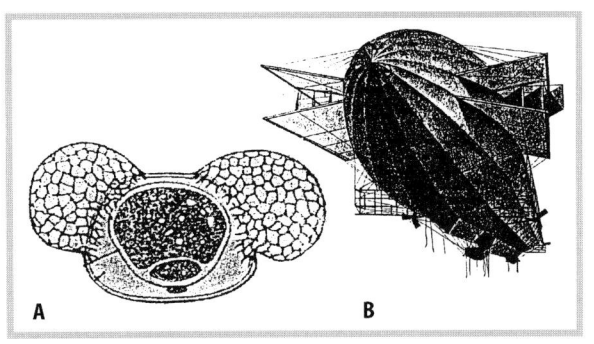

Abb. 5-5 R. H. Francés Vorstellungen zur Gestaltung eines Kiefernpollenkorns und eines Luftschiffs, beide mit Auftriebseinrichtungen *(nach Francé 1919)*

Technik eine sehr viel feinere und vollendetere ist" (Schwendener 1888).

Rasdorsky (1911, 1928, 1929), der die Doppel-T-Träger-Vorstellung in wesentlichen Teilen widerlegte und den letztgenannten Satz zwar unterschrieb, aber ganz anders interpretierte, gelangte „durch die in den Jahren 1906 bis 1907 gehörten Vorträge über den Eisenbetonbau" (Rasdorsky 1929) zur Vorstellung, dass die Pflanze als Verbundbau aufzufassen sei, in dem die Sklerenchymstränge der Eisenarmierung, das Parenchymgewebe der Betonmatrix entsprechen". Dies war der richtige Weg zum Verständnis und kennzeichnete klar die heute so wichtige heuristische Rolle der *Analogieforschung*. „Zwischen den technischen Verbundbauten und den Pflanzenorganen besteht demnach im gesamten Konstruktionsprinzip eine weitgehende *Analogie* …" (Rasdorsky 1929). Diese Vorstellung wurde von dem genannten Autor erstmals im Jahr 1911 vorgetragen, und zwar in einem Abschnitt über „die mechanischen Eigenschaften der nicht in die Zahl der speziell mechanischen einzureihenden Gewebe". Später wurde sie auch von anderen Autoren geäußert. So vermerkte Giesenhagen (1912) bei der Besprechung von Blättern, dass diese „mit ihren Festigungsgeweben einen Gitterrost bilden wie Eiseneinlagen einer Eisenbetondecke".

Bachmann (1922) verglich die Zugfaseranordnung beim Bambus mit „einer Bewehrung der bei Biegung am stärksten beanspruchten Außenschicht (ähnlich wie bei Eisenbeton)", und Bower (1923) schrieb unter Hinweis auf den Eisenbeton: „Ordinary herbaceous plants are constructed on the same principle. The sclerotic strands correspond to the metal straps, the surrounding parenchyma with its turgescent cells corresponds mechanically to the concrete".

Bereits Schwendener (1874) hatte zwar gelegentlich Vorstellungen in diese Richtung geäußert, ebenso wie Detlefsen (1884, 87) und Sachs (1882), doch konnten diese Autoren die Konstruktionsprinzipien der von Monier (1867) patentierten (vergl. Abschn. 17.1), in ihren theoretischen Grundlagen aber erst von Koehnen (1886) und anderen ausgearbeitete Eisenbetonbauweise noch nicht kennen.

Bis zum Beginn des Zweiten Weltkriegs findet man im 20. Jh. eine Reihe von Ansätzen, die insbesondere den Aspekt der Umsetzung zum Gegenstand haben. In den 20er-Jahren war R. H. Francé sehr bekannt. In zahlreichen Schriften, so z. B. in seinem Werk „Die technischen Leistungen der Pflanze" (1919), versuchte er, Naturvorbilder in die Technik zu übertragen (Abb. 5-5 A, B). Aus heutiger Sicht ist er damit zwar letztlich nicht sehr weit gekommen, da die Vorschläge häufig „zu direkt" waren. So hat er allen Ernstes vorgeschlagen, ein rotierendes Unterseeboot nach dem Vorbild der „Wasserschraubenform" einer kleinen, einzelligen Grünalge zu bauen. Allein schon hydrodynamische Ähnlichkeitsgesetze müssten dieses Vorhaben scheitern lassen. Doch darf nicht vergessen werden, dass Ideen eines Nährbodens bedürfen, mit anderen Worten: für neuartige Vorstellungen muss in der Gesellschaft geworben werden. Als unermüdlicher Protagonist einer „Biologischen Technik" hat Francé große Breitenwirkung erlangt.

5.2.2
Nationalsozialismus und Kommunismus

Sowohl der Nationalsozialismus in Deutschland als auch der Kommunismus in Russland haben dem bionischen Prinzip nicht geringe Aufmerksamkeit gewidmet, wenn auch aus unterschiedlichen Grundanschauungen. Der Blut-und-Boden-Ideologie des Dritten Reichs mit ihrer emotionell überzogenen Aufwertung des Natürlichen und Gewachsenen galt das Naturvorbild viel. A. Gießler hat die damaligen Vorstellungen in seinem Buch „Biotechnik" (1939) zusammengefasst. Im Geleitwort spricht ein damaliger Gauleiter von der Aufgabe, Naturkräfte und Lebensräume in Einklang zu bringen und folgert: „Das hohe technische Können des nordischen Menschen auf diesem Gebiet ist nicht nur eine Gabe der Natur, sondern auch sein unerreichtes Vorbild in den Vorgängen der Natur selbst… Aus der Erkenntnis dieser Tatsache ergibt sich die weltanschaulich begründete Forderung nach einem systematisch auszubauenden Forschungszweige der *Biotechnik.*" (Wir würden heute sagen: der Technischen Biologie und Bionik). „Damit wird die notwendige Synthese zwischen den Splittergebieten naturwissenschaftlicher und technischer Forschung vollzogen und eine neue naturverbundene Ausbildungsgrundlage für den technisch-schöpferischen Menschen gegeben." Und weiter zum Buch: „In ihm tritt auch auf diesem speziellen Gebiet der Wille des Nationalsozialismus in Erscheinung, das Leben unserer Gesellschaft dem ewig gültigen Geschehen der Natur unterzuordnen".

Bekanntlich liegt einer der zahlreichen diabolischen Züge der damaligen Weltanschauung in der stets wiederholten Verknüpfung von im Prinzip richtigen Sachformulierungen mit menschenverachtenden politischen Zielsetzungen.

A. Gießler geht in seinen Darstellungen zwar von der Vorstellungswelt Francés aus, führt die Betrachtung aber weiter. Für jede einzelne technische Sparte, von der Baustatik bis zur Elektrotechnik, sucht er Gruppen von Vorbildern in der Natur (Abb. 5-6 A, B). Auch wenn manches in diesem Buch unerträglich ideologisch verbrämt und in der Art des Vergleichs oberflächlich erscheint, die Grundidee, ganze „Reiche" oder „Unterreiche" aus Natur und Technik einander gegenüberzustellen und auf Gemeinsamkeiten abzuklopfen, ist gut. Es wurde damit etwas begonnen, was wir auch heute als „Analogieforschung" an den Beginn eines jeden biologisch-technischen Vergleichs stellen.

Die bionischen Ansätze im kommunistischen Russland werden durch Aussagen von Marx und Engels sowie Lenin untermauert. Dazu einige Zitate: „ …dass unsere gesamte Herrschaft über sie (die Natur) darin besteht, in Vorzug vor allen anderen Geschöpfen ihre Gesetze erkennen und richtig anwenden zu können" (Marx, Engels, ges. ed. 1962). „Darwin hat das Interesse auf die natürliche Technologie gelenkt… Verdient die Bildungsgeschichte der produktiven Organe des gesellschaftlichen Menschen … nicht gleiche Aufmerksamkeit?" (ebenda, ges. ed. 1962). „Morphologische und physiologische Erscheinungen, Form und Funktion, bedingen einander wechselseitig" (ebenda, ges. ed. 1964). „Von der lebendigen Anschauung zum abstrakten Denken und von diesem zur Praxis – das ist der dialektrische Weg der Erkenntnis…" (Lenin, ges. ed. 1964). „…wenn sich alles entwickelt, trifft dies dann auch auf die allgemeinsten Begriffe und Denkkategorien zu?" (Lenin, ges. ed. 1964).

Auch hier werden in sich stimmige Aussagen zum Ziel der Erfüllung politischer Forderungen umgemünzt. Vor allem in der Geschichte des russischen Konstruktivismus und in der Bau-Bionik findet man immer wieder ein Eingehen auf diese Denkweise, wenngleich

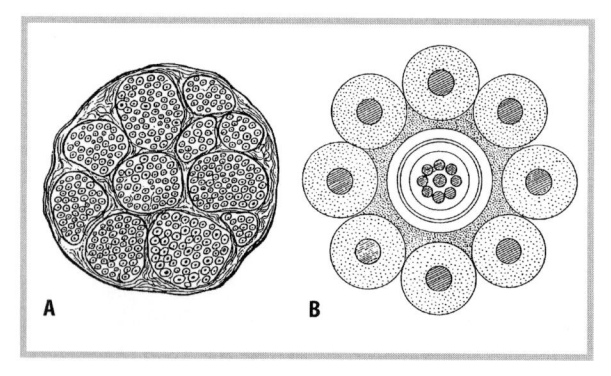

Abb. 5-6 A. Gießlers Vorstellungen zu Nervenquerschnitten (**A**) und Kabelquerschnitten (**B**) *(nach Gießler 1939)*

Abb. 5-7 J. S. Lebedevs Beispiele (1983) über die Nachkriegsentwicklungen in der Architekturgestaltung in Russland; Beispiel einer Malvenfrucht (**A**) und eines „Malvenhochhauses" (**B**) *(nach Lebedev 1983)*

kaum je bionisch sinnvolle Umsetzungen. So bleibt die Bau-Bionik in der Sowjetunion bis in die späte Nachkriegszeit hinein einerseits merkwürdig schwammig und häufig oberflächlich, andererseits in erstaunlichem Maße naiv-direkt, wie das Vorwort zu dem Buch „Architektur und Bionik" (Lebedev 1983) erkennen lässt: „In den zurückliegenden zwei bis drei Jahrzehnten wurden wir Augenzeuge eines neuen Gestaltungsprozesses in der Architektur. Formen der Natur wie Meeresmuscheln, Blütenblätter, Schildkrötenpanzer, gebogene und gefaltete Pflanzenblätter, wurden in Formen der gebauten Umwelt umgesetzt" (Abb. 5-7 A, B).

5.2.3
Übergang zur funktionellen Verknüpfung

Naturschwärmerei oder Herrennatur als Vorbild und Ausgangspunkt, zu frühes, unkritisches Übertragen und teils grotesk-naive Sichtweisen von Techniker und Nichttechnikern haben etwa bis zur Mitte des 20. Jh. kaum zur wirklichen Vertiefung der Querbeziehungen beigetragen, jedenfalls nicht auf der breiten Basis, welche die Analogieforschung verdient hätte. Das änderte sich erst dadurch, als die messenden biologischen Disziplinen mit Fragestellungen und Ergebnissen aufwarten konnten, die denen der technischen Disziplinen ebenbürtig waren, ja diese bald zu überflügeln begannen.

War vorher die Biologie kaum in der Lage, die Anregungen aus der Technik angemessen einzubauen, kehrte sich die Medaille nun rasch um. Die Fragen, welche die Biologen an die Techniker und Physiker stellten, wurden - klar und präzise formulierbar - sehr bald so schwierig, dass Physik und Technik passen mussten. Das wiederum weckte die Neugier der technischen Disziplinen und machte ihre Vertreter gesprächsbereit. Aber auch die Biologen lernten dazu. So kam es langsam zu Grenzüberschreitungen im Sinne einer detaillierten methodischen Verknüpfung, abseits der ausgefahrenen Straßen der Trivialanalogien. Im Folgenden werden dazu einige Beispiele aus der Technischen Biologie und der Bionik gegeben. Dies geschieht ohne Anspruch auf Vollständigkeit. Der Versuch einer kurzgefassten und doch umfassenden Zusammenstellung müsste scheitern, so umfangreich ist das Detailmaterial.

5.3
Beispielgruppen für die Entwicklung der Technischen Biologie und Bionik nach dem Zweiten Weltkrieg

Aus der Vielzahl der Ansätze werden eine Reihe von Fallbeispielen skizziert, die schlaglichtartig kennzeichnende Problemstellungen beleuchten. Ein eigener Ansatz ist mit eingearbeitet.

5.3.1
Zur Technischen Biologie

Die Wurzeln dieser Disziplin reichen weit zurück. Doch hat sie sich erst nach dem Zweiten Weltkrieg zu einer umfassenden und ganz selbstverständlich angewandten Vorgehensweise gemausert. Auch dafür einige Beispielgruppen aus unterschiedlichen Disziplinen.

Die *Funktionsmorphologie* befasst sich mit Fragen morphologischer Ausgestaltung im Kräftefeld funktioneller Anforderungen. Sie ist die Basis für weiterführende Analysen der *Bewegungsphysiologie*. In dieser Hinsicht hat sich der Titel meiner Doktorarbeit „Über Kinematik, Dynamik und Energetik des Schwimmens einheimischer Dytisciden" (1960) als tragfähiges Programm für ein Forscherleben erwiesen, bis hin zu Etablierung eines Fachgebiets „Bewegungsphysiologie", das es bis dato (zumindest in Deutschland) nicht als eigenes Fach gab.

Ausgangspunkt war die schlichte Frage, ob die Wasserkäfer wirklich so „strömungsschnittig" sind wie sie aussehen. Es hat sich gezeigt, dass ein der Technik entlehnter, dimensionsloser Kennwert, der Widerstandsbeiwert, - eine heutzutage aus der Automobilwerbung bekannte Kenngröße - die angemessene biologische Beschreibungsgröße ist. Nach Abschätzungen (Nachtigall 1960) haben wir diese Kenngröße in Abhängigkeit von der Reynolds-Zahl und von morphologischen Parametern systematisch bestimmt (Nachtigall, Bilo 1965). Die damit dokumentierte gute Strömungsanpassung war aber nur sinnvoll zu verstehen im Zusammenspiel mit einem hohen Wirkungsgrad des Vortriebsapparats. Seine Bewegungsweise (Kinematik) und die Interaktion mit dem Fluid (Dynamik) konnten bei Dytisciden (Abb. 5-8) und Gyriniden angemessen untersucht und mit technischen Gebilden wie Schiffsschrauben und Schaufelrädern in Bezug gesetzt werden (Nachtigall 1961). Damit war die Basis für Analysen zur Energetik gelegt. Wirkungsgradvergleiche zwischen

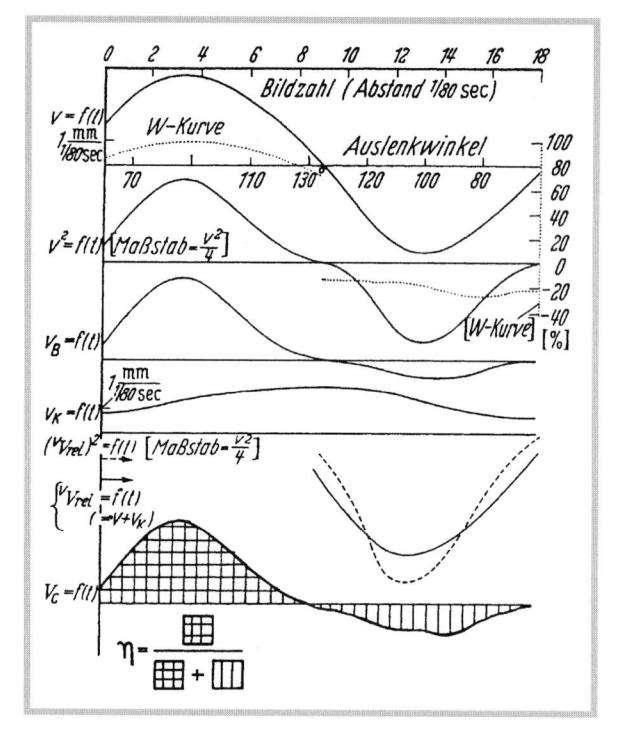

Abb. 5-8 Analysen zur Schwimmdynamik von Wasserkäfern (Dytisciden). Aus kinematischen und dynamischen Kennlinien konnte letztendlich eine grafische Repräsentation des Schubwirkungsgrads η (untere Kurve) formuliert werden *(nach Nachtigall 1960)*

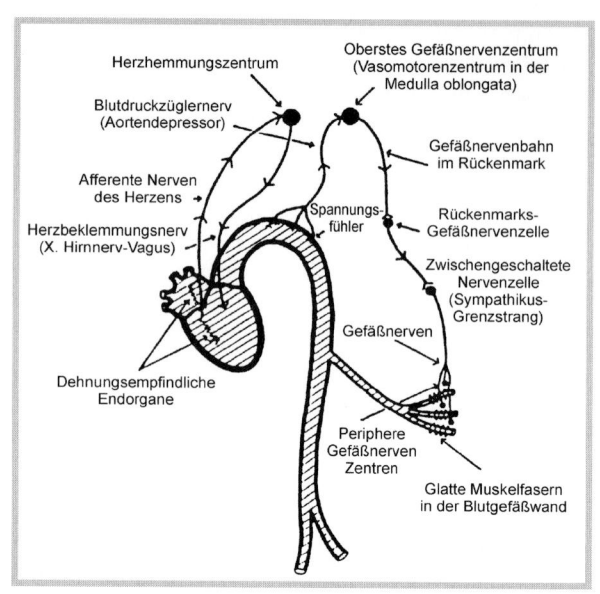

Abb. 5-9 R. Wagners Vorstellungen (entwickelt bereits 1923; Zusammenfassung 1954) über Herzregelkreise *(nach Wagner 1954)*

Stoffwechselleistung und hydrodynamischer Schwimmleistung sind dann auch bei anderen Tieren durchgeführt worden, die sich nach dem Ruderprinzip fortbewegen, z. B. bei kleinen Fischen, die Vortrieb durch Brustflossenschlag erzeugen (Blake 1979 und 1980).

In der Folge gab es zahlreiche Grundlagenuntersuchungen über das Fliegen, Schwimmen und Laufen von Tieren, für deren Erfolg das Einbringen technischen Wissens unerlässlich war.

Eine ähnlich intensive Verkopplung zwischen biologischen Ansätzen und technischen Analyse- und Beschreibungsmöglichkeiten hat sich in der *Biokybernetik* entwickelt. Norbert Wiener (1948) hat den Begriff „Cybernetics" geprägt. Die ersten tastenden Versuche, mit den Mitteln der *Regeltechnik* biologische Regelkreise zu formulieren, gehen allerdings bereits auf die 20er-Jahre zurück, als u. a. Richard Wagner die regeltechnischen Betrachtungen auf biologische Probleme anwandte (Wagner 1954/23; Abb. 5-9). Er führte den damals populären Begriff der „Rückkopplung" (s. „Volksempfänger-Pfeifen") in die Biologie ein und schrieb sinngemäß, wo die erste Rückkopplung aufgetreten wäre, sei das erste Leben gewesen.

In Deutschland wurde das Gebiet der Biokybernetik in den frühen 50er-Jahren von mehreren Forschern befestigt und bereits früh in Übersichtsdarstellungen zusammengefasst, so z. B. von Mittelstaedt 1956 und von Hassenstein 1960. Bald setzte ein wahres Rennen ein, mit dem Ziel, physiologische Mechanismen regeltechnisch zu beschreiben und die einzelnen Regelkreise zu immer komplexeren, vermaschten Regelwerken zusammenzufassen.

Allein die Einsicht, dass für einen funktionierenden Konstanthalte-Mechanismus mindestens ein Sensor, ein Regler und ein Effektor vorhanden sein *müssen* (dass man also nach einem fehlenden Glied gezielt suchen kann), hat die Physiologie ungemein befruchtet. Auch dies wäre ohne eine Einbeziehung nachrichtentechnischen Wissens in die Biologie nicht möglich gewesen.

Dass eine kybernetische Betrachtungsweise in der Lage ist, Grenzen der Disziplinen aufzuheben, war eine weitere wichtige Erkenntnis. Man konnte nun biologische (physiologische, ökologische und andere), technische, soziologische und beliebige andere komplexe Systeme in einer allgemeinen und angemessenen Sprache vergleichen.

Die *Physiologische Optik* bietet weitere Beispiele, darunter sehr frühe, für ein Einbeziehen physikalischer Kenntnisse in biologische Fragestellungen. Hermann von Helmholtz veröffentlichte bereits 1873 eine Arbeit über die theoretische Leistungsfähigkeit von Mikroskopen, in die er den optischen Apparat des betrachteten Auges mit einbezog. Von ihm stammt der bekannte sarkastische Ausspruch über die optischen Mängel unserer Augen.

Erst durch die Nachkriegsforschung hat sich ergeben, dass die „Konstruktionsabsicht" der Natur andersartig ist: einem – technisch besehen – tatsächlich mäßigen optischen Apparat („biologische Linsen" können optisch bei weitem nicht so gut sein wie gläserne) hat sie einen höchst effektiven Bildprozessor nachgeschaltet. Diese späte Einsicht hat die naturwissenschaftlich-technische Einbeziehung nicht daran gehindert, technische Optik und „biologische Optik" (sprich: das menschliche Auge) vielfach zu verkoppeln. Das begann mit einfachen Brillengläsern zur Brennweitenanpassung und später zum Ausgleich des Astigmatismus und endet mit der Einbeziehung des Auges als optisches Endglied in einfacheren und komplexeren Geräten wie Zeichenprismen, Mikroskopen und Teleskopen (Abb. 5-10 A–C). Erst als man gelernt hatte, das Auge als ein derartiges Endglied zu sehen, wurden optische Geräte berechenbar (Abbé, Zusammenfassung 1904). Das wiederum zwang dazu, die optischen Eigenschaften des Auges so detailliert wie möglich kennen zu lernen und führte zu einer Vielzahl von physiologisch-optischen Grundlagenuntersuchungen.

In ähnlicher Weise ist die Optik von Invertebratenaugen ausgedehnt untersucht worden. Erst als man eingesehen hatte, dass Teile der optischen Strukturen (die Kristallkegel) am besten unter dem Gesichtspunkt technischer Lichtleiter zu analysieren sind, kam man ihrem Konstruktionsprinzip auf die Spur. Die elektrophysiologische Analyse der ursprünglich verhaltensphysiologisch festgestellten Farbtüchtigkeit von Insektenaugen in den frühen Nachkriegsjahren (Autrum, 1950), ihre Sensibilität für polarisiertes Licht und ihre optischen und schaltungsmäßigen Tricks, hohe Auflösung und Bildschärfe mit hoher Lichtstärke zu verbinden (z. B. Kirschfeld (1971) am Fliegenauge, Vogt (1980) am Krebsauge; s. a. Abschn. 11.29) sind weitere Beispiele dafür, dass die Einbindung physikalisch-technischen Detailwissens zur Analyse komplexer biologischer Strukturen und Funktionen häufig den Schlüssel zum Erfolg darstellt. Sie leitet – wie das Krebsaugen-Beispiel zeigt – auch schon zur Bionik über.

Diese Überlegung ließe sich auch an zahlreichen weiteren Ansätzen verdeutlichen, etwa zu den Problemkreisen *Knochenstatik, Temperaturhaushalt, Biosensoren, neurale Schaltungen, Konfiguration von Bäumen, Transport von Fluiden durch Leitungen, Größenbeziehungen bei Organismen* und anderen.

5.3.2
Zur Bionik

Der Ausdruck Bionik wurde bereits früher definiert, nämlich 1959/1960 in den USA (vergl. Abschn. 1.1). Man kann sagen, dass bereits dieser Zeitpunkt die Gründung der modernen Bionik als Sichtweise gekennzeichnet und den Weg von einer Betrachtungsweise zu einer Fachdisziplin eröffnet hat.

Einige typische frühe bionische Ansätze wurden oben bereits genannt. Im Folgenden soll im Wesentlichen die Entwicklung dieser Disziplin nach dem Zweiten Weltkrieg bis zu ihrem Aufblühen in den frühen 80er-Jahren mit Betrachtungen zu einigen Beispielgruppen skizziert werden.

Die *Schwimmdynamik* von Fischen und Meeressäugern wurde im Hinblick auf Übertragbarkeit in die Technik untersucht. Einige Jahre nach der Veröffentlichung der klassischen Arbeit über das „Geheimnis des Delphins" von M. O. Kramer (1960), in der erstmals die wirbeldämpfende und damit widerstandsvermindernde Struktur der Delfinhaut (Abb. 5-11 A) für die Technik abstrahiert worden war (Abb. 5-11 B), wurde es ruhig

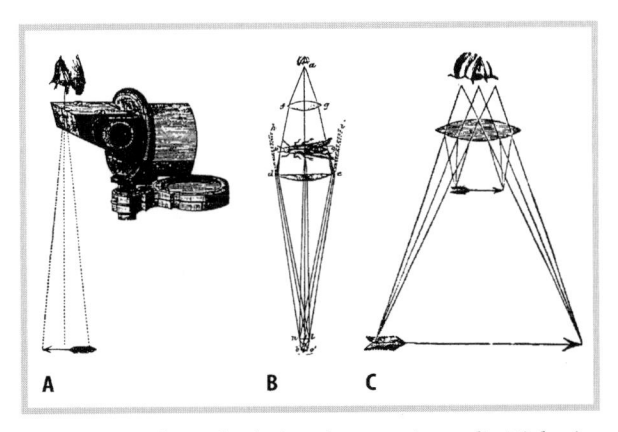

Abb. 5-10 Frühe Holzschnitte demonstrieren die Einbeziehung des Auges in den Strahlengang eines Wollastoneprismas (1807; **A**), eines zusammengesetzten Mikroskops (**B**) und einer Lupe (**C**) *(nach Helmholtz aus Nachtigall, Kage 1980)*

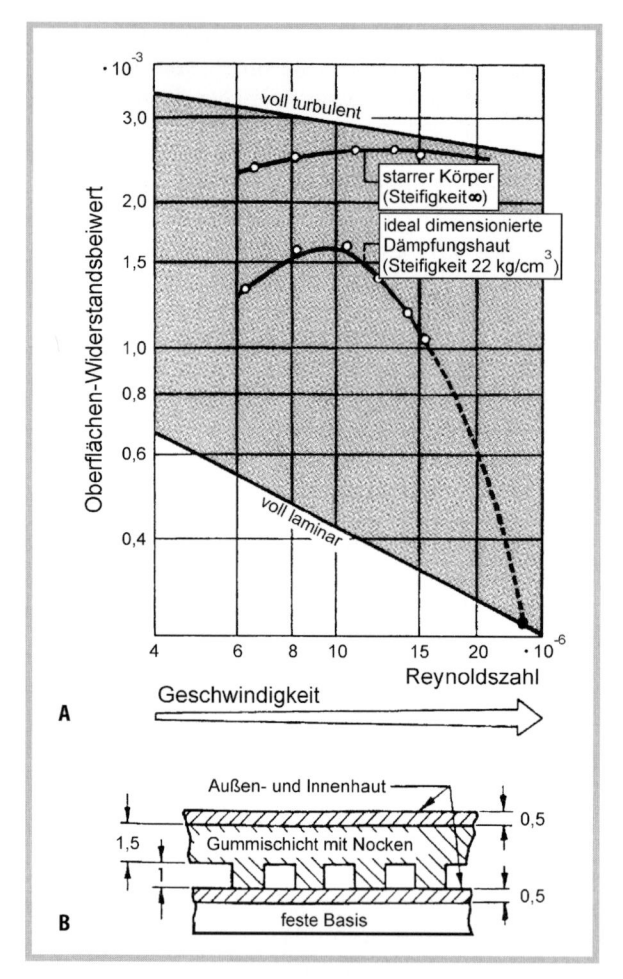

Abb. 5-11 M. O. Kramers Arbeiten zur Analyse (**A**) und technischen Nutzung (**B**) einer Widerstandsverminderung durch die Dämpfungseigenschaften der Delfinhaut *(nach Kramer 1960)*

um die Publikation zu diesem Themenkreis, ein einigermaßen sicherer Hinweis darauf, dass militärische Forschungsinstitute sich seiner bemächtigt haben. Es ist anzunehmen, dass in den Navy Research Centers an der amerikanischen Westküste darüber geforscht worden ist; die Russen unterhielten ein Bionik-Forschungsinstitut zur Analyse des Delfinschwimmens auf der Krim. Ebenfalls widerstandsvermindernd wirken manche Fischschleime, z. B. die des Barrakuda, und zwar bei – nur kurzfristig erreichbaren – hohen Schwimmgeschwindigkeiten (Rosen und Cornford 1971). Die technische Umsetzung dieses Prinzips hat bereits in den frühen 70er-Jahren zur Beimengung „künstlicher Fischschleime" ins Löschwasser der Feuerwehren geführt. Auf Grund der geringeren Wandreibung werden damit bei gleicher Pumpenleistung höhere Spritzweiten und -höhen erzielt.

An der Technischen Universität in Berlin fanden in den frühen 60er-Jahren der Biologe G. Helmcke und der Aerodynamiker H. Hertel in ihrem Bemühen zusammen die Grenzen der Disziplinen zu überwinden. Es geht die Mär, dass sie sich mit dem Schlachtruf „TUB-TUB" auf den Uni-Gängen begrüßt haben: „**T**echnik **U**nd **B**iologie an der **T**echnischen **U**niversität **B**erlin". Helmcke befasste sich vor allem mit der Analyse von Diatomeenschalen; eine seiner früheren Arbeiten datiert aus dem Jahr 1959 (Abb. 5-12 A). Hertel – der als Flugzeugkonstrukteur maßgeblich an der Entwicklung der ersten deutschen Düsenflugzeuge beteiligt war – arbeitete über Schwimmen und Fliegen. 1963 erschien sein Buch „Biologie und Technik". Dieses Buch hatte eine große Breitenwirkung, wenngleich es mehr Probleme aufwarf als Lösungen anführte (Abb. 5-12 B): typisch für die Frühphase einer Disziplin.

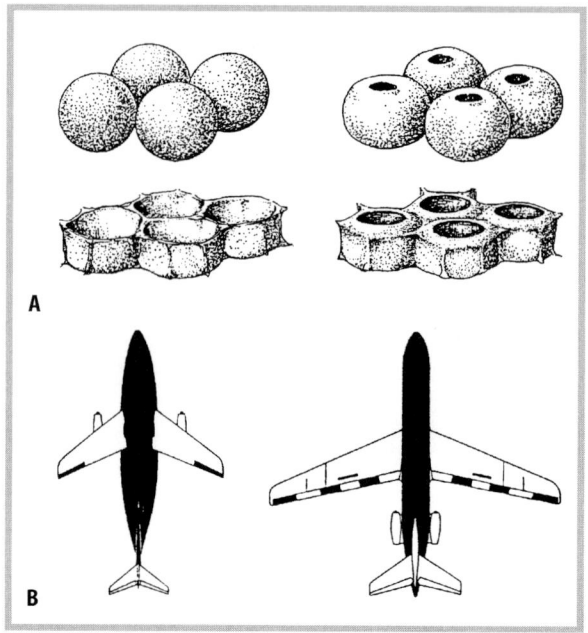

Abb. 5-12 G. Helmckes Vorstellungen (60er-Jahre) über die Kammerentstehung bei Diatomeen und H. Hertels Vorschlag (1963) für ein biomorphes Verkehrsflugzeug (links) im Vergleich mit einer konventionellen Caravelle *(nach Helmcke 1959 und Hertel 1963)*

Bereits mit seinen ersten Arbeiten ist Ingo Rechenberg, damals Student der Aerodynamik in Berlin, zusammen mit H.-K. Schwefel neuartige Wege gegangen. Er hat gezeigt, dass nicht nur das Studium „fertig vorliegender" Konstruktionen der belebten Welt technisch sinnvoll sein kann, sondern auch die Übernahme der Art und Weise, wie die Biologie zu diesen ihren Strukturen und Funktionen kommt, der natürlichen Evolution nämlich (Abb. 5-13 A, B; Rechenberg 1965). „*Evolutionsstrategie*" bezeichnete er das in der Folge von ihm vertretene Fachgebiet, wie es sich aus diesen ersten Ansätzen entwickelt hat. Die Evolutionsstrategie (Rechenberg, 1973, Neubearbeitung 1994) wurde mit Erfolg auf vielerlei Probleme angewandt, gerade auch auf solche, für die eine mathematische Behandlung schwierig, wenn damals nicht unmöglich war. So war Rechenbergs Abteilung für „Bionik und Evolutionsstrategie" an der Technischen Universität Berlin jedenfalls bis Ende der 80er-Jahre die einzige Institution, an der Studenten (Ingenieurstudenten) im Nebenfach Bionik ausgebildet werden konnten.

Als das Buch „Phantasie der Schöpfung – Faszinierende Entdeckungen der Biologie und Biotechnik" (Nachtigall 1973) erschien, in dem auch die damaligen Kenntnisse zur Bionik zusammengefasst und Ausblicke gegeben worden waren, war Bionik noch nicht technisches oder biologisches Allgemeingut. Es heißt, dass dieses Buch Schrittmacherfunktion hatte. Es war das Vorbild für mehr als ein halbes Dutzend Folgebücher und diente als Auslöser für eine große Zahl von Vorträgen, Büchern, Filmen und Ausstellungen.

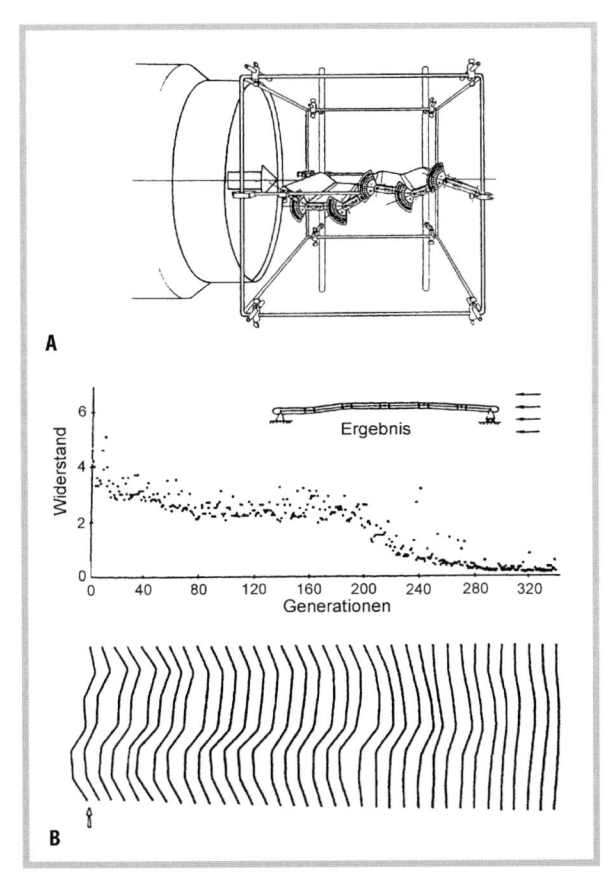

Abb. 5-13 Rechenbergs Windkanal-Evolutionsobjekt „Zickzack-Platte" (**A**) und Evolution einer ebenen Platte geringsten Widerstands aus der „Zickzack-Platte" (**B**) *(nach Rechenberg 1965)*

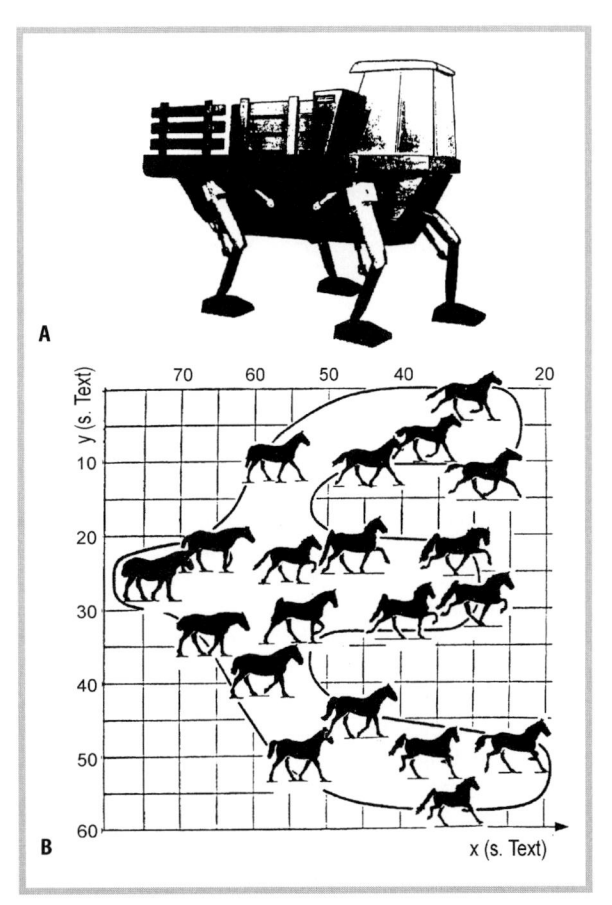

Abb. 5-14 R. A. Listons Entwurf eines Pedipulators und M. Hildebrands „Gangarten-Diagramm" des Pferdes *(nach Liston 1965 und Hildebrand 1965)*

Biologische Vorbilder wurden in der Folge gerne studiert, und zwar meist dann, wenn sie gängigen technischen Gebilden überlegen erschienen. So versagt das Rad als Antriebsmechanismus in felsigem und unwegsamen Gelände. *Laufmaschinen* können in diesem Fall Vorteile bieten. Im Warren Locomotive Center in Michigan wurden unter der Leitung von R. A. Liston vierbeinige (und später auch zweibeinige) Laufmaschinen konstruiert (Liston 1965; Abb. 5-14 A) und bis zur Prototypenreife gebracht. In den 70er-Jahren förderte vor allem der Vietnam-Krieg die Ausarbeitung solcher Konstruktionen. Eigentümlicherweise erwies sich dabei die reine Biomechanik der Beinkonstruktion und das Abfangen der Kräfte nicht als der schwierigste Teil. Die phasisch richtige Laufkoordination und damit die Stabilitätserhaltung beim gesamten Laufvorgang konnte erst befriedigend gelöst werden, als die Schrittmuster natürlicher Vorbilder, z. B. von Pferden, eingebracht worden waren (Hildebrand 1965; Abb. 5-14 B).

5.3.3
Istzustand und Ausblick

Technische Biologie und Bionik verankern sich zunehmend stärker im Bewusstsein der Öffentlichkeit. Die Industrie ist sensibilisiert. Auch die Politik erkennt an, „dass es sich bei der Bionik um die bedeutendste Innovationstechnik handelt" (zit. in Nachtigall, ed., 1992). Der ehemalige Bundesminister Töpfer schrieb 1992: „Meines Erachtens ist dies ein dem Umweltschutz in besonderer Weise angemessener Weg: Natürliche Prozesse erfassen, verstehen und nachbauen, Auflösen der Diskrepanz von Technik und Natur, Rückführen der Technik zu den Strukturen und Prozessen der Natur. Nichts anderes streben wir im übrigen auch mit unserer konsequenten Politik der Kreislaufwirtschaft an. Nur so kann aus meiner Sicht Umweltschutz ökologisch und ökonomisch nachhaltig Erfolg haben" (zit. in Nachtigall, ed., 1995).

Bisher wurden das Reich der Natur und das Reich der Technik häufig genug strikt getrennt betrachtet; die Technik konstruierte ohne Naturvergleich und kam zu eigenständigen Lösungen (Abb. 5-15 A). Am ingenieurmäßig-eigenständigen Konstruieren lege artis wird sich auch dann nichts ändern, wenn die Einbeziehung bionischer Ansätze technische Lösungen beeinflussen wird (Abb. 5-15 B). Der Ingenieur wird nicht ersetzt, nur stärker gefordert. Technisches Konstruieren wird an biologischen Vorbildern und Notwendigkeiten zu spiegeln sein. Überlebensaspekte werden absoluten Vorrang haben müssen.

Die Breitenwirkung all dieser Sichtweisen und Aktivitäten, gerade auch im Hinblick auf ein „ökologisches Konstruieren" hat bereits überraschend scharfe Konturen gewonnen, wie in den Folgeabschnitten dargestellt wird.

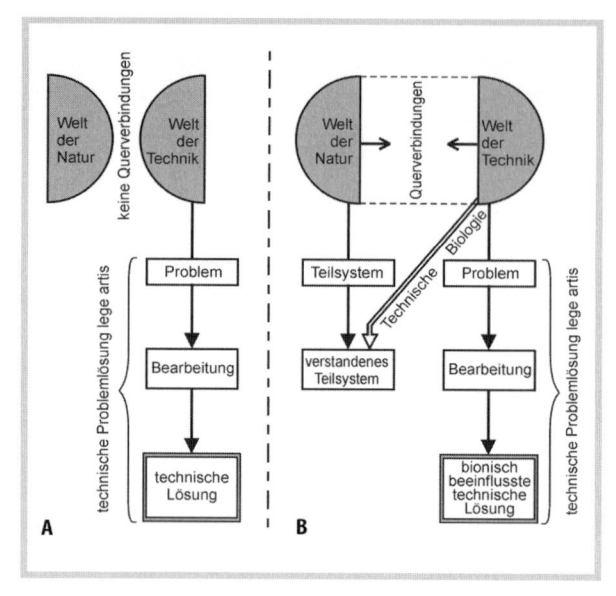

Abb. 5-15 W. Nachtigalls Vorstellungen über die bisherige (**A**) und die mögliche zukünftige (**B**) Stellung von Biologie und Technik zueinander *(nach Nachtigall 1997)*

5.4
Historische Kette – Konzepte für Schiffsvortriebe u. a. nach dem Prinzip der Fisch-Schwanzflosse

5.4.1
Einführendes

Hier sollen – pars pro toto – klassische und modernere Versuche dargestellt werden, die Vortriebserzeugung durch schwingende Flossen, die den Schwanzflossen von Fischen entsprechen, technisch zu nutzen. Ansätze des 19. Jh. sind weggelassen; ich beginne mit v. Limbecks „Fischpropeller"(1903) und ende mit Hertels „TUB-TUB" aus den 70er -Jahren. All diesen Vorschlägen ist eigen, dass – von Hertels Analysen der Schwanzflossenbewegung bei der Regenbogenforelle und der darauf aufbauenden Arbeit von Voß abgesehen – keine wesentlichen bewegungsphysiologischen Analysen gemacht worden sind; übertragen wurde die „augenscheinliche" Schwanzflossenbewegung. Die technische Umsetzung, ausgehend von einfachen Exzentergetrieben, ging dann aber rasch eigene Wege, wie Hertels „Flossenpropeller" mit Endanschlägen zeigt. Die Entwicklung war am Anfang eher von der naiven Vorstellung ausgegangen, dass Naturformen per se besser sein müssten; Hertel, am andern Ende der Entwicklungsreihe, hatte aber bereits einen spezifischen Vorteil ausgemacht: den sehr viel höheren Standschub, den sein Flossensystem im Vergleich zu einem konventionellen Propeller erzeugen konnte. Außerdem hatte er mit seiner „Schwingflächenpumpe" gezeigt, dass das Schlagflächenprinzip auch an ganz anderer Stelle eingesetzt werden konnte, nämlich zur Förderung von Flüssigkeits-Feststoffen-Gemischen. Hier kommt ein anderer Vorteil zum Tragen: die Schwingflächenpumpe verschmutzt weitaus weniger als konventionelle Kolben- oder Rotationspumpen (vgl. Abb. 5-20 A).

An dieser Reihe kann sehr gut abgelesen werden, wie bionisches Übertragen vor sich gehen kann. Selbstredend ist der „naive" Vergleich (Analogieforschung) immer der Anfang, doch ist es nicht weise, dabei stehen zu bleiben. Die frühen Vorschläge, z. B. der von Lie (1905), haben demnach auch keinen Erfolg gezeigt. Es können jedoch, ausgehend von der Naturbeobachtung, Entwicklungen angeregt werden, die mit höchst speziellen Vorteilen gekoppelt sind. Die Hertel'schen Überlegungen zur Standschuberhöhung und zur Verschmutzungsreduktion stehen dafür.

5.4.2
v. Limbecks „Fischpropeller" (1903)

Ganz im Gegensatz zu heutigen Patentschriften, in denen bei bionischen Erfindungen aus patentrechtlichen Gründen der Hinweis auf das „Vorbild Natur" fast regelmäßig fehlt (s. Abschn. 17.1), ist in Z. Ritter von Limbecks Patentschrift noch klar angegeben, woher die Idee stammt: „Gegenstand der vorliegenden Erfindung ist ein Flossenpropeller für Schiffe, welcher an Stelle eines Schraubenpropellers am Hinterschiff angebracht ist und nach Art der Schwanzflosse der Fische durch Ausschläge nach Steuerbord und Backbord eine vorwärts treibende Bewegung ausübt."

Der Antrieb besteht aus einem Exzenter-Gabel-System, das eine Schubstange b (Abb. 5-16) hin und her schwingen lässt. Am Ende ist eine Flosse eingelenkt, die

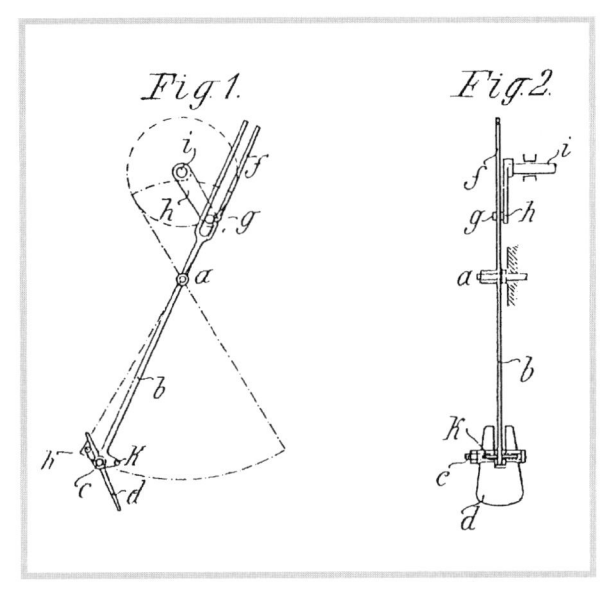

Abb. 5-16 Früher Schiffsvortrieb I nach dem Prinzip des Schwanzflossenschlags von Fischen: Z. Ritter von Limbecks „Fischpropeller" (1903) *(Abb. nach der Patentschrift)*

exzentrisch gebaut ist, so dass die breitere Fläche d stets durch den Wasserdruck verstellt wird. Sie schlägt gegen den Anschlag h und dem gegenüberliegenden und stellt sich damit stets von selbst so ein, dass sie einen optimalen Schub erzeugt; an den Umkehrpunkten schwingt sie von einem Anschlag zum andern. Dies war damals, bei Verwendung starrer Materialien, technisch nötig; heute könnte es durch eine abgestufte Flossensteifigkeit bewerkstelligt werden, ohne dass die Flosse derart harte Umkehrbewegungen und (schallerzeugende) Anschläge macht (vergl. auch Hertels Flossenpropeller).

5.4.3
Lies „Lotsenfisch" (1905)

Es war, wie Abb. 1-5 zeigt, eine Art Klein-U-Boot vorgesehen, das auch Leinen hinter sich herschleppen konnte. Analog zu den Brustflossen von Haien trug es zwei Höhensteuer-Flossen in der vorderen Körperregion. Zum Antrieb besaß es ein von einem Nockenzylinder angetriebenes Schubgestänge, an dessen Ende eine Schwanzflosse mit Anschlägen ganz ähnlich befestigt war wie bei v. Limbecks Vorschlag. Eine dorsale und ventrale „Afterflosse" diente der Seitsteuerung. Der noch sehr „naturimitierende" Vorschlag ist wohl nicht verwirklicht worden.

5.4.4
Frosts „Wasserfächer" (1926)

Wie Abb. 5-17 A zeigt, handelt es sich auch hier um ein exzenterangetriebenes Stabsystem, dessen endständige Flosse nun allerdings mit der proximalen Kante an außenstehende, gewölbte Anschläge schlägt. Eine gewisse endliche Eigensteifigkeit scheint vorgesehen zu sein. Der Autor möchte auf diese Weise nicht nur Wasser-, sondern auch Luftfahrzeuge antreiben (große, langsam bewegte Flächen). Er beschreibt auch ein Doppelruder mit zwei endständigen derartigen Flächen (Abb. 5-17 A, Fig. 3, 4).

5.4.5
Schramms „Wellenschwingungsantrieb" (1927)

Den Schritt vom Modell zur Großausführung wagte der Ingenieur Hans Schramm, der seinem Buch „Die Schwingung als Vortriebsfaktor in Natur und Technik" den apodiktischen Untertitel gegeben hat „Gedanken eines Ingenieurs über das Problem der schwingenden Propulsion in Technik und Biologie" – einer der wenigen fächerübergreifenden Ansätze aus der damaligen Zeit.

Schramm arbeitete 1925/1926 an Modellen und kleinen Versuchsbooten, deren lange elastische Flossen über ein Exzentergetriebe in Schwingung versetzt wurden (Abb. 5-18 A). Fünf derartige Flossen wurden getestet, gefertigt aus sehr dünnem, elastischem Eisen- oder Kupferblech mit Seitenverhältnissen von 1 : 1 bis 1 : 6. Erstaunlicherweise zeigte die 1 : 1-Flosse (eine quadratische Form) die relativ besten Werte, war aber im Wirkungsgrad Schraubenpropellern unterlegen. Es wurde erkannt „...dass die Elastizität der Flosse nicht durchgehend die gleiche sein durfte, sondern dass an der Angriffsstelle der Flossendruckkraft, also an dem gelenkig mit dem Bootsheck verbundenen Vorderteil der Flosse, diese möglichst kräftig und wenig elastisch und nach dem hinteren Ende zu immer weicher und biegsamer ausgebildet sein musste" – ganz genau in Analogie zur Fischflosse.

Derartig gebaute Flossenausführungen zeigten überraschende Wirkungsgradsteigerungen; nun war der Wirkungsgrad besser als der einer Schiffsschraube. Winkelamplituden von 40°–45° erwiesen sich als optimal. Desweiteren wurde ein leichtes Einsitzer-Paddelboot mit Flachboden verwendet (Abb. 5-18 B); die Flosse wurde über einen einfachen Parallelantrieb mit Fußbewegungen in Schwingung versetzt. Schließlich

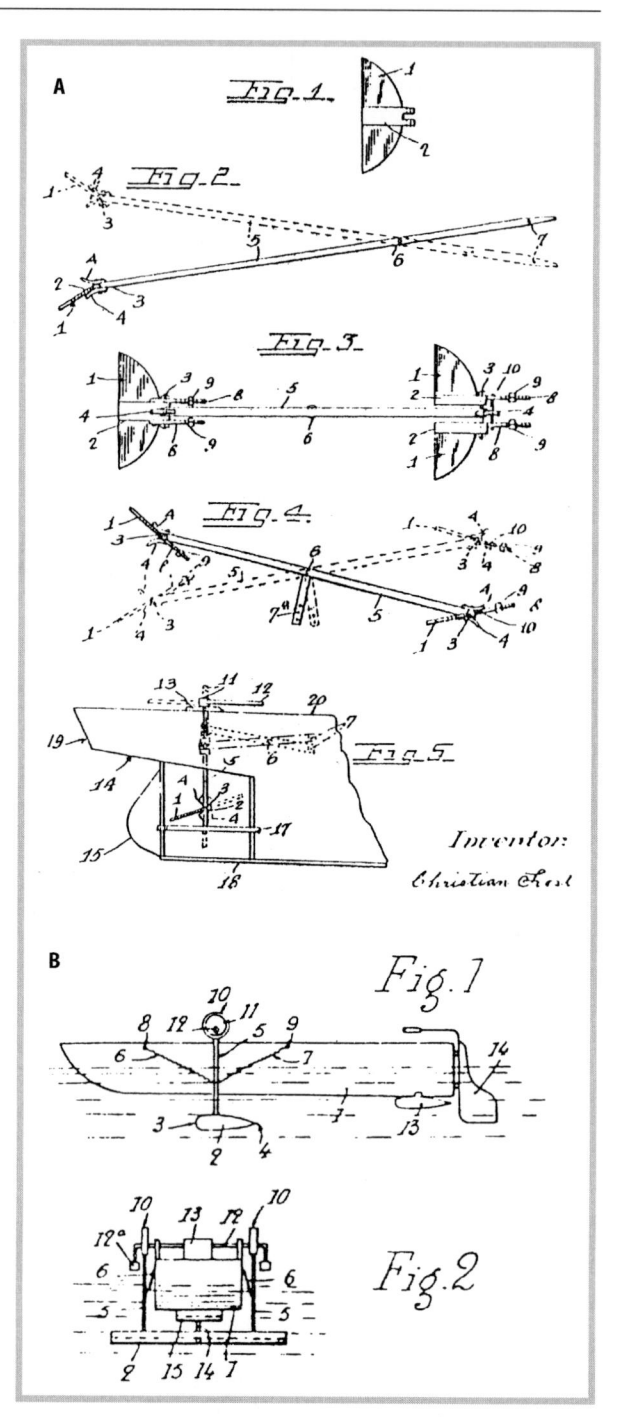

Abb. 5-17 Frühe Schiffsvortriebe II nach dem Prinzip des Schwanzflossenschlags von Fischen. **A** Ch. Frosts „Wasserfächer" (1926). **B** R. J. L. Moineaus „Vortriebsmechanismus" (1943) *(Abbildungen nach den Patentschriften)*

Abb. 5-18 Frühe Schiffsvortriebe III nach dem Prinzip des Schwanzflossenschlags von Fischen: H. Schramms „Wellenschwingungsantrieb" (1927). **A** Modellboot, **B** Einsitzer-Paddelboot, **C, D** Zweisitzer-Paddelboot *(nach Schramm 1927)*

wurde der Ansatz auf ein Zweier-Paddelboot erweitert (Abb. 5-18 C, D). Man erreichte mit beiden Booten etwa die gleiche Geschwindigkeit wie beim Rudern mit vergleichbarem Krafteinsatz. Die beste Flosse lief in eine haarscharfe, sehr elastische Schneide aus. Das Boot zeigte aber starke Gierschwingungen. Diese wurden durch eine lange Flosse mit einem Seitenverhältnis 1 : 6 vermieden. Es wurde dabei auch ein besonders hoher Standschub erreicht. Vergleichsrechnungen zeigten, dass bei bestimmten Randbedingungen (0,15 PS, Bootsgeschwindigkeit 1,5 ms^{-1}) ein Schraubenpropeller mit einem maximalen Wirkungsgrad von 52 % arbeitete, der Schwingungspropeller dagegen mit 78 %. Bei grö-

ßeren Belastungen und Geschwindigkeiten war die Differenz größer; reine strömungsmechanische Wirkungsgrade bis zu 0,945 wurden erreicht (bei Schraubendurchmesser = Flossenhöhe). Berücksichtigt man die sehr geringen Leistungsverluste beim Tretantrieb des „Flossenpropellers" im Vergleich mit einer Kinematik zur Umsetzung in Drehbewegung für einen Schraubenpropeller (Getriebereibung), so schlägt das Pendel weiter zugunsten des Flossenpropellers aus.

5.4.6
Budigs schrägangeströmter Schlagflügel

Ähnliches berichtet auch der Erfinder F. Budig, der nach dem Zweiten Weltkrieg in Wallhausen (Bodensee) ein privates „Institut für Schlagflügelforschung" betrieb. Er arbeitete mit etwa halbkreisförmigen Schlagflügeln, die senkrecht zur Bewegungsrichtung beidseitig ins Wasser getaucht und wieder herausgezogen wurden, ebenfalls angetrieben über eine Fußmechanik. Sein Prinzip der „Schräganströmung" (Abb. 5-19 B) wird in seinen Schriften zwar mit Vogelschwingen (Abb. 5-19 A) verglichen, doch musste die Kinematik dieser Flügelbewegungen noch näher erforscht werden. Ich bin in den frühen 60er-Jahren in einem solchen Boot mit dem damals noch erstaunlich rüstigen älteren Herrn gefahren und konnte mich überzeugen, mit welcher Leichtigkeit man einem schweren Bodenseekahn eine Geschwindigkeit verleihen kann, bei dem ein viel kleineres und weitaus weniger Strömungswiderstand erzeugendes Paddelboot kaum mitkam. Die Effektivität solcher Antriebsformen ist tatsächlich außerordentlich bemerkenswert. Die Söhne des Erfinders, J. und R. Budig, haben das Konzept weitergeführt (Abb. 5-19 C), das an anderer Stelle ausführlich gewürdigt wird. Auch Schlagflügel-Flugzeuge wurden konzipiert (s. Patentschrift).

5.4.7
Moineaus „Vortriebsmechanismus" (1943)

Wie Abb. 5-17 B zeigt, handelt es sich hier (u. a.) um eine Schwingflosse, die unter einem Schiff vertikal auf und ab bewegt wird. (Der Autor hatte auch Flossen vorgesehen, die hinter dem Schiff vertikal schwingen). Der Vorteil der erstgenannten Anordnung: es kann in Schwerpunktsnähe gearbeitet und damit große Kippmomente vermieden werden. Dieser Vorschlag basiert wohl auf der Beobachtung der vertikal schwingenden Wal-Schwanzflossen, obwohl dies der Patenschrift nicht zu entnehmen ist. Eine Zwangssteuerung des Anstellwin-

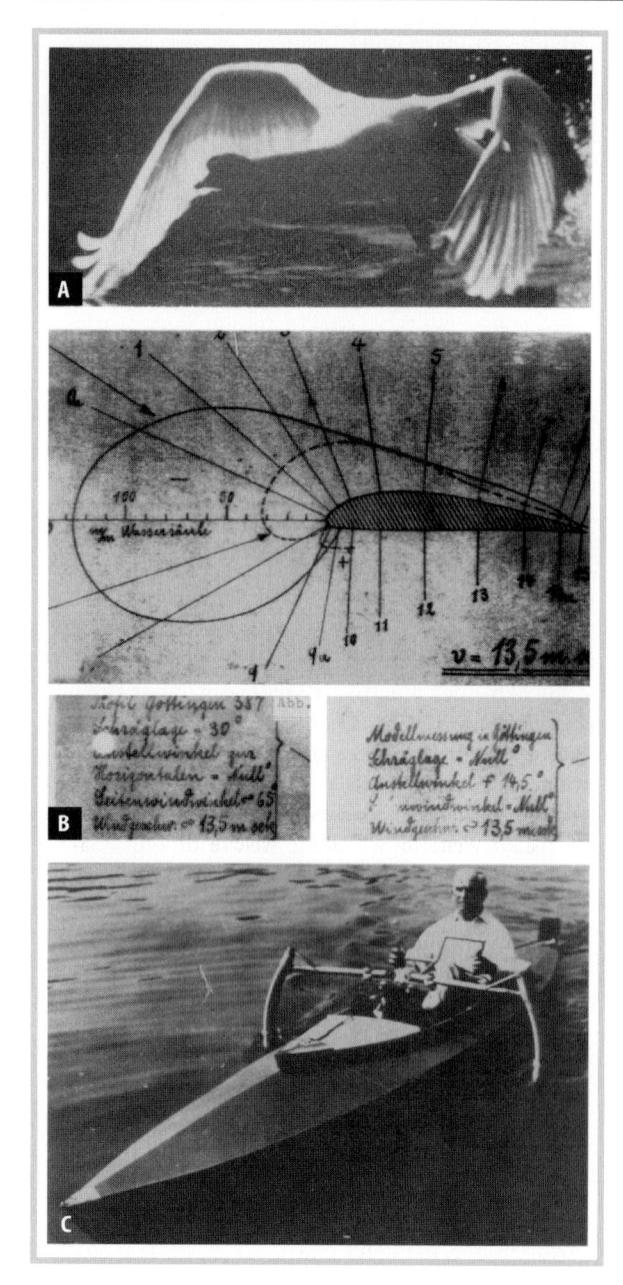

Abb. 5-19 Friedrich Budigs „Schräganströmungsschlagflügel". **A** Höckerschwan beim Aufschlag; der abgewinkelt hochgezogene Handfittich wird „schrägangeströmt" *(nach Piskorsch 1975)*, **B** Druckverteilung an einem Profil Göttingen 387. Man beachte die ausgeprägte Sogspitze bei Schräganströmung < 30° *(Originalzeichnung von F. Budig vom 6.7.1929)*, **C** Neuere Version eines Schlagflügelboots des Sohnes Jean Budig *(Foto: Jean Budig)*

kels ist nicht vorgesehen; eine gewisse Eigenelastizität der Flosse, zusammen mit elastischen Aufhängungen, die eine gewisse Vor- und Rückschwingung erlauben, sorgen für jeweils günstige Anstellwinkel.

5.4.8
Hertels „TUB-TUB" (1963)

H. Hertel, Flugzeugbauer und Mitbegründer des Strahltrieb-Antriebs für Flugzeuge, hat sich dem Grenzgebiet zwischen Technik und Biologie verschrieben und 1968 sein Buch „Biologie und Technik" publiziert, dass seinerzeit bei Biologen viel, bei Technikern weniger Aufsehen erregt hat. In diesem beschreibt er ein kleines Schlagflossenboot, im Prinzip ähnlich der Abb. 5-17 A, gebaut nach seinen Erkenntnissen über den Fischvortrieb mit Schwanzflossen. Das Boot erreichte mit einer Flosse, die Biegung und Drehung kombinierte (Länge 40 cm, Höhe 10 cm, Dicke 0,3 mm, Elastizitätsmodul 210 000 N/mm^2, Stahlblech) eine Vorwärtsgeschwindigkeit von 65 cm/s bei einer Geschwindigkeit der nach hinten über den Wellenpropeller laufenden Welle von 170 cm/s. Damit wurde ein Schub von etwa 30 N erzeugt mit einem theoretischen hydrodynamischen Wirkungsgrad (gerechnet nach Wu) von 40–50 %. Auch diese – noch durchaus nicht optimierten – Ansätze zeigen, wie interessant Schwingungsantriebe sein können, wenn es gilt, mit geringen Energieverlusten zu arbeiten.

An der Technischen Universität Berlin wurden diese Untersuchungen weitergeführt; so hat W. Voß eine Promotionsarbeit über den Antrieb mit forellenähnlichen Schlagflossen gefertigt (Voß 1982). Hierbei wurde insbesondere die Rolle der Flossenelastizität betrachtet.

5.4.9
Hertels „Schwingflächenpumpe" (1973)

Hertel, in den 50er- und 60er-Jahren der Hauptvertreter bionischer Ansätze in Deutschland von der technischen Seite her, hat mit seinem Mitarbeiter K. Affeld seine Untersuchungen an der Schwanzflosse der Forelle auch in völlig anderer Weise in die Technik übertragen, als Antrieb für eine „Pumpe zur Förderung von Flüssigkeiten mittels schwingender Flächen". Hält man eine Forelle im Experiment oder in Gedanken fest, während sie die Schwanzflosse arbeiten lässt, wird ein Schubstrahl erzeugt, der Flüssigkeit transportiert. Dieser kann durch Umkleidung der Bewegungsregion mit einer Art Wand verstärkt werden. In der Patentschrift heißt es dazu: „Die Pumpe … zeichnet sich durch Ein-

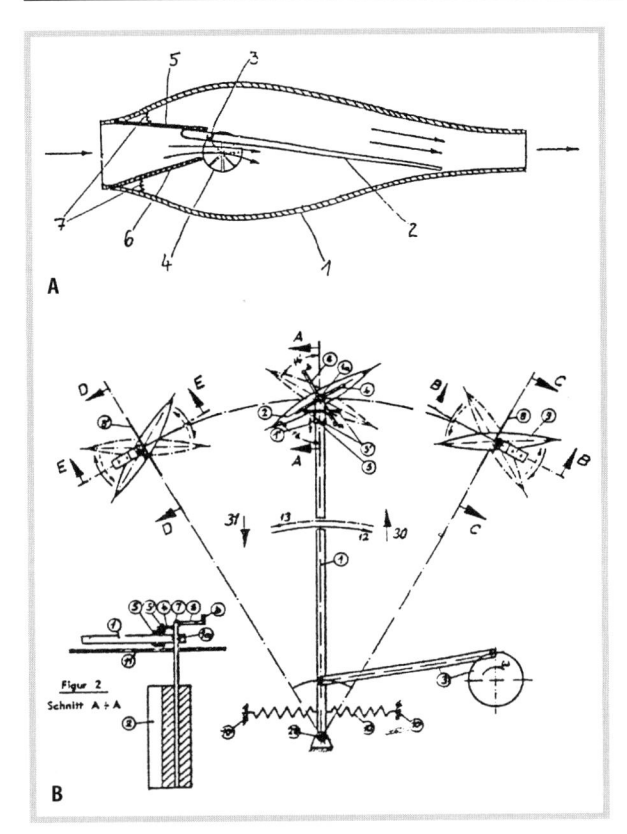

Abb. 5-20 Schiffsvortriebe IV und abgewandelter Vorschlag.
A K. Affelds und H. Hertels „Schwingflächenpumpe" (1973).
B H. Hertels „Flossenpropeller" von 1977 *(Abbildungen nach den Patentschriften)*

fachheit aus, wodurch sie besonders zum Fördern stark verunreinigter Flüssigkeiten geeignet ist. Trotz des Fehlens jeglicher Ventile ist die Pumpe ... geeignet, große Flüssigkeitsmengen zu fördern, jedoch tritt durch die freie Umströmbarkeit der Vorderkante einer schwingenden Platte im geringen Maße eine Rückströmung ein, wodurch die Förderhöhe nur einen begrenzten Wert erreicht und der Einsatz der Pumpe dadurch auf Verhältnisse mit geringem Niveauunterschied beschränkt ist".

Hertel beschreibt dann eine Vorrichtung, welche die Plattenkante so verändert, dass größere Förderhöhen erreicht werden können.

Im Prinzip handelt es sich um federnd aufgehängte Klappen (Abb. 5-20 A 6), die den die Förderhöhe reduzierenden Rückstrom verringern bzw. verhindern. Die Platte ist quadratisch ausgebildet und schwingt in einem entsprechend dimensionierten Gehäuse. Sie war z. B. vorgesehen für die Förderung von Abwässern mit starkem Fäkalienanteil, der konventionelle Pumpen, insbesondere Kreiselpumpen, sofort verstopfen würde.

5.4.10
Hertels „Flossenpropeller" (1977)

Hertel hat die Fortbewegung der Regenbogenforelle filmisch untersucht und auf gekoppelte Biege-Drehschwingung der Schwanzflosse zurückgeführt – im Prinzip ähnlich, wie ihm dies als Aerodynamiker vom Tragflügel-Flattern von Flugzeugen (mit anders gepoltem Phasenwinkel) bekannt war. Auch hier lässt ein – diesmal seitlich gelegener – Exzenter einen schwingungsfähigen Arm hin und her schwingen (Abb. 5-20 B). Er trägt am Ende eine symmetrisch profilierte Flosse mit einem „Anschlagkreuz". Dieses Kreuz stößt an den beiden Umkehrpunkten gegen am Schiffsboden fest angeflanschte Anschläge und dreht damit schon im Moment des Berührens die Flosse in die für die neue Halbschwingung „richtige" Stellung. Der Vorteil: die Flosse muss sich nicht erst beim Beginn der Halbschwingung selbst optimieren, wozu sie eine gewisse Zeit und damit Laufstrecke benötigt, sondern sie steht bereits am Beginn der Halbschwingung in der richtigen Stellung und kann somit sofort Schub erzeugen. Dies erhöht insbesondere den Standschub (bei Schiffsgeschwindigkeit Null oder nahe Null) beträchtlich. Die Idee ist eine Weiterentwicklung, welche die automatisch sich einstellende „richtige" Flossenanströmung (die auch beim Fisch eine gewisse Zeit benötigt) unmittelbar zu Beginn eines Halbschlags erzwingt. Es handelt sich also um ein technisches Eigenkonzept, das in diesem Fall gewisse behindernde Nachteile des biologischen Systems kompensiert. Die Nachteile des technischen Systems wiederum – harter Anschlag, große Geräuschentwicklung, hoher Verschleiß – haben eine praktische Einführung verhindert.

Literatur

Abbé E (1904, 1906) Gesammelte Abhandlungen (I-1904; II-1906; III-1906), Fischer, Jena
Affeld K, Hertel H (1973) Pumpen zur Förderung von Flüssigkeiten mittels schwingender Flächen. Deutsches Patentamt, Offenlegungsschrift 1 703 2094 vom 17.05.1973
Autrum H (1950) Die Belichtungspotentiale und das Sehen der Insekten. Z. Vergl. Physiol. 32, 176–227
Bachmann F (1922) Jb. Wiss. Bot. 61, 372
Blake RW (1979 und 1980) The mechanics of labriform locomotion I and II; J. Exp. Biol. 82, 255–271 and 85, 337–342
Borelli JA (1685) De motu animalium. Angeli Barnabi (2.ed. Ludg. Batav, Herausgeber Akad. Verlagsges., Leipzig 1927)

Bower FO (1923) Botany of the living plant. 2nd. ed., London
Budig F (1955) Schwingenflugzeug. Deutsches Patentamt, Nr. 15987 vom 9.11.1955
Detlefsen E (1884, 1887) Arb. Bot. Inst. Würzburg 3, 144–187 und 408–425
Christian F (1926) Water and Air Fan. United States Patent Office No. 1.601.246 from 28.09.1926
Francé RH (1919) Die technischen Leistungen der Pflanzen. Veit & Co., Leipzig
Giacometti R (1936) Gli scitti di Leonardo da Vinci sul volo. Bardi, Roma
Gibbs-Smith CH (1962) Sir George Cayley's aeronautics. Her Majesty's stationary office, London
Giesenhagen K (1912) Handwörterbuch d. Naturwiss., Bd. 2, 1–35. Fischer, Jena
Gießler A (1939) Biotechnik. Quelle & Meyer, Leipzig
Haberland G (1919) Abh. d. Preuss. Akad. d. Wiss., physik.-mathem. Klasse, 3–12
Hassenstein B (1960) Die bisherige Rolle der Kybernetik in der biologischen Forschung. Wiss. Verlagsges., Stuttgart
Helmcke G (1959) Form und Funktion der Diatomeenschalen. Gesetzmäßigkeiten im Kleinsten. Beitr. Naturkunde Niedersachsens 12, 110–114
Helmholtz H v (1873) Über die Grenzen der Leistungsfähigkeit des Mikroskops. Mon. Berl. Akad. Wiss. Berlin v. 20.10.1873
Hertel H (1963) Biologie und Technik. Struktur, Form, Bewegung. Krausskopf, Mainz
Hertel H (1977) Flossenpropeller. Deutsches Patentamt, Nr. 2144889 vom 20.01.1977
Hildebrand M (1965) Symmetrical gaits in horses. Science 150, 701–708
Kirschfeld K (1971) Aufnahme und Verarbeitung optischer Daten im Komplexauge von Insekten. Naturwiss. 58, 201
Koehnen M (1886) Centralblatt der Bauverwaltung 6, 462
Kramer MO (1960) Boundary layer stabilization by distributed damping. American Society of Naval Engineers Journal 2/1960, 25–33
Lebedev JS (1983) Architektur und Bionik. Verlag für Bauwesen, Berlin
Lenin WI (Gesammelte Werke, ed. 1964), Bd. 29, p. 229; Bd. 38, p. 160; Dietz, Berlin
Lie C (1905) Vorrichtung zum Lotsen von Schiffen. Kaiserliches Patentamt Nr. 21315
Liston RA (1965) (ed.) Development of an ambulating quadruped transporter. Ordonnance Dept. of Defence. Electronics Division, General Electric, Pittsfield, Mass. USA
Marx K, Engels F (Gesammelte Werke, ed. 1962) Dialektik der Natur. Bd. 20, p. 496 und 611–620, Bd. 23, p. 392; Dietz, Berlin
Moineau RJL (1939) Mechanism for the Propulsion of Watercraft. United States Patent Office No. 2.320.640 from 1.7.1943
Monnier J (1867) Nouveau système de caisses et bassins mobiles et portatifs en fer et ciment applicabe á l' horticulture. Brevèt francais no. 77.165
Mittelstädt H (1956) (ed.) Regelungsvorgänge in der Biologie. Oldenbourg, München
Nachtigall W (1960) Über Kinematik, Dynamik und Energetik des Schwimmens einheimischer Dytisciden. Z. Vergl. Physiol. 43, 48–118
Nachtigall W (1961) Funktionelle Morphologie, Kinematik und Hydrodynamik des Ruderapparates von Gyrinus. Z. Vergl. Physiol. 45, 193–226
Nachtigall W (1973) Phantasie der Schöpfung. Faszinierende Entdeckungen der Biologie und Biotechnik. Hoffmann und Campe, Hamburg
Nachtigall W (1990) (ed.) Rundschreiben der Gesellschaft für Technische Biologie und Bionik, Nr. 1 (Juli 1990), Saarbrücken
Nachtigall W (1992) (ed.) BIONA-report 8, 1. Bionik-Kongreß Wiesbaden 1992. Publ. Akad. Wiss. Lit., Mainz; Fischer, Stuttgart, New York
Nachtigall W (1995) (ed.) BIONA-report 9, 2. Bionik-Kongress Saarbrücken 1994. Publ. Akad. Wiss. Lit., Mainz; Fischer, Stuttgart, New York
Nachtigall W (1997) Vorbild Natur. Bionik-Design für funktionelles Gestalten. Springer, Heidelberg
Nachtigall W, Bilo, D (1965) Die Strömungsmechanik des Dytiscus-Rumpfs. Z. Vergl. Physiol. 50, 371–401
Rasdorsky W (1911) Bull. de la Société de Naturalistes de Moscou, Sect. Biol., No. 4, 351–405
Rasdorsky W (1928) Ber. d. Deutsch. Bot. Ges. 46, 48–104
Rasdorsky W (1929) Biologia generalis; Internationales Archiv für die allgemeinen Fragen der Lebensforschung, V, 63–94
Rechenberg I (1965) Cybernetic solution path of an experimental problem. Roy. Aircraft Establ., Library Transl. 1122, Farnborough
Rechenberg I (1973) Evolutionsstrategie. Optimierung technischer Systeme nach den Prinzipien der biologischen Evolution. Frommann-Holzboog Verl., Stuttgart. Neubearbeitung (1994) Evolutionsstrategie '94. Gleicher Verlag
Ritter von Limbeck Z (1903) Fischpropeller für Schiffe. Kaiserliches Patentamts Nr. 153810, Klasse 65f vom 12.12.1903
Rosen MW, Cornford, NE (1971) Fluid friction of fish slimes. Nature (Lond.) 234, 49–51
Sachs J (1868) Lehrbuch der Botanik. Engelmann, Leipzig (2. Aufl. 1870, 3. Aufl. 1873, 4. Aufl. 1882)
Schneider M (2000) (Hrsg. u. Übers.) Leonardo da Vinci: Der Vögel Flug ~ Sul volo degli uccelli. Schirmer/Mosel
Schramm H (1927) Die Schwingung als Vortriebsfaktor in Natur und Technik. Gedanken eines Ingenieurs über das Problem der schwingenden Propulsion in Technik und Biologie. De Gruyter, Leipzig, Berlin
Schwendener S (1874) Das mechanische Prinzip im anatomischen Bau der Monocotylen mit vergleichenden Ausblicken auf die übrigen Pflanzenklassen. Engelmann, Leipzig
Schwendener S (1888) Über Richtungen und Ziele der mikroskopisch-botanischen Forschung, Naturwiss. Wochenschrift, Berlin
da Vinci L (1505) Sul volo degli uccelli. Firenze
Vogt K (1980) Die Spiegeloptik des Flusskrebsauges. J. Comp. Physiol. 135, 1–19
Voß W (1982) Energieumwandlung durch Flossenantriebe – Eine experimentelle Untersuchung von technischen Flossen, VDI-Z. Reihe 12, Nr. 42
Wagner R (1954) Das Regelproblem in der Biologie. Stuttgart
Wiener N (1948) Cybernetics. New York

Kapitel 6

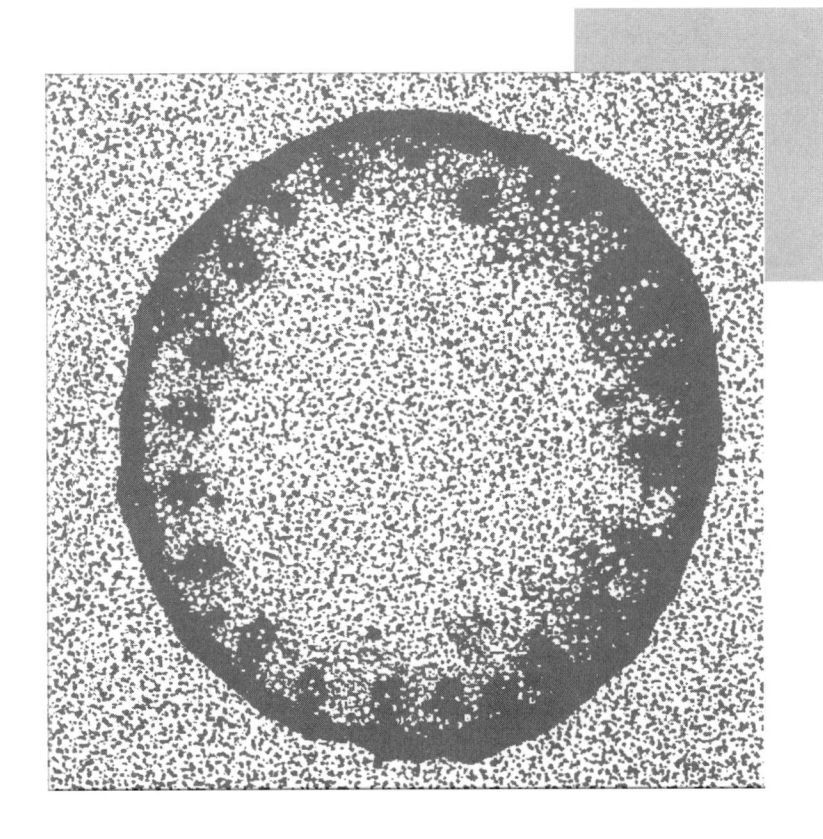

6 Materialien und Strukturen

6.1
Biologische Materialien, Strukturen und Oberflächen – das Typische an biologischen Materialien

Zunächst sei eine Zusammenstellung der Eigentümlichkeiten genannt, die aus meiner Sicht „typisch biologisch" sind.

6.1.1
Kann man die typischen Eigenschaften biologischer Materialien angeben?

Spricht man bei Technikern über biologische Materialien und ihre Vorteile, wird häufig die Frage gestellt: „Was sind nun einige der „materialtechnischen Herausforderungen, die sich aus der realen Existenz biologischer Materialien ergeben"? Mit anderen Worten: Was sind die typischen Besonderheiten biologischer Materialien?

Es gibt etwa ein Dutzend Punkte, die diese Materialien von konventionell-technischen abheben.

1 **Materialschichtung während des Entstehens.** Materialien legen sich oft schichtenweise an – also zeitlich hintereinander –, und jede Schicht kann ihre strukturfunktionellen Besonderheiten haben. So entstehen zusammengesetzte Materialien mit zusammengesetzten Eigenschaften. *Beispiel: Spinnenhaar.*

2 **Biologische Materialien formen sich oft sukzessiv aus.** Ein Plättchen wird nach dem anderen angelegt und diese überlappen sich. *Beispiel: Coccolithophoriden* (kleine Meeresalgen).

3 **Biologische Materialien sind häufig streng funktionell, fast hierarchisch aufgebaut.** *Beispiel: Sehne:* Wird sie zergliedert, kommt man immer wieder zu „Bündeln von Untereinheiten", bis man schließlich auf dem Niveau der Proteinmoleküle angelangt ist (Abb. 6-1 A). Jedes derartige „Bündel" hat bestimmte Eigenschaften, die in der Summe „die Mechanik" des Materials ausmachen.

4 **Biologische Materialien haben häufig eine funktionelle Kompartimentierung.** *Beispiel: Venenwand.* Hier gibt es Abschlussmaterialien, elastische Materialien, solche, die sich kontrahieren können und so fort. Alle zusammen bilden sie die funktionelle Einheit „Venenwand".

5 **Biologische Materialien differenzieren sich häufig durch Nutzung von Oberflächenkräften während der Genese aus.** *Beispiel: Radiolarien* (Strahlentierchen des Meeres). Ihre oft hochkomplexen Skelette werden nicht „Molekül für Molekül" aufgebaut, sondern entstehen in einem einzigen Gussvorgang, wobei Oberflächenkräfte so gesteuert werden, dass sich eine bestimmte Form ergibt.

6 **Biologische Materialien sind oft hochspeziell aus Polylayern aufgebaut.** Dieser Punkt ähnelt Nr. 1; *Beispiel: Kutikula der Insekten.* Die Vorzugsrichtungen dieser Schichten überkreuzen sich, so dass man letztlich zu einem anisotropen Material kommt, obwohl die Einzelschicht durchaus isotrop ist.

7 **Biologische Materialien sind sehr häufig ultraleicht.** *Beispiel: Schmetterlingsschuppe.* Das Chitin ist zu graziösen und extrem leichten Spantenkonstruktionen ausgeformt.

8 **Biologische Materialien bilden häufig unkonventionelle Sandwich-Bauweisen.** *Beispiel: Vogelschädel.* Sie sind äußerst leicht und bestehen aus einer schwammartigen Knochensubstanz zwischen zwei Deckmembranen: Sandwich.

9 **Es gibt auch eigentümliche Mehrkomponenten-Materialien aus chemisch identischen, physikalisch jedoch unterschiedlichen Komponenten.** *Beispiel: Seeigelzähne.* Sie bekommen ihre Härte und gleichzeitig ihre Elastizität (einander widersprechende

Eigenschaften!), indem zwei Kalkmodifikationen ineinander greifen. Eine ist druckfest, die andere mehr zugfest. Chemisch sind beide identisch, eben Calciumcarbonat.

10 **Manche biologische Materialien sind selbstreparabel.** Man denke an *Knochen*, die nach einem Bruch wieder zusammenwachsen, oder das Ausheilen von *Baumrinden*verletzungen.

11 **Sehr regelmäßig sind biologische Materialien multifunktionell.** *Beispiel: Ei der Schmeißfliege.* Seine Wand besteht aus Chitin. Dies ist aber so ausgeformt, dass es den unterschiedlichsten Bedingungen genügt, z.B. Wasser nicht durchtreten lässt, wohl aber Wasserdampf.

12 **Biologische Materialien haben in der Regel eine terminierte Lebensdauer und sind biologisch total abbaubar und damit absolut recyclierbar.** Diese beiden Punkte sind vielleicht die Wichtigsten. Über die „unnötige" Haltbarkeit zivilisatorisch-kultureller Gebilde (wie z.B. Häuser) wird in diesem Buch gesprochen, über das Problem der Abfallvermeidung durch totale Recyclierung ebenfalls.

6.1.2
Hierarchische Materialgestaltung in der Natur

Biologische Kompositmaterialien sind in der Regel hierarchisch strukturiert. Das heißt, sie setzten sich aus Einheiten zusammen, die funktionell definierbare Teilsysteme bilden. Eine größere Zahl davon ergibt wiederum ein übergeordnetes System etc., und so setzt sich der Weg vom molekularen Niveau bis zum makroskopischen biologischen System fort. Dies gilt für Bänderstrukturen in der Tierwelt (Abb. 6-1 A) oder den Aufbau des Gelenkknorpels (Abb. 6-1 B) wie auch für pflanzliche Strukturen, z.B. Holz (Abb. 6-2). Zergliedert man umgekehrt ein mikroskopisches biologisches System, z.B. einen Holzklotz von 10 cm Kantenlänge, so kommt man über mehrer gebündelte Unterstufen schließlich zu molekularen Polymerketten.

Der Weg von der Makro- zur Nanostruktur verläuft also vom Bereich von etwa 10^{-1} m bis etwa 10^{-9} m über mindestens acht Größenordnungen, und zwar über unterschiedliche morphologische und funktionell beschreibbare Niveaus. Die funktionellen Kenngrößen der Einzelniveaus gehen in das Gesamtsystem ein, aber „nichtlinear"; „das Ganze" ist mehr als „die Summe der Teile". Mit anderen Worten: Die Natur kommt zu gewis-

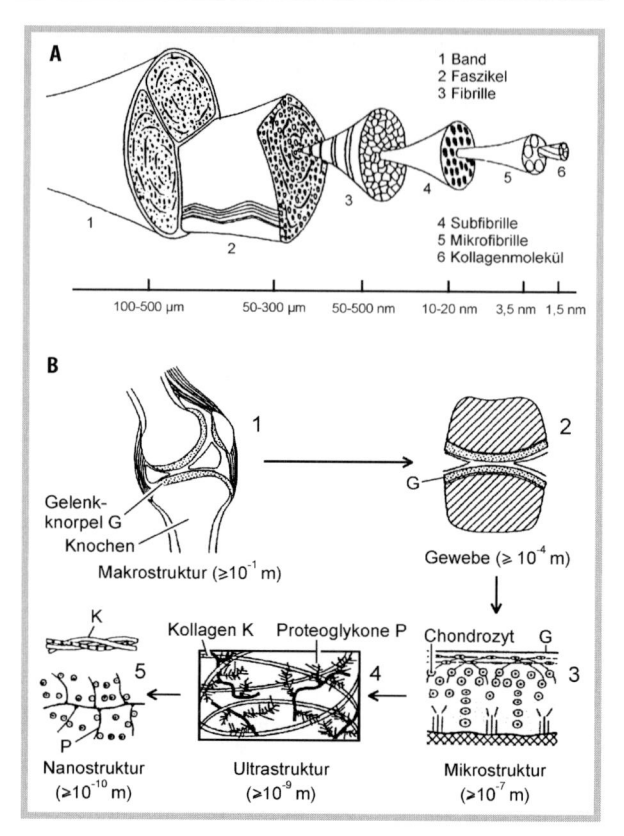

Abb. 6-1 Beispiele für hierarchische Materialien bei Tieren. **A** Bänderstruktur *(nach Baer et al. [1992], Umzeichnung)*, **B** Aufbau des Gelenkknorpels bei Säugern *(nach Mow et al. [1992], basierend auf NMAB-Report 464 [1994], Umzeichnung)*

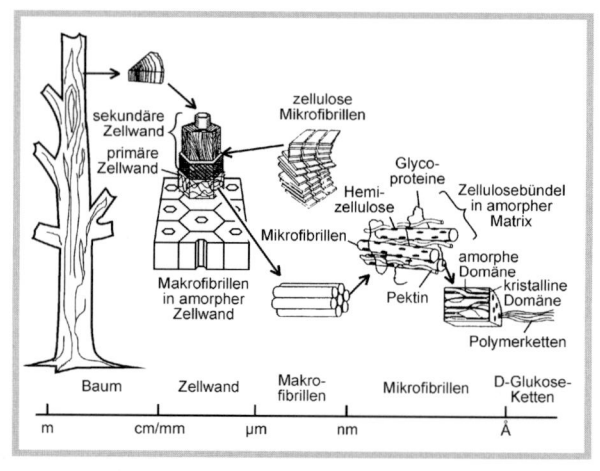

Abb. 6-2 Wandstrukturen bei verholzten Pflanzenzellen *(nach Kaplan, Umzeichnung, basierend auf NMAB-Report 464 [1994])*

sen, oft sehr eigenartigen Eigenschaftskombinationen bei ihren Materialien, die sie auf andere Weise als durch hierarchische Strukturierung nicht erreicht. Das National Research Council in Amerika hat 1994 Aspekte dieser Art in einem Bericht zusammengefasst. Danach sind natürliche hierarchische Materialien wie folgt zu kennzeichnen.

- *Rückgriff auf molekulare Konstituenten*
- *kontrollierte Orientierung der Einzelelemente*
- *dauerhafte Kontaktschichtung zwischen harten und weichen Materialien*
- *Einbau von Wasser zur Materialveränderung*
- *Eigenschaftsänderungen als Antwort auf unterschiedliche Funktionsanforderungen*
- *Unempfindlichkeit gegen Ermüdung*
- *Autoreparation*
- *Formkontrolle*

Synthetische technische Materialien, welche die natürlichen hierarchischen Prinzipien nutzen könnten, werden gegliedert in

- *Materialien mit eindimensionaler Hierarchie*
- *Materialien mit zweidimensionaler Hierarchie*
- *Materialien mit dreidimensionaler Hierarchie*
- *Materialien mit veränderbaren Variablen, die das mechanische Verhalten des synthetischen Stoffs verändern können.*

Mit dem letztgenannten Aspekt könnten z. B. mit technischen keramischen Materialien neue Eigenschaftskombinationen erreicht werden, u. a. bei gegebener spezifischer Bruchspannung eine günstige Zähigkeit. Anwendbar wären solche Aspekte auch auf synthetische Polymerfasern, Kohlefaserwerkstoffe, Kompositwerkstoff auf Klebebasis, Metallkomposite, strukturelle Komposite auf Textilbasis, geschichtete makroskopische Konstruktionen wie z. B. Autorreifen, Klebe- und Kontaktbereiche, und zur Anpassung des E-Moduls bei Materialien mit gegebener Dichte. Auch für die Frage, wie Bruchspalten so gestoppt werden können, dass sie nicht durch das gesamte Werkstück laufen, könnten solche Ansätze wichtig sein.

Wie im Bereich der entsprechenden biologischen Materialien können auch bei den technischen Analoga Selbstbildungsprozesse eine wesentliche Rolle spielen. Hier sei lediglich ein Beispiel für Selbstorganisation im Materialbereich gegeben. Der über die Maßen wichtige Sektor der biologischen Selbstorganisation ist in Kap. 15 näher untergliedert.

6.1.3
Selbstorganisation im Materialbereich

Durch Selbstorganisation und darauf folgende Biomineralisation bilden sich die niedersten hierachischen Strukturen von Knochenmaterial: Kollagenfibrillen, auf die sich Hydroxylapatit-Kristalle auflagern. Die Kollagenfibrillen formieren sich aus Kollagenvorstufen (Tripel-Helices), und die Kristalle wachsen auf diesen Fibrillen so, dass ihre Kristallachsen mit den Fibrillenachsen parallel verlaufen. Hartgerink et al. von der Northwestern Universität in Evanston, USA, haben ein peptidamphiphiles Molekül entwickelt (Abb. 6-3 A), das sich – pH-induziert –, zu zylindrischen Mizellen strukturiert (Abb. 6-3 B). Das Molekül ist konisch aufgebaut und trägt auf der einen Seite einen langen, hydrophoben Alkylschwanz (Region 1 in Abb. 6-3 A), auf der anderen Seite eine hydrophile Peptidregion (Region 5). Region 2 besteht aus vier aufeinanderfolgenden Cysteineinheiten, die bei Oxidation Disulfidbrücken formieren und so die selbstorganisierte Zylindermizelle durch Polymerisation versteifen. Abschnitt 3 ist eine flexible Region, die dem Molekül eine gewisse Verbiegung und Verdrehung erlaubt, und Region 4 enthält einen phosphorilierten Serinrest, der mit Calciumionen interagieren kann und so die Mineralisation von Hydroxylapa-

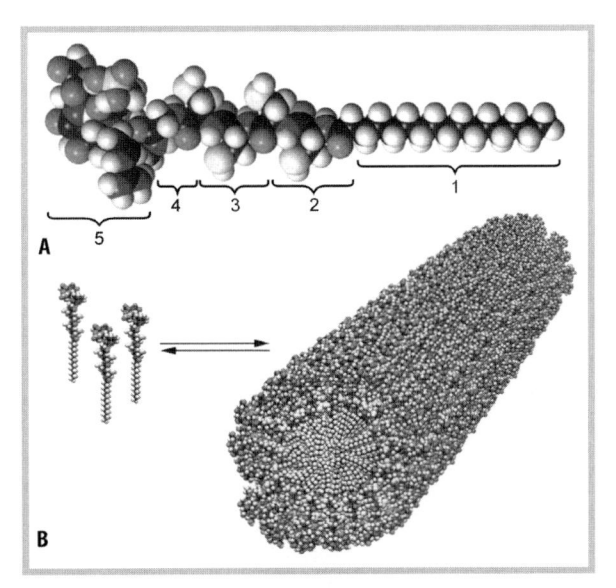

Abb. 6-3 Selbstorganisation einer peptid-amphiphilen Nanostruktur. **A** Molekül mit fünf im Text erläuterten Regionen, **B** Selbstorganisation von Molekülen nach A zu zylindrischen Micellen *(nach Hartgerink, Beniash, Stupp 2001)*

tid startet. Die Ausrichtung dieser Kristalle erfolgt dann nach Art der Knochengrundstruktur. Auf diese Weise lässt sich eine mineralisierte Nanofaser erhalten, die durch Benutzung verschiedenartiger Aminosäuren für unterschiedliche Aufgaben beim „tissue engineering" eingesetzt werden kann.

6.2
Die Arthropodenkutikula – Anregungsquelle für technische Faserverbundwerkstoffe

6.2.1
Mikrostrukturierung von Arthropodenoberflächen: Eine vergleichende Bestandsaufnahme

„Dem Anwenden muss das Erkennen vorausgehen": ein Ausspruch von Max Planck. Vor der Umsetzung mit *Bionik* muss über *Technische Biologie* ein Verständnis erarbeitet worden sein. Der Gesichtspunkt der zukünftigen Anwendung kann aber bereits für die technisch-biologische Forschung ein außerordentlich prägendes heuristisches Prinzip darstellen. Er führt von vornherein zum Vergleich und zur Berücksichtigung von morphologische Parameter mit vermuteter biomechanischer Bedeutung.

Nach der Entdeckung von Selbstreinigungseffekten in der Botanik (Abschn. 13.7) hat insbesondere die funktionelle Aufschlüsselung der Hafteffekte kutikulärer Bildungen an Insektentarsi den Blick auf die Vielfalt kutikulärer Oberflächeneffekte beim Stamm der Arthropoden gelenkt, also den Klassen der Insekten, Spinnen, Tausendfüßler und Krebse. Hier hat nun im obengenannten Sinn eine vergleichende strukturfunktionelle Kartierung eingesetzt (z. B. Weich et al. 2001), im Oberflächenbereich insbesondere von S. Dillinger et al. an der Universität des Saarlandes, im Bereich der Haft- und Reibungsmechanismen insbesondere von S. Gorb et al. vom MPI für Entwicklungsphysiologie, Tübingen.

S. Gorb hat auch Messverfahren zur mechanischen Mikrocharakterisierung von Biosubstraten entwickelt, mit der Reibungskraft-Hysteresekurven mit Kraftauflösung in µN-Bereich möglich sind, und diese z. B. auf die Tarsenadhäsion von Heuschrecken auf glatten Pflanzenoberflächen angewandt. Es hat sich ergeben, dass die innere und äußere Architektur der Haftpolster Stabilität und gleichzeitig extreme Flexibilität ermöglicht, ein Anforderungspaar, das auch im technischen Bereich nur schwer zu realisieren ist. Damit kann sich

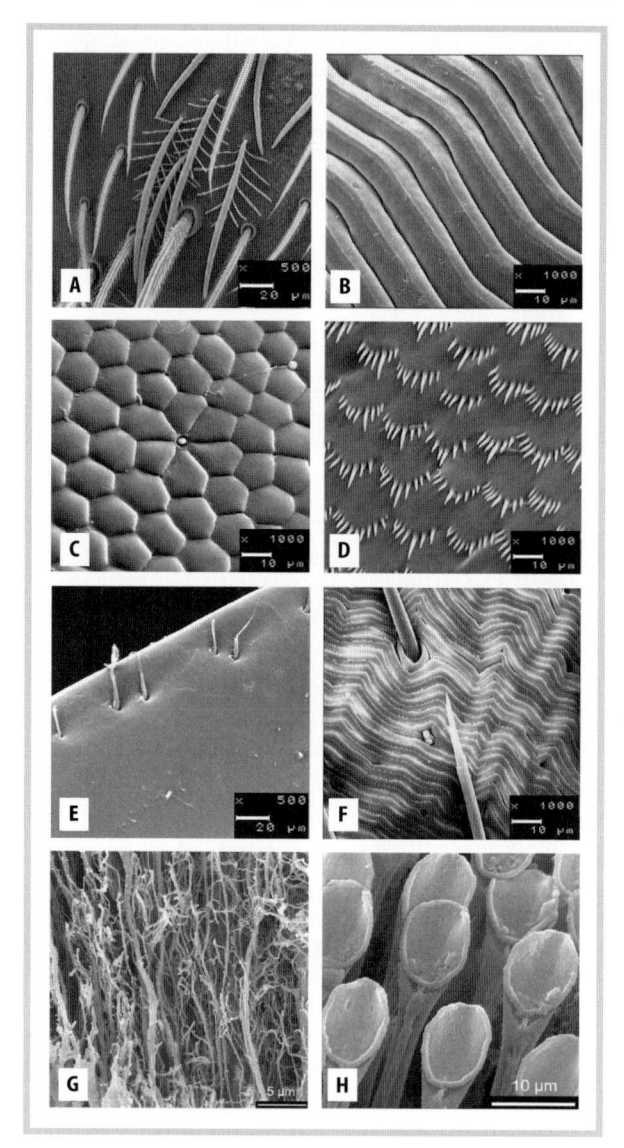

Abb. 6-4 Beispiele für Oberflächendifferenzierungen der Arthropodenkutikula (REM-Aufnahmen). **A** Echte Haare, Spinne *Pardosa lugubris*, **B** Lamellen, Milbe *Ixodes rizinus*, vollgesaugt (vergl. F), **C** Hexagonalfelderung, Käfer *Pyrochroa coccinea*, **D** Mikrotrichien, Käfer *Carabus violaceus*, **E** Glattflächen, Garnele *Palaemon elegans*, F Lamellen, Milbe *Ixodes ricinus*, „hungrig" (vergl. B) *(nach Dillinger et al. 2001)*, **G** Haftstrukturen, Arolium Honigbiene, *Apis mellifica (nach Baur, Gorb 2001)*, **H** Haftstrukturen, Setae, Fliege *Calliphora vicina (nach Stadler et al. 2001)*

die Heuschrecke an sehr unterschiedliche Oberflächenrauigkeiten anpassen. Das Haftpolster ist mechanisch dahingehend optimiert, maximale Reibungskraft in einer spezifischen Richtung zu entwickeln. Es besitzt Haftelemente unterschiedlicher Größe, die gut an unterschiedliche Rauigkeitsbereiche des Substrats angepasst sind: Mikro- und Mesorauigkeiten.

Abbildung 6-4 zeigt einige Beispiele für Oberflächenstrukturen. Für all die genannten Beispiele sind bereits detaillierte Funktionsanalysen möglich gewesen. Aber erst eine katalogblattartige Übersicht – ein Hilfsmittel, wie es bspw. Hill in Münster im konstruktiven Design anstrebt – kann dem Ingenieur genügend viele (und genügend „unähnliche") Auswahlbeispiele geben. „Wie diese Beispiele zeigen ist das Exoskelett in vielerlei Hinsicht ein äußerst interessantes Untersuchungsobjekt. Die funktionelle Komplexität dieses Systems ist nicht nur äußerst facettenreich. Es steckt sicherlich ein enormes Anregungspotenzial für bionisch übertragbare Systeme in der Kutikula der Gliedertiere."

6.2.2
Biologische Faserverbundwerkstoffe mit variablen mechanischen Parametern

Arthropoden haben in unerhörter Formvariabilität alle Lebensräume erobert. Ihr Außenskelett, Kutikula genannt, besteht aus Chitin. Das ist ein biologischer Faserverbundwerkstoff, bestehend aus einer langkettigen Faserkomponente aus Chitin (Poly-N-Acetylglucosamin) und einer Matrix aus Proteinen, Lipiden und anderen Bestandteilen, bei vielen Krebstieren vor allem auch Kalk. Aus diesem Grundmaterial werden Elemente mit äußerst unterschiedlichen mechanischen Eigenschaften hergestellt, extrem harte Sklerite in den Flügelgelenken und Beißkiefer auf der einen Seite, feinste hochelastische Flügel- und Gelenkmembranen auf der anderen.

Zur Variation mechanischer Parameter wie z.B. E-Modul, Bruchdehnung, Schubmodul und Querkontraktionszahl verändert die Natur zahlreiche biologische Parameter wie den Faservolumengehalt, die Faserorientierung, die Schichtdicke, die Schichtanordnung, den Matrixteil (Proteinanteil) und anderes.

Von Materialwissenschaftlern und Biologen wurde an der Universität des Saarlandes mit der Aufhellung dieser Querbeziehungen begonnen, zunächst am Beispiel der Faserorientierung. Abbildung 6-5 A-D zeigt typische Kombinationen von Chitinfaserorientierung, wie sie bei Insekten vorkommen. Mechanisch simuliert wurde unter Annahme bekannter biologischer Kenngrößen eine Röhre mit den Faseranordnungen A, B, C und D, die Biegung, Zug oder Innendruckveränderung unterworfen wurde. Die Zahlenwerte in Abb. 6-5 sind Verhältniswerte, die sich auf längsachsenparallele (longitudinaler) Fasenanordnung in der Teströhre beziehen. Wie erkennbar ergeben sich bis etwa um den Faktor 10 unterschiedliche Steifigkeiten.

Bereits der Parameter „Faserausrichtung" erlaubt somit eine weitgehende Funktionsanpassung. Man kann sich vorstellen, dass D am geeignetsten für Intersegmentalmembranen wäre, A am geeignetsten für Flügeladern und Beine, B und C für spezifische Bereiche des Bruststücks. Ob dem so ist, das muss technisch-biologisch noch gezeigt werden.

Die Untersuchungen sind ein Beginn für die Konzeption eines chemisch nicht zu heterogenen, mechanisch jedoch äußerst stark variablen Materials auf bionischer Basis.

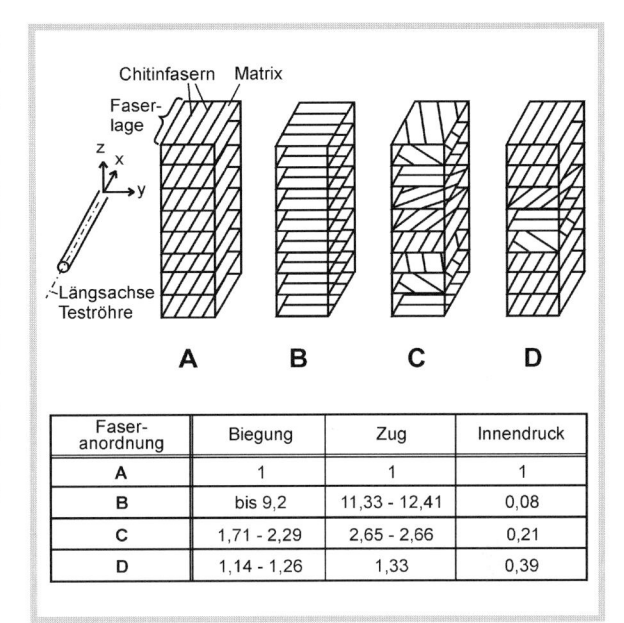

Faseranordnung	Biegung	Zug	Innendruck
A	1	1	1
B	bis 9,2	11,33 - 12,41	0,08
C	1,71 - 2,29	2,65 - 2,66	0,21
D	1,14 - 1,26	1,33	0,39

Abb. 6-5 Einige mögliche Chitinfaseranordnungen in der Insektenkutikula und Ergebnisse nummerischer Belastungssimulation an Röhren entsprechender Faserkonfiguration. **A** Longitudinal, **B** tangential (um die Röhre rundherumlaufend), **C** helicoidal, **D** laminiert (longitudinale Schichten, verbunden durch helicoidale Schichten gleicher Dicke). Zahlenangaben: Auslenkungen, jeweils im Verhältnis zum Rechenwert für „longitudinal". Biegung: y-Auslenkung, Zug: x-Auslenkung, Innendruck: Resultierende aus x- und y-Auslenkung *(nach Weich et al. 2001)*

6.3
Schalen, Schichtungen, Perlmutt – Mehrkomponentenwerkstoffe mit erstaunlichen mechanischen Eigenschaften

6.3.1
Strukturelle Basis für die Bruchzähigkeit von Strombus-Schalen

Die bis zu 30 cm große Schale einer der größten Meeresschnecken, der Flügelschnecke *Strombus gigas*, kann man (leider) in Andenkengeschäften kaufen. Obwohl sie eine Art keramischer Struktur darstellt, weist sie eine erstaunlich hohe Bruchzähigkeit auf. S. Kamat von der Case Western Reserve University in Cleveland und Coautoren haben das Bruchverhalten dieser Schalen untersucht. Sie stellen heraus, dass die außerordentlich belastbaren Schalen nur zu einigen wenigen Prozent aus organischen Komponenten und somit ganz überwiegend aus Mineralien bestehen. Ihre Bruchzähigkeit überschreitet aber die von Einzelkristallen solcher Mineralien um zwei bis drei Größenordnungen (!). Hierfür ist der spezielle Verlauf der organischen Matrix in Beziehung zur Mineralphase und die hierarchische Struktur, die sich über mehrere Längengrößenordnungen erstreckt, verantwortlich. Das Biege- und Bruchverhalten wurde über TEM-Aufnahmen und durch die Registrierung von Belastungsabbiegungskurven herausgeschnittener und polierter Schalenteile untersucht. Dabei wurden zwei Mechanismen zur Energiedissipation gefunden. Zum einen entstehen bei geringer mechanischer Belastung vielfache Mikrobruchspalten in den äußeren Schichten; bei höheren mechanischen Belastungen wurde ein als „crack bridging" bezeichnetes Bruchverhalten der mittleren Schalenschichten beschrieben. Beide Mechanismen sind eng mit der sog. gekreuzten lamellaren Mikroarchitektur der Schale gekoppelt. Diese ist für die genannte Feinspaltenbildung in den äußeren Schichten ebenso verantwortlich wie für Systeme, die in den inneren Lagen Bruchspalten überbrücken und dadurch die Bruchenergie und somit wiederum die Bruchzähigkeit des Materials stark erhöhen. Abbildung 6-6 A zeigt diese beiden Phänomene anhand eines Blockdiagramms einer Bruchregion; in Abb. 6-6 B sind diese beiden Phänomene der Anstiegs- und der Abfallsflanke der Last-Abbiegungs-Kurve zugeordnet.

Obwohl der mineralische Aragonitgehalt nicht weniger als etwa 99 Vol.% beträgt kann die *Strombus*-Schale

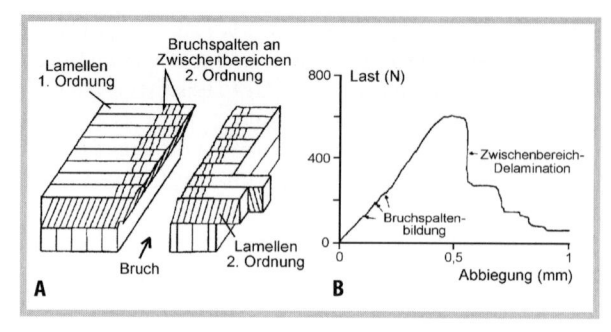

Abb. 6-6 Zum Bruch der *Strombus*-Schale. **A** Bruchgeometrie, **B** Belastungs-Abbiegungs-Kurve *(nach Kamat et al. 2001)*

somit als eine Art „keramischen Sperrholzes" betrachtet werden. Sie könnte Vorbild sein für ein biomimetisches Design besonders zäher und trotzdem leichter Strukturen auf keramischer Basis.

6.3.2
Perlmutt von Meeresschnecken

Die innerste Schicht von Molluskenschalen, als Perlmutt bezeichnet, stellt einen hierarchisch strukturierten biologischen Kompositwerkstoff von geschichteten Aufbau dar, der nach Untersuchungen von Jackson et al. sowie Sarikaya et al. und neueren Arbeiten eine ausgesprochene Festigkeit und Härte mit einem günstigen Bruchverhalten kombiniert. Es besteht aus Aragonit-„Ziegeln" mit Schichtdicken von 150–500 nm, getrennt durch dünnere Schichten eines organischen Polymermaterials von 20–250 nm Dicke. Die „Ziegel" stellen plattenähnliche Einzelkristalle dar, die in der Gesamtschicht gleichartig orientiert sind. Die organische Matrix verklebt sozusagen die einzelnen Lager. Sie besteht aus Aminopolysacchariden, auch Chitin, und ist von einem Protein eingehüllt, das die Adhäsion zu den Aragonitkristallen verbessert (Abb. 6-7 A, B).

Die mechanischen Eigenschaften des Perlmutts übersteigen die vieler monolithischer technischer Keramiken (Abb. 6-7 C). Die Bruchzähigkeit beträgt 8 ± 3 MPa m^{0,5}, die Bruchspannung 185 ± 20 MPa. Die Bruchenergie einer Einzelschicht beträgt 1 kJ m^{-2}, die zwischen benachbarten Schichten 0,1 kJ m^{-2}, die spezifische Biegespannung beläuft sich auf etwa 90 MPa (g cm^{-3}).

Dieser biologische Kompositwerkstoff ist – obwohl hart – erstaunlich unempfindlich gegen Brüche; Bruchspalten laufen nicht durch, sondern enden an benachbarten Aragonit-„Ziegeln" (Abb. 6-7 B, D). Ein ähnliches Bruchverhalten wird nur bei hochkomplexen

Matrix bleibt hängen und füllt Spalten auch wieder aus, so dass es zu einer sekundären Wiederverhärtung des ursprünglichen Materials kommen kann.

6.3.3
Bifunktionelles Calcitmaterial

Die allgemeine Erkenntnis, dass die Natur ihre Materialien i. Allg. mehrfunktionell konzipiert, fand neuerdings durch Aizenberg vom Bell Lab, Murray Hill, und Coautoren eine interessante Bestätigung beim Calcitmaterial von Schlangensternen. Diese Tiere bauen aus Calcit nicht nur eine spongiöse Trägerstruktur für ihr Außenskelett auf (Abb. 6-8 A). Bei lichtempfindlichen Arten wird die Oberfläche auch als Linsenstruktur gestaltet (Abb. 6-8 D, B). Chemisch gleichartiges Material differenziert sich also lokal nach unterschiedlichen Funktionen (Abb. 6-8 C). Die Brennweite dieser Calcitlinsen, die so gestaltet sind, dass sie sphärische Aberration und Doppelbrechung minimieren und Licht aus unterschiedlichen Richtungen einfangen, beträgt 4–7 µm. In dieser Entfernung liegen Nervenbündel, die wohl als primäre Photorezeptoren wirken.

Somit erfüllt dieses Material sowohl mechanische wie auch optische Funktionen. „This illustrates the remarkable ability of organisms, through the process of evolution, to optimize one material for several functions, and provides new ideas for the fabrication of ‚smart' materials".

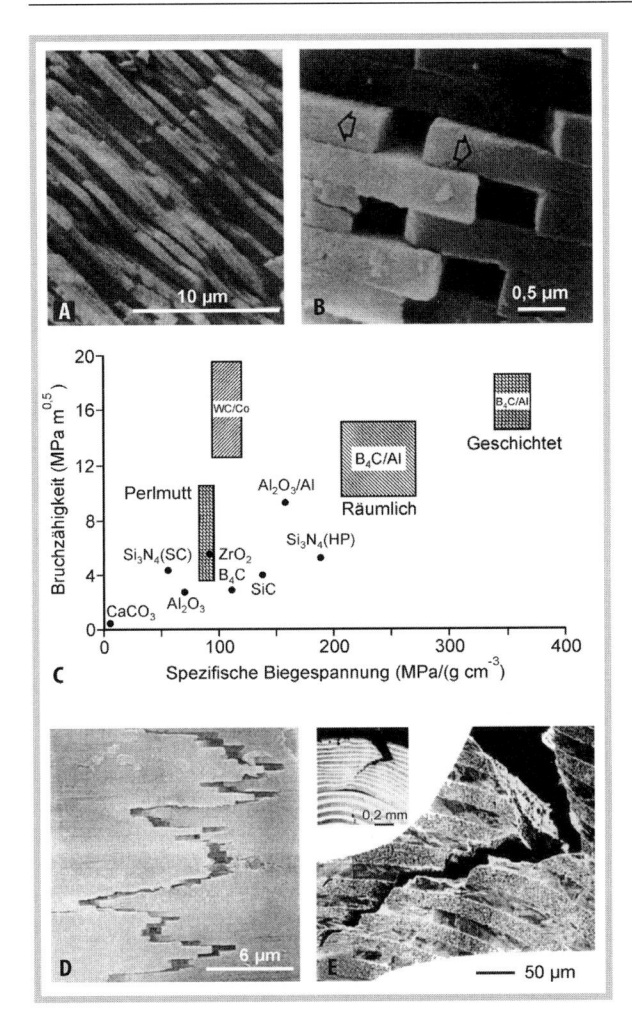

Abb. 6-7 Perlmutt. **A** Perlmutt-Struktur, **B** Wie A, stärker vergrößert, mit Zugspalt *(nach Sarykaya et al. 1990)*, **C** Materialtechnische Kenngrößenbereiche für monolithische Materialien und Komposite im Vergleich mit dem hierarchisch aufgebauten Perlmutt der Meerohr-Schnecke *Haliotis rufescens (nach Sarikaya, Aksay 1992)*, **D** Bruchspalt in Perlmutt *(nach Jackson et al. 1988)*, **E** Bruchspalt in einem geschichteten Stahl-Messing-Kompositwerkstoff *(nach Lesuer o.J.; alle aus NMAB-Bericht 464, 1994)*

technischen Werkstoffen erreicht, die ebenfalls geschichtet sind (Abb. 6-7 E). Eine fraktografische Analyse zeigt, dass sich Linien aufspalten und damit Energie verlieren, bis sie an einer Aragonitgrenze enden. Es formieren sich leicht stoppbare Mikrobruchspalten. Die Aragonitspalten gleiten gegeneinander und werden ein wenig auseinandergezogen (Abb. 6-7 B). Die polymere

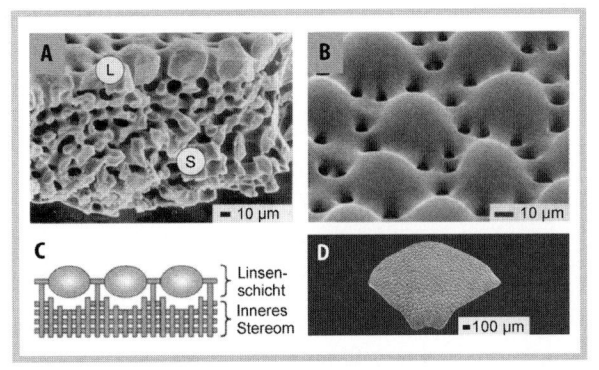

Abb 6-8 Calcit-Mikrolinsen beim lichtempfindlichen Schlangenstern *Ophiocoma wendtii*. **A** Bruchkante einer Armplatte mit Sterom S und umliegenden Linsen L, **B** Schräge Aufsicht auf die Linsenschicht, **C** Wandschema, **D** Aufsicht auf eine dorsale Armplatte mit Linsenoberfläche *(nach Aizenberg et al. 2001)*

6.4 Spinnseiden und Byssusfäden – Biomaterialien und zugleich technische Anregungen

6.4.1 Seidenraupenfäden und ihre Produktbedeutung

6.4.1.1 Schusssichere Westen aus Seide

Seidenraupenfäden wurden – im Gegensatz zu Spinnenfäden – seit alters her für die Stoffproduktion benutzt. In neuerer Zeit erleben sie weitere Anwendungen.

Seidenrüstungen haben in Süd-Ost Asien seit dem Mittelalter Tradition, weil sie leicht sind und Pfeile und Schwerthiebe abfangen können. In Thailand hat man diese Tradition zur Sicherung der Polizeibeamten wieder aufgegriffen. Kugelsichere Westen aus natürlicher oder künstlicher Spinneseide dürften tatsächlich eine große Zukunft haben. Am thailändischen Rajamangala Institute of Technology wurde nachgewiesen, dass lediglich 16 dünne Lagen Thai-Seide eine 9 mm Pistolenkugel abstoppen können. Die Westen wirken ähnlich wie Kevlar-Westen, sind aber leichter und anschmiegsamer. Selbst 0.38er Bleikugeln konnten die Weste nicht durchschlagen, wie Hasaprathed nachgewiesen hat. „Naturwesten" sollen mit 150 US$ billiger produzierbar sein als Kevlar-Westen. Im Gegensatz zur Seidengewinnung aus Seidenraupen, die standardisiert ist, sind Spinnenfäden, die in Nordamerika mit ähnlichem Erfolg untersucht worden sind, nicht so leicht zu gewinnen. Von der Seidenspinne *Nephila clavipes* kann man in einem Stück „nur" etwa einen Kilometer abspulen. Erfolgversprechender sind gentechnische Methoden, wie sie auch für Spinnenfäden angewandt werden (s. u.).

6.4.1.2 Seidenraupenfäden-Fibroin als Basis für Gewebezucht

Seidenraupenfäden enthalten das Protein Fibroin, umgeben von einer Sericinschicht. Beim Spinnvorgang wird die Fibroinstruktur gereckt und in eine ß-Konformation umgewandelt, so dass das Fibroin wasserunlöslich wird. Die Sericindeckschicht lässt sich entfernen. Der somit reine Fibroinfaden kombiniert interessante Eigenschaften, wie Migliaresi et al. von den Universitäten Trento und Verona gezeigt haben. Er ist hoch hygroskopisch, kann 40 % seines Volumens an Wasser aufnehmen. Bei 170 °C wird er glasig, bei 220 °C schmilzt er. Im nassen Zustand beträgt sein E-Modul 100 MPa, seinen Reißspannung 40 MPa. Fibroin kann als Gel, Pulver, Faser, wässrige Lösung und Mischsubstanz mit synthetischen Polymeren produziert werden. Auf Fibroinnetzen wachsen Zellkulturen vorzüglich; sie proliferieren rasch und kleiden alle Netzmaschen mit Schichten aus, möglicherweise weil sie Fibroinmoleküle in ihren eigenen Metabolismus einbauen.

6.4.2 Spinnenfäden und ihre Produktbedeutung

6.4.2.1 Kenndaten von Spinnenfäden

Im Vergleich zu Haaren (Durchmesser eines blonden Haares 100 µm) sind einzelne Spinnfäden extrem dünn (5–0,5 µm). Die Reißlänge guter Haltefäden beträgt 70–80 km, bei Starrfäden nur 10–30 km. Spinnfäden sind etwa drei mal so elastisch wie Nylon (31 % gegen 16 % Dehnbarkeit ohne Dehnungsrückstand). Die Entwicklung spinnenfadenanaloger Kunstfäden, die also sowohl reißfest als auch gut dehnbar sind, wäre von beträchtlicher Bedeutung z. B. für Halteleinen von großen Fallschirmen.

Zu den ungemein günstigen Zugfestigkeiten und spezifischen Reißenergien von Spinnenseide verglichen mit technischen Fäden (Abb. 6-9) gesellt sich auch eine hohe Druckfestigkeit, stellt man daraus panzerartige Strukturen her. Primärkonstituenten von Spinnenseide (im Prinzip ähnlich der Seidenspinner-Seide) sind die beiden einfachsten Aminosäuren Glyzin und Alanin, die das Seidenmaterial zu 42 % bzw. 25 % enthält. Der Rest setzt sich auch Aminosäuren wie Glutamin, Serin,

Material	Zugfestigkeit (N m^{-2})	Spezifische Reißenergie (J kg^{-1})
Spinnseide	$1 \cdot 10^9$	$1 \cdot 10^5$
Kevlar	$4 \cdot 10^9$	$3 \cdot 10^4$
Kautschuk	$1 \cdot 10^6$	$8 \cdot 10^4$
Säugersehnen	$1 \cdot 10^9$	$5 \cdot 10^3$

Abb. 6-9 Kenndaten von Spinnenfäden (Netzfäden, Abseilfäden) im Vergleich mit anderen fädigen Strukturen *(nach Levis 1992, Gosline et al. 1986, aus Tirrell 1996)*

Tyrosin zusammen. Die Aminosäuren liegen in einer teilkristallinen Konformation vor, das Alanin z. B. als kurzkettiges Polyalanin (5–10 Einheiten) in β-Schicht-Konformation, teilweise hoch orientiert, teilweise schwach orientiert. Populationen multipler Kristallitstrukturen sorgen einerseits für die hohe Zug-, andererseits für die hohe Druckfestigkeit, je nach ihrer Ausrichtung. Die Feinstruktur wird dadurch beeinflusst, dass Glutamin und andere organische Moleküle die β-Schichten nicht zu weit wachsen lassen, so dass sie, wie Simons und Coautoren gezeigt haben, zur Schleifenbildung neigen, wobei die Schleifen durch die gleichen Moleküle gegeneinandergekoppelt und mit der umgebenden amorphen Matrix verbunden werden können.

Für die Technik wird nach diesen Erkenntnissen erwogen, kontrollierte Druckfestigkeit durch kontrollierte Kristallorientierung in Bezug auf die Faserlängsachse zu erreichen. Über Grundlagenforschung, die in technisch angewandte Forschung mündet, könnte man einerseits lernen, wie Lebewesen biologische Prozesse zur Materialbildung einsetzen, andererseits biomimetische Prozesse so verändern, dass sich im Prinzip biogene Materialien mit neuartigen Eigenschaften ergeben. Materialforscher versprechen sich davon einen hohen Innovationsschub.

Wie ausgeführt ist der Werkstoff „Spinnenseide" ein Biopolymer, das amorphe Aminosäureketten verbunden mit kristallisierten Proteinen enthält. Mit Rasterröntgen-Mikrodiffraktionsmessungen haben Riekel und Coautoren Netzfäden der Spinne *Eriophora fuliginea* auf mikrostrukturelle Homogenität untersucht. Der Zentralfaden besteht aus zwei relativ dicken Fasern, an die dünnere Fäden lose ankoppeln. Bei allen Fasern wurden Kristallite im Nanometerbereich mit ß-Poly(-L-Alanin)-Strukturen gefunden. Der Kristallisationsgrad der dünnen Fasern ist vergleichsweise höher. Die molekulare Achse der Polymerketten in den Zentralfäden ist zur makroskopischen Faserachse parallel orientiert, in den dünnen Außenfäden dagegen um etwa 71° geneigt. In den Zentralfäden ist die Kristallitanordnung homogen.

Die mechanischen Eigenschaften der Spinnenseide werden u. a. vom Wassergehalt bestimmt. Die Viskoelastizität führt nach Messungen von J. M. Gosline von der Universität Vancouver und Coautoren zu Hysteresen in Dehnungs-/Entdehnungskurven (Abb. 6-10 A D). Sie ist auf den bei der Reckung mehr oder minder verwundenen Aminosäureketten-Anteil zurückzuführen.

Wie ebenfalls aus Abb. 6-10 erkennbar, schließen die Spannungs-/Dehnungskurven bei Dehnung von Kreuz-

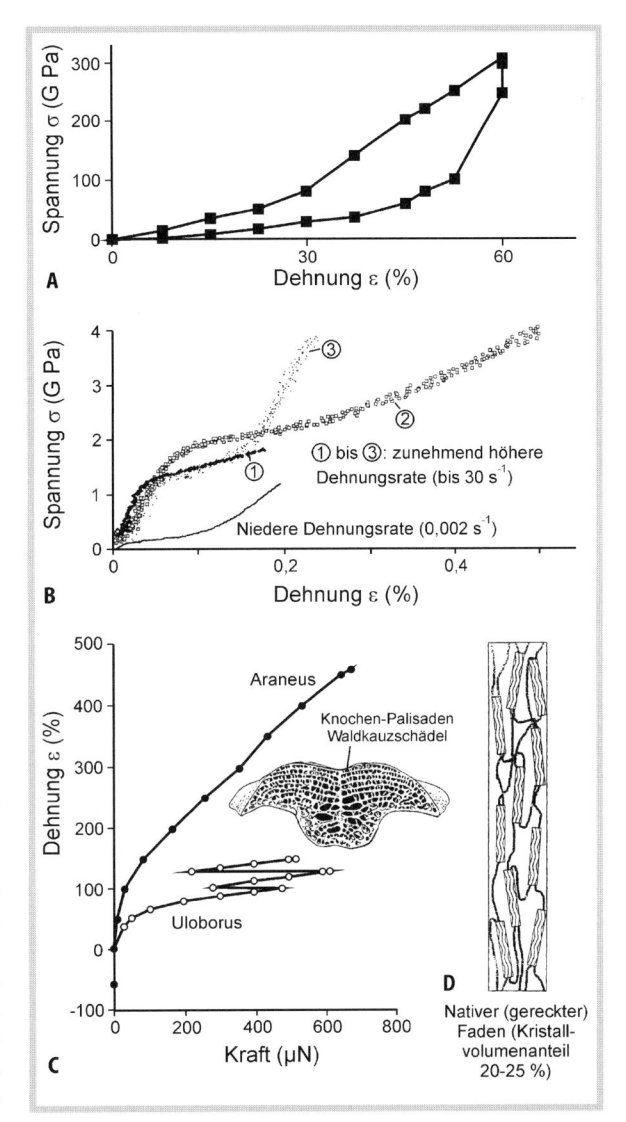

Abb. 6-10 Mechanische Aspekte bei Spinnenfäden. **A** Spannungs-Dehnungs-Kennlinien, Dehnung und Entdehnung, mit Hysterese bei Radialfäden der Kreuzspinne, *Araneus diadematus*, **B** Einfluss der Dehnungsrate auf die Dehnungskennlinien von Kreuzspinnenfäden, **C** biomechanischer Vergleich zwischen Kreuzspinnen- und Kräuselnetzspinnenfäden *(Einschaltbild nach Bühler 1972)*, **D** Prinzipien der molekularen Architektur von Spinnenfäden unter Dehnung *(nach Gosline, Guerette, Ortlepp, Savage 1999)*

spinnenfäden (Mittelwerte von sechs Arten), die jeweils bis zu 60 % ihrer potenziellen Reißlänge gestreckt worden sind, eine relativ große Fläche ein. Es wird also bei jedem Dehnungs-Entdehnungs-Zyklus eine vergleichsweise große Energiemenge aufgenommen und als Wärme dissipiert: ein stark viskoelastisches Material. Solche Materialien sind z. B. für Schichtungen von Motorradhelmen interessant, weil sie in der Lage sind, große Energiemengen aufzunehmen und zu „vernichten" ohne rückzufedern.

Auf Grund dieser viskoelastischen Eigenschaften steigt bei schneller Dehnungszunahme die Spannung bei gegebener Dehnung deutlich stärker an als bei geringer Dehnungszunahme (Abb. 6-10 B). Auch dies ist auf die viskoelastischen Grundeigenschaften zurückzuführen. Bei größeren Dehnungsraten, wie sie bei kurzfristigen Schocks auftreten, kann mit einer gegebenen Längung oder Dehnung momentan eine größere Spannung abgefangen werden. Dies wäre für Aufprallabfangende Elemente wie z. B. Helme oder schusssichere Westen von großem Interesse. Mit zunehmender Krafteinwirkung (die zu einer Spannungsentwicklung führt) wird eine zunehmende Dehnung erreicht, die bei den homogen-gestreckten Kreuzspinnenfäden einen fast linear ansteigenden Ast enthält, bei den gekräuselten Fäden der Kräuselnetzspinnen (*Ulobarus spec.*) dagegen einen hin- und herspringenden, angenähert konstanten Anteil, der auf örtliche Lösung von Kräuselelementen und Spannungsübernahme durch andere beruht.

Das „fraktionierte Stehenbleiben" letztgenannter Fäden (Abb. 6-10 C) erscheint besonders interessant. Offensichtlich reißen Einzelfäden dieser gekräuselten Spezialfäden, wobei immer wieder Zacken in den Kurven entstehen; die Restfäden halten das Ganze stabil und werden weiter gedehnt. Auch dieser Mechanismus ließe sich übertragen. Dies könnte bei einem kompakten Material zu einem Bruchstopp führen und ein plötzliches Durchreißen des Gesamtsystems verhindern. Das erinnert an die „Stoßdämpfer" in den Schädeln von Vögeln, die aus parallelen Knochenlamellen bestehen, auf Abstand gehalten von einzelnen Knochenstäbchen (Einschaltbild in Abb. 6-10 C). Bei Punktbelastung brechen immer einzelne Knochenstäbchen, so dass sich der Riss nicht fortpflanzt. Sie „vernichten" damit lokal eine große Energiemenge.

6.4.2.2
„Biostahl" aus Ziegenmilch

Spinnfäden weisen, wie bereits geschildert, ungewöhnliche Eigenschaftskombinationen auf. Sie sind im Durchschnitt nur 2 µm dick (werden allerdings auch zu dickeren Fäden verzwirbelt und verklebt). Man kann sie nicht nur zu panzerfesten Westen und Helmen verwenden. Als Operationsfäden zur Vernähung von Organen sind sie auf Grund ihrer mechanischen Belastbarkeit und gleichzeitigen Biokompatibilität und Abbaubarkeit sehr geeignet. Neuerdings wird überlegt, aus ihnen Panzer für Teile von Weltraumstationen zum Abschirmen gegen Mikroweltraumschrott zu weben. Künstliche Hightechfasern erreichen bisher nicht die Eigenschaften dieser natürlichen Strukturen. Um sie in größerer Menge zu gewinnen, verwendet die kanadische Firma Nexia Biotechnologies gentechnische Methoden. Spinnengene werden in die Brustdrüsen von Zwergziegen eingeschleust. Diese produzieren dann eine Seidenprotein-haltige Milch, aus der man 15 g Protein pro Liter gewinnen will, Basis für versponnene Fäden, die ein wenig hochtrabend mit „Bio-Stahl" bezeichnet werden. Ähnliches gelingt mit Tabak- oder Kartoffelpflanzen, von denen etwa Hundert rund 2 g Seide erzeugen, die sich aus der Biomasse herauskochen lässt. Neben den genannten Zwecken sind spezielle Halteseile (ein daumendickes Seil hält das Gewicht eines mittelgroßen Flugzeugs!) und, flächig verwoben, Basalstrukturen für eine künstliche Haut vorstellbar.

6.4.2.3
Nephila-Fäden und „künstliche" Spinnenseide

Dem Oxforder Zoologen F. Vollrath und seinen Mitarbeitern sind grundlegende Messungen zur Biophysik von Spinnennetzen und Spinnenseide zu danken. Im Einschaltbild zu Abb. 6-11 sind nach seinen Messungen biomechanische Kenndaten über die Seide der Spinne *Nephila edulis* zusammengestellt. Madsen und Vollrath haben festgestellt, dass sich geometrische und mechanische Eigenschaften dieser Fäden ändern, wenn die Spinne mit CO_2 narkotisiert wird. So wird der Fadendurchmesser i. Allg. größer, der E-Modul ebenfalls, die Reißspannung kann entweder leicht größer werden oder aber drastisch absinken (Abb. 6-11), wobei sich der Faden entweder verdünnt oder fibrilläre Längsfalten aufweist. Es konnte wahrscheinlich gemacht werden, dass die Spinne den Durchmesser und die biophysikalischen Eigenschaften ihrer Netzfäden durch Kontrolle der Formierungsbedingungen im Spinnorgan beeinflussen kann; bei Narkose fällt die aktive Beeinflussungsmöglichkeit weg. Diese Erkenntnis ist wichtig für entsprechende Übertragung auf die Formierung „tech-

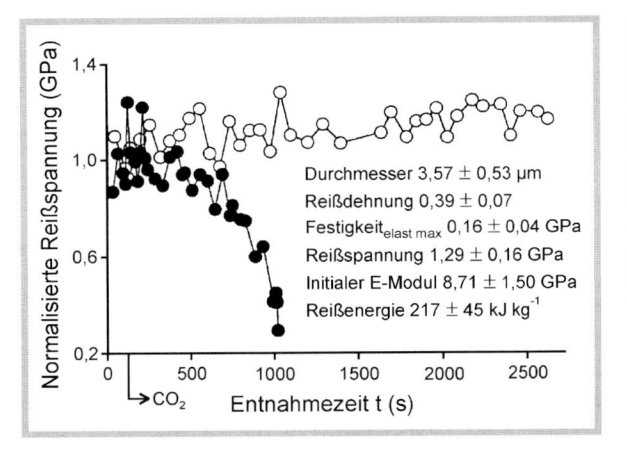

Abb. 6-11 Auf den Beginn der Seidenentnahme normalisierte Reißspannung von *Nephila*-Spinnseide unter unbegrenzter CO_2-Narkose, beginnend bei 120 s. Helle Kreise: ein Experiment mit sich verdickendem Faden. Dunkle Kreise: Ein Experiment mit sich verdünnendem Faden. Einschaltwerte: Kenndaten von normalen *Nephila*-Netzfäden; Mittelwert von zwölf Spinnen mit jeweils vier Fadenproben *(nach Madsen, Vollrath 2000)*

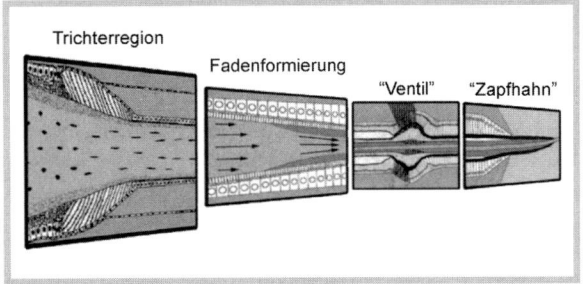

Abb. 6-12 Schematische Darstellung des Spinndukts einer Spinne *(nach Vollrath, Knight, 2001)*

nischer" Spinnfäden. Ausschlaggebend ist nicht nur das chemische Grundmaterial, sondern auch dessen rheologische Behandlung im Spinnapparat.

6.4.2.4
Formierung „künstlicher" Spinneseide

Die gentechnische Bereitstellung „künstlicher Spinnenseide" alleine dürfte die Probleme der Biomimese noch nicht lösen. Der Spinnspezialist F. Vollrath ist davon überzeugt, dass auch die physikalische Fadengenese verstanden und mit eingebaut werden muss, will man zu künstlichen Spinnfäden mit ähnlichen Eigenschaften kommen, wie für natürliche Fäden gemessen worden sind. Aspekte dieser Art werden in einer Arbeit: „Liquid cristalline spinning of spider silk" geschildert. Abbildung 6-12 zeigt daraus einen Ausschnitt aus dem Spinndukt einer Spinne.

In der A-Zone der Spinndrüse wird das Protein Spiritoin gebildet, welches das Fadenzentrum ausmacht, in der B-Zone der dünne Fadenüberzug. Die mit Kristallen dotierte Lösung wird durch einen sich verjüngenden Dukt gezogen und dabei zu einem elastischen Faden formiert. In der Trichterregion wird der Dukt mit einem stark verdickten Kutikularring an einer sackartigen Struktur verankert. Über die dünne Kutikula des Duktes, die wie eine Dialysemembran wirkt,

können H_2O und Na^+ aus dem Lumen heraus, K^+, oberflächenaktive und schmierende Substanzen in das Lumen hinein transportiert werden, wo sich der Faden formiert. Das „Ventil" ist weniger einer Düse als ein Greifapparat für den Faden, auch für den Fall, dass er einmal intern zerreißt. Epithelzellen in dieser Region reabsorbieren überschüssiges Wasser. Über die Lippen des „Zapfhahns", die das letzte Wasser abstreifen, gelangt der Faden schließlich nach außen und wird gleichzeitig gereckt. Die mittleren Durchmesser reduzieren sich von 350 µm in der Trichterregion auf 190 µm in der „Zapfhahn"-Region.

Will man künstliche Spinnfäden der gleichen vorzüglichen Eigenschaftskombination herstellen, wie sie natürlichen Spinnfäden eigen ist, wird man um die Entwicklung einer analogen Spinneinrichtung für den Einzelfaden nicht herumkommen.

6.4.3
Miesmuscheln und Braunalgen in der Brandung

Unter der Überschrift „Organismische Klebetechnik" hat B. Kobbe eine Kurzzusammenfassung darüber vorgelegt, wie sich Meeresbewohner der Brandungsregionen durch Klebetechniken festhalten können und wie es die Verankerungsstrukturen fertigbringen, in der Brandung elastisch mitzuschwingen. „Obwohl gezeitengeprägte Felsküsten mit Wasserströmungsgeschwindigkeiten bis > 10 ms^{-1} und entsprechend großen Zug- und Scherkräften ein eher schwieriger Lebensraum sind, kommen zwischen der Hoch- und Niedrigwasserlinie zahlreiche Arten sessiler Pflanzen und Tiere in charakteristischen Siedlungsgürteln vor. Eine ausreichend feste Verbindung zwischen den jeweiligen Organismen und ihrem Hartsubstrat ist eine der wichtigsten Vorbedingungen für die erfolgreiche und dauerhafte

Ansiedlung, die hier fast immer opportunistisch verläuft.

Zahlreiche neuere Untersuchungen haben sich insbesondere mit der biochemischen Seite der Anheftung befasst. Obwohl Miesmuscheln (*Mytilus edulis*) mit ihren hochelastischen Byssusfäden (Abb. 6-13) vielleicht nicht repräsentativ für die Verankerungstechnik sessiler Wirbelloser sind, stellen sie dennoch ein sehr geeignetes Modellsystem dar. Ein Byssusfaden ist ein hochorganisiertes Bündelsystem und besteht allein in seinem Basalabschnitt aus mindestens vier verschiedenen Proteinen. Das den Substratkontakt vermittelnde Material ist ein an phenolischen Resten, insbesondere Dihydroxyphenylalanin (DOPA) reiches Material.

Während Miesmuscheln einen Kleber auf Proteinbasis verwenden, setzen sich die Schwärmer von Makroalgen, wie die der Brauntange, mit Hilfe von Polysacchariden fest. Bereits vor der Rhizoidentwicklung verankern sich z.B. die Zygoten der *Fucus*-Arten mit einem rasch aushärtenden Schleim. Gleichzeitig geben Braunalgen in der Phase des Anheftens größere Mengen Polyphenole ab, die aus C-C-verbundenen oder über Etherbrücken verknüpften Phloroglucin-Einheiten bestehen.

Auf den ersten Blick erscheinen die Verkittungsmechanismen von Miesmuscheln und Makroalgen völlig verschieden. Dennoch weist der genauere Vergleich neben Unterschieden auch bemerkenswerte Gemeinsamkeiten auf: Braunalgen verwenden als Fasermaterial langkettige Heteropolysaccharide und vernetzen diese untereinander mit Hilfe zusätzlicher Polyphenole. Miesmuscheln setzen dagegen basische Proteine ein, welche die notwendigen phenolischen Vernetzungshilfen bereits als integrierte Seitenketten aufweisen. Die Faservernetzung (Aushärtung des Klebers) erfolgt in beiden Fällen nach dem Mechanismus einer Chinonoxidation, bei Muscheln katalysiert durch eine kupferhaltige Catecholoxidase, bei Braunalgen durch eine Vanadium-abhängige Haloperoxidase. Muscheln und Makroalgen verfügen damit über eine Klebetechnik, deren zentrales Motiv die Verknüpfung von Polyphenolen mit Hilfe spezifischer Oxidasen ist". Die Befunde stammen aus den Jahren 1994–1997 und haben mit Anregung gegeben für die bionische Konzeption naturverträglicher und funktionsanpassbarer Klebstoffe (vgl. Abschn. 6.9).

Die hier angesprochenen Fäden von Miesmuscheln besitzen als Hauptbestandteil die Proteinsubstanz Kollagen. Dieses liegt allerdings in zwei Modifikationen vor, wie H. Waite und K. Coyne von der Universität Delaware gezeigt haben. Am Muschelkörper sind die Fäden deshalb steif, an der Anheftungsstelle am Felsen wirken sie elastisch federnd. Während sich die steifen Kollagenfasern nur um 10 % bis zum Zerreißen dehnen können, schaffen die elastischen 160 %. Die technische Nachahmung eines solchen „funktionellen Zuggradienten" könnte eines Tages möglicherweise zu neuartigen Reifenbelägen und Schuhsohlen führen. Die von den Forschern gegründete BioPolymers Inc., Farmington/Conn., versucht, nach dem Vorbild der Miesmuscheln, Bio-Klebstoffe zu entwickeln und zu vermarkten, die bei Knochenbrüchen, für die Wundheilung, bei der Versiegelung von Zahnschmelz gegen Karies und sogar bei Schiffsreparaturen unter Wasser zur Anwendung kommen sollen. Selbst Untersuchungen zum Ankleben der Retina bei Netzhautablösungen wurden gemacht. Man versucht, die entsprechenden Substanzen aus den Byssus-Fäden der Miesmuscheln selbst herauszulösen oder in Bioreaktoren gewinnen zu lassen. Eine andere Firma (Genex, Gaithersburg/Maryland) versucht gleich den letzteren Weg.

Zu diesen Ansätzen gehört u.a. auch die Entwicklung „schwacher" Klebstoffe, welche die Ablösung des angeklebten Systems nach Erreichen einer definierten, noch nicht zum Systemzerreißen führenden Last ermöglichen. Klebstoffe dieser Art wurden an festsitzenden Ascidien der Gattung *Botrylloides* untersucht, die sich bei vergleichsweise geringen Spannungen von etwa 10^5 $N m^{-2}$ fraktioniert („rippelartig") vom Untergrund ablösen, nachdem sie sich unter der Krafteinwirkung um den Faktor 1,4 gedehnt haben. Dies könnte

Abb. 6-13 Byssus-Anheftungsfäden der Miesmuschel, *Mytilus edulis (nach Bild d. Wiss. II/1987, Foto: H Waite)*

eine Art fraktionierter Energiedissipation darstellen, wie sie bspw. auch beim Bruchverhalten biologischer Kompositwerkstoffe beobachtet worden ist (vergl. Abschn. 6.3). Meines Wissens ist dieser Aspekt der Sicherheitsklebung in der Technik bisher nicht ausgearbeitet worden.

6.5
„Bio"-Kunststoffe – Vielzweckstoffe auf Naturbasis

6.5.1
Chitin und Chitosan

Chitin ist, biochemisch besehen, ein Zellulosederivat. Doch kommt es bei Organismen, die Zellulose produzieren, nicht vor. Im Chitin sind die 2-Hydroxy-Gruppen der Zellulose durch Acetamingruppen ersetzt. Damit ist die Struktureinheit des Chitins die β-(1 → 4)-2-Azetamido-2-Desoxi-D-Glukopyranose. Chitin stellt das Basismaterial für die Außenpanzer von Insekten und vielen Krebsen dar, wird aber auch von Pilzen gebildet – eine Eigenschaft, die den letzteren eine eigenständige Stellung im System verschafft hat. Als Abfallprodukt der Krabben- und Garnelenindustrie fallen Crustaceen-Panzer in großen Mengen an und können als Basismaterial für die Chitingewinnung verwendet werden.

Chitin kann durch unterschiedliche An- und Einlagerungen sowie Aushärtungsvorgänge sehr unterschiedliche chemische und mechanische Eigenschaften annehmen. Ein biologisches Grundmaterial wird damit den Anforderungen seines Verwendungszwecks angepasst. Diese Anpassung erfolgt bei holometabolen Insekten bereits in der Puppe und geht über den Schlüpfakt hinaus („Aushärten" des frisch geschlüpften Insekts, z. B. der zunächst noch nicht funktionsfähigen Flügel einer Libelle; Abb. 6-14 A). Der Endverwendungszweck kann, wie erwähnt, extrem unterschiedliche mechanische Eigenschaften erfordern, die sich z. B. in sehr kleinen E-Moduli (für feinabbiegbare Gelenkmembranen) oder in sehr großen (für Hartstrukturen von Kiefern etc.) äußern. Von größter funktioneller Bedeutung ist die Tatsache, dass diese Eigenschaften auf kleinstem Raum stark wechseln können. Nur so ist zu verstehen, dass die auch an anderer Stelle des Buchs angesprochene Speichelpumpe einer Wanze mit einer Gesamtlänge von wenigen hundertstel Millimetern (Abb. 6-14 B) höchst integriert ist und „wie aus einem

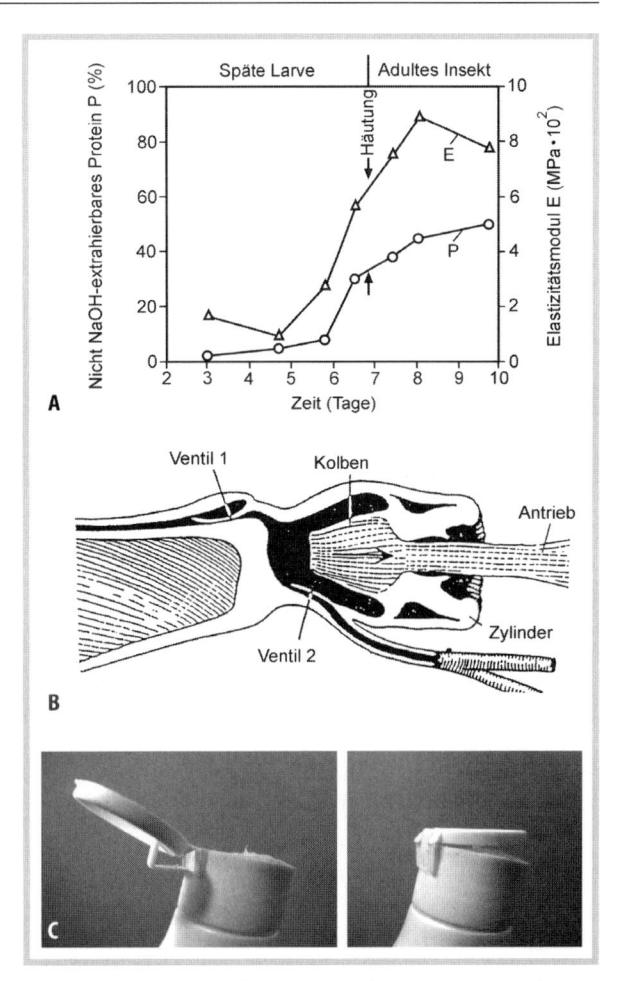

Abb. 6-14 Unterschiedliche chemische und mechanische Eigenschaften durch Einlagerungs- und Auswertungsvorgänge bei Chitin, sowie technische Beispiele. **A** Änderung des Proteinanteils und des Elastizitätsmoduls der Epikutikula des dritten Abdominaltergits der Honigbiene, *Apis mellifica (nach Hepburn 1985 aus Gorb 2001)*, **B** chitinöse Mikrokonstruktion aus Chitin (Speichelpumpe einer Rindenwanze), die lokal unterschiedliche mechanische Eigenschaften verlangt *(nach Weber 1930 aus Nachtigall 1997)*, **C** Shampooflaschen-Schnappverschluss, zuschnappend und geschlossen *(Fotos: Nachtigall)*

Guss" wirkt, wobei aber die Einzelteile des „chitinösen Gussstücks" durch unterschiedliche Materialeigenschaften so wirken, als wäre das gesamte System aus sehr unterschiedlichen Grundeinheiten zusammengesetzt. Letzteres ist in der Technik ja immer noch der Fall, betrachtet man bspw. eine konventionelle Gartenpumpe. Eine höchstintegrierte Bauweise in einem Ausformungsvorgang, basierend auf einem lokal veränderbaren Material, dies wäre für zahlreiche technische Anwendungen, besonders im Bereich kleiner und kleinster Konstruktionen, von großer Bedeutung. Angenähert hat man das bereits für Spritzgussteile, wie sie als Schnappverschlüsse von Shampooflaschen etc. verwendet werden (Abb. 6-14 C).

Chitosan ist N-deacetyliertes Chitin. Chitin und Chitosan wird in folgender Verarbeitungskette gewonnen: *Crustaceenpanzer* → Zermahlen → Proteinseparation mit NAOH → Waschen, Demineralisation (HCL) → Waschen und Wasserentzug → *Chitin* → Deacetylierung (NAOH) → Waschen und Entwässerung → *Chitosan*. Aus dem Jahr 1973 stammt die Zahl von 150 000 Festtonnen Chitin, die allein in der USA aus Resten von Muscheln, Austern, Tintenfischen und Pilzen gewonnen wurde. Die Forschungsgruppe Chitin und Chitosan Bio-Liége, M.F. Versali von der Universität Liége, hat aus den Anwendungsbereichen Biomedizin, Papierproduktion, Textilfinish, fotografische Produkte, Mörtel, schwermetallbindende Agenzien und Abfallbeseitigung die biomedizinischen Anwendungsmöglichkeiten von Chitin und Chitosan ausgewählt. Die letzteren sind wohl zumindest im Augenblick die Wesentlichsten. Dies auch deshalb, weil hier der Preis für die nicht ganz billigen Produkte nicht so relevant ist wie bei anderen Anwendungen.

Wundheilung. Chitin beschleunigt die Wundheilung. Fäden, nichtverwobene Matten, schwammförmige Ausbildungen und Filme von Chitin beschleunigen den Heilprozess um bis zu 30 %. Man kann damit auch normale biomedizinische Materialien umgeben oder Chitin den künstlichen oder natürlichen Fäden beigeben, mit denen Operationswunden vernäht werden.

Brandwundenbehandlung. Chitosan erweist sich als attraktiver Kandidat für die Brandwundenbehandlung. Es kann durchgehende, doch wasserabsorbierende und biokompatible Filme auf den offenen Brandwunden bilden. Diese sind zudem auf exzellente Weise sauerstoffdurchlässig. Durch körpereigene Enzyme werden sie langsam abgebaut. Sie müssen deshalb nicht notwendigerweise entfernt werden.

Zellanbindungsaktivität. Chitosan bindet stark an unterschiedliche Säugerzellen und Mikroben. Damit lassen sich hämostatische, bakteriostatische und spermizide Eigenschaften einbringen.

Effekte auf die Cholesterinkonzentration. Es hat sich gezeigt, dass Chitosan den Cholesterinspiegel im Blutserum reduzieren kann. Diese Eigenschaft hat schon zu – wohl übersteigerten – Schlagzeilen geführt: „Unglaubliche Reduktion um 32 %", „Fat fighting fiber of the future" u. ä.

Weitere Anwendungsmöglichkeiten. Überzüge auf Saatgut lassen die Keimlinge besser wachsen (produktiver Effekt). In einem gewissen Grad scheint Chitosan auch das Immunsystem zu stimulieren. Die Fähigkeit von Chitin, nicht thrombogene Sulfatester zu bilden, gibt ihm eine aussichtsreiche Zukunft für prosthetische Materialien jeder Gestalt und Größe. Chitinhaltige Implantate, die Knochen, Knorpel, Arterien, Venen und Muskelfaszien ersetzen könnten, sind vorstellbar. Geringe Chitinzugaben beschleunigen die Formation von Osteoblasten und damit die Knochenheilung. Die chemischen Eigenschaften des Chitosans – die langgestreckte Molekülform, der Besitz reaktiver Aminogruppen und Hydroxilgruppen und die Fähigkeit der Gelatbildung mit Metallionen – eröffnen ihm einen Anwendungsspielraum, der im Moment noch gar nicht ausgereizt erscheint.

Ummantelt man Textilfasern mit Chitosan, so lässt sich damit die Vermehrung von Bakterien verringern, und Schweiß und andere Gerüche lassen sich absorbieren, wie W. Becker, Textilchemiker an der Fachhochschule Niederrhein/Krefeld gefunden hat. Somit eignet sich Chitosan auch als Geruchsabsorber in Luftfiltern, für die Frischhaltung von Lebensmitteln, für die Erhöhung der Nassreißfestigkeit von Filterpapieren in der Papierindustrie, zur Verhinderung des Auslaufens von Farbrändern bei bedruckten Dokumenten, als Zusatz von Haarsprays zur Verringerung der Schuppenbildung u.a. Die Firma Heppe GmbH in Queis/Sachsen-Anhalt importiert aus Südostasien Rohstoffe aus der Krabbenfischerei und verarbeitet diese weiter; angepeilt sind 1000 t Chitosan pro Jahr.

6.5.2
Bio-Kunststoffe und Bio-Plastik aus Pflanzen

In Amerika befasst sich u.a. eine Forschergruppe um L. Drzal von der Michigan State University mit „Bio-Kunststoff" auf Soja-, Mais- oder Zellulosebasis. Man kann damit neue Materialien herstellen, die Härte mit Leichtigkeit und vielseitiger Anwendbarkeit verbinden, nicht gesundheitsschädigend und, selbstredend, biologisch abbaubar sind. Obwohl die darin verwendeten Naturfasern dreimal so billig sind wie beispielsweise

Glasfasern, sind die Herstellungskosten für solche Kunststoffe im Vergleich mit glasfaserverstärkten Plastiken noch höher, was sich beim Übergang zu großtechnischen Maßstäben ändern wird. Sogar Bauteile für Häuser und Brücken werden angepeilt.

Transgene Bakterien und transgene höhere Pflanzen können Materialien produzieren, die man wie technische Plastikwerkstoffe benutzen und verarbeiten kann. Sie haben den großen Vorteil, dass sie i. Allg. gut kompostierbar und verrottbar sind und sie eignen sich insbesondere auch für Gegenstände, die nur kurzfristig eingesetzt werden, wie „Plastik"-Becher, Shampooflaschen und Verpackungen u. ä., aber auch für längerfristig einsetzbare Verbundmaterialien z. B. aus Zellulose und Bioplastik. Bedeutsame derartige Stoffe sind Polyhydroxyfettsäuren (PHF), die in der Verarbeitung dem technischen Polypropylen ähnlich sind. Sie werden von Bakterien als Reservestoffe für Energielieferungen und als Kohlenstoffquelle abgelagert (Abb. 6-15 A). Die Produktion von PHF auf Bakterienbasis ist allerdings wenig wirtschaftlich. Höhere Pflanzen bilden kein PHF, es sei denn, man transferiert ihnen die entsprechenden Gene aus Bakterien. Begonnen wurde mit der Modellpflanze Ackerschmalwand, *Arabidobsis thaliana*; in Betracht gezogen wurde auch Raps, *Brassica napus*, der großflächig anbaubar ist und auch natürlicherweise viel Fett speichert. Als wichtige Verbindung hat sich Poly(3)-Hydroxybuttersäure, PHB, erwiesen, die in älteren Blättern von *Arabidopsis thaliana* in Mengen von bis zu 14% Trockenmasse, entsprechend 10 mg g^{-1} Frischmasse angereichert wird (Abb. 6-15 B). In der Zwischenzeit sind 40 mg g^{-1} erreicht worden, mit stabiler Integration der Gene im Kerngenom. Bei Rapspflanzen wurden immerhin 7% Poly (3 HB) in der Frischmasse erreicht.

Die Biosynthese von Poly (3HB) erfolgt nach dem Schema in Abb. 6-15 C unter katalytischer Vermittlung von drei Enzymen: Die Acetoacetyl-CoA-Synthese durch β-Ketothiolase, die (R)-Hydroxybutyryl-CoA-Synthese durch eine NADPH-abhängige Acetoacetyl-CoA-Reductase, die Kettenverlängerung durch eine 3-PHF-Synthase.

Produkte, die als Massenware dem täglichen Gebrauch dienen, können, wie C. Jung und A. Steinbüchel vom Institut für Pflanzenbau und Pflanzenzüchtung der Universität Kiel sowie R.-J. Müller von der Gesellschaft für biotechnologische Forschung in Braunschweig darstellen, z. B. Pappbecher sein, die innen mit Biopol beschichtet sind, um sie wasserundurchlässig zu

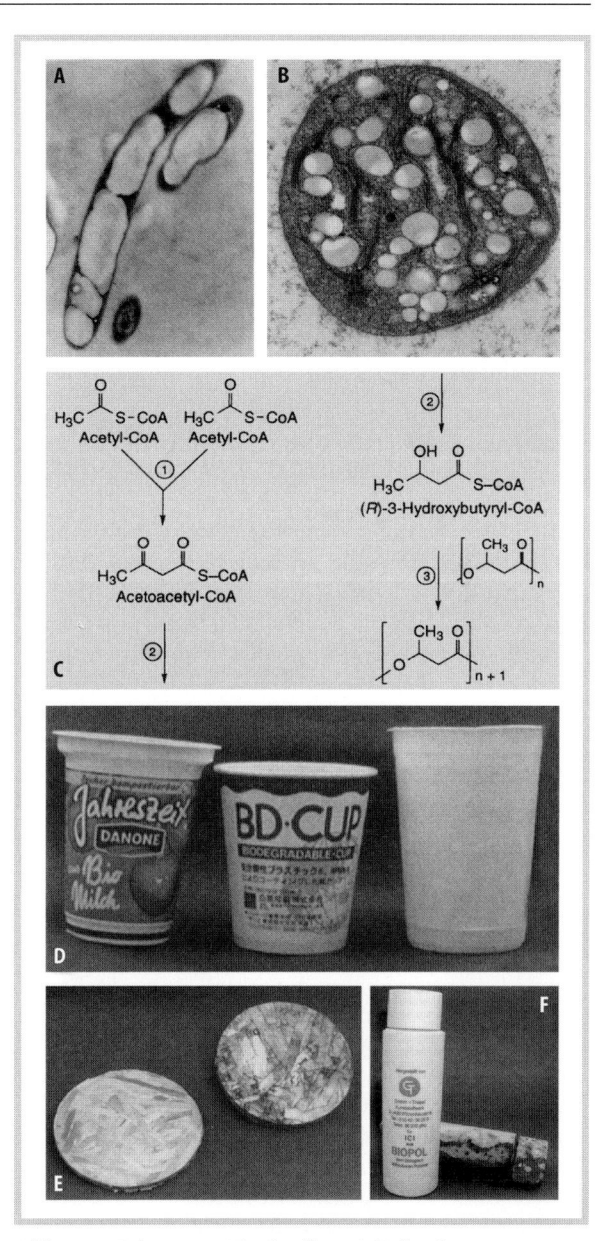

Abb. 6-15 Palette von Bioplastiken. **A** Zelle einer transgenen Bakterie mit Gen für PHF-Synthese aus *Rhodospirillum rubrum* mit PHF-Einschlüssen, **B** Chloroplast einer transgenen *Arabidopsis thaliana*-Pflanze mit PHB-Einschlüssen, **C** Biosynthese von Poly (3 HB) in *Ralstonia eutropha*, **D** Bioplastik-Becher, links aus Biopol, Mitte aus Pappe mit innerer Biopolauflage, rechts aus Polyacid, **E** Verbund-Pressmaterialien. Links aus Holzspänen und Poly (3 HB), rechts aus Papierschnitzeln und Poly (3 HB), **F** Biopolflaschen, direkt nach Gebrauch und nach sechswöchiger Verrottung (feuchte Gartenerde, 30 °C) *(nach Jung, Steinbüchel 2001, teils verändert)*

machen, oder Becher ganz aus Biopol oder anderen biologischen Rohstoffen (Abb. 6-15 D). Es lassen sich auch feste Verbundmaterialien aus Zelluse (Holzspäne und -schnitzel) bzw. Papierschnitzel (Aktenvernichter-Papier) mit jeweils 20 % Poly (3 HB) thermisch verpressen (Abb. 6-15 E).

Die physikalischen und chemischen Eigenschaften dieser Bioplastiken garantieren eine gute praktische Verwertbarkeit. Sie sind beständig gegen UV-Strahlung und Hydrolyse, ähnlich wie Polypropylen. Man kann sie wenn nötig hoch polymerisieren. Sie sind dann wasserundurchlässig, können thermoplastisch verformt werden und weisen eine zufriedenstellende Elastizität auf. Diese kann gesteuert wreden, zwischen elastisch-gummiartig bis steif und brüchig. Heterogener Molekülaufbau mit längeren Zeitenketten bewirkt dabei elastischere Polymere. Man kann sie spritzgießen, schmelzspinnen, extrusionsblasverformen, spritzblasverformen und als Filmblasen verarbeiten. Damit können neben den genannten Bechern auch Shampooflaschen gemacht werden, (verrottbare) Folien für den Frühanbau von Gemüse und Spargel, aber auch Gerüststrukturen für künstliche Organe (z. B. Herzklappen) und die Basis für Gewebekulturen. Als Bindemittel für die Lackherstellung lassen sie sich ebenfalls verwenden, sowie als Bindemittel für Verbundmaterialien.

Ihre wohl wesentlichste Eigenschaft ist jedoch die gute Verrottbarkeit. Die Mehrzahl von Bakterien und Pilzen auf Deponien geben extrazelluläre PHF-Depolymerasen ab (auch Lipasen und Esterasen), die die PHF hydrolisieren können. Im Normalgebrauch sind Biopol-Gegenstände aber dauerfunktionell. Erst wenn sie in der Deponie mit derartigen Mikroorganismen in Verbindung kommen, werden sie abgebaut (Abb. 6-15 F).

Inwiefern sich die PHF-Produktion in höheren Pflanzen gegenüber synthetischen Polyestern und Polyesteramiden, die ebenfalls biologisch abbaubar sind und in vergleichbarer Weise angewandt werden können, durchsetzen, muss sich zeigen. Insbesondere in den letzten 15 Jahren waren sie Vorbild für die Entwicklung biologisch abbaubarer synthetischer Kunststoffe, wie Abschnitt 6.5.3 zeigt.

Der bionische Aspekt wäre dann das Anregungspotenzial, das aus dem Vorhandensein solcher natürlicher Materialien für die Entwicklung entsprechender technischer folgt. Wie immer bestimmt letztlich der Markt, welches Produkt sich durchsetzt. „Katalytische wirksam" kann allerdings – und das in Zukunft in verstärktem Maße – auch die Werbung sein. Gelingt es in überzeugendem Maße, der Bevölkerung klar zu machen, dass ein bestimmtes Produkt ökologisch sinnvoller ist als ein anderes (was, wie oben ausgeführt nicht immer und unbedingt das eigentliche „Bioprodukt" sein muss!) so wird sie, in der Zukunft noch sehr viel stärker als heute, auf solche Produkte ausweichen.

6.5.3
Mikrobiell abbaubare Kunststoffe

Es gibt zwei grundsätzliche Aspekte in der potenziellen Anwendung biologisch abbaubarer Werkstoffe. Der erste sieht Bioabbaubarkeit als Mittel zur Entsorgung (alternativ etwa zur Deponierung, Verbrennung oder Recycling). Hier ist das Ziel die Kompostierung der Werkstoffe. Dieses Verfahren ist z. B. für Verpackung geeignet. Der zweite sieht Bioabbaubarkeit als neue funktionelle Eigenschaft eines Materials (Biomüllbeutel, Mulchfolien etc.). Hier weist das bioabbaubare Material einen Anwendungsvorteil gegenüber herkömmlichen Produkten auf. Eine Mulchfolie muss eben nicht mehr wieder eingesammelt werden. Während der erstgenannte Aspekt in der Vergangenheit die hauptsächliche Triebfeder der Entwicklung war (Müllproblem!), kommt heute der zweite Aspekt zunehmend stärker zum Tragen (Anwendungen in der Landwirtschaft).

Die Forschung nach kompostierbaren Kunststoffen wurde vor etwa 10 Jahren tentativ mit der Entwicklung abbaubarer Folien begonnen, und hat heute bereits zu einer Vielzahl verwertbarer Produkte geführt (s. u.). Der gezielte und möglichst umfassende Einsatz solcher Produkte, zusammen mit der Anwendung „Biologischer Kunststoffe" (s. o.) lässt hoffen, dass die Riesenhalden nicht verrottbaren Mülls in absehbarer Zeit dramatisch weniger beschickt werden. Folien wie z. B. Ecoflex (BASF) können heute auf dem Kompost in wenigen Wochen abgebaut werden (Abb. 6-16 B). Es ist dann vertretbar, dass sie in großem Maßstab auch als Mulchfolien in der Pflanzenzucht (Frühsalat, Spargel etc.) angewendet und nach der Vegetationsperiode einfach untergepflügt werden. Der biologische Abbau solcher Kunststoffe erfolgt durch Enzyme, die von Mikroorganismen ausgeschieden werden und die z. B. Polymerhauptketten spalten, Additive herauslösen, Seitenketten abspalten oder Teilbereiche in Copolymeren spalten, so dass der Kunststoff zerfällt („Biokorrosion"). Sobald die Teilstücke wasserlöslich geworden sind, können sie von Mikroorganismen aufgenommen

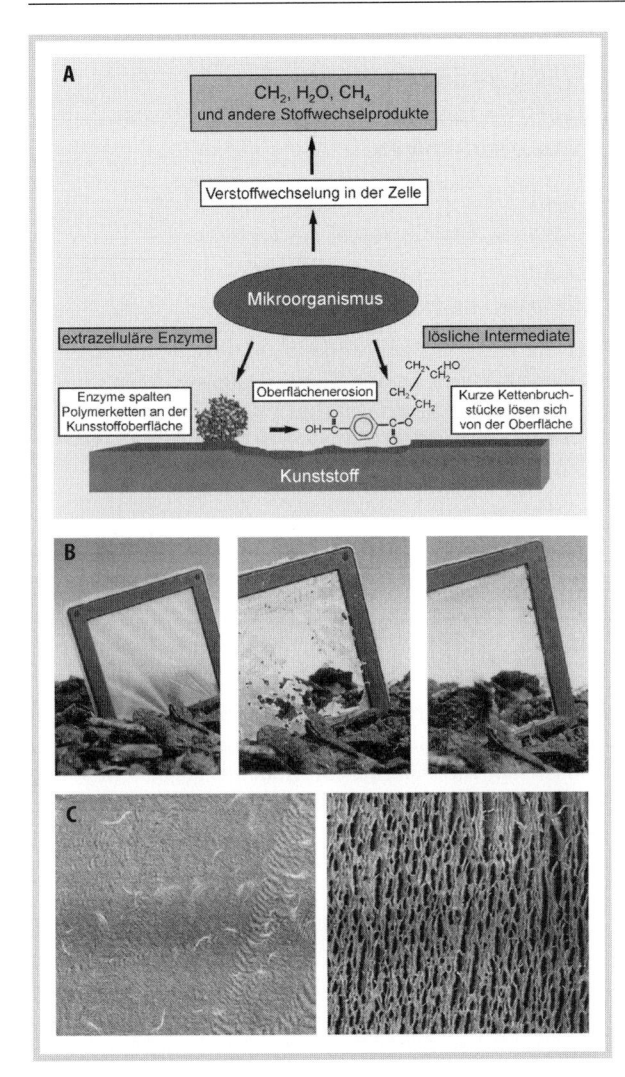

6.5 „Bio"-Kunststoffe – Vielzweckstoffe auf Naturbasis

Abb. 6-16 Mikrobieller Abbau von Kunststoffen. **A** Prinzip des Angriffs und der Verstoffwechslung zu umwelt-unbedenklichen Endstoffen, **B** Abbau einer „Ecoflex"-Folie auf dem Kompostierer: 0 Tage, 14 Tage, 28 Tage nach Einbringen *(Fotos: BASF, Ludwigshafen)*, **C** Polycaprolacton vor (links) und nach (rechts) einem partiell anaeroben Abbau *(nach Müller 2001)*

und zu umwelt-unbedenklichen Endstoffen verstoffwechselt werden („Bioabbau", Abb. 6-16 A). Diese werden damit dem natürlichen Kreislauf wieder zugeführt.

Für die biologische Abbaubarkeit müssen Kunststoffe bestimmte Eigenschaften mitbringen, und es ist gleichgültig, ob solche Polymere künstlich hergestellt werden oder über natürlich nachwachsende Rohstoffe (s. Abschn. 6.5.2). R.-J. Müller schreibt dazu ganz richtig: „Der Glaubenskrieg, dass Polymere, die aus natürlichen Rohstoffen hergestellt werden, immer biologisch abbaubar und solche, die aus petrochemisch erzeugten Komponenten synthetisiert werden, biologisch inert sind, ist nicht richtig". Durch geeignete Behandlung und Veränderung können auch „natürlich hergestellte Produkte" z.B. auf Zellulosebasis enzymatisch nicht mehr spaltbar werden, andererseits rein petrochemisch hergestellte abbaubar sein. Letztere bilden z.Z. die Mehrzahl, wie R.-J. Müller ausführt:

„Zu erwähnen sind vor allem Polyestermaterialien. Ein natürlicher aliphatischer Copolyester aus Buttersäure und Valeriansäure wurde bis Ende 1998 unter dem Namen „BIOPOL" vermarktet, die Produktion dann aber, wahrscheinlich aus Kostengründen, eingestellt. Ein synthetischer aliphatischer Polyester (Polycaprolacton, PCL) wird in Kombination mit Stärke (Blend) als Material namens „MaterBi" von einer italienischen Firma produziert. Schwächen aliphatischer Polyester kann z.B. durch Kombination mit aromatischen Strukturen oder Amiden (Polyesteramide) begegnet werden.

Eine ähnlich zeitlich frühe Entwicklung wie PHB stellt modifizierte Cellulose in Form von Celluloseacetat dar (Markenname „Bioceta"). Dieses Material ist glasklar und hart und kann mit Polystyrol verglichen werden. Weiterhin ist Cellulose, die durch spezielle chemische Verfahren aufgelöst und als durchsichtiger Film ohne letztendlich bleibende chemische Modifizierung wieder ausgefällt wird, seit langer Zeit als Zellglas oder „Cellophan" bekannt. Zellglas ist ein biologisch abbaubarer Werkstoff, der allerdings nur durch aufwendige Lösungsverfahren und nicht thermoplastisch verarbeitet werden kann. Unmodifizierte Stärke wird, abgesehen von der Verwendung als Komponente in Polymerblends, unter Zusatz bestimmter Additive thermoplastisch aufgeschäumt.

Eine ganze Reihe von Materialien, die als biologisch abbaubar deklariert sind, basieren auf Polyethylen oder Polystyrol, denen besondere, selbstoxidierende Zusätze und meist auch Stärke als Füllmaterial zugesetzt werden. Der Abbau von Polyethylen ist nach Darstellungen von R.-J. Müller/Braunschweig allerdings problematisch. „Zwar kann der angestrebte Kettenabbau, der oft mit einem Zerfall (‚optisches Verschwinden') des Materials einhergeht, in vielen Fällen nachgewiesen werden, doch fehlen bislang schlüssige Beweise, dass die gebildeten Bruchstücke von Mikroorganismen in ausreichendem Maß weiter metabolisiert werden. Biokorrosion und der eigentliche Bioabbau sind also begrifflich zu unterscheiden.

Viele weitere biologisch abbaubare Materialien befinden sich in unterschiedlichen Stadien der Entwicklung, sind aber noch nicht im technischen Maßstab verfügbar."

Der Abbau geschieht häufig so, dass amorphe Bereiche zunächst angegriffen werden; es bildet sich eine strukturierte, zerklüftete (und entsprechend geometrisch vergrößerte) Oberfläche, die an den verbleibenden kristallinen Domänen zwar langsamer abgebaut wird, durch ihre Flächenvergrößerung Mikroorganismen allerdings einen größeren Kontraktzugriff bietet (Abb. 6-16 C).

Zu den obengenannten Anwendungsmöglichkeiten kommen insbesondere kleinere und dünnere Verpackungen, gerade auch solche, die von Lebensmittelresten stark verschmutzt und durchnässt sind. Windeln und Hygieneartikel gehören ebenfalls in diese Gruppe, vor allem aber Kunststoffsäcke, in denen solche Produkte sowie Grün- und Küchenabfälle verstaut werden und die als Ganzes auf die Komposte gelangen können. Randbedingungen müssen noch geklärt werden, insbesondere Gesetzgebungsfragen (Verpackungsverordnung, Bioabfallverordnung), auch sind die Preise für eine breite Anwendung z. Z. noch zu hoch.

Weitere Anwendungsgebiete sind in Form von Hüllmaterialien für Dünger oder Pflanzenschutzmittel zu sehen; auf dem Feld geben solche Granula ihren Inhalt langsam und kontrolliert ab und werden dann abgebaut. Fischernetze von Fangbooten, die in Riesenmengen die Weltmeere gefährlich verunreinigen, sind ein weiteres wichtiges Anwendungsgebiet. „Letztendlich ist jedoch für die Bewertung der spezifischen Anwendungen eines Produkts im Vergleich zu allem anderen in Hinsicht auf die Umwelt eine ganzheitliche Betrachtung notwendig, die nicht nur Einzelaspekte berücksichtigt, sondern den ganzen Lebensweg des Produkts betrachtet". In dieser Hinsicht geht der Weg einerseits zur Aufklärung der genauen Abbaumechanismen, andererseits zu maßgeschneiderten, biologisch abbaubaren Kunststoffen, die jeweils optimal auf den Verwendungszweck abgestimmt sind. Fischernetze sollten letztendlich abgebaut werden; die Halbwertszeit muss allerdings zur durchschnittlichen Gebrauchszeit korreliert sein.

6.6
Zellulose und Pflanzenfasern – auch Bestandteile biologisch-technischer Materialchimären

6.6.1
Zellulose: Chemierohstoff aus der Natur

6.6.1.1
Zellulose und Zellulosederivate

Naturfasern wie Baumwolle, Hanf, Flachs und Jute bestehen praktisch zu 100 % aus Zellulose, Holz zu 40–60 %. Die Zelluloseproduktion auf der Erde beläuft sich auf rund 60 Mrd. t/a. Natürlich aufgebaute Zellulose ist bei der Verbrennung CO_2-neutral.

Aus diesen und anderen Gründen deckt die deutsche Industrie bereits 10 % ihres Rohstoffsbedarfs durch nachwachsende Materialien. „Zellulose erlebt dabei nicht nur ein bloßes Revival: Durch Abwandlungen der Grundstruktur wird es zum vielfältigen modernen Rohstoff, dem Chemiker eine große Zukunft vorhersagen". Zellulose besteht aus Glukoseeinheiten, die jeweils drei reaktive Stellen (Hydroxylgruppen) besitzen. Damit ergeben sich pro Zellulosestrang mehrere Tausend Reaktionsstellen für Derivate mit neuen Eigenschaften. Die Firma Wolff Walsrode, ein Tochterunternehmen der Bayer AG, stellt in ihrem neuen Polysacharid-Technikum ein chemisch bearbeitetes Zellulosederivat in Pulverform her.

Modifizierte Zellulose kann z. B. Baustoffen beigefügt werden. „Als Zusatz in Baustoffen gibt es zu Zellulosederivaten keine Alternative. Die Kombination der Eigenschaften wie Löslichkeit, Fließverhalten, Verdickungs- und Wasserrückhaltvermögen zeichnen Zelluloseprodukte vor allen anderen Polymeren aus". So besitzt z. B. die Methylzellulose ein exzellentes Wasserrückhaltevermögen. Durch dosierte Wasserabgabe können die Verarbeitungszeiten von Putz, Mörtel oder Fliessenkleber gezielt eingestellt werden. Andere Varianten der Methylzellulose eigenen sich als Überzug für Tabletten, und wieder andere verhindern, dass Dispersionsfarben beim Streichen spritzen.

Nitrozellulose kann für Lacke eingesetzt werden, etwa Metall-, Papier- und Nagellacke, weil sich ihre filmbildenden Eigenschaften für elastische, schützende und dekorative Lackfilme nutzen lassen, die schnell trocknen.

Die genannte Institution hat die Aufgabe, Forschungsanstöße für Pilotprojekte zu geben und in die komplette Vielfalt von Produktionsmöglichkeiten als „Multi-Purpose-Anlage" einzusteigen.

6.6.1.2
Zellulose und ihre selektive Funktionalisierung

Zellulose kann als der wichtigste biologische Rohstoff gelten, der sowohl nachwächst als auch vollständig abbaubar ist. Auf der Erde werden im Jahr etwa 1,5 Bill. t gebildet, als Folgeprodukt der Photosynthese: bis zu 10 000 Glucoseeinheiten in 1–4-Verknüpfung (regioselektiv) und mit gleicher räumlicher Orientierung (stereoselektiv).

„Die zahlreichen Hydroxylgruppen an den Zelluloseketten bilden hierarchisch geordnete Netzwerke von Wasserstoffbrücken, die zur Unlöslichkeit der Zellulose in Wasser und zu einer Vielfalt supramolekularer teilkristalliner Strukturen und Morphologien führen. Diese Fähigkeit bestimmt entscheidend die natürliche Funktion der Zellulose als Strukturbildnerin, zahlreiche kommerzielle Anwendungen (z. B. Textilfasern) und nicht zuletzt ihre Reaktivität in organischen Synthesen" (Abb. 6-17 A). Durch geeignete selektive Funktionalisierung kann die Zellulose Basis geben für hochfeste Fasern, Superabsorber, Wunddressing, katalytisch aktive Metallkomplexe, Hohlkörper für Weichgewebeersatz, bioabbaubare Materialien, selektive Membranen, ultradünne Schichten und Sensorsysteme. Chemisch unverändert kann sie weiter verarbeitet werden zu Papier, Chemiefasern, Lacken, Klebstoffen, Konsistenzreglern, Hilfsstoffen in Nahrungsmitteln und Pharmaka sowie zu Dialyse- und Chromatographiematerialien.

In den Jahren 1996–2002 hat die Deutsche Forschungsgemeinschaft einen Schwerpunkt „Zellulose und Zellulosederivate – Molekulares und supramolekulares Strukturdesign" betrieben, in dem 31 Forschergruppen aus Deutschland zusammenarbeiteten. Hierbei wird die gezielte Beeinflussung der molekularen und supramolekularen Struktur bevorzugt untersucht. Zellulose soll dabei aus gängigen Quellen, z. B. aus Holzzellstoff, isoliert werden, um gezielt neue Zellulosederivate mit definierter Primärstruktur zu synthetisieren. Dabei spielen Selbstorganisationsvorgänge eine große Rolle, deren Beherrschung zu Entwicklung neuer Produkte auf Zellulosebasis führen kann. D. Klemm vom Institut für organische Chemie und makromolekulare Chemie der Universität Jena hat bereits 1997 einen ersten Bericht abgegeben. Die Untersuchungen sind anwendungsorientiert. Als Zielgrößen werden genannt:

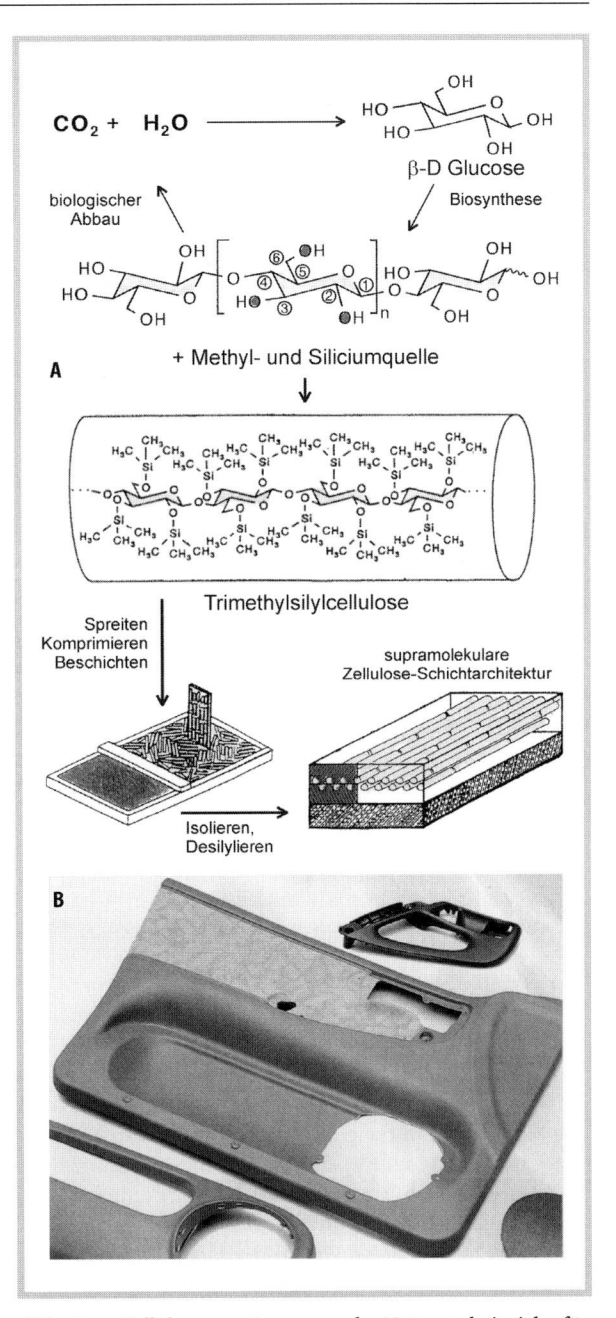

Abb. 6-17 Zelluloseumsetzung und Nutzungsbeispiel für nachwachsende Rohstoffe. A Biozyklus und Molekularstruktur von Zellulose, B Synthese und Struktur einer Zwischensubstanz (Trimethylsilylzellulose) u.a. durch Si-Zuführung und Aufbau einer supramolekularen Schichtstruktur nach Desylieren *(nach Klemm 1997, verändert)*, C Pflanzenfaserverstärkte Türinnenverkleidungen im Fahrzeugbau *(nach Anonymus 2001, „Nachwachsende Rohstoffe", verändert)*

Medizin: Nutzung der hohen Biokompatibilität der Naturstoffe in der Wundheilung durch Strukturdesign und gezielte Sorptionskapazität für eine irreversible Bindung von Wundsekret.

Pharmazie: Erarbeitung neuer Materialien und Verfahren mit deutlich besseren Eigenschaften bzgl. Trennleistung, Produktivität und Lebensdauer, die dem ständig steigenden Marktvolumen an optisch aktiven Wirkstoffen entsprechen. Ein Weg dazu wird in chiralen Phasen auf Zellulose-Matrices als Träger gesehen, die biokompatibel sind und eine hohe mechanische und chemische Stabilität besitzen.

Biomedizin und Biotechnologie: Nutzung der natürlichen Eigenschaften der Zellulose für gezielte Produktentwicklung, wie z. B. Absorber zur extrakorporalen Detoxikation, chiralen Phasen und Trennmedien für die Hochleistungschromatographie.

D. Klemm ist der Meinung, dass der zukünftige technisch-wirtschaftliche Erfolg vor allem auf solchen Produkten und Verfahren beruhen wird, „die nicht nur zu mehr Lebensqualität führen, sondern auch besser und billiger herzustellen sind und die Resourcen und die Umwelt schonen bzw. entstandene Umweltbelastungen reduzieren oder abbauen". Das sind also solche, die auf Bionik-Grundlagen beruhen.

6.6.2
Lignin und „Flüssiges Holz"

Bei der Holzverarbeitung fällt viel Abfall in Form von Spänen oder Teilstücken an, Basis für den Holzbestandteil „Lignin". Gäbe es günstige Methoden zur Ligningewinnung aus solchen Abfällen, könnte man es mit Pflanzenfasern (Hanf, Flachs) vermischen und daraus ein biogenes Material pressen, das im Prinzip wie Holz aufgebaut ist: Zugfeste Faserstrukturen (Zellulose) in einer druckfesten Lignin-Matrix. Es wäre umweltschonend, weil es aus nachwachsenden Rohstoffen gewonnen wird, z. B. nicht als Verarbeitungsprodukt von Erdöl anfällt. P. Eyerer und N. Eisenreich vom Frauenhofer Institut für Chemische Technologie/Pfinztal haben nach diesen Vorgaben einen thermoplastisch verformbaren Werkstoff auf rein natürlicher Basis entwickelt: Arboform. Es lässt sich wie Kunststoff verarbeiten, z. B. im kostengünstigen Spritzgussverfahren und wird nach Abkühlung „fest wie Holz". Da dieses Material den gleichen Ausdehnungskoeffizienten wie Holz besitzt eignet es sich ideal als Basis für Furniere, etwa für Armaturenbretter hochwertiger Automobile. In Zukunft könnten Holzwerkstoffe aus Lignin klassische Kunststoffe wie Polyamid oder andere technische Konstruktionswerkstoffe als Material für Computer-, Fernseh- oder Handygehäuse verdrängen. Die Forscher schneidern das „flüssige Holz" auf spezielle Verarbeitungstechnologien und Produktanforderungen zu und setzen die Innovationen in der neugegründeten Firma Tecnaro GmbH („Flüssiges Holz": H. Nägele, J. Pfitzer: *ng@ict.fhg.de/pfi@ict.fhg.de*) um.

6.6.3
Allgemeines zu regenerativen Materialien

Zellulose und Lignin sind pflanzliche „nachwachsende Rohstoffe". Solche Rohstoffe werden z. Z. sehr propagiert. „Spitzentechnologie ohne Ende" hat die Fachagentur „Nachwachsende Rohstoffe" eine Broschüre genannt, possierlicherweise mit einer spitzenbesetzten Distel als optischen Aufmacher. „Nachwachsende Rohstoffe – natürlich unendlich": Im Prinzip ist das richtig und wird ja auch in diesem Buch sachangemessen in ein bionisches Gesamtkonzept eingeordnet. Doch darf man bei den Positivkriterien auch die negativen nicht vergessen. Die Positivkriterien solcher Rohstoffe sind:

- *Schonung fossiler Rohstoffvorräte*
- *Beitrag zur Energieversorgung vor Ort*
- *Vermeidung von CO_2-Emissionen*
- *Entlastung des Rohstoffmarkts für Nahrungsmittel*
- *Einkommensverbesserungen für die Landwirte*
- *Stärkung der gewerblichen Wirtschaft*
- *Voraussetzung für innovative, umweltverträgliche Produkte*
- *Förderung der Stabilität ländlicher Räume*
- *Verbesserung der Arbeitsmarktsituation.*

Die Nachteile sind:

- Auch zur Erzeugung „umweltverträglicher Rohstoffe" wird z.B. über Traktorentreibstoff *fossile Energie eingesetzt*, und wenn die Kriterien der hochtechnisierten Landwirtschaft auch hier zugrunde liegen (und warum sollten sie nicht), muss über eine kosten-Nutzen-Bilanz gesichert sein, dass für die Erzeugung von 1 kJ Treibstoffenergie keine größere Anzahl von kJ benötigt wird. Für „Biodiesel" und reines Rapsöl ist die Energiebilanz nach heutigen Standards positiv, und das müsste auch für die Zukunft gesichert sein.

- Auch wenn die Traktoren mit „Biodiesel" fahren, muss dies von der Gesamtbilanz abgezogen werden; es *vergrößert jedenfalls die Anbaufläche*.
- Großflächiger Anbau in Form von Monokulturen – z.B. von Raps (möglicherweise ist eines Tages auch der Anbau genetisch veränderter Pflanzen bei uns zulässig) – sind *störungsanfällig wie alle Monokulturen*. Sie benötigen Pesticide und Herbicide, die wiederum in den ökologischen Kreislauf gelangen und vor allem die Grundwasserreservoire schädigen können, und das sicher in großem Stil. Dies gilt zwar für jeden Anbau, so auch für den von Ackerfrüchten und für die Nahrungsmittelindustrie. Doch besteht ein Unterschied: Anbau für die Ernährung *muss* sein, Anbau für Rohstoffe *kann* sein.

Nachwachsende Rohstoffe können als Baustoffe oder Betriebsstoffe eingesetzt, also stofflich oder energetisch genutzt werden. Bei uns werden heute – und z. T. natürlich seit alters her – die folgenden Aspekte forciert. Eine Nutzung, die sich noch deutlich intensivieren lässt:

- *Holz als Baustoff* und Betriebsstoff
- *Getreide und Stroh* als Betriebsstoff
- *Raps* als Lieferant für „Biodiesel"
- *Arznei- und Gewürzpflanzen* für die Pharmaindustrie
- *Flachs und Hanf* als Dämmstoffe, Garne, Papiermaterialien und Textilien, auch für Formpressteile
- *Holz* als Zellstofflieferant für Papierpappe und Textilien
- *Holzabfälle* als Ligninlieferanten für biokompatible Kunststoffe
- *Mais, Weizen, Kartoffel* als Stärkelieferanten für die Papierproduktion, Textilien und Waschmittel
- *Öllein* als Grundstoff für Lacke und Linoleum
- *Pflanzliche Öle* als Basis für Schmierstoffe und technische Öle und für die Kosmetikindustrie
- *Krapp und andere Pflanzen* als Lieferanten natürlicher Farbstoffe
- *Zuckerrüben* als Lieferanten für Grundsubstanzen, z.B. für die Nahrungsmittelindustrie und für Waschmittel.

Die stoffliche Nutzung umfasst Bau- und Dämmstoffe, Schmierstoffe, Bioplastik und biologisch abbaubare Werkstoffe und Naturfasern für faserverstärkte Kunststoffe. Auf Grund der biologischen Abbaubarkeit von Bioschmierstoffen können sie bei Ölverlusten durch Unfälle oder Leckagen im land- und forstwirtschaftlichen Bereich helfen, die Umwelt zu entlasten. Dies ist ein nicht unwesentliches Argument für ihre Verwendung. Die energetische Nutzung umfasst Brennstoffe und technische Treibstoffe.

1999 hat man in Deutschland auf 0,76 Mio. ha nachwachsende Rohstoffe angebaut, also auf mehr als 7 % der deutschen Ackerflächen. Die Anteile steigen.

Was die CO_2-Emission anbelangt, ist es richtig wenn Folgendes herausgestellt wird: Ein Festmeter Holz gibt nur soviel CO_2 ab, wie Bäume, die diesen Festmeter geliefert haben, vorher aus der Atmosphäre entnommen haben. Insofern sind nachwachsende Betriebsstoffe emissionsneutral.

In der Menschheitsentwicklung war Biomasse Jahrtausende lang der einzige Energieträger. Noch heute werden weltweit etwa 15–20 % der benötigten Energie aus Biomasse gewonnen, in den Entwicklungsländern sogar bis zu 90 %.

Die Energieproduktion aus Biomasse ist kein Billigverfahren. Beispielsweise ist die Installation eines Biomasse-Blockheizkraftwerks teurer als die eines vergleichbaren mit Heizöl befeuerten Kraftwerks. Dafür allerdings könnten die reinen Brennstoffkosten deutlich niedriger liegen, insbesondere bei weiter steigendem Ölpreis.

Biomasse hat jedoch den großen Vorteil einer dezentralen Einsatzmöglichkeit; Bäume und schnellwachsende Sträucher könen in „Energieplantagen" angepflanzt werden. Dabei entfällt auch ein Problem der direkten Nutzung von Sonnenenergie, nämlich die Speicherbarkeit. Holz ist – wenn auch mit sehr mäßigen Gesamtwirkungsgraden (im Prozentbereich) – letztendlich ein solarer Energiespeicher. Ähnliches gilt auch für nachwachsende Träger von Industrierohstoffen. Im Jahr 2000 haben Bauern in Deutschland auf 700 000 ha „maßgeschneiderte Inhaltsstoffe für die Industrie" produziert, was ländlichen Regionen neue wirtschaftliche Perspektiven gibt. In dieser Hinsicht rechnet man mit 1–2,5 % neuen Arbeitsplätzen in Gesamteuropa. Insgesamt handelt es sich allerdings auch hier nicht um Billigbetriebe, und ob sich diese Systeme mit ihrer „niederen Energiedichte" auf dem Markt halten, muss erst noch gezeigt werden.

Ganz wesentlich erscheint es mir, dass aus nachwachsenden Rohstoffen „Kunststoffe" gemacht werden können, die sich kompostieren lassen (vergl. Abschn. 6.5), und dabei eben nicht mehr oder doch kaum mehr als das vorher gebundene CO_2 an die Atmosphäre abgeben. Kompostierbare Kunststoffe im wörtlicheren Sinn ließen sich auch synthetisch chemisch herstellen, aber nicht emissionsneutral. Ähnliches gilt für Ausgangsstoffe für Pressteile. Ob die in dieser Hinsicht viel gerühmten pflanzenfaserverstärkten Türinnenverkleidungen von Autos (Abb. 6-17 B) tatsächlich einen technischen und ökologischen Fortschritt darstellen oder nur Beruhigungspillen der Autoindustrie sind, das ist in Form einer Kosten-Gesamtnutzungsbilanz auch noch nicht gezeigt worden. Auf jeden Fall haben solche „Kunststoffe" einen wichtigen Vorteil: Sie sind im Vergleich erheblich leichter. Geringes Fahrzeuggewicht bedeutet auch geringeren Treibstoffverbrauch. Ein weiterer Vorteil: Diese Stoffe können, jedenfalls was die Faserbestandteile anbelangt, CO_2-neutral entsorgt werden. Bei einem Marktanteil der Naturfasern von 14 % (14 000 t a^{-1}) greift dieses Argument durchaus.

Eine wichtige noch keineswegs ausgereifte Facette sehe ich in den ökologisch verträglichen, abbaufähigen Verpackungen. Es erscheint mir als sicher, dass die Verbraucher etwas teurere Preise, die durch die Entwicklung solcher Verpackungen aus Maisstärke etc. anfallen, tolerieren, wenn die ökologischen Vorteile klargemacht werden. Verpackungschips, die Styroporchips ersetzen können, werden so hergestellt wie Erdnussflips. Auf dem Komposthaufen zerfallen sie. Aufgeschäumte Stärke kann zu „Plastik-Einweggeschirren" verarbeitet werden, die ausnahmsweise einmal sinnvoll sind, denn auch sie sind voll kompostierbar. Ähnliches gilt für Verpackungsfolien, Sichtfenster für Pappfaltschachteln und Briefumschläge oder Overheadfolien auf Stärke- oder Zuckerbasis. In Spezialbereichen kommt dem Zerfall der Naturwerkstoffe nach einer vorher bestimmbaren Zeitdauer eine besondere Bedeutung zu. Pflanztöpfchen auf Stärkebasis z. B. können Gärtnern einiges an Arbeit und Müll ersparen. Das tun auch die Mulchfolien, in welche die kleinen Salate oder Brokkoli bei ihrem Aussetzen ins Freiland direkt eingepflanzt werden. Barbara Wenig von der Fachagentur „Nachwachsende Rohstoffe" sieht das so: „Nachwachsende Rohstoffe können und sollen den fossilen Rohstoffen keine Konkurenz machen. Es gilt, sie sinnvoll dort einzusetzen, wo sie auf Grund ihrer besonderen ökologischen Qualitäten Alternativen darstellen."

6.6.4
Pflanzliche Strukturen als intelligente Teile von technischen Kompositmaterialien

Es ist, wie erwähnt, ein wenig Mode geworden und wird z. Z. politisch gerne gesehen, wenn die Technik „nachwachsende Rohstoffe" verwendet. Als ob biologische Rohstoffe an sich schon „ökologisch" wären! Man muss immer den Gesamtaufwand zur Produktion solcher Rohstoffe betrachten, nicht nur die Stoffe an sich. Doch gibt es bereits zahlreiche erfolgversprechende Spezialansätze.

Einen solchen Sonderfall stellt z. B. die Herstellung von Verbundkeramiken aus biologisch abgeleiteten (nachwachsenden) Vorformen – Biotemplating – dar. Wie H. Sieber und P. Greil vom Institut für Werkstoffwissenschaften der Universität Erlangen-Nürnberg darstellen, wurde ein rascher Syntheseweg für den Aufbau von Verbundmaterialien aus hierarchisch strukturierten Biotemplaten (z. B. Holz) entwickelt. Zunächst wird karbonisiert, d. h., es werden die bioorganischen Polymerbestandteile des Holzes über eine Hochtemperaturpyrolyse in Kohlenstoffformen (C_B-Template) überführt. Diese reagieren dann in einem zweiten Schritt mit flüssigen und gasförmigen Metallen zu keramischem Metall-Carbid oder durch Si-Infiltration zu SiC-Materialverbunden. Die biomechanisch oft vorzüglichen Eigenschaften von Hölzern werden damit auf technische Verbundkörper übertragen (Abb. 6-18 A). Diese sind thermisch und mechanisch hochbelastbar

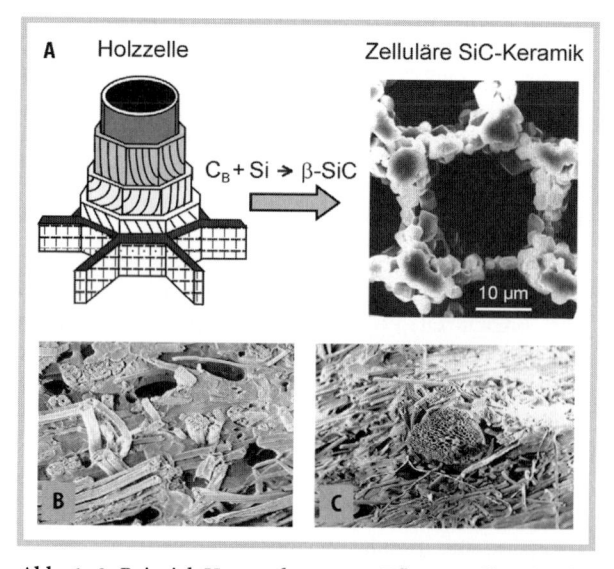

Abb. 6-18 Beispiel Verwendung von Pflanzenzellen in der Technik. A Prinzip des „Biotemplating" *(nach Sieber, Greil 2001)*, B, C Faserverbundplatte mit Fasern des Flachses, *Linum usitatissimum*, B homogene Platte guter Qualität, C Platte mit Störstellen (Sprossachsen-Fragmente), schlechte Qualität *(nach Walter, Siegert 2001)*

und eignen sich bspw. für die Anwendung als Wärmeaustauscher und zur Heizgasreinigung. Auch solche aus Papier vorgefertigten Strukturen können auf diese Weise keramisiert werden, möglicherweise ist dies besonders wichtig für die Abgasreinigung. Aus diesen können ebenfalls mittels Falt- und Klebetechniken variable, räumliche Leichtbaustrukturen realisiert werden.

Seit alters her ist der Flachs, *Linum usitatissimum*, ein wesentlicher Grundstoff für die bäuerliche Heimindustrie. Auch er ist für Biotemplating geeignet. Das Institut für keramische Sintertechnologien/Dresden nutzt Flachsfasern zur Herstellung besonders dichter SiSiC-Keramiken. Heute presst man aus Flachsmatten auch Platten, u.a. für den Automobilbau. Die Adam Opel AG setzt im Opel Astra seit dem Baujahr 1998 eine Mischung aus Flachsfasern und Polypropylen als Faserverbundwerkstoff für Türinnenverkleidungen ein. Da das biologische Material inhomogen ist, müssen Verfahren entwickelt werden, die eine gleichbleibende Qualität (Abb. 6-18 B) garantieren. Sprossachsen mit großen Anteilen von Markparenchym (Abb. 6-18 C) müssen bspw. ausgesondert werden.

6.6.5
Biomineralisation: Auf dem Weg zu organisch-anorganischen Verbundwerkstoffen

Dass bionische Entwicklungen und Möglichkeiten vor allem auch junge Leute faszinieren, steht außer Frage. Das Schülerforum Bremen, Jugend forscht 1998, hat sich mit der Adaption biologischer Prinzipien in der Werkstofftechnik befasst, und hier speziell mit der Biomineralisation. Es wird herausgestellt, dass es sich hier um vielfältige Prozesse und Beispiele handelt: „Calcit ($CaCO_3$ und $(Mg, Ca) CO_3$) in Algen, Eier- und Muschelschalen, Hydroxylapatit ($Ca_{10} (PO_4)_6(OH)_2$) im Knochengerüst und in Zähnen von Wirbeltieren, Calciumoxalat (CaC_2O_4) als Calciumreservoir in Pflanzen, Erdalkalisulfate ($CaSO_4$, $SrSO_4$, $BaSO_4$) zur Schwerkraftmessung in Quallen und Algen, hydratisiertes Siliciumdioxid ($SiO_2 \cdot nH_2O$) in Kieselalgen und Eisenoxide/Hydroxide (Fe_3O_4 und $FeOOH$) in Zähnen von Muscheln und als Sensoren in Bakterien".

Solche Biomaterialien werden templatgesteuert synthetisiert. Auf ein dreidimensionales Grundgerüst von Proteinen und/oder Lipiden erfolgt die Kristallisation der anorganischen Bestandteile, gesteuert wahrscheinlich von der Art und Verteilung der funktionellen Gruppen auf der Oberfläche der organischen Matrix. Auch während der Kristallisation der anorganischen Salze auf der organischen Grundstruktur – die insgesamt also einen anorganisch-organischen Verbundwerkstoff bilden – kann durch Synthese und Abgabe löslicher Proteine die Kristallauflagerung beeinflusst werden, und damit können die physikalischen Eigenschaften des Verbundmaterials gesteuert werden. Der Aufbau erfolgt, energetisch günstig, in wässriger Lösung und bei Körpertemperatur.

Während die mechanischen Eigenschaften der anorganischen Bestandteile – technisch gesprochen – eher mäßig sind, kann der so generierte Verbundwerkstoff sehr ungewöhnliche Festigkeitseigenschaften erreichen, wie neuerdings z.B. anhand der Biomechanik von Meeresschneckenschalen gezeigt worden ist (vgl. Abschn. 6.3).

In sinnvoller bionischer Übertragung können nun diese Prinzipien der Biomineralisation, die es in Details noch genauer zu studieren gilt, in doppelter Hinsicht interessant sein. Zum einen könnte man bei genauer Kenntnis der biologischen Genese gezielt eingreifen und damit neuartige Werkstoffe vom Lebewesen selbst fertigen lassen. Zum anderen können sich neue Strategien für die Synthese technischer Materialien ergeben.

H. Sieber und P. Greil sehen folgende Forschungsansätze:

- „Abscheidung anorganischer *Schichten auf Metalle,* Oxide oder Polymere, die eine funktionelle Gruppe aufweisen oder vorab aufgeprägt bekommen.
- Abscheidung anorganischer *Schichten auf organische Grenzschichten* an der Wasser-Luft-Grenzschicht (sog. Langmuir-Schichten).
- Ausscheidung *anorganischer Materialien in porösen Polymerstrukturen.*
- Synthese *keramischer Partikel in organischen Hohlräumen* (Phospholipid-Vesikel, Micellen, Proteinkäfige)."

Auf diese Weise ließen sich z. B. Materialien mit mittlerer Porengröße herstellen. Traditionell gelangen bisher nur Materialien kleiner Porengrößen. Es ließen sich unter Einbindung von Selbstbildungsprozessen organische monomolekulare Schichten herstellen, die sich zu Kugelformen schließen, Einschlüsse enthalten (vergl. dazu Abschn. 15.2), und die schließlich mit Metallsalzen verstärkt werden können.

Die letztere Möglichkeit der Biomineralisation haben u.a. Kokubo und Mitarbeiter der Universität Kyoto/

Japan entwickelt und weiterentwickelt. Die Prinzipien sind in Abb. 6-19 zusammengestellt. Apatit-Metall-Kompositwerkstoffe können unter Nutzung physikalischer Adsorption und geeigneter chemischer Eingriffe gefertigt werden. In gleicher Weise lassen sich auch Apatit-Polymer-Kompositwerkstoffe fertigen. Ein wichtiges, biologisch verträgliches Metall ist Titan.

Zunächst wird eine oxidierte Titanoberfläche als Natriumtitanathydrogel formiert (Abb. 6-19 A) und dann zur Homogenisierung hitzebehandelt (Abb. 6-19 B). Das Ganze wird dann in einer simulierten Körperflüssigkeit (SBF) getaucht, deren Ionenkonzentration in etwa dem menschlichen Blutplasma entspricht („1.5 SBF"), worauf sich langsam eine dichte und gleichförmige Apatitschicht – vergleichbar dem Apatit der Knochensubstanz – bildet (Abb. 6-19 C), wie REM-Aufnahmen der Oberflächen unter diesen Prozessen zeigten (Abb. 6-19 D, E).

Man ist der Meinung, dass derartige Verbundwerkstoffe in der Zukunft eine große Rolle spielen können, z.B. als künstliche Knochen-Substitute.

Apatit-Polymer-Kompositwerkstoffe können biomimetisch geformt werden, wenn zunächst Apatit-Kristallisationskeime vorhanden sind, die Substanzen aufzunehmen vermögen, die wiederum z.B. von einem $CaOSiO_2$-basierten Glas abgegeben werden (Abb. 6-19 F). In der Folge kommt es zum Wachstum gleichartiger Schichten (Abb. 6-19 G). Die Dicke dieser Schicht kann kontrolliert werden; sie steigt linear mit der Eintauchzeit in 1.5-SFB und ist temperaturabhängig. Bei 36,5 °C kann man mit 1,7 µm pro Tag rechnen, bei 70 °C mit 7,0 µm pro Tag. Auch hier geht es um strukturelle Analogie zur natürlichen Knochensubstanz: Apatitkristalle, aufgelagert auf einer dreidimensionalen organischen Kollagenmatrix. Man verspricht sich davon die Möglichkeit eines Weichgewebe-Substituts.

Neuerdings wurde die Basis für einen Hybridkunststoff mit Kieselalgen-Silikat gelegt. Kieselalgen (*Bacillariophyceae*) formen längliche oder döschenförmige, feinst strukturierte Schalen aus Polykieselsäure. Wie Brott et al. von der Universität Cincinnaty festgestellt haben, ist ein chemisch modifiziertes Peptid aus der Kieselalge *Cylindrotheca fusiformis* in der Lage, im Experiment aus einer Kieselsäurelösung Nanokügelchen von Polykieselsäure zu bilden. Wird eine Mischung aus Acrylaten und dem Kieselalgenpeptid mit Laserstrahlen behandelt, die ein Netzgitter erzeugen, so polymerisiert die Lösung in den Gitterabschnitten; in eine Kieselsäurelösung eingehängt bilden sich Kügelchen, vermehrt in den Netzmulden, wo sich vorher die Peptide vermehrt angesammelt haben. Mit diesem Verfahren der Nano-Biomineralisation sind völlig neuartige Verbundmaterialien unterschiedlicher Formen und mechanischer Eigenschaften vorstellbar.

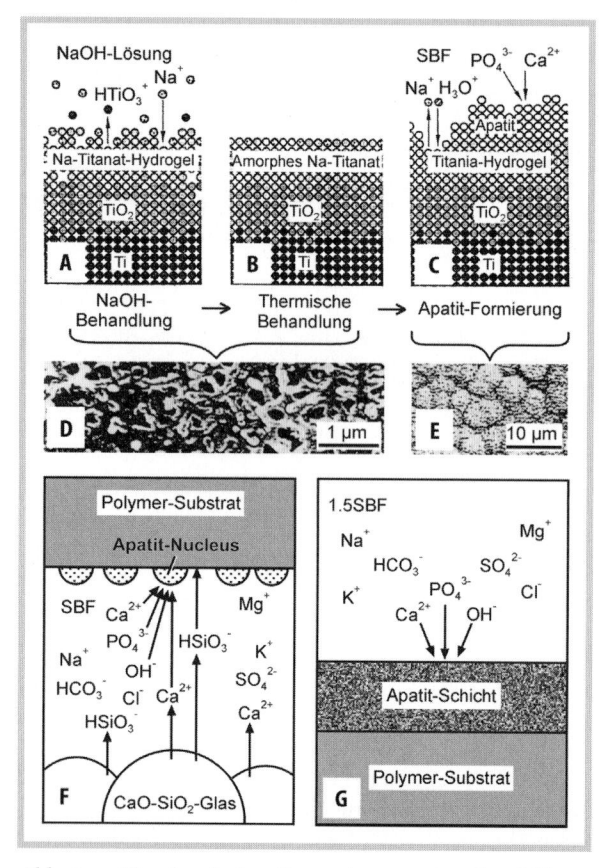

Abb. 6-19 Biomimetische Prozessierung zur Entwicklung von Apatit-Metall- und Apatit-Polymer-Verbundwerkstoffen *(nach Kokubo et al. 1999)*

6.7
Hölzer und Gräser – Anwendungspotential im Mikro- und Makrobereich

6.7.1
Technisch interessante Eigenschaften pflanzlicher Fasern und Faserverbundmaterialien

An den Universitäten Freiburg und Berlin befassen sich der Biophysiker H.-Ch. Spatz und der Botaniker T. Speck mit Pflanzenbiomechanik. In einer Arbeit über „Pflanzen als Ideengeber für die Technik" haben sie Ergebnisse von Untersuchungen an unterschiedlich brüchigen Weidenarten und an ihrem „Haustier", dem Pfahlrohr *Arundo donax* zusammengestellt.

6.7.1.1
Grundlegende Eigenschaften pflanzlicher Fasern und Verbundmaterialien

Man kann nach der Zusammenstellung von Spatz und Speck im Wesentlichen fünf Punkte nennen:

- „Traditionelle" technische Konstrukte sind in der Regel *zwar materialoptimiert, jedoch nur geringfügig strukturoptimiert*. Dies ist bei biologischen Konstrukten völlig anders, da z.B. bei Pflanzen nur eine beschränkte Anzahl von „Baumaterialien" zu Verfügung stehen. Bei den Stämmen von Landpflanzen sind das im Wesentlichen Zellulose, Hemizellulosen, Pektine und Lignin. Basierend auf diesen Materialien entstanden jedoch im Verlauf der Evolution hochgradig strukturoptimierte biologische Konstrukte, die zudem im Regelfall mehrere Funktionen ausüben müssen: „Mehrfaktorenoptimierung".
- Auffallend ist das *geringe Eigengewicht pflanzlicher Fasern* in trockenem Zustand (rund 3 mal leichter als Glasfasern).
- Pflanzenfasern sind *biologisch sehr gut abbaubar*. Das unterscheidet sie von Glas- oder Karbonfasern.
- Pflanzenfasern können *fast rückstandsfrei thermisch verwertet* werden.
- Pflanzenfasern gehören zu den *nachwachsenden Rohstoffen*.

6.7.1.2
Bruchverhalten und Energiedissipation bei Ästen unterschiedlich brüchiger Weidenarten

Bei leicht brüchigen Arten, etwa der Bruchweide, *Salix fragilis*, kommt es „zu einer nahezu linearen Kraftzunahme mit zunehmender Abbiegung des Ästchens, welche adaxial, d.h. in der biologisch sinnvollen Richtung erfolgt. Nach Erreichen der kritischen Abbiegung kommt es zum plötzlichen Versagen, d. h. zum Abbrechen des Ästchens. Bei der Bruchweide findet sich kein plastischer Bereich und das plötzliche Versagen des Ästchens lässt sich als ein „mechanisch wenig gutmütiges Verhalten" beschreiben, für das nur eine geringe Energie aufgewendet werden muss (Abb. 6-20 A). Dies spiegelt sich auch in der Bruchfläche wider, die auf der

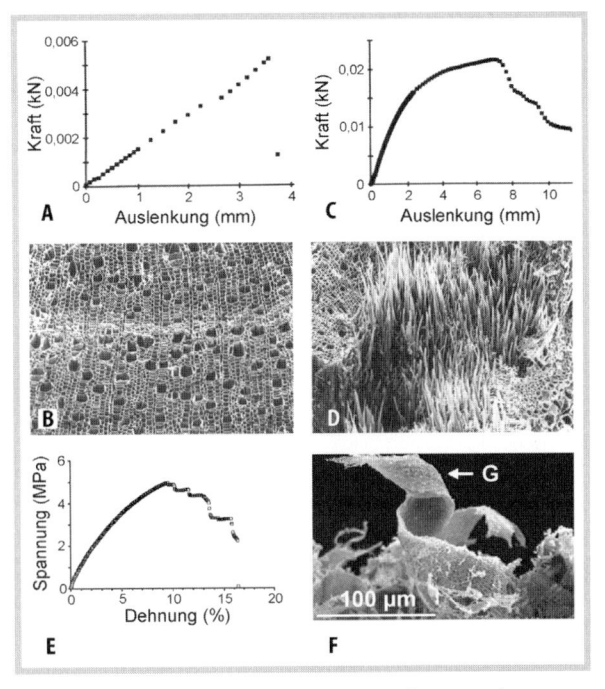

Abb. 6-20 Bruchversuche und REM-Dokumentationen an Pflanzengeweben. **A, B** Bruchverhalten und Bruchfläche einer sehr leicht brüchigen Weidenart, der Bruchweide *Salix fragilis*, **C, D** Bruchverhalten und Bruchfläche von wenig brüchigen Weidenarten, der Großblättrigen Weide *Salix appendiculata* (**C**) und der Grauweide, *Salix eleagnos* (**D**), **E, F** Bruchverhalten und REM-Ausschnitt des selben Rhizoms des Pfahlrohrs, *Arundo donax* (G herausgerissenes Gefäß) (nach Speck et al. 2001, A-D basierend auf Beismann et al. 2000 und Beismann, Speck 2000)

Zugseite einen extrem glatten Bruch zeigt. Diese Bruchflächen sehen fast wie mit einem Skalpell geschnitten aus, was vor allem in den höheren Vergrößerungen zu sehen ist (Abb. 6-20 B).

Völlig unterschiedlich ist das Bruchverhalten anderer Weidenarten, die als wenig brüchig beschrieben sind, und von denen einige aufgrund ihrer hohen Elastizität sogar zum Flechten verwendet werden. Abbildung 6-20 C zeigt das Kraft-Abbiegungsdiagramm der großblättrigen Weide (*Salix appendiculata*), eine der am wenigsten brüchigen Weidenarten. Nach einem kleinen linear ansteigenden Bereich der Kraft-Abbiegungskurve folgt ein großer plastischer Bereich, in dem die Kraft über einen großen Abbiegungsbereich fast konstant bleibt bzw. nur geringfügig zunimmt. Schließlich wird auch bei dieser Art die kritische Abbiegung erreicht und es kommt zum Versagen, d.h. zum Abbrechen des Zweigs. Im Gegensatz zu den brüchigen Weidenarten bricht bei *Salix appendiculata* das Seitenästchen aber nicht plötzlich ab, sondern der Bruch erfolgt stufenweise und findet über einen langen zusätzlichen Abbiegungsbereich von nahezu 6 mm statt. Insgesamt könnte man dieses Bruchverhalten aufgrund des großen plastischen Bereichs sowie des langsam und stufenweise voranschreitenden Bruchs als „mechanisch gutmütig" bezeichnen.

An der REM-Aufnahme der Zugseite der wenig brüchigen Grauweide, *Salix eleagnos*, fällt die sehr raue Struktur ins Auge (Abb. 6-20 D). Holzfasern erscheinen wie herausgerissen und bilden damit eine extrem skulpturierte Bruchfläche.

6.7.1.3
Bruchverhalten und technisch interessante Eigenschaften des Rhizoms des Pfahlrohrs, Arundo donax

Das schilfähnliche Pfahlrohr, ein mediterranes Süßgras, wird bis zu 6 m (!) hoch. Seine hohlen Stängel sind durch massive Knoten gegliedert, deren Abstand in der Nähe der Basis – wo die Knickgefahr besonders groß ist – abnimmt. Der Halm geht in ein unterirdisches Rhizom mit Adventiv-Verankerungswurzeln über. Zugversuche an Rhizomsegmenten in Längsachsenrichtung zeigen eine Spannungs/Dehnungskurve mit mehrfacher Stabilisierung im Abfallbereich (Abb. 6-20 E). Die Kennlinien sind damit ganz ähnlich denen wenig brüchiger Weidenarten. Die Probe zerreißt nicht schlagartig sondern „sukzessive", in kleinen Schritten.

Bei diesem „gutmütigen Bruchverhalten", das also eine hohe Energie schluckt bevor es zu lokalen Versagensereignissen kommt, entstehen stark zerklüftete Oberflächenstrukturen. Bei den Weiden werden Zellwände und Zellwandultrastrukturen unterschiedlich verformt und zerrissen (vgl. Abb. 6-20 D), beim Pfahlrohr-Rhizom werden sogar ganze Zellen oder Gefäße (Abb. 6-20 F) herausgerissen.

In Südfrankreich wird das Pfahlrohr gerne als Windschutz angepflanzt. Unter periodischer Windbelastung führt es gedämpfte harmonische Schwingungen durch. Abschätzungen des Strömungswiderstands schwingender Halme zeigen, dass die Dämpfung nur zum geringen Teil aerodynamischer Art ist und somit der größte Teil durch strukturelle Dämpfung und durch Energiedissipation im Halm und im Rhizom (Dämpfung im Material) bewerkstelligt wird. Die strukturellen Grundlagen dafür werden in der Referenzarbeit detailliert beschrieben. Danach ließen sich technisch analoge Materialien hoher Energiedissipation (für Stoßdämpfer, Schwingungsdämpfer) herstellen, aber auch Verbundmaterialien aus Naturfasern und beispielsweise Kunstharzen.

6.7.1.4
Technischer Ausblick in Bezug auf „Naturfaser-Verbundmaterialien"

H.-Ch. Spatz und T. Speck nennen Gründe, warum Energiedissipation und ein „gutmütiges Bruchverhalten" wichtige Eigenschaften sind, auf die eine Strukturoptimierung von Naturfaser-Verbundmaterialien im technischen Bereich abzielen sollte.

- Möglichkeiten der Produktion *leichter Bauelemente für den Kraftfahrzeugbau*. Diese zeigen ein „gutmütiges Bruchverhalten" ohne Splitterungsgefahr.
- Leichte, „unterkritische" Schädigungen sind nachweisbar, so dass man *Hinweise auf auszutauschende Bauelemente* bekommt.
- Naturfaser-Verbundmaterialien wirken oft *sehr gut schallisolierend,* was im Autobau und für andere Anwendungen ebenfalls von großem Interesse ist.

„Basierend auf den vorgestellten Grundlagenuntersuchungen an Pflanzen ist es gelungen, im Labormaßstab leichte, strukturoptimierte Naturfaser-Verbundmaterialien herzustellen, die ein sehr hohes Energieabsorptionsvermögen besitzen und gleichzeitig die industriellen Anforderungen an nicht tragende Bauteile hinsichtlich Steifigkeit und Zähigkeit übertreffen". Nicht nur auf Grund ihrer günstigen mechanischen Eigenschaften, sondern auch wegen der zunehmenden Forderung „ökologisch vertretbare" Materialien einzusetzen, werden Naturfaser-Verbundmaterialien in Zukunft in verschiedensten Anwendungsbereichen immer wichtiger werden."

6.7.2
Eine Kompositplatte nach dem Faserverlauf in Holz

Holzfasern trennen sich im Zugversuch (Abb. 6-21 A) und versagen einzeln. Bis dahin kann eine einzelne Holzzellen in etwa eine Energie von $2 \cdot 10^{-4}$ J absorbieren. Da etwa 10^9 Holzzellen 1 m^2 Holz durchsetzen, entspricht die flächenbezogene Bruchenergie etwa 200 kJ m^{-2}. Im Experiment werden aber nur 10 % davon gemessen. Man kann annehmen, dass sich etwa 10 % der Holzzellen vor dem Zerreisen in der angegebenen Weise deformieren.

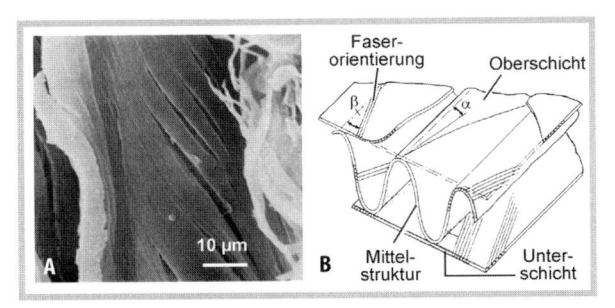

Abb. 6-21 Holz und ein frühes holzanaloges Kompositkonzept. **A** Zugversagen im Holz der Sitka-Weide *(nach Jeronimidis 1980)*, **B** holzartiges Kompositkonzept (nach Chaplin et al. 1983)

Auf Grund solcher und ähnlicher Untersuchungen wurde bereits 1983 von R. C. Chaplin, J. E. Gordon und G. Jeronimidis von der Universität Reading/England ein bionisches Patent auf ein holzähnliches Kompositsystem genommen. Hierbei sind beanspruchte Fasern innerhalb einer feinen Hohlröhre ebenso wie die Röhren selbst durch eine polymere Matrix verklebt. Holzanalog wurde ein optimaler Orientierungswinkel von $\beta = 15°$ vorgesehen, und das Kompositkonzept entspricht einem Sandwich. Versuche mit dieser Konfiguration haben eine beachtliche spezifische Bruchenergie (d. h. der Energie, die zur Bildung der Einheit einer Bruchfläche nötig ist) von etwa 110 kJ m^{-2} ergeben. Im Vergleich damit gelten für Papier lediglich 0,5 kJ m^{-2}, für Holz 10 kJ m^{-2}, für konventionelle glasfaserverstärkte Kunststoffe 1–10 kJ m^{-2}, für stranggepresstes Aluminium und für Stahl sind die Werte höher, sie erreichen 100 und 1000 kJ m^{-2}. Ihr Material verändern die Autoren nun – patenttypisch – in unterschiedlicher Weise um sehr verschiedenartige Anwendungs- und Fertigungseffekte abzudecken. Beispielsweise schlagen sie ein Kompositmaterial vor, in dem die Fasern linear angeordnet sind, aber unter den angegebenen Winkeln, so dass Monofaser-Schichten entstehen, die man unterschiedlich miteinander verbinden kann. Abbildung 6-21 B zeigt einen Vorschlag nach Art von Wellpappe. Das Sandwichmaterial besteht aus einer oberen und einer unteren Schicht mit dem Schichtwinkelverlauf α (jeweils mit ähnlichen Faserwinkeln β), getrennt durch eine verklebte wellenförmige Zwischenschicht mit wieder ähnlichen Winkeln. Holz muss also nicht unbedingt in seinem geometrischen So-Sein nachgeahmt werden; allein das Grundkonzept (durch druckfeste Matrix [Lignin] verklebte, unter optimalem Winkel verlaufende, zugfeste Fasersysteme [Zellulosefasern]) kann in unterschiedlichster geometrischer Weise abgeändert werden und damit unterschiedlichen Nutzungen zugeführt werden: ein Grundprinzip der Bionik.

6.7.3
Hochwachsende Gräser und langgestreckte Strukturen

In Weiterführung eines Pflanzenbiomechanik-Konzepts von A. Wisser und mir haben in meiner Saarbrücker Arbeitsgruppe A. Kesel und Coautoren einheimische Gräser genauer untersucht. (In Freiburg wurden eher bambusartige Strukturen und andere pflanzliche Hochachsen analysiert; vergl. den Beginn dieses Abschnitts.) Es ging darum, die biomechanischen Bauprinzipien zu verstehen und Anregungen für eine materialarme Gestaltung biegesteifer technischer Hochachsen zu gewinnen.

Abbildung 6-22 zeigt einen ausgewählten Aspekt der Saarbrücker Untersuchungen, die hier nur kurz angeführt werden sollen.

In der Gräserevolution verläuft die Formentwicklung relativ niederer Formen mit vergleichsweise geringem Längen-Durchmesser-Verhältnis mit Knoten zu hochragenden, dünnen Formen mit hohem Längen-Durchmesser-Verhältnis ohne Knoten an der freistehenden Achse. Ein Vertreter der erstgenannten Gruppe ist der Taumel-Lolch, *Lolium perenne*; als hochentwickeltes Gras gilt das Pfeifengras *Molinia coerulea*, das derartig stabil ist, dass unsere Vorfahren damit ihre langen Pfeifen gereinigt haben. Abbildung 6-22 A zeigt jeweils einen histologischen Querschnitt bzw. Ausschnitt davon, eine halbseitige mechanische Abstraktion und eine FEM-Modellierung dieser Abstraktion unter seitlicher Windlast.

Wie erkennbar ist, ist *Lolium* durch einen äußeren Sklerenchymring und innenliegende, freistehende, nur durch Parenchym auf Abstand gehaltene Sklerenchymfasern zu charakterisieren. Unter seitlicher Windlast verbeult sich der Querschnitt elliptisch; ab einer gewissen Längserstreckung der Ellipse knickt das Gras irreversibel. *Molinia* ist durch einen mehr innen-liegenden Ring steifen Sklerenchyms zu abstrahieren, an dem außen Doppel-T-förmige Träger angelagert sind. Unter gleicher Windlast verknickt es sich nicht so stark. Die Rechnungen gehen von gleich großen Gesamtquerschnitten des tragenden Sklerenchyms aus. Das Flächenträgheitsmoment ist bei der Molinia-Anordnung, die weniger knickempfindlich ist, nicht etwa größer – wie zu erwarten wäre –, sondern sogar signifikant klei-

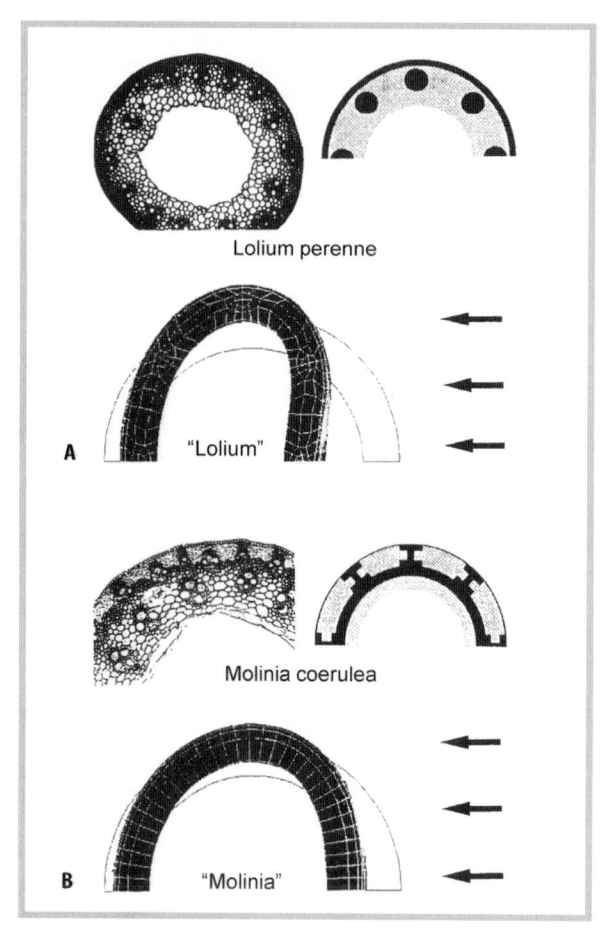

Abb. 6-22 Querschnitte durch Gräser, Abstraktion und FEM-Modellierung. **A** „Ursprüngliches" Gras: Taumelloch *Lolium perenne*, **B** „höher entwickeltes" Gras: Pfeifengras Molinia coerulea *(nach Kesel, Labisch 1996)*

ner. Trotzdem diese hohe Steifigkeit! Während des Wachstumsstadiums kann man davon ausgehen, dass äußere, eingeschlossene Parenchymtaschen unter mechanischer Spannung („Turgor") gehalten werden, und dadurch möglicherweise zusätzliche Stabilität induzieren. Dies kann aber nicht mehr für das trockene Gras gelten, das seine Stabilität bekanntlich nicht verliert. Die Frage, welche Prinzipen der Materialanordnung hierbei zusammenspielen, ist noch nicht vollständig gelöst. Auf jeden Fall steckt hierin ein hohes Übertragungspotenzial für materialarme und dabei biegesteife „technische Hochbaukonstruktionen" wie z.B. Lampenmasten, Fahnenstangen, röhrenförmige Bauwerke, vielleicht auch Hochbauten. Man kann grob abschätzen, dass die höher entwickelten Gräser eine gleiche Stabilität mit etwa 15 % geringerem Materialaufwand erreichen dürften.

6.8
„Intelligente" und autoreparable Materialien – schwierig Umzusetzendes aus der Biologie

6.8.1
Eine Übersicht über „smarte" Materialien

Gerade die Erforschung biologischer Materialien hat bereits zu einer großen Zahl von Vorschlägen geführt, wie biologische Strukturelemente und Verfahrensweisen in die Technik eingebracht werden können. Die Literatur darüber ist äußerst vielfältig. Da solche Ideen oft nur am Rande erwähnt werden und nicht im Titel der Arbeiten auftauchen, ist gerade diese Facette der Bionik nur schwer zu recherchieren. Der Zusammenfassung von D. Willis mit dem charakteristischen Untertitel „Wie Natur die Technik inspiriert" folgend, möchte ich einige Aspekte nennen.

„Intelligente" Materialien zu erforschen, darin waren uns die Japaner wieder einmal voraus. In einem groß angelegten Programm begann dies etwa vor 15 Jahren (1987, gesponsort durch das Japanische Ministerium für Wissenschaft und Technologie). Eines der Materialien enthält dünne Schichten, die Erregungen leiten können, ähnlich, wie das mit Nervenimpulsen geschieht.

Es wird aber auch der piezoelektrische Effekt untersucht. Am Crumman-Center (USA) wurde dieser Effekt mit speziellen Kristallen nachgeahmt, aber auch in Europa gibt es inzwischen eine ganze Reihe von Stellen, die sich mit „intelligenten" Materialien unter Nutzung des Piezoeffekts befassen, u. a. der Lehrstuhl für Elektrotechnik an der Universität des Saarlandes (H. Janocha). Mit entsprechender phasischer Ansteuerung könnten sie als Vibrationsdämpfer bei Fahrzeugen eingesetzt werden; stark diskutiert wird z. Z. die Veränderung von Tragflügelkonturen durch Materialien (und neuerdings auch spezielle Gele), die eine geometrische Flügelanpassung ohne widerstandserzeugende Klappen etc. ermöglichen. Zur Lösung solcher Fragen wurde vor kurzem in Stuttgart ein Sonderforschungsbereich der Deutschen Forschungsgemeinschaft gegründet.

Polymere Gele können bei Anlage elektrischer Spannungen Formänderungen ausführen und damit umhüllende Membranen unter Zugspannung setzen; man kann das bspw. für Flossenantriebe benutzen. An der

University of New Mexico sollen danach U-Boot-Materialien gebaut worden sein. Auch in der Biologie gibt es solche Matrialien, z. B. bei Quallen, doch ist ihre Formänderung bei Anlage elektrischer Spannung nicht „Konstruktionsabsicht".

Dagegen gibt es in der Biologie eine ganze Reihe von Materialien, die rasch erhärten und einerseits als Kleber, andererseits zur Formierung sehr zugfester Verbindungen benutzt werden (vgl. Abschn. 6.4).

Sehr zukunftsträchtig haben sich Analysen der Sekrete erwiesen, mit denen sich Meeresmuscheln an Felsküsten festheften z. B. Miesmuscheln (vgl. Ende Abschn. 6.4). Die Gentechnikerin Ina Goldberg der Firma Allied-Signal hat danach einen wasserdichten Klebstoff entwickelt. Die Verklebung von Spiralbandstrukturen zu einem „künstlichen Holz", wie es an der University of Reading/England geschehen ist, wo durch J. Vincent, G. Jeronimidis und Andere vielseitige Grundlagenuntersuchungen zur Biomechanik von Holz durchgeführt werden, wurden in Abschn. 6.7 vorgestellt.

Forscher der University of Washington verbesserten anhand der Kalkschale des Meerohres ein Material, das Aufprall widersteht (vgl. Abschn. 6.3). Der Panzer eines Nashornkäfers lieferte den Bauplan für ein leichtgewichtiges, aber festes Material für die Luftfahrt. Durch die Untersuchung von Elfenbein mit dem Rasterelektronenmikroskop entwickelten Forscher am Rensselaer Polytechnic Institute in Troy/New York einen synthetischen Stoff, der vom Anfassen echtem Elfenbein, wie es Pianisten bevorzugen, täuschend ähnlich ist. Der letztere Punkt hat eine beachtliche Industrie nach sich gezogen: Normale Kunststoffe erscheinen den Pianisten viel zu „ungriffig" und kalt; echtes Elfenbein darf nicht mehr verwendet werden. Eine Biomimese der elfenbeintypischen Faserung und Oberflächenstrukturierung schafft hier Abhilfe.

Schon vor mehr als 10 Jahren sind die Untersuchungen von Carolyn Dry von der University of Illinois bekannt geworden, die auch in unserem Sonderforschungsbereich 230 „Natürliche Konstruktionen" des Öfteren referiert hat. Sie entwickelte u. a. Fasern, die in Beton eingebettet werden können. Wenn Mikrorisse im Beton auftreten, reißen auch diese Fasern, setzen einen Zweikomponetenkleber frei und dieser verkittet die Risse wieder: Eine Art Selbstheilungsprozess, entfernt analog der Knochenheilung oder der Bildung von Reaktionsholz – Druck- und Zugholz – bei Laub- und Nadelbäumen, jedenfalls eine „smarte Angelegenheit".

Materialtechnische Untersuchungen dieser Art und Analogien zur Biologie führten seit Beginn der 90er-Jahre mehr und mehr zu Konferenzen, Tagungen und zu Informationsaustausch allgemein. So fand 1991 in Alexandria/Virginia eine Konferenz über aktive Materialien und anpassungsfähige Bauwerke statt. Japan vertieft seine führende Rolle durch alljährliche Konferenzen über Intelligente Materialien. An der University of Arizona lief eine Konferenz ab über die Synthese von Stoffen auf der Grundlage biologischer Prozesse, in Boston finden alljährliche Treffen der Gesellschaft für Materialforschung statt. Die erste Europäische Konferenz über Intelligente Materialien ist 1991 in Glasgow abgehalten worden. Es gibt in der Zwischenzeit Universitätsinstitute für Intelligente Strukturen, für Materialsystemtechnik, für Intelligente Fiberglasoptik.

Wie akzeptiert gerade die „Biomimese" von Materialien ist (ein etwas unglückliches Wort, wie ich finde: „Mimesis" heißt Nachahmung, und die Natur wollen wir ja gerade *nicht* nachahmen; eine „Biomimese" kann man höchstens im Sinne einer analogen Übertragung gelten lassen) zeigt sich in der Gründung von Zeitschriften; 1989 das „Journal for Intelligent Materials Systems and Structures", 1992 die Zeitschrift „Biomimetics" – untrügliches Zeichen dafür, wie sich die Sichtweise ausgeweitet hat.

6.8.2
„Intelligente" Gele und anderes

Gele enthalten langkettige, miteinander vermaschbare Polymermoleküle in einer – meist wässrigen – Flüssigkeit. So konstituiert sind u. a. die Gele von Quallenschirmen („Mesogloea"); kleinräumige Gele kommen jedoch auch an verschiedenen, sehr unterschiedlichen Stellen von Invertebraten und Vertebraten vor, auch im Pflanzenreich. Sowohl Polymere als auch Lösungsmittel können speziell empfindlich gemacht werden für chemische und physikalische Parameter wie z. B. Temperatur oder pH-Wert. Der Forscher R. A. Siegel und seine Kollegen von der University of California/San Fransisco haben eine Gel-basierte Membran entwickelt, die sich in saurer Lösung zusammenzieht, in alkalischer ausdehnt. Kapseln mit pharmazeutisch wirkenden Substanzen, überzogen mit so einer Membran, könnten wie folgt wirken. In Magen und Dünndarm ist der pH-Wert extrem unterschiedlich. Durch pH-abhängiges Zusammenziehen oder Ausdehnen werden Membranporen stärker geschlossen oder stärker geöffnet, und damit wird die Medikamentfreigabe pH-abhängig gesteuert. J. Ossada et al. von der Hokkaido-Universität haben ein Gel entwickelt, das sich unter periodisch verändertem elektrischen Feld ausdehnt und zusammenzieht, so dass man damit eine wurmartige Fortbewegung erzielt.

Neuere Untersuchungen ergeben Anwendungsmöglichkeiten für molekulare Maschinen sowie für adaptive Tragflügel, die mit geeignet gesteuerten Gelfüllungen ihre Profilierung dem jeweiligen Flugzustand anpassen.

Angedacht werden auch adaptive Überzüge für Unterseeboote, gelhaltige „künstliche Muskeln", entsprechende künstliche Herzen, gelgesteuerter Antrieb für Unterwasserroboter, Vibrationsdämpfung bei Hubschrauberrotoren durch Gele, deren Zähigkeit sich spannungsgesteuert verändern lässt, analog einstellbare Dämpfungselemente für Automobile, aber auch Einstellmöglichkeit für eine adaptive Steifigkeit z. B. von Tennisschlägern und Angelruten.

Elektroaktive Polymeraktuatoren als Basis für künstliche Muskeln wurden an Universitäten in Amerika und Mexiko entwickelt. Anwendung finden sie auch bei der Konstruktion vierfingriger Roboterhände und als automatische Staubwischer.

Füllt man ein schwammförmig ausgebildetes Gelblatt mit Öl und lässt diese Schicht auf Wasser schwimmen, so breitet sich das Öl auf Grund der geringeren Oberflächenspannung auf dem Wasser aus und es entstehen Rückstoßkräfte, die das Gelblatt tanzen lassen. In ein Röhrchen gepackt, das mit zwei seitlichen Öffnungen versehen ist, erzeugt das System – wie Langmuir und Coautoren gezeigt haben – eine Rückstoßkraft, die es rotieren lässt. Daran befestigte Magnete induzieren in einer umgebenden Spule eine Spannung. Der Wirkungsgrad eines solchen „Generators" beträgt allerdings < 1 %.

6.8.3
Materialien, die regenerieren oder sich selbst reparieren

Beton lässt sich leicht in fast beliebige Formen bringen, ist aber korrosionsanfällig. Es lässt sich absehen, dass in wenigen Jahrzehnten praktisch alle Betonbrücken der Nachkriegszeit wegen innerer Korrosion ersetzt werden müssen. Die amerikanische Architektin C. Dry, Vorkämpferin auch für Adobe-Häuser, hat vorgeschlagen, beim Betonguss feine Schlauchsysteme mit einzugießen, die zwei Komponenten enthalten: Calciumnitrat und eine harzartige Lösung. Wenn Salzlösung in den Beton einsickert, z. B. aus der Salzstreuung im Winter resultierend, werden die Schläuche aufgelöst, und Calciumnitrat wird freigesetzt, das die Stahlbewehrung schützt. Treten Mikrorisse auf, so werden auch die feinen Schläuche zerrissen und Harz tritt aus, wodurch die Mikrorisse von innen her verklebt werden. Man hat von so etwas Ähnlichem wie einem „eingebauten Immunsystem" gesprochen.

Man kann hierbei auch von einer Art Selbstheilungsprozess sprechen, entfernt analog der Knochenheilung und der Heilung von Rindenverletzungen bei Bäumen. Vom Knochen weiß man, dass er piezoelektrische Effekte zeigt: Bei Biegung entstehen elektrische Spannungen. Diese Spannungen bilden ein „Erregungsmechanisches Leitgerüst" für den Antransport von Kalziumsubstanz über spezielle Knochenzellen oder deren Abtransport. Beim Wachstum und bei der Knochenregeneration nach Brüchen spielt diese lokal induzierte Verstärkung oder mechanische Abschwächung eine große Rolle. Über Knochenheilung und Baummechanik existiert reichhaltige Literatur; diese beiden wichtigen Fachgebiete werden deshalb hier lediglich angesprochen.

In die Gruppe der hier genannten Materialien kann man auch solche einordnen, die in der Lage sind, Störungen im eigenen Bereich zu bemerken und anzuzeigen. Unsere Haut tut dies mit Mechanorezeptoren und einem fein verzweigten Nervennetz. Lichtleiterfasern, die nervensystemartig die Außenhaut von Flugzeugen durchziehen, monitorieren heute schon feine lokale Veränderungen wie Mikrorissbildungen etc. und geben damit Hinweise, noch bevor eine eventuell gefährlich werdende Noxe eintreten kann.

6.9
Klebungen in der Natur – Vorkommen und Technikpotenziale

6.9.1
Klebetypen und ihr Umsetzungspotenzial

Gute Klebeverbindungen können zwei Teile so verbinden, dass sie bei Zug- oder Biegebelastungen eher im Material reißen als an der Klebung selbst. Man klebt sogar Raketenhüllen, statt die Blechelemente mit Nuten zu verbinden. Es resultiert eine größere Flächenfestigkeit; hohe Punktbelastungen werden vermieden, und das geklebte System ist leichter als das genietete. Die heute verwendeten technischen Klebstoffe sind biswei-

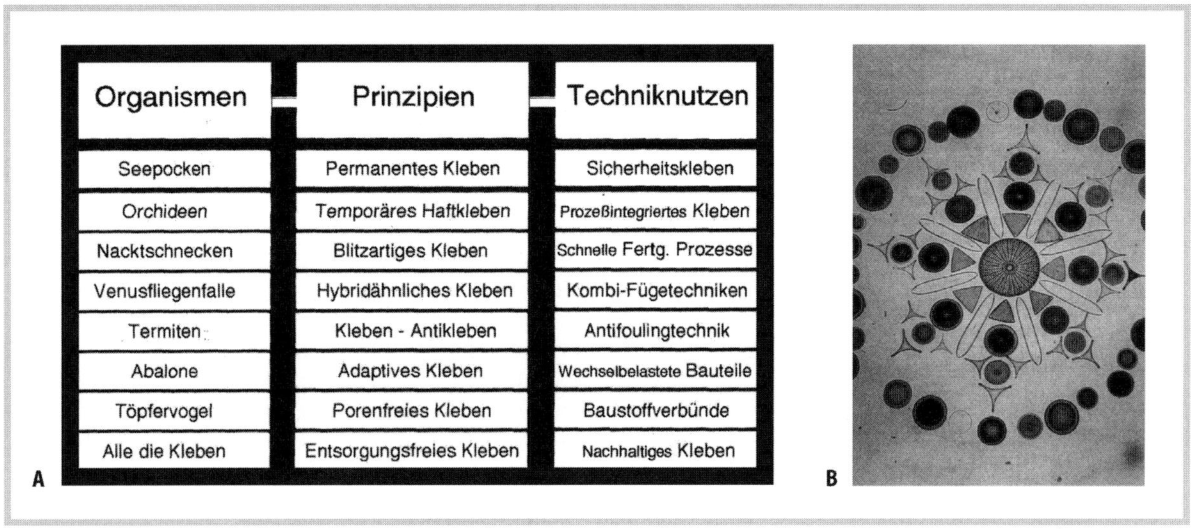

Organismen	Prinzipien	Techniknutzen
Seepocken	Permanentes Kleben	Sicherheitskleben
Orchideen	Temporäres Haftkleben	Prozeßintegriertes Kleben
Nacktschnecken	Blitzartiges Kleben	Schnelle Fertg. Prozesse
Venusfliegenfalle	Hybridähnliches Kleben	Kombi-Fügetechniken
Termiten	Kleben - Antikleben	Antifoulingtechnik
Abalone	Adaptives Kleben	Wechselbelastete Bauteile
Töpfervogel	Porenfreies Kleben	Baustoffverbünde
Alle die Kleben	Entsorgungsfreies Kleben	Nachhaltiges Kleben

Abb. 6-23 Biologische Klebesysteme. **A** Prinzipien und Beispiele, **B** Beispiel Diatomeen der Antarktis (Legepräparat) *(nach Küppers 2000)*

len hocheffizient, leider nicht selten auch recht giftig. Sie müssen aushärten und verlieren dabei schädliche Lösungsmittel.

6.9.1.1
Klebungen in der Natur

Auch die Natur verwendet Klebungen in ausgedehntem Maße, aber ihre Klebstoffe sind für Organismen und die Umwelt verträglich. Die molekularen Mechanismen von Klebungen sind z. Z. noch nicht in allen Details verstanden. Das Prinzip allerdings ist einfach. Klebstoff muss einerseits durch Adhäsion an den zu verklebenden Teilen haften. Andererseits muss er auch intern eine genügende Kohäsion aufweisen. Adhäsion und Kohäsion sollten ideal aufeinander abgestimmt sein, ebenso die Elastizitätseigenschaften des erhärteten Klebstoffs und der verbundenen Materialien. Im Idealfall ergibt sich ein „überall gleich festes System", im Prinzip ähnlich den Körpern konstanter Spannung, welche die Natur in Bäumen und Knochen und anderen Konstruktionen und Elementen verwirklicht hat (vergl. Abschn. 14.7). Der Bremer Bioniker U. Küppers hat das Reich der Klebemechanismen in der Natur gegliedert und nach technischen Gesichtspunkten aufgeschlüsselt (Abb. 6-23 A).

- **Generelle Klebrigkeit der Oberfläche.** Eier von Bärtierchen, die mit einem Klebesekret überzogen sind, kleben aneinander oder auf Wassermoosen. Eier der Fruchtfliege *Drosophila* kleben sich auf Pflanzenblättern an. Auch bei Pflanzenfrüchten sind Klebeüberzüge bekannt. Antarktis-Diatomeen (Abb. 6-23 B) scheinen sich am Eis festzukleben.

- **Haftscheiben.** Entenmuscheln (Krebstiere) gehören zu den eher seltenen festsitzenden Arten, welche die Gliedertiere hervorgebracht haben. Die vordere Kopfseite ist in eine Haftscheibe umfunktioniert, auf der eine große, paarige Zementdrüse mündet. Nachdem sich die Larve festgesetzt hat, klebt sie sich über diese Haftscheibe an. Auch die Männchen mancher Vogelmilben haben solche Haftscheiben, mit denen sie sich während der Begattung einem Weibchen ankleben. Im Gegensatz zu den Entenmuscheln ist diese Klebeverbindung aber wieder lösbar.

- **Papillen.** Nicht wenige Fische besitzen klebstoffproduzierende Ausstülpungen, mit denen sie sich als Jungtiere an Steine ankleben.

- **Kleberöhrchen.** Bauchhärlinge, Millimeterbruchteile große Würmer, leben in den obersten Lückenräumen wasserhaltigen Sands. Mit derartigen Röhrchen, die sie insbesondere in der Hinterleibsregion tragen, kleben sie sich an Sandkörnchen fest und können so nicht abgespült werden. Wenn der Bauchhärling seine vorderen und hinteren Kleberöhrchen

periodisch festheftet und wieder löst, kann er auf diese Weise kriechen wie ein Egel.
- **Beutefang.** Mit Klebeoberflächen kann auch Beute gefangen werden. Das zeigen manche Pflanzen wie der Sonnentau (*Drosera*) und das Fettkraut (*Pinguicula*).

Ganz erstaunlich sind die mechanischen Eigenschaften der Klebefäden mancher Muscheln. Man nennt sie Byssusfäden. Nachdem diese erhärtet sind, haben sie hornartige Konsistenz von sehr großer Reißfestigkeit. Sie werden von mehreren Drüsen zusammengemischt und erhärten dann.

Klebeeinrichtungen gibt es auch bei Blattschneiderameisen, bei wasserbewohnenden Fliegenlarven, bei Hundertfüßlern und Tausendfüßlern und anderen Tieren. Hier nun könnten ganz bestimmte Organismen mit ihren spezifischen Klebesystemen Vorbilder für wiederum ganz bestimmte technische Nutzungen abgeben.

6.9.1.2
Spezielle Klebesysteme – spezielle Vorbilder

Der Klebstoff der Seepocken ist beispielsweise für permanentes Kleben geeignet. Die Techniknutzung würde dann heißen: *„Sicherheitskleben"*. Im Gegensatz dazu ist der Klebstoff mancher Nacktschnecken für blitzartiges Anheften und Kleben geeignet. Techniknutzung: *„Schnelle Fertigungsprozesse"*. Es gibt auch kombinierte Klebesysteme, die rasch und stark haften, dann aber auch ein permanentes Halten ermöglichen. Dazu gehört der Klebstoff der Venusfliegenfalle, *Dionaea muscipula*. Man kann ihn als *„Hybridkleber"* bezeichnen, in der Technik würden sich *„Kombi-Fügesysteme"* anbieten. Orchideensamen können temporär ankleben, Vorbild für *„Haftkleben"*. Die Termiten haben Stoffe, die entweder kleben oder die Klebung gerade verhindern. Letztere können Vorbilder für eine *„Nicht-Haftungs-Technik"* abgeben. Die „Nasensoldaten" der Termiten machen Gegner mit einem klebrigen und giftigen Sekret kampfunfähig. Sie selbst sind dagegen immun; an ihren eigenen Panzern haftet der Klebstoff kaum. Welches Gegenmittel sie benutzen, ist noch nicht genau bekannt. Als Vorbild für *Antihaftungssysteme* würde sich eine Untersuchung lohnen.

Physikalisch-chemisch haben alle diese Klebstoffe durchaus ihre Besonderheiten.

6.9.1.3
Besonderheiten einiger biologischer Klebstoffe

Sehr eigentümlich ist die Abalone-Schale aufgebaut. Der wissenschaftliche Name dieser Schnecken-Gattung heißt *Haliotis*, „Seeohr". Die Schalen bestehen im Wesentlichen aus Calciumcarbonat, sind aber erstaunlicherweise an die 3000-mal bruchfester als ein einzelner solcher Carbonatkristall. Verbindet man derartige Kristalle mit technischen Klebstoffen, erhält man auch Schalenstrukturen, die aber weitaus weniger bruchfest sind. Von ihrem eigenen Protein-Klebstoff verwendet die Muschel nur wenige Massenprozent (im Vergleich mit der Schalenmasse). Dies reicht aus, die schichtweise übereinanderliegenden Kalkkristalle zu verbinden. In Abschn. 6.3 ist dazu Näheres mitgeteilt. Die Technik könnte davon für das Zusammenfügen *wechselbelasteter Bauteile* lernen.

Diese und andere biologischen Klebstoffe sind schließlich total cyclierbar; Vorbilder für *nachhaltige Klebetechniken*.

Der Klebstoff der Seepocken ist charakterisiert durch die außerordentlich hohe Bruchfestigkeit der Verbindung mit dem Untergrund. Im Vergleich zu technischen Epoxydharz-Klebstoffen ist diese Festigkeit mehr als 10-mal so hoch! Er besteht aus unterschiedlichen Proteinen. Dazu kommen Spülflüssigkeiten. Der Organismus kann so wachsen, d. h., den ursprünglichen Klebpunkt konzentrisch verbreitern, aber auch Risse verkleben.

Interessant sind auch Pflanzenarten aus der Podostomaceen-Familie. Sie leben in Stromschnellen und Wasserfällen. Durch die Wassermassen wird kräftig an ihnen gezerrt. Ihre Samen quellen bei Benetzung mit Wasser auf und umgeben sich mit einer Schleimhülle. Sobald diese antrocknet, ist die zugfeste Verbindung mit dem Untergrund perfekt. Die Pflanze kann dann wachsen.

Ganz anders der Töpfervogel, *Furnarius rufus*. Er wiegt selbst nur 75 g, baut aber Nester aus Ton, die bis 5 kg wiegen. Sein Klebstoff besteht aus Polysacchariden, die mit organischen Bindemitteln versetzt sind. Töpfervögel beherrschen das porenfreie Kleben, wichtig für den *Baustoffverbund*.

Bei der Miesmuschel, *Mytilus edulis,* ist es vor kurzer Zeit gelungen, sogenannte Haft-Proteine genetisch zu lokalisieren. Sie sorgen für eine außerordentlich hohe Bruchfestigkeit, doppelt so hoch wie bei den meisten Epoxydharz-Klebstoffen (vergl. Ende Abschn. 6.4).

Welche Anwendungsfelder ergeben sich nun aus der Sicht von U. Küppers für bionische Klebesysteme?

6.9.1.4
Anwendungsfelder in Industrie und Medizin

Klebstoffe, die blitzschnell aushärten, Klebstoffe, die an Eis kleben, Klebstoffe als ideales Bindemittel zur Verbesserung spezifischer Materialqualität, Klebstoffe mit Zementhärtungseigenschaften, Hybrid-Klebstoffe zum funktionalen Kleben und Lösen, Klebstoffe mit hochadhäsiven Klebevermögen unter extremen Umweltbedingungen und viele Varianten natürlicher Klebelösungen bieten sich dem technischen Kleben, einem Fügen gleicher oder ungleicher Werkstoffe unter Verwendung eines Klebstoffs nachhaltig an.

Zu den genannten bioanalog übertragbaren Merkmalen der biologischen Klebsystem-Vorbilder zählt nicht zuletzt auch das Lernen von den dynamischen Steuerungs- bzw. Regelungsprozessen biologischer Klebtechniken für nachhaltige technische Produkte und Verfahren. Die Forderung technischer Anwender nach einem Kleben ohne Vorbehandlung erfüllen einschlägige Naturlösungen im Übrigen seit langem in jeder Hinsicht. Exemplarisch und stellvertretend für die große Breite potenzieller technischer Produkte, die geklebt werden, sind anschließend drei Anwendungsfelder aufgeführt, von denen angenommen wird, dass sie einen interessanten Markt für nachhaltige Produkte aus dem Bereich „bionischer Klebstoffe" bilden: Verpackungsindustrie, Bauindustrie und der Medizinbereich.

6.9.1.5
Anwendungsfeld Verpackungsindustrie

Der zunehmende Einfluss gesetzlicher Rahmenbedingungen auf die Verarbeitung naturschädlicher und naturbelastender Werkstoffe, u. a. in der Verpackungsindustrie, führt bereits zu sichtbaren ökologischen und ökonomischen Erfolgen in der Herstellung biologisch verträglicher bzw. vollständig abbaubarer Werkstoffe in Form von Folien, Taschen und anderen Verpackungen. Die Verpackungsindustrie, die eine Querschnittsaufgabe in unserer Gesellschaft erfüllt, indem viele Güter, vor allem Konsumgüter des täglichen Bedarfs, geschützt und damit verpackt werden, wird für naturverträgliche nachhaltige Verpackungen in Verbindung mit naturverträglichen Klebstoffen sicher eine Vorreiterrolle für den Einsatz bionischer Klebstoffe bzw. Klebsysteme spielen.

Die Anforderung an den potenziellen „bionischen" Verpackungsklebstoff ist hierbei vielfältig, sowohl was den prozessintegrierten Klebprozess angeht („bonding on command" ist noch immer ein Zauberwort für Klebstoffe in der Verpackungs- bzw. Abpackindustrie), die Technik des Klebens selbst betrifft und – zunehmend verstärkt –, wie sich Klebstoffe und Klebstoff-Materialverbünde nach der Nutzung kompostieren lassen oder wie sie wieder in qualitativ hochwertige Ausgangsstoffe für neue Produktionsprozesse eingebunden werden können.

6.9.1.6
Anwendungsfeld Bauindustrie

Neben der Verpackungsindustrie wird die Bauindustrie ein weiteres Feld für den Ersatz vorhandener umweltbelastender Klebstoffe durch „bionische" Klebstoffe und entsprechende naturverträgliche Materialien sein. Der Bereich der Bodenbeläge ist hier herauszugreifen, wo gegenwärtig noch asbesthaltige Platten mit giftigen, erbgutverändernden und krebserzeugenden Klebstoffverbindungen (PAK polyzyklische aromatische Kohlenwasserstoffe, PCB: polychlorierte Biphenyle) im Einsatz sind.

6.9.1.7
Anwendungsfeld Medizinbereich

Ebenso ist der Medizinbereich ein exponiertes potenzielles Anwendungsfeld für bionisch entwickelte Klebstoffe. Hier kommen gegenwärtig noch Cyanacrylat-Klebstoffe mit speziellen Estern sowie Epoxydharzklebstoffe für verschiedene Anwendungen zum Einsatz, z. B. in der Gewebechirurgie, der Zahnmedizin, der Prothetik bei Hüftgelenkoperationen oder bei Injektionsnadeln. Aber schon werden erste „biologische Klebstoffe" – Bio-Glue – für medizinische Zwecke genutzt.

Die Chancen für umweltverträgliche bioanaloge Klebstoffe bzw. Klebprodukte scheinen erfolgversprechend zu sein, wenn es gelingt, durch systematisches und systemisches Vorgehen die noch weitgehend unerforschten Materialien und Techniken natürlicher Klebsysteme zu entschlüsseln – für das generelle Ziel eines nachhaltigen Materialmanagements.

6.9.2
Strategien und Techniken des Klebeeinsatzes

Unter einer erweiterten Form dieses Titels wurde an der Forschungsstelle für Ökosystemforschung und Ökotechnik der Universität Kiel unter der Projektleitung von A. Mieth, J. Ambsdorf und G. Peter bereits 1992 eine Studie veröffentlicht, die auch heute noch eine vorzügliche Quelle für bionisch relevante Daten darstellt. A. Mieth hat sich mit Prinzipien des Lebens in Natur und Technik, der Bandbreiter des Klebstoffeinsatzes in der Natur und den Übertragungsmöglichkeiten von Naturstrategien in die Technik befasst.

Die Autoren stellen jeweils der Beschreibung biologischer Klebevorgänge und verklebter Strukturen Anregungen für die Technik gegenüber. Die Arbeit enthält 133 Literaturstellen bis etwa 1990. Die folgenden Formulierungen stammen aus der detailliert ausgearbeiteten Zusammenfassung.

6.9.2.1
Prinzipielles

- Die Bestandteile der natürlichen Klebstoffe lassen sich folgenden Grundstoffen zuordnen: Proteine, Polysaccharide, Polyphenole und Lipide.
- Schon seit langem bekannte Beispiele für Polysaccharide mit adhäsiven Eigenschaften sind die Zellulose und die Stärke, d. h. Amylose und Amylopektin sowie Derivate hiervon.
- Proteine sind aus Aminosäuren aufgebaute Makromoleküle. Beispiele für natürliche Proteine mit adhäsiven Eigenschaften sind: Elastin, Kollagen, Fibronectin, Laminin, Fibrinogen und Keratin. Zu den β-Keratinen gehören die von Spinnen und Seidenraupen produzierten Seidenfibroine.
- Von besonderem Interesse sind die Adhäsionsproteine mariner Organismen, die den Wirkstoff DOPA enthalten. Die Materialeigenschaften dieser Kleber beruhen sowohl auf der Aminosäurefolge des Proteins, als auch auf den bei der Oxidation der DOPA-Reste entstehenden Produkten. Insofern ist das Adhäsionsprotein als intramolekular mit reaktiven Gruppen versehenes Polyphenol anzusehen.
- Polyphenolische Adhäsive sind nicht nur in der Technik, sondern auch in der Natur von herausragender Bedeutung. So besteht das Exoskelett der Insekten aus den drei Hauptkomponenten Chitin, Protein und Phenolen. Auch die polyphenolische Gerüstsubstanz der Pflanzen, das Lignin, entsteht aus den mit einer ungesättigten Seitenkette versehenen Monophenolen p-Hydroxyzimt-, Coniferyl- und Sinapyl-Alkohol.
- Bei den in der Natur vorkommenden Lipiden mit adhäsiver Wirkung handelt es sich in vielen Fällen um Terpene bzw. um die daraus entstehenden Harze. Terpenharze werden in der Natur von Pflanzen zum Wundverschluss und als Repellent verwendet.
- Die Kohäsion der verschiedenen Klebstoffformulierungen wird primär durch chemische Reaktionen innerhalb des Klebstoffs verursacht. Dabei handelt es sich einerseits um Quervernetzungen zwischen Makromolekülen, andererseits um die Änderung der physikochemischen Eigenschaften eines Makromoleküls durch chemische Modifikation funktioneller Gruppen.
- Im Elastin bestehen die Quervernetzungen aus dem durch Reduktion einer Schiff'schen Base entstandenen Lysinonorleucin und dem durch Tetramerisierung von Hydroxylysin und Lysin gebildeten Desmosin.
- Im Kollagen kommen dagegen intramolekulare Quervernetzungen in Form des durch Aldalreaktion aus Allysin gebildeten ungesättigten Aldehyds sowie die aus Hydroxylysin und Lysin entstandenen Hydroxypyridinium-Derivate vor.
- Polyphenole assoziieren mit Proteinen sowohl kovalent als auch nicht kovalent. Die Chemie der bei der kovalenten Modifikation entstehenden Reaktionsprodukte ist insbesondere im Zusammenhang mit der Sklerotisierung der Insektenkutikula untersucht worden. Hieran lassen sich die wichtigsten Mechanismen aufzeigen, bei denen eine Proteinmatrix mittels oxidativer Aktivierung phenolischer Verbindungen ausgehärtet wird. Die bei der Biosynthese von Adhäsiven mariner Organismen ablaufenden Vorgänge sind offenbar weitgehend analog zu diesen Mechanismen. Ein prinzipieller Unterschied besteht darin, dass das zum *o*-Chinon oxidierbare Diphenol nicht in monomerer Form zur intermolekularen Reaktion vorliegt, sondern durch peptidisch gebundenes DOPA bereits intramolekular vorhanden ist.
- Die bei der Biosynthese von Lignin ablaufende Polymerisation weist chemisch-mechanische Gemeinsamkeiten mit der Sklerotisierung der Insektencuticula auf. Die Vorläufer sind Monophenole mit einer ungesättigten Phenylpropen-Seitenkette, aus der nach einer Ein-Elektronen-Oxidation Chinonmethyl-Radikale gebildet werden. Die Aktivierung erfolgt dabei jedoch unter Einwirkung nur eines Enzyms, einer Peroxidase.

In der Folge gehen die Autoren auf die Leistungen einzelner Naturklebstoffe und die Übertragungsmöglichkeiten auf die Technik ein und geben dazu Einzelbeispiele.

6.9.2.2.
Beispiele

„So stellt das Holz den wichtigsten strukturgebenden Verbundwerkstoff der Pflanzen dar. Bei einer geringen spezifischen Dichte erreicht die Natur mit diesem Werkstoff eine Biegefestigkeit und Bruchenergie, die in ihrer Summe nur von wenigen anderen Materialien erreicht wird. Die günstigen mechanischen Eigenschaften der verholzten Pflanzenzelle liegen dabei in der Kombination zugfester Zellulosefasern mit einer inkrustierenden Klebstoffmatrix aus Hemizellulosen und Lignin begründet. Die Hemizellulosen stellen in diesem Verbund den primären Klebstoff dar. Die besondere Festigkeit und Dauerhaftigkeit wird jedoch durch das Lignin gewährleistet, das die Zellulose dauerhaft inkrustiert und vor einem mikrobiellen Abbau schützt.

Zu den Tierarten, die aufwendige Bauten aus anorganischen Umgebungsmaterialien herstellen, gehören z. B. die einheimischen Schwalben und einige tropische und subtropische Termiten. Deren Bauten gehören mit bis zu 9 m Höhe und 20 m Durchmesser zu den imposantesten Bauwerken, die in der Natur zu finden sind. Das Baumaterial dieser Lehmhügel ist eine Mischung aus größenselektierten Lehmpartikeln und einem Speichel- oder Kotklebstoff, der dem trockenen Material eine Härte verleiht, die der Härte von Beton gleichkommt. Wirksame Klebemittel sind dabei die Zellulose- und Ligninbestandteile des Termitenkots und eine Anzahl verschiedener Polysaccharide des Speichels. Solche Speichelsaccharide (Mucine) sind es auch, die den Lehmnestern der Schwalben ihre Härte und Beständigkeit verleihen.

Die Verwendung von Polysacchariden und Lignin- und Zellulosefragmenten als Bindemittel im Termitenlehm zeigt, dass diese Stoffe nicht nur als Bindemittel in organischen Verbundstoffen eingesetzt werden können, sondern auch die Materialeigenschaften mineralischer Verbundstoffe verbessern. So werden bereits heute für Spezialverwendungen die Eigenschaften von Portlandzement durch die Zugabe von synthetischen Polymeren gezielt modifiziert. Die Verwendung von Naturstoffen als organische Bindemittel z. B. Lignosulfaten aus der Zellstoffindustrie, könnte hier noch nicht ausgeschöpfte Perspektiven bieten, die Eigenschaften von Mineralfraktion und organischem Bindemittel synergistisch zu verknüpfen.

Die Fähigkeit, sich mit Hilfe elastischer Klebefäden am Untergrund zu verankern ist bei Muscheln weit verbreitet. Miesmuscheln (Abb. 6-24) befestigen sich mit 50–100 solcher Fäden an Hartsubstraten und erreichen dabei eine Haftfestigkeit von bis zu 60 N pro Tier. Der Kontakt zwischen kollagenhaltigem Klebefaden und dem Substrat wird dabei über einen DOPA-haltigen Proteinklebstoff hergestellt, der enzymatisch katalysiert unter Wasser aushärtet und für eine dauerhafte Befestigung des Tieres sorgt. Es ist inzwischen gelungen, sowohl die für die Haftung am Substrat verantwortlichen repetitiven Aminosäuresequenzen zu isolieren, als auch die Verbindungselemente zu den Kollagenfasern zu beschreiben. Noch nicht abschließend geklärt ist die Bedeutung des im Muschelklebstoff nachweisbaren Mucopolysaccharidanteils, durch die Verklebung einen schaumartigen Charakter erhält. Durch die Modifikation dieses Strukturschaums scheinen bei verschiedenen Muschelarten Anpassungen an unterschiedliche Lebensräume erfolgt zu sein.

Die Klebeverbindung, mit denen sich Seepocken am Substrat anheften, gehören zu den dauerhaftesten und festesten Verklebungen, die im Unterwasserbereich gemessen werden konnten. Ihre Bruchfestigkeit übertrifft mit $11{,}4 \cdot 10^7$ N/m² die von Epoxidverbindungen um den Faktor 10. Der Klebstoff, der hier als Zement bezeichnet wird, besteht zu etwa 70 % aus Proteinen und ähnelt in seiner chemischen Zusammensetzung dem Muscheladhäsiv, jedoch ist in charakteristischer Weise der Anteil schwefelhaltiger Seitengruppen erhöht. Diese Modifikation der Klebstoffformulierung scheint wesentlich zu der deutlich erhöhten Bruchfestigkeit beizutragen. Neben diesen chemischen Aspekten können

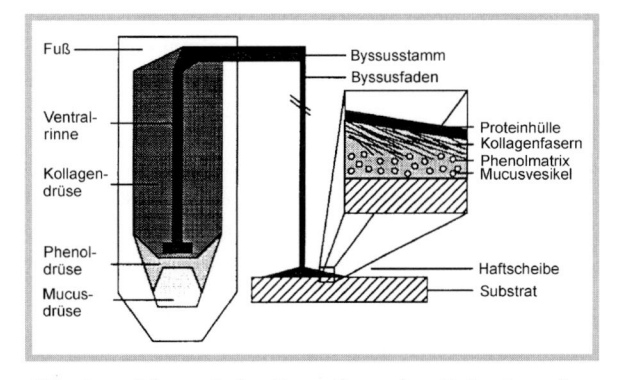

Abb. 6-24 Schematische Darstellung der Drüsenkomplexe im Fuß der Miesmuschel, *Mytilus edulis*, und des Aufbaus der Haftscheibe *(nach Waite 1983 aus Mieth et al. 1992)*

für einen Transfer in die Technosphäre die Mechanismen zur Lagerung und Aktivierung des Seepockenklebstoffs interessant sein. Die Trennung von Enzymkomponenten und Proteinkomplexen in einer niedrigviskosen Mikrovesikelsuspension scheint dabei eine Rolle zu spielen.

In der Technik sind keine Klebstoffe bekannt, die wie Muschel- und Seepockenadhäsive in der Lage sind, in wässrigen Medien auszuhärten, und die ohne Lösungsmittelzusätze verarbeitet werden können. Diese Adhäsive sind darüber hinaus in der Lage auch auf nassen und verschmutzten Oberflächen zu haften, ohne dass eine Oberflächenvorbehandlung erforderlich ist. Chinon-Proteine bieten hier als Imitate der biologischen DOPA-Klebstoffe hervorragende Aussichten für die Entwicklung entsprechender technischer Adhäsive. Es ist jedoch zu beachten, dass der technologische Aufwand für die Entwicklung derartiger Klebstoffformulierungen sehr groß ist und eine rein chemische Synthese der komplizierten biologischen Verbindungen kaum Erfolge verspricht, da sie unter kommerziellen Aspekten zu aufwendig erscheint. Eine Produktion von Bioimitaten der marinen DOPA-Klebstoffe durch gentechnische Methoden ist daher aus kommerzieller Sicht aus interessanter.

Spinnen und Schmetterlingslarven sind in der Lage aus speziellen Proteinmischungen Seidenfäden zu synthetisieren, deren mechanische Eigenschaften mit denen moderner Kunstfasern vergleichbar sind. So weist der Spinnenfaden eine Reißfestigkeit von 1400 MPa bei einer maximalen Dehnung von 35 % auf, Nylon 6.6 demgegenüber eine Zugfestigkeit von 80 MPa bei einer maximalen Dehnung von 20 %. Neben diesen mechanischen Eigenschaften sind diese Fäden von Spinnen so am Substrat verklebt, dass solche Kräfte von der Verankerung aufgenommen werden können, ohne dass es zu einem Bruch der Verklebung kommt. Neben der besonderen chemischen Struktur des Spinnenfadens ist die Erklärung für unterschiedliche mechanische und adhäsive Eigenschaften in der speziellen Fadenbeschichtung zu suchen. Diese meist hygroskopische Beschichtung dient in den Fangfäden der Radnetzspinne nicht nur als permanent klebriger Leim, sie verleiht dem Faden auch eine besondere Dehnbarkeit und Elastizität.

Insbesondere in den Vereinigten Staaten hat es Bemühungen gegeben, die adhäsiven Eigenschaften von Seidenproteinen technisch nutzbar zu machen, und verschiedene Unternehmen arbeiten an der gentechnischen Herstellung von Silk-Like-Protein (SLP), die vor allem in der Medizin zur Beschichtung von Kulturgefäßen verwendet werden. Neben den Bemühungen die chemische Struktur des Spinnenfadens für technische Anwendungen nutzbar zu machen oder Spinnseiden auf biotechnischem Wege zu synthetisieren, bietet die Fähigkeit von Spinnen durch eine hygroskopische Beschichtung die Eigenschaften der Seide gezielt zu beeinflussen Potenziale, die bisher technisch noch nicht genutzt werden.

Viele Tier- und Pflanzenarten sind in der Lage, Mineralien auf biologischem Wege anzureichern und Baustoffe aus ihnen herzustellen, die mit Hilfe organischer Klebstoffe zusammengefügt werden.

In der Molluskenschale verwendet die Natur den Baustoff Calciumcarbonat, der aus dem umgebenden Wasser oder der Nahrung gewonnen und in der Perlmuttschicht zu einem Mauerwerk aus $0{,}3 \cdot 10^{-9}$ m dicken und $10 \cdot 10^{-9}$ m breiten Aragonitkristallen zusammengefügt wird. Die Kristallisation des Carbonats wird dabei durch den die Aragonitplättchen verbindenden Klebstoff gesteuert, so dass die Muschel durch die Modifikation der organischen Klebstoffmatrix in der Lage ist, den Prozess der anorganischen Muschelkalkbildung zu kontrollieren. Säurelösliche Phosphoproteine scheinen in der Vermittlung der Struktureigenschaften eine zentrale Rolle zu spielen, da diese Moleküle einerseits in der Lage sind die Kristallisation an festen Oberflächen zu fördern und andererseits in der freien Carbonatlösung effektive Kristallisationsinhibitoren darstellen.

Die Untersuchungen zur Struktur von Muschelschalen haben bereits zu technischen Innovationen und z. B. zur Entwicklung neuartiger hydraulisch gebundener Werkstoffe geführt. Diese MDF- und NIM-Zemente haben gegenüber dem herkömmlichen Portlandzement eine bemerkenswerte Steigerung der mechanischen Eigenschaften aufzuweisen und verdanken diese Tatsache wesentlich der Übertragung von Konstruktionsprinzipien aus der Natur.

Weitere Anregungen für die Technik liegen in der Funktion der Phosphoproteine der löslichen Matrix. Bifunktionale Polymere, die einerseits die Kristallisation auf festen Substratoberflächen fördern und andererseits die Bildung großer Kristalle verhindern, können auch in technisch hergestellten, anorganischen Verbundwerkstoffen zu einem festen kleinskaligen Verbund und einer Steigerung der mechanischen Eigenschaften beitragen.

Wirbeltierknochen bestehen zu einem überwiegenden Anteil aus Calciumphosphat, das in Form von Apatitkristallen in eine organische Matrix aus Kollagenfasern und Matrixmolekülen eingelagert ist. Das verbindende Element zwischen Fasermatrix und Mineralphase wird in diesem biologischen Kompositmaterial besonders durch phosphatreiche Glycoproteine gebildet, deren Phosphatgruppen an die organische Matrix gebunden vorliegen und gleichzeitig in die anorganische Calciumphosphatphase integriert sind.

Die Bedeutung von Phosphatgruppen zur Vermittlung und Verbindung organischer Fasermaterialien mit einer mineralischen bzw. anorganischen Phase kann für die Modifikation technischer Klebstoffe und Bindemittel von Bedeutung sein. Da die Verwendung moderner Verbundstoffe mit organischer Polymermatrix in der Fertigungstechnik einen immer breiteren Raum einnimmt, besteht gerade in diesem Bereich ein großer Innovationsbedarf, der bereits zu einer Reihe von Neuentwicklungen geführt hat."

Während die eben genannte Ausarbeitung besonders auch auf chemische Aspekte des Klebens in Natur und Technik eingeht, hat sich die im vorhergehenden Abschnitt genannte Zusammenstellung mehr mit den Gesichtspunkten der Technischen Biologie und Bionik befasst, so dass der Gesamtbereich abgedeckt ist.

6.10
Kurzabschnitte zum Themenkreis „Materialien und Strukturen"

6.10.1
Geigenkästen aus biologisch-technischem Verbundmaterial

Behälter aus nachwachsenden Rohstoffen könnten, insbesondere auf Grund des niedrigen Preises der Materialien, insbesondere für Kleinserien interessant sein. S. Odenwald vom Institut für allgemeinen Maschinenbau und Kunststofftechnik der TU Chemnitz hat einen Geigenkasten entwickelt, den die J. Winter GmbH in Satzung fertigt. Er besteht zu rund 50 % aus Flachs- und Hanffasern in einer Kunststoffmatrix. Das Gemisch ist stabiler, widersteht höheren Stoßbelastungen und ist außerdem im Vergleich mit Kunststoff-Kästen leichter und billiger. Die neue Kofferschale, die in einem Zweistufen-Pressverfahren gefertigt wird, ist außen wasserundurchlässig, innen dagegen feuchtigkeitsregulierend. Auch der Ersatz der druckfesten Matrix durch Materialien aus nachwachsenden Rohstoffen ist vorstellbar, sobald deren duroplastischen Eigenschaften und Umformverhalten bekannt sind. Schwer herstellbare und bisher sehr teuere Koffer für größere Streichinstrumente, Cello und Kontrabass, werden angepeilt. „Ölleinfasern" als Ersatz für Glasfasern in biotechnischen Kompositwerkstoffen werden auch von E. Grimm im Institut für Agrar- und Pflanzenbau der Universität Halle-Wittenberg untersucht. Trotz ihrer hervorragenden mechanischen Eigenschaften sind sie bisher nur für unkritische technische Konstruktionen (etwa Autotürverkleidungen) benutzbar, weil die Fasern in ihren mechanischen Eigenschaften noch zu stark schwanken.

6.10.2
Spinnenfäden als Feinstaubsammler

Atmosphärischer Feinstaub ist gekennzeichnet durch Partikeldurchmesser zwischen 0,002 und 100 µm. Zu seiner Messung werden feinporige Membranfilter verwendet, die aber sehr rasch zusintern und deshalb häufig gewechselt werden müssen. V. Rachold et al. von den Universitäten Göttingen und Oldenburg haben gezeigt, dass Spinnweben Feinstäube über längere Zeiträume aufnehmen können, ohne das es zu einer Fraktionierung kommt. Daraus lässt sich die Spurenmetallkonzentration in den Feinstauben analysieren, weil die Spinnfäden selbst (neben Na^+ und K^+) keine messbaren Mengen enthalten. Trägt man die in Spinnweben gefangenen Partikel als Funktion der auf Membranfiltern niedergeschlagenen Partikel mit dem Parameter „Spurenmetall" auf, so ergibt sich im doppelt logarithmischen, gleichartigen Maßstab angenähert eine 45°-Gerade. Gleiches gilt für die Anreicherungsfaktoren von Spurenmetallen im Luftstaub, aufgetragen über die in der obersten Bodenschicht. Somit könnten Spinnennetze ideale natürliche Indikatoren für die Spurenmetallbelastung oberer Bodenschichten darstellen, woraus sich die Möglichkeit ergibt, „ohne großen apparativen Aufwand die Staubzusammensetzung und damit die anthropogene Belastung eines Gebiets zu ermitteln".

6.10.3
Poröse Werkstoffe mit einstellbarer Porengröße

In einem speziellen Festkörper-Reaktionsverfahren wird ein inniges Gemisch aus Natriumchlorid und dem Kunststoff Polyglycolid hergestellt (Epple et al.). Daraus kann einerseits das Salz ausgewaschen werden. Je nach der gewählten Größe der Salzkristalle können Poren zwischen 0,3 und 1,5 µm und Porositäten (Anteile des Totvolumens) zwischen 40 und 60 Vol. % eingestellt werden. Konventionell hergestelltes, kompaktes Polyglycolid ist mechanisch stark belastbar und wird vom Körper langsam aufgelöst; Operationsschrauben und -stifte werden etwa daraus hergestellt. Demgegenüber ist das poröse, festkörperchemisch hergestellte Polyglycolid, das man durch zusätzliche Zugabe besonders großer Salzkristalle auch „zweistufig porös" machen kann (Mikroporen von einigen wenigen µm Durchmesser und Makroporen von etwa 500 µm Durchmesser) zwar weniger belastbar, eignet sich aber besonders z. B. für Knochenersatzmaterial der Unfallchirurgie, Orthopädie oder Kiefernchirurgie. Knochenspongiosa würde in die Hohlräume einwachsen, idealerweise so rasch, wie das Material selbst vom Körper abgebaut wird. Die Durchlässigkeit des porösen Materials für körpereigene Nährstoffe und Abbauprodukte wäre ein weiterer Vorteil, auch die Möglichkeit, die Poren mit anderen Stoffen zu füllen. Auf solches Material lassen sich auch gezielt mineralische Niederschläge abscheiden wie beispielsweise der sehr harte Fluorapatit, und man kommt dann zu ähnlichen Kompositwerkstoffen wie am Ende von Abschn. 6.6 beschrieben.

Literatur

Anonymus (2001) Nachwachsende Rohstoffe. Publikation der Fachagentur Nachwachsende Rohstoffe e.V., Hofplatz 1, 18276 Gülzow

Aizenberg J, Tkaschenko A, Weiner S, Addadi L, Hendler G (2001) Calcit microlenses as part of the photoreceptor system in brittlestars. Nature 412, 819-821

Bayer Research (2002) http://www.wolff-cellulosics.de/index.cfm?PAGE_ID=1014

Brott LL, Naik RR, Pikas DJ, Kirkpatrick SM, Tomlin DW, Whitlock PW, Clarson SJ, Stone MO (2001) Ultrafast holographic nanopatterning of biocatalytically formed silica. Nature 413, 291-293

Chaplin CR, Gordon JE, Jeronimidis G (1993) Composite Material. United States patent 4.409274 vom 11. Oktober 1983

Dillinger S, Kesel AB, Nachtigall W (2001) Funktionsmorphologie kutikulärer Mikrostrukturen beim Exoskelett von Gliedertieren. In: Wisser A, Nachtigall W (Hrsg.) BIONA-report 15, Akad. Wiss. Lit., Mainz, 298-306

Dry C (1980) Concept study for nearshore cable and pipeline constructions in the arctic. IL 27, Sonderforschungsbereiche 230, Stuttgart, 172

Drzal L T, Raghavendran VK (2001) Adhesion of Thermoplastic Matrices to Carbon Fibers: Effect of Polymer Properties and Fiber Chemistry. Journal of Thermoplastic Composite Materials

Epple M, Peters F, Schwarz K (1999) „Composites" aus Polyglycolid und Calciumphosphat als potentielle Knochenersatzmaterialien. In: Tagungsbände der Werkstoffwoche/ Materialica 1998 (München 12-15.10.1998), Band IV, Symposium 4: Werkstoffe für die Medizintechnik (H. Planck, H. Stallforth, Eds.), Wiley-VCH 1999, 233-237

Nägele H, Pfitzer J (1999) Firma Tecnaro GmbH, s. Fraunhofer Mediendienst 7

Gorb S, Gorb E, Kastner V (2001) Attachment pads and friction forces in syrphid flies (Diptera, Syrphidae). In: Wisser A, Nachtigall W (Hrsg.) BIONA-report 15, Akad. Wiss. Lit., Mainz, 158-163

Gordon JE, Jeronimidis G (1980) Composites with high work of fracture. Phil. Trans. R. Soc. Lond. A 294, 545-550

Gosline JM, Guerette PA, Ortlepp CS, Savage KN (1999) The mechanical design of spider silks: From fibroin sequence to mechanical function. J. Exp. Biol. 202, 3295-3303

Hartgerink JD, Beniask E, Stupp S (2001) Self-assembly and mineralization of peptide-amphiphile nanofibers. Science 294, 1684-1688

Hill B (1999) Naturorientierte Lösungsfindung – Entwickeln und Konstruieren nach biologischen Vorbildern. expert-Verlag, Renningen, Mannheim

Jackson AP, Vincent JFV, Turner RM (1988) The mechanical design of nacre. Proc. Roy. Soc. London B234, 1277, 415-440

Jung C, Steinbüchel A (2001) Bioplastik aus Nutzpflanzen. Palette der nachwachsenden Rohstoffe erweitert. BIUZ 31 Nr. 4, 250-258

Kamat S, Su X, Ballarini R, Heuer AH (2000) Structural basis for the fracture toughness of the shell of the conch Strombus gigas. Nature 405(6790), 1036-1040.

Kesel AB, Labisch SA (1996) Schlanke Hochbaukonstruktion Gras – Adaptive Materialanordnung im Hohlrohrquerschnitt. In: Nachtigall W, Wisser A (Eds.): BIONA-report 10, Akad. Wiss. Lit., Mainz, Fischer, Stuttgart etc., 133-149

Klemm D (1997) Zellulose – ein Polymer mit Tradition und Perspektive. BioTech 1, 34-37

Kobbe B (1998) Organismische Klebetechnik. Naturwiss. Rdsch. 151(10), 406-407

Kokubo T, Kim H-M, Miyaji F, Takadama H, Miyazaki T (1999) Ceramic-metal and ceramic-polymer composites prepared by a biomimetic process. Composites: Part A 30, 405-409

Küppers U (2000) Bioanaloge Klebesysteme – ein aufkommender Zweig bionischer Materialforschung. In: Wisser A, Nachtigall W (Hrsg.): BIONA-report 14, Akad. Wiss. Lit., Mainz, 114-128

Madsen B, Vollrath F (2000) Mechanics and morphology of silk drawn from anaestetized spiders. Naturwiss. 87, 148-153

Mieth A, Ambsdorf J, Peter MG (1992) Strategien und Techniken des Klebstoffeinsatzes in der Natur - Anregungen für die Technik. Studie im Auftrag des Ministeriums für Natur, Umwelt und Landesentwicklung des Landes Schleswig Holstein, Grenzstraße 1-5, 24098 Kiel, als Bericht gedruckt.

Müller R-J (2001) Biologisch abbaubare Kunststoffe. BIUTZ 30 Nr. 4, 218-225

National Research Council (1994) Hierarchical structures in biology as a guide for new materials technologies. NMAB-464, National Academic Press, Washington, D.C.

Nachtigall W, Wisser A (1986) Pflanzenbiomechanik (Schwerpunkt Gräser). In: Konzepte des SFB 230, Stuttgart, Heft 24

Odenwald S (2001) E-Mail: Stephan.Odenwald@MB3.TU-Chemnitz. de

Rachold V, Heinrichs H (1992) Spinnweben: Natürliche Fänger atmosphärisch transportierter Feinstäube. Naturwiss. 79, 175-178

Riekel C, Craig CL, Burghammer M, Müller M (2001) Microstructural homogenity of support silk spun by Eriophora fuliginea (C.L. Koch) determined by scanning X-ray microdiffraction. Naturwiss. 88, 67–72

Sarikaya M, Gunnison KE, Yasrebi M, Aksay JA (1990) Mechanical property – microstructural relationship in abalone shell. In: Rieke P, Calvert PD, Alper M (Eds.), Proc. Materials Res. Soc. Symp. 174, 109–116

Sieber H, Greil P (2000) Biotemplating: Herstellung biomorpher Keramik aus pflanzlichen Strukturen. In: Wisser A, Nachtigall W (Hrsg.) BIONA-report 14, Akad. Wiss. Lit., Mainz, 95–98

Simons AH, Michal CA, Jelinski LW (1996) Molecular orientation and two-component nature of the crystalline fraction of spider dragline silk. Science 271, 84–87

Speck T, Speck O, Spatz H-C (2001) Pflanzen als „Ideengeber" für die Technik. In: Wisser A, Nachtigall W (Hrsg.), BIONA-report 15, Akad. Wiss. Lit., Mainz, 187–202

Versali MF (2001) http://www.interface-ulg.com/BioLiege/Chitrosan/membre.uk.pg.1.html

Vollrath F, Knight DP (2001) Liquid crystalline spinning of spider silk. Nature 410, 541–548

Walter P, Siegert A (2000) Pflanzenfasern im Automobilbau – Untersuchungen zur Qualitätsbestimmung am Beispiel von Flachs (Linum usitatissimum). In: Wisser A, Nachtigall W (Hrsg.) BIONA-report 14, Akad. Wiss. Lit., Mainz, 99–102

Weich I, Kesel AB, Werner H, Nachtigall W, Weber C (2001) Die Kutikula der Arthropoden: Ein Vorbild für technische Faser-Verbund-Werkstoffe. In: Wisser A, Nachtigall W (Hrsg.) BIONA-report 15, Akad. Wiss. Lit., Mainz, 345–351

Willis D (1997) Der Delphin im Schiffsbug. Wie Natur die Technik inspiriert. Birkhäuser, Basel

Kapitel 7

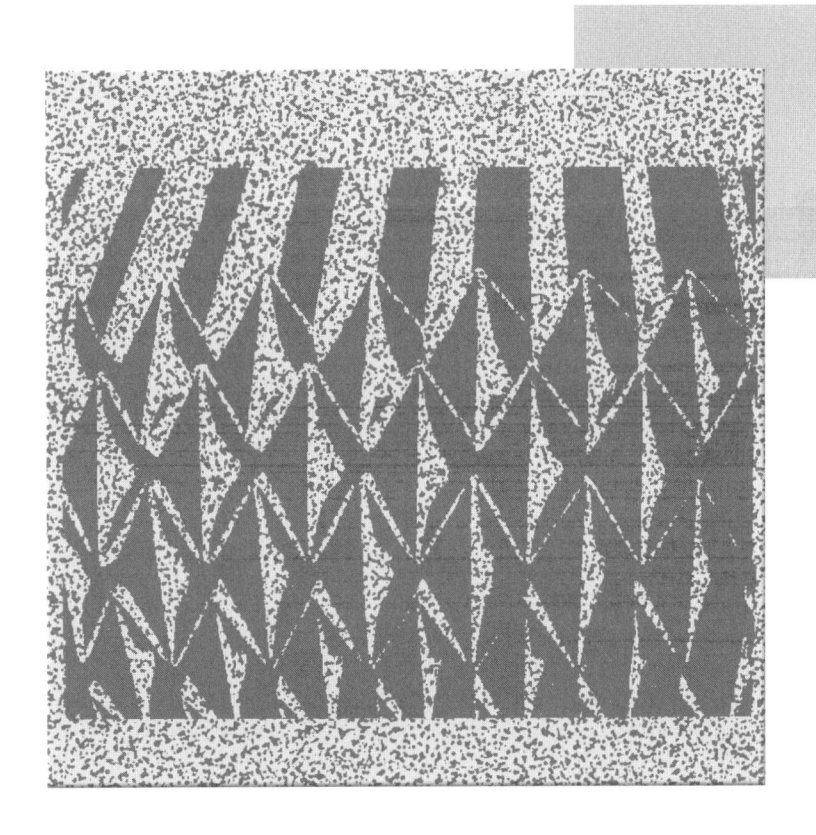

7 Formgestaltung und Design

1997 habe ich ein Buch mit dem Untertitel „Bionik-Design für funktionelles Gestalten" geschrieben. Darin ist der Designaspekt im Bionik-Bereich ausführlich und vergleichend dargestellt. Deshalb sind in der vorliegenden Zusammenstellung lediglich die wesentlichen Grundgedanken des Komplexes „Design und Biologie" dargestellt und mit einigen wenigen, typischen Beispielen untermauert.

7.1
Bionik-Design – Sichtweisen und Vorbilder

Der Begriff „Design" wird durchaus unterschiedlich gebraucht und ist irgendwo angesiedelt zwischen den Extremen „frei luxurierende Formvariation" – und „innere und äußere funktionelle Gestaltung". Es ist kein Wunder, dass der Biologe, der an Formgestaltung interessiert ist, der letztgenannten Formulierung zuneigt.

7.1.1
„Funktionelles Design" in Biologie und Technik

„Funktionelles Design" im technischen Bereich entspricht den Begriffen „Konstruktionsmorphologie" und „Funktionsanatomie" in der Biologie. Somit lässt sich technisches und biologisches „Design" durchaus vergleichen, ein weiteres Beispiel für analoge Begriffe und Systeme (vergl. Abschn. 1, Analogieforschung).

Im Idealfall sollte technisches Design die Komponenten eines technischen Systems funktionell optimal verknüpfen und auch die äußere Formgestaltung („Hülle") so konzipieren, dass sie einerseits das Innere funktionell-optimal umschließt und andererseits auch ästhetische Gesichtspunkte befriedigend mitbedenkt. Gutes Design ist (seltsamerweise?) ausnahmslos dadurch gekennzeichnet, dass diese beiden Grenzaspekte unaufdringlich ineinander laufen, gut verzahnt sind. Gutes Design wirkt darüber hinaus stets auch „einfach" und „schön".

Pars pro toto sei hier die unterschiedliche Sichtweise von Biologen und Designern angeführt. Die beiden Disziplinen könnten sich, wie das oben erwähnte Buch ausführt, um den Bionik-Begriff herum treffen.

„Der Biologe und Grundlagenforscher hat es mit funktionierenden „Konstruktionen des Lebens" zu tun, die es zu analysieren, zu beschreiben und zu verstehen gilt.

Der Designer und Konstrukteur hat es mit Aufgabenstellungen zu tun, für die mit Hilfe eines Vorrats von Einzelelementen und Querbeziehungen die bestmögliche Lösung zu finden ist.

Die Ansätze sind also diametral entgegengesetzt. Die Vergleichbarkeit ergibt sich jedoch daraus, dass die „schöpferische Natur" vor genau denselben Problemen war, ist und sein wird, vor denen im zivilisatorischen Bereich der schöpferische Designer und Konstrukteur steht: Es gilt, das (für die Besetzung einer ökologischen Nische – für die Ausfüllung einer Marktnische etc.) Bestgeeignete zu finden. Was aber ist das Bestgeeignete?

Der Begriff „Bestgeeignetes" macht nur einen Sinn, wenn die Randbedingungen gegeben sind, an denen er gespiegelt wird. Angenommen, dies sei der Fall. Das „Bestgeeignete" ist dann stets das System, bei dem die Optimierung des Ganzen Vorrang hat vor einer Maximierung einzelner Elemente. Die Natur „maximiert" nicht die Kraft eines Muskels und nicht die Stärke eines Knochens, sondern optimiert das Zusammenspiel zwischen Muskeln und Knochen. Ein Muskel ist dann vielleicht nicht so stark wie er im Grenzfall sein könnte und ein Knochen nicht so bruchfest, doch mag das gegebene Knochen-Muskel-System dafür seine Aufgabe mit einem genügenden Sicherheitsgrad erreichen, und zwar so, dass es weder für seinen Aufbau noch für seine Unterhaltung mehr Energie als unbedingt nötig verschlingt.

Optimalkonstruktionen der belebten Welt sind immer auch energetisch optimierte Systeme. Das geht nur unter Verzicht auf Maximalanforderung für das konstruktive Design des Einzelelements."

7.1.2
Akzeptanz im Designbereich

Es gibt bereits eine größere Zahl von Designbüros, die „natürliche Prinzipien" in ihr funktionell-gestalterisches Wirken einbeziehen. Dazu gehören z. B. Michael Post/Bionik-Design, Laupheim – Carmelo di Bartolo/vormals Istituto Europeo di Design, Mailand – Udo Küppers/BIONIK-SYSTEME, Bremen – Biruta Kresling/Bionique et Design, Paris – Gerhard Schlüter und Sabine Röck/Bionikdesign, Hochschule der Künste, Berlin, und andere mehr.

7.2
Problemkreise des Bionik-Designs

Das eingangs zitierte Buch, das sich speziell mit den Querverbindungen zwischen Bionik und Design befasst, enthält im Untertitel die Wortverbindung „Bionik-Design". Die Strukturen, Funktionen und Strategien der Natur könnten ein gutes Vorbild für technologische Zukunftsaspekte liefern. Dies kann aber nicht durch „Naturkopie" geschehen – das wäre Scharlatanerie. Man sollte vielmehr das ungeheure Potenzial der „Erfindungen der Natur" durchforsten, erforschen, technisch umsetzen und damit der Menschheit nutzbar machen. Das Design unserer zukünftigen technischen Gebilde – und damit meine ich einen inneren und äußeren strukturellen und funktionellen Zusammenhalt – könnte dann mehr und mehr bionisch ausgerichtet werden Dies sollte dort geschehen, wo es sinnvoll ist. Und es gibt eine ungeheure Zahl technologischer Facetten, bei denen einen Naturausrichtung durchaus sinnvoll ist.

Am Anfang steht immer der analoge Vergleich. Als „Analogieforschung" hat G. Helmcke in den frühen 60er-Jahren die Parallelbetrachtung biologischer und technischer Strukturen und Systeme bezeichnet. Diese Betrachtungsweise bildet tatsächlich den Ausgangspunkt aller Studien.

Der Vergleich zwischen Natur und Technik kann auch im Designbereich einen Formenvergleich und einen Funktionsvergleich darstellen. Auf diese beiden Aspekte wird später eingegangen. Daraus lassen sich zehn Grundprinzipien natürlicher Konstruktionen ableiten, die man wohl auch als die „Zehn Gebote des bionischen Designs" bezeichnen kann. Sie sind in Abschn. 16.5 kurz zusammengefasst. Zusätzlich kann man aus der Praxis des gestalterischen Wirkens und des Einbindens natürlicher Vorbilder Problemkreise und Aussagen abstrahieren:

- *Problemkreis Interdisziplinarität:* Oft führt erst die Zusammenarbeit der Disziplinen zum Erfolg.
- *Problemkreis Fortschritt und Rückgriff:* Eine Entdeckung wirkt sich bisweilen an unerwarteten Enden innovativ aus
- *Problemkreis Innovation:* Auch konzeptionelles Einbinden bereits bekannter Effekte kann innovativ sein
- *Problemkreis Forschung und Anwendung:* Die Zusammenarbeit mit der Industrie beginnt meist mit einer „problemorientierten Recherche".

Wie G. Helmcke bereits 1972 gezeigt hat und andere später detaillierter ausführen, sind wissenschaftliche Analogiebetrachtungen die Basis eines jeden Vergleichs. Man kann vier mögliche Querverbindungen zwischen Natur und Design sehen:

- Die Natur bietet die *materialtechnischen Möglichkeiten für ein naturnahes Design.*
- Die Natur ist eine *Quelle ästhetischer Anregungen.*
- Die Natur ist die *Quelle aller Kenntnis und Inspiration des Menschen.*
- Die Natur ist *Anregungsquelle auch für ein kreatives Design.*

Den letzten Punkt bestätigen bekannte Designer. Luigi Colani führt aus, dass er sich manchmal „ausgepowert" vorkommt, was neue Designideen anbelangt oder nicht über Stereotypien der Vergangenheit hinwegkommt. In solchen Fällen sei es das Beste, sich Tiere insbesondere Insekten einmal genauer anzuschauen oder aus der Mikrowelt Inspirationen zu ziehen.

Es gibt auch Aussagen Santiago Calatravas über Naturformen als Anregung für sein Gestalten (Abb. 7-1). „Um als Architekt oder Ingenieur arbeiten zu können, braucht es natürlich einer Inspirationsquelle. Die Natur allein kann aber weder für den Architekten noch für den Ingenieur die einzige Quelle sein. Meine Beziehung zu den sog. anatomischen Schemata hat mit dem Ansatz zu tun, mittels Modellen gewisse strukturelle Probleme lösen zu wollen, die eng mit der Natur verbunden sind. Ein Kragarm z. B. ist die einfachste ingenieurmäßige Darstellung eines Baums. Die Einspannung repräsentiert dabei die Wurzeln des Baums. Beide gehorchen den Gesetzen der Biegebeanspruchung. Zwar denken die meisten Ingenieure irgendwie darüber nach, ich glaube aber, dass die berufliche Aktivität

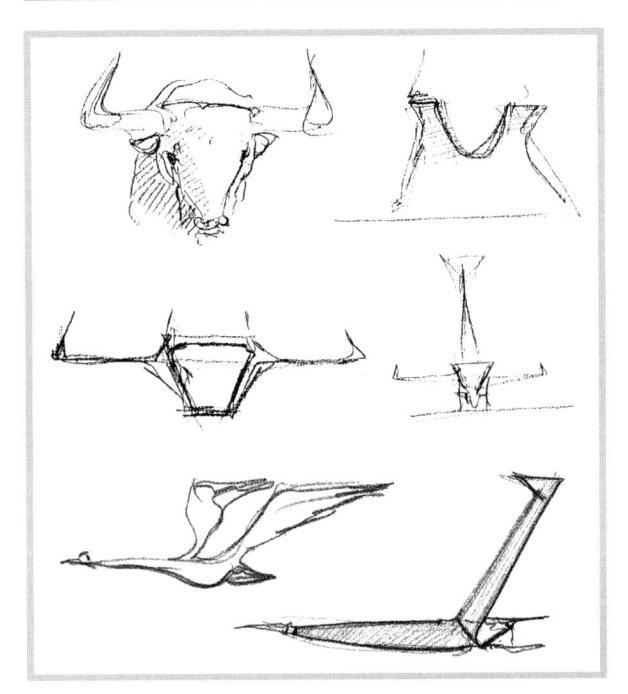

Abb. 7-1 „Biogene" Entwurfskonzepte, inspiriert von Stierschädel, Säuger- und Vogelknochen *(nach Skizzen Calatravas)*

eines Ingenieurs mehrheitlich die Entwicklung analytischer Modelle betreffen muss, welche die Natur auf realistische Weise beschreiben. Wenn man mit isostatischen Strukturen arbeitet, ist es beinahe unvermeidlich, dass man darauf kommt, Natur zu zeichnen."

Antonio Gaudi hat sich immer wieder stimulieren lassen von Pflanzen, Tieren, von Wasser und Land, von Orangen und Muschelschalen. Der dänische Architekt Utzon zog Anregungen für sein großes Opernhaus in Sydney aus der Natur (Muscheln, festsitzende Krebse). Der Italiener Carmelo di Bartolo, früher am Istituto Europeo di Design in Milano, bezieht sich bereits seit Jahren ganz dezidiert auf das „Formvorbild Natur" und, wo möglich, auch auf das „Funktionsvorbild". Seine Entwicklungen haben bereits weitgehende industrielle Anerkennung und Anwendung gefunden. Er fragt, ob man die perfekte Natur überhaupt kopieren könne:

„Kopieren ist der falsche Ausdruck. Es ist ganz klar, dass die bionische Methode nicht zu Naturkopien führen kann, weder hinsichtlich ihrer Formen, noch ihrer Strukturen. Sie hilft aber zu verstehen, wie die Natur konstruiert und überhaupt entwickelt ist. Man kann dann Teile aus dem Zusammenhang loslösen und übernehmen als Basis für ähnliche Modelle im Zuge technischer Designentwicklung. Innerhalb einer Designkette kann man Ideen aus der Natur an unterschiedlichen Stellen einbringen".

Nach diesem Gesichtspunkt hat di Bartolo z. B. Autositze entwickelt, künstliche Wurzeln, Sicherheitsbodenbeläge für Blinde, Autotüren, Dachkonstruktionen und anderes mehr.

Auch über Querverbindungen zwischen Ökologie und Design wurde vielfach nachgedacht. G. Horntrich vom Fachbereich Design, Fachhochschule Köln sagt dazu:

„Das Design ist in ein Spannungsfeld geraten, dass es selbst mitgeschaffen hat. An der Überproduktion und dem ständigen Wachstum unserer Gesellschaft hat auch das Design mitgewirkt. Entwicklungen wie diese erfordern heute Konsequenzen auch für den Designer. Ganzheitliches Denken ist gefragt. In den letzten Jahren verkam Design zunehmend zu kurzfristiger Verkaufsförderung, geleitet von Moden und Marktstrategien. Dabei blieb das Einzelprodukt im Zentrum der Betrachtung. Heute gewinnt die Gestaltung des Zusammenwirkens der einzelnen Objekte zunehmend an Bedeutung. Die Herausforderung des Gestalters lautet „Systemdesign". Für die Ausbildung des Designers bedeutet dies eine Verschiebung der Schwerpunkte. Über die klassische Produktentwicklung hinaus gilt es heute, ganzheitliche Konzepte und Kreisläufe zu gestalten. Basis hierfür ist neben der Vermittlung von Sachkenntnissen durch Ökologievorlesungen, Vorträgen und Referaten von Fachleuten auch die eigene Erfahrung mit Projekten. Eine ökologisch ganzheitliche Betrachtungsweise beinhaltet neben der aktiven auch die passive Ökologie des Produkts. Aktive Einflussfaktoren sind der Einsatz umweltgerechter Werkstoffe, eine umweltgerechte Verarbeitung und die Berücksichtigung von Umweltbelastungen und Energieverbrauch. Unter der passiven Ökologie eines Produktes ist seine Auswirkung während des Gebrauchs auf seine Umwelt zu verstehen. Sinnvolle Konzepte zur Ökologie von Produkten befassen sich auch mit Aspekten wie Mehrfachnutzung oder Wiederverwendung. Bisher bestand die Aufgabe des Designers darin, neue Produkte zu entwerfen. Veränderte Bedürfnisse jedoch erfordern die Konzentration der Kreativität auf grundsätzliche Aspekte".

Aus einer Lehrveranstaltung 1996 „Design und Bionik" des genannten Designers haben sich z. B. folgende Projekte entwickelt:

- *Wirbelsäule*: Die Beweglichkeit der Wirbelsäule bei Mensch und Tier wird auf eine Leuchte übertragen.
- *Schachtelhalm*: Der Aufbau des Schachtelhalms wurde auf ein Regalsystem übertragen.
- *Blattschneidermeise*: Das Schneideprinzip der Blattschneidermeise ist Grundlage für ein Unfallbergungsgerät.
- *Krebsschere*: Die Beobachtung eines Strandkrebses beeinflusste die Gestaltung einer Gartenschere.
- *Faultier*: Die Kletterfähigkeit des Faultiers bietet neue Befestigungsmöglichkeiten.
- *Chamäleon*: Der Greifschwanz des Chamäleons ist Grundlage für eine Garderobe.

Die Sichtweise der hier zitierten Designer und die Sichtweise des Technischen Biologen und Bionikers verzahnen sich gut. Wenn man natürliche Konstruktionen lediglich als reines Formvorbild nimmt, so ist das selbstredend zulässig, führt aber häufig nicht sehr weit.

Erst wenn der Funktionsaspekt mitbetrachtet wird, kann i. Allg. von einem bionischen Design gesprochen werden.

Und erst wenn der zu gestaltende Gegenstand nicht für sich betrachtet wird, sondern in seinen passiven und aktiven ökologischen Auswirkungen systemisch hinterfragt und konstruiert wird, kann man von einem ökologischen Design sprechen. Das Durchdenken ganzer Systemketten in ökologischer Hinsicht – dort, wo es sinnvoll ist, unter Einbeziehung bionischer Analogien – ist *die* Herausforderung an ein Design der Zukunft.

7.3
Das Pterygoid der Python-Schlange als Vorbild für ein Stuhlbein

Das „Pterygoid-Konzept" sei als Beispiel für eine gelungene analoge Übertragung unter funktionellem Aspekt gebracht.

In der Maulmechanik verfügen Schlangen (auch Vögel) über eine Reihe beweglich verbundener Knochen, die insgesamt wie ein Schubgestänge wirken. Eines davon ist das Pterygoid (Flügelbein, Abb. 7-2 A). Der Designer van den Broeck hat dieses abstrahiert und geometrisch gekennzeichnet (Abb. 7-2 B). Die Einbeziehung von Muskelkräften und Bewegungsrichtungen hat erbracht, dass das in sich verdrehte und ungleichmäßig dicke, unregelmäßige Querschnitte bildende und auch in seiner Feinstruktur funktionell spongoid aufgebaute Pterygoid optimal auf die Aufgabe

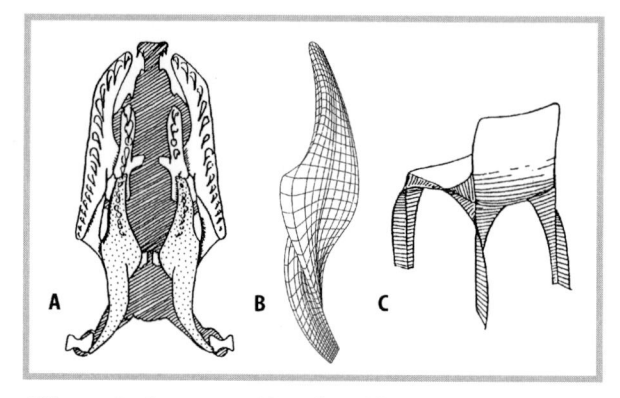

Abb. 7-2 Pythonpterygoid und Stuhlbein. **A** Pythonschädel von unten gesehen, Unterkiefer entfernt, Pterygoide punktiert, **B** schematisiertes Pterygoid, **C** Stuhlbeinentwurf (Kunststoffstuhl aus einem Stück) mit Beinen, deren Form, Verdrehung und Eigenschaften des Lastabfangens dem biologischen Vorbild B nahe kommen *(nach van den Broeck 1981, verändert).*

der Schubübertragung eingerichtet ist. Es verdreht sich dabei kaum und kommt einem Körper gleicher Festigkeit (konstanter Spannung) nahe. Dabei ist es außerordentlich leicht.

Die Querschnitte des in sich verwundenen Knochens wurden von F. van den Broeck aufgegriffen, abstrahiert und als Studienarbeit in die Gestaltung der „Vorderbeine" eine Kunststoffstuhls eingebracht, der im Einstück-Spritzgussverfahren gefertigt werden kann (Abb. 7-2 C). Es hat sich gezeigt, dass der Stuhl damit eine für den Materialaufwand außerordentlich gute Stabilität erreicht; die Beine sind relativ unempfindlich gegen Torsion und Abknicken und können auch so geformt werden, dass die Stühle stapelbar werden. Am Ende seiner Studienarbeit stellt van den Broeck heraus, dass man die Natur nicht sklavisch kopieren soll, sondern Prinzipien herausarbeiten muss, die dann zu neuen Designkonzepten führen können: *„Il est important, en ce concerne les applications, de ne pas essayer d'extrapoler la forme en soi (la fonction, l'échelle et les matériaux changent) mais le prinzipe tout en l'adaptant et particularités du problème affronté."*

7.4
Ideenwettbewerb Bionik-Design – „Bionic architecture – made of wood"

Das Holz-Design-Institut für Architektur, Formgebung und Verfahrenstechnologie der Johanneum-Research-

Forschungsgesellschaft mbH in Judenburg/Steiermark hat 2001 einen Ideenwettbewerb zum Stichwort "Bionic architecture – made of wood" ausgelobt. Beworben haben sich 19 Projektteilnehmer; meist handelt es sich um Studentenarbeiten. Es war von vorneherein ein breites Spektrum an Vorstellungen zu erwarten, da der Bionik-Begriff nicht definitiv vorgegeben war, sondern lediglich im Sinne einer allgemeinen naturnahen Anregung verstanden wurde: die eingereichten Arbeiten sollten sich auf den „biologischen Werkstoff Holz" beziehen.

Gerade auch als Test dafür, welches Gestaltungspotenzial die Begriffskombination „X+Bionik" freisetzt, sollen eine Reihe von Einzelarbeiten kurz charakterisiert werden. Sie sind in Abb. 7-3 skizziert.

1 *I-Kone*: Es wurde das Prinzip des feuchtigkeitsgesteuerten Öffnungsmechanismus beim Fichtenzapfen als Öffnungsmechanismus für sonst abgedeckte Lüftungsöffnungen eingesetzt (E. Berger, S. Unterrainer).

2 *Onion*: Parallele Schnitte durch eine Zwiebel haben angeregt, Bauwerke aus Schnitten zusammenzusetzen, die aus plattenförmigen Werkstoffen herausgefräst werden (T. Friessnegg).

3 *Überdachung*: Angelehnt an die Wirbelsäule und die Rippen des menschlichen Skeletts wurde ein Holzträgerrahmen entwickelt, der, mit Scharniergelenken verbunden, „in die Länge ziehbar" ist und sich dabei versteift (E. Hofer).

4 *„Spine snake"*: Die gegliederte Wirbelsäule des Menschen wurde als Anregung für den Aufbau einer Struktur genommen, die statische Belastbarkeit bei gleichzeitiger struktureller Flexibilität ermöglicht (C. Schuster, Th. Felder, P. Eder).

5 *Offenes Wachsen einer Grundstruktur*: Zweigeschossige Reihenhäuser mit identischen Grundrissen sind in drei Richtungen individuell ausbaubar und können bei Bedarf wachsen, so wie z. B. ein Korallenriff (P. Juritsch).

6 *Falten*: Entsprechend den Falten bei zusammenlegbaren Elementen der belebten Welt, etwa Insektenflügeln, wird ein Faltsystem entwickelt, das in sich stabil, variabel und reaktionsfähig, volumen- und flächenveränderungsfähig sowie selbstjustierend ist (H. Lentsch, R. Koprionik).

7 *Dividing shelf*: Aus Leinen und Holz wird ein Rahmen generiert, dessen Funktion als Raumteiler, Regal, Sichtschutz und Sonnenschutz gesehen werden kann. Als bionisch angesehen wird die Multifunktionalität, die Natürlichkeit der Materialien, die ökonomische Realisierbarkeit durch Einfachheit der Elemente, die Rezyklierungsfähigkeit, das Ineinandergreifen der Funktionen, die Beweglichkeit und die Formbarkeit (M. Rauch, M. Pfeiffer).

8 *Glasfaserverstärktes Brettschichtholz*: Entsprechend der natürlichen Evolution wird Natur und Technik zu einem Hightech-Produkt kombiniert: Vertikal orientiertes Brettschichtholz wird mit Glasfasermatten zu einem Brettschichtholz verklebt. Bei gleichem Querschnitt kombiniert der neue Werkstoff nun Eigenschaften von Brettschichtholz mit denen von Sperrholz. Gleichzeitig behält er die „perfektionierte Methode der Natur im Umgang mit Kraftflüssen" (A. Trummer, F. Lohberger).

9 *Modulverbindung*: Im Gegensatz zur Technik, die normalerweise für jede Funktion ein eigenes Element einsetzt, ist es der Natur gelungen, mit oft nur einem Element mehrere Funktionen gleichzeitig zu erfüllen. Dieses bionische Prinzip wurde in dem Konzept umgesetzt, indem ein Grundelement – allein durch seine unterschiedlichen Additionsmöglichkeiten – verschiedenen Anforderungen gerecht wird (A. Veliu).

10 *Biegeholz*: Geschlitzte Stäbe aus einem Naturwerkstoff – Holz, Buche oder Birke – werden in einem neuartigen Verfahren als gestauchtes Biegeholz gebogen und durch Zwischenträger aus einem technischen Material, z.B. Plexiglas, versteift (R. Türscherl).

11 *„Bionic chair"*: Prinzipien der Wirbelsäule und der Rippen sind übernommen. Die einzelnen beweglichen Rippen sind verspannt und passen sich der jeweiligen Sitzposition an, sind auch nachspannbar (H. Fröhlich).

12 *Curt*: Aus Einzelteilen wird im Sinn der Metamorphose eine „architektonische Zelle" vorgestellt, die sich reduzieren und verändern lässt bis hin zur Grundlage für modulare Möbel (D. Aggsten, Th. Hinz).

13 *Tragwerke*: Entsprechend der hydraulischen Versteifung in der Pflanzenwelt werden alternative Konstruktionen für Freileitungs- und Lichtmasten, Mobilfunkantennen, Windmühlen, Stützen für

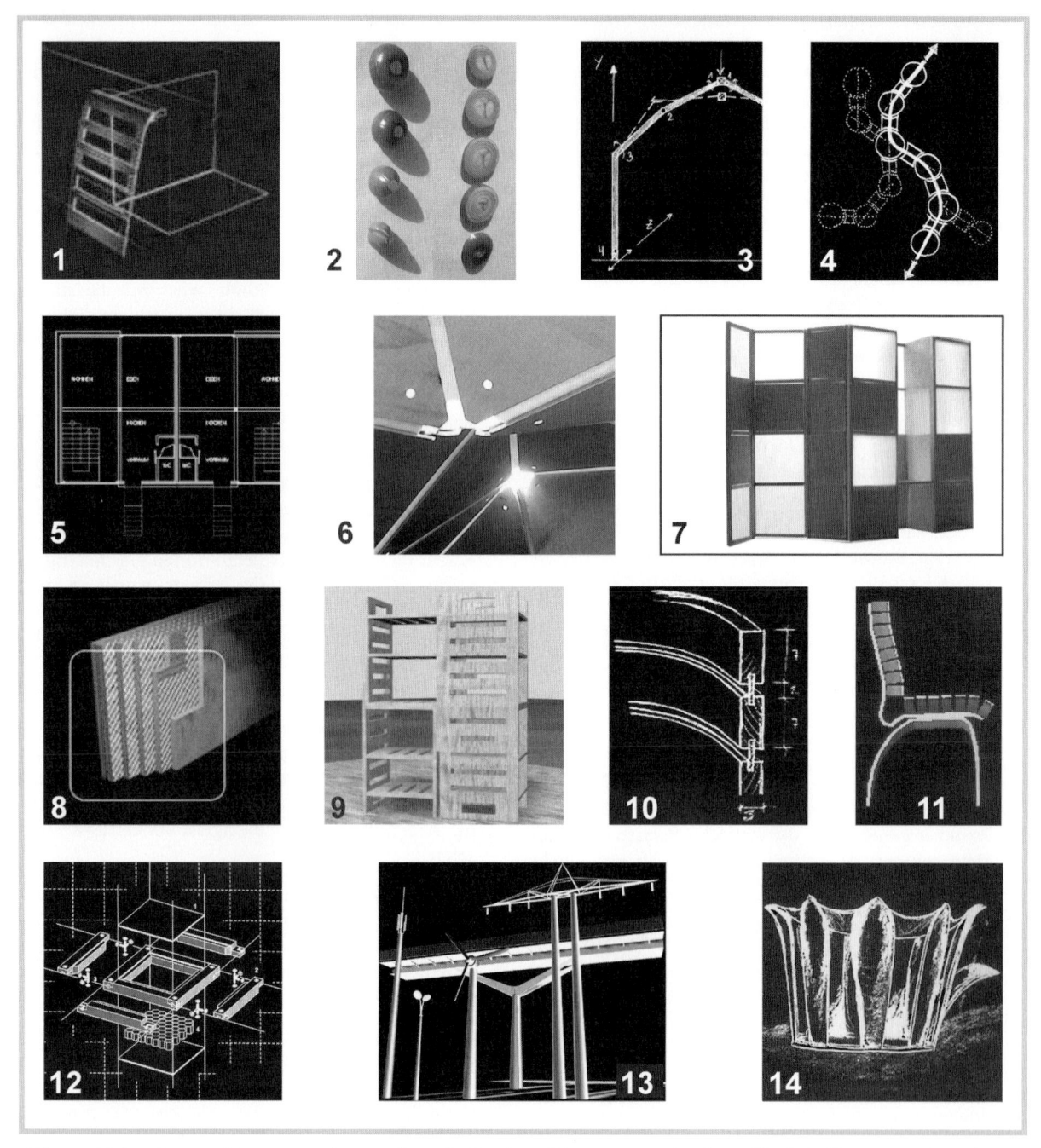

Abb. 7-3 Einige Konzeptskizzen zum Ideenwettbewerb „Bionic architecture – made of wood". Die Zahlen entsprechen den im Text angegebenen Beitragsnummern *(nach vierzehn Autoren aus Info-Mappe Wettbewerb 2001 HDI Judenburg)*

räumliche Tragwerke entwickelt, bestehend aus einem hydraulischen (mit Wasser füllbaren) Kern und einer Holz- und Membranbewehrung (G. Strehle).

14 *Magnolia:* Eine Wohnskulptur analog der Magnolienblüte wird entwickelt, nutzbar im Sommer und definiert als Individualraum, Rückzugspunkt „in die Natur"; eine bewohnbare Raumskulptur aus Holz, die sich durch Klappen der „Blütenblätter" verändern lässt (J. Gindl).

All diesen, meist studentischen Konzepten gemeinsam ist die interessante Tatsache, dass *kein Wettbewerbsteilnehmer versucht hat, die Natur direkt zu kopieren*. Anregungen erstrecken sich dagegen bis weit in den Gestaltungsbereich hinein, so dass man oft nicht von funktioneller Übertragung des „Vorbilds Natur" sprechen kann: Das *reine Formdesign* scheint die Teilnehmer, die über das Begriffspaar „Holz + Bionik" auch nachgedacht haben, stärker fasziniert zu haben. Dies mag nicht repräsentativ sein, aber es erscheint wichtig, zur Kenntnis zu nehmen, dass die formale Komponente im Designbereich Gemüter stärker bewegen kann als die funktionelle.

7.5
Kurzabschnitte zum Themenkreis „Formgestaltung und Design"

7.5.1
ICE-Design und der Beginn des neuzeitlichen Bootsdesigns

7.5.1.1
ICE-Design

Auch bei komplexen Gestaltungsaufgaben wie etwa dem Entwurf von ICE-Triebköpfen (Abb. 7-4 B) beginnt das Design heute noch mit Handskizzen (Abb. 7-4 A). In diese Frühphase können auch Anregungen aus der Natur einfließen. So soll die etwas eigentümliche Triebkopfform des japanischen Hochgeschwindigkeitszugs Shinkansen (Abb. 7-4 D) auf die Konturierung des fliegenden Eisvogels zurückgehen (Abb. 7-4 C). Inwiefern die Shinkansen-Frontpartie von strömungsmechanischen Daten, die möglicherweise an Rumpfmodellen von Eisvögeln gewonnen worden sind, tatsächlich profitiert hat und inwieweit dabei Ähnlichkeitskriterien bedacht worden sind, war nicht zu recherchieren. Freilich mündet das Designkonzept sehr rasch in ein technisches Konzept, bei dem entweder durch Computer-

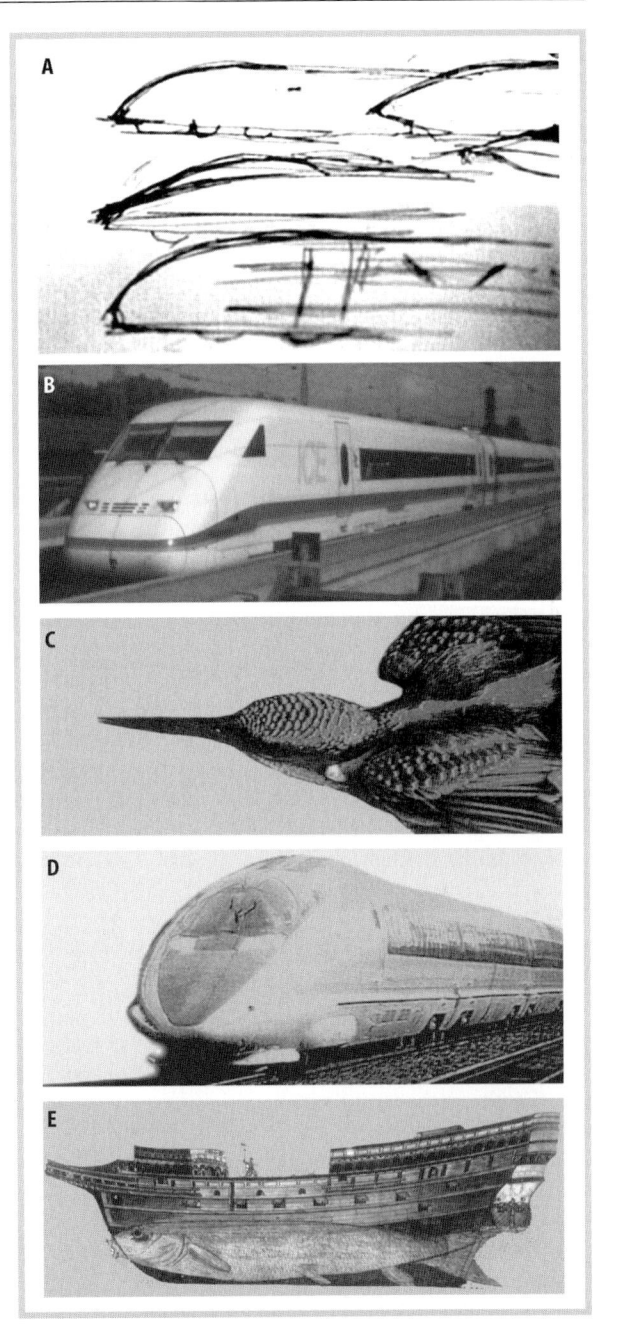

Abb. 7-4 A Zugdesign beginnt auch heute noch mit „qualitativen" Handskizzen (nach Werbeschrift Bahn AG 2001), B ICE-Triebkopf (Foto: Nachtigall), C fliegender Eisvogel, D Triebkopf des japanischen Hochgeschwindigkeitszugs Shinkansen mit Eisvogel-ähnlicher Konturierung (nach Bionik-Ausstellung Daimler Chrysler, Stuttgart, 2000), E Baker-Galeone mit eingezeichnetem Meeresfisch *(nach M. Baker, um 1590)*

simulation oder am Windkanalmodell Umströmungseffekte gemessen werden: c_W-Wert, Stabilitätskenngrößen, jeweils basierend auf einem optimalen Druckverlauf an der Anstiegskonturierung. Liegen entsprechende Daten aus dem biologischen Bereich vor, wie es z. B. für Pinguine, Vogelrümpfe und manche Fischrümpfe gegeben ist, können diese Daten selbstredend bereits während der Optimierung vergleichend eingebracht werden. Bei Kraftfahrzeug-Karossengestaltung hat dies bereits zu unkonventionellen, extrem widerstandsarmen Formen geführt (vergl. Beginn Abschn. 10.6).

7.5.1.2
Praktische Naturbeobachtung und frühes Schiffdesign

Matthew Baker war der Schiffskonstrukteur der englischen Königin. Seinen Schiffskonstruktionen wird eine entscheidende Rolle bei der erfolgreichen Abwehr der spanischen Armada in der Schlacht von Trafalgar zugeschrieben. Die in Abb. 7-4 E reproduzierte Zeichnung stammt wahrscheinlich aus dem Jahr 1586. Hier ist ein Dorsch oder eine Makrele in den Schiffstyp eingezeichnet, der gemeinhin als Baker-Galeone bekannt geworden ist. Fische dieser Art dienten Baker dazu, Ausformungen des Unterwasser-Rumpfanteils zu finden, die den Wasserwiderstand reduzieren. Dies hat Auswirkungen auf die Schnelligkeit, die Wendigkeit und die Kursstabilität des Schiffs.

7.5.2
Zwei Studentenprojekte
„Bionik-Aspekte im Design" von Klassen an den Kunsthochschulen Berlin und Saarbrücken

Unter Anleitung von A. Kesel haben sich Studentinnen des Fachbereichs Gestalten/Design an der HDK/Berlin Gedanken gemacht, wie man Gesichtspunkte des Naturvergleichs in die Modellgestaltung einbringen könnte. Abbildung 7-5 A zeigt ein Beispiel. Es wurde nach biologischen Vorbildern gesucht, welche die Grundlage für die Idee ausdehn- und zusammenziehbarer textiler Produkte bilden könnten, in diesem Projekt spiralige, elastische Pflanzenformen wie z.B. windende Ranken, eingerollte Farnwedel und frühe Entwicklungsstadien eingerollter Blätter. Die Ableitung der Analogiemodelle erfolgte nach funktionalen und formalen Eigenschaften eingerollter Blattformen, wie Spiralform, Platzersparnis und Elastizität. Abweichend vom natürlichen Vorbild müssen es die Produktmodelle selbstredend

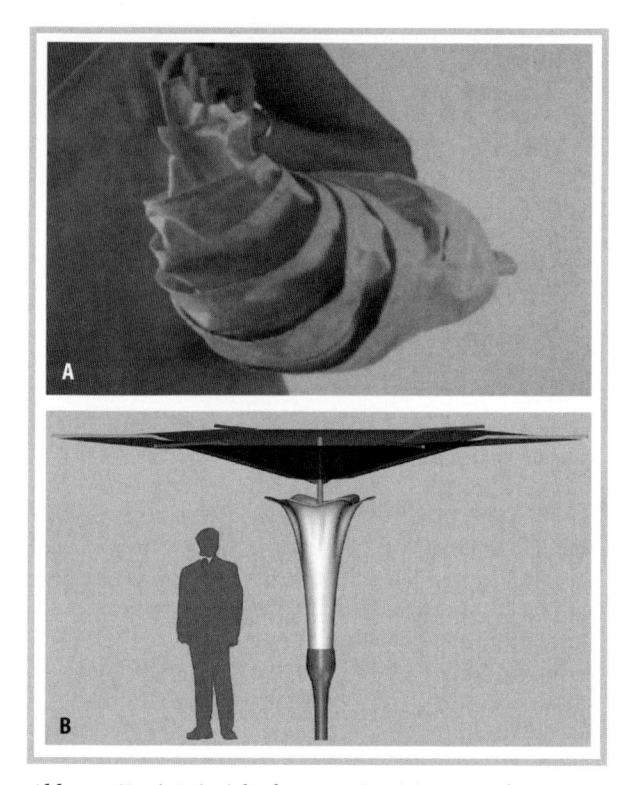

Abb. 7-5 Zwei Beispiele für naturinspirierte Studentenprojekte. **A** Teleskop-Umhängetasche. Materialien: Hauptsegmente Wachstuch; Zwischensegmente transparente recycelfähige Kunststofffolie *(nach S. Röck et al. 1998, Hochschule der Künste, Fachbereich Gestaltung/Design,, HDK/Berlin)*, **B** blütenblattartiger Sonnenschirm *(nach Bleymehl 2001, HDK/Saarbrücken)*

ermöglichen, dass der Prozess des Aufrollens reversibel und beliebig wiederholbar ist.

Die Konstruktion von Taschen aus festen, verschiebbaren Haupt- und dehnbaren, flexiblen Zwischensegmenten erforderte den Einsatz zweier Materialien mit unterschiedlichen Materialeigenschaften. So waren die Hauptsegmente aus steiferem, die Zwischensegmente aus nachgebendem Stoff gefertigt, ähnlich dem Abdomen von Insekten, bei dem weiche Intersegmentalmembranen steifere Ringstrukturen verbinden.

Die HDK des Saarlandes in Saarbrücken pflegt Querbeziehungen zur Technischen Biologie und Bionik der hiesigen Universität. Im WS 2000/2001 wurden in der Design-Klasse von H. Hullmann Entwürfe zu naturinspirierten architektonischen Gestaltungen erarbeitet. Abbildung 7-5 B zeigt als Beispiel einen von K. Bleymehl entworfenen Sonnenschirm, der sich blütenblattartig öffnen kann. Bei Nichtbedarf werden die Blütenblätter in den hohlen Rundschaft hineingezogen.

Literatur

Anonymus (1993) Santiago Calatrava. Artemis, Zürich

Anonymus (2001) Info-Mappe Wettbewerb „Holz + Bionik" 2001, HDI Judenburg, unter Mitarbeit von ortlos-architects, Graz

Baker M (1993) Fragments of Ancient Shipwrightry (um 1590). Aus: Das Logbuch 29, H. 4, p. 163

Blaser WC (Hrsg.) (1989) Santiago Calatrava. Ingenieur-Architektur. Birkhäuser, Basel etc.

van den Broeck F (1981) „Fonction, Materiaux, Forme". Le Pterygoid de Python. École cantonale des Beaux Arts, Lousanne; Studienarbeit

di Bartolo C (1996) Methodology of bionic design for innovation design. In: Nachtigall W, Wisser A (Hrsg.) BIONA-report 10, Akad. Wiss. Lit., Mainz, Fischer, Stuttgart, 23–31

Helmcke JG (1972) Ein Beispiel für die praktische Anwendung der Analogieforschung. Zit.: Mittlg. d. Inst. f. Leichte Flächentragwerke (IL), Univ., Stuttgart, 4, 6–15

Horntrich G (1996) Projekte: Ökologie und Design. http://www.ds.fh-koeln.de/projekte/studienprojekte/bionik/biopro.html

Nachtigall W (1997) Vorbild Natur – Bionik-Design für funktionelles Gestalten. Springer, Berlin etc.

Röck S, Kohler H, Kesel AB, Ehring B (1996) From plants to products: Entwicklung industrieller Produkte über bionische Analogiebildung, III: Telescope Bag. In: Wisser A, Nachtigall W (Hrsg.) BIONA-report 12, Akad. Wiss. Lit., Mainz, 333–334

Vester F (1972) Design für eine Umwelt des Überlebens. form 60/IV

Kapitel 8

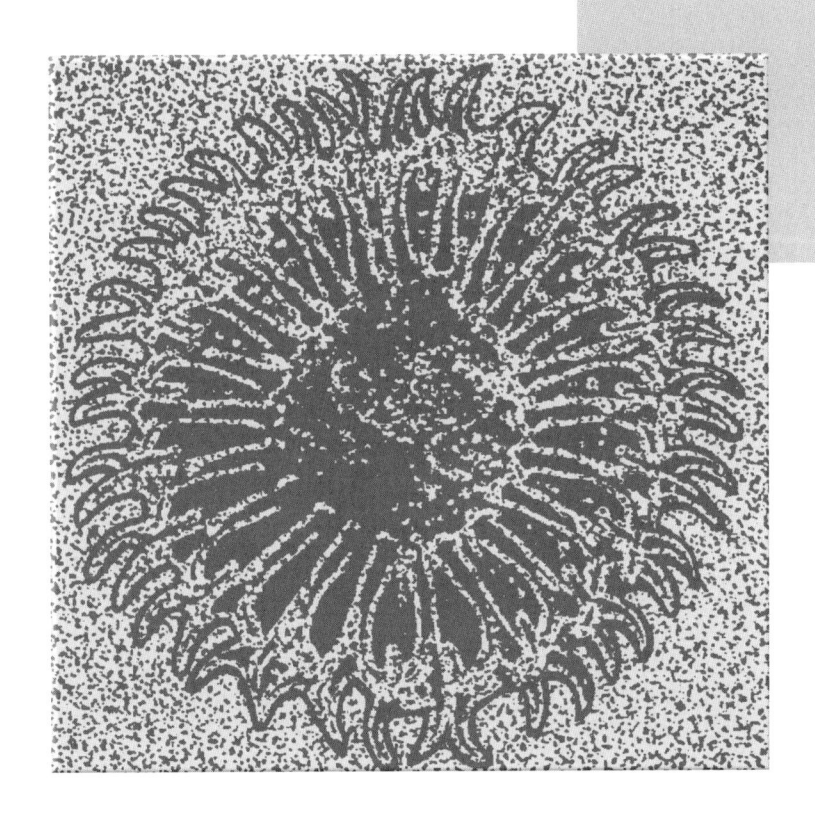

8 Konstruktionen und Geräte

8.1
Biomechanische Mikrosysteme – vergleichende Analyse und Technikpotenzial

8.1.1
Funktionselemente und Elementarfunktionen biomechanischer Mikrosysteme

Dem Forschungs- und Entwicklungsbereich „Technologie von Mikrosystemen" wird eine große Zukunft eingeräumt. Die Querverbindungen zwischen Biologie und Technik sind offenkundig. Die Natur bietet gerade in diesem Bereich einen unerschöpflichen Kanon von Formen, Strukturen und Funktionsbeziehungen. Im Hinblick auf bionisches Umsetzen ist dieser aber noch kaum bearbeitet. Es erscheint wichtig, dass in breiter orientierten Ansätzen vor allem Mikrostrukturen von Invertebraten erforscht, beschrieben, klassifiziert, in elementare Funktionseinheiten aufgegliedert und vergleichend vorgestellt werden. Erst aus einer Aufarbeitung des Formenmaterials der Natur wird man zu Mikrosystemen kommen, die ihrerseits wieder mit Mensch und Umwelt (als Teile der Natur) kompatibel sind.

Insbesondere Invertebraten und hier wiederum in der Hauptsache die Krebstiere und Insekten verfügen über eine riesenhafte Palette funktionierender Mikrosysteme, die bisher unter biomechanischen oder bionischen Aspekten nur mäßig detailliert beschrieben worden sind. Der weitaus größere Teil ist noch nicht in systematisch-vergleichende Mikrostrukturforschung einbezogen worden. Zu Mikrosystemen, die in der Technik benützt werden und für die man ideengebende Analogien in der Natur finden kann, gehören z. B.:

- Miniaturgelenke
- Miniaturpumpen
- Tragesysteme
- Mehrkomponentenwerkstoffe
- Biegeplatten im kleinsten Maßstab
- Haken-Saugeinrichtungen
- andere Koppeleinrichtungen
- Adhäsionssysteme
- Filtrationsinstrumente
- Antriebselemente
- Bewegungssysteme
- Vortriebsapparate
- Fluidfördereinrichtungen
- motorische Elemente
- neurale Strukturen
- neuromotorische Ankopplung von Sensoren
- Sensoren selbst
- Druckwandler
- Reizleitungssysteme Außenwelt → Sensorium
- Spiralversteifungen und Faltstrukturen
- Gliederungselemente und Gliederketten
- endogene Transporteinrichtungen
- Werkzeuge und Miniaturgetriebe
- Energiespeicher
- Einbau von Elastizitäten
- Bandstrukturen
- beulungssteife Membranen
- Oberflächengliederungen
- strömungsbeeinflussende Strukturen
- Potenzialaufbauende und abbauende Strukturen
- Strukturen zur Minimalverpackung
- aufblasbare Miniaturelemente
- vorgefertigte Strukturen
- Elemente, die vorgefertigte Strukturen kurzfristig funktionsfähig machen
- Netz- und Dehnungsstrukturen
- Oberflächenprotektionen
- multivalente Werkstoffe
- vielseitige Kompositelemente
- zeitlich terminierte Werkstoffe
- vollständig recyclierbare Werkstoffe

8.1.1.1
Bionischer Bezug

Allein schon diese Aufzählung mag den Standpunkt bekräftigen, dass es nicht weise erscheint, technologische Mikrosystemforschung zu betreiben, ohne die Konstruktions- und Lösungsvielfalt der Natur mit einzubeziehen. Vorbilder aus der Natur können nicht nur indirekte und direkte Hinweise auf technologisch eigenständiges, unkonventionelles Gestalten bieten. Sie sind darüber hinaus absolut unverzichtbar, wenn es darum geht, Mikrotechnologie später wieder in die belebte Welt zu integrieren, z. B. Mikrorobotik für die Gefäßsysteme des Menschen zu entwickeln. Hier sollte von vornherein natürliches Konstruktionspotenzial eingebracht werden.

Für jede noch so detaillierte mikrotechnologische Anforderung lässt sich eine Vielzahl mikromorphologischer Vorbilder finden, die einer technologischen Nutzung zur Verfügung stehen.

Mikrostrukturen haben bestimmte Spezifika, die zu beachten sind. So wächst z. B. die Reibung – wie alle oberflächengebundenen Effekte – mit zunehmender Mikro-Miniaturisierung exponentiell an (vergl. Abb. 8-1) und wirft damit die prinzipielle Frage auf, inwieweit es sinnvoll sein kann, bewährte Konstruktionselemente in mikroskopisch kleine Dimensionen einfach zu übertragen. In einem elektrostatischen Motor mit einem Rotor von 1/10 mm Durchmesser war das Nabenlager binnen kurzer Zeit verschlissen und der Motor somit zerstört: Klassisch technologische Lager zu miniaturisieren ist offensichtlich nicht der Weg. Bei Lebewesen hat man zum einen bereits miniaturisierte Lösungen, die man also direkt vergleichen kann, ohne Größenaspekte einbeziehen zu müssen. Zum anderen herrscht bei Lebewesen Kraftübertragung durch „Stoffschlüssigkeit" vor, so dass man Schilling und Koautoren von der Universität Ilmenau beipflichten muss, wenn sie dringend vorschlagen, die Bewegungsorgane von kleinen Organismen zu studieren. Gerade auch Oberflächeneffekte, sys-

Spezifik der Mikrostrukturen

Volumenproportionale Kräfte und Gravitationseinfluss klein gegen flächen- und längenproportionale

Reibungs- und Adhäsionseffekte verstärkt, Massenwirkungen verringert

Grenzflächen- bzw. schichtengebundene Stoff- und Energiedynamik beschleunigt

Schwache Wechselwirkungen bei Stoff- und Energiewandlungen durch Kaskaden von Wirkelementen verstärkt

Modulgröße ermöglicht hohe Integrationsdichte für vernetzte Regelhierarchien

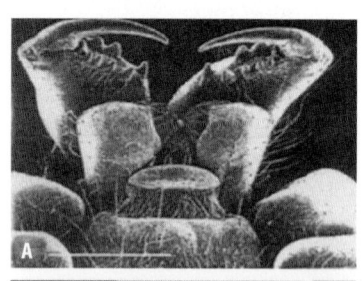

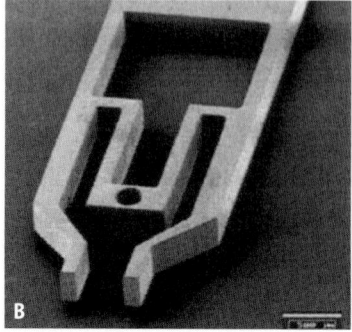

Stoffliches Kontinuum angestrebt

an Grenze der Bearbeitungsgenauigkeit, fehlertolerante Wirkprinzipien erforderlich

partielle Differenzen der Fertigungs- und Einsatzbedingungen wirken sich drastisch aus

Palette der Abformungs- und Fügungsverfahren eingeschränkt

Abb. 8-1 Möglichkeits- und Problemräume beim Vergleich technischer und biologischer Strukturen in Mikrodimensionen. **A** Spinnen-Cheliceren, **B** mikromechanischer Greifer *(nach Schilling, Wurmus, Bögelsack 1995, ergänzt)*

temhafte „Schwachstellen" (z. B. Biegezonen in Chitinpanzern) und anderes spielen in diesem Zusammenhang eine Rolle. Mikrostrukturen haben somit ihre speziellen „mikromechanischen Spezifika", die es zu erkennen und im Vergleich mit mikrostrukturellen Lösungen der Natur zu optimieren gilt. Möglichkeits- und Problemräume, die sich bei einem solchen biologisch-technischen Vergleich auftun, sind in Abb. 8-1 dargestellt.

8.1.1.2
Anwendungspotenzial

Von einer Erforschung von Mikrostrukturen im angegebenen Sinn würde die Mikrotechnologie auf breiter Basis profitieren, und zwar sowohl im strukturellen Bereich (Stabilität) wie im funktionellen (Mikroantriebe etc.) und auch im energetischen (Leistungsspeicher etc.). Allgemein könnte das besonders der Mikrorobotik zugute kommen.

Ein nicht zu unterschätzendes Potenzial dieser Ansätze liegt auch darin, dass der Biologe, sofern er eine sehr große Übersicht und Formenkenntnis besitzt, bei einem gegebenen technologischen und industriellen Anforderungsprofil gezielt auswählen und vergleichend untersuchen kann. Anwendungsmöglichkeiten beziehen sich auf alle Mikrotechnologie-Bereiche, insbesondere auf:

- *Mikrorobotik*
- *Mikroantriebe*
- *Greifersysteme*
- *Vortriebselemente*
- *Kinematische Ketten*
- *Miniaturtragwerke*
- *Mikrowerkzeuge*
- *Energiespeicher* etc.

Das Anwendungspotenzial ist sehr vielseitig, gibt es doch u. a. in der biomedizinischen Technik kaum ein Konstruktionselement, das nicht nach bionischen Anregungen zu verbessern wäre. Beispiele sind:

- *Endoskopspitzen*
- *Injektionskanülen*
- *Innenbeschichtungen*
- *Mikrowerkzeuge*
- *Katheterstrukturen*

Technikbereich	Biologisches Fach	Objekt	Anwendung
Antriebstechnik	Funktionsmorphologie und Physiologie der Muskeln	„Künstlicher Muskel" – ein Linearaktuator als kaskadierte Mikrostruktur	Mikro- u. feinwerktechnische Stellbewegungen, mechanische Sensorkomponenten
Getriebetechnik	Arthropologie	Gliedmaßen und Mundwerkzeuge der Insekten	Laufmaschinen (Hexapoden) und Mikromanipulatoren z. B. Minimalinvase Chirurgie
Werkstoffkunde	Arthropologie	Stoffschlüssige Gelenke	Planare Technologien für „compliant mechanisms" mit Steifigkeitsgradienten
Werkstoffkunde	Biokristallographie	Skelette der Diatomeen und Radiolarien, Histomineralisationen	Muster der dreidimensionalen Strukturbildung, Liquid Deposition
Hydraulik/Fluidlogik	Angiologie der Invertebraten	Hämolymph-Kreislauf und hydrostatsche Gelenkantriebe der Chelicerata	Mikrofluidische Komponenten in mikromechanischen Systemen, kolbenlose Kraftauskopplung
Greifertechnik	Rezeptorphysiologie	Taktile Hautrezeptoren und Propriozeptoren des Bewegungsapparates	Tastsensoren auf Wirkfläche bzw. integrierte Stellungskontrolle in Gelenken
Umwelt Messtechnik	Rezeptorphysiologie	v. Ebnersche Spüldrüsen der Geschmackspapillen	Prozessankopplung und Standzeiterhöhung chem. Mikrosensor-Oberflächen

Abb. 8-2 Mögliche Ansätze für eine „Mikro-Bionik" auf der Basis von Analogiensuche und nachfolgender hinreichend parametergestützter Modellbildung *(nach Schilling, Wurmus, Bögelsack 1995)*

Eine Zusammenstellung möglicher Ansätze für eine „Mikrobionik" zeigt Abb. 8-2. Da es sich häufig um Bewegungssysteme handelt, kann man auch von einer Mikrobiomechatronik sprechen, wie in Abschn. 8.1.2 ausgeführt wird.

8.1.2
Mikrobiomechatronik aus der Ilmenauer Sicht

In Ilmenau erweitert man das obengenannte Konzept in der Hinsicht, dass nicht nur die Anwendung mechatronischer Systeme als Produkte *am* menschlichen Organismus (in vivo, in situ) oder als Mensch-Maschine-Schnittstelle, sondern auch ihre Applikation in anderen lebenden Systemen (Organismen, Biotechnologische Anlagen, Umwelt) und insbesondere die Ableitung von Entwurfsideen für mechatronische Systeme *aus* biologischen Vorbildern im Sinne der Bionik einbezogen werden. C. Schilling sieht das wie folgt:

„Bei den Lebewesen als *stoffkohärente* ‚Mechanismen' sind alle Konstituenten des Stoff-, Energie- und Informationswandels eines mechatronischen Systems präsent (*multifunktionell*), wenn auch ihre Module, welchen eine bestimmte Funktion zugeordnet werden soll, schwer voneinander abgrenzbar sind. Mit der durch die Mikro- und Nanotechnologien möglich gewordene Verkleinerung aller funktionstragenden Komponenten können Integrationsdichten erreicht werden, die es ermöglichen, hochkomplexe technische Systeme zu erzeugen (vgl. Abb. 8-1).

Die hierarchische Verknüpfung und disperse Topologie aktorischer bzw. sensorischer Elemente in einer räumlichen Gesamtstruktur bieten eine Basis für die Umsetzung des biologischen Grundprinzips der Anpassung. Derartige Produkte reagieren kompensatorisch auf Störeinflüsse oder wechselnde Belastungen. Dadurch können z.B. ihre Lebensdauer verlängert, die Leistungsaufnahme verringert und Material eingespart werden. Zunehmend wird eine Palette an Werkstoffen erschlossen, deren Festkörpereffekte sich für bestimmte Energie- und Signalwandlungsfunktionen nutzen lassen (‚*smart materials*'). Die Tendenz zur Verlagerung auch der mechanischen Funktionen (Bewegungserzeugung und -umsetzung, Führung des Kraftflusses) von der *äußeren Geometrie* von Bauteilen in die *Textur* des Werkstoffs führt zu einer Annäherung an biologische Materialien, die grundsätzlich orts- und richtungsabhängig (*anisotrop*) – z.T. auch reversibel – und nachgiebig sind (‚*compliant mechanisms*').

Biologische Systeme, vom Protein-Makromolekül bis zum globalen Ökosystem, sind generell durch eine hohe *Komplexität* gekennzeichnet. Das Verständnis der Prinzipien ihrer Selbststabilisierung und der Nachhaltigkeit in ihrer Wechselwirkung mit der Umgebung kann der Ausgangspunkt zur Beherrschung der Folgen einer zunehmend komplizierten Technik sein. Bionik als *Methode der Umsetzung von Funktionsprinzipien biologischer Systeme* gibt dem Konstrukteur eine begründete Logik in die Hand, seine Entwürfe mit größerer Wahrscheinlichkeit offen für die Anforderungen an *biokompatible* Produkte zu gestalten. Aufwendige Änderungen im Design können vermieden werden, wenn ingenieurseitige Kreativität mit biologischem Verständnis schon in frühen Entwicklungsphasen eines Produkts oder Verfahrens verbunden werden.

Da die Mechatronik sich selbst noch in der Phase der Erschließung ihres Möglichkeitsraums befindet, ist sie mehr als andere Technikzweige offen für die Anwendung bionischer Anregungen. Dabei ist ein noch nicht absehbarer sowohl technischer als auch technologischer Erkenntnisfortschritt zu erwarten, dessen Umsetzung in effektiven und umweltverträglichen Lösungen Marktvorteile mit sich bringen kann, aber auch an der Überwindung der zwischen technischen und biologischen Systemen bestehenden Kluft mitwirken wird.

Bionische Entwicklung übernimmt als Methode ingenieurseitiger Kreativität aus den unabhängig vom Menschen entstandenen lebenden Systemen Anregungen zum Entwurf technischer Konstrukte (Abb. 8-2). Dazu müssen diese natürlichen Objekte verstanden und in *technik-adäquater* Sprache abstrahierend beschrieben werden. Alle gelungenen Umsetzungen enthalten das Potenzial zur Schonung stofflicher und energetischer Ressourcen, da das anregungsgebende Objekt aus einer *evolutiv* entstandenen Realität entnommen wurde, die nur durch die in jeder Strukturebene quantitativ ausgeglichenen Wechselwirkungen mit der Gesamtheit aller anderen Komponenten Bestand hat."

8.1.3
Zwei Demonstrationsbeispiele: Ruderbein und Mikrogreifer

8.1.3.1
Ruderbein des Rückenschwimmers

Die schwimmhaarbesetzten Ruderbeine eines Wasserkäfers oder einer Wasserwanze (Abb. 8-3 A) können durch physikalische Wirkungsgradbetrachtungen in

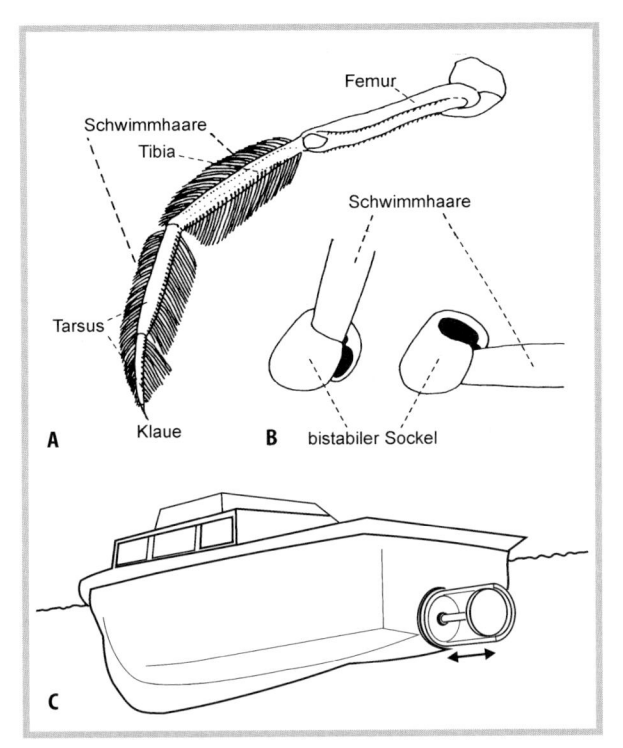

Abb. 8-3 Fortbewegung im Wasser nach dem Widerstandsprinzip. **A** Schwimmbein des Rückenschwimmers *Notonecta glauca* (Wasserwanze), **B** Schwimmhaaranschläge, links beim Ruderschlag (Schwimmhaar ausgestreckt), rechts beim Vorzug (Schwimmhaar angelegt) *(nach Kallenborn et al. 1990)*, **C** Konzept des Verdrängerkolbenantriebs von G. Hauck *(Umzeichnung nach Hauck 2001)*

ihrem Gütegrad eingeschätzt werden (*hydrodynamischer Aspekt*). Die Schwimmhaare selbst können als langgestreckte Mehrkomponentenbaustoffe besonderer Biegesteifigkeit analysiert werden (*biostatisch-materialtechnischer Aspekt*). Die Gelenke an den Schwimmbeinen können getriebetechnisch in ihrem Zusammenspiel beschrieben werden (*ingenieurmäßiger Aspekt*). Insgesamt kann das Ruderbein als Konstruktion und unter kenntnisreichem Zusammenführen der biologisch formulierbaren oder physikalisch analysierbaren Aspekte angemessen beschrieben und verstanden werden (*Gesichtspunkt der Technischen Biologie*). Dies wiederum kann erst die Basis bilden für ein Anbieten der hier beschriebenen Konstruktionselemente im ingenieurwissenschaftlich-technischen Bereich (*Aspekt der Bionik*).

Derartige Ruderbeine von Wasserwanzen und Wasserkäfern arbeiten nach dem Widerstandsprinzip. Beim Ruderschlag zerlegt sich die Gegenkraft des Wassers in eine Vortriebs- und eine Seitentriebskomponente; die Vortriebskomponenten addieren sich zum Gesamtschub auf. Beim Vorziehen legt sich das Bein mit zusammengelegten Schwimmhaaren und Gliedern an die Körperoberfläche an und erzeugt nur eine sehr geringe Gegenkraft.

Unterwasserruder sind im technischen Bereich ungebräuchlich. Kürzlich wurde aber ein weitläufig analoger Konstruktionsvorschlag bekannt, der ebenfalls nach dem Widerstandsprinzip arbeitet. G. Hauck von der Hochschule Bremerhaven hat ihn vorgeschlagen. Auch hier wird eine Widerstandskraft erzeugt, und zwar durch einen rasch nach hinten stoßende Kolben (Abb. 8-3 C). Die Gegenkraft des Wassers weist in Längsrichtung und wird ohne Seitentriebsverlust in Vortrieb umgesetzt. Das Zurückziehen erfolgt in einem geschlitzten Zylinder praktisch gegenschubfrei. Deshalb ist der Wirkungsgrad sehr hoch. Die genannten schwimmhaarbesetzten Insektenbeine arbeiten beim Rudern mit hydrodynamischen Wirkungsgraden von etwa 70 %; der Verdrängerkolbenantrieb soll über 90 % erreichen, weil er beim Zurückziehen keinen Sog überwinden muss.

8.1.3.2
Mikrogreifer mit zweistufigem Übersetzungsverhältnis

Im experimentellen Grenzfall werden Muskelkontraktionen traditionell in fünf Kategorien eingeordnet, in isotonische, isometrische, Unterstützungs-, Anschlags- und auxotonische Kontraktion. Zwei davon sind hier als Vorbild genommen. Lässt man einen übermaximal gereizten Muskel mit der Muskelkraft F_{m1} durch ein Loch in einer Tischplatte ein Gewicht F_G um die Strecke Δs heben, bis dieses Gewicht von unten an die Tischplatte anstößt und die Kraft F_{m2} überträgt, so erreicht man vor dem Anstoßen isotonische Verhältnisse, nach dem Anstoßen isometrische. Hierbei wird die Muskelkraft F_{m2} größer als F_{m1}, doch wird es nach dem Anstoßen nur noch zu einer geringfügigen Kontraktion (Verformen der Anschlagseinrichtung) kommen. Entsprechend wurde ein Mikrogreifer entwickelt. Zunächst wird eine Antriebsbewegung mit höherer Übersetzung übertragen, wodurch ein größerer Greifweg erreicht wird. Unmittelbar bei Objektberührung wird durch Zuschalten eines weiteren Hebelsystems die Antriebsbewegung mit niederer Übersetzung übertragen, wodurch eine größere Greifkraft erreicht wird. Das Prinzipvorbild ist in Abb. 8-4 A skizziert, die technische

8 Konstruktionen und Geräte

Ausführung in Abb. 8-4 B. In der letzteren Teilabbildung ist der Piezoaktuator, der den Greifer zusammendrückt, mit FF bezeichnet; die weiteren Abkürzungen dürften selbsterklärend sein.

Dieser Mikrogreifer kann im Schichtenaufbauverfahren aus Silizium oder Glas gefertigt werden; Letzterer ist in Breite, Höhe und Länge 10, 0,3 und 17 mm groß; sein Wirkflächenabstand beträgt 0,4 mm.

Der Greifer ordnet sich in ein Struktur-Funktionsdiagramm technischer Manipulationssysteme (Abb. 8-5) ein, das Komponenten, Grundfunktionen, Aufgaben und bionische Analogien zusammenfasst.

8.2
Präzisionstechnische Antriebssysteme – neuartige konstruktive Wege

Im Skelettmuskel sind die kontraktilen Sarcomere von etwa 2 μm Länge (1,7-2,5 μm, je nach Zustand) hintereinandergeschaltet, und viele derartige Ketten sind in einer Muskelfaser parallel geschaltet (Abb. 8-6 A). Entsprechend kann man sich eine technische Aktoren-Schaltung vorstellen (Abb. 8-6 B), die das Skelettmuskelsystem strukturell-analog abbildet und gleichzeitig Basis für ein funktionsanaloges technisches Konzept abgibt. In jedem Fall ist die Gesamtkontraktion gleich der seriell gekoppelten Summe der Einzelkontraktionsstrecken. Sie kann bei Skelettmuskeln etwa 25 %, bei speziellen indirekten Muskeln (z. B. Flugmuskeln von Fliegen) nur wenige Prozent, bei sog. superkontraktilen Muskeln deutlich über 50 % betragen. Die Gesamtkraft ist gleich der Summe der Einzelkräfte der Längsketten in Parallelschaltung.

Die molekulare Mechanik des Muskels ist gut bekannt. Querbrücken zwischen den Aktin- und Myosinfasern öffnen und schließen sich und verändern unter Energieverbrauch ihre Kontaktwinkel, wodurch die freien Myosinfasern in die durch die Z-Membran verbundene Reihung der Aktinfasern hineingezogen werden („Teleskopprinzip").

In einem Gemeinschaftsprojekt zwischen der TU Ilmenau, der FSU Jena und der TU Sofia werden die Skelettmuskel-Prinzipien derzeitig bionisch übersetzt. Daraus hat sich bereits ein neuartiger miniaturisierter Linearantrieb mit quasi kontinuierlicher, bidirektionaler Bewegung bei theoretisch unbegrenztem Bewegungsbereich des Läufers (Abb. 8-6 C) ergeben. Damit lassen sich auch wurmartige und nachgiebige Bewegungssysteme bauen, für die z. B. im Bereich minimal-

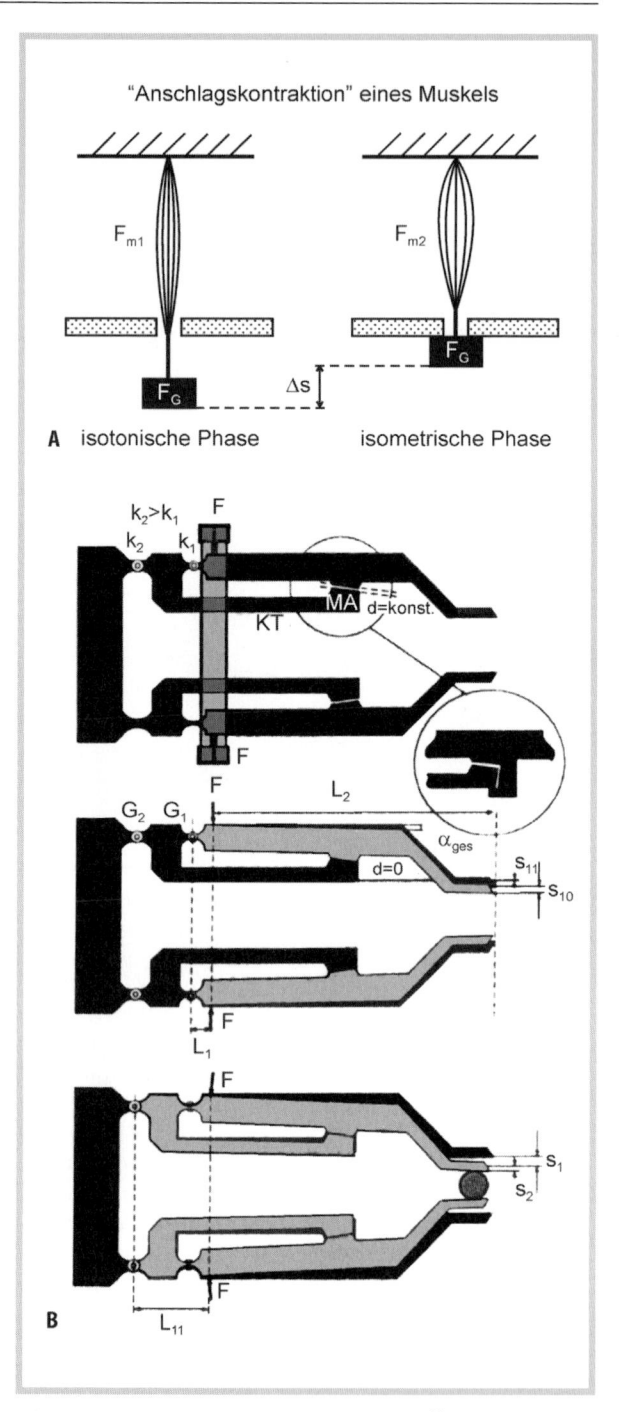

Abb. 8-4 Mikrogreifer mit mehrstufigem Übersetzungsmechanismus nach der Art der Anschlagskontraktion eines Muskels *(nach Saline, Wurmus 1998 und Datenblatt Innovationskolleg Bewegungssysteme Jena/Ilmenau 1999)*

8.2 Präzisionstechnische Antriebssysteme – neuartige konstruktive Wege

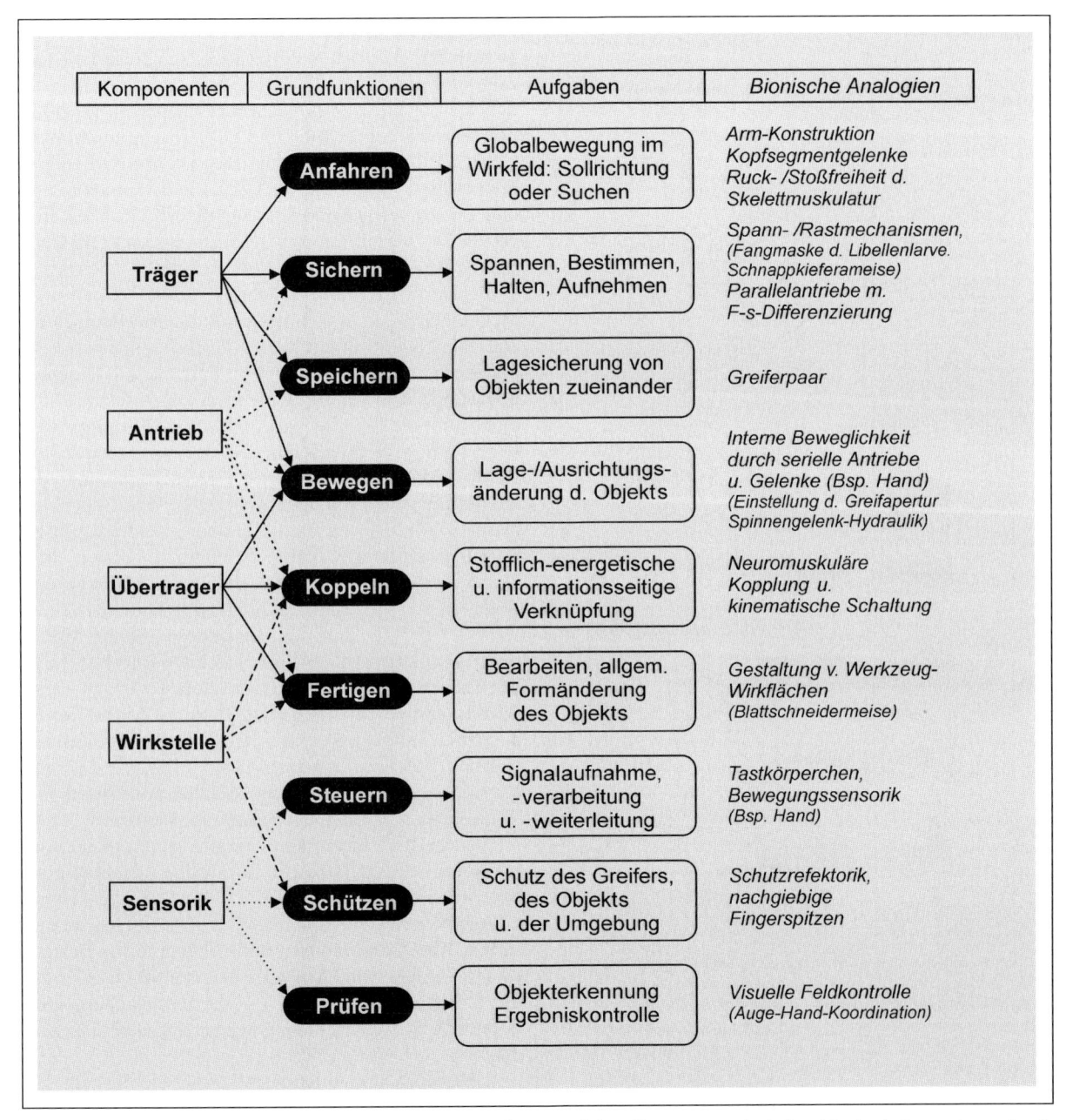

Komponenten	Grundfunktionen	Aufgaben	Bionische Analogien
Träger	Anfahren	Globalbewegung im Wirkfeld: Sollrichtung oder Suchen	Arm-Konstruktion Kopfsegmentgelenke Ruck- /Stoßfreiheit d. Skelettmuskulatur
	Sichern	Spannen, Bestimmen, Halten, Aufnehmen	Spann- /Rastmechanismen, (Fangmaske d. Libellenlarve. Schnappkieferameise) Parallelantriebe m. F-s-Differenzierung
Antrieb	Speichern	Lagesicherung von Objekten zueinander	Greiferpaar
	Bewegen	Lage-/Ausrichtungsänderung d. Objekts	Interne Beweglichkeit durch serielle Antriebe u. Gelenke (Bsp. Hand) (Einstellung d. Greifapertur Spinnengelenk-Hydraulik)
Übertrager	Koppeln	Stofflich-energetische u. informationsseitige Verknüpfung	Neuromuskuläre Kopplung u. kinematische Schaltung
Wirkstelle	Fertigen	Bearbeiten, allgem. Formänderung des Objekts	Gestaltung v. Werkzeug-Wirkflächen (Blattschneidermeise)
	Steuern	Signalaufnahme, -verarbeitung u. -weiterleitung	Tastkörperchen, Bewegungssensorik (Bsp. Hand)
Sensorik	Schützen	Schutz des Greifers, des Objekts u. der Umgebung	Schutzrefektorik, nachgiebige Fingerspitzen
	Prüfen	Objekterkennung Ergebniskontrolle	Visuelle Feldkontrolle (Auge-Hand-Koordination)

Abb. 8-5 Zuordnung der biologischen Greiforgane im Struktur-Funktionsdiagramm technischer Manipulationssysteme *(nach Hesse 1990, ergänzt, aus Datenblatt Innovationskolleg Bewegungssysteme Jena/Ilmenau 1999)*

invasiver operativer medizinischer Eingriffe ein Bedarf besteht. Realisiert wurde ein derartiger Antrieb von halber Streichholzgröße. Potenzielle Anwendungsfelder dieser Systeme finden sich u. a. in der Präzisionstechnik, der Mikrofabrikation, der Robotik, der Automatisierungstechnik und der Kraftfahrzeugtechnik.

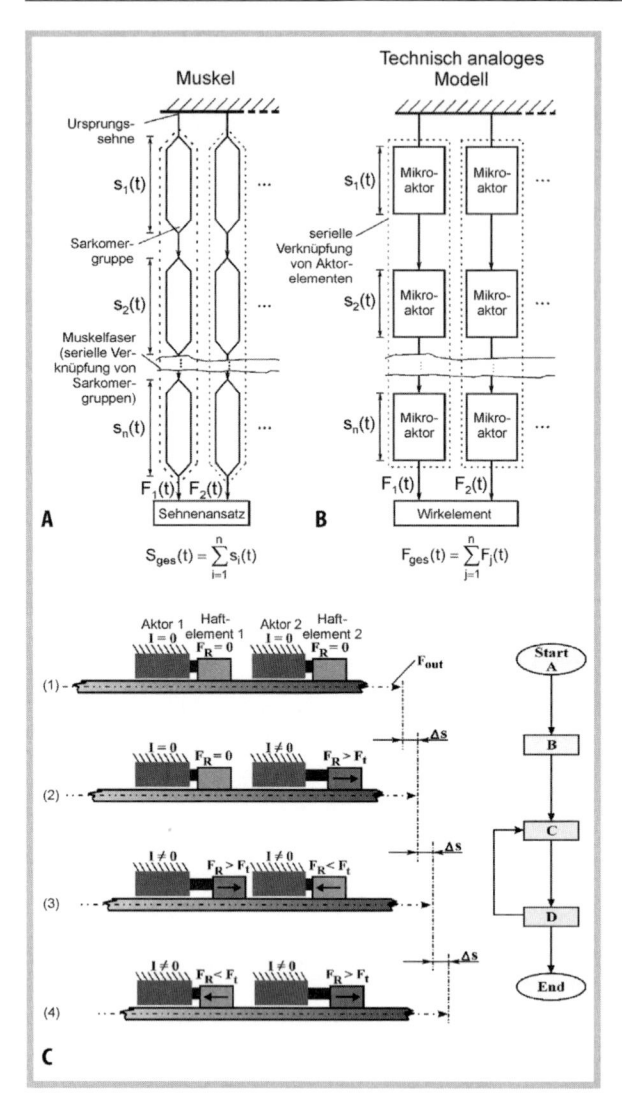

Abb. 8-6 Muskel und Linearantrieb. **A** Sarkomeren-Verknüpfung in einer Muskelfaser, **B** technisch analoges Modell von A. **C** kaskadierter Linearantrieb nach dem Vorbild des Aktin-Myosin-Querbrückenzyklus. F_R Reibungskraft, F_t Trägheitskraft des Läufers, F_{out} auskoppelbare Bewegungskraft am Läufer *(nach Riemer et al. 2001)*.

8.3
Mikrotribologie – eine Disziplin mit Zukunft

Reibungsvorgänge spielen eine entscheidende Rolle im biologischen wie im technischen Bereich. Ihre makroskopischen Gesetzlichkeiten sind bekannt, aber selbst in speziellen technischen Fällen (wie Lagerreibung oder auch Reibung bei Gelenkimplantaten) sind die Vorgänge im mikroskopischen Bereich vielfach noch nicht theoretisch beschreibbar. Dies ist aber genau der Bereich, den die belebte Welt meisterhaft beherrscht. Vorgänge der Reibung, der Haftung und Enthaftung (dynamische Übergänge) auch der Nichthaftung („Abrutschen") in der belebten Welt sollten deshalb detailliert studiert werden. Das Arbeitsgebiet, wie es vor allem S. Gorb seit einigen Jahren betreibt und neuerdings zusammenfassend dargestellt hat, kann man „Mikrotribologie" nennen.

Es kommen hierbei mehrere Effekte zusammen. Meistens handelt es sich um strukturierte Rauigkeiten zwischen zwei Kontaktflächen S_1 und S_2 (Abb. 8-7 A), deren Feinausgestaltung den Reibungskoeffizienten beeinflusst, und bei der es zu einer richtungsunabhängigen (oberes Teilbild) bzw. richtungsabhängigen (unteres Teilbild) Reibungsgeneration kommen kann. Eine große Rolle spielt auch die Kontaktfläche, bei der wiederum Feinnoppung (Abb. 8-7 B, oben) geringe, geometrisch strukturierte Anpassung (unten) größere Reibung generieren kann. Schließlich spielen auch Druckvorgänge, die zeitbehaftet sein können, eine Rolle. In der gegebenen Kontaktzeit können sich, je nach den mechanischen Eigenschaften und der Mikroprägung, plastische und elastische Oberflächen mehr oder minder ineinander passen (Abb. 8-7 C). Die Feinstrukturierung der haftbedingenden Mikrotrichien ist auch bei nahe verwandten Arten einer biologischen Gattung durchaus unterschiedlich (Abb. 8-7 D). Man kann gespannt sein, ob die nähere Forschung hier strukturfunktionelle Querbeziehungen aufweist. Ich erwarte dies, und daraus könnten sich ganz neue mikro- bis sogar nanomechanische technische Konzepte ergeben.

Auch die Art, wie z. B. Insekten ihre Haftpolster aufsetzen und wieder ablösen und dabei einzelne Haftelemente Kontakt schließen oder den Kontakt wieder öffnen („digitalisiertes Haften") ist der Untersuchung wert. Für die Gecko-Seta ist diese Frage bereits bearbeitet worden.

Schließlich kann auch Nichthaften wichtig sein. Die bläulich irisierenden Wachskristalloide auf der Oberfläche z. B. von Pflaumen und erst recht im Trichterbereich von Kannenpflanzen (*Nepenthes* u. a.) sollen ein Haften von Schadinsekten erschweren bzw. Insekten sicher abrutschen lassen (die bei den Kannenpflanzen dann in eine Verdauungsflüssigkeit fallen). Vergleiche haben ergeben, dass manche Ameisen auf derartig glitschigen Wachsschichten vorzüglich haften, andere wie-

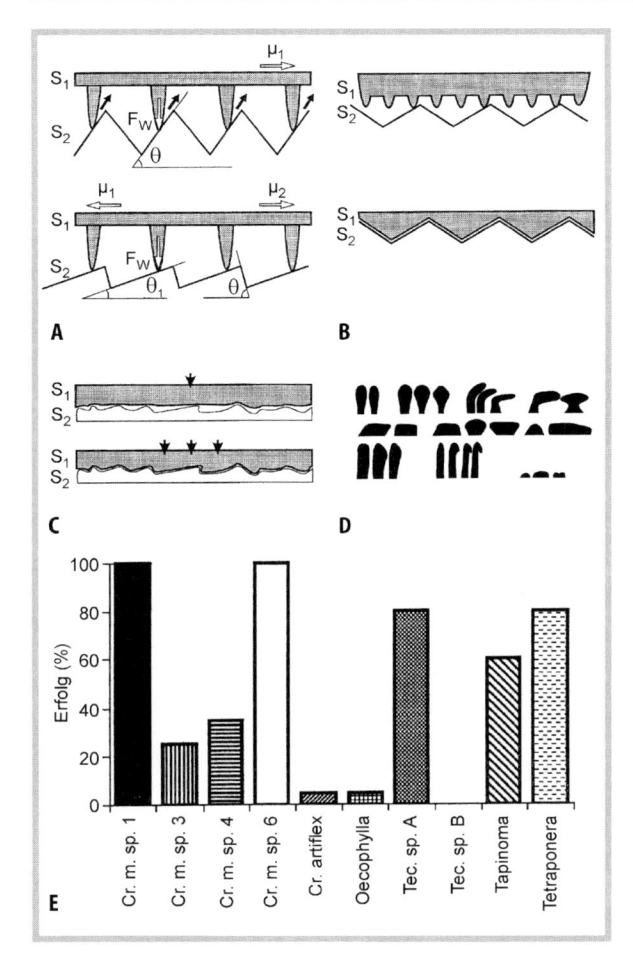

Abb. 8-7 Mikrotribologische Effekte. **A** Einfluss der Rauigkeitsgestaltung, **B** Einfluss der Kontaktfläche, **C** Einfluss der Kantenverformung **D** Diversitäten von Mikrotrichen bei Kleinlibellen (*Zygoptera*) (nach Gorb 2001), **E** Vermögen von 10 Ameisenarten auf einer wachsbedeckten Pflanzenoberfläche (Zweige von *Macaranga pruinosa*) zu laufen. Cr *Crematogaster*, Tec *Technomyrmex (nach Federle, Maschwitz 1997 aus Gorb 2001)*

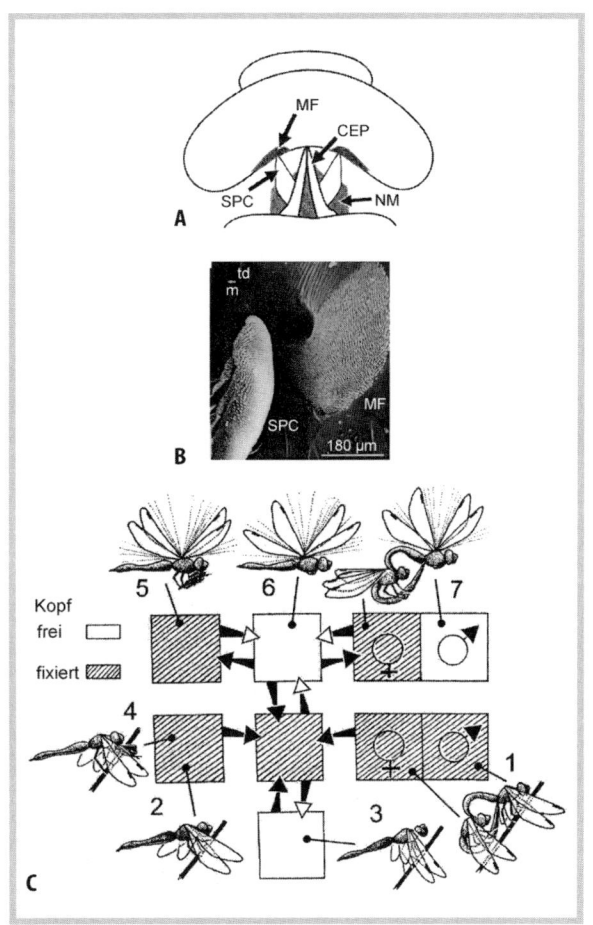

Abb. 8-8 Fallweise „einklinkbares" Kopfarretierungssystem nach dem Prinzip der Mikroverhakung bei Libellen (*Anisoptera*). **A** Prinzipschema, Dorsalansicht. CEP *Cephaliger*, MF *Mikrotrichienfeld*, HM *Halsmembrane*, SPC *Postcervikaler Sklerit*, **B** relative Position des SPC und des MF an der rechten Kopfseite, **C** unterschiedliche Verhaltenspositionen von Großlibellen, bei denen der Kopf freigehalten wird oder durch die Mikroverhakung arretiert ist. *1* Tandemsitzen, *2* Ausruhen, *3* Reinigen (Kopfbewegungen), *4* Nahrungsaufnahme, *5* Beutefang im Flug, *6* Suchflug, *7* Tandemflug *(nach Gorb 2001)*

der nicht (Abb. 8-7 E). Warum ist das so? Mit solchen Fragen ist die Linie technisch-biologischer mikrotribologischer Grundlagenuntersuchungen mit sehr wahrscheinlichen bionisch-technischen Anwendungsmöglichkeiten vorgegeben.

Ein wichtiger, auch in der Technik wesentlicher (wenngleich erst ansatzweise erfasster) Vorgang ist die kurzfristige Haftung und das energiearme Wiederlösen. Man könnte dies z. B. zur temporären Ausrichtung kleiner und kleinster Objekte verwenden. Libellen haben einen vergleichsweise großen und schweren Kopf, den sie bei mechanisch weniger belastenden Verhaltensweisen lediglich punktuell gestützt (und damit sehr beweglich) tragen, bei anderen, die z. B. großen Drehbeschleunigungen unterworfen sind, aber durch Mikrohakensysteme von zwei Seiten her abstützen (Abb. 8-8 C). Die Kontaktfläche ist sehr klein, aber effektiv; die Haftung kann sehr rasch geschlossen und wieder gelöst werden (Abb. 8-8 A, B).

8.4
Reibung und Haftung – sehr unterschiedliche Mechanismen

8.4.1
Von der Schlangenhaut zum Skibelag

Die Unterseite der Bauchschuppen von Schlangen, die im tropischen Regenwald kriechen – z.B. der Gattung *Leimadorphys* – tragen eigentümlich strukturierte Schuppen (Abb. 8-9 A). Sie wirken als „richtungsabhängige Reibungsgeneratoren", bremsen das Vorwärtsrutschen nicht, verkeilen sich aber beim Rückwärtsziehen in Bodenunebenheiten. Die Wissenschaftler am Musée d'Histoire Naturelle in Paris, J. B. Gasc, S. Renous und G. Castanet, haben sich das Prinzip „Surface à coefficient de frottement directionnel" patentieren lassen. Daraus hat sich ein analoger Langlaufskibelag entwickelt (Abb. 8-9 B), der das Vorwärtsgleiten nicht behindert, das lästige Rückrutschen aber deutlich reduziert. Entsprechend den anderen mechanischen Eigenschaften von Schnee und in Übereinstimmung mit den Möglichkeiten der technischen Formen (möglichst Unterschneidungen vermeiden etc.) sieht die Struktur des Belags anders aus, wirkt aber in gleicher Weise. Eine „analoge" Übertragung aus der Natur in die Technik. Sie hat einen beachtlichen Markt gefunden.

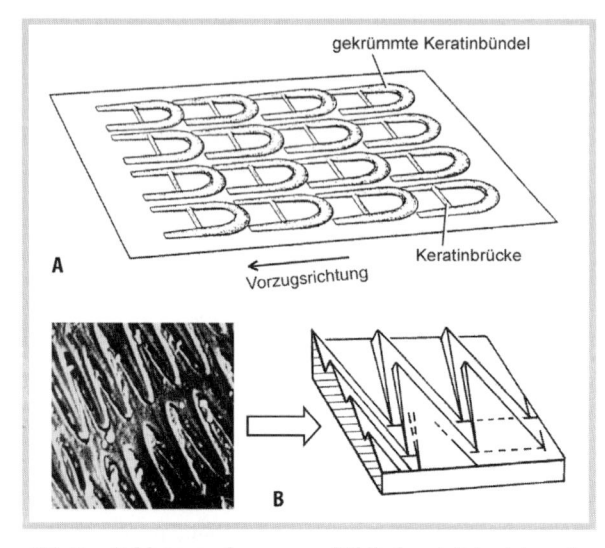

Abb. 8-9 Schlangenschuppen und Skibelag. **A** Prinzipbau der strukturierten Bauchschuppenunterseite bei *Leimadorphys spec.* (nach P. l. Science 1984), **B** von der Schlangenschuppe (REM-Aufnahme, verändert) zum analogen Langlaufskibelag *(Neuzeichnung nach Gasc et al. 1983)*

8.4.2
Die Haftung der Geckofüße – Vorbild für Trockenklebebänder

In einer Studienarbeit der Ausbildungsrichtung Technische Biologie Bionik der Universität des Saarlands hat sich J. Batal (2001) unter Anleitung von W. Possard, F. Mücklich und T. Recktenwald mit den Setae des Geckofußes und Überlegungen zu einer technischen Umsetzung befasst. „Die Notwendigkeit, Dinge für kurze Zeit auf einer Oberfläche zu befestigen und wieder entfernen zu können, ohne Spuren davon zu hinterlassen, ist im Alltag immer vorhanden und bietet daher einen großen Markt. Oft hilft auf der Suche nach neuen Lösungen der Zufall. Dennoch ist man, wie so oft in der Forschung, auch hier gut beraten, wenn man einen Blick in die Natur wirft um zu sehen, welche Lösungen sie für dieses und auch andere Probleme bereit hält. Viele Tiere mussten im Laufe der Evolution Möglichkeiten entwickeln, sich auf verschiedenen Substraten festzuhalten. Die Erschließung neuer Lebensräume und Ökologischer Nischen erforderte auch auf diesem Gebiet immer wieder neue Lösungen."

8.4.2.1
Gecko-Setae und Überlegungen zu Haftungsumsetzung

Geckos können bekanntlich an senkrechten Flächen, selbst Glasscheiben, auch an manchen wachsüberzogenen Pflanzen, senkrecht hoch laufen. Auf der Insektenjagd müssen sie dabei rasch laufen, d. h. mit den Füßen sicher aufsetzen, diese aber auch problemlos wieder abrollen können. Man ist heute der Meinung, dass Van-der-Waals-Kräfte zwischen den submikroskopisch kleinen Setae-Enden („Spatulae") (Abb. 8-10 A) und dem Substrat die entscheidende Rolle spielen. Diskutiert wurden bis dahin Effekte der Adhäsion über feine Flüssigkeitsüberzüge, Saugnapfeffekte, elektrostatische Anziehung und Effekte der Einhängung von Mikrohaken in submikroskopisch feine Unebenheiten scheinbar glatter Oberflächen. Letztere erscheinen mir noch nicht völlig ausgeschlossen. Wahrscheinlich ist das Ganze ein Mehrkomponenteneffekt, der aber überwiegend auf der Van-der-Waals-Anziehung beruht.

Das Seta-Ende spaltet sich, wie erwähnt, in ein große Zahl feinster Haftenden, den Spatulae, auf. Analogisiert wurde das durch eine fünfstufig dichotome Verzweigung (Abb. 8-10 B), aus der sich mit gegebenen E-Moduli von Keratin eine Gesamtfederkonstante berechnen lässt. Auf jeden Fall werden auf einer gegebenen rauen oder mikrorauen Oberflächen viel mehr Oberflächeneinheiten mit einer in Spatulae aufgespalteten Kontaktoberfläche als mit einer starren planaren Fläche Kontakt schließen können (Abb. 8-10 C).

Mittels eines Laserinterferenzsystems wurde die Oberfläche von Polyphenylsiloxan noppenförmig strukturiert. Eine solche Strukturnoppe könnte man einer Seta in Analogie setzen. Die Noppen sollten mit Zellulosefasern beschichtet werden, die man dann zu den Spatulae in Analogie setzen könnte. Dies kann durch Ankopplung von Zellulosesträngen an freien OH-Gruppen des Phenylsiloxans geschehen (Abb. 8-10 D). J. Batal verspricht sich damit beachtliche Anwendungsmöglichkeiten. „Die Verwendungsmöglichkeiten für ein trockenes Adhäsivum, welches mittels Van-der-Waals-Kräfte haftet, sind buchstäblich endlos. Die Funktion bliebe sowohl unter Wasser als auch im Vakuum erhalten. Sollte es möglich sein, nur annähernd die Haftkraft des natürlichen Vorbilds zu erreichen, deren energiesparende Ablösung unter einem bestimmten Winkel oder gar den selbstreinigenden Effekt, so eröffneten sich ganz andere Bereiche als „nur" der Einsatz als haftender Notizzettel." Für einen an der Decke sitzenden Gecko mit einer Masse von 50 g lässt sich eine flächenbezogene Haftkraft von 4 mN mm^{-2} abschätzen. Ziel der Umsetzung wäre eine selbsthaftende und mehrmals wiederverwendbare Folie. In Vorversuchen wurden Prüfstempel gefertigt und das Konzept eines neuartigen Haftkraftmessgeräts entwickelt. Es muss sich nun zeigen, ob die hier vorgelegte Grundidee tragfähig ist.

8.4.2.2
Messungen der Kraft einer Einzelseta

K. Autumn von der University of California, Berkeley, und Koautoren ist es gelungen, die Adhäsionskraft einer Einzelseta von *Gekko gekko* zu messen. Sie ist abhängig von der Vorlast, mit welcher der Fuß senkrecht zur Oberfläche angedrückt wird. Für den Fall maximal möglicher Vorlast (pro Seta etwa 15 μN) ist das Zeitverhalten der Kraftentwicklung in Abb. 8-10 E dargestellt, und zwar für Zeitverhältnisse, wie sie für langsames Laufen typisch sind. Beim Andrücken ist die Adhäsionskraft, per definitionem, negativ. Anschließend rutscht die Seta etwa 5 μm die Oberfläche entlang und entwickelt dann die maximale Anheftungskraft von etwa 200 μN. Während die Seta weiter rückwärts gezogen wird, setzt Gleitreibung ein, und die Adhäsionskraft bleibt konstant. Nachdem die Seta vom Sensor des

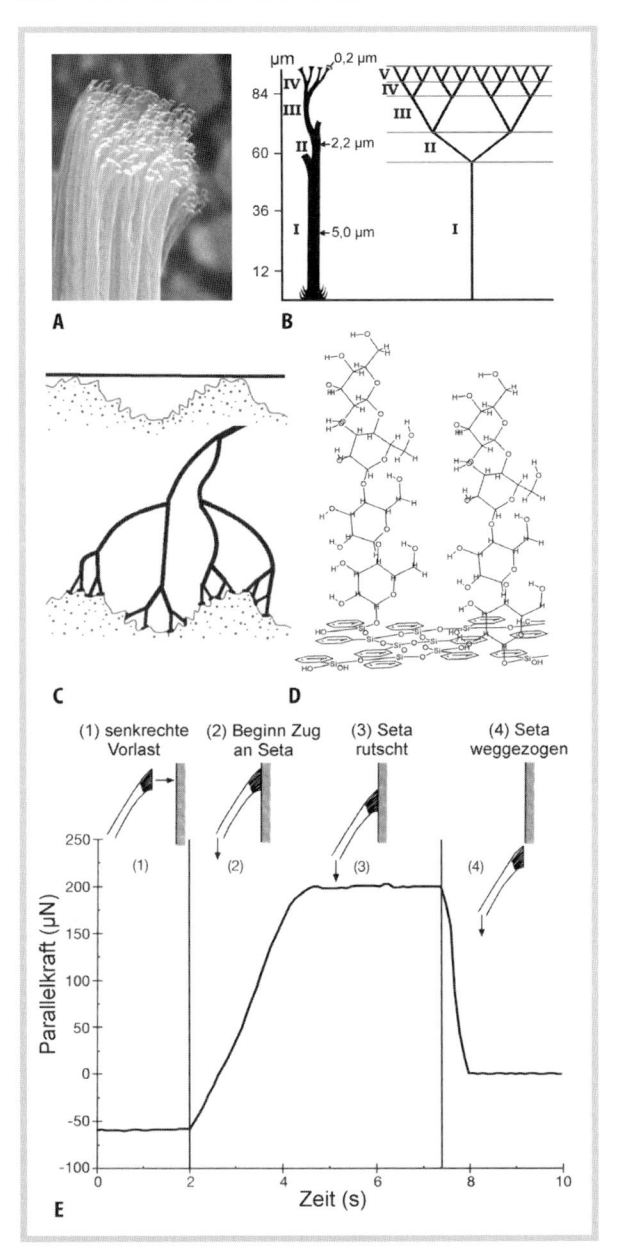

Abb. 8-10 Die Gekko-Seta und ein analoger Umsetzungsvorschlag. **A** REM-Aufnahme einer Seta-Spitze, **B** halbschematische Darstellung einer Gekko-Seta und ihre modellmäßige Abstraktion, **C** Schema der Kontaktmöglichkeiten einer Ebene und eines Seta-Endes mit Spatulae mit einem unebenen Substrat, **D** Zellulosestränge, verknüpft mit freien OH-Gruppen einer Polyphenylsiloxan-Trägerstruktur *(nach Batal 2001)*, **E** Zeitverhalten des Seta-Aufsetzens und zugeordnete Zeitfunktion der entwickelten Haftkraft *(nach Autumn et al. 2000)*

Messgeräts abgezogen wird, sinkt diese Kraft wieder auf Null. Der fast lineare Kraft-Zeit-Anstieg in Phase (2) bis zum Beginn der Phase (3) wird dadurch interpretiert, dass dabei zunehmend mehr Spatulae Oberflächenkontakt finden („Ausrichteffekt"). Die anschließende Maximalkraft war etwa 10 mal größer als sie, kalkuliert über Gesamtkontaktflächen und Tiergewicht, sein müsste. Bei Vorlast durch Andruck zwischen 2 und 10 µN steigt die Maximalkraft in Phase (2 → 3) etwa linear von 15 auf 35 µN. Dabei ist die 130 µm lange Seta nur etwa 1/10 mal so dick wie ein Menschenhaar; am Ende trägt sie Hunderte von Spatulae von lediglich 0,2–0,5 µm Länge.

Auch diese Messungen unterstützen die Annahme, dass die Haupthaftung von Van-der-Waal-Kräften bewerkstelligt wird. Die eigenartige makroskopische Ausrichtung der Spatulae und die automatisch sich einstellende Vorlast beim Aufsetzen erhöhen die Haftkraft dramatisch. Die Orientierung sorgt auch dafür, dass sich die Zehe beim Vorziehen automatisch abrollt, weil sich die einzelnen Seten mit ihren Spatulae oberhalb eines kritischen Neigungswinkels vom Substrat lösen.

8.4.2.3
Umsetzungspotenzial

Das Potenzial für technische Umsetzungen dieser Haftmechanismen ist enorm. Wie bereits angegeben sind „trockene" Klebestreifen vorstellbar, die sich, je nach der Schräge des Andrucks, leicht festheften (auch auf hochglänzenden polierten Oberflächen) bzw. leicht wieder lösen. Sie könnten eine Rolle spielen in der Medizintechnik, bei Feuerwehr, Polizei und Katastrophenschutz und in anderen technischen Anwendungsbereichen. Vorstellbar ist auch ein „Geckoroboter", der nach diesen Haftungsprinzipien glatte Wände hinaufklettern könnte. Der Roboter „Gekkomat" (Abb. 8-11 A) klettert dagegen mit Saugscheiben, also nach einem anderen Haftungsprinzip und sollte deshalb eigentlich auch anders benannt werden, obwohl die Scheiben eine äußere Ähnlichkeit mit den Gecko-Haftfüßen (Abb. 8-11 B) aufweisen. Das bionische Gekkomat-Konzept beruht eher auf dem Wunsch, es Tieren nachtun zu können, die glatte Flächen hochspazieren, als auf der Absicht, ein bestimmtes Naturprinzip der Haftung zu kopieren.

8.5
Mikromaschinen – Nanomaschinen

8.5.1
Mikromaschinen

Angepeilt werden Miniaturisierungen im Bereich etwa zwischen 1 cm und mehreren Dutzend µm. Beim Übergang vom Makro- in den Mikrobereich ändern sich physikalische Parameter, z. T. drastisch, wie Abb. 8-12 A zeigt. So kann z. B. Abrieb- und Wärmeerzeugung im Mikrobereich vernachlässigt werden, dagegen spielen Oberflächeneffekte eine dominante Rolle, insbesondere oberflächenbedingte Reibungen. Abbildung 8-12 B zeigt einen Prototypen des derzeit kleinsten „Kunstwurms", der auf Friktionsbasis arbeitet und sich beispielsweise durch Gefäße schlängeln könnte. Bereits diese noch relativ große Maschine arbeitet überwiegend auf Friktionsbasis! Klassisch sind Haken-Friktionseinrichtungen, wie sie als „statistische Verhakungen" z. B. bei Klettfrüchten auftreten (Abb. 8-12 C). Sie haben in bionischer Übertragung zu technischen Klettverschlüssen geführt (Abb. 8-12 D), die unter dem Markennamen „Velcro" bekannt geworden sind. Fragen der biologischen Mikrotribologie werden z. Z. intensiv bearbeitet (vgl. Abschn. 8.3). Wie das Buch von Scherge und Gorb zeigt, wurden mikrotribologische Fragen in der Technik bisher aber erstaunlicherweise etwas vernachlässigt. Die neuen Untersuchungen der Biologen mit spektakulären Messerfolgen haben dazu beigetragen, die Technik wieder auf diese Fragestellungen zu fokussieren. Das gemeinsame Interesse erstreckt sich nun bis in den Nanobereich.

Abb. 8-11 A Gekkomat beim Mauersteigen (nach Winkler Homepage), **B** Gecko auf Mauerwerk *(Foto: Nachtigall)*

Parameter	Makro	Mikro
Normalkraft	> 1 N	< 1 N
Realfläche A_r / Geom. Kontaktfläche A_g	$A_r \ll A_g$	$A_r \leq A_g$
Abrieb	groß	(sehr) klein
Wärmeerzeugung	groß	vernachlässigbar
Oberflächeneffekte	vernachlässigbar	dominant

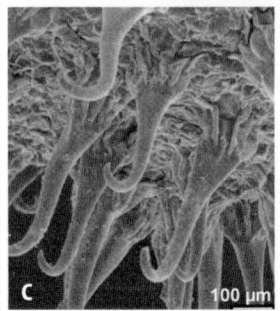

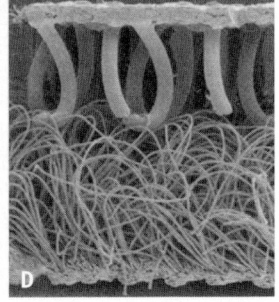

Abb. 8-12 Zur Mikrotribologie. **A** Differenzen zwischen Makro- und Mikroreibung *(nach Scherge, Gorb 2001)*, **B** möglicherweise der Welt kleinster „Kunstwurm" auf Friktionsbasis *(nach Riemer, Foto: Steger aus Scherge, Gorb 2001, verändert)*, **C** Haken-Friktionseinrichtungen beim Klebrigen Labkraut *Galium aparine (nach Gorb 2001)*, **D** Velcro-Reißverschluss *(nach Berger aus Scherge, Gorb 2001)*

8.5.2
Nano(bio)technologie

Den Makrobereich zählt man nach Millimeter, den Mikrobereich tausendfach kleiner nach Mikrometer, den Nanobereich nochmals tausendfach kleiner nach Nanometer. Etwa ab der Jahrtausendwende war eine Technologie zum Umgang mit Nanostrukturen im Prinzip entwickelt, wobei sich die Festkörperphysik und -technologie methodisch in kleinere, die Chemie in etwas größere Dimensionen entwickeln musste (Abb. 8-13 A). Das methodische Werkzeug zur Entwicklung einer Nanotechnologie ist die Nanostrukturanalytik, für die u. a. spezielle Rastersondenverfahren erarbeitet worden sind. Zum Nanostrukturbereich zählen auch Molekülketten, welche die Bausteinklassen des Lebens ausmachen, dies sind Kohlenhydrate, Lipide, Proteine und Nukleinsäuren. In diesen Bereichen verschwimmen die Grenzen zwischen Natur und Technik, so dass auch biologische Bausteine und ihre sich aus der Selbstorganisation ergebenden Komplexe in diese Technologie einbaubar sind: Nanobiotechnologie. „Eine Basistechnologie des 21. Jh." nennt U. Hartmann diese Disziplin:

„Der Grundgedanke aller nanotechnologischen Ansätze besteht darin, Zugriffsmöglichkeiten auf elementare Bausteine der Materie und ihre Selbstorganisation zu nutzen. Damit ergibt sich eine Kontrolle des Aufbaus der Materie auf atomarer Skala. Diese Kontrolle kann dazu benutzt werden, makroskopische Eigenschaften durch Vorgaben auf atomarer Skala gezielt zu etablieren. *Dabei lassen sich Baupläne und Ordnungsprinzipien der Natur sukzessive für neue Materialien, Bauelemente, Schaltkreise, Systeme und Architekturen nutzen.* Die Abmessungen relevanter funktionaler Einheiten sind hierbei typisch etwa tausendfach kleiner als die von Mikrosystemen und Bauelementen.

Eine inhärente Basis vieler nanotechnologischer Konzepte ist das hohe Maß an Interdisziplinarität, welches eine Vereinigung der Möglichkeiten physikalischer Gesetze, chemischer Stoffeigenschaften und biologischer Prinzipien zum Gegenstand hat (Abb. 8-13 B)." Damit skizziert U. Hartmann nichts anderes als die Grundsätze der Bionik, wenngleich er den Begriff nicht benutzt.

Zwischen dem Durchmesser eines einzelnen Atoms und der Größe des Menschen liegen rund zehn Dekaden. Nanobiotechnologisch interessant ist dabei der Bereich etwa zwischen 1 und 100 nm. „Dies ist, festgemacht an den entsprechenden kritischen Dimensionen einer funktionalen Einheit, der Bereich, in dem die wesentlichen nanotechnologischen Prozessschritte ablaufen. Gleichzeitig ist dies auch der Bereich, der eine Reihe bedeutsamer biologischer Funktionseinheiten, wie etwa Proteine oder Viren, umfasst. Gerade die Möglichkeit, mit entsprechenden Verfahren und Werkzeugen auf Nanometermaßstab Materie gezielt zu manipulieren und damit *in einen Größenbereich vorzustoßen, in dem sich auch wichtige biologische Funktionseinheiten befinden*, eröffnet völlig neuartige technologische Möglichkeiten und ist im Besonderen auch die Basis für die Nanobiotechnologie. Voraussetzung für die Entwicklung nanotechnologischer und im Besonderen auch nanobiotechnologischer Ansätze ist die Verfügbarkeit geeigneter Nanowerkzeuge. Dass es auch möglich ist, biologische Bausteine direkt auf Nanometermaßstab mit entsprechenden Nanowerkzeugen zu manipulieren zeigen die Abb. 8-13 C, D. Auf diese Weise lassen sich biologischen Bausteinen, u. U. in Kombination mit anorganischen Komponenten, Eigenschaften verleihen, die ihnen von Natur aus, d. h. in ihrer nativen Anwendung, nicht zugedacht sind. Die Nanobiotechnologie hat also ihre Wurzeln einerseits in den klassischen Natur- und Ingenieurwissenschaften und andererseits in den Lebenswissenschaften."

Damit hat die Nanobiotechnologie, die sich aus den vorher etablierten Methoden der Nanotechnologie heraus entwickelt hat, von Haus aus schon ein biologisches Standbein. Typisch dafür sind folgende Kriterien:

- *Nutzung von Bauplänen und Ordnungsprinzipien der Natur* (U. Hartmann nennt dies Nanobiomimetik; nach den hier vorgestellten Definitionen könnte man aber genauso gut, sprachlich eigentlich besser, Nanobionik sagen. Mimetik bedeutet (*direktes*) *Nachahmen*, aber genau das ist ja eigentlich nicht gemeint.)
- *Verwendung biologischer Bausteine und Materialien*
- *Kombination dieser Bausteine und Materialien mit oder zur Unterstützung biotechnologischer Prozesse*
- *Realisierung biokompatibler und biofunktionaler Materialien und Systeme*
- *Synthese biologischer Bausteine durch molekularen Aufbau.*

Im Idealfall lassen sich in einen nanobiotechnologischen Produktionsprozess komplette biotechnologische Schritte mit einbeziehen, wie am Beispiel einer gezielten Proteinsynthese in Abb. 13 E dargestellt ist.

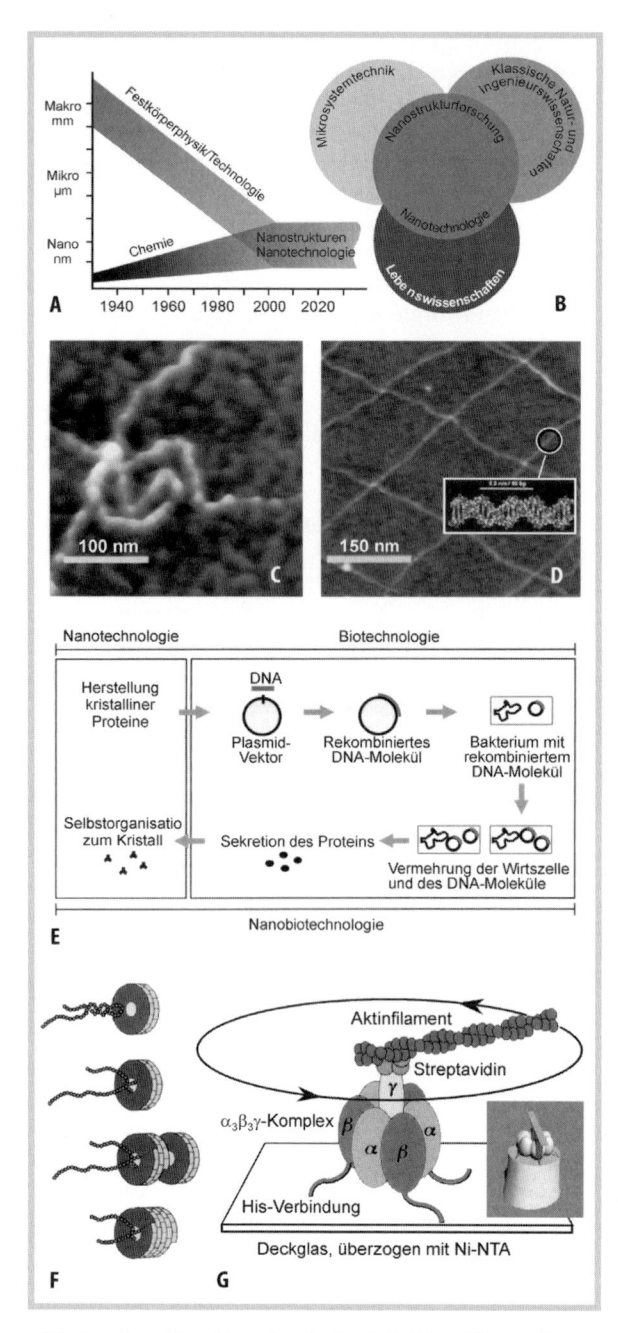

Abb. 8-13 Zur Nanobiotechnologie. **A** Auf dem Weg zu Nanostrukturen, **B** disziplinäre Wurzeln der Nanostrukturforschung und Nanotechnologie, **C, D** DNS-Moleküle in rasterkraftmikroskopischer (RKM) Abbildung: **C** ungeordnetes, „natürliches" Knäuel, **D** Muster aus einzelnen, mit dem RKM gereckten Strängen. Einschaltbild; Doppelhelix-Ausschnitt der Strecke innerhalb der Kreismarkierung, **E** Beispiel einer nanobiotechnologischen Prozessroute unter Einbeziehung eines kompletten biotechnologischen Schritts, **F** Selbstorganisation des Tabakmosaikvirus *(nach Hartmann 2001)*, **G** Schema eines aus biologischen Funktionseinheiten zusammengesetzten Nanorotationsantriebs *(nach Montemagno aus Hartmann 2001)*

8.5.3
Auf dem Weg in die molekulare Nanowelt

In einem Aufsatz hat M. Groß sehr eingängig dargestellt, warum die belebte Welt mit Molekülen baut, nicht mit einzelnen Atome, und wie die beiden Wege in die Nanowelt aussehen.

„Moleküle sind einfacher zu handhaben als Atome, ihre chemische Reaktionsfreudigkeit kann auf subtile Weise variiert werden und die Katalysatoren der Natur, die Enzyme, können sie mit hoher Spezifität erkennen und von anderen, ähnlichen Molekülen unterscheiden. Heute sind sich die meisten Forscher einig, das die kommende Epoche der Nanotechnologie eine molekulare Technologie sein wird und keine atomare".

Zum Aufbau von Proteinen geht die Zelle mehrstufig vor: „Sie ordnet die Atome zu molekularen Bausteinen, etwa den Aminosäuren. Im zweiten Schritt verknüpft sie dann die Aminosäuren zu einem langen Kettenmolekül, das sich dann zu einer dreidimensionalen Struktur auffaltet. Diese kann sich weiterhin mit anderen Proteinmolekülen zu hochgradig komplizierten Maschinen zusammenlagern. Dank dieses Baukastenprinzips kann die Zelle einen Grad von Komplexität erzeugen, der unserer Technologie nicht zugänglich ist."

Wie läuft der Syntheseweg in der Zelle ab? „Kovalente Bindungen zwischen Kohlenstoffatomen ermöglichen die Herstellung der Aminosäuren und Polypeptidketten. Doch dann, bei der Faltung und beim Assemblieren dieser Ketten, greift die Natur auf Methoden zurück, die erst vor wenigen Jahrzehnten Eingang in die Chemie gefunden haben. Statt weniger kovalenter Bindungen sind es zahlreiche schwache Wechselwirkungen, welche die dreidimensionale Struktur eines Proteins aufrechterhalten. Anstatt diese Bindungen durch Einwirkungen von außen zu erzeugen, legt die Natur die Biopolymere so an, dass sie ihre Bestimmung in sich tragen. Proteine falten spontan, und selbst die kompliziertesten molekularen Maschinen der Zelle, wie etwa das Ribosom mit mehr als 50 makromolekularen Bausteinen, assemblieren sich dabei selbständig und spontan."

Welche Wege führen nun in die technische Nanowelt? M. Groß sieht zwei Wege: „Man kann im Wesentlichen zwei verschiedene Vorgehensweisen unterscheiden: den „Top-Down"-Ansatz, bei dem man, aus der Mikrowelt kommend, die fortschreitende Miniaturisierung existierender Technologien dazu nutzt, weiter in den Nanokosmos vorzustoßen; und umgekehrt den „Bottom-Up"-Ansatz, bei dem man mit den Methoden der Chemie und Biochemie komplexe molekulare Strukturen aus kleinen Molekülen aufbaut.

Der „Top-Down"-Ansatz ist von der Idee her relativ einfach, wird aber in der Praxis immer schwieriger, je weiter man in den Nanokosmos vorstößt. Der „Bottom-Up"-Ansatz wiederum orientiert sich wesentlich stärker an der Nanotechnologie der Natur, geht von kleinen Molekülen aus und benutzt dann das Baukastenprinzip, schwache Wechselwirkungen und Selbstassemblierung, um daraus komplexe Systeme zu erzeugen. Innerhalb diese Ansatzes gibt es verschiedene Strategien, die sich darin unterscheiden, wie viel, oder wie wenig man von der Natur abgucken will."

Pioniere der Nanotechnologie sind vor allem Eric Drexler, Ralph Merkle, Nobelpreisträger Richard Swalley und Robert Freitas, der ein mehrbändiges Werk über Nanomedizin verfasst hat, von dem Band I über die Grundlagen im wahrsten Sinn von „grundlegender Bedeutung" ist. Angepeilt werden autonom arbeitende Nano-Medizinroboter. Molekulare Einzelbestandteile wie z. B. Doppelkugellager und Exzenter (s. Abb. 8-14 D) können schon hergestellt werden.

8.5.4
Nanomaschinen

Der Übergang vom Mikro- in den Nanobereich hat zur Zeit noch mehr visionären Charakter (Abb. 8-14 A). Die „Gesamtmaschinen" werden wohl auch bei kleinstmöglicher Miniaturisierung immer im Mikrobereich bleiben. Höchstens an einzelnen Elementen, z. B. Greiferspitzen, könnten sie den Nanobereich, also den Bereich größerer biologischer Moleküle, tangieren.

Die Natur allerdings baut funktionelle, hochkomplexe „Maschinen" im molekularen Größenbereich. Dies zeigt die Bakteriengeißel. In Abb. 8-14 B sind ihre Prinzipkonstruktion und eine „technoide Abstraktion" einander gegenübergestellt. Es ist dies der einzige bekannte Fall einer echten Rotation im biologischen Bereich. Hierfür sind eine Achse nötig und aus Gründen der Verkippungsverhinderung zwei Lager an zwei unterschiedlichen Stellen. Beides ist verwirklicht; „Miniaturkugellager" werden molekular aufgebaut (vgl. Abb. 8-14 D). Einzelne Elemente dieser Maschinerie, wie eben diese molekularen Kugellager, konnten gentechnisch bereits in Mengen hergestellt werden. Von Vonck und Koautoren schreiben hierzu: „An *Ilyobacter tartaricus* wurde ein biologischer Rotor gefunden, dessen dreidimensionales Strukturbild in Abb. 8-14 C zu sehen ist. Dieser kleinste biologische Rotor liefert durch seine Drehung die Energie zur Bildung des Moleküls ATP. Er ist aus elf identischen Proteinuntereinheiten aufgebaut. Jede Untereinheit besteht aus zwei transmembranen α-Helices, die einen inneren und einen äußeren Ring in der Membran bilden. Dargestellt ist sowohl die Ansicht vom Periplasma (hier links, der Zellwand anliegendes Plasma) als auch vom Zytoplasma (hier rechts, von der Zellmembran umschlossenes Plasma) aus. Der Ringdurchmesser beträgt etwa 5 nm".

Forschungen, die auf biomolekulare Maschinen ausgerichtet sind, werden einen starken Impuls durch den Zusammenschluss von 35 Arbeitsgruppen aus der Bioregion Rhein-Neckar erhalten. Die Initiative „Biomolekulare Maschinen" wird sich auch um „biomolekulare Mikroskopie" kümmern. Diese wird als äußerst innovatives neues Forschungsgebiet angesehen. Beteiligt sind u. a. Einrichtungen an Universitäten und Forschungszentren in Heidelberg und Mannheim. Angepeilt wird die quantitative Analyse und Modellierung biomolekularer Maschinen in vitro und in vivo. Gegenstand der Analyse sind „vermutlich die komplexesten Nanogebilde der uns bekannten Natur".

Da also „Maschinenteile" im molekularen Bereich erkennbar und herstellbar sind, ist es prinzipiell vorstellbar unter Nutzung von Selbstbildungsprozessen – wie sie etwa zum Zustandekommen eines Tabakmosaikvirus führen (s. Abb. 8-13 F) – und organischen Molekülen zu Maschinen zu kommen, z. B. zu Nanorotationsantrieben (s. Abb. 8-13 G), die im konventionell-technischen Bereich keine Vorbilder haben.

Abb. 8-14 Auf dem Weg zu Nanomaschinen. **A** Vision einer zukünftigen biomechanischen Mikromaschine, wie sie ein Künstler sieht. Miniatur-Kapselendoskop *(nach Olympus-Werbeschrift 2001)*, **B** Rotationsmechanismus der Bakteriengeißel *(Escherichia coli)*, Übersicht. Rechts: Geißel. Links: „Technoides Analogon" *(nach Nachtigall 1997, basierend auf mehreren Autoren)*, **C** biologischer Rotor bei *Ilyobacter tartaricus*; Dichtekarte, basierend auf kristallographisch ausgewerteten TEM-Bildern von isolierten Membran-Untereinheiten *(nach V. Vonck et al. 2001)*, **D** Beispiele für „mechanische" Proteinkonfigurationen, wie sie bereits hergestellt werden können *(nach Groß 2001)*

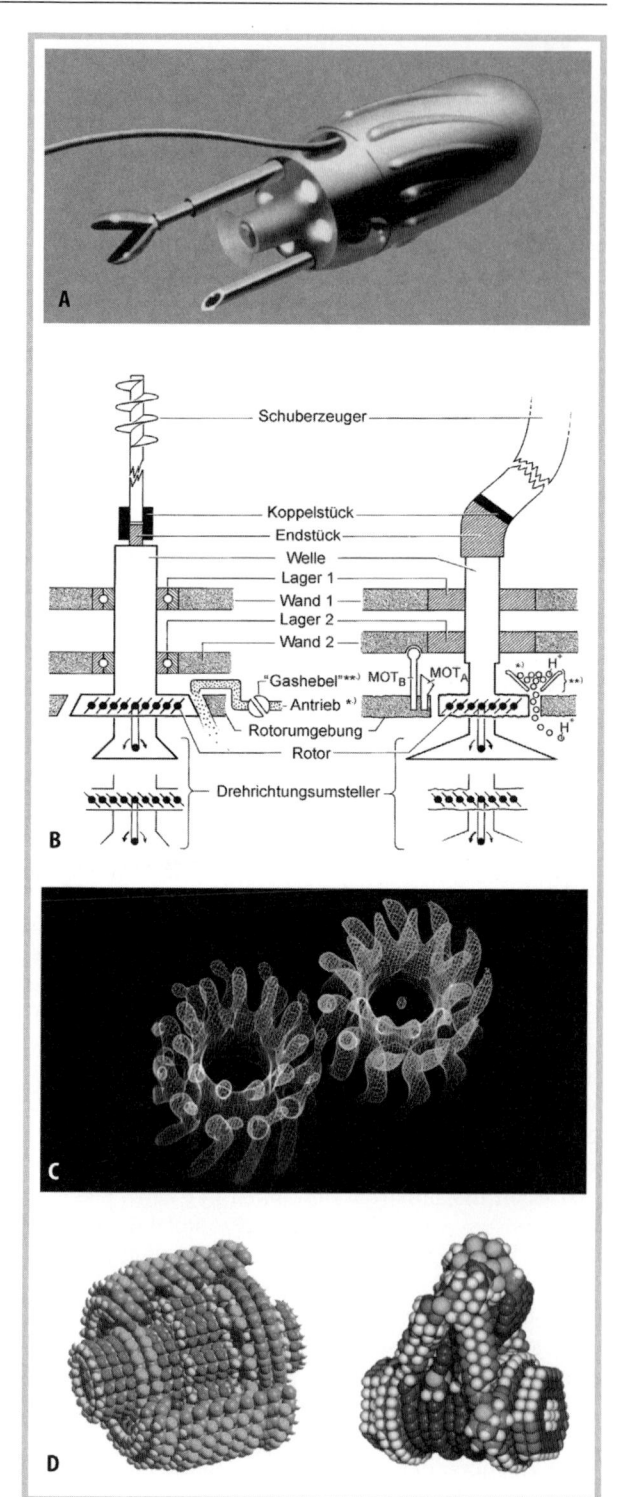

8.6 Stoßdämpfung und Sprunggeräte – Wie mit Leistungsspitzen umgegangen werden kann

8.6.1 Schockabsorption und Motorradhelme

Pflanzenstrukturen, die sich gezielt verformen und deren Mikrobestandteile „digital" reißen (womit ein Rissdurchlauf abgestoppt werden kann), wurden in Abschn. 6.7 schon genannt. Weitere Vorbilder aus dem Tierreich können gefunden werden bei Materialien, deren Einzelfasern sich sowohl in ihrer Richtung als auch in ihrer Matrixumgebung unterschiedlich verhalten, bei unkonventionellen Hornmaterialien, die in Grenzen beulungsstabil sind wie etwa Igelstacheln, bei Materialien, die „fraktioniert" aufgebaut sind, so dass Spaltbrüche lokal enden können wie bei Knochen, Schalen von Schnecken und Muscheln sowie Seeigeln. Dazu kommen Materialien, die „sanft" besonders viel Energie aufnehmen und dadurch z. B. „dissipieren", so dass sie eine Schichtrichtung entlasten, indem sie eine andere belasten.

Im Zusammenhang mit Fragen der Effektivität von Fahrrad- und Motorradhelmen hat M. Henderson Thesen zur Biomechanik von Kopfverletzungen und deren Kompensation aufgestellt und die bis dahin anstehende Literatur zusammengetragen.

Der menschliche Schädel, der im Prinzip dreischichtig gebaut ist, gab das Vorbild für die Entwicklung eines neuen Motorradhelms aus drei Schichten. Der Helm imitiert die Kopfhaut (relativ weiche Außenhülle), dann die Schädelkapsel (harte Innenschale), und schließlich die Gehirnflüssigkeit (flexible Innenschicht), die Rotationsbewegungen abfangen kann. Es handelt sich hierbei um eine hydraulische Dämpfung, wie sie z. B. auch während der Embryonalentwicklung in der Fersenregion von Säugern ausgebildet wird: Fetttaschen, getrennt durch Bindegewebssepten (Abb. 8-15 C). Es wird angegeben, dass dieser neuartige Helm um 60 % besser schützt als ein konventioneller. Er wird nicht nur für Motorradfahrer, sondern auch für die Polizei und für Reiter empfohlen. Die Zahl der tödlichen Unfälle soll sich damit um 20 % senken lassen. Die dreischichtige Helmkonfiguration entspricht nicht nur tatsächlich der Konfiguration des menschlichen Kopfs, sondern erstaunlicherweise auch dem dreischichtigen Spezialaufbau von Pferdehufen, die ebenfalls – bei jedem Schritt – als Stoßdämpfer eingesetzt werden (Abb. 8-15 D). Auch die Mittelschicht des obengenannten Helms könnte man, für sich betrachtet, dreischichtig aufbauen, woraus sich zusätzlichen Stoßdämpfungseigenschaften ergeben würden. Ihr Analogon ist die Schädelkapsel des Menschen, und diese stellt, zumindest in der Stirnregion, eine Sandwichbauweise aus zwei dünnen, flächigen Knochenlamellen dar, getrennt durch eine palisadenähnliche Spongiosaschicht.

In der Zwischenzeit gibt es eine vielfältige Literatur mit biomechanischen Vergleichsdaten zur Schockabsorption im Tier- und Pflanzenreich. Die Igelstacheln z. B. – modifizierte Haare aus α-Keratin – besitzen fibrillär aufgebaute Wände. Im Inneren tragen sie zwischen axialverlaufenden Längsbalken quer eingespannte Septen. Die beiden Elemente bilden eine Art inneres Gerüst, in dem die Septen im Lastfall eine annähernd runden Querschnitt gewährleisten und die Balken eine Versteifung im Sinne von Wellpappe. Derartige Stacheln (Abb. 8-15 A, B) können Energie absorbieren, indem sie sich unter hohem Krafteinfluss elastisch biegen ohne dabei zu knicken.

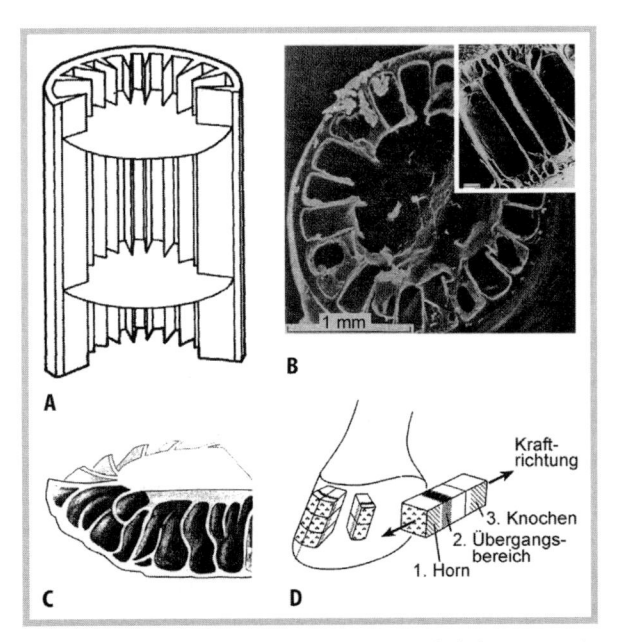

Abb. 8-15 Biogene Stoßdämpfer. **A, B** Stachel des Europäischen Igels *Erinaceus europaeus* im Schemabild und im REM Querschnitt. Einschaltbild: Ausschnitt aus dem Stachel des Igels *Hemiechinus spec.*, längsgeschnitten, **C** Fersenquerschnitt bei einem sieben Monate alten Embryo des Menschen *(A–C nach Vincent, Owers 1986)*, **D** Pferdehuf mit dreischichtigem Matrixaufbau *(nach Kasapi, Gosline 1997)*

Hydraulische Dämpfung ist in vielen Pfotenballen verwirklicht, z. B. denen des Hundes. Ihre mechanische Funktionsweise kann als Massen-Feder-System verstanden werden, das beim Auftreffen Stöße dämpft. Beim Hund entsprechen die vertikalen Kraftkomponenten beim Aufsprung pro Bein etwa 30 % des Körpergewichts, beim Känguru 50 %. Beim Auftreffen werden die Ballen bei zunehmender Krafteinwirkung zunehmend nichtlinear steifer. Beim darauffolgenden Entlasten zeigt sich eine Hysterese, die insgesamt auf viskoelastisches Verhalten das Dämpfungssystems schließen lässt. Prinzipiell Ähnliches gilt für die Zwischenwirbelscheiben bei unserer Wirbelsäule. Daran orientiert wurden bereits Vorschläge für spezielle viskoelastische Einlegsohlen zur Stoßdämpfung beim Gehen entwickelt.

Von Kasapi und Gosline wurde das komplexe biomechanische Design der Hufwand von Pferden als komplex aber funktionell erklärt. Die Hufwand ist stark hierarchisch organisiert. Ihre einzelnen Tubuli ändern sich in ihrer Größe, ihrer Form und in der schraubigen Anordnung ihrer intermediären Filamente, geht man von außen nach innen durch die Wand. Aus morphologischen Daten ist zu schließen, dass es drei unterschiedliche Mechanismen für die Bruchbeschränkung gibt, die vermeiden, dass ein Bruch durch den Huf läuft und die inneren, lebenden und sensiblen Gewebe erreicht. Diese Mechanismen sind im äußeren, mittleren und inneren Wandbereich verankert und verhindern teils nach innen laufende, teils nach oben weisende Fortsetzungen von Bruchspalten. Nach Messungen betrug die Bruchenergie, je nach Ausformung, bis zu etwa 8 kJ m^{-2}; die Bruchverläufe standen im Einklang mit morphologischen Vorhersagen. Kasapi und Gosline abstrahieren, dass sich die Hufwand in eine komplexe Struktur organisiert hat, die fähig ist, einerseits Bruchspalten überhaupt oder doch weitgehend zu vermeiden, andererseits – so sie denn auftreten – sie in eine „gewünscht-ungefährliche" Richtung abzuleiten.

Elastische Stoßfänger von Autos, aus gekammertem Kunststoff aufgebaut, können heute schon Aufprallgeschwindigkeiten von etwa 15 km h^{-1} unbeschädigt überstehen. Durch Einbeziehung biomimetischer Details könnten sie aber noch deutlich verbessert werden. Mit geringerem Materialaufwand, aber besserer Materialverteilung ließe sich Gewicht einsparen und die obere Aufprallgeschwindigkeit trotzdem noch etwa um 20 % erhöhen. Im Prinzip gilt Ähnliches für Motorradhelme, von denen die nach bionischem Vorbild konzipierten ja bereits deutlich besser schützen. Ein Anforderungskatalog ist dem Bericht von Henderson zu entnehmen.

8.6.2
Kängurusprung und Sprung-Sportgerät

Biewener und Baudinette haben den Sprunglauf des Tammar-Kängurus, *Macropus eugenii,* untersucht. Der Hauptsprungmuskel ist der Musculus plantaris (Abb. 8-16 A); dazu kommen zwei Äste des *Musculus gastrocnemius.* An deren Sehnen wurden Kraftmesseinrichtungen auf Dehnungsmessstreifenbasis einoperiert, deren phasischer Ausgang zusammen mit dem Elektromyogramm des Muskels beim Sprunglauf registriert werden konnte (Abb. 8-16 B). Allein die Sehnen des *M. plantaris* können bei einer Sprunglaufgeschwindigkeit von 2,5 m s^{-1} eine Energie von 0,5 kJ beim Aufsetzen speichern und beim Folgesprung mit hohen Wirkungsgraden wieder abgeben. Bei 4 m s^{-1} sind dies 0,75 kJ, beim Maximum von 5,5 m s^{-1} wird eine Energie von 1 kJ gespeichert. Durch die Energierückgewinnung wird die Stoffwechselleistung (zu messen über die Sauerstoffaufnahme pro Zeiteinheit) entlastet, wobei sich entsprechend der geschwindigkeitsabhängigen Größe der

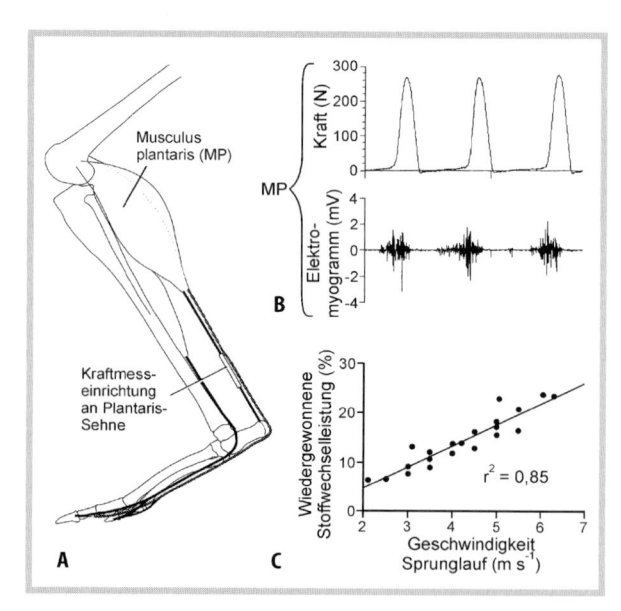

Abb. 8-16 Zum Sprunglauf des Tammar-Kängurus *Macropus eugenii.* **A** Kennzeichnungen am Musculus plantaris des Hinterbeins, **B** Ausgang des Kraftmesssystems an der Plantarissehne und Elektromyogramm des *M. plantaris,* **C** Geschwindigkeitsabhängig der prozentualen Stoffwechselleistungs-Rückgewinnung (*nach Biewener, Baudinette 1995*)

Energiespeicherung mit höherer Geschwindigkeit eine höhere Entlastung ergibt, bei Maximalgeschwindigkeit von nicht weniger als etwa 22 % (Abb. 8-16 C). Die dabei auftretenden Spannungen sind sehr hoch; ihre Spitzen liegen in der Muskulatur bei etwa 260 kPa, in den zugehörigen Sehnen bei max. 32 MPa. Sprunglauf ist also eine energetisch günstige Art der Fortbewegung; nötig sind allerdings ein ebenso elastischer wie hoch zugfester Energiezwischenspeicher.

8.6.3
Kängurusprung und PowerSkip-Sportgerät

Kängurus, insbesondere die großen Arten, so z. B. das Rote Riesenkänguru *Macropus rufus,* benutzen relativ lange, muskulöse Hinterbeine, mit denen sie große Sprünge ausführen. Die längsten Knochen sind die Unterschenkelknochen Tibia und Fibula, die massiv ausgebildet sind und breite Kämme für Muskelansätze tragen. Die vierte Zehe ist verlängert und bildet mit den Restzehen einen leichtgewölbten Sprunghebel.

Während des Sprungs (Abb. 8-17 A) wird die beim Aufsetzen freiwerdende Energie nicht „vernichtet" (in Wärme umgewandelt), sondern gespeichert, und zwar im Wesentlichen in den elastischen Sehen zweier Muskeln, nämlich des M. *gastrocnemius* und des M. *plantaris*, daneben in den jeweils gedehnten (nicht aktiven) Muskeln selbst und schließlich sicher auch in einer Verbiegung der langen Unterschenkelknochen (man vergleiche frontale Aufnahmen von Dreisprung-Olympioniken!). Diese gespeicherte Energie wird beim Folgesprung wieder zurückgegeben. Die elastischen Wirkungsgrade der Sehnen sind sehr hoch; beim Schaf wurde über 90 % gemessen. Durch diese abwechselnde Energiespeicherung und Freisetzung kann über 40 % der benötigten Energie eingespart werden. Das erklärt das Paradoxon, warum der Sauerstoffverbrauch eines Kängurus bei schnelleren Sprungläufen nicht wesentlich steigt. Die ersten ausführlichen Untersuchungen zum Kängurusprung verdanken wir der Arbeitsgruppe um den englischen Biomechaniker Alexander.

Die Firma Alan Sportartikel GmbH hat nach dem Känguru-Prinzipe ein Lauf- und Sprunggerät „Power-Skip" entwickelt, das bei geringer Eigenmasse (3,5 kg) in einer Biegefeder aus einem Hochleistungsverbundwerkstoff (E-Glasroving), aus dem auch Rotorblätter für Hubschrauber hergestellt werden, eine Federenergie von 0,7 kJ speichern kann. Das entspricht den Kenndaten einer Feder bei der Radaufhängung eines Kleinwagens. Die weitere Konstruktion besteht aus einer hochfesten Aluminiumlegierung. Das Verhältnis von Federenergie zu Eigengewicht ist damit sehr gut, ähnlich dem des Kängurus. Der Federweg beträgt 32 cm; die Federn können zur Anpassung an unterschiedliche Eigenmassen des Benutzers ausgetauscht werden. Die Blattfeder ist so geführt, dass beim Durchbiegen ein geradliniges Einfedern erreicht wird (Abb. 8-17 B, C). Durch dieses Funktionsprinzip wird eine degressive Federcharakteristik sowie ein Verschieben des Druckpunkts nach hinten beim Einfedern erzielt, was die natürliche Druckpunktverlagerung im Fuß Richtung Ferse bei höherer Belastung unterstützt. Beide Eigenschaften ermöglichen es dem Läufer, seine Sprungenergie optimal umzusetzen.

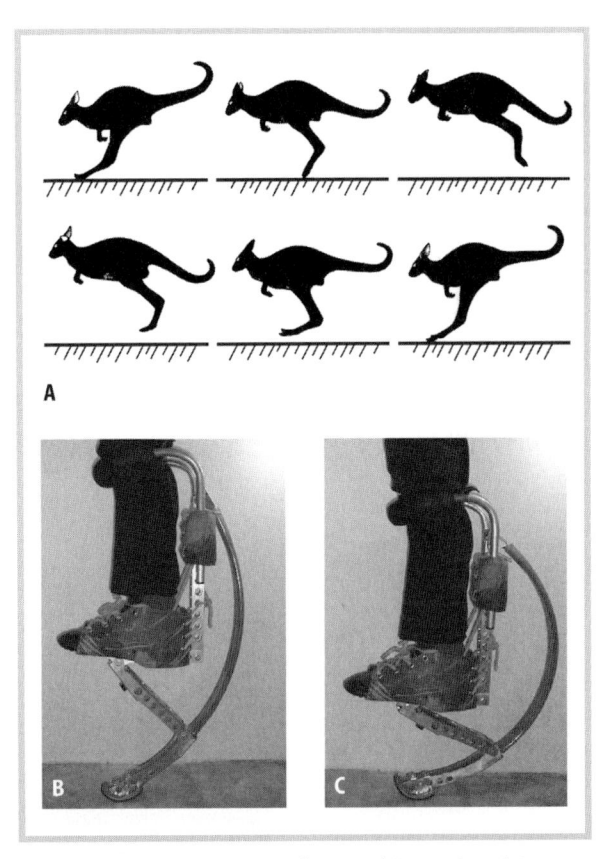

Abb. 8-17 Kängurusprung und PowerSkip-Lauf- und Sprunggerät. **A** Phasen eines Kängurusprungs *(Umzeichnungen aus einem Film, basierend auf Rogers 1986)*, **B** Sprunggerät mit wenig durchgebogener Blattfeder, **C** Sprunggerät mit stark durchgebogener Blattfeder *(nach PowerSkip-Internetseite)*

Mit dem Gerät können hohe und weite Sprünge durchgeführt, auch känguruartig Serienprünge aneinandergesetzt werden („Sprunglauf"). Die weitere Forschung müsste nun im Detail zeigen, dass die daraus resultierenden Belastungen des menschlichen Skeletts, eventuell gefährliche Abbiegungen beim Schrägaufsetzen, Stoßbelastungen in den Gelenkregionen etc. biomechanisch-orthopädisch tolerierbar sind.

Ein weiteres, schon früher konzipiertes Gerät ist der „Spring Walker" (Abb. 8-18). Mit diesem Lauf- und Sprunggerät werden zwei „Kunstbeine" angetrieben, die wechselseitig ein Gummiband zur Energiezwischenspeicherung dehnen, ganz so wie dies das Känguru mit seinem Bänderapparat beim Sprunglauf tut. Die Erfinder sind G. J. Dick und E. A. Edwards. Zwei Konzepte werden dabei kombiniert:

– Durch ein aus miteinander verbundenen Hebeln bestehendes Exoskelett *wird die resultierende Beinkraft erhöht*.
– Beide Beine beaufschlagen ein einziges Gummiband, was ein Abrutschen oder Nachziehen der Füße verhindert und *eine Art „natürlichen Gang" ermöglicht*. Ein Selbstbaukasten ist von der Firma Aplied Motion Ins. erhältlich, ein Gerät mit Servounterstützung in Entwicklung.

8.7
Abriebfestigkeit und Stabilität – Anregungen von Zähnen und Schalen

8.7.1
Radulazähne von Napfschnecken geben Konzeptanregungen für Schneidewerkzeuge

Trotz der nur entfernt verwandtschaftlichen Beziehungen tragen Napfschnecken (*Gastropoda*) und Käferschnecken (*Polyplacophora*) Radulae mit ähnlich spezialisierten Zähnen, mit denen sie den Bewuchs von Oberflächen abschaben. Van der Waal und Mitautoren von den Universitäten Eindhoven und Groningen haben beide Tierarten funktionell beschrieben und in ihrer Eignung als Vorbild für die Technik diskutiert. Der Patella-Zahn ist mit seinen charakteristischen Winkeln und der Orientierung seiner Baubestandteile in Abb. 8-19 A dargestellt. Eine Finite-Elemente-Analyse mit realitätsnahen E-Moduli (Abb. 8-19 B) brachte nur mäßige Druckspannung auf der Druckseite und relativ hohe Zugspannungen im stark gewölbten Bereich der vorderen Zugseite. Die Richtungen der Zug- und Druckspannungen (Abb. 8-19 C) stimmen mit denen überein, die man aus der Lage der konstruktiven Elemente in einem Sagittalschnitt abschätzen kann.

Die Autoren haben die folgenden funktionellen Charakteristiken gefunden, die dem Zahn beim Schabevorgang eine aufrechte Position ermöglichen: Vorderkante um mehr als 90° gekrümmt, heterogene Härte- und Stei-

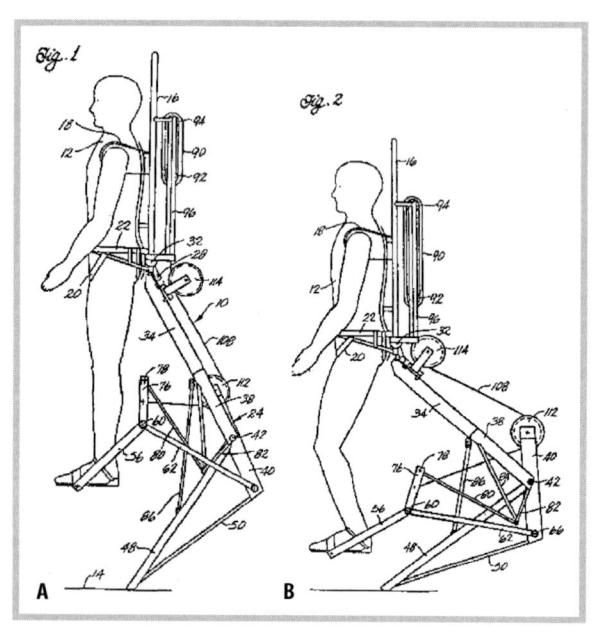

Abb. 8-18 Spring Walker, Gerät in gestrecktem (**A**) und gebeugtem (**B**) Zustand *(nach US-Patent 5, 016, 869)*

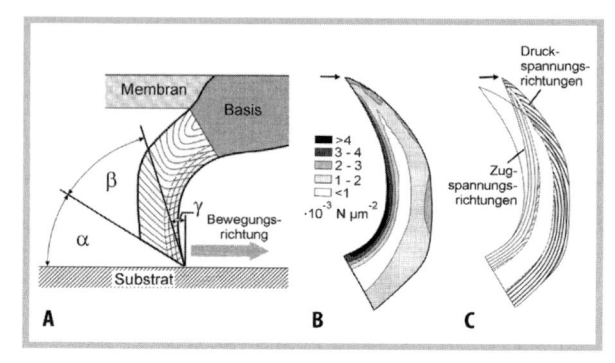

Abb. 8-19 Ein Radulazahn der Napfschnecke *Patella vulgata*. **A** Schabeposition, α Anstellwinkel, β Schneidewinkel, γ Räumwinkel. Angegeben ist auch die Orientierung der konstruktiven Zahnelemente, **B** von-Mises-Spannungen in einem Modellzahn (0,1 N in Spitzenregion aufgebracht, E-Modul-Vorderseite 160 GPa, Hinterseite 50 GPa), **C** Lage der Linien gleicher Zug- und Druckspannungen ($> 10^{-2}$ Nμm^{-2}) im Zahnmodell nach B *(nach van der Waal, Giesen, Videler 2000)*

figkeitsverteilung im Material (höher an der Vorderkante), lokale Bauelemente in der Vorderkantenregion parallel zur vorderen Schneidekante, in der Hinterkantenregion unter scharfem Winkel zur Schneidekante. Es werden Argumente genannt, warum man bei dieser Kombination von einem Optimaldesign des Zahns sprechen kann. Er kann unter einem kleinen Räumwinkel, einem scharfen Schneidewinkel und einem positiven Anstellwinkel benutzt werden, wobei Beschädigungsmöglichkeiten und Abrieb minimiert sind.

Ein Optimaldesign für einen Zahn an einem industriellen Schneidegerät sollte demnach die folgenden Eigentümlichkeiten aufweisen: Vordere Schneidekante senkrecht zum Werkstück orientiert, vordere Schneidekante unter 90° eingerollt, Härte und Materialsteifigkeit an der Vorderkante größer als in der Hinterkantenregion. Wenn eine interne Strukturierung vorgenommen werden kann, sollte die Vorderkante aus verlängerten Laminae oder Fasern bestehen, die sich parallel zur Vorderkante anordnen, an der Hinterkante aber einen Winkel von etwa 60° zur Schneidekante annehmen. Es wird ein technisches Material vorgeschlagen, bestehend aus orientierten Fasern aus Siliziumkarbid, eingebettet in ein amorphes Matrixmaterial z. B. Aluminium. Es wäre analog zu den Gothit-Kristallen, die bei den Napfschnecken in eine amorphe Siliziumdioxidmasse eingebettet sind. Die interne Laminae-Anordnung könnte beispielsweise durch Warmrollen hergestellt werden. Zur Herstellung inhomogener Härte könnte die Vorderkante z. B. zusätzlich gehärtet werden. Es könnte auch eine Pulversubstanz aus Titankarbid und Siliziumkarbid über Hochenergielaser mit einer Stahlmatrix verbunden werden. Damit könnten Härten von 1500 VDH erreicht werden.

8.7.2
Formstabilität von Seeigelschalen

Die eigenartige, an einen etwas abgeflachten Apfel erinnernde Schale regulärer Seeigel (Abb. 8-20 A) wurde nach der Methode der Finiten Elemente von U. Philippi und mir in Zusammenarbeit des Instituts für Baustatik der TU Stuttgart und des Zoologischen Instituts der Universität des Saarlandes analysiert. Das Schalenmodel wurde flächig an seiner Unterseite gelagert und unter vier verschiedenen Lastfällen gerechnet. Vertikale Linienlast um den Periprok – vertikale Flächenlast auf das obere Schalendrittel – Innendruck – Zugkräfte der Ambulacralfüßchen.

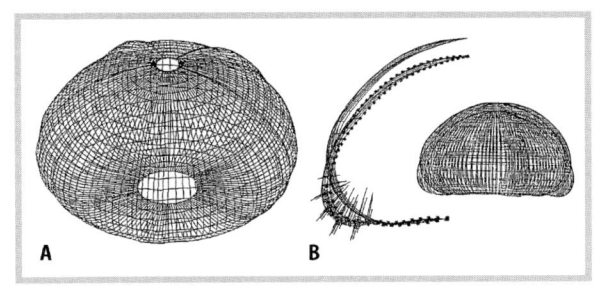

Abb. 8-20 FE-Modell einer Seeigelschale. **A** Strukturelle Verformung der Schale eines Essbaren Seeigels *Echinus esculentus*, Schalennetz für FEM-Rechnungen; Schale von schräg oben gesehen, **B** Verformung unter dem Zug der Füßchen bei flächiger Auflagerung *(nach Philippi, Nachtigall 1996)*

Die Verformungen sind im Prinzip ähnlich; erstaunlich groß ist die Zugwirkung der Füßchen (Abb. 8-20 B). Im Gegensatz zu den drei erstgenannten Fällen war die Spannung beim Zug des Ambularcralfüßchens bei relativ höher aufgewölbten Schalen (ebenso wie bei Kugelschalen) vergleichsweise größer. Untersucht wurden ferner die Wirkung der porentragenden Bereiche (geringerer E-Modul) und die Frage einer kontinuierlichen oder diskontinuierlichen Materialverteilung und der Schalendicke. Ändert man Konfigurationen z. B. durch Ausmagern, Einführung unterschiedlicher E-Moduli, so verhalten sich realitätsnähere, d. h. den realen Schalenbau eher wiederspiegelnde Modelle lasttoleranter. Dies könnte eine Rolle spielen, wenn es darum geht, kleinere Verletzungen zu überstehen ohne den internen Spannungszustand ernsthaft zu stören. Bionische Applikationen im Großbehälterbau sind vorstellbar.

8.8
Strömungsmechanische Konstruktionen – Vorschläge nach Naturvorbildern

8.8.1
Gestaltung der Flügelenden

Bereits zu Beginn der 80er-Jahre sind Untersuchungen gemacht worden, wie der Flügelwiderstand durch spezifische Gestaltung (Aufbiegungen, Winglets, „Freie Handschwingen") von Flügelenden reduziert werden kann. Sie alle haben zu den heute praktizierten Winglets bei großen Verkehrsflugzeugen geführt; eine klassische Zusammenfassung hat Zimmer 1983 als Doktorarbeit vorgelegt und darin auch bis dato vorliegende biotechnische Untersuchungen mit einbezogen. Er zeigt dort, „dass die typischen Vogelflügel keine ausgeprägte Randwirbel aufweisen, wie diese von starren Flügeln her bekannt sind. Vielmehr wird hinter den Vogelflügeln ein verhältnismäßig großer Nachstrom in langsame Drehung versetzt. Die Nachlaufzirkulation ist bereits nach einer Entfernung von wenigen Flügeltiefen nahezu völlig dissipiert, während starre Flügel u. U. sehr langlebige Nachlaufwirbel aufweisen". Erst wenn man eine einzelne Flügelfeder eines am Ende aufgefächerten Vogelflügels absichtlich aus ihrer natürlichen Lage auslenkt, entsteht der bekannte ausgeprägte Randwirbel.

Die großen Landsegler haben aufgefächerte Handschwingen, die Seevögel dagegen spitz zulaufende, eher nach rückwärts gepfeilte Flügelenden. „Die infolge ihrer Formgebung und Materialbeschaffung aerodynamisch und aeroelastisch idealen Schwungfedern verformen sich unter der Luftlast gerade so, dass die Zirkulation an ihren Spitzen mit der Steigung Null ausläuft".

In Abb. 8-21 ist auf der Ordinate der induzierte Widerstand von Land- und Hochseeseglervögeln, bezogen auf einen planaren Ellipsenflügel gleicher Fläche mit starrem Nachlauf, aufgetragen. Auf der Abszisse steht die Lage des Wende- (Landsegler) bzw. Knickpunkts (Meeressegler) in der Verteilung der Zirkulation Γ über die Halbflügelspannweite (0-1). Wie erkennbar gilt für die Landsegler mit gefächerten Handschwingen eine Kurve mit einem scharfem Minimum in dem Bereich, in dem sich freie Handschwingen aufzuspalten beginnen, für die Hochseesegler und für andere Vögel mit eher spitzen Flügelenden eine Sigmoidkurve. Der minimale bezogene induzierte Widerstand liegt bei den großen Landseglern mit $\kappa \approx 1{,}15$ deutlich über dem Neutralwert 1,00; bei der anderen Vogelgruppe kann er den Wert 0,90 erreichen, also besser sein als der elliptische Vergleichsflügel (mit idealer elliptischer Auftriebsverteilung). Demnach führen nur Flügel großer Streckung wie sie hier für Hochseesegler typisch sind – Flügel, die etwas spitz auslaufen und nach hinten gepfeilt sind –, zu einer Reduzierung des bezogenen induzierten Widerstands bis um etwa 10 %. Die freien Handschwingen dagegen erhöhen diese Kenngröße.

Ohne die leichten, freien Handschwingen wäre der bezogene induzierte Widerstand des dann eher rechteckigen Flügels jedoch noch schlechter, so dass durch die freien Handschwingen elliptische Flügel angenähert aber nicht ganz erreicht werden. Der Vorteil dieser Konfiguration scheint eher ein äußerst geringer Nullwiderstandsbeiwert ($c_{W\,Null} \approx 0{,}006$) zu sein, wodurch trotz relativ geringer Reynolds-Zahl von etwa 3×10^5 Gleitzahlen von immerhin 23 erreicht werden können. Durch Einbeziehung der in der Referenzarbeit detailliert geschilderten Theorie wird geschlossen, dass die Abstraktion „auf technische Flügelformen" an der Grenze der größten bekannten Hochseesegler oder noch darüber einzuordnen wäre. Das führt zu einem κ-Wert $\geq 0{,}95$, also zu einer Widerstandsverminderung von max. 5 %. Die günstigsten untersuchten Aufspaltungen in Endflügelchen bei technischen Flügeln verringerten den bezogenen induzierten Widerstand dagegen nur im Prozentbereich.

Betrachtungen der Widerstandsverhältnisse an unterschiedlich geformten Vogelflügeln standen somit tatsächlich an der Basis der Entwicklung von Flügelend-

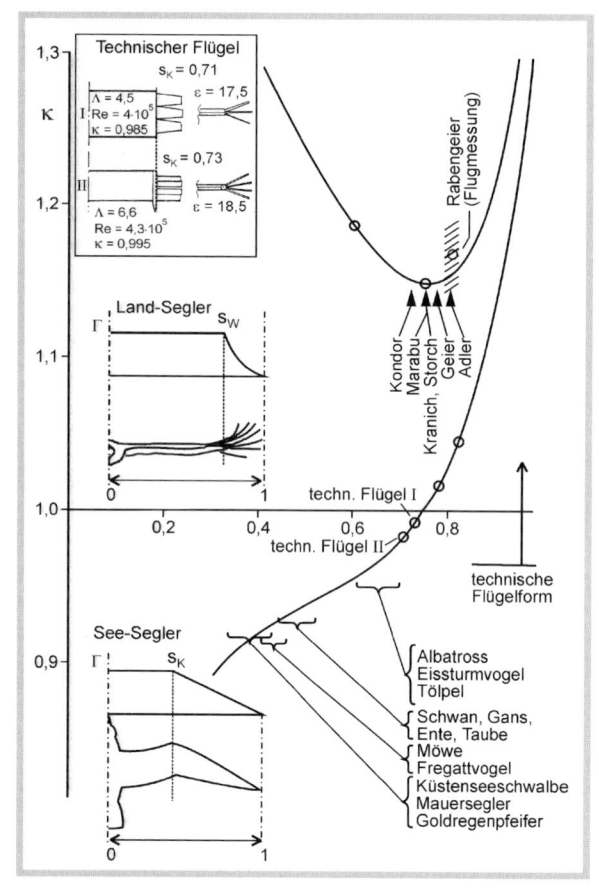

Abb. 8-21 Der bezogene induzierte Widerstand κ über die Lage des Wendepunkts s_W bzw. des Knickpunkts s_K der Zirkulationsverteilung über die normierte Halbspannweite s bei Land- und Seevögeln. Einschaltbild: Zwei Beispiele für durch aufgefächerte Enden leicht verbesserte technische Flügel *(nach Zimmer 1983, veränderte Neuzeichnung)*

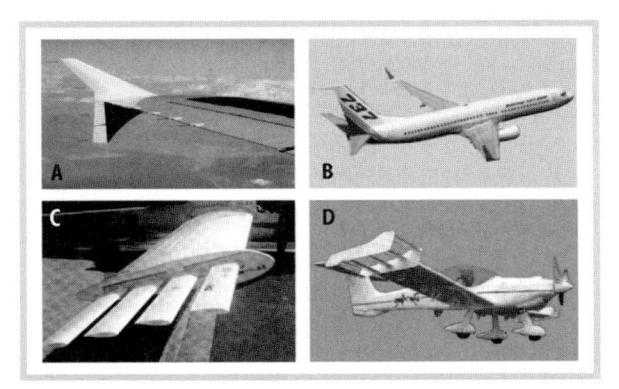

Abb. 8-22 Winglet-Konstruktionen an Tragflügelenden.
A Winglet beim Airbus A300 *(Foto Nachtigall)*, **B** Hochgezogene Winglets an den Flügelenden der Boing 737 *(nach Boeing Website)*, **C** Konzept „Winggrid": Flügelende am Prometheus P9SL-Motorsegler, **D** Sportflugzeug mit „Winggrid"-Flügeln *(nach Winggrid Website)*

gestaltungen in Form von „Winglets" wie sie für heutige Verkehrsflugzeuge immer häufiger eingesetzt werden (Abb. 8-22 A, B).

Die Konzeption der Flügelspitzenendgestaltung wurde an mehreren Stellen weiterverfolgt, allerdings nicht mehr im Vergleich mit Vögeln. Winglets aus einem Stück sind heute bei Verkehrsflugzeugen z.B. beim Airbus A 300 (Abb. 8-22 A) gängig. Die Firma Boeing hat kürzlich neuartige, stark verlängerte und nach oben gebogene Winglets für ihre Boing 737-800 vorgestellt (Abb. 8-22 B). Durch Widerstandreduktion soll damit 3–5 % an Kraftstoff eingespart werden können. Mit den neuen Winglets kann auch das Geschäftsreiseflugzeug Boing Business-Jet ausgerüstet werden. Für die Großflugzeug sind die Winglets 2,4 m hoch, an der Basis 1,2 m breit, an der Spitze, gegen die sie weich auslaufen, nur 0,6 m. Ein Winglet wiegt nur etwas über 50 kg, weil es aus kohlefaserverstärktem Kunststoff, Aluminium und wenig Titan gebaut ist.

Die Winglet-Forschung wird derzeit intensiv weiter betrieben. Aber auch direktere bionische Übertragungen sind versucht worden. So soll sich das Experimentier-Kleinflugzeug „Winggrid" (Abb. 8-22 C, D), dessen äußeres Drittel durch Spaltflügel nach Art der Vogelhandschwingen bei Landseglern ersetzt ist, durch besonders gutmütige Flug- und günstige Kurzstart- und Landeeigenschaften auszeichnen. Es kann mit besonders hohem Anstellwinkel geflogen werden, ohne dass die Strömung abreißt, verbindet also genügend Auftriebserzeugung mit der Möglichkeit des Langsamflugs.

8.8.2
Schleifenflügel und Schleifenpropeller

Verbindet man die Spitzen der aufgefingerten Handschwingen eines Greifs in Frontalansicht, so ergibt sich eine Schleifenform (gestrichelt eingezeichnet in Abb. 8-23 A), nach der – sozusagen in natürlicher Weiterentwicklung des Handschwingenprinzips – ein Tragflügelende gestaltet werden kann. Dies wurde von Bannasch/Berlin nachvollzogen; die Originalskizze zeigt Abb. 8-23 B. Ein Jugend-forscht-Duo hatte dann offensichtlich die gleiche Idee. Die Berliner haben auch eine Designstudie mit Schleifenflügeln vorgelegt (Abb. 8-23 F). Das Prinzip wurde aber bereits – möglicherweise ohne eigentliches bionisches Vorbild – von Boeing/Seattle konzipiert und patentiert. Ausprobiert an einer Boeing 737-800 (Abb. 8-23 C) hat sich ein um 3–5 % geringerer Kraftstoffverbrauch bei Nenngeschwindigkeit ergeben. Ähnlich wie bei Riblet-Effekt ergibt sich auch hiermit eine Verringerung der Umweltbelastung und gleichzeitig eine höhere Gewinnmarge. Winglets für die Typen 737-900 -700 und -600 werden entwickelt. Mit solchen Winglets (Abb. 8-23 D) können die Flugzeuge nicht nur sparsamer, sondern auch höher fliegen, benötigen eine kürzere Startstrecke, können unter steilerem Startwinkel in die Luft gehen und damit die Lärmbelästigung von Flughafenanreinern vermindern. Da die Triebwerke beim Start nicht notwendigerweise mit Maximalschub fahren müssen, werden sie weniger belastet und sind damit kostengünstiger in der Wartung. Die Schleifen für die Boeing 737-800 wirken, im Prinzip ähnlich wie die gespreizten Handschwingen, in Richtung auf eine Reduktion der Flügelspitzen-Vorticity und damit des induziertes Widerstands.

Welche Gesamteffekte die obengenannten Einsparungen aufweisen könnten, das geht auch daraus hervor, dass von der Boeing 737 bis zur Jahrtausendwende 3576 Maschinen ausgeliefert wurden und alle 8 s irgendwo in der Welt eine Boeing 737 startet.

Bei der Patentierung der Winglets hatte Seattle die Nase vorne; dabei hat man dort aber offensichtlich übersehen, dass das gleiche Prinzip z.B. auch auf Propeller anwendbar ist. In Berlin hat man sich einen Schleifenpropeller patentieren lassen (Abb. 8-23 E). Er soll besonders hohen Standschub und Schub bei geringen Geschwindigkeiten entwickeln. Er ist auch leiser als ein konventioneller Propeller gleicher Schubleistung, da er dessen Randwirbelspule (Abb. 23 G, oben) in eine infinite Menge von Feinwirbeln auflöst (Abb. 23 G, unten).

8.8.3
Von der Wirbelspule zum Berwian

In einer bereits klassischen bionischen Übertragung wurde von I. Rechenberg ein Effekt der freien Handschwingen von Vogelflügeln zur Entwicklung eines „Windkonzentrators" weiterentwickelt. Die einzelnen Schritte (vgl. Abb. 8-24 A-F) schildert der Autor kurzgefasst wie folgt:

„Eine vom Strom I durchflossene zylindrische Drahtspule der Länge L und der Windungszahl n erzeugt die magnetische Feldstärke. $H = I\,n\,L^{-1}$ (A). Analog dazu erzeugt ein zu einer Schraubenlinie verwundener Wirbelfaden mit der Zirkulation Γ im Schraubenkern die Geschwindigkeit $v = \Gamma\,n\,L^{-1}$ (B). Rotierende Propellerflügel erzeugen einen Druckunterschied, der sich an den Enden unter Wirbelbildung ausgleicht. Die mit dem Propeller rotierenden Randwirbel formen eine Wirbelspule. Im Kern dieser Wirbelspule entsteht der Propellerstrahl (C). Lässt sich auch ohne rotierende Propellerflügel eine Wirbelschraube erzeugen? Die Antwort findet sich in der Natur: Die Lösung ist der aufgefingerte Vogelflügel. Der Druckunterschied zwischen Ober- und Unterseite des Flügels führt an jedem Flügelfinger zu einer wirbelbildenden Randumströmung. Es entsteht eine Wirbelspule (D).

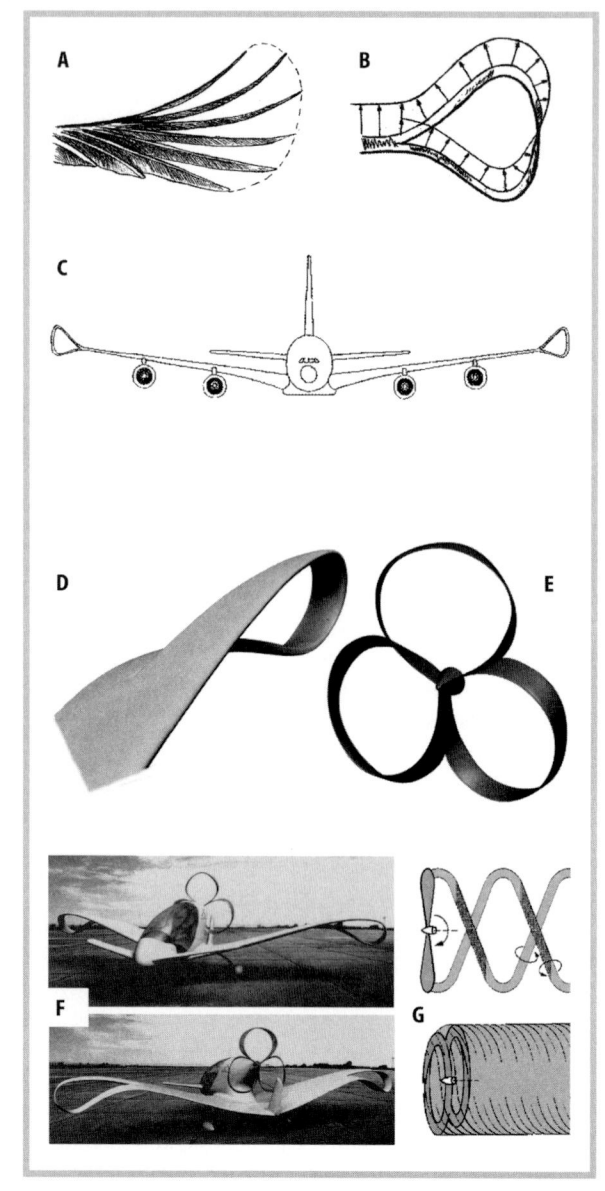

Abb. 8-23 Schleifenflügelenden und Schleifenpropeller. **A, B** Schleifenflügel, abstrahiert aus der Einhüllenden von gespreizten Handschwingen *(nach Bannasch 2000)*, **C** Boeing 737-800 mit Schleifenflügel *(nach Boeing-Schrift 2000)*, **D** Ausgestaltung eines schleifenförmigen Flügelendes, **E** Schleifenflügel-Propeller für Motorboote *(nach Bannasch 2000)*, **F** Designstudie Delta-Coop; Weiterentwicklung der Delta-Dart II, Richter Flugzeugwerke Sachsen-Anhalt, mit Schleifenflügeln und Schleifenpropeller, **G** Spitzenwirbel eines zweiblättrigen Propellers (oben) und der „verschliffene" Wirbel eines Schleifenpropellers *(nach Bannasch 2000; nach Wohlgemuth, Zwick, Stoll, Bannasch 2001)*

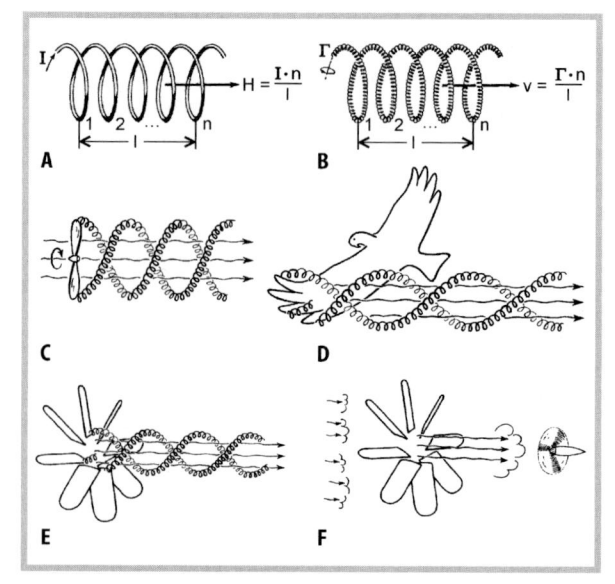

Abb. 8-24 Von der Wirbelspule zum Berwian. Zu den Teilabbildungen vergl. den Text *(nach Rechenberg, Faltprospekt TU Berlin 1984)*

Der Spreizflügel als strömungsbeschleunigende Vorrichtung lässt sich technisch noch verbessern: Die wirbelerzeugenden Flügelfinger werden zum vollen Kreis aufgefächert. Der Flügelfächer enthält innen ein Loch. Jeder Flügel erzeugt in diesem Loch einen Randwirbel. Die gleichmäßige Verteilung vieler Wirbel auf einem Kreis führt zu einer enggewundenen Wirbelspule mit hoher Strömungsverstärkung (E). Windenergie zu konzentrieren ehe sie eine Turbine antreibt wird allseits als Wunschziel der Windkrafttechnik angesehen. Die Erfindung des Wirbelspulenverstärkers ermöglicht es, eine „Windlinse" zu bauen. Ein Rotor im „Brennpunkt" einer Wirbelspulen-Windlinse erfährt eine 6–8fache Leistungsverstärkung. Windenergie lässt sich so wirtschaftlicher nutzen als bisher (F)."

Als Vorteile dieser Einrichtung werden der kompakte Rotor gesehen, die hohe Drehzahl, die geringe Anlaufwindstärke, eine einfache Leistungsregelung, effektive Sturmsicherung und erhöhte Laufruhe. Den Konzentrationsfaktor konnte Rechenberg mit seiner Arbeitsgruppe in den Jahren 1984-1988 in Einzelfällen bis auf 10 steigern. Eine detaillierte Darstellung mit mathematischen Ableitungen ist in der Zeitschrift „Sonnenenergie" erschienen.

Das zunächst erfolgversprechende bionische Projekt hat sich bisher wohl deshalb nicht durchgesetzt, weil eine Leistungssteigerung auch einfacher, nämlich durch ein etwas größeres Windrad, erreichbar ist. Da die feststehenden Leitflächen des Stators z. B. auch mit Segeltuchverspannung nach Art alter Windmühlen hergestellt werden können, bietet sich hier allerdings eine Zukunftschance für den Betrieb kleiner Windturbinen in Entwicklungsländern.

8.8.4
Die „Schwertfischnase" und ein Flugzeugbug

Wenn Flugzeugrümpfe nicht widerstandsoptimiert sind – und hier zählen Prozente oder Prozentbruchteile – fliegt ein Flugzeug auf Grund der hohen Treibstoffkosten unwirtschaftlich und kann im heiß umkämpften Markt nicht konkurrieren. Auch unkonventionelle Optimierungsvorschläge sind deshalb von besonderer Bedeutung.

Bedeutung des Schwertfortsatzes und der Kopfkurvatur beim Schwertfisch

Schwertfische (*Xiphiidae*) und Fächerfische (*Istiophoridae*) tragen als Fortsätze der Oberkiefer schwertartig langgestreckte Gebilde und die Oberseite ihres Kopfs nähert sich der dicksten Rumpfstelle nicht in konvexer Krümmung wie bei allen anderen Fischen, sondern in konkaver. Der Punkt größter Körperdicke liegt dadurch deutlich weiter kopfwärts als bei anderen Fischen, z.B. bei Forellen und Makrelen. Der Schwertfisch (*Xiphias gladius*) ist wohl der schnellste Unterwasserschwimmer den es überhaupt gibt; er erreicht kurzfristig Geschwindigkeiten > 100 km h^{-1}. Bei 4 m Körperlänge und einer Geschwindigkeit von 30 m s^{-1} ist seine Reynolds-Zahl > 10^8. Damit kommt er in den Bereich, in dem z.B. große Verkehrsflugzeuge fliegen, und seine Strömungsmechanik ist direkt vergleichbar. Das Schwert ist dorsoventral abgeflacht und bildet ein langgestrecktes Blatt mit scharfen Kanten, das bis zu 45% der Körperlänge einnehmen kann. Die Fächerfische, darunter der Pazifische Fächerfisch, der Speerfisch und die Merline (Gattungen *Istiophorus*, *Tetrapterus*, *Istiompax* und *Makaira*) haben etwas kürzere Schwerter, die 14–30% der Körperlänge eines ausgewachsenen Fisches einnehmen können. Sie sind im Querschnitt rundlich und vorne zugespitzt. Alle Schwerter sind oberflächenrau, wobei die Rauigkeit in Richtung zum Kopf abnimmt.

Nach Aleyev könnten diese schwertartigen Rostralfortsätze dazu dienen, Mikroturbulenz zu erzeugen, über die der Körperwiderstand vermindert wird. Dies könnte in folgender Weise vor sich gehen:

In der Spitzenregion wird das Schwert auch beim schnellsten Schwimmen sicher noch im Übergangsbereich umströmt, in dem die laminare in die turbulente Grenzschicht übergehen kann. Abbildung 8-25 zeigt den Verlauf der Reibungswiderstandsbeiwerte als Funktion der Reynolds-Zahl für glatte Platten. In einem Bereich nahe Re = 10^7 findet der Übergang statt, und danach ist der Beiwert sehr deutlich höher, was ungünstig ist. Da das Schwert an dieser Stelle rau ist, könnte der Übergang von einer laminaren in eine mikroturbulente Grenzschicht schon bei relativ kleineren Reynolds-Zahlen erzwungen werden. Weiter von der Spitze entfernt nimmt die Rauigkeit des Schwerts ab, so dass ein völliger Umschlag in die Turbulenz vermieden werden könnte. Die Strömung könnte weiter mikroturbulent bleiben und sich so auch bei höheren Reynolds-Zahlen – die Re-Zahl nimmt ja mit der Entfernung eines betrachteten Punkts auf der Längsachse von der Schwertspitze zu – so verhalten, als ob sie quasilaminar strömen würde, d.h. relativ kleine Reibungswiderstandsbeiwerte aufweist. Wie Abb. 8-25 zeigt, wenn man der extrapolierenden, gestrichelten Linie in den Bereich

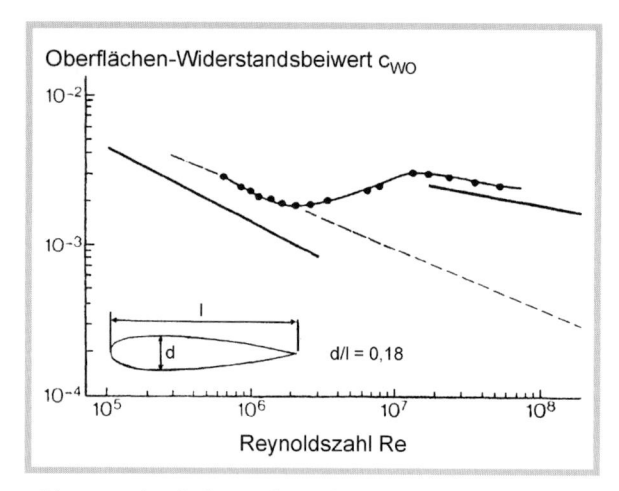

Abb. 8-25 Oberflächen- oder Reibungswiderstandsbeiwert als Funktion der Reynolds-Zahl für eine flache Platte gleicher Oberfläche wie ein rotationssymmetrischer Stromlinienkörper vom Dicken-Längen-Verhältnis 0,18; Grenzkennlinien laminar (links) und turbulent (rechts) eingezeichnet *(nach Hoerner aus Videler 1992)*

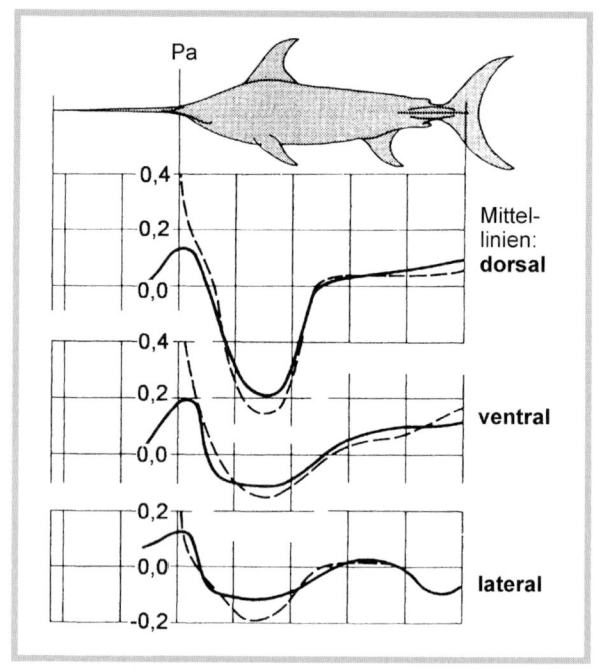

Abb. 8-26 Verlauf der auf den Staudruck bezogenen statischen Druckdifferenz Δp_{rel} entlang dreier Mittellinien beim Modell eines Schwertfischs *Xiphias gladius*. Ausgezogene Graphen: mit Schwert, gestrichelte Graphen: ohne Schwert. Randbedingungen: Länge des Modells 0,65 m, ohne Schwert 0,49 m, Medium Wasser, Geschwindigkeit 6 m s^{-1}, Reynolds-Zahl 6,7 10^6 mit Schwert, 3,9 10^6 ohne Schwert *(nach Aleyev 1977 aus Videler 1992)*

größerer Re-Werte folgt, könnte ein mikroturbulent umströmter Strömungskörper im Bereich 10^7 < Re < 10^8 theoretisch nur 1/5 des Widerstands bei vollturbulenter Strömung erzeugen! Dazu kommt, dass die Kennlinie für den laminaren Fall schneller abfällt als für den turbulenten: relativ größere Widerstandsverminderung bei größeren Re-Werten im erstgenannten Fall.

Die konkave Konturenlinie auf der Oberseite des Kopfs könnte dazu dienen, die vom Schwert bereits optimierte Strömung so zu formieren, dass Druckspitzen vermieden werden, so dass auch ein plötzlicher Umschlag oder Abriss der Strömung unwahrscheinlich wird. Aleyev hat dies durch Druckmessungen an einem Holzmodell des Schwertfischs wahrscheinlich gemacht. Abbildung 8-26 zeigt den Druckverlauf längs dreier Körperkonturen. Aufgetragen ist eine dimensionslose Kenngröße $p_{rel} = (p - p_0)/(\frac{1}{2} \rho v^2)$ (p statischer Wanddruck an der Messstelle, p_0 statischer Druck in der freien Strömung, $\frac{1}{2} \rho v^2$ Staudruck) als Funktion einer abgewickelten Körperkontur. Wie der Vergleich der gestrichelten Kurven (ohne Schwert) mit den ausgezogenen Kurven (mit Schwert) zeigt, fehlen im letzteren Fall die dramatischen Druckspitzen in der Kopfregion. Einen andersartigen Ansatz haben Merculow, Maltzev und Bannasch vorgelegt. Demnach induziert das Schwert helicale Wirbel, die mit der Grenzschicht um den Fischkörper interagieren und dadurch den Rei-

bungswiderstand verringern. Wie immer der Primäreffekt aussehen mag, sicher erscheint, dass das Rostrum den Gesamtwiderstand positiv beeinflusst.

8.8.5
Anwendungsvorschlag des Mikroturbulenz-Effekts

Der Biophysiker J. Videler von der Universität Groningen hat für das nicht widerstandsoptimierte Flugzeug Fokker 100 eine Bugregion vorgeschlagen (spitze Auszüge vor der weißen Doppellinie in Abb. 8-27 A), welche die beiden Schwertfischeffekte – Mikroturbulenz und Druckspitzenvermeidung – anwendet. Zusätzlich könnte man das Hertel'sche Prinzip der dicken Rümpfe in Betracht ziehen (Abb. 8-27 B) und damit bei gleichem Rumpfwiderstand die Sitzplatzzahl auf 150 % vermehren. Beide Effekte hätten geeignet sein können, den offensichtlich nicht ausgereiften Flugzeugtyp aus dem Tal der Unwirtschaftlichkeit herauszubekommen. Die

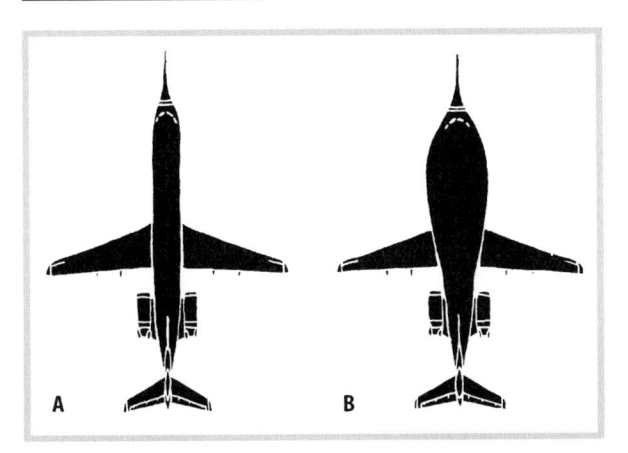

Abb. 8-27 Unterseiten-Silhouetten des Flugzeugs Fokker 100 nach Modifikationen durch eine „Schwertfischnase" (**A**) und zusätzlich durch einen „dicken Rumpf" (**B**) *(nach Videler 1992)*

Vorschläge wurden aber von der damaligen Leitung der heute nicht mehr existierenden Firma nicht aufgegriffen – das typische Unverständnis des klassisch ausgebildeten Ingenieurs, den Funktionskriterien der Natur gegenüber. J. Videler fordert denn auch mit dem Schlusssatz seiner Arbeit: „Bionics ought to be an obligatory subject in higher technical education".

8.9
Spiegeloptik im Krebsauge – Vorbild für Röntgenteleskopie und -kollimatoren

8.9.1
Einführendes

Die Augen der Gliedertiere (Arthropoden) bestehen aus einer Vielzahl aneinandergrenzender, konischer Einzelaugen (Ommatidien), die insgesamt etwa eine halbkugelige Anordnung formen. Bei Insekten sind diese Ommatidien an der Grenze zur Außenwelt sechseckig. Sie wirken wie ein optisches Linsensystem mit Lichtleitereffekten. Bei Krebsen dagegen sind die Ommatidien quadratisch. Wie der damals Stuttgarter und heute in Freiburg ansässige Zoologe K. Vogt entdeckt hat, und wie etwas später unabhängig davon M. Land für Tiefseegarnelen und den zweidimensionalen Fall gezeigt hat, wirken diese Augen als ganz eigentümliche Spiegeloptik. K. Vogt beschrieb für Krebse den essenziellen dreidimensionalen Fall in allen Details. Danach entstehen die Bilder durch Reflexionen an radial angeordneten Planspiegeln; dreidimensionale Bildentstehung ist durch senkrechte Stellung dieser Spiegel zueinander möglich. Dieses Prinzip ist in der genannten Arbeit entdeckt worden; seine „Technische Optik" war vorher nicht bekannt. Nach seiner Entdeckung hat es nicht an Versuchen gefehlt, es in der Technik zu verankern. Insgesamt ist dies ein gutes Beispiel für das Zusammenspiel von Technischer Biologie (Verstehen eines biologischen Mechanismus unter Einbringung in diesem Fall technisch-optischer Kenntnisse) und Bionik (Übertragen eines natürlichen Prinzips in die technische Anwendung).

8.9.2
Prinzipbau des Krebsauges

Die Augen der untersuchten Arten der Gattungen *Astacus* und *Orconectes* sind nicht genau halbkugelförmig, können aber zur Vereinfachung als Halbkugeln betrachtet werden. Der Divergenzwinkel $\Delta\varphi$ der Ommatidienachsen auf einem Großkreis beträgt 2,3°. Die Ommatidien sind für zwei Adaptationszustände in Abb. 8-28 dargestellt. Ein Ommatidium besteht aus einer quadratischen Corneafacette (2 Corneagenzellen), dem Kristallkegel (4 Semperzellen), zwei distalen Pigmentzellen, an denen reflektierende Spiegelschichten gelagert sind (Multilayer-Schichten), dem lichtempfindlichen Rhabdom (8 Retinula-Zellen) und den Tapetum-Zellen, welche die lichtempfindlichen Zellen gegeneinander abgrenzen.

Die quadratische Cornea-Facette hat eine Kantenlänge von 75 µm. Sie ist praktisch frei von Krümmungen, und ihr Brechungsindex (1,48) ist in jedem Abstand von der zentralen Achse gleich. Man kann sie also als planparallele Platte betrachten, die den Strahlengang praktisch nicht beeinflusst.

Der Kristallkegel (740 µm) gliedert sich in einen distalen, der Cornea-Facette nahen Teil (Kristallkörper, 220 µm) und einen proximalen, dem lichtempfindlichen Rhabdom nahen Teil (Kristallstiel). Im Querschnitt ist der Kristallkegel quadratisch, und zwar sowohl im distalen (Abb. 8-29 A) als auch im proximalen Teil (Abb. 8-29 B). Da er sich proximal verschmälert, hat er die Form eines vierseitigen regulären Pyramidenstumpfs. Der Winkel δ zwischen zwei gegenüberliegenden Pyramidenseiten beträgt 4,5°. Für den Winkel φ zwischen zwei benachbarten Seitenflächen gilt damit ein Wert von 90,09°; die Seitenflächen stehen somit präzise senkrecht aufeinander.

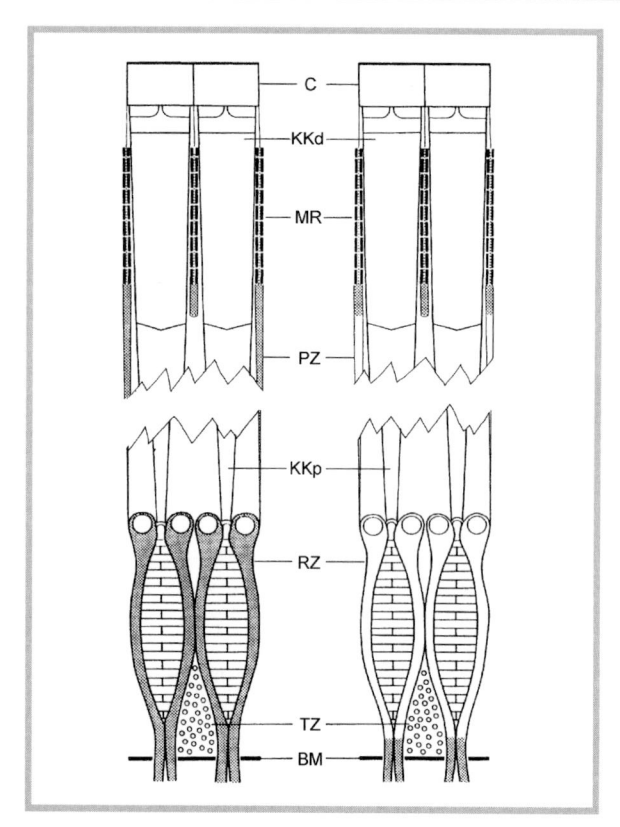

Abb. 8-28 Halbschematische Darstellung des Ommatidiumbaus bei *Astacus leptodactylus*. **A** Hell adaptiert, **B** dunkel adaptiert. C Cornea, KKd Kristallzylinder, distaler Teil, KKp Kristallzylinder, proximaler Teil, MR Multilayer-Reflektor, PZ Pigmentzelle (distale), RZ Retinulazelle, TZ Tapetumzelle, BM Basalmembran *(nach Vogt 1980, verändert)*

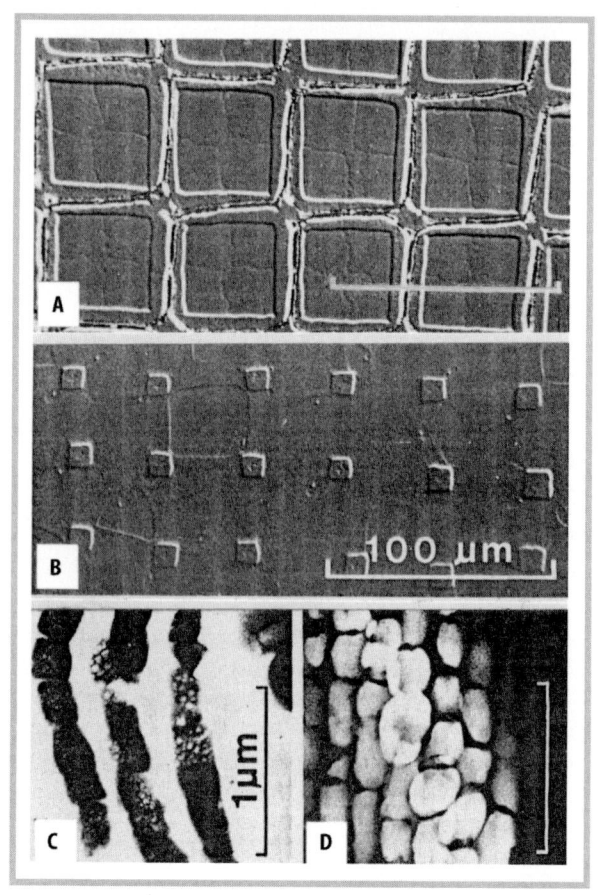

Abb. 8-29 Schnitte durch das Auge von *Orconectes limosus*. **A** Tangentialschnitt durch die Kristallkegel, distaler Teil. Oben: Cornea. Interferenzkontrast. Marke: 100 μm, **B** Tangentialschnitt durch die Kristallkegel, proximaler Teil knapp über der Retina. Interferenzkontrast, **C** Schnitt senkrecht zur Schichtung der Multilayer-Reflektoren: drei Kristall-Lagen, **D** Schnitt parallel zur Schichtung der Multilayer-Reflektoren: Kristalle herausgefallen. TEM: Marke: 1 μm *(nach Vogt 1980, Ausschnitte)*

Wichtig ist die eigentümliche Lagerung der beiden distalen Pigmentzellen. Jede dieser Pigmentzellen umschließt zwei aneinandergrenzende Pyramidenseiten (ganz gut erkennbar nach näherem Einsehen in Abb. 8-29 A), so dass zwei diametral gegenüberliegende Zellen den gesamten Kristallkegel umschließen, allerdings nur im distalen Teil, etwa bis zur Hälfte jeder Seitenfläche. Beim Übergang zum proximalen Teil ziehen sie sich zu einem dünnen Fortsatz zusammen, der an den diametral gegenüberliegenden Kanten bis zur Basalmembran durchläuft. Distal ist der Kristallkegel also von einem (Reflexionsschichten tragenden) Pigmentmantel rundum umschlossen, proximal dagegen nicht.

Über drei Viertel der Länge des distalen, rundum schließenden Teils liegt eine meist dreigliedrige Schicht (Abb. 8-29 C) mit regelmäßig eingelagerten Kristallen (Abb. 8-29 D). Diese Schichtungen wirken als effektiver Reflektor („Spiegeloptik").

8.9.3
Brechungsindizes

Der Brechungsindex am Kristallkegel konnte interferenzoptisch bestimmt werden. Im distalen, homogenen Teil des Kristallkegels beträgt er 1,41. Er ändert sich nicht mit dem Achsenabstand. Im proximalen Teil des Kristallkegels nimmt er zunächst in Richtung der zentralen

Achse deutlich ab und nähert sich dann – in der Nähe des Rhabdoms – dem Wert 1,37.

Im Fall $\chi = 0$ (vgl. Abb. 8-30 A) werden alle Strahlen, die in einem – unter beliebigem Winkel auf dem Kristallkegel einfallenden – parallelen Lichtbündel enthalten sind, ein einziges Mal total reflektiert, wenn der Brechungsindex im Kristallkegel eine bestimmte axiale Variation aufweist. Dann lässt sich sagen, „dass der Kristallkegel des Krebsauges ein reflektierendes System darstellt, das auf Grund seiner axialen Brechungsindexvariation eine Reflektion in Richtung des Bildorts im Zentralommatidium optimiert".

Für den Fall $\chi \neq 0°$ kann der Strahl ein zweites Mal reflektiert werden; Totalreflexion ist an einer zur Fläche der ersten Reflexion des Grenzstrahls senkrechten Ebene gegeben. „Dies gilt unabhängig davon, ob diese zweite Reflexion an einer Seitenwand desselben Kristallkegels oder an einer in derselben Ebene liegenden Seitenwand eines Kristallkegels der Facettenreihe stattfindet. Solange nur Strahlengänge betrachtet werden, bei denen beide Reflexionen im selben Kristallkegel erfolgen, könnten – ohne eine Beeinträchtigung der Abbildungsqualität – die einzelnen Kristallkegel im Auge beliebig um ihre Achse gedreht oder gegenseitig verschoben sein. Erst der Umstand, dass ein Teil der auf einen Kristallkegel einfallenden Stahlen die zweite Reflexion nicht im selben Kristallkegel erfährt, macht eine strenge Anordnung der Kristallkegel in gekreuzten Reihen notwendig". K. Vogt führt aus, dass durch eine doppelte Reflexion Fehler entstehen, die jedoch durch die Pigmentanordnung im hell adaptierten Auge korrigiert werden.

Die spezifische Art der Brechungsindex-Variation im langgestreckten Kristallkegel ist somit Voraussetzung für das Verständnis der Spiegeloptik im hochgeordneten System der quadratischen Ommatidien (siehe Abschn. 8.9.5).

8.9.4
Hell- und Dunkeladaptation

Im hell adaptierten Fall (vgl. Abb. 8-28 A) verteilt sich das bewegliche Pigment in den distalen Pigmentzellen bis in die dünnen Ausläufer hinein. Die Tapetumzellen umschließen die lichtempfindlichen Retinula-Zellen in einheitlicher Weise. Im dunkel adaptierten Fall (Abb. 8-28 B) zieht sich das Pigment für die erstgenannten Zellen distal, für die letztgenannten proximal zurück. Wichtig ist, dass auch im hell adaptierten Fall die Ommatidien nicht optisch isoliert sind (wie etwa bei hell adaptierten Komplexaugen von Fliegen und Bienen), da das distale Pigment unterhalb der Multilayer-Reflektorschichten nur in dünnen Fäden entlang der Kristallkegelkanten vorhanden ist. Wofür dann die Pigmentverschiebung, wenn sie im Gegensatz zu den Flie-

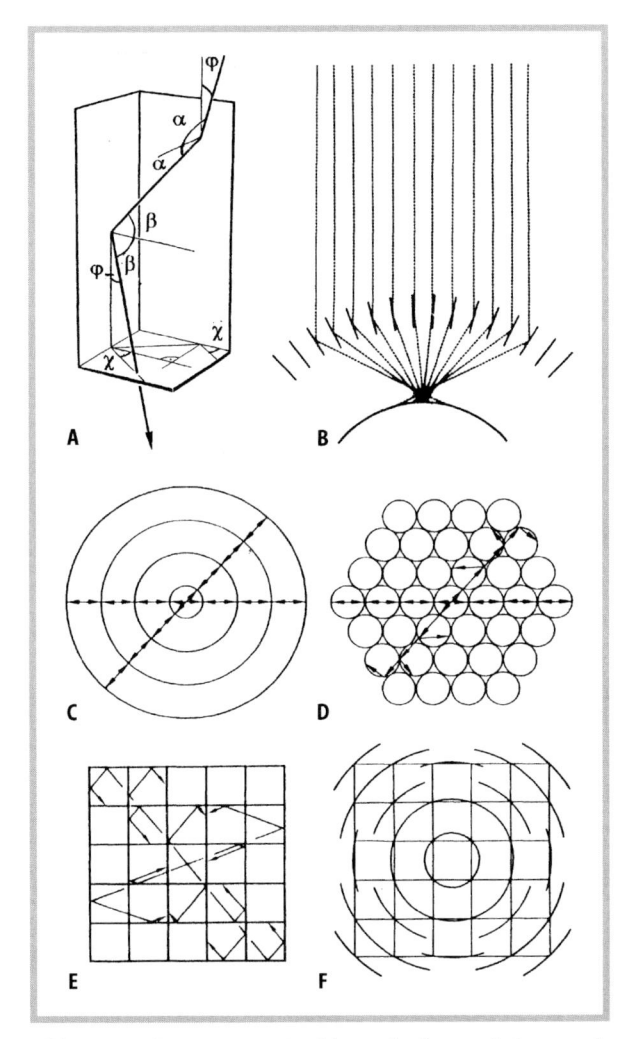

Abb. 8-30 Schemata von Strahlenverläufen und Augenaufsichten. **A** Strahlenverlauf im Kristallkegel, **B** Strahlenverlauf an Spiegelflächen, entsprechend einem schematisierten Superpositionsauge, **C** Aufsicht auf ein System mit spiegelnden Kegelmantelflächen, **D** Aufsicht auf ein Auge mit zylindrischen, verspiegelnden Ommatidien, **E** Aufsicht auf ein Auge mit Ommatidien von quadratischem Querschnitt, **F** virtuelle Spiegelflächen (vgl. **C** und **D**), nähere Erläuterungen s. Text *(nach Vogt 1980)*

genaugen den Lichtfluss nicht beeinflusst? Wahrscheinlich dient sie dem Ausgleich spezifischer Fehler in der „orthogonalen Spiegeloptik".

8.9.5
Orthogonale Spiegeloptik

Abbildung 8-30 A zeigt den Strahlenverlauf in einem Kristallkegel. Der Strahl fällt unter dem Winkel φ zur Ommatidienachse ein und wird an zwei senkrecht zueinander stehenden Seitenflächen des Kristallkegels zweimal total reflektiert. Beim ersten Auftreffen fällt er unter dem Einfallswinkel α ein und unter dem gleichen Winkel α wieder aus. Auf die zweite Seitenfläche fällt er unter dem Einfallswinkel β ein und unter dem gleichen Ausfallswinkel β wieder aus. Damit ist sein Winkel zur zweiten Fläche gleich dem Einfallswinkel φ zur ersten. Der ausfallende Strahl projiziert sich auf die Ebene senkrecht zu den beiden Seitflächen („Tangentialebene") unter dem Winkel φ ($\chi \leq 45°$). Der Trick dabei: Bei rechtwinkliger Stellung der ebenen Seitenflächen des Kristallkegels besitzt der ausfallende Strahl nach zwei Reflexionen den gleichen Winkel φ wie der einfallende.

K. Vogt erläutert das Abbildungsprinzip, das auf diese doppelte Reflexion aufbaut, wie folgt (leicht veränderte Zitate):

„In einer Ebene $\chi = 0°$ eines Auges mit distalen, radial angeordneten Spiegeln konvergieren nach einmaliger Reflexion parallele Strahlen, die auf verschiedene Spiegel einfallen, auf einen „Punkt" der Achse des Zentralommatidiums. Dieser Bildort eines weit entfernten Gegenstandspunkts liegt ungefähr auf dem halben Augenradius. In Abb. 8-30 B ist dies unter der Vereinfachung konstanter Brechungsindizes dargestellt.

Ein räumlicher Abbildungsstrahlengang ist allerdings nur möglich, wenn Abb. 8-30 B in jeder Ebene ($\chi \neq 0°$) um das Zentralommatidium gilt, die Spiegel also Kegelmantelflächen mit dem Zentralommatidium als Achse sind. Nur unter dieser Bedingung konvergieren Strahlen, die sich vor dem Auge in einer bestimmten Einfallsebene befinden, nach der Reflexion in derselben Ebene. Abbildung 8-30 C zeigt dies in einer Aufsicht. Würde man ein solches System materiell realisieren, wäre nur für Gegenstandspunkte in der Nähe der Achse eine gute Abbildung gewährleistet, und das Auge müsste die optische Umwelt sukzessiv abtasten. Mehrere solche Systeme könnten in einem Auge nur nebeneinander angeordnet sein. Dies führt natürlich bei großer Apertur und damit großer Lichtstärke des

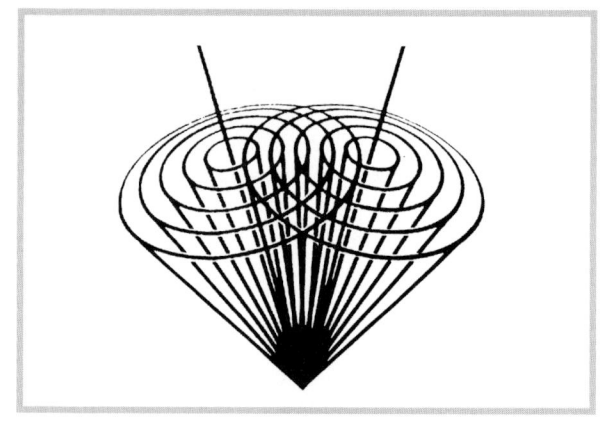

Abb. 8-31 Omnidirektionales Spiegelsystem unter Benutzung virtueller Spiegelflächen *(nach Vogt 1980)*

Einzelsystems zu einer schlechten räumlichen Auflösung oder umgekehrt bei kleiner Apertur zu einer guten Auflösung bei schwacher Lichtstärke. Ein solches System mit kegelförmigen oder zylindrischen Ommatidien erlaubt einen Superpositionsstrahlengang nur in Ebenen, welche die Achsen aller an der Abbildung beteiligten Ommatidien enthalten. Für jede andere Ebene würden die reflektierenden Strahlen diese Ebene verlassen und die Retina in verschiedenen Punkten treffen (Abb. 8-30 D).

Sind dagegen die spiegelnden Seitenflächen Teile der Ommatidienebenen, die einen Winkel von 90° bilden, so hat ein reflektierender Strahl nach zwei Reflexionen die gleichen Winkel φ und χ wie der einfallende (vgl. Abb. 8-30 A). Die Verhältnisse für zwei Einfallsebenen sind schematisch in Abb. 8-30 E gezeigt. Sieht man von einer Seitenversetzung in der Größenordnung eines Ommatidiendurchmessers ab, verhält sich ein Strahl demnach so, als würde er bei einem beliebigen Winkel χ an einer Ebene – der virtuellen Spiegelebene – reflektiert, die senkrecht zur jeweiligen Einfallsebene liegt. Die Verhältnisse für Reflexionen bei beliebigen Winkeln χ lassen sich übersichtlicher als in Abb. 8-30 E durch die virtuellen Spiegelflächen in Abb. 8-32 F darstellen. Die Bedingung für einen räumlichen Abbildungsstrahlengang (Abb. 8-30 C) ist somit nach Abb. 8-30 F offensichtlich erfüllt.

Die optische Struktur des Flusskrebsauges lässt sich damit als eine konzentrische Schar virtuell spiegelnder Kegelmantelflächen beschreiben, die um jede Raumrichtung besteht. Die verschiedenen Raumrichtungen zugehörigen virtuellen Spiegelsysteme können sich beliebig durchdringen (Abb. 8-31) so dass die bei materiellen Spiegelsystemen vorhandene Alternative zwischen räumlicher Auflösung und Lichtstärke nicht besteht."

8.9.6
Zusammenfassung der Spiegeloptik-Prinzipien im Krebsauge

Zusammenfassend kann gesagt werden, dass die quadratische Facettierung der Ommatidien im Krebsauge mit Multilayer-Spiegelflächen, die sehr genau senkrecht aufeinander stehen und einen in der Längsachse brechungsindex-variabelen Kristallkegel besitzen, dem Krebs die Möglichkeit bieten, auch mit ruhig gehaltenem Auge (ohne „scanning") die Umwelt mit hoher Lichtstärke und zudem hoher Punktauflösung abzutasten. Durch ein raffiniert erscheinendes Prinzip, das sich am besten durch sich gegenseitig durchdringende virtuelle Spiegelflächen (Abb. 8-31) verdeutlichen lässt, die Kegelmantelflächen um das Zentralommatidium bilden, entsteht ein omnidirektionales Spiegelsystem:

„Um jede Raumrichtung besteht eine konzentrische Schar virtueller spiegelnder Kegelmantelflächen. Da sie virtuell sind, können sich die Scharen beliebig durchdringen, so dass gute räumliche Auflösung und hohe Apertur gleichzeitig möglich sind."

Das hiermit neu beschriebene und in der Technik bis dato nicht bekannte Abbildungsprinzip setzt eine hohe Baugenauigkeit der Einzelkomponenten voraus, welche die Natur aber schafft.

8.9.7
Technologische Umsetzungen

Nachdem die Aufdeckung des Prinzips der Bildentstehung im Krebsauge in einer überzeugenden Beweiskette gelungen war, ließen Vorschläge zur technologischen Übertragung nicht auf sich warten.

In einem Artikel für die Scientific American 1978 beschrieb M. Land von der University of Sussex die Krebsaugen-Prinzipien. Dies las der Teleskop-Designer Roger Angel von der University of Arizona und erkannte die Bedeutung dieser Prinzipien für die Fokussierung von Röntgenstrahlen. Doppelsternsysteme und Quasare emittieren ja solche Strahlen. Man könnte sie mit einem „Krebsaugen-Teleskop" mit Hilfe der Eigenschaften, dass auch beim unbewegten System scharfe Abbildungen mit hoher „Röntgenlichtstärke" möglich sein würden, nutzen. Das Krebsauge deckt einen Bereich von etwa 90° ab (± 45° zur Augenachse); entsprechend würde das Röntgenteleskop ein hochempfindliches, scharf abbildendes, Weitwinkelteleskop sein; ideal für die genannten Anforderungen. Röntgenstrahlen können nicht gebrochen, aber an hochpolierten Metallflächen unter kleinen Einfallswinkeln reflektiert werden (ähnliche wie es die Abb. 8-30 B an dem Zentralommatidium nahen Strahlenverläufen zeigt). Angel publizierte im selben Jahr (1978) seinen Vorschlag in der Zeitschrift „The Astrophysical Journal". Doch war damals die Technologie noch nicht so weit, dass der Vorschlag hätte verwirklicht werden können.

Erst seit wenigen Jahren gelang es Astronomen an der Universität von Leicester, welche die Röntgenastronomie über zwanzig Jahre lang mitgetragen haben, eine Technik zu entwickeln, mit der man viele feine Bleiglasröhrchen bündeln kann. Es handelt sich dabei um eine nicht einfache Aufgabe: Millionen feinster Röhrchen aus dem genannten Bleiglas, nicht länger als 1 cm, müssen auf der Grundfläche eines Bierfilzes präzise halbkugelig angeordnet werden. Der Astronom A. Brunton von der Universität Leicester, der dieses Teleskop zusammen mit Kollegen aus Australien und den USA entwickelte, hat erwartet, dass das etwa 5 Mio. Euro teure Instrument mit einem Explorer-Satelliten der NASA im Jahr 2001 ins All geschossen wird. „Mit dem ‚Hummerauge' werden wir ein Viertel des Himmels zur gleichen Zeit beobachten können. Wir können wir damit zukünftig Aufnahmen, die jetzt Jahre dauern, in wenigen Wochen machen".

Ein weiteres Technologiefeld bahnt sich an. Der Strahlengang kann auch umgekehrt werden, und somit kann eine Art „Röntgenkollimator" gebaut werden. Ordnet man eine Röntgenquelle im Brennpunkt des „Krebsaugensystems" an, so verlassen die Röntgenstrahlen die „Linse" mehr oder minder parallel gerichtet: Prinzip eines Kollimators (Abb. 8-32). Mit Röntgenstrahlen lassen sich feine Strukturen in Chips ätzen. Dies geht besser als mit Lichtstrahlen, wenn die Maskenstrukturen kleiner als 2/1000 mm sind, weil Lichtstrahlen dann um die Schablonenkanten gebeugt werden und die Abbildung unscharf werden lassen, Röntgenstrahlen dagegen wegen ihrer viel kürzeren Wellenlänge nicht so sehr. Divergierende Strahlen würden aber wieder Unschärfen erzeugen, die durch parallel gerichtete Strahlen dramatisch reduziert werden: es wird erwartet – wie M. Chown referiert – dass damit hundertmal kleinere Strukturen geätzt werden können und eine entsprechend größere Zahl elektronischer Bauteile auf der Chipoberfläche unterzubringen ist.

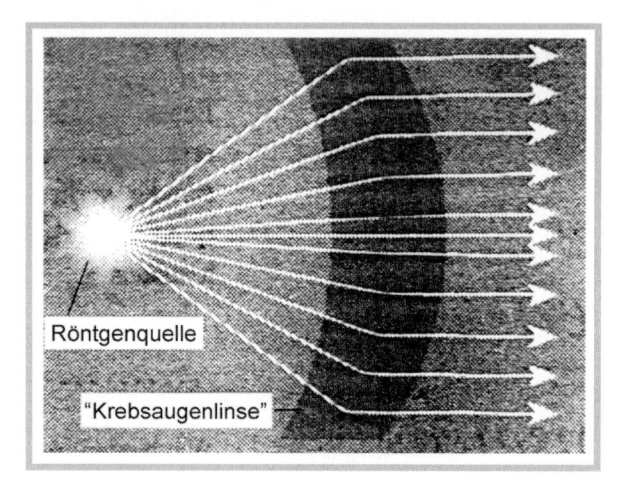

Abb. 8-32 Prinzip der Röntgenfokussierung durch „Krebsaugen-Linse" als Kollimator, vgl. Abb. 8-31 B *(nach Mieras 1996, verändert)*

8.10
Kurzanmerkungen zum Themenkreis „Konstruktionen und Geräte

8.10.1
Würmer, Polypen und ein Ausstülpungsschlauch für medizinische Katheder

8.10.1.1
Ausstülpungsmechanismen bei Würmern

In der Ontogenese bilden Bandwürmer aus den sich entwickelten Eiern Finnen, bläschenförmige Gebilde, in denen der Kopfzapfen – der künftige Skolex – nach innen auswächst. Sobald im Darmkanal des Endwirts die Finnenblase zerstört wird, wird das Skolex handschuhfingerförmig ausgestülpt. Dies geschieht nur einmal im Leben eines solchen Wurms.

Auch bei geschlechtsreifen Würmern gibt es zahlreiche Ein- und Ausstülpungsmechanismen. So kann bei den Kratzwürmern (*Acanthocephala*) der Rüssel über

Ein solches System wird z. Z. an der University von Leicaster zusammen mit der American Company Nova Scientific entwickelt. Die Ätzgrenzen liegen bei 0,18 μm (Texas Instruments; Benutzung ultraviolettenLichts). Bei Nova Scientific wurde folgender Weg eingeschlagen. Eine Scheibe von 36 mm Durchmesser, die Millionen feinster Bleiglasröhrchen von 6 mm Länge enthält, wird zu einer Linse zugeschliffen, die an den Rändern dünner wird. Damit wird ermöglicht, dass auch Röntgenstrahlen, die auf die Röhrchenwände unter relativ großen Winkel auftreffen, gerade einmal reflektiert werden. Dann wird die Linse erhitzt und in die für die beste Kollimatorwirkung berechnete Geometrie gepresst. Die Entwicklung schreitet fort; 1996 war weder die Linse noch die spezifisch nötige Maske noch das durch Röntgenstrahlen zu veränderte Substrat optimiert. Heute ist sie das und es mag sich aus diesen Ansätze eine Multimillionen-Dollar-Industrie entwickeln.

Die beiden Biologen, welche die Grundlagen erforscht haben, insbesondere K. Vogt, haben nichts davon; sie hatten versäumt, Patente zu nehmen. „I only wish it had been possible to patent the idea" meinte M. Land. „I hope that when the computer giants exploit the Lobster-Eye-Technology they remember us biologists and spare a fiver for the basic science that made it all possible". Glaubt er wirklich an solche Uneigennützigkeit?

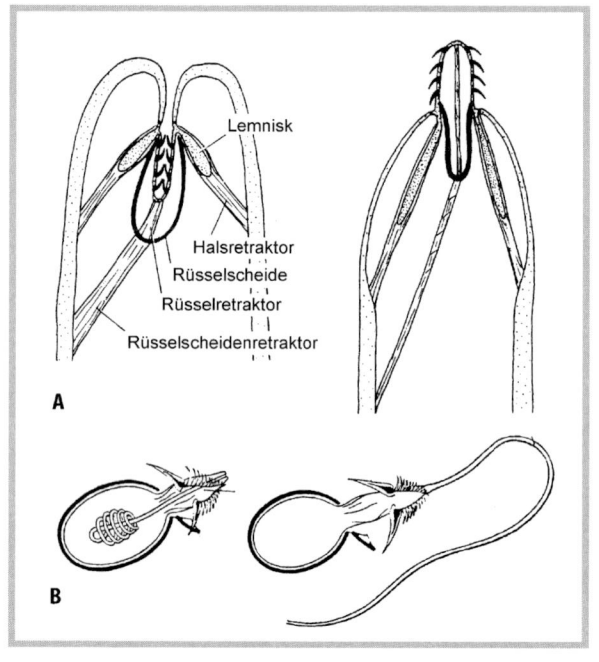

Abb. 8-33 Biologische Vorbilder bzw. Analoga. **A** Vorderende eines Kratzwurms *(nach Kaestner 1954)*, **B** Beginn und Ende des „Ausschießens" einer Nesselkapsel von Penetranten-Typ eines Süßwasserpolypens. Rechts ist der lange und dünne „biologische Ausstülpungsschlauch" zu erkennen, der bei dem Patent Pate gestanden hat. *(nach Kükenthal-Matthes 1952)*

eine Erhöhung des hydrostatischen Innendrucks ausgefahren und durch Kontraktion mehrerer Retraktormuskeln wieder zurückgezogen werden (Abb. 8-33 A). Bei anderen Würmern wird der noch einstülpbare Teil zudem noch gefaltet, entweder in sternförmiger oder „propellerartiger" Faltungsfigur. In ähnlicher Weise können die (stabilen) Kaumägen von Insekten ihre Oberfläche vergrößern. Biologische Hinweise tauchen auch in der Patentschrift auf, auf die sich dieser Abschnitt bezieht, allerdings aus guten Gründen (vgl. Abschn. 6.5) ohne direkten Hinweis auf das „Vorbild Natur". Die Würmer erreichen damit eine günstige Verstauung des auszustülpenden Teils, kombiniert mit einer „ruckfreien", hydraulischen Vortriebseinrichtung, geringem Widerstand beim Ausfahren, geringem Verschleiß, der Möglichkeit häufigen Ein- und Ausfahrens und einem günstigen Verhältnis zwischen Außen- und Innendurchmesser. Der letztgenannte Punkt bedeutet, dass sich der einzufahrende Teil und seine Wandregion in wulstartige Ringschleifen legt. Das eigentliche Vorbild war allerdings der „Ausstülpungsschlauch", den Nesselkapseln von Polypen (Abb. 8-33 B) blitzartig handschuhfingerartig-umgestülpt ausschießen (Abb. 8-33 C). Diese Art des Ausstülpens erzeugt zwar Druckkräfte, vermeidet durch das Abrollen jedoch Scherungskräfte.

8.10.1.2
Technischer Ausstülpungsschlauch

Der Berliner Physiologe und Mediziner E. Zerbst hat den Entwurf eines analogen Ausstülpungsschlauchs zum Patent angemeldet. Allerdings haben ihn weniger die Würmer dazu inspiriert, für die der Referent a posteriori die genannten Analogien fand, sondern, wie erwähnt, die ausstülpbaren Nesselkapsel-Schläuche von Polypen. Beim Abrollen im Inneren eines Blutgefäßes reibt und schrammt ein nach diesem Prinzip gebauter Katheter nicht. Somit ist auch die Verletzungsgefahr für das Endothel geringer. Der erste Satz des Patentanspruchs erinnert sehr an eine Zusammenfassung der biologischen Grundlagen (die einem Biologen ja bekannt sind): „Ein Ausstülpungsschlauch, der einen möglichst großen Raum zwischen ausgestülptem Schlauch und noch eingestülptem Schlauch aufweist, bei dem bei der Ausstülpung geringe Friktionskräfte auftreten, ist dadurch gekennzeichnet, dass der Ausstülpungsschlauch mit seinem eingestülpten Teil in Längsrichtung gefaltet ist und in seinem Querschnitt eine stern- oder propellerartige Faltungsfigur aufweist."

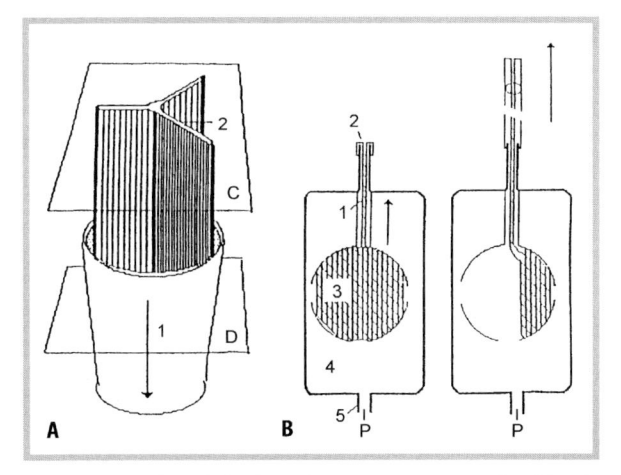

Abb. 8-34 Technisch-biologisch inspirierter Ausstülpschlauch *(nach Zerbst 1988, Patentschrift)*

In der Beschreibung heißt es weiter: „Die Erfindung bezieht sich auf einen Ausstülpungsschlauch, der im eingestülpten Zustand durch seine in schlauch-axialer Richtung erfolgte Einfaltung einen geringeren Außendurchmesser besitzt als sein Innendurchmesser im ausgestülpten Zustand beträgt." Dies ist natürlich für ein medizintechnisches Einsetzen, z.B. als Katheter, von unschätzbarem Vorteil. Abbildung 8-34 A zeigt die Prinziplagerung eines eingestülpten Teils, hier in Form eines Y-förmigen Querschnitts, Abb. 8-34 B einen Ausstülpungsvorgang: der Innenraum (4) wird über die Öffnung (5) unter hydraulischen Druck gesetzt; dieser überträgt sich auf eine Kammer, innerhalb welcher der Schlauch aufgewickelt ist (3) und drückt den Schlauch (1) aus der präformierten Öffnung (2) heraus.

Welche Formulierungskünste nötig sind, um die nur denkbaren Anwendungsfälle mit diesem einen Patent abzudecken, das zeigt die Weiterführung diese Beispiels in Abschn. 17.3.

8.10.2
Surfbrettsegeln nach Fledermaus- und Fliegenvorbild

Ein automatisch der Windstärke sich anpassendes Segel hat R. Dryden vom Department of Biological Sciences der Universität Plymouth vorgestellt. Es passt sich in seiner beaufschlagten Fläche automatisch der Windstärke an und lässt sich bei Nichtgebrauch zusammenfalten (Abb. 8-35 A). Vorbild war der Fledermausflügel. Je stärker der Wind ist, desto deutlicher legt sich das Dreigelenk-Segel ziehharmonikaförmig zusammen. Da-

8.10.3
Die Schwimmflosse „Monopalme"

Üblicherweise schwimmt man mit zwei Schwimmflossen und alternativen Beinschlägen. Dabei wird jeweils nur ein Teil der Muskulatur vollständig eingesetzt. Die meisten Fische schwimmen dadurch, dass sie die Kraft ihrer massiven Rumpfmuskulatur auf nur eine Schwanzflosse bündeln. Dadurch werden die Gesamtwirkungsgrade sehr hoch. Analoge Schwimmflossen mit zwei Fußteilen für eine Großflosse wurden in den 70er- und 80er-Jahren zuhauf getestet. Die Fédération Nationale d' Activitées Subaquatiques hat schließlich die Schwimmflosse „Monopalme" auf den Markt gebracht (Abb. 8-36 B), die sich an der Schwanzflosse von Walen orientiert (Abb. 8-36 A). Es muss zu ihrer Bewegung die gesamte Rumpfmuskulatur eingesetzt werden, was bei trainierten Sportlern zu erstaunlichen Geschwindigkeiten führen kann.

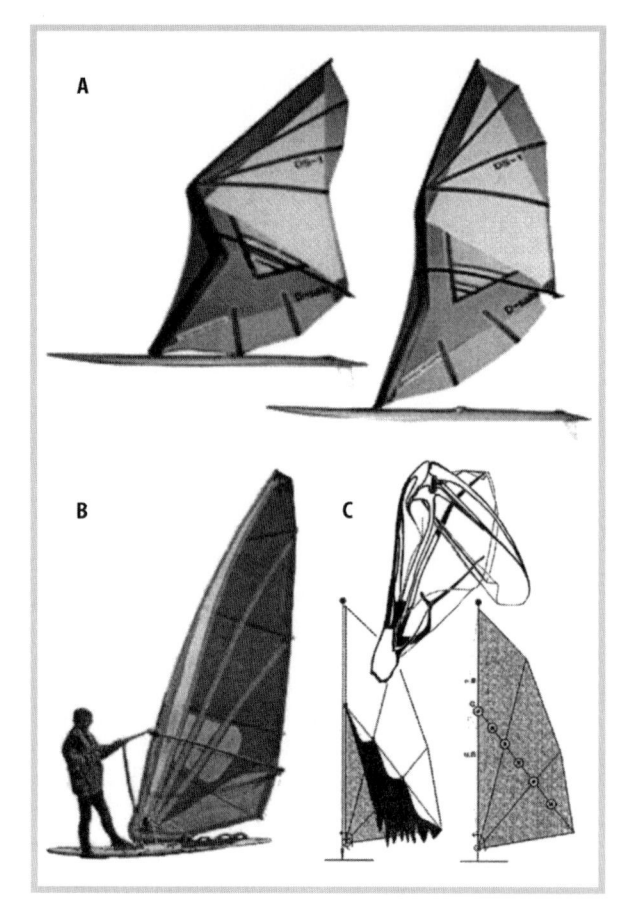

Abb. 8-35 Bionisches Segel für Surfbretter. **A** Windstärkenanpassung bei einem „Fledermaussegel", **B** ein „Fliegensegel" *(nach Dupré 1990)*, **C** Adernkonzept eines anderen „Fliegensegels" *(nach Wisser 1996)*

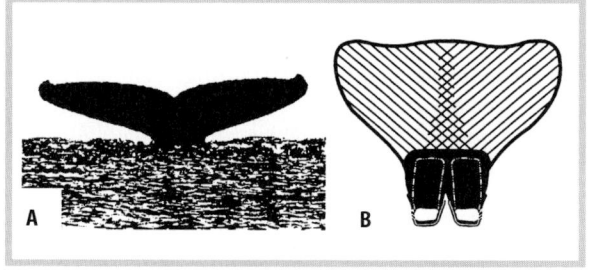

Abb. 8-36 Flosse eines abtauchenden Wals (**A**) und eine Monopalme-Schwimmflosse (**B**) *(nach Féd. Nat. Act. Subaquatiques)*

bei wird nicht nur die Segelfläche verringert, sondern das Druckmittel liegt nun auch näher am Rumpf, so dass die Kippmomente kleiner werden.

Ein nach Art eines Fliegenflügels versteiftes Segel hat der französische Erfinder P. Dupré vorgelegt, der die Verspannungs- und Durchschlagmechanismen von Fliegenflügeln studiert hat (Abb. 8-35 B).

Nach dem Studium der Verspannmechanismen im Flügelgeäder eines Flügels der Blauen Schmeißfliege, *Calliphora erythrocephala*, hat der Saarbrücker Biologe A. Wisser ebenfalls einen Vorschlag für eine sich selbst stabilisierende Segelfläche gemacht (Abb. 8-35 C), der nun im Modell oder Großversuch ausprobiert werden kann.

Literatur

Alexander R McNeill, Vernon A (1975) The mechanics of hopping in Kangaroos (Macropodidae). J. Zool. 177, 265–303
Alexander R McNeill (1968) Animals mechanics. Sidgwick & Jackson, London
Aleyev YG (1977) Necton. The Hague: Dr. W. Junk, b.v., pp 435
Autumn K, Chang WP, Fearing R, Hsieh T, Kenny T, Liang L, Zesch W, Full RJ (2000) Adhesive force of a single gecko foot-hair. Nature 405, 681–685
Bannasch R (2000) Rotor mit gespaltenem Rotorblatt. – Patent: H04B 11/00 – WO 0011817
Batal J (2001) Möglichkeiten zur Messung der Adhäsionskraft einer strukturierten Oberfläche. Studienarbeit TBB, Uni. d. Saarl., unpubl.
Biewener A, Baudinette RV (1995) In vivo force and elastic energy storage during steady state hopping of tammar wallabies. J. Exp. Biol. 198, 1829–1841
„Biologischer Rotor": s. Vonck et al. (2001)

Chown M (1996) The Eyes have it. – X-Ray lens brings finer chips into focus. New Scientist 6 (1996), p 3 und 18

„Delta Dart": s. Wohlgemuth et al. (2001)

Dick GJ, Edwards EA (2001) US-Patent 5, 016 ,869; s. auch „Spring Walker"

Dryden R (2000) The transition rig. http://www.transitionrig.com

Freitas Jr. RA (1998) Nanomedicine. Volume I: Basic Capabilities

Gasc JP, Renous S, Castanet G (1983) Surface á coefficient des frottements directionnel. Brevet francais No 8301243, INPI, Paris

„Gekkomat": s. Winkler (2000)

Gorb S, Scherge M (2001) Biological micro- and nanotribology. Nature's solutions. Springer, Berlin etc.

Groß M (2001) Expedition in die Nanowelt. Future – Das Aventis-Magazin 2/2001, 65–68

Hartmann U (2001) Nanobiotechnologie. Eine Basistechnologie des 21. Jahrhunderts. Zentrale für Produktivität und Technologie Saar e.V., Saarbrücken

„Hauck-Antrieb": Ein Kolben schiebt das Schiff nach vorn. P.M.-Magazin 12/2001, p 34 (s. auch www.hs-bremerhaven.de)

Henderson M (1995) The effectiveness of bicycle helmets: a review. [Reorder Number MAARE-010995] [ISBN 0 T310 6435 6]

Kallenborn HG, Wisser A, Nachtigall W (1990) 3-d sem-atlas of insect morphology; Vol. 1: Heteroptera. BIONA-report 7, Akad. Wiss. Lit. Mainz, Fischer, Stuttgart etc.

Kasapi M, Gosline JM (1997) Complexity in design of a multi-purpose device: The equine hoof wall, J. Exp. Biol., 200: 1639–1659

Land MF (1976) Superposition images are formed by reflection in the eyes of some oceanic decapod crustacea. Nature 263, 764–765

Merculov V J, Maltzew LJ, Bannasch R (1997) Swordfish rostrum as a generator of vortices, reducing hydrodynamical drag. Abstract-Sammlung 10th Europ. drag. reduction working meeting, 19.-21. March, Berlin

Nachtigall W (1993) Biomechanische Mikrosysteme. Vergleichende Analyse ihrer Konstruktionsmorphologie, Funktionselemente und Elementarfunktionen. In: Neumann, D. (ed): Technologieanalyse Bionik. VDI Technologiezentrum Physikalische Technologien, VDI Verlag, Düsseldorf, 93–98

Nachtigall W (1997) Der kleinste Motor der Welt – die Antriebsmaschinerie der Bakteriengeißel. Mikrokosmos 86 (5), 271–277

Philippi U, Nachtigall W (1996) Functional morphology of regular echinoid tests (Echinodermata, Echinoida): a finite element study. Zoomorphology 116, 35–50

„Power Skip": http://www.powerskip.de

Rechenberg I (1984) Berwian konzentriert den Wind. Sonnenenergie 2, 6–10

Riemer D, Kallenbach E, Schilling C, Blickhan R, Marinov M (2001) Neuartige Antriebssysteme nach muskulärem Vorbild für die Präzisionstechnik. In: Wisser A, Nachtigall W (Hrsg.), BIONA-report 15, Akad. Wiss. Lit. Mainz, 331–334

Scherge M, Gorb S (2001) Biological micro- and nanotribology. Nature's solutions. Springer, Berlin etc.

Schilling C, Wurmus H, Bögelsack G (1995) Klein, aber komplex: Der Beitrag bionischer Forschung für die Mikrosystemtechnik. In: Nachtigall W (Hrsg.), BIONA-report 9, Akad. Wiss. Lit. Mainz, Fischer, Stuttgart etc., 51–65

„Schleifenflügel" (2000) Boeing.information@grossbongardt.com vom 2/2000

„Spring Walker" (2001) US-Patent 5, 016, 869; siehe auch: http://www.springwalker.com/kit.html

van der Wal P, Giesen HJ, Videler JJ (2000) Radular teeth as models for the improvement of industrial cutting devices. Materials Science and Engineering, C7, 129–142

Videler JJ (1992) Comparing the cost of flight: Aircraft designers can still learn from nature. In: Nachtigall W (Hrsg.), BIONA-report 8, Akad. Wiss. Lit., Mainz, Fischer, Stuttgart etc., 53–72

Vincent JFV, Owers P (1986) Mechanical design of hedgehog spines and porcupine quills. J. Zool., London (A) 210, 55–75.

Vogt K (1975) Zur Optik des Flußkrebsauges. Z. Naturforsch. 30c, 691

Vogt K (1980) Die Spiegeloptik des Flußkrebsauges. J. Comp. Physiol. A 135, 1–19

Vonck J, v. Nidda TK, Kühlbrandt W, Meier T, Mathey U, Dimroth P (2001) http://www.bilder.mpg.de/info_03.html

Winkler G (2000) Gekkomat. http://www.gekkomat.de

Wisser A (1996) Vorgespannte, faltbare Insektenflügel als Vorbild für technische Segel. In: Nachtigall W, Wisser A (Hrsg.), BIONA-report 10, Akad. Wiss. Lit., Mainz, Fischer, Stuttgart etc., 181–182

Wohlgemuth U, Zwick C, Stoll W, Bannasch R (2001) „Delta Dart" ultraleichte Flugzeuge. http://www.hs-magdeburg.de/forschung/f_markt/058-59de.pdf

Zerbst E (1988) Ausstülpungsschlauch – Patentschrift deutsches Patentamt DE 37 39 532 C1 vom 8.12.1988

Zimmer H (1983) Die aerodynamische Optimierung von Tragflügeln im Unterschall-Geschwindigkeitsbereich unter Einfluss der Gestaltung der Flügelenden. Fak. Luft- und Raumfahrttechnik Uni. Stuttgart, unpubl.

Kapitel 9

9 Bau und Klimatisierung

Die Gegenüberstellung von Bauwesen und Biologie führt zu vielerlei – manchmal verblüffenden – Analogien. Sie zeigt zunächst, dass die Grundgesetzlichkeiten in beiden Disziplinen durchaus vergleichbar sind. Deshalb lohnen sich Blicke über den Zaun, und zwar in beide Richtungen. Die Natur liefert zwar keine Blaupausen für Bau und Architektur; sie lässt sich nicht 1:1 kopieren. Doch bereichert die vergleichende Betrachtung die Sichtweisen. Und sie mag dazu ermutigen, im technischen Bereich Unkonventionelles zu wagen und sowohl frühe Bauformen als auch natürliche Konstruktionen auf ihr Anregungspotenzial für Konstruktion und Gestaltung in unserer Zeit abzuklopfen.

Ökologische, strukturfunktionelle und ästhetische Gesichtspunkte fordern gebieterisch eine Rückbesinnung auf alte Tugenden des Bauwesens. Gemeint ist damit nicht ein naturtümelndes Bauen. Bereits die Architekten des Altertums hatten darauf geachtet, dass ihre Baukörper in die Naturgegebenheiten eingebettet waren, so dass sie z. B. mit der vorherrschenden Windrichtung harmonierten (strukturfunktioneller Aspekt) und letztlich einen überzeugenden und harmonischen Eindruck ergaben (bauästhetischer Aspekt). So genannte primitive Kulturen beherzigten diese Regeln ebenfalls bis vor kurzem (altiranische Architektur) und noch heute (Teile der ursprünglichen afrikanischen Architektur). Diese ursprünglichen Kulturen sind deshalb interessant, weil ihre Baugestaltung ganz analog der natürlichen Evolution nach Versuchs- und Irrtumsprinzipien vor sich gegangen ist. Noch im Mittelalter konnte man keine Hochbauten berechnen: selbst die gotischen Dome sind nach dem Versuchs-Irrtums-Prinzip entstanden.

Außerdem bieten sich Vergleichsmöglichkeiten mit Lebewesen und ihren Bauten; Aspekte des Wärmehaushalts (solare Wärmegewinnung – Wärmedämmung) wie sie im Eisbärfell verwirklicht sind (vergl. Abschn. 9.2) oder solarbetriebene Klimaanlagen, wie sie die Termiten entwickelt haben (vergl. Abschn. 9.3) gehören hier hinein.

Da zum Themenkreis von Kap. 9 ein Buch in Vorbereitung ist, sollen – ähnlich wie bei Kap. 7 – hier nur Grundaspekte in geraffter Form vorgestellt werden. Einführend sollen zunächst ein Biologe und ein Architekt zu diesem Themenkreis zu Wort kommen.

9.1
Umwelt und Bauten – Sichtweisen eines Biologen und eines Architekten

9.1.1
Begründung für ein regionales Bauen

Der österreichische Biologe und Ökologe Bernd Lötsch, Leiter des Naturhistorischen Museums in Wien, hat sich bereits vor einem Vierteljahrhundert für die Einbringung ökologischer Aspekte gerade auch in die regionalen Besonderheiten des Bauens eingesetzt. Seine vorgestellten Überlegungen haben bis heute nichts von ihrer Aktualität verloren. Die „Begründung für ein regionale Bauen" wird dem Mitteleuropäer am ehesten einsichtig, wenn er Regionen vergleicht, die aus seinem Blickwinkel eher exotisch sind, z. B. Wüstenregionen. Nachdenklich macht aber bereits der Blick in einheimische Gefilde.

„Selbst im gemäßigten Klima von Paris fielen im Sommer 1959 im Glaspalast der Unesco zahlreiche Büroangestellte in Ohnmacht, obwohl die Klimaanlagen auf Hochtouren liefen. Überflüssig zu erwähnen, wie katastrophal sich die Übertragung solcher Bautypen in Länder der Dritten Welt auswirkt. Im sonst angenehm temperierten Schwabenland brachten es die Architekten fertig, bei Ulm eine Schule zu errichten, die in der warmen Jahreszeit acht mal soviel Strom benötigt wie im Winter – um mit dem Glashausklima fertig zu werden. Ein 60 000 l fassender Propangastank liefert außerdem die Energie, um Wasserdampf von 110 °C in die Klassen zu blasen, da die Lufttrockenheit sonst unerträglich wird.

Wir werden es uns in Zukunft nicht mehr leisten können, mit steigendem Energieaufwand gegen die Natur zu leben, die Jahreszeiten ganzer Gebäudekomplexe umzukehren."

Viel ist in der Zwischenzeit getan worden, doch steht eine durchwegs ökologische Ausrichtung des Bauwesens in Mitteleuropa (die im Übrigen keinerlei Vergewaltigung der Gestaltungs- und Strukturierungsfreiheit von Architekten und Bauherren beinhalten müsste!) durchwegs noch aus. Lötsch hat damals schon eine Reihe bedenkenswerter Grundüberlegungen gemacht.

9.1.1.1
Studium von Extremsituationen

„Jeder Ökologe sollte einmal die Wüste und einmal den Regenurwald erlebt haben – denn angesichts solcher Extremsituationen schärft sich der Blick für Anpassungen" (W. Kühnelt).

Das Wüstenklima hat enorme Tag-Nacht-Differenzen, oft mehr als 20 °C. Die geschlossenen Höfe der orientalischen Atriumshäuser füllen sich nachts mit Kaltluft, die – spezifisch schwerer als Warmluft – bis über Mittag des nächsten Tages als Kältesee bestehen bleibt, wie in der offenen Kühltruhe. Dies ist typisch für den „sanften Weg". Man nutzt gerade jene Extreme aus, die es zu überwinden gilt. Die hohen Temperaturdifferenzen zwischen Dach und Boden – ohne weiteres 20 °C – können zusammen mit kaminartigen Engräumen zur thermischen Klimatisierung (Nachziehen kühlerer Luft) benutzt werden.

Halbschatten, wie ihn in unseren Breiten lichte Laubbäume erzeugen, auch in unbelaubtem Zustand, und der als ungemein angenehm empfunden wird, wird in südlichen Regionen traditionell durch Überdeckung enger Straßen erzeugt, z.B. in Basaren. Dazu werden oft einfache aber sehr wirkungsvolle Bedeckungen verwendet, etwa Maschenwerke, Lattenwerke oder Baldachine aus Netzen oder Kletterpflanzen. Im spanischen Sevilla benutzt man seit alters her die sog. Toldos, schnurverspannte Sonnensegel.

9.1.1.2
Ökologische Betrachtung von Bauformen

Eines der Geheimnisse der guten baubiologischen Effekte ursprünglicher Bauten im Nildelta liegt in den ungebrannten Lehm-Stroh-Ziegeln. Der Feinschlamm für die Ziegel wurde schon unter Königin Hatschepsut in der gleichen Weise hergestellt, wie Grabdarstellungen zeigen. Man kann damit ohne Holzschalung Kuppeln und Gewölbe von etlichen Metern Spannweiten errichten.

„Auf solchen Effekten beruht das Klimatisierungskonzept der Mädchenschule in Hassan Fathys Modellprojekt, dem Dorf New Gourna bei Luxor, welches er Anfang der 40er-Jahre erbaute. Hassan Fathy ging vom ältesten und billigsten Baustoff der Niltalbauern aus, vom luftgetrockneten Schlammziegel. Dieser hat die dreifache Wärmeisolation gleichdicker Betonwände. Aus statischen Gründen wird er in der vier- bis fünffachen Wandstärke verarbeitet, wodurch die Isolationsfähigkeit auf das Fünfzehnfache vergleichbarer Betonhäuser steigt. Dadurch wird das Lehmhaus zum Klimapuffer.

Vergleichende Temperaturmessungen erfassten die Innentemperaturen eines Versuchshauses aus Betonfertigteilen, wie es als „low cost-building" für Entwicklungsländer vorgeschlagen wurde, und zweitens, eines Versuchshauses aus traditionellen Schlammziegeln. Die Messungen einer internationalen Studentengruppe erfolgten im April 1975.

Das Ergebnis: Das Lehmhaus vermochte die steile Schwankung zwischen umgebender Tageshitze (28,5 °C im Schatten) und kalter Nacht (13 °C) in angenehmer Weise abzufangen. Die Innentemperatur brach zu keiner Zeit aus dem Behaglichkeitsbereich, der schraffierten „comfort zone" von 21–26 °C aus. Im Betonbau hingegen kletterten die nachmittägigen Spitzen sogar über die maximale Außentemperatur, das unerträgliche Innenklima erinnerte an die venezianischen Bleikammern. In der Nacht war es dafür innerhalb der Zementmauern unbehaglich kalt (Abb. 9-11 B, C).

Allerdings scheiterten zunächst alle Versuche Hassan Fathys, „mud-brick"-Tonnengewölbe neu zu errichten. Trotz aufwendiger Holzstützungen während des Baues stürzten sie ihm regelmäßig ein. Erst in den Nubierdörfern bei Assuan, in denen sich die vom Assuan-High-Dam vertriebenen Nubier eine neue Heimat gebaut hatten, fand Hassan Fathy einen alten Meister, der die Gewölbetechnik noch beherrschte. Verblüffend einfache Kunstgriffe ermöglichen den Bau von mehrere Meter überspannenden Tonnengewölben aus Schlammziegeln, mit keinem anderen Holz als dem Sitzbrett für den Maurer: Die Ziegelreihen werden schräg an die Stützwand gemauert. Die Abweichung von der Senkrechten genügt, um die nächste Ziegelschar nicht abgleiten zu lassen. An unverputzten Gewölben sieht man die leichte Schrägtextur.

Die genial einfache Technik, viel zu einfach für ein modernes Technologenhirn, und bisher nur im Schüler-Meister-Kontak tradiert, ist für örtliche Hilfskräfte rasch erlernbar. Sie bietet die Chance, die künftigen Bewohner in das Baugeschehen zu integrieren, in einer Bevölkerung ohne Kaufkraft und einer Erwerbsquote von 25 % eine vordringliche Aufgabe. Heute würde man Barfuß-Architekten brauchen – junge Bautechniker, welche die traditionelle Handwerkskunst wieder ins Volk tragen und ein angepasstes „low cost housing" mit den Leuten verwirklichen. Der „mud-brick" ist billig, rasch, dezentral und ohne Fremdenergieaufwand verfügbar. Hassan Fathy erbaute in dieser Technik Mitte der 40er-Jahre das als Mustersiedlung gedachte Dorf Neu-Gourna bei Luxor in Oberägypten. Ein einziger Maurermeister konnte 46 ungelernten Kräften im Arbeitsprozess innerhalb von 2–3 Monaten alles beibringen, was ein Maurer hier können musste. Selbstverständlich erwarben die künftigen Bewohner damit auch alle Fertigkeiten zur kostenlosen Instandhaltung ihrer Gebäude. Ein Beispiel ist die Moschee Hassan Fathys in New Gourna, für die er auch Zimmerleute dazubrachte, die traditionelle Sabras-Technik wiederzubeleben – eine kunstvolle Verarbeitung kleiner Holzreste zu ornamental wirkenden Torflügeln.

Das Wüstenspital El Saur bei El Kharga in der libyschen Wüste zeigt, an welch vielfältige Bauaufgabe die Mud-brick-Technik anzupassen ist. Kuppeln, Tonnengewölbe, Arkaden, geschlossene Höfe und der Sogeffekt windabgewandter Loggien verleihen der entlegenen Krankenstation ohne elektrische Kühlsysteme ein erstaunlich gutes Raumklima. Der Bau ist auch freundlich zu den Angehörigen, ohne die eine Betreuung der Kranken gar nicht möglich wäre. Im Hofgarten wachsen Heilpflanzen und Kräuter für das fruchtig rote Karkade-Getränk.

Doch dann kam die große Ernüchterung: In Mittel- und Oberägypten führt die seit Bau des Sadd el Ah, des Assuan-High-Dam, fehlende Nachlieferung von Nilschlamm zur dramatischen Übernutzung des fruchtbaren Oberbodens. Die Mud-brick-Gewinnung musste verboten werden, läuft aber illegal weiter. Die Suche nach Ersatz des klebrigen Feinschlammes durch ein anderes Bindemittel für Sand und Häcksel – möglichst eines, das den Energiebedarf der Ziegelherstellung nicht wesentlich erhöht – wäre ein vorrangiges Ziel „angepasster Technologie."

Die vorzüglichen bauphysikalischen Eigenschaften von Adobe-Material und die daraus resultierenden Effekte können im Abschn. 9.4 detailliert nachgelesen werden.

9.1.1.3
Zufällige Entwicklungen im Sinn der Evolution

Diese nutzbaren Traditionen sind nicht durch hochwissenschaftlich-technische Forschungsprogramme in unserem Sinne entstanden – oder wie Hassan Fathy es formulierte: „Diese Lösungen entwickelten sich durch Beobachtung und Zufall, durch Versuch und Irrtum." Dies ist ja gerade auch der Grund, warum Aspekte dieser Art in ein Bionik-Buch mit aufgenommen worden sind: Es gibt keine prinzipiellen Unterschiede zwischen der zufallsbedingten natürlichen Evolution und der zufallsorientierten Entwicklung im frühen – und heute wieder bewusst beobachteten – Technikbereich.

9.1.1.4
Anonymes Bauen als örtliche Anpassung

Traditionelles Bauen als klimatische Anpassung – das gilt auch für die Arkaden Südeuropas, für die dickwandigen, kleinfenstrigen und rohrbedeckten Häuser der ungarischen Tiefebene, gilt schließlich bis zum „Alpenhut", dem alpinen Dach. Jeder Biologe muss von den auffallenden Übereinstimmungen der Bauweisen fasziniert sein, die sich unter den harten Sachzwängen z.B. des Hochgebirgsklimas herausgebildet haben – so etwa die eindrucksvollen Konvergenzen zwischen den Bergbauernhäusern Nepals, Nordostanatoliens oder der Schweizer Alpen. Traditionen nutzen, wo sie ungebrochen gültig und vorteilhaft sind, ist heute wichtiger denn je.

9.1.1.5
Biologie und Kultur

„Eine Kultur enthält ebensoviel gewachsenes durch Selektion erworbenes Wissen wie eine Tierart (Konrad Lorenz). Es gibt Fälle, wo biologische und kulturelle Evolution nicht nur analog werden, sondern völlig ineinander übergehen. Es geschah dies bei der Züchtung angepasster Haustierrassen und Kulturpflanzen. Organismus und Kulturleistung zugleich sind auch die verschiedenen Typen alter Kulturlandschaften, in denen der Mensch als Nutzer fest in das ökologische Gleichgewicht eingebaut ist."

Es hat sich viel bewegt, seitdem B. Lötsch Überlegungen, wie die hier zitierten, erstmals in einem IL-Bericht geäußert hat. Sie haben entscheidend mitgeholfen, die strikte Grenze zwischen dem Reich der Lebewesen („Biologie") und dem Reich des vom Menschen Geschaffenen („Technik") ein wenig löcherig zu machen und damit den Weg zu ebnen für eine Überwindung dieser Grenze. Das macht es dann auch möglich, dass z. B. Biologen und Bauingenieure miteinander reden und voneinander lernen.

Der Sonderforschungsbereich 230 „Natürliche Konstruktionen", der etwa ein Jahrzehnt in Blüte stand und mit den IL-Berichten (Berichte des Instituts für leichte Flächentragwerke der Universität Stuttgart, seinerzeit unter der Leitung von Frei Otto) eine geradezu ideale Plattform hatte, hat den Dialog gesucht, gefördert und erfolgreich vermittelt. Auch heute noch sind die damals herausgegebenen IL-Berichte eine Fundgrube für den Bezugskreis „Biologie und Bauen". Leider gibt es keine Zentralstelle dieser Art mehr. Dass die Gutachter der Deutschen Forschungsgemeinschaften die „Spinner vom SFB 230" – und darunter auch mich – jahrelang arbeiten ließen, war ein seltener Glücksfall. Fachübergreifende, sehr breit angelegte Sonderforschungsbereiche wird es wohl nicht mehr geben; sie sind heute viel enger konzipiert. Der zweifellos vorhandenen Gefahr, im Allgemeinen und Unverbindlichen zu ertrinken, sind diese neuen SFBs nicht so sehr unterworfen, doch können sie dann auch nicht so sehr gesellschaftlich prägend wirken.

9.1.2
Architektur und Zeitgeist

Unter diesem Titel hat das österreichische Architektenehepaar Ronacher ein Buch veröffentlicht, mit dem Untertitel „Irrwege des Bauens unserer Zeit – Auswege für das neue Jahrtausend". Obwohl sich der an Architektur interessierte Bioniker bei der Lektüre unmittelbar angesprochen fühlt, sucht man das Wort „Bionik" im Buch ebenso vergebens wie Hinweise auf direkte oder indirekte Vorbilder aus der Natur. Wenn die Autoren aber z. B. schreiben „Gesamtheitliches Denken heißt, den Weg der Mitte zu suchen. Nicht das Höchstmaß ist anzustreben, sondern das rechte Maß", so ist das nichts anderes als das „Konzept" der biologischen Evolution: Maximierungen innerhalb eines Systems werden vermieden zugunsten eines optimalen Zusammenspiels aller Komponenten. Allein aus diesem Vergleich ergibt sich wieder die unaufdringliche Rolle bionischer Ansätze. Sie müssen nicht beherrschend sein (und Bauten wären wahrscheinlich schlecht, sollten sie gewollt „bionisch" wirken). Das Spiegeln am „Vorbild Natur" muss auch nicht notwendigerweise zu besseren Bauten führen, sei es in der Gestaltung, sei es in der Bautechnologie. Was aber die gestalterische und konstruktive Arbeit des Architekten und Bauingenieurs unweigerlich zum Positiven beeinflusst, dass ist die „bionische Grundhaltung", Baukörper, Umwelt und Umweltkräfte in einen harmonischen Einklang zu bringen, d.h. in diesem Fall auch landschaftliche Grundelemente in die Baukonzeption mit einzubeziehen. Dies setzt freilich ein Sichbefassen mit Ökologie und Biologie voraus, wobei Spiegelungen des Gestaltungsprozesses an natürlichen Elementen und Systemen absolut unvermeidbar sind. Würde diese bionische Sichtweise von Architekten stärker mitberücksichtigt, wäre schon viel gewonnen.

H. und A. Ronacher weisen darauf hin, „dass eine solche Architektur, die die tägliche Planungsaufgabe mit „Anstand und Würde" erfüllt, darüber hinaus meist wesentlich menschlicher ist und auch noch nach Jahrzehnten ihre Gültigkeit behält". Als wesentlich empfinden sie „Gestaltung sowohl aus der Logik der Funktion als auch aus dem landschaftlichen und baulichen Umfeld, anstelle der Verpflanzung von ortsfremden Prinzipien, den gezielten Einsatz des Baustoffs Holz und die passive Nutzung der Sonnenenergie.

Architektur hat viele Aufgaben zu erfüllen. Ihre vornehmste ist es, Formen der Harmonie zu schaffen, die der Menschheit eine Erhöhung des Bildes der Natur bieten. Jenen Menschen, die es von innen heraus nicht schaffen, Zufriedenheit zu erlangen, kann durch die Wahrnehmung positiver äußerer Reize dazu verholfen werden".

Solche Sätze könnten schwerlich geschrieben werden, ohne dass man sich vorher intensiv Gedanken über die belebte Welt und ihre Interaktion mit der gebauten Welt gemacht hat. Bauästhetik wirkt in geradezu unglaublicher Weise auf den Baubenutzer zurück; negative Beispiele finden sich zuhauf in unseren modernen Städten, welche die Seele veröden lassen. Auch hier kann man natürliche Gestaltung, die der Mensch so häufig als „schön" empfindet, nicht kopieren, nicht einmal indirekt umsetzen. Doch verändert ihr Einbeziehen die „Grenzfläche" zwischen diesen beiden Welten; sie bewirkt eine harmonischere Verzahnung statt eines harter Schnitts. Auch und gerade der optische Baueindruck – wirkt er nun abstrakt oder eher „natürlich" – spricht nicht nur das Stilempfinden, sondern eben das Behaglichkeitsgefühl des Menschen an, für den Architektur ja schließlich gemacht wird.

In diesem Zusammenhang sagen die Autoren zu Recht, dass „internationaler Stil" nichts anderes als eine heilige Kuh ist. Landes- und landschaftsgebundene Stile, (die ihren oft sehr harten funktionellen Kern im Laufe der ein Jahrhundert bis ein Jahrtausend währenden Anpassung an Umweltgegebenheiten geprägt haben) sind an ihren spezifischen Orten noch weiter und besser einzubeziehen. Sie sind aber nicht verpflanzbar.

Und was die Formensprache anbelangt: Der Satz ist richtig „Wir sind geprägt durch organische Formen"; die Kunst ist eben deren architektonische Umsetzung und Einbeziehung. Organotümelei, die derzeit wieder aufblühende „biomorphe Architektur" (die das Vermeiden rechter Winkel oder überhaupt von Winkeln zum Dogma erhebt – warum eigentlich?), die Gestaltung von Fassaden im Stil von F. Hundertwasser („Architäktur"), hinter denen sich häufig ganz konventionell gegliederte Mietwohnungen verbergen, das ist auch nicht die Lösung. H. und A. Ronacher siedeln eine angemessene Formensprache zwischen den Kräften des Gefühls und den Kräften des Verstands an: „Menschengerechte Architektur kann nur im Bereich der Mitte zwischen diesen beiden Polen entstehen. Wir sind genetisch durch einen Naturraum geprägt, der aus weichen, sanften Formen besteht. Der überwiegende Teil der sichtbaren Natur ist organischen Ursprungs. Die Ausformung ihrer Gebilde ist dem Menschen vertraut und ihm daher sympathisch. Sie ist aber darüber hinaus nach der kulturellen und geistigen Evolution des Menschen für ihn „erklärbar", durch die Wissenschaften nachvollziehbar. Es ist unzweifelhaft die Verwandtschaft mit uns selbst, mit der lebendigen Natur, sowie mit der Schöpfung überhaupt, welche die jahrhundertealten Baukulturen so sympathisch macht.

Wie die Natur – in der organischen wie auch in der anorganischen Schöpfung – aus wahrnehmbaren Bausteinen und Einzelteilen zusammengesetzt ist, so waren dies auch die Bauwerke. Dabei sind die Strukturen der künstlichen, vom Menschen geschaffenen Umwelt i. d. R. strenger und weniger organisch. Immer aber hatte man versucht – auch ohne Ornament – Strukturen zu schaffen, die dem menschlichen Auge und somit dem Geist Orientierung vermitteln". Die Autoren meinen damit ganz allgemein strukturelle Gliederung, die von Fensterumrahmung bis zur unebenen Steinfassade reicht, jedenfalls große, glatte, nackte Flächen auflöst. „Siebzig Jahre Bauentwicklung haben allerdings gezeigt, dass der Mensch die völlige Nacktheit psychisch nicht verkraftet. Die glatte, unstrukturierte Betonoberfläche

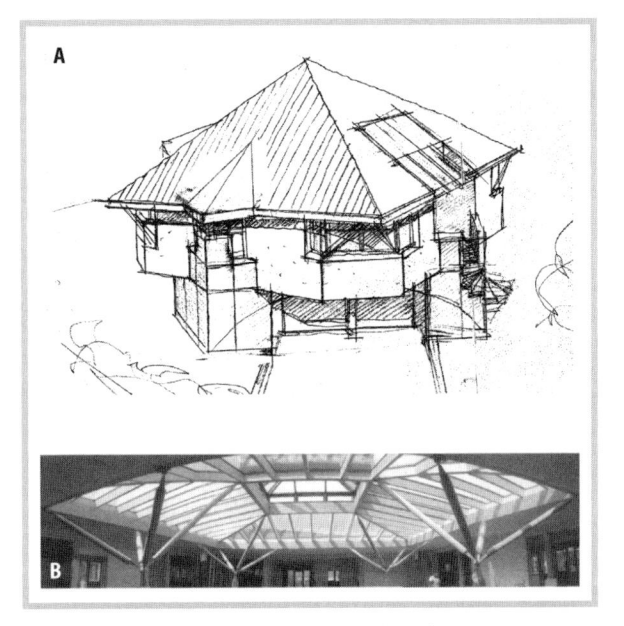

Abb. 9-1 Eines der ersten Konzepte (**A**) und ein neueres Konzept (**B**) des österreichischen Architektenehepaars H. u. A. Ronacher. **A** Durchdringung geometrischer Körper, kombiniert mit dem „Zwiebelschalenprinzip" Wohnraum in der Mitte. Wintergarten an der Südseite, **B** konstruktives Holzskelett, Zeltdach nach Art der traditionellen Bausubstanz der Umgebung. Hermagor, Kärnten, 1982–1998 *(nach Ronacher 1998)*

kommt in der mehrtausendjährigen Baukultur nicht vor, sie ist daher der Natur fremd. Die Natur zeigt Strukturen in allen Dimensionen, vom Mikrokosmos bis zum Makrokosmos und natürlich auch in dem für den Menschen wahrnehmbaren Bereich."

Auch diese Aussage steht allgemein und kann helfen, nicht von einem Extrem ins andere zu fallen, vom Kubismus zum Ökologismus vielleicht. „Das Gegenteil eines Irrtums ist oft nicht die Wahrheit, sondern ein entgegengesetzter Irrtum" hat Konrad Lorenz einmal gesagt. Was kann helfen, solche Irrtümer zu vermeiden? Wohl nur das offene Auge für natürliche, strukturelle und gestalterische Gegebenheiten. Das Arbeiten nicht gegen die Umwelt, sondern mit ihr, die Einbeziehung ihrer Formen und Kräfte in den Gestaltungsprozess. Das Abstimmen zwischen den beiden Partnern (Abb. 9-1). Der Verzicht auf architektonische Selbstdarstellung. Das Sich-Unterordnen unter die Uraufgabe der Architektur: dem Menschen Behältnisse zu schaffen, in denen er sich soweit wie möglich im Einklang mit Umweltgegebenheiten wohlfühlen kann.

Und wo bleibt die Bionik? Sie ist im Grunde die Philosophie, welche die Grundlage für eine solche Verbindung darstellt. Und diese geht weit über einzelne direkte oder indirekte Vorbilder der Natur – von denen im Folgenden die Rede sein wird – hinaus.

9.2
Das Eisbärfell – eine Art transparentes Isoliermaterial

9.2.1
Das Eisbärfell als solar betriebene Wärmepumpe und transparentes Isoliermaterial

9.2.1.1
Das Prinzip der Wärmepumpe

Wärmepumpen entsprechen dem inversen Prinzip des Carnot'schen Kreisprozesses. Unter Einspeisung von Arbeit wird für Heizzwecke eine Wärmemenge zur Verfügung gestellt, die weitaus größer sein kann als die geleistete Arbeit, weil zur gleichen Zeit einem Reservoir tieferer Temperaturen Wärme entzogen wird. Die Güteziffer der Wärmepumpe entspricht dem reziproken Wert des thermischen Wirkungsgrad des Carnot'schen Kreisprozesses. In diesem Sinne ist auch das Eisbärfell eine Wärmepumpe, denn es konzentriert Wärme aus dem Reservoir der Sonnenstrahlung auf der Haut des Tieres.

9.2.1.2
Das Eisbärhaar: Morphologie und Strahlungseffekte

Die Haare sind weiß und besitzen einen zentralen Markzylinder. Abbildung 9-2 A zeigt Querschnitte durch derartige Haare; der Markzylinder ist als dunkles Scheibchen sichtbar. Weiße Haare anderer Tiere z.B. eines Schimmels sind eher offene, dünnwandige Zylinder ohne derartige zentrale Strukturen.

Der Zentralzylinder enthält Strukturen, die das Licht streuen („Streuzentren"). Zusammen mit der Totalreflexion an der äußeren Struktur ist das Haar deshalb in der Lage, wie ein Lichtleiter zu wirken. Außerdem kann es durch Lumineszenzerscheinungen kurzwelliges Licht in längerwelliges umwandeln. Regt man mit einem kurzwelligen (λ = 352 nm) UV-Laser an, so findet man ein breites Lumineszenzmaximum im Haar des Eisbärfells um etwa 450 nm, während im Vergleich das Haar eines weißen Ponnies keine derartigen Erscheinungen zeigt (Abb. 9-2 B, C). Streuung, Totalreflexion und Lumineszenz sind offensichtlich Grundfunktionen dieses Haares.

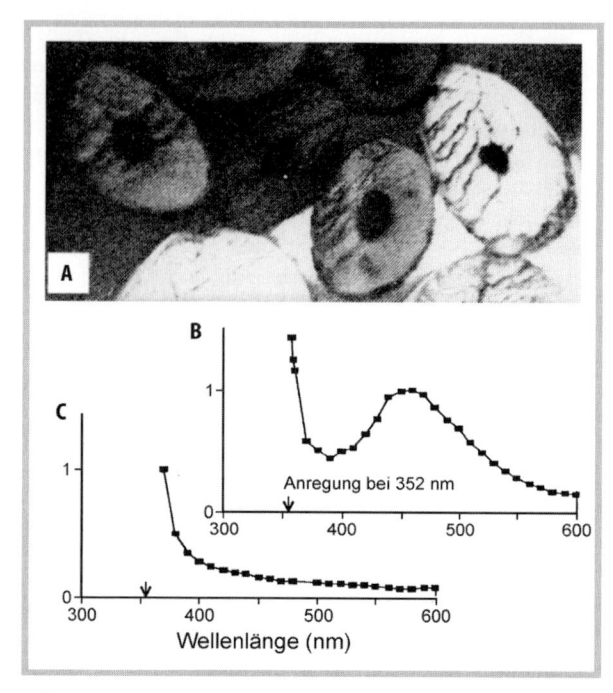

Abb. 9-2 Eisbärhaar und Lumineszenz. **A** Querschnitt durch die weißen Haare eines Eisbären, **B, C** Laser-induzierte (λ 352 nm) Lumineszenz beim Haar eines Eisbären (**B**); keine merkliche Lumineszenz beim Haar eines weißen Ponys (**C**) *(nach Tributsch et al. 1990)*

9.2.1.3
Das Eisbärhaar als Lichtfalle und solar betriebene Wärmepumpe

Die hier verwendeten Formelansätze sind in Abb. 9-3 zusammengestellt.

Würde der Prozess des Lichteinfangens nur auf Streuung beruhen, so wäre (bei einem Brechungsindex von Luft gleich 1) der thermodynamische Grenzfaktor K_S gleich $K_S = \beta\, n^2$ ① (β geometrischer Faktor; β = 4 für dreidimensionales Lichteinfangen; n Konzentrationsfaktor).

Da der Brechungsfaktor des Haars größer ist als der der Luft, kann diffuse Strahlung ohne Frequenzänderung im Haar konzentriert werden. Der maximale Konzentrationsfaktor K_S ist in diesem Fall 9,72.

Anders stellt sich die Situation bei Frequenzverschiebung in Folge von Lumineszenzerscheinungen dar (vgl. Abb. 9-2 B). Das Haar kann hochfrequentes UV-Licht aufnehmen und durch Lumineszenz entstandenes Licht niederer Frequenz weiterleiten. Auf diese Weise kann auch ein Anteil niederfrequenter Wärme-

$$K_s = \beta n^2 \qquad (1)$$

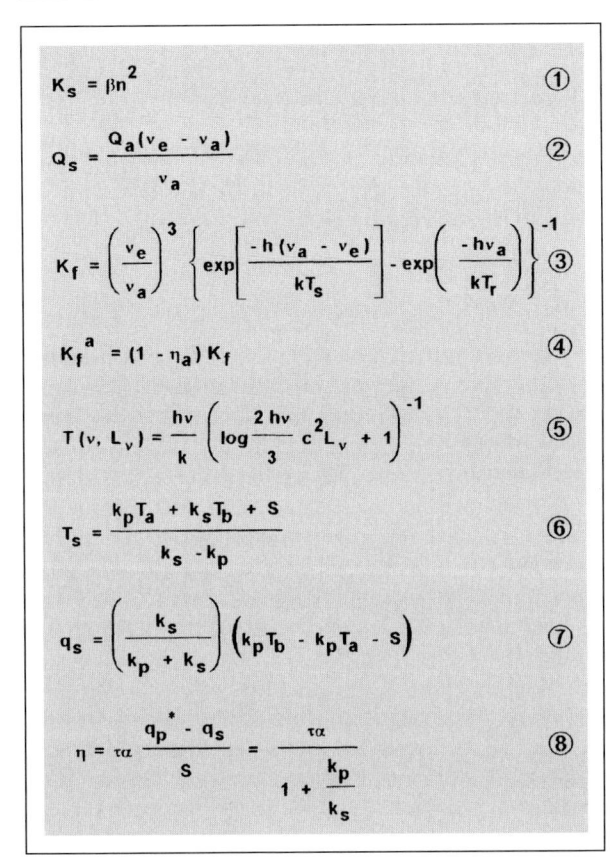

$$Q_s = \frac{Q_a(\nu_e - \nu_a)}{\nu_a} \qquad (2)$$

$$K_f = \left(\frac{\nu_e}{\nu_a}\right)^3 \left\{ \exp\left[\frac{-h(\nu_a - \nu_e)}{kT_s}\right] - \exp\left(\frac{-h\nu_a}{kT_r}\right) \right\}^{-1} \qquad (3)$$

$$K_f^a = (1 - \eta_a) K_f \qquad (4)$$

$$T(\nu, L_\nu) = \frac{h\nu}{k} \left(\log \frac{2h\nu}{3} c^2 L_\nu + 1 \right)^{-1} \qquad (5)$$

$$T_s = \frac{k_p T_a + k_s T_b + S}{k_s - k_p} \qquad (6)$$

$$q_s = \left(\frac{k_s}{k_p + k_s}\right)\left(k_p T_b - k_p T_a - s\right) \qquad (7)$$

$$\eta = \tau\alpha \frac{q_p^* - q_s}{S} = \frac{\tau\alpha}{1 + \frac{k_p}{k_s}} \qquad (8)$$

Abb. 9-3 Kennzeichnende Gleichungen, die zur Formulierung der Wirkung des Eisbärhaars als Lichtfalle und Wärmepumpe und des Eisbärfells als transparentes Isoliermaterial benutzt werden können. Definitionen der Kenngrößen im Text *(basierend auf Tributsch et al. 1990)*

strahlung entstehen, die letztlich an der Haarbasis auf die schwarze Haut geleitet wird; dort wird die Wärme absorbiert. Der Wärmefluss Q_S ist in diesem Fall mit der auftreffenden Strahlung Q_a durch die Frequenzverschiebung $\nu_e - \nu_a$ verknüpft ②. (ν_a Frequenz des absorbierten Lichts, ν_e Frequenz des emittierten Lichts). Bei diffuser Lichteinstrahlung auf der Erdoberfläche ist der höchstmögliche Konzentrationsfaktor K_f durch die Beziehung ③ gegeben (T_r Temperatur der absorbierten Strahlung, T_S Temperatur der emittierten Strahlung).

Bei genügend großer Frequenzverschiebung $\Delta\nu$ in der Größenordnung von 10^{14} s^{-1}, wie sie das Eisbärhaar aufweist, können thermodynamische Konzentrationsquotienten von mehreren Größenordnungen erwartet werden. Gleichung ③ berücksichtigt aber nur die reine Thermodynamik der solaren Energieumwandlung. Unter Realbedingen ist mit einem Wirkungsgrad η_a zu rechnen, der den Netto-Leistungsfluss mit dem Brutto-Fluss durch solare Einstrahlung verbindet. Es ergibt sich Gleichung ④.

Bereits eine kleine Frequenzverschiebung zieht relativ hohe Konzentrationsfaktoren nach sich; in dieser Hinsicht hat das Eisbärhaar im Vergleich mit anderen weißen Haaren ein Maximum erreicht (Abb. 9-2 B im Vergleich mit Abb 9-2 C).

Es ist günstig, wenn man statt mit Strahlungskenngrößen mit den der Strahlung zugeordneten Temperaturkenngrößen rechnet; man kann dann Strahlungsflüsse so rechnen, wie man Wärmeflüsse in einem Temperaturgradienten rechnet. Die Temperatur der solaren Strahlung hängt stark von der Frequenz ν, aber nur geringfügig von der Irradianz L_ν ab ⑤.

Systeme, welche die Strahlungsenergie der Sonne in Wärme umwandeln, können wirkungsgradmäßig ungünstiger oder günstiger sein. Ungünstiger sind sie, wenn sie eine hohe Irradianz und eine geringe Apertur benutzen. Günstiger sind sie, wenn sie mit hoher Apertur arbeiten und dafür sorgen, dass eine Frequenzverschiebung einen Radianzanstieg kompensiert. Dafür ist eine minimale Frequenzverschiebung von 5×10^{13} s^{-1} bis 10^{14} s^{-1} nötig, und das Emissionsband soll im Vergleich zum Absorptionsband nicht zu klein sein. Beide Bedingungen erfüllt das Haar des Eisbären. Man kann seine Wirkungsweise deshalb wie folgt zusammenfassen (Abb. 9-4 A).

Die Einkopplung des größten Teils des Lichts in das Haar des Eisbären erfolgt durch Streuprozesse am Kernzylinder. Dieser Einkoppelprozess kann nicht mit höherer Effizienz erfolgen als mit $K_S = 9,72$, doch hat dies den Vorteil, dass das Streulicht das Eisbärhaar weiß erscheinen lässt: biologisch günstig in einer weißen Umgebung. Hätte die Natur den weit effizienteren lumineszenten Einkoppelprozess benutzt, würde das Fell ungünstigerweise in einer anderen Farbe erscheinen. Nachdem das Licht einmal eingekoppelt ist, verwendet die Natur allerdings Lumineszenz als effizientes optisches Prinzip. Da das Haar zylindrisch gebaut ist, bleibt das Licht durch Totalreflexion an der äußeren Hülle im Haar, ohne dass es von dort zurückgestreut wird (was bei einer planaren Oberfläche stärker der Fall wäre). Das ist eine Voraussetzung für Lumineszenzeffekte, da diese zusätzliche Streuung nicht tolerieren. Im Vergleich mit anderen weißen Haaren sind Eisbärhaare an der Basis klar stärker lumineszent.

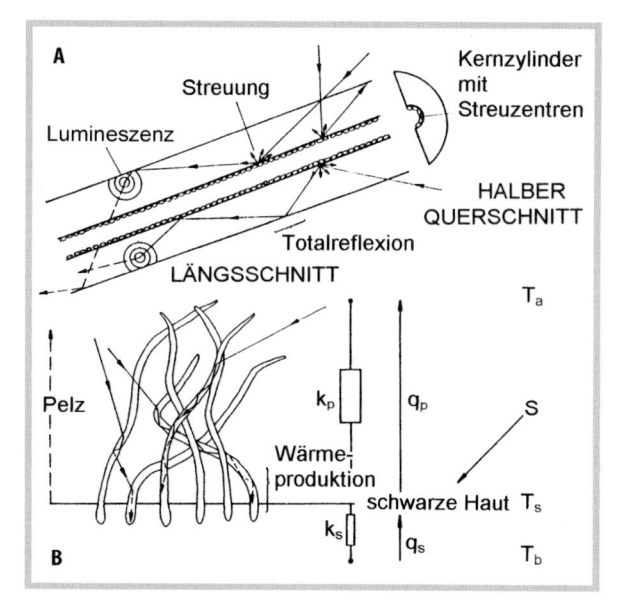

Abb. 9-4 Funktionen des Eisbärhaars. **A** Das Eisbärhaar als Lichtfalle; Mechanismen: Streuung, Lumineszenz und Totalreflexion. **B** das Fell des Eisbären als transparentes Isoliermaterial (k reziproke Wärmewiderstände, q Wärmeflüsse (Pfeile in positiver Richtung), T Temperaturen, S gemittelte Strahlungsleistung, bezogen auf die Absorption durch die schwarze Haut und Umwandlung in Wärme. Suffixe: p Fell, s Haut und Fettschicht, b Körper, a Umgebung) *(nach Tributsch et al. 1990)*

dingungen an, unter denen trotz des immensen Verlustes (2 dB mm^{-1} im Sichtbaren und etwa 10 dB mm^{-1} im UV), der offenbar durch Absorption an der „Innenseite der Außenhülle des Haars" eintritt, die Lichtleiter-Hypothese greifen könnte. Für Details und eine kritische Abwägung der unterschiedlichen Ergebnisse muss auf die Originalarbeiten verwiesen werden.

9.2.1.4
Das Eisbärfell als transparentes Isoliermaterial

In ihrer Gesamtheit bilden die Haare das Fell, und dieses schließt eine Vielzahl luftgefüllter Zwischenräume ein. Es ist lichtdurchlässig, hält aber wegen der Isolationswirkung der Lufteinschlüsse die Wärme zurück, wirkt also als transparentes Isoliermaterial („TIM").

Die Technik hat eine Reihe solcher Materialien entwickelt, so dass die zugrundeliegenden theoretischen Konzepte auf das Eisbärfell übertragen werden können. In vereinfachter Form gilt Folgendes (vergl. Abb. 9-3):

Löst man in die Wärmeflussgleichung $q_p = q_S + S$ (mit $q_S = k_S (T_b - T_S)$ und $q_p = k_p (T_S - T_a)$) nach q_S auf, erhält man ⑥ und ⑦.

Sobald der Strahlungsterm S größer ist als das Produkt $k_p (T_b - T_a)$ verläuft der Wärmefluss in den Körper hinein. Mit dem lichtstrahlungsinduzierten Wärmefluss q_p^* und der Wärmedurchlässigkeit τ für das Fell für den Hautabsorptionskoeffizienten α ergibt sich

Durch zwei wichtige Modifikationen in Richtung auf ein Lumineszenztor und ein breiteres Lumineszenzband haben die Haare des Eisbären den Charakter von Wärmepumpen bekommen: Die Strahlung wird in die Basalregion des Haars geleitet, dort in Wärme umgewandelt und von der (dunklen) Haut aufgenommen. An der total reflektierenden Außenhülle wird blaues Licht und UV-nahe Strahlung effizient in Lumineszenzlicht umgewandelt und eingefangen.

Die hier referierte Sichtweise ist in der Literatur kontrovers diskutiert worden; Koon meldet Kritik an. Er hat Messungen unterschiedlicher Autoren, darunter die hier referierten, verglichen und mit eigenen Messungen in Beziehung gesetzt (Abb. 9-5). In dieser Abbildung ist der Ordinatenkennwert definiert als $-10 \log (I/I_0)$ mit I_0 Intensität des einfallenden Lichts und I Intensität des transmittierten Lichts. Demnach wäre für ein typisches 2-cm-Haar des Eisbären mit einer Abschwächung der Lichtintensität von bis zu 20 Größenordnungen zu rechnen. Der Autor gibt einige Randbe-

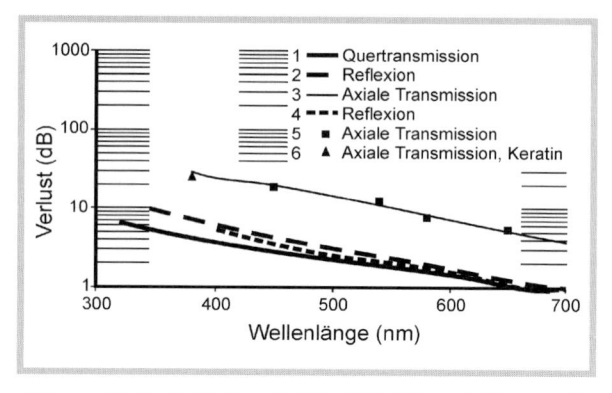

Abb. 9-5 Optische Verluste bei der Lichtleitung in Haaren des Fells von Eisbären, berechnet nach unterschiedlichen Autoren. 1-2 Haar *(nach Tributsch et al. 1990)*, 3 axiale Lichtleitung *(nach Tributsch et al. 1990)*, 4 Reflexion an der Felloberfläche *(nach Grojean et al 1980)*, 5 axiale Lichtleitung im Einzelhaar *(nach Koon 1998)*, standardisiert auf ein 2,3 mm langes Haar, 6 axialer Verlust im Keratin *(nach Bendit, Ross 1961)*, standardisiert wie 5. Kurven jeweils standardisiert auf 90, 80, 40 und 82%, bei 700 nm *(nach Koon 1998)*

die Gleichung für den Wirkungsgrad der Nutzung der solaren Strahlungsleistung ⑧.

Somit kann man feststellen, dass ein Anstieg der Lichtdurchlässigkeit des Pelzes (τ) durch kombinierte Streuungs- und Lumineszenzeffekte in den Haaren ebenso wie eine Optimierung der Wärmeabsorption durch die schwarze Haut (α) die Strahlungsaufnahme erhöht haben und dass eine geringe Wärmeleitfähigkeit des (trockenen) Fells (k_p) und eine vergleichsweise hohe Wärmeleitfähigkeit durch Haut und periphere Gewebe (k_S) durch Verhinderung eines großen Wärmverlusts und Bevorzugung einer großen Wärmeaufnahme in die gleiche Richtung wirken. Das eigentümliche Lichtfangsystem des Eisbärpelzes kann man also als Kompromiss verstehen zwischen der biologischen Notwendigkeit, einen weißen Pelz zu entwickeln, und dem physikalischen Vorteil einer „Aberntung" des verfügbaren Lichts.

9.2.1.5
Technologiepotenzial des natürlichen Systems

Wegen seiner natürlichen, weißen Umgebung und der Tatsache, dass er auf Grund seines langen und dichten Fells und seiner gewaltigen Körpergröße auch bei sehr geringen Umgebungstemperaturen kaum in ein Energiedefizit kommt, kann der Eisbär die Wärmefangeigenschaften seines Fells nicht maximieren. Er nutzt sie vielmehr in unterschiedlicher physiologischer Weise, unter anderem wahrscheinlich auch zur Orientierung (hier nicht betrachtet). Die Technik könnte damit zwei Prinzipien übernehmen: Zum einen die Evolution neuartiger TIMs, die nicht nur direktes, sondern auch gestreutes, diffuses Licht aufnehmen und letztlich in längerwellige Wärmestrahlen umwandeln und absorbieren lassen. Zum anderen die allgemeine Einsicht, dass – im Gegensatz zur Technik – in der Natur stets Gesamtsysteme optimiert werden (der Eisbär als Teil einer wärmetechnischen Gesamtwelt), nie Einzelelemente. So könnte es sein, dass die Einbeziehung anderer Effekte (z. B. Strömungsdukte zur automatischen Wärmeumwälzung) zu TIMs geringeren thermodynamischen Wirkungsgrads, aber größerer gebäudetechnischer Gesamteffizienz führen.

9.2.2
Transparentes Isoliermaterial in der Technik

Meines Wissens hat das Eisbärfell nicht direkt Pate gestanden bei der Entwicklung von TIM-Materialien, doch war bei deren Entwicklung die Analogie bekannt. Frühere TIM-Materialien waren aus Kunststoffrohren gefertigt, die aber thermolabil waren; heutige bestehen aus sehr dünnen, parallel geschichteten Glasröhrchen. Sonnenstrahlung durchläuft die parallelen Röhrchen unter Totalreflexion, trifft auf eine schwarze Absorberwand, die sich erwärmt und die Wärme dann gepuffert an die dahinter liegenden Räume abgibt. Durch den isolierenden Luftgehalt des Systems kann die Wärme nicht exzessiv nach außen entweichen (Abb. 9-6 A). Beim Kapilux-H-Paneel sind die Röhren im Mittel 3,5 mm dick und beidseitig durch ein Glaspaneel abgedeckt, so dass sie verschmutzungssicher sind. Fehlt die Absorberwand, so wird das Licht tief in den Raum gestreut und damit die Tiefenausleuchtung verbessert (Abb. 9-6 B). Der k-Wert des genannten Paneels beträgt 0,8 Wm^{-2}K^{-1} bei einem Gesamtenergietransmissionsgrad von 80 %.

Wandkonstruktionen mit transparenter Wärmedämmung (TWD) funktionieren nach dem Prinzip, dass die TWD-Flächeneinheit über eine Heizperiode mehr Wärme gewinnt als durch eine gleichgroße Normalwand entweicht.

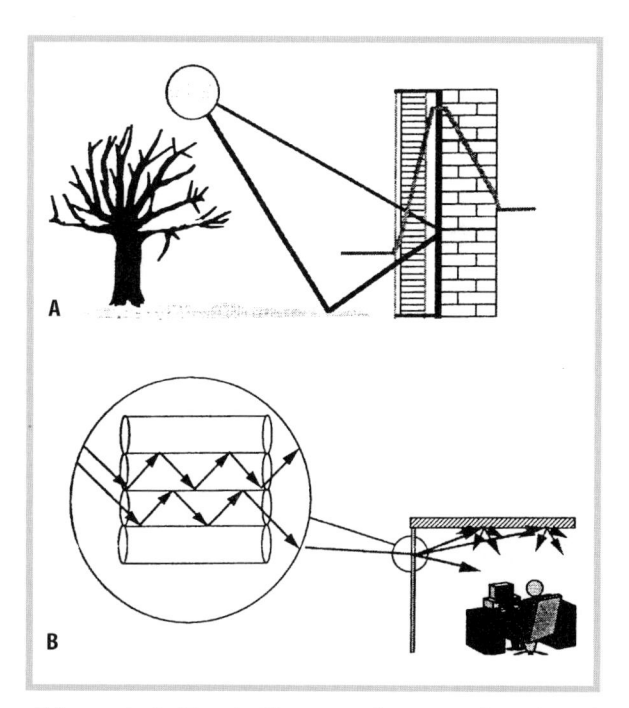

Abb. 9-6 A, B Translucide Wärmedämmung (TWD) und typische Kenngrößen. Kapilux-H-Panel. Produkt Okkalux Kapillarglas GmbH *(nach Okkalux aus Herzog 1996)*

Diese technische Umsetzung des Eisbärprinzips – bzw. die ihm analoge technische Entwicklung – gewinnt immer mehr Freunde. Einer der Pioniere war der Münchner Architekt Thomas Herzog z. B. mit seiner Jugendbildungsstätte Kloster Windberg (Abschn. 9.6.2). Aus zwei Pilot-Messprojekten von A. Kerchberger an der Universität Stuttgart ergab sich an einem Einfamilienhaus in Ormalingen/Basel Land mit 31 m² aktiver TWD-Fläche ein positiver Gesamtenergieertrag pro Heizsaison von 113,7 kWh m^{-2}. Beim Bergrestaurant Hundviller Höhe auf 1306 m ergaben sich mit einer Fläche von 42 m² bei den dortigen Randbedingungen eine positive Energiebilanz pro Heizperiode von 138 kWh m^{-2}. Verwendet wurden in beiden Fällen Okkalux-TWD-Materialien. Energiebilanzen dieser Art sind, abgesehen von der Bauweise, stark auch vom Standort abhängig. Im höher gelegenen Davos beträgt die flächenbezogene Energieeinsparung etwa das Doppelte der von Stuttgart, auf den Shedland-Inseln etwa das Eineinhalbfache.

Auf dem Weg durch das TWD-Material wird das sichtbare Licht stark gebrochen und gestreut. Durch Kombination mit lichtleitenden Elementen kann man eine gezielte Streuung des Lichts – z. B. zur blendfreien Bürobeleuchtung bis weit an die Hinterwand mit Tageslicht – und gleichzeitig den erwünschten positiven Wärmeeffekt erreichen. Dazu sind bereits zahlreiche Konzepte entwickelt und verwirklicht worden.

9.3
Der Termitenbau – ein verblüffendes Funktionssystem mit Anregungscharakter

9.3.1
Klimaregelung im Termitenbau

Der Schweizer Biologe M. Lüscher hat bereits vor längerer Zeit den Klimahaushalt in Termitenbauten untersucht. Die afrikanische Termite *Macrotermes bellicosus* baut unterschiedliche Anlagen, an der Elfenbeinküste geschlossene mit langen, unter der Oberfläche verlaufenden und von porösem Material bedeckten Dukten, die Uganda-Rasse unten offene, aber oben in breiten Blindsäcken geschlossene Bauten; über den Blindsäcken befindet sich ebenfalls poröses Material (Abb. 9-7 A). Durch Sonneneinstrahlung und Stoffwechselwärme wird ein Luftkreislauf im Bauinneren induziert, dessen Richtung von der Tageszeit und der Besonnung abhängt; kühle und feuchte Luft wird z. B. über den Keller

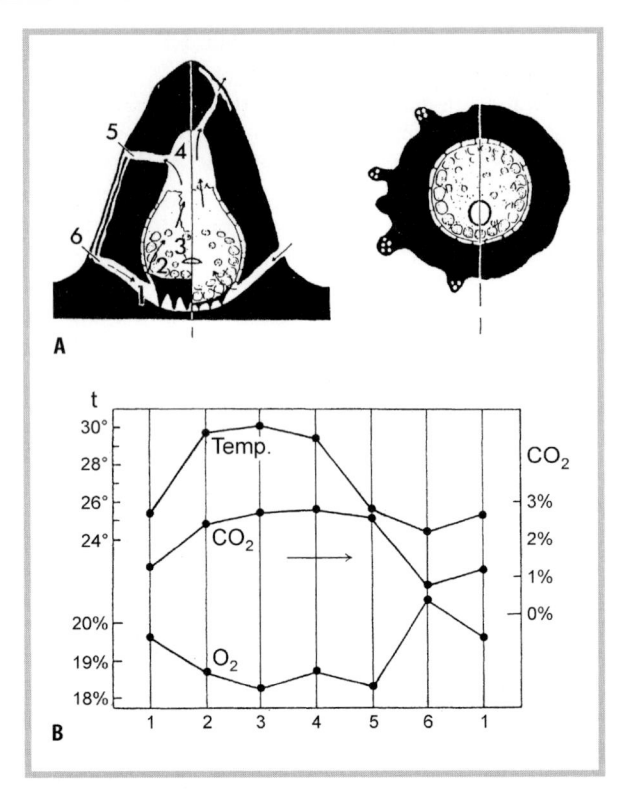

Abb. 9-7 Bau und Regulierungsvorgänge im Bau der Termite *Macrotermes bellicosus*. **A** Längs- und Querschnitt der Elfenbeinküsten- (linke Hälfte) und Uganda-Rasse (rechte Hälfte), **B** Temperatur- und Gaskonzentrationsverlauf beim Zirkulieren im Elfenbeinküsten-Bau. Die Zahlen in A und B entsprechen sich *(nach Lüscher, aus Nachtigall, Rummel 1996)*

(1) in das Nest (2) mit der Königinnenkammer (3) hochgesaugt, sammelt sich in einem obengelegenen Dom (4) und führt über die Außenröhren (5) und (6) in den Keller zurück. Während der Passage zwischen (5) und (6) kann CO_2 aus- und O_2 eindiffundieren. Die Verläufe der Temperatur- und der Gaskonzentrationskurven (Abb. 9-7 B) spiegeln die insgesamt günstigen Effekte wider.

9.3.2
Solarkamine bei Termitenbauten und Gebäuden

9.3.2.1
Energiebilanz von Gebäuden

Abbildung 9-8 zeigt in Form eines Säulendiagramms die Anteile unterschiedlicher Gebäudeteile am gesamten Wärmeverlust, die Lüftung stellt einen Löwenanteil

9.3 Der Termitenbau – ein verblüffendes Funktionssystem mit Anregungscharakter

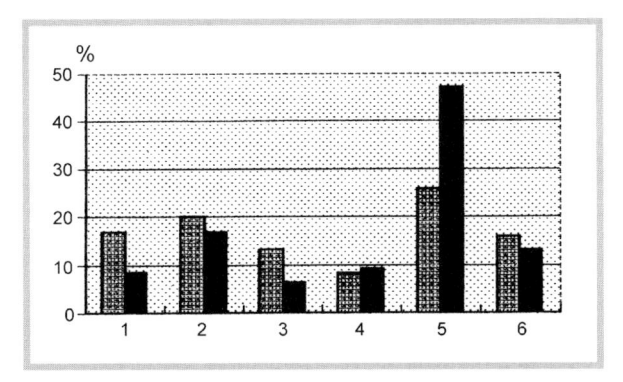

Abb. 9-8 Energieverluste bei Häusern. *1* Mauer, *2* Fenster, *3* Dach, *4* Keller, *5* Lüftung, *6* Heizung. Graue Säulen: Standardhaus, schwarze Säulen: Niederenergiehaus *(nach Bundesministerium für Wirtschaft aus Nachtigall, Rummel 1996)*

auch die Termiten tun. Das System ist in Abschn. 9.4 näher beschrieben.

In Eastgate, Harare/Simbabwe, wurde ein großes Bürogebäude mit Lüftungselementen nach dem Termitenprinzip errichtet. Der Architekt Mike Pearce sollte ein Gebäude errichten, in dem es sich ohne energieaufwendiges Air-Conditioning leben lässt und das praktisch keine Heizung braucht. Er löste das Problem in Zusammenarbeit mit dem Klimaingenieur Ove Arup mit Luftschächten, die im Gebäude ein zusammenhängendes System bilden und doppelte Decken, Fußböden und doppelte Wände beinhalten. Aus dem Atrium wird kühle Luft in dieses System geblasen, das durch Fuß-

dar. Dieser beträgt bei konventionellen Häusern im Durchschnitt etwa 27%. Bei Niederenergiehäusern liegt er bei 47% (wegen der relativ geringeren Bedeutung der anderen Anteile am Wärmeverlust). Es rentiert sich also, auf Lüftungseffekte großes Augenmerk zu richten.

9.3.2.2
Lüftungskanäle an Termitenbauten und ihre technologische Übertragung

Manche Termitenarten, so Vertreter der Gattung *Macrotermes*, setzen ihren Bauten kaminartige Konstruktionen auf (Abb. 9-9 A), die sich bei direkter Sonneneinstrahlung stark erwärmen. Ähnlich wirken die flachhochgereckten Bauten der Kompasstermiten, deren Oberteile von kaminartigen Dukten durchzogen sind. Wenn die dort erhitzte Luft aufsteigt, entsteht ein Unterdruck, der kühlere Luft aus der Basis nachzieht. Die Basis kann in Kontakt mit Grundwasser stehen, gelegentlich über mehr als ein Dutzend Meter lange Gänge. Kompasstermiten können die Innentemperatur im Stockbereich auf 31 °C konstant halten, auch wenn die Außentemperaturen zwischen 3 und 42 °C schwanken. Bei extremen Außenbedingungen müssen sie allerdings den Kaminquerschnitt verändern; sie tun das durch Anlagerungen und Abtragung von Baumaterial.

Nach diesem Vorbild wurde z. B. an der Universität in Leicester/England ein Fakultätsgebäude thermoreguliert. Der aufgesetzte Klimaturm (Abb. 9-9 B) ist 13 m hoch und aus Ziegeln gemauert. Das Low-Tech-System funktioniert allerdings nur durch ein High-Tech-Steuersystem, das die Luftzufuhr reguliert, ähnlich wie das

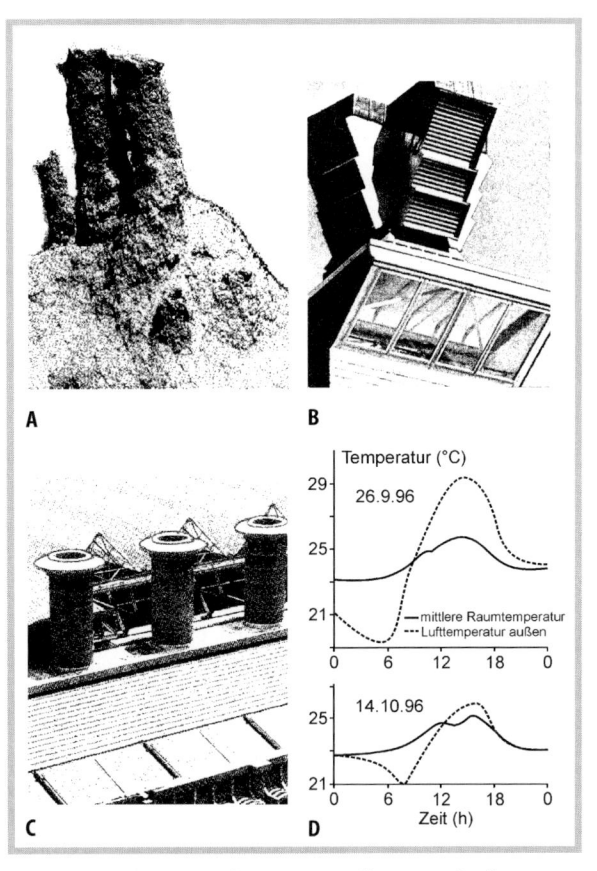

Abb. 9-9 „Termiten-Lüftungssysteme". **A** „Kamine" am Bau der Termite *Macrotermes spec*, Avash-Nationalpark, Abessinien *(nach einem Foto von A. Sielmann, verändert)*, **B** analoge Lüftungskamine am Bau der Maschinenbau-Fakultät der Universität Leicester, England *(nach PM-Magazin 1994, verändert)*, **C** analoge Lüftungskamine an einem Bürogebäude in Harare, Simbabwe. **D** Temperatur-Tagesgänge im Bürogebäude nach C *(nach F. Smith aus ARUP-Journal 1997, verändert)*

leistenschlitze in die Einzelräume gelangt. Erwärmte Luftmassen werden zentral aus insgesamt 48 Kaminen (Abb. 9-9 C) nach Art der Termiten passiv, allein durch die Wirkung der solar erhitzten und aufsteigenden Kaminluft, abgesaugt. Die Wärme wird im Beton gespeichert und steht nachts und am frühen Morgen zur Verfügung: Die etwa 1500 m über dem Meeresspiegel liegende Stadt Harare erreicht nachts Temperaturen, die nur wenig über dem Gefrierpunkt liegen.

Durch die bionische Konzeption konnten 10 % der Baukosten eingespart werden; das ganze Gebäude kostete nur 36 Mio US$. Der monatliche Stromverbrauch liegt knapp 50 % unter dem vergleichbarer Gebäude in dieser Stadt. Die mittlere Tagestemperatur in diesem Gebäude liegt bei angenehmen 23–25 °C. Ohne das Nachblasen kühler Luft steigt sie allerdings auf 35 °C. Abbildung 9-9 D zeigt Vergleichskurven für Temperaturtagesgänge. Der 26. 9. 1996 war ein heißer Tag mit einer Tagestemperaturdifferenz von etwa 10 °C; die vorausgehende Nacht war kühl. Der Kühlungseffekt betrug 4,5 °C. Dem 14. 10. 1996 ging eine warme Nacht (um 20 °C) voraus; die Tagestemperaturdifferenz war mit 5 °C klein. Der Kühleffekt betrug aber immerhin 2 °C. Wie erwähnt funktioniert das Ganze aber nur durch Ventilatoreneinsatz. Doch ist auch da die Bilanz günstig. Der Leistungsverbrauch beträgt 9,1 kW/a m². Sechs andere, ähnliche, aber nicht natürlich belüftete Gebäude in Harare brauchten zwischen 11 und 18,9 derartige Einheiten, so dass im Vergleich zwischen 17 und 52 % elektrischer Leistung eingespart werden konnte.

9.3.3
Eine bionische Übertragung: die Porenlüftung

Technisches Transparentes Isolationsmaterial (TIM) funktioniert analog dem Eisbärfell. Licht, das die feinen Röhren des TIM durchdringt, wird an einer schwarzen Absorberwand in Wärme umgewandelt; diese wird absorbiert und dort gespeichert. Die eingeschlossenen feinen Luftpolster verhindern, dass die Wärme zum großen Teil nach außen entweicht. Somit erfolgt Wärmediffusion durch die Absorberwand nach innen, wo sie den Raum aufheizen kann. Zwischen TIM und Absorberwand kann man eine Jalousie vorsehen, die beim Absenken Überhitzen vermeidet. Bei horizontaler Einstrahlung von etwa 600 W m^{-2} kann eine Absorberwand ohne weiteres eine Temperatur von 60 °C erreichen. Südlich einer Breite von 50° N und bei günstigen meteorologischen Bedingungen kann dieser Wert bereits im Januar auftreten.

G. Rummel und ich fanden in Saarbrücker Ansätzen, dass sich das Wandüberhitzen durch TIM-Systeme einfach dadurch vermeiden lässt, dass man einen ganz speziell dimensionierten Luftspalt zwischen TIM und der Absorberwand lässt. Ein Teil der Wärme wird damit konvektiv abgeführt und ist an anderer Stelle verfügbar. Da aber Luft eine geringe Wärmekapazität besitzt, müsste man Wärmepumpen vorsehen, um diesen Energieanteil als Wärme zu nutzen. Wir heizen statt dessen Frischluft, die durch poröse Wände eintritt, mittels dieser abgeführten Wärme und brauchen damit keine Zusatzwärme zum Aufwärmen der kühlen Frischluft.

Eine Belüftung durch poröse Wände könnte die Hauptprinzipien der Termitenbauventilation übernehmen: große, durchlüftende Oberflächen, kombiniert mit einer geringen Durchströmgeschwindigkeit. Solche Porenlüftungssysteme können mechanische Systeme (Fenster, Dukte) ersetzen. Ein Vorschlag meines Doktoranden G. Rummel versucht, Probleme der Zugluft, der Geräuschübertragung, der Verwirbelung und umständlicher Steuer- und Regelsysteme zu vermeiden, Abb. 9-10 B zeigt das Konzept. Ein Teil der Außenmauer wird durch poröse Wände ersetzt, die den Einstrom in vorgewählter Art und Weise erlauben.

Ein wichtiger Schritt nach Aufstellung dieses Konzepts war die Überprüfung der Systemkomponenten auf Praxistauglichkeit. Zu diesem Zweck wurde ein Prüfstand zur Erfassung des Anlagenwiderstands, d.h. des Luftwiderstands des Lüftungssystems bei gegebener Druckdifferenz (Abb. 9-10 A) sowie thermodynamischer Effekte erstellt.

Die Messungen zeigten, dass die notwendige Lüftungsfläche für normale Wohnräume auf Fenstergröße reduziert werden kann, was auch die architektonische Einbindung in die Außenwand erleichtert. Diese Fläche reicht aus, um die Grundlüftung nach DIN 1946 T6 zu verwirklichen und dennoch die Geschwindigkeit der in den Raum eintretenden Luft unter 2 cm s^{-1} zu halten.

Diese Maßnahmen bewirkten, dass das Lüftungssystem als Teil der architektonischen Planung die Grenze hin zur technischen Gebäudeausrüstung in Form eines Kompaktsystems übersprang. Die ursprünglich aus dem Termitenbau abgeleiteten Vorteile blieben aber auch im Kompaktsystem voll erhalten. Ein weiterer, neu hinzukommender Vorteil des Lüftungssystems liegt in der Nachrüstmöglichkeit für den Gebäudealtbestand. Hatte die ursprüngliche Variante noch stark den Charakter einer Wandkonstruktion, so stellt die neue ein Baufertigteil dar.

- Reduzierung der Transmissionswärmeverluste: Herausfallen der Lüftungsflächen (kein Transmissionswärmeverlust) aus der Außenwandfläche.
- Reduzierung der Lüftungswärmeverluste durch Rückführung der Transmissionswärme (passive Frischluftvorwärmung).
- Lüftungselement ersetzt anteilig Außenmauer. Dadurch sind die Investitionskosten für das Lüftungselement um die Kosten der entsprechenden Außenmauerfläche verringert.
- Zugfreiheit durch besondere Einströmungsbedingungen.
- Bessere Durchmischung von Frischluft und Raumluft. Vermeidung von Strömungspfaden.
- Filterung der Luft durch Matte und Filter im Zuluftautomat.
- Variable Ausformung der Lüftungsflächen.
- Fassade nur punktuell beeinträchtigt.
- Marketing: Absetzung von anderen Lüftungssystemen.
- „Millionen Jahre erprobt und für gut befunden".
- Luftwechsel durch Nutzer wählbar, System aber auch automatisch regelbar.

Die Entwicklung ist kennzeichnend dafür, wie sich ein ursprünglich relativ naturnahes bionisch-basiertes Prinzip technologisch weiter, d.h. vom einstmals ideengebenden Bionik-Konzept weg entwickelt: der „natürliche Gang" einer Bionik-Erfindung.

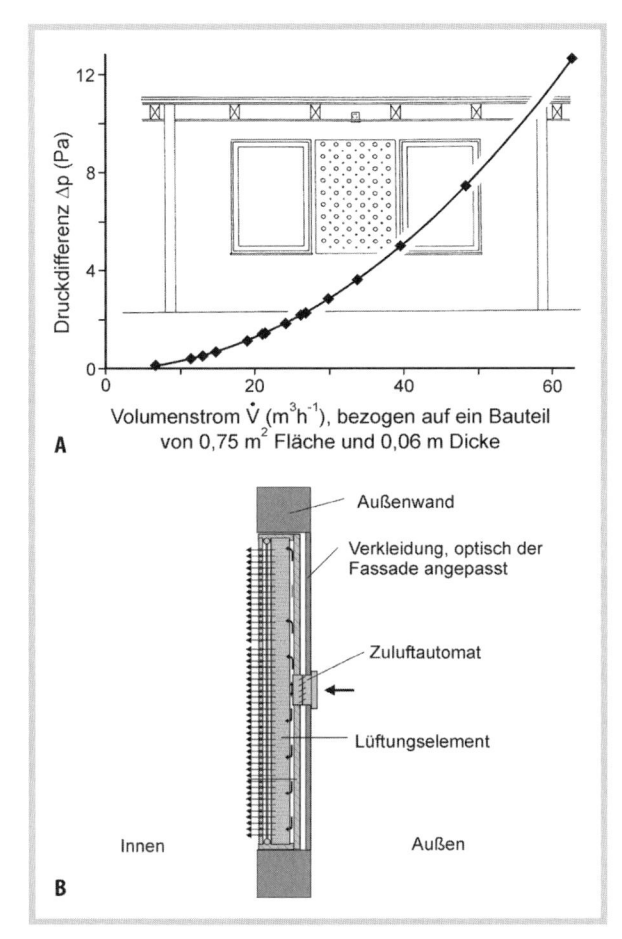

Abb. 9-10 Porenlüftungskonzept. **A** Anlagenwiderstand eines Prüfteils für die erweiterte Termitenbau-Porenlüftung; Messbeispiel. Einschaltbild: Beispiel für den Einbau eines Porenlüftungsbauteils zwischen zwei Fenstern, **B** Prinzip *(nach Zwischenbericht Rummel, Nachtigall 2001 und Patentschrift Rummel 2002)*

Dieses neugestaltete System wurde zum Gebrauchsmuster und Patent angemeldet. Momentan laufen die Vorbereitungen zur Erstellung eines bereits in der Praxis einsetzbaren Prototyps. Hauptmerkmal des Systems ist die *flächige* Einströmung der Frischluft in den Raum mit Luftgeschwindigkeiten möglichst < 1 cm/s. Dies ermöglicht einige Eigenschaften, die Systeme mit punktueller Einströmung nicht realisieren können.

Zwei Hauptvarianten sind möglich: ein System ohne aktive Frischluftvorwärmung und ein System mit Frischluftvorwärmung. Für beide Systeme gilt:

9.4
Lehm und Adobe – ursprüngliche Materialien mit interessanten bauphysikalischen Eigenschaften

9.4.1
Ton- und Mörtelnester

Über Termitenbauten und deren Baumaterial wird in Abschn. 9.3 berichtet. Im kleineren Maßstab gibt es noch zahlreiche andere Behausungen von Tieren, die ähnliche Bausubstanzen verwenden. Tonnester, wie sie etwa manche Schwalben bauen, sind stets eine Mischung aus Lehm und Faserbestandteilen, also Adobe. Als tierischen Mörtel kann man Tonbestandteile bezeichnen, die mit einem Speichelsekret durchknetet werden. Es gibt viele Insektennester, die aus derartigem Material bestehen.

Besonders eindrucksvoll ist das Nest des südamerikanischen Töpfervogels, *Furnarius rufus* (Abb. 9-11 A). Die Gattung trägt ihren Namen „*Furnarius*" nach der Backofenform ihrer Nester (*Furnus*: Backofen). Sie werden aus Adobe gebaut, Lehm, vermischt mit Pflanzenteilen. Zur Herstellung eines 5–10 kg schweren Nests verbacken die Vögel etwa 2000 Lehmklumpen zwischen 2 und 5 g. Durch eine innere Scheidewand trennen sie einen Vorraum vom eigentlichen Brutraum ab. Der Durchmesser beträgt etwa 25 cm und die Wände sind sehr dick; das Durchmesser-Wanddicken-Verhältnis beträgt hier bis zu 7,5 : 1. Entsprechend groß ist die Wärmekapazität des Nestes. Wenn am frühen Nachmittag die äußere Hülle stark aufgeheizt ist und die Wärme „nach innen kriecht", könnte die äußere Wand schon beschattet werden und damit Wärme wieder abgeben. Dieses Prinzip wird auch bei sehr dicken Adobebauten z. B. der Pueblo-Indianer Nordamerikas angewandt.

9.4.2
Bauen mit Adobe

Adobe – durch Zuschlagstoffe verstärkter Lehm – wird seit altersher von Menschen als Baustoff benutzt. Er hat Vorteile und Nachteile. Wo verfügbar wurde dieser Baustoff von frühen Kulturen durchwegs benutzt und das seit Urzeiten. So waren die ersten neolithischen Häuser in der Euphrat-Tigris-Mündungsregion, ca. 8500 v.Chr., dickwandige Lehm-Rundbauten mit integrierten Lehm-Spitzdächern. In Trockenregionen kann man daraus mehrstöckige Gebäude bauen. Die bescheidene Zugfestigkeit wird durch miteingebrachte Äste etc. verbessert, die herausragen und auch als Gerüst für die nach Regenfällen immer nötige Nachbearbeitung der Oberfläche dienen können. Auch kegel- oder paraboloidartige Rundbauten lassen sich damit fertigen, wie sie z.B. in der Tschad-Region Afrikas als Getreidespeicher verwendet werden.

Es ist wenig bekannt, dass der Lehmbau auch in unseren Regionen eine alte Tradition hat, und zwar nicht nur mit baustatisch unkritischen niederen Bauten. An der Lahn existieren vier- und fünfgeschossige Lehmhäuser aus dem Mittelalter mit meterdicken Wänden, die allerdings verkleidet sind und so nicht sehr auffallen.

Wo Lehm und Arbeitskraft verfügbar, die Bevölkerung aber arm ist – Dritte-Welt-Länder, z. B. das Hochland von Peru – kann Adobe-Eigenbau unter fachkundiger Projektanleitung die Alternative sein. In Peru stellt man Adobe-Ziegel oder ganze Wände in fortlaufenden Bretterschalungen selbst her; zur Verstärkung verwendet man das lokal vorhandene Ichu-Gras, das noch in 3500 m Höhe wächst.

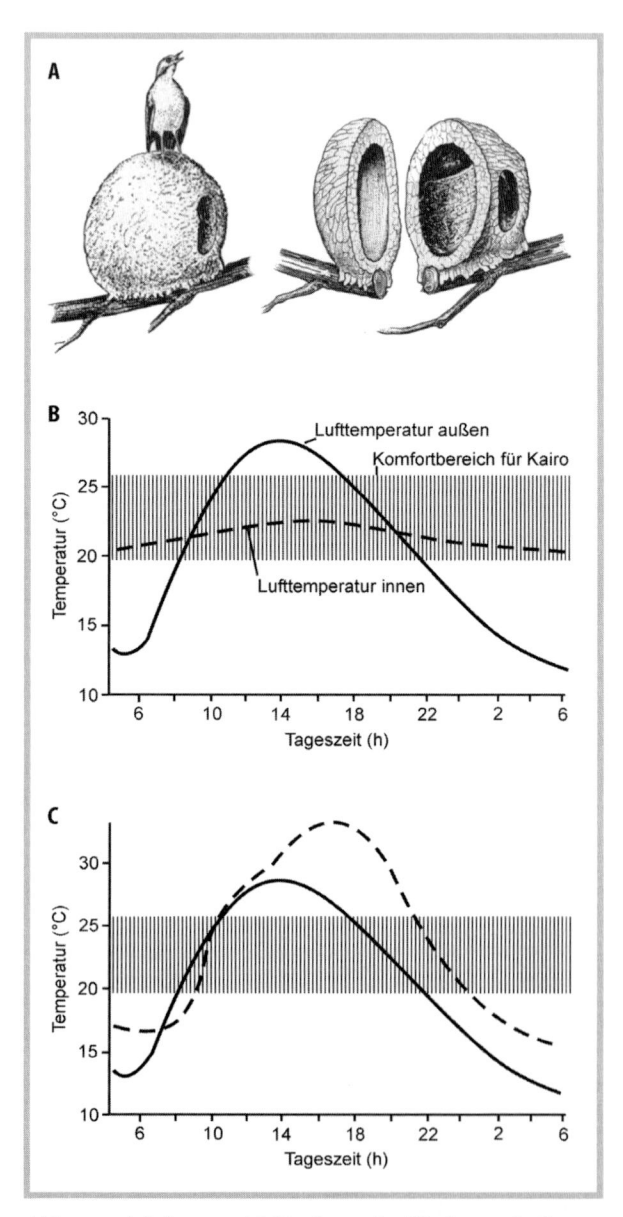

Abb. 9-11 A Lehm- und Mörtelnest des Töpfervogels *Furnarius rufus* (*nach v. Frisch 1974*), **B, C** Temperatur-Tageszeit-Verläufe für Bauten mit „dicken Wänden", Lehmziegelgewölbe (Adobe), vorfabriziertes, gleichartiges Beton-Testmodell (*nach Messungen von Hassan Fathy in Kairo, aus Behling, 1996*)

Die auch aus statischen Gründen nötigen hohen Wanddicken lassen das hohe Wärmespeichervermögen des Adobe-Materials zur Geltung kommen. Bis sich die dicken Wände unter der Tropensonne aufgeheizt haben wird es Abend, so dass die Räume tagsüber kühl bleiben.

In den relativ kühlen Nächten wird dann Wärme nach innen abgegeben, was erwünscht ist. Die von den Bewohnern ausgeatmete und transpirierte Feuchtigkeit wird von den trockeneren Innenwänden aufgenommen und diffundiert nach außen, wo sie an der Oberfläche verdunstet.

Das Material ist durch hohe Druckfestigkeit, aber relativ geringe Zug- und Scherfestigkeit gekennzeichnet. Zur Kompensation der Scherfestigkeit werden längergliedrige Beischlagstoffe wie z. B. Äste, Zweigstücke, Halme aber auch Bambusteile beigefügt. Neuerdings finden auch technische Teile wie Kunststoffelemente und Metalldrähte und -pflöcke Verwendung. Wegen ihres relativ starken Wassergehalts schirmen solche Bauten im Übrigen auch gegen elektrische Störfelder ab.

Adobe-Bauten können hart wie Beton werden. Auf Grund ihrer Zusammensetzung und Mikrostrukturierung wirken sie aber bau- und klimabiologisch völlig anders. Dies zeigt Abb. 9-11 B, C mit Temperaturregistrierungen für die Region von Kairo. Die innere Lufttemperatur bleibt bei Adobematerial im Komfortbereich dieser Breiten, bei Beton dagegen keineswegs.

9.4.3
Kleine Tropenhospitäler aus Adobe

Adobe-Bauten müssen den besonderen Bedingungen der Tropen angepasst sein. Die kritiklose Übernahme von „Schwerpunkt-Krankenanstalten" in Ballungsgebieten nach den Vorbildern der Industrienationen kann insbesondere im ländlichen Bereich keine Alternative sein. Für die Basisversorgung, auch die der städtischen Slumbevölkerung, werden dezentralisierte „Basisgesundheitseinrichtungen" geplant, die auf die jeweiligen Bedürfnisse (Besuchsverhalten, Kochgewohnheiten, Frequentierung einzelner Funktionseinheiten) eingehen müssen. „Der Entscheidungsprozess über Konstruktion und Baumaterialien wird durch einen Katalog von Auswahlkriterien bestimmt, der sämtliche lokalen Kapazitäten im Hinblick auf Lebensdauer, Unterhaltung, Kosten, Deviseneinsparung usw. berücksichtigt". Das Institut für Tropenbau/Starnberg hat dazu Studien vorgelegt und für bestimmte tropische Bereiche tonnenartige Strukturen vorgesehen (Abb. 9-12).

9.5
Einbindung der Windkraft – Tierbauten und ursprüngliche Baukulturen als Vorbilder

9.5.1
Nutzung des Bernoulli-Prinzips

In einer Düse wird bekanntlich Unterdruck erzeugt (Zerstäuberprinzip, Prinzip der Wasserstrahlpumpe). Nach Bernoulli ist in einem horizontal gelagerten, durchströmten System der Gesamtdruck, die Summe aus Wanddruck und Staudruck, konstant: $p_{ges} = p + q =$ const (p Wanddruck, $q = 1/2\ \rho v^2$ Staudruck, ρ Dichte des Fluids, v Strömungsgeschwindigkeit des Fluids).

Verengt sich eine derartig durchströmte Röhre, so muss infolge des Kontinuitätsgesetzes die Strömungsgeschwindigkeit und damit der Staudruck an der Engstelle steigen, folglich sinkt der Wanddruck im Verhältnis zum Außendruck, und es kann an dieser Stelle Fluid aus dem Bereich des Außenfluids angesaugt werden (Abb. 9-13 A).

Stufen in einem durchströmten System wirken wie „halbe Düsen". Pierwürmer der Gattung *Arenicola* bauen ihre U-förmigen Röhren so, dass der eine Ausgang auf dem niederen, der andere auf dem höheren Plateau eines Sandribbels im Flachwasser liegt. Strömung, die senkrecht zur Ribbellinie verläuft, erzeugt damit an der höher gelegenen Stelle einen Unterdruck, der Frischwasser durch die Röhre saugt (Abb. 9-13 B), womit der Wurm seinen Sauerstoffbedarf deckt. Bei Schräganströmung des Ribbels verringert sich der Effekt nach dem Sinusgesetz.

Abb. 9-12 Teil einer Tropenhospital-Anlage, Gewölbekonstruktion aus gebrannten Lateritsteinen *(Foto: Lippsmeier + Partner)*

Bekannte Beispiele finden sich bei grabenden Wirbeltieren. Präriehunde, *Cynomys ludovicianus*, fertigen ihre im Prinzip ebenfalls U-förmig ausgebildeten Röhrenbauten so, dass sie das Aushubmaterial stets an einem der beiden Ausgänge in Form eines „Vesuvkegels" anhäufen; die gegenüberliegende Öffnung wird plattgetreten. Präriewinde durchlüften den Bau nach dem Bernoulli-Prinzip; das durchströmende Fluid tritt am Vesuvkegel aus (Abb. 9-13 C). Da der Vesuvkegel drehrund ist, ist dieser Durchströmungseffekt unabhängig von der Windrichtung. S. Vogel und Koautoren von der Duke-University, Durham, haben den Effekt an Modellen gemessen, die einen Präriehundbau etwa in $1/10$ natürlicher Größe simulieren. Danach ist das zeitliche Durchflussvolumen nach einem Einschwingvorgang in weiten Grenzen proportional der Windgeschwindigkeit. Umgerechnet auf den natürlichen Bau von etwa 20 m Länge ergibt sich, dass bereits kleine Windgeschwindigkeiten große Effekte haben; ein Wind von 0,4 m s^{-1} Geschwindigkeit durchlüftet den gesamten Bau in 10 min; für 1,2 m s^{-1} beträgt die Austauschzeit nur 5 min. Ohne eine solche Zwangslüftung unter Nutzung des Bernoulli-Prinzips wäre ein Leben in derartigen Bauten nicht möglich, und damit würde auch das gesamte Ökosystem der nordamerikanischen Prärien anders aussehen.

Das gleiche Prinzip wurde im alten Iran (und heute noch in vielen nordafrikanischen Regionen) zur Zwangslüftung von Zisternen benutzt, wie Bahadori berichtet. Wenn der Wind über Kuppelbauten strömt (vergl. Abb. 9-12), an deren höchsten Stelle ein Loch ist, wird nach Bernoulli Luft abgesaugt, die verdunstendes Zisternenwasser enthält. Da 1 g verdunstendes Wasser bei 20 °C Lufttemperatur 2,3 kJ an Wärmeenergie abführen kann, wird das Zisternenwasser auf diese Weise effektiv gekühlt. Dachreiter können den Effekt verstärken; sie sind nicht nur Zieraufsätze. Der Architekt Thomas Herzog hat eine Zwangslüftung nach dem Bernoulli-Prinzip für sein „Design-Center" in Linz/Oberösterreich vorgesehen (Abb. 9-14). Die gewölbte Hallenkontur erzeugt mit der gegenläufigen Wölbung an der Unterseite eines aufgesetzten langgezogenen „Profils" einen Düseneffekt, welcher der Entlüftung dient. Konzepte dieser Art sind vielfältig verwirklicht worden.

Abb. 9-13 Zum Bernoulli- (bzw. Venturi-)Prinzip. A Prinzip, B Pierwurmgang an einem Sandrippel *(nach Nachtigall 1979)*, C Präriehundbau *(nach einer Vorlage von Vogel et al. 1973)*

Abb. 9-14 So genanntes „Design-Center" in Linz, Oberösterreich. Architekt Thomas Herzog + Partner 1988–1994 *(Foto: Nachtigall)*

9.5.2
Nutzung des Staudruck-Prinzips

Die in 1 m³ Luft der Masse m, die mit der Geschwindigkeit v strömt, enthaltene kinetische Energie beträgt $^1/_2\, m_{(1\,m^3\,Luft)}\, v^2$. Man kann auch sagen, die auf die Volumeneinheit V bezogene Energie beträgt $^1/_2\, \rho\, v^2$ (ρ = m/V = Luftdichte). Strömt das betrachtete Luftvolumen gegen eine senkrechte Wand und wird dabei auf v = 0 abgebremst, so manifestiert sich seine kinetische Energie im Auftreten eines Staudrucks $|q| = |\,^1/_2\, \rho\, v^2|$. Dieser kann unterschiedliche Effekte haben, z. B. ein aufgestautes Luftvolumen in Bewegung setzen oder weiterbewegen. Das gleiche gilt für Wasserströmungen.

Eine Durchströmungsanlage nach dem Staudruckprinzip, die den orientalischen Bag-dir-Einrichtungen ganz erstaunlich ähnelt, haben südamerikanische Köcherfliegenlarven (Hydropsychidae) entwickelt (vergl. Abb. 9-15 A mit 9-15 B). Diese Larven bauen eine gewölbte Gangstruktur mit vorragenden „Staudruckfängern", in deren unteren, U-förmigen Schenkeln ein äußerst feingesponnenes Netz angebracht wird (Maschenweise nur etwa 3 × 20 µm). Vor dem Netz mündet auch der Wohngang der etwa 2 cm langen Larve. Bei dieser strömungsbetriebenen Durchströmungsreuse dürfte auch der Bernoulli-Effekt eine Rolle spielen, doch ist dies messtechnisch nicht nachgewiesen.

Zum Bad-gir-Prinzip schreiben Behling und Behling (1996): „In den Gebäuden sind oft ausgeklügelte Technologien zur Ventilation zu finden. In Haiderabad, Pakistan kommen die kühlen Winde meist aus derselben Richtung. Deshalb sind die Gebäude mit gewaltigen Windfängen ausgestattet, die den Luftstrom in die Räume leiten (Abb. 9-15 B). Viele traditionelle Häuser in Bagdad verfügen über einen Bad-gir, der den Luftstrom aus Nordwesten aufnimmt. Ein Bad-gir ist eine Art Rauchfang in der Hauswand, der bis zum höchsten Punkt der Dachbrüstung aufragt. Ein Bad-gir ist dann besonders effektiv, wenn er mit weiten Öffnungen diagonal zur vorherrschenden Windrichtung in die Wand eingebaut wird. Sobald die Luft aufgenommen wird, nimmt sie in dem kühlen Kanal an Feuchtigkeit zu, kühlt ab und sinkt. Ein Beispiel für ein Klimatisierungssystem in seiner ausgefeiltesten und energieeffizientesten Form."

Im Versuchs-Irrtums-Prozess sind auch die hochinteressanten Windschirme der Kanakensiedlungen in Neukaledonien entstanden. Der Architekt Renzo Piano hat bei seinem Bau des Kanaken-Kulturzentrums Nu-

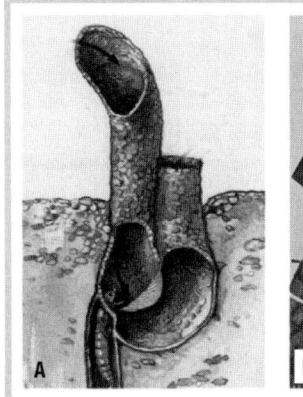

Abb. 9-15 Zum Staudruck-Prinzip. **A** Larvenbau einer südamerikanischen Köcherfliege (Hydropsychide) *(nach Freude 1982, verändert)*, **B** orientalische Bag-dir-Windfänge auf Gebäuden des alten Haiderabad, Pakistan *(nach Behling, 1996, verändert)*

méa diese löffelartigen, aus Holzträgerstrukturen und Geflechten bestehenden „Windschirme" mit einbezogen und ihre Funktionen durch Windkanalversuche untersuchen lassen. Es ergab sich, dass sie angeschlossene langgestreckte Räume effektiv durchlüften, ob der Wind nun in die konkave oder konvexe Seite des „Windfängers" einfällt. Die ursprünglichen Bewohner haben damit ihre großen Versammlungshäuser belüftet; der moderne Architekt hat nach dem gleichen Prinzip seine Museumsräume „kostenlos belüftet".

9.6
Architektonische Gestaltung und die Funktionalität der Natur

9.6.1
Einbindung bionischer Vorgehensweisen in den Planungsprozess

Bei der Planung eines Euro-Null- und Niedrigenergiehauses (Abb. 9-16) sowie bei der Fassadengestaltung der Stadtwerke Bochum macht der Architekt Dieter Oligmüller klar, dass für die Architektur und Baukonstruktion natürliche Strukturen zu untersuchen sind, um sie durch Umsetzung in moderne Konstruktionen dem Menschen nutzbar zu machen. Er nennt folgende natürliche Gegebenheiten, die bei Baukonzeption von vorneherein in bionischer Übertragung einbezogen werden sollten:

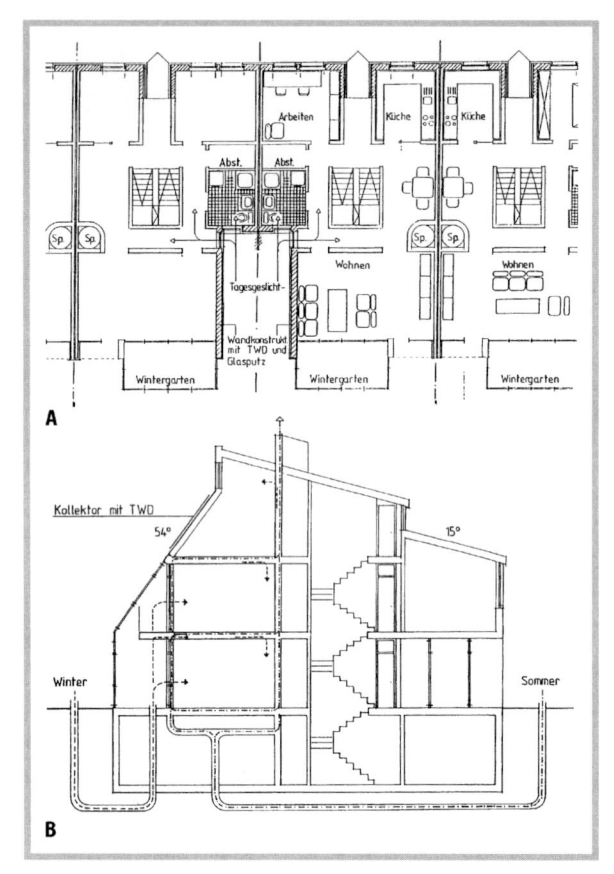

Abb. 9-16 Euro-Null-Energie- und -Niedrigenergie-Solarhaus, Typ Bremen. **A** Plan, **B** Querschnitt *(nach Oligmüller 1995)*

- Möglichkeiten, welche *die umgebende Topographie* hinsichtlich der Nutzung der vorhandenen naturbezogenen Möglichkeiten bietet, sind zu bedenken.
- Das Klima in der Stadt, *Windrichtung* zur Durchlüftung der Stadt, *Kaminwirkung* von Gassen, *Thermik* bei der Randbebauung usw. sind zu betrachten.
- Maßnahmen zur *Reduktion der Windbelastung* des Baukörpers sind zu treffen.
- Eine *Zonierung* des Baukörpers, Anordnungen von *Pufferzonen*, sinnvolle Anwendungen von Schichtkonstruktionen für die Außenhaut und anderes können erforderlich sein.
- *Kühlung oder Vorwärmung der Zuluft* durch Nutzung der Erdwärme nach dem Präriehundbausystem und Einbeziehung der Vorratshaltung bei der Kühlung liegt nahe.

- *Außenwandkonstruktionen* im Sinne transparenter Isolationsmaterialien, angeregt durch die Effizienz des Eisbärfells, evtl. in Kombination mit Luftkanalsteinen, sind zu überlegen.
- Nutzung der *Speicherfähigkeit der Baustoffe* durch Luftzuführung für Kühlung oder Erwärmung der Raumtemperatur in einer Kombination von passiver Solarnutzung und Nutzung der Erdtemperatur ist anzustreben.
- *Passive Wärmerückgewinnung* durch entsprechende Fensterkonstruktionen, die ohne maschinellen Einsatz das Lüften mit gleichzeitiger Wärmerückgewinnung ermöglichen, werden zukünftig sehr wichtig sein.
- *Photovoltaische Architekturelemente* mit Lichtlenkungselementen und thermohydraulischer Nachführung können sinnvoll sein.

Aus dieser Liste bringt ein Entwurf von Oligmüller für ein Null- oder Niedrigenergie-Solarhaus (Abb. 9-16) drei Anregungen natürlicher Vorbilder mit ein: *Präriehundbau* (Lüftungssystem), *Eisbärfell* (Transparente Wärmedämmung) und *Elektronentransport bei fotosynthetischen Vorgängen* (Fotovoltaik).

9.6.1.1
Präriehundbau/Lüftungssystem

„Ein Kanalsystem, das in etwa 2,5 m Tiefe durch das Erdreich geführt wird, dient im Winter der Vorwärmung und im Sommer der Kühlung der Zuluft. Es entspricht den von Bahadori aufgezeigten Konzepten der altiranischen Architektur. Dabei wird nicht nur dem Raum die erforderliche Frischluftrate zugeführt; die umliegenden Bauteile werden auch über ein Kanalsystem gekühlt oder erwärmt. Im Winter wird die im Erdreich vorgewärmte Zuluft über den Wintergarten weiter erwärmt und den Wohnräumen zugeführt. Im Sommer wird die über das Erdreich abgekühlte Zuluft dem Raum und den ihn umgebenden Bauteilen direkt zugeführt. Mit ähnlichen Erd-Dukten, gleichfalls mit verblüffendem Erfolg, arbeitet das münchner Architekturbüro F. & W. Lichtblau.

„*Das Lüftungssystem nach dem Prinzip des Präriehundbaus wird heute gelegentlich als Trivial-Bionik bezeichnet. Dieser Eindruck mag vielleicht auf Grundlage der konstruktiven Einfachheit entstehen, im Bauwesen ist es jedoch nach wie vor eines der effektivsten Systeme zur Energieeinsparung. Es ist immer wieder wohltuend zu erfahren, wenn dieses System als einfachste und kostengünstigste Lösung empfohlen wurde, wie sehr Bauherrn und Nutzer von der Wirkungsweise überrascht sind."*

Für die Knobelsdorff-Schule in Berlin haben Schüler in Eigenleistungen einen Erdkanal zu ihrer Werkstatt errichtet, der durch eine Außenluftvorwärmung bzw. Außenluftkühlung die klimatischen Verhältnisse in diesem Raum wesentlich verbessert hat. So wird z. B. die Innenraumtemperatur im Sommer von ca. 29 °C auf 24 °C abgesenkt.

9.6.1.2
Eisbärfell/Wärmedämmung

Die Außenwände im Osten, Süden und Westen werden mit einer dem Eisbärfell nachempfundenen transparenten Wärmedämmung (TWD) überzogen und mit einem Glasputz versehen, der es ermöglicht, den Baukörper zur besseren Nutzung des Tageslichts „einzuschneiden", ohne dass sich der Transmissionswärmeverlust des Baukörpers erhöht. Die Kollektoren erhalten als Abdeckung ebenfalls eine transparente Wärmedämmung, so dass der Anteil der zur Verfügung gestellten Heiz- und Brauchwasserenergie auf solarer Basis wesentlich erhöht wird.

9.6.1.3
Fotosynthese/Fotovoltaik

Fotovoltaische Elemente auf Grundlage der natürlichen Fotosynthese stellen einen Teil des benötigten Energieträgers „Strom" zur Verfügung. Die Entwicklung führt zu Nutzungsmöglichkeiten auch für mehrgeschossige Bauweise.

Die Nachführung der fotovoltaischen Verschattungselemente auf thermohydraulischer Basis ermöglicht eine jederzeit optimale Ausrichtung.

Bei der Oberlichtverglasung wird wiederum das Prinzip des Eisbärfells benutzt: transparente Wärmedämmung aus Glaskapillaren wird hier in die Isolierverglasung eingebaut. Die Glaskapillaren tragen durch ihre Lichtlenkung zur Tiefenausleuchtung des Raums bei.

Durch die blattartige Staffelung der einzelnen Elemente wird der thermische Auftrieb auf der Rückseite der einzelnen Konstruktionselemente erhöht und somit das Aufheizen der dahinterliegenden Fassade, insbesondere im Hochsommer, gemindert."

Wie man sieht, beinhaltet Bau- und Architektur-Bionik eine Sichtweise, die sich vor Grenzüberschreitungen zur Ideengewinnung nicht drückt. In ihrer Gesamtheit werden die zahlreichen einzelnen Übertragungs- und Gestaltungsmöglichkeiten zu Baukonstruktionen der Zukunft führen, die sehr viel radikaler mit dem Heutigen brechen, als dies nach den hier vorgestellten Überlegungen auf den ersten Blick möglich erscheint.

9.6.2
Bionische Aspekte behindern nicht eine klare architektonische Formensprache

Am Beispiel von Bauwerken des Münchner Architekten Thomas Herzog kann aufgezeigt werden, wie sehr die Überschrift schon Gültigkeit gewonnen hat. Thomas Herzog hat in seinen Publikationen nie von „Bau-Bionik" oder „Architektur-Bionik" gesprochen, geschweige denn eine Weltanschauung aus dem Systemvergleich mit der Natur gemacht. Und trotzdem sind natürliche Vorbilder in unauffälliger Weise in viele seiner Entwürfe eingeflossen. Sie offenbaren sich oft erst dem zweiten, suchenden und vergleichenden Blick. Meist sind sie auch ganz allgemeiner Art, aber umso bedeutungsvoller. Die Formensprache des Architekten ist ganz eigenständig und, wenn man so will, „modern"; man vermutet natürliche Prinzipien nicht so ohne Weiteres in seinem gestalterischen Entwerfen.

Hier seien zwei frühe Entwürfe aus den 80er-Jahren angeführt. Eine Gesamtschau bis 2002 ist dem Ausstellungsbegleitband des Deutschen Architekturmuseums, Frankfurt, zu entnehmen.

9.6.2.1
Doppelwohnhaus Pullach 1986–89

Abbildung 9-17 zeigt den Gebäudeentwurf in der Schnittperspektive. Darunter sind diejenigen Prinzipien der „Anregungen aus der Natur und Einbindung in die Natur" genannt, die sich dem näheren Nachdenken erschließen. Im Vergleich mit Kap. 8 werden die zugrundeliegenden Analogien aus der Natur für eine angemessene Baugestaltung deutlich.

9.6.2.2
Jugendbildungsstätte Windberg 1987–91

Auf Klostergrund entstand der Erweiterungsbau für eine Jugendbildungsstätte (Abb. 9-18). Räume, die stark und längere Zeit genutzt werden, wurden konstruktiv anders behandelt, als solche, die nur kurzfristig genutzt

1.) Konsequenter Leichtbau
2.) Ausrichtung zur Sonne
3.) Jahreszeitliche Lichtnutzung
4.) Jahreszeitliche Abschattung
5.) Temperaturgradientennutzung
6.) Wärmefangflächen
7.) Erdwärmenutzung
8.) Erdkühlenutzung
9.) Passive Lüftung

Abb. 9-17 Schnittperspektive eines Doppelwohnhauses in Pullach/OBB, 1986–1989 *(nach Herzog 1992)*

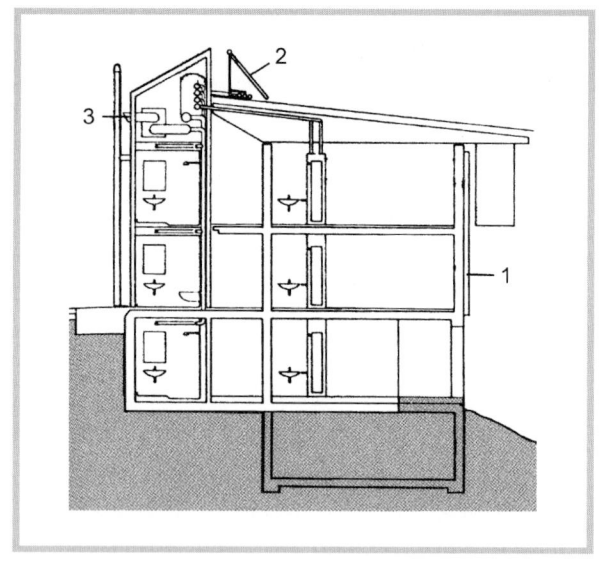

Abb. 9-18 Wohnheim Jugendbildungsstätte in Windberg, 1987–1991, Querschnitt. *1* Translucide Wärmedämmung und Sonnenschutz an der Südseite, *2* Röhrenkollektoren, *3* mechanische Lüftungsanlage mit Wärmerückgewinnung *(nach Herzog (Hrsg.) 1996)*

werden (z. B. Waschräume). Die durchgehend genutzten Räume liegen im südlichen Gebäudeteil. Hier ist die schwere und thermisch träge reagierende Außenwand mit einer transluzenten Wärmedämmung abgedeckt. Gegen sommerliche Aufheizung schützen ein großer Dachüberstand und außenliegende Jalousetten. Sanitär-, Abstell- und Erschließungsräume befinden sich im nördlichen Gebäudeteil. Warmwasser wird über Röhrenkollektoren auf dem Süddach gewonnen. Sie liefern die Energie für den größten Teil des Warmwasserbedarfs. Der Kompensation eines Teils des Lüftungsverlusts dienen Wärmerückgewinnungsanlagen im Dachraum.

Der umweltorientierte und modernste Solartechnik nutzende Bau wirkt einfach, ja klösterlich-streng und passt sich damit dem Ambiente an. Auch die klösterliche Lebenshaltung spiegelt sich wider: Es wird nichts geboten, was nicht wirklich gebraucht wird, und ein gewisser, zeitlich limitierter Diskomfort wird zugunsten wirklicher Nutzungsvorteile in Kauf genommen.

9.7
Kurzanmerkungen zum Themenkreis „Bauen und Klimatisierung"

9.7.1
Eine Schülerarbeit: Überdachung eines Pausenhofs

Es ist schön, dass bionisches Denken – das per se fachübergreifend ist – bereits in Schulen Einzug hält. Das Gymnasium Unterhaching hatte unter seinem engagierten Direktor H. Durner und mit bionik-sensiblen Pädagogen, z. B. G. Thanbichler und H. Birkner, eine Studienwoche Bionik durchgeführt und in der Folge immer wieder bionische Aspekte in Facharbeiten innerhalb von Leistungskursen Biologie berücksichtigt. Unter der Leitung von H. Birkner hat die Schülerin Susanne Dietelmeier im Februar 2000 eine Facharbeit abgegeben, in der sie im Rahmen „Natürlicher Konstruktionen" Seifenhautmodelle zur Formfindung in der Architektur und Netzkonstruktionen zur Unterstützung von Minimalflächen – mit dem Spinnennetz als Vorbild – für den Entwurf einer Überdachung des Pausenhofs ihrer Schule eingesetzt hat.

Seifenhautmodelle werden seit jeher zur Findung von Minimalflächen eingesetzt. Kultiviert wurde diese

Methode vor allem auch im Institut für leichte Flächentragwerke an der Universität Stuttgart unter dessen damaligem Leiter Frei Otto, um den herum sich in den 70er- und 80er-Jahren der Sonderforschungsbereich SFB 230 „Natürliche Konstruktionen" der Deutschen Forschungsgemeinschaft angesiedelt hatte. S. Dietelmeier schreibt zu ihrer Arbeit: „Nach Frei Otto ist der Pneu die wesentliche Grundlage für die Formenwelt der lebenden Natur. Alle lebenden Objekte entstehen und wachsen als Pneu. Die Seifenblase, die ja ebenfalls ein Pneu ist, hat eine Idealform. Sie umschließt ein maximales Volumen mit der minimalen Oberfläche. Durch die gleichmäßige Spannungsverteilung haben auch Spinnennetze Minimalflächen-Charakter, auch wenn sie meistens etwas von ihr abweichen: Spinnen zeigen, wie man mit geringem Gewicht Stabilität erzeugt.

Die Aufgabe für den praktischen Teil der Arbeit bestand darin, mit Hilfe von Seifenhautmodellen eine Überdachung für einen Teil des Pausenhofs unserer Schule zu entwerfen. Es lag nahe, eine Zeltdachkonstruktion als Überdachung zu entwerfen, da diese Konstruktionen erstens sehr vielfältig und zweitens wegen ihrer Luftigkeit und Offenheit sehr ansprechend sind." Modell-Versuchsstadien zeigt die Abb. 9-19.

In ihrer Schlussbetrachtung geht die Autorin auf den ästhetischen Aspekt ein: „Es wurde gezeigt, dass mit Hilfe von Seifenhautmodellen auf einem relativ einfachen Weg moderne und ästhetische Dächer entworfen und verwirklicht werden können. Durch Anwendung dieser Technik kann gleichzeitig Material gespart werden. Das zeigt, was für effektive Prinzipien in der Natur genutzt werden, dass auch der Mensch einen Nutzen daraus ziehen kann, wenn er sie studiert und einsetzt."

Architektur soll schließlich nicht nur einen praktischen Zweck erfüllen, sondern zudem auch ästhetisch sein. Die Natur liefert viele solche Beispiele, die Effektivität und Nutzen mit Schönheit und Ästhetik verbinden. „Vielleicht kann es so gelingen, mit der Zeit monotone Hochhaussilos durch natürliche Bauten zu ersetzen. Auch wenn sich über Schönheit oft streiten lässt, ist sich der Großteil der Menschheit wohl darüber einig, dass eine Leichtbaukonstruktion, die mit Hilfe von Seifenhautmodellen entworfen wurde, schöner ist als ein riesiger grauer Betonwohnblock. Schönheit bedeutet vor allem auch Variation und Abwechslung, und wo könnte man mehr davon finden als in der Natur?"

9.7.2
Moleküle als Wärmespeicher

Solarenergie lässt sich langfristig schlecht speichern; Wasserspeicher müssen, um die Erwärmung eines Hauses während der Winterperiode zu sichern, viele Kubikmeter umfassen und extrem gut isoliert sein; gleiches gilt für Steinspeicher. Zunächst für die kostengünstig und umweltfreundliche Art von Raumluftkühlung haben D. Etheridge und Mitarbeiter eine Anlage konstruiert, die ähnlich wie eine dicke Betonmauer wirkt: Speicherung der tags aufgenommen Wärme und Abgabe in der Nacht. Luft wird in Behälter mit einem Phasenübergangsmaterial geleitet, das beim Übergang vom festen in den flüssigen Zustand besonders viel Wärme aufnimmt, wobei sich seine Temperatur nicht ändert. Verwendet wurde das relativ billige und relativ umweltneutrale Glaubersalz (Natriumsulfat). Im Vergleich mit herkömmlichen Klimaanlagen spart diese Anlage 94 % an Stromkosten.

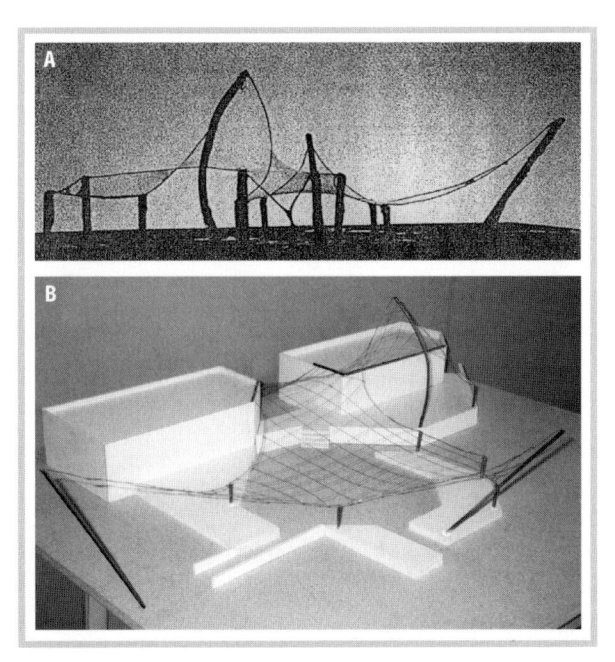

Abb. 9-19 Schülerentwurf einer Pausenhofüberdachung für das Gymnasium Unterhaching unter Nutzung des Prinzips „Natürliche Konstruktionen – Seifenhautmodelle". **A** Seifenhautmodellfoto *(Foto: Dietelmeier)*, **B** Drahtmodell über den Modellen der Schulgebäude *(Foto: Durner)*

9.7.3
Erkenntnisse über schwingende Bienenwaben können Hochhäuser vielleicht weniger erdbebenanfällig machen

Forscher der Universitäten in Würzburg/Deutschland, Tours/Frankreich und New South Wales/Australien haben mit zwei Laser-Doppler-Vibrometern das Schwingungsmuster auf der Oberfläche von Bienenwaben bestimmt, Tautz und Koautoren haben darüber berichtet. In den meisten Fällen schwingen gegenüberliegende Wände einer Wabenzelle gleichphasisch (Abb. 9-20, obere Spur). Die Amplituden schaukeln sich damit auf. In einigen Fällen dagegen erfolgen die Schwingungen gegenphasisch (Abb. 9-20, untere Spur); die Schwingungsamplituden können sich im Grenzfall nahezu auslöschen. Aktive Tänzerinnen unter den Bienen halten immer einen gewissen Abstand zu den letzteren Zellen ein. Folgebienen, welche die Wabenschwingungen mit ihren Antennen monitorieren, könnten somit im Dunkel des Stocks auf die Tänzerinnen hingewiesen werden. Die physikalischen Grundlagen, die Waben z.T. in der einen, z.T. in der anderen Fassung schwingen lassen, sind noch unbekannt. Techniker der Ingenieurfirma CalTech in Pasadena/Californien wollen diese nun ergründen. Möglicherweise ergeben sich damit Erkenntnisse für den Hochhausbau. Die Skelettstruktur eines Wolkenkratzers gerät bei Erdbeben in starke Schwingung, ebenso bei heftigen Stürmen. „Gegenphasisch schwingende Puffer" könnten eventuell dazu dienen, Schwingungen abzufangen und damit zerstörerisch große Amplituden nicht erst entstehen zu lassen.

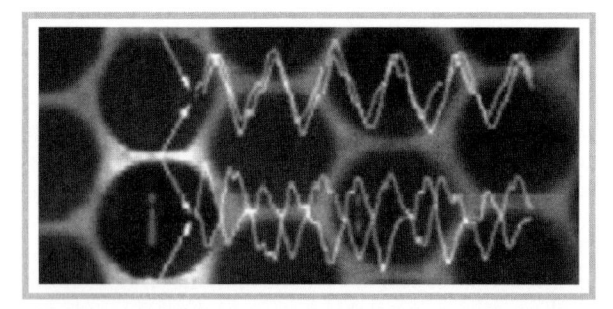

Abb. 9-20 Laser-Vibrometer-Messungen an Bienenwaben, Registrierspuren überlagern eine Wabe. Oben: 2 Punkte schwingen in Phase, unten: 2 Punkte schwingen gegenphasisch *(nach Tautz et al. 2001)*

Literatur

„Adobe-Fragen". http://www.nmia.com/~eaci/eaci-FAQ.html vom 14. März 1998
Bahadori M (1978) Passive Cooling Systems in Iranian Architecture. Scientific American 238, no. 2 (February 1978), 144–154
Curtis WJR (1985) Balkrishna Doshi: An Architecture for India. Photographs by Balkrishna Doshi. New York: Rizzoli International Publications
Behling S, Behling S (1996) Sol power. Die Evolution der solaren Architektur. Mit einem Vorwort von Sir Norman Foster. READ-Publikation, Prestel, München, New York
Dietelmeier S (2000) Seifenhautmodelle. Facharbeit im Leistungskurs Biologie, Kollegstufen-Jahrgang 1998/2000, eingereicht am 1.2.2000, Gymnasium Unterhaching (Kursleiter Helmut Birkner), unpubl.
Flagge I et al. (Eds.) (2001) Thomas Herzog: Architektur und Technologie / Architecture and Technology. Zweisprachige Ausgabe: Deutsch / Englisch, Prestel, München
Etheridge D (2001) Chill out – There's a way to cool down your office without warming up the planet. New Scientist magazine, vol 171, issue 2298, 07/07/2001, p 22
Frisch v. K (1974) Tiere als Baumeister. Ullstein-Verlag, Berlin
Herzog T (1992) Bauten 1978–1992. Hatje, Stuttgart (1992)
Herzog T (Ed.) (1996) Solar Energy in architecture and urban planning. Prestel, München, New York
Koon DW (1998) Is polar bear hair fibre optic? Applied optics 37 (5), 3198–3200
Lichtblau F & W (2000) „Taugt für die Welt von morgen?!". Tagungsband 10. Symposium „Thermische Solarenergie", Staffelstein, Kloster Banz
Lippsmeier G (1991) Das kleine Tropenhospital als Modell der Zukunft. Vielfältige Einflüsse auf die Architektur. forschung – Mitteilungen der DFG 2/91, 24–26
Lötsch B (1980) Ökologische Begründung des regionalen Bauens. Bericht des Instituts für Leichte Flächentragwerke, IL 27, 244–251
Lüscher M (1955) Der Sauerstoffverbrauch bei Termiten und die Ventilation des Nestes bei *Macrotermes nataliensis* (Haviland). Acta Tropica 12, 289–307
Nachtigall W (1996) Buildings in nature. Impulses for technology. In: Proceedings 4th European conference on Solar Energy in Architecture and Urban planning
Nachtigall W (1979) Unbekannte Umwelt – Die Faszination der lebendigen Natur. Hoffmann und Campe, Hamburg
Nachtigall W (2003) Baubionik. Biologie ← Analogien → Technik. Springer Berlin, in Vorber.
Nachtigall W, Rummel G (1996) Ventilation of termite nests, insulation principle of a polar bear's skin, Ventilation through pores in buildings above ground. In: Proceedings 4th European conference on Solar Energy in Architecture and Urban planning. Paper No P 1.9
Oligmüller D (1995) Die Wiedereinbindung des Baukörpers in den natürlichen Kreislauf – Ein Brückenschlag zwischen Bionik und Architektur. In: Nachtigall W (Hrsg.): BIONA-report 9, Akad. Wiss. Lit. Mainz, Fischer Stuttgart etc., 75–90
Oligmüller D (2001) Ganzheitliche Betrachtungsweise bei der Weiterentwicklung bionischer Systeme in der Architektur, im Städtebau und im Verkehrswesen. In: Wisser A, Nachti-

gall W (Hrsg.): BIONA-report 15, Akad. Wiss. Lit., Mainz, 254–262

Piano R (1997) Mein Architektur-Logbuch. Hatje, Ostfildern-Ruit

Remane A, Storch V, Welsch U (1981) Kurzes Lehrbuch der Zoologie. Gustav Fischer, Stuttgart

Ronacher A (1998) Architektur und Zeitgeist. Irrwege des Bauens unserer Zeit – Auswege für das neue Jahrtausend. Mit Projekten von Herwig und Andrea Ronacher. Verlag Johannes Heyn, Klagenfurt

Rummel G (2002) Anordnung zur Klimatisierung eines Gebäuderaumes. Offenlegungsschrift DE 100 30 783 A 1

Smith F (1997) Eastgate – Harare, Zimbabwe. In: Brown DJ (Ed), The ARUP-Journal, 1/1997, 3–8

Tautz J, Casas J, Sandeman DC (2001) Phase reversal of vibratory signals in honeycomb may assist dancing honeybees to attract their audience. J. Exp. Biol., 204, 3737–3746

Tributsch H, Goslowsky H, Küppers U, Wetzel H (1990) Light collection and solar sensing through the polar bear pelt. Solarenergy Materials 21, 219–236

Vogel S, Ellington C, Kilgorek D (1973) Wind-induced ventilation of the burrow of the prairie-dog, *Cynomys ludovicianus*, J. Comp. Physiol. 85, 1–14

Kapitel 10

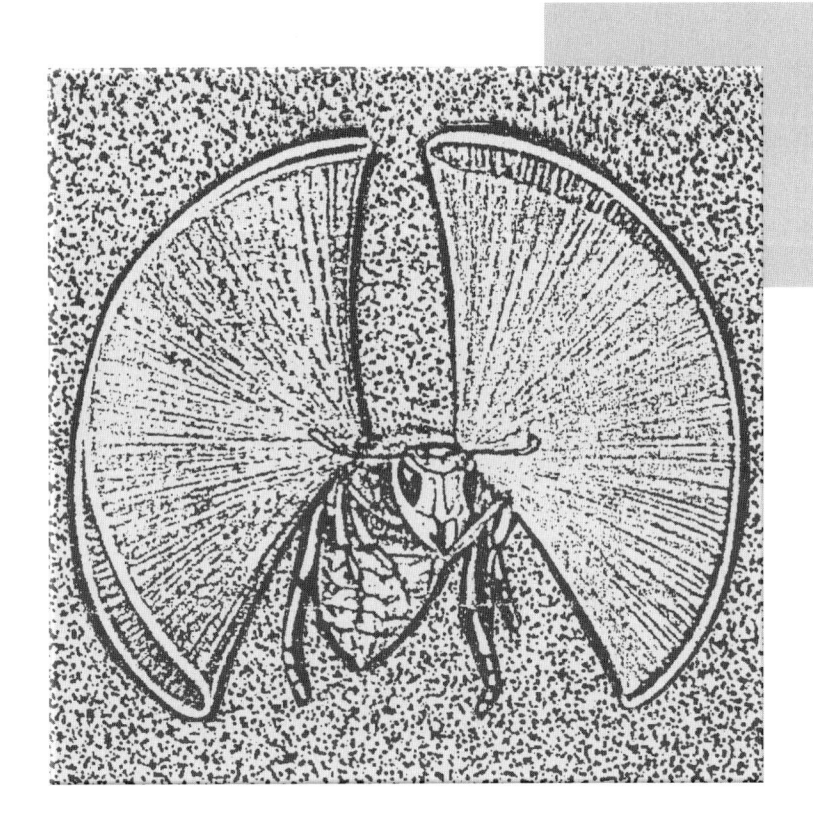

10 Robotik und Lokomotion

10.1 Roboterarme – Androiden

10.1.1 Integration von Serienelastizitäten bringt Vorteile

10.1.1.1 Bionische Anregungen für den Einbezug elastischer Elemente in die Robotik

Es ist allgemein akzeptiert, dass elastische Elemente eine große Rolle bei periodischen Bewegungen im Tierreich spielen; die beim Abbremsen einer Halbperiode eines Bewegungszyklus freiwerdende Energie wird in elastischen Elementen gespeichert und der nächsten Halbperiode wieder zugeführt. Hierfür stehen in der Biologie Muskeln selbst (gerade auch nichtaktive), Bänder und Gelenkligamente zur Verfügung, teils als Antagonisten zu aktiven Muskeln. Damit können besonders rasche Bewegungen induziert und in Gang gehalten werden, weil die in elastischen Elementen „passiv" gespeicherte Energie rascher zur Verfügung gestellt werden kann als die durch „aktive" Muskelkontraktion freigesetzte.

Dazu kommen zwei weitere Aspekte. Zum einen sind elastische Strukturen bei gleicher Energiespeicherfähigkeit i. Allg. deutlich leichter als aktive Muskelstrukturen, was gerade dann, wenn sie weit peripher liegen, auf Grund des geringen Massenträgheitsmoments die Antriebsleistung periodischer Bewegungen (Beine, Flügel, Schwimmflossen) verringert. Zum anderen ist es unter Einbeziehung elastischer Elemente potenziell möglich, die neurale Bewegungskontrolle zu vereinfachen, was bereits in den 90er-Jahren zu deren Einbeziehung in Designkonzepte für Roboter geführt hat. Neff et al. stellen derartige Konzepte aus der Literatur zusammen. Sie beziehen das hochelastische Protein Resilin mit ein, für dessen Nachweis sie eine einfache, pH-abhängige UV-Fluoreszenzmethode entwickelt haben. Ein Spezialfall, die Einbeziehung elastischer Serienelemente in die Konzeption von Roboterarmen, wird im Folgenden geschildert.

10.1.1.2 Roboterarm und Primatenarm

Roboterarme sind üblicherweise darauf ausgelegt, im Raum definierte Punkte mit möglichst wenig „Schlupf" zu erreichen. Mit Stellmotoren und schlupffreien Getrieben wird eine sehr „kantig" wirkende Bewegung induziert, weit entfernt von der „fließenden" Bewegung eines Primatenarms, etwa dem des Menschen. Die Ansteuerung erfolgt fast stets so, dass zum Erreichen des Raumpunkts der schnellste und kürzeste Weg gewählt wird (Koordinatensteuerung). Nur die Feinansteuerung in der Nähe des Objekts kann über Sensorinput geregelt werden. Die Nachteile des Systems liegen u. a. auch darin, dass ein elastisches Ausweichen unmöglich ist; damit sind Industrieroboter potenziell unfallträchtig. Inwiefern kann man zur Vermeidung dieser Nachteile von der Natur lernen?

Die Natur konzipiert ihre Systeme i. Allg. ja prinzipiell anders als der Ingenieur. Man erkennt das beim Vergleich eines Kamerasystems mit einem Auge. Die optische Schärfe eines Kameraobjektivs ist um Größenordnungen besser als es die einer Augenlinse sein kann. Das Bild ist viel schärfer, als dass es auch die modernsten Filme auflösen könnten. Ihre Baumaterialien ermöglicht es der Natur jedoch nicht, bei Augenkonstruktionen zu derartig scharfen Bildern zu kommen. Die Natur macht aus der Not eine Tugend, indem sie dem optisch sehr mäßigen System eine hocheffiziente, „elektronische" Bildverarbeitung bereits auf Retina-Niveau nachschaltet: das optisch unscharfe Bild wird rechnerisch verschärft, wobei gewisse Struktureigenschaften des optischen Systems („Mängel") mit der Datenverarbeitung so zusammenspielen, so dass letztlich ein optimiertes Ganzes resultiert. Nach einer Idee von B. Möhl könnte in der Robotik ähnlich vorgegangen werden.

10.1.1.3
Ein biologisches Konzept der Armbewegung

Betrachtet seien nicht die Eigentümlichkeiten der Gelenkmechanik (die ebenfalls nicht „technisch perfekt" arbeitet) und die der Sehnen und Bänder, sondern lediglich die der Muskeln als Aktoren und gleichzeitig Elastizitätsglieder.

Wenn man einem Punkt im Raum schnell erreichen, z. B. rasch ein Glas Wasser ergreifen will, läuft die Bewegung zunächst durch Willkür-Ansteuerung relativ grob ab; die Hand wird nur ungefähr, dafür aber schnell, ausgeglichen und elegant wirkend, in die Nähe des Raumpunkts geführt und dann erst unter optischer Rückkopplung immer feiner dem Ziel genähert. Im Extrem laufen die erstgenannten Vorgänge beim Speerwurf ab. Sie sind besser geeignet als Robotersteuerungen, die Nichtlinearitäten des Systems, wie sie Muskeln nun einmal darstellen, zu nutzen. Die Physiologen sprechen denn auch von einer „Schleuderzuckung" (abgeleitet vom Speerschleudern). Hierbei wirken manche Muskeln als Aktoren, andere, momentan inaktive, eher als nichtlineare Federungs- oder Dämpfungsglieder. Im Modellschema zeigt ein solcher Muskel Längs- und Querelastizitäten, die zudem so verschaltet sind, dass sich mit stärkerer Konzentration immer mehr Längselastizitäten „einhängen" (Abb. 10-1) und damit die Spannungs-Dehnungs-Charakteristik nichtlinear verändern.

10.1.1.4
Auf dem Weg zu einer bionischen Übertragung

Man könnte nun Schaltglieder mit ähnlichen elastischen Eigenschaften mit den Zugkabeln, die ein Roboter-Armglied gegen ein anderes bewegen, in Serie schalten. B. Möhl ist zunächst von einer einfachen Längselastizität ausgegangen (vgl. Abb. 10-2). Genau dies vermeidet die normale Robotertechnik. Bringt man sie ein, macht man das System „mechanisch weich" und damit schwieriger beherrschbar. Dies lässt sich jedoch durch eine zwar komplexe, aber systemangemessen zu bewerkstelligende, parallel geschaltete Datenverarbeitung kompensieren, wie die Natur das auch verwirklicht. Im Idealfall kann man damit, dem Augenbeispiel folgend, einen eingebrachten Systemnachteil durch begleitende rechnerische Korrektur kompensieren. Im Klartext: Man kann ein Element, das zunächst nachteilig erscheint, in Wirklichkeit allerdings inhärente Vorteile aufweist, nutzen.

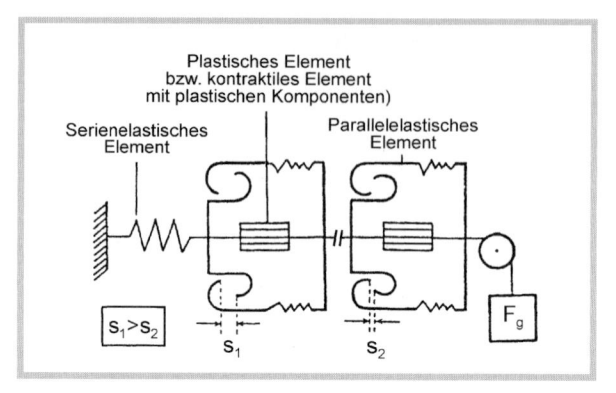

Abb. 10-1 Prinzipmodell der Parallel- und Serienelastizitäten in einem quergestreiften Muskel *(nach Nachtigall, Vorlesungsskript Physiologie, o.J.)*

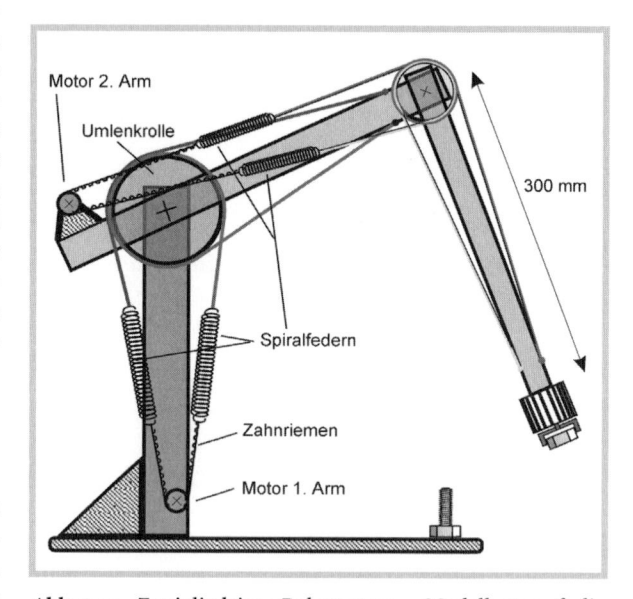

Abb. 10-2 Zweigliedriger Roboterarm – Modellentwurf; die eingebrachten Serienelastizitäten sind als einfaches Spiralfederbündel angegeben *(nach Möhl 1997)*

Voraussetzung sind Schaltungen, die rasch reagierend das Zusammenspiel mehrerer Nichtlinearitäten beherrschen und das System, das auf Grund seiner Elastizitäten zum Schwingen neigt (Abb. 10-3 A), schwingungsdynamisch stabilisieren (Abb. 10-3 B), so dass im Idealfall der Raumpunkt in einer günstigen Näherung („aperiodischer Grenzfall") angesteuert wird. Die Schwingungsstabilisierung erfolgt durch aktive Kompensation über die Motorsteuerung; sie beruht letztlich auf einer *Geschwindigkeitsrückführung*. Der Motor er-

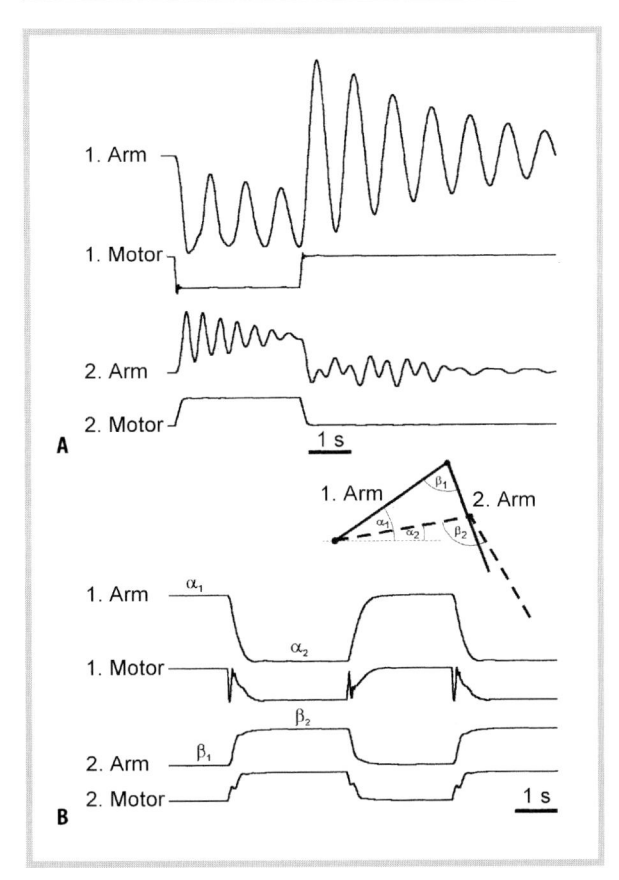

Abb. 10-3 Beispiel für einen Experiment-Schrieb. **A** Ohne Schwingungskompensation, **B** mit Schwingungskompensation, unterschiedliche Auflösungen der y-Werte. Bei B noch Einstreuen der Kommandos der (aktiven) Schwingungskompensation *(nach Möhl 1997)*

zeugt dabei über die Antriebsfedern eine Gegenkraft, die der momentanen Armgeschwindigkeit proportional und ihr entgegengerichtet ist.

Geschickte derartige Kombinationen aus Mechanik und Datenverarbeitung könnten darüber hinaus so organisiert sein wie die Biologie rasche Bewegungen realisiert (die sog. „Schleuderzuckungen"), während deren Ablauf eine Punkt-zu-Punkt-Nachbesserung nicht mehr möglich ist. Dies gilt bei Bewegungen im Sport und in der Artistik genau so wie bei Bewegungsabläufen in der Musik (rasche Läufe eines Pianisten!). Wie man von diesen Disziplinen weiß, ist zur Erreichung des Endziels ein intensives Training nötig.

„Im Training werden wahrscheinlich die nach der Bewegung offensichtlich gewordenen Fehler ausgewertet mit dem Ziel, die Feedforward-Steuerung für zukünftige Bewegungen zu verbessern. Eine zu kräftige oder zu schwache Muskelkontraktion im Rahmen einer Gesamtbewegung wird wahrscheinlich von Versuch zu Versuch so lange modifiziert, bis die intendierte Bewegung „auf Anhieb" gelingt. Wenn das der Fall ist, wird die Rückmeldung für die Ausführung der eigentlichen Bewegungen überflüssig; sie dient lediglich zur (nachträglichen) Bestätigung des sowieso erwartenden Wertes. Wenn allerdings unvorherzusehende Störungen von außen die Bewegung zusätzlich beeinflussen, kann die Rückmeldung zum Erkennen dieser äußeren Störfaktoren führen. Damit wäre es möglich, Rückmeldungen, die durch eigene Bewegungen erzeugt werden (erwartete Rückmeldungen), von solchen Rückmeldungen zu unterscheiden, die durch äußere Einflüsse verursacht werden (nicht erwartete Rückmeldungen). Ein solches Kontrollprinzip, welches darauf abzielt, selbsterzeugte Afferenzen von fremderzeugten Afferenzen zu unterscheiden, ist in der Biologie schon seit einigen Jahrzehnten als „Reafferenzprinzip" bekannt (vgl. Abschn. 11.5)."

Die Vorteile eines Antriebs mit seriengeschalteten Federelastizitäten lägen in einer günstigeren *Positionstoleranz*; darüber hinaus ließen sich die Roboterarme leichter bauen, und die Gelenke müssten nicht so strikt spielfrei sein.

Für die Entwicklung, die B. Möhl mit dem hier vorgestellten Konzept begonnen hat, stellt er einen viergliedrigen Anforderungskatalog auf:

1. „Das Steuerungssystem müsste *lernfähig sein*, in dem Sinne, dass eine Feedforward-Steuerung sich auf Grund der Erfahrung im Training selbst modifiziert. Es wäre denkbar, dass im trainierten Zustand schon zu Beginn der Bewegung anhand der Beschleunigungen und Geschwindigkeiten das vermutete Endergebnis hochgerechnet werden kann, um eventuelle Konsequenzen schon frühzeitig zu treffen.
2. Das Steuersystem muss spezielle *Komponenten zur aktiven Schwingungsunterdrückung aufweisen*. Auch hier könnten Lernvorgänge unterstützend wirken.
3. Die Punkte 1 und 2 machen deutlich, dass eine Vielzahl von Sensoren zur Ermittlung von Position, Geschwindigkeit und Beschleunigung erforderlich ist. Die *Ausstattung mit Propriorezeptoren* sollte – analog den biologischen Vorbildern – zur Bildung und Erlernung von Erwartungswerten als besonders wichtig angesehen werden.

4 *Steuerbare plastische Komponenten oder schnellwirksame Bremsen* könnten zusätzlich die Kontrolle über die Bewegung verbessern. Solche Mechanismen sind zwar in der Biologie nicht bekannt; ihr eventueller Nutzen sollte aber geprüft werden.

Somit läuft dieses Konzept, bionisch induziert, schon während der Entwicklungsphase über das „Vorbild Natur" hinaus und nimmt es als Anregung für eine eigenständig-technische Entwicklung, die auch rein technische Aspekte mit einbaut. Es entspricht damit der in den allgemeinen Abschnitten dieses Buchs erhobenen Forderung: Die Natur lässt sich nicht kopieren, wohl aber lassen sich wesentliche Anregungen in eigenständiges technisches Weiterentwickeln einbringen.

10.1.1.5
Aktuatoren mit Serienelastizitäten bei Laufrobotern

Hart arbeitende Aktuatoren haben die bekannten Nachteile, dass sie beim schlagartigen Abbremsen oder Beschleunigen hohe Reaktionskräfte auftreten lassen, welche die Lager und das gesamte System belasten. G. A. Pratt vom Leg laboratory MIT/Cambridge benutzte als elastische Zwischenglieder Federn zwischen dem mechanischen Ausgang des Reduktionsgetriebes und der Last (Abb. 10-4 A). Als neuartig bezeichnet er nicht die Verwendung flexibler Glieder und flexibler Gelenke in der Robotik, sondern die Idee, absichtlich bei jedem Aktuator Elastizitäten zu benutzen und lokale Rückkopplungsschleifen zu verwenden, die von der elastischen Dehnung der Federelemente ausgehen und letztlich zu möglichst geringen Trägheits-Reaktionskräften führen („Kraftkontrolle"). Damit konnte die *spezifische Leistung* und *Leistungsdichte* der Antriebe verbessert werden, weil der Motor rasch laufen konnte. Auch die *spezifische Kraft-Drehmomentsrelation* konnte verbessert werden, weil hohe Getriebeübersetzungen Anwendung finden konnten. Weiter konnte die *Krafttreue* verbessert werden, die Kosten ließen sich senken (wegen der Verwendungsmöglichkeit für billige Motore und Getriebe), die Roboter wurden *robuster gegen momentane Schocks*, weil die Aktuatoren die dynamische Charakteristik von Systemen mit relativ geringer Masse und zusätzlichen Elastizitätsgliedern aufwiesen. Bei periodischen Antrieben konnte die Möglichkeit einer *Energiezwischenspeicherung* genutzt werden, was zu einer größeren Gesamteffizienz führte, ähnlich wie die Natur Energie in gedehnten elastischen Strukturen zwischenspeichert. Zwei planare bipede Demonstrationsroboter wurden gebaut, als „Feder-Truthahn" und „Feder-Flamingo" (Abb. 10-4 B) bezeichnet. Mit den neuartigen Aktuatoren konnte die natürliche Dynamik solcher Roboter viel besser in den Griff gebracht werden.

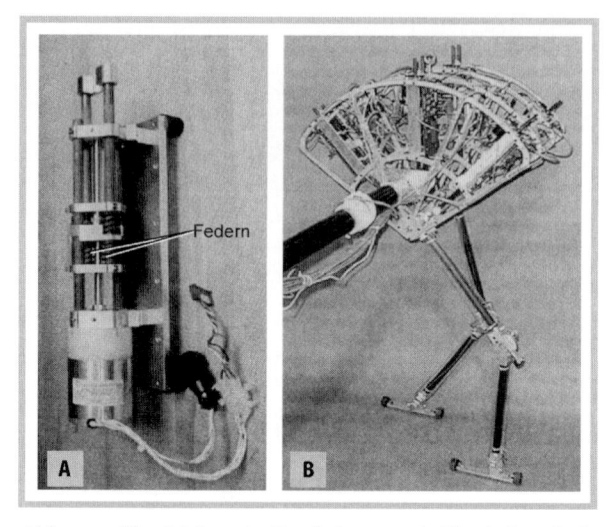

Abb. 10-4 Elastizitäten in Laufrobotern. **A** Elastisches Zwischenglied bei einem Gliedantrieb, **B** Laufroboter „Feder-Flamingo" mit Elastizitäten nach **A** *(nach Pratt 2000)*

10.1.2
Roboterkonzepte aus Japan

„Europäer wittern im Fortschritt einen Feind. Die Japaner sehen darin einen Freund". So die Journalistin A. Sparmann in einem Geo-Bericht aus dem Labor eines der Gründerväter der japanischen Robotik, Hirochika Inoue. Seine Roboter sind humanoid, menschenähnlich. „Die Konstrukteure glauben, dass Menschen Roboter als Gehilfen eher akzeptieren, wenn sie ihnen ähnlich sind, wenn sie mit ihnen per Gesten und Mimik kommunizieren können". Nach den – offensichtlich lösbaren – mechanischen Problemen „müssen wir darüber nachdenken, wie wir Humanoide in unserer Gesellschaft beschäftigen wollen".

Staubsauger-Roboter sollen ab 2005 im Einsatz sein, Pflegeroboter für Ältere und Kranke etwa ab 2015. Die Entwicklung des Honda-Roboters, heute einer der bekanntesten Humanoide (Abb. 10-5), begann mit seiner Entwicklung bereits 1986 und wurde, parallel zu Detailstudien des menschlichen Gangs schrittweise vervollkommnet, z. B. durch die Einfügung einer 10-gelenkigen „Wirbelsäule", durch Biomimese des dynamischen Gehens des Menschen – noch nicht des Laufens –, durch die Möglichkeit des Treppensteigens und die „Miniaturisierung" des zur Zeit über 1,90 m großen Systems mit einer Masse von 175 kg. Eine „geschmeidig gehende" Miniaturausführung von 1,2 m Länge und 43 kg Masse („Asimo" – japanisch „Mobilität für morgen") existiert bereits als Prototyp. Als besonders wesentlich – aber auch schwierig – hat sich die Summe der sensorischen Eingänge und der Datenverrechnung gezeigt. Dazu kommen Technologien der Hindernisvermeidung, die – wie derzeitige Saarbrücker Studien um O. Ludwig (s. Abschn. 10.3.1) im Rahmen eines DFG-Projekts „Autonomes Laufen" zeigen – auch am biologischen Vorbild noch keineswegs verstanden sind.

Das japanische Ministerium für Internationalen Handel und Industrie (MITI) fördert die Entwicklung humanoider Roboter intensiv, „denn in den Humanoiden sehen viele Japaner die Antwort auf die drängensten Probleme des Landes". Bereits heute gibt es in Krankenhäusern „Fütterungs-Roboter" für Patienten. Geplant ist eine Rundum-Betreuung für ältere und behinderte Menschen in Gestalt eines „menschenfreundlichen Humanoiden". Dazu kommen Roboter für gefährliche Arbeiten etwa in Atomreaktoren und in Chemiefabriken. Die Forschung läuft, unterstützt durch sehr viel Geld, intensiv. „Humanoide wären ein Garant für viele Jahre Vollbeschäftigung – und für den Respekt der ganzen Welt".

Auch in Deutschland wird die Forschung an solchen Robotern intensiviert, z. B. an der Universität Karlsruhe mit einem Projekt „Humanoide Roboter" der DFG, die im Jahr 2001 auch einen Sonderforschungsbereich „Lernende und kooperierende humanoide Roboter" eingerichtet hat.

Wie im Vorwort zu diesem Buch angegeben soll über Projektgebiete, die zwar inhaltlich zur Bionik gehören oder sie doch tangieren, sich bereits aber als eigenständige Forschungs- und Anwendungsdisziplinen etabliert haben – und die Robotik gehört zweifellos dazu – nicht so detailliert berichtet werden. Dies gilt auch für die Sparte „Spielzeugroboter", die derzeit stark am Aufblühen ist. Mehrere zehntausend Mal wurde bisher Sonys Roboterhund Aibo verkauft, von dem die zweite Generation in Entwicklung ist. Daneben gibt es „kläffende Hunde (Super-Poo-Chi), fiepende Robotervögel (Chirpie-Chi), Katzen (Meow-Chi), Roboter-Fische, -schildkröten, -quallen, -seesterne. Die erste Messe für Unterhaltungsroboter, die „Robodex", fand 2000 in Yokohama statt.

A. Sparmann findet, dass Spielzeugroboter gegenüber Servicerobotern den enormen Vorteil haben, dass

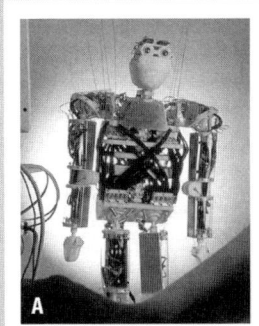

Abb. 10-5 Humanoide Roboter. **A** Aufbau „Kenter", **B** laufender „Asimo", beide von Honda *(aus Sparmann 2001, Fotos: Peter Menzel/Agentur Focus, Material World, www.menzelphoto.com)*

niemand erwartet, sie sollten perfekt funktionieren. „Das glättet die Widersprüche zwischen Schein und Sein, Anspruch und technischer Machbarkeit. Dabei hilft auch, dass die Robotik in Japan schon fast einer nationalen Obsession gleichkommt".

10.2
Muskeln und Aktuatoren – „Künstliche Muskeln" in der Technik

10.2.1
Entwicklung „Fluidischer Muskeln"

Die Entwicklung „fluidischer Muskeln" verlief sozusagen umgekehrt zur Konzeption von Gartenschläuchen. Ein Gartenschlauch soll seine Länge behalten, wenn er unter Druck gesetzt wird; er soll sich bei Druckänderung weder zusammenziehen noch ausdehnen. Erreicht wird das durch ein strumpfartiges Maschenwerk von zwei gegeneinanderlaufenden Faserwicklungen in der Kunststoffmatrix des Schlauchs, die sich unter dem sog. neutralen Winkel von 54,7° überkreuzen (Abb. 10-6 B). Ist dieser Winkel größer, so zieht sich der Schlauch bei Erhöhung des Innendrucks zusammen, bis er den neutralen Winkel erreicht hat. Ein größerer Winkel kann z. B. durch Applikation einer Last am freien Ende eines herabhängenden Schlauchs entstehen; der Schlauch wird durch diese Last gelängt. Bei Druckerhöhung hebt er dann die Last.

Das Prinzip ist schon länger bekannt. Der Berliner Kinematiker F. Reuleaux (derselbe, der um die Wende zum 20. Jh. in seinem Standard-Lehrbuch der Kinematik ein Kapitel eingefügt hat „Kinematik im Tierreich"

(!)) hat bereits 1872 ein fluidisches Muskelmodell nach dem Gummischlauch-Prinzip vorgeschlagen (Abb. 10-6 A). Zahlreiche „faserverstärkte Naturstoffe" wie z. B. Spinnenhaare, Knochen (Abb. 10-6 C links) sowie langgestreckte Pflanzenhaare (Baumwolle) (Abb. 10-6 C rechts) sind charakterisiert durch sich überkreuzende Wicklungen zugfester Fasern in einer druckfesten Matrix. Oft findet man Überkreuzungswinkel nahe den Neutralwinkeln. Damit wäre die Länge dieser Strukturen unabhängig vom Innendruck. Ob dies als durchgehendes Konstruktionsprinzip natürlicher Strukturen verstanden werden kann, die längenkonstant bleiben sollen, ist ungewiss.

Untersuchungen mit fluidischen Muskeln nach dem Gartenschlauch-Prinzip, die sich entweder pneumatisch oder hydraulisch unter Druck setzen lassen und dann zusammenziehen, wurden bereits früher durchgeführt und teils auch patentiert, z. B. in den Jahren 1892, 1931, sowie in den 60er-, 70er- und 90er-Jahren dieses Jahrhunderts, in Deutschland, Amerika und Japan. Systematisch untersucht wurde dieser Effekt aber erst durch die Firma Festo, die damit überkreuz-gewickelte Aktoren (Abb. 10-6 D) von beispielsweise 1, 2 und 4 cm Durchmesser mit Längen von wenigen Zentimetern bis zu 10 m zur technischen Reife gebracht hat. Auch Miniaturaktoren mit Durchmessern herunter bis 1 mm sind in Vorbereitung. Die sinnvoll nutzbare Amplitude entspricht in etwa 25 % der Gesamtruhelänge (Abb. 10-6 E). Der Aktor ist im Prinzip einfach gebaut und besonders leicht. Im Vergleich mit einem hochentwickelten Kolbenaktor ist er durchschnittlich 21 mal leichter und verbraucht zur Entwicklung der gleichen Anfangskraft und der gleichen Zugamplitude ein 6 mal geringeres Volumen. Mit ganz konventionellen Innendrücken, bspw. zwischen 0 und 6 bar, können beachtliche Kräfte erzeugt werden, z. B. 0–6 kN. Und das bei applikationsfreundlichen Amplituden von 25 %, wie sie in etwa auch für Skelettmuskeln typisch sind. Bei Winkeln kleiner als der Neutralwinkel wären auch Druckaktoren vorstellbar. Derartige Stellglieder lassen sich vielfach einsetzen, wie Abb. 10-7 zeigt.

Die Entwicklung der Festo-Aktoren als „fluidische Muskeln" gibt einerseits ein gutes Beispiel dafür, wie das Naturstudium, das als Initialzünder wirkt, gegenüber der technologisch-eigenständigen Detailentwicklung rasch in den Hintergrund treten kann. Andererseits haben sich Kenngrößen ergeben, u.a. das Konzept des Neutralwinkels, die wiederum technisch-biologische Forschung befruchten können. Wo in der Natur finden

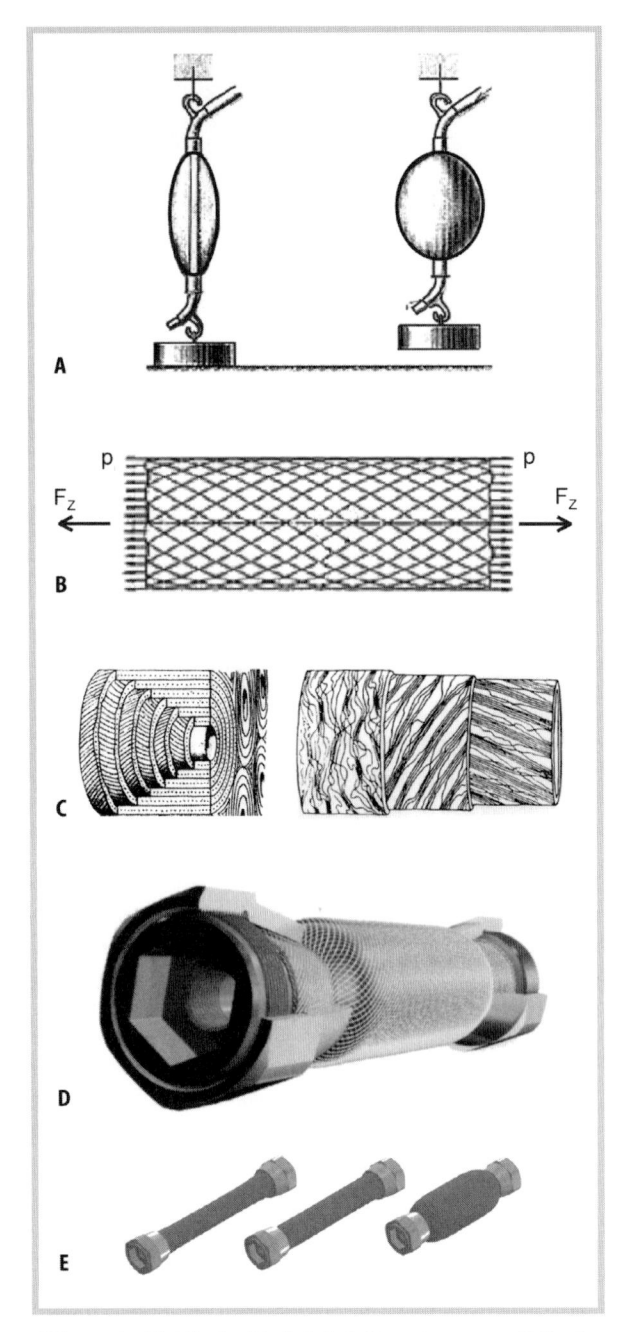

Abb. 10-6 „Fluidische Muskeln". **A** Experiment von F. Reuleaux aus dem Jahr 1872, **B** Faserüberkreuzung beim Neutralwinkel von 54,7°, **C** „Faserwicklungen" an einem Knochen-Osteon (links) und bei einem Spinnenhaar *(aus Nachtigall 1983)*, **D** „Fluidischer Muskel" der Firma Festo mit „Doppelwicklung", **E** von links nach rechts: Vorgedehntes System – Normalzustand – kontrahiertes System *(nach Thallemer 2001)*

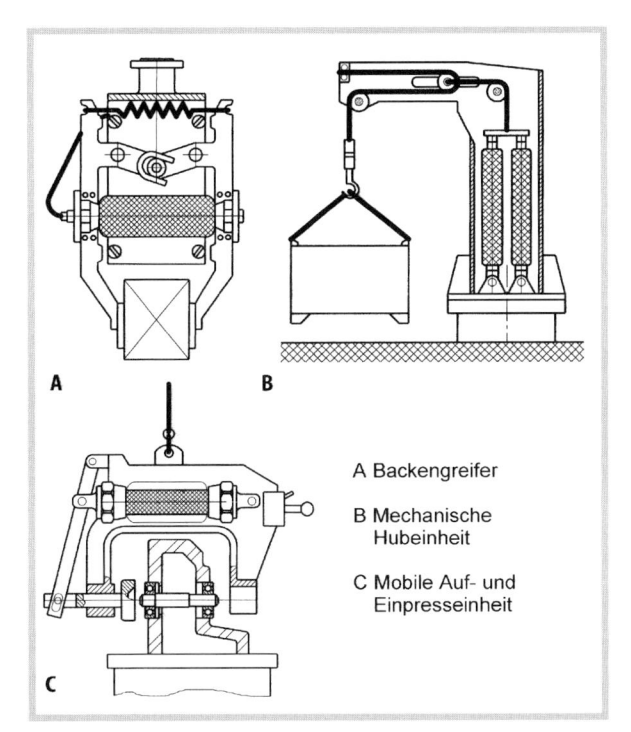

Abb. 10-7 Beispiele für Anwendungen von Festo-„Fluidmuskeln" *(nach Hesse 2000)*

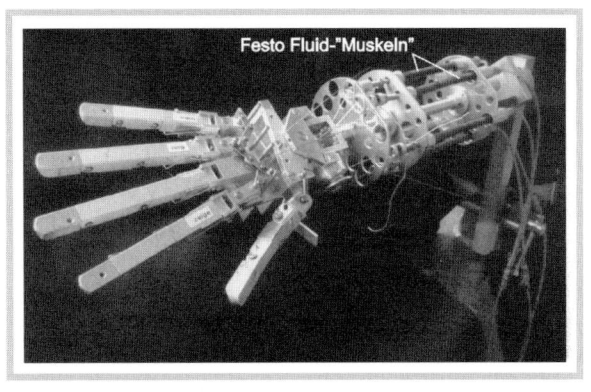

A Backengreifer
B Mechanische Hubeinheit
C Mobile Auf- und Einpresseinheit

Abb. 10-8 „Künstliche Hand" mit Gliedbewegung über Schnurzüge, die von Festo-Fluid-Muskeln angesteuert werden *(nach Festo-Exponat „Humanoider Muskelroboter" zum 75. Firmenjubiläum)*

sich solche Winkel? Ist damit wirklich eine druckunabhängige Längenkonstanz gekoppelt, und welche funktionelle Bedeutung könnte sie im einzelnen Fall haben? Fragen dieser Art würden Biologen ohne das „Vorbild Technik" wohl kaum formulieren.

10.2.2
Eine „Künstliche Hand" mit Fluidmuskeln

Für eine Sonderaustellung zum 75. Firmenjubiläum der Firma Festo/Esslingen wurde eine funktionsfähige Roboterhand mit künstlichen Muskeln (Abb. 10-8) als Demonstrationsobjekt vorgestellt. Das Besondere daran ist, dass es sich um die erste funktionsfähige Roboterhand handelt, die im Maßstab 1:1 das mechanische Funktionsspektrum des menschlichen Arms und der Hand mit insgesamt 26 Gelenkachsen (Freiheitsgraden) komplett nachbildet. „Die pneumatischen Muskeln dienen als kraftvolle, ultraleichte Akktuatoren und zugleich auch federnde Energiespeicher, die fließendelastische Bewegungen ermöglichen. Ihre Zugkräfte können mittels künstlicher Sehnen (extrem reißfeste Dynemar-Seile) momentenfrei über mehrere Gelenke geführt werden, um dann an der gewünschten Stelle ihre Hebelwirkung zu entfalten. So kann die Masse der bewegten Teile klein gehalten werden. Im Zusammenwirken mit jeweils einem Gegenspieler lässt sich der „Muskeltonus" regulieren, so dass vom lockeren Pendeln oder Schwingen bis hin zu kraftkontrollierten Präzisionsbewegungen menschenähnliche Handlungsabläufe realisierbar sind."

Der Roboter-Demonstrator wurde von der genannten Firma in Zusammenarbeit mit einem Projektteam um R. Bannasch von der Technischen Universität Berlin gefertigt. Anwendungsgebiete finden sich überall dort, „wo der Mensch zur Erweiterung seiner Möglichkeiten eine starke, präzise und zuverlässige aber unbelebte Repräsentanz benötigt. Gedacht ist an Rettungs- und Bergungseinsätze, bei kraft- und ausdauerintensiven Arbeiten, bei Arbeiten in lebensbedrohlichem terrestrischen Umfeld, in der Tiefe des Ozeans, bei Arbeiten im Weltraum etc.."

10.3
Laufen mit zwei bis acht Beinen – Laufmaschinen

10.3.1
Designhilfen aus der Natur für Laufmaschinen

Bei interdisziplinären Diskussionen kommt unweigerlich die Bemerkung auf, dass die Natur das Rad eben nicht erfunden hätte, sondern die Überlegenheit der Technik. Zum einen stimmt dies eigentlich nicht. Es gibt ein Beispiel für die freie Drehung um eine Achse:

die Bakteriengeißel (vgl. Abb. 8-14 B) Zum anderen wird gerne vergessen, dass zum Rad die Straße gehört. In unwegsamem Gelände kann denn auch die Lokomotion mit Beinen der Ortsbewegung mit Rädern deutlich überlegen sein. Dies ist der Grund, warum es so viele Versuche gegeben hat, Laufmaschinen insbesondere für militärische Zwecke zu konzipieren. Heute konzentriert man sich mehr auf die Erforschung von Laufrobotern, z. B. zur Erkundung von Fehlstellen in Röhrensystemen. R. Blickhan, damals im Bereich Technische Biologie und Bionik am der Universität des Saarlandes tätig, hat technische und biologische Laufsysteme verglichen.

10.3.1.1
Vorteile des Beins gegenüber dem Rad

Lokomotion mit Beinen hat mindestens vier Positiva für sich zu buchen:

- *Geländegängigkeit:* Störende Objekte können überstiegen werden. Da das Problem bei gegebener Objektgröße für kleinere Fahrzeuge größer wird, sind insbesondere Gefährte mit kleinen Rädern im Nachteil.
- *Steigvermögen:* Bereits eine einfache Treppe bringt Radfahrzeuge wie Rollstühle in Schwierigkeiten. Mechanismen mit diskreten, aber variabel einsetzbaren Berührungspunkten sind da im Vorteil.
- *Manövrierfähigkeit:* Beine können nach allen Richtungen bewegt werden; Krabben laufen seitwärts. So können Hindernisse „umgangen" werden.
- *Transportkosten:* Radfahrzeuge rechnen sich transportmäßig nur dann, wenn Mittel für Aufbau und Unterhaltung der Straßen nicht einbezogen werden. Im Vergleich sind Laufmaschinen energetisch kostengünstiger.

Laufmaschinen sind kein Allheilmittel, doch für bestimmte Zwecke vorzuziehen. Da sie konstruktiv aufwendiger sind – insbesondere was die Steuerungs- und Regelungstechnik anbelangt – stellen sie eine Herausforderung an die Ingenieure da. Designhilfen aus der Natur können hier vielfach Anregungen geben.

10.3.1.2
Anregungen aus der Natur

In den folgenden Aspekten sieht R. Blickhan ein noch bei weitem nicht ausgeschöpftes Anregungspotenzial.

- *Beinkonzept* (Abb. 10-9 A): Beine sind meist drei bis viergliedrig, besitzen eine entsprechende Zahl von Gelenken unterschiedlicher Freiheitsgrade; die Konstruktion garantiert genügende Abbiegbarkeit und Reichweite mit einem Minimum an Kontrolle.
- *Geringes Trägheitsmoment:* Muskelaktoren sind weitgehend hüftnah angeordnet und übertragen ihre Zugkraft mit dünnen, aber reißfesten Sehnen. Das damit erreichbare geringe Trägheitsmoment des Gesamtsystems ist energetisch günstig.
- *Bauplaneigentümlichkeiten* (Abb. 10-9 B): Der Insektenbauplan ist bzgl. Stabilität und Anpassungsfähigkeit in einer strukturierten Umgebung dem Säugerbauplan überlegen. Insektenbeine sind mehr seitlich angeordnet (Abb. 10-9 B, E) und kombinieren damit minimales Gewicht, maximale statische Stabilität und minimales Trägheitsmoment mit einer günstigen Richtung der Reaktionskraft. Ihre statische Stabilität und ihr Steigvermögen ist günstiger als beim Tetrapoden-Typ.
- *Größenabhängigkeit:* Kleinere Systeme verlangen kürzere Reaktionszeiten; große Systeme können mit gegebenen, kurzen Reaktionszeiten auch mit weniger Beinen arbeiten, im Grenzfall (Sprung; Abb. 10-9 D) auch nur mit einem. In Umkehrbetrachtung ist bei kleineren Systemen eine größere Beinzahl vorteilhaft (Insekten, Spinnen, Tausendfüßler).
- *Geschwindigkeitserhöhung:* Zuerst wird die Schrittfrequenz erhöht, dann – bei bereits relativ großen Geschwindigkeiten – mehr oder minder noch die Beinexkursion (größere Schrittweite). Zu deren Erreichung kommen auch Körperbiegungen zum Einsatz.
- *Statische Stabilität* (Abb. 10-9 C): Jeweils mindestens drei Beine stützen den Körper und der Schwerpunkt liegt immer etwa in der Mitte einer lagestabilen Dreiecksform. Dies setzt relativ lange Bodenkontaktzeiten und damit geringe Laufgeschwindigkeiten voraus; mäßig schnell laufende Insekten folgen diesem „Doppel-Dreibein-Gang".
- *Dynamische Stabilität:* Beim Gehen von Zweibeinern bewegt sich jeweils das aufgesetzte Bein und die Körpermasse im Sinne eine inversen Pendels. Dies bedeutet einen hohen Steuer- und Regelaufwand; ist der gegeben, so stellt sich dieses System günstiger dar, da es Energie einspart, Energie austauschen kann (Wechsel zwischen potenzieller und kinetischer Energie), durch Ausrichten der Reaktionskräfte parallel zum Bein die Drehmomente reduziert. Bei schneller Lokomotion geben elastische Materialien einen Teil der gespeicherten Energie zurück.

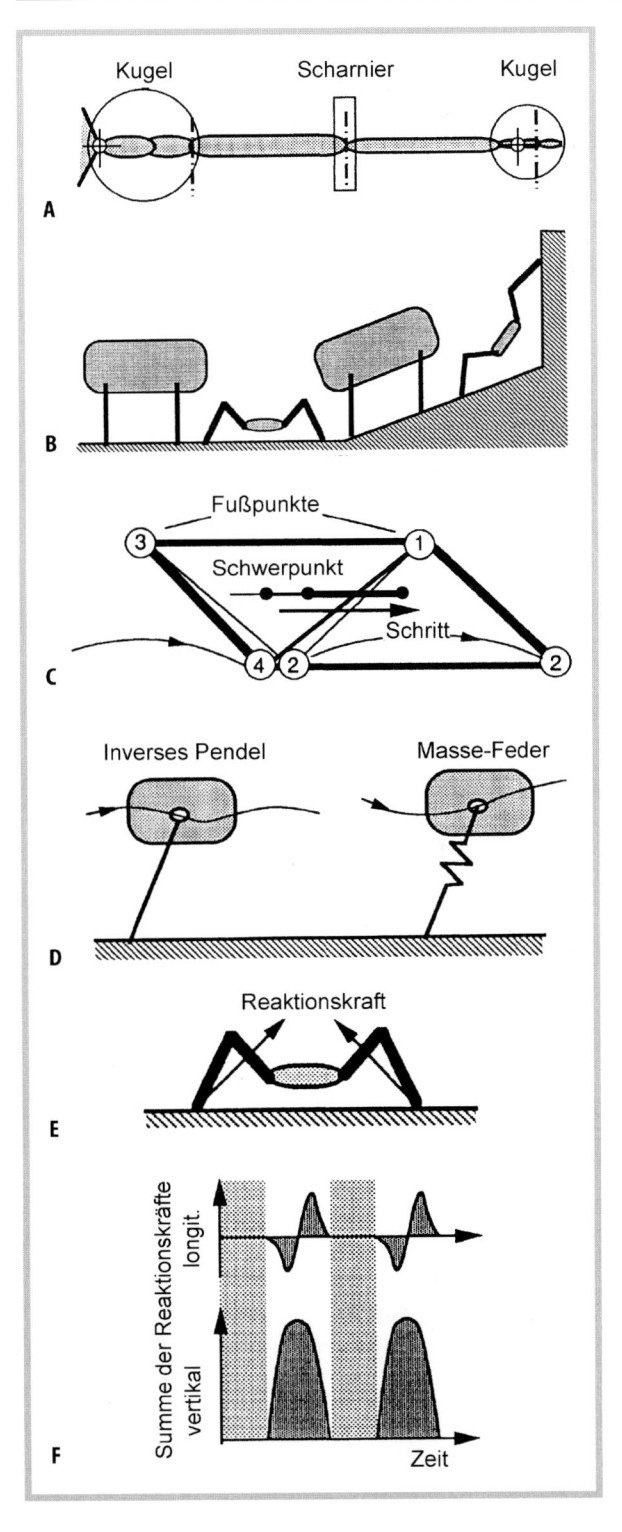

– *Reaktionskraftausrichtung* (Abb. 10-9 F): Im Sinne einer Minimalisierung der Aktuatorkräfte werden rein vertikale Kräfte weitgehend vermieden, die insbesondere in der Hüftregion mit großen Momenten gekoppelt sind.
– *Pseudomonopodiale Beinfunktion* (Abb. 10-9 F): Beim schnellen Laufen von Insekten (Schaben) können alle Beine so zusammenwirken, dass sie den Körper funktionell nach Art eines Monopodiums (Einbein) bewegen. Es gibt also pro Gesamtperiode relativ einheitliche Hub- und Schubspitzen, wie die Abbildung erkennen lässt.

10.3.1.3
Konstruktive Umsetzungen

Es gibt bereits eine größere Zahl realisierter Konstruktionen. Hier werden klassische Ansätze geschildert, welche die Prinzipien besonders klar erkennen lassen. Einen Überblick über solche Ansätze gab Todd bereits 1985.

Erste Patente über Laufmaschinen sind schon sehr früh erteilt worden, etwa um 1900. Dabei wurde besonderes Augenmerk auf die Beinmechanik gerichtet, während die Steuerungs- und Regelungsprobleme stark unterschätzt worden sind. Die Koordination sollte zunächst ein „Fahrzeugführer" durch eigene Arm- und Beinbewegungen, die in geeigneter Weise kraftverstärkt übertragen werden, vornehmen. Mit zunehmender Verfügbarkeit komplexer Datenverarbeitung konnte der Führer von dieser Aufgabe entlastet werden. Vierfüßige Vehikel waren dabei sechsfüßigen stabilitätsmäßig unterlegen.

Bereits die Bewegungskontrolle mehrgliedriger Beine erwies sich als sehr aufwendig. Durch geschickte Nutzung des Pantographen-Prinzips (Abb. 10-10 A, B) konnte der Rechenaufwand für den nichtlinearen Antrieb reduziert werden; das oben genannte Prinzip der

Abb. 10-9 Designvorschläge aus der Natur für „Roboter mit Beinen". **A** Funktionelle Abfolge von Gelenktyp und Beinglied beim Insektenbein, **B** Überlegenheit des Insektenbauplans hinsichtlich Stabilität und Anpassungsfähigkeit im hügeligen Gelände, **C** Kontrollaufwand für statisch-lagestabiles Gehen (Quadrupede, von oben gesehen; angegeben sind die Beinnummern), **D** dynamische statt statischer Stabilität vereinfacht den Kontrollaufwand (Monopod), **E** schräge Reaktionskraftausrichtung verringert Muskelkräfte, **F** beim raschen Lauf wirken alle Beine nach Art eines Monopods (D) zusammen *(nach Blickhan 1992)*

körpernahen Anordnung von Aktuatormassen wurde ebenfalls berücksichtigt. Taktile Sensoren, die den Sinneshaaren von Insekten und Spinnen entsprechen, gaben Stellungsinformationen. So ergaben sich Laufsysteme, die beim Übersteigen kleinerer Hindernisse die Stufe ähnlich abtasteten wie Spinnenbeine das tun (Abb. 10-10 C).

Wird Bewegungsplanung zu komplex, kann man auch versuchen, ganz ohne sie auszukommen (Abb. 10-10 D). Analog zu biologischen Systemen wird „die Bewegungssteuerung zunächst dezentral auf eine Serie von unabhängigen, parallel agierenden Reflexen (AFS-Maschinen) aufgebaut. Mit acht derartigen Kontrollen pro Bein und weniger als zehn übergeordneten ahmte der sechsbeinige, etwa 1 kg schwere Roboter Ghengis 1991 erstmals im Detail das Regelungsprinzip laufender Insekten nach. Schnelle, agile Laufroboter sind damit alleine freilich nicht zu erreichen.

Der Weg dazu führt über statisch zwar instabile, dynamisch aber stabile Anordnungen, Monopoden am besten, wie sie das hüpfende Känguru funktionell repräsentiert. Dieses speichert einen großen Teil der Aufprallenergie in sehr dehnbaren elastische Strukturen und gibt ihn an die nächste Sprunghälfte wieder ab. In technischer Analogie wurden zur Nachahmung dieses Vorgangs luftgefederte Teleskopbeine benutzt. Dafür sind weniger Kontrollen nötig, die aber schneller arbeiten und sowohl Untergrundkontakts- als auch Flugphasen einbeziehen müssen (Abb. 10-10 F).

10.3.1.4
Entwicklungspotenzial

Das Einbringen von Designvorschlägen aus der Natur kann helfen, die folgenden offenen Probleme erfolgreich weiter zu bearbeiten:

- *Dynamische Stabilität,* auch bei mehrbeinigen Laufrobotern, durch funktionelle Übernahme monopodialer Bewegungsprinzipien.
- *Energieeinsparung* durch zwischenzeitliche Energiespeicherung in elastischen Systemen

Abb. 10-10 Realisationen von „Robotern mit Beinen". **A, B** Pantografenantrieb reduziert die Problematik der Bewegungssteuerung, **C** Suchbewegungen beim Hindernisabtasten nach Art des Spinnenbeins, **D** flexible Fortbewegung ist auch ohne detaillierte Bewegungsplanung möglich, **E, F** hüpfend fortbewegte Roboter nutzen Teleskopbeine und ein prinzipiell einfaches zyklisches Bewegungsprogramm *(nach Blickhan 1992)*

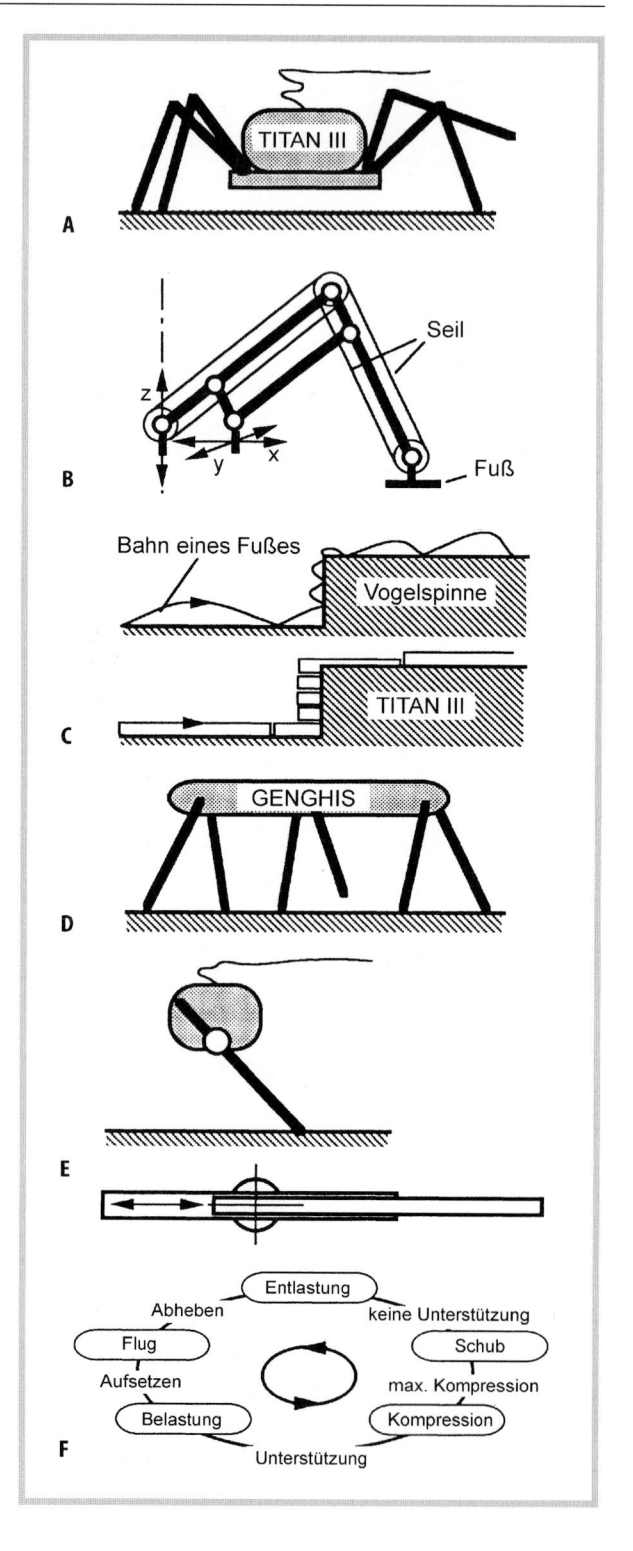

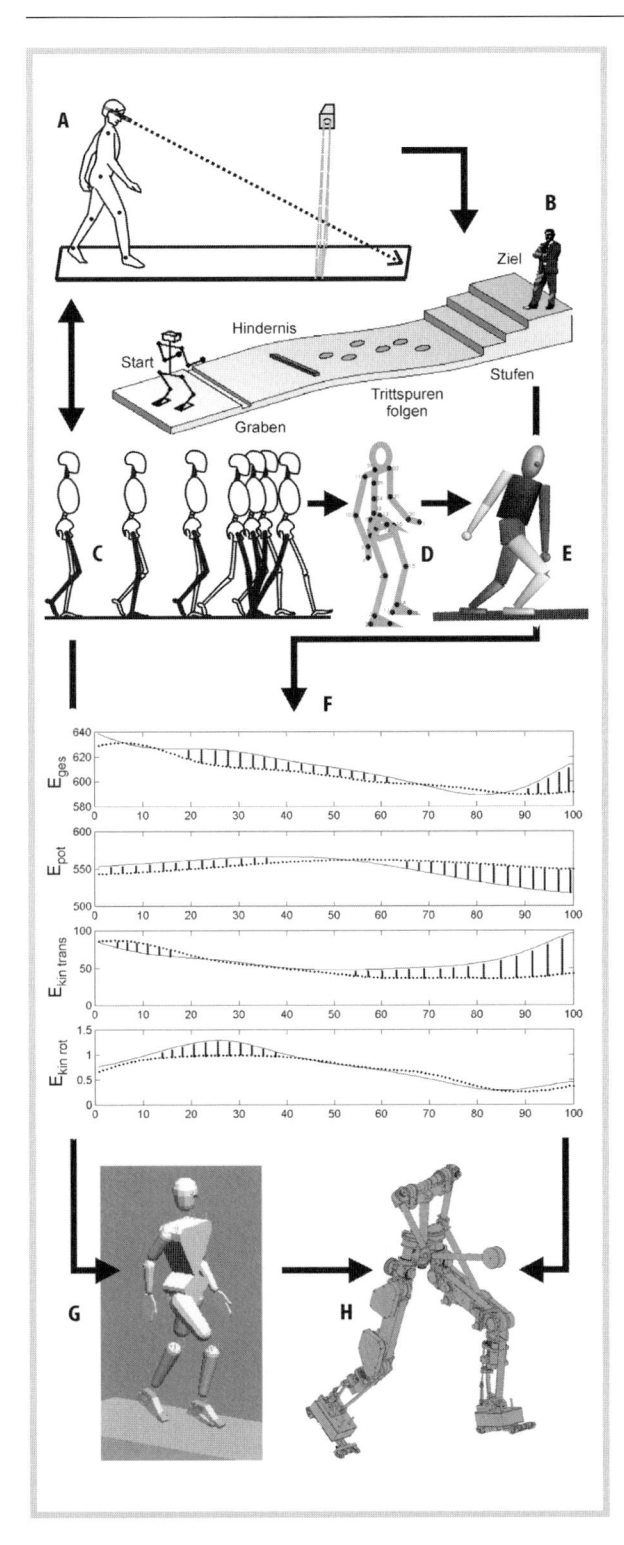

10.3 Laufen mit zwei bis acht Beinen – Laufmaschinen

– *Ökonomischer Beineinsatz* über einzelbeinspezifische Reflexe statt Anpeilung einer gleichförmigen Kraftverteilung auf alle Beine während einer gesamten Laufperiode.
– Untersuchung *unsymmetrischer Masseverteilungen* auf *Gangart und Schrittmuster*.
– *Weitere Grundlagenforschung* im Sinne einer Technischen Biologie, um die in der belebten Welt realisierten Strategien detaillierter herauszuarbeiten (Kinematik, Dynamik)
– Verstärkte *Nutzung neuronaler Netze* unter Einbeziehung von Wahrscheinlichkeitskriterien zur anpassungsfähigen Beinkontrolle

R. Blickhan gibt der Konstruktion von Laufmaschinen eine große Zukunft, trotz des großen Konstruktions- und Steueraufwands: „Ein wesentlicher Nachteil ist die aufwendige Konstruktion und Steuerung. Hier ist jedoch damit zu rechnen, dass die moderne Rechnertechnologie diese Hürden bald überwinden hilft".

10.3.1.5
Autonomes Laufen

Zur Realisierung natürlicher Prinzipien bei der Entwicklung eines zweibeinigen Laufroboters werden bionische Aspekte zur Untersuchung, Beschreibung unter weiterführenden Vergleichsanalysen des menschlichen Gangs eingebracht. Im Schwerpunktprogramm „Autonomes Laufen" der DFG arbeiten Forscher aus Saarbrücken, München, Stuttgart, Jena und Tübingen zusammen. Das Beziehungsgefüge ist in Abb. 10-11 dargestellt, als Beispiel für einen fachübergreifend verflochtenen Forschungsansatz, wie er in Zukunft wohl typisch sein wird für bionisches Vorgehen.

Blickverfolgung und Schrittplanung (A) helfen, zusammen mit der Trajektorienberechnung bei Bewegungen über Hindernisse (B), Daten für einen Laufroboter zur Verfügung zu stellen (H). Die Bewegungsanalyse von Ausweichreaktionen (C) führt einerseits zu einem muskulären Ansteuerungsmodell für die technische Laufmaschine (D), andererseits über ein 3D-Modell zu

Abb. 10-11 Bionische Realisation natürlicher Prinzipien am Beispiel der Entwicklung eines zweibeinigen Laufroboters im Rahmen des SFB „Autonomes Laufen" der DFG. Zu den Teilaspekten vgl. den Text. Kooperationen: **A** Möhl, Ludwig, Nachtigall, **B** Schmidt, **C, D** Witte, Möhl, Nachtigall, **E** Schiehlen, **F** Möhl, Nachtigall, **G** Ruder, **H** Pfeiffer *(nach Möhl, Ludwig, Nachtigall 2001)*

einem Mehrkörpermodell (E), von dem die Zeitverläufe der wesentlichen Energien, Kräfte und Momente der „Laufmaschine Mensch" abstrahierbar sind (F). Die Zwischenkonzepte liefern Basisdaten für das letztendlich angestrebte Ziel, die technische Konstruktion einer bipedalen Laufmaschine (H).

Diese Laufmaschine wird am Institut für Mechanik II der TU München entstehen; F. Pfeiffer hat dort in Zusammenarbeit mit H. Cruse (s. u.) bereits eine sechsbeinige Laufmaschine nach dem Prinzip des Stabheuschrecken-Gangs realisiert.

Wege wie der hier skizzierte stellen heute die einzige Möglichkeit dar, in interdisziplinärer Zusammenarbeit komplexe Konstruktionskonzeptionen mit bionischem Hintergrund zu erreichen. Die Einzelarbeiten sind nichttrivial und zeitaufwendig, so dass sie auf verschiedene, fachspezifische Schultern verteilt werden müssen.

10.3.2
Ein Insekten-analoger Laufroboter nach dem Prinzip des Stabheuschreckengangs

Dass Insekten „technoide Organismen" sind und Stabheuschrecken riesig werden können, hat Eugen Roth 1973 unvergleichlich formuliert. Ob er geahnt hat, dass die „Generalstabsgrößen" eines Tages Vorbilder für Laufmaschinen abgeben werden?

„Die tiefere Forschung hat entdeckt:
es liegt die Zukunft beim Insekt,
das amoralisch, seelenlos,
doch lebenszäh, in Technik groß …".

Und

„Stabheuschrecken, die schier Furcht einflößen,
gibt es bis zu Generalstabsgrößen."

10.3.2.1
Allgemeines

Ein überzeugendes Beispiel der Zusammenarbeit zwischen Technik und Biologie haben der Münchner Maschinenbauer F. Pfeiffer und der aus der kaiserslauterner „Stabheuschrecken-Schule" von U. Bässler stammende, heute in Bielefeld lehrende Biologe H. Cruse vorgelegt. Das Konzept wurde 1994 mit dem Körber-Preis/Hamburg ausgezeichnet. Geschildert wird es hier nach einer zusammenfassenden Arbeit der beiden Autoren aus dem Jahr 1994; die Untersuchungen im biologischen Bereich wurden vor zwanzig Jahren begonnen, die technischen vor etwa zehn Jahren. Die aus diesen Arbeiten resultierende Laufmaschine (s. Abb. 10-16) ist in mehreren Prototypen gebaut und ausführlich getestet worden.

10.3.2.2
Das Bein der Stabheuschrecke und der Laufmaschine

Die Stabheuschrecke *Carausius morosus* (Abb. 10-12 A) trägt Insekten-typisch sechs Beine, die im Prinzip gleichartig aufgebaut sind. Die Bezeichnung der Beinglieder, die Lage ihrer Drehachsen und die Bezeichnung ihrer Exkursionswinkel sind in Abb. 10-12 B dargestellt. Die Hauptglieder Coxa, Femur und Tibia liegen in einer Ebene, die sich um die α-Achse drehen lässt. Das Insekt kann das System auch noch ein wenig um die δ-Achse drehen und damit eventuell auftretenden Untergrund-Unebenheiten anpassen.

Die Stabheuschrecken-analoge Laufmaschine (Abb. 10-12 C) wurde so konstruiert, dass sie in der prinzipiellen Beingeometrie und -bewegung dem *Carausius*-Bein nahe kommt. Die den drei genannten Haupt-Beingliedern analogen technischen Beinsegmente 1, 2 und 3 liegen ebenfalls in einer Ebene, die um die α-Achse gedreht werden kann. Diese liegt aber fest, kann nur durch Verstellschrauben, welche die Winkel ψ und φ ändern, eingestellt werden (Abb. 10-12 D).

10.3.2.3
Die Beinbewegung der Stabheuschrecke und der Laufmaschine

Rascher sich bewegende Insekten laufen nach dem bekannten Drei-Bein-Gang: Es sind z. B. das linke Vorder-, das rechte Mittel- und das linke Hinterbein am Boden (die Beine bilden angenähert die lagestabilste Form eines gleichseitigen Dreiecks, während die anderen drei Beine nach vorne schwingen. Einen Moment später kehrt sich die Koordination links-rechts um. Der Schwerpunkt bleibt immer in etwa im Mittelbereich der jeweiligen Dreiecksform. So kann das Insekt rasch und lagestabil laufen. Die Stabheuschrecke verwendet für den schnellen Gang eine derartige Koordination, bei der mindestens drei Beine am Boden und höchstens drei Beine abgehoben sind. Für den langsamen Gang dagegen verwendet sie eine Art Vierbeiner-Koordination („Tetrapoden-Gang", Abb. 10-13 A), bei der mindestens vier Beine am Boden und höchstens zwei abgehoben

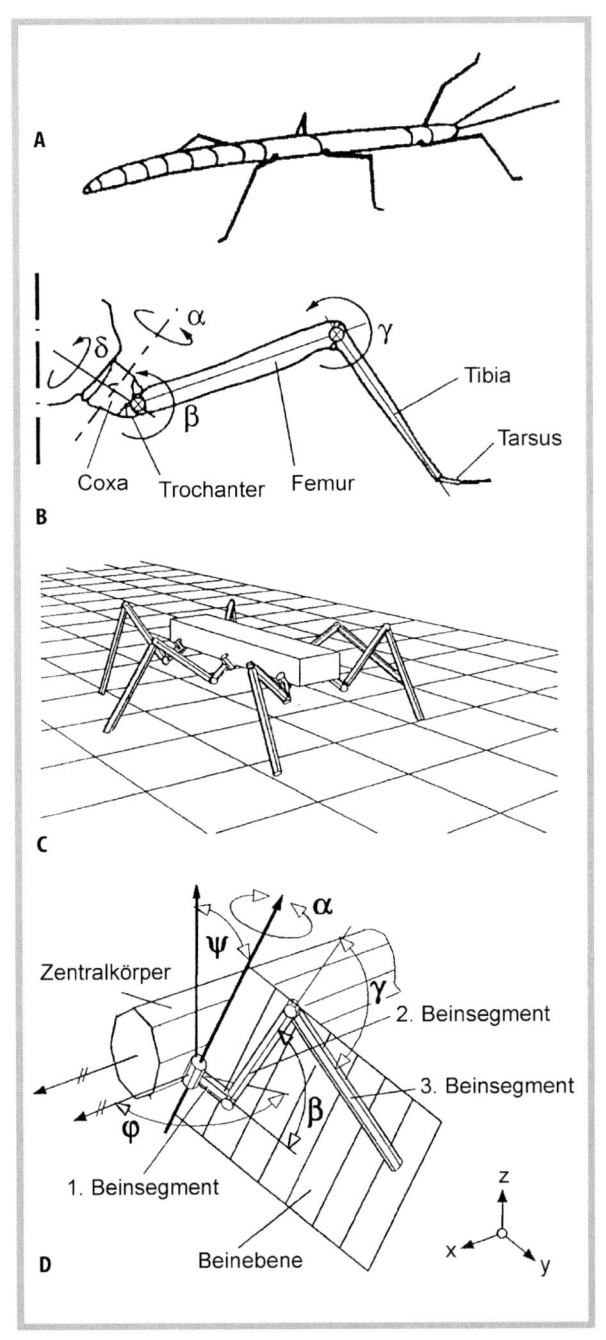

Abb. 10-12 Die Stabheuschrecke *Carausius morosus* und die Stabheuschrecken-analoge Laufmaschine. **A** Übersichtsbild, **B** Teile, Achsen und Winkelbewegungsmöglichkeiten eines Beins von *Carausius*, **C** Übersichtsbild der Laufmaschine, **D** Teile, Achsen und Winkelbewegungsmöglichkeiten eines Beins der Laufmaschine *(nach Pfeiffer, Cruse, 1994)*

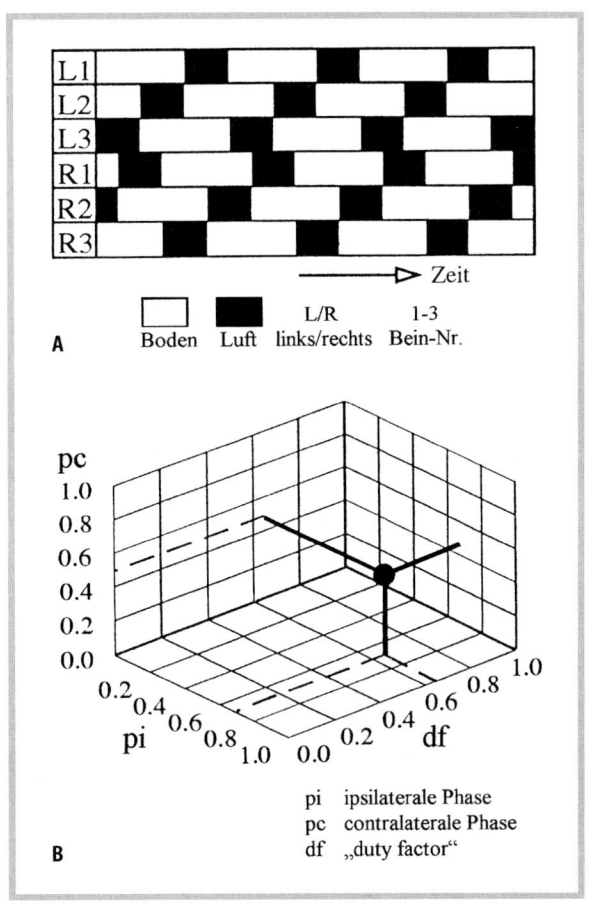

Abb. 10-13 Der „Tetrapoden"-Gang der Stabheuschrecke. **A** Bodenkontakt-Zeit-Diagramm, **B** Drei-Parameter-Kubus *(nach Pfeiffer, Cruse 1994, ergänzt)*

sind. Er ist für das langsame Gehen von Laufmaschinen, das hier angepeilt wird, eher geeignet.

Seit Beginn der Erforschung der Gangarten von Tieren verwendet man zur Laufmuster-Kennzeichnung drei Parameter, im Einzelfall leicht unterschiedlich definiert. Im vorliegenden Fall werden die in Abb. 10-13 B gekennzeichneten Parameter *pi* (Phasenverhältnis zweier Nachbarbeine auf der gleichen Seite), *pc* (Phasenverhältnis zweier gegenüberliegender Beine) und *df* (Verhältnis der Bodenkontaktzeit zur Gesamtperiode des Beinschlag-Zyklus) verwendet. Für den in Abb. 10-13 A dargestellten Fall kann abgelesen werden: $pi \approx 0{,}7$, $pc \approx 0{,}5$; für *df* lässt sich der Wert 0,67 bestimmen. Das momentane Gangmuster ist durch den in Abb. 10-13 B eingezeichneten dicken Punkt im (*pc*)-(*pi*)-(*df*)-Quader eindeutig bestimmt. Der Wechsel zweier Formen eines Gangmusters würde also mit der Verschiebung des Punkts in eine andere Position zu beschreiben sein.

10.3.2.4
Auslegung der Laufmaschinenbeine

Aufbauend auf Kraftmessungen an den Beinen laufender Stabheuschrecken wurde ein Simulationsprogramm für die Dynamik von 6-beinigen biologischen und technischen Laufkonfigurationen entwickelt. Pfeiffer und Cruse beschreiben das Auslegungsprinzip für die Laufmaschinenbeine wie folgt: „Die Stabheuschrecke mit sechs Beinen wird darin als Mehrkörpersystem mit 24 Freiheitsgraden (6 × 3 = 18 Freiheitsgrade für die Beine, 6 Freiheitsgrade für den Zentralkörper) abgebildet. Den daraus sich ergebenden 24 Bewegungsgleichungen stehen 36 unbekannte Beinkräfte gegenüber, an jedem Bein ein Kontakt-Kraft-Vektor mit drei Kraftkomponenten und die drei Gelenkmomente in den (α, β, γ)-Gelenken (s. Abb. 10-12 B)". Es wird dann ausgeführt, dass sich unter den gegebenen Randbedingungen nur 24 Kräfte und Momente ermitteln lassen, und dass das laufende Gebilde von Moment zu Moment unterschiedlichen Sätzen von Bewegungsgleichungen entspricht, was die Sache schwierig macht. Die Zahl der Gleichungen reicht für eine Gesamtlösung nicht aus; aus der Not wurde jedoch eine Tugend gemacht, da der Gleichungssatz über zusätzliche Optimierungskriterien unter Nutzung gängiger Optimierungsalgorithmen erweitert werden kann. Auf diese Weise ließen sich für die bestmögliche Simulation der Messung durch Rechnung mehrere Kombinationsvarianten testen, welche die folgenden Parameter enthielten: Minimale Biegeenergie in den Beinen, Verspannungsfreiheit der Beine untereinander, minimale Gelenkkräfte, gewichtete Kraftverteilung an den Beinen, minimale Gelenkantriebsleistung. Die Rechnung entsprach bei einer Kombination von 60 % minimaler Biegeenergie und 40 % Verspannungsfreiheit am besten den Messungen; diese Kombination wurde dann beibehalten.

Was den Antrieb betrifft, ergaben sich acht Kombinationsmöglichkeiten. Realisiert wurde der Antrieb mit je einer α-, β- und γ-Motor-Tacho-Einheit, die letztere mit einem zusätzlichen Planetengetriebe (Motor im zweiten Beinsegment, Umlenkung durch Kegelrad). Die Momentenverteilung in den Gelenken der Laufmaschine war damit ähnlich wie für die Gelenke des biologischen Vorbilds. Der absolute Maximalwert wurde mit etwa 50 Nm im β-Gelenk erreicht.

Für die Konstruktion der Beine wurde als Kernstück der Direktantrieb des β-Gelenks optimiert. Abbildung 10-14 A zeigt dieses im horizontalen Schnitt durch Segment 1. „Dabei ist gut zu erkennen, dass der Flexspline des Harmonic-Drive-Getriebes mit Untersetzung direkt mit dem Abtriebstopf verbunden wird. In diesem Abtriebstopf erfolgt ein Kraftfluss vom außen liegenden Topfboden zum innen liegenden Topfrand mit dem dort angeschraubten Aufnahmeflansch für Segment 2. Dieses gewichtsparende Prinzip des direkten Kraftflusses vom außen liegenden Flexspline zum innen liegenden Flansch, an dem Segment 2 befestigt wird, wurde bisher noch nicht in dieser Form angewendet".

Die Optimierung des Systems unter Nutzung einer Seilrolle führte schließlich zu einer Konstruktion (Abb. 10-14 B), in welcher der Abstand zwischen der α- und der β-Achse minimiert worden ist, so dass sich ein möglichst großer Drehwinkel β_{max} ergeben konnte. Die aufwendige Entwicklung der beiden wichtigsten Gelenke und ihr Antrieb hat sich bezahlt gemacht; das knapp

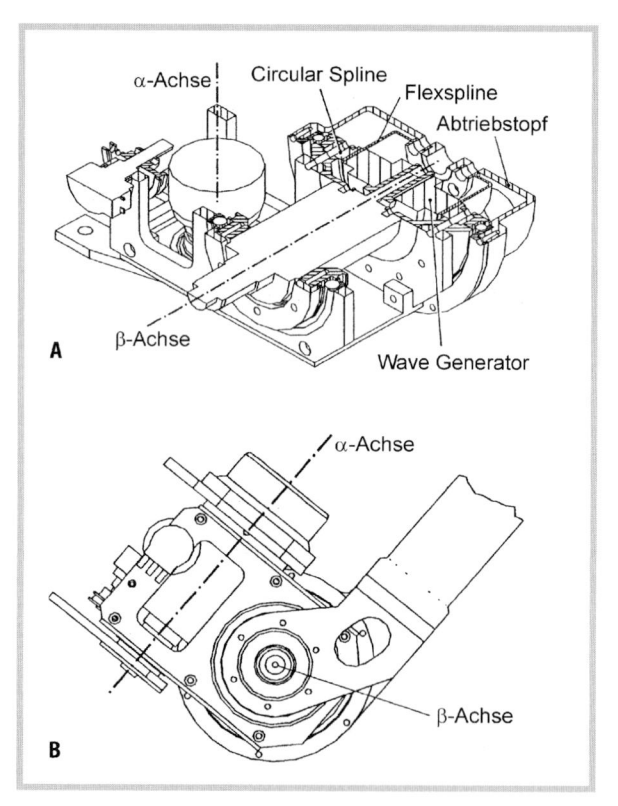

Abb. 10-14 Konstruktion des Beta-Gelenks. A Prinzip, B Optimierte Endform *(nach Pfeiffer, Cruse, 1994)*

meterlange Bein wiegt insgesamt nur knapp 3 kg und kann im Dauerbetrieb etwa 10 kg, im Kurzzeitbetrieb max. 18 kg tragen (Tragfähigkeitsverhältnis max. 6:1).

Die ganze Laufmaschine wiegt ohne Zusatzlast 23 kg und kann, bei etwa 70 cm Länge, im Dauerbetrieb 0,24 m s^{-1}, im kurzzeitigen Überlastbetrieb 0,34 m s^{-1} erreichen.

10.3.2.5
Laufregelung

Das Regelungskonzept ist in Abb. 10-15 dargestellt. Auch dieses Regelungskonzept – nicht nur die mechanische Auslegung – wurde soweit wie möglich dem biologischen Vorbild nachempfunden. Wie dieses ist es dreistufig aufgebaut. Technologisch wird es mit Mikroprozessoren realisiert. Auf der untersten Ebene wurde eine eher klassische Beinregelung vorgesehen, welche die Kräfte kompensiert und Nichtlinearitäten bei der Beinbewegung entsprechend berücksichtigt.

Die mittlere Ebene (Einzelbeinregler) entspricht in ihrer technischen Realisation einer Finite State Control. Ein Laufmuster lässt das Bein vor- und zurückschwingen, heben und senken. Wenn Störungen auftreten, das

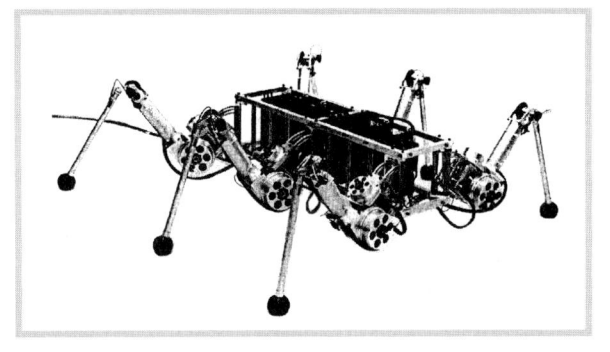

Abb. 10-16 Die Stabheuschrecken-analoge Laufmaschine des Lehrstuhls B für Mechanik der TU München; Rahmen ohne Einbauten (Steuerung, Regelung, Nutzlast) *(nach Pfeiffer, Cruse 1994)*

Bein z. B. gegen einen Stein stößt, sorgen die Regelmechanismen dieser Ebene dafür, dass das Hindernis automatisch umgangen wird (Entscheidungsfunktionen). Das technische Konzept entspricht in vielen Details den Ergebnissen, welche die biologische Arbeitsgruppe am Studienobjekt „Stabheuschrecke" gewonnen hatte.

Die oberste Ebene impliziert die Tatsache, dass jedes Bein sein Nachbarbein über seinen momentanen Eigenzustand informiert, der wiederum von dessen Nachbarbeinen mitbestimmt ist. Es ergibt sich damit eine stimmige und situationsangemessene Gesamtkoordination, der den prinzipiellen Tetrapoden-Rhythmus an die momentanen Erfordernisse anpasst. Sollte ein Bein ausscheren und durch eigene Bewegungen die Nachbarbeine behindern, wird diese Aktivität von den Nachbarbeinen unterdrückt. Eine weitere Umsetzung von Eigenheiten des biologischen Vorbilds, die das Bewegungssystem autostabil machen. Jedes Bein spielt also mit jedem anderen über verschiedene Koordinationsalgorithmen (BKM, Abb. 10-15) und seinen Einzelbeinregler (EBR) zusammen. Es herrscht somit keine zentrale Steuerung, sondern ein „demokratisches" Zusammenspiel lokaler Regeln. „Das globale Laufmuster ergibt sich aus dem Zusammenwirken dieser lokalen Regeln. Die in diese Regeln eingebaute Redundanz führt zu einer extrem schnellen Stabilisierung des Laufmusters nach einer Störung".

Einen ganz neuen Zugang, der bis 2000 in der Simulation getestet worden ist, ist die positive Rückkopplung auf Gelenkbeine. Die hat nichts zu tun mit der oben geschilderten positiven Rückkopplung innerhalb des Sektorennetzes. Damit wird eine extreme Vereinfachung des Kontrollsystems der Stemmbewegung möglich, und

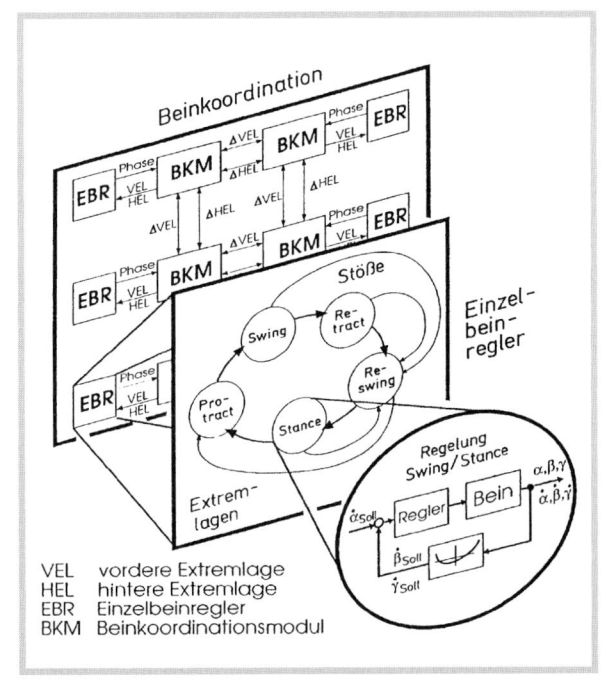

Abb. 10-15 Regelungskonzept der Stabheuschrecken-analogen Laufmaschine *(nach Pfeiffer, Cruse 1994)*

das System kann nach einem Sturz von selbst aufstehen.

Die Laufmaschine (Abb. 10-16) ist auch im Hinblick auf die Simulation eines organischen Bewegungsvorgangs mit Hilfe neuronaler Netze interessant; vgl. dazu Abschn. 11.6.

10.3.3
Timberjack, ein 6-beiniger Waldroboter

Der Transport gefällter Bäume in Waldgebieten wurde früher mit Rössern durchgeführt; heute geschieht das i. Allg. mit Raupenschleppern. Diese hinterlassen aber sehr viel mehr Bodenschäden. Der Versuch, einen großen, 6-beinigen Laufroboter zu entwickeln, der mit seinen sechs mehr senkrecht aufgesetzten und weniger waagerecht gezogenen Auflageflächen den Waldboden nur lokal verdichtet und nicht aufreißt, hat zu dem Prinzip „Timberjack" geführt (Abb. 10-17). Ein Prototyp wurde 1995 vorgeführt. Die Maschine kann an vorbestimmten Punkten auftreten und über Hindernisse steigen. Sie ist gut manövrierbar und hebt mittelgroße Bäume spielend. Bei Belastung wird der Bodenabstand automatisch nachgeregelt. 1997 war die Maschine Mitgewinner des Europäischen IT Preises, dessen Wettbewerb mit 319 Anmeldungen aus 27 Ländern beschickt worden war. Wie praktikabel, teuer und störungsunanfällig die Maschine im rauen Alltagseinsatz letztlich ist, wird z. Z. noch getestet.

Abb. 10-17 Die Waldpflege-Laufmaschine Timberjack *(nach Timberjack Homepage)*

10.3.4
Entwicklungen am MIT „Leg laboratory"

Das „Leg laboratory" des Massachusetts Institut of Technology (MIT), Cambridge, Mass., gehört zu den führenden Institutionen weltweit, die sich mit bionischen Laufmaschinen befassen. An den Maschinen werden mechanische und steuerungstechnische Prinzipien studiert; es geht weniger um direkte praktikable Anwendungsmöglichkeit. Zu den Maschinen gehören einbeinige Hüpfer, zweibeinige Läufer, zweibeinige Geher, Vierfüßler und Känguru-ähnliche Springer. Zu den Gehrobotern gehören z. B. der in Abb. 10-4 dargestellte Feder-Flamingo (ab 1996) und der Feder-Truthahn (1994–1996) zum Studium des planaren Zweifüßlergangs, sowie Geekbot (1994–1995) zum Studium des dynamischen Vorwärtsschiebens. Zu den Laufrobotern gehört ebenfalls ein planarer Zweifüßler, Planarbiped (1985–1990), ein springender Monopod (1988–1989), ein Vierfüßler (1984–1987), ein Känguruspringer Uniroo (1991–1993) sowie 3D-Zweifüßler, planare Vierfüßler, ein sehr bekannt gewordener einbeiniger 3D-Springer und andere. Informationen werden fortgeschrieben in der „MIT Leg laboratory" homepage; dort werden auch die jeweils neuesten Versionen abgebildet.

10.4
Klettern, Kriechen, Springen – nachahmenswerte Ortsbewegungsformen

10.4.1
IV. Konferenz über Kletter- und Laufroboter

Im September 2001 fand in Karlsruhe die 4. Internationale Konferenz über Kletter- und Laufroboter statt. In insgesamt 41 Sitzungen mit 126 Präsentationen wurden folgende Themen abgehandelt: Biomechanische Aspekte – Neuroethologische Konzepte – Design-Methoden – Fluidische Aktuatoren – Kontrollarchitektur und Simulation – Vorgehensweisen zur Kontrolle – Kriechbewegungen – Laufen mit vielen Beinen – Zweibeinige Lokomotion – Kletterroboter-Anwendungen. Hierbei wurden u. a. dezentralisierte Lösungsmöglichkeiten, die auf biologischer Datenverarbeitung basieren, diskutiert, ebenso rasch laufende, billige autonome Laufroboter, Aspekte der Robotik, die über Biomimese hinausgehen und mit weniger Aktuatoren als vergleichbare Lebewesen auskommen, neue Trends bei Laufrobotern und ihre Anwendungsmöglichkeiten. Auch die Konzeption von Spielzeugrobotern war Gegenstand der Besprechung. Die Organisation lag bei den Universitäten Lübeck, Duisburg, Dortmund, München, einem Fraunhofer Institut in Magdeburg sowie Einrichtungen in Schweden und Belgien und schließlich bei ausführenden Firmen, etwa Sony. Die Konferenz spiegelt die z. Z. geradezu explosive Entwicklung dieses Teilgebiets wieder.

10.4.2
Kletterroboter

Zahlreich sind die Versuche, Roboter zu bauen, die autonom klettern können. Solche Roboter könnten die Riesenglasflächen von Wolkenkratzern selbsttätig von außen reinigen. Der auf dem Haftscheiben-Saugnapfprinzip beruhende Kletterroboter „Gekkomat" wurde als Beispiel zu Abschn. 8.4 angeführt.

G. Winkler/Herzogenaurach hat Menschen mit Saugnäpfen an Händen und Füßen ausgestattet, mit denen sie Fassaden hochklettern können. Die Haftkraft wird durch Anheben des Saugnapfinneren mittels Druckluft aus mitgetragenen Flaschen erzeugt. Ein solcher Napf soll auch an Rauputz haften und bis zu 250 kg tragen können.

10.4.3
Schlangenartige Kriechroboter

S. Hirose vom Institut für Mechano-Aerospace Engineering am Tokyo Institut of Technology und Mitarbeiter befassen sich schon seit den 80er-Jahren mit unkonventionellen Robotern, die teils von der Biologie inspiriert sind. Die Forschungen haben in mehreren Büchern Niederschlag gefunden, z. B. in „Snake inspired Robots" (1987) und „Biologically inspired Robots" (1993). Die Biomechanik der Schlangenbewegung wurde gründlich analysiert. Nach diesen Prinzipien wurden zusammengesetzte Roboter gebaut, die sich schlangenartig vorwärts bewegen können oder als Manipulatoren und in der endoskopischen Technik (Bewegungen „ums Eck") einsetzbar sind. Abbildung 10-18 zeigt einige in der Legende kurz charakterisierte Konzepte.

10.4.4
Springroboter

Wie Analysen des Sprungs von Feldheuschrecken und Kängurus (vgl. Abschn. 8.6) gezeigt haben, kann die Überwindung der Entfernung zwischen zwei Punkten

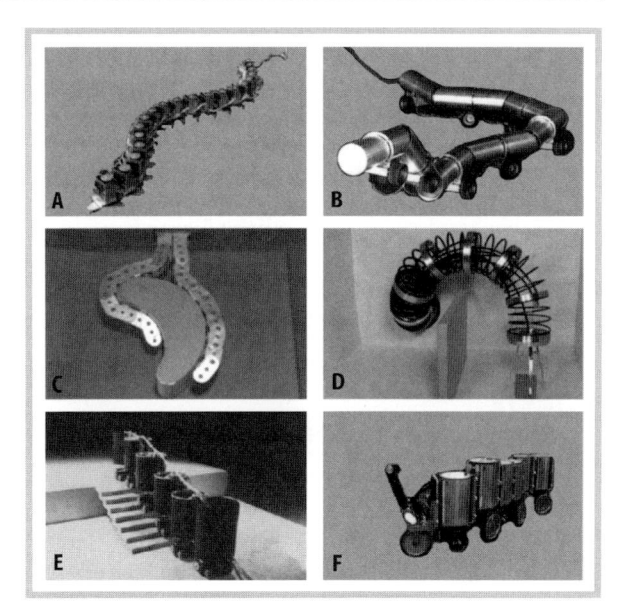

Abb. 10-18 Beispiele für schlangenartige Roboter und Geräte, entwickelt von S. Hirose und Mitarbeitern. **A** Demonstrator „Aktive code mechanism" zum Schlangenkriechen, **B** dreidimensional beweglicher schlangenartiger Arm „Oblix", **C** schlangenartig umgreifendes Werkzeug „Soft Gripper", **D** aktives Endoskop „Elastor", **E** treppensteigender Gliederroboter „Koryu", **F** Gliederroboter für unwegsames Gelände „Koryu II" *(nach Hirose, Fukushima, Kurazume – website 1998)*

durch eine Serie von Sprüngen energetisch günstiger und zugleich rascher vor sich gehen als durch konventionelles Laufen von einem Punkt zu einem anderen in gerader Linie.

Aus diesem Grund sind Sprungroboter bei den Konstrukteuren hoch im Kurs, wenngleich hier Stabilitätsprobleme eine ungleich schwierige Übertragungssituation schaffen. Das zeigt sich bereits in der Aufnahme elastische Glieder für die Beinkonstruktion zweibeiniger Roboter, die damit in einen „Sprunglauf" übergehen können (vgl. den „Federflamingo" von Abb. 10-4 B). Zweibeinige Sportgeräte, mit denen der Mensch eine Art Sprunglauf ausführen kann, sind in Abschn. 8.6 angeführt. Die hohe Schule der Roboterkonstruktionen stellten jedoch einbeinige Sprungroboter dar, Monopodien. Ihre Anfänge gehen auf die frühen 80er Jahre zurück (vgl. Abb. 10-9 D, F und 10-10 E, F). In den Zwischenjahren wurden die Geräte sukzessive verbessert, und es gibt bereits welche, die ohne „Nabelschnur" zu einer externen Energiequelle und zu Datenverrechnungseinrichtungen autonom hüpfen können. Da sie großes öffentliches Interesse finden, wird darüber in Presse, Fernsehen und Internet laufend berichtet, so dass es an dieser Stelle bei einer Kurzerwähnung bleiben soll.

10.5
Schwimmroboter – „Künstliche Fische"

10.5.1
Schlagflossenboote – Übertragung des Schwanzflossenprinzips

10.5.1.1
Allgemeines und Historisches

Die hydrodynamischen Wirkungsgrade für die Vortriebserzeugung mit relativ langsam schwingenden, großflächigen, flossenähnlichen Schuborganen sind deutlich besser als die für die besten Schiffsschrauben. Dies und die „Faszination der Schwingung" hat zu vielfältigen Versuchen geführt, Schwingflossenantriebe für Boote zu konstruieren; eine historische Auswahl wurde in Abschn. 5.4 vorgestellt. In neuerer Zeit hat sich die Entwicklung einerseits auf Bootsvortriebe konzentriert, für deren Umsetzung der Schlagflossenantrieb von Fischen sehr genau studiert worden ist, andererseits auf den Bau „künstlicher Fische", die dem natürlichen Vorbild auch in der Form möglichst nahe kommen.

10.5.1.2
Auf dem Weg zu einem Tretboot mit Flossenantrieb

Konventionelle Tretboote mit ihren hydrodynamisch sehr schlechten, einfachen „Schaufelradantrieben" sind beliebte Freizeitgeräte, wirbeln aber im Flachwasser den Untergrund stark auf, was ökologisch schädlich ist (Schlammverdriftung, Fischbrutvernichtung, Schilfbruch). Modellversuche mit Flossenantrieben haben gezeigt, dass sich die Wirbelschleppen im Vergleich dramatisch reduzieren. Die Entwicklung eines Schwingflossenantriebs für Freizeitboote, seien es Tretboote oder kleine, faltbootartige Wanderboote, erscheint deshalb sinnvoll.

Ausgehend von Beobachtungen des Tragflügelflatterns hat der Aerodynamiker H. Hertel 1963 eine Vortriebstheorie für den Fischschwanz vorgelegt. Der Tragflügel kann Biege- und Drehschwingungen ausführen (Abb. 1-19 A). Bei ungünstiger Phasenlage schaukeln sich die Schwingungen auf und der Flügel kann brechen. Bei umgekehrter Phasenlage kann ein derartig schwingendes System Kräfte auf das umgebende Fluid übertragen, im vorliegenden Fall also Vortrieb erzeugen. Hertel hat gefunden, dass bei einer Kopplung von Biege- und Drehschwingung derart, dass die Drehung der Biegung um 90° vorauseilt, optimale Schuberzeugung stattfindet (Abb. 10-19 A, rechts). Der Forscher hat

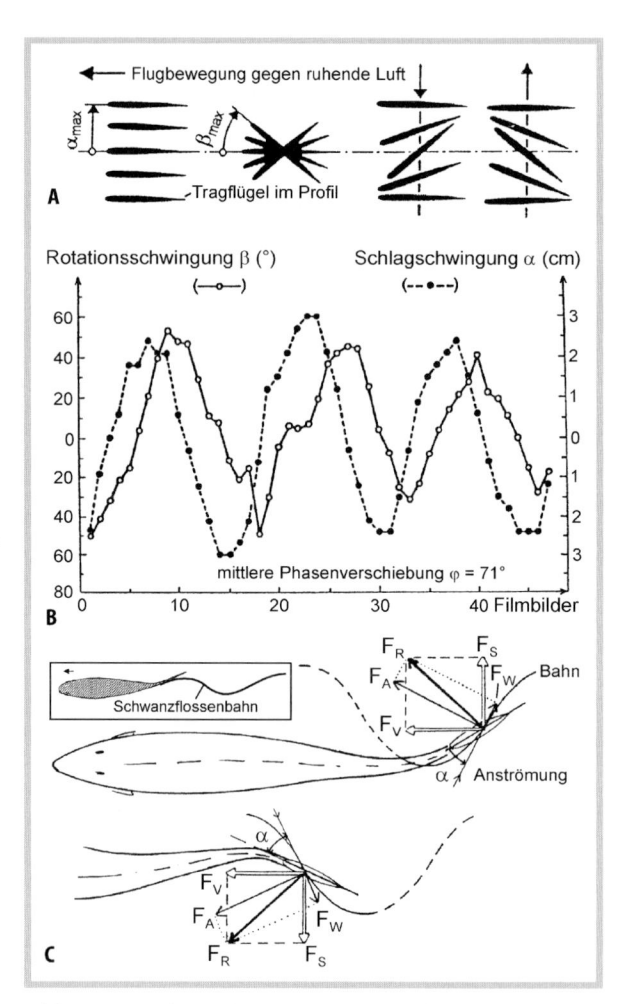

Abb. 10-19 Dreh- und Biegeschwingung bei der Bewegung von Forellen-Schwanzflossen. **A** H. Hertels Ausgangspunkt, das Tragflächenflattern *(nach Hertel 1993)*, **B** mittelschnelles Schwimmen der Regenbogenforelle *Oncorhynchus mykiss* in einem Bergbachbecken von 30 cm Tiefe *(nach Nachtigall et al. 1983)*, **C** Schema der Vortriebserzeugung beim Nulldurchgang der Schlagflosse bei zwei aufeinander folgenden Halbschlägen. Kräfte nicht maßstäblich gezeichnet (α Anstellwinkel, F_A Auftrieb, F_R Resultierendes, F_S Seitentrieb, F_V Vortrieb, F_W Widerstand; Einschaltbild: Schwanzflossenbahn, Schema) *(nach Nachtigall 1994)*

an der Regenbogenforelle bei Messungen im Strömungskanal einen Phasenwinkel von +72° erhalten, der also relativ nahe am theoretischen Optimum von +90° lag. Wir haben, da Strömungskanaluntersuchungen immer problematisch sind, unbeeinflusste, freischwimmende Regenbogenforellen in einem großen, flachen Hochgebirgsbecken gefilmt und fanden eine mittlere Phasenverschiebung von +71° (Abb. 10-19 B). Beim Schwimmen bewegt sich jeder Punkt der Schwanzflosse angenähert auf einer Sinusbahn (Einschub in Abb. 10-19 C). Infolge der günstigen Phasenverschiebung sind die hydrodynamischen Anstellwinkel zwischen Schwanzflosse und dieser Bahn so, dass die Flosse an jeder Stelle Vortrieb erzeugt, beim Nulldurchgang durch die Mittellinie am stärksten (Abb. 10-19 C); nur an den Extremstellungen herrscht einen Moment lang Nullvortrieb.

Der Fisch erzeugt die Optimalform einer Biege- und Drehschwingung und ihre phasenoptimale Verkopplung mit einem einheitlichen Seitmuskelantrieb, kombiniert mit einer sehr genau „eingestellten" Flossensteifigkeit, sozusagen automatisch. Ein sehr elegantes Verfahren. In unseren Wasserkanaluntersuchungen haben wir zunächst eine starre Flosse verwendet und Biege- und Drehschwingung durch kinematische Kopplung erzwungen. Mit dem in Abb. 10-20 A skizzierten Antriebsmechanismus konnte man Biegung und Drehung unabhängig voneinander in der Amplitude einstellen und in jeder Phasenlage zusammenkoppeln. Ein Ergebnis zeigt Abb. 10-20 B. Wie erkennbar variiert bei der gewählten Biege- und Drehamplitude und ihrer Phasenlage die umgesetzte Leistung schlagperiodisch (ein Maximum pro Halbschwingung), die Vortriebskraft ähnlich, aber weniger stark. Es sollte Ziel der Entwicklung sein, die Vortriebskraft möglichst konstant zu erhalten, da der Antrieb für die Benutzer sonst zu unkomfortabel wird. Zum Ausgleich haben wir mit teilelastischen Flossen im Modellmaßstab (Abb. 10-20 C) weiterexperimentiert und kommen bereits damit zu einer angenähert konstanten Schubkraft für das Tretbootmodell. W. Voß hat bereits 1982 mit Flossen unterschiedlicher Elastizität experimentiert; die weitere Entwicklung wird, sobald der Weg zu einer Großausführung weitergegangen werden kann, wohl in diese Richtung laufen.

Auch hierbei kann man möglicherweise entscheidende Hinweise aus dem Studium des Fischschwimmens bekommen. So hat sich bei der Bewegungskorrelation freischwimmender Regenbogenforellen gezeigt

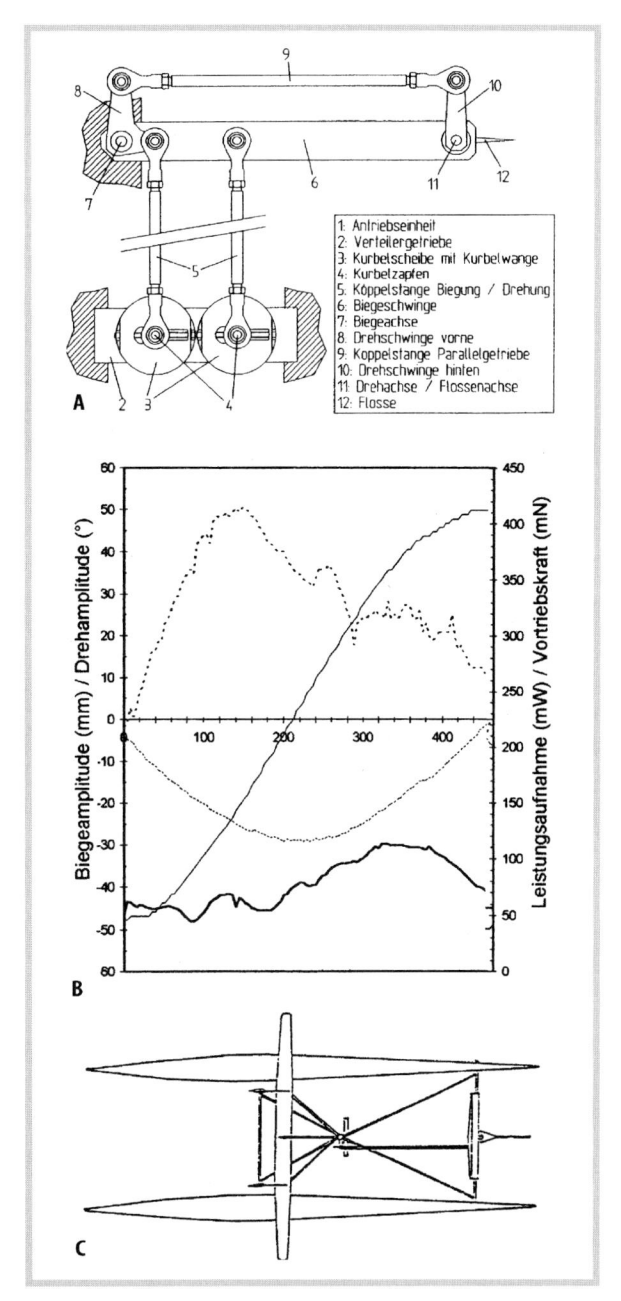

Abb. 10-20 Schwingflossentest und -antriebsmodell. **A** Antriebseinrichtung, von oben gesehen, **B** Messbeispiel: Kenngrößenverlauf über eine halbe Schlagperiode. Dünn: Biegeamplitude, dünn punktiert: Drehamplitude, dick: Vortriebskraft, dick punktiert: Leistungsaufnahme. Die zweite Hälfte verläuft in etwa spiegelbildsymmetrisch (0,3 s^{-1}/50 mm/30°/90°/0,3 m s^{-1}), **C** Tretbootmodell, Aufsichtszeichnung *(nach Schuhn 1996)*

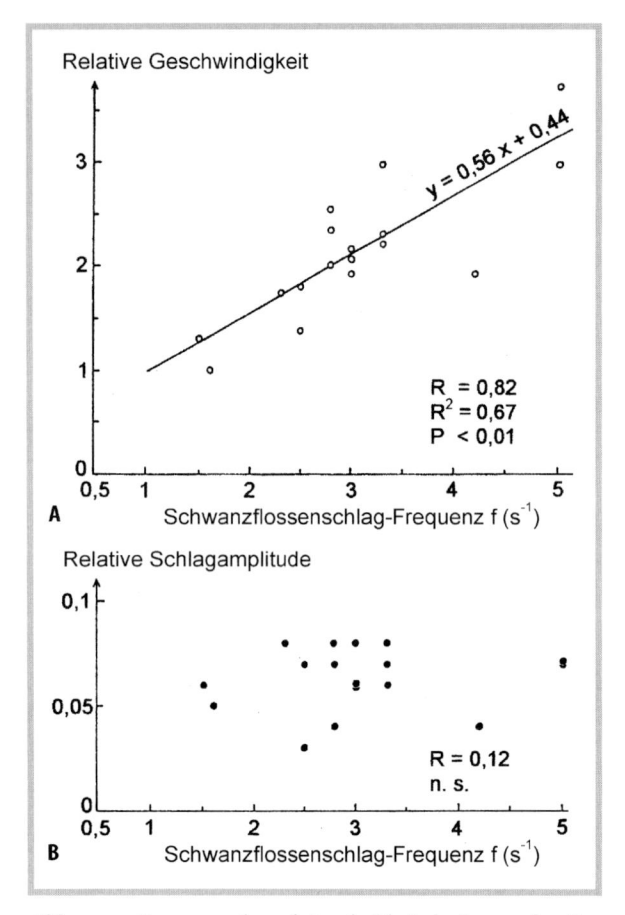

Abb. 10-21 Bewegungskorrelation bei freischwimmenden Regenbogenforellen. Mit zunehmender Schlagfrequenz steigt die Schwimmgeschwindigkeit; die Schlagamplitude bleibt etwa konstant *(nach Nachtigall et al. 1983)*

schwimmenden Forelle studiert und sein Zustandekommen erklärt, sondern auch beabsichtigt, mit Hilfe eines „künstlichen Fisches" (Abb. 10-22, 10-23 C), an dem kinematische und dynamische Parameter unabhängig voneinander variiert werden sollten, das Wirbelstraßenbild zu simulieren und damit aufwendige und teuere dreidimensionale Rechenmodelle zu ergänzen. Der „künstliche Fisch" wurde hier als Forschungsmodell konzipiert.

Anders haben das die Gebrüder Triantafyllou (1995) gesehen; hier war die Konstruktion eines Fischroboters („ein Thunfisch aus Aluminium und Lycra") Konstruktionsziel. Der Schwimmroboter bestand aus mehreren Elementen eloxierten Aluminiums, die mit Drehgelenken verbunden sind. Ähnlich wie bei unserem Fischmodell wurden über Seilzüge schlängelnde Schwimmbewegungen des Fischs nachgeahmt (Abb. 10-23 A, B). Die Autoren verwendeten dazu sechs Motoren, wir haben von außen über ein einziges Getriebe angetrieben. Das mit einer „Schrägbandage" und einer Gummihaut abgeschlossene Fischmodell wurde in einem Testbecken der Abteilung für Meeresnutzungstechnik am MIT/Cambridge, Massachusetts – wie bei Schiffsuntersuchungen üblich – mit einem Rollschlitten geschleppt. Die Strömung konnte durch Ausschleudern flüssigen Farbstoffs sichtbar gemacht werden; es entstanden – von oben gesehen – Ketten gegensinnig rotierender Wirbel im Sinne einer umgekehrten Kármán'schen Wirbelstraße. Dies steht im Einklang auch mit unseren Befunden. Geplant ist der Bau freischwimmender Varianten, die z.B. Sensoren durch die Meere führen könnten. Auf Grund der hohen hydrodynamischen Wirkungsgrade des Schwanzflossenvortriebs könnten solche „künstli-

(Abb. 10-21), dass mit zunehmender Schlagfrequenz die Schwimmgeschwindigkeit ansteigt, die Schlagamplitude jedoch konstant bleibt. Anders ausgedrückt: Will die Forelle schneller schwimmen, erreicht sie das eher durch eine Frequenzerhöhung als durch eine Schlagamplitudenerhöhung. Dies gilt für mittelschnelles Schwimmen und muss nicht unbedingt für hohe Standschuberzeugung gelten.

10.5.2
„Künstliche Fische": Thunfisch- und Hecht-Roboter

Während seiner Zeit in Saarbrücken hat mein früherer Mitarbeiter R. Blickhan, heute Sportbiomechanik/Jena, nicht nur das räumliche Wirbelstraßenbild hinter einer

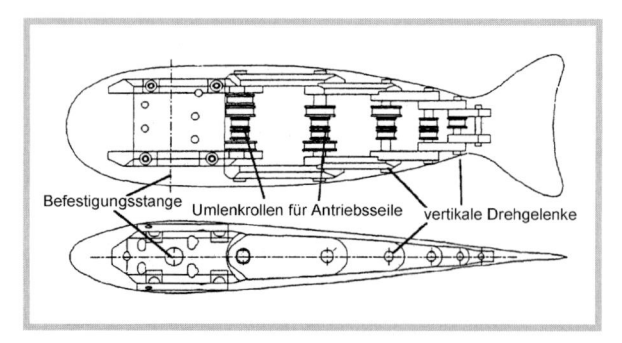

Abb. 10-22 Antriebskonzept eines „künstlichen Fischs" zur Messung von Bewegungsparametern im Wasserkanal von oben und von der Seite gesehen, vgl. Abb. 10-23 C *(nach Blickhan aus Nachtigall 1998)*

che Fische" mit gegebener Antriebsleistung entweder schneller schwimmen oder bei minimierter Antriebsleistung länger schwimmen als Schiffsschraubenroboter.

Sympathischerweise schreiben die Gebrüder Triantafyllon am Ende ihrer Darstellung: „Je ausgeklügelter unsere Konstruktionen werden, desto mehr bewundern wir die Perfektion der natürlichen Vorbilder". Dies ist das Grundprinzip auch der Schwimm-Bionik: durch Konzentration der Forschungsarbeiten auf einzelne Mechanismen und Prozesse von hoch spezialisierten Lebewesen sowie durch geschickte Auswahl der Parameter, Ideen und praktische Hinweise für die Entwicklung neuartiger, technischer Bewegungssysteme zu gewinnen. Die Autoren konzentrieren sich auf die Entwicklung von Schwimmrobotern. Sie bestätigen, dass sich in der Bionik nichts sklavisch kopieren lässt, dass man aber „neuartige Ideen und praktische Hinweise" bekommt.

Mit den Erfahrungen am Thunfisch-Roboter, an dem seit 1994 gearbeitet wird, wurde von J. M. Kumph und Mitarbeitern und anderen am MIT Cambridge, Mass., auch ein Hecht-Roboter konzipiert. Anlass dafür war das zunehmende Interesse an autonomen Unterwasserfahrzeugen, die sich über lange Strecken und/oder lange Zeiten frei im Wasser bewegen können. Benötigt werden diese für Aspekte der Ozeanographie, der militärischen Überwachung und für kommerzielle Suchunternehmungen. Bis dato waren derartige Unterwasserfahrzeuge klein und aus Kostengründen (sie gehen leicht verloren) nicht hochentwickelt; ihr Schraubenantrieb arbeitete mit mäßigen Wirkungsgraden und erlaubte keine raschen Richtungsänderungen. Üblicherweise betrug der nötige Raum für die Batterien mehr als 70 % des Nutzraums. Ein Thunfisch dagegen ist hochmanövrierbar; sein Schlagflossenantrieb arbeitet mit hohen Wirkungsgraden, und im Laufe seiner 160 Mio. Jahre Entwicklungszeit hat er sich vorzüglich an sein Milieu angepasst. Aspekte dieser Art galt es technisch „nachzuahmen". Der Hecht wiederum ist ein Fisch, der ausgezeichnet beschleunigen und bei großer Wendig-

Abb. 10-23 Fischroboter. **A** Prinzipskizzen des Thunfisch-Roboters an dem MIT Cambridge, Mass., in Seitansicht und Draufsicht *(nach Homepage MIT 1998)*, **B** Schemazeichnung von **A** *(nach Triantafyllou and Triantafyllou 1995)*, **C** Antriebsteil des Forellen-Roboters *(nach Blickhan, Foto: Nachtigall)*, **D** Modell eines Schlagflossen-Tretboots, C und D beide aus der Technischen Biologie und Bionik, Universität des Saarlandes *(nach Schuhn, Foto: Wisser)*

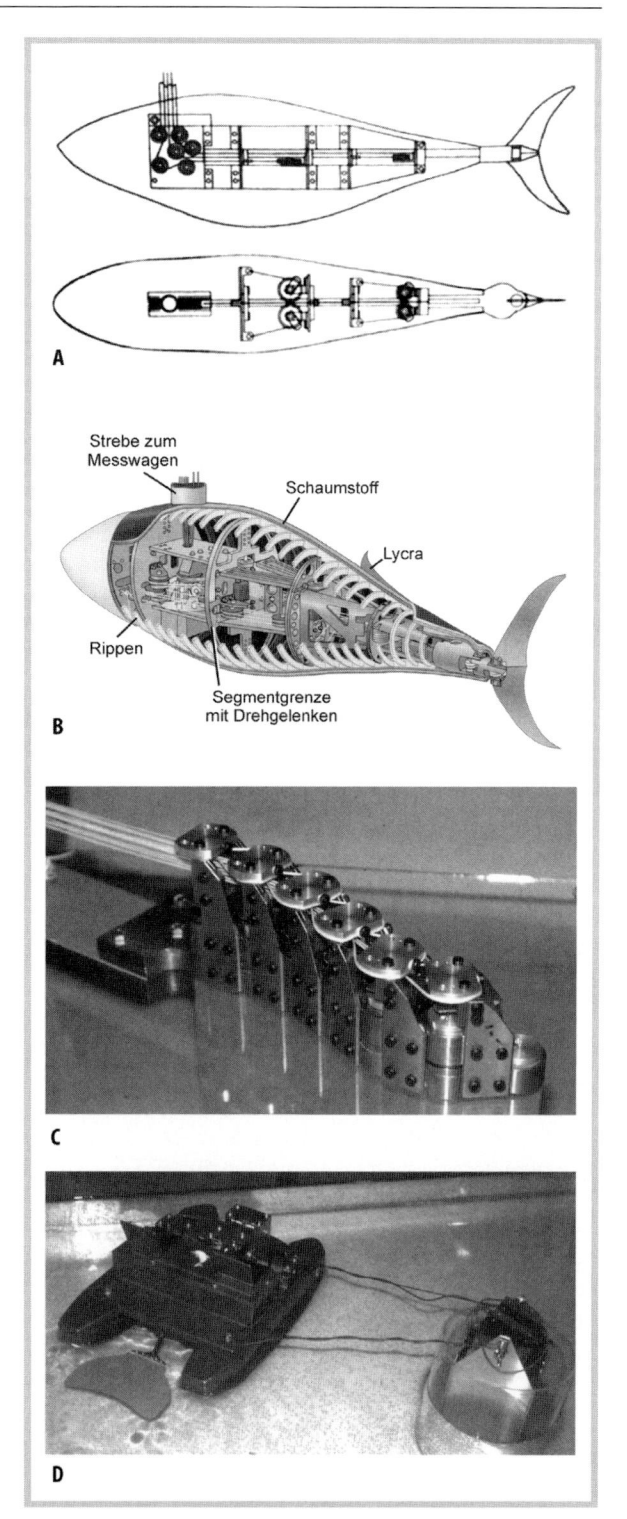

keit sehr genau und schnell steuern kann. Dies macht ihn interessant als Vorbild für Spezialzwecke.

Untersucht und übertragen wurden beim Thunfischähnlichen Roboter Aspekte der Kinematik, der Strömungsmechanik sowie neuentwickelte Gesichtspunkte der Konstruktionstechnik. Voraussetzung dafür war eine „Wirbelsäule" aus acht diskreten und festen Wirbeln, die mit Kugelgelenken niederer Reibung miteinander verbunden waren. Die Außenhülle bestand aus einem flexiblen Schaumnetzwerk, bedeckt mit einer überstülpbaren Lycra-Abschlussmembrane. Eine Software, welche die wellenförmigen Rumpf-Schwanzflossen-Bewegungen generiert, berücksichtigte sieben experimentelle Parameter, welche die Schwimmgüte beschreiben. Aus der damit gegebenen sehr großen Zahl von Kombinationsmöglichkeiten wurde ein robustes, sich selbst optimierendes System abstrahiert, das auf genetischen Algorithmen beruht. Mit zahlreichen Mess-Schwimm-Sequenzen im großen Wassertank des Instituts konnte die Bewegung optimiert werden (ideale Kombination z. B. zwischen Schwimmgeschwindigkeit, maximalen Anstellwinkeln der Schlagflosse, Wellenlänge der über den Körper wandernden retrograden Welle). Gezeigt wurde, dass der interne mechanische Wirkungsgrad an die 90 % beträgt (!). Die Reduktion des Widerstands verglichen mit einem nicht wellenförmig bewegten Objekt gleicher Geometrie betrug nicht weniger als 60 %. Die weitere Entwicklung läuft nun auf eine ideale Abstimmung der mechanischen steuerungstechnischen Parameter, ihre Änderung zum Zwecke der Richtungsänderung eines freischwimmenden Systems und Entwicklung der idealen bau- und steuerungstechnischen Einrichtungen hin, die dem Thunfischähnlichen Unterwasserroboter eine langfristige, völlig freie Bewegung in seinem dreidimensionalen Umfeld ermöglicht.

Der Hecht-Roboter wiederum besteht z. Z. nur aus drei unabhängig voneinander abbiegbaren Segmenten, zusammen mit Kopf und Schwanzstück, ohne wasserdichte Hülle. Die eingebauten Komponenten müssen deshalb das Eingetauchtsein in Wasser vertragen. Der Rumpf ist aus in Ringen gegossenem glasfaserverstärktem Kunststoff zusammengesetzt und somit sehr leicht. Hohe Flexibilität wurde mit dem Plastikwerkstoff Delrin erreicht, der sich schon beim Thunfisch-Roboter bewährt hat. Der Hecht-Roboter enthält keine Bauchflossen – Analoga. Die Schwanzflosse besteht aus wasserfestem, epoxiüberzogenem Sperrholz. Das System ist 80 cm lang und soll nur 4 kg wiegen.

10.5.3
Neunaugen-Schwimmroboter

Ein schlauchförmiger, undulierender Roboter, der nach dem Neunaugen-Prinzip Schlängelbewegungen im Wasser ausführt, wurde von Arena et al./Universität Catania/Italien vorgestellt (ähnlich Abb. 10-24 B). Die einzelnen Segmente sind mechanisch so verkoppelt, dass eine Schlängelbewegung möglich ist und werden von einer Software nach Art zellulärer neuraler Netzwerke gesteuert. Mit der gegenseitigen Beeinflussung der Glieder solcher Netzwerke sind periodische Bewegungen möglich – z. B. planare, sinusoidale Wellen –, wie sie bereits Mikroorganismen als Schlängelbewegungen bewerkstelligen können und wie sie bei vielparametrischen Antriebssystemen nach Art des hier vorgestellten nötig sind, die nicht nur wenige Beinglieder (wie bei Laufrobotern), sondern sehr viele Elemente in gegenseitiger Abstimmung bewegen müssen. Im vorliegenden Fall wird jedes Segment zwar von einem übergeordneten Steuerzentrum angesteuert, beeinflusst aber auch die benachbarten und bekommt sensorischen Rückfluss von diesen. Es ähnelt damit sensorischen Netzwerken, wie sie die Stabheuschrecke für das Laufen verwirklicht hat und wie sie für Laufmaschinen übernommen worden sind. (vgl. Abb. 10-15).

Der Neunaugen-Roboter besteht aus vier Antriebesegmenten und einem Vorderstück (Kopf) sowie Hinterstück (Schwanz). Er enthält eine Art viergliedriger Wirbelsäule (Wirbellänge 16 cm). Die Relativbewegung der Segmente zueinander wird durch „pneumatische Muskeln" bewerkstelligt, ähnlich den in Abb. 10-8 beschriebenen. Die hier verwendeten McKibben-„Muskeln" besitzen eine variable Steifigkeit und eine federartige Charakteristik, nichtlineare passive Elastizität, physikalische Flexibilität und sind leichter als andere Antriebssysteme. Jeweils zwei Muskelgruppen arbeiten zur Erzeugung einer horizontalen Wellenbewegung als Flexor-Extensor-Paar zusammen. Zusätzlich kann jeder „Wirbel" durch Schrägmuskeln rotieren und so eine Spiralbewegung durchführen, wie sie zum Ab- und Auftauchen nötig ist. Das Antriebs- und Steuersystem sitzt im „Kopfteil". Das z. Z. getestete System ist steuerungsmäßig autonom, leistungsmäßig noch nicht. Ein weiterer Prototyp ist in Arbeit.

10.5.4
Weitere biomimetische Unterwasserroboter

J. Ayers vom Marine Science Center der Northeastern University hat in Zusammenarbeit mit D. P. Massa von

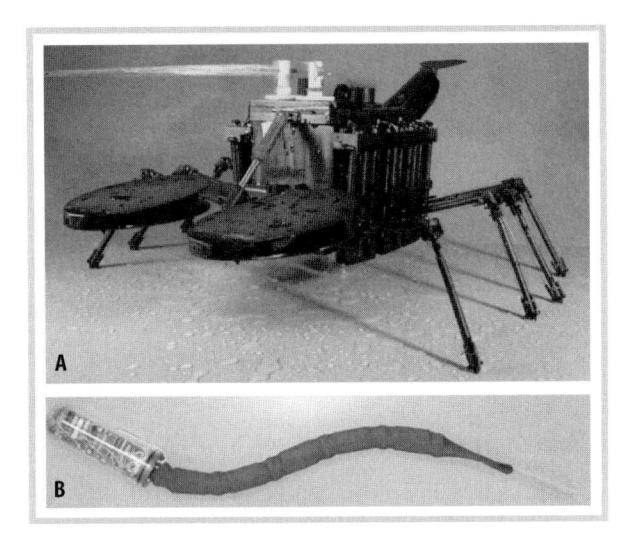

Abb. 10-24 Biomimetische Unterwasser-Roboter des Marine Science Center an der Northeastern University. A Garnelen-Roboter, B Neunaugen-Roboter (*nach Ayers, Massa 2001*)

der Massa Protect Corporation zwei vielbeachtete Typen von Unterwasserrobotern entwickelt, über deren Steuerung auch ein Buch (Neurotechnology for Biomimetic robots) erschienen ist. Zum einen ist ein Garnelen-ähnlicher 8-beiniger Unterwasserlaufrobroter (Abb. 10-24 A) in Arbeit, der autonom arbeiten und Unterwassererkundungsaufträge durchführen soll. Er kann sich auch in Ästuaren und Brandungszonen bewegen und sich an die Bodenunebenheiten selbständig anpassen, wie es eben eine laufende Krabbe oder Garnele tut. Das zweite ist ein schwingungsfähiges, schwimmendes System nach Art von Neunaugen, das besonders manövrierfähig ist (Abb. 10-24 B). Beiden Konzepten gemeinsam ist eine biomimetische Steuerungs-, Aktuatoren- und Sensorenarchitektur, die hochmodular konzipiert ist, so dass Einzelteile leicht ausgewechselt werden können. Die beiden Konzepte decken unterschiedliche Aspekte ab und sollen auch gemeinsam eingesetzt werden, wobei sie sowohl das Freiwasser als auch die Litoralzonen untersuchen können. Sie sind so konzipiert, dass sie sich unterschiedlichen Anforderungen relativ einfach anpassen lassen.

O. K. Rediniotis von der Texas A&M University, hat ein anderes Schlängelkonzept vorgesehen. Es soll zu einem nach Fischart schlängelnden U-Boot führen, das sich völlig lautlos bewegt und daher durch Sonare nicht aufgespürt werden kann. Die sechs Glieder seines Rumpfs bewegen sich schlängelnd, wenn „künstliche Muskeln" aus Nitinol (einer Nickel-Titan-Legierung, die sich bei Erwärmung verkürzt und bei Abkühlung wieder ausdehnt) periodisch erwärmt werden. In der Fortbewegungsweise ähnelt es dem Schlängelschwimmen eines Meeraals.

10.6 Verminderung des Strömungswiderstands – Rümpfe und Oberflächen

10.6.1 Dicke Rümpfe mit Anregungspotenzial für technische Rumpfformen

10.6.1.1 *Prinzipielle Körpergestalt*

Von vorne gesehen scheint der Eselspinguin in seiner Stirnfläche (größte Querschnittsfläche) fast kreisrund (Abb. 10-25 A), von der Seite gesehen unerwartet dick (Verhältnis Länge zu größter Dicke etwas 4:1), mit dorsal leicht gestuftem und relativ flachem, ventral „völli-

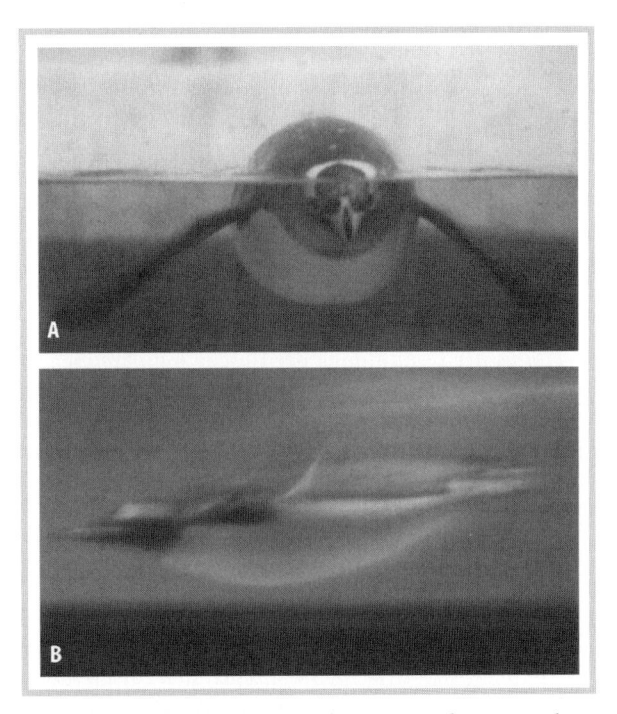

Abb. 10-25 Eselspinguin *Pygoscelis papua* an der Wasseroberfläche, von vorne gesehen (A) und beim Ausgleiten; kurze Zeitaufnahme, mitgeschwenkt (B). Aufnahmen im Pinguinarium des Frankfurter Zoos (*Fotos: Nachtigall*)

gerem" Übergang zur Region größter Dicke. Abbildung 10-25 B zeigt ein Foto mit „mitgezogener Kamera" in Seitenansicht; es ergibt sich hierdurch eine Art Überlagerungseffekt, der die Körperkonturierung visualisiert.

10.6.1.2
Widerstandbeiwertsbestimmung im Auslaufverfahren

Lebende Tiere kann man nicht an einer strömungsmechanischen Waage befestigen; Modellbau andererseits ist immer mit Abstraktionsfehlern in der Geometrie gekoppelt und kann die Oberflächeneigenschaften nicht nachahmen. Mein Mitarbeiter D. Bilo und ich haben deshalb in Anlehnung an früher übliche Auslaufverfahren zur Widerstandsmessung im Kraftfahrzeugbau ein Verfahren entwickelt, das es gestattet, den Pinguin – wenn er nach einer Schlagserie in starrer Körperhaltung vor der Scheibe eines Pinguinariums ausgleitet, d.h. seine Geschwindigkeit verringert – berührungsfrei auf seine widerstandserzeugenden Eigenschaften hin zu prüfen. Das Verfahren ist in Abb. 10-26 skizziert. Wie erkennbar wurde durch Gleichsetzung der Newton-Formel und der Widerstandsformel eine Differentialgleichung zweiten Grades entwickelt, deren Integration auf eine lineare Beziehung des Kehrwerts der Geschwindigkeit v mit der Zeit t hinweist. Auf der Auftragung dieser Funktion $v^{-1}(t)$ ergibt sich eine mittlere Steigung a. Der Widerstandsbeiwert ist dann proportional der Masse des Tiers und umgekehrt proportional zu dessen Stirnfläche und der Dichte des Mediums; der Proportionalitätsfaktor a ist als Steigung der Messkurve ablesbar. Der Vorteil dieses Verfahrens liegt darin, dass man die Messkurven nach der Methode der kleinsten Quadrate approximieren kann, so dass zufällige Fehler in der Bestimmung der Geschwindigkeiten ausnivelliert werden. Die Genauigkeiten werden somit besser als bei dem ähnlichen Verfahren von Clark und Bemis, die nur mit zwei Geschwindigkeitsmesspunkten gearbeitet haben.

10.6.1.4
Messbeispiele und Beiwertsdefinitionen

Abbildung 10-27 A zeigt drei Trajektorien der Schnabelspitze eines nach rechts schwimmenden Pinguins. Die Punktabstände werden während einer Ausgleitstrecke von etwa 2 m (dreifache Körperlänge) nur geringfügig kleiner, was auf eine strömungsgünstige Körperform, d.h. einen kleinen Widerstandsbeiwert hinweist. Die Auftragung dieser drei Messbeispiele nach der in

(1) $F(t) = -F_W(t)$

(2) Nach Newton: $F(t) = m \dot{v}(t)$

(3) $F_W(t) = c_{WS} A \frac{1}{2} \rho v^2(t)$

(2) + (3) in (1) → (4) $m \dot{v}(t) = -c_{WS} A \frac{1}{2} \rho v^2(t)$

Differentialgleichung 2. Grades vereinfachbar zu:

(5) $\dot{v}(t) = -a v^2(t)$ mit

(6) $a = \dfrac{c_{WS} A \frac{1}{2} \rho}{m}$

Integration dieser Differentialgleichung:

(7) $v(t) = \dfrac{1}{c + at}$ mit $\dfrac{1}{c} = v_0$ (für $t = 0$)

Umgeformt in eine lineare Beziehung der Art:

(8) $y(t) = at + c$ mit $y(t) = \dfrac{1}{v(t)}$

Daraus ergibt sich Steigungsfaktor a durch lineare Regression der Messwertpaare $\{t_i, y_i\}$.
Daraus:

(9) $c_{WS} = a \cdot \dfrac{m}{A \frac{1}{2} \rho}$

Abb. 10-26 Ansatz zur Bestimmung von Widerstandsbeiwerten ausgleitender Pinguine. Kenngrößen in der Reihenfolge der Angabe: F Kraft, F_W Widerstand, m Masse, v Geschwindigkeit, b Verzögerung, c_{WS} Stirnflächenwiderstandsbeiwert, A Stirnfläche, ρ Dichte, t Zeit, a Konstante, Steigungsfaktor, c Konstante, v_0 Anfangsgeschwindigkeit *(nach Bilo, Nachtigall 1980)*

Abb. 10-26 skizzierten Methode zeigt Abb. 10-27 B. Bei Abb. 10-27 C ist das fluiddynamisch übliche Messverfahren mit Messkörper und Waage skizziert, und die drei gängigen Beiwerte (Stirnflächenwiderstandsbeiwert c_{WS}, Oberflächenwiderstandsbeiwert c_{WO}, und Volumenwiderstandsbeiwert c_{WV}) sind definiert. Für den Fahrzeugbau (Transport-U-Boote, Kraftfahrzeuge, Flugzeuge, Luftschiffe) ist insbesondere der Volumenwiderstandsbeiwert interessant. Ein geringer Beiwert bedeutet, dass ein gegebenes Volumen (bei gegebener Objektgröße und Geschwindigkeit) über die Streckeneinheit mit geringstmöglichem Leistungsaufwand transportiert werden kann oder dass bei einem gegebenen Leistungsaufwand und gleichen Randbedingungen das Volumen und damit die Masse größtmöglich gewählt werden

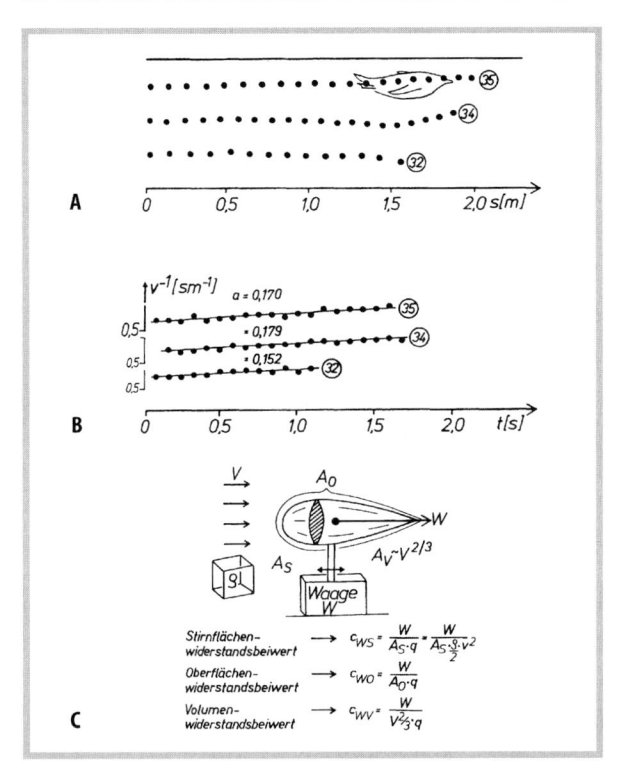

Abb. 10-27 Ausgleitkenngrößen für den Eselspinguin und Definition von Widerstandsbeiwerten. **A** Drei Beispiele für Schnabelspitzen-Trajektorien, **B** Auswertung der drei Beispiele von A zur Bestimmung der Kenngröße a **C** Messprinzip und Definition von Widerstandsbeiwerten *(nach Nachtigall, Bilo 1980)*

kann. Das spielt eine große Rolle für die „bestmögliche Unterbringung" der Organe in einer strömungsgünstigen Hülle, bei Schwimmern, etwa Pinguinen (Abb. 10-29 A), ebenso wie bei Fliegern, etwa Mehlschwalben (Abb. 10-29 B). Auch bei technischen Gebilden ist das so. Ein idealer Volumenwiderstandsbeiwert hat natürlich Vorteile bei der Beförderung einer möglichst großen Personenzahl – oder, im Massengüterverkehr, z.B. Schüttmasse – innerhalb einer Karosserie- oder Rumpfform.

10.6.1.4
Ergebnisse und Vergleich mit technischen Strömungskörpern

Als mittlerer Stirnflächenwiderstandsbeiwert wurde aus gepoolten Daten $c_{WS} = 0{,}07 \pm 33\%$ bestimmt. Die relativ große Abweichung bezieht sich auf die Aufsummierung von Auswertefehlern und Projektionsfehlern. Das ändert nichts an der Prinziplage des Mittelwerts. Wie aus Abb. 10-28 A zu erkennen ist, liegt der Pinguin nahe dem bei einer Reynolds-Zahl von etwa 10^6 zu erwartenden Minimum (Rotationsspindel ohne Leitflächen) und weit entfernt vom Maximum (Fallschirmform). Abbildung 10-28 B zeigt die Stirnflächenwiderstandsbeiwerte verschiedener technischer Körper im Vergleich mit dem Pinguin bei unterschiedlichen, jeweils angegebenen Reynolds-Zahlen. Es zeigt sich, dass der Pinguin als „Gesamtkörper" mit vorhandenen Antriebsflossen (Vorderextremitäten) und Steuerflossen (Füßen) von keinem technischen Körper übertroffen wird, sondern eine einsame Spitzenposition einnimmt. Übertroffen wird er nur von technischen Körpern ohne Leitflächen, wie z.B. von luftschiffartigen Tropfenkörpern ($c_{WS} = 0{,}05$ bei Re = 10^6) und Rotationsspindeln ($c_{WS} = 0{,}04$ bei Re $> 5 \times 10^6$). Technische Körper ohne Leitflächen sind aber strömungsinstabil; Maßnahmen, sie zu stabilisieren, lassen den Widerstandsbeiwert gleich hochschnellen. Auch in dieser Hinsicht ist der Pinguin bemerkenswert widerstandsarm. Warum das so ist, sei hier nicht diskutiert; es werden lediglich die Vergleichsfakten angeführt.

Der von uns bestimmte Oberflächen-Widerstandsbeiwert beläuft sich auf $c_{WO} = 4{,}4 \times 10^{-3}$. Vergleicht man ihn mit den bekannten Kennlinien der laminar oder turbulent angeströmten ebenen Platte (Abb. 10-28 C), so liegt er bei Re = 10^6 genau im Bereich der vollturbulenten Kennlinie, also noch über dem Übergangsbereich: Ein guter Hinweis darauf, dass der Pinguinrumpf wahrscheinlich von vorne herein vollturbulent umströmt wird. Dazu tragen wahrscheinlich Störungen (welche die Evolution gezielt einsetzt?) in der Schnabel-Kopf-Übergangsregion bei. Wie Bannasch gezeigt hat, sind die Beiwerte mit größeren Reynolds-Zahlen als sie beim Auslaufsverfahren realisierbar sind noch geringer, aber auch hier kann für den schwimmenden Pinguin vollturbulente Umströmung angenommen werden (vgl. Abschn. 15.8, Beispiel 1).

Der turbulent umströmte Pinguinrumpf ist somit zum Analogvergleich mit Fahrzeugformen besser zu gebrauchen als Laminarspindeln; auch beim Fahrzeug wird der Umschlag in die Turbulenz durch die Vorderkantengestaltung und die Reynolds-Bedingungen bereits nach sehr kurzer Laufstrecke (im Dezimeterbereich!) erzwungen.

Von besonderer Bedeutung ist der geringe Volumenwiderstandsbeiwert c_{WV}, durch den die Transportkos-

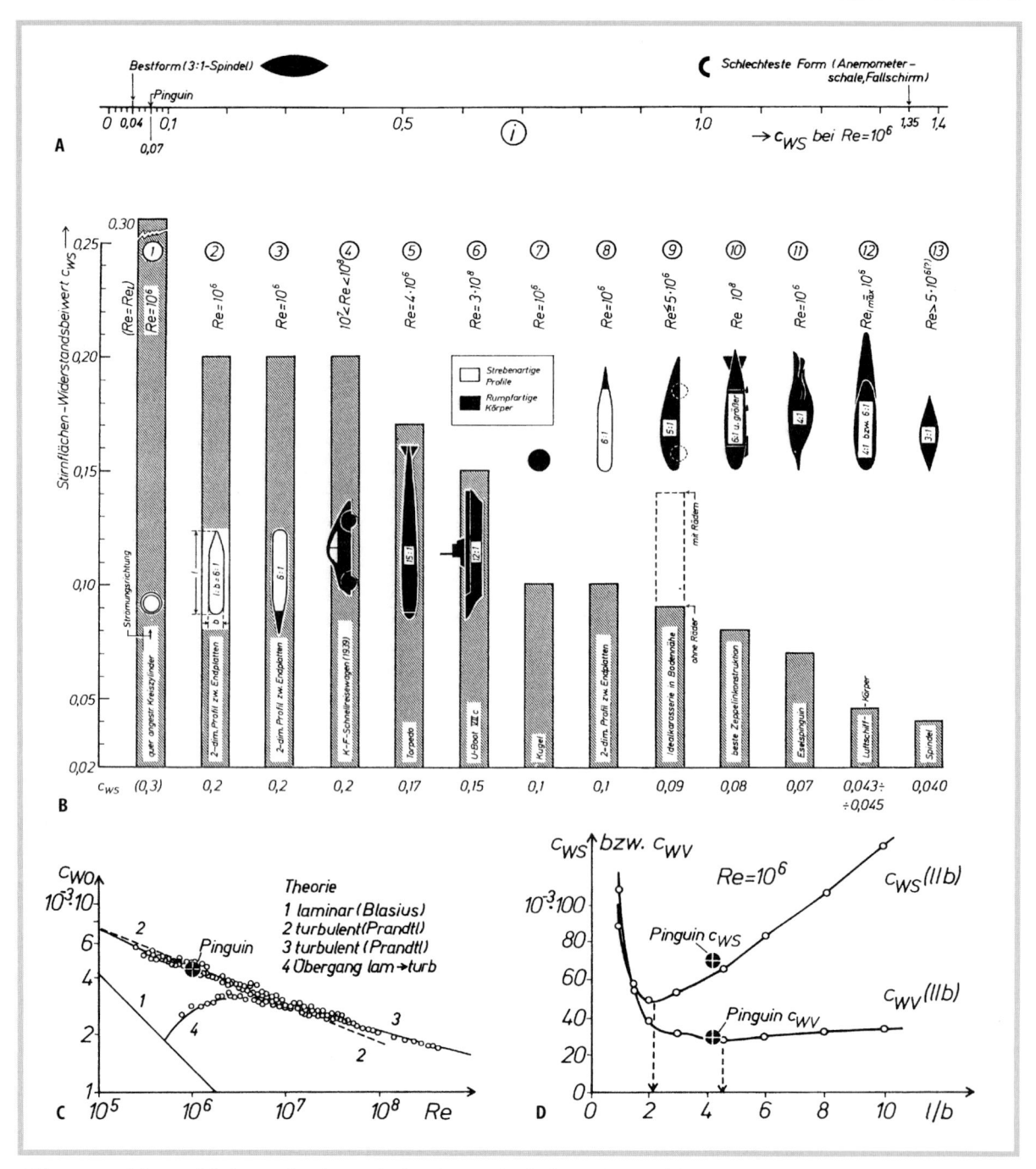

Abb. 10-28 Widerstandsbeiwerte für den Eselspinguin. **A** Stirnflächenwiderstandsbeiwert c_{WS}, eingetragen in den technisch möglichen Gesamtbereich bei $Re \approx 10^6$, **B** Stirnflächenwiderstandsbeiwert c_{WS}, verglichen mit den Werten für technische Gebilde, **C** Oberflächenwiderstandsbeiwert c_{WO}, eingetragen in das Grenzkennlinien-Diagramm für die flache Platte, **D** Oberflächenwiderstandsbeiwert c_{WO} und Volumenwiderstandsbeiwert c_{WV}, eingetragen in Graphen für luftschiffartige Körper unterschiedlichen Längen-Maximalbreiten-Verhältnisses l/b_{max} *(nach Nachtigall, Bilo 1980)*

ten der Masseneinheit minimiert werden. Wir haben einen Volumen-Widerstandsbeiwert von $c_{WV} = 0{,}031$ berechnet. Er kann, wie eine Fehlerrechnung zeigt, etwas kleiner, jedoch nicht größer sein. Abbildung 10-28 D zeigt eine Auftragung des Stirn- und Volumen-Widerstandsbeiwerts als Funktion des Längen-Breiten-Verhältnisses für Modelle von Luftschiffrümpfen; die Kennlinien wurden bereits 1966 von Eck gegeben. Es wird deutlich, dass der c_{WV}-Wert des Eselspinguins für seine gegebene relative Maximaldicke von $l/b = 4{,}5/1$ präzise in das flache Minimum des c_{WV} (l/b_{max})-Graphen passt. Dagegen liegt c_{WS} etwas über der Kennlinie c_{WS} (l/b_{max}), und auch nicht in deren Minimum, sondern deutlich darüber. Der Vergleich der beiden Punktlagen steht im Einklang mit der eben angeführten Überlegung, dass die Evolution den Pinguin wahrscheinlich zu einer „strömungsmechanischen Volumenoptimierung" entwickelt hat. Deshalb ist er mit technischen Fahrzeugformen ohne Schwierigkeit zu vergleichen. Es kommt dazu, dass bei Anströmung von vorne eine Rollung um die Längsachse strömungsmechanisch irrelevant ist. Man kann die Unterseite (Abb. 10-29 A), aber z. B. auch den umgekehrten Pinguinrumpf (Bauchseite nach oben) in Beziehung zu Fahrzeugkonturen setzen.

10.6.2
Kleinfahrzeuge: Bionik im Automobilbau

10.6.2.1
3- und 4-rädrige Kleinwagenkonzepte

Die amerikanische Firma CORBIN Motors hat ein dreirädriges Klein-Elektroauto „Sparrow" entwickelt, das wegen der schweren Batterien, welche die Hälfte der Gesamtmasse ausmachen, zwar immerhin eine Masse von 600 kg aufweist, wegen des tiefliegenden Schwerpunkts jedoch sehr stabil ist (Abb. 10-29 C). Es fährt über 100 km h^{-1}. Denkkonzepte für Elektrokleinstautos, z. B. mein Konzeptvorschlag „MIKE", (Einschaltbild in Abb. 10-29 B), haben sich auch aus bionischen Bezügen entwickelt, bspw. mit den Rumpfkoordinaten der Mehlschwalbe (Abb. 10-29 B), die in der Bug- und Heckregion durch Stauchung den technischen Anforderungen anzupassen sind.

Kann aber ein Auto „bionisch" sein? Eigentlich nicht: Es hat ja kein Vorbild in der Natur. Wohl aber kann das „konstruktive Design" eines jeden Geräts bionische Züge oder Grundzüge tragen, so auch das eines Autos. Geht man davon aus, dass dieses fahrende Behältnis

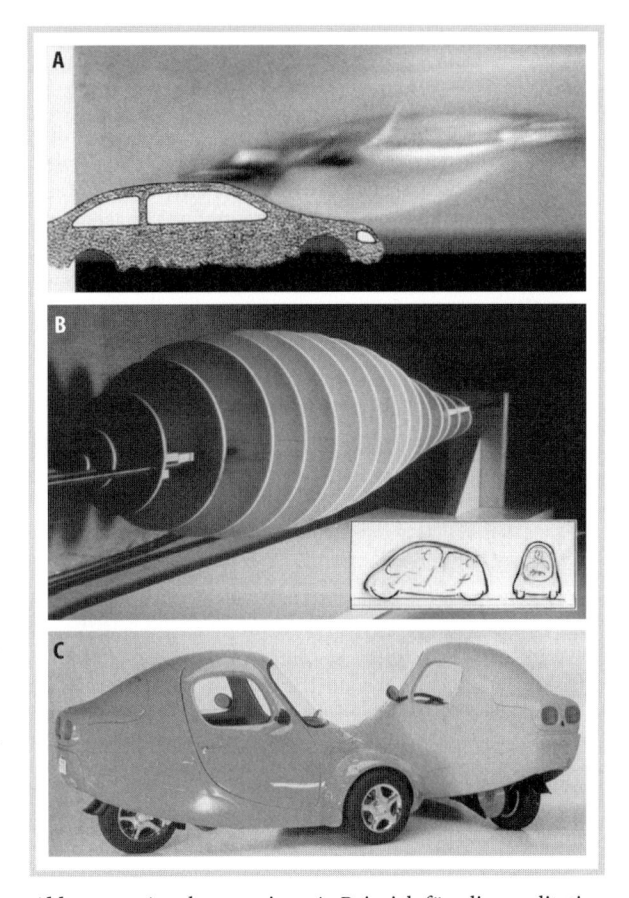

Abb. 10-29 Autokarosserien. **A** Beispiel für die qualitative Anpassung einer Pinguinkontur an eine technische Rumpfform *(nach Nachtigall 1998)*, **B** Spantenkonzept mit den Koordinatenverteilungen des Rumpfes einer Mehlschwalbe, *Delichon urbica*. Einschaltbild: Konzeptvorschlag MIKE *(mit Einschaltbild nach Nachtigall 2001)*, **C** Elektroauto „Sparrow" *(nach Mobil 06/2001)*

die Grundaufgabe hat, Menschen und Lasten unter geringstmöglicher Umweltschädigung, mit kleinstmöglichen Kosten und mit einem befriedigenden Komfort in einer angemessener Zeit von Punkt A zu Punkt B zu bringen, so kann man diese Sichtweise z. B. an den „10 Geboten des bionischen Designs" spiegeln (Abschnitt 16.6.1). Das Wesentliche ist dann die Summe aller Überlegungen, die zu geringstmöglicher Umweltschädigung führt. (Das beste Auto ist natürlich kein Auto, denn jedes beeinflusst die Umwelt negativ. Man kann aber getrost davon ausgehen, das die Menschen der Zukunft deshalb nicht zu Fuß gehen und ein Handgepäckswägelchen hinter sich herziehen werden.) Zunehmendes

Umweltbewusstsein, gekoppelt mit Energieknappheit wird aber den Blick auf folgende (miteinander vermaschte) Kenngrößen lenken:

- Das Fahrzeug sollte *möglichst klein und leicht* sein. (Kleinheit bedeutet geringe Masse; geringe Masse bedeutet geringer Treibstoffverbrauch.)
- Das Fahrzeug kann, da es sehr leicht sein soll, *nicht durchgehend aus Metall* gebaut werden. (Für geeignete Materialien und Materialstrukturierungen gibt es viele Vorbilder in der Natur; vgl. Kap. 6).
- Die Materialien müssen *„auf smarte Weise"* eingesetzt werden. (Dadurch kann z. B. die Steifigkeit einer Karosse selbst bei geringerem Materialaufwand steigen. Zwangsläufig ist lokale Materialoptimierung ebenso wie „optimierte" Materialverteilung unabdingbar. Naturnahe Optimierungs- und Evolutionsstrategien können hier wesentlich werden (Abschn. 14.7 und 14.8)
- Geringerer Materialaufwand bedeutet per se geringere Sicherheit. Dieser Nachteil kann durch *Strukturoptimierungen* gemildert werden. (Stoßdämpfungssysteme, Systeme zur „digitalen Energiedissipation" und andere bionische Anregungen können hier einfließen; vgl. Abschn. 6.7 und 8.6)
- Aus Gründen der Gegenläufigkeit von Masse und Sicherheit sowie aus ökologischen Aspekten ist *eine eher kleinere Geschwindigkeit* anzustreben (Kleinautos werden kaum mehr als etwa 85 km h^{-1} erreichen können). Da sie im Wesentlichen Kurzstrecken bedienen würden und für Stadt- und Zubringerverkehr interessant wären, wäre eine mittlere Geschwindigkeit von 40–50 km h^{-1} mit kurzfristig einsetzbaren 85 km h^{-1} ausreichend)
- Im Sinne einer Treibstoffminimierung ist *strömungsmechanische Formoptimierung* essenziell. (Die Bedeutung einer derartigen Optimierung sinkt zwar nichtlinear mit geringerer Durchschnittsgeschwindigkeit, ist aber auch dafür wesentlich. Vorbilder für geringe Stirnflächen-, Oberflächen- und Volumenwiderstandsbeiwerte gibt die Natur (vgl. Abschn. 10.6)).
- Aus Gründen der Alltagstauglichkeit wären reine Einsitzer wenig geeignet. (Um selbst zur Arbeit zu fahren oder ein Kind zur Schule zu bringen oder einen kleineren Einkauf zu tätigen, reichen jedoch *zwei hintereinander liegende Sitze* mit etwas rückwärtigem Stauraum, Einschaltbild in Abb. 10-29 B.)
- Aus technischen und Akzeptanzgründen sollte ein solches Auto *4 Räder* haben (Einschaltbild in Abbildung 10-29 B). Aus Gründen der Leichtigkeit und Billigkeit könnten aber *auch 3-rädrige Fahrzeuge* angestrebt werden (Abb. 10-29 C, 10-30 A, B). (Dabei sollte aus Gründen der Kurvenstabilität und Steuerbarkeit die Achse mit zwei Rädern vorne sein.)
- Für den Kurzstreckenverkehr reichen spezielle Bleiakkus, die solar aufgeladen werden können. (Geeignet sind z. B. *Reinblei-Zinnakkus*. Die Bleiakkutechnologie wird beherrscht und kann in internen Kreisläufen vollständig ohne Schadstofffreisetzung verlaufen, einschließlich der Rezyklierung. *Solare Aufladung* ist allerdings essenziell, da sonst ökologische Leistungskosten auf konventionelle oder Atomkraftwerke aufgerechnet werden müssten.)

Überlegungen dieser Art führen somit auf ein strömungsgünstiges vierrädriges, vielleicht auch dreirädriges Elektrofahrzeug (mit dann zwei Vorderrädern), in dem zwei Sitze mit etwas zusätzlichem Stauraum hintereinander liegen, und für das an geeigneten Stellen vorteilhafterweise durchaus auch bionische Aspekte einfließen können. Visionen dazu existieren schon lange (Einschaltbild in Abb. 10-29 B). VW hat mit seinem 1-l-Auto bereits 2002 einen vierrädrigen Prototypen realisiert, der diesen Konzepten schon sehr nahe kommt. Man rechnet sich einen Markt betuchter Öko-Freaks aus, die bereit sind, dafür an die 20 000 € zu bezahlen. Bei größerer Serie wird es billiger.

Ein dreirädriges Elektrofahrzeug („SAM") hat die Cree AG in der Schweiz für etwa 8 000 € ab Mitte 2002 zur Auslieferung vorgesehen. Das visionäre ursprüngliche Konzept von Hayek ist ja bekanntlich zweimal an andersartigen Interessen von Kooperativpartnern aus der Autoindustrie gescheitert, zunächst bei VW, dann bei der damaligen Mercedes Benz AG, die mit ihrem „Smart" zu einer anderen Lösung gelangt ist. Der kleine Smart ist „ein richtiges Auto", sparsam zwar, aber nicht auf die idealisierte Minimallösung ausgerichtet, über die hier nachgedacht wird. Insofern ist der Smart wohl ein praktisches Kleinauto, das im Stadtverkehr seine Vorteile hat, aber nicht eigentlich ein der Bionik oder der Ökologie verpflichtetes Fahrzeug.

Es gibt z. Z. durchaus Konkurrenzkonzepte zum SAM, etwa das 15 000 € teuere Leichtelektromobil TWIKE und den 6 500 € teuren, einsitzigen CITY El, und dazu eine Menge von Denk- oder Reißbrettkonzepten von Designern und Automobilherstellern. Mir scheint aber der

10.6.2.2
Kofferfische – Formvorbilder für wendige Unterseeboote und widerstandsarme Kraftfahrzeuge

Klein-U-Boote sollten sehr wendig sein, was sie teils durch verschwenkbare Schraubenpropeller oder Steuerdüsen erreichen. Das Wenden um 360° auf der Stelle macht ihnen aber noch Schwierigkeiten – ein Problem, das den Kofferfischen der Gattung *Ostracion* (Abb. 10-30 D) mit ihren einzeln bewegbaren, rasch schwingenden und aufeinander abgestimmten Flossen fremd ist. Sie sind auch in der Lage, unterschiedliche Wasserströmungen, wie sie z. B. in Nischen von Korallenriffen auftreten, rasch zu kompensieren und so ihre Lage im Raum beizubehalten. Der amerikanische Biologe J. Walker hat Bewegungen dieser Fische mit Hochgeschwindigkeitskameras aufgezeichnet und ihre Manövrierfähigkeit durch aufeinander abgestimmte Flossenbewegungen analysiert. Sie sollen in die Konzeption wendiger Unterseeboote für Bergungsarbeiten und Forschungszwecke eingehen.

Obwohl diese Fische sich nur langsam bewegen, hat sich gezeigt, dass ihr kantig erscheinender Rumpf, im hydrodynamischen Experiment viel rascher angeströmt als die Fische je schwimmen könnten – also bei viel höheren Reynolds-Zahlen –, ausgezeichnete Strömungseigenschaften aufweist. Dies ist in der Tendenz weniger ungewöhnlich als es den Anschein hat. Allgemein sinkt der c_W-Wert umströmter Körper mit steigender Re-Zahl. An unterschiedlich strömungsgünstigen Karosserien wurde dies, wie Koenig-Fachsenfeld berichtet, auch für Autoformen bereits in klassischen Messungen der 30er-Jahre nachgewiesen (Abb. 10-31).

Entwicklungsingenieure der Daimler Chrysler AG unter Leitung von A. Jambor haben nach dem Kofferfisch-Formvorbild eine Konzeptstudie für ein sehr widerstandsarmes Ökoauto aufgestellt und Windkanalmodelle vermessen. Es haben sich, wie in der Festschrift zu einem Firmenjubiläum mitgeteilt, c_W-Werte bis hinunter zu 0,12 (!) ergeben.

Das Beispiel zeigt wieder einmal, dass bionische Effekte an ganz anderen Stellen zum Tragen kommen können, vergleicht man mit der Ausgangsfragestellung.

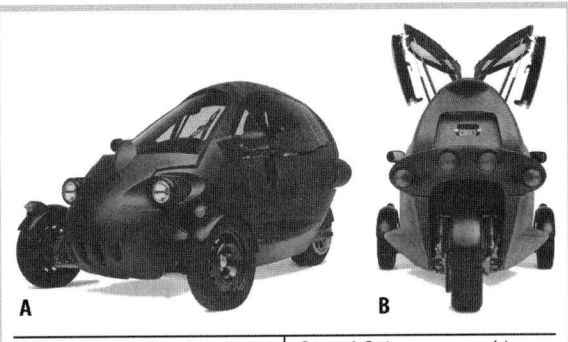

Hersteller	Cree AG (www.cree.ch)
Sitzplätze	2
Länge/Breite/Höhe	3,16/1,55/1,58 m
Leergewicht	545 kg
Zuladung	150 kg
Motorleistung	15 kW
Höchstgeschwindigkeit	85 km/h
Reichweite	50-70 km
Stromverbrauch auf 100 km	5 kWh (Citybereich)
Rekuperation	max. 10 kW
Akkutyp	Reinblei-Zinn
Ladedauer	6 Stunden
Akkulebensdauer	ca 25 000 km
Mietpreis Akku pro Monat	ca. 95 SFr (60 €)
Gesamtpreis ohne Akku	ca. 12 000 SFr (8 000 €)
geplante Markteinführung	Juni 2002

Abb. 10-30 Elektroauto „SAM" und Kofferfisch. **A** Schräge Seitansicht, **B** Heckansicht mit geöffneten Flügeltüren, **C** „SAM"-Daten *(nach Bernreuter 2001)*, **D** Jugendform eines Kofferfischs, *Ostracion cubicus. (nach website Walker 1998)*

SAM, dessen Aussehen und Daten in Abb. 10-30 A-C vorgestellt werden, das z. Z. am weitesten gediehene Konzept zu sein, das noch am ehesten einem „Bionik-Fahrzeug" nahe kommen dürfte. Über Grundkonzepte dieser und ähnlicher Art wird in Zukunft, auch in Kontakt mit Biologen, sehr viel nachgedacht werden, und es besteht die ökologisch/bionisch durchaus wünschenswerte „Gefahr", dass sich das in der Entwicklung befindliche 1-l-Konzept von VW als beispielgebend erweist. Weit gediehen ist auch der „Hotzenblitz" der Umwelttechnik Werner (www.solarmobil.de/utw).

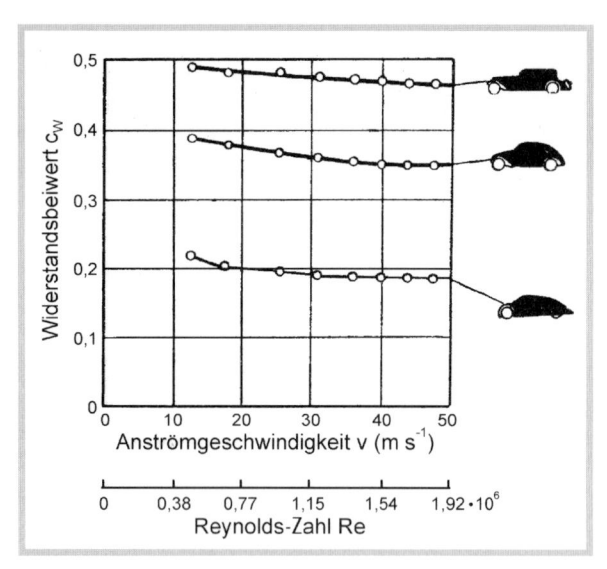

Abb. 10-31 Abhängigkeit des c_W-Werts dreier Autokarosserie-Formen von der Anströmgeschwindigkeit v bzw. der Reynolds-Zahl *Re (nach Koenig-Fachsenfeld 1951)*

In diesem Fall: Die Rumpfform erweist sich auch ideal für einen Reynolds-Zahl-Bereich weit über dem des biologischen Vorbilds.

Anregungen, sich mit Aspekten dieser Art zu befassen, bekamen und bekommen die Entwicklungsingenieure von Automobilfirmen auch von Bionikern mit ihren Arbeiten über die Strömungsanpassung von Wassertieren. Leider ist es so, dass Konzeptstudien dieser Art von den Firmen nicht gerne an die Öffentlichkeit getragen werden – aus Konkurrenzgründen. Aber vielleicht entscheidet man sich einmal, eine solche Studie als Knalleffekt auf einem Automobilsalon zu präsentieren. Es gäbe zwar vorerst keine konkreten Umsetzungspläne, heißt es in der Daimler-Chrysler-Festschrift, doch habe die Beschäftigung mit der Materie „das Team dazu inspiriert, die Fahrzeuge noch aerodynamischer zu machen". Und es wurde die Sichtweise bestärkt, dass auch auf den ersten Blick ausgefallen erscheinende Ideen „zu den vernünftigsten Autos führen können".

10.6.3
Geriefte Haischuppen und Ribletfolien für den Airbus

10.6.3.1
Haut und Schwimmstil der Haie

Die mit 1–3 mm Dicke relative dünne Haut der Haie trägt feine Schuppen, die 200–500 µm messen. Meistens tragen diese Schuppen Riefen oder Rillen, die in Strömungsrichtung ausgerichtet sind. Diese müssen die Grenzschicht beeinflussen, und es kann angenommen werden, dass sie besonders geeignet sind, turbulente Grenzschichten zu modifizieren. Da die Reynolds-Zahlen schnell schwimmender Haie, bezogen auf die Körperlänge l, mit $10^6 \leq Re_l \leq 10^7$ relativ hoch sind, sind solche biologischen Konfigurationen auch von technischem Interesse.

Haie existieren sehr lange; ihre Vorfahren datieren etwa 350 Mio Jahre zurück, und einige lebende Familien existieren immerhin seit 190 Mio Jahren. Somit standen ihnen eine lange Evolutionszeit zur Verfügung. Sie sind an konstantes Schwimmen adaptiert. Da sie spezifisch schwerer sind als Wasser, müssen sie über ihre schräg angestellten Brustflossen dynamischen Auftrieb entwickeln um nicht abzusinken. Ihre Schwimmgeschwindigkeit ist relativ hoch; kurzfristig werden etwa 10 m/s erreicht.

10.6.3.2
Riefenlinien und Umströmungsbild

Die genannten Riblets oder Riefen beziehen sich auf die plattenartige Oberseite der Haischuppen. Die Riefen sind sehr fein und längsgerichtet; sie bilden Rippen mit zwischenliegenden Vertiefungen (Abb. 10-32). Diese Strukturen schließen bei aneinandergrenzenden Schup-

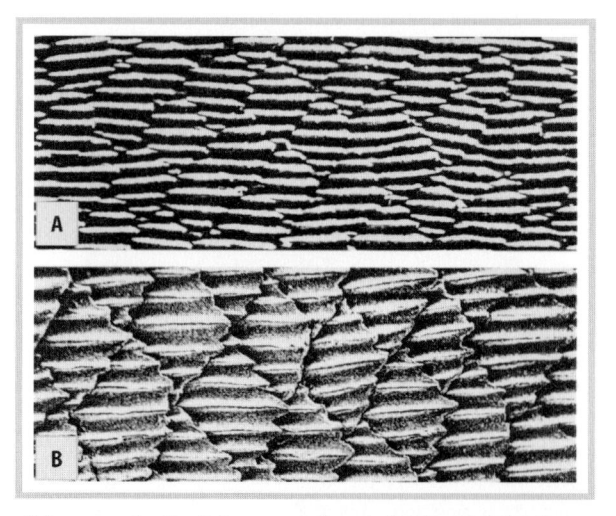

Abb. 10-32 Gerillte Schuppenstruktur bei Haien. **A** Gebuchteter Hammerhai *Sphyrna lewini*, Rippenabstand 0,05 mm, schwach vergrößert, **B** Schwarzer Dornhai (*Etmopterus spinax*) stärkere Vergrößerung, Kopfregion jeweils links *(nach Reif, o.J.)*

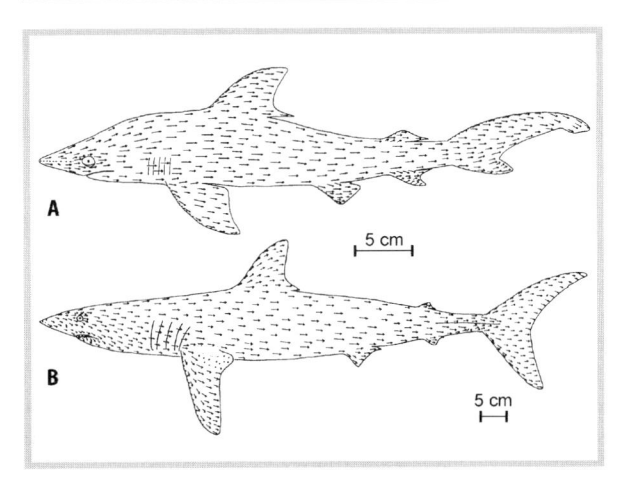

Abb. 10-33 Körpergestalt und Schuppenrillen-Muster beim Langflossen-Mako (*Isurus oxyrhynchus*). **A** Körperumriss eines 2,8 m langen Exemplars, **B** Schuppenrillen-Muster, das etwa mit dem Strömungsrichtungs-Muster der Grenzschicht zusammenfällt, an einem unter 1 m langen Exemplar. Rippenabstand beim ausgewachsenen Mako circa 0,04 mm *(nach Reif 1981)*

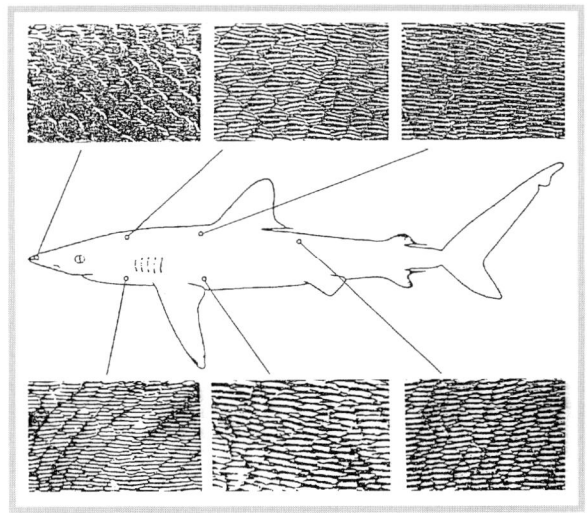

Abb. 10-34 Unterschiedliche Schuppenstrukturen an unterschiedlichen Körperteilen bei einem Seidenhai (*Carcharhinus falciformis*). Das vermessene Exemplar war 2,27 m lang. Die Breite der Einschaltbilder beträgt 2 mm *(nach Reif 1981)*

pen aneinander, so dass Dukte oder Riefen entstehen, die über Teile des Hais oder über das gesamte Tier hinwegziehen (Abb. 10-33). Man hat den Eindruck eines Streichlinienbilds, wie es bei Umströmungsversuchen entsteht.

Diese Strukturen wurden von dem Tübinger Palaeontologen und Funktionsmorphologen E. Reif untersucht, und zwar sowohl an fossilen wie an rezenten, an langsam wie an schnell schwimmenden Haien.

10.6.3.3
Riefenstrukturen und Schwimmstile

Es haben sich unterschiedliche Konfigurationen ergeben, die sowohl artspezifisch waren als auch von der Lage der untersuchten Oberflächenteile am Haikörper abhingen (Schnauzenregion, Flossenhinterkante, Rückenoberseite etc.). Ein Beispiel zeigt Abb. 10-34.

Der Vergleich von mehr als vierzig Arten hat gezeigt, dass eine Korrelation zwischen Schuppenstruktur und Schwimmgeschwindigkeit besteht. Alle schnellen Hochseeschwimmer haben Schuppen mit feinen Riefen, die etwa 35–105 μm auseinanderliegen, wogegen langsam schwimmende Riffbewohner zwar ähnliche Schuppen, aber weiter auseinanderliegenden Riefen haben. Besonders langsam schwimmende Haie schließlich haben völlig unterschiedliche und stark variierende Schuppengestaltungen, die möglicherweise mit strömungsmechanischen Effekten nichts zu tun haben, sondern vielleicht der Abwehr von Parasiten und Ähnlichem dienen. In der Schnauzenregion und an den Flossenvorderkanten sind die Schuppen relativ glatt, so dass man dort eine laminare Strömungsregion vermuten kann.

Die Zuordnung ergibt also im Großen und Ganzen Folgendes: Besonders ausgeprägte Riefenbildung findet sich einerseits bei schnell schwimmenden Haien, andererseits an denjenigen Stellen eines Tiers, an denen am ehesten eine Strömungsablösung zu erwarten ist, so an den Flossen und im sich verjüngenden hinteren Körperdrittel. Man kann daraus folgern, dass die Riefen eine positive Wirkung auf die Körperumströmung haben, möglicherweise durch Turbulenzbeeinflussung und/oder Ablösungsverzögerung. Beide Effekte würden den Widerstand des umströmten Körpers vermindern. Betrachtet wird hier der erstgenannte Effekt.

10.6.3.4
Messungen zur Funktion der Riefen

Ende der 70er-Jahre wurden von M. J. Walsh und Mitarbeitern (NASA, Langley, USA) Versuche zur Reduktion des Strömungswiderstands durch Oberflächenrillen unternommen. Die Forscher gingen von rein strömungsmechanischen Überlegungen aus. Etwa gleichzeitig sind in Deutschland, ausgehend von den Reif'schen Analysen, Untersuchungen von Dinkelacker und von Nitschke durchgeführt worden, die tatsächlich vom biologischen Vorbild angeregt worden sind. Betrachtet wurde sowohl die Hydrodynamik der beschuppten, schnellschwimmenden Haie als auch der Einfluss von Längsriefen auf die turbulente Strömung in Rohren.

In neueren Untersuchungen hat Dinkelacker die Effekte präzisiert. Es wurden Versuche über den Strömungswiderstand parallel oder schräg angeströmter Probekörper in einem Wasserkanal des MPG für Strömungsforschung in Göttingen durchgeführt. Der zylindrische Probekörper war einmal mit einer glatten Folie beklebt, einmal mit einer Riefenfolie (Firma 3M, Minnesota, 12 bzw. 16 Rillen pro mm), die Rillenachse war der Körperlängsachse parallel. Einen Querschnitt durch eine solche Folie zeigt Abb. 10-35 A, ein Messbeispiel Abb. 10-35 B. Für solche Nullgradanstellwinkel und bei Reynolds-Zahlen etwa ab $1{,}5 \times 10^6$ ist der Oberflächen-Widerstandsbeiwert der beiden Folien etwa 5–10 % geringer als mit einer glatten Vergleichsfolie. Dies gilt auch für Schräganströmung mit 5° und 7° Anstellwinkel. Aus der Tendenz der Messwerte wurde geschlossen, dass sich die günstigen Effekte auch bei noch größeren Reynolds-Zahlen und bei noch größeren Anstellwinkeln einstellen.

1984 haben D. Bechert und Mitarbeiter (DLR, Abteilung Turbulenzforschung, Berlin) zunächst mit Windkanalexperimenten an künstlichen Haifischhäuten begonnen. Es wurde jedoch bald klar, dass die Dimensionen – insbesondere für gezielte Veränderung – zu gering sind. Zur Messung kleiner Kraftdifferenzen an vergrößerten Modellen wurden ein Ölkanal und eine neuartige Differenzialwaage zur Messung der Wandreibung eingesetzt.

10.6.3.5
Ölkanalmessungen

Ein typischer Hai hat Riefenabstände von 0,05 mm. Meerwasser hat eine kinematische Zähigkeit ν (gleich dem Quotienten aus Dichte und Zähigkeit bei gegebener Temperatur) von rund 10^{-6} m² s⁻¹. Mit dem senkrechten Wandabstand y kann man eine Reynolds-Zahl $y^+ = y \times u_\tau \, \nu^{-1}$ formulieren, in der die Geschwindigkeit $u_\tau = (\tau_0/\rho^{1/2})$ eingeht (τ_0 Wandschubspannung, ρ Dichte, ν kinematische Zähigkeit). Für fluidmechanische Ähnlichkeit muss y^+ angenähert konstant sein. In gleicher Weise kann auch der Abstand s zwischen 2 Riefen in eine dimensionslose Kennzahl eingebracht werden. Das im Berliner Ölkanal (Abb. 10-36 A, B) verwendete „feinste, unparfümierte, wasserklare Babyöl" (4,5 t) weist einen Wert von $\nu \approx 1{.}2 \times 10^{-5}$ m² s⁻¹ auf. Die vergrößerte Zähigkeit des Babyöls ermöglicht deshalb einen hundertfach vergrößerten seitlichen Riefenabstand. Dieser hundertfache vergrößerte Modellmaßstab dieses Kanals vereinfacht die Untersuchungen entscheidend, und ermöglichte z. B. erst die Konstruktion verstellbarer Testplatten mit 800 beweglichen Schuppen.

Eine weitere Einrichtung war für die Wandreibungsmessung entscheidend, dies war die Konstruktion einer hoch präzisen Schubspannungswaage nach dem Differenzverfahren. Zwei Messplatten – z. B. ohne und mit Riefen – an gegenüberstehenden Kanalwänden (vgl. Abb. 10-36 B) wurden miteinander verbunden. Bei ungleichen Widerständen der beiden gleich großen Plat-

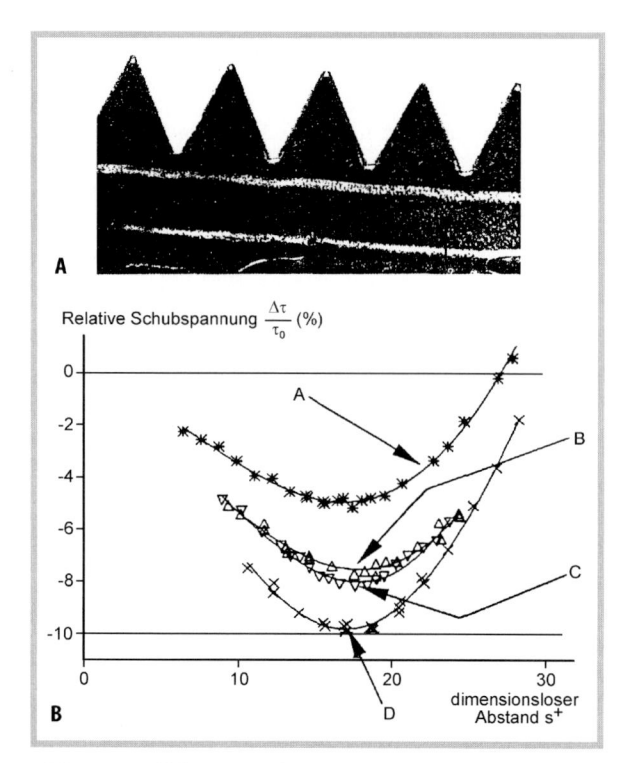

Abb. 10-35 Effekte von Folien mit unterschiedlichen Riblets. **A** Querschnitt einer Folie mit dreieckigem Riblets (3 Rillen/mm), **B** Messbeispiele für Null-Anstellwinkel. Die Buchstaben entsprechen denen von Abb. 10-37. Die beiden Dreieckriblet-Kurven B und C beziehen sich auf Riblet-Formen mit 12 bzw. 16 Riefen pro Millimeter *(nach Dinkelacker 1993)*

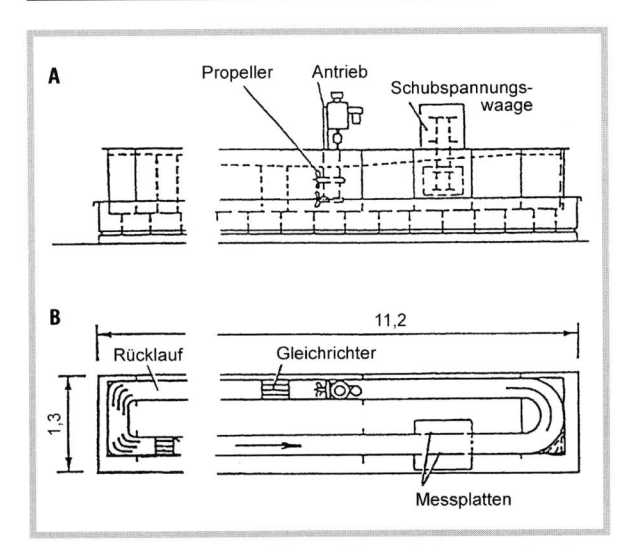

Abb. 10-36 Der Berliner Ölkanal der Arbeitsgruppe Bechert. Maße: m. **A** Seitansicht, **B** Draufsicht *(nach Bechert o.J.)*

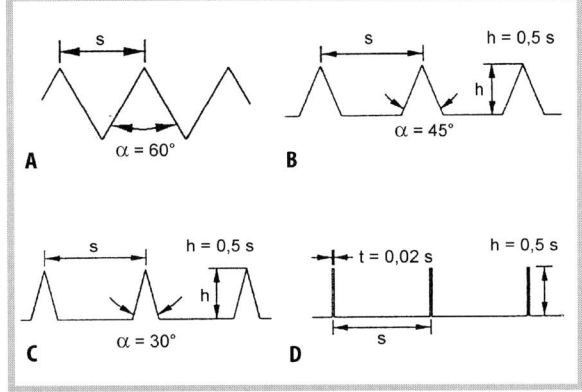

Abb. 10-37 A–D Einige der untersuchten Rippenformen im Querschnitt *(nach Bechert o.J.)*

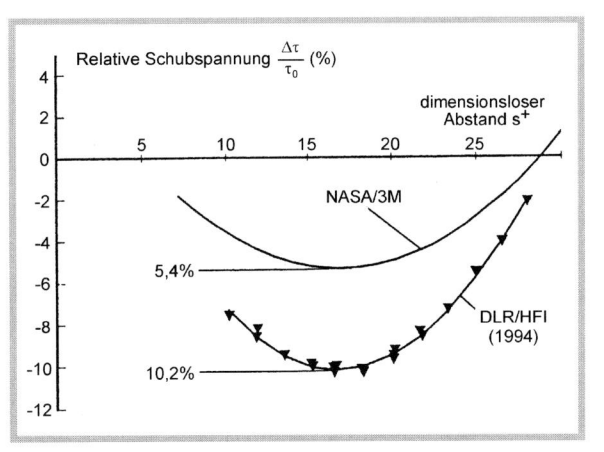

Abb. 10-38 Wandreibungsverminderung für das beste Rillenprofil (Abb. 10-37 B) im Vergleich mit dem NASA-Dreiecksprofil (Abb. 10-37 A) *(nach Bechert o.J.)*

ten tendiert das System zur Drehung um eine vertikale Achse, die kompensiert und damit gemessen werden kann. Mit dieser Technik wurden bis dato nicht erreichbare Messgenauigkeiten von ± 0,3 % möglich.

Es wurden zahlreiche Rippenformen getestet; Abbildung 10-37 zeigt eine kleine Auswahl. Abbildung 10-38 ist die Wirkung der bisher besten Rippenoberfläche mit dem Effekt einer klassischen Dreiecksriefe verglichen. Die von Walsh entwickelte Dreiecksform (Abb. 10-37 A) erreicht jedoch nur 5,4 % Verminderung der Wandreibung. Die Konfiguration B, der Geometrie der Rippen von Seidenhaien nachempfunden, lieferte etwa 8 % Verminderung, die Rippenform D 10 %. Für praktische Zwecke günstiger ist die Trapezrillenform (B und C). Sie bringt zwar „nur" 8,5 % Verminderung der Wandreibung, hat aber einen großen Vorteil: Eine transparente Folie mit flachem Rillenboden wie beim Profil B und C ermöglicht die Kontrolle der darunter liegenden Oberfläche, also in der Praxis einer Flugzeughaut, auf feine Haarrisse. Sie kaschiert auch Farben und Firmenlogos nicht so stark wie das andere Rippenformen tun.

Abbildung 10-38 zeigt einen Vergleich der neuesten Ergebnisse mit den klassischen NASA-Werten. In der Abbildung ist auf der Ordinate der Quotient $\Delta\tau$, gebildet aus der Differenz der beiden Wandschubspannungen mit und ohne Riefen und der Wandschubspannung τ ohne Riefen, aufgetragen. Auf der Abszisse ist ein „dimensionsloser Abstand" s^+ aufgetragen, entstanden durch die Multiplikation des Abstands s zweier Riefen mit dem Quotienten der Schubspannungsgeschwindigkeit und der kinematischen Zähigkeit des Fluids. (Man kann auch sagen: die dimensionslose Abstandsgröße s^+ entspricht einer Reynolds-Zahl, berechnet mit der Schubspannungsgeschwindigkeit $u_\tau = \sqrt{\tau/\rho}$.)

Wie deutlich wird, erreichen die besten DLR-Werte etwa die doppelte Widerstandsverminderung wie die älteren NASA-Werte für Dreiecksriefen. Wahrscheinlich wurde damit das Maximum dessen erreicht, was mit starren Riefen möglich ist.

Haischuppen entsprechen in etwa den hier betrachteten s^+-Werten. Nimmt man als Reisegeschwindigkeit im Mittel 5 m s^{-1} an und Grenzschichtverhältnisse an einem typischen Haiausschnitt, die einer flachen Platte mit einer Anströmungslänge von 1 m entsprechen, sowie einem Riefenabstand von 35–105 μm, darüber hinaus eine Wassertemperatur von 20 °C, so ergeben sich für s^+ Werte von 6,5–18. Sie passen gut in den Bereich hoher Widerstandsverminderung, wie ihn Abb. 10-38 kennzeichnet. Die schnellsten Haie, die Makos (Gattung *Isurus*), haben den geringsten Riefenabstand.

10.6.3.6
Interpretation der Widerstandsverminderung

Während turbulente Grenzschichten die bekannte chaotische Partikelbewegung zeigen, weist die viskose Untersicht ein relativ reguläres Streichlinienmuster auf. Nach Untersuchungen amerikanischer Autoren kann ein System längsgerichter, entgegengesetzt rotierender Wirbel angenommen werden, welches die Strömung in der Unterschicht beeinflusst. Die Autoren nehmen eine nichtlineare Interaktion zweier Klassen dreidimensionaler Instabilitätswellen an. Bei gleicher Phasengeschwindigkeit entsteht Resonanz, und zwar bei einer bestimmten Wellenlänge der seitwärts gerichteten Strömung, und damit gekoppelt entstehen entgegengesetzt rotierende Wirbel, deren Längsachse in Strömungsrichtung ausgerichtet sind. Diese (Abb. 10-39) sorgen für einen Impulstransport durch die viskose Unterschicht, indem sie langsameres Fluid in Regionen höherer Geschwindigkeiten einspeisen und schnellströmendes Fluid in die Nähe der Wandregion transportieren. Das Auftreten solcher Niedergeschwindigkeits-Streaks setzt voraus, dass in der viskosen Unterschicht Querströmungen vorhanden sind. Die längsgerichteten Riefen und Kanten behindern nun die Ausbildung dieser Querströmung unter zwei Randbedingungen. Zum einen muss der Abstand der Riefen kleiner sein als etwa die Hälfte der lateralen Wellenlänge; zum anderen müssen die Kanten sehr scharf sein, um Querströmungen effizient zu unterbinden. Man kann nun annehmen, dass infolge der Wechselwirkung der Strömung mit den scharfen Kanten die viskose Unterschicht und deshalb der Turbulenzgrad in der Grenzschicht geringer wird. Eine Reduktion des Impulsaustauschs bedeutet ganz allgemein geringere turbulente Scherspannungen.

Einen ähnlichen Effekt nahm auch Dinkelacker an. Bei leichter Schräganströmung sollen die Rillen die wandnahe Strömung so beeinflussen, dass sie mehr parallel zur Körperachse abläuft. Die Wände der Längsrillen würden dann eine Art Leitplanken bilden; der Widerstand in Rillenrichtung wäre kleiner als quer dazu, so dass schräg angeströmte Rillenstrukturen richtungsbeeinflussend wirken würden. Diese Wirkung ist sowohl bei turbulenten als auch bei laminaren Grenzschichten zu erwarten, wie M. Schneider gezeigt hat.

10.6.3.7
Technische Übertragung

In praxisnahen Messungen wurde ein Großmodell der Dornier Do 328 im deutsch-niederländischen Windkanal teilweise mit NASA-3M-Rillenfolien beklebt (Abb. 10-40). Diese bringen zwar lediglich 5,4 % Wandreibungsverminderung, sind aber in großen Flächen verfügbar. Die erwartete Widerstandsverminderung ist selbstredend kleiner als das in Abb. 10-38 gekennzeichnete 5,4-%-Maximum, da einerseits nur ein Teil des Rumpfes und der Tragfläche beklebt war, andererseits der Gesamtwiderstand ja nicht nur von Oberflächenwiderstand (durch Rillenfolien beeinflussbar), sondern auch noch von anderen Widerstandskomponenten wie Interferenzwiderstand, Druckwiderstand, induzierten Widerstand abhängt; alle diese Komponenten sind durch solche Folien nicht beeinflussbar. Der Druckwiderstand könnte höchstens indirekt günstig beeinflusst

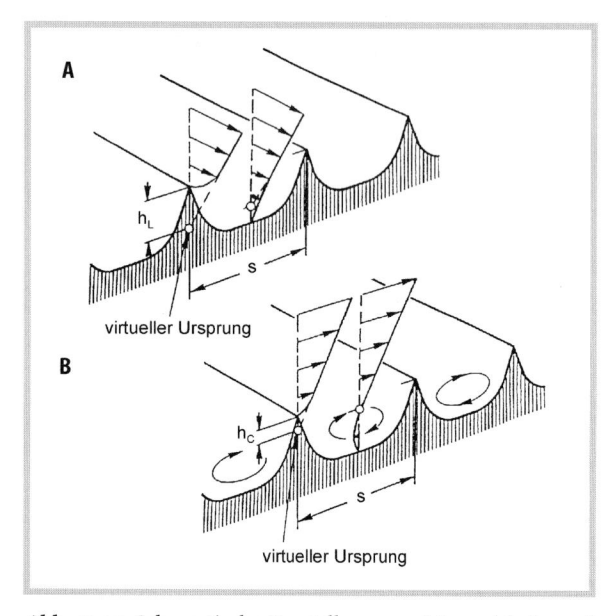

Abb. 10-39 Schematische Darstellung von Längswirbeln und Geschwindigkeitsverschiebungen in der viskosen Unterschicht (teils basierend auf Coles sowie Young, Benney und Gran, Walsh) *(nach Bechert o.J.)*

10.6 Verminderung des Strömungswiderstands – Rümpfe und Oberflächen

Abb. 10-40 Der Aerodynamiker D. Bechert am Modell einer Dornier Do 328 im deutsch-niederländischen Windkanal. Rillenfolie auf den dunkleren Flächen des Rumpfes und auf den Flügeln *(nach Bechert o.J.)*

werden, nämlich durch die Verminderung der Grenzschichtdicke. Ablösungen traten im genannten Versuch nicht auf, und die Messdaten lagen im Bereich der erwarteten Widerstandsverminderung von einigen wenigen Prozenten.

Die Hauptanwendung dieses bionischen Effekts dürfte aber in der Verminderung des Treibstoffverbrauchs von Langstrecken-Großflugzeugen liegen. Von der Airbus-Industrie wurden Rillenfolien von 3M in einem Großversuch an einem Airbus A320 der Cathay Pacific Airways verwendet; es wurden etwa 700 m² Rillenfolien aufgeklebt (Abb. 10-41). Es ergaben sich die erwarteten Widerstandsverminderungen von rund 1,5 %. Die Experimente wurden auf einen A340-300 Langstreckentyp ausgedehnt.

Bei durchschnittlicher Flugauslastung liegen die möglichen Treibstoffeinsparungen pro Jahr und Flugzeug je nach Typ und Größe bei etwa 60–200 t Flugbenzin. Eine Bilanzüberlegung, den Langstrecken-Airbus A340-300 betreffend, steht in Abb. 10-42. Danach kann grob gesagt werden: 1 % weniger Wandreibung entspricht 1 % mehr Gewinn! Ferner kann der Treibstoffverbrauch um etwa 8 % pro Passagier gesenkt werden, da nicht nur Treibstoff eingespart, sondern auch die Zuladung erhöht werden kann. Die positiv auf die Umwelt rückwirkenden Effekte haben den Mitgliedern des Teams u. a. den Philip-Morris-Forschungspreis 1998 eingebracht (obwohl sie Nichtraucher sein sollen).

Probleme stellen sich bisher in Bezug auf die benötigte Zeit, die Rillenfolie aufzukleben. In dieser Zeit kann das Flugzeug kein Geld einfliegen. Diese Zeit ist

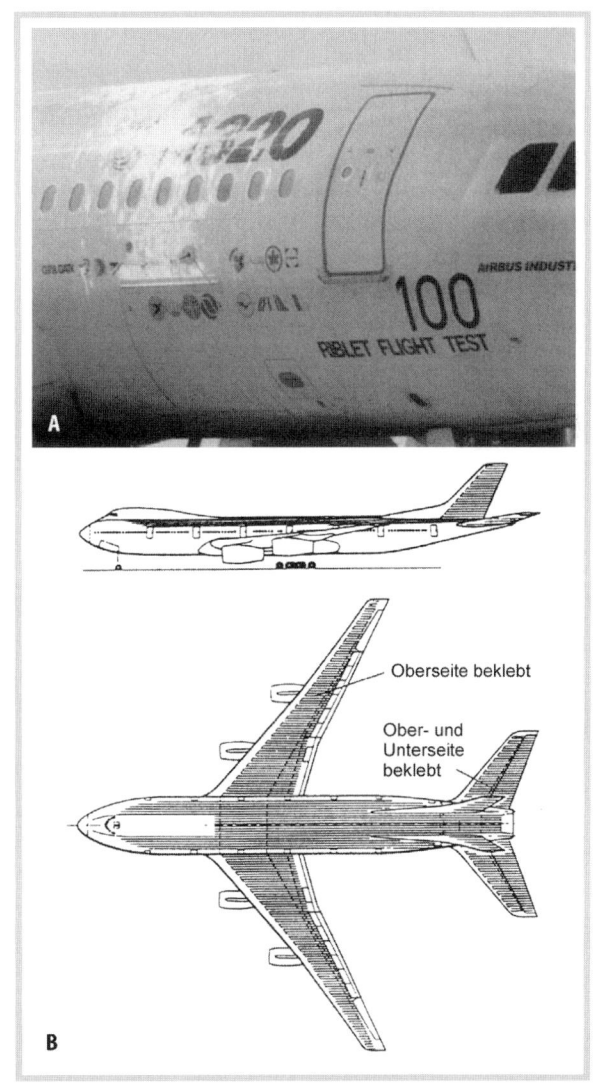

Abb. 10-41 Flugversuche mit einem Airbus, beklebt mit Rillenfolie. **A** Versuchsflugzeug Airbus A320 *(nach Airospace Airbus GmbH aus Bappert [ed] 1996)*, **B** mögliches Beklebungsmuster *(nach Röder et al. aus Neumann [Ed.] 1993)*

aber vergleichbar mit der, die zum Aufbringen einer Lackierung gebraucht wird. Da die Folie die Lackierung ersetzen kann, sollte das aber letztlich kein Problem darstellen. Weiter sollte man annehmen, dass Probleme der Verschmutzungsempfindlichkeit und der Wartungsfreundlichkeit noch zu klären wären. Eine Verschmutzung der Folie wird nicht beobachtet. Hier spielt wohl auch der „Lotus-Effekt" (vgl. Abschn. 13.7) eine Rolle.

> **Beispiel: Langstrecken-Airbus A340-300**
> (Cathay Pacific Airways)
>
> Max. Startgewicht   254 t
> setzt sich zusammen aus:
> Leergewicht: 126 t
> Treibstoff: 80 t
> Zuladung 295 Passagiere: 48 t
>
> ---
>
> 50% vom Gesamt-Luftwiderstand ist Wandreibung;
> max. ca. 8% weniger Wandreibung, wenn alles mit
> Haifischhaut beklebt ist:
> = max. 4% weniger Treibstoffverbrauch
>
> ---
>
> $1/3$ der Betriebskosten sind Treibstoffkosten (auf
> Langstrecke)
> also: − 4% Treibstoff = − 1,3% Betriebskosten
> aber: − 4% Treibstoff = − 3,2 t Gewicht = + 6,7% Zuladung
> = **+ 20 Passagiere**
> Gesamtgewinn: 6,7% + 1,3% = **8%**
> also: 1% weniger Wandreibung = 1% mehr Gewinn!
>
> ---
>
> Kosten und Gewicht der Haifischfolie sind irrelevant,
> aber: $3^{1}/_{2}$ Tage Stillstand pro Jahr = 1% weniger Gewinn
>
> also: **Schneller und „nebenbei" die Haifischfolie kleben!**

Abb. 10-42 Zusammenstellung von D. Bechert zur Kennzeichnung des treibstoffsparenden Effekts einer „künstlichen Haifischhaut" *(nach Bechert, Datenblatt DLR, Berlin, o.J.)*

10.6.4
Weitere widerstandsvermindernde Oberflächengestaltungen

10.6.4.1
Gerippte Rennboot-Rümpfe, Schwimmanzüge und Rohrwandungen

Riblet-Effekte wurden bereits in den frühen 1980er-Jahren im Langley Research Center entdeckt. Die europäischen Eigenentwicklungen zur Reduktion des Widerstands von Flugzeugoberflächen wurden im Abschnitt 10.6.3 beschrieben. Riblets haben darüber hinaus eine weitergehende Anwendung gefunden, z. B. zur Reduktion der Oberflächenreibung von Röhren und Dukten, zur Erhöhung des Wirkungsgrads von Pumpen, Wärmeaustauschern und Airconditionern. Darüber hinaus haben sie bei Hochgeschwindigkeitsbooten eine Rolle gespielt. So wurde 1987 der Cup of America zurück in die USA geholt, sicher auch deshalb, weil der Rumpf der Jacht „Stars and Stripes" mit einer Ribletfolie umkleidet war, welche die 3M Company, St. Paul, Minnesota hergestellt hatte. 1984 gewann ein 4er-Ruderer, beklebt mit dieser Folie, bereits eine Silbermedaille für die USA.

Die Strush Company fertigt gerriefte Wettschwimmanzüge (Abb. 10-43 A), die von Arena North America, Englewood, Colorado vertrieben werden. Es wird angegeben, dass sie ein um 10–15% schnelleres Schwimmen ermöglichen als andere Weltklasseschwimmanzüge. (Ein Zehntel davon erscheint mir bereits sehr wesentlich; vielleicht liegt hier ein Kommafehler vor). Gerippte Teile werden dort eingesetzt, wo der Badeanzug am stärksten turbulent umströmt wird, also im Bereich der

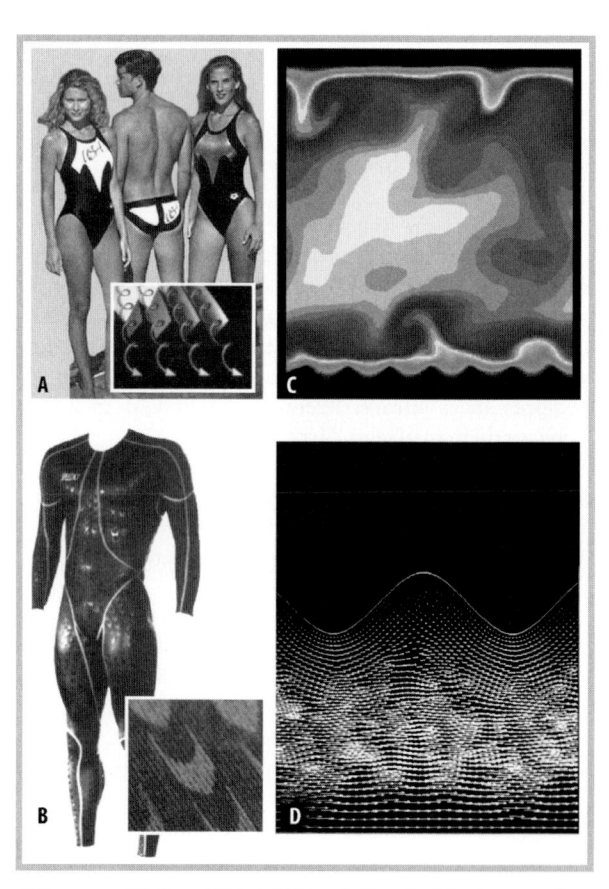

Abb. 10-43 Weitere Ribleteffekte. **A** Strush Schwimmanzüge. Einschaltbild: Rippen-Längsströmung *(nach Strush Homepage)*, **B** Speedo-Schwimmanzug. Einschaltbild „gewebte Schuppung" *(Fotos: Nachtigall)*, **C** Einfluss einer gerippten Wand (querangeströmte Rippen) auf die Durchströmung einer Röhre. Dunklere Gebiete: langsamer strömendes Fluid *(nach CFM Homepage, 1998)*, **D** Simulation Hämolymph-Durchströmung einer geringelten Libellen-Hohlader *(nach Kesel 1997)*

Arm- und Beinansatzstellen. Mikrofasern und eine spezielle Behandlung sorgen zudem dafür, dass sich der Anzug nicht zu sehr mit Wasser vollsaugt. Für Freistil, Rückenschwimmen, Schmetterlingsschwimmen und Brustschwimmen gibt es unterschiedliche, speziell angepasste Anzüge. Diese wurden erstmals 1995 bei den Pan American Games in Mar del Plata, Argentinien, ausprobiert und führten zu einem Medaillenregen. Unabhängig davon hat die Firma Speedo ähnliche, sehr erfolgreiche Schwimmanzüge entwickelt (Abb. 10-43 B). Wir haben in unserem Saarbrücker Falltank mit Stoffmustern für Schwimmanzüge Versuche mit stoffüberzogenen Fallkörpern nach Art der Abb. 10-44 B gemacht und dabei eine leichte Widerstandsverminderung festgestellt.

Bei der Entwicklung des widerstandsverminderten Schwimmanzugs „Fastskin" der Firma Speedo wurde Gabi Ottke, Olympiateilnehmerin von 1988 und ehemalige deutsche Meisterin über 200 m Schmetterling, in der Versuchsanstalt für Binnenschifffahrt in Duisburg an einem Handgriff mit Zugsensor mit 2 m s^{-1} durchs Wasser gezogen. Es ergab sich ein Widerstand von 94 N mit einem herkömmlichen Badeanzug, dagegen einen signifikant niederen Widerstand von 80 N mit dem „Fastskin": 15 % Reduktion. Andere Quellen berichten von 10,5 % Reduktion, die einen Zeitgewinn von 3 % entsprechen. Beides erscheint mir als außerordentlich hoch, und ich glaube es nicht recht.

Von Delfinen hat man nicht nur die Widerstandsreduktion durch ihre schwingungsfähige Oberfläche technisch abstrahiert, sondern auch gelernt, dass sie ihren Wellenwiderstand dadurch reduzieren, dass sie zwar nahe der Oberfläche, aber in idealen Tiefen schwimmen. Freistilschwimmer sollten möglicherweise während der Gleitphasen eine Spur tiefer eintauchen und so schwimmen, dass Auftriebskräfte vermieden werden. Es ist nicht selbstverständlich, dass diese einen Schubanteil entwickeln; sie könnten – nach Vergleich mit Schwimmern im Tierreich – auch bremsen.

In Röhren kann man spiralartige oder ringförmige Vorsprünge anbringen, die senkrecht zu ihrer Erstreckung überströmt werden (Abb. 10-43 C). Sie ähneln damit Protrusionen wie man sie von pflanzlichen Leitungszellen und auch hämolymphdurchströmten Flügeladern von Libellen kennt. Eine nummerische Simulation bei turbulentem Durchfluss bei einer Reynolds-Zahl von 140 mit Rippen, deren Dimension im Verhältnis zum Rohrdurchmesser aus Abb. 10-43 C erkenntlich ist, hat ergeben, dass sich die viskose laminare Unterschicht erhöht und damit die Scherspannung reduziert. Saarbrücker Rechnungen über die Durchströmung geringelter Libellenadern haben ergeben, dass die „Zwischenräume" strömungsmechanisch kompensiert (ausgefüllt) werden (Abb. 10-43 D).

10.6.4.2
Die Delfinhaut und ein Schiffsanstrich

Mit ihrer wässrig-schwammigen Unterhaut hat die Delfinhaut nicht nur Anregung für künstliche Überzüge von Unterseebooten und Torpedos gegeben, die entstehende Strömungsturbulenzen wegdämpfen und damit den Widerstand verringern. Erste Untersuchungen von M.O. Kramer zu diesem Thema gehen in die 50er-Jahre zurück, wie in Abb. 5-11 dargestellt ist. Erst vor kurzer Zeit hat man dagegen festgestellt, dass diese Haut selbstreinigend ist, so dass es auch organischer Aufwuchs schwer hat, sich anzusiedeln.

Untersuchungen an der Haut von Pilotwalen, die unmittelbar nach dem Fang tiefgefroren worden sind (Pilotwale erreichen eine Länge von bis zu 7 m) haben eine extreme Glätte ergeben. Die durchschnittliche Rauheit soll so klein sein, dass im Vergleich damit die Gameten z.B. von Meeresalgen oder die Fortpflanzungsstadien mariner, festsitzender Krebse (Seepocken) geradezu riesig sind. Sie können sich nicht in Strömungsnischen hinter Rauheiten verbergen und werden somit leicht weggespült. Des Weiteren bildet sich in interstitiellen Räumen zwischen den obersten Hautzellen ein schleimartiges, enzymreiches Gel. Dieses scheint in der Lage zu sein, Schleimsubstanzen, mit denen sich parasitische Organismen festsetzen, zu zerstören und damit ein Festsetzen zu verhindern. Es füllt aber auch 100 nm große Unebenheiten der Haut aus und sorgt so mit für deren extreme Glätte.

Schiffe müssen mit giftigen Anstrichen versehen werden („Biofouling"), damit sich nicht zu viele Aufwuchsorganismen festsetzen, was erhöhten Strömungswiderstand und damit auch erhöhten Treibstoffverbrauch bedeutet. Trotzdem lässt sich dies nicht ganz verhindern, weshalb Schiffe in regelmäßigen Abständen in teuere Trockendocks müssen, wo der Aufwuchs abgekratzt wird.

Nach den Prinzipien der Delfinhaut wurde Forschern vom Alfred Wegener Institut für Polar- und Meeresforschung in Kiel ein 2001 zum Patent eingereichter Schiffsanstrich entwickelt, der Nanorauheiten simuliert. Diese Bewuchsschutzfarbe ist ungiftig und umweltneutral.

10.6.5
Fischschleim und Polyox

In einem klassischen Artikel aus dem Jahre 1971 haben M. W. Rosen und N. E. Cornford gezeigt, dass Schleime von Fischen den Reibungswiderstand von Schleimlösungen im Vergleich mit reinem Wasser teils dramatisch herabsetzen können (Abb. 10-44 A). Gemessen wurde dies über die Ausströmgeschwindigkeit, die unterschiedlich schleimhaltiges Wasser bei gegebenem Ausgangsdruck in einer dünnen Röhre erreichen kann. Eine extreme Widerstandsverminderung um etwa 65 % max. erreichte der Schleim des Pazifischen Barrakuda, und zwar schon bei geringen Konzentration von etwa 5 %. Selbst bei 2 % Schleimgehalt betrug die Reduktion an die 40 %. Kaum eine Reaktion zeigte sich dagegen auf den Schleim des Kalifornischen Thunfisches (*Bonito*); bei geringprozentigen Lösungen fand sich sogar eine geringfügige Verschlechterung. Andere Seewasserfische wie etwa die Pazifische Makrele und Süßwasserfische wie Barsche und Forellen fanden sich im Mittelbereich und erreichten extreme Werte von immerhin an die 60 % erst bei höheren Konzentrationen zwischen 10 und 25 % (Abb. 10-44 A).

Wenn man Fallkörper in einem Wassertank mit Fischschleim einreibt, den man vorher von einem Aquariumfisch mit einem Stab abgerieben hat, fallen sie signifikant schneller; ihr Strömungswiderstand wird also reduziert. Gleiches gilt, wenn man statt Wasser eine geringprozentige Schleimlösung verwendet. Ein nur sehr geringer Massenanteil an Körpersubstanz hat bereits drastische Widerstandsverminderungseffekte, weil die Fischschleime selbst wieder zu 95 % aus Wasser bestehen. Trotzdem müssen diese Schleime laufend nachgeliefert werden, so dass sie insbesondere für nur kurzfristig beschleunigende Lauerjäger (Barrakuda, Hecht) effektiv sind, denn sie werden nur sekundenlang eingesetzt. Wahrscheinlich rollen sich ihre langgestreckten Kohlenhydratmoleküle in der Grenzschicht auf und wirken wie eine Schicht von Miniaturkugeln (Rollreibung!?).

Für sein Bionik-Praktikum hat I. Rechenberg/Berlin einen „Fallkanal" entwickelt, in dem ein Torpedo-artiger Körper, entweder glatt oder mit einer Fischschleimlösung oder einem technisch analogen Mittel bestrichen, in reinem Wasser oder in eine Schleimlösung fallen kann. Bei geringerem Widerstand ist die über Lichtschranken gemessene Endgeschwindigkeit größer. In einer Lösung von 6 ppm Polyäthylenoxid („Polyox")

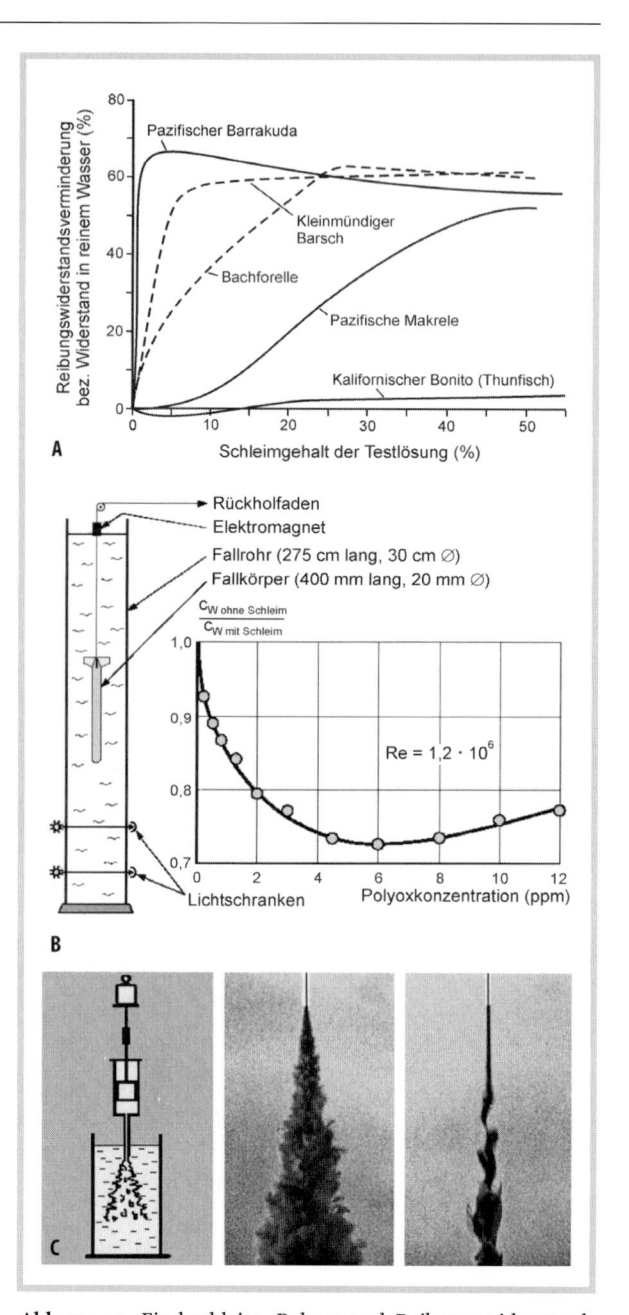

Abb. 10-44 Fischschleim, Polyox und Reibungswiderstand. **A** Reibungswiderstand unterschiedlich konzentrierter Fischschleim-Lösungen im Vergleich mit reinem Meerwasser (–) bzw. Süßwasser (– –) *(nach Rosen, Cornford 1971)*, **B** Versuche mit Fallkörper in einer Polyox-Lösung, **C** Versuche mit Freistrahlen. Links: Methode, Mitte: gefärbtes Wasser in Spritze und reines Wasser im Gefäß, rechts: 20 ppm gefärbte Polyox-Lösung in Spritze und reines Wasser im Gefäß *(nach Rechenberg 2001, leicht verändert)*

– einer sehr geringen Konzentration von 6 ml Konzentrat auf 1 m³ Wasser – wurde eine Widerstandsverminderung von an die 27 % erreicht (Abb. 10-44 B). Wie Fischschleim, der sich aus unverzweigten Glycoprotein-Molekülen aufbaut, sind auch die Polyox-Moleküle langkettig und unverzweigt.

Ebenfalls aus dem Studentenpraktikum stammt der Versuch, mit einer belasteten Spritze in einem Gefäß einen turbulenten Freistrahl zu erzeugen (Abb. 10-44 C). Mit reinem Wasser ergab sich das mittlere Bild, mit 20 ppm Polyox-Lösung in der Spritze das rechte: Die Laminarisierung ist frappierend.

Polyox-Lösungen werden seit einiger Zeit Spritzwasserbehältern der New Yorker Feuerwehr zugesetzt, was es ermöglicht, mit gleicher Pumpenleistung höher zu spritzen. Auch in Ölpipelines werden zur Verminderung der Wandschubspannungen und bei gegebener Geschwindigkeit der Pumpleistungen (oder bei gegebener Pumpleistung der Erhöhung des Durchsatzes) entsprechende Additive verwendet.

Die Widerstandsverminderung von Fädchen, seien sich molekular oder mikroskopisch klein (nur genügend lang), beruht wohl darauf, dass sich entstehende Mikrowirbel in den Fädchen verfangen und damit nicht so leicht aufplatzen und somit Turbulenz erzeugen können: Die Fädchenschicht nimmt einen Teil der Bewegungsenergie der Mikrowirbel auf. Macht man die Fädchen zu kurz, so dass sich die Mikrowirbel nicht verfangen können, reduziert sich die Wirkung deutlich oder bleibt ganz aus. Behandelt man beim Versuch nach Abb. 10-44 C die Polyox-Lösung vor der Applikation in einem schnelllaufenden Mixer, so stellt sich nur noch eine Wirkung ein, die zwischen der des mittleren und rechten Teilbilds liegt. (Rechenberg vermutet im Übrigen, dass auch die Widerstandsverminderung von Mikroblasen – vgl. Abschn. 10.6.6 – mit darauf beruhen könnte, dass Mikrowirbel größere Blasen in kleinere zerhacken, womit Energie absorbiert wird, die dann zur Turbulenzerzeugung fehlt.)

Technische Applikationen zur Widerstandsverminderung mit dieser Methode haben ihren Ausgang von Tierbeobachtungen genommen, obwohl rein technische Untersuchungen vorher auch schon bekannt waren. So hat P. A. Toms bereits 1948 entdeckt, dass sich der Widerstand einer Rohrströmung mit Chlorbenzol verringert, wenn man ihm 500 ppm Polymethylmethacrylat beimengt. Ohlmer hat später festgestellt, dass der Widerstand eines geschleppten, toten Hechts nach dem „Entschleimen" um 12 % steigt. Beide Effekte wurden aber erst nach den technisch-biologischen Messungen von Rosen und Cornford (1971) an Meeres- und Süßwasserfischen (Abb. 10-44 A) wieder ausgegraben. Rechenberg hat recht, wenn er schreibt: „Bionik, was gar nicht so selten ist, reformiert vages technisches Wissen".

10.6.6
Luftblasenschleier bei Pinguinen und Unterwassergeschossen

Pinguine bewahren unter ihrem Stummelfederkleid einen Luftmantel auf, der nach dem Einsprung ins Wasser z.T. abgegeben wird. Offenbar wird er im Verlauf der Rumpfumströmung in Gebieten des Unterdrucks als Bläschenschleier abgesaugt (Abb. 10-45 A), wodurch der Oberflächenwiderstand des Fluids vermindert wird. Ein

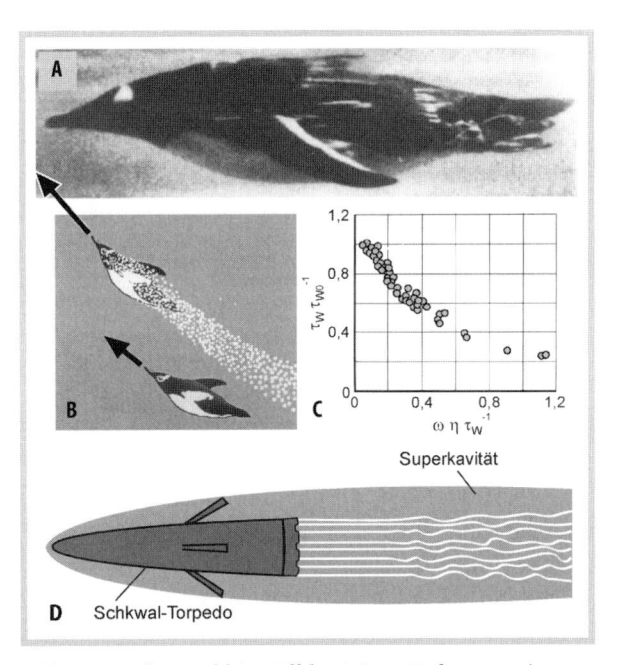

Abb. 10-45 Blasenschleier-Effekt. A Erste Dokumentation am Eselspinguin *Pygoscelis pagua*, Ausgleiten in einem Pinguinarium, ca. 2,5 s nach Einspringen. Nach einem 8 mm Filmbildchen *(nach Nachtigall, Bilo 1980)*, B Schema der beschleunigenden Wirkung eines Luftblasenschleiers auf einen schnellschwimmenden Pinguin *(nach Rechenberg 2001)*, C Wandreibungsreduktion einer Wasser-Rohr-Strömung durch Mikroluftblasenbeimischung. Dimensionslose Darstellung. Kenngrößen: ω Frequenz der am Messort vorbeiströmenden Bläschen, η Zähigkeit von Wasser, τ_{Wm} Wandschubspannung mit Bläschen, τ_{Wo} Wandschubspannung ohne Bläschen (reines Wasser) *(nach Rechenberg 2001)*, D Schkwal-Torpedo *(Umzeichnung nach Spektrum Wiss. 8/2001)*

gewisser Vorrat bleibt aber erhalten, den der Pinguin im Notfall zum kurzfristigen Extremschnellschwimmen einsetzt, etwa beim massiven Beschleunigen zum schrägen Sprung auf eine Eisscholle (Abb. 10-45 B). Möglicherweise spielen dabei die Vergrößerung des Unterdrucks und ein aktives Anpressen der Stummelfedern gemeinsam eine Rolle. Der Effekt beruht wahrscheinlich darauf, dass die Zähigkeit eines Wasser-Mikroluftblasen-Gemischs geringer ist als die Zähigkeit reinen Wassers. Wie die dimensionsfreie Darstellung in Abbildung 10-45 C zeigt, kann der Effekt bei Rohrströmungen die Wandschubspannung bis zu 20 % vermindern.

Umgibt man einen Torpedo von der Spitze an mit einer Hülle aus Wasserdampfblasen, so kann er wegen massiver Verminderung des Strömungswiderstands dramatisch schneller schwimmen. Der russische Schkwal-Torpedo (Abb. 10-45 D) erreicht dies durch „Superkavitation", die von einer speziell geformten Spitze ausgeht und das Geschoss mit einer sich selbst erneuernden Gashülle umgibt. Während die schnellsten Normaltorpedos etwa 130 km h^{-1} erreichen, sollen derartige Experimentaltorpedos unter Wasser sogar Überschallgeschwindigkeit erreicht haben (!). Der Schkwal erreicht immerhin mehr als 350 km h^{-1} und dürfte die Unterwasser-Militärtechnik revolutionieren.

Kürzlich wurde eine interessante Überlegung zum geheimnisvollen Verschwinden von Schiffen im rätselhaften Bermuda-Dreieck geäußert. Wenn es infolge meteorologischer Veränderungen zu einem massiven Entgasen von Tiefseeböden (Methanhydrid-Blöcke) kommt, könnte sich kurzfristig ein dichter Blasenschleier bilden, die Dichte würde sinken, damit auch der statische Auftrieb der Schiffe, wodurch diese versinken.

10.6.7
„Sandfische" und die Verminderung von Festkörperreibung

Der Skink, *Scincus scincus*, wird auch „Sandfisch" genannt, weil er sich in Lockersandbereichen von Saharadünen schlängelnd bewegt, wie ein Fisch im Wasser. „Schwimmen unter dem Sand ist gewiss anstrengender als Schwimmen im Wasser. Wenn die Evolution bei schnellen Wassertieren so viele Tricks zur Widerstandsverminderung erfunden hat, dann sollte dies erst recht beim Sandfisch gelten. Deshalb lautet die Hypothese des Bionikers: Die Schuppen des Sandfisches sollten – wenn die Evolution auf Energiesparen setzt – einen Mechanismus aufweisen, der Festkörperreibung (hier Sandreibung) herabsetzt". Setzte man anstelle der Düsenspitze in Abb. 10-46 B einen Block auf eine schiefe Ebene, so zerlegte sich seine Gewichtskraft F_G in eine Normalkomponente F_N und eine Hangabtriebskomponente F_R. Erhöhte man den Anstellwinkel α der Ebene, so rutschte der Quader ab einem bestimmten Winkel abwärts. Der Tangens dieses Winkels wäre der Haftreibungskoeffizient. Reduzierte man diesen Winkel wieder, bis der Klotz nicht mehr rutscht, wäre sein Tangens der Gleitreibungskoeffizient.

Analog hat Rechenberg den Tangens des Winkel, bei dem ein auslaufender feiner Sandstrahl nicht mehr abrutscht, „Gleitreibungskoeffizient für Sand" genannt. Bei Sandfischoberflächen stoppte der Sandstrahl im Durchschnitt bei $\alpha = 20°$ und floss weiter bei $\alpha = 22°$. Bei technischen Oberflächen lagen die Winkel bei weitaus höheren Werten (Abb. 10-46 C). Vielleicht ist bei den doch leicht gerieften Schuppen des Sandskinks der positive Effekt auf einen hochelastischen Decküberzug zurückzuführen („Delfinhauteffekt" – Abschn. 10.6.4). – Der Autor hat Pilotuntersuchungen zu dieser Thematik bemerkenswerterweise in der Sahara selbst durchgeführt.

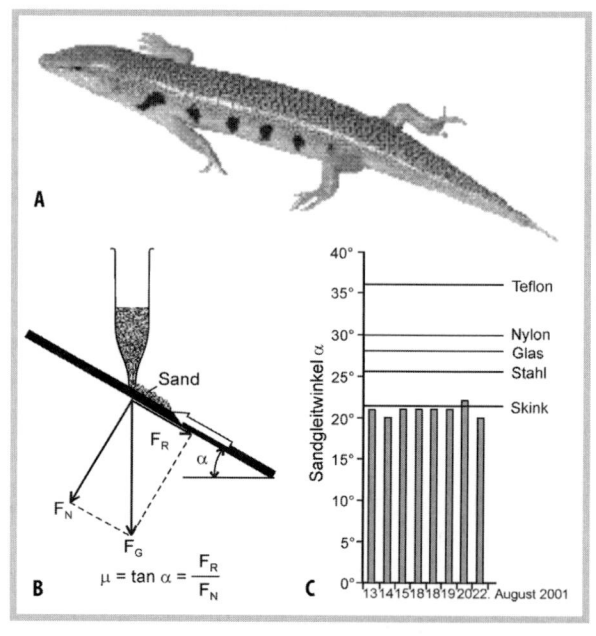

Abb. 10-46 „Sandfisch" *Scincus scincus,* und Reibungsmessungen. **A** Sandfisch, **B** Schema des Sandgleitversuchs, **C** Reibungsmessungen an Sandfischoberflächen (Tiere betäubt oder getötet) an 8 Tagen in der Wüste, Ausschnitt *(nach Rechenberg 2001)*

10.7
Mittel zur Auftriebserhöhung – Verringerung der Gefahr des Überziehens

10.7.1
Bewegliche Flügelklappen nach dem Gefiederprinzip

Stellt sich ein Tragflügelprofil unter zunehmend größerem Anstellwinkel zur Strömung, so beginnen auf der Oberseite von der Hinterkante nach vorne wandernd Umkehrvorgänge in der Grenzschicht. Es entsteht ein wandnaher „Rückstromkeil" (Abb. 10-47 A), der die darüber liegende Grenzschicht anhebt und schließlich zur Ablösung bringt, wodurch der Auftrieb letztendlich zusammenbricht.

Das Deckgefieder vieler Vögel hebt sich unter den gegebenen Druckverhältnissen leicht an und kann als „Rückstrombremse" wirken, wodurch die beschriebenen Vorgänge bei kleineren Anstellwinkeln unterbunden, bei größeren verzögert werden können. Das automatische Anheben des Deckgefieders ist in vielen Aufnahmen nachgewiesen; es kann zu lokalen Taschenbildungen neigen und damit lokale Störstellen bekämpfen (Abb. 10-47 B).

Vorgänge der Gefieder-Aerodynamik sind in letzter Zeit insbesondere von Patone und Müller an Rechenbergs Berliner Institut für Bionik und Evolutionsstrategie untersucht und u. a. von Bechert und seiner Arbeitsgruppe in die praktische Erprobung geführt worden. Dies geschah in Zusammenarbeit mit der Firma Stemme Aircraft Company, Straußberg. In Flugversuchen wurde die praktische Wirksamkeit demonstriert. Windkanalexperimente (Abb. 10-47 C) haben bei hohen Anstellwinkeln von etwa 20° Auftriebsverbesserungen bis zu 18 % gebracht; der positive Effekt beginnt schon bei Anstellwinkeln von etwa 8°. Bei den Flugversuchen konnte man die Minimalgeschwindigkeit, bei der Strömungsabriss eintritt, mit diesen Klappen um immerhin 3,5 % verringern. Das bedeutet, das der Auftrieb um 7 % angestiegen sein muss, was wiederum eine Gesamtauftriebserhöhung des Flügels um 11,4 % entspricht. Exakt dieser Wert wurde auch in Windkanalversuchen mit der speziell verwendeten Klappe nachgewiesen. Zahlreiche Probleme, u. a. die Dauerelastizität, die Gestaltung der Klappenhinterkanten und die Korrosionssicherheit sind für eine praktische Ausführung noch zu lösen.

10.7.2
Strömungsbeeinflussung durch Felloberflächen

Gleitbeutler der Gattung *Petaurus* besitzen auf der Oberseite der zwischen den gestreckten Extremitäten etwa quadratisch ausgebildeten Flugfläche geringer Streckung (Einschaltbild in Abb. 10-48 C) ein sehr flaumiges, dichtes, aber kurzhaariges Fell. Mit dieser von der Streckung her sehr ungünstigen aerodynamischen Fläche erreichen sie Gleitwinkel von immerhin etwa 27°, bei geradezu riesigen Anstellwinkeln von rund 45° (Abbildung 10-48 A, B). Sie gleiten von Bäumen abwärts zur Basis eines weiter weg stehenden Nachbarbaums, laufen aufwärts und wiederholen das Spiel. So bewegen sie sich rasch durch den Regenwald.

Eine dünne Metallplatte etwa von der Geometrie und Größe der Gleitfläche, mit und ohne aufgeklebtem Petaurus-Fell unter definierten Randbedingungen, hatte ich vor einiger Zeit am Windkanal vermessen. Sie ergab bei diesen Anstellwinkeln Auftriebsverbesserungen immerhin um den Faktor 1,2 (Abb. 10-48 C). Rauchkanal-

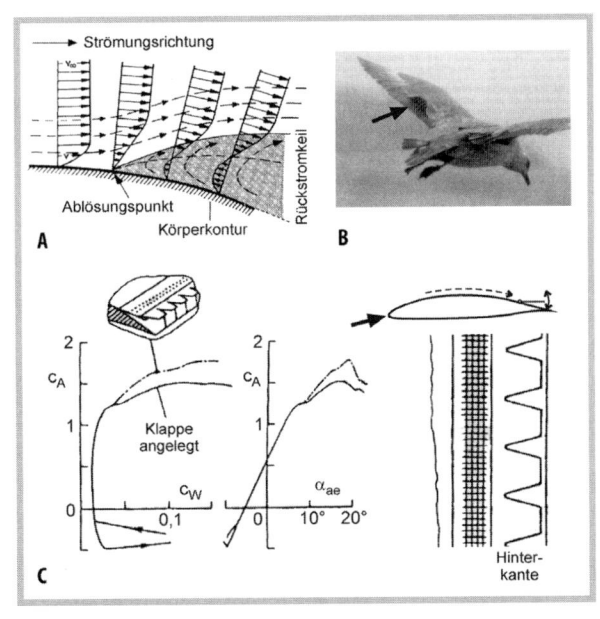

Abb. 10-47 Deckgefiedereffekt und seine technische Nachahmung. **A** Nach vorne Wandern des „Rückstromkeils" an einem technischen Blatt *(nach Dubs 1966 aus Nachtigall 1977 verändert)*, **B** Angleiten einer Skua-Möwe mit Deckgefieder-"Tasche" *(Foto: Rechenberg)*, **C** Wirkung einer beweglichen Klappe am Segelfliegerprofil HQ41. Von links nach rechts: aufgelöste Auftriebspolare, Polare, Klappenlage und geometrische Kenngrößen (Zahlen: Prozent der Flügeltiefen) *(nach Bechert et al. 2000)*

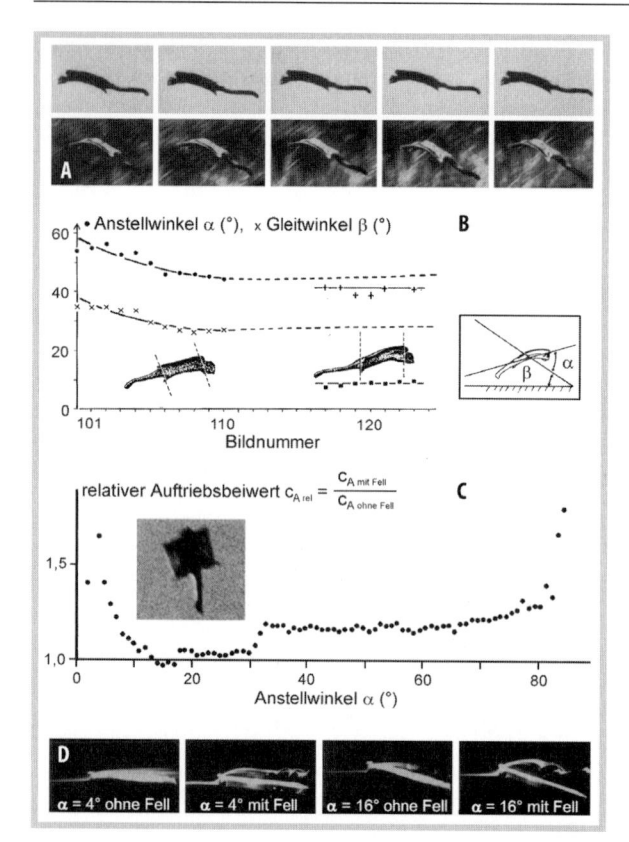

Abb. 10-48 Gleitflug und Felleffekte beim Gleitbeutler *Petaurus breviceps papuanus*. **A** Mitte und Ende eines Gleitflugs, **B** Winkelverhältnisse in der Mitte eines Gleitflugs, in der Abbildungsmitte präzise ausmessbar, **C** Felleffekt auf den Auftriebsbeiwert. Einschaltbild: Gleitflug von schräg unten gesehen, **D** Rauchkanaleffekte *(nach Nachtigall 1986)*

Oberflächen nach hinten wandern. So würde sich an der Oberfläche selbst immer wieder eine neue „Mikrolaminarisierung" ausbilden und die Oberfläche könnte sich möglicherweise auch selbst reinigen (eine Art „Lotuseffekt"). Bereits in den 30er-Jahren wurde diskutiert, Felle gerade dort anzubringen, wo Ablösungsvorgänge eingeleitet werden, z. B. hinter Schempp-Hirth-Bremsen an Segelflugzeugen, die man dann auch weiter nach vorne, in die Profilnasenregion, legen könnte, wo sie größere Beaufschlagungswirkung bei kleinerem Bauaufwand hätten. Bei höheren Geschwindigkeiten würden sich die Pelzfädenoberflächen gleichartig übereinander legen und so nicht stören. Bei niederen Geschwindigkeiten, insbesondere im Langsamflug bei großen Anstellwinkeln, würden sie infolge der hier auftretenden Druckdifferenzen hochgesaugt werden und als „Miniaturrückstrombremsen" wirken. Reder hat Probleme dieser Art diskutiert. Hertel betont, dass diese aerodynamisch bedeutsamen Effekte an der Pelzoberfläche vollautomatisch ablaufen und mit billigsten Mitteln zu bewerkstelligen wären. Aus neuerer Zeit ist die technische Anwendung solcher Effekte nicht bekannt geworden; als zusätzliches, automatisch wirkendes Sicherungselement für Segelflüge bei hohen Anstellwinkeln böte sie sich an.

aufnahmen (Abb. 10-48 D) zeigen, dass die Felloberfläche den Abriss hinauszögert, offensichtlich durch Grenzschichtbeeinflussung, möglicherweise Wiederanlegen der lokalen Grenzschicht hinter den einzeln umströmten Haaren. Der Effekt ist nicht auf das Petaurus-Fell beschränkt, dort aber maximal. Bei einem aerodynamischen Anstellwinkel von 31° erreichte das Petaurus-Fell einen Auftriebsbeiwert $c_A \approx 0{,}87$, das Fell einer Hausmaus 0,82 (es erreichte etwa das gleiche Maximum; die Strömung riss aber früher ab), ein künstlicher Samt auf Klebefläche sogar 0,89, die glatt polierte Plexiglasplatte dagegen nur 0,74.

Demnach könnten Felloberflächen an geeigneten Stellen – insbesondere an der Bugregion von Flügeln – Turbulenzen in Mikrowirbel zerhaken, die in der Felloberfläche „untertauchen" und mit den schwingenden

10.7.3
Daumenfittich und Vorflügel

Bei hohen Anstellwinkeln besteht die Gefahr, dass die Strömung auf der Oberseite eines Tragflügels abreißt und der Auftrieb zusammenbricht. Technische Vorflügel, die entweder auf Grund der am Flügelbug herrschenden Unterdruckspitze automatisch oder aber motorisch ausgefahren werden, lenken einen Strömungsanteil auf die Flügeloberseite, wo der Grenzschicht Energie zugeführt wird und ein Strömungsabriss angehalten werden kann. Im Flugzeugbau können damit ungewöhnlich hohe maximale Anstellwinkelwerte bis zu etwa 26° und maximale Auftriebsbeiwerte bis etwa 1,8 erreicht werden. Eingeführt wurden die Vorflügel in den 20er-Jahren unabhängig voneinander von Lachmann und Handley-Page.

In der frühen Forschung ist der analoge Daumenfittich-Effekt intuitiv verglichen und in die technische Entwicklung mit aufgenommen worden (Abb. 10-49 A). Erst in den 60er-Jahren haben wir versucht, den Daumenfittich als Hochauftriebserzeuger und Vorflügel auch strömungsmechanisch zu verstehen. Aufgelöste

10.8
Insektenflug – Entomopteren

10.8.1
Luftkrafterzeugung durch Schlagflügel bei Fliegen, zweiflügelige Entomopteren

10.8.1.1
Allgemeines

Die Analyse des Dipterenflugs hat auch mich beschäftigt; inzwischen gehört dieser Bereich zu den am besten untersuchten Fortbewegungsweisen im Tierreich.

Basis für eine Auswertung der Flügelbewegung waren und sind Zeitlupenaufnahmen mit sehr hoher Bildfrequenz, die eine räumliche Auswertung ermöglichen. Stereo-Bildpaare sind für diese kleinen Dimensionen weniger geeignet als Dreitafelprojektionen. Eine vor dem Windkanal im Kräftegleichgewicht fliegende Fliege wurde zur gleichen Zeit über ein Spiegelsystem aus drei senkrecht zueinander stehenden Raumrichtungen, die mit den drei Körperachsen (Einschaltbild in Abb. 10-50) zusammenfallen, mit bis zu 8000 Bildern pro Sekunde gefilmt. Daraus ließ sich die räumliche Bahn der Flügel ausmessen, zunächst nur im entscheidenden Flügelschnitt etwa zwei Drittel bis drei Viertel der Flügellänge vom basalen Drehgelenk entfernt, später in vielen Flügelschnitten, die sich beim Schlag gegeneinander verdrehen.

10.8.1.2
Flügelbewegung

Abbildung 10-50 zeigt übereinandergezeichnete Phasenbilder einer Schmeißfliege, die in der Orientierung der Abbildung von rechts nach links fliegt, von oben und von der Seite gesehen. Darunter ist, pars pro toto, die Trajektorie der Flügelspitze gezeichnet. Wie erkennbar bewegt sich der Flügel beim Abschlag von schräg hinten oben nach schräg vorne-unten im Raum, beim Aufschlag schlägt er ziemlich steil hoch und führt eine rückläufige Schleife aus, weil die Schlaggeschwindigkeitskomponente „nach hinten" größer ist als die Fluggeschwindigkeit „nach vorne". Dies hat weitreichende aerodynamische Konsequenzen, wie im Folgenden gezeigt wird.

Abbildung 10-50 lässt gut die Schlagschwingung des Flügels erkennen, nicht aber eine weitere Komponente der Flügelbewegung, die Rotationsschwingung um die Längsachse (genauer gesagt: einer längsachsennahen Achse, deren Lage schlagperiodisch oszilliert). In Ab-

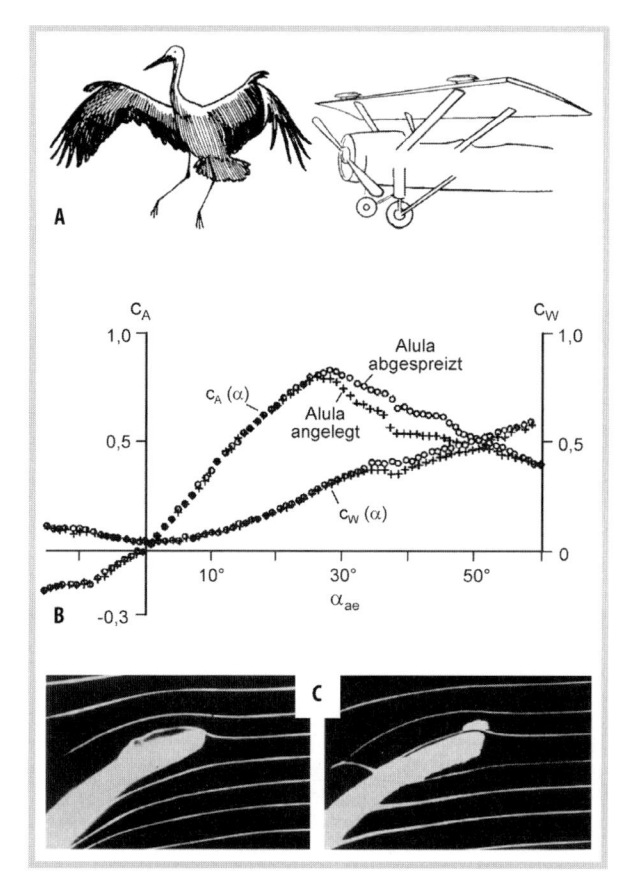

Abb. 10-49 Daumenfittich und Vorflügel. **A** Klassische Gegenüberstellung aus den 20er-Jahren *(nicht nachweisbar)*, **B** Auftriebsbeiwert c_A und Widerstandsbeiwert c_W als Funktion des aerodynamischen Anstellwinkels α_{ae} eines Flügels der Amsel *Turdus merula*, Flügelfläche $7{,}9 \times 10^{-3}$ m², $Re_t = 2{,}6 \times 10^4$, **C** Fotogramme von Rauchkanalregistrierungen an einem Flügelrudiment der Stockente *Anas platyrhynchos* bei $\alpha_{ae} = 42°$. Oben: Oberseitenströmung abgerissen, unten: Daumenfittich ausgefahren, Oberseitenströmung über halbe Flügeltiefe anliegend *(nach Nachtigall, Kempf 1970)*.

Auftriebs- und Widerstandspolaren (Abb. 10-49 B) haben gezeigt, dass eine positive Wirkung (mit bis zu 15 % höherer Auftriebserzeugung) in sehr hohem Anstellwinkelbereich erreicht wird, wie er z. B. beim Bremsanflug von Vögeln festgestellt worden ist, nämlich zwischen 30 und 50°. Allerdings wird damit auch ein um etwa 8 % höherer Widerstand erzeugt (was beim Bremsflug erwünscht ist). Dies ist ein Beispiel dafür, dass technische Entwicklungen zu messtechnischen Nachprüfen im biologischen Bereich („Technische Biologie") Anlass gegeben haben.

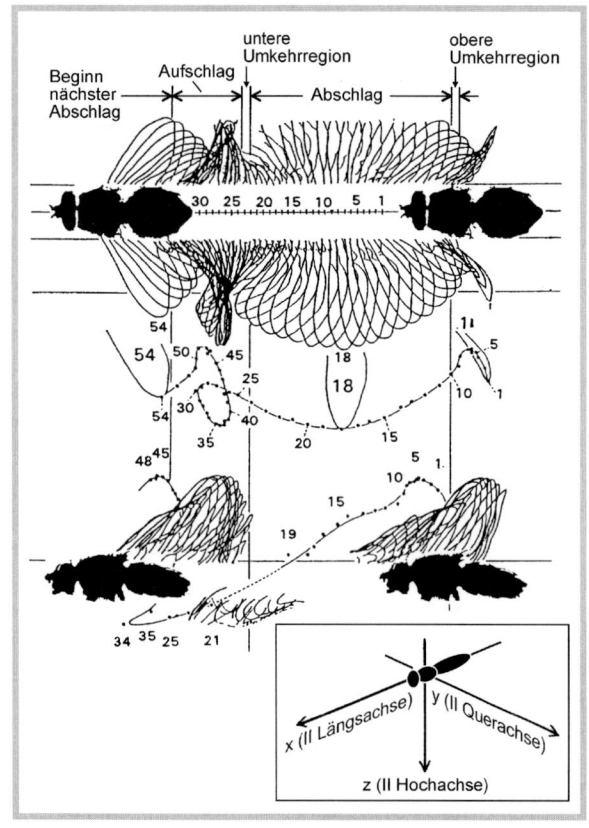

Abb. 10-50 Übereinanderzeichnung von Phasenbildern einer Schmeißfliege *Calliphora erythrocephala*, soweit in der Filmauswertung (6 400 Bildern pro Sekunde, synchron aus zwei Raumrichtungen) erkennbar, von oben und von der Seite gesehen. Trajektorien: Flügelspitze in Parallelprojektion in der x, y-Ebende (oben) und x, z-Ebene (unten). Punktabstand 0,16 ms. Maßstab: *mm (nach Nachtigall 1997, basierend auf Na. 1966)*

bildung 10-51 ist der Flügel als Strich gezeichnet, so wie er in Ansicht aus Richtung der Längsachse erscheint (breitester Flügelschnitt, Flügel als ebene Platte abstrahiert). Die Rotationsschwingung wäre nun dadurch gekennzeichnet, dass der Flügel in dieser Schnittansicht im Uhrzeigersinn oder gegen diesen Sinn rotiert.

Schlag- und Rotationsschwingung spielen in günstiger Phasenlage zusammen, im Prinzip ähnlich wie das für die Fischflosse gezeigt worden ist (Abb. 10-19 B): Durchläuft die Schlagschwingung am oberen und unteren Umkehrpunkt des Flügels ein Geschwindigkeitsminimum, hat dort die Rotationsschwingung ihr Maximum (bis zu 36 000 Winkelgrade pro Sekunde (!) bei mittelgroßen Fliegen). Andererseits ist die Rotation

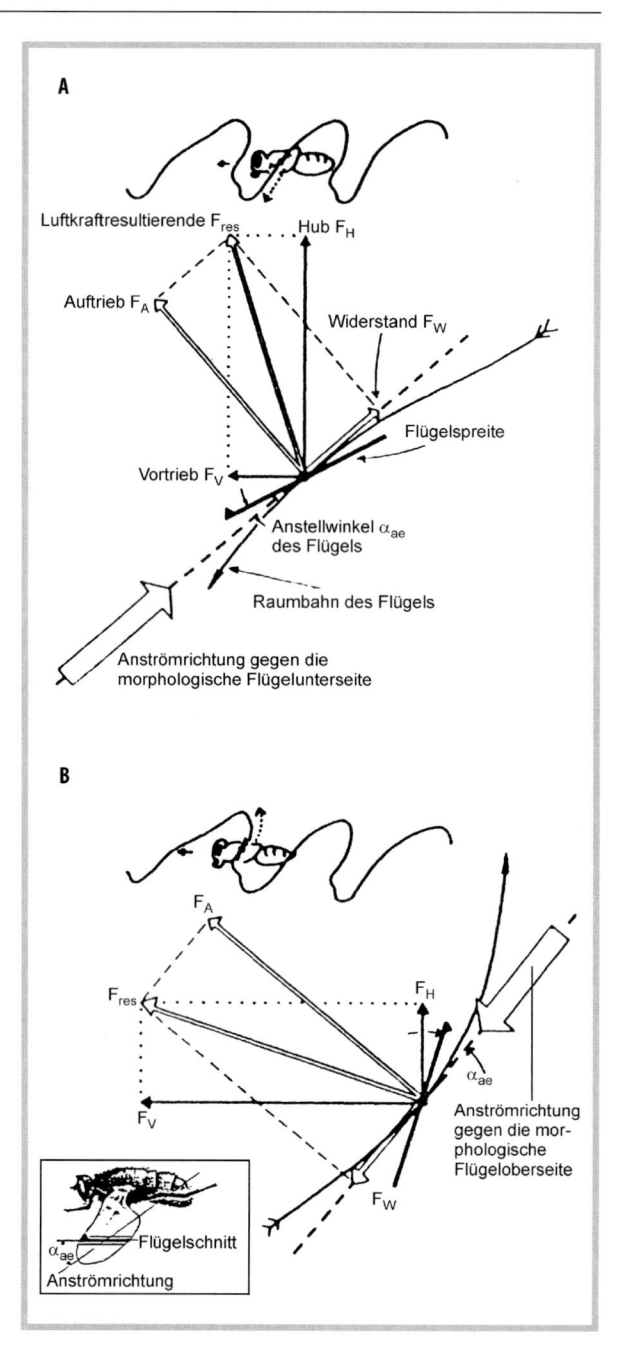

Abb. 10-51 Stationäre Kräfteverhältnisse, etwa maßstäblich, für Punkt 16 (Mitte Abschlag, A) und Punkt 43 (Mitte Aufschlag, B) des Flugs nach Abb. 10-50. Das kleine schwarze Dreieck kennzeichnet die morphologische Oberseite und Vorderkante des Flügels. Der aerodynamische Anstellwinkel α_{ae} ist im Einschaltbild nochmals verdeutlicht *(nach Nachtigall 1997, basierend auf Na. 1969)*

insbesondere während der mittleren Ab-, aber auch während Teilen der Aufschlagsphase minimal, so dass die Flügel während dieses Schlagausschnitts angenähert stationär unter etwa gleichem aerodynamischen Anstellwinkel α_{ae} (Abb. 10-51 A) angeströmt werden.

Insgesamt drehen die beiden zusammenspielenden Schwingungen den Flügel so, dass er in der Mitte des Abschlags entsprechend Abb. 10-51 A, in der Mitte des Aufschlags entsprechend Abb. 10-51 B schräg zur jeweiligen Anströmrichtung steht und jeweils unter akzeptabel großen (s. u.) aerodynamischen Anstellwinkeln α_{ae} angeströmt wird. Im ersteren Fall gegen die morphologische Unterseite, im letzteren gegen die morphologische Oberseite.

Wie jeder in Luft bewegte Körper erzeugt auch der Fliegenflügel eine Luftkraftresultierende F_{res} mit einer Widerstandskomponente F_W in Anströmrichtung und eine Seitkraftkomponente – Auftrieb F_A genannt – senkrecht dazu. Wie die stationäre aerodynamische Polare in Abb. 10-52 A zeigt, ist bei mittleren Anstellwinkeln der Auftrieb etwa dreimal so groß wie der Widerstand; dies ist für kleine, flache Platten, die mit Reynolds-Zahlen um 10^3 angeströmt werden, in etwa zu erwarten. Die daraus rückzukonstruierende Luftkraftkomponente F_{res} zerlegt sich beim Abschlag in einen hohen Hub F_H und einen vergleichsweise kleinen Schub oder Vortrieb F_V; beim Aufschlag liegen die Verhältnisse umgekehrt (Abb. 10-52 B). Beim stationären Geradeausflug muss der mittlere Hubimpuls über eine Schlagperiode gleich dem Körpergewicht, der mittlere Schubimpuls gleich dem Gesamtwiderstand sein. Abbildung 10-51 zeigt nur zwei ausgezeichnete Momente, die über eine ganze Schlagperiode zu einer Integraldarstellung zu ergänzen wären. Hier soll das nicht betrachtet werden, in Abschn. 10.9 ist das an einem Beispiel skizziert (vgl. dazu Abb. 10-57 J, K).

10.8.1.3
Der Flügel als stationärer Luftkrafterzeuger

Die aerodynamische Polare nach Abb. 10-52 A wird so erhalten, dass die Auftriebskraft und die Widerstandskraft bei jedem Anstellwinkel im Windkanal stationär gemessen wird, daraus die entsprechenden Beiwerte berechnet und den Auftriebsbeiwert c_A über den Widerstandsbeiwert c_W mit dem aerodynamischen Anstellwinkel α_{ae} als Parameter aufträgt. Wie erkennbar, liegt der maximale Auftriebsbeiwert um 1, und zwar bei extrem hohen Anstellwinkeln von etwa 35–40°. Der minimale Widerstandsbeiwert liegt bei etwa 0,35, und zwar bei Anstellwinkeln nahe 5°. Daraus berechnet sich die optimale Gleitzahl $\varepsilon_{opt} = c_A/c_W$; der Auftrieb ist im besten Fall 1,6 mal größer als der Widerstand, und zwar bei Anstellwinkeln etwas < 20°. (Einschaltbild in Abb. 10-52 A; es gibt Gründe warum dies absolute Untergrenzen sind; in Abb. 10-51 wurde mit $\varepsilon_{opt} = 3$ gerechnet).

In Abb. 10-52 B ist im Vergleich zu Abb. 10-51 A, B nochmals das Prinzip abstrahiert. Der Flügel kann auch beim Aufschlag förderliche Luftkraftkomponenten (d.h. Hub und nicht Abtrieb, Schub und nicht Rücktrieb) erzeugen, weil vier morphologische und kinematische Parameter zusammenspielen:

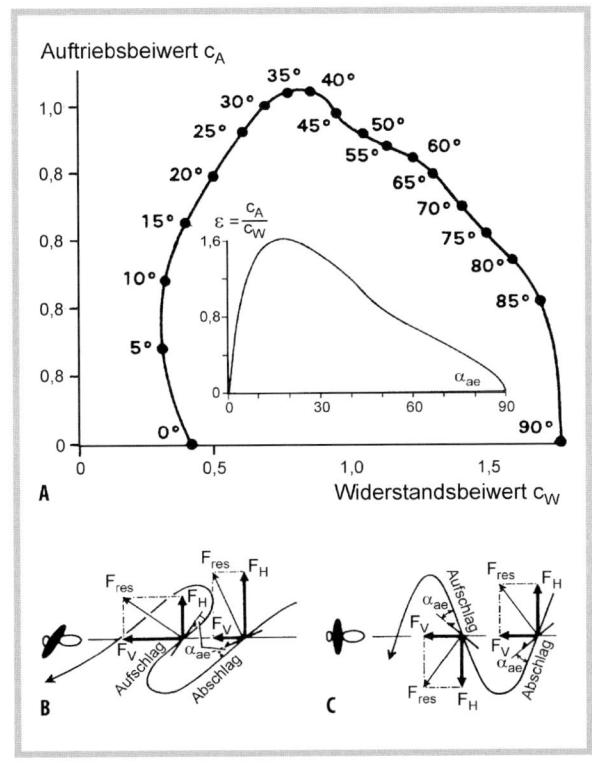

Abb. 10-52 Stationäre Kennlinie und Bedeutung der rückläufigen Bewegungs-Schleife des *Calliphora*-Flügels. **A** Auftriebs-Widerstands-Kennlinie (stationäre aerodynamische Polare), maximale Flügeltiefe l_{max} 3 mm, Flügelfläche 23,6 mm², Anströmgeschwindigkeit 5 m s^{-1}, Reynolds-Zahl Re$_{lmax}$ ≈ 10³; eingetragen sind die aerodynamischen Anstellwinkel, **B** Einschaltbild: Gleitzahl-Anstellwinkel-Kennlinie, konstruiert aus A, **C** schematische Abstraktion der Ergebnisse von Abb. 10-51 A, B, Seitansicht; Bahn mit rückläufiger Schleife, **D** entsprechende schematische Abstraktion, aber mit Sinusbahn anstatt einer Bahn mit rückläufiger Schleife *(nach Nachtigall 1997, basierend auf Na. 1969 und 1983)*

1 Der Flügel verträgt wegen seiner im Mittel symmetrischen Form *Anströmung gegen beide Seiten* in gleicher Weise.

2 Er wird für das *Zusammenspiel von Schlag- und Rotationsschwingung* so gedreht, dass er – wie erwähnt – beim Abschlag gegen die morphologische Unterseite, beim Aufschlag gegen die morphologische Oberseite angeströmt wird.

3 Es funktioniert der Aufschlag nur, wenn durch die Flügelgelenk-Kinematik *eine rückläufige Schleife* eingestellt wird.

4 Damit werden sowohl *beim mittleren Ab- wie beim mittleren Aufschlag jeweils angenähert optimale Anstellwinkel* eingestellt, die jeweils besonders günstige Luftkraftkomponenten nach sich ziehen.

Dieses morphologisch-kinematische Zusammenspiel, eingestellt von einer Zwangssteuerung im Flügelgelenk – dem komplexesten bekannten Getriebesystem des gesamten Tierreichs – ist ein gutes Beispiel für einen offensichtlich gelungenen Optimierungsvorgang eines schwierigen biologischen Mechanismus durch die Evolution, wobei man aber einzelne Optimierungskenngrößen nicht herauszuschälen und schon gar nicht zu formulieren vermag.

Man kann immerhin versuchsweise fragen, was geschehen würde, wenn der eine oder andere Parameter anders wäre als beschrieben. Fiele die rückläufige Schleife weg, würde der Flügel also – bei etwa vertikalem Schlagablauf – auf einer Sinusbahn schwingen, und würden die anderen genannten Randbedingungen konstant bleiben, so ergäbe sich das Schema von Abb. 10-52 C. Wie deutlich wird, wäre der Abschlag im Prinzip unbeeinflusst, der Aufschlag jedoch würde zwar Schub, nun aber Abtrieb erzeugen. Mit einer solchen Koordination könnte das Insekt nicht fliegen, es sei denn mit einer äußerst großen Hubspitze im mittleren Abschlag, welche die Abtriebsspitze im mittleren Aufschlag ausgleichen könnte. Dies ist wie Modellrechnungen zeigen, leistungsmäßig nicht erreichbar und wäre schließlich auch energetisch äußerst unelegant.

Es sei abschließend darauf hingewiesen, das diese Überlegungen auf rein stationären Annahmen beruhen; instationäre Effekte, welche die stationären teils ergänzen und teils ersetzen, werden im Folgenden diskutiert.

10.8.2
Instationäre Effekte und der Weg zu Kleinstfluggeräten

10.8.2.1
Definitionen

Strömungsverhältnisse, die sich während einer Bewegungsperiode zeitlich ändern, bezeichnet man als instationär. Strömungen an Schlagflügeln, die Schlag- und Drehschwingungen mit teils extrem hohen Winkelgeschwindigkeiten und Winkelbeschleunigungen koppeln, sind deshalb bereits per definitionem instationär, solche am zeitlich invariant umströmten Tragflügel eines Flugzeugs per definitionem stationär. Theoretisch dürfte man bei solchen kleinen Insektenflügeln mit stationären Verhältnissen überhaupt nicht rechnen; Berechnungen eines kinematisch-aerodynamischen Parameters, der Reduzierten Frequenz, zeigen das. Die bisher genannten stationären Effekte stehen aber nicht im Widerspruch zu den instationären, auch dann nicht, wenn man mit stationär gemessenen Beiwerten der Originalflügel rechnet; sie sind nur nicht in der Lage, die gesamten erzeugten Luftkräfte zu erklären.

10.8.2.2
Morphologische und kinematische Voraussetzungen für instationäre Effekte

Ein Hinweis darauf, wie letztendlich ein Original-Insektenflügel während des Schlags umströmt wird, ergibt sich bereits aus seiner Morphologie. Fliegenflügel sind keineswegs eben, sondern nur „im Mittel eben"; lokal aber Zick-Zack-förmig verspannt; sie bilden so nach schräg-außen verlaufende Dukte. Wie Windkanaluntersuchungen an entsprechend Zick-Zack-verspannten Libellenflügeln von A. Kesel aus meiner Arbeitsgruppe gezeigt haben, werden die „Täler" von stationären Wirbeln ausgefüllt, so dass das aerodynamische Profil nicht mit dem geometrischen Profil übereinstimmt. Morphologische und kinematische Effekte spielen nun zur instationären Luftkrafterzeugung in zumindest fünffacher Weise zusammen.

1 *Mechanismus der Duktnutzung:* Schlägt der Flügel, ist es zwangsläufig so, dass ein tangentiales Abströmen oder Abschleudern der Grenzschicht erfolgt (Abb. 10-53 A). Dies könnte nun entlang der Dukte geschehen, welche die „Täler" am Zick-Zack-verspannten Flügel vorgeben.

2 *Mechanismus des Kantenschwungs:* Unterstützt würde dieses Abschleudern von dem von mir sog.

„Kantenschwung", peripher verlaufende Ausgleichswellen einer Biegeschwingung, die der Flügel aufgrund seiner morphologisch bedingten Eigenelastizität durchführt und die zu jeder Schlaghälfte abläuft. Besonders auffallend ist, wie sie zu Beginn des Abschlags angeworfen wird (Abb. 10-53 B).

Weitere Instationäreffekte ließen sich aus der Kinematik ableiten. M. Dickinson von der University of California in Berkeley hat dazu neuerdings sehr eingängige „Zwei-Worte-Begriffe" geprägt, die in der Legende zu Abb. 10-53 mit aufgeführt sind.

3 *Mechanismus des kurzfristigen Überziehens:* Es fällt auf, dass die Flügel in mehreren Schlagphasen Regionen sehr hoher aerodynamischer Anstellwinkel α_{ae} – bei denen im Stationärfall die Strömung abreißen würde (Phasenbild 2 und erst recht 3 von Abbildung 10-53 C) – äußerst rasch durchlaufen. Wie weiter unten gezeigt wird („Wedeln"; Abb. 10-60; ausschnittsweise dargestellt in Abb. 10-53 C) kann dadurch kurzfristig das Abreißen vermieden und instationär hohe Auftriebsspitzen generiert werden.

4 *Mechanismus der Blitzsupination:* Am unteren Umkehrpunkt rotieren die Flügel äußerst rasch supinatorisch, schleudern Wirbel ab und erzeugen dadurch hohe Reaktionskräfte, die in Hubrichtung lenkbar sind (Abb. 10-53 D).

5 *Mechanismus der Gegenströmungsnutzung:* Die Flügel können während des Aufschlags – zumindest beim langsamen Flug – gegen die gerichtete Strömung schlagen, die der vorhergehende Abschlag erzeugt hat (Abb. 10-53 E). Damit erhöhen sich mit ihrer Relativgeschwindigkeit der umgebenden Luft auch die Luftkräfte. Dieser Mechanismus ist von uns früher bei Fischen (L. Kunz) und schwimmenden Schlangen (S. Bronder) als „Strömungspräformierung" explizit beschrieben worden; M. Dickinson et al. haben ihn für Insekten als Instationärfaktor erkannt und mit „wake capture" bezeichnet.

Überlegungen dieser Art werden im nächsten Abschnitt weiter verfolgt.

Die in Abschn. 10.8.2 geschilderten raschen Rotationsbewegungen der Flügel von Schmeißfliegen und anderen Fliegen an den Umkehrregionen des Flügelschlags werden in ihrer Schnelligkeit und Amplitude noch von entsprechenden Vorgängen bei den winzig kleinen Essigfliegen übertroffen, deren Flügel sich angenähert wie starre Blätter verhalten, wie kinematische Analysen von J. Zanker im Labor des Biophysikers K. Götz vom ehemaligen MPI für Verhaltensphysiologie in Tübingen gezeigt haben. Das macht sie für Entomopter-Konstruktionen besonders interessant. Sie eignen sich deshalb auch besser für modellmäßige Messungen,

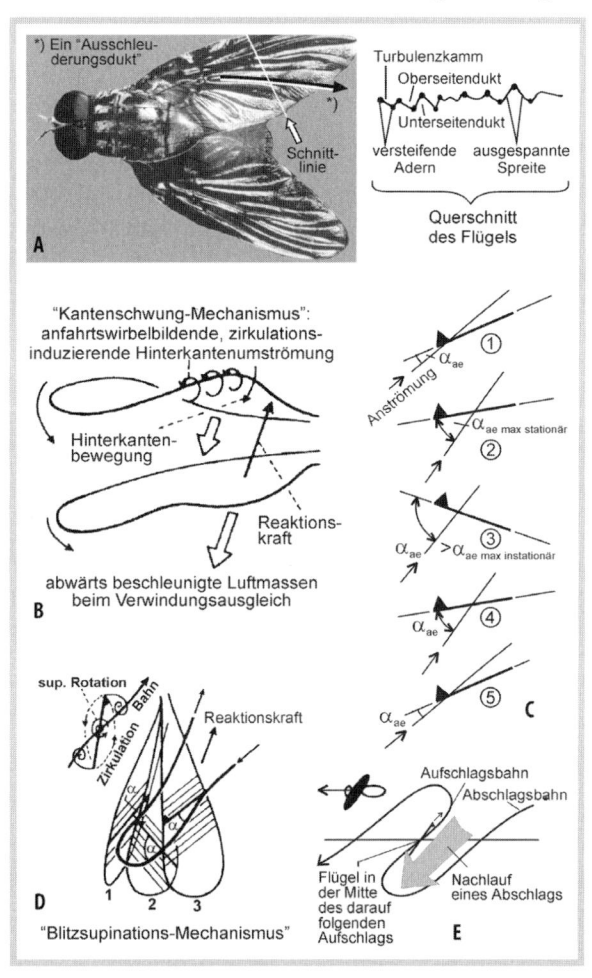

Abb. 10-53 Kandidaten für aerodynamische Instationäreffekte, die sich aus der Morphologie (A, B) und aus der Kinematik (B, C, D, E) von Flügeln mittelgroßer Fliegen deduzieren lassen. **A** Zum Mechanismus der Duktformierung *(nach Nachtigall 1974)*, **B** zum Mechanismus des Kantenschwungs *(nach Nachtigall 1979, 1980)*, **C** zum Mechanismus des kurzfrisitgen Überziehens („delayed stall" in Dickinsons Terminologie) *(Neuzeichnung, basierend auf Nachtigall 1985, Interpretation von Rüppell 1980)*, **D** zum Mechanismus der Blitzsupination („rotational circulation" in Dickinsons Terminologie) *(nach Nachtigall 1979, 1980)*, **E** zum Mechanismus der Gegenströmungsnutzung („wake capture" in Dickinsons Terminologie) *(nach Nachtigall 2000, Interpretation von Dickinson et al. 1999)*

z. B. in Öltanks – eine Methode, die vor allem M. Dickinson und Mitarbeiter ausgearbeitet haben. Hierbei lässt man in einem Öltank große, langsam schwingende Flügelmodelle schwingen, die über Stiele von einem computergesteuerten Mechanismus angetriebenen und in ihrer Schlagkinematik eingestellt werden. An den Stielen können mittels Dehnungsmessstreifen die abbiegenden Momente bestimmt werden, woraus man die Fluidkraftkomponenten berechnen kann, sofern deren mittlere Angriffspunkte bekannt sind.

Modellrechnungen und Messungen zeigen, dass beim horizontalen Geradeausflug der Schmeißfliegen etwa 70 % der nötigen Luftkräfte stationär erklärt werden können, beim Schwirrflug der Essigfliegen sogar nur 50 %. In diesem Rahmen bewegen sich auch andere, kleine und schnellfliegende biologische Flieger.

Gerade für kleine Schlagflug-Geräte ist die Berücksichtigung der instationären Aerodynamik also essenziell. Für diese instationären Luftkraftanteile werden Wirbeleffekte insbesondere in den Umkehrregionen des Flügelschlags verantwortlich gemacht, wie wiederum M. Dickinson von der University of California, Berkeley, und Koautoren in zukunftsweisenden Ansätzen gezeigt heben. Wichtig ist aber auch der sog. Vorderkantenwirbel, wie ihn C. P. Ellington von der University of Cambridge modellmäßig dargestellt und im Zusammenhang mit Miniaturfluggeräten diskutiert hat. Beide Ansätze werde ich in einer zusammenfassenden Darstellung zum Insektenflug detailliert referieren, die voraussichtlich 2003 im selben Verlag erscheint.

Zumindest die obengenannten instationären Effekte (3) (4) und (5), die bei den winzigen Taufliegen (Masse 1 bis wenige Milligramm, Schlagfrequenz ≥ 500 s^{-1}) offenbar für nicht weniger als etwa die Hälfte der zum Flug nötigen Luftkräfte sorgen, müssen in ihrer gegenseitigen Abhängigkeit und Effizienz verstanden sein und umgesetzt werden, soll es gelingen, kleinste technische „Entomopteren" (Abb. 10-54) fliegen zu lassen. Was die Technologie des Schlagflügelantriebs anbelangt, so dürfte sich das „Topf-Deckel-Prinzip" (Abb. 10-55 B) bewähren, das viele Kleininsekten mit indirektem Flügelantrieb, von den Fliegen bis hinunter zu den kleinsten parasitischen Wespen (Abb. 10-54 A) besitzen. De Laurier und Harris haben dies in ein Schlagflügel-Modellflugzeug (Abb. 10-55 C) umgesetzt, das mit einer Schlagfrequenz von 3,3 s^{-1} bei einer reduzierten Frequenz von lediglich 0,19 (stationäre Aerodynamik also ausreichend) eine Fluggeschwindigkeit von 15 m s^{-1} (54 km h^{-1}) erreichte und damit so schnell war wie die schnellsten

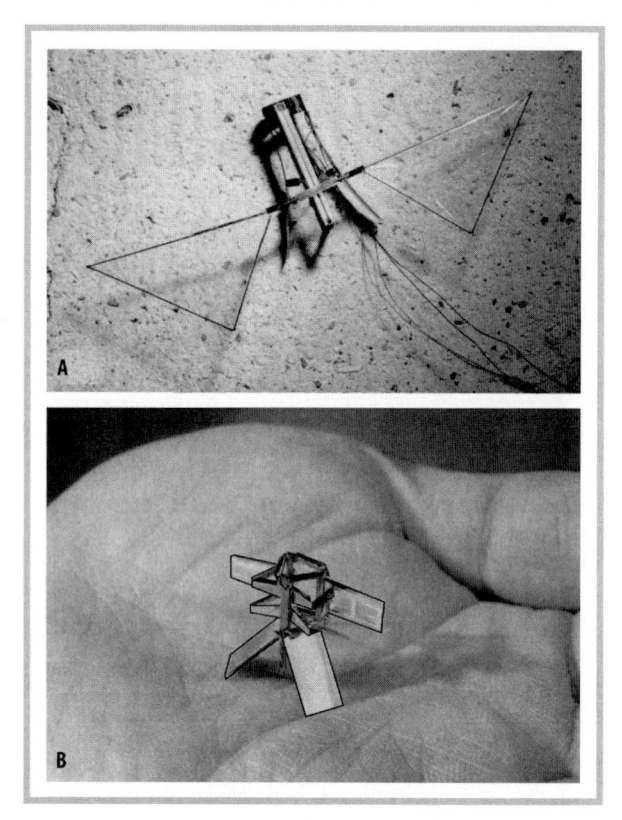

Abb. 10-54 Zwei Prototypen von Miniaturentomopteren, basierend auf Erkenntnissen aus der Flugforschung an mittelgroßen und kleinen Fliegen (*Calliphora, Drosophila* u.a.). **A** Spannweite ca. 10 cm, Center for intelligtion mecatronics, Vanderbild school of engineering, Tennesey, **B** Spannweite ca. 1,5 cm, Laboratory of robotics and intelligent machines, Berkeley *(nach Dickinson 2001, Fotos: T. Archibald)*

realen Insekten. Żbikowski und Koautoren vom Royal Military College of Science an der Cranfield University, Shrivenham, haben bereits funktionierende Antriebs- und Gerätekomponenten für Kleinfluggeräte mit Schwingenantrieb entwickelt (Abb. 10-55 D–F). Auch für weit kleinere Entomopteren könnte so ein Antrieb funktionieren, doch muss die Flügelkinematik dann so eingestellt werden, dass instationäre Effekte durchgehend zum Tragen kommen können.

10.8.3
Ein Miniatur-Schwingflügler nach dem Vorbild der fächelnden Honigbiene

Zur Untersuchung der Kinematik und Strömungsmechanik des Fächelns von Honigbienen hat meine Saarbrücker Doktorandin M. Junge u.a. eine Rauchdarstellung hinter dem Schlagflügelpaar im Strömungskanal versucht. Die Bienen stellten jedoch beim geringsten Anzeichen von Rauchbeimengung das Fächeln ein. Deshalb wurde von R. Spillner eine „mechanische Biene" von doppelter Spannweite gebaut (Abb. 10-56 A), und so angetrieben, dass die Zeitfunktionen ihres Schlagwinkels β und ihres geometrischen Anstellwinkel α_{geom} mit denen des Originals befriedigend übereinstimmten (Abb. 10-56 B). An diesem „Dummy" waren dann die gewünschten Untersuchungen zur Strömungsformierung, Wirbelablösung und instationären Aerodynamik möglich. Bei diesen Untersuchungen hat sich gezeigt, dass die „Kunstbiene" einen idealen Kleinlüfter für kleinelektronische Bauteile abgeben könnte, wenn die Flügel etwa mit 55 s^{-1} schwingen (Abb. 10-56 C). R. Spillner hat dieses Aggregat denn auch als Prototyp eines kleinen einstellbaren Axial-Ventilators weiterentwickelt. Die Kinematik des Flügelantriebs und andere Aspekte sind zum Patent eingereicht. Bei diesem „Bienenventilator" ist die Ansteuerung der Schlag- und der Drehbewegung der Flügel unabhängig voneinander einstellbar. Schlagfrequenzen zwischen 75 und 150 s^{-1}, Schlagamplituden bis zu 100° und Drehamplituden bis zu 60° sind einstellbar. Wahrscheinlich schlagen die

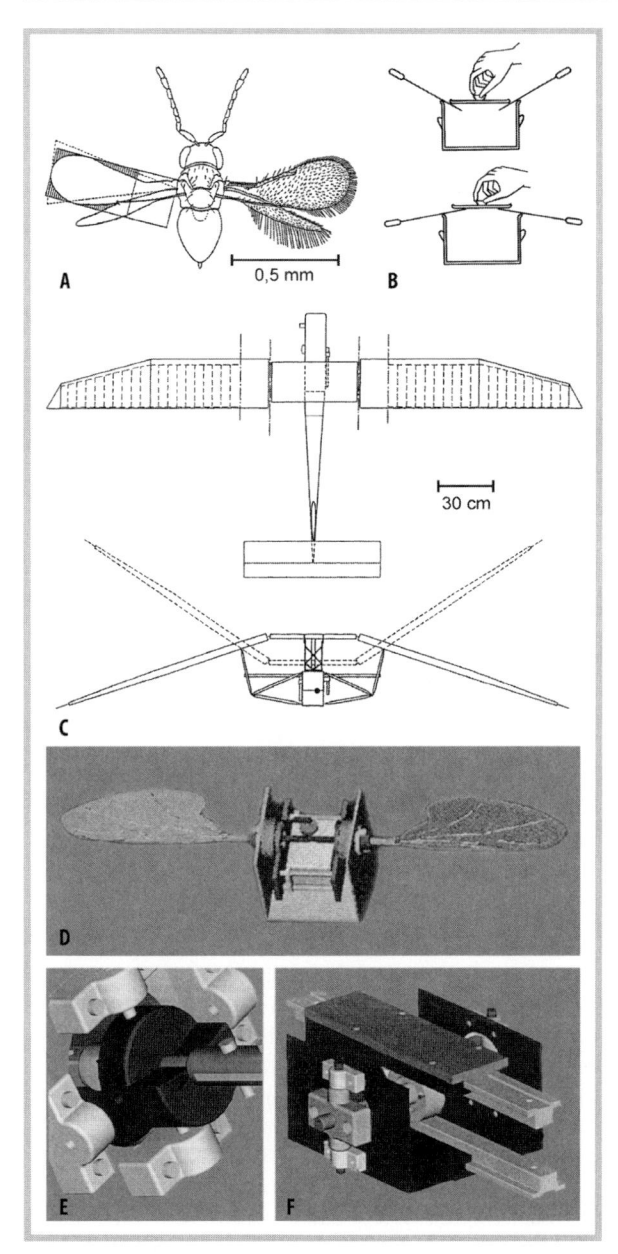

Abb. 10-55 Kleine Insekten und technischer Flügelantrieb. **A** Parasitische Wespe *Encarsia formosa*, Spannweite lediglich 1,5 mm *(nach Weis-Fogh 1973)*, **B** „Topf-Deckel-Prinzip" des indirekten Flügelantriebs von Fliegen *(nach Nachtigall 1969)*, **C** großes Schlagflugmodell, Spannweite 3 m, basierend auf B *(nach Spedding, de Laurier 1996)*. **D-F** Antriebs- und Getriebemechaniken für ein Kleinstflugzeug, **D** oszillierende Thorax-Box nach dem Prinzip von B, **E** Doppelantriebsmechanik für Schlagumkehr, **F** Gelenkmechanik für Verkippung der Schlagebene *(nach Žbikowski et al. 2000)*

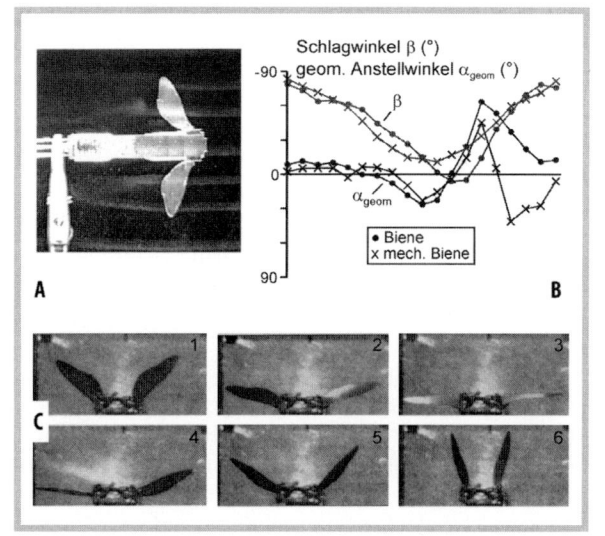

Abb. 10-56 „Mechanische Biene" als Vorbild für einen Miniatur-Schwinglüfter. **A** Mechanische Biene im Rauchkanal, Spannweite 29 mm (gebaut von R. Spillner, Foto: M. Junge), **B** Vergleich kinematischer Winkel-Zeit-Funktionen der fächelnden Honigbiene *Apis mellifica* und der mechanischen Biene, **C** Flügelschlagsequenz der mechanischen Biene, Schlagfrequenz 55 s^{-1}, Bildabstand 1/330 s *(aus Junge 2001)*

Flügel bei der fächelnden Honigbiene im Resonanzfall und verbrauchen damit die geringstmögliche Energie. Auch dies wurde mit dem Miniatur-Schlagflügel-Ventilator erreicht, da es möglich ist, das Masse-Feder-System in seiner Eigenfrequenz von 60 s^{-1} periodisch anzuregen. „In diesem Betriebszustand zeichnet sich das System durch äußerst geringen Energiebedarf bei gleichzeitig größten Amplituden und Gesamtwirkungsgrad aus."

10.9
Vogelflug – Ornithopteren

10.9.1
Untersuchungen des Vogelflugs als Basis für die Konzeption vogelähnlicher Kleinfluggeräte

10.9.1.1
Historie

Untersuchungen zum Vogelflug haben eine lange Tradition. Von den vorzüglichen Beobachtungen und den tastenden Interpretationen Leonardo da Vincis über die ersten wissenschaftlichen Untersuchungen zum Flug des Weißstorchs von Otto Lilienthal bis hin zu den Untersuchungen unserer Tage zieht sich eine ununterbrochene Kette von Ansätzen. Mit umgeschnallten Schlagflügeln „aus eigener Kraft" zu fliegen wie ein Vogel: Seitdem die messende und rechnende Aerodynamik Daten zur Verfügung gestellt hat, lässt sich zeigen, dass dies physikalisch nicht möglich ist; die Muskulatur auch trainierter Hochleistungssportler ist für die Bereitstellung der nötigen Flugleistung etwa zwanzigmal zu schwach. Muskelangetriebenes Fliegen, wie es z. B. mit dem „Gossomer Kondor" möglich war, geht denn auch weit vom Prinzip des Vogelflugs weg. In den letzten Jahrzehnten wurden Forschungen zur Biomechanik des Vogelflugs deshalb im Wesentlichen nach technisch-biologischen Gesichtspunkten durchgeführt: Technische Ansätze helfen, die „Flugmaschine Vogel" zu verstehen. Das hat sich in letzter Zeit geändert, seitdem in Amerika, Japan, England und auch in Deutschland viel Geld in die Konzeption von Klein- und Kleinstfluggeräten gepumpt worden ist. Nun gewinnen die früheren Messungen eine ungeahnte Aktualität als Basis für bionische Übertragungsmöglichkeit. Vorbilder sind Vögel und Insekten. Dieser Abschnitt handelt von Vögeln.

10.9.1.2
Übertragungsmöglichkeiten

Übertragungsmöglichkeiten für die Konzeption kleiner Schlagfluggeräte ergeben sich aus der Kinematik der Flügelbewegungen und/oder aus der stationären und instationären Kraft- und Wirbelerzeugung. Beide Wege sind beschritten worden und sinnvoll. Benutzt man die Funktionsmorphologie (z. B. Flügelprofile) und die Kinematik (Ab- und Aufschlag, Verwindungen, Rotationen) als Basis, so braucht man aerodynamische Strömungs- und Wirbelablösungsvorgänge für einen ersten Ansatz im Grunde gar nicht zu kennen. Sie ergeben sich sozusagen von selbst. Geht man von den Letzteren aus, muss man eine genaue Kinematik und Morphologie nicht „nachahmen", sondern kann sich davon unabhängig optimale Zuordnungen überlegen. In diesem Abschnitt wird mehr der erstgenannte Aspekt behandelt. Im vorhergehenden Abschnitt über den Insektenflug wurde auch der letztgenannte besprochen.

Die Aufstellung einer präzisen Kinematik der Schlagflügelbewegung von Vögeln war erst möglich als es gelang, Vögel im Windkanal fliegen zu lassen und mit Kurzzeitfotografie, Hochfrequenzkinematografie und stereografischen Verfahren zu untersuchen. Methoden und Techniken Vögel im Windkänälen fliegen zu lassen, wurden – nach Vorarbeiten von Greenewalt – in den frühen 60er-Jahren in England (Pennycuick), Amerika (Tucker) und Deutschland (Nachtigall, Bilo) unabhängig voneinander etwa gleichzeitig entwickelt und 1968 publikatorisch dokumentiert. In der Ausarbeitung zu strömungsmechanisch optimalen Kanälen, kombiniert mit Dressur, Aufnahmen und stereografischen Auswertungsverfahren, haben wir in München und Saarbrücken die eigentliche Pionierarbeit geleistet. Bei Respirationsverfahren war es Tucker in Durham (North Carolina), bei Verfahren, die in die theoretische Aerodynamik hineinlaufen, Pennycuick in England. Über zwei Jahrzehnte waren unsere mit Eigenmitteln gebauten Saarbrücker Windkanäle und Messeinrichtungen für den Vogel- und Insektenflug die ausgefeiltesten weltweit. Sie haben an vielen Messprojekten gezeigt, dass die Windkanaltechnik auch im biologischen Bereich routinemäßig einsetzbar ist. Danach sind in den letzten Jahren an der Universität Lund und am Max-Planck Institut in Erling-Andechs unter Einsatz hoher Akademie- und MPI-Mittel große Windkanäle entstanden, die nun vor allem für die Vogelzugforschung eingesetzt werden.

10.9.1.3
Die detaillierteste kinematische Messung

Die mit Abstand präzisesten und detailliertesten Messungen sind in meiner damaligen Münchener Arbeitsgruppe von Bilo 1968, 1971, 1972 am Windkanalflug des Haussperlings durchgeführt worden; in ihrer Art werden sie wohl nie mehr wiederholt werden können. Sie bilden deshalb eine unverzichtbare Ausgangsbasis.

Abbildung 10-57 A zeigt die rechte Seite eines Haussperlings während des Abschlags mit Kennzeichnung von Flügelpunkten. Daraus wurde ein Flügelraster entwickelt, in dem zehn Profilschnitte eingezeichnet werden können (Abb. 10-57 B). Stereografisch konnten die momentanen Stellungen der Flügeloberseiten auf diesen Schnitten rekonstruiert werden (Abb. 10-57 C), später auch – durch Addition der ortsbezogenen Flügeldicken – die Unterseiten. Wie die letztgenannte Teilabbildung zeigt, sind die Flügel beim Abschlag propellerartig in sich verwunden. Dies reduziert den aerodynamischen Anstellwinkel an den außenliegenden Handfittichen, so dass Strömungsabreißen infolge zu hoher Anstellwinkel vermieden wird: Propellerprinzip. Aus solchen Messungen, die im Abstand von 2 ms wiederholt worden sind, konnte ein Orts-Zeit-Diagramm der aerodynamischen Anstellwinkel abgeleitet werden (Abb. 10-57 E). Im Vergleich sieht man, dass die Anstellwinkel, auch durch Flügelschwingungen in sich, variieren und sich ihre Maxima von Zeitpunkt zu Zeitpunkt gesetzmäßig über dem Flügel verschieben. Dazu spielen aktive Vorgänge durch den Flügelantrieb und passive durch die Flächenverwindung infolge der Luftkräfte optimal zusammen, was wieder ideale Elastizitätsabstimmungen voraussetzt. Bei der Konzeption künstlicher Schlagflügel, die mit hohen Wirkungsgraden Hub- und Schubkräfte produzieren, wird man nicht umhinkommen, solche Feinabstimmungen mit zu berücksichtigen.

Für Überschlagsbetrachtungen kann man mit mittleren geometrischen Anstellwinkeln α_{geom} (Winkel zwischen Druckseitentangente und Horizontaler) bzw. aerodynamischen Anstellwinkeln α_{ae} (Winkel zwischen Druckseitentangente und Anströmrichtung) für den Hand- und den Armfittich rechnen, wie sie aus Aufnahmen aus zwei oder drei Raumrichtungen und ihren entsprechenden sterischen Rekonstruktion ableitbar sind (Abb. 10-57 F).

10.9.1.4
Frischtote und lebende Vögel

Die Flügel frischtoter Vögel können mit Profilkämmen geometrisch abgetastet werden, und auf diese Weise können „Ruheprofile" gewonnen werden (Abb. 10-57 D), von denen einige große Ähnlichkeit mit hocheffizienten technischen Profilen aufweisen, die für kleinere bis mittlere Reynolds-Zahlen geeignet sind. Der Versuch, durch zeitliche und räumliche Integration zu mittleren Luftkräften zu kommen, die der Realität entsprechen, schlug damit allerdings fehl. Windkanaluntersuchungen haben gezeigt, dass die Flügel eine Reihe geometrischer Kenngrößen, so z.B. die Wölbung und die Dickenrücklage, charakteristisch ändern, wenn sie bei gegebenen Anstellwinkeln und Geschwindigkeiten im Windkanal angeströmt werden (Abb. 10-57 G). Dies geht bis zu Profilen mit S-Schlag, die bspw. bei im Windkanal gleitenden Haustauben und Staren direkt gemessen worden sind, und die als druckpunktunempfindlich gelten. Wieder ein Hinweis darauf, dass bei der technischen Übertragung nicht mit festen, während einer Schlagperiode unveränderlichen Profilen gearbeitet werden darf.

10.9.1.5
Impulsdiagramme

Beim fliegenden Vogel bleibt während einer Schlagperiode die Gewichtskraft konstant (Abb. 10-57 K); auch der Gesamtwiderstand schwankt nur wenig (er ändert sich nur infolge des zeitlich variierenden Profilwiderstandsanteils beim Flügelschlag). Dagegen schwankt sowohl die Hub- als die Schubkraft (Vortriebskraft) schlagperiodisch drastisch. Das Schlagflügelsystem wird effizient arbeiten, wenn es während aller Phasen seines Ab- und Aufschlags möglichst nur positive Kräfte (Hub und Schub) und möglichst keine negativen Kräfte (Abtrieb und Rücktrieb) erzeugt. Dies ist beim Vogel nicht der Fall. Dies kann am Zeitverlauf der vertikalen Kräfte Hub und Gewicht gezeigt werden, wie in Abb. 10-57 H, J und K dargestellt; ähnlich verlaufen auch die horizontalen Kräfte Schub und Widerstand. Die unter der Kraft-Zeit-Kurve liegende Fläche besitzt die Dimension eines Impulses. Wird z.B. beim Aufschlag etwas Abtrieb erzeugt, muss der folgende Abschlag zusätzlichen Auftrieb erzeugen, um diesen negativen Anteil zu kompensieren. Je geringer die negativen Impulsflächen in Abb. 10-57 J im Vergleich zu den positiven sind, desto effizienter setzt das Schlagflügelsystem die eingesetzte

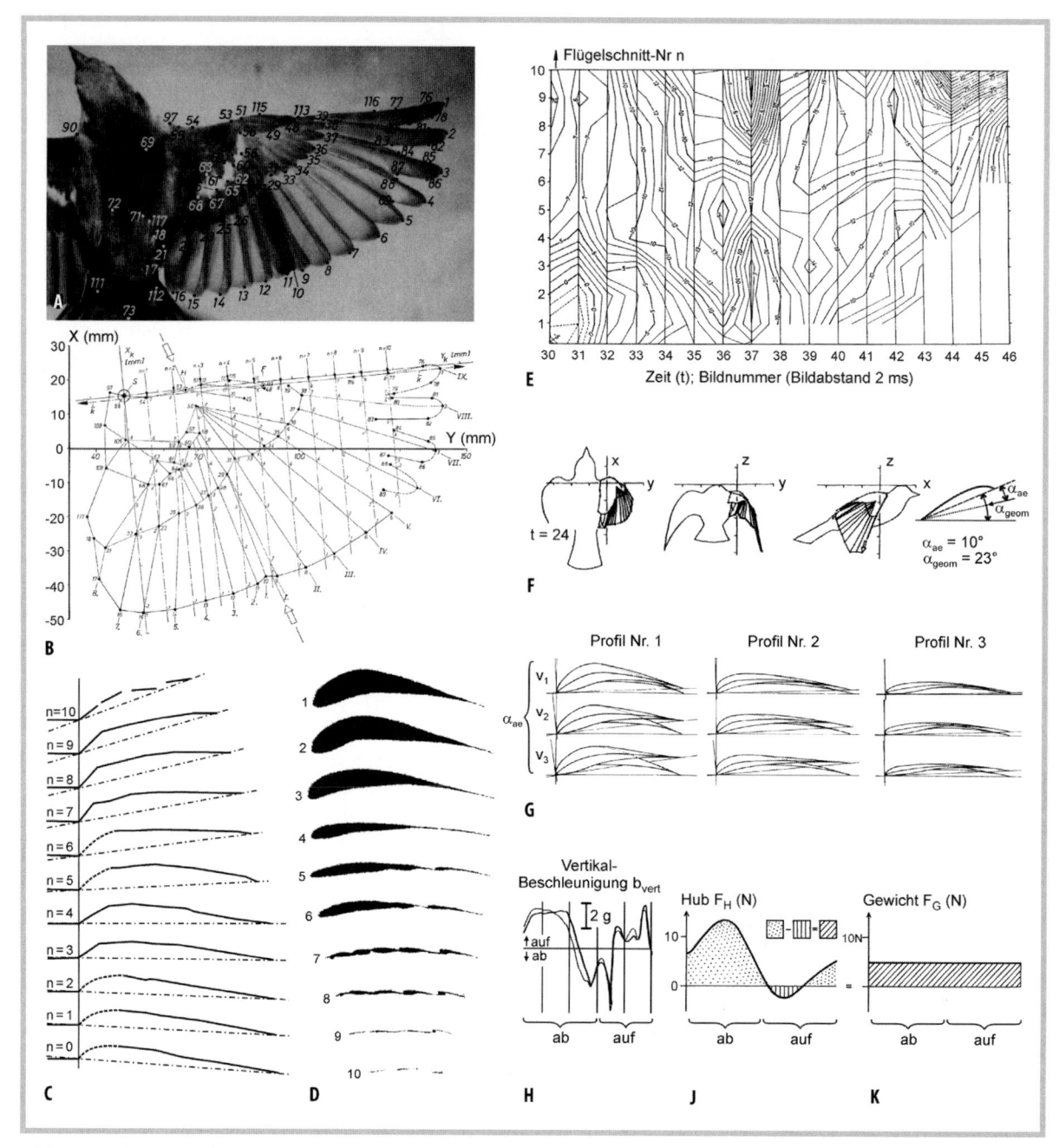

Abb. 10-57 Einige Ergebnisse aus der Vogelflugforschung, die für die Konzeption von Schwingflügel-Kleinfluggeräten relevant sind. **A** Haussperling *Passer domesticus*, Mitte Abschlag, mit Punktbezeichnung, **B** stereometrische Flügelrekonstruktion von A mit eingezeichneten Profilschnitten $n = 1 - n = 10$, **C** Flügelverwindung von A, konstruiert über B, nur Profiloberseite gezeichnet *(nach Bilo 1972a, 1972b)*, **D** abgetastete Profilschnitte 1 bis 10 am Flügel einer frisch toten Haustaube *Columba livia (nach Nachtigall, Wieser 1966)*, **E** über einen Abschlag (Abszisse; Filmbildnummer 30 Beginn Abschlag, 37 Abschlagsmitte, 46 Ende Abschlag) und über den Gesamtflügel (Ordinate, Flügelschnitte 1 Basis, 10 Spitze) des Haussperlings aufgetragene aerodynamische Anstellwinkel α_{ae}, **F** Rekonstruktion des mittleren geometrischen Anstellwinkels α_{geom} und des mittleren aerodynamischen

mechanische Leistung in funktionelle Komponenten (Hub und Schub) um. Insbesondere kritisch sind die Umkehrregionen im unteren und auch oberen Bereich. Hier kommt es sehr auf die Optimalabstimmung zwischen Funktionsmorphologie und Kinematik an, damit Verluste gering gehalten werden können. Auch dieser Aspekt ist bei der Konzeption von Schlagflügel-Kleinfluggeräten gebührend zu berücksichtigen.

Bilo und Mitautoren haben es fertiggebracht, Tauben während des horizontalen Flugs im Windkanal zwei senkrecht zueinander orientierte Beschleunigungsgeber tragen zu lassen (Abb. 10-58 A). Abbildung 10-57 H zeigt die aus dem Ausgang des Vertikalbeschleunigers berechnete, schlagperiodisch stark schwankende Hubkraft. Die einzelnen Kurvenanteile bleiben bei aufeinanderfolgenden Schlägen erstaunlich konstant. Aus geglätteten Kurven dieser Art können Prinzipaussagen getroffen werden, wie sie in Abb. 10-57 J, K, pars pro toto, aufgezeigt worden sind.

Beim Schlagflügel bewegt sich der Armfittich auf flacherer Sinusbahn als der Handfittich. Wie Abb. 10-58 B skizziert, kann deshalb dem Armfittich (dem drehgelenknahen Flügelteil) sowohl beim Ab- wie beim Aufschlag überwiegend Huberzeugung zugesprochen werden, dem Handfittich insbesondere beim Abschlag Schuberzeugung. Es gibt mehrere Denkmöglichkeiten der Kraftverteilung; Abb. 10-58 B zeigt eine solche für einen mittelgroßen Vogel (wie ihn z.B. die Haustaube darstellt). Auch diese Aufgabenteilung, zusammen mit der propellerartigen, aber schlagperiodisch wechselnden Verwindung des Flügels in sich, muss bei der technischen Umsetzung berücksichtigt werden.

Dazu können spezielle Effekte kommen, die sowohl bei Vögeln als auch bei Insekten diskutiert wurden und in den folgenden Kurzabschnitten skizziert sind.

Anstellwinkels α_{ae} des Handfittichs aus drei senkrecht zueinander orientierten Aufnahmen (Draufsicht, Rückansicht, Seitansicht) des Haussperlings, Mitte Abschlag *(nach Bilo 1972a, 1972b)*, **G** Verformung der basalen Profile 1 bis 3 des in D charakterisierten Haustaubenflügels bei gegebenem aerodynamischen Anstellwinkel $\alpha_{ae} = 0°$ und mit zunehmender Anströmungsgeschwindigkeit $v_1 = 5$ m s^{-1}, $v_2 = 7{,}5$ m s^{-1}, $v_3 = 10$ m s^{-1} *(nach Nachtigall, Wieser 1966)*, **H** Verlauf der Vertikalbeschleunigung (dicke Linie auf Rumpfanstellwinkel korrigiert) während einer Schlagperiode, **J** aus H berechneter Verlauf der Hubkraft F_H während einer Schlagperiode, **K** Konstanz der Gewichtskraft F_G während einer Schlagperiode, jeweils Haustaube, vgl. die graphische Kennzeichnung und das Zusammenspiel der Impulsflächen in J und K *(nach Bilo, Lauck, Nachtigall 1985)*

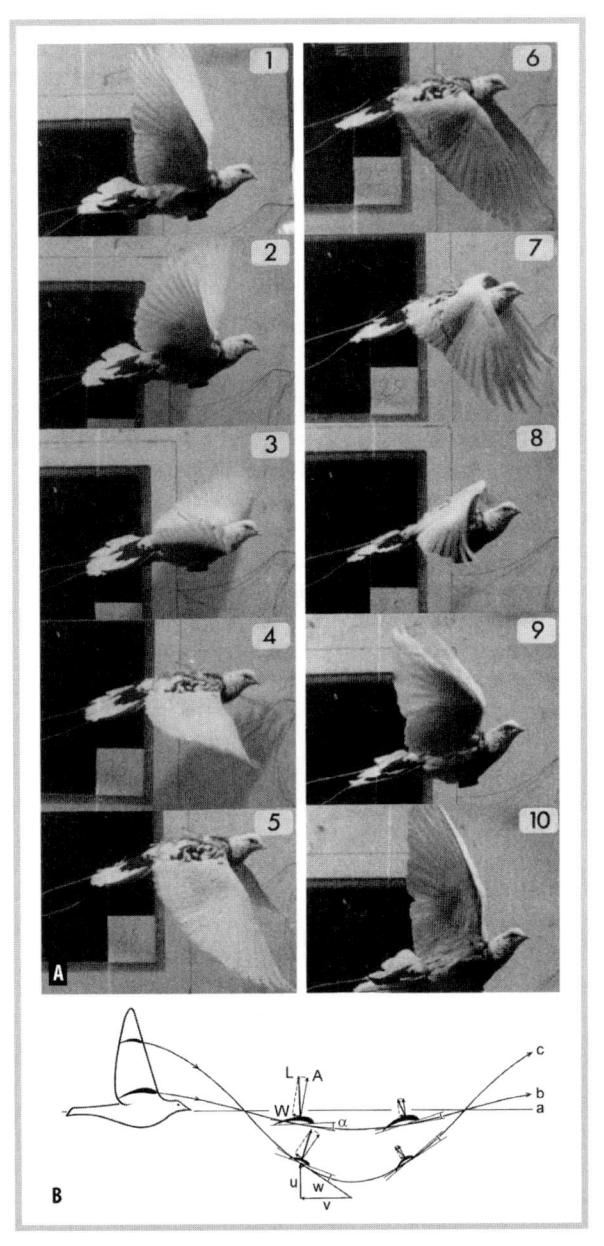

Abb. 10-58 Flügelbewegung beim Streckenflug der Haustaube bzw. eines Vogels etwa von Taubengröße. **A** Flug der Haustaube *Columba livia* im großen Windkanal unserer Arbeitsgruppe an der Universität des Saarlandes (mit „Bauchsack", der zwei senkrecht zueinander orientierte Beschleunigungsgeber trägt). 1–5 Abschlag, 6–10 Aufschlag *(nach Bilo, Lauck, Nachtigall aus Nachtigall 1985)*, **B** Schema einer möglichen Funktionstrennung zwischen Arm- und Handfittich während einer Schlagperiode *(nach Bilo, Bilo, Nachtigall 1999, basierend auf einer Konzeptskizze von v. Holst 1943)*

10.9.1.6
Clap and fling bei Vögeln

Der von Weis-Fogh an der kleinen parasitischen Wespe *Encarsia formosa* (Abb. 10-55 A) erstmals beschriebene Effekt besteht darin, dass die Flügel am oberen Umkehrpunkt mit ihren Oberseiten gegeneinander klatschen und sich dann, von vorne nach hinten, wie die Seiten eines Buchs öffnen. Damit wird Luft in den sich öffnenden Spalt gesaugt und eine Zirkulation bereits ganz zu Beginn des Abschlags induziert, wodurch bereits zu diesem Zeitpunkt voller Auftrieb vorhanden ist. Wäre dem nicht so, müsste der Schlagflügel etwa ein bis drei Flügeltiefen wandern, bevor die Zirkulation voll etabliert ist, und das wäre kaum vor der Mitte des Abschlags der Fall. Dies gilt für die kleinsten, bei Reynolds-Zahlen nicht über 50 fliegenden Wespen wohl regelmäßig, bei den Vögeln nur in Sonderfällen, wenn es auf die Erzeugung höchsten Hubs ankommt. Dies ist etwa der Fall beim Steigflug (Abb. 10-59 A) oder beim Beschleunigen kurz nach Flugbeginn zum raschen Erreichen einer möglichst hohen Horizontalgeschwindigkeit (Abb. 10-59 B).

10.9.1.7
Flügelgitter- und Rückschnelleffekte

Die Umzeichnung von Zeitlupenaufnahmen des steigfliegenden Wellensittichs (Abb. 10-59 A) zeigt auch, dass sich beim Rückschlag (Aufschlag) die freien Handschwingen gitterartig öffnen, wobei jeder für sich als Flügelchen wirkt. Flügelgittereffekte sind in der Aerodynamik wohlbekannt. Außerdem werden die Handschwingen beim schnellen Hochreißen in der ersten Aufschlagsphase abgebogen, wobei sich diese Abbiegung in der Region des oberen Umkehrpunkts ausgleicht. Diese „Rückschnellbewegung" dürfte in der letztgenannten Region zusätzlich Auftriebsspitzen erzeugen, also gerade dort, wo auf Grund der Flügelumkehrbewegung der Auftrieb gering ist.

10.9.1.8
Das Wedeln des Eissturmvogels

Diese Flügelkinematik (Abb. 10-60 B) nutzt Übergänge zur instationären Aerodynamik aus. Der Flügel wird kurzfristig mit sehr großem Anstellwinkel eingestellt, unter dem die Strömung bei stationärer Anblasung abreißen würde. Die Abreißvorgänge sind aber zeitbe-

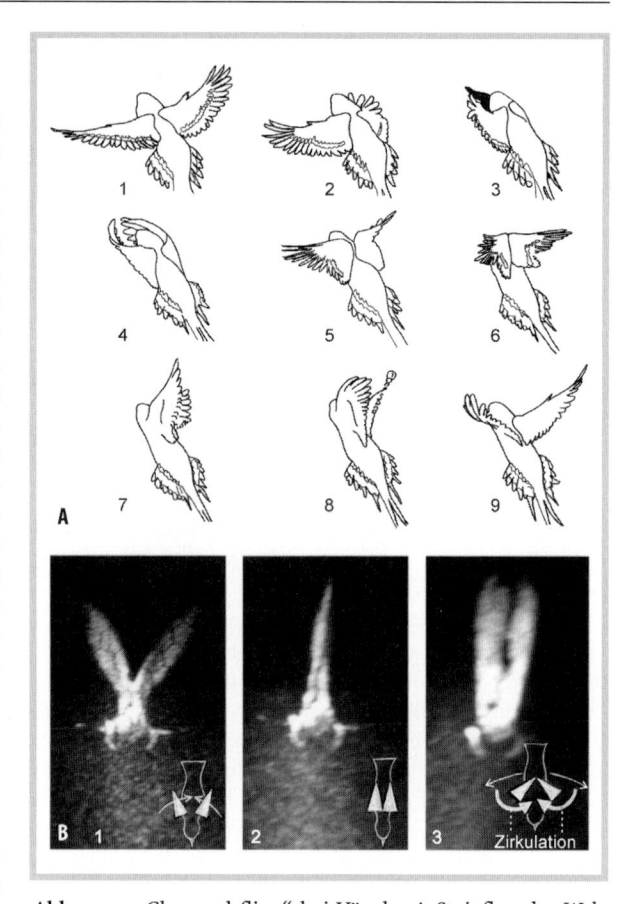

Abb. 10-59 „Clap and fling" bei Vögeln. **A** Steigflug des Wellensittichs *Melopsittacus undulatus*. 1–3 und 8–9 Abschlag, 4–7 Aufschlag, 4–6 Rückschnelleffekt und Flügelgittereffekt der freien Handschwingen, 7 – 8 „Clap and fling". Bildabstand etwa 6 ms, **B** Demonstration des „clap and fling" bei einer Haustaube *Columba livia*, die im Windkanal fliegt, kurz nach dem Start von vorne aufgenommen. Bildabstand 3,3 ms *(nach Nachtigall 1985)*

haftet. Kurz vor dem Abriss wird der hoch angestellte Flügel rasch wieder zu kleineren Anstellwinkeln zurückgedreht. Dieser Vorgang wird periodisch wiederholt und erzeugt den Eindruck des „Wedelns". Damit lässt sich eine zusätzliche Luftkraftspitze erreichen, die unter rein stationärer Umströmung nicht möglich wäre. Die Vorgänge sind in Abb. 10-60 A modellhaft erläutert und in Abb. 10-60 C zusammengefasst.

Manche Erkenntnisse sind schon als klassisch zu bezeichnen, so die Darstellung nach Abb. 10-58 B, die erstmals E. v. Holst gegeben hat und die bereits auf die 40er-Jahre zurückgeht. Darauf aufbauende Schlagflug-

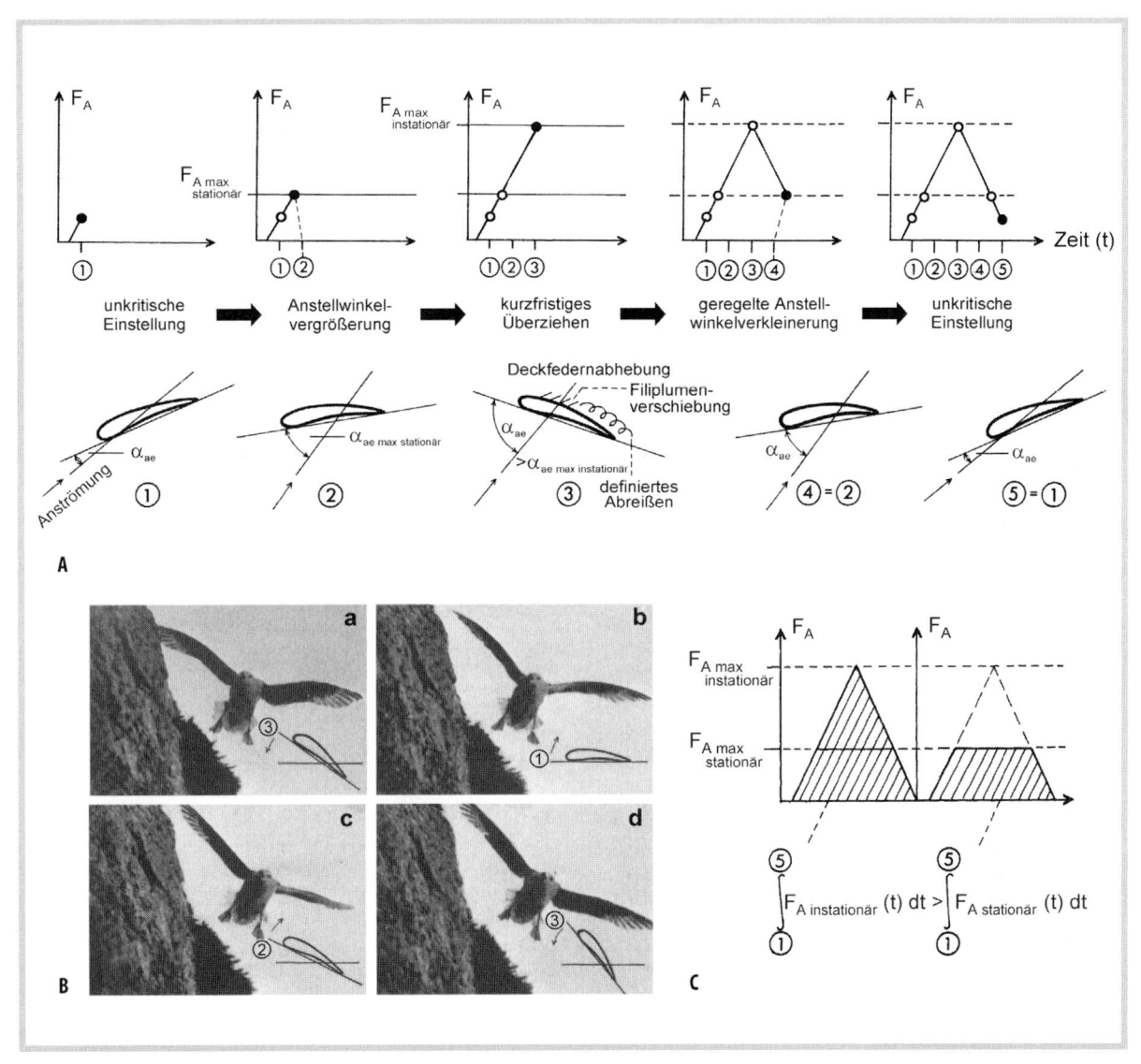

Abb. 10-60 Das „Wedeln" des Eissturmvogels *Fulmarus glacialis*: eine Möglichkeit, kurzfristig Höchstauftrieb zu erzeugen. **A** Schema des „Überziehens" und „Kompensierens" *(nach Nachtigall 1985)*, **B** Flügel-Wedeln und dessen Verdeutlichung bei einem anlandenden Eissturmvogel *(basierend auf Rüppell 1980)*, **C** Zusammenfassung des Effekts von A *(nach Nachtigall 1985)*

modelle wurden u. a. von Küchemann noch zu Kriegszeiten konzipiert und gebaut. E. v. Holst hat zusammen mit Aerodynamikern, ausgehend vom Libellenflug, auch das Triebflügelkonzept entwickelt (Abb. 10-62 B), das sich nach den im Folgenden geschilderten neueren Überlegungen möglicherweise als Mittel der Wahl für kleine „Ornithopteren" herauskristallisiert.

10.9.2
Technische Aspekte von Kleinfluggeräten nach Art von Vögeln

Für Kleinfluggeräte mit einer Startmasse von vielleicht 100 g und einer Gesamtflügelspannweite bis 20 cm, die zwischen 5 und 25 m s^{-1} (18–90 km h^{-1}) schnell fliegen und mindestens 30 min in der Luft bleiben, besteht ein beachtlicher Bedarf. Selbstredend in erster Linie in der Militärtechnik als Mini-Erkundungsdrohnen: Ihr Flugbereich soll 10–20 km umfassen, und es spielt keine Rolle, wenn beliebig viele von diesen billig zu fertigenden Geräten abgeschossen werden. Aber auch in zivilen Bereichen, die dem Bioniker doch wohl näher liegen, werden sie gebraucht, so bei der Erkundung verseuchter Gebiete. Die Reynolds-Zahl, bezogen auf die mittlere Flügeltiefe, beträgt bei solchen Kleinflugzeugen nur etwa 1×10^4 bis 7×10^4.

Aus Gründen der Reynold'schen Ähnlichkeit und auch aus Gründen nichtlinearer Änderungen von Flugparametern kann man nicht einfach Großflugzeuge proportional verkleinern. Welche Probleme sich dabei auftun, insbesondere dann, wenn Vögel Vorbilder abgeben, und in welche Richtung die Forschung laufen müsste, haben der Biologe und Strömungsphysiker G. R. Spedding und der Aerodynamiker P. B. S. Lissaman in einem kritischen Artikel zusammengefasst. Beide sind für diese Sichtweise prädestiniert: Spedding hat auf der Basis seiner Sichtbarmachung von Wirbelschleppen hinter fliegenden Vögeln Leistungsberechnungen vorgelegt und Lissaman ist sehr bekannt geworden durch seine Mitarbeit am „man powered flight project" des Gossomer Kondors und der Nachbildung eines Flugsauriers, des *Quetzalcoatlus northropi*.

Trägt man die Gewichte technischer und biologischer Flugmaschinen im doppelt logarithmischen Koordinatensystem als Funktion der Flächenbelastung auf, so lassen sich die Potenzfunktionen Gewicht = Faktor · Flächenbelastung^{Exponent} als Geraden darstellen, und es ergibt sich ein mittlerer Exponent von 1/3 (Abb. 10-61). Die Autoren weisen aber mit Recht darauf hin, dass weniger die mittleren Tendenzen als gerade die Abweichungen von diesen Tendenzen interessant sind. Sie haben zu dieser ursprünglich von Tennekes gegebenen Grafik auch eine Abszisse der Fluggeschwindigkeit zugezeichnet, und zwar nach folgender Überlegung.

Für geometrisch ähnliche Fluggeräte ist der optimale Auftriebs-Widerstands-Quotient F_A/F_W bei Vernachlässigung von Reynolds-Effekten unabhängig von der Länge l. Deshalb skaliert die Fluggeschwindigkeit v eines solchen Flugzeugs vom Gewicht F_G nach $v^2 \sim F_G/l^2$. Da aber für die Fläche $A \sim l^2$ gilt, ergibt sich $v \sim \sqrt{F_G/A}$. Die Fluggeschwindigkeit ist somit proportional der Wurzel aus der Flächenbelastung. In Abb. 10-61 fällt der Messpunkt für ein nach diesen Kriterien ideales Kleinst-

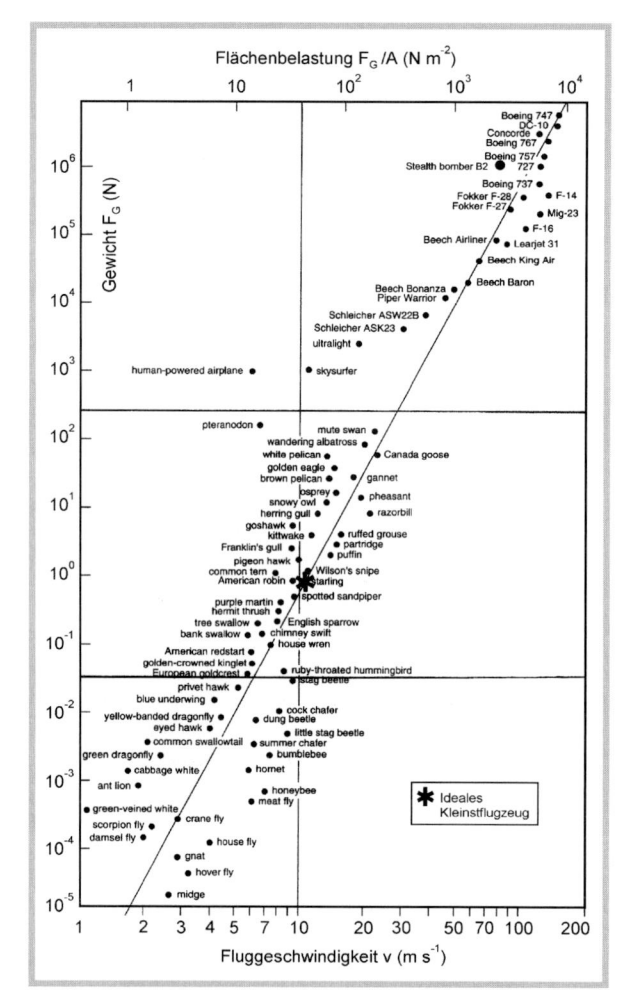

Abb. 10-61 Kenngrößenvergleich zwischen Gewicht, Flächenbelastung und Fluggeschwindigkeit von den kleinsten Insekten bis zu den größten Flugzeugen *(nach Tennekes 1996, ergänzt aus Spedding, Lissaman 1998)*

fluggerät ziemlich genau mit dem Messpunkt für den europäischen Star zusammen, den man, ähnlich wie die Haustaube, flugbiologisch irgendwie als „Durchschnittsvogel" einordnen kann, und über den gerade in den letzten Jahren sehr viel Flugbiologisches und Flugphysikalisches erarbeitet worden ist, insbesondere auch von englischen Gastforschern um J. Speakman (Projektleiter) und Mitarbeitern (S. Ward et al.) am Windkanal unserer Arbeitsgruppe für Technische Biologie und Bionik in Saarbrücken. Es fragt sich also, ob man gerade von mittelgroßen Vögeln etwas für zukünftige Flugmaschinen lernen kann. Die Autoren teilen diese

Frage in drei Problemkreise: Struktur, Aerodynamik und Flugleistung.

10.9.2.1
Struktur

Als mechanische Spannung σ wird bekanntlich der Quotient aus Kraft und Fläche bezeichnet. Bei hängenden Gebilden wäre das der Quotient aus dem Eigengewicht F_G und der Querschnittsfläche A. Aus der obengenannten Gleichung $v^2 \sim F_G/l^2$ folgt für Fluggeräte gleicher Dichte (d.h. $F_G \sim l^3$) die Beziehung $v^2 \sim l \sim \sigma$. Kleinere Flugmaschinen, die dann auch entsprechend langsamer fliegen, werden also – sofern sie strukturell ähnlich sind – weniger starken Spannungen ausgesetzt. Das Tragwerk für kleinere Flugzeuge ist deshalb, verglichen mit den Möglichkeiten heutiger Leichtbaumaterialien, unkritisch. Selbst ein dünnes Rahmenwerk aus kohlenfaserverstärkten Kunststoffen, bespannt mit den dünnsten z. Z. bekannten Membranen, ist zum Abfangen der zu erwartenden Spannungen bereits mehr als ausreichend.

10.9.2.2
Aerodynamik

Die Reynolds-Zahlen, bezogen auf die mittlere Flügeltiefe, bewegen sich bei diesen Objekten im Bereich $10^4 < \mathrm{Re} < 5 \times 10^4$. Damit haben Zähigkeitseffekte bereits einen großen Einfluss. Bei gegebenem Anstellwinkel sind die Widerstandskräfte größer und die Auftriebskräfte kleiner als bei konventionellen Flugzeugen, die bei mindestens um zwei Größenordnungen höheren Reynolds-Zahlen fliegen. Diese Aspekte gelten ebenso für Propeller. In diesem Bereich hat eine Blasenbildung in der Vorderkantenoberseite mit Grenzschichtablösung und Wiederanlegung eine hohe Auftriebswirkung, und instationäre Effekte, die bei kurzfristigem Überschreiten der stationär noch zulässigen Anstellwinkel zu momentanen Auftriebsspitzen führen können (vgl. Abb. 10-58–10-60), sind besonders wichtig.

Ob und inwiefern Schlagflügel mit diesen Gegebenheiten besonders gut zurechtkommen – was cum granu salis anzunehmen ist –, ist noch Gegenstand der Untersuchung. Im biologischen Bereich spielen instationäre Effekte zumindest beim Start und bei der Landung von Vögeln eine Rolle, aber wohl nicht oder nicht so sehr bei stationären Langstreckenflügen größerer Vögel, die in Einzelfällen mehrere 1000 km übers Meer führen können. Auch hier ist vieles noch ungenügend bekannt, und es bleibt Forschungsbedarf.

Ein weiteres, u. U. schwerwiegendes Problem ist die mittlere atmosphärische Turbulenz, die sich bei größeren Flugzeugen kaum bemerkbar macht, aber umso bedeutungsvoller wird, je kleiner die Fluggeräte gebaut sind. Sie erfordern damit eine weitaus größere Autostabilität und/oder schnelle Steuer-Reaktionsmöglichkeit (vgl. dazu Abschn. 11.5).

10.9.2.3
Flugleistung

Überschlagsrechnungen zeigen, dass solch ein kleiner Flugkörper von 100 g Masse (Gewicht 1 N), der mit 5 m s^{-1} mit einer Gleitzahl $F_A/F_W = 5$ fliegt, etwa 1 W an Flugleistung P_{flug} benötigt. Davon wird ein Teil in Vortriebsleistung P_V umgesetzt. Wenn der Vortriebswirkungsgrad $\eta_1 = P_V/P_{\mathrm{flug}} = 0{,}5$ beträgt und der Motorwirkungsgrad $\eta_2 = 0{,}6$, so benötigt das Flugobjekt bereits eine Antriebsleistung von $1 \times 0{,}5^{-1} \times 0{,}6^{-1} = 3{,}3$ W für den Flug. Nimmt man an, dass ein Viertel der Gesamtmasse des Vogels bzw. Fluggeräts vom Antriebssystem eingenommen wird, so bedeutet das bereits eine Leistungsdichte von etwa 130 mW/g für dieses Antriebssystem. Sicherheitsgrenzen für Steigflug etc. lassen 200 mW/g als angemessen erscheinen. Dies ergibt für einen 30-min-Flug eine Energiedichte von 360 J/g für den „Flugtreibstoff". Diese könnte nicht von Nickelcadmium-, wohl aber von Lithiumbatterien (360 J/g) und erst recht natürlich von chemischen Treibstoffen (Methanol: $2{,}3 \cdot 10^4$ J/g) erreicht werden. Der Flugtreibstoff Fett für den Langstreckenflug von Vögeln besitzt im Übrigen einen noch höheren Energiegehalt: $3{,}9 \times 10^4$ J/g. Geeignete Kleinmaschinen, die solch chemische Treibstoffe hocheffizient verarbeiten, sind allerdings noch nicht verfügbar.

Speakman und seine Mitarbeiter haben Modell-Überschlagsrechnungen für konventionelle Flugkörper vorgelegt, bei denen die Auftriebserzeugung auf starre Flügel und die Vortriebserzeugung auf rotierende Propeller verteilt ist, für Triebflügel, wie sie E. v. Holst et al. bereits in den frühen 40er-Jahren vom Libellenflug abgeleitet haben (Abb. 10-62 B) sowie für Schlagflügel. Aus einer Reihe von Gründen geben sie dem Triebflügelprinzip die größten Chancen. Als Flügelprofil bevorzugen sie die dünne, gewölbte Platte, die bei einer Streckung von etwa 5 und einer Gleitzahl von etwa 10 (die maximal erreichbar ist) den vergleichsweise höchsten Auftrieb ergibt (Abb. 10-62 A). Sie weisen des Weiteren darauf hin, dass das, was man vom Vogel für Kleinstfluggeräte lernen kann, nicht zu Geräten führen wird,

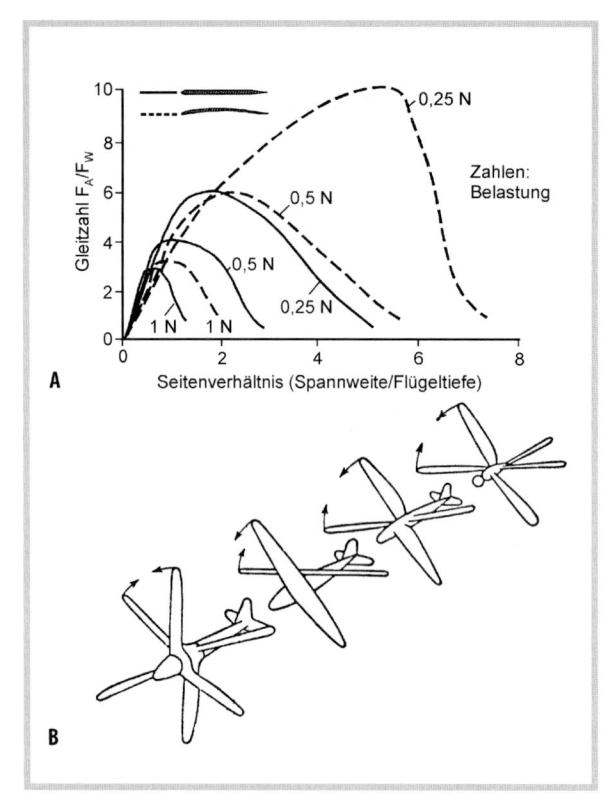

Abb. 10-62 Entwicklungsschritte zum Kleinstfluggerät. **A** Flügelkenngrößen für die ebene, dünne Platte und die leicht gewölbte, dünne Platte für eine Anströmgeschwindigkeit von 5 m s^{-1}, eine Spannweite von 30 cm und eine Spannweiteneffizienz von 0,8. Mit steigender Belastung sinken die für ein jeweils optimales Seitverhältnis erreichbaren maximalen Gleitzahlen zwar drastisch; die gewölbte Platte bleibt der ebenen Platte aber überlegen *(nach Spedding, Lissaman 1998)*, **B** gedankliche Entwicklung eines Konzepts gegenläufig rotierender Schubflügel („Triebflügel") aus dem gegenläufigen Flügelpaar einer Libelle *(nach v. Holst, Küchemann, Soef 1947)*

die wie Vögel aussehen. Allein schon deshalb nicht, weil in dem hier betrachteten Bereich Propeller etwa den gleichen Vortriebswirkungsgrad besitzen wie Schlagflügel, rotierende Systeme aber technologisch leichter in den Griff zu bekommen sind als periodisch bewegte: „just as submarines are in many respects quite un-fishlike, engineering solutions must respect and profit from human-based constraints and/or opportunities".

In diesem Bezug gewinnt Abb. 10-62 B eine neue Bedeutung als geradezu typischer Versuch einer gedanklichen, bionischen Umsetzung. Jahrzehnte lang ist die darin skizzierte Überlegung ein wenig belächelt worden, aber dazu besteht kein Grund. Die damaligen Autoren haben geradezu hellseherisch die wesentlichen Dinge abstrahiert. Sie haben Schub- und Huberzeugung in relativ langsam bewegten großen Flügeln kombiniert, aber den Drehmomentenausgleich nicht auf zwei gegenphasisch schlagende Flügelpaare verteilt, sondern auf gegenläufig drehende Propeller. Es sind damals somit zwar biologische Prinzipien an den Ausgang gestellt worden, doch entspricht der damalige technologische Vorschlag letztlich genau den konstruktionsbionisch weitergedachten Forderungen der hier zitierten Autoren.

10.9.2.4
Miniaturisierungstendenzen auf dem Weg zu Kleinstfluggeräten

Für Aufklärungszwecke im militärischen wie zivilen Bereich (Katastrophenaufklärung, Chemieunfälle etc.) wird derzeit intensiv nach Möglichkeiten geforscht, unbemannte Kleinstflugzeuge zu konzipieren, die Registriereinrichtungen tragen können. Diese können bionischen Ursprungs sein und z.B. mit Schlagflügel- oder Triebflügelpropellern arbeiten oder auch nicht. Die Probleme der Verkleinerung, d.h. der Vorstoß in Reynolds-Zahlbereiche etwa zwischen 10^4 und 10^2 sind aber in beiden Fällen ähnlich. Zum angepeilten Gewichtsbereich vgl. Abb. 10-63 A.

An der University of Florida, neuerdings auch an der Arizona State University und an der University of Notre Dame, wird seit 1997 jährlich eine „Micro aerial vehicles competition" durchgeführt, die zur Aufgabe stellt, ein Symbol von 1,5 m Größe in einer Entfernung von 600 m von der Startregion, das gegen Seitensicht durch einen 3,5 m weiten und 1,5 m hohen Zaun gesichert ist, von oben zu fotografieren und ein auswertbares Bild zum Startpunkt zurückzubringen. Der letzte Wettbewerb war im Jahr 2001, und seit 1997 hat sich die Spannweite der erfolgreich verwendeten Kleinfluggeräte von 60 auf immerhin 17,5 cm verringert (Abb. 10-63 B). Damit kommt die Spannweite in den Bereich kleiner Vögel, kleiner Fledermäuse und allmählich auch großer Insekten, deren Aerodynamik relativ gut untersucht ist und die folglich in den neuerschlossenen technischen Bereich hineinwirken kann. Aspekte dieser Art beschrieb vor allem der Flugbiophysiker C. P. Ellington von der Universität Cambridge.

Spannweitenverkleinerung bei Schlagflügeln bedingt aber auch Frequenzerhöhung. Kleinstfluggeräte mit kurzen, hochfrequent schwingenden Flügeln können schnel-

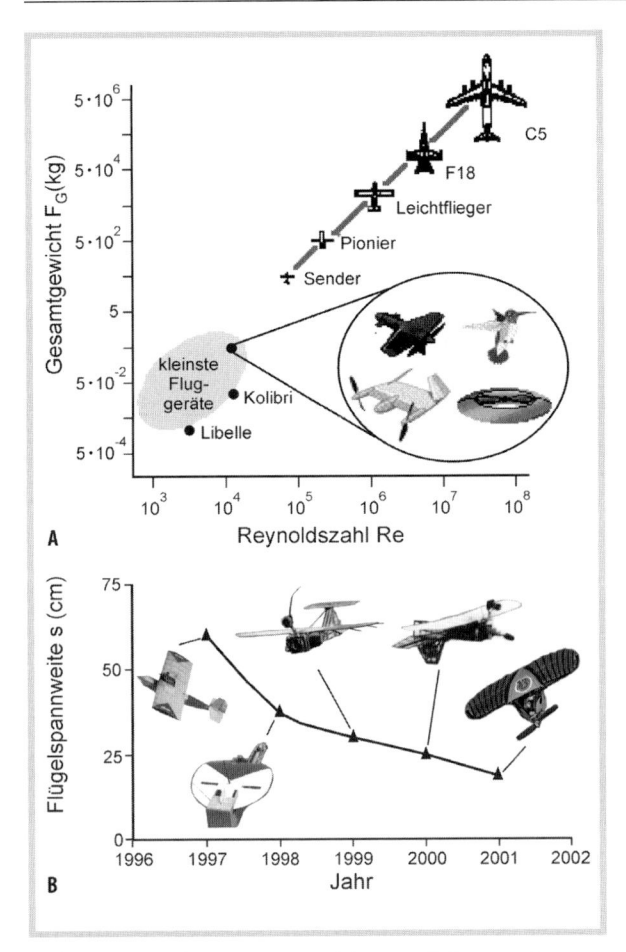

Abb. 10-63 Tendenzen zur Gewichts- und Spannweitenverkleinerung bei Kleinstfluggeräten. **A** Angepeilter Gewichtsbereich *(nach McMichael, Francis 1997)*, **B** derzeitige Miniaturisierungs-Tendenzen *(nach Micro Aerial Development Group)*

ler fliegen als solche mit langen, niederfrequent schwingenden, brauchen dafür aber einen deutlich stärkeren Antrieb. Ein derartiges Gerät mit 10-mm-Flügeln, die 200 mal pro Sekunde schlagen, benötigt eine 10fach höhere Antriebsleistung als ein solches mit 100-mm-Flügeln, die 2 mal in der Sekunde schlagen – wobei beide theoretisch eine gleiche Last von 200 mg tragen könnten, mit der das Erstere allerdings 10 mal so schnell fliegt. Die Entwicklung solcher Kleinfluggeräte, sowohl auf bionischer als auch nichtbionischer Basis, wird derzeitig in Amerika, England und Japan und neuerdings auch in Deutschland mit nicht unbeträchtlichen Mitteln unterstützt.

10.10
Kurzanmerkungen zum Themenkreis „Robotik und Lokomotion"

10.10.1
Frühe Studien des Naturvorbilds „Vogel"

Nicht nachprüfbar aber vielleicht gar nicht so unmöglich erscheint ein Bericht aus dem 17. Jh., nach dem im Osmanischen Reich Hezarfen Ahmed Celibi mit „Flugbionik" experimentiert haben soll. Es heißt, dass er bereits die Bedeutung leicht gewölbter Flügelflächen, wie sie Großvögel aufweisen, erkannt hat und ein manntragendes Gleitflugmodell gebaut hat. Im Jahr 1638 soll er vom Galatta-Turm in Istanbul gesprungen und vom Wind bis auf die andere Seite des Bosporus getragen worden sein. In Üsküdar soll er unversehrt gelandet sein. Von Sultan Murat IV erhielt er, wie es heißt, demnach eine Anerkennung in Form eines Beutels voller Gold.

Für frühe Flugapparate wurde weitgehend auf Naturbeobachtungen zurückgegriffen. Bei den Hanggleitern Otto Lilienthals sind dies: ein sehr detailliertes Studium des Weißstorchs, insbesondere die Übernahme des bahnbrechenden Prinzips der Flügelwölbung (Abb. 10-64 A, „Fig. III"), sowie die Zusammenlegbarkeit der Schwingen nach dem Federflügel-Prinzip. Bei späteren Apparaten, welche die Flügel bewegen konnten und gleichzeitig gleiten konnten, kommt die Aufspaltung der Flügelenden nach Art der freien Handschwingen von Landseglern dazu. Igo Etrichs erste Gleitapparate waren Nurflügel-Ausführungen nach dem Vorbild der vorzüglich gleitenden tropischen *Zannonia macrocarpa*. In den Flügeln der später entwickelten Etrich-Taube (Abb. 10-64 B) findet sich die Geometrie der *Macrozannonia* ebenso wieder wie die beim Gleitflug zurückgebogenen Handschwingen der Haustaube. Das Flügelkonzept dieses außerordentlich stabilen und erfolgreichen Flugzeugs wurde – im Gegensatz zu Lilienthal – intuitiv entwickelt, mit Kreide auf den Boden einer Halle gezeichnet. Wenig bekannt ist, dass auch das erste Flugzeug der späteren Focke-Wulf-Werke, die Focke-Kolthoff-Wulf A 5 (1912), von der *Macrozannonia* beeinflusst war (Abb. 10-64 C).

10.10.2
Dezentrale Steuerung von Roboterarmen nach dem Krakenprinzip

Arme von Kraken z. B. der Gattung *Octopus* besitzen jeweils eigene neurale Schaltkreise. Sie können sich deshalb relativ autonom bewegen, wodurch die neurale Kapazität des Gehirns entlastet wird. Von den 50 Mio. Nervenfasern in einem Arm ziehen etwa 40 000 als motorische Fasern zu den Muskeln und nur einige wenige als sensorische Fasern zum Gehirn, wie B. Hochner und T. Flash von der Universität Jerusalem und dem Weizmann Institut in Rehovot gefunden haben. Abgeschnittene Krakenarme können deshalb praktisch „normale" Bewegungen ausführen, z. B. die Koordination des Umschlingens und Ergreifens. Die Übertragung der autonomen Gliedansteuerung im Roboterbetrieb wäre eine bionische Möglichkeit, die Entwicklung feinfühlig in alle Richtungen beweglicher Arme nach dem Krakenprinzip (d. h. ohne Gelenke und ohne mechanisch-starre Versteifungen) eine andere. Das amerikanische Office of Naval Research interessiert sich für die Entwicklung derartiger Arme, als Basis für neue Robotergenerationen, die sich im Unterwasserbereich oder im All bewegen müssen.

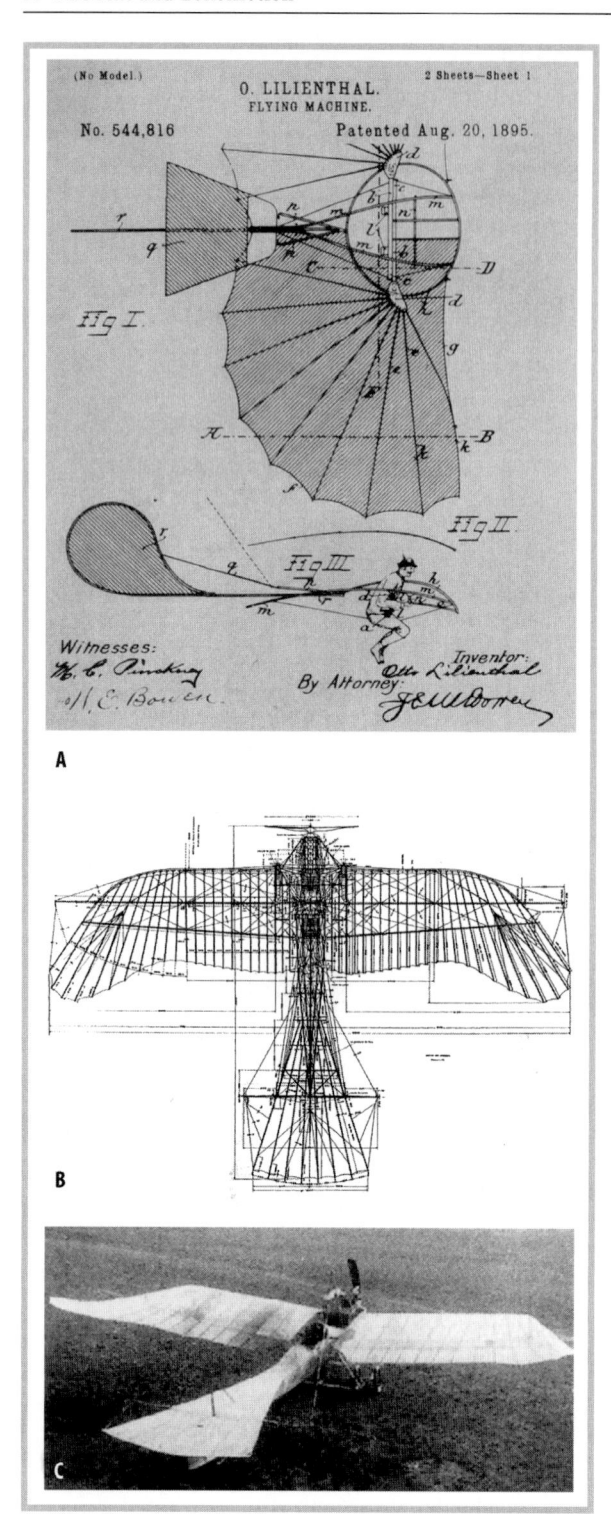

10.10.3
Polymer-Hydrogel-Aktuator

D. Brock et al. vom Artificial Intelligence Lab des MIT und vom Santia National Lab Albuquerque haben verschieden Linearaktuatoren konzipiert, vermessen und theoretisch untermauert, die auf einem polymeren Hydrogel basieren. Sie benutzen Stränge ph-sensitiver Gel-"Fasern" die von einem Fluidverteilungssystem umspült werden. Man kann sowohl saures als auch basisches Fluid einleiten. Die Gel-"Fasern" bestehen aus kommerziellem Polyacrylonitril (PAN), innerhalb einer – z. B. zylindrischen – Hülle. Durch Umspülen mit Flüssigkeiten unterschiedlicher pHs können die „Fasern" zur Kontraktion und Dilatation gebracht werden. Maximalkontraktion gegen eine antagonistische passive Feder wurde bspw. mit einer Zugkraft von 0,35 N innerhalb von 40 s erreicht (Winkelverstellung $16°s^{-1}$ in einer geeigneten Mechanik). Maximale Erholung erfolgte in etwa 5 s. Abbildung 10-65 zeigt das Bauprinzip eines zylindrischen Polymergel-Aktuators. Es wurden auch Flachaktuatoren konzipiert, die auf dem gleichen Prinzip beruhen.

Abb. 10-64 Frühe Flugapparate auf bionischer Basis. **A** O. Lilienthals zusammenlegbarer Hängegleiter, amerikanisches Patent 1895, **B** I. Etrich's „Taube". Als Rumpler-Taube in Serie gebaut 1910–1912 (*nach Luftfahrt 1/1991, verändert und Luftfahrt International 7/1975, Teile*), **C** Focke-Kolthoff-Wulff A 5 (1912) (*nach Springmann 1997*)

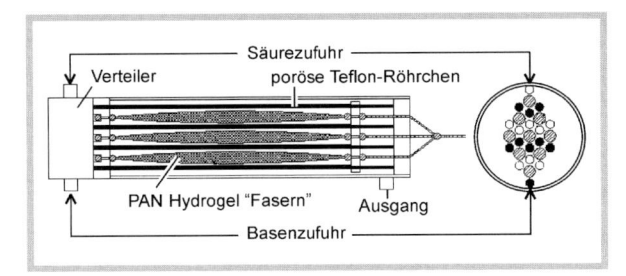

Abb. 10-65 Prinzip eines Polymer-Hydrogel-Linearaktuators *(nach Brock, Lee, Segalman, Witkowski-Website)*

10.10.4
Vogelflügel und adaptive technische Flügel

Beim Schlagflug ändern Vogelflügel von Zeitpunkt zu Zeitpunkt ihre geometrische Konfiguration. Messtechnisch wurde das in den klassischen Arbeiten von Bilo 1971, 1972 am Sperlingsflügel bewiesen. Beim langsamen Flug sehr großer Vögel (Abb. 10-66 A) kann man das aber schon mit einem guten Feldstecher beobachten. Auch beim Gleitflug, insbesondere beim Landeanflug aus dem Gleiten heraus, geschieht dies, besonders merklich in der Hinterkantenregion, die adaptiv gehoben oder gesenkt wird. Die jeweilige Stellung des Flügels wird dem Vogelgehirn über Dehnungsrezeptoren im Muskel-Sehnen-Apparat sowie über innervierte, rasch schwingende Federchen (Filiplumen) gemeldet.

Einen nicht beträchtlichen Teil des Widerstands eines Verkehrsflugzeugs tragen die Klappen, die an den Hinterkanten der Flügel und der Leitwerksteile sitzen und zum Steuern und Lageregulieren leichter oder stärker ein- und ausgeklappt werden können. Sie bilden keine aerodynamische Einheit mit dem Flügel, ganz im Gegensatz zum Vogelflügel. Eine mind. 30%ige (!) Widerstandseinsparung erwartet man sich durch adaptive Flügel, deren Hinterkanten durch interne Verwindung verändert werden können (Abb. 10-66 B). Aber auch die Einstellung des gesamten Flügelprofils beim Wechsel vom Steigflug in den Hochgeschwindigkeits-Streckenflug kann über interne Verstellungen (Veränderungen der lokalen Dicke und damit der Wölbung, Dickenrücklage, Wölbungsrücklage und weiterer geometrischer Parameter) geleistet werden. Analog zum Vogelflügel ist ein sensorisches System vorgesehen, das die lokalen Veränderungen registriert und einem Zentralcomputer mitteilt. Es besteht aus einem Maschenwerk von Drucksensoren und Fasersensoren (Abb. 10-66 C). Über die Letzteren kann der lokale Belastungszustand

gemessen werden. Die Fasern sollen so in die Matrix eines Kohlenstoff-Faserverbundwerkstoffs eingebettet werden, wie die sensorische Nerven im Gewebe eines Tierflügels liegen.

Untersuchungen dieser Art werden unter dem Stichwort „Adaptiver Flügel (AIDF)" an mehreren Großinstituten durchgeführt, z. B. bei Daimler Chrysler (DC), der Daimler Chrysler Aerospace (DASA) und dem Deutschen Zentrum für Luft- und Raumfahrt (DLR). Hier werden sowohl die strukturmechanische Aufbau- als auch dynamische Verstellmöglichkeit und die sensorischen Komponenten intensiv bearbeitet. Die vielversprechende Fasersensortechnologie steht noch am Anfang der Entwicklung. Wie H. Ahrendt von DASA- Airbus und W. Martin sowie H. Neumann vom Forschungszentrum München-Ottobrunn meinen haben diese Entwicklungen eine große Zukunft. Der Aufsatz „Vorbild Vogelflügel" im Hightech Report endet prophetisch: „Die Landeklappe mit variabler Hinterkante könnte aber schon in einer der nächsten Flugzeuggenerationen eingebaut werden. Leonardos Strategie, sich am Vorbild der Natur zu orientieren, erweist sich mehr denn je als

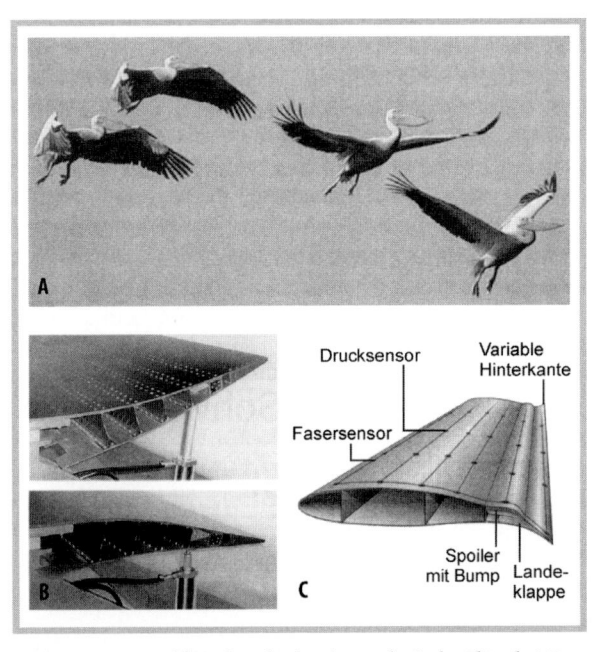

Abb. 10-66 Vogelflügel und adaptive technische Flügel. **A** Der Pelikanflügel nimmt bei jeder Schlagstellung eine andere Form an, **B** Demonstrationsmodell für eine Landeklappe mit variabler Hinterkante in zwei Wölbungsstellungen, **C** Sensorik (Drucksonden, Fasersonden) an einem adaptiven Flügel *(nach Hightech Report 1998)*

richtig. Der adaptive Flügel nach dem Vorbild Vogelflügel beginnt Wirklichkeit zu werden".

10.10.5
Elektrische Felder und Auftriebserhöhung

Es wird bis heute gerne übersehen, dass Lebewesen in der Lage sind, hohe elektrische Felder zu erzeugen. In jeder Zellmembran sind es z. B. etwa 10^5 V cm^{-1}! Interaktionseffekte z. B. von schwingenden Bienenflügeln mit der umgebenden Luft, führen zu Aufladungen, die ebenfalls ganz erstaunlich hohe elektrische Felder induzieren, wie der Zoophysiologe U. Warnke an der Universität des Saarlandes gezeigt hat. (Im Labor bietet das die Möglichkeit, auf einfachste Weise den Flügelschlag zu monitorieren: Eine einfache Drahtelektrode an hochohmigem Eingangswiderstand, lokalisiert in der Nähe der schwingenden Flügel). Auch für Vogelflügel können solche Effekte angenommen werden. Selbst die Abstandshaltung im Formationsnachtflug könnte nach Warnke damit bewerkstelligt werden. Effekte solcher Felder auf die aerodynamische Leistungsfähigkeit von Flügeln sind im biologischen Bereich bisher nicht nachgewiesen worden, wohl aber im technischen. B. Göksel hat in seiner Diplomarbeit nachgewiesen, dass die Auftriebsbeiwerte bestimmter Tragflügelprofile bei kritischen Anstellwinkeln und bei $1,3 \cdot 10^4 < Re < 1,3 \cdot 10^5$ um 60–220 % (!) stiegen, wenn starke elektroaerodynamische Effekte zugelassen wurden. Zum Aufbau der elektrischen Felder wurde dabei nur eine Leistung von 8 W benötigt. Dies gelang zunächst bei Profiltiefen von knapp 20 cm, wie sie für ferngelenkte Kleinflugzeuge und Drohnen zur Umweltüberwachung benutzt werden. Die adäquate Lösung bietet wahrscheinlich eine Teilionisation der Luft über Corona-Entladungen an feinen Nadeln oder Drähten.

Mit diesen und ähnlichen Arbeiten erlebt die Elektroaerodynamik z. Z. eine Renaissance, wogegen eine breitere Untersuchung solcher Effekte an natürlichen Flügeln, wo sie wahrscheinlich seit Jahrmillionen genutzt werden, noch aussteht.

Literatur

Anonymus (1998) Vorbild Vogelflügel. Hightech Report 98, 64–69

Arena P, Fortuna L, Frasca M (2001) A biologically inspired lamprey robot. CLAWAR News, September 2001, 8–9

Ashley S (2001) Raketen unter Wasser. Spektrum der Wissenschaft August 2001, 62–69

Ayers J, Massa DP „Biomimetische Unterwasserroboter": http://www.dac.neu.edu/msc/burt.html

Bannasch R (1996) Widerstandsarme Strömungskörper – optimalformen nach Patenten der Natur. In: Nachtigall W, Wisser A (Eds.): BIONA-report 10, Akad. Wiss. Lit. Mainz, Fischer, Stuttgart etc., 151–176.

Bechert DW (1993) Verminderung des Strömungswiderstands durch bionische Oberflächen. In: Neumann, D. (et al) VDI Technologieanalyse Bionik. VDI Technologiezentrum, Düsseldorf, 74–77

Bechert DW, Bruse M, Hage W, Meyer R (1997) Biological Surfaces and their technological application – Laboratory and flight experiments on drag reduction and separation control. AIAA-Paper 97-1960

Bechert DW, Hoppe W, Reif E (1985) The Drag Reduction of the Shark Skin. AIAA-Paper 85-0546

Bechert DW, Bruse M, Hage W, Meyer R (2000) Fluid mechanics of biological surfaces and their technical application. Naturwiss. 87, 157–171

Bernreuter J (2001) „Swatch" auf Rädern. Mit dem Elektrofahrzeug „SAM" geht die Cree AG in der Schweiz neue Wege im Automobilbau. Photon, Dez. 2001, 62–64

Berns K, Dillmann R (Eds.) (2001) Proceeding of 4th International Conference on Walking and Climbing Robots: From Biology to Industrial Applications, Professional Engineering Publishing Limited, Bury St. Edmunds and London, UK, Sep. 2001

Bilo D (1969) Untersuchung über die Flugbiophysik von Kleinvögeln (unter Anwendung der Hochfrequenz-Stereo-Kinematographie und der Windkanaltechnik). Dissertation, Universität, München, unpubl.

Bilo D (1971) Flugbiophysik von Kleinvögeln. I. Kinematik und Aerodynamik des Flügelabschlages beim Haussperling (Passer domesticus L.). Z. Vgl. Physiol. 71, 382–454

Bilo D (1972) Flugbiophysik von Kleinvögeln. II. Kinematik und Aerodynamik des Flügelaufschlages beim Haussperling (Passer domesticus L.). Z. Vgl. Physiol. 76, 426–437

Bilo D, Bilo A, Nachtigall W (1999) Der Flug der Vögel. In: Gansloser U (Hrsg.): Spitzenleistungen. Filander-Verlag, Fürth

Bilo D, Nachtigall W (1980) A simple method to determine drag coefficient in aquatic animals. J. Exp. Biol. 87, 357–359

Bilo D, Lauck A, Nachtigall W (1985) Measurement of linear body accelerations and calculation on the instaneous aerodynamic lift and thrust in a pigeon flying in a wind tunnel. In: Nachtigall, W. (Ed.): BIONA-report 3, Akad. Wiss. Lit. Mainz, Fischer, Stuttgart etc., 87–108

Blickhan R (1992) Bionische Perspektiven der aquatischen und terrestrischen Lokomotion. In: Nachtigall W (Ed.): BIONA-Report 8, Akad. Wiss. Lit. Mainz, Fischer, Stuttgart etc., 135–154

Brock D et al.: „Hydrogel-Aktuator": http://www.ai.mit.edu/projects/muscles/papers/icim94/paper.html

Bronder S (1988) Kinematik und Strömungsanalyse beim Schwimmen der Vipernatter (Natrix maura). Diplomarbeit, MNF Univ. Saarbrücken, unpubl.

Buschke-Reimer (2001) Kraken inspirieren Entwickler von Robotern. News Ticker Technik, Bild der Wissenschaft online vom 03.12.2001

Clark RD, Bemis W (1979) Kinematics of swimming of penguins at the Detroit Zoo. J. Zool. (Lond.) 188, 411–428

Daimler Chrysler (2000) „Die Geschichte einer Leidenschaft." DC AG (Hrsg.), www.mercedes-benz.de; Redaktion: MKP/R Design London
De Laurier JD (1993) The development of an efficient ornithopter wing. Aero. J. 97, 153–162
De Laurier JD, Harris JM (1993) A study of mechanical flapping-wing flight. Aero. J. 97, 277–286
Cruse H (1990) What mechanisms coordinate leg movement in walking arthropods? Trends in neuroscience 13, 15–21
Dickinson MH, Lehmann F-O, Sane SP (1999) Wing rotation and the aerodynamic basis of insect flight. Science 284, 1954-1960
Dinkelacker A (1993) Verwendung feiner Wandrillen als Hilfsmittel zur Beeinflussung der Strömungsrichtung in Wandnähe. In: Neumann, D. (Ed.) VDI Technologieanalyse Bionik. VDI Technologiezentrum, Düsseldorf, 74–77
Eck B (1966) Technische Strömungslehre. Springer, Berlin etc.
Ellington CP (1980) Vortices and hovering flight. In: Nachtigall, W. (Ed.): Instationäre Effekte an schwingenden Tierflügeln. Akad. Wiss. Lit. Mainz, Steiner, Wiesbaden, 64–101
Ellington CP (1999) The novel aerodynamics of insect flight: Applications to micro-air vehicles. J. Exp. Biol. 202, 3439–3448
Eltze J, Weidemann HF, Pfeiffer F (1992) Design of walking machines using biological principles. Proc. IFToMM-jc. Int. Symp. Theory Mach. Mech. Nagoya (Japan), 24.-26.09.1992, Bd. 2, 689–694
Goeksel B: „Elektroaerodynamik": b.goeksel@physik.TU-Berlin.de
Greenewalt CH (1962) Dimensional relationships for flying animals. Smithson. Misc. Collect. 144 (2)
Hertel H (1968) Biologie und Technik. Krausskopff, Mainz
Hirose S (1993) Biologically inspired Robots (Snake-like Locomotor and Manipulator). Oxford University Press
Hochner B, Gutfreund Y, Fiorito G, Flash T, Segev I, Yarom Y (1995) Arm electromyograms in a freely moving octopus (Octopus vulgaris), Israel Journal of Medical Sciences, 4th annual meeting of the Israel Society for Neurosciences. pp. 745
Holst v E (1947) Über „künstliche Vögel" als Mittel zum Studium des Tierflugs. J. Ornithol. 91, 406–447
Holst v E, Küchemann D, Soef K (1947) Der Triebflügel. Jb. Deutsch. Luftfahrtforschung I, 435
Junge M (2002) Dissertation Fak. 8.4, Uni. d. Saarlands, Saarbrücken, unpubl. (Ergebnisse zur Publ. in Vorbereitung).
Kesel AB (1997) Einige Aspekte zur Statik der Insektenflügel. In: Wisser A, Bilo D, Kesel A, Möhl B (Eds.): BIONA-Report 11, Akad. Wiss. Lit. Mainz, Fischer, Stuttgart etc., 89–114
„Kleinfluggeräte": McMichael JM, Francis CMS: http://www.fas.org/irp/program/collect/docs/mav-auvsi.htm
„Kleinfluggeräte": „Micro Aerial Vehicle Competition" at the University of Notre Dame: http://www.nd.edu/~mav/competition.htm
Koenig-Fachsenfeld R (1951) Aerodynamik des Kraftfahrzeugs. Umschau-Verlag, Frankfurt
Krick W, Blickhahn R, Nachtigall W (1994) Structure and energetics of the vortex street of freely swimming Fishes. Mttg. deutsch. Zoolog. Ges. 87/1, 101
Küchenmann D, Holst v E (1941) Zur Aerodynamik des Tierflügels. Luftwissen 8, 277–282

Kumph JM et al. (1998): „Hechtroboter": http://web.mit.edu/towtank/www/pike/index.html
Kunz L (1988) Kinematische und fluiddynamische Untersuchungen beim Haiwels (Pangasius sutchi). Diplomarbeit, MNF Univ. Saarbrücken, unpubl.
Lissaman PBS (9183) Lower Reynolds-number airfoils. Americ. Rev. Fluid Mech. 15, 223–239
Meyer et al. (1997) Aeroflexible Oberflächenklappen als „Rückstrombremsen nach dem Vorbild der Deckfedern des Vogelflügels". Der Bericht ist im Deutschen Zentrum für Luft und Raumfahrt, Berlin erschienen (DLR-IB 92517-97/B5)
„MIT leg laboratory" (2002) http://www.ai.mit.edu/projects/leglab/home.html
Möhl B (1996 A) Vorschlag für ein bionisches Projekt: Steuerung elastischer Bewegungssysteme. Interner Konzeptentwurf innerhalb der Arbeitsgruppe Nachtigall, Fachbereich 13.4 der Universität des Saarlandes, unpubl.
Möhl B (1996 B) Ein elastisch angetriebener Roboterarm. Interner Konzeptentwurf innerhalb der Arbeitsgruppe Nachtigall, Fachbereich 13.4 der Universität des Saarlandes, unpubl.
Möhl B (1997) A Two Jointed Robot Arm with Elastic Drives and Active Oscillation Damping. Workshop: Bio-Mechatronic Systems, IEEE-RSJ International Conference on Intelligent Robots and Systems (IROS), Grenoble
Möhl B (1997) Arbeitsarm, insbesondere für einen Roboter. Deutsches Patentamt, 19719931.3, 13.5.1997
Nachtigall W (1966) Die Kinematik der Schlagflügelbewegungen von Dipteren. Methodische und analytische Grundlagen zur Biophysik des Insektenflugs. Z. Vgl. Physiol. 52–211
Nachtigall W (Hrsg.) (1980): Instationäre Effekte an schwingenden Tierflügeln. Beiträge zu Struktur und Funktion biologischer Antriebsmechanismen. Akad. Wiss. Lit. Mainz, Steiner, Wiesbaden. (Hierin grundlegende Ansätze)
Nachtigall W (1985) Warum die Vögel fliegen. Rasch und Röhring, Hamburg. (Darin alle relevanten Originalarbeiten bis zum Berichtszeitpunkt.)
Nachtigall W (1986) Gleitflugverhalten, Flugsteuerung und Auftriebseffekte bei Flugbeutlern. In: Nachtigall W (Ed.): BIONA-Report 5, Akad. Wiss. Lit. Mainz, Fischer, Stuttgart etc., 171–186
Nachtigall W (1987) Vogelflug und Vogelzug. Rasch und Röhring, Hamburg
Nachtigall W (1998) Bionik – Grundlagen und Beispiele für Ingenieure und Naturwissenschaftler. 1. Aufl., Springer, Berlin etc.
Nachtigall W, Kempf B (1971) Vergleichende Untersuchungen zur flugbiologischen Funktion des Daumenfittichs (Alula spuria) bei Vögeln. I. Der Daumenfittich als Hochauftriebserzeuger. Z. Vgl. Physiol 71, 326–341
Nachtigall W, Bilo D (1980) Strömungsanpassung des Pinguins beim Schwimmen unter Wasser. J. Comp. Physiol. A 137, 17–26
Nachtigall W, Mees H-P, Hofer H (1985) Vortriebserzeugung bei der Regenbogenforelle durch phasisch gekoppelte Biege-Dreh-Schwingung in der Schwanzflosse: Eine messtechnische Bestätigung der Hertelschen Theorie nach Analyse des Schwimmens in Freiwasser und in einem Wasserkanal. Zool. Jb. Anat. 113, 513–519

Nachtigall W, Dreher A (1987) Physiological Aspects of Insect Locomotion: Running, Swimming, Flying. In: Dejours, P. et al. (Eds.): Comparative Physiology: Life in Water and on Land. Fidia res. Series IX-Liviana press, Badover, 323–341

Nachtigall W, Schuh W, Glander M (1998) Untersuchungen zum Fischvortrieb und Modellmessungen auf dem Weg zu einem Tretbootantrieb. In: Blickhan R, Wisser A, Nachtigall W (Hrsg.): BIONA-report 13, Akad. Wiss. Lit. Mainz, 181–182

Nachtigall W, Wieser J (1966) Profilmessungen am Taubenflügel. Z. Vgl. Physiol. 52, 333–346

Neff et al. (2000) Arthropod structure and development 29, 75–83

Nitschke P(1983) Experimentelle Untersuchung der turbulenten Strömung in glatten und längs gerillten Rohren. Bericht 3, MPI Strömungsforschung Göttingen

Ohlmer W (1964) Untersuchungen über die Beziehungen zwischen Körperform und Bewegungsmechanismen bei Fischen aus stehenden Binnengewässern. Zool. Jb. Anat. 81, 151–250

Pennycuick CJ (1968) A wind tunnel study of gliding flight in the pigeon Columba livia. J. Exp. Biol. 49, 509–526

Patone G, Müller W, Bannasch R, Rechenberg I (1997) Bird flight in unsteady wind conditions: II. Technical application of the „covert-feathers-effect". In: Blickhan R, Wisser A, Nachtigall W (Hrsg.): BIONA-report 13, Akad. Wiss. Lit. Mainz, 199–200

Pfeiffer F, Cruse H (1994) Bionik des Laufens – Technische Umsetzung biologischen Wissens. Konstruktion 46, 261–266

Pratt GA (2000) Legged Robotics at MIT – What's New Since Raibert. CLAWAR News 2000, 4–7

Rechenberg I (2001): „Wüstensandfisch": http://lautaro.fb10.tu-berlin.de/bn/Skink.htm

Rechenberg I (2001): „Mikroblasen": http://www.bionik.tu-berlin. de/intseit2/skript/bibu8.pdf

Reder J (1969) Nylon-Pelzflügel für Segelflugzeuge? Mit zusätzlichen Bemerkungen von E. Ufer. Aerokurier, Auk., 535–536

Rediniotis O (2001) Zitiert in: Science Weekly Journal, vom 12.12.2001

Rediniotis O, Lagoudas D, Wilson L, (2000) Development of a Shape Memory Alloy Actuated Biomimetic Hydrofoil. 38th AIAA Aerospace Sciences Meeting and Exhibit.

Reif W-E (1981) Oberflächenstrukturen und -skulpturen bei schnellschwimmenden Wirbeltieren. In: Reif (Ed.) Palaeontologische Kursbücher Band 1, Funktionsmorphologie, Selbstverlag der Palaeontologischen Gesellschaft, München, 141–157

Reif W-E, Dinkelacker A (1982) Hydrodynamics of the squamation in fast swimming sharks. Neues Jahrbuch für Geologie und Palaeontologie, Abhandlungen Band 164, Schweizerbart, Stuttgart, 184–187

„Rippeneffekt": http://www.cfm.brown.edu/people/cait/masters-abstract.html (1998)

„Rippeneffekt": http://nctn.hq.nasa.gov/success/spinoff/1996/45.html

Rosen MW, Cornford NE (1971) Fluid friction of fish slimes. Nature 234, 49–51

Rüppell G (1975) Vogelflug. Kindler; München

„Schlangenroboter": http://mozu.mes.titech.ac.jp/research/snake/ acm3/acm3.html

Schuhn W (1996) Umsetzung von Schwimmflossenantrieben nach biologischen Vorbildern in die Technik. Grundlagen zur Realisation eines Flossenantriebs für ein Muskelkraft betriebenes Kleinboot und Aufbau einer Versuchsanlage zur qualitativen Untersuchung verschiedener Parameter technischer Schwimmflossenantriebe mit phasisch gekoppelter Biege-Dreh-Schwingung. Diplomarbeit, Arbeitsgruppe Nachtigall, MNF Univ. d. Saarlandes, unpubl.

Schneider M (1993) Zur Wirkung feiner Oberflächenrillen auf die Umströmung eines angestellten Rotationskörpers. Mitteilungen MPI Strömungsforschung Nr. 105, Göttingen

Sparmann A (2001) Das Gesicht der Zukunft. Geo 10 (2001), 143–160

Spedding GR, Lissaman PBS (1998) Technical aspects of microscale flight systems. J. Avian Biol. 29, 458–468

Spillner R (2000) Patentanmeldung „Mechanische Biene": WO2000EP02164 – 20000311 Prioritätsaktenzeichen: DE19991010731 19990311 Klassifikationssymbol (IPC): F04D33/00, 2000-09-14

Springmann E (1997) Focke. Flugzeuge und Hubschrauber von Heinrich Focke 1912–1961. Aviatic Vlg., Oberhaching, pp. 275

Thallemer A (2001) Fluidic Muscle. In: Wisser A, Nachtigall W (Hrsg.): BIONA-report 15, Akad. Wiss. Lit. Mainz, 58–90

„Timberjack": www.timberjack.com

Todd DJ (1985) Walking Machines: An introduction into legged Robots. Kogan Page, London

„Thunfischroboter": http://www.mit.edu/towtank/www/thuna/brad/thuna.html

Triantafyllou MS, Triantafyllou GS (1995) Effizienter Flossenantrieb für einen Schwimmroboter. Spektrum der Wissenschaft 8/95, 66–73

Tucker VA (1968) Respiratory exchange and evaporative water loss in the flying Budgerigar. J. Exp. Biol. 48, 67–87

Voß W (1982) Energieumwandlung durch Flossenantriebe – Eine experimentelle Untersuchung von technischen Flossen, VDI-Z. Reihe 12, Nr. 42

Walker J (1998) „Kofferfisch": http://divegallery.com/boxfish.htm

Walsh MJ (1990) Riblets. In: Bushnell DM, Hefner JN (Eds.): Viscons drag reduction in boundary layers. Vol 123, AIAA, Wash., 203–262

Ward S, Möller U, Jackson DM, Rayner JMV, Nachtigall W, Speakman JR (1998) Measurement of the power requirement for flight by digital thermography. In: Adams, N.J. & Slotow, R.H. (Eds.) Proc. 22 Int. Ornithol. Congr., Durban

Ward S, Rayner JMV, Möller U, Jackson DM, Nachtigall W, Speakman JR (1999) Heat transfer from starlings Sturnus vulgaris during flight, J. Exp. Biol., 202, 1589–1602

Warnke U (1973) Physikalisch – physiologische Grundlagen zur luftelektrisch bedingten „Wetterfühligkeit" der Honigbiene (Apis mellifica). Dissertation, Universität des Saarlandes, Saarbrücken, unpubl.

Warnke U (1978) Information Transmission by Means of Electrical Biofields. In: Electromagnetic Bio-Information, Popp FA, Warnke U, König HL, Peschka W (Eds.), 2nd Edition, Urban & Schwarzenberg, München, Wien, Baltimore, 74–101

Weis-Fogh T (1973) Quick estimates of flight in hovering animals, including novel mechanisms for lift production. J. Exp. Biol. 59, 169–230

Winkler G (2000) Gekkomat. http://www.gekkomat.de
Zanker JM (1990) The wing beat of *Drosophila melanogaster*. Phil. Trans. Roy. Soc. (Lond.), B 327, 1–64

Žbikowski R, Pedersen CB, Hameed A, Friend CM, Barton PC (2000) Current research on flapping wing micro air vehicles at Shrivenham. Symp. on unmanned vehicles for aerial, ground and naval military operations, Ankara 9.–13. Oct. 2000

Kapitel 11

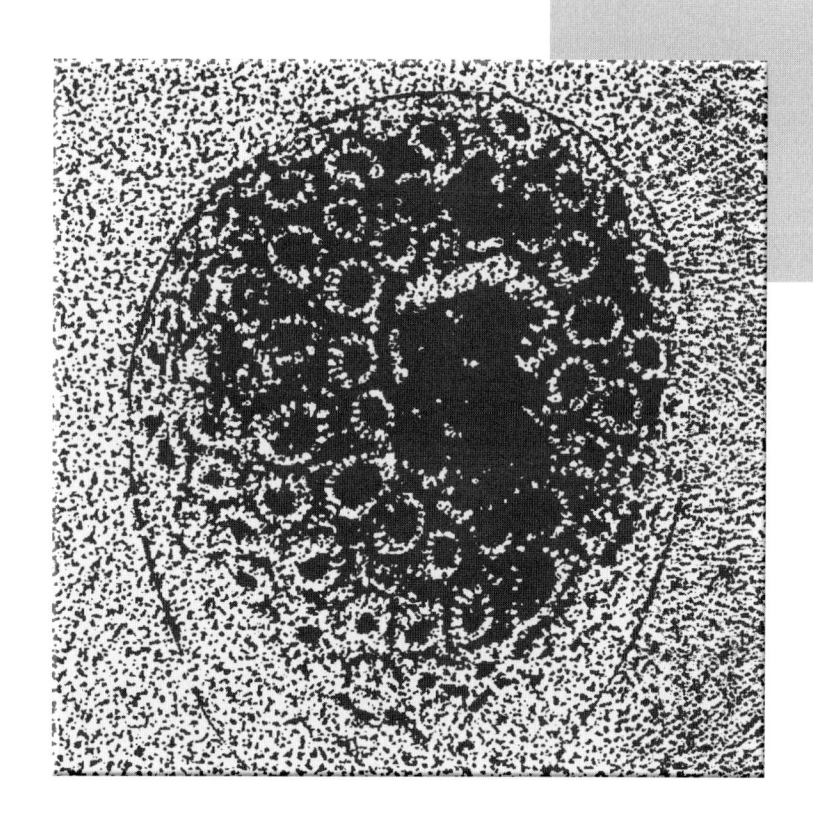

11 Sensoren und neuronale Steuerung

11.1
Allgemeines zu Sensoren – Gedanken eines Biologen über Fühler und Fühlen

Der Zoologe Friedrich Barth vom Biozentrum der Universität Wien hat ein Forscherleben lang Physiologie und Verhalten der großen Spinne *Cupiennius salei* studiert und ist dabei in vielfacher Weise mit ihren Sinnesorganen und ihrer Fähigkeit, Umweltreize aufzunehmen, in Berührung gekommen. Im Englischen klingt das spitzer: „Sensors and Sensing". Mit einer so betitelten Einführung wurde eine Tagung „Sensors and Sensing in the natural and fabricated worlds" im Juni 2000 in Pascoli/Italien eröffnet. Nichts Typischeres und Tiefergreifendes als dieses könnte dem Buchabschnitt über sensorische Mechanismen vorangestellt werden.

In früheren Arbeiten hat F. Barth biologische und technische Sensoren gegenübergestellt und herausgearbeitet, welche Vorzüge die biologischen haben. Einer davon ist ihre unerhörte Empfindlichkeit, die oft an die Grenzen dessen geht, was physikalisch möglich ist (eines oder wenige Lichtquanten, eines oder wenige Duftstoffmoleküle, eine Schalldruckamplitude, nur eine Größenordnung über dem Rauschen auftrommelnder Luftmoleküle etc. (Abb. 11-1)).

In der angesprochenen Eröffnungsrede führt er aus: „Fühlen stellt eine Fähigkeit von Lebewesen dar, die genauso fundamental ist wie Atmen oder Stoffwechseln. Von Bakterien bis zu den Wirbeltieren hängen die Organismen von der Information ab, die sie von der Außen- und aus ihrer Innenwelt bekommen. Sie benötigen diese Information, um sich sinnvoll und angemessen verhalten zu können. Dazu benutzen sie eine Vielzahl von Sensoren (Fühlern, Sinnesorganen). Diese absorbieren kleinste Energien in unterschiedlichen Formen und generieren elektrische Signale. Von den phylogenetisch einfachsten Tieren abgesehen gelangen diese Informationen zum zentralen Nervensystem, wo sie wei-

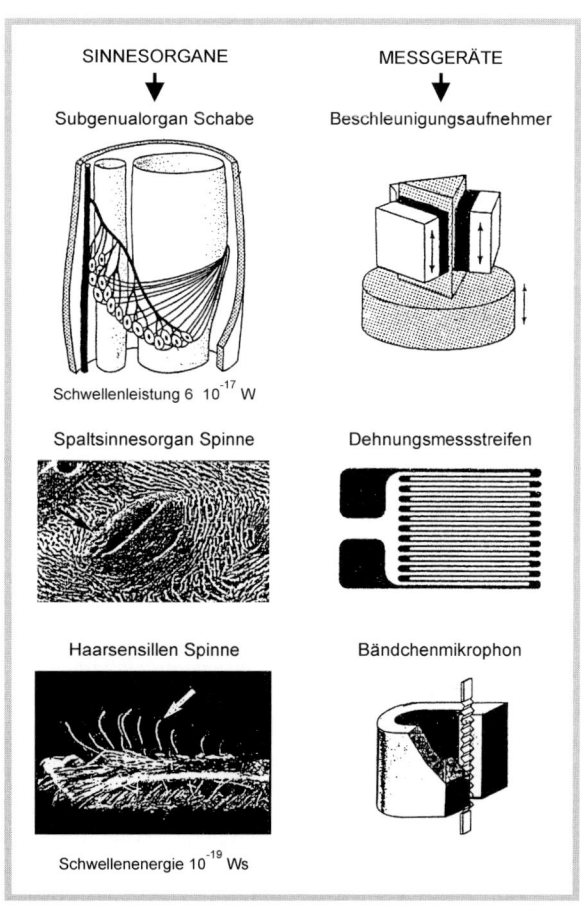

Abb. 11-1 Vergleich dreier biologischer mit drei analogen technischen Sensoren *(nach Barth 1992, verändert)*

terverarbeitet und gefiltert werden. Die meisten sensorischen Systeme reagieren unvergleichlich deutlicher auf die dynamischen Eigenschaften eines Reizes als auf seine statischen. Mit anderen Worten: Speziell relevant ist für einen Organismus gerade die *Änderung* der Umweltparameter.

Der Prozess der Reizübertragung und Signalgeneration wird nicht eigentlich von der Energie gespeist, die im Reiz selbst steckt. Stattdessen moduliert die Reizenergie lediglich einen Widerstand in einem Stromkreis, der von Membranbatterien einer Sinneszelle (und manchmal auch von spezialisierten Hilfszellen) angetrieben wird. Die Generation einer neuronalen Antwort beruht auf Leitfähigkeitsänderungen der sensorischen Zellmembran. Viele der basalen Abläufe sind bei so unterschiedlichen Sinnesorganen wie Licht-, Geruchs- oder Mechanosensoren gleichartig.

Die enorme Vielfalt und „Ingeniosität" biologischer Sensoren hat eine lange evolutive Geschichte hinter sich. Sie tritt auf dem Niveau der Reizaufnahme und Reiztransformation eher zutage als auf dem Niveau der Reiztransduktion. Hier sind Fälle bekannt geworden, die an die Grenze des physikalisch Möglichen gehen. Immer wieder hat man allerdings den Eindruck, dass in der Natur jede nur denkbare (und damit ja auch undenkbare) Möglichkeit, irgendwelche Reizenergien aufzunehmen und auf angemessene Weise zu transformieren, irgendwo verwirklicht ist, sei es beispielsweise bei Augen oder bei Ohren oder sonst irgendwo. In dieser Hinsicht mag nun gerade die Analyse der nichtnervösen Hilfsstrukturen von größter Bedeutung werden; sie stellen eine wahre Schatztruhe für neue Ideen und unorthodoxe Lösungen im Ingenieurbereich dar.

Sensoren sind bei Tieren hochselektiv. Und sie haben sich nicht evoluiert, um Information anzubieten über eine abstrakte oder „wahre" Realität, sondern sie sind einfach dazu da, den Tieren das Überleben zu ermöglichen. Mit anderen Worten: Die speziellen Eigentümlichkeiten eines Sinnesorgans können nur dann voll verstanden werden, wenn wir wissen, was das entsprechende Tier aus seiner spezifischen Umwelt aufnehmen muss, um sich angemessen verhalten zu können. Nur dann können wir das „Design" eines biologischen Sensors in all seinen Details richtig einschätzen und damit auch seine spezifischen Eigentümlichkeiten und Vorteile, mit anderen Worten seinen Anteil an der Analyse der verzerrten und hochgefilterten sensorischen Welt, in der ein Tier oder auch der Mensch lebt. Erfolgreiche transdisziplinäre Zusammenarbeit zwischen den Ingenieuren und Biologen hängt in weitem Maße davon ab, ob die beiden Partner willens sind, diese durchaus unterschiedlichen Näherungsweisen der beiden Disziplinen richtig einzuschätzen.

Ein Ingenieur wird ja so ausgebildet, dass er beispielsweise einen Sensor entwerfen kann, der gut spezifizierbare Randbedingungen erfüllt. Ein Biologe dagegen hinkt immer der Evolution hinterher, die er irgendwie aufklären will; die Sinnesorgane, die er untersucht, sind vorhanden, sie funktionieren und sie sind in der Regel von überwältigender Komplexität, was die Lösung eines speziellen sensorischen Problems anbelangt (das oft genug selbst noch nicht gut verstanden wird). Mit seinem Wissen über die bizarre und erfindungsreiche Natur kann sich ein Biologe gut in das Riesenreich von Alternativlösungen sensorischer Probleme hineintasten. Das ist wohl seine wesentliche Aufgabe. Kaum jemals wird ein Biologe in der Lage sein, vervielfältigbare Blaupausen für technische Anwendungen vorzulegen. Es gibt eben kaum *direkt übertragbare* Ähnlichkeiten (Anm. d. Autors: vgl. Abschn. 1.2) beispielsweise zwischen einem Vogel und einem Flugzeug oder zwischen einem technischen Dehnungsmessstreifen und einem Streckrezeptor in der Kutikula eines Gliederfüßlers.

Mehr denn je braucht der Biologe ingenieurwissenschaftliches Verständnis und die Fähigkeit, abstrakte Ansätze zu machen und seine Messdaten zu quantifizieren (Anm. des Autors: *Technische Biologie* also). Nur damit kann er wohl auf angemessene Weise Fragen stellen und ein Problem in den Griff bekommen: das Problem nämlich, dass seine Vorlagen so hochkomplex sind, dass er sie (zur Zeit noch) nicht auf eine quantitative Weise bearbeiten kann, die dem Problem wirklich angemessen wäre. Wir brauchen also mehr Biomathematik und biologisch orientierte Datenverarbeitung, gerade auch für die Bearbeitung sinnesphysiologischer Probleme."

11.2
Optische Sensoren und Wärmesensoren – neuartige Prinzipien

11.2.1
Natürliche Spiegeloptik führt zum Röntgenkollimator

Die äußerst spannenden physikalischen Zusammenhänge, die das Krebsauge als spiegeloptisches System so effektiv machen, werden in Abschn. 8.9 unter „Konstruktionen und Geräte" ausführlich geschildert. Dort ist auch die Umsetzung des in der Technik bis dato unbekannten Systems in das konstruktionstechnische Konzept eines Röntgenkollimators beschrieben. Der Hinweis darauf auch in der Kategorie „Sensoren", selbst als eigener Unterpunkt, erscheint mir gerechtfertigt; es ist dies zweifellos eines der interessantesten und gleichzeitig am besten durchgearbeiteten Beispiele für ein optisches Sensorprinzip, das aus der belebten Welt bekannt geworden ist.

11.2.2
Entspiegelung und Sichtverbesserung durch Feinstnoppung nach dem Prinzip von Nachtfalteraugen

Viele nachtaktive Schmetterlinge tragen auf der Cornea ihrer Ommatidien feine Noppenstrukturen (Abb. 11-2 A) mit einer Periodizität von < 100 nm. Diese sind deutlich kleiner als die Wellenlänge des von diesen Tieren wahrgenommenen Lichts (ca. 350–450 µm) und treten damit beugungsoptisch nicht in Erscheinung. Allerdings erhöhen sie die Transmission dadurch, dass sie einem Teil des sonst reflektierten Lichts den Eintritt in das Ommatidium ermöglichen. Damit erhöht sich dessen funktionelle Lichtstärke (Quantenausbeute), so dass diese Schmetterlinge im Dunkeln besser sehen. Gleichzeitig erniedrigt sich die Reflexion, so dass die Augen weniger auffällig erscheinen. (Da diese Tiere des Nachts im Wesentlichen nur von Fledermäusen gejagt werden, dürfte der zweite Effekt der Noppung allerdings biologisch weniger relevant sein.) Die Einzelnoppen werden nach außen hin im Durchmesser kleiner. Dies hat einen wesentlichen Effekt. Die Strukturierung der Augenoberfläche „erzeugt nämlich nicht einen bloßen Überzug mit mittlerem Brechungsindex, sondern schafft einen gleitenden Überzug vom Brechungsindex des Auges zu dem der Luft, weil der Anteil der Luft am brechenden Medium nach außen gleichmäßig zunimmt".

Sowohl das Noppenprinzip an sich als auch dessen Feinkonfiguration ist für die Entspiegelung von Glasoberflächen benutzt worden. Die Untersuchungen sind von Sporn und Mitautoren an den Fraunhofer Instituten für Silicatforschung in Würzburg und für Solare Energiesysteme in Freiburg durchgeführt worden. Über sie wird hier pars pro toto berichtet; ähnliche Konzepte sind auch im Institut für Neue Materialien in Saarbrücken erarbeitet worden.

Die mikrostrukturierten Noppen entstehen auf prägefähigen Polymerflächen durch Einprägung (Abformung) eines Stempels, den man bislang mehr als 40 × 40 cm groß herstellen kann. Dazu erzeugt man durch die Überlagerung zweier Laserstrahlen einen Streifeneffekt und nach 90°-Drehung einen zweiten. Es entstehen Nanostrukturen mit Perioden bis unter 220 nm. Gut lassen sich auch die am Würzburger Fraunhofer-Institut entwickelten Schichten aus einem anorganisch-organischen Copolymer, Ormocer genannt, im Prägeverfahren strukturieren (Abb. 11-2 B). Damit lässt sich die visuelle Transmission von Glas auf über 98 % steigern, gegenüber etwa 90 % im unentspiegelten Fall.

Da die Strukturen nach außen dünner werden, ahmen sie auch die „graduelle Anpassung" der genoppten Corneaoberflächen bei den Nachtfaltern nach. Diese Kleinstnoppung, zusammen mit den chemischen Modifizierungsmöglichkeiten der Noppenoberfläche, können weitere positive Effekte aufweisen wie z. B. schmutzabweisende und antistatische Eigenschaften: eine Art symbiontisches Zusammenspiel. Dies ist u. a. für Brillenoberflächen wichtig, die dann nicht so leicht verschmutzen oder durch Berührung mit fettigen Fingern

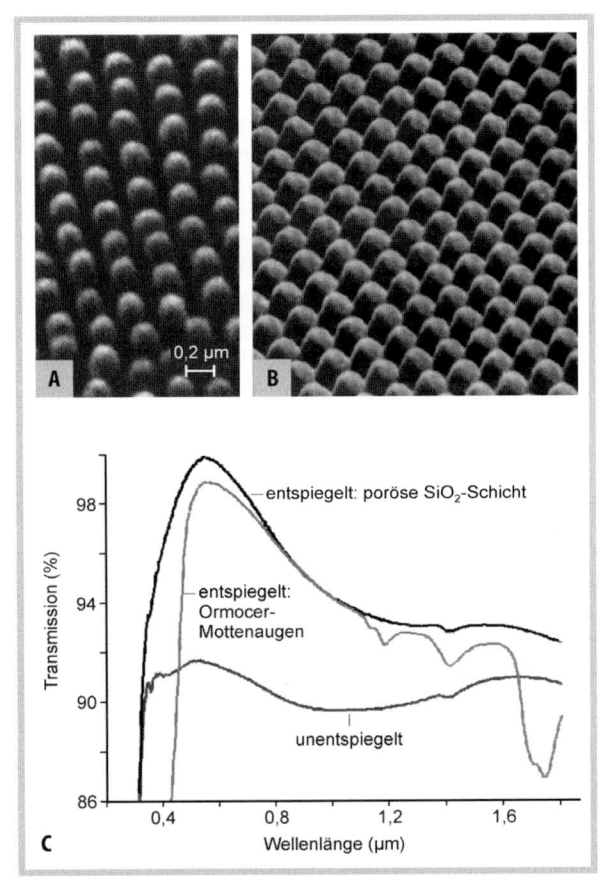

Abb. 11-2 Mikronoppung und Entspiegelungseffekte. **A** Noppenstrukturen auf der Cornea des Auges eines Nachtschmetterlings, **B** analoge Noppenstrukturen, Ormocer-Prägung, Periode 300 nm, **C** Beispiele für Transmissions-Wellenlängen-Abhängigkeiten eines unbeschichteten und zweier oberflächenstrukturierter Weißgläser *(nach Sporn et al. 1997)*

vertrüben. Durch Heißprägungsabformung in einem geeigneten Material lässt sich die visuelle Transmission einer solchen Platte, wie sie im Fraunhofer Institut für Werkstoffmechanik entwickelt worden ist, bis auf 99,0 % steigern.

Durch derartige Mikronoppung konnten Kunststofflinsen – auch die der größten Durchmesser –, wie sie für Tageslichtprojektoren verwendet werden (Firma Fresnel Optics GmbH), so entspiegelt werden, dass Falschlichteffekte, die durch Reflexionen an den Kunststofflinsen im Geräteinneren entstehen, praktisch vollständig vermieden werden. Im Gegensatz zu aufgedampften Schichten können sich die eingeprägten Noppen auch nicht ablösen, wenn die Linsen sehr heiß werden. Die Interferenzschichten-Entspiegelung funktioniert auch nur innerhalb einer nicht allzu großen Bandbreite und ist zudem relativ teuer.

Die Entspiegelung von Glasoberflächen ist deshalb wichtig, weil selbst bei senkrechtem Lichteinfall etwa 4 % reflektiert werden und weil sich diese Reflexionen in zusammengesetzten Systemen aufaddieren. Reflexionen könnten durch einen dünnen Überzug einer Substanz mit einer Brechzahl kleiner als Glas (< 1,5) verhindert werden. Geschickter, so Sporn et al., wäre es aber, statt eines andersartigen Überzugs die Glasoberfläche durch eingebrachte Luftblasen so zu verändern, dass sie nach außen niederbrechend wird. Wenn die Luftblasen bzw. Poren kleiner sind als die Wellenlängen des sichtbaren Lichts, werden sie strukturell nicht aufgelöst. Ideal wäre eine Reduzierung auf $\sqrt{n}$ (n Brechzahl des Glases) auf der Oberfläche; $\sqrt{1,5} = 1,22$. Dann könnte man theoretisch eine Transmission des sichtbaren Lichts von gut 99,5 % (sonst ≤ 96 %) erreichen. Dies ist den Forschern gelungen (Abb. 11-2 C). Die Technik ist so ausgereift, dass ab 2002 die Produktion beginnen kann. Allerdings ist sie aufwendig. Das Nachtfalteraugen-Prinzip erlaubt demgegenüber eine fast gleiche Effizienz (Abb. 11-2 C), allerdings mit einer unaufwendigen Prägetechnik (sofern die Prägestempel einmal hergestellt sind). Die Ormocer-Materialien können thermisch oder durch UV-Strahlung aushärten.

11.2.3
Das schwingende Fliegenauge und die federnde Netzhaut der Springspinne: technische Bildschärfenerhöhung

In der Augenregion von Fliegen gibt es einen Muskel, der das gesamte Auge in schwingende Bewegung versetzt. Entdeckt wurde er eher zufällig über seine verblüffend regelmäßigen Potenziale („clock spikes"), die man beim Absuchen der Kopfregion mit feinen Metallelektroden ableiten kann. Die Bewegungen erfolgen mit etwa 60 s^{-1} und lassen die Augenoberfläche nur um sehr geringe Winkelbeträge hin und her zittern, wie der Tübinger Kybernetiker R. Hengstenberg vor längerer Zeit nachgewiesen hat. Diese geringe Winkelbewegung könnte aber reichen, Bildkanten über mehrere Sinneszellen periodisch hinwegoszillieren zu lassen, so dass die Einzelzelle den Helligkeitseindruck nicht wegadaptieren kann. Letztendlich führte dies zu einer Bildschärfenerhöhung. Vor wenigen Jahren hat der in Marseille forschende Zoophysiologe N. Franceschini mit seiner Arbeitsgruppe vergleichbare Effekte beschrieben und danach eine Steuerung für einen Flugroboter konzipiert, kurz beschrieben in Abschn. 11.5.2.

Manche tropischen Springspinnen besitzen in ihren Augen federnde, in Streifen aufgebaute Retinae, die hin- und herschwingen können, womit eine Art „Abrastern" der optischen Umwelt möglich wird. Auch hier wandert eine Helligkeitskante periodisch über mehrere Sensoren; außerdem erfasst jeder Sensor einen größeren Bereich.

In technischer Nachahmung dieses Springspinnen-Prinzips wurden kleine Bildsensoren entwickelt, vor denen eine Linse mit einer Frequenz von etwa 300 s^{-1} parallel hin- und herschwingt; ihr Abstand und damit ihre Brennweite bleiben aber gleich. Die im California Institute of Technology konstruierte Kamera, von der O. Landolt berichtet, ist im Vergleich zu einer konventionellen kleiner und leichter, benötigt weniger Rechenkapazität und damit weniger Strom. Allerdings braucht sie einen Signalprozessor, der den momentanen Signalstrom auf die zugeordnete momentane Position der Linse bezieht. Man ist der Meinung, dass eine solche, scharfsehende Kleinstkamera z. B. in Marsrobotern eingesetzt werden könnte. In ersten Versuchen hat ein Sensorchip mit 32 × 32 Sensoren und schwingender Linse die gleiche Bildinformation gegeben wie ein Mikrochip mit 256 × 256 Sensoren und stehender Linse.

11.2.4
Ein fotomechanischer Detektor für Wärmestrahlung beim „Feuerkäfer" und seine Umsetzung

Prachtkäfer der Gattung *Melanophila* sind als „Feuerkäfer" bekannt. Sie fliegen Waldbrände an, paaren sich vor der Feuerfront und legen ihre Eier unter die Rinde verbrannter Bäume ab, wo sich die Larven entwickeln. Die Brände werden aus größerer Entfernung wahrgenommen. Einerseits dienen dazu die Antennen, die sehr empfindlich auf chemische Verbindungen im Rauchgas reagieren, u. a. auf Substanzen wie 6,4 Formylguaiacol, die für schwelendes Kiefernholz typisch sind. Andererseits besitzen diese Käfer Infrarot-Sinnesorgane hinter den Hüften der Mittelbeine (Abb. 11-3 B). Ungefähr 70 IR-Sensillen liegen in einer Grube („Grubenorgan", Abb. 11-3 A). Jedes Sensillum enthält unter seiner etwa 2 µm dicken äußeren Kutikula einen kugelförmigen Hohlraum, der von einer massiven Kutikulakugel von etwa 12 µm Durchmesser ausgefüllt ist. Drei Bereiche lassen sich darin unterscheiden (Abb. 11-3 C; 1, 2, 3): ein unstrukturiertes Zentrum (1), eine Mittelzone mit vielen kleinen kutikulären Hohlräumen (2) und ein äußerer Lamellenmantel (3). Eine einzelne Sinneszelle innerviert die Kugel mit einem reizaufnehmenden apikalen Fortsatz (Abb. 11-3 C, feiner Pfeil). Derartiges kennt man bei Insekten von kutikulären Mechanorezeptoren. Die Sensillen im Grubenorgan reagieren empfindlich auf Infrarotstrahlung im Wellenbereich zwischen 2 und 4 µm. Dies entspricht dem Emissionsmaximum eines Waldbrands bei Temperaturen zwischen 700 und 1000 °C (nahes bis mittleres Infrarot), das die Atmosphäre nahezu ungeschwächt durchstrahlt. Die Käfer könnten damit also Waldbrände aus sehr großer Entfernung lokalisieren. „Belichtet" man über einen Kameraverschluss, so zeigt sich, wie die Zoophysiologen Schmitz, Schütz und Bleckmann von der Universität Bonn nachgewiesen haben, eine elektrophysiologische Antwort von etwa 8–9 Aktionspotenzialen, die das Sensillum als schnellen, phasischen Rezeptor für Infrarotstrahlung charakterisiert (Abb. 11-3 D). Die untere Wahrnehmungsschwelle liegt bei lediglich 0,5 mW cm^{-2}. Nach Modellrechnungen könnte der Käfer damit einen Waldbrand von 10 ha aus einer Entfernung von 12 km orten. Wie funktioniert nun ein solches Sensillum?

Abb. 11-3 Ein Infrarotdetektor nach dem Beispiel von IR-Sesillen des „Feuerkäfers", *Melanophila acuminata*. **A** Grubenorgan mit ca. 70 IR-Sensillen. Balken: 100 µm, **B** Tier an einer Nadel befestigt fliegend, **C** TEM-Aufnahme eines Schnitts durch ein IR-Sesillum. Die drei Bereich 1, 2, 3 der massiven Kutikularkugel sind im Text beschrieben. Pfeil: Dendrit der mechanorezeptiven Innervierung. Balken: 3 µm, **D** Beispiel für eine phasische elektrophysiologische Antwort eines Sensillums auf monochromatische IR-Strahlung von 3,4 µm Wellenlänge nach „Verschluss öffnen". Intensität: 150 mW cm^{-2} *(nach Schmitz, Schütz 2000)*, **E** Schema eines fotomechanischen IR-Detektors für den 3-µm-Spektralbereich *(nach Patentschrift Bleckmann et al. 1997)*

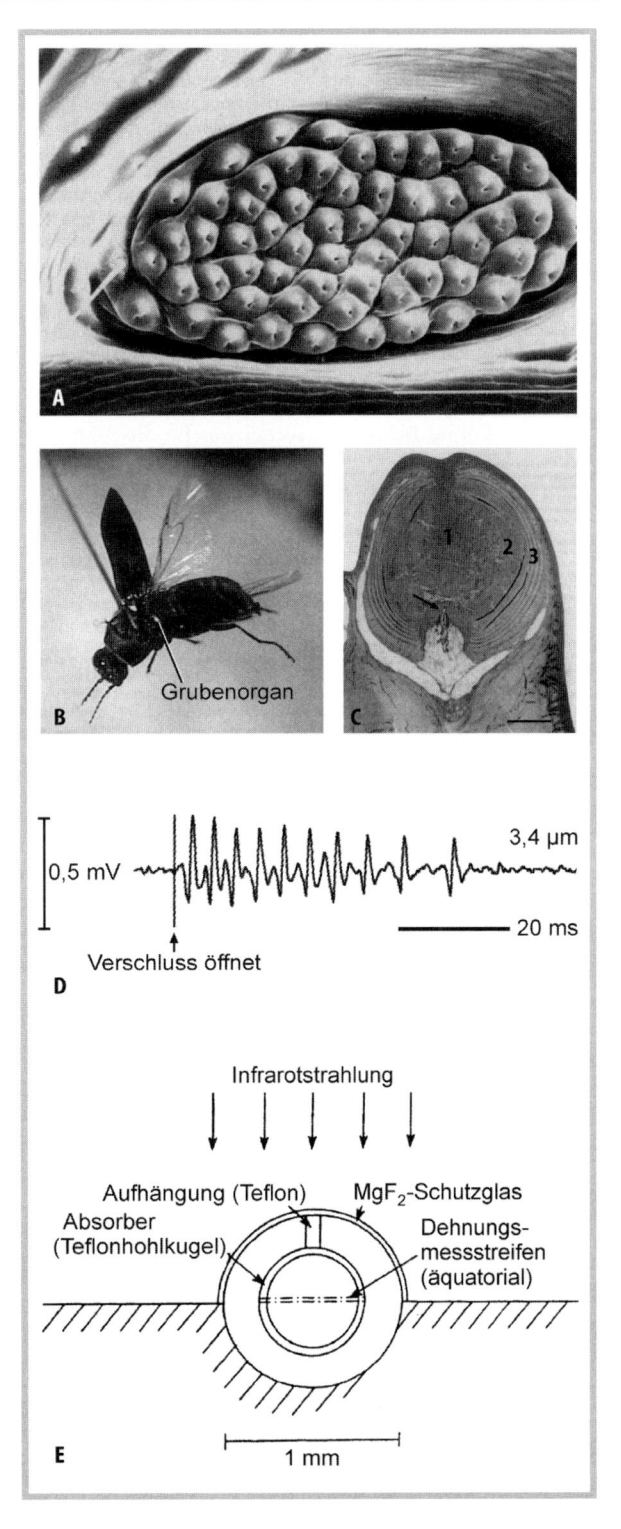

Erstaunlicherweise fanden sich in den Grubenorganen keine innervierten Thermorezeptoren (wie etwa beim Grubenorgan der Klapperschlange), sondern Mechanorezeptoren. Durch die absorbierte Infrarotstrahlung dehnt sich die Kutikulakugel etwas aus. Darauf spricht der empfindliche Mechanorezeptor genauso an, als hätte ein äußerer mechanischer Reiz die Kutikuladeformation verursacht.

Es wurde versucht, beide Sensoren des Käfers – den Antennen-Rauchgassensor und den thorakalen Infrarotsensor – technisch nutzbar zu machen. Der letztere hat zu einem technischen Prototypen und darüber hinaus zu einer Patentanmeldung geführt. Bisher gab es nur käufliche, ungekühlte Infrarotsensoren, welche die Temperaturänderung einer Absorberfläche messen, aber keine nach dem Käferprinzip. Problematisch war es, ein Material als Absorber zu wählen, bei dem „möglichst viele seiner kovalenten Bindungen genau bei den Frequenzen schwingen, die auch die Photonen der nachzuweisenden IR-Strahlung aufweisen". Außerdem erschien es sinnvoll, den Feinbau der Absorberkugel nachzuahmen. Insgesamt ergab sich ein Konzept nach Art der Abb. 11-3 E. Patentrechtlich geschützt wurde das Absorbermaterial, der Mechanosensor und das darüber liegende Schutzfenster. Die kennzeichnenden Formulierungen lauten: „Detektor für Infrarotstrahlung, umfassend

- einen aus einem Festkörper oder einer Flüssigkeit bestehendes Absorbermaterial, das Infrarotstrahlung mit einer vorgewählten Wellenlänge absorbiert und Strahlung anderer Wellenlänge nicht oder kaum absorbiert und das eine *Volumenänderung durch die Absorption der Infrarotstrahlung* erfährt,
- einen Mechanosensor, der am Absorbermaterial angebracht ist und die *Volumenänderung des Absorbermaterials mechanisch registriert* und
- ein Schutzfenster, das durchlässig für Infrarotstrahlung ist und vor dem Absorbermaterial und dem Mechanosensor angeordnet ist, um eine *Wärmeübertragung durch Konvektion zu verhindern*."

Die letztere Funktion ist im Übrigen auch dem Käfer „abgeschaut": Die Grubenorgane sind mit einem feinen Wachsgeflecht ausgefüllt, das wohl genau diese Aufgabe hat.

Die technische Übertragung eines biologischen Infrarotsensors ist ein gutes Beispiel dafür, wie ein Messprinzip aus der Natur zu neuartigen, in der Technik bis dato noch nicht benutzten Sensorkonstruktionen führen kann.

11.3
Akustische Sensoren – Lösungen bei Insekten

11.3.1
Schallschnelle-Einstandspeiler bei Stechmücken und Sonarpeilgeräte

Schallpeilgeräte arbeiten üblicherweise mit zwei Mikrofonen, deren Basisabstand gleich oder größer der Wellenlänge des zu ortenden Schalls ist. Bei einer Frequenz von 330 s^{-1} beträgt die Wellenlänge des Schalls in Luft etwa 1 m, in Wasser etwa 4,5 m. Stechmückenmännchen (Abb. 11-4 A) orten, wie Resonanzversuche an ihren Antennen mit sinusförmigem Schall zunehmender Frequenz ergeben haben, die Grundfrequenz des Schalls von Mückenweibchen. Diese liegt nun gerade in dem genannten Frequenzbereich (Abb. 11-4 B). Die Ortungsinstrumente sind befiederte Antennen, deren Basisabstand aber nur ca. 1 mm ist. Sie müssen also nach einem anderen Prinzip orten als die genannten Peilgeräte oder das Richtungshören unter Bestimmung unterschiedlicher Schalllaufzeiten, wie es für das Gehör des Menschen typisch ist.

Die Stechmücken-Antennen arbeiten als Einstandspeiler, deren Abmessungen klein sind im Vergleich mit den Wellenlängen des zu ortenden Schalls; statt Laufzeitunterschiede detektieren diese die Richtung des

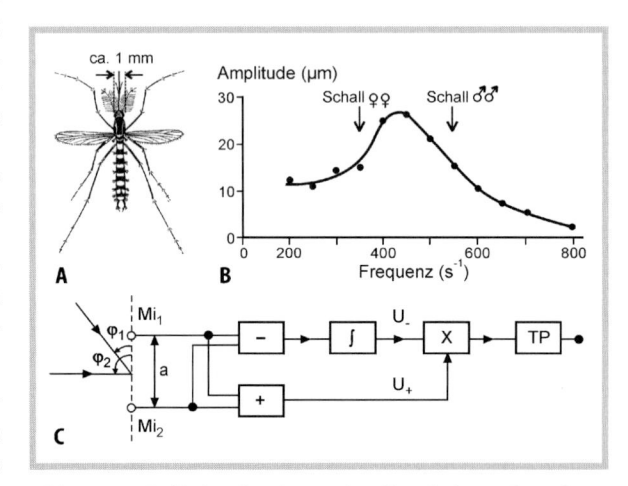

Abb. 11-4 Schallschnelle-Einstandspeiler bei Stechmückenmännchen und technisches Konzept. **A** Antennen einer Stechmücke der Gattung *Aedes*, ♂ *(nach Snodgrass 1935)*, **B** Schwingungsamplituden von A bei Anregung mit sinusförmigem Schall unterschiedlicher Frequenz, **C** technisches Einstandspeilerkonzept mit Störgrößenunterdrückung *(nach Schief 1972)*

Schallschnellevektors. In einem klassischen Ansatz aus dem Jahr 1972 hat A. Schief vom Institut für Informationsbearbeitung in Technik und Biologie der Fraunhofer Gesellschaft, Karlsruhe, einen technischen Einstandspeiler nach dem Prinzip der Schallortung bei Stechmücken entwickelt (Abb. 11-4 C). Nach Anfangsversuchen mit reinen Schallschnelleempfängern haben sich letztlich aber Druckempfänger bewährt, deren Abstand im Vergleich zur Wellenlänge ebenfalls klein ist (Mückenprinzip). A. Schief führt dazu Folgendes aus.

„Fällt eine sinusförmige Schallwelle der Amplitude A und der Frequenz f unter den Winkel φ auf die angesprochene Mikrofonanordnung, so entsteht nach Differenzbildung der von den Mikrofonen Mi_1 und Mi_2 abgegebenen Wechselspannungen und anschließender zeitlicher Integration eine Wechselspannung, deren Amplitude von φ abhängt. Dreht man das System so lange, bis der Schall senkrecht auf die Verbindungslinie zwischen den beiden Mikrofonen trifft, so wird die Wechselspannung gleich Null. Zur Unterdrückung möglicher aufgeprägter Störsignale (die bei akustischen Signalen i. Allg. nicht einfach herausgefiltert werden können) wird ein nichtlineares Verarbeitungsverfahren eingeführt. Von den Mikrofonen wird zusätzliche eine Summenspannung U_+ abgeleitet, die von der Einfallsrichtung nicht abhängig ist. Diese wird mit der obengenannten Ausgangsspannung U_- multipliziert. Es entsteht eine Wechselspannung (mit doppelter Frequenz) und eine Gleichspannung; der erste Anteil wird in einem Tiefpassfilter TP unterdrückt. Die Gleichspannung ist nun vom Einfallswinkel φ abhängig, wie erwünscht, aber unempfindlicher gegen Störschall als die Spannung U_-."

Ein solches Gerät ist z. B. für die Peilung akustischer Signale bei starkem Nebel geeignet, als Orientierungsverfahren für Taucher und Taucherrettungssystem, aber selbstredend auch zum Anpeilen von Unterseebooten. Näheres war nicht zu erfahren, doch ist wohl anzunehmen, dass die Stechmücken-Schaltung Ausgang für die Entwicklung von Unterwasser-Sonarpeilgeräten war.

11.3.2
Das Schallortungsprinzip von Raupenfliegen, Vorbild für Miniaturhörgeräte

Das Konzept der Einstandspeiler mit Schallaufnehmern, deren Abstand im Verhältnis zur einstrahlenden Wellenlänge klein ist, hat neuerdings wieder großes Interesse gefunden, nachdem A. Mason und Mitarbeiter von der Universität Toronto bei einer Fliege nachgewiesen haben, dass sie über ein ausgeprägtes Richtungshören

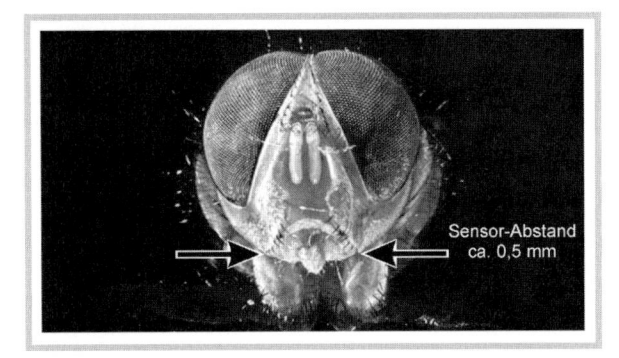

Abb. 11-5 Fliege *Ormia ochracea* von vorne gesehen *(nach Mason et al. 2001)*

verfügt. Das Weibchen der Raupenfliege *Ormia ochracea* kann Grillen an ihrem Gesang orten, auf die sie dann zufliegt und darauf ihre Eier ablegt. Die schallaufnehmenden Organe sitzen am vorderen Thorax, direkt hinter dem großen Kopf (Abb. 11-5); die Ortungsgenauigkeit schlägt mit 2° alle Rekorde, trotzdem die Peilbasis kaum mehr als 0,5 mm ausmacht. Dabei arbeitet sie auch noch besonders schnell. Wir brauchen 10 µs für die gleiche Entfernungsbestimmung, die *Ormia* in 50 ns macht – etwa 1000 mal schneller. „We have a lot to learn from creatures in the natural world. They have been working on difficult problems much longer than we have" (R. Hoy).

Die Entdeckung hat mehreren Labors in den USA, darunter auch an der Cornell University, Anregung gegeben, nach diesem Prinzip Miniaturhörgeräte zu bauen, „die kleiner und billiger sind als die derzeit erhältlichen. Hörgeschädigte sollen mit diesen Geräten in der Lage sein, in einer lauten Umgebung den Hintergrundlärm herauszufiltern, um so ihr Gegenüber besser zu verstehen". Die meisten Fliegen können gar nicht hören, aber *Ormia* entdeckt die Grillen auch bei noch so großem Hintergrundlärm. Es lohnt sich also manchmal, gerade die Ausnahmen näher zu untersuchen.

11.4
Geruchssensoren und Elektrosensoren – Basistechnologien von der Natur

11.4.1
Zeitverzögerungseffekte beim Riechen

Fische und Insekten können sehr unterschiedliche Substanzen, teils in extrem geringer Konzentration riechen. Bisher ging man davon aus, dass für jede riechbare Substanz ein spezielles Neuron oder eine spezielle Gruppe von Neuronen zuständig ist. M. Rabinovich von der University of California, San Diego, und Koautoren haben nachgewiesen, dass jedoch auch Zeitaspekte im neuronalen Netzwerk eine Rolle spielen (Abb. 11-6). Hemmende Interneurone können nach Erregung eines Sensors durch eine bestimmte Substanz die Erregungsleitung im neuronalen System derart beeinflussen, dass manche Neurone verzögert feuern. Durch Einbeziehung dieser Zeitkomponente könnte es sein, dass ein Neuronennetzwerk gegebener Größe sehr viel mehr Reizqualitäten unterscheiden kann als man nach seiner Neuronenzahl vermuten könnte. Ein Netzwerk aus 10 Neuronen könnte z. B. 100 000 mal mehr Reize unterscheiden. Die Autoren nennen diese Codierungsmethode „winnerless competition", WLC, und sind der Meinung, dass ihre Einführung in die Computertechnik zu Schaltwerken führen könnte, die dramatisch leistungsfähiger sind als konventionelle.

Besteht das hier skizzierte neuronale Netzwerk aus N Neuronen, so beträgt seine Kapazität etwa e (N-1)! und ist damit viel größer als dies in den meisten traditionellen Netzwerkstrukturen der Fall ist. Die Autoren sind der Meinung, dass die Strategie des „Dynamic encoding by networks of competing neuron groups" nicht nur in den hier untersuchten Fällen, sondern ganz allgemein von Bedeutung sein könnte. Einerseits auf Grund ihrer großen Informationsübertragungskapazität, andererseits auf Grund ihrer Robustheit gegenüber Störungen. Bewährt sich dieses Prinzip für den technischen Computerbau, so könnte bei gleichem sensorischen Unterscheidungsvermögen entweder die Zahl der Schaltelemente herabgesetzt werden, oder es können bei gegebener Packungsdichte sehr viel mehr Informationen getrennt werden. Gelangen z. B. zwei ähnliche Reize so in das Netzwerk, dass sie überlappende neurale Strukturen zunächst diffus (nur ganz leicht unterschiedlich) erregen, werden sie in zentralen Strukturen auseinandergehalten, weil kleine Differenzen bei jedem neuen Verrechnungsschritt verstärkt werden.

11.4.2
Schwach elektrische Fische als Sensormodelle

Schwach elektrische Fische wie z. B. der „Nilhecht" *Gnathonemus petersii* (ein Mormyride) können auch in trüben Fließgewässern und des Nachts ihre Beute – i. Allg. kleine Insektenlarven – durch Elektrolokation jagen. Sie besitzen dazu ein Elektroorgan, das mit regelmäßigen Entladungen ein elektrisches Feld aufbaut, Elektrozeptoren auf der Haut, die dieses Feld und seine Störung durch leitende und nichtleitende Objekte (Abb. 11-7 A) monitorieren sowie einen Informationsprozessor (Gehirn). Der Biologe S. Schwarz vom Zoologischen Institut der Universität Bonn und Koautoren haben Prototypen von Industriesensoren gefertigt, die nach ähnlichen Prinzipien arbeiten. Auch sie bestehen aus drei Teilen: einer Elektrodenanordnung, einer Verrechnungseinheit und einem angeschlossenen Datenprozessor (Computer). Emitterelektroden (Abb. 11-7 B, C) bauen ein elektrisches Feld auf, dessen Störung durch benachbarte Teile von Messelektroden aufgenommen wird. Auf diese Weise kann man Abstände (Abb. 11-7 B) oder Objekteigenschaften (Abb. 11-7 C) bestimmen. Medizinische Applikationen sind vorstellbar, z. B. Sensoren, die Hautreizungen über die Änderung der elektrischen Hauteigenschaften monitorieren, sowie Einsätze

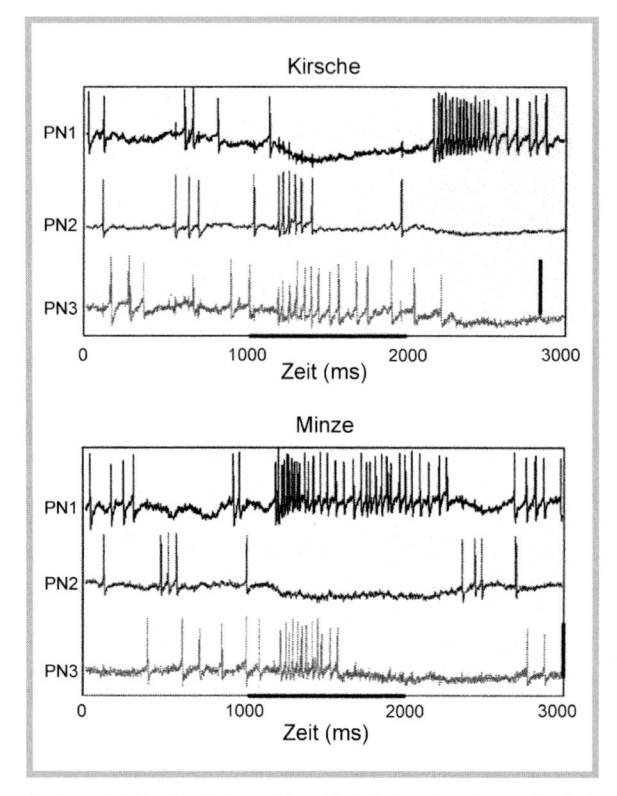

Abb. 11-6 Wie die gleichzeitige Aktivitätsregistrierung in drei Neuronen unterschiedlicher Projektion (PN1-3) im Antennallobus einer Heuschrecke zeigt, evoziert jeder Geruch ein spezifisches räumlich-zeitliches Aktivitätsmuster. Dies resultiert aus dem Zusammenspiel zwischen diesen und anderen Neuronen im neuronalen Netzwerk *(nach Rabinovich et al. 2001)*

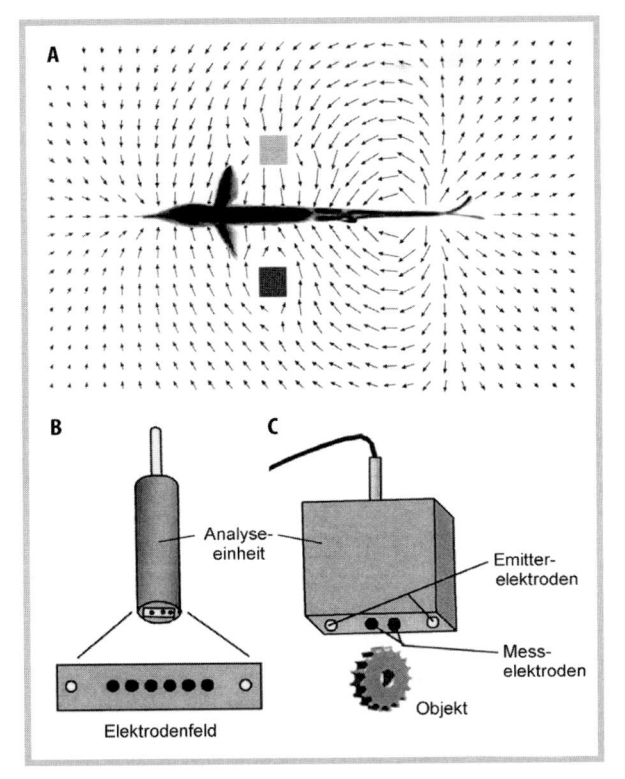

Abb. 11-7 Ein schwach elektrischer Fisch als Modell für industrielle Sensoren. **A** Der Fisch *Gnathonemus petersii* produziert unterschiedliche elektrische Felder in der Nähe eines Metallkubus (dunkel) oder eines Plastikkubus (hell), gemessen jeweils zum Zeitpunkt der ersten Entladung des Elektroorgans, **B** Prinzip eines analogen industriellen Abstandssensors, **C** Prinzip eines analogen industriellen Sensors, der Objekteigenschaften misst. *(nach Schwarz et al. 2001)*

im Umweltmonitoring. Die Sensoren sind außerordentlich druck- und temperaturunempfindlich. Technische Sensoren, die nach dem Fischprinzip der aktiven Elektrolokation arbeiten, stellen einen vielversprechenden neuen Weg für Monitorierungen aller Art dar.

11.5
Bewegungssteuerung – Roboterorientierung

11.5.1
Bewegungssteuerung und Bewegungslernen in der Biologie: unkonventionelle Vorbilder für technische Anwendungen

Steuerungs- und Regelvorgänge spielen in der Robotik eine ausschlaggebende Rolle, sowohl bei stationären Robotern als auch bei bewegten, insbesondere bei Laufmaschinen. Zunehmend gilt das auch für Lernvorgänge bei Systemen, die sich durch Einbau von Erfahrung in Hinblick auf bestimmte Funktionskriterien selbst optimieren. Auch dieser Aspekt ist insbesondere für Lokomotionsvorgänge wichtig. Jeder erinnert sich, dass man bei seiner ersten Fahrstunde zunächst übersteuert, dann aber rasch gelernt hat, Schlangenlinien zu vermeiden.

Die Steuerung und Regelung biologischer Bewegungssysteme hat im Vergleich zur Technik mit der erschwerten Problematik zu tun, dass die biologischen Aktoren (Muskeln) nichtlineare, „weiche" und, technisch besehen, sehr schwierig zu handhabende Aktoren sind. Trotzdem schaffen Lebewesen mit speziell angepassten Steuer- und Regelsystemen erstaunliche und bewegungsphysiologisch „elegante" Höchstleistungen.

B. Möhl vom Zoologischen Institut und der Arbeitsrichtung Technische Biologie und Bionik an der Universität des Saarlandes, Saarbrücken, hat die genannten Aspekte am Heuschreckenflug studiert und darüber auch eine zusammenfassende und in einen allgemeineren Rahmen gesetzte Ergebnisdarstellung vorgelegt.

11.5.1.1
Bewegungssteuerung beim Heuschreckenflug

Pionierarbeiten englischer und amerikanischer Autoren am Heuschreckenflug haben mich angeregt, in den 70er-Jahren eine eigene Arbeitsgruppe „Heuschreckenflug" innerhalb der bewegungsphysiologisch orientierten Forschungsrichtung einzurichten. Zur Simulation des freien Flugs wurden laborstationäre Windkanäle konstruiert und eingesetzt. Das Muster der sich in bestimmten zeitlichen Rhythmen kontrahierenden Flugmuskeln konnte elektrophysiologisch abgegriffen werden (Vielfachregistrierungen über Muskelelektroden). Flugbewegungen laufen, wie die meisten lokomotorischen Bewegungen, rhythmisch ab.

Zunächst existierten zwei Hypothesen über die Generation eines solchen Bewegungsrhythmus: „zentraler" Mustergenerator" versus „propriozeptive Reflexkette". Die erste Hypothese nimmt an, dass ein zentraler Generator den Bewegungsrhythmus hervorruft und koordiniert, wobei propriozeptive Reflexe nur modifizierend beteiligt sind. Die zweite Hypothese besagt, dass jeder Flügelschlag durch Monitorierung des vorhergehenden (z.B. über Flügelstellungsrezeptoren im basalen Flügelgelenk) neu koordiniert wird. Dies schien das elegantere Verfahren zu sein: Die Koordination in Form einer Reflexkette, bei der Sinnesorgane die jeweils nächste

Aktion auslösen, wäre sehr flexibel und würde sich automatisch an die tatsächlichen Bewegungen der Gliedmaßen anpassen.

Es hat sich aber gezeigt, dass die erste Hypothese zutrifft. Dies erstaunt zunächst, und man fragte denn auch: „Warum bevorzugt die Natur stattdessen einen zentralnervösen Automatismus zur Koordination alternierender Bewegungen, der weit weniger anpassungsfähig ist als eine reflektorisch gesteuerte Bewegung?" Es konnte gezeigt werden, dass dieses scheinbar unintelligente (zentralistische) Prinzip in Wirklichkeit als das intelligentere anzusehen ist, verglichen mit dem Prinzip der „Feedback"-Steuerung.

Welche Rolle spielen dann die propriozeptiven Sinnesorgane, die ja in einer Vielzahl vorhanden sind? Diese Sinnesorgane spielen eine wesentliche Rolle bei der Feinsteuerung der zentralnervös induzierten Grobrhythmik. Diese Rhythmik entspricht neurophysiologisch einer alternativen Aktivierung der Ab- und Aufschlagmuskeln; die Gesamtperiodendauer beträgt bei Wanderheuschrecken etwa 40–50 ms. Es spielen stets eine Reihe von Abschlags- und Aufschlagmuskeln zusammen. Die Partner eines jeden Pakets werden nicht exakt gleichzeitig, sondern innerhalb eines Streubereichs von wenigen Millisekunden Dauer erregt (Beispiel Abb. 11-8, Kästchen). Eines der Steuerungsprinzipien besteht nun darin, dass diese Sequenz variiert wird. Hierbei spielen schon Bruchteile einer Millisekunde (!) eine Rolle. Zur Analyse – pars pro toto – wurde nach einer möglichst einfachen Regelungsbeziehung gesucht.

Gewählt wurde das folgende Modell: Die Heuschrecke fliegt im Windkanal und kann ihren Gierwinkel β um ihre Dorsoventralachse variieren. Ein bestimmter Gierwinkel kann ihr auch von außen aufgezwungen werden (Abb. 11-8, oben). Sie verändert dann das Programm ihrer Muskelanregung, das elektrophysiologisch erfassbar ist, und versucht damit i. Allg., diesen Gierwinkel gegen Null zurückzufahren (negative Rückkopplung im Sinne eines technischen Autopiloten).

11.5.1.2
Lernen beim Heuschreckenflug

Mit den üblichen technischen Regelansätzen konnten die Ergebnisse nicht befriedigend erklärt werden. Es zeigte sich, dass das biologische Regelsystem – im Gegensatz zum klassischen, technischen – die Bedingungen, unter denen es arbeitet, selbst überwacht. Zur weiteren Analyse wurde ein muskelspezifischer Flugsimulator gebaut, erläutert in Abb. 11-8. Hierbei wird der Gierwinkel durch die zeitliche Beziehung der Aktionspotenziale zweier Flugmuskeln gesteuert. Die Heuschrecke kann durch Änderung der Zeitbeziehungen z. B. zweier – vom Experimentator ausgewählter – Muskeln ihren Gierwinkel einstellen. Der Sollwert bestimmt in diesem Zusammenhang, bei welcher Zeitdifferenz der momentane Gierwinkel konstant gehalten wird. Er gibt dabei die Beziehung an, für die keine Änderung des Gierwinkels erfolgt. Die Heuschrecke kann durch Abweichung vom Sollwert ihren Gierwinkel ändern.

Es werden immer nur zwei (frei wählbare) Muskeln als Steuermuskeln im Flugsimulator (im „Closed-loop"-

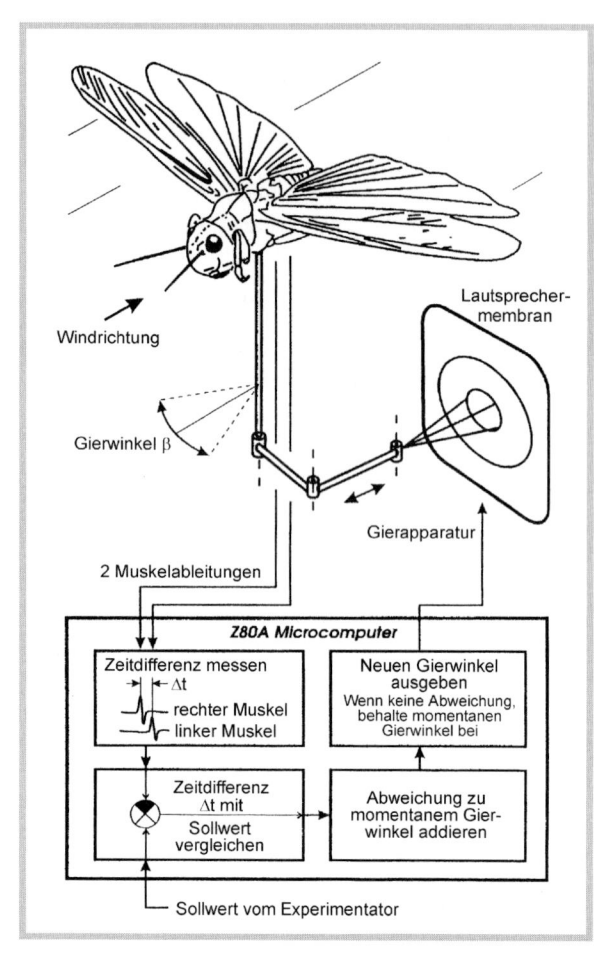

Abb. 11-8 Muskelspezifischer Flugsimulator, in dem der Gierwinkel β einer Heuschrecke (oben) durch die zeitliche Beziehung ΔT der Aktionspotenziale zweier Flugmuskeln (Kästchen l.o.) gesteuert wird *(nach Möhl 1996)*

Verfahren) analysiert. Die anderen Muskeln arbeiten, da sie ja den Gierwinkel nicht beeinflussen, im „Open-loop"-Verfahren. Erstaunlicherweise bemerken die Heuschrecken nach einigen Minuten Flug, welche ihrer Flugmuskeln die jeweils vom Experimentator ausgewählten Closed-loop-Steuermuskeln sind. Nachgewiesen werden kann das durch sog. Test-Gier-Reize, die die Heuschrecke zu einer registrierbaren Gegensteuerreaktion veranlassen. Solche Gegensteuerreaktionen sind in den jeweiligen Closed-loop-Muskeln stärker als in den Open-loop-Muskeln: Die Heuschrecke kann also die momentan wirksamen Muskeln stärker für Steueraufgaben einsetzen. Damit lässt sich zeigen, dass die Heuschrecken die Funktion ihrer Flugmuskeln laufend überwachen und speziell anpassen können. Diesen Befund hat B. Möhl 1989 als „Motorisches Lernen" bezeichnet.

Abbildung 11-9 zeigt ein Beispiel dafür, wie die Heuschrecke auf Änderung eines Sollwerts beim Flug im Flugsimulator reagiert. „In der oberen Kurve ist die Zeitdifferenz der Aktionspotenziale zweier Abschlagsmuskeln aufgetragen. Sie entspricht im Mittel dem Sollwert (untere Kurve), der vom Experimentator vorgegeben wurde. Bei der Änderung des Sollwerts von 0 auf 1 ms erfolgt vorübergehend eine deutliche Auslenkung in der Gierebene (mittlere Kurve), da im Moment der Sollwertänderung der Istwert (tatsächlicher Abstand der Muskelpotenziale) nicht mehr dem Sollwert entspricht. Die Heuschrecke stellt sich aber schnell auf den neuen Sollwert ein und korrigiert die Gierabweichung. Die jeweilige motorische Koordination bleibt erhalten, auch wenn vorübergehend der Regelkreis geöffnet wird."

11.5.1.3
Ein Modell für das motorische Lernen

Wie kann die Heuschrecke die jeweiligen Closed-loop-Muskeln von den Open-loop-Muskeln unterscheiden? Offensichtlich gelingt dies ausschließlich durch Versuch und Irrtum. Hierzu gibt es eine hübsche Analogie: Die Heuschrecke mit ihren vielen Muskeln, von denen im Flugsimulator aber jeweils nur ein Paar steuerwirksam ist, kann man mit einem Fahrzeug vergleichen, das mehrere Steuerräder aufweist, von denen aber lediglich eines funktionsfähig ist. Ein Fahrer, der das funktionsfähige Lenkrad nicht kennt, könnte sehr schnell durch Versuch und Irrtum das Richtige herausfinden (sofern er fix genug ist, dabei zu überleben).

Versucht man dieses Prinzip allgemein zu abstrahieren, so ergibt sich ein Schema nach Art der Abb. 11-10. Zur Erkennung des „richtigen Steuerrads" sind Teststeuermanöver nötig. Die Heuschrecke erkennt die steuerwirksamen Muskeln, indem sie den motorischen Ausgang ständig variiert und so die Steuerwirksamkeit der verschiedenen Flugmuskeln testet. Ein gegebenes Teststeuerkommando (plus Efferenz) erzeugt eine Abweichung des Gierwinkels (rückgemeldet durch Exterorezeptoren), wenn der zugehörige Muskel sich im geschlossenen Regelkreis befindet, d.h. steuerwirksam ist. Die Rückmeldung über den Gierwinkel wird dann mit einer Kopie der Efferenz verglichen. Im Falle einer positiven Korrelation zwischen Rückmeldung und Efferenzkopie steigt der Übertragungsfaktor an einer Hebb-Synapse, wodurch der Regelmechanismus für den Gierwinkel innerhalb der Heuschrecke spezifisch für die steuerwirksamen Muskeln konsolidiert wird. Eine Verzögerung der Efferenzkopie um genau einen Flügelschlag bewirkt, dass der Übertragungsfaktor in seinem Wachstum auf den optimalen Wert begrenzt wird.

Was den tatsächlichen biologischen Gesamtvorgang anbelangt, muss man natürlich sehen, dass mit dem vorgestellten Experiment nur ein kleiner Ausschnitt ge-

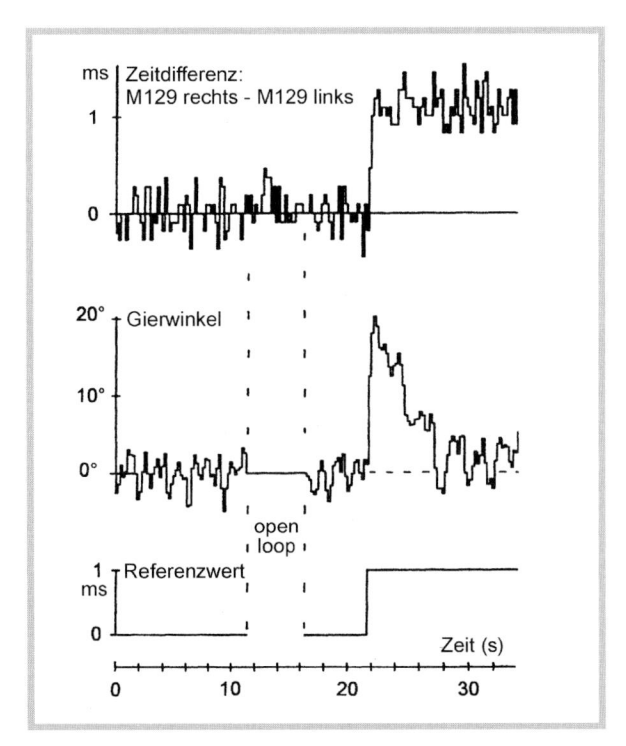

Abb. 11-9 Ausschnitt aus einem Flugsimulatorexperiment: Änderung des Sollwerts *(nach Möhl 1996)*

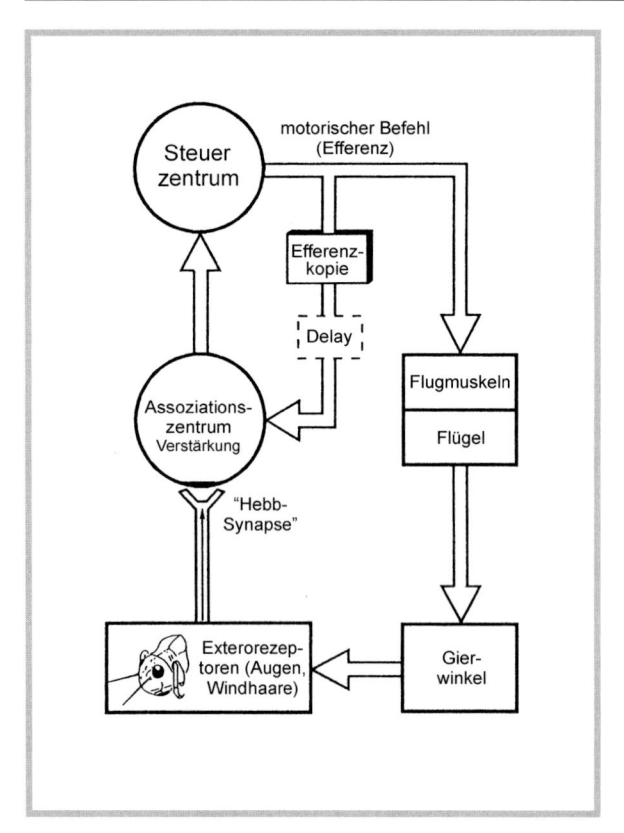

Abb. 11-10 Hypothetisches Schema für das motorische Lernen beim Heuschreckenflug *(nach Möhl 1996)*

wählt worden ist, mehr wäre experimentell kaum zugänglich. Darüberhinaus wird die räumliche Lage nicht nur durch Gieren, sondern auch durch Kippen und Rollen eingeregelt. Bei diesen sehr komplexen Steuer- und Regelvorgängen, an denen bis zu 40 Flugmuskeln beteiligt sind (!), ist Selbstorganisation essenziell beteiligt.

Beim Aufstellen des hypothetischen Schemas nach Abb. 11-10 hat sich die Bedeutung einer Maximalwertsbegrenzung des Verstärkungsfaktors klar gezeigt: Ist der Faktor zu groß, gerät das System in Schwingungen. Der „richtige" Maximalwert des Übertragungsfaktors würde dann erreicht sein, wenn das System eine Abweichung gerade mit einem Flügelschlag wieder ausgleichen kann (und nicht überkompensiert, so dass es mit dem nächsten Flügelschlag wieder unterkompensieren müsste und so fort: Schwingungsanregung). Wie eben angedeutet, spielt eine Verzögerung der Efferenzkopie eine wesentliche Rolle für das Einschwingenlassen des Übertragungsfaktors auf den Optimalwert.

11.5.1.4
Optimierung als Rückkopplungsreduktion

Das in Abb. 11-10 vorgestellte Schema ist „ein lernender Regelkreis, der einen festen Sollwert gegenüber äußeren Störungen stabilisieren soll". Das Tier soll zunächst einmal lernen, welches die eigentlichen Closed-loop-Muskeln sind und dann den Verstärkungsfaktor auf den Optimalwert einstellen. Beides reduziert die notwendig rückgekoppelte Information. Im Idealfall bestätigt die Rückmeldung lediglich, dass im vorhergehenden Flügelschlag eine Abweichung vollständig ausgeregelt wurde. Ist das nicht der Fall, so muss die Rückmeldung komplexer sein, nämlich den jeweiligen Restfehler anzeigen, der in einer neuen Korrekturperiode des Flügelschlags möglichst zu beheben ist. Möhl fasst diese Überlegungen zusammen: „Ganz allgemein wird notwendige Rückmeldung dadurch vermindert, dass die motorische („feedforward") Komponente in einem Lernvorgang allmählich so vorprogrammiert wird, dass ein Minimum an „feedbackward"-Kontrolle erforderlich ist".

11.5.1.5
Allgemeines Lernschema und Reafferenzprinzip

Das bisher betrachtete Schema der motorischen Kontrolle beim Windkanalflug von Heuschrecken zielt darauf ab, einen Winkel (den Gierwinkel) möglichst konstant zu halten. Bei der praktischen Bewegungssteuerung ist so etwas aber eher selten der Fall; i. Allg. soll ja eine Einstellung nicht konstant gehalten werden (vergleichbar dem Ausgestrecktthalten eines Arms), sondern eben eine bestimmte Bewegung durchgeführt werden (vergleichbar dem Ausstrecken eines Arms). Bezogen auf das hier besprochene Modellexperiment kann man so formulieren: Kann die Heuschrecke ihren Mechanismus vielleicht auch – erweitert – dazu benutzen, einen bestimmten „gewollten" Gierwinkel mit einem Minimum an Rückmeldung einzustellen bzw. neu einzustellen? Man kann an dieser Stelle das bekannte Reafferenzprinzip von Holst und Mittelstaedt einführen (Abbildung 11-11), um es später zu erweitern.

Im Reafferenzprinzip ist der klassische Mechanismus des Proportionalreglers erkennbar, über den das hier dargestellte Prinzip allerdings in einem wichtigen Punkt hinausgeht.

Wie Abb. 11-11 nachverfolgen lässt, „erzeugt ein motorisches Kommando über einen Effektor eine Bewegung, die über Sinnesorgane zurückgemeldet wird.

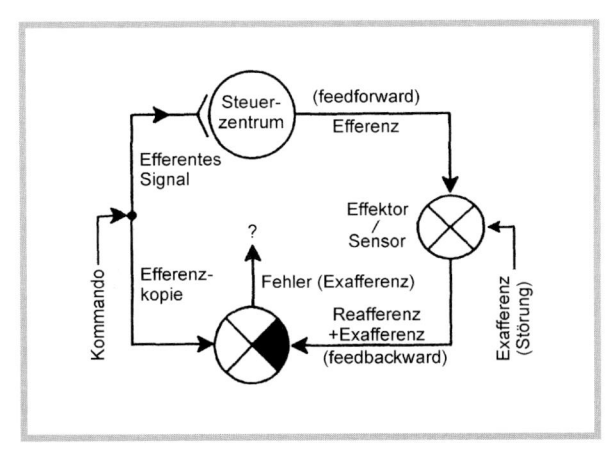

Abb. 11-11 Schema des Reafferenzprinzips *(nach Möhl 1996)*

Diese Rückmeldung wird mit einer internen Kopie des Kommandos (oder einer Erwartung, gleich Efferenzkopie) verglichen. Wurde die Bewegung ohne äußere Störungen (Exafferenz) durchgeführt, d.h. ist in der Rückmeldung ausschließlich die Reafferenz enthalten, heben sich Efferenzkopie und Rückmeldung auf, und eine Störung von außen (Exafferenz) bleibt nach Vergleich als (Rest)-Fehler erhalten. Dieses Schema funktioniert nur, wenn die Efferenzkopie auch tatsächlich der Reafferenz entspricht. Hierzu muss der Übertragungsfaktor zum Steuerzentrum abgeglichen sein. Ist er das nicht, bleibt ein Fehler bestehen, auch wenn keine Exafferenz vorhanden ist". (Das Fragezeichen in Abb. 11-11 soll die Möglichkeit symbolisieren, dass dieser Fehler zur Abgleichung des Übertragungsfaktors genutzt werden könnte.)

In dem Restfehler, der durch „Vorherplanung" nur sehr schwer zu vermeiden ist – bedeutete dies doch eine hundertprozentige Vorabplanung eines zeitlich wie räumlich äußerst komplexen Systems –, liegt aber auch eine praktische Möglichkeit. Er könnte „ganz allgemein dazu verwendet werden, die motorische Bahn zu modifizieren. Es geht ja nicht nur darum, Verstärkungsfaktoren einzustellen, sondern auch die richtigen motorischen Einheiten mit dem richtigen Zeitmuster zu aktivieren. Der eventuelle Restfehler kann grundsätzlich so lange eine Umorganisation der motorischen Bahn veranlassen, bis er ein Minimum erreicht hat."

Dieser Vorgang entspricht aber sehr genau auch unserer täglichen Erfahrung beim motorischen Lernen. Will man eine bestimmte Bewegung erlernen, so führt man diese Bewegung zunächst mit einem Maximum an sensorischer Kontrolle (z. B. auch mit den Augen) aus.

Bei ständiger Wiederholung wird diese aber zunehmend sicherer und benötigt immer weniger sensorische Kontrolle, bis sie praktisch als ballistische Bewegung über eine reine Steuerung (im Gegensatz zur „feedbackward"-Kontrolle, also einer Regelung) durchgeführt werden kann.

Abbildung 11-12 zeigt im unteren Teil eine Kombination eines klassischen Regelkreises mit dem vorgestellten Mechanismus des Reafferenzprinzips. Ein solcher Regelkreis ist in der Lage, durch wiederholte Aktionen den Verstärkungsfaktor an der Hebb-Synapse so zu justieren, dass der Sollwert nach einer Änderung mit einer einzigen „feedforward"-Aktion eingestellt wird, ohne das die Rückmeldung zur Vervollständigung der Aktion notwendig ist. Die Rückmeldung dient lediglich der Bestätigung des abgeschlossenen Vorgangs. Hier ist ein grundsätzlicher Unterschied zu einem konventionellen Regelkreis, in dem die ständige Rückführung dafür sorgt, die („feedforward"-)Aktionen solange fortzusetzen, bis der Sollzustand erreicht ist. Der lernende I-Regelkreis nach Abb. 11-12 arbeitet wie folgt: Der Übertragungsfaktor an der Hebb-Synapse steigt so lange, bis der Restfehler nach einem Regelkreiszyklus auf Null gesunken ist. Der Sollwert wird nach einem Zyklus mit der anschließenden Rückmeldung verglichen. Ein Fehler ungleich Null führt – je nach Vorzeichen – zu einer entsprechenden Änderung (Wachstum oder Reduzierung) des Übertragungsfaktors.

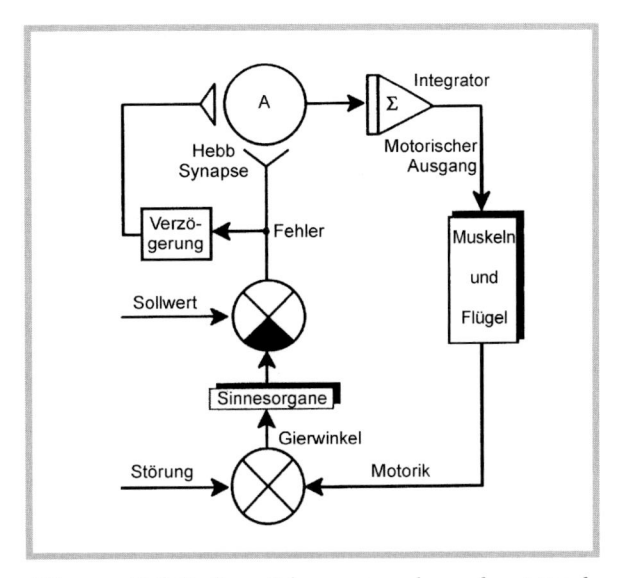

Abb. 11-12 Vollständiges Schema eines lernenden I-Regelkreises *(nach Möhl 1996)*

Dass dieses Lernschema zutreffend ist, zeigen Simulationen nach Art der Abb. 11-13. „Ist der Übertragungsfaktor beim Start noch klein (obere Simulation) führt zunächst jede Änderung des Sollwerts nur zur einer allmählichen Angleichung des Istwerts, in diesem Fall des Gierwinkels. Mit jeder Aktion steigt jedoch der Übertragungsfaktor, bis der Istwert einer Änderung des Sollwerts „auf Anhieb" folgt. Der fortschreitende Lerneffekt ist deutlich zu erkennen. Bei zu hohem Übertragungsfaktor (untere Simulation) schwingt bei einer Neueinstellung der Gierwinkel zunächst sehr stark über. Aber hier erreicht der Übertragungsfaktor nach einiger Übung (gleich Wiederholungen der Aktion) den optimalen Wert."

11.5.1.6
Biologische und bionische Bedeutung der Lernschemata

Die hier vorgestellten Lernschemata sind in mancherlei Hinsicht von allgemeiner biologischer Bedeutung; ihr „Innovationspotenzial" für eine technische Übertragung erscheint mir beachtlich, insbesondere dann, wenn man Elastizitäten in die technische Robotik mit einführt, also mit „weichen", nichtlinear arbeitenden Aktoren oder Übertragungssystemen arbeiten würde. Dies wiederum erscheint mir beim gegenwärtigen Stand der Robotik, der zum allergrößten Teil auf „starre" Mechanik und dieser Art von Mechanik angepassten Steuerung und Regelung beruht, notwendig, damit man weiterkommt. Ein Körper stellt ja seine Extremitäten nicht so „starr" und „unelegant" ein wie ein Industrieroboter (der unter Wahrung seiner Bewegungsplanung alles zerschmettert, was dazwischen kommt). Unser Körper arbeitet vielmehr prinzipiell mit dem System der Schleuderzuckung, das man auch vom Speerwurf her kennt. Analog könnte ein Programm unter Einbau von Elastizitäten eine zu führende Struktur sehr rasch und, dabei durchaus zunächst „ungenau", aber in der Koordination elegant, in die Nähe eines bestimmten Endpunkts bringen, der dann über lokale Feinfühler erreicht werden könnte. Diese Überlegung ist in Abschn. 10.1.1 bereits dargestellt. Sie erweist sich nun als ein Sonderfall des hier dargestellten Gesamtkomplexes.

Die Besprechung der Arbeit sei zu Ende geführt mit einem zusammenfassenden Zitat: „Vergleicht man dieses Schema mit der alltäglichen Erfahrung eigenen motorischen Lernens, so lassen sich viele Parallelen feststellen. Schwierige motorische Aufgaben werden zunächst sehr langsam und mit einem großen Anteil sensorischer Rückmeldung durchgeführt. Das Schreiben auf einer Schreibmaschine erfordert bei Ungeübten eine ständige Kontrolle über sensorische Rückmeldung, mit der z. B. die richtigen Tasten gefunden werden müssen. Mit zunehmender Übung dagegen gelingt es, mehr und mehr auf sensorische Rückmeldung zu verzichten und die motorischen Aktionen „feedforward" durchzuführen. Eine geübte Stenotypistin schlägt die richtige Taste auf Anhieb an, weil sie die zugehörige motorische Aktion im vorhinein – also rein „feedforward" – koordiniert, und nicht dadurch, dass sie wie die Anfänger ihre motorische Aktion über Sensoren kontrolliert und solange anpasst, bis die Taste gefunden ist. Die Fähigkeit, auf sensorische Kontrolle zu verzichten zu können, hat eine enorme Geschwindigkeitssteigerung zur Folge.

Es ist erstaunlich, welche hohen Geschwindigkeiten und welche Präzision die Bewegungen der Tiere erreichen können angesichts der Langsamkeit neuronaler Verarbeitung. Dies kann nur dadurch erreicht werden,

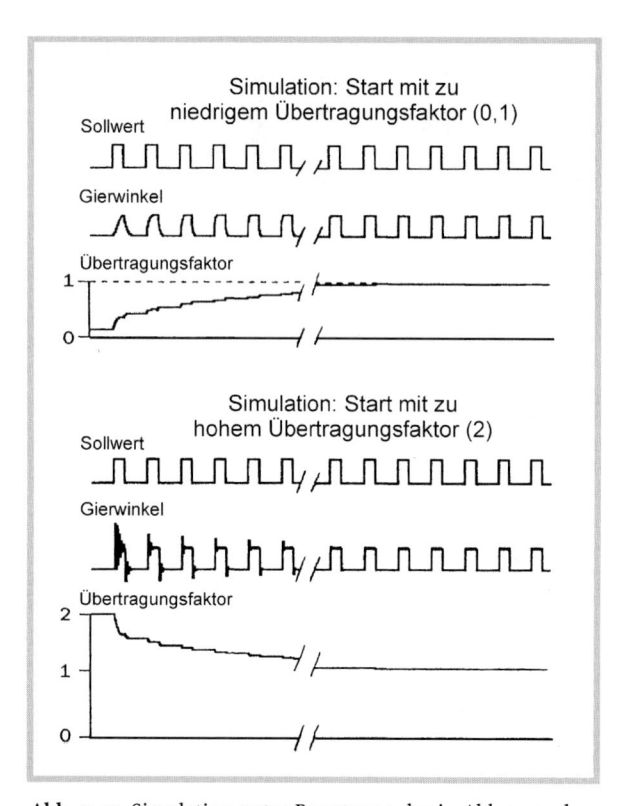

Abb. 11-13 Simulation unter Benutzung des in Abb. 11-12 dargestellten Lernschemas *(nach Möhl 1996, verändert)*

indem schnelle Bewegungen weitgehend ohne Rückmeldung – also „feedforward" – durchgeführt werden. Die Tatsache, dass Rückmeldungen nicht notwendig sind, erfordert aber in den meisten Fällen ein vorheriges motorisches Anpassen durch Lernen.

Somit stellt sich für die Technik die Herausforderung, bei der Konstruktion von Bewegungsgeräten die in der Biologie demonstrierten Möglichkeiten mit ihren Mitteln auszuloten und ggf. zu benutzen.

11.5.2
Vom Fliegenauge zur Roboter-Orientierung

11.5.2.1
Einführendes

Mit welcher Hilfe schnell bewegte Roboter immer angetrieben werden – mit Beinen, Rädern, Rollen, Flossen oder Flügeln –, stets stellt sich das Problem der Orientierung, sei es im 2-Dimensionalen oder gar im 3-Dimensionalen. Laufende oder fliegende Insekten mit ihren Komplexaugen schlagen den Menschen mit seinen Linsenaugen in der Schnelligkeit der Orientierung um Größenordnungen. Es stellt sich daher die Frage, ob man ihre spezifische Art der Signalverarbeitung (ihre „visomotorische Intelligenz") nicht technisch nutzen kann.

Die Signalerzeugung und -verschaltung im Fliegenauge ist in der Zwischenzeit gut bekannt; N. Franceschini hatte auch auf diesem Gebiet Wesentliches beigetragen und sich mit seinen Mitarbeiten seit 1985 mit der technischen Umsetzung beschäftigt. In der hier referierten Arbeit beschreibt er einen Demonstrator, in den biologische Anregungen in vielgestaltiger Weise eingeflossen sind: Gesichtspunkte der Neuroethologie, der Signalverarbeitung in Nervensystemen, der optischen Architektur und der neuralen Architektur. Basis war ein zusammengesetztes Auge nach dem Vorbild des Komplexauges von Fliegen, in dem eine Reihe kreisförmig orientierter Local Motion Detectors (LMDs) zusammengeschaltet war. Der 10 kg schwere Demonstrator läuft aus eigener Kraft auf ebenen Flächen mit relativ hoher Geschwindigkeit (etwa 50 cm s^{-1}, entsprechend zwei Körperlängen pro Sekunde) und vermeidet dabei jedes Hindernis. In der Zwischenzeit gibt es neuere Ansätze anderer Autoren, doch arbeiten diese nicht mit der hier vorgestellten parallelen, analogen Methodik der Signalbearbeitung, wie sie die Natur favorisiert: Schnell bewegte Fliegen besitzen eine Art „aktiver Perzeption". In ihrem schnellen Flug bewegen sie auch die Lichtsinnesorgane mit, verändern damit die optischen Eingänge und reduzieren, wie gezeigt werden kann, die nötigen Verrechnungsprozeduren bei der Hinderniserkennung.

11.5.2.2
Robotersteuerung nach dem Prinzip des Fliegenauges

Im Fliegenauge existieren u. a. spezielle bewegungsempfindliche Neurone (H1), deren Empfindlichkeit für gerichtete Bewegungen davon abhängt, wie multiple Signale von kleinen, raumabtastenden Einheiten (LMDs) verrechnet werden. Die funktionellen Eigentümlichkeiten solcher LMDs konnten elektrophysiologisch analysiert werden und bilden die Basis für einen neuartigen Schaltkreis (Abb. 11-14 B). Zudem wurde die Art des Flugs genauer analysiert. Die Fliege bewegt sich eine

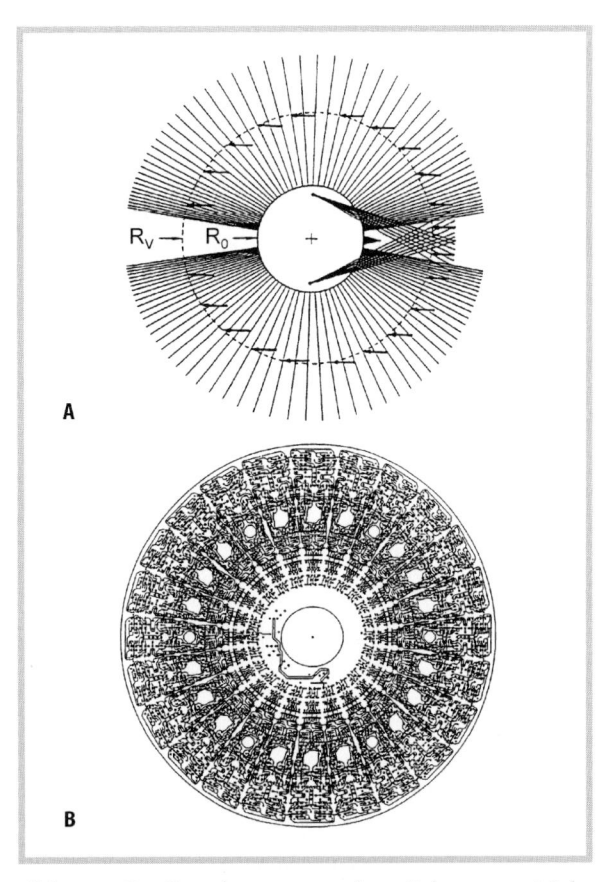

Abb. 11-14 Das Komplexaugen – analoges Roboterauge. **A** Sehachsen und Abtasten der Umwelt, **B** gedruckte Schaltung zur Datenverarbeitung *(nach Franceschini et al. 1996)*

Zeit lang mit angenähert konstanter Körperorientierung (Winkel zwischen Körperlängsachse und einem Objektpunkt), unterbrochen durch sog. Sakkaden, wären derer sie mit hoher Winkelgeschwindigkeit ihre Orientierung kurzfristig ändert. Der Roboter bewegt sich in ähnlicher Weise, er führt kurze Translationsphasen aus, während derer er die für die nächste Steuerphase wichtige optische Information sammelt und verrechnet, hängt eine schnelle Steuerphase an und wiederholt dieses Doppelspiel (vgl. Abb. 11-15 D). Der Trick dabei liegt darin, dass das Tier das Bild des optischen Flusses seiner Umgebung auf seine Translationskomponente reduziert. Dies verdeutlichen die Abbildungen 11-16 A, B und 11-14 A.

Bewegt sich ein Auge in der Orientierung dieser Abbildung mit der Geschwindigkeit v_0 nach rechts, bewegt sich ein unter dem Winkel φ angepeilter kontrastierender Punkt P, dessen Abstand zum Augenmittelpunkt D beträgt, mit der Geschwindigkeit $-v_0$ nach links. Dabei

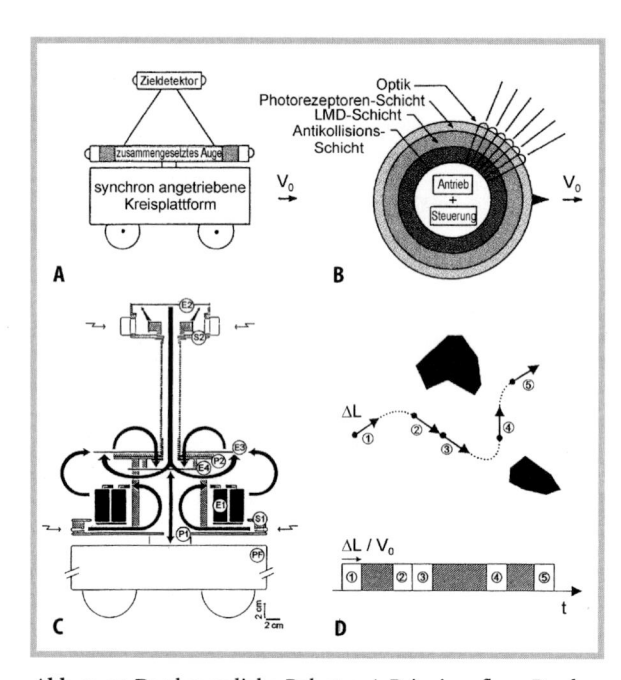

Abb. 11-15 Der bewegliche Roboter. **A** Prinzipaufbau, **B** schematischer Horizontalschnitt durch das zusammengesetzte Auge, **C** Signalfluss; Abkürzungen s. Text, **D** Fortbewegungsmodus des Roboters. Schwarze Pfeile und weiße Flächen reine, gleichartige Translationsphasen (1, 2 etc.), gleiche Streckenabschnitte Δl werden mit konstanter Geschwindigkeit v_0 durchfahren. Punktierte Bahnen und schräg gestrichelte Flächen: Phasen mit Steuermanövern, deren Dauer von der nötigen Winkeländerung abhängt *(nach Franceschini et al. 1996)*

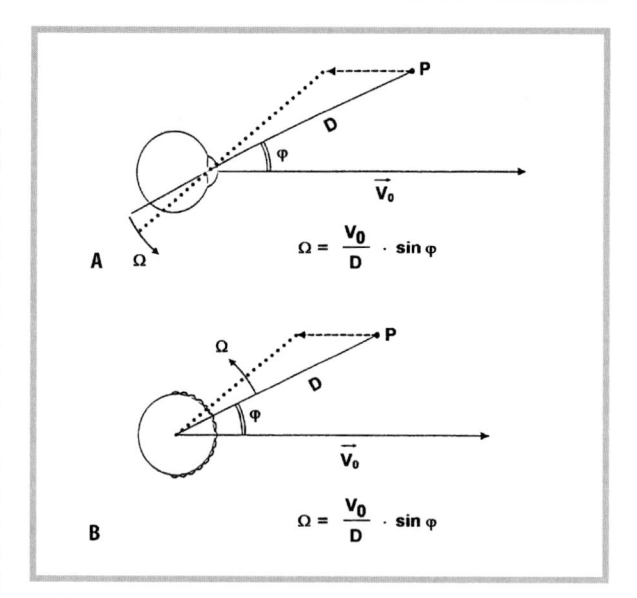

Abb. 11-16 Nutzung des translatorischen optischen Flusses zur Vermeidung des Anstoßens an Hindernissen. **A** Linsenauge (z.B. Mensch oder Roboter), **B** Komplexauge (z.B. Fliege oder Roboter) *(nach Franceschini et al. 1996)*

scheint sich die Peilrichtung mit der Winkelgeschwindigkeit ω zu drehen. Wenn das visuelle System diese Winkelgeschwindigkeit ω bestimmen kann, kann es D über die angegebene Formel leicht ausrechnen und entsprechende Steuerungen durchführen, die vermeiden, dass das Auge mit P zusammenstößt. Der Demonstrator rollt auf einer Ebene; es ist ausreichend, das Komplexauge durch einen horizontalen Ring von Ommatidien nachzuahmen (Abb. 11-15 A, B). Abbildung 11-14 A zeigt einen Blick auf ein solches planares System. Wie Abb. 11-16 zeigt, rotiert das optische Flussfeld nach einer Sinusabhängigkeit; die geringste Änderung ergibt sich, wenn der Roboter fast genau darauf zufährt (oder es fast genau hinter sich lässt); die größte, wenn er unter 90° an einem Objekt vorbeifährt. Das künstliche System wurde deshalb mit einem sinusförmig sich ändernden Auflösungsgradienten versehen, welcher die sinusförmige Änderung des optischen Flusses gerade kompensiert. Deshalb kann jeder kontrastierende Punkt, der innerhalb eines Sehkreises vom Radius r_V liegt (Abbildung 11-14 A), durch eine einheitliche Translation der Länge Δl (Pfeillänge in Abb. 11-14 A) monitoriert werden. Auf Grund der Sinusabhängigkeit ist die scheinbare Umweltrotation bei genauem Zufahren auf ein Hindernis (oder genauem Wegfahren von diesem) verschwindend klein; im Bereich ±10° (Totbereich) mussten deshalb andere Hilfsmittel einspringen; Franceschini und seine Koautoren haben zwei zusätzliche exzentrische LMD-Gruppen vorgesehen (Abb. 11-15 A), die diesen Bereich peilend abdecken. Im Fliegenauge wird die bis dato aufbereitete Information nun logarithmisch verstärkt und an Verrechnungszentren weitergeleitet, im Roboter ebenso. In den nächsten Schritten werden die Konturen von Hindernissen erkannt, und es wird die Zeit gemessen, die zwischen der Reizung zweier benachbarter Facetten oder Ommatidien durch denselben Raumpunkt verstreicht. Eine Prioritätsschaltung berücksichtigt die Kontraste näher gelegener Konturen stärker als die ferner gelegener. Das bewegungsdetektierende System generiert somit eine Art Landkarte, auf der die Hindernisse in Polarkoordinaten ausgedrückt sind, deren Ursprung in der Mitte des Ommatidienrings liegt. Diese Information liegt am Ende einer jeden Translationsphase vollständig vor. Diese Karte wird dann mit der Information über die azimutale Richtung eines Zielpunkts (im vorliegenden Fall einer Lichtquelle, auf die sich der Roboter zu bewegen soll) verglichen. Aus dem Vergleich wird ein motorisches Programm berechnet, das ihn dem Zielpunkt näher bringt, zwischenliegende Hindernisse aber vermeidet.

11.5.2.3
Der Bewegungstypus des Roboters

Abbildung 11-15 D fasst den Bewegungstypus nach den bisher beschriebenen Einzelheiten zusammen. Der Roboter bewegt sich zwischen den Hindernissen auf einer geschlängelten Bahn in Richtung auf den Zielpunkt. Er führt dabei stereotype Translationsschritte der Streckenlänge Δl aus, während derer er, wie beschrieben, die optischen Daten der Umgebung aufnimmt und mit seiner Eigenbewegung sowie der Bewegung des Zielpunkts verrechnet. Diese Daten werden nur so lange verwendet, wie ein gegebenes Hindernis nicht überwunden ist; sobald dies der Fall ist, werden sie gelöscht. Nach der Translationsphase folgt eine „Sakkaden-Phase", während derer der Roboter, gestützt auf die vorher gesammelten Informationen, seinen Körper- und Augenwinkel mit passender Amplitude in die passende Richtung rasch ändert. Während dieser Phase ist die optische Aufnahme der Umgebung unterdrückt („Sakkadische Suppression"). Sobald die nächste normierte Translationsphase beginnt, wird sie wieder angeschaltet. Am Ende einer Translationsphase stoppt der Roboter nur dann, wenn tatsächlich Hindernisse bemerkt werden; im anderen Fall schließen sich die Translationsphasen hintereinander an, so dass er sich mit gleichmäßiger Geschwindigkeit gleichgerichtet bewegt (z. B. Phasen 2 und 3 in Abb. 11-15 D).

Der fliegenäugige Demonstrator hat gezeigt, dass sich ein schnell bewegter Roboter mit einem Ring zusammengesetzter Augen mit weniger als hundert bewegungsdetektierenden Neuronen schnell durch einen Bereich unvorhersehbarer Hindernisse durchbewegen kann. Wichtig erscheint dabei, dass es nicht nötig ist, dass der Roboter sozusagen eine symbolische Karte der gesamten Hindernislandschaft gespeichert hat und sich „vorausschauend" darin orientiert. Es reicht, wenn er von Zeitpunkt zu Zeitpunkt die jeweils neu auftauchenden Konturenpunkte vergleicht und verrechnet. Ähnliches macht wohl auch die rasch bewegte, an optischen gegliederten Strukturen pfeilschnell entlangfliegende Fliege. Erreicht wird dies im Gehirn durch einen parallelen und analogen Modus der Signalverarbeitung.

Franceschini und Mitautoren stellen denn auch heraus, dass sich eine stete Wechselwirkung zwischen Vorbild und technischem Demonstrator eingestellt hat. Nicht nur wurde der Demonstrator nach der optischen und neuralen Architektur des Fliegenauges und Fliegengehirns gebaut, wenngleich reduziert auf eine bestimmte Anforderung; sein Verhalten hat auch elektrophysiologische und verhaltenphysiologische Experimente mit der Fliege angeregt, „that we would probably never have thought of otherwise".

11.5.2.4
Informationsfluss und Schaltungsplatinen

Abbildung 11-15 C zeigt die prinzipielle Art des Signalflusses. Das optische Signal, das von jedem Ommatidium aufgenommen wird, wird individuellen PIN-Fotodioden über Lichtfasern zugeleitet. Jedes dieser Miniboards E1 nimmt an der lokalen Bewegungsdetektion teil. Die Ausgänge der LMDs treiben ein Fusionsboard E3, das außerdem die Eingänge der lokalen Prozessoren E2 des Zieldetektors (Abb. 11-15 A, eingezeichnete Strahlengänge in Abb. 11-14 A) aufnimmt. Der analoge Ausgang des Fusionssystems treibt das Servosystem E4, das seinerseits die Antriebs- und Steuermotoren arbeiten lässt.

Abbildung 11-14 B zeigt eine Seite der (sechsschichtigen) gedruckten Schaltung der Verrechnungsstelle, welche die Informationen, die von Hindernissen und von dem anzusteuernden Zielpunkt kommen, vergleicht. Diese Platine hat etwa 200 parallele Eingänge (100 Eingänge von den LMDs des zusammengesetzten Auges und 100 Eingänge aus dem Zieldetektor), aber nur einen Ausgang, dessen Spannung dem als nächstes einzustellenden Steuerwinkel entspricht, mit dem der Zielpunkt am besten erreicht und die Hindernisse am besten vermieden werden. In die Lötpunkte dieser Platte werden auf beiden Seiten mehrere tausend analoge Schaltelemente eingefügt, die nur vier Typen entsprechen: Widerstände, Kondensoren, Dioden und Operationsverstärker.

Darüber hinaus ist für mich diese Schaltungsdarstellung der Abb. 11-14 B ein faszinierendes Beispiel einer „Neuro-Esoterik", auf dem Emotionsniveau, das wohl auch eine gotische Fensterrose beim stummen Betrachten im Gegenlicht auslöst. (Mehr wissenschaftlich ausgedrückt: die symmetrische Anordnung ist eine Abstraktion der retinooptischen neuralen Architektur des Insektengehirns und entspricht überhaupt nicht der Architektur eines Von-Neumann-Computers).

11.5.2.5
Zusammenfassung und allgemeine Erkenntnisse

Fliegen orientieren sich viel sicherer und schneller im Raum als wir das – z. B. als Flugzeugpiloten – jemals könnten. Dabei haben sie Augen, deren Teilauflösung zwar sehr gut, deren Raumauflösung aber ziemlich bescheiden ist. Offensichtlich haben sie dazu passende Lösungsstrategien für eine sehr gute und schnelle Orientierung entwickelt, die zu untersuchen und bionisch nachzubilden allein durch ihre reale Existenz Herausforderung genug ist. Diese Lösungen beruhen zum einen auf speziellen verhaltensbiologischen Eigenschaften bei der Flugbewegung, zum anderen auf einer speziellen neuralen Architektur. Beide reduzieren die komplexe Verrechnungsproblematik und führen zu effizienten Orientierungsmechanismen.

Den Autoren ist es wichtig, zusammenfassend die allgemeinen Gesichtspunkte vorzustellen, die aus dem technisch biologischen und bionischen Arbeiten mit Fliegen und fliegenähnlich sich orientierenden Robotern resultieren. Es sind dies neun Punkte:

1 Mit *nur ganz wenigen „Pixeln"* kann eine gute und schnell agierende visuelle Orientierung erreicht werden. Mindestens 80 % aller Tiere orientieren sich so und arbeiten nicht mit hochauflösenden „Kameraaugen".
2 Es gibt sieben Typen zusammengesetzter Augen bei Arthropoden, die für schnell bewegte Roboter möglicherweise *bessere Vorlagen* geben als die bis dato bevorzugten Kameraaugen.
3 Bei der Konstruktion bewegter Roboter können *Seh- und Orientierungsprobleme und Bewegungsprobleme nicht getrennt bearbeitet werden*. Nur eine Vermaschung „von vorne herein" führt zum Erfolg.
4 Es muss nicht notwendigerweise richtig sein, das „*Verreißen*" *der Umwelt* durch schnelle Eigenbewegung möglichst zu vermeiden. Es kann auch als *ideale Informationsquelle* benutzt werden.
5 Wichtiger als Raumbilddetektion kann *Raumbewegungsdetektion* sein.
6 *Von-Neumann-Computer* mögen nicht die geeigneten *Hilfsmittel* sein, die Information tausender bewegungssensitiver Elemente rasch zu verrechnen.
7 Durch *parallele und analoge Informationsverarbeitung* – entsprechend dem sensorischen System einer Fliege – ist *rasche sensomotorische Verkopplung* möglich, die effizient arbeitet, wenngleich die Komponenten langsam, ungenau und mäßig präzise aufeinander bezogen sind.
8 *Genauigkeit der Bildübertragung*, wie sie für Telekommunikation nötig ist, ist *keine Vorraussetzung für optomotorische Aktionen*.
9 Die Punkte 1–7 eröffnen einen *Weg zu autonomen Mikrovehikeln kleinster Bauweise*.

11.5.3
Visuelle Stabilisierung und Führung kleiner Flugroboter nach dem Fliegenaugenprinzip

Die in Abschn. 11.5.2 geschilderte und für rollende Roboter angewandte, auf der Architektur des Fliegenauges beruhende visuelle Führung wurde von N. Franceschini und Mitarbeitern weiterentwickelt und für den Einsatz in kleine, autonome Flugroboter in doppelter Weise vorbereitet.

Zum einen eignet sich die „neuromorphe Sensorik für den optischen Fluss", insbesondere zum schnellen, autonomen Navigieren in Nähe der Erdoberfläche, die ja stets strukturiert und mit Hindernissen bestückt ist. Fliegen haben beim raschen Flug in Objektnähe die gleichen Probleme. Zur Simulation wurde zunächst eine technische Anordnung mit 20 Fotorezeptoren verwendet, die mit 19 elementaren Bewegungsdetektoren (EMDs) nach Art der Schaltung im Fliegenauge verschaltet waren. Die Abb. 11–17 A, B zeigen eine Simulation mit der genannten Anordnung, deren optische Achse auf −40° gesetzt worden ist. Die Simulationen liefen mit einer Bewegungsgeschwindigkeit von 2 m s^{-1}

(entsprechend der Fliegenfluggeschwindigkeit), einer Ausgangshöhe von 5 m und einer Iterationsschrittweite von 1 s. Wie Abb. 11-17 A zeigt, kam der Flugroboter mit den hügelartigen Hindernissen gut zurecht. Eine simulierte (freiwillige oder kommandierte) lineare Reduktion der Horizontalgeschwindigkeit von 10 % pro Iteration führte nach Abb. 11-17 B zur automatischen Landung.

Zum anderen wurde vor wenigen Jahren entdeckt, dass das Fliegenauge Oszillationsbewegungen ausführt, welche die Umweltabtastung deutlich verbessern (Franceschini, Chagneux, 1997; vgl. auch Abschn. 11.2.3). Die Autoren haben dieses neugefundene Prinzip, mit dem das Umfeld mit einer Winkelgeschwindigkeit abgetastet wird, die graduell mit der Zeit variiert („variable speed scanning") zum Betrieb eines neuartigen Demonstrators verwendet. Es werden lediglich zwei Fotorezeptoren mit leicht divergierenden Sehachsen verwendet, die sich hin und her bewegen können. Im Ergebnis variiert der Ausgang des Systems quasilinear mit der Winkelposition eines angepeilten kontrastierenden Objekts (z.B. eines vertikalen Streifens in heller Umgebung) und verhält sich relativ unempfindlich gegenüber der Objektentfernung und dem Objektkontrast. Ein Zweipropeller-Demonstrator, an einem Faden aufgehängt (Abb. 11-17 C) vermag der Seitverschiebung des vertikalen Streifens über längere Zeit zu folgen (Abbildung 11-17 D). In einem 17-min-Versuch zum Anpeilen eines Streifens mit dem Kontrastfaktor m = 0,2 ergab sich im Mittel eine genaue Peilung (Positionsabweichung 0°) mit einer Standardabweichung von lediglich ±0,22° (Abb. 11-17 E). Das Besondere daran ist, dass es sich um einen *Positionssensor* handelt, der auf einem *Bewegungssensor* beruht. Diese Eigenschaften ließen sich sehr gut zur Stabilisierung eines fliegenden Kleinstroboters um eine gegebene Rotationsachse unter der Randbedingung kleiner (und damit von einem Operator schlecht beherrschbarer) Zeitkonstanten nutzen. Der neuartige *visuelle* Positionssensor könnte daher eine viel schwerere (und weitaus kostspieligere) Kreiselkompasseinrichtung ersetzen und den Roboter auf ein rasch bewegtes Ziel ausrichten.

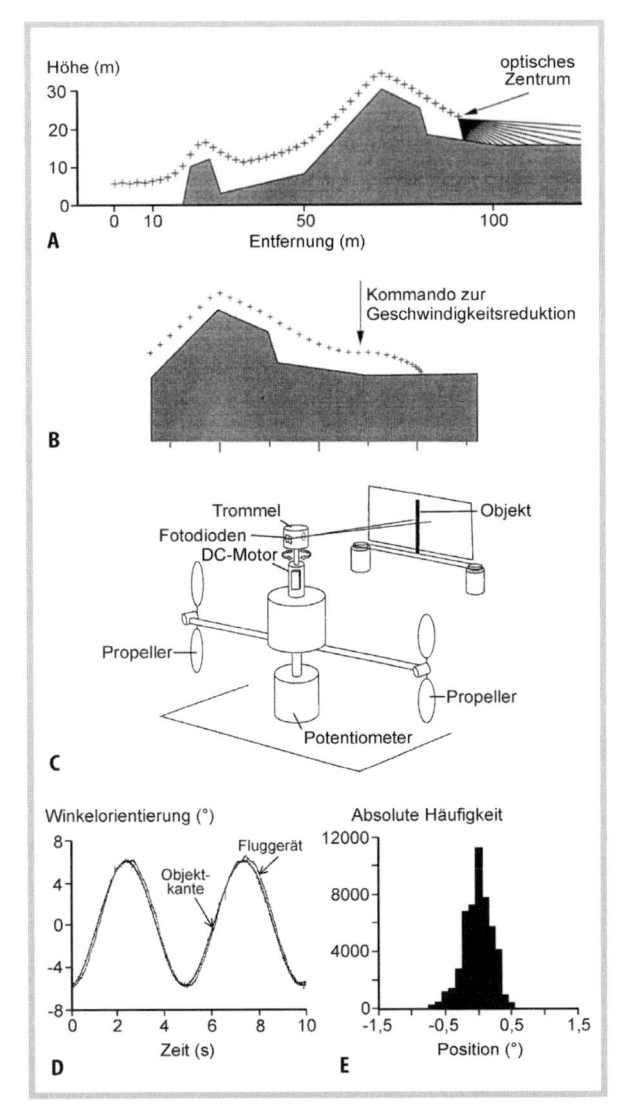

Abb. 11-17 Vom Fliegenauge inspirierte optische Orientierungssysteme. A Beispiel eines Flugs über hügelartige Hindernisse, B Wirkung einer Geschwindigkeitsreduktion in A *(nach Netter, Franceschini, 1999)*, C Demonstrator-Modell mit Abtastsensor, D Verfolgungsgenauigkeit von C (Streifen mit Kontrastfaktor m = 0,2 in 1 m Entfernung, mit 0,2 s^{-1} horizontal oszillierend), E Orientierungspräzision bei einem 17-min-Versuch nach C und D *(nach Viollet, Franceschini, 1999)*

11.5.4
Ein „Ameisenroboter", der sich an polarisiertem Licht orientiert

Am Zoologischen Institut der ETH Zürich befasst sich R. Wehner mit seiner Arbeitsgruppe seit längerem mit Physiologie, Ökologie und Verhalten von Wüstenameisen der Gattung *Cataglyphis* (Abb. 11-18 A). Diese Ameise bewegt sich auf ebenen Salzpfannen während der heißen Tageszeit mit großer Geschwindigkeit; sie entfernt sich auf ihren Beutezügen weit vom Nesteingang, den sie in

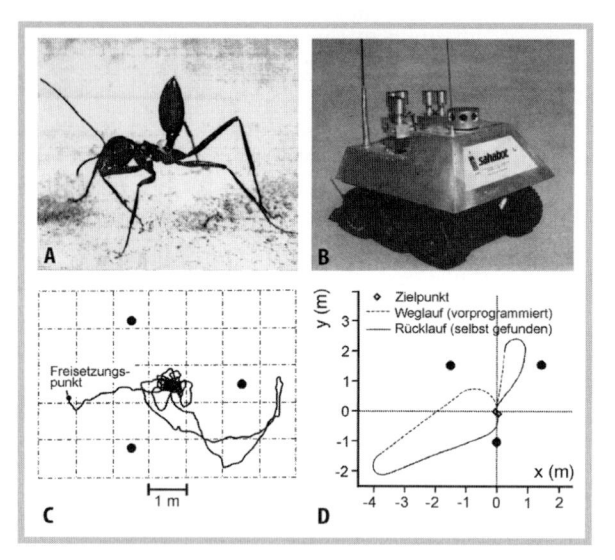

Abb. 11-18 Wüstenameise und orientierungsanaloger Roboter. **A** Wüstenameise *Cataglyphis bicolor (nach Möller et al. 2000)*, **B** Roboter *Sahabot* mit sechs Rädern. Sichtbar sind das runde System der DLI-Sensoren und die sechs stabförmigen POL-Sensoren *(nach Lambrinos et al., 1997)*, **C** Orientierungsbeispiel von *Cataglyphis*, **D** 2 Orientierungsbeispiele von Sahabot *(nach Möller et al. 2000)*

einer gegeben Zeit jedoch verlässlich wiederfinden muss, ansonsten stirbt sie den Hitzetot. Das Problem der sicheren Rückkehr lösen die Ameisen durch „Wegintegration innerhalb eines egozentrischen Referenzsystems". Dazu benötigen sie eine Kompassinformation über die eingeschlagene Richtung, deren Präzision von ausschlaggebender Bedeutung ist. Sie benutzen dafür Information über die Verteilung des tageszeitlich schwankenden Polarisationsmusters am Himmel, wie das von anderen Insekten (z.B. Honigbienen) seit den Pionierarbeiten von K. v. Frisch (1949) bekannt ist. Strukturelle Basis dafür sind bestimmte, spezialisierte Fotorezeptoren und neuronale Verknüpfungen im visuellen System.

In Anlehnung daran wurde ein mobiler, rollender Roboter „Sahabot" (Abb. 11-18 B) konstruiert, dessen Richtungsdeterminationsvermögen im Prinzip nach dem *Cataglyphis*-System arbeitet. Er benutzt dazu drei Paar Sensoren für polarisiertes Licht („Pol-Sensoren"), zusätzlich zu acht Sensoren, welche die richtungsabhängige Lichtintensität monitorieren („DIL-Sensoren"). Zusätzlich enthält er einen analogen Hall-Effekt-Kompass-Sensor, der ein der momentanen Orientierungsrichtung des Roboters entsprechendes Signal abgibt, sowie Propriorezeptoren, aus deren Verschaltung die momentane Orientierung des Systems ebenfalls zurückgerechnet werden kann.

Zur Erklärung der visuellen Navigationsfähigkeit von Insekten wurden mehrere Modelle vorgeschlagen, von denen Einzelheiten letztlich zu einem „Average Landmark Vector Model" (ALV-Modell) kombiniert wurden; Details sind der Referenzarbeit zu entnehmen. Der Roboter kann nun mit unterschiedlichen derartigen Modellen implementiert werden und so versuchsweise angenommene Verhaltensstrategien der Ameisen simulieren. (Ein wichtiges Prinzip: man hat ein System verstanden, wenn man es vollständig modellieren kann.) So bildet er z.B. die Fähigkeit des Insekts nach, sich den Nesteingang im Mittelpunkt eines durch drei Gegenständen markierten gleichseitigen Dreiecks zu merken (Abb. 11-18 C). Wie Abb. 11-18 D zeigt, ist der Roboter mit einem auf dem letztgenannten Modell basierenden visuellen Navigationsalgorithmus praxistauglich.

Dies gilt im Prinzip u.a. auch bei der Situation einer durchschnittlichen Zimmerumgebung; relativ einfache Schlüsselreize reichen für die Prinziporientierung. Vielleicht können sich danach einmal autonome Staubsauger durch eine Raumflucht bewegen.

11.6
Kleine Neuronenverbände – neuronale Netze mit Anregungscharakter

11.6.1
Prinzipien neuronaler Netze

Im biologischen Bereich sind dies Komplexe vernetzter Nervenzellen (Neurone), die über Kontaktstellen (Synapsen) Informationen übermitteln können. Die Elemente sind im Prinzip „einfach"; die Komplexität resultiert aus der großen Zahl der Einzelelemente, der noch sehr viel größeren, vielfältigen Verschaltungsmöglichkeit und der Art und Weise, wie die Informationsübertragung beeinflusst werden kann („Lerneffekte"). Das Gehirn des Menschen ist ein solches, höchst komplexes neuronales Netzwerk; besser studierbar sind einfachere, wie sie z.B. in Meeresschnecken mit nur wenigen Dutzend Einzelelementen verwirklicht sind.

Künstliche neuronale Netzwerke versuchen die genannten Charakteristika nachzuahmen, insbesondere ihre sehr umfangreichen parallelen Verarbeitungsmechanismen, die ihre Leistungsfähigkeit immens steigern können. Viel diskutiert wurde das sog. „Hundert-Schritte-Paradoxon". Es besagt, dass ein Mensch einen Gegenstand oder eine Person, die er kennt, in etwa 100 ms erkennen kann; rechnet man eine Informationsübertragungszeit von Neuron zu Neuron von 1 ms, ergäben sich also 100 aufeinanderfolgende Zeitschritte. Eine gleichwertige technische Lösung mit Von-Neumann-Computern ist nicht vorstellbar. Wichtig ist deshalb, dass künstliche neuronale Netzwerke analog der natürlichen lernfähig sind. Mit zunehmender Erfahrung trainieren sie sich selbst und finden neue, geeignetere Codierungsverfahren.

Solche Netze werden heute in der Steuer- und Regelungstechnik immer häufiger eingesetzt, vor allem im Bereich der visuellen und akustischen Mustererkennung, der Automatisierung von Industrieprozessen, der Datenanalyse (sehr komplex ist z. B. die Wettervorhersage) und anderen komplexen Verarbeitungs- oder Analyseprozessen. Dabei haben sich zwei Anwendungsrichtungen herauskristallisiert, die der *Klassifikation* und die der *Schätzung*.

Im ersten Fall werden Objekte nach ihren Merkmalen erkannt und nach Ähnlichkeitskriterien in Klassen eingeteilt, die dem Netzwerk vorgegeben sind oder die es sich selbst wählt. Im zweiten Fall berechnet das Netzwerk eine Zielgröße für jeden Komplex von Eingabevariablen. Hierfür gibt es bereits eine größere Zahl von Konzepten und Lernalgorithmen.

Die aus der Anwendungspraxis nicht mehr wegzudenkenden künstlichen neuronalen Netze haben bereits eine gewisse Tradition. Ein „einfaches" biologisch-neuronales Netz, die „Laterale Inhibition" betreffend, wird in Abschn. 1.3.11 als Beispiel genannt, mit seiner Auswirkung auf die Entwicklung früher analoger technisch-"neuronaler" Netze. Das Gebiet hat sich in den letzten fünf Jahren explosiv und eigenständig weiterentwickelt; die Ähnlichkeit technischer zu biologischen Netzwerken wird mehr und mehr formal. Das kann sich allerdings ändern, wenn komplexere biologische Netzwerke, einfachere Gehirne etwa, schaltungsmäßig näher verstanden sind. Derzeit ist man noch weit davon entfernt. Gut bekannt sind gerade einmal Nervenzellkomplexe (Ganglien) von Meeresschnecken mit lediglich einigen Dutzend Neuronen. Im technischen Bereich ist dagegen bereits ein umfangreiches, eigenständiges Fachgebiet entstanden, das publikatorisch bestens dokumentiert ist. Deshalb soll es hier bei einigen grundsätzlichen Aspekten bleiben.

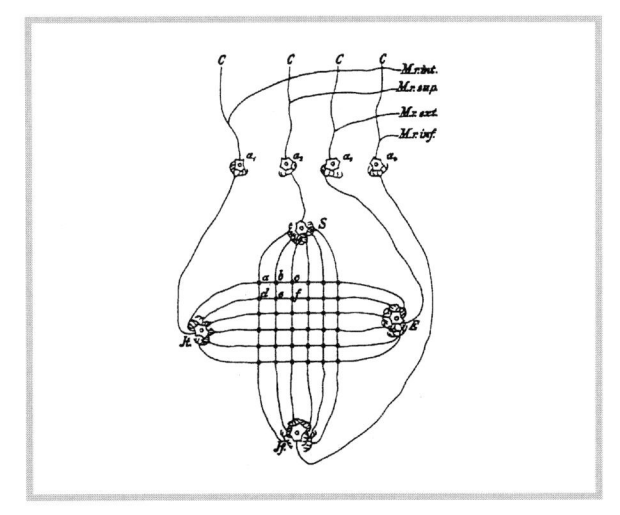

Abb. 11-19 Die erste Skizze eines (zunächst vermuteten, viel später erst bestätigten) neuronalen Netzwerks *(nach Exner 1894)*

Überlegungen zu neuronalen Netzen gehen letztlich bereits auf sehr frühe Vorstellungen und Beschreibungen zurück. Die ersten grafisch aufskizzierten Überlegungen stammen von S. Exner (1894). Der Wiener Physiologe stellte sich vor, dass es als Basis für Bewegungseindrücke „bewegungsperzipierende Zentren" mit spezifischen „Ganglienzellen" geben müsste, die von einem retinalen Netzwerk Informationen bekommen. Die vier Zentren S, E, Jt, Jf dieses Netzwerks (Abb. 11-19) steuern vier extraokulare Muskeln (M) an, schicken aber auch Collateralen C zum Cortex als dem „Sitz des Bewusstseins". Dort würde die im Netzwerk durch hintereinanderfolgende Erregung der Elemente a–f detektierte Bewegung in Bewusstseinsinhalte umgesetzt. 65–70 Jahre später wurden die obigen Vorstellungen durch die Entdeckung entsprechender Neurone bestätigt.

11.6.2
Kleine Neuronenverbände und ihre Leistungsfähigkeit

In einigen wenigen Fällen kennt man die neurale Zusammensetzung von Ganglien mit nur wenigen Dutzend Neuronen und die Funktion dieser Neuronen genau, so bei der Meeresschnecke *Aplysia* die Ganglien der neuronalen Bewegungssteuerung. In anderen Fällen hat man aus elektrophysiologischen Einzelzellableitungen definierter Neuronen aus definierten Ganglien Sehfunktionen und Schaltungen abstrahiert, so bei der

Stubenfliege, *Musca domestica*. N. Franceschini und seine Arbeitsgruppe in Marseille haben auch hierzu grundlegende Ergebnisse zusammengestellt. Sie stellten heraus, dass Insekten keineswegs auf schlichte Weise reagierende Reflexmaschinen sind, sondern dass ihre sensorischen und motorischen Systeme auf höchst bemerkenswerte Weise ausgefeilte Untersysteme der Optronik, Neuronik und Mikromechatronik kombinieren.

11.6.2.1
Das optosensorische Verrechnungssystem der Hausfliege – kleiner als ein Stecknadelkopf

Das System verrechnet die Information aus mehreren tausend Einzelaugen oder Ommatidien (Abb. 11-20 A), von denen jedes Lichteindrücke auf eine Retinula von acht Sinneszellen leitet (in den Einschaltbildern der Abb. 11-21 C und D sind 7 im Querschnitt gezeichnet; Nr. 8 liegt unter Nr. 7). Die optischen Informationen werden in drei hintereinanderliegenden optischen Ganglien (Abb. 11-20 B) verrechnet. Von Einzelzellen (Einzelneuronen) dieser Ganglien kann man elektrophysiologisch ableiten. Zusammen mit den gut setzbaren optischen Reizen ergibt sich die Möglichkeit, auf diese Weise komplexe neuronale Registrierungsleistungen und ihre zugrundeliegenden Schaltungen zu entschlüsseln.

Franceschini weist mit Recht darauf hin, dass dies keine l'art-pour-l'art-Studien sind. Geht es darum, intelligente Vehikel oder Mikrovehikel für eine Technik von morgen zu entwickeln, ist nichts weniger am Platz als eine anthropomorphe Sicht- und Näherungsweise. Wesentlicher erscheint, das zu beachten und zu übertragen, was die Natur für ihre „kleinen, schnell bewegten Vehikel" entwickelt hat, und dazu gehören Fliegen allemal. Ein bereits 1982 von dem Neuroanatomen V. Braitenberg publiziertes, visionäres Buch weist denn auch darauf hin, dass solche „Vehikel" ein intelligent erscheinendes und für den Außenbeobachter durchaus komplex aussehendes Verhalten zeigen können, ohne dass sie notwendigerweise hochkomplexe sensomotorische Prozesse benutzen müssten. Kleine Gehirne haben eben auch wenig Platz. Weil die Einzelneurone nicht beliebig verkleinerbar sind, muss ein solches Gehirn, das aus Massegründen auch ein gewisses Volumen nicht überschreiten darf, Schaltungen entwickeln, die mehr auf Raffinesse denn auf neuronale Masse setzen. Auch aus diesen Gründen erscheint das Studium solcher kleiner Neuronenverbände für eine Mikrorobotik

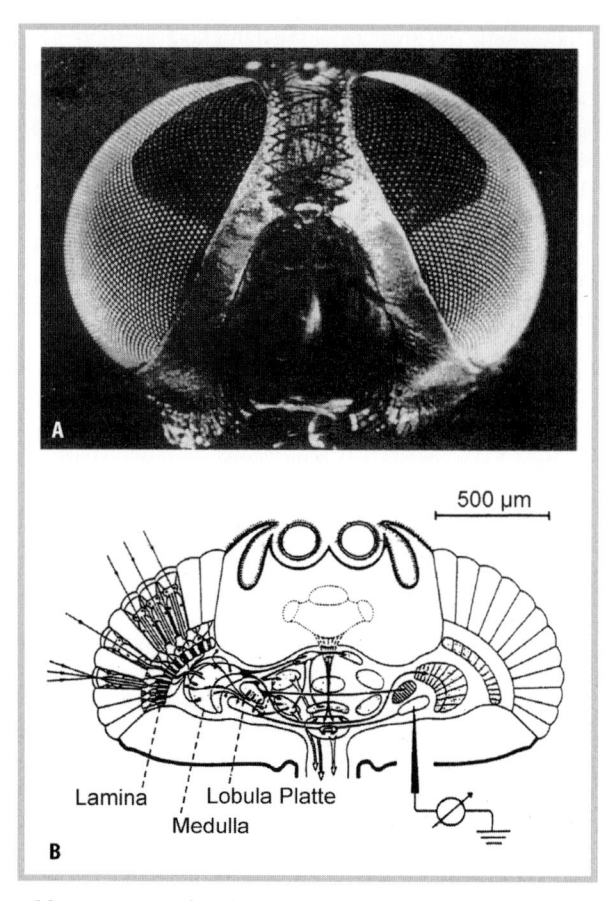

Abb. 11-20 Optische Elemente im Kopf der Hausfliege, *Musca domestica*. **A** Aufsicht auf den Kopf eines Männchens. Erkennbar sind die Ommatidien; der „love spot", mit dem Männchen fliegende Weibchen orten und verfolgen, ist hier dunkler angelegt, **B** schematischer Horizontalschnitt durch den Kopf. Angegeben sind die drei optischen Ganglien: Lamina-Medulla-Lobula. Rechts eingetragen ist schematisch eine Mikroelektroden-Ableitung von einem bewegungssensitiven Neuron in der Lobulaplatte (nach Franceschini 1996)

der Zukunft als außerordentlich fruchtbringend. Natürlich auch zum Stichwort AI (Artificial Intelligence).

Fliegengehirne umfassen lediglich einige hunderttausend bis 1 Mio. Neurone. Sie sind nach Minimalgesichtspunkten so verschaltet, dass sie den durchaus komplexen sensorischen Input einer schnellbewegten Fliege beherrschen und sie damit verhaltensmäßig an ihre Umwelt ankoppeln – ein Gesichtspunkt, den Friedrich Barth für den Vergleich sensorischer Elemente in Biologie und Technik als essenziell betrachtet (vgl. Abschn. 11.1). Für ein Verständnis der „Flugmaschine

Fliege" und eine sinnvolle Übertragung ihrer Steuer- und Regelungsparameter in die Technik ist dies wohl zu bedenken.

Die neuronalen Netzwerke der Fliege arbeiten auf raffinierte Weise parallel, analog und asynchron. Sie senden „Fly-by-wire"-Nachrichten zu den 2 × 17 Flugmuskeln, die das Flügelpaar schwingen lassen und steuern. Dieses wird unter Einfluss der Ommatiden aus den Komplexaugen, aber auch kleiner Punktaugen (Ocelli) zwischen den Komplexaugen sowie der gyroskopischen Aktion der Halteren (der umgewandelten Hinterflügel) in seiner Amplitude, seiner Frequenz, der Phasenlage der beiden Flügelseiten, der aerodynamischen Anstellwinkel und ihrer Phasenlage zum mittleren Flügelschlag und anderen Parametern fein gesteuert und geregelt.

Zum Verhaltensinventar in einer „für sie wichtigen Umgebung" gehören auch die Suchflüge nach umherfliegenden Weibchen. Die Fliegenmännchen patrouillieren dann mit Geradeausstrecken, bei der sie ihre Körperlängsachse relativ zum Raum angenähert konstant halten, unterbrochen von schnellen Wendungen („Sakkaden"), gefolgt von dem nächsten Geradeausstrecken (Einschaltbild in Abb. 11-21 D). Bei Letzteren ist der optische Fluss von Umgebungselementen definiert (vgl. Abschn. 11.5.3). Diese Art der Umweltorientierung wurde bisher von Laufrobotern mit „Fliegenaugen" nachgeahmt (Abb. 11-16 D) und ist selbstredend auch für Flugroboter, aber auch für extraterrestrische Roboter der Zukunft das Mittel der Wahl, weil sie keine Voraussetzung über die Umgebung verlangt (abgesehen davon, dass die optische Umwelt kontrastreich sein soll) und daher auf jegliche neue Umgebung präada-

Abb. 11-21 Beispiel für elektrophysiologische Ableitungen und für Verschaltungen im Auge der Hausfliege, *Musca domestica*. **A** Antwort des H1-Neurons der Lobulaplatte auf die Bewegung eines Streifenmusters (100° Breite und 60° Höhe), das horizontal in und gegen die Vorzugsrichtung bewegt wurde, **B** Sequenzdiskrimination durch das H1-Neuron der Lobulaplatte bei sukzessiven Blitzen auf zwei Fotorezeptoren (1 und 6 im Einschaltbild in C), in und gegen die „Vorzugsrichtung", **C** phasische Antwort des H1-Neurons der Lobulaplatte auf sequenzielle stufenförmige Lichtintensitätsveränderungen auf die Fotorezeptoren 1 und 6 eines einzelnen Ommatidiums. Gestrichelt: gerechnete Filterantwort, im Text beschrieben, **D** grundlegende Topologie der lateralen Interaktionen, die zur H1-Bewegungsdetektion führen. Einschaltbild: „Parallelstrecken" und „Wendesaccaden" beim Flug einer Hausfliege, Draufsicht *(nach Franceschini 1996, Einschaltbild nach Wagner 1983)*

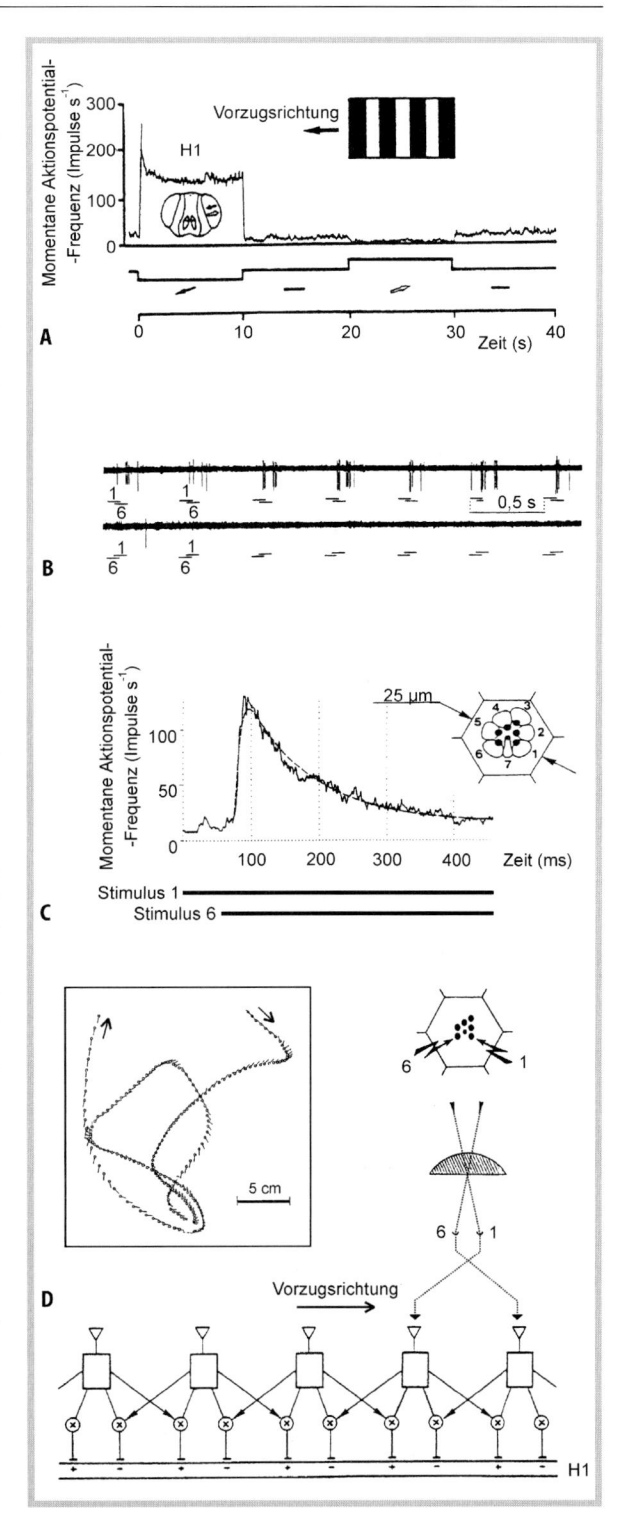

tiert ist. Sie steht damit im Gegensatz zu den üblichen Navigationsmethoden, die auf einer Gedächtnisspeicherung der Umgebung basieren.

Die Fliege bewegt sich im Raum und muss deshalb die scheinbare Raumbewegung relativ zu ihrem Körper in Betracht ziehen. Dies wurde über optomotorische bzw. optokinetische Experimente analysiert. Dazu gehört der Besitz von bewegungssensitiver Neuronen, wie sie Exner bereits 1894 für das Sehsystem des Menschen postuliert hat. Heute weiß man, wie die Fliege mit dem optischen Bewegungsfeld ihrer Umgebung zurechtkommt, das durch ihre Eigenbewegung entsteht. Eben über richtungsselektive, bewegungsempfindliche Neurone in einer hochgeordneten, histologisch schon länger bekannten (S. R. Cajal, D. S. Sanchez 1915) Ausprägung. Gut untersucht ist das Neuron H1 aus dem dritten optischen Ganglion, der Lobula (Abb. 11-20 B). Einige Ergebnisse sind in Abb. 11-21 zusammengefasst.

Wird ein Streifenmuster horizontal bewegt, so feuert das Neuron H1 mit bis zu etwa 250 Impulsen pro Sekunde, wenn die Bewegungsrichtung mit der inhärenten Vorzugsrichtung des Neurons übereinstimmt, im umgekehrten Fall wird die Ruheimpulsrate herabgesetzt (Abb. 11-21 A). Gibt man zwei Einzelblitze von jeweils 100 ms Dauer zeitlich versetzt aber überlappend auf die beiden Fotorezeptoren 1 und 6 der Retinula eines einzelnen Ommatidiums, so feuert H1, wenn 6 nach 1 kommt, und schweigt bei umgekehrter zeitlicher Gabe (Abb. 11-21 B). Verändert man die Lichtintensität in Form eines Treppenimpulses, so antwortet H1 phasisch mit steilem Frequenzanstieg und exponentiellem Frequenzabfall, und zwar nach Art eines Hochpassfilters erster Ordnung (mit $\tau = 94$ ms) in Serie mit einem Tiefpassfilter ($\tau = 5$ ms), wie die gestrichelt eingezeichnete Linie in Abb. 11-21 C zeigt. Die Übertragungseigenschaften und die Nichtlinearitäten solcher neuraler Mikrosysteme sind also aus den elektrophysiologischen Registrierungen formal ableitbar. Mit mikro-elektrophysiologischen Ableitungen konnten auch die Einzelheiten der lateralen Interaktionen zwischen benachbarten „Sehkanälen" nachgewiesen werden, die gerade zur Richtungsselektivität des Bewegungsdetektors führen. Jeder „Sehkanal" in der Lamina wird in Abb. 11-21 D durch ein „Püppchen" symbolisiert, das auf H1 mit zwei synaptischen Kontakten unterschiedlicher Polarität projiziert. Nun kann die Durchlässigkeit jedes Kontakten von einem Signal erhöht („facilitiert") werden, das von einem benachbarten „Püppchen" kommt. Dieses und andere Ergebnisse aus Einzelneuronenableitungen kombiniert mit Einzelzellreizungen erleuchten die Anordnungsraffinesse und die Schaltungseigentümlichkeiten solcher „kleinster Gehirne" immer besser.

Wichtig bei der Systembeschreibung der Abb. 11-21 ist, dass präzise durchgedachte und durchgeführte Experimente es erlauben, an die Funktionsstruktur oder Systemtopologie eines neuronalen Schaltkreises heranzukommen, ohne dass man über die untenliegenden biophysikalischen Einzelheiten (wie z. B. Natur der Transmittersubstanzen der Membranrezeptoren usw.) Näheres wissen muss. Die Mächtigkeit dieser abstrakten Beschreibung sieht man daran, dass sie sich sofort auf eine andere – dem Menschen zugänglichen – Technologie, z. B. Elektronik, übersetzen lässt. So führte bei den Forschern in Marseille schon Ende 1980 die oben erwähnte Funktionsstruktur zu elektronischen Bewegungsdetektoren, die einem „Fliegenden Roboter" das Sehen ermöglichten (vgl. Abschn. 11.5.3).

Mit diesen und anderen Ergebnissen versteht man die Anordnungsraffinesse und die Schaltungseigentümlichkeiten solcher „kleinster Gehirne" immer besser. Daraus haben sich bereits heute technische Anwendungen ergeben.

11.6.2.2
Ingenieurmäßige Anwendung von Forschungsergebnissen an „kleinsten Gehirnen"

Franceschini nennt in seiner unten zitierten Arbeit die folgenden „Übersetzungen", die bereits getätigt worden sind.

– *Kollektive Intelligenz:* Systeme kleiner Roboter und Sozialsysteme können verglichen werden, insbesondere solche sozialer Insekten wie z. B. Bienen. Kollektive Intelligenz entwickelt sich als Resultat der Kommunikation zwischen Individuen mit jeweils „beschränkter Intelligenz" sowie ihrer Interaktion mit der für sie typischen und lebenswichtigen Umgebung. Solche Systeme sind besonders flexibel, kommen mit dynamischen Änderungen der Umgebung zurecht und meistern nicht vorhersehbare Situationen; sie selbst sind auch zur Selbstorganisation befähigt. Dies steht im klaren Gegensatz zu der traditionellen Sichtweise von einem zentralen, allwissenden Kontrolleur, der Anordnungen an die einzelnen Mitarbeiter gibt. Kollektive Intelligenz kann in Zukunft beispielsweise bei der Verkehrskontrolle, bei Transportsystemen, bei der Erforschung des Mars und anderer Planeten, für automatische Autoleitsysteme in Parkhäusern, für flexible Automatisierung in Fabrikanlagen und anderes angewendet werden.

Unter „smarte Sensoren und Mikrosysteme" ordnet der Autor drei weitere Beispiele ein.

- *Vibrationsgyroskop:* Der Autor weist darauf hin, dass selbst heutige Supercomputer das Problem nicht lösen können, das eine Fliege spielend löst, nämlich 2 m über dem Grund mit Grundgeschwindigkeiten von etwa 300 Körperlängen dahinzuflitzen ohne anzustoßen. Die Fliegen bedienen sich dazu u. a. der Ausgänge des Halterenpaares (trommelschlegelartige, umgewandelte Hinterflügel), die mit der gleichen Frequenz – aber gegenphasisch zu den Flügeln – auf und ab schwingen und wie ein Gyroskop dazu tendieren, ihre Raumlage konstant zu halten. Knapp 500 Streckrezeptoren an der Basis jeder Haltere monitorieren die Raumlage. Die amerikanische Sperry Rand Cooperation hat kurz nach der Erstbeschreibung dieses gyroskopischen Mechanismus ein darauf basierendes „Vibrationsgyroskop" patentieren lassen und gefertigt.
- *Optischer Horizontdetektor:* Die drei zusätzlichen Augen oder Ocelli (auf Abb. 11-20 A ganz oben angedeutet erkennbar) dienen für die Fliege als „Horizontdetektor", der im Flug eine Rolle bei der Einrichtung der Fluglage relativ zum Raum spielt. 1995 wurde dieses System umgesetzt in einen Horizontdetektor für Modellflugzeuge oder Modellhelikopter. Der von der Firma Ripmax (U.K.) produzierte und verkaufte Detektor heißt in Frankreich „Fligth controller", in England „Horizontal autolevelling system", in Japan „Pilot assisted link". Zwei gegenüberliegende Lateralsensoren beeinflussen differenziell die Flügelklappen eines Flugzeugs für das Rollen um die Längsachse, zwei entgegengesetzte frontale und nach hinten gerichtete Detektoren beeinflussen entsprechend die Höhenruderklappen zum Einrichten von Kippdrehungen um die Querachse. Der bionische Sensor ist sehr billig (er kostet etwa 70 €) und außerordentlich effizient, wenn es darum geht, ein Flugzeug aus ungewöhnlichen Positionen (z. B. nach einem Spiral-Sturzflug) wieder horizontal auszurichten und sauber zu landen, selbst bei Seitenwind.
- *Polarisationskompass:* Wie der Altmeister der Bienenkunde, Karl von Frisch, schon 1948 entdeckte, sind Bienen befähigt, das linear polarisierte Himmelslicht zur Fernorientierung zu benutzen, wenn sie zwischen Tracht und Stock hin und her fliegen. Dies funktioniert auch dann noch, wenn der Himmel zum allergrößten Teil bedeckt ist und nur ein kleines blaues Stück hervorscheint. Zehn Jahre später haben japanische Forscher Polarisationsempfindlichkeit von einzelnen im Fliegenauge nachgewiesen. Bei ihnen wie auch bei Wüstenameisen, Bienen und manchen Heuschrecken ist ein spezieller Augenausschnitt, dorsad gerichtet, darauf spezialisiert. Neuerdings hat man dies schaltungsmäßig nachgeahmt, auf dem Weg zu einem Polarisationskompass. Auf solchen Prinzipien beruht auch der neuerdings in Zürich gebaute und in Abb. 11-18 B dargestellte Roboter, der von den Orientierungsleistungen der Wüstenameise *Cataglyphis* inspiriert worden ist.

Weiter nennt der Autor vier Beispiele, die als „smarte optische Einrichtungen" charakterisiert werden können.

- *Grin-Optiken:* Die Graded Index Technologie (Grin) arbeitet mit einem graduellen Abfall des Refraktionsindexes gegen die Peripherie bspw. eines Glasfadens. Tritt Licht von einer Seite in eine solche Optik ein, beschreibt es einige „Knoten", bevor es an der anderen Seite wieder herauskommt. Anregung haben klassische Arbeiten von Exner vom Ende des 19. Jh. ergeben, der angenommen hatte, dass die Entstehung eines aufrechten Bildes in Einzelaugen von manchen Insekten, insbesondere von Nachtfaltern, nach diesem Prinzip erfolgt, was später bestätigt worden ist. In Grin-Optik werden von der Nippon sheet glas Co in Japan unter dem Produktnamen „Selfoc" Mikrolinsen und Mikrofasern bereits seit längerer Zeit gefertigt. Sie finden vielseitige Anwendung beispielsweise bei optischen Mikrokollimatoren, Endoskopen und Koppelgliedern zwischen zwei Glasfasern oder zwischen einem Laser und einer Glasfaser. Eng aneinandergepackte Grin-Optiken bilden sehr kompakte Bildgeneratoren, die heute dafür sorgen, dass viele moderne Fotokopierer, Printer und Fax-Systeme so kompakt gebaut werden können.
- *Polarisationserhaltende optische Fasern:* Bei dem Fotorezeptor im Fliegenauge wirkt dasjenige Element, das die Sehpigmente enthält, als Wellenleiter, der im Wesentlichen die „Fundamentalmodi" leitet. Auf Grund ihrer submikroskopischen Mikrovilli-Struktur sind diese Einrichtungen doppelbrechend. 1983 publizierte A. W. Snyder das Konzept einer polarisationsoptischen Faser, die einen Polarisationsvek-

tor austreten lässt, den senkrecht dazu gerichteten aber nicht. Die Entwicklung solcher polarisationserhaltenden Fasern findet heutzutage weitreichende Anwendung in der Telekommunikation und in der konfokalen Mikroskopie.
- *Tandemfotodetektoren:* Im Fliegenauge sind die Rezeptoren Nr. 7 und 8 untereinander angeordnet, (so dass man in Querschnitten immer nur einen sieht, vgl. Einschaltbild in Abb. 11-21 C) und wirken so „im Tandem" wie ein einziger Wellenleiter. Damit sind die spektralen Eigenschaften des rezeptiven Teils (des Rhabdomers Nr. 8) abhängig von den Eigenschaften des vorher durchstrahlten Teils Nr. 7. „Sandwich-Detektoren", die im Infrarotbereich empfindlich sind, werden heute von den Firmen Belov-Technology und Judson in Amerika produziert. Hier wird z. B. ein 1–5-μm-Detektor einem 6–14-μm Detektor überlagert. Es gibt viele Anwendungsmöglichkeiten für solche Sandwich-Detektoren in der Infrarotthermographie, der Spektroskopie sowie der Ziellokalisation und -verfolgung, und alle ziehen Vorteil aus der Tatsache, dass solche Tandemanordnungen Spektralunterscheidungen bei Strahlen ermöglichen, die aus genau der selben Richtung einstrahlen.
- *Röntgenteleskop:* Die Spiegeldetektoren von Krebsen haben Anregung gegeben für die Entwicklung eines speziellen Röntgenspiegelteleskops, das Weitwinkelbilder mit großer Detailschärfe kombiniert. Eine Beschreibung der grundlegenden Arbeiten und ihre Umsetzung findet sich in Abschn. 8.9.

11.6.3
Neuronale Netze für Mustererkennung und Bewegungssteuerung

11.6.3.1
Allgemeines

Neuronale Netze sind seit den 80er-Jahren die Lieblingskinder der Informatik. Sie sollen vor allem viele parallele Rechnungen schnell ausführen und mit einer Art inhärenter Intelligenz Fehler bspw. bei der Erkennung von Mustern selbstständig als solche empfinden und ausmerzen.

Die Literatur über neuronale Netze ist zwar uferlos geworden; besonders eingängige Darstellungen findet man aber eher selten. Eine Kurzdarstellung, die beispielhaft die Grundüberlegungen herausarbeitet, hat F. Seibold anlässlich eines Bionik-Tags des Gymnasiums Unterhaching 1995 gegeben.

Einleitend geht Seibold auf die unterschiedlichen Blickwinkel ein, unter denen die einzelnen Disziplinen den Problemkreis „Neuronale Netze" betrachten: *„Biologen* erhoffen sich durch das Studium künstlicher neuronaler Netze eine Verbesserung im Verständnis realer Netze. *Informatiker* erwarten von lernfähigen Systemen die Entwicklung hochparalleler Algorithmen, durch die große Problemlösungen mit minimalem Hardware-Einsatz möglich werden. *Physiker* untersuchen künstlich neuronale Netze als komplexe Systeme, deren Dynamik sie durch statistische Methoden zu verstehen und vorherzusagen versuchen. *Mathematiker* schließlich interpretieren neuronale Netze als Funktionsnetze und fragen, welche Klassen von Funktionen sich durch ein bestimmtes Netz berechnen lassen."* Die biologischen Leistungen neuronaler Netze sind bereits im frühen Entwicklungszustand tatsächlich frappant. Ein Säugling erkennt in Bruchteilen einer Sekunde das Gesicht seiner Mutter und unterscheidet es von fremden Gesichtern sozusagen rein formal, aber sicher auch ohne dass er das Hell-Dunkel-Muster, das nun einmal ein Gesicht ausmacht, mit einem abstrahierten Begriff („Mutter") verbinden kann.

11.6.3.2
Vom biologischen zum technischen „Neuronennetz"

Das menschliche Gehirn besitzt größenordnungsmäßig 25 Mrd. Neuronen, deren Elemente und Verbindungsmöglichkeiten in Abb. 11-22 A skizziert und in Abb. 11-22 B schematisch dargestellt sind. Ein Neuron kann Erregung leiten oder auch nicht, nachrichtentheoretisch gesehen den Zustand 1 (Erregung) oder 0 (Ruhe) annehmen. Viele Eingänge zum Soma eines Neurons (Dendriten) können dafür sorgen, dass das Neuron aktiv wird, und dann Erregung durch einen Ausgang (Axon) leitet. Die Erregung kann synaptisch auf ein anderes Neuron übertragen werden und dieses in gleicher Weise beeinflussen. Üblicherweise wird ein Neuron aktiv, wenn die Summe aller Eingänge eine bestimmte Schwelle überschreitet („Feuern"); nach kurzer Zeit fällt das typische Neuron in den Ruhezustand zurück. Es gibt vielerlei Abwandlungen von diesem Grundmodus.

Im abstrahierten Neuronenmodell (Neuronen ≡ Verarbeitungselemente) sind alle Elemente gleichartig aufgebaut und schichtenförmig angeordnet. „Betrachtet man das Neuron Nr. i, so leistet jeder Eingang einen gewichteten Anteil zur Aktivität. Das Gewicht entspricht der „Stärke" der biologischen Synapse. Ein Neuron rea-

11.6 Kleine Neuronenverbände – neuronale Netze mit Anregungscharakter

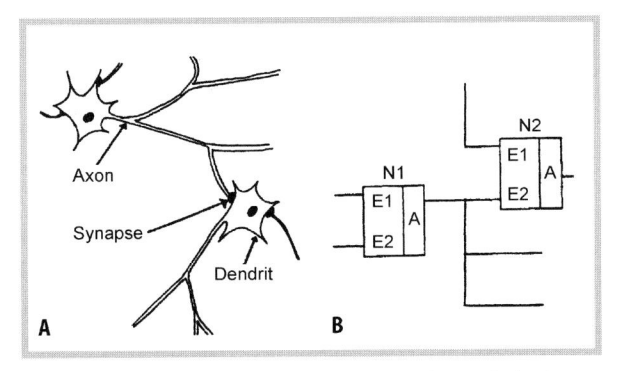

Abb. 11-22 Zwei Neuronen, realiter (**A**) und im Schaltschema (**B**) *(nach Seibold 1995)*

giert nicht auf einen Einzelwert, sondern auf den effektiven Eingangswert $\varepsilon_i = \sum w_{ij} E_j$, aus dem die Aktivität mittels geeigneter Funktionen berechnet wird. Aus der Aktivität wird schließlich durch eine passende Funktion ein Ausgangswert ermittelt."

11.6.3.3
Beispiel: Assoziative Speicherung von Buchstabenmustern

Dies ist nun eine typische Aufgabe für ein neuronales Netz, das z. B. über einen Bildsensor Handschriften entziffern soll. Die Einzelbuchstaben sind nie absolut präzise geschrieben, das Netz soll aber den Buchstaben A in Konkurrenz zu anderen ähnlichen Buchstaben aus dem Zusammenhang als A erkennen. Seibold wählt folgendes Beispiel: Das neuronale Modellnetz soll zehn Großbuchstaben des Alphabets, A, B, C, D, E, F, G, H, I und K, benennen können. Jeder Buchstabe muss „netzverständlich", d.h. also als Zahlenmuster darstellbar sein. Abbildung 11-23 A zeigt bspw. den Buchstaben A in Zahlendarstellung (Matrix-Schreibweise mit fünf Zeilen und vier Spalten) und als Grafikzeichen, d.h. als grafische Umsetzung der Zahlendarstellung. Hierbei steht –1 für „weiß" (idealer Hintergrund), +1 für einen Buchstabenanteil (schwarz). Der Autor beschreibt das System nun wie folgt:

Abb. 11-23 Assoziative Speicherung eines Buchstabens. **A** Der Buchstabe „A" in Zahlendarstellung und mit Grafikzeichen, **B** Sollwertdarstellung für den Buchstaben A in Zahlendarstellung und mit Grafikzeichen, **C** Netzeingang und -ausgang vor der Reproduktion, **D** Reproduktion eines verstümmelten Eingangsmusters mit dem Autoassoziator *(nach Seibold 1995, neu angeordnet)*

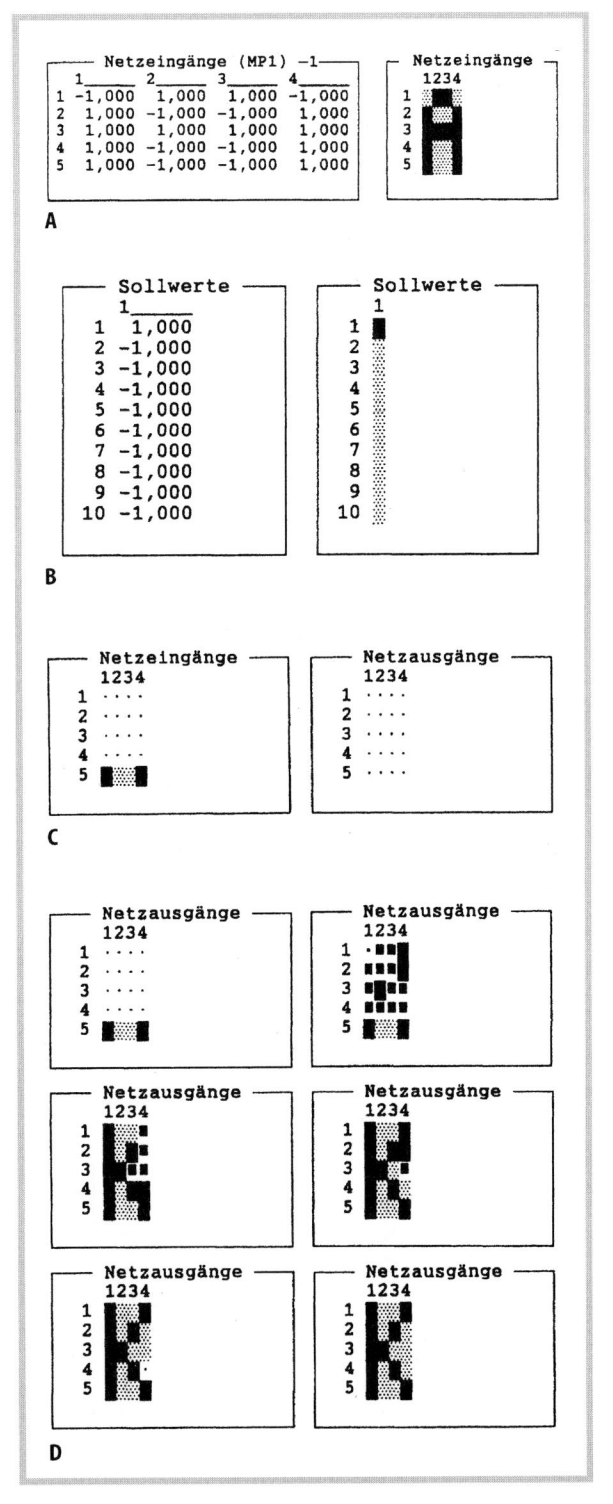

„Beide Werte werden durch geeignete Grafikzeichen aus dem ASCII-Code ersetzt. Zum Benennen der zehn Buchstaben soll ebenfalls eine grafische Anzeige benutzt werden. Von zehn Ausgängen soll für den i-ten Buchstaben nur der i-te Ausgang ($1 \leq i \leq 10$) aktiviert werden (Abb. 11-23 B).

Mit dem beschriebenen Verfahren lässt sich leicht ein passendes Modellnetz konstruieren. Man wählt ein einschichtiges Netz mit 10 McCulloch-Neuronen, von denen jedes über zwanzig Eingänge und einen Ausgang verfügt und nach der Funktion $c_i = \varepsilon_i$ aktiviert wird." Der Autor führt des Weiteren aus, dass beim Lernen der zehn Buchstabenmuster die Hebbsche Lernregel versagt und deshalb nach der Delta-Regel von Widrow und Hoff zu modifizieren ist.

Ein solches Modellnetz ist bereits in der Lage, gelernte Buchstaben zu identifizieren. Man kann das Netz durch Anwendung eines Assoziativspeichers (autoassoziatives Modell, Rückkopplungsmodell) verbessern. Ein derart verbessertes Netz sollte in der Lage sein, teilweise verstümmelte Muster wiederzuerkennen, d.h. einen schlampig geschriebenen Buchstaben A als solchen zu identifizieren. Dies gelingt mit der bisher betrachteten Netzstruktur nicht; das Netz muss so umstrukturiert werden, dass eine gegenseitige Wirkung der Verarbeitungselemente „Neuronen" aufeinander möglich ist. „Eine denkbare Lösung liefert ein einschichtiges autoassoziatives Netz ohne Selbstrückkopplung mit zwanzig Fermi-Neuronen und der Aktivierungsfunktion

$$c_{i\ neu} = c_{i\ alt} + s\ \varepsilon_i - d\ (c_{i\ alt} - c_0)$$

(Bezeichnungen: s Skalierung, d Abklingkonstante, c_0 Ruhewert der Aktivität)

Jedes Neuron besitfzt zwanzig Eingänge und einen Ausgang. Die Buchstaben werden wie zuvor mit einer 5×4-Matrix grafisch dargestellt (Abb. 11-23 C). Beim Lernen wird das Netz mit einer modifizierten Delta-Regel trainiert. Wegen der Rückkopplung ändert sich bei jedem Reproduktionsschritt der Netzzustand. Deshalb sind i. Allg. viele Reproduktionsschritte erforderlich, bis die Ausgänge ihre Endwerte erreichen. Die abschnittsweise Reproduktion eines gelernten, verstümmelten Buchstabens (hier des Buchstabens K) zeigt Abb. 11-23 D." Derartige im Prinzip auf biologische Schaltvorbilder zurückgehende Netze haben bereits unser gesamtes Kommunikationsleben beeinflusst und werden dies in Zukunft noch sehr viel stärker tun.

11.6.3.4
Simulation eines organismischen Bewegungsvorgangs mit Hilfe künstlicher neuronaler Netze

In Abschn. 10.3.2 werden die Laufbewegungen der Stabheuschrecke *Carausius morosus* kurz beschrieben. Die darauf aufbauende sechsfüßige Laufmaschine arbeitete mit einem Steuer- und Regelungssystem unter Benutzung neuronaler Netze, die in ihrem Aufbau dem biologischen Vorbild im Prinzip analog waren. H. Cruse und seine Bielefelder Arbeitsgruppe sind nun den umgekehrten Weg gegangen und haben gezeigt, dass mit Hilfe künstlicher neuronaler Netze der tatsächliche biologische Bewegungsvorgang befriedigend simuliert werden kann. Man kommt damit zu Minimalnetzen, mit denen die Bewegungssteuerung noch funktioniert. Es konnte gezeigt werden, dass die im Grunde äußerst schwierige Aufgabe (bis 18 Gelenke müssen in ihrer Bewegung aufeinander abgestimmt werden, wobei Schub- und Hubkräfte erzeugt werden und Querkräfte vermieden werden und schließlich unvorhersehbare Störeffekte kompensiert werden sollen) mit einem im Prinzip sehr einfachen, dezentralisierten System dann lösbar ist, wenn dieses System physikalische Eigenschaften des Körpers benutzt. Künstliche neuronale Netze wurden hier also zur Erkenntnisfindung an biologischen Systemen eingesetzt, sozusagen als „heuristisches Prinzip". Es wird kein inneres Weltmodell aufgebaut sondern, wie Brooks 1991 gesagt hat, „die Welt selbst als ihr eigenes bestes Modell verwendet".

Abbildung 11-24 A zeigt eine Prinzipdarstellung des verwendeten künstlichen neuronalen Gesamtnetzes, das die Bewegung eines Beins kontrolliert. „Das Netz hat die Aufgabe, die Änderung der drei Gelenkwinkel α, β und γ zu bestimmen. Die wichtigsten Komponenten des Netzes sind das Schwingnetz und das Stemmnetz, die jeweils für die Kontrolle der Bewegung während der Schwing- bzw. Stemmbewegung zuständig sind, und das Selektornetz, das entscheidet, welches der beiden Netze Zugriff auf die Motorik hat. Die Kurvenkrümmung und die Laufgeschwindigkeit werden durch globale Parameter festgelegt. Das Zielnetz liefert Informationen über die Position des nächstvorderen Beins. Das Selektornetz erhält Informationen darüber, ob das Bein Bodenkontakt hat und wie weit es von der PEP entfernt ist. Der letzte Wert wird mit den Koordinationseinflüssen 1–3 verrechnet. Das Höhennetz kontrolliert den β-Winkel" (zu den Begriffen vgl. Abschn. 10.3.2).

Wie Abb. 11-24 B zeigt, ist das künstliche neuronale Netz in der Lage, einen normalen Laufrhythmus befriedigend zu simulieren.

Es gab sehr früh bereits Ansätze zu „neuronalen Netzen"; so kann man zwei sich gegenseitig hemmend beeinflussende Neurone (Brown) bereits als einfaches neuronales Netz bezeichnen; die Schaltung lässt sich durch Einführung sensorischer Elemente (z. B. Bässler) erweitern. Das vorliegende Netz benutzt positive Rückkopplung statt der früher üblichen Inhibition und erreicht damit eine größere Stabilität gegen Störungen. Die Gefahr des positiven Aufschaukelns wird dadurch umgangen, weil die künstlichen Neurone Sättigungskennlinien besitzen. Ob Insekten tatsächlich derartige Schaltungen verwenden, wie sie die tentative Simulation nahelegt, muss sich zeigen: „heuristisches Prinzip".

Brown und Bässler führen aus, dass sie die Sichtweise von Brooks an mehreren Stellen eingebaut haben:

- Der Beinrhythmus wird nicht durch einen endogenen neuronalen Oszillator erzeugt, sondern durch das *Zusammenspiel eines neuromuskulären Kontrollsystems mit der Außenwelt*.
- Es wird nicht die für den Ablauf einer Beinschwingung nötige Raumlage von Beinpunkten als Zeitfunktion berechnet, sondern es werden kurz hintereinander Bewegungsänderungen eingeführt, die *auf der momentanen Rückmeldung von Sinnesorganen beruhen*.
- Es können *mit sehr einfachen lokal wirkenden Regeln unerwartet komplexe Bewegungsmuste*r des Gesamtsystems erzielt werden.

11.6.3.5
Ausblick

Die Lernfähigkeit eines neuronalen Netzes ist durch die Verknüpfungszahl, biologisch gesprochen durch die Synapsenzahl, begrenzt. Ein System wird in lerntechnischer Hinsicht um so besser sein, je mehr Verknüpfungen pro Zeit es verarbeiten kann. Wie Abb. 10-25 A zeigt, und wie allgemein bekannt ist, kommt man heute bereits in den Anfangsbereich der Spracherkennung und Bildverarbeitung. (Einfache, trainierbare „Diktiercomputer" sind für spezielle Fragestellungen, z. B. dem Diktieren von Facharztberichten, schon auf dem Markt; Bilderkennungssysteme können bereits mit befriedigender Fehlerrate Briefanschriften lesen, ggf. ergänzen und codieren). Das Wesentliche haben wir aber noch vor uns. Dies meint auch Seibold, wenn er abschließend ausführt:

„Im biologischen Vergleich bedeutet dies, dass man Fähigkeiten der Fliege bzw. Biene zu modellieren im Stande ist (Abb. 10-25 B). Momentan noch nicht realisierbar sind die kognitiven Eigenschaften des menschlichen

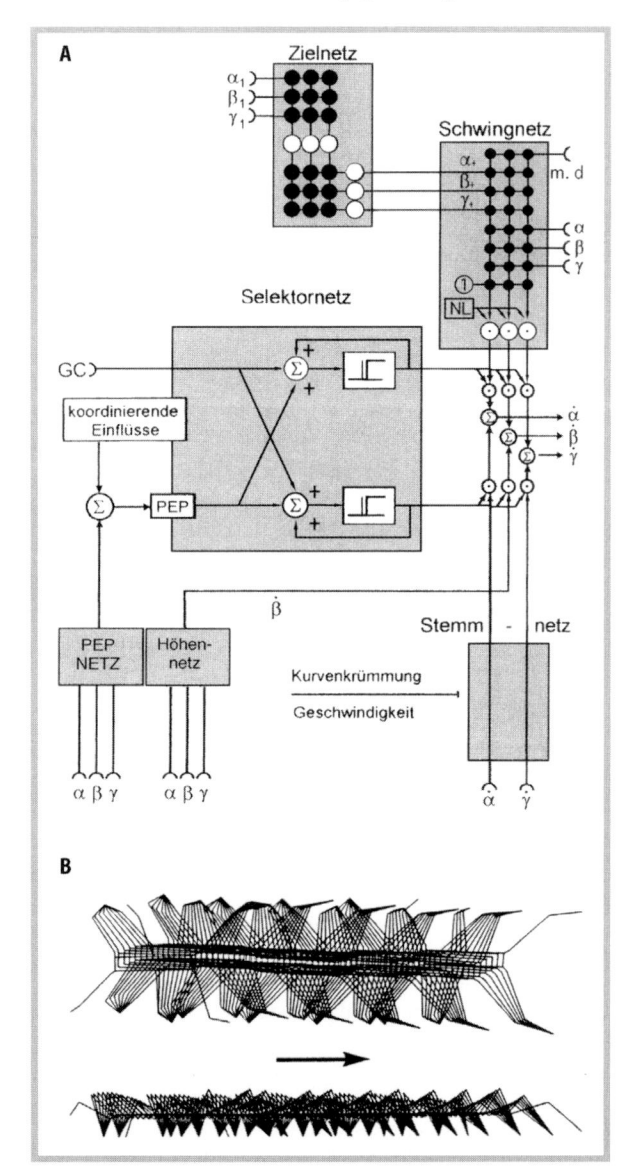

Abb. 11-24 Neuronale Netze zur Simulation des Stabheuschreckengangs. **A** Netzkonzept, **B** generierter Laufrhythmus (Geradeauslauf), von oben und von der Seite gesehen. $\alpha\,\beta\,\gamma$, $\alpha_1\,\beta_1\,\gamma_1$ und $\alpha_t,\,\beta_t,\,\gamma_t$ Gelenkwinkel (vgl. Abschn. 10.2), $\dot\alpha\,\dot\beta\,\dot\gamma$ erste Ableitung von α, β, γ nach der Zeit. GC Bodenkontakt *(nach Cruse et al. 1997)*

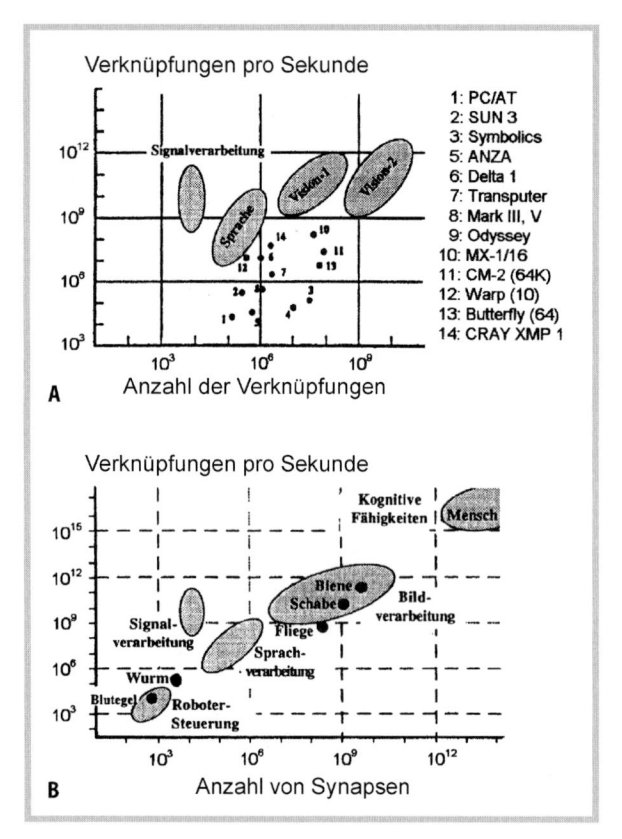

Abb. 11-25 Leistungsvergleich einiger künstlicher und biologischer „neuronaler Netze" *(nach Seibold 1995, teils basierend auf Rojas 1993, leicht ergänzt)*

Gehirns mit seinen circa 10^{14} synaptischen Verbindungen. Angesichts des derzeitigen Entwicklungsbooms gerade im Neuro-Hardware-Bereich darf man gespannt sein, wann dieses Ziel in greifbare Nähe rückt!"

11.7
Koppelung von Biomolekülen oder Mikroorganismen mit Messelektroden – Mikrobiosensoren

Um die Anwesenheit oder Konzentration bspw. organischer Moleküle in einem Fluid zu detektieren, kann man sich verschiedener Methoden bedienen. Zum einen kann die zu detektierende Substanz physikalische oder chemische Reaktionen an enzymbesetzten Membranen induzieren, die dann über Messelektroden als Spannungsschwankung bzw. Änderung des Stromflusses monitorierbar sind. Dieses Prinzip wird weidlich genutzt. Es tangiert zwar die Bionik, hat sich aber längst zu einem eigenständigen Fachgebiet gemausert und soll deshalb nur kurz angesprochen werden.

11.7.1
Molekulare Messtechnik in der Biosensorik

Biomoleküle, sehr häufig Proteine, können auf äußere Anregungen in definierter Weise reagieren. Kann die Reaktion monitoriert werden, so lässt sich auf die Anregung rückschließen. Bakterienrhodopsin z. B. reagiert auf Belichtung mit Fotoisomerisierung, Ladungstrennung und spektralen Änderungen. *Diese Kette ist durch Schadstoffe spezifisch beeinflussbar.* Derartige Wechselwirkungen kann man optisch, über Absorption und Fluoreszenz, (Abb. 11-26 A) und elektrisch, über die Potenzialänderung an einer beschichteten Membran, (Abb. 11-26 B) messen und damit auf den Analyten rückschließen. D. Frense vom Institut für Bioprozess- und Analysenmesstechnik in Heiligenstadt und Koautoren haben Untersuchungen zur Wechselwirkung biomolekularer Funktionssysteme mit neuartigen Immobilisierungsmethoden, mit umweltrelevanten Schadstoffen, zur Stabilisierung des Biomoleküls und zum möglichen Anwendungsspektrum durchgeführt. Zur Matriximmobilisierung wurde die Möglichkeit gefunden, die biologischen Objekte in lyotrope Flüssigkeitskristalle einzuschließen. Dies sind hochmolekulare, mikrostrukturierte, thermodynamisch stabile Tensidaggregate (Abb. 11-26 C). Sie bilden sich in binären (Tensid/Wasser) und ternären Systemen (Tensid/Wasser/Lösungsmittel). Sie können sich spontan ausbilden: Auch dies ein Beispiel für Selbstorganisation (vgl. Abschnitt 15.2). Damit können Biomoleküle, aber auch Mikroorganismen (Abb. 11-26 C; vgl. auch Abschn. 11.7.2) eingeschlossen werden, wobei sie ihre ursprüngliche Struktur, Aktivität und Vitalität behalten.

So behandeltes Bakterienrhodopsin reagiert bspw. besonders mit Tetrachlorkohlenstoff, Tetrachlorethylen und Pentachlorphenol; die Signaländerungen können dem Stoff zugeordnet werden, wobei sehr geringe Mengen detektiert werden können. Diese und andere Messtechniken sind in stürmischer Entwicklung begriffen, und eine derartige Bioanalytik ist längst als eigenes Fachgebiet etabliert. Fachtagungen dokumentieren den rasanten Fortschritt. Zum 2. Deutschen Biosensor-Symposium haben sich im April 2001 nicht weniger als 250 Teilnehmer in Tübingen getroffen. F. Dieterle et al. haben darüber berichtet. Die deutsche Tagung überschneidet sich im zweijährigen Abstand mit internatio-

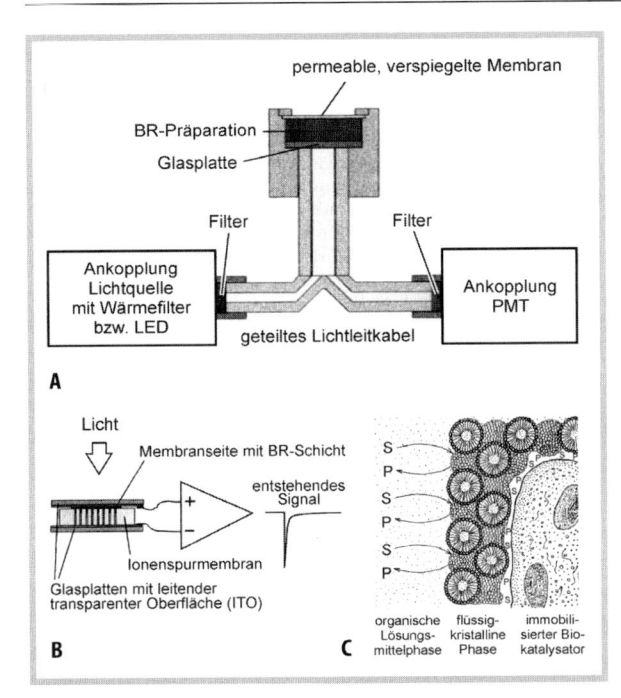

Abb. 11-26 Messtechnik zur Nutzung von Biomolekülen in der Biosensorik. **A** Optischer Aufbau, **B** Messzelle, **C** immobilisierter Biokatalysator (hier: Mikroorganismus) *(nach Frense et al. 1997)*

nalen Biosensortagungen, die in Amerika, Europa oder Asien organisiert werden. Zunehmende Anwendung finden Biosensoren in der klinischen Chemie (z. B. Glukosesensoren) zur Aufspürung kleinster Tumore in der Krebsdiagnostik, in der Allergiediagnostik, zur Erbguterforschung. Des Weiteren werden Schwermetallkonzentrationen im Abwasser gemessen und die Prozesse in Fermentern überwacht. Die „Lab- und Chip-Technologie" kommt mit wenigen Quadratmillimetern „Laborfläche" und mit geringsten Probemengen aus, hat aber noch zahlreiche Probleme – beispielsweise eine auf Dauer stabile Verbindung von Biomolekülen mit Chip-Oberflächen – zu lösen.

11.7.2
Mikrobielle Messtechnik in der Biosensorik

Wie in Abschn. 11.7.1 – pars pro toto – dargestellt, werden biomolekulare Schichten in der molekularen Messtechnik der Biosensorik vielfältig benutzt. Man kann sich aber auch lebender Mikroorganismen bedienen, die zusammen mit der zu detektierenden Substanz z. B. unter Sauerstoffverbrauch reagieren und ein Stoffwechselprodukt freisetzen. Über die Monitorierung eines geeigneten Summanden in der Abbaugleichung kann dann auf den zu monitorierenden Stoff rückgeschlossen werden. Zum dritten kann man auch – und das wird noch nicht so lange gemacht – Gewebe, Organe oder bei Insekten ganze Teile wie Insektenantennen als biologisch-technische Messeinrichtung zusammenschalten (Abschn. 11.8.).

Der erste Sensor mit lebenden Mikroorganismen als Biokomponente wurde 1975 zur Ethanolbestimmung entwickelt. Dazu wurde das Bakterium *Acetobacter xylinium* an eine amperometrische Sauerstoffelektrode angedockt. Die Bakterien oxidieren Ethanol mit Hilfe von Sauerstoff zu Essigsäure und Wasser – der momentane Sauerstoffverbrauch ist der jeweiligen Ethanolkonzentration proportional. Nach ähnlichen Prinzipien arbeiten alle bisher verwirklichten mikrobiellen Biosensoren.

11.7.2.1
Prinzipieller Sensoraufbau

Abbildung 11-27 zeigt den Prinzipbau eines Sensors, in dem lebende Mikroorganismen als „Transducer" eingebaut sind. Sie liegen zwischen Membranen, die für die zu monitorierende Substanz durchlässig sind, und verändern durch ihren Sauerstoffverbrauch den Stromfluss zwischen einer geometrisch geeignet eingebrachten Kathode und Anode einer „O_2-Elektrode".

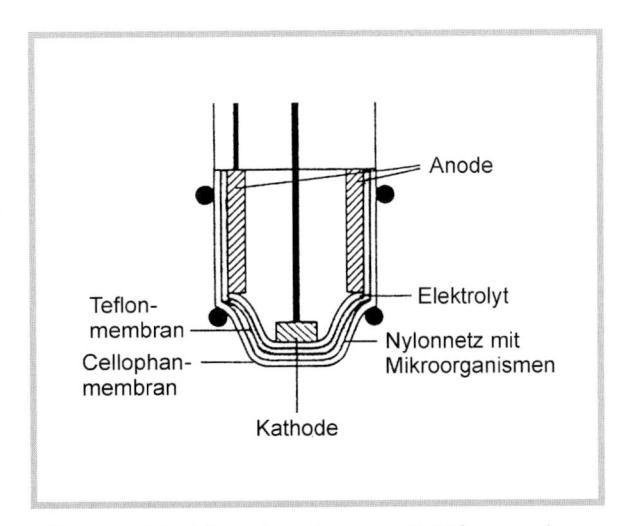

Abb. 11-27 Prinzipbau eines Sensors mit Mikroorganismen als Biokomponente. Messelektrode: O_2-Elektrode *(nach Hall 1995, verändert)*

11.7.2.2
Anwendungsbeispiel

Zur Monitorierung der Vitamin B_{12}-Konzentration in einer Lösung wurde das Bakterium *Escherichia coli*, Stamm 212, benutzt. Dieser Stamm braucht Vitamin B_{12} zum Wachsen. Die Bakterien wurden an einer porösen Acetylzellulose-Membran angedockt. Sie reagieren, wie Karube et al. bereits 1987 gezeigt haben, auf das Vitamin dann, wenn die Konzentration von Glukose in der Testlösung > 1 % ist. Vor der Messung wird daher Glucose in einer Konzentration von etwa 1 % zugesetzt. Hierdurch kann Vitamin B_{12} im Konzentrationsbereich von etwa 5×10^{-9} bis etwa 25×10^{-9} g ml^{-1} bestimmt werden, also für außerordentlich geringe Konzentrationen. Das eingestellte System kann über einen knappen Monat mehrfach benutzt werden, wenn es zwischenzeitlich bei -25 °C gelagert wird. Während der Benutzungszeit ändert sich die Reaktion um knapp 10 %, doch kann dies ausgeeicht werden. Die Brauchbarkeit solcher Methoden ist sehr von Randbedingungen abhängig, und für leichte Handhabung und praxisnahe Anwendung ist jeweils vielspezifische Adaptation nötig. Dann aber kann das bionische Zusammenwirken lebender Zellen mit technischen Geräten als übergeordnetes Ganzes funktionieren.

Das „gemischte System" erinnert sehr an eine analoge Problemstellung: die Verkopplung von Nervenzellen mit siliziumbasierten Schaltkreisen – ein grundlegend wichtiges Problem der Anthropo- und Biomedizinischen Technik, näher dargestellt in Abschn. 12.6.

11.8
Kopplung biologischer Systeme mit technischen Geräten – Biomonitoring

11.8.1
Ein Sensorsystem zur Messung extrem geringer Stoffkonzentrationen

11.8.1.1
Einführendes

Bei den bisherigen Beispielen aus dem großen Gebiet der Bionik war immer davon die Rede, dass biologische Systeme Anregung geben können für analoge technische Neukonzeptionen. Es besteht aber auch die Möglichkeit, dass man biologische Systeme oder Teilsysteme in technische integriert und somit eine Art Chimäre, ein funktionierendes Ganzes, zu Stande bringt.

Der Fahrer und das Auto bilden ja tatsächlich eine solche Chimäre: unser Gehirn und unsere Neuromotorik bilden zusammen mit der Steuermechanik und dem Antriebssystems des Autos ein (i. Allg. funktionierendes) Gesamtsystem.

Nervenzellen, die auf Siliziumchips anwachsen können, sollen in Zukunft eine biologisch-technische Schnittstelle bilden (vgl. Abschn. 12.7). In Japan ist es bereits seit Längerem üblich, dass man Teile von Tieren oder Pflanzen z. B. als Sensoren oder Effektoren in Gesamtsysteme einbaut. Der vorliegende Beitrag zeigt dies besonders deutlich an dem Problem der Messung sehr geringer Duftstoffkonzentrationen, wie sie für die Schädlingsbekämpfung durch Pheromone in landwirtschaftlichen Kulturen nötig sind. Es gibt bisher keine technischen Sensoren für solch spezielle biologische Moleküle, die in so geringen Konzentrationen in der Luft vorkommen. Der Physiker U. Koch hat deshalb kurzerhand Insektenantennen, die auf die Detektion solcher Sexuallockstoffkonzentration bestens eingestellt sind, als Teil eines Gesamtschaltkreises verwendet und damit seine innovative „Grenzüberschreitung" erneut unter Beweis gestellt. (Er hat vor Zeiten als Gast in unserem Labor die sog. „Spulenmethode" entwickelt, mit der man die Raumlage schnell schwingender Insektenflügel in einem künstlich erzeugten magnetischen Feld „online" messen kann).

Künstlich hergestellte Sexuallockstoffe (Insekten-Pheromone) sollen über längere Zeit in bestimmter Dispersion und Konzentration auf landwirtschaftlichen Flächen ausgebracht werden. Dies gilt es zu überwachen. Die Konzentrationen sind sehr gering; sie liegen bei 10^{-9}–10^{-10} g/m^3 Luft. Solche Konzentrationen konnten bisher nur mit sehr zeitaufwendigen chemischen Analyseverfahren bestimmt werden. Anders ist das durch Einbeziehung einer natürlichen Insektenantenne.

11.8.1.2
Insektenantennen und das Elektroantennogramm (EAG)

Bestimmte Insektenantennen geben neurale elektrische Erregung ab, wenn sie mit nur wenigen Molekülen des Sexuallockstoffs der eigenen Art in Berührung kommen. Man leitet mit Mikroelektroden von zwei Punkten der Antenne ab und misst deren elektrische Antwort (Prinzipdarstellung in Abb. 11-28 A links). Je größer die Konzentration des Duftstoffes ist, den man der darüber streichenden Luft beimischt, desto größer ist die Amplitude des sog. Elektro-Antennogramms (Abb. 11-28 A rechts).

ist durch die Bedingung $A = 0$ für $x = 0$ gegeben. Eine typische Dosis-Wirkungskurve zeigt die Abbildung 11-29, zudem zwei weitere, die sich in den Parametern a und x_0 unterscheiden.

11.8.1.3
Einbau der biologischen Antenne in ein technisches Gerät und Eichung

Da jede Antenne anders reagiert und sich auch während der Nutzung verändert (vgl. Abb. 11-29) ist dafür zu sorgen, dass man die Kennlinie andauernd nachmisst. Dazu benötigt man Normquellen für pheromonhaltige Luft von definierter Konzentration. Da das EAG nicht allein von der Pheromonkonzentration, sondern auch von der Luftgeschwindigkeit abhängt, muss Letztere konstant gehalten werden, wenn Erstere gemessen werden soll. Zudem muss die Antenne elektrisch leitend eingebracht und erschütterungssicher befestigt werden.

Letzteres geschieht über einen Antennenhalter, der mit einer Mikrofräsbank hergestellt werden kann (Abbildung 11-30). Die etwas knifflige, aber ingeniös gelöste Prozedur der Eichung ist in der Referenzarbeit detailliert beschrieben.

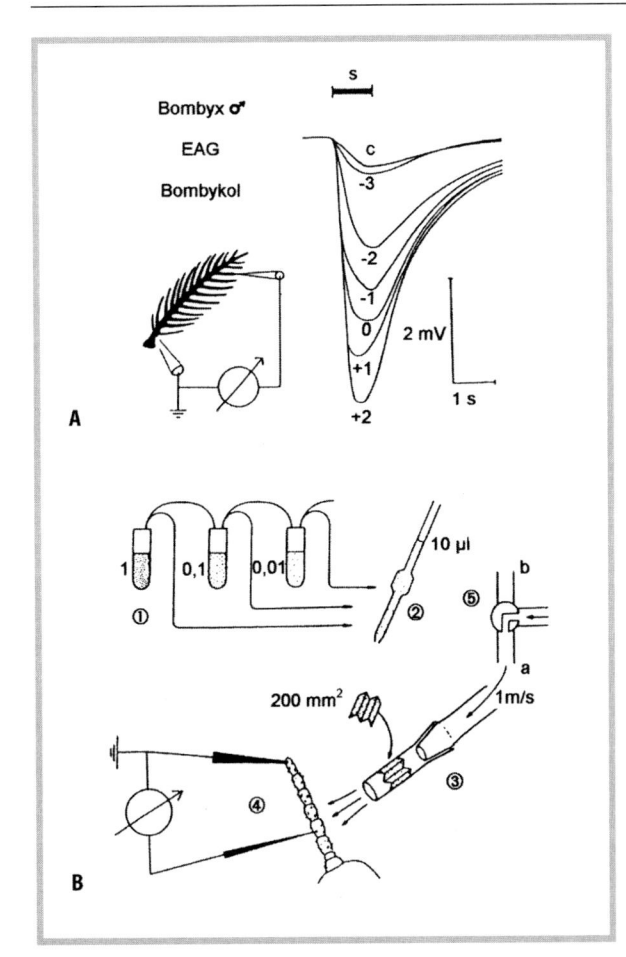

Abb. 11-28 Das Elektro-Antennogramm (EAG). **A** EAG-Antworten auf Reizung mit Reizquellen unterschiedlicher Stärke. Zahlen: relative Konzentrationen in Dekaden, **B** Pheromonreizquellen und Antennenreizung *(nach Koch, Färbert 1996, basierend auf Schneider 1957)*

Kaskaden von Duftstoffkonzentrationen kann man sich durch Verdünnung einer Normlösung herstellen (Abb. 11-28 B, Teilbild 1); aufpippetiert (2) auf ein in einem Röhrchen eingeschlossenes Filterpapierstückchen (3), durch das Luft geleitet wird (5), kann man der Antenne eine bestimmte Wind-Duftstoff-Kombination anbieten (4) und ihr Antennogramm ablesen. Für die Auftragung wählt man vorteilhafterweise eine logarithmische Kennlinie der Art $A = a \log(x + x_0) + B$. Hierbei ist A die Amplitude der EAG-Antwort, x die Pheromon-Konzentration in der Reizluft, x_0 die Pheromonkonzentration, unterhalb derer die Antenne keine Reaktion mehr zeigt (Nachweisschwelle). Die Konstante B

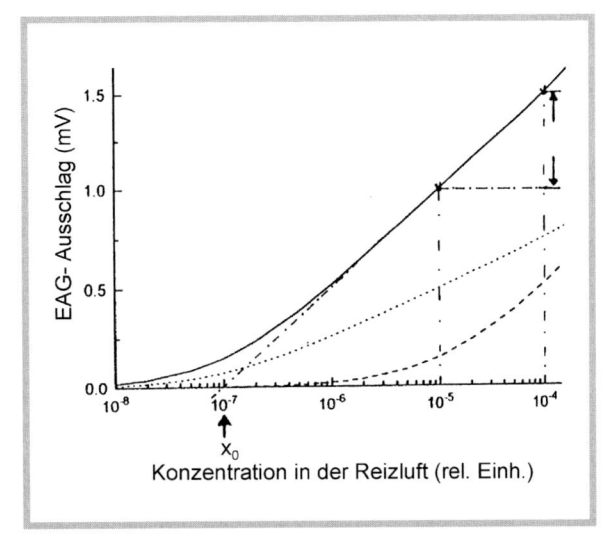

Abb. 11-29 Beispiel für Dosis-Wirkungs-Kurven von Antennenantworten. x_0 Nachweisschwelle, a (mV pro Dekade Duftstoff-Konzentration) Empfindlichkeit für die ausgezogene Kurve. Gestrichelt: höheres x_0, gleiches a. Punktiert: gleiches x_{Null}, geringeres a *(nach Koch, Färbert 1996, verändert)*

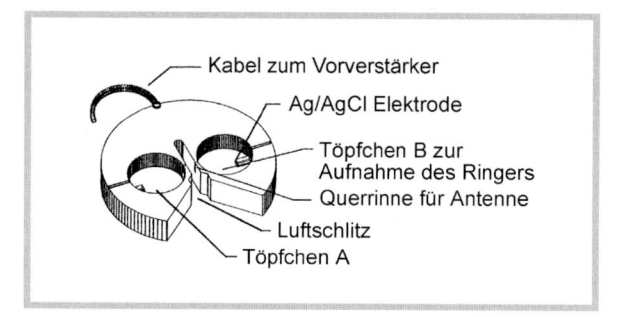

Abb. 11-30 Antennenhalter: Scheibendurchmesser 20 mm, Scheibendicke 5 mm. Die Antenne wird in den dafür vorgesehenen Schlitz eingesetzt. Die in die Töpfchen gestellte Ringerlösung stellt den Kontakt zwischen Antennenende und Messelektrode her *(nach Koch, Färbert 1996)*

11.8.1.4
Messbeispiel

Die hier kurz beschriebene Einrichtung wurde zwischen 1993 und 1996 in zahlreichen Messungen in Weingärten (Schädling: Bekreuzter Traubenwickler) in Apfelanlagen (Schädling: Apfelwickler) und Baumwollplantagen in den USA (Schädling: Baumwollmotte) durchgeführt. Abbildung 11-31 zeigt ein Messbeispiel für ein Baumwollfeld bei Phoenix (Arizona), das 1992 mit spaghettiförmigen Rope-Dispensern der Firma Shin-ETSU behandelt worden war. Wie ersichtlich nimmt die Pheromonkonzentration mit größerer Höhe über dem Boden (meist statistisch signifikant) ab, und die Pheromondichten bleiben über einen längeren Zeitraum (hier drei Monate) grob betrachtet konstant.

Mit Analysen dieser und ähnlicher Art konnten wichtige Ratschläge für die beste Methode der biologischen Schädlingsbekämpfung mit Pheromonen gegeben werden. So zeigt sich, dass Wind eine Pheromonbehandlung 100 m, nach neueren Ergebnissen auch noch weiter, in eine unbehandelte Zone hineinträgt. An der windzugewandten Grenze des Felds fällt die Pheromondichte innerhalb von nur 10 m auf die Nachweisschwelle des Messsystems ab. Daraus folgt: Das Pheromon wird durch den Wind so verteilt, dass Falter aus unbehandelten Gebieten noch aus größerer Entfernung angelockt werden können als man bisher geglaubt hat. Auf diese Weise lässt sich auch verstehen, warum in Randbereichen eines behandelten Gebiets der Insektenbefall oft größer ist als im Kernbereich. Die Messungen haben dazu beigetragen, die Abstände von Versuchsflächen zu unbehandelten Kontrollflächen zu optimieren.

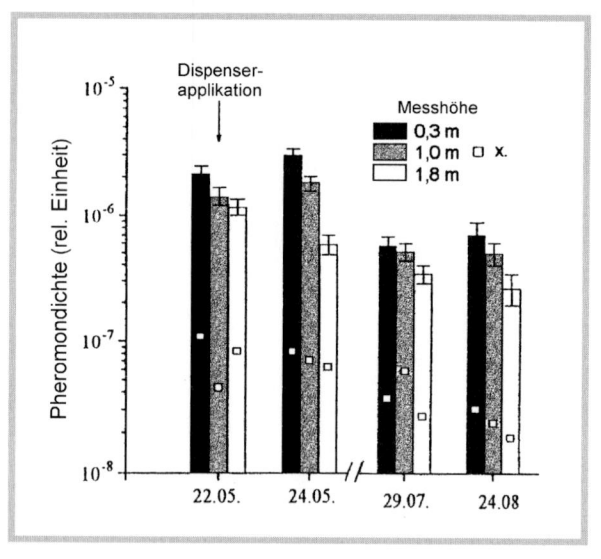

Abb. 11-31 Höhenprofilierung der Pheromondichten in einem mit Rope-Dispersern behandelten Baumwollfeld. Messtage mit sehr geringer Windgeschwindigkeit unter 1 m s^{-1} *(nach Koch, Färbert, 1996)*

Wenn der Behandlungserfolg mit Insektenpheromonen in der Literatur so unterschiedlich diskutiert wird, so liegt das zum großen Teil an mangelnder Kenntnis über die zeitliche und örtliche Pheromonverteilung. Im Grenzfall wird eine gute biologische Schädlingsbekämpfung abgelehnt, obwohl es nur wenige, aber gezielte Änderungen bräuchte, sie zum Erfolg zu führen: Ein Beispiel dafür, wie wichtig grundlegende Messarbeit ist.

11.8.2
Online-Biomonitoring

Der schöne neudeutsche Begriff bedeutet den Einsatz „unveränderter" lebender Organismen zum Zwecke bspw. der Schadstoffüberwachung in Flüssen, wobei Daten sofort zur Verfügung stehen. Einrichtungen dieser Art sind mehrfach versucht und z. T. schon zur Anwendungsreife gebracht worden, so in den 80er-Jahren z. B. durch eine deutsche Firma, die das schafstoffabhängige Entladungsmuster von Nilhechten als Indikator benutzt hat (Abb. 11- 32 C). Nachtigall und Kress von der Saarbrücker Technischen Biologie und Bionik haben Vorarbeiten für den Einsatz der Regenbogenforelle, *Oncorynchus mykiss*, zur Monitorierung von Phenolspuren in Gewässern geleistet (Abb. 11-32 A). Die Forellen schwammen in einem geschlossenen Strömungskanal und zeigten bei auch nur leichten Phenolbelastungen Verhaltensänderungen, z. B. in ihrer Position im Schwimmbecken, der Körperstellung, der Schwanzflossen-Schlagfrequenz, des Maulöffnungsgrads, der Atemfrequenz. Die technische Umsetzung der im Rahmen einer Diplomarbeit festgestellten Verhaltensunterschiede war angedacht (Computermonitorierung der Stellung und Bewegung in einem definierten Feld des Strömungskanals), aber nicht zur Reife entwickelt worden.

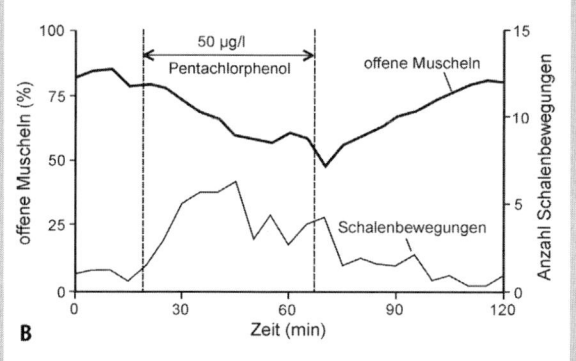

Ein Monitorierungsverfahren, das mit der Wandermuschel, *Dreissena polymorpha*, arbeitet, wurde von J. Wolf, Borcherding und Volpers GbR in Frechen, nach der Sandoz-Katastrophe 1986 im Rhein entwickelt und 1990 zur Reife gebracht. Der *Dreissena*-Monitor ist einfach aber wirkungsvoll (Abb. 11-32 B). Man macht sich den natürlichen Schutzmechanismus der Tiere gegenüber schädlichen Umwelteinflüssen zu Nutze: das Schließen ihrer Schalenhälften. In dem von den beiden Kölner Biologen Borcherding und Volpers entwickelten Gerät sind 84 Zebramuscheln in zwei parallelen Rinnen untergebracht, die in der jeweiligen Messstation ständig unbehandeltes Flusswasser durchströmt. Das Verhalten jeder einzelnen Muschel, d. h. ob sie ihre Schalen geöffnet oder geschlossen hat, erfasst ein Computer über einen kleinen, auf einer Schalenhälfte aufgeklebten Magneten und einen Reed-Halter. Wenn sich gleichzeitig relativ viele Muscheln schließen, deutet dies auf eine Verunreinigung des Wassers hin. Außerdem zeigen diese Muscheln in belastetem Wasser häufiger Öffnungs- und Schließungsvorgänge („Schalenklappern"). Auf solche Anzeichen hin wird ein Gewässeralarm ausgelöst.

Es gibt eine ganze Reihe anderer Ansätze, die unterschiedlich praktikabel sind. So werden z. B. biolumineszente Bakterien im Wasserüberwachungssystem Mikrotox OS von Siemens verwendet, wo sie Naturgewässer und Kläranlagen online überwachen. Wesentlich ist, dass hier eine lückenlose Überwachung stattfindet. Diskontinuierliche Überwachung (z. B. Probenentnahme alle 24 oder 48 h und Analyse) ist unpraktikabel und teuer.

Abb. 11-32 Online-Biomonitoring mit Tieren. **A** Regenbogenforellen, *Oncorhynchus mykiss (nach Nachtigall, Kress 1986)*, **B** Versuchstest bei Wandermuscheln, *Dreissena polymorph (nach Wolf 1997)*, **C** in einem Schrank untergebrachte, standardisierte Testeinrichtung mit Nilhechten *Gymnarchus spec. (nach einer süddeutschen Firma, Foto: Nachtigall)*

11.9
Kommunikationstechniken – Anregungen aus der Natur

11.9.1
„Delfinsprache" und Unterwasserkommunikation

Eine Kommunikation über Schallwellen ist unter Wasser weniger einfach als über Wasser. Insbesondere in engen Kanälen oder Flachwasser überlagern sich die direkten Schallwellen zwischen Sender und Empfänger mit Reflexen von der Oberflächen und von Boden, Wänden und Unebenheiten. Es ist schwierig, aus dem am Empfänger ankommenden Wellengemisch die ursprüngliche Information wieder herauszufiltern. Delfine scheinen das Problem gelöst zu haben. Das Studium ihrer Kommunikationslaute hat den russischen Biophysiker K. G. Kebkal und den Berliner Bioniker R. Bannasch zu einem Vorschlag für ein neuartiges, störungsarmes akustisches Unterwasser-Kommunikationssystem geführt.

Das Sonogramm (Abb.11-33 A) zeigt, dass ein in der Frequenz ansteigender oder abfallender „Chirplaut" gesendet wird, der reich ist an Oberwellen. Die Information scheint nicht eigentlich in der veränderten Tonhöhe des Lauts zu liegen; diese bietet vielmehr eine variierende Trägerfrequenz für die überlagernde Informationen. Abbildung 11-33 B zeigt in Abstraktion zwei verbundene Chirplaute mit zwei zeitversetzten Echos. Zu jeder beliebigen Zeit t_i besitzen die drei Wellen unterschiedliche Frequenzen, die selbst wieder variabel bleiben. Da deren Analyse durch einen Empfänger schwierig ist, muss vorher eine angemessene Transformation (Demodulation) durchgeführt werden. In der Originalarbeit werden die mathematischen und schaltungstechnische Details gegeben. Nach Abzug des frequenzvariablen Trägers und Tiefpassfilterung der höheren Frequenzkomponente von B stellt sich das Signalgemisch im Empfänger nach Abb. 11-33 C dar. Hieraus lässt sich nun ein geeignetes Frequenzband leicht abgreifen. Man kann aber auch jedes Band für sich verarbeiten und in geeigneter Weise wieder zusammenführen, wodurch man die Energie des gesamten Übertragungskanals nutzt, nicht nur die eines ausgeblendeten Frequenzbereichs.

Die Abb. 11-33 D–F zeigen schematisch Verarbeitungsschritte. Ein künstlicher „Chirplaut", der in der Überstreichzeit t_{sw} von der niederen Frequenz ω_L zu einer höchsten Frequenz ω_H verläuft (Abb. 11-33 D) wird

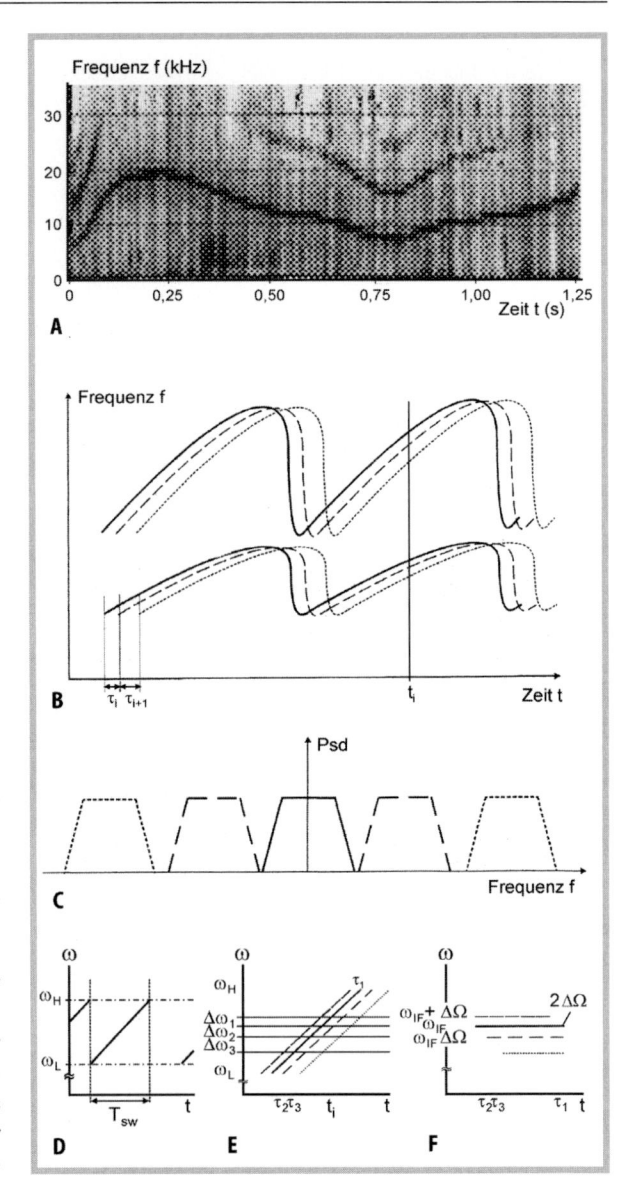

Abb. 11-33 Delfinverständigungslaute und Abstraktion eines störungsarmen Unterwasser-Kommunikationsverfahren. **A** Beispiel eines Sonogramms für einen Chirplaut *(nach Kebkal, Bannasch, Kulagin 1998)*, **B** Abstraktion eines Lauts nach A mit zwei zeitverzögerten „Umwegen" (τ_i, τ_{i+1}), **C** Darstellung der höheren Frequenzkomponente von B nach Tiefpassfilterung und Ausschaltung ihrer variabeln Trägerfrequenz *(nach Kebkal, Bannasch 2000)*, **D** Ausschnitt aus einer Reihe von Lauten ansteigender Frequenz, **E** Am Empfänger ankommendes Signal mit drei zusätzlichen „Umwegsignalen", **F** Spektrum der Zwischenfrequenzen nach Mischung von E mit einem gradient-heterodynen Signal (Verlauf ähnlich E; vgl. die Originalarbeit) *(nach Kebkal, Bannasch 2001)*

mit bspw. drei unterschiedlichen Laufwegen als Vielfachecho am Empfänger ankommen, zu jeder Zeit t_i mit unterschiedlichen Frequenzdifferenzen $\Delta\omega_i$ (Abb. 10-33 E). Nach entsprechender Transformation und Datenverarbeitung erhält man ein Spektrum von Zwischenfrequenzen (Frequenzbereiche $\omega_{IF} \pm \Delta\omega$); jeder Übertragungsweg repräsentiert sich nun also mit einer charakteristischen Frequenz (Abb. 10-33 F), die man über Bandpassfilter herausnehmen kann. Nach der Trennung kann jede der Mehrwegkomponenten auf einfache Weise weiterverarbeitet und mittels der bekannten Signalverarbeitungsverfahren hinsichtlich der Informationsparameter analysiert werden.

11.9.2
Fotonische Kristalle bei der „Meermaus" und Glasfaseroptiken

Die „Meermaus", *Aphrodite spec.*, ist ein vielborstiger Meereswurm, dessen Borsten in allen Farben schillern können. Jede Borste stellt einen Hohlkörper da, der sich aus 88 übereinander geschichteten, hexagonalen Chitinzylindern aufbaut. Strahlt man Licht senkrecht auf die Borste, so schillert sie tief rot; bei geringerem Einfallswinkel ändert sich die Farbe bis zum anderen Spektralende (tiefblau). Könnte man Glasfaserkabel nach diesem Prinzip herstellen, so könnte man jeder Richtfarbe einen anderen Datensatz zuordnen, so dass die Übertragungskapazität von Glasfaseroptiken steigt. Eine analoge optische Faser, als photonische Kristallfaser bezeichnet, wurde von P. Russel et al., University of Bath, entwickelt.

11.10
Kurzanmerkungen zum Themenkreis „Sensoren und neurale Steuerung"

11.10.1
„Künstliche Nasen"

Nachdem die erste „künstliche Nase" von Persaud und Dodd bereits 1982 entwickelt worden war, haben die meisten Folgeuntersucher einen einzigen Aspekt der biologischen Riechprozesse nachgeahmt, nämlich die Sättigungsantwort einer für einen Stoff sensiblen flächigen Sensoranordnung. J. Kauer und J. White von der Tufts University, Boston, haben den Zeitfaktor zugefügt und so mit einer räumlich-zeitlichen Musterverteilung gearbeitet. Neuerdings konnten mit Mikro-Fluorimetern nicht weniger als fünfzehn unterschiedliche Eigenschaften des olfaktorischen Systems von Wirbeltieren nachgeahmt bzw. einbezogen werden. Das inzwischen kleine und tragbare Gerät soll soweit verbessert werden, das es genügend Empfindlichkeit und Unterscheidungsfähigkeit besitzt, um die in der Luft sehr gering konzentrierten chemischen Stoffen von Landminen aufzuspüren. Dinitrotoluen (nicht explosiv, aber typischer Minenbestandteil) konnte so z.B. in Konzentrationen von 10–15 ppb (parts per Billion) detektiert werden. (Ein gut trainierter Hund erschnüffelt die Substanz bereits bei 0,1–1 ppb.).

11.10.2
Bionische Drucksensoren

Im biologischen Bereich gibt es eine Fülle meist sehr kleiner Kraft- und Drucksensoren, die die Position von Körperteilen im Verhältnis zur Umwelt oder im Verhältnis zu anderen Körperteilen monitorieren. Diese kommen bei Arthropoden, Cephalopoden, Fischen, Amphibien, Vögeln und Säugern vor. Bei Letzteren gibt es langsame, mittelschnell und sehr schnell antwortende Sinnesorgane, die unter behaarter oder nicht behaarter Haut angeordnet sind. Die langsamen (z.B. Merkel'sche Körperchen) detektieren die lokale Druckintensität, die mittelschnellen (z.B. Meissner-Körperchen) mehr die zeitliche Druckänderung („Geschwindigkeitsdetektoren"), die schnellen (z.B. Vater-Paccinische-Körperchen) mehr die Änderungen dieser Druckänderung („Beschleunigungsdetektoren"). Die zugrundeliegenden biologischen Effekte beruhen letztlich stets auf Scherung von Membranbestandteilen, deren Leitfähigkeit für bestimmte Ionen sich dadurch ändert.

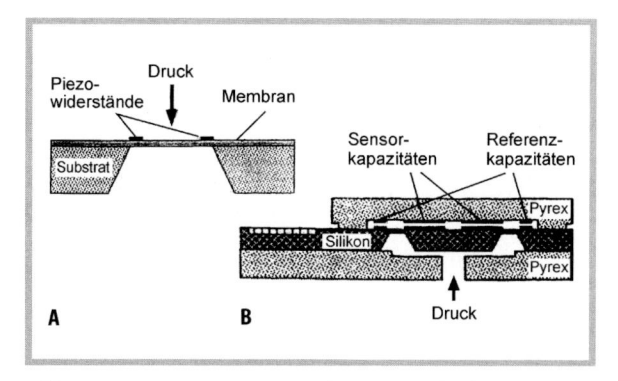

Abb. 11-34 Prinzipien von Drucksensoren, die bei Robotern Aufgaben analog denen biologischer Drucksensoren übernehmen sollen. **A** Piezoresistiver Drucksensor, **B** kapazitiver Drucksensor *(nach Dario et al. 2000)*

Dieses typische biologische und „biologisch-uralte" Prinzip ist nicht direkt technisch nachahmbar, doch spielt die Tatsache, das es eine Vielzahl sehr unterschiedlich arbeitender Drucksensoren gibt, für die Roboter-Entwicklung eine zunehmend größere Rolle. Ein technologisch sinnvolles Prinzip beruht u. a. auf Stromflussänderungen, sobald sich ein Piezowiderstand, an eine Membran geklebt, bei Druckbeaufschlagung leicht durchbiegt (Abb. 11-34 A). Entwickelt wurde auch ein Silikon-basierter kapazitiver Drucksensor, bei dem der Abstand einer Membran von einer Referenzanordnung kapazitiv gemessen wird (Abb. 11-34 B). Biologisch-inspirierte, mikrofabrizierte Kraft- und Positionssensoren dieser Art wurden z. B. von Dario et al. in Pisa entwickelt.

11.10.3
Retinaartige Lichtsensoren

In der Vertebratenretina ist die Sensordichte an der Stelle des schärfsten Sehens (Fovea centralis) am größten; in Richtung zur Peripherie nimmt sie ab. Damit ergibt sich eine räumlich variate Auflösung, die zentral ein scharfes Fokussieren ermöglicht, peripher eine unscharfe Detektion von Objekten und Bewegungen, auf die dann fokussiert werden kann. Damit ist ein derartige Anordnung z. B. für Zielverfolgungszwecke günstig.

G. Sandini und G. Metta von der Universität Genua haben ein der Retina analoges Chip-Layout entwickelt, das auf logarithmischen Spiralen beruht (Abb. 11-35 A), und damit für den oben genannten Zweck eine günstige Basis bildet. Ein in CMOS-Technologie erstellter analoger Sensor mit 8000 Pixeln ist in Abb. 11-9 B dargestellt. Die geringste Pixelgröße liegt hier bei 14 µm.

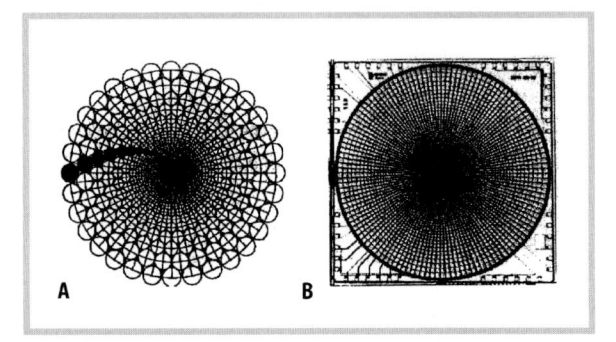

Abb. 11-35 Retina-artige Sensoranordnungen. **A** Logarithmischpolare Anordnung aus 12 Ringen mit je 32 Pixel in Form einer logarithmischen Spirale, **B** Layout eine IBIDEM-Sensors in CMOS-Technologie mit 8000 Pixeln in logarithmisch-polarer Anordnung *(nach Sandini, Metta 2000)*

Derzeit ist ein Sensor mit 33000 Pixeln in Arbeit, der ein 140°-Sehfeld abdeckt, in der *Fovea centralis* immerhin 5473 Pixel von minimal 7 µm Größe enthält und insgesamt einen Durchmesser von 7,1 mm nicht überschreitet.

11.10.4
Steuerung über Gehirnpotenziale

Die Steuerung komplizierter Prothesenbewegungen ist heute schon dadurch möglich, dass an dem Extremitätenstumpf Elektroden befestigt werden, die Potenziale noch vorhandener Muskeln, die man willkürlich kontrahieren lassen kann, abgreifen. Es kann u. a. eingeübt werden, durch bewusste Kontraktion eines Arm- oder Rückenmuskels eine Kunsthand öffnen oder schließen zu lassen. Experimente mit Ratten an der Duke University in Durham, North Carolina, haben gezeigt, dass auch Gehirnströme für Steuerungszwecke einsetzbar sind. Potenziale, die über Elektroden aus dem Rattenhirn abgegriffen wurden, wurden dazu benutzt, Bewegungssignale für einen Roboterarm zu steuern. Im Experiment präsentierte dieser der Ratte ein Trinkwassergefäß. Die Ratten lernten schnell, dass Trinkwasser kommt „wenn sie daran dachten". Pilotexperimente dieser Art könnten große Zukunftsbedeutung haben, z. B. zur Linderung von Parkinson-Beschwerden oder „Prothesen durch Gedanken" zu steuern.

Bei Insekten konnten japanische Forscher – in umgekehrter Vorgehensweise – durch drahtlose Reizung Bewegungsänderungen induzieren. Großen Schaben konnte eine Empfangs-Stimulations-Einheit appliziert werden, mit der über drahtlose Fernsteuerung unterschiedliche motorische Ganglien gereizt werden. So konnte man die freilaufenden Schaben u. a. dazu bringen, Rechtskurven oder Linkskurven zu laufen. Auch diese Experimente, deren Bedeutung sich nicht unmittelbar erschließt, sollen zunächst die Möglichkeiten einer biologischen-technischen Verkopplung auf neuraler Ebene weiter ausloten. Ihre Bedeutung könnte in einer ferneren Zukunft letztendlich bei der Prothetik liegen.

Fragen der Prothetik im Zusammenhang mit biomechanischer Technik werden in Kap. 12 besprochen.

Literatur

Barth F (1992) „Technische" Perfektion in der belebten Natur. Sitzungsber. Wiss. Ges. Univ. Frankfurt 28 (5), Steiner, Stuttgart, 5–35

Bleckmann H, Mürtz M, Schmitz H (1997) „Infrarotdetektor". Patentschrift DE 197 18 732 C2 vom 2.5.1997 des Deutschen Patent- und Markenamts, „Detektor für Infrarotstrahlung"

Braitenberg V (1984) Vehicles, Experiments in synthetic Psychology. MIT press, Cambridge, Mass.

Cajal SR, Sanchez DS (1915) Contribucion al conocimiento de los centros nerviosos de los insectos. Parte I. retina y centros opticos. Trab. Lab. Invest. Biol. Univ. Madrid, Vol. 13, 1–168

Cruse H (1996) Neural networks as cybernetic systems. Thieme, Stuttgart etc.

Cruse H, Dean J, Kindermann T, Schmitz J (1997) Simulation komplexer Bewegungen mit Hilfe künstlicher neuronaler Netze. Neuroforum 2, 9–15

Cruse H, Dean J, Ritter H (1998) Die Entdeckung der Intelligenz oder: Können Ameisen denken? Intelligenz bei Tieren und Maschinen. Beck CH, pp. 278

Dario T et al. (2000) Biologically inspired microfabricated force- and position mechano-sensors. In: Humphrey JAC et al. (Eds.) Sensors and Sensing in the Natural and Fabricated Worlds. 2. Ciocco Conf.

Dieterle F, Birkert O, Gauglitz G (Hrsg.) (2001) Biosensor 2001 – A retrospect and foresight. BioSensor Symposium, Tübingen 2001; http://w210.ub.uni-tuebingen.de/dbt/volltexte/2001/409, 21-Nov-2001

Exner S (1894) Entwurf zu einer physiologischen Erklärung der psychischen Erscheinungen. 1. Teil. Deuticke, Leibzig

Färbert P, Koch UT, Färbert A, Staten RT, Carde RT (1997) Pheromone Concentration Measured with EAG in Cotton Fields Treated for Mating Disruption of *Pectinophora gossypiella* (Lepidoptera: Gelechiidae). Environmental Entomology

Franceschini N (1996) Engineering applications of small brains. Future Electronic Devices Journal 7, Suppl. 2, 38–52

Franceschini N (1998) Combined optical, neuroanatomical, electrophysiological and behavioural studies on signal processing in the fly compound eye. In: Taddei-Ferretti C (Ed.): Biocybernetics of Vision: Integrative mechanisms and cognitive processes, Singapore, London: World Scientific, 341–364

Franceschini N, Riehle A, Le Nestour A (1989) Directionally selective motion detection by insect neurons. In: Stavenga DG, Hardie RC (Eds.), Facets of vision, Springer, Berlin, 360–390

Franceschini N, Pichon M, Blanes C, (1996) From fly vision to robot vision: Bionics of signal processing. In: Nachtigall W, Wisser A (Eds.): BIONA-report 10, Akad. Wiss. Lit. Mainz, Fischer, Stuttgart etc., 47–60

Franceschini N, Chagneux R (1997) Repetetive scanning in the fly compound eye. In: Elsner N, Wässle H (Eds.): Göttingen, Neurobiology Report 1997, Vol II, 279

Frense D, Müller A, Beckmann D, Klingebiel U (1997) Biomolekulare Funktionsmechanismen in der Biosensorik. BioTec 3, 20–27

v. Frisch K (1949) Die Polarisation des Himmelslichtes als orientierender Faktor bei den Tänzen der Biene. Experientia (Basel) 5

Hall AH (1995) Biosensoren. Kapitel 7: Sensoren mit ganzen Zellen und Geweben. Springer, Berlin, Heidelberg

Hengstenberg R (1971 Das Augenmuskelsystem der Stubenfliege Musca domestica 1. Analyse der „clock-spikes" und ihrer Quellen. Kybernetik 2, Springer-Verlag, 56–77

Hengstenberg, R (1972) Eye movements in the housefly Musca domestica (5). In: Wehner R (Ed.): Information processing in the visual systems of arthropods, Springer, Berlin etc.

Humphrey JAC et al. (Eds.) (2000) Sensors and Sensing in the Natural and Fabricated Worlds. 2. Ciocco Conf.

Karube I, Wang Y, Tamiya E, Kawarai M(1987) Microbial electrode sensor for vitamin B_{12}. Anal. Chim. Acta 199, 93–97

Kauer J, White J (2000) An artifical nose based on olfactory principles. In: Humphrey JAC et al. (Eds.) Sensors and Sensing in the Natural and Fabricated Worlds. 2. Ciocco Conf.

Kebkal KG, Bannasch R, Kulagin V (1998) Identification of Dolphin Schools by Bio-Acoustical Unique Features. Proceedings 16th Int. Cong. on Acoustics and 135th Meeting Acoust. Soc. Amer., Seattle, Wash., 20.-26.6.98, 1413–1414

Kebkal KG, Bannasch R (2000) Interference and Doppler Resistance in Dolphin Whistle Communication. Proc. of the 5th Europ. Conf. on Underwater Acoustics, 10.–13. July 2000, Vol 1, 471–477

Kebkal KG, Bannasch R (2001) Sweep-Spread Carrier for Underwater Communication over Acoustic Channels with Strong Multipath Propagation. J. Acoust. Soc. Amer., 1–9

Kebkal KG, Bannasch R (2001) Separation of time-varying multipath arrivals by converting their time delays into their frequency reallocations. 3rd ICA/EAA Int. Symp. on Hydroacoustics, Annual J., Vol. 4, 119–126

Koch UT, Färbert P (1996) Ein Biosensor-System zur Messung von extrem geringen Duftstoffkonzentrationen in der Atmosphäre. In: Nachtigall W, Wisser A (1996): BIONA-report 10, Akad. Wiss., Mainz, Fischer, Stuttgart, etc., 61–72

Koch UT, Lüder W, Clemenz S, Cichon LI (1997) Pheromone Measurements by Field EAG in Apple Orchards. In: Technology Transfer in Mating Disruption. IOBC wprs Bulletin Vol. 20 (1), 181–190

Lambrinos D, Maris M, Kobayashi H, Labhart T, Pfeifer R, Wehner R (1997) An autonomous agent navigating with a polarized light compass. Adaptive Behavior, 6, 131–161

Landolt O (2001) Besser sehen mit Spinnenaugen. Springer-ONLINE: http://www.spiegel.de/wissenschaft/0,1518,125479,00.html; 29. März 2001

Mason AC, Oshinsky L, Hoy R, (2001) Hyperacute directional hearing in a microscale auditory system. Nature 5.4.2001

Milli R, Koch UT, de Kramer JJ (1997) Measurement of pheromone distribution in apple orchards treated for mating disruption of *Cydia pomonella*. Entomol. Exp. App. 82, 289–297

Mittelstaedt H (1971) Reafferenzprinzip – Apologie und Kritik. In: Keidel WD, Plattig KH (Hrsg.), Vorträge der Erlanger Physiologentagung 1970, 161–171

Möhl B (1988) Short-term learning during flight control in *Locusta migratoria*. J. Comp. Physiol. A 163, 803–812

Möhl B (1996) Bewegungssteuerung in der Biologie als Vorbild für technische Anwendungen. In: Nachtigall W, Wisser A (Eds.): BIONA-report 10, Akad. Wiss. Lit. Mainz, Fischer, Stuttgart etc., 33–46

Möller R, Lambrinos D, Roggendorf T, Pfeifer R, Wehner R (2000) Insect strategies of visual homing in mobile robots. In: Consi T, Webb B (Eds.): Biorobotics, AAAI Press, 37–66

Nachtigall W, Kress C (1986) Methodische Grundlagen und erste Ergebnisse zur Frage der Schadstoffempfindlichkeit von Forellen, die in einem geschlossenen Wasserkanal schwimmen. 4th Intern. Svedala Sympos. on „Ecological Design", Folkets Hus, Svedala-Sweden, 23./24.5.1986

Netter T, Franceschini N (1999) Neuromorphic optical flow sensing for Nap-of-the-earth flight. In: Mobile Robots XIV, SPIE, Vol 3838, Bellingham, Wash., USA, 208–216

Persaud K, Dodd G (1982) Analysis of Discrimination Mechanisms in the Mammalian Olfactory System Using a Model Nose. Nature. Vol. 299, No. 5881, 352–355

Rabinovich M, Volkovskii A, Lecanda P, Huerta R, Abarbanel HDI, Laurent G (2001) Dynamical Encoding by Networks of Competing Neuron Groups: Winnerless Competition. Physical Review Letters 87, 068102

Rojas R (1993) Theorie der neuronalen Netze. Springer, Berlin etc.

Russel P et al. (2001) „Meermaus-Glasfaser": http://www.physics.usyd.edu.au/~nicolae/seamouse.html

Sandini, G., Metta, G. (2000): Retina-like sensors: technology and application. In: Humphrey JAC et al. (Eds.) Sensors and Sensing in the Natural and Fabricated Worlds. 2. Ciocco Conf.

Schief A (1972) Bionik: Technisches Peilgerät nach dem Vorbild der Stechmücken. Umschau 72 (22), 721–724

Schmitz H, Schütz S (2000) Waldbrandortung durch *Melanophila acuminata*. Die spezialisierten Sinnesorgane des „Feuerkäfers". BIUZ, 30, Nr. 5, 266–273

Schwarz S, Hofmann MH, von der Emde G (2001) Weakly electric fish as a natural model for industrial sensors. In: Wisser A, Nachtigall W (Hrsg.): BIONA-report 15, Akad. Wiss. Lit. Mainz, 142–157

Seibold F (1995) Neuronale Netze. In: Birkner H (Ed.) Bionik – Lernen von der Natur. Studientag der 11. Klassen des Gymnasiums Unterhaching, Verlag des Gymnasiums, 57–64

Sporn D, Wittwer V, Gombert A, Glaubitt W, Rose K (1997) Vom Mottenauge abgeschaut – ultrafeine Strukturen für die Entspiegelung. Spektrum der Wissenschaft 8 (1997), 20–22

Viollet, S, Franceschini N (1999) Visual servo-system based on a biologically inspired scanning sensor. Berichtsband SPIE. In: Sensory fusion and decentralized control, Vol. 3839, Bellingham, Wash., USA, Boston, Mass., 144–154

Wolf J (1997) Online-Biomonitoring. Muscheln wachen über Deutschlands Flüsse. BioTec 3/97, 30–32

Kapitel 12

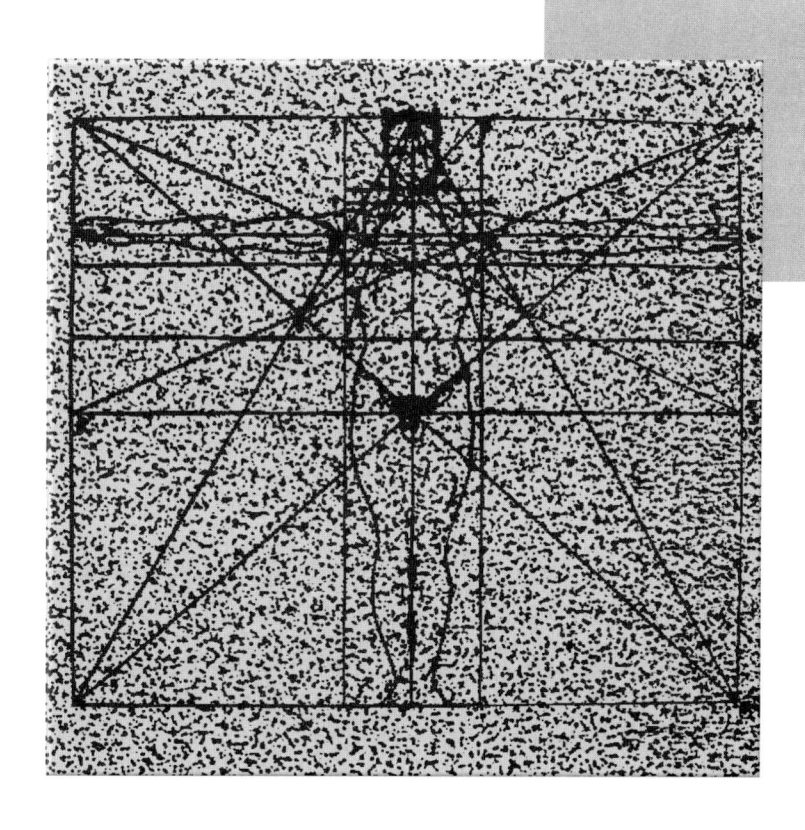

12 Anthropo- und biomedizinische Technik

12.1
Menschen an Maschinen – Maschinen im Menschen

12.1.1
Zusammenwirken von Mensch und Maschinen

Zu Zeiten der frühen arbeitsphysiologischen Untersuchungen war es das Hauptziel, den schwer arbeitenden Menschen durch eine biomechanisch halbwegs angemessene „Schnittstelle" zur bedienten Maschine mechanisch zu entlasten. So konnte man z. B. allein durch Einführung einer geeigneteren Stuhlhöhe und einer Rückenlehne mit optimierter Neigung die (atmungsphysiologisch messbare) Belastung beim periodischen Drücken eines Fußhebels auf die Hälfte reduzieren. Aspekte dieser Art gelten heute nur noch im geringen Maß und dienen eher dem Komfort und der feinfühligen Gerätehandhabung. So zeigt Abb. 12-1 A eine klassische Zange in der Hand; die Muskeln arbeiten auf Grund der symmetrischen Zangenkonstruktion und des asymmetrischen Handbaus nicht optimal. Eine bessere Abstimmung, die einen höheren Kraftaufwand mit geringerer „Belastung" kombiniert (Abb. 12-1 B), erreicht man durch eine unsymmetrische Zangenform, die „besser in der Hand liegt". Wichtig ist dies bei Operationsarbeiten, günstig bereits bei wiederholten feinmechanischen Tätigkeiten.

Auch dieses einfache Beispiel ist typisch für die Problematik einer Mensch-Maschine-Interaktion; die Zange ist ja bereits eine einfache Maschine. Da man den Menschen nicht dem Gerät anpassen kann, muss das Gerät auf den Menschen abgestimmt werden. Die Anthropotechnik befasst sich mit dieser Problematik. Maschinen im Menschen – das wären z. B. Endoprothesen. Wie schnell der Weg zum Maschinenmenschen oder Cyborg begangen wird, den niemand will, der aber eines Tages allein dadurch Realität werden könnte, dass eine immer größere Zahl von Organen prothetisch er-

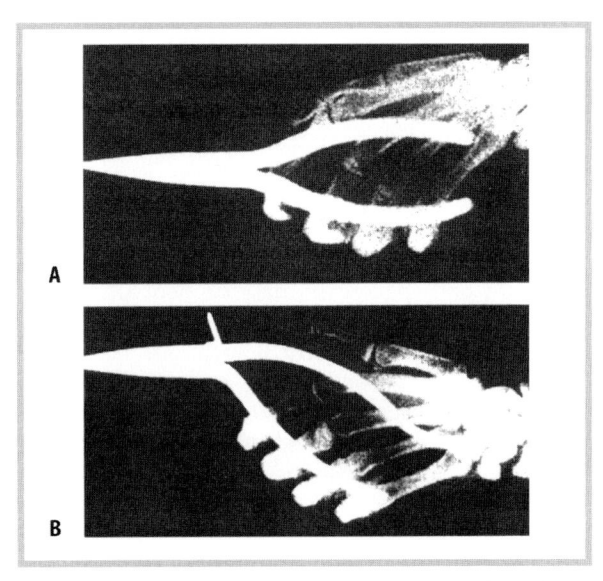

Abb. 12-1 Röntgenbilder von Zangen in der Hand. **A** Klassische Zangenform, **B** arbeitsphysiologisch angepasste Zangenform *(nach Busse 1966, aus Nachtigall 1974)*

setzt werden kann, bleibt abzuwarten. Maschinen statt Menschen – auf diesem Weg allerdings bewegen wir uns seit längerer Zeit vorwärts wie auch die Beispiele zur Robotik (Kap. 10) zeigen.

Ein Zusammenwirken zwischen Mensch und Maschine führt, wenn es gut geplant ist, stets dazu, dass sich technisch eine übergeordnete Einheit ergibt. Das beste Beispiel ist der Mensch und sein Auto.

Ein Automobil hat bestimmte Fahreigenschaften, ein Mensch hat bestimmte Steuereigenschaften. Reaktionsvermögen des Fahrers und Lenkeigenschaften des Autos können z. B. die Geschwindigkeit mitbestimmen, bei der das System auf einer geraden, ideal ebenen Straße noch stabil bleibt. In Amerika wurde beobachtet, dass sich trotz kaum vorhandenen Gegenverkehrs auf guten, geraden Straßen schwere Unfälle durch Abkommen von der Straße ereignen. Die mathematisch-theoretische Behandlung des Systems „Mensch plus Auto" hat gezeigt, dass das System nach dem Überschreiten einer gewissen Grenzsituation, die aus unterschiedlichen physikalischen und physiologischen Parametern resultiert, praktisch schlagartig instabil wird. Für die Berechnung interessant ist dabei die Tatsache, dass die „inneren" Bedingungen im Körper eines Fahrers mit den „äußeren", technischen Gegebenheiten des Automobils in einer Gleichung ohne weiteres so in Beziehung gesetzt werden können, als ob sie demselben System zugehörten. Angesichts der hohen Fahrgeschwindigkeiten auf den Straßen sind derartige Überlegungen außerordentlich wichtig und werden von den Automobilfirmen in ausgedehntem Maße angestellt.

In noch höherem Maße gelten solche Gesichtspunkte für das System „Mensch plus Flugzeug". Die Gestaltung moderner Cockpits in schnellen Verkehrsmaschinen spricht da ein beredte Sprache. Instrumente sind so aufgebaut und angeordnet, dass sie dem Übersichts- und Reaktionsvermögen des Piloten möglichst entgegenkommen. Dazu gehört z. B. auch, dass mehrere Instrumente in einem oder zwei Zentralinstrumenten „gebündelt anzeigen" und somit ohne oder nur mit geringerem internen „Umschalten" beobachtet werden können. Moderne Projektions- und Simulationsverfahren führen sogar zu Hologrammdarstellungen, die im Cockpit dem Piloten so eingespiegelt werden, dass sie für ihn mit Flugzeug und Hintergrund verschmelzen.

So wurden vor sieben Jahren die Canadair-Jets der Lufthansa CityLine mit dem Anflugsystem Head Up Guidance (HUGS) ausgestattet. Dieses System bietet alle wichtigen Informationen für die Landung auf einen Blick, etwa die Höhe über der Landebahn (1700 Fuß nach Abb. 12-2), die Geschwindigkeit über Grund (190 Knoten). Der Pilot sieht sein eigenes Flugzeug symbolisiert durch einen Kreis mit zwei Flügeln. Auch die Projektion der Landebahn kann seit kürzerem mit einbezogen werden. Mit einem derartigen System werden die Jets CAT-III-fähig. Die Piloten dürfen damit auch landen, wenn die horizontale Sicht nur 200 m beträgt und die Entscheidungshöhe (Bodenabstand) lediglich 15 m. Da die Daten im Unendlichen projiziert erscheinen, muss der Pilot nicht dauernd zwischen Instrumenten und Realität hin und her blicken und dabei die Augen unterschiedlich akkomodieren und adaptieren: das technische System richtet sich nach den physiologischen Eigentümlichkeiten des Menschen.

Ein weiteres Beispiel: der Ersatz von Herzklappen. Bei beschädigtem Klappenapparat kann das Herz zwar Blut transportieren, aber die Transportrichtung ist nicht mehr eindeutig. In den letzten Jahren hat man sehr unterschiedliche Typen künstlicher Herzklappen entwickelt. Auch hierbei waren und sind zumindest zwei große Probleme zu überwinden. Zum einen müssen sich diese Gebilde strömungsmechanisch in die natürliche Umwelt einpassen, zum andern sollen ihre Oberflächen so ausgestaltet sein, dass sich keine feinen Blutgerinsel absetzen können, die im Laufe der Zeit eine Emboliegefahr darstellen könnten.

Die Endoprothetik schreitet rasant fort: Gelenkersatz durch Voll-Endoprothesen sind heute die „gewöhnlichsten Maschinen im Menschen". Neben künstlichen Herzklappen werden des Weiteren künstliche Blutgefäße aus hochpolymeren Kunststoffen verwendet, künstliche Lungen aus extrem dünnen Silikonkautschuk-Membranen sind in Arbeit, aber noch nicht praktikabel, ebenso wenig wie endoprothetische künstliche Nieren. „Künstliche Bauchspeicheldrüsen", die – sensorgesteuert – blutzuckerregulierende Hormone wie Insulin abgeben können, werden bereits erprobt. Operationen und Teileersatz an Sinnesorganen wie z. B. Auge (Abschn. 12.4) und Ohr (Abschn. 12.5) gehören bereits zum Alltag. Künstliche Knochen, künstliche Knorpel für Ohrmuschel und Nasenbeine, künstliche Luftröhren, künstliche Sehnen für die Opfer schwerer Sportverletzungen haben sich in der Praxis bereits bewährt.

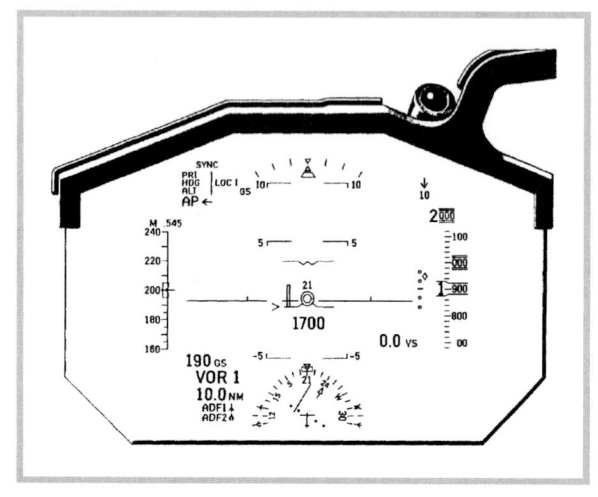

Abb. 12-2 Head-up Guidance System („HUGS"), ein „Hologramm im Cockpit (*nach Lufthansa Bordbuch III/97, Zeichnung P. Krämer*)

Die ethische Frage „Wie viel Maschinen darf ein Mensch haben, so dass er noch Mensch genannt werden kann?" wird nicht durch irgendeinen Grenzwert beantwortbar sein, solange jeder einzelne Ersatz einem schwer behinderten Menschen ein Stückchen mehr Lebensqualität zurückgibt. Insofern erscheint mir die Anthropotechnik als eine der vornehmsten Forschungsaufgaben auf dem Gebiet einer erweitert definierten Bionik.

12.1.2
Beispiel: Unfallforschung

Die Entwicklung wirklicher Sicherheitsautos setzt voraus, dass man zunächst einmal genau weiß, was bei einem Unfall überhaupt passiert. In unfalltechnischer Hinsicht ist der Körper des Menschen ein System aus mehr oder minder gelenkig miteinander verbundenen trägen Massen, die während des Fahrens alle gleiche Geschwindigkeit haben, während eines Aufprallunfalls aber drastischen und unterschiedlichen Verzögerungskräften unterliegen. Je nach Lagerung und Verbindung zeigen sie dabei die Tendenz, durch abrupte Bewegungen in unterschiedliche Richtung die Verbindung zu anderen Teilmassen gefährlich zu beanspruchen.

Fast alles lässt sich heute berechnen, im Einzelfall ist das Aufprallexperiment jedoch immer noch unverzichtbar. Früher wurde versucht, mit Leichen zu arbeiten, doch sprechen ethische, in gewisser Weise aber auch biomechanische Gesichtspunkte dagegen. So sind die Experimentatoren letztlich darauf angewiesen, „künstliche Menschen" zu entwickeln, technische Gebilde oder „Dummies", die in den hier wichtigen Eigenschaften den Menschenkörper so nahe wie möglich kommen. Sowohl mit Freiwilligen (Abb. 12-3 A) als auch mit derartigen Dummies hat man bereits in den frühen 70er-Jahren u.a. die Veränderungen in der Kopf-Hals-Region biomechanisch analysiert. Beim Aufprallunfall schwingt der Kopf zunächst nach vorne (Abb. 12-3 B), dann nach hinten zurück (C). Zeichnet man die Punktbahnen der beiden Richtungen übereinander (D), so ergeben sich unterschiedliche Trajektorien. Dies ist darauf zurückzuführen, dass die momentane Drehachse nicht konstant im Raum liegen bleibt, sondern sich ihrerseits auf einer Bahn bewegt (E). Will man derartige Bewegungen unter höheren Geschwindigkeiten, bei denen man keine Freiwilligen mehr einsetzen kann, an Dummies studieren, so müssen diese dem Kopf-Hals-System des Menschen biomechanisch so nahe kommen wie irgend möglich. Wäre es anders, würden experimentelle Daten kaum übertragbar sein.

Wie schwierig der Vergleich ist, zeigt auch Abbildung 12-3 F. Genaue Übereinstimmungen der Kopfwinkel-Zeit-Kurven beim Aufprall kann man auch dann

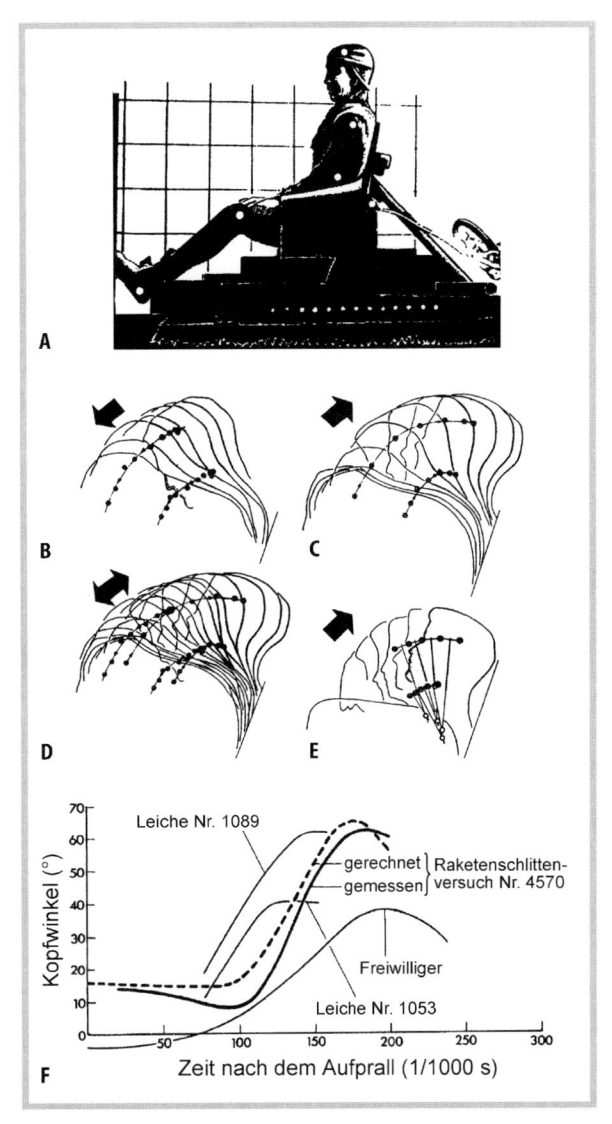

Abb. 12-3 Aufprall und Kopfbewegung. **A** Raketenschlitten vor dem Aufprallexperiment; weiße Messpunkte auf schwarzem Overall, **B–E** Kopfbewegung und Aufprall: Kopfvorwärts-Schwingung beim Aufprall (**B**), kopfaufwärts-Rückschwingungen nach dem Aufprall (**C**), Kombination der Punktbahnen von B und C (**D**) sowie Bahn der momentanen Drehachsen (helle Kreise) beim Kopf-Rückschwingen (**E**), **F** Kopfwinkel als Funktion der Zeit nach dem *Aufprall (nach Haffner und Cohen 1973, umgezeichnet und verändert, aus Nachtigall 1974)*

nicht erwarten, wenn die mechanischen Daten des Aufpralls bei allen Versuchen konstant sind. Die Gründe für solche Divergenzen zu erkennen, die Theorien zu erweitern, so dass mechanische Parameter immer besser berechenbar werden und immer weniger auf Experimenten beruhen müssen, auch das ist ein wichtiger Zweig der Anthropotechnik. Endziel muss es sein, dem „biomechanischen System Mensch" in den Automobilen der Zukunft eine „biomechanisch angepasste Optimalhülle" zur Verfügung zu stellen – mit anderen Worten die Mensch-Maschinen-Interaktion auch im Moment eines Unfalls so funktionell wie möglich zu gestalten. Das beste Auto ist nicht eines, das den Fahrer am komfortabelsten vorwärts bewegt, sondern eines, das ihn im Gefahrenfall am besten schützt.

12.2
Radfahrer und Rad – ein biomechanisch abgestimmtes Funktionspaar

Mensch-Maschinen-Interaktionen erlangen in unserer Zeit eine immer größere Bedeutung. Beim Autofahren werden die sensorischen, kognitiven und neuromotorischen Eigentümlichkeiten des Menschen im Zusammenwirken mit der Maschine benutzt. Beim Rad fahren – einem biomechanisch und kybernetisch viel interessanteren Problem – kommen zusätzlich noch die krafterzeugenden Eigenschaften und die Lage- und Steuerreflexe des Menschen hinzu. Man kann sagen, dass das Funktionspaar „Rad und Radfahrer" wohl die am stärksten optimierte Mensch-Maschinen-Kombination darstellt, die bisher gelungen ist. Man kann ohne weiteres 250 km am Tag Rad fahren, aber nicht soweit laufen: Auch die Art und Weise der Krafterzeugung durch unterschiedliche Muskeln im Zusammenwirken mit der Tretkurbel ist biomechanisch günstiger als das evolutiv optimierte Zusammenspiel zwischen der Muskelkrafterzeugung und der Kraftübertragung vom Fuß auf den Boden! Muskeln werden durch den Mechanismus „Fahrrad" günstiger eingesetzt als in dem ursprünglichen biologischen Gehmechanismus. Die Entwicklung mit immer neuen Interaktionstricks ist noch keineswegs abgeschlossen.

12.2.1
Optimale Muskelarbeit beim Pedaltreten

Abbildung 12-4 zeigt am Beispiel des linken Beins, welche wichtigen Beinmuskeln während welcher Teile einer vollständigen Umdrehungsperiode aktiv sind und wie groß die Pedalkraft jeweils nach Größe und Richtung ist. Wie zu erkennen ist, wechseln sich die Muskeln „mit Überlappung" rhythmisch ab und erzeugen die größte und gleichzeitig senkrecht nach unten gerichtete Tretkraft bei Phase 5, also beim maximalen Beinstrecken. In der Kombination mit der Tretkurbel und dem Rad können die beiden Muskeln besonders günstig eingesetzt werden. Dies spiegelt sich in einem relativ hohen Wirkungsgrad wider. Beim Radfahren werden mechanische Wirkungsgrade bis etwa 25 % erreicht (mechanische Leistungen von etwa 70 W bei Stoffwechselleistungen von etwa 280 W). Das Lastenziehen auf horizontaler Ebene bringt es nur auf rund 20 %. Interessanterweise steigen die Wirkungsgrade ein wenig mit der eingesetzten mechanischen Leistung (zwischen 22 und 25 %; das Optimum liegt bei einer Tretfrequenz um 40 U/min). Für eine gegebene Tretfrequenz und Stoffwechselleistung ist der Wirkungsgrad in etwa konstant, eigentümlicherweise unabhängig vom Trainingszustand: Olympiasieger im Radrennen und untrainierte Versuchspersonen unterscheiden sich praktisch nicht. Der oben angegebene Wirkungsgradwert ist ein Ma-

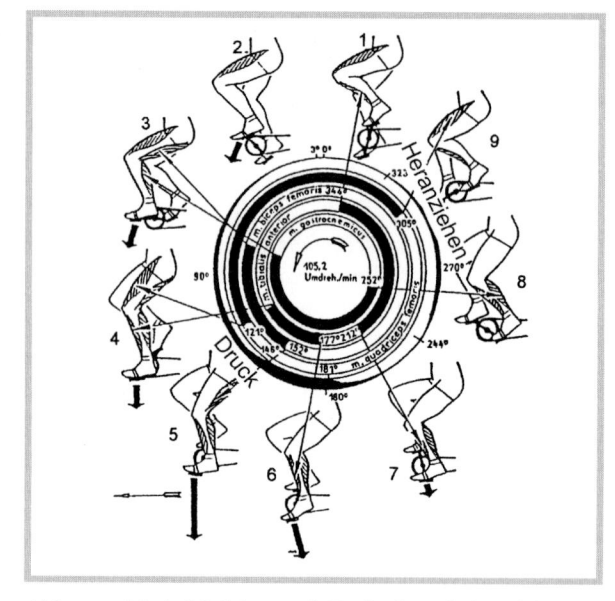

Abb. 12-4 Muskelaktivität und Kraftvektor bei Pedaltreten. Linkes Bein betrachtet: von innen nach außen: Musculus gastrocnemius, m. tibialis anterior, m. biceps femoris, m. quadriceps femoris. Weiß: Muskel aktiv (kontrahiert), schwarz: Muskel nicht aktiv (dilatiert). Dicke Pfeile: Tretkraft, Größen- und Richtungsabhängigkeit bei 105 U/min. Maximalgröße und Vertikalrichtung bei 5 *(nach Tschchaidse 1970)*

ximalwert. Im Durchschnitt liegen die Wirkungsgrade darunter. Immerhin ergibt sich eine ganz eigentümliche biomechanische und energetische „Chimäre": Mensch plus Fahrrad.

12.2.2
Charakteristiken von Radfahrer und Rad

Kraft-Geschwindigkeits-Kennlinien benutzt man allgemein und so auch im vorliegenden Fall, um die Eigentümlichkeiten eines Krafterzeugers (Antrieb) und eines Kraftverbrauchers (passiver Teil des Fahrzeugs) darzustellen. Abbildung 12-5 A zeigt zwei derartige Charakteristiken. Auf der Ebene benutzt der Radfahrer die hohe Übersetzung 1, da er nur eine geringe Antriebskraft auf das Hinterrad übertragen muss, an einem Hügel die niederere Übersetzung 2. In beiden Fällen sinkt die übertragbare Kraft mit steigender Geschwindigkeit, und ab dem Punkt P kann der Radfahrer sogar im höheren Gang mehr Kraft übertragen. (Das liegt an den Zeitfunktionen seiner Muskelkontraktionen.) Das Rad wiederum entwickelt bei höherer Geschwindigkeit mehr Gesamtwiderstand (Rollwiderstand, interne Reibungen, Luftwiderstand, Steigleistungswiderstand), und zwar am Hügel wegen des letzten Punkts mehr als in der Ebene (Abb. 12-5 B).

Bei konstanter Geschwindigkeit ist die vom Radfahrer produzierte Vortriebskraft am Umfang des Hinterrads gleich dem Gesamtwiderstand. Wie Abb. 12-5 C zeigt, ist das im Gang 1 beim Punkt Q der Fall und damit bei der Geschwindigkeit v_1, im Gang 2 bei R und damit bei der höheren Geschwindigkeit v_2. Dies gilt für die Fahrt hügelaufwärts. In der Ebene werden verständlicherweise mit beiden Gängen höhere Geschwindigkeiten v_3 und v_4 erreicht; die höhere der beiden (v_4) nun aber mit Gang 1 und die niedrigere (v_3) mit Gang 2. Die Interaktion Mensch-Maschine ist also keineswegs trivial, und die optimale Anpassung der Eigentümlichkeiten des Fahrrads an den „Antriebsfaktor Mensch" auch noch keineswegs ausentwickelt, vom konventionellen Tretrad einmal abgesehen.

12.2.3
Alternative Pedalbewegungen

Die Verbesserung – häufig genug: mutmaßliche Verbesserung – der Standard-Fahrradkurbel hat in den letzten Jahrhunderten eine Menge von Erfindern beschäftigt und Hunderte von Patenten gebracht. Da die Muskelmaschine des Menschen sich leicht veränderten Übersetzungs- und Antriebsverhältnissen im Laufe des Trainings anpasst, sind alle diese Antriebe mehr oder minder gleich effizient. Spezialisten bemerken, dass eine Steigerung des mechanischen Wirkungsgrads von max. 2 % das Äußerste sein dürfte, was erreichbar ist.

Zwei Mechanismen sind dabei besonders interessant; ihre Weiterentwicklung lässt möglicherweise Effienzsteigerungen erwarten, die deutlich über die genannte Grenze hinaus gehen, zumindest aber Komfortsteigerungen.

Da wäre zum einen der Kettenantrieb mit elliptischen Rädern. Ein Zweck liegt darin, die, wie es heißt, „nutzlose" Zeit in der Nähe der Umkehrpunkte des Bein-Kurbelantriebs zu verringern. Messungen von S. Henderson et al. haben bei elliptischem Kettenantrieb mit einer Ovalität von 1,4 : 1 im Vergleich mit runden Zahnrädern bei nicht trainierten Versuchspersonen Energieeinsparungen von 2,4 % bei sonst gleichen Randbedingungen gebracht. Es gab aber auch Messungen, die keine Unterschiede gezeigt haben. In einem Extremfall, den J. Harrison mitteilt, soll eine 12,5 % größere Leistung auf den Radkranz gebracht worden sein. Wichtiger erscheint, dass alle Benutzer im Zweifelsfall den

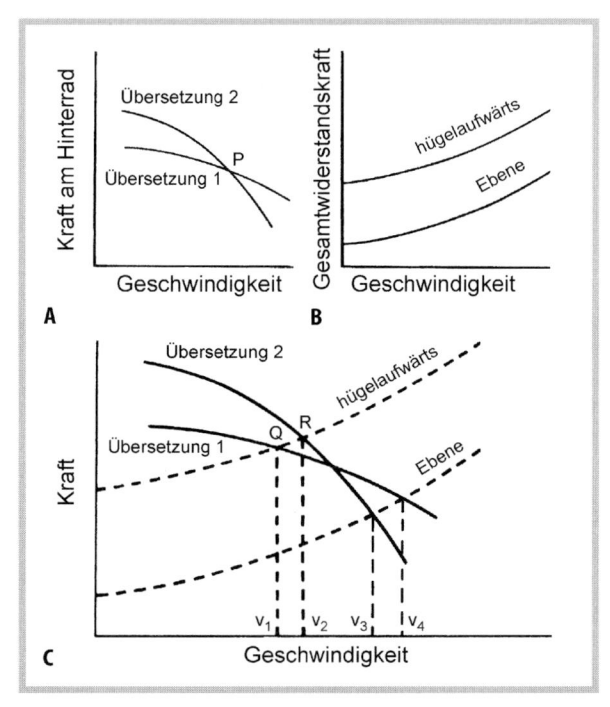

Abb. 12-5 Charakteristiken von Radfahrer (**A**) und Rad (**B**) sowie deren Zusammenwirken (**C**) *(nach French 1988, verändert und ergänzt)*

elliptischen Kettenantrieb bevorzugt hatten, wenn es darum ging, bei kleiner Fahrgeschwindigkeit hohe Drehmomente zu erzeugen: eine Art Komfortaspekt.

Sonstige alternative Mechanismen sind vielfach getestet worden z. B. Linearantriebe, bei denen die Füße zwei Hebel drücken. Eine große Vielzahl von Übersetzungen sind ausprobiert worden. Ein großer Nachteil dieser Methode liegt darin, dass Füße und Beine linear beschleunigt und verzögert werden müssen und dass das Fußgelenk nicht „aufgesteilt" werden kann, wie beim konventionellen Kurbelantrieb.

Eine Kombination des genannten Linearantriebs mit konventioneller kreisförmiger Fußbewegung und damit Einsparung an kinetischer Energie wurde in den 70er- und 80er-Jahren durch die Versuchskonstruktion Bio-Cam und andere von L. Brown vorgestellt (Abb. 12-6). Durch Einführung einer Kurvenscheibe wurde eine Fuß- und Beinbewegung erreicht, die der optimalen Muskelaktion eher entgegen kam, die Effizienz war damit gerade in der Phase am größten, in der die stärksten Beinmuskeln Antriebskraft lieferten.

Insgesamt sind also mehrere Linien der Weiterentwicklung des faszinierenden Mensch-Maschine-Pakets „Fahrrad" vorstellbar, doch darf man sich keine Wunder erwarten: zumindest das konventionelle Fahrrad ist biomechanisch mehr oder minder ausgereizt.

12.3
Implantate und Knochen – sie sollten eine biomechanische Einheit bilden

12.3.1
Knochenspongiosa und „Metallspongiosa"-Implantate

An den Enden insbesondere der großen Röhrenknochen der Wirbeltiere wird die Knochenhöhlung von einem feinen Maschenwerk von Knochenbälkchen durchzogen. Dieses „schwammartige" Gerüstwerk feiner Knochenbälkchen heißt Spongiosa. Die Knochenbälkchen sind, insbesondere an Stellen, die klaren Vorzugsspannungen unterworfen sind, spannungstrajektoriell, d.h. in Richtung der Hauptspannungen ausgerichtet; die somit „verknöcherten Zug- und Druckspannungstrajektorien" schneiden sich an jeder Stelle angenähert unter rechtem Winkel (Abb. 12-7 A). An anderen Stellen erscheint das Netzwerk der Knochenbälkchen mehr oder minder ungerichtet. Die Spongiosa formiert sich insbesondere unter Belastungen relativ rasch neu und bildet sich um („Wolff'sches Gesetz"). Dies führt nach

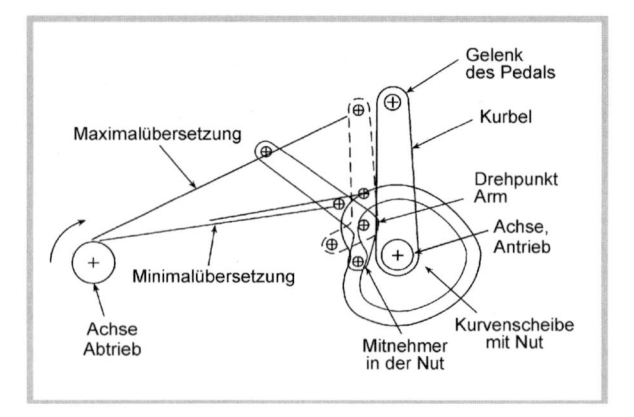

Abb. 12-6 „Biocam"-Kurbelmechanismus mit peripherer Übersetzungsänderung von Facet Enterprices 1979 *(aus Abbott, Wilson (Eds.) 1995)*

Knochenbrüchen i. Allg. zu einer funktionellen Wiederherstellung des Systems. Somit lag es nahe, Implantate mit einer Oberfläche zu versehen, die eine kraftschlüssige Verzahnung mit der wachsenden Spongiosa ergibt. Geschildert werden hier Ansätze der Lübecker Firma ESKA Implants GmbH & Co., die sich etwa seit 1970 mit Implantaten befasst und seit 1980 zementfreie Metall-Endoprothesen mit spongiosa-ähnlichen Oberflächenstrukturen entwickelt.

Die erste 1981 patentierte poröse Struktur hatte Porenweiten von 0,5–1,5 mm, aber keine räumliche Tiefe (Abb. 12-7 B, a). 1982 entstand ein Spongiosametall-Implantat mit tiefenversetzten Höhlungen, das der natürlichen Spongiosa bereits sehr ähnlich war, Zellgröße 0,3–2,5 mm, Öffnungsgrad 60 % (b). Unempfindlicher gegen mechanischen Stress war eine 1989 patentierte, als Spongiosametall I bezeichnete Struktur mit Zellgrößen zwischen 0,9 und 4,3 mm und einem erhöhten Oberflächenöffnungsgrad von etwa 70 % (c). Diese Struktur war zwar besonders spongiosanah und anheilungsunempfindlich, im Herstellungsprozess aber nur mit Mühe reproduzierbar. Der Weg der „direkten Spongiosanachahmung", wie er bionisch nahegelegt worden war, wurde deshalb verlassen. 1990 entstand dann eine „Näherung der zweiten Art": Die Oberflächenrauheiten wurden nicht durch spongiosaähnliche zufällige Materialverteilungen, sondern durch geometrisch eindeutige Elemente in Gestalt von 2 × 3 Beinen verifiziert (d). Diese geometrischen Strukturen konnten den lokalen Erfordernissen angepasst werden und waren gusstechnisch reproduzierbar (patentiert 1990).

Abbildung 12-7 C zeigt eine Hüftendoprothese mit dem Spongiosametall des Typus I, Abb. 12-7 D einen Schliff, der die Durchwachsung der Metallspongiosität mit Knochenmaterial dokumentiert. Abb. 12-7 E eine Femurhalsprothese mit den geometrischen, von der Spongiosa „ingenieurmäßig eigenständigen" (das ist ja das Wesen bionischer Übertragung!) abstrahierten Oberflächenstrukturierungen.

Die strukturierten Oberflächen dieser Endoprothesen fusionieren mit der Knochensubstanz, was primär Stabilität ergibt, wie sie ja für das Einheilen einer knöchernen Umgebung in eine zementlose Struktur nötig ist; daraus resultiert Langzeitstabilität. Infolge der innigen Verbindung wird der Knochen zum Wachstum stimuliert und verteilt sich mit seinen Fortsätzen innerhalb der Metallporosität, im Idealfall rasch und vollständig. Für eine „homophasische Struktur" ist es nötig, dass die Biege- und Elastizitätseigenschaften der beiden Partner ähnlich sind, was der Fall ist; die E-Moduli entsprechen sich in etwa.

Der hier herausgegriffene Aspekt der Oberflächen von Endoprothesen und ihre Verwandtschaft zur biologischen Schwammsubstanz lässt sehr schön den Anregungscharakter erkennen, den der bionische Naturvergleich auf durchaus funktionelle Weise in ingenieurmäßiges Gestalten übertragen kann. Im vorliegenden Fall handelt es sich um das in der Endoprothetik grundlegende Problem, biologisches und „technisches Gewebe" so verschmelzen zu lassen, dass die Endoprothese auch biomechanisch „wie ein organisches Teil" integriert wird.

Aspekte der praktischen Orthopädie und Chirurgie werden von diesen Überlegungen noch nicht berührt. Sie sind es letztlich, die über die Praktikabilität einer biomechanisch und bionisch zufriedenstellenden Anpassung entscheiden.

12.3.2
Hüftgelenksendoprothesen nach dem Trajektorienprinzip

Spezifische Oberflächenstrukturen auf metallenen Endoprothesen, die ein der Knochenspongiosa analoges Metall-Spongiat bilden und der innigen Verbindung zwischen Implantatoberfläche und einwachsenden Knochenbälkchen dienen soll, wurden im Abschn. 12.3.1 geschildert. Analoge Konzepte wurden auch an mehreren anderen Stellen unternommen, zum Beispiel von Copf et al.. Diese haben darüber hinaus für die Gestaltung ihrer Endoprothesen die trabeculäre Knochenstruktur zum Vorbild genommen.

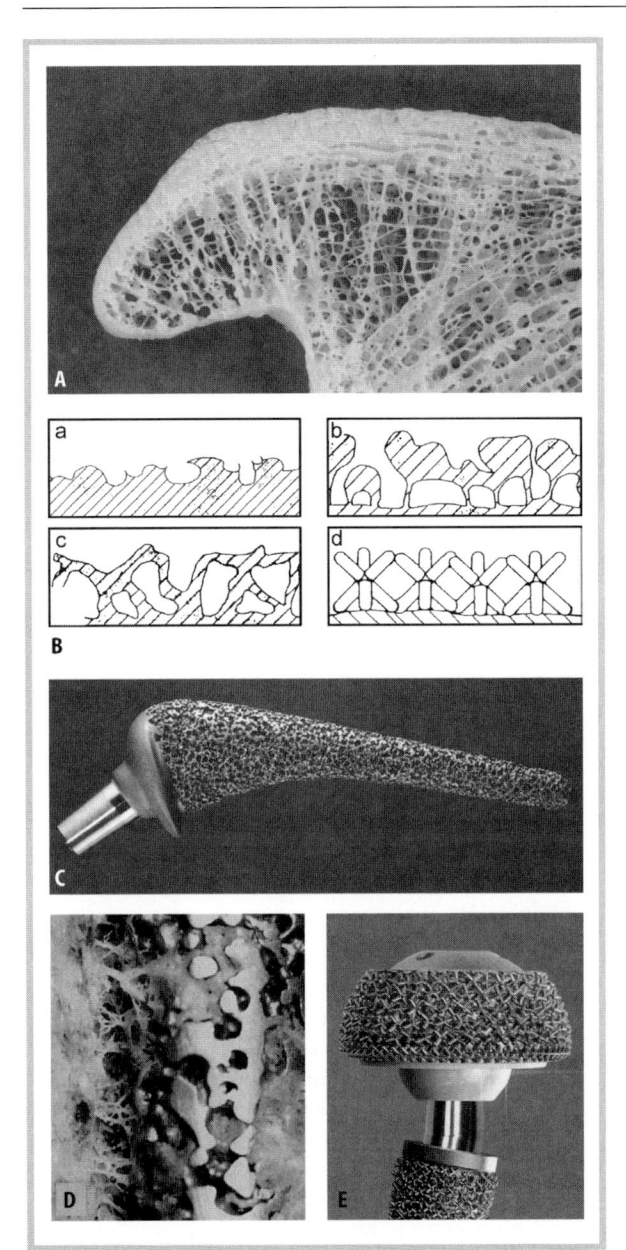

Abb. 12-7 Knochenspongiosa und ESKA-Metall-Spongiosa-Implantate. **A** Spongiosa im Trochanter major eines Oberschenkels des Menschen (Sägepräparat) *(Foto: Nachtigall)*, **B** Entwicklungsweg von einer porösen Struktur (a 1981) über Spongiosa-Metall (b 1982) und verändertes Spongiosa-Metall I (d 1989) zu einer geometrisiert beschickten Oberfläche, genannt Spongiosa-Metall II (c 1990), **C** Beispiel für eine Hüftendoprothese mit Spongiosa-Metall I, **D** Einheilung von C im Knochengewebe; Schliffpräparat, **E** Femurhalsprothese mit Spongiosa-Metall II *(nach ESKA Implants Druckschrift 2000)*

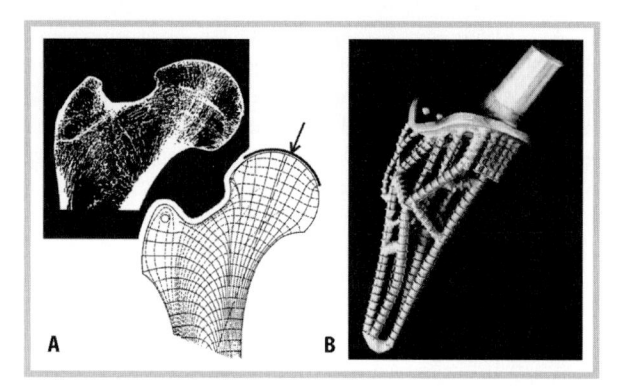

Abb. 12-8 Proximalregion des Oberschenkels (Mensch) und Spezialendoprothese. **A** Zugrichtungen der Knochenspongiosa und Pauwels'sche Interpretation der Verläufe der Hauptspannungstrajektorien in einem Plexiglasmodell (Pfeil: mittlere Belastungsrichtung. Ausgezogen: Druckspannungen, gestrichelt: Zugspannungen) *(nach Pauwels 1958)*, **B** angenähert spannungstrajektorielle Gestaltung eines Hüftgelenkimplantats (ohne Gelenkkopf, medial von hinten gesehen) *(nach Copf 2001)*

Man weiß seit Längeren, dass die Bälkchenzüge in Femurhals und -kopf den Richtungen der Hauptspannungen folgen, also sozusagen verknöcherte Druck- und Zugspannungstrajektorien darstellen (Abb. 12-8 A).

Entsprechend wurde der Prothesenschaft gestaltet (Abb. 12-8 B). Der Grundgedanke war, die natürliche Vorzugsrichtung der Spongiosa-Bälkchen sozusagen technisch fortzusetzen, so dass sich eine biotechnische Einheit ergibt, im Idealfall auch mit etwa gleichen E-Moduli der natürlichen und der künstlichen Struktur. Nach neuerer Ansicht verlaufen die Druckspannungstrajektorien erst ab der Epiphysenlinie distad. Zwischen subchondraler Kompakta und Epiphysenlinie liegt eine wohl vollständig hydrodynamisch wirkende Zone, möglicherweise mit „Tensulae". Das Implantat benötigt denn auch einen nicht geringen Prozentsatz freien Volumens in der Knochenstruktur. Bei den Copf-Implantaten wird nur 10 % dieses Volumens von Metall eingewonnen, so dass der überwiegende Volumenanteil der Spongiosa-Region für knöcherne Adoptationsvorgänge zur Verfügung bleibt.

12.3.3
Eine elastische Knieprothese

Im normalen Lauf wird die bei Aufsatzstößen frei werdende Energie in elastischen Elementen (Sehnen, modifizierte Muskeln etc.) gespeichert und der nächsten Schrittphase zum größeren Teil wieder mitgegeben, wodurch sich eine „weichere" und insgesamt weniger energiezehrende Fortbewegung ergibt. Im Gegensatz zu den Verhältnissen beim Laufen wird beim normalen Gehen beim Beinaufsetzen der Schwerpunkt angehoben; auf diese Weise wird potenzielle Energie gespeichert, die der nächsten Beinphase zugute kommt. B. S. Farber und Koautoren vom Gliedmechaniklabor und Forschungsinstitut für Prothetik in Moskau haben eine Knieprothese mit Energierückgewinnungssystem vorgestellt, welche die natürliche Energiezwischenspeicherung und -rückgewinnung simuliert.

In der Prothese (Abb. 12-9 A) werden beide Formen von Energie in einer kräftigen Druckfeder (Abb. 12-9 B) zwischengespeichert. Im Vergleich mit einer konventionellen Knieprothese steigt der Koeffizient für die Energierückgewinnung etwa um 30 %; die Stoffwechselenergie des Patienten sinkt beim Gehen um 35 %, wieder verglichen mit dem Gehen mit einer normalen Prothese. Die Prothese bietet darüber hinaus eine Reihe weitere funktioneller Vorteile, die insgesamt zu einem leichteren Abrollen des Fußes und einer glatteren, kontinuierlichen Vorwärtsbewegung des Rumpfs führen.

12.4
Retinaimplantate – Mikrochips im Auge

12.4.1
Retinaersatz

An Retinaimplantaten, Entwicklungen von implantierbaren Chips, die Patienten mit Retinitis pigmentosa oder Makuladegeneration in den Augenhintergrund einoperiert werden können, arbeitet man seit gut 10 Jahren, z. B. an der Harvard Medical Scool und am MIT/Massachusetts/USA. Es wird geschätzt, dass etwa 0,7 Mio. Amerikaner an diesen Krankheiten leiden. Der implantierte Chip soll funktionslose Stäbchen und Zapfen ersetzen und mit den an diesen anschließenden informationsverarbeitenden Schichten der Retina in Kontakt treten. Bildinformation und Energie soll über Kleinstlaser von einer außen getragenen Kamera auf einen zweiten Chip innerhalb des Auges übertragen werden, der die Laserimpulse dekodiert und die Information an den erstgenannten Chip weitergibt. Die Chipgröße beträgt nur 2×2 mm (Abb. 12-10); der die Laserimpulse aufnehmende Chip trägt 12 Silizium Fotodioden. Der Logik-Chip enthält bei gleicher Größe 10 000 Transistoren und ist trotz seiner Kleinheit im Prinzip

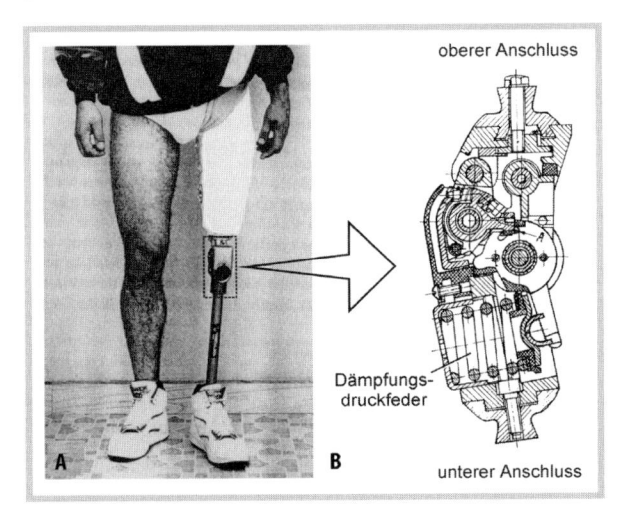

Abb. 12-9 Knieprothese mit Energierückgewinnungssystem. **A** Übersichtsbild, **B** Schnitt durch die Konstruktion *(nach Farber et al. 1995)*

Abb. 12-10 Retinaimplantationschips; Größenvergleich mit einer amerikanischen Münze, links: Laseraufnahme-Chip, rechts: logischer Chip *(nach Retinal implant Project website 1995, verändert)*

so komplex wie die Gesamtschaltung eines Farbfernsehgeräts. Die speziell entwickelte Schaltung kostete 1995 noch 300 000 US$; der Preis soll sich bei Serienfertigung auf bis zu 50 US$ reduzieren.

Sensorische Mikrochips, die bei Retinadegeneration implantiert werden können, keine äußere Kamera und damit auch keine Zuleitung sowie keine Batterie brauchen, sind in der Entwicklung. Derartige Chips von Stecknadelkopfgröße mit 3500 Solarzellen wurden im Sommer 2001 in Hospitälern in Winfield/Illinois und Chicago/Illinois versuchsweise einoperiert. Hersteller ist die Firma Optobionics. Wie die Interaktion Chipausgang – neuraler Eingang stattfindet, ist aus der Publikation nicht zu entnehmen. Man hat die Hoffnung, dass die Patienten grobe visuelle Eindrücke aufnehmen können, was etwa bis zum groben Unterscheiden von Gesichtern führen könnte.

12.4.2
Retinastimulation

Die Idee, durch ein technisches Implantat Blinden einen Teil ihres Sehens wiederzugeben, spornt viele Forschergruppen an. Innerhalb des deutschen „EPI-RET"-Konsortiums wurden von Stieglitz et al. in den letzten fünf Jahren Elektroden und flexible Träger für ein Retinaimplantat entwickelt. Dieses Implantat soll einmal bei Patienten eingesetzt werden, die auf Grund einer Retinitis Pigmentosa oder einer Makuladegeneration ihre Fotorezeptoren eingebüßt haben. Grundidee der hier vorgestellten Arbeit ist ein Implantat, welches über kleine Elektroden die Ganglienzellen auf der „Oberseite" der Retina „epiretinal" stimuliert. Es erhält über eine telemetrische Verbindung Informationen, welche Elektrode mit welchem Signal stimuliert werden soll, sowie die Energie dazu. Eine Kamera außerhalb des Auges nimmt dazu die Umgebung auf, und ein kleiner Computer, ein sog. Retinaencoder, berechnet die Stimulationsmuster, indem er die Eigenschaften der signalverarbeitenden Schichten der Retina simuliert.

„Es wurden flexible Elektroden und eine Trägerstruktur auf Polyimid-Basis entwickelt, auf der all die notwendige Elektronik hybrid integriert ist. Bei der Implantation kommt die Empfangsstruktur des Retinaimplantates als künstliche Intraokularlinse in das Auge, die flexiblen Zuleitungen führen in den Augenhintergrund auf die Retina und lassen die Elektroden über die Makula aufliegen. Die Trägerstruktur der Elektroden ist in Form mäanderförmig verbundener Kreisringe geformt, die eine Anpassung an den kugelschalenförmigen Augenhintergrund erlaubt. Die Mäander zwischen den Kreisringen wirken hierbei ebenso als kleinste Federn, welche die Elektroden an den Hintergrund drücken, möglichst ohne dabei die Retina zu schädigen.

Die tierexperimentelle Implantation des hochkomplexen Systems ist mittlerweile bei den ophthalmologischen Partnern etabliert, die chronische Langzeitverträglichkeit des Systems bzgl. der Form- und Materialeigenschaften bewiesen. In nächster Zeit sind Stimulationsversuche mit den implantierten Systemen am Tier geplant. Die Entwicklungen schreiten voran, doch werden bis zu einem klinischen Einsatz am Patienten noch mehr als 10 Jahre vergehen."

12.5
Schwingungsdynamik der Gehörknöchelchen – biomechanische Anpassung eines Mittelohrimplantats

An der Technischen Universität Ilmenau/Thüringen haben sich H. Wurmus und andere dem Fachgebiet Mikrosystemtechnik gewidmet (vergl. Abschn. 8.1). Dieses macht, wo möglich und sinnvoll, Anleihen bei natürlichen Vorbildern zu Konzeption und Konstruktion kleinster technischer Systeme. Ein Beispiel: Die Entwicklung eines schwingungsfähigen Mittelohrimplantats nach dem Vorbild der Gehörknöchelchen.

Abbildung 12-11 A zeigt die Lage der drei zu einer kinematischen Kette verbundenen Gehörknöchelchen, aufgehängt in der Mittelohrhöhle, eingebettet zwischen Trommelfell und ovalem Fenster des Innenohrs. Bei irreversibler Beschädigung der Gehörknöchelchen kann man einen Ersatz implantieren. Bis dato war es aber nicht möglich, mit Implantaten die Schwingungsdynamik der funktionstüchtigen Gehörknöchelchenkette zu reproduzieren; meist einteilige und damit starre Implantate zwischen Trommelfell und Foramen ovalis gaben mehr oder minder verzerrte Übertragung und erlaubten keine Impedanzanpassung.

Zunächst musste das System schwingungsdynamisch nachgebildet werden (Schemadarstellung in Abb. 12-11 B). Einfaches Kopieren hätte nicht zum Ziel geführt, wie Bionik ja niemals die direkte Kopie, sondern die analoge Übertragung anstrebt. Es wurde also zunächst ein analog abstrahiertes Feder-Dämpfer-Masse-Modell entwickelt, an dem dann analytisch und nummerisch – im letzteren Fall mit der Finiten-Elemente-Methode – Simulationen durchgeführt werden konnten. Bestimmt wurden so sukzessive die einzelnen Federraten und Dämpfungskonstanten; Ziel war ein Frequenzgang, der dem des normalen Mittelohres entspricht.

Abbildung 12-11 C zeigt das Resultat, ein Gebilde, das genau in die Mittelohrhöhle passt. Es sieht keineswegs wie die Gehörknöchelchenkette aus, übernimmt aber so gut wie möglich deren schwingungsdynamische Eigenschaften. Gefertigt werden kann es mit der LIGA-Technologie, die in Karlsruhe entwickelt wurde. Mög-

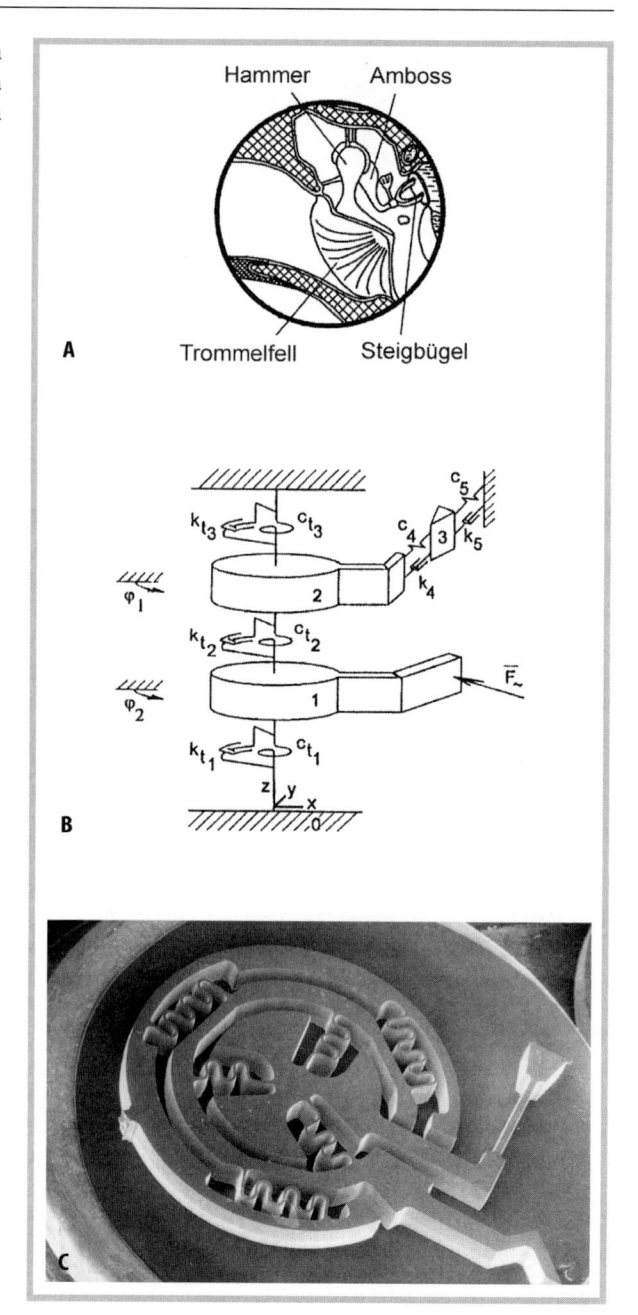

Abb. 12-11 Entwicklung eines dynamisch angepassten Mittelohrimplantats. **A** Mittelohr mit der Kette der drei Gehörknöchelchen, **B** abstrahiertes und vereinfachtes Feder-Dämpfer-Masse-Modell der Gehörknöchelchen. φ Auslenkwinkel, F Erregerkraft dynamisch und statisch, c Federraten, k Dämpfungsraten, 1 2 3 Bewegungsteile Nr. 1 2 3, **C** realisiertes Mittelohrimplantat aus fotostrukturierbarem Glas (nach Wauro et al. 1997; Foto: Wauro)

lich ist eine Fertigung aus fotostrukturierbarem Glas (Ätzverfahren), Silizium (Ätzverfahren) und Kunststoffen, insbesondere Polycarbonat (Excimer-Laser-Bearbeitung). Das Mittelohrimplantat „ist als ebenes Getriebe ausgeführt, wobei der „Hammer" über jeweils drei Federn mit dem Gestell und dem „Amboss" verbunden ist, so dass sich Hammer und Amboss um einen gemeinsamen imaginären Punkt drehen können."

Die neue Qualität des Implantats beschränkt sich allerdings nicht auf die Nachbildung des Frequenzgangs eines ungeschädigten Mittelohrs. Durch die konstruktive Gestaltung wurde auch der Schutzfunktion des Mittelohrs gegen zu große statische Drücke (z. B. Niesen, schneller Höhenunterschied in Aufzügen etc.) Rechnung getragen.

12.6 Interaktion Kohlenstoff-„Technologie" – Silizium-Technologie

12.6.1 Biologisch-technische Hybridschaltungen (Zell-Elektronik-Hybride)

Das Zusammenbringen biologischer „Kohlenstoff-Technologie" und technischer „Metall-Technologie" ist ein alter Wunschtraum der experimentellen Physiologie. Die ersten über einen angemessenen Zeitraum von einigen Wochen stabilen Kontaktierungen von Nervenzellen mit einer Elektronik zu einem gemeinsamen Netzwerk gelangen wohl Gross et al. bereits 1977 mit ihrem Multi-Mikroelektroden-Array (Abb. 12-12 A). In der Folge wurde dieses Konzept von Gross und Schwalm zu einem Routine-Messsystem weiterentwickelt, wobei die ursprünglichen Gold-Kontakte durch durchsichtige und daher gut mikroskopierbare Indium-Zinnoxyd-(ITO)-Kontakte ersetzt worden sind. Als Isolationsschicht dient Polysiloxan, auf dem Nervenzellen gut wachsen. So können diese einerseits von extern elektrisch gereizt werden, andererseits ihre Potenziale nach extern abgeben, und das über Monate. Das System ist seit Jahren in vielen toxikologischen und pharmakologischen Studien eingesetzt worden (Abb. 12-12 B). Alternative Entwicklungen sind auch von anderen Forschergruppen bekannt; die von Fromherz, die weiter unten beschrieben wird, war und ist besonders gut zur Untersuchung unterschiedlicher Positionsstellen desselben Neurons geeignet, sofern die Neurone senkrecht zu den vielen, parallel angeordneten Elektroden auswachsen.

Eine Gruppe um den ehemals in München, heute an der Universität Rostock tätigen Neurobiologen Dieter Weiss hat diese Technik weiterentwickelt und mit speziellen, videogestützten lichtmikroskopischen Verfahren, mit denen die Auflösungsgrenze des Lichtmikroskops ausgetrickst werden kann, gekoppelt (Abb. 12-12 C, G). Heute gibt es bereits Elektroden-Arrays in Standard-CMOS-Bauweise, die, mit Zellkulturkammern überdeckt, in ebenso standardisierten Steckereinheiten integriert sind (Abb. 12-12 D, E). Auf diese Weise können Chimären aus elektrischen und lebenden Anteilen (für letzteren Fall gezüchtete Zellen oder ganze Mikroorganismen) in technische Messeinrichtungen integriert werden und dort spezifische Messaufgaben übernehmen. Die Abb. 12-12 D–F zeigen eine Entwicklung von Werner Baumann aus der Rostocker Gruppe zusammen mit der Fa. Micronas in Freiburg. Dieser „multimediale" Silizium-Sensorchip kann zur gleichzeitigen Registrierung der Größen so unterschiedlicher Parameter wie verschiedener elektrischer Signale ausgerüstet werden, des pH, des pCa^{2+}, der Impedanz und Adhäsion von adhärent wachsenden Zellen, der O_2-Konzentration sowie der Temperatur, Lichtintensität und anderer Parameter mehr.

Anwendung können solche Sensoren in der Abwasser- und Brauchwasserkontrolle, in der zellbiologischen Grundlagenforschung, zur Untersuchung der Biokompatibilität von Materialien und in der humanbiologischen und medizinischen Forschung, etwa zur Analyse neurophysiologisch relevanter Parameter bei Enzephalopathien, wie der Kennzeichnung von Toxinen im Blut von Komapatienten finden. Zunehmend wichtig wird auch der Ersatz von Tierexperimenten durch derartige Multisensoren. In die Pharmaforschung und für Toxizitätsbestimmungen lassen sie sich ebenfalls gut einbringen, weil die Art und Weise, wie sich induzierte elektrische Aktivitätsmuster in einem Nervenzell-Netzwerk manifestieren und wie sie abklingen, sowohl von der Art als auch von der Konzentration des zu testenden Stoffs abhängt (Abb. 12-12 B).

Die Entwicklung führte in Rostock zu komplexen Biosystemtechnik-Lösungen nach Art der Abb. 12-12 G: „Die Reaktionen der Zellen auf beliebige Effektoren werden über zwei Typen von Detektorsystemen erfasst und zur Auswertung, Eichung und Bewertung einem komplexen Datenanalyse-Modul zugeführt. Detektorsystem 2 erfasst z. B. die elektrische Aktivität durch ein extrazelluläres Elektroden-Array, während Detektorsystem 1 die Summe der mikroskopisch erfassbaren Signale symbolisiert."

Auch diese Entwicklungen zeigen die grundlegende Bedeutung des Zusammenspiels von Technischer Biologie und Bionik auf: Man kann nur umsetzen (→ Bionik), was man im biologisch-physikalisch-chemischen Grenzbereich erfasst hat (→ Technische Biologie), auch wenn Letzteres viel Geld und Zeit gekostet hat. In Bezug auf die neuronalen Netzwerke sieht Dieter Weiss das so: „Da wir nur die Aspekte der Natur nutzen können, die wir verstanden haben, ergibt sich die Einsicht, dass wir versuchen müssen, das Zusammenspiel von Nervenzellen in Verbänden besser zu verstehen, um deren elementare Prinzipien dann vielleicht für neue Generationen von Soft/Hardware-Modulen zu nutzen. Es muss also die Strategie angewandt werden, Eigenschaften von Nervenzellgruppen und biologischen Nervennetzen genauer zu erforschen und parallel dazu die Umsetzung der Ergebnisse in neue Technologien zu verfolgen."

P. Fromherz von der Abteilung für Membran- und Neurophysik am MPI für Biochemie/Martinsried (München), dessen Pionierarbeiten zur Verbindung von Kohlenstoff- und Silizium-Technologie bis ins Jahr 1985 zurückreichen, ist es zusammen mit G. Zeck gelungen, Neuronen der Spitzhornschnecke *Lymnaea stagnalis* auf einem Siliziumchip zum Wachstum und zur Anheftung zu bringen (Abb. 12-13). Es kann sich somit ein Neuronennetzwerk mit leitenden Kontakten zu den Silizium-Kontaktelementen entwickeln. Elektrische Stimulation aus dem Chip erregt einzelne Neurone, welche die Erregung im Verbundnetz weitergeben, so dass sie letztlich von anderen Kontaktstellen des Chips wieder abgreifbar wird. Wesentlich erscheint, dass man mit dieser Methode Reizungen und Ableitungen an neuronalen Verbänden durchführen kann, ohne dass man

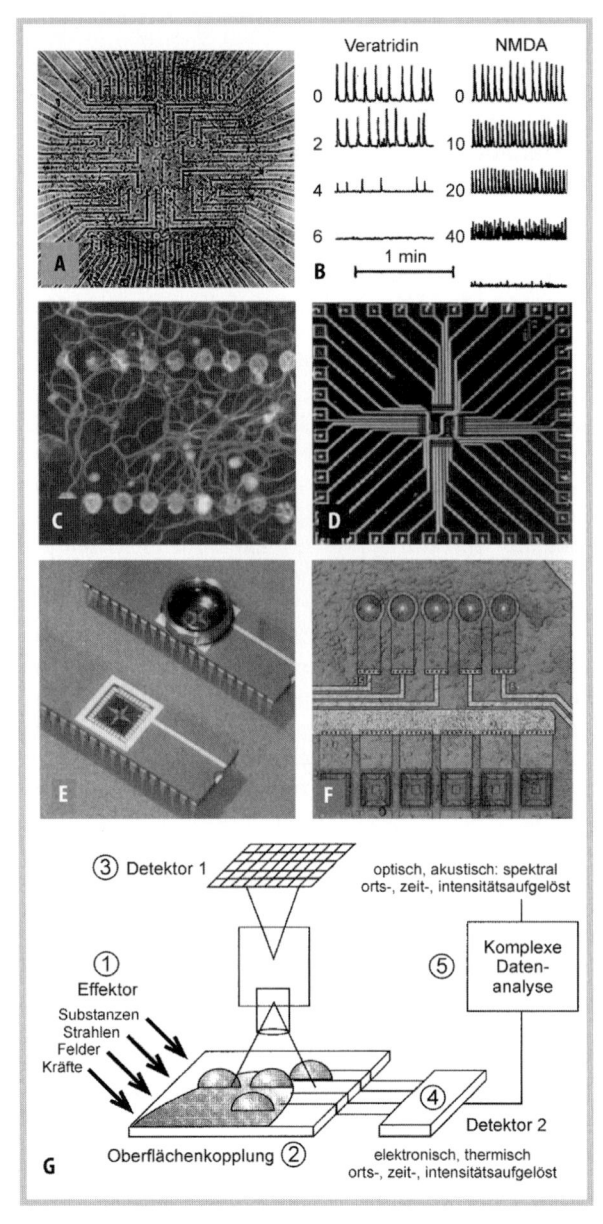

Abb. 12-12 Hybride aus Zellen und Elektronik als zelluläre Biosensoren aus dem „Innovationsnetzwerk Biosystemtechnik" der Universität Rostock. **A** Ein Sektor aus einem Nervennetz mit ca. 90 Neuronen (ZNS, embryonale Maus) aufgewachsen auf einem Areal von 64 Elektroden (ITO auf Glas), die insgesamt einen Bereich von 0,8 × 0,8 mm umfassen, **B** die Oszillationsfrequenz des Netzwerks (nach Anregung durch 60 µM Bicucullin) und die Art des Abklingens sind substanz- und konzentrationsspezifisch: Dargestellt an der Reaktion auf die Gabe von Veratridin und N-Methyl-D-Aspartat (NMDA) in vier unterschiedlichen Konzentrationen *(µM, nach Gross 1997)*, **C** Ausschnitt aus der Multielektrodenanordnung von A zur parallelen Messung der elektrischen Aktivitäten in einem Nervenzell-Netzwerk in Zellkultur mit – im Original durch Mehrfachfluoreszenz unterschiedlich farbig gekennzeichneten – Zellvernetzungen, **D** Silizium-Sensorchip zur Kultivierung z. B. von Nervenzellen *(Fa. Micronas Freiburg)*, **E** Chips wie in D, eingebaut in einen Standard-40-Pin-Sockel mit applizierter Zellkulturkammer (oben), **F** Ausschnitt aus demselben System mit fünf planaren Elektroden und sechs teils ionenspezifischen Feldeffekttransistoren zur gleichzeitigen Bestimmung der im Text angegebenen Parameter, **G** Schema eines Sensorsystems, das mit zellulären Komponenten aus einer aufgewachsenen neuronalen Netzwerkkultur arbeitet, Erläuterungen im Text *(Zusammengestellt nach Publikationen und Informationsblättern von Gross et al. 1977, 1997 sowie Weiss und Gross 1996, Baumann et al. 1999, Weiss et al. 1999)*

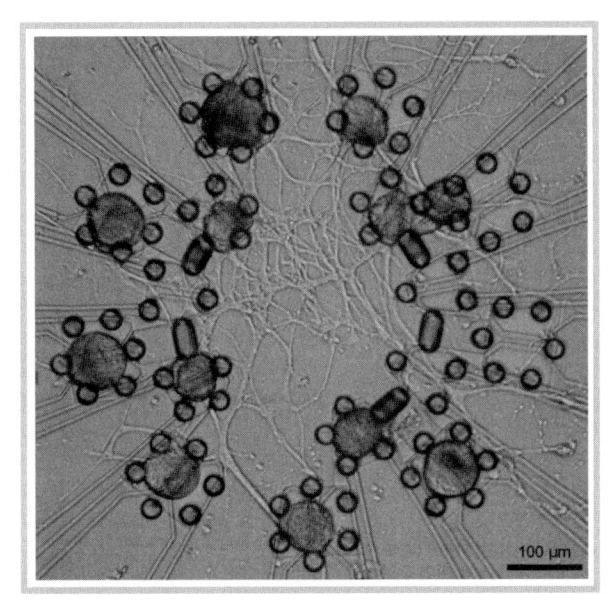

Abb. 12-13 Verbindung der Kohlenstoff-Technologie des Lebens mit der Silizium-Technologie der Technik – seit den geschilderten Pionierverfahren kein Wunschtraum mehr. Die großen Kreise stellen Zellen dar, die sich über ein dichtes Netzwerk verbinden *(nach Zeck und Fromherz 2001)*

die Einzelzellen selbst z. B. durch das Einstechen von Mikroelektroden beeinflussen (schädigen) müsste. Auch damit mag der Anfang eines Wegs markiert sein, der bei Schädigungen in sensorischen Systemen des Menschen (Sehen, Hören) ebenso in Neuland führen könnte wie bei Teilausfällen in Ganglien oder Gehirnen. Vielleicht können sich daraus auch Neurocomputer entwickeln, die eines Tages Gehirnsysteme erweitern können. Die methodische Einführung der Studien von Fromherz und Zeck an Neuronen einer Wasserschnecke wird im nächsten Abschnitt dargestellt.

12.6.2
Interaktionen „einfacher" biologisch-technischer Hybridschaltungen

Neuronale Netzwerke können sehr komplex sein – das ist eher die Regel (Abb. 12-14 A). Es gibt aber auch Beispiele für sehr einfache Netzwerke. So besteht der zentrale Mustergenerator, der bei der Spitzhornschnecke, *Lymnaea stagnalis,* das Atemmuster generiert (die Wasserschnecke atmet Luft über ein Atemloch), lediglich aus drei Neuronen, und nur jeweils eines davon ist beim Einatmen und Ausatmen aktiv (Abb. 12-14 B).

M. Jenkner, B. Müller und P. Fromherz berichten, inwieweit man derartige „einfache" neurale Schaltkreise mit Silizium-Schaltkreisen in Kontakt treten lassen kann. Einige Denkmöglichkeiten sind in den Abb. 12-14 C–E angegeben. Demnach könnte man die „ normale" synaptische Kommunikation zwischen zwei Neuronen (C) durch Anwachsenlassen des Neurons auf einen Teilchip mit zwei Reizspots und einem Feldeffekttransistor (Einschaltbild in Abb. 12-14 F) derartig in Kontakt bringen, dass Erregung von dem Neuron in den Chip fließt („Kopplung") oder auch vom Chip in das Neuron („Reizung") (D). Damit ließe sich ein hybrides Netz aus Kohlenstoff- und Silizium-Technologie aufbauen (E).

Gefertigt wurde ein zirkuläres Chip-Arrangement in Form einer Zuchtkammer (Abb. 12-14 F), in der mehrere eingebrachte *Lymnaea*-Neurone aus- und anwachsen konnten (G). Dass eine Reiz- und Erregungsleitung über die „Technologiegrenzen" hinweg möglich ist, zeigt eine Reihe von Messbeispielen. Eines davon ist in Abb. 12-14 H vorgestellt. Über eine Reizelektrode wurde Neuron 2 stimuliert. Nach synaptischer Übertragung reagiert Neuron 1 mit einem postsynaptischen Aktionspotenzial, das sich in den Feldeffekttransistor FET 12 einkoppelt.

Mit dieser Einrichtung scheint es möglich zu sein, durch exakte Positionierung der Neurone auf dem Chip geometrisch definierte Netze zu schaffen. Dass dabei elementare Neuro-Chip-Schnittstellenkombinationen möglich sind, wurde belegt. Man kann damit Neurone nichtinvasiv reizen und ihre Erregungen ebenso ableiten, und das bisher über mehrere Stunden. Dreidimensionale Strukturierungen mit definierten Anordnungen der Somata wurden in Folgearbeiten von Zeck und Fromherz realisiert. Dabei werden die Zellsomata von käfigähnlichen Strukturen, bestehend aus sechs Polymersäulen, festgehalten. Zwischen den Säulen bleibt genügend Freiraum für die Zellfortsätze untereinander Verbindungen einzugehen(Abb.12-13). Damit haben sich in die Zukunft weisende Wege für eine Verkopplung von „Kohlenstoff- und Silizium-Technologie" entwickelt.

12.6.3
Mikroelektroden schließen Langzeitkontakte zu Neuronen in situ

Niemand wünscht sich einen „Cyborg". Doch wird es sowohl für verbesserte Endoprothesen mechanischer Art als auch für eine Verschaltung der biologischen Kohlenstoff- mit der technischen Silizium-Technologie in situ (z. B. um Sinnesorganen mit defekten Zuleitungen zum ZNS einen neuen „technischen" Eingang zu schaffen) nötig sein, biologisches Gewebe und technisches Substrat in einen möglichst dauerhaften Kontakt zu bringen. In den Abschn. 12.6.1 und 12.6.2 werden Erfolge bei der „Technologien-Verschaltung" in der Petrischale vorgestellt. In Abschn. 11.8.1 wird gezeigt, dass es möglich ist, Insektenantennen als Sensoren in einen technischen Schaltkreis einzubringen. Diese biologisch-technischen Kontaktstellen halten allerdings nur wenige Stunden. Dies reicht für den genannten Zweck aus. Für dauerhafte Implantate, auch im Körper des Menschen, müssen aber ganz neue Wege beschritten werden. Dafür einige Beispiele aus den Arbeiten von T. Stieglitz und Mitarbeitern vom Fraunhofer Institut für Biomedizinische Technik, St. Ingbert/Saarland. Die Arbeiten wurden in Kooperation mit deutschen und europäischen Gruppen durchgeführt, eine enge Zusammenarbeit bzgl. der Implantation am peripheren Nerv besteht mit X. Navarro, Universität Barcelona.

12.6.3.1
Prinzipielle Anforderungen

„Silizium ist das universelle Material zur Herstellung elektronischer Schaltkreise und dient als Ausgangsmaterial für viele mikromechanische Sensoren und Aktoren. Es ist sehr hart und spröde, verglichen mit den Eigenschaften biologischer Gewebe. Soll nun ein Mikrosystem zum langfristigen Informationsaustausch mit Neuronen im Körper eingesetzt werden, wie dies bei medizinischen Implantaten der Fall ist, muss ein solches System nicht nur die Minimalanforderungen erfüllen, nicht toxisch für den Körper und langzeitstabil sein. Seine Gestalt und sein Gewicht sollten auch mechanische Schäden an den Nerven vermeiden helfen. Aus diesem Grunde wurde nicht Silizium sondern der Kunststoff Polyimid als Träger- und Isolationsmaterial eingesetzt. Dieses Material ist nicht toxisch, wie qualitative und quantitative Toxizitätstests an Zelllinien gezeigt haben. Es ist langzeitstabil im Körper, wie die un-

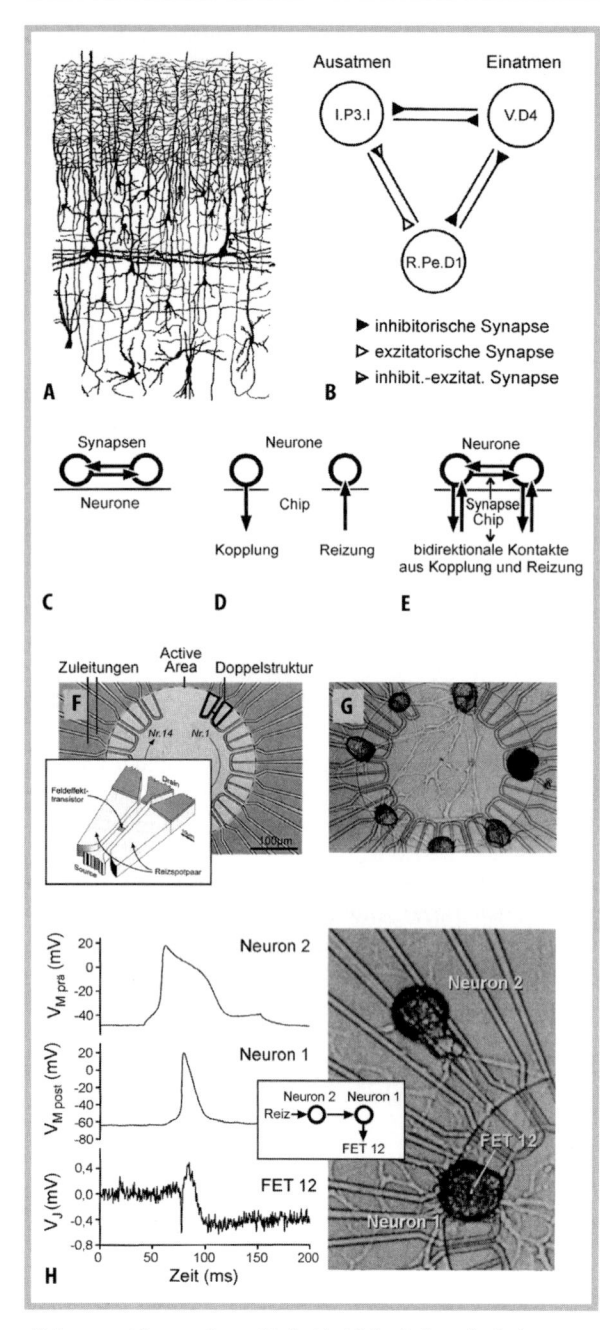

Abb. 12-14 Neuronale und hybride biologisch-technische Netzwerke. **A** Komplexes neuronales Netzwerk: Sehrinde eines Säugers *(nach Cajal 1899)*, **B** „einfaches" neuronales Netzwerk: zentraler Atemrhythmus-Mustergenerator bei der Spitzhornschnecke *Limnaea stagnalis*, **C** Neuro-Neuro-Schnittstelle (Synapse), **D** Neuro-Chip-Schnittstelle: Kopplung Neuron → Chip und Reizung Chip → Neuron, **E** hybride Schnittstelle aus Neuro-Neuro- und Neuro-Chip-Schnittstellen, **F** ringförmige Kulturkammer („Chip"). Einschaltbild: Doppel-Kontakt-Struktur, **G** Anwachsen und Vernetzen von *Limnaea*-Neuronen auf den Chipstrukturen, 48 Stunden nach dem Aufbringen, **H** Beispiel für ein Erregungsweiterleitungsneuron im Neuron-Neuron-Chip, vergl. den Text *(nach Jenkner et al. 2001)*

ten aufgezeigten Beispiele beweisen, und es lässt sich in nahezu beliebige Gestalt formen. Die Anforderung, ein Material in nahezu beliebiger Form, auf jede Anwendung speziell „zuschneiden" zu können, ist für miniaturisierte Implantate äußerst wichtig, da hierdurch im Entwurf das Prinzip eingehalten werden kann, dass die Form durch die Funktionalität im Körper bestimmt wird und nicht durch material-immanente Limitationen, wie z. B. Kristallebenen im Silizium. Zum jetzigen Zeitpunkt sind die meisten Kunststoffe noch „dumm", d. h., Intelligenz in Form mikroelektronischer Schaltungen wie z. B. Verstärker, Telemetrie oder Stimulatoren müssen noch zusätzlich auf die Polyimid-Folien aufgebracht werden. Dieser Aufbau in hybrider Form ermöglicht eine große Variabilität bzgl. der ausgewählten Baugruppen und ist gerade für kleinere Stückzahlen eher ein Vorteil denn ein Nachteil.

12.6.3.2
Siebelektroden zur Kontaktierung regenerierender Nerven

Als erstes Beispiel für ein implantierbares Mikrosystem zur Interaktion mit Neuronen wurde eine Siebelektrode vorgestellt, die zur Kontaktierung regenerierender Nervenaxone dient (Abb. 12-15 A). Sie wurde mittels Maskentechniken, wie sie in der Mikroelektronik üblich sind, aufgebaut. Träger und Isolation bestehen aus Polyimid, Elektroden und Kabel sind als dünner Film (300 nm) aus Platin abgeschieden worden. Die Dicke der gesamten Struktur beträgt 10 µm, wodurch sie extrem flexibel und äußerst leicht (4 mg) ist. Dass so ein „Leichtgewicht" trotzdem robust und haltbar ist, bewies die Struktur in Biegeversuchen. Sie überstand mehr als 100 000 Biegeperioden unbeschadet.

Die Siebelektrode wurde zunächst Ratten implantiert. Hierzu wurde der Nervus ischiadicus durchtrennt, die Nervenstümpfe wurden in den Führungskanal des Mikrosystems eingeführt, die Axone des proximalen Nervenstumpfs wuchsen durch die 40 µm messenden Löcher der Siebelektrode (Abb. 12-15 B) und kontaktierten den distalen Nervenstumpf. An den äußeren Anschlussflächen wurden nach sechs Monaten Implantationszeit die Siebelektroden (Fläche: 1473 µm²) über die integrierten Kabel kontaktiert. Es wurden Nervensignale von diversen körpereigenen Sensoren am Rattenfuß abgeleitet (Abb. 12-15 C). Bei elektrischer Stimulation über dieselben Elektroden wurden Aktivitäten in die zugehörigen Muskeln induziert. Untersuchungen des Implantats nach Beendigung der Versuche zeigten, dass – bedingt durch Gewicht und Formgebung – nur eine geringe Reaktion des Körpers auf das Mikroimplantat stattgefunden hatte. Es war von einer nur dünnen, bindegewebigen Schicht umschlossen. Der regenerierte Nerv hatte wieder mehr als 90 % des ursprünglichen Durchmessers erreicht und zeigt keinerlei Druckschädigungen, die durch Kräfte oder Momente auf den Nerven auftreten können.

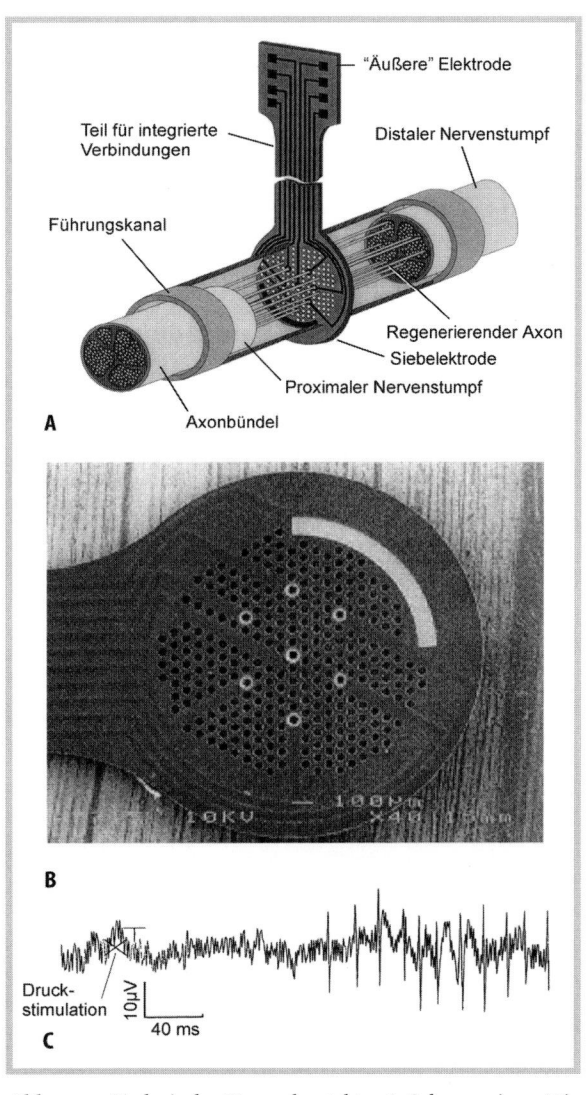

Abb. 12-15 Technische Nervenkontakte. **A** Schema eines Mikrosystems mit flexibler Polyimid-Siebelektrode als Schnittstelle für regenerierende Nerven, **B** Ausschnitt aus der Siebelektrode, **C** Ableitung vom regenerierenden Nervus ischiadicus der Ratte bei Druckstimulation von Fußsohlen-Sensoren *(nach Stieglitz et al. 1998)*

12.6.3.3
Manschettenförmige Elektroden für periphere Nerven

In der neurologischen Rehabilitation Querschnittgelähmter wurden für einige Anwendungen Nerven mit Elektroden kontaktiert, um über die funktionelle Elektrostimulation verlorengegangene Funktionen teilweise wiederherzustellen. Klinische Anwendungsbeispiele ist der Harnblasenschrittmacher und ein Implantat zum Greifen bei Tetraplegikern (Patienten, bei denen alle vier Gliedmaßen gelähmt sind). Eine große Herausforderung bei diesen Entwicklungen sind die Elektroden, mit denen die Nerven langzeitstabil und schädigungsarm verbunden werden sollen.

Mit der Polyimid-Technologie wurden nur 10 μm dünne „Cuff-Elektroden" entwickelt, die sich wie eine Manschette um den Nerv legen. Für unterschiedliche Nervendurchmesser werden die entsprechenden Cuff-Durchmesser benötigt, damit ein enger Kontakt zum Nerv besteht. In die Manschetten sind Elektroden integriert, mit denen der Nerv elektrisch stimuliert wird (Abb. 12-16 A). Die Elektroden wurden zunächst in akuten Versuchen am Nervus ischiadicus von Ratten implantiert. Bei der Verwendung von Cuffs, bei denen vier tripolare Elektroden auf dem inneren Umfang im 90°-Abstand verteilt sind, wurden je nach Wahl der Elektroden verschiedene Muskeln elektrisch stimuliert. Bei geschickter Wahl von Elektroden und Stimulationsparametern war eine selektive Fußhebung bzw. Fußsenkung mit demselben Implantat zu erzielen. Chronisch über bis zu sechs Monaten implantiert bewiesen die Cuff-Elektroden ihre mechanische Verträglichkeit. Auf Grund ihres „Leichtgewichts" traten nahezu keine Druckschädigungen am Nerv auf, wie sie oft bei konventionellen „Schwergewichten" dieser Bauform üblich sind."

12.7
Gewebeanwachsen auf technischen Materialien – biokompatible Werkstoffe

12.7.1
Anwachsen von Schleimhautzellen auf Zahnimplantatmaterial

Neben noch nicht gelösten Problemen des Einwachsens im Kieferknochen leiden Zahnimplantate daran, dass sich Schleimhautzellen ungern mit der Oberfläche des technischen Implantats verbinden. Es entstehen Spalträume, Schleimhauttaschen, die bakterieller Infektion bis hin zur Knochenvereiterung Vorschub leisten können. Ein Anwachsen von Schleimhautzellen hängt von unterschiedlichen Parametern ab, bei Metallen u. a. von der metallurgischen Konsistenz der verwendeten Legierung sowie von der Strukturierung der technischen Oberfläche.

Der Werkstoffwissenschaftler J. Breme von der Technischen Fakultät der Universität des Saarlandes und die Biologin E. Eisenbarth von der Technischen Biologie und Bionik derselben Universität haben sich dieser Probleme angenommen. Dabei stellten sich eine Reihe grundlegender Testprobleme.

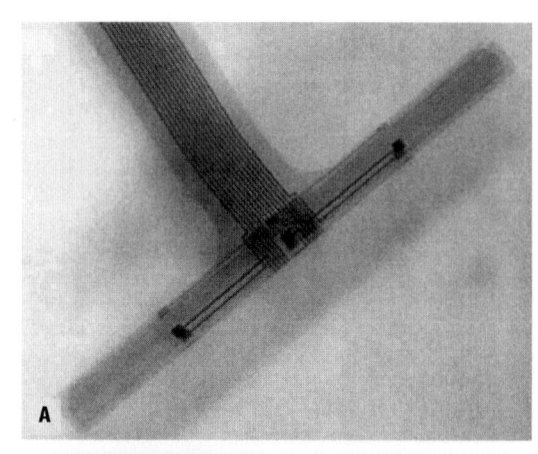

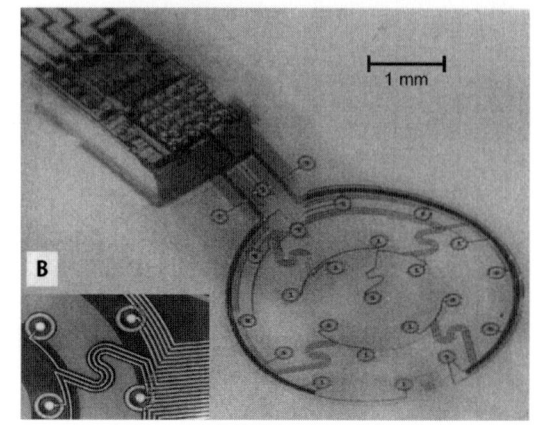

Abb. 12-16 Manschettenelektrode und Retinastimulator. A Manschetten- oder Cuff-Elektrode für Kontaktierung peripherer Nerven (Polyamid mit integrierter Zuleitung, Durchmesser 700 μm), **B** Retinastimulator. Implantat auf Basis einer flexiblen Polyimid-Struktur mit hybrid aufgebrachten mikroelektronischen Schaltkreisen zur Stimulation. Einschaltbild: Ausschnittsvergrößerung *(nach Stieglitz et al. 1999)*

Getestet wurde z. B. die Haftung von Gingiva-Fibroblasten auf Metallen unterschiedlicher Zusammensetzung und mit unterschiedlicher Oberflächenschicht. Es handelte sich um gängige Implantatmaterialien wie Titan, Titan-Aluminium-Legierungen sowie Titan-Aluminium-Vanadium-Legierungen mit unterschiedlichem Vanadiumgehalt. Was die Oberflächen anbelangt, handelte es sich um unterschiedliche Strukturierungen, Metalle oder Keramiken unterschiedlich strukturierter Oberfläche (Rauheiten unterschiedlicher Art, etwa geriefte Strukturen). Getestet wurde, bei welchen Scherkräften die aufwachsenden Zellen zu 50 % abgelöst werden. Scherkräfte können in einen neuartigen Ansatz dadurch aufgebracht werden, dass die Probe in einem speziell konstruierten Strömungskanal (Miniatur-Flachbett-Kanal, der physiologische Kochsalzlösung enthält) und unter ein Mikroskop passt, entwickelt aus unserer Erfahrung mit Wasserkanälen für kleine Reynoldszahlen, mit zunehmender Geschwindigkeit angeströmt wird, dabei haften immer weniger Zellen (Abb. 12-17 A).

Abbildung 12-16 B zeigt ein Versuchsbeispiel. Wie erkennbar haften Zellen auf Vanadium-haltigen Oberflächen umso schlechter je höher der Vanadiumanteil ist, und zwar bei jeder getesteten Scherkraft (entsprechend einer bestimmten Strömungsgeschwindigkeit). Des Weiteren wurde gezeigt, dass eine bestimmte Oberflächenriefung – nicht zu fein, nicht zu rau – eine größtmögliche Zahl von Kontaktpunkten der dann langgestreckt anwachsenden Zellen induziert. Untersuchungen wie diese können einmal zu einer Ideallegierung mit Idealoberfläche führen, die das Anwachsen des Zahnfleisches optimal begünstigt.

12.7.2
Biokompatible Titanwerkstoffe

Für Endoprothesen und Implantate aller Art, insbesondere auch für Zahnimplantate, werden immer noch die idealen Werkstoffe gesucht. Sie müssen einerseits die notwendige Festigkeit und Elastizität aufweisen, andererseits biokompatibel sein, d. h. umgebendem Gewebe das An- und Einwachsen ermöglichen und gleichzeitig keine Stoffe abgeben, die das Gewebe schädigen können. J. Breme, V. Biehl und E. Eisenbarth vom Lehrstuhl für Werkstoffkunde und Technologie der Metalle an der Universität des Saarlands haben sich insbesondere mit der Entwicklung biokompatibler, maßgeschneiderter Werkstoffe auf Titanbasis für die medizinische Technik befasst.

Bei Zahnimplantaten hat sich z. B. die Porengröße verändert. „Es zeigte sich, dass die Porengröße groß genug sein muss (ca. 50–100 μm), um ein Einwachsen des Knochens zu erlauben. Titan mit besonderen Oberflächenstrukturen, z. B. poröse Oberflächenschichten, zeigt spezielle mechanische Eigenschaften, nämlich ein isoelastisches Verhalten zum Knochen. Dadurch wurde nach dem Einwachsen der Knochenzellen die Knochenneubildung stimuliert. In diesem Zusammenhang wurde ein anderer Zahnimplantattyp mit einer speziellen Oberflächenstruktur entwickelt, bei dem die Steifigkeit des Implantats vermindert und die natürliche Aufhängung des Zahns imitiert wird. Eine Spirale aus einem Titandraht wurde auf den Implantatkern aus TiTa30 diffusionsgeschweißt. Durch das Einwachsen des Knochens in die entstandenen Schlaufen wird die natürliche Auf-

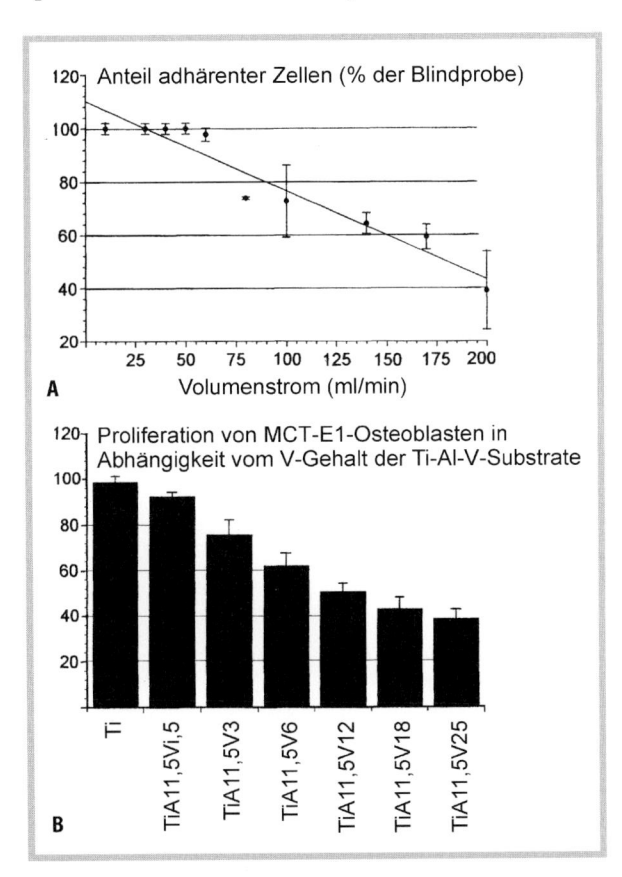

Abb. 12-17 Beispiel für eine Adhäsions-Untersuchung (Strömungsmedium PBS, Zellen des Typs L 132, Kultivierungszeit 7 Tage, n = 4, bei B Volumenstrom 60 ml/min, Dauer der Umströmung 40 s). Mit höherer Strömungsgeschwindigkeit (**A**) und höherem Vanadiumgehalt einer Ti-Al-V-Legierung (**B**) sinkt die Zelladhärenz *(nach Eisenbarth et al. 1996)*

hängung des Zahns mit einer Dämpfung, die durch die sog. Sharpey'schen Fasern gewährleistet wird, imitiert. Die Funktionalität beider Implantattypen (poröse Oberflächensschicht, Schlaufen) wurden in vitro und in vivo untersucht. Für die In-vitro-Experimente wurde ein künstlicher Kieferknochen aus Kunststoff mit den gleichen elastischen Eigenschaften und der Geometrie des menschlichen Kiefers (innerer Teil mit Eigenschaften der Spongiosa E = 3 000 MPa, äußerer Teil mit Eigenschaften des kortikalen Knochens E = 20 000 MPa) konstruiert. Die Implantate wurden in das Modell eingebracht und durch eine Universalprüfmaschine funktionell belastet. Die Dehnung und die daraus errechnete Spannung wurden mit Hilfe von Dehnmessstreifen bestimmt. Um ein Ergebnis zu erhalten, das den Einfluss der Implantatsteifigkeit beschreibt, erfolgte eine systematische Änderung des Elastizitätsmoduls durch den Vergleich von Implantaten aus verschiedenen Werkstoffen (Abb. 12-18 A, B). Die geeignetsten Implantate besaßen ein elastisches Verhalten ähnlich dem der Knochenkortikalis (Abb. 12-18 A). Bei In-vivo-Tests zeigten histologische Untersuchungen ein gutes Einwachsen des Knochens mit einem engen Kontakt zur Implantatoberfläche.

Gerade bei dentalen Implantaten sind sehr unterschiedliche Anforderungen zu erfüllen. So muss das Implantat im Kontakt zum Hartgewebe im Kieferknochen integriert werden. Andererseits wird verlangt, dass das Weichgewebe, die Gingiva, ebenfalls in engem Kontakt zu dem Implantat wächst, so dass Bakterien aus der Mundhöhle nicht an das Implantatlager gelangen können, wo sie Entzündungen hervorrufen, durch die das Implantat verloren gehen kann. Auch für diese Anforderung des engen Kontakts der Gingiva kann die Oberflächenstruktur des Implantats optimiert werden. Im mikroskopischen Bereich wurde dazu die Oberfläche von Titan technischer Reinheit unterschiedlich aufgeraut (Abb. 12-18 D). Auf diesen Oberflächen wurden dann primäre Gingiva-Fibroblasten kultiviert. Es zeigte sich, dass die Zellen eine Orientierung einnahmen, die der Oberflächenstruktur entsprach. War die Oberfläche poliert und nur wenig aufgeraut, fehlte diese Orientierung. Bei den durch Schleifen erzeugten Strukturen erfolgte eine Längsstreckung der Zellen entlang der Oberflächenvertiefungen. Verbunden mit der Längsstreckung bilden die Zellen mehr Fokalkontakte zum Untergrund aus, wodurch ihre Haftfestigkeit zum Implantat vergrößert wird. Es konnte festgestellt werden, dass mit zunehmender Oberflächenrauheit die Orientierung der Zellen zunahm (Abb. 12-18 D).

Neben Titan-basierten Werkstoffen mit den genannten strukturellen Oberflächeneffekten wurden auch Titan/Keramik-Verbundwerkstoffe mit speziellen biologischen und speziellen physikalischen Eigenschaften entwickelt.

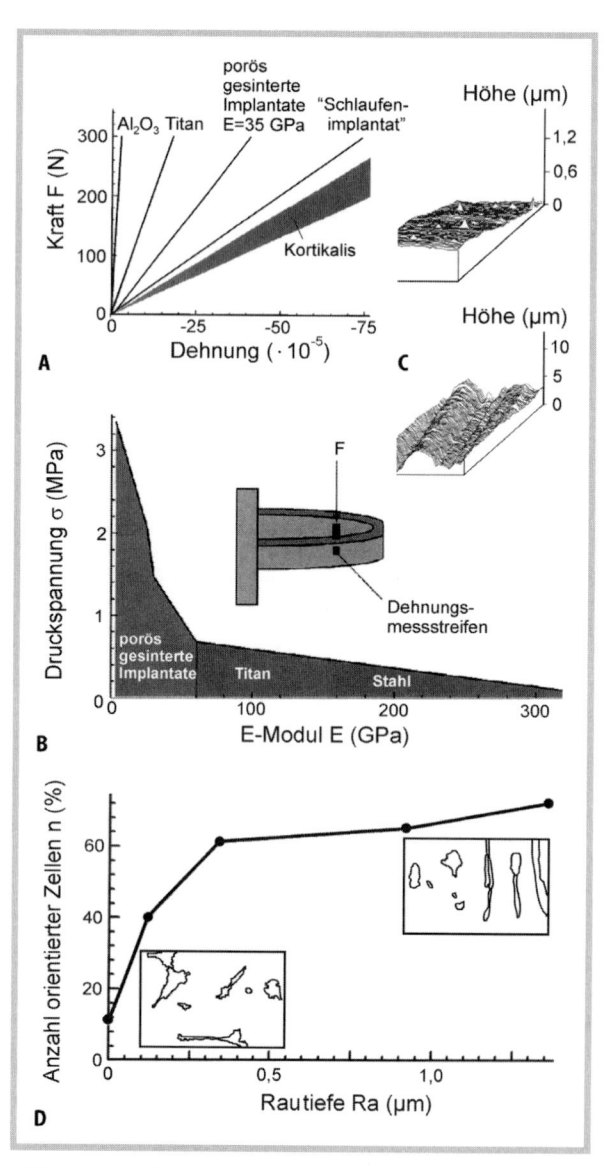

Abb. 12-18 Einige Kenngrößen biokompatibler Titanwerkstoffe. **A** Belastungs-Dehnungs-Kennlinien, **B** Spannungs-Elastizitätsmodul-Kennlinie, **C** Oberflächenstruktur polierter (oben) und aufgerauter Proben (unten), **D** Einfluss der Oberflächenrauheiten auf die Orientierung von Fibroblasten *(nach Breme et al. 2001)*

12.8
Naturstoffe als Schutz- und Pflegemittel

Entfernt man von einem Apfel halbseitig die natürliche Wachsschutzhülle durch vorsichtiges Abreiben mit Alkohol, so schrumpft und verpilzt diese Seite rasch (Abbildung 12-19 A, B). Die Firma Wella, einer der weltgrößten Produzenten von Haarpflegemitteln, hat ein Verfahren entwickelt, mit dem man aus den Tresterrückständen bei der Apfelsaftgewinnung die Wachse schonend herauslösen kann. Aufbereitet können sie Haarpflegemitteln beigefügt werden, die z.B. die leicht abstehenden und abreibbaren Schuppenstrukturen von Haaren (Abb. 12-19 C) pflegerisch beeinflussen. Auch als Handpflegemittel zum Schutz der Keratin-Hautoberfläche können solche natürlichen Substanzen eingesetzt werden. Der so behandelte Trester kann – wie vordem auch – als Viehfutter weiterverwendet werden.

Erstmals eingesetzt wurde dieses Schutz- und Pflegekonzept auf natürlicher Basis z.B. in den Haarpflegemitteln Sanara, Wellabalsam. Die Schutzwirkung auf die Haut kann man durch Bestimmung der Reduktion des transepidermalen Wasserverlusts mittels eines aufgebrachten Schutzmittels feststellen. Die Haut wird mit dem Wachs nicht voll versiegelt, nur soweit geschützt, dass noch Hautatmung möglich ist. Okklusionstests verschiedener kosmetischer Lipide haben gezeigt, dass Apfelwachs im Vergleich zu Ölen oder Paraffinen (im Mittel etwa 30 %) eine weitaus höhere Schutzwirkung hat (55 %), übertroffen nur noch von Vaseline (72 %).

Nach diesen Anfangserfolgen mit einer geeigneten und beliebig verfügbaren Substanz forscht die Industrie nun verstärkt nach Anwendungsmöglichkeiten für natürlich produzierte, oberflächenbeeinflussende Pflege- und Schutzsubstanzen. Auch in Zeiten ungünstiger Xetra-Schlusskurse ist mit Shampoons, Haarfärbemitteln und Düften gutes Geld zu verdienen, zumal wenn dabei mit „natürlichen Substanzen" geworben werden kann.

Ein anderes Beispiel für die Umsetzung natürlicher Wirkstoffe in der Kosmetikindustrie gibt die Baiersdorf AG mit dem Alpha-Flavon von Nivea Visage zur Gesichtshautpflege. Der Wirkstoff basiert auf einem natürlichen Flavonoid, mit dem der japanische Pagodenbaum seine Blüten vor dem Austrocknen, aber auch vor zu starker UV-Bestrahlung, Umweltgiften und Stress schützt. Nach Firmenangabe soll die Haut damit deutlich langsamer altern.

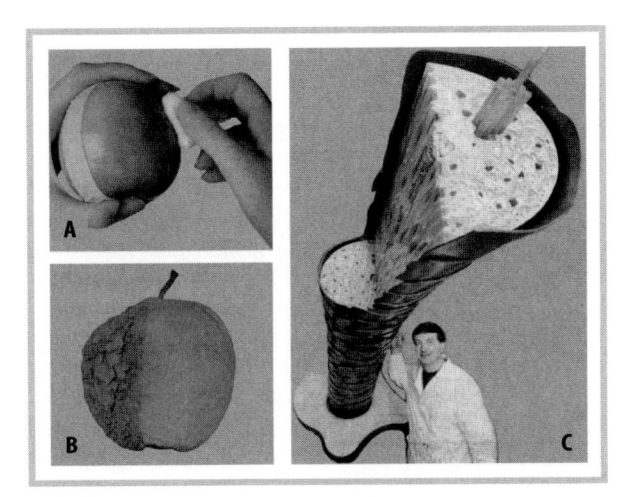

Abb. 12-19 Apfelwachs als Pflegemittel. **A** Einseitiges Abreiben eines Apfels mit Alkohol, **B** Degeneration der abgeriebenen Hälfte nach ca. einer Woche *(nach Wella aus Nachtigall 2001)*, **C** Großmodell eines Menschenhaars *(Modell Wella, Foto: Meyer, verändert)*

12.9
Interaktion des Organismus mit Wellen-Nutzung von Licht zur Einkoppelung von Mikrowellen

Die Interaktion des Organismus mit Lichtwellen, die auf dafür spezialisierte Sinneszellen treffen (z.B. die Stäbchen und Zäpfchen im Wirbeltierauge), ist sehr gut untersucht. In den letzten Jahren gab es aber mehr und mehr Hinweise auf die Möglichkeit, dass auch andere Zellen über Lichtquanten miteinander kommunizieren können; eine zusammenfassende Darstellung findet sich in Popp et al. (Hrsg.) Wenn dem so ist, sich also die Interaktion zwischen belebter Materie und Licht als offensichtlich weit verbreitetes biologisches Grundprinzip bestätigen sollte, könnte man dieses stärker als bisher geschehen biomedizintechnisch und -therapeutisch nutzen. Die Frage ist nur, wie Licht am besten in geeignete biologische Zellbestandteile eingekoppelt wird. Am Beispiel der Beeinflussung von Enzymen hat U. Warnke einen neuartigen, erfolgversprechenden Weg aufgezeigt.

12.9.1
Steigerung von Enzymaktivitäten

Warnke sieht die genannte Möglichkeit der Verkoppelung wie folgt. „Enzyme erfüllen ihre Aufgabe mit Hilfe physikalischer Moleküleigenschaften. Das bedeutendste Merkmal ist wohl, dass Enzyme mit Hilfe elektromagnetischer Eigenschwingungen im Bereich der Mikrowellen resonant in Kooperation mit ihrem Substrat arbeiten. So hat etwa Lysozym eine Eigenschwingungsfrequenz von $6{,}25 \times 10^{12}\,\text{s}^{-1}$. Diese typischen Schwingungen von Proteinen im THz-Bereich stehen auch in Wechselwirkung mit elektromagnetischen Schwingungen der Umwelt, wodurch Enzyme dann aktiviert werden können, wenn eine ausreichende Eindringtiefe der Schwingung in den Organismus erreicht wird.

Auch die Sonne sendet in diesem Mikrowellen-Spektralbereich. Dies allerdings vor allem dadurch, dass bestimmte Spektralbereiche im nahen Infrarotbereich durch Wasserabsorption (in Atmosphäre und Hautgewebe) abgetrennt werden und die verbleibenden Spektren dann miteinander zu Schwebungen interferieren. Die so entstehenden Schwebungsfrequenzen liegen bei sehr nahe liegenden Spektren in entsprechenden Mikrowellenbereichen." Die Möglichkeit einer Steigerung von Enzymaktivitäten durch gezielte Bestrahlung hätte sehr weitreichende Konsequenzen z. B. für die Verbindung von Enzym und Substrat, von Antigen und Antikörper sowie von Hormonen und Rezeptoren. Beeinflussbar wäre auch die Wirksamkeit des Adenosintriphosphats (ATP) als Energiespeichermolekül. Denkt man daran, wie wichtig ATP für alle nur vorstellbaren Lebensvorgänge in unserem Körper ist, wäre eine Steigerung der Umsatzrate gerade im Krankheitsfall von großer allgemeiner Bedeutung.

12.9.2
Entwicklung einer lichtbetriebenen Mikrowelleneinkopplung

Wenn man davon ausgehen kann, dass Sonnenstrahlen Enzymmoleküle beeinflussen, wie könnte man diese Wirkung technisch optimal nachahmen? Wesentlich erscheint, dass die in diesem Zusammenhang maßgebenden Quantenenergien in einem Bereich des elektromagnetischen Spektrums liegen, welcher der Thermostrahlung und angrenzenden Mikrowellenstrahlung mit Wellenlängen zwischen etwa 3 und 25 µm entspricht. Diese Strahlung wird aber bereits in den äußeren Schichten des Hautgewebes zum größten Teil absorbiert, so dass durch „Dauerlicht" nach Art der direkten Sonnenbestrahlung nur ein kleiner Teil der möglichen positiven Effekte induzierbar wäre. Wie also bekommt man „das Licht in die Zelle"?

Die konzeptuelle Grundüberlegung ist folgende: Zwei Lichtwellen, deren Frequenzen so gewählt werden, dass das Licht die Haut gut durchdringt, interferieren in den Zielzellen; die Interferenzwelle hat dann die „biologisch richtige" Frequenz. Ein guter Gedanke: Kommt geeignetes Licht nicht genügend durch, strahlt man an sich „biologisch ungeeignetes" ein, das aber durchkommt und an Ort und Stelle zu einer „geeigneten" Frequenz interferiert. Mit den Worten des Autors: „Zwei tief eindringende Lichtquellen mit benachbarter Frequenz können sich innerhalb des Gewebes zu Schwebungen im Mikrowellenbereich überlagern und infolge der Nichtlinearität des organischen Gewebes eine wirksame Sekundärstrahlung aufbauen. Diese Strahlung liegt bei richtiger Berechnung in Resonanz mit bestimmten Enzymen. Abbildung 12-19 B verdeutlicht das Prinzip der Schwebungsentstehung durch Interferenz zweier Sinuswellen leicht unterschiedlicher Frequenz. Schwebungen mit (biologisch effektiven) Frequenzen, wie sie für den Mikrowellenbereich typisch sind, kann man durch Interferenz zweier tief einstrahlender Lichtwellen im Infrarot- oder Nahinfrarotbereich erzwingen.

12.9.3
Anwendungsprinzip

Abbildung 12-20 A zeigt das Prinzipkonzept. Zwei Laserdioden L_1 und L_2 schicken zwei Lichtstrahlen S_1 und S_2 aus, die sich in einem Bestrahlungsbereich B_{1+2} überlagern. Dieser liegt z. B. in einem Körpergewebeabschnitt, der sich 5 cm unter der Hautoberfläche befinden kann. Die Laserdioden-Lichtquellen sind jeweils mit einer Versorgungs- und Steuereinheit V+S verbunden. Sie geben Licht mit einer Wellenlänge um 900 nm ab, wobei sich die Wellenlängen in S_1 geringfügig von den Wellenlängen in S_2 unterscheiden. Ein Motor M dreht eine Drehscheibe D, die Öffnungen Ö aufweist. Damit werden S_1 und S_2 aufeinanderfolgend unterbrochen und freigegeben, wobei Impulsfrequenzen im Kiloherzbereich einstellbar sind. Die Mechanik kann auch durch eine reine Optoelektronik ersetzt werden.

Im Bestrahlungsbereich B_{1+2} kommt es dann zu einer Überlagerung von S_1 und S_2, wobei eine gegebene feste Phasenbeziehung und der Frequenzunterschied zwischen den Lichtwellen so gewählt ist, dass Schwebungen resultieren. Ergeben sich in der resultierenden Welle Wellenlängen um 3,24 µm, so können damit gezielt ATP-gekoppelte Zellreaktionen ausgelöst werden. Als Effekt lässt sich z. B. eine erhöhte Autorhythmik der arteriellen Blutgefäße um etwa 70 % messen, wodurch Blut an kritischen Stellen leichter transportiert wird. Weiter werden diverse Enzyme aktiver, und dadurch

12.10
Kurzanmerkungen zum Themenkreis „Anthropo- und biomedizinische Technik"

12.10.1
Kontrollierte Wirkstofffreisetzung

An Systemen, die Wirkstoffe im menschlichen Körper kontrolliert freisetzen, forscht man seit etwa 30 Jahren. Ausgehend von unkontrollierten Wirkstoffapplikationen (oral, intravenös, intramuskulär, über Suppositorien) werden Wege beschritten zu Systemen, die zell- oder gewebespezifisch und in kontrolliertem Zeitrahmen Substanzen abgeben. Dazu gehören Lipidvesikel, antikörpermarkierte Lipidvesikel, Hydrogele, Silikonimplantate, mechanische Kleinstpumpen. Es wurde bisher eine größere Zahl von Polymeren, vor allem Hydrogele und Silikone getestet. Ziel ist ein selbstständig agierendes System, das die therapeutisch optimale Wirkstoffmenge bzw. -konzentration freisetzt bzw. aufrechterhält, ohne dass es – wie bei Injektionen – zu großen Unterschieden und Fluktuationen kommt.

B. J. Spargo und A. S. Rudolph haben zu diesem Zweck Mikrozylinder-Trägersysteme entwickelt, bestehend aus einem biokompatiblen Hydrogel aus Agarose und Gelatine. Diese Mikrozylinder sind hohle, strohhalmähnliche Strukturen mit einem großen Längen-Durchmesser-Verhältnis. Über sie können z. B. Wachstumsfaktoren abgegeben werden, die bei der Wundheilung eine Rolle spielen. Die Kinetik der Wirkstofffreigabe aus diesen Mikrozylindern könnte im Vergleich zu Agarose-Blöcken aufgezeigt werden. Sie ist signifikant günstiger, d. h. gleichmäßiger.

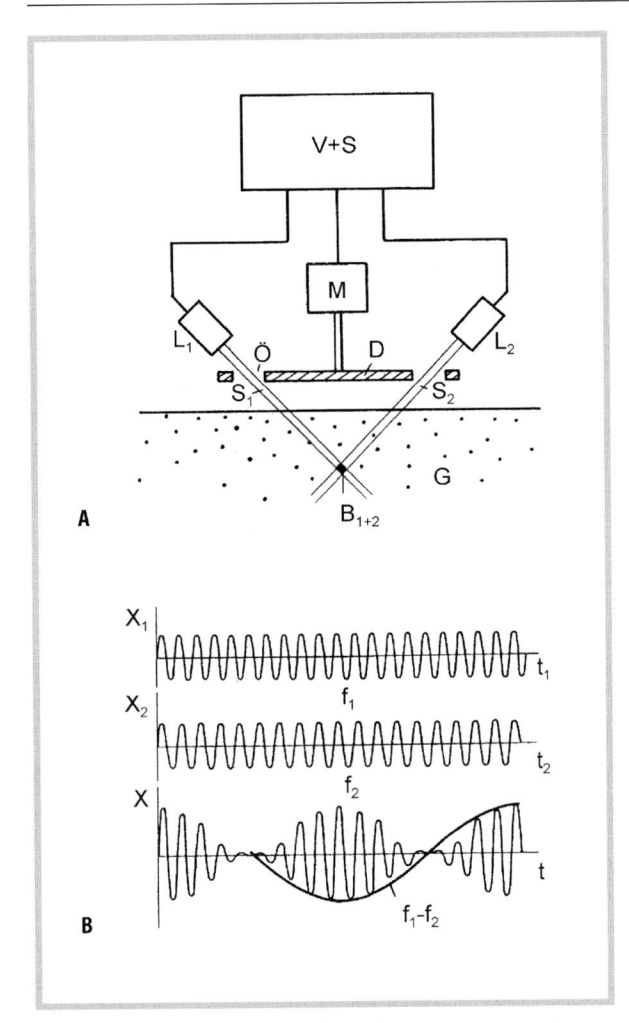

Abb. 12-20 Bestrahlungsprinzip und Prinzip der Schwebung. **A** Schemaskizze des Bestrahlungsgeräts *(nach Warnke 1996)*, **B** Entstehung einer Schwebung mit der Frequenz f_1-f_2 durch Überlagerung zweier Sinusschwingungen mit den Frequenzen f_1 und f_2 *(nach Gerthsen 1960)*

12.10.2
Ein osteokonduktives Ersatzmaterial aus Algen

Knochenheilung kann in mancherlei Hinsicht beschleunigt werden, wenn dem wachsenden Knochen ein Ersatzmaterial geboten wird, in das er einwachsen und dass er langsam verdrängen kann. Als solches Material hat sich bspw. das aus Algen gewonnene Algipore bewährt, eine Apatitkeramik von großer spezifischer Oberfläche (32–50 m² g^{-1}), die der des natürlichen Knochens (20–100 m² g^{-1}) nahe kommt. Wie Schumann und Koautoren mitteilen ist die Anpassung damit besser als bei konventionellen Hydroxyl-Apatitkeramiken mit spezifischen Oberflächen von nur 0,6–15 m² g. Mit diesem Material wird eine gute Knocheninterposition erreicht; das glykogene Hydroxylapatit wird knöchern im

können Stoffwechselprozesse forciert werden. Die Einrichtung arbeitet mit beträchtlicher Effektivität. Bestrahlt man normal durchblutetes Körperabschlussgewebe mit zwei Lichtstrahlen aus dem nahen Infrarotbereich (750–980 nm) mit einer Ausgangsleistung von 25 W (Strahlenkegel 1 cm Durchmesser auf der Haut), so lassen sich in der beachtlichen Tiefe von 5 cm unterhalb der Haut noch Restquantenausbeuten von ca. 10^4 Photonen/cm² bestimmen.

Sinn einer Ersatzresorption integriert. „Algipore kann somit als osteokonduktives Knochenersatzmaterial bezeichnet werden, das sich durch vergleichsweise rasche Resorption mit gleichzeitig kontinuierlich ablaufendem Umbau von Hydroxylapatit in Knochen auszeichnet".

Mit gutem Erfolg hat man auch ausgedrehte und sterilisierte Zylinderchen aus Korallenkalk für osteokonduktive Zwecke eingesetzt.

12.10.3
Fliegenmaden als Wundheiler

Das Einsetzen von Kleintieren als Ganzes in der Medizintechnik ist nicht gerade gängig. Kürzlich hat man sich wieder daran erinnert, was die Indianer Mittelamerikas immer schon wussten: Junge Fliegenlarven, in schlechtheilende Wunden gesetzt, dienen der raschen und unkritischen Heilung durch eine Kombination verschiedener Eigentümlichkeiten:

- Sie *verdauen nur tote Zellen* und greifen lebende nicht an.
- Sie *scheiden bakterizide Stoffe aus*, die selbst gegen multiresistente Keime wirken.
- Sie *scheiden wundheilungsfördernde Stoffe aus* wie etwa Allantoin.
- Sie *wirken desodorierend*.
- Sie *fördern die Durchblutung* und verbessern somit die Granulation und Epithelialisierung.

W. Fleischmann, Unfallchirurg im Kreiskrankenhaus Bitigheim, setzt seit Längerem Larven der Fliege *Lucilia sericata* (Abb. 12-21 A, B) zum Zweck der Wundheilung ein und erreicht in über 80 % der Fälle erstaunliche Erfolge. Zur Nachlieferung der Larven haben drei Biologinnen des Fachgebiets Parasitologie der Universität Hohenheim, C. Reck, B. Bilger und A. Dinkel die Firma neocura GmbH gegründet. Im Mai 1999 wurde dieses Verfahren vom Bundesinstitut für Arzneimittel und Medizinprodukte tatsächlich als Arzneimittel eingestuft, und im April 2000 erteilte die Arzneimittelüberwachungsbehörde der in Reutlingen ansässigen Firma die Erlaubnis zur Herstellung der Larven nach § 18 AMG. Ein Erfolgshindernis könnte die Deutsche Post AG darstellen: Die frischgeschlüpften Larven aus Reutlingen müssen innerhalb eines Tages beim Patienten sein. Die pfiffige Geschäftsidee des Triumfeminats wurde mit mehreren Preisen honoriert, u. a. mit einem Platz beim Frauen-Existenzgründer-Förderpreis Deutschland.

Literatur

Abbott AV, Wilson DG (Eds.) (1995) Human powered vehicles, chapter 3. Human kinetics, Champaign, 1-800-74-7-4457

Baumann W, Lehmann M, Bitzenhofer M, Schwinde A, Brischwein M, Ehret R, Wolf B (1999) Microelectronic sensor system for microphysiological application on living cells. Sensors and Actuators B, B 55, 77–89

Bilger B (2001) Maden und Wundheilung. Biologen heute 2, 8–9

Breme J, Biehl V, Eisenbarth E (2001) Biokompatible maßgeschneiderte Verbundwerkstoffe auf Titanbasis für die medizinische Technik. Magazin Forschung der Universität des Saarlandes 1/2001, 3–11

y Cajal SR (1911) Histologie du Système Nerveux de l'Homme et des Vertébrés. Maloine (Ed.) Paris

Copf F sen. (2001) Auf dem Weg zu einer neuen bionischen Endoprothese des Hüftgelenks. In: Wisser A, Nachtigall W (Hrsg.): BIONA-report 15, Akad. Wiss. Lit. Mainz, 91–119 und Copf sen., pers. Mttlg.

Eisenbarth E, Meyle J, Nachtigall W, Breme J (1996) Influence of the surface structure of titanium materials on the adhesion of fibroblasts. Biomaterials 17, 1399–1403

Farber BS, Jacobson JS (1995): An above-knee prosthesis with a system of energy recovery: a technical note. J. of Rehabilitation Research and Development 32(3), 337–348

Facet Enterprices (1979) Biocam catalog. Tulsa

French M J (1988) Invention and Evolution. Design in Nature and Engineering. Cambridge University Press, Cambridge etc.

Fromherz P (1985) Brain on line? The feasibility of a neuron-silicon junction. 20th Winterseminar „Molecules, Memory and Information", Klosters

Gerthsen C (1960) Physik. Ein Lehrbuch zum Gebrauch neben Vorlesungen. Springer Verlag, Berlin Göttingen Heidelberg, 6. Auflage

Gross GW, Rieske E, Kreutzberg GW, Meyer A (1977) A new fixed-array multimicroelectrode system designed for long-term monitoring of extracellular single unit neuronal activity in vitro. Neurosci. Lett. 6: 101–105

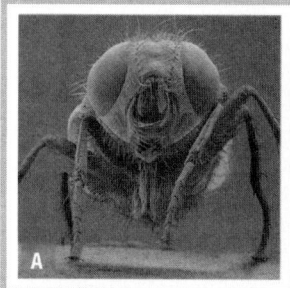

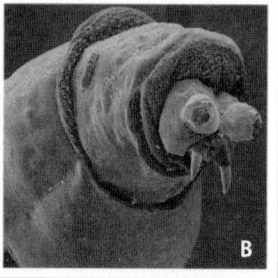

Abb. 12-21 Die Fliege *Lucilia sericata* (**A**) und das Vorderende einer verpuppungsreifen Larve (**B**) *(nach Bilger 2001, Fotos: Eyes-of-science)*

Gross GW, Schwalm FU (1994) A closed chamber for monolayer neuronal networks. J. Neurosci. Meth., 52, 73–85

Gross GW, Norton S, Gopal K, Schiffmann D, Gramovski A (1997) Neuronal networks in vitro: applications to neurotoxicology, drug development and biosensors. Cell. Eng., 1997, 2, 138–147

Grundei H (2000) The history of metallic-spongiosa implants. Druckschrift ESKA Implants GmbH & Co, Grapengießerstr. 34, 23556 Lübeck

Haffner M T, Cohen G B (1973) Progress in the mechanical simulation of human head-neck-response. In: Kin WF, Märtz HJ (Eds.): Human impact response. Measurement and simulation. Plenum, New York, London

Harrison JY (1970) Maximizing human power output by suitable selection of motion cycle and load. Human Factors, Vol. 12, no. 3 pp. 315–329

Henderson SC, Ellis RW, Klimovitch G, Brooks GA (1977) The effects of circular and elliptical chainwheels on steady-rate cycle ergometer work efficiency. Med Sci Sports 9: 202–207

Jenkner M (1999) Hybride Netzwerke aus Neuronen von *Limnea stagnalis* und Silzium-Chips. Promotionsarbeit Fak. Physik TU München: http://tumb1.biblio.tu-muenchen.de/publ/diss/ph/1999/jenkner.pdf

Jenkner M, Müller B, Fromherz P (2001) Interfacing a silicon chip to pairs of snail neurons connected by electrical synapse. Biol. Cybern. 84 239–249

Lang G, Kripp T (1993) F + R Information „Apfelwachs", Wella AG, Darmstadt

„Mittelohrimplantat": Wauro F (Erfinder) Bartels F (Patentinhaber): Patent DE 19647579.1

Morefield SI, Keefer EW, Chapman KD, Gross GW (2000) Drug evaluations using neuronal networks cultured on microelectrode arrays. Biosensors & Bioelectronics 15, 383–396

Nachtigall W (1974) Phantasie der Schöpfung. Faszinierende Entdeckungen der Biologie und Biotechnik. Hoffmann und Campe, Hamburg

Navarro X, Calvet S, Rodriguez FJ, Stieglitz T, Butí M, Valderrama E, Meyer J-U (1998) Stimulation and Recording from Regenerated Peripheral Nerves through Polymide Sieve Electrodes. Journal of the Peripheral Nervous System, Vol. 3, No. 2, 91–101

Pletschacher P (1997) Hologramm im Cockpit. Lufthansa Bordbuch III/97, 10–11

Popp FA, Warnke U, König HL, Peschka W (Eds.) (1978) Electromagnetic Bio-Information – 2nd Edition, Urban & Schwarzenberg, München, Wien, Baltimore

„Retinachip" Harvard: http://rleweb.mit.edu/retina/news2_1.html

„Retinachip" Optobionics: (http://www.wissenschaft.de/sixcms/detail.php?id=98691)

Schumann B, Rasse M, Salzer H, Kuntschik M (1993) Z. Stomatol. 90, 1–7

Schumann B (1997) „ALGIPORE® – bone regeneration after absoption of the hydroxyapatite material. Dent Implantol 1, 2, 68–73

Spargo BJ, Rudolph AS: http://cbmsews1.nrl.navy.mil/6910/blood/blood.htm

Stieglitz T, Meyer J-U (1998) Microtechnical Interfaces to Neurons. In: Manz A, Becker H (Eds.): Microsystem Technology in Chemistry and Life Science (Topics in Current Chemistry Series). Berlin, Heidelberg: Springer, Vol. 194, 131–162

Vassanelli S, Fromherz P (1999), Transistor probes local potassium conductances in the adhesion region of cultured rat hippocampal neurons. J. Neurosci. 19, 6767–6773

Warnke U (1997: Vorrichtung und Verfahren zum Bestrahlen von biologischem Gewebe. Patentantrag, Deutsches Patentamt AZ 19653338.4 vom 19.12.96

Warnke U (1997) Der archaische Zivilisationsmensch. Popular Akademic Verlag, 66133 Saarbrücken, Höhenweg 1

Wauro F, Bartels F (1997) New Implants for Middle-Ear Surgery. mst necos 19, VDI/VDE Technologiezentrum Informationstechnik GmbH, Teltow, 14–15

Wauro F, Bartels F (1997) Der Übergang vom biologischen zum technischen Gelenk am Beispiel des schwingungsfähigen Mittelohrimplantats. Proc. 1. Int. Conf. on Motion Systems, 98-99, Jena, Sept. 29–30

Weiss DG, Gross GW (1996) Neuronale Netzwerke in Kultur auf Multi-Elektrodenarrays., Fachtagung Informationstechnik und Biotechnologie vom 4. März 1996, Bonn, BMBF, 35–66

Weiss DG, Maile W, Wick RA, Steffen W (1999) Video Microscopy. (Chapter 3) In: Light Microscopy in Biology, A Practical Approach, 2nd. Edition., A.J. Lacey (Ed.). Oxford University Press, Oxford, 73–149

Zeck G, Fromherz P (2001) Noninvasive neuroelectronic interfacing with synaptically connected snail neurons on a semiconductor chip. Proceedings of the National Academy of Sciences, 98, 10457–10462

Kapitel 13

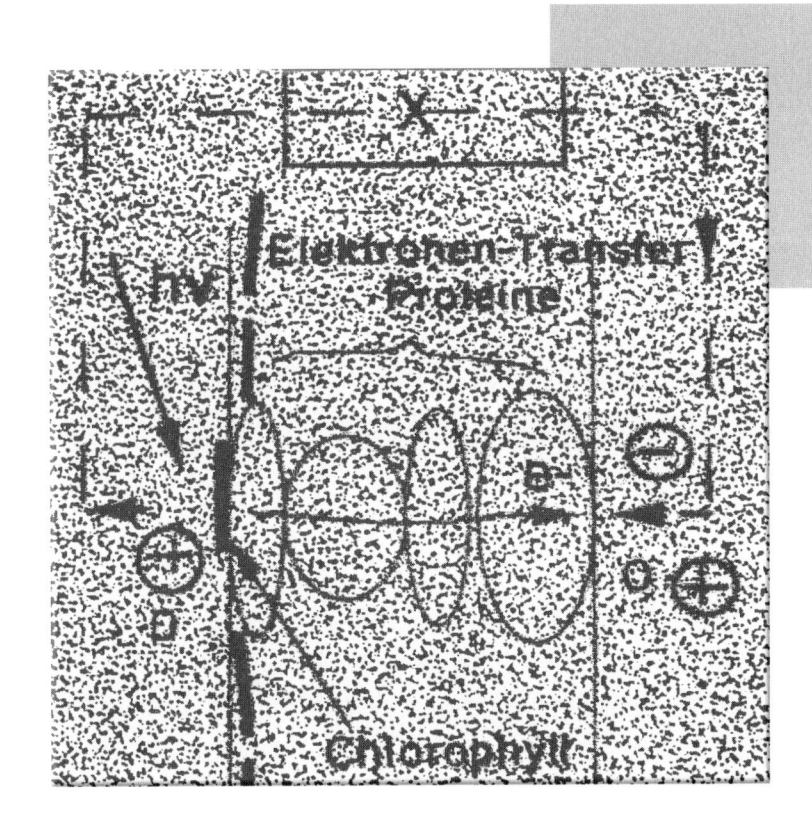

13 Verfahren und Abläufe

13.1 Solarnutzung – Vielfalt der Technologien

13.1.1 Die Sonne als Energiespender

Abgesehen von der Geothermie und der mondinduzierten Gezeitenbewegung ist die Sonne tatsächlich der einzige nachhaltige Energiespender, der Lebewesen dieser Erde zur Verfügung steht – sei es auf direkte Weise, über die Strahlung, auf indirekte Weise über fotosynthetisierende Pflanzen oder auf indirekte Weise über den (letztlich sonneninduzierten) Wind. Norbert Kaiser hat in einem Beitrag „Maximen für solares Bauen" die solaren Energieflüsse in einer Abbildung (hier Abb. 13-1) zusammengestellt. Er unterscheidet demnach direkte, emissionsfreie Nutzung – einfach umgewandelte, emissionsfreie Nutzung – mehrfach umgewandelte, emissionsbehaftete, aber CO_2-neutrale Nutzung – mehrfach umgewandelte, emissionsbehaftete, aber treibhausrelevante Nutzung. Von der letztgenannten Nutzung abgesehen, die fossile Treibstoffe unter CO_2-Freisetzung verbrennt, sind alle Nutzungsarten ökologisch unproblematisch. Technologien dazu stehen teils seit längerer Zeit bereit, teils sind sie, da physikalisch prinzipiell einfach, bedarfsweise rasch entwickelbar, teils steht ihre praktische Nutzung (vor allem eine solare Wasserstofftechnologie auf der Basis einer „künstlichen Fotosynthese") momentan noch in den Sternen. Der Weg dahin ist beschritten worden, allerdings mit völlig ungenügender gesellschaftspolitischer Unterstützung.

Wie die Abb. 13-2 A, B zeigen, bedeutet der Weg vom vorsolaren ins solare Zeitalter den konsequenten Verzicht auf die – freilich auch solar erzeugten – fossilen Zwischenspeicher. Die Zusammensetzung des Energieverbrauchs (Abb. 13-2 C) in den letzten 150 Jahren zeigt, dass die Muskelarbeit bereits um die Wende zum 20. Jh., die Nutzung der im Holz gespeicherten Energie durch Verbrennung erst in der ausklingenden Nachkriegszeit relativ zum Gesamtbudget bedeutungslos geworden ist. Im Jahr 2000 beginnt die Kohleverbrennung gerade, sich abzuflachen, während die Nutzung von Erdöl, Erdgas und Nuklearenergie weltweit steil zunimmt. Erst seit den 80er-Jahren kann von einer merkbaren Solarnutzung gesprochen werden, die in all ihren Facetten z.Z. kaum mehr als 10%igen Anteil hat. Die Probleme ihrer Nutzung sind bekannt, insbesondere die Energiezwischenspeicherung, doch im Detail lösbar, wenn auch mit unkonventionellen Methoden. Gerade hier gilt das oben Gesagte, was die staatliche finanzielle Unterstützung anbelangt.

In einzelnen Fällen weit gediehen, von der Allgemeinheit aber immer noch stark unterschätzt, ist die solare Klimatisierung von Gebäuden. Die heute noch üblichen Klimatisierungsverfahren fressen einen großen Teil der den Haushalten zur Verfügung stehenden Energie. Er könnte in erster Linie mit relativ unaufwendigen Verfahren – die ihre Bedeutung allerdings erst durch allgemeine Anwendung bekämen – dramatisch reduziert werden.

Als Gegenspieler und Ergänzung zur Sonne kommt die – heute ebenfalls noch dramatisch unterbewertete – Erdtemperatur und Erdfeuchte in Frage. Erstere kann im Sommer kühlen, im Winter wärmen, wobei ihre sommerliche Einbeziehung ebenfalls solar induziert werden kann – durch sonnenaufgeheizte, kaminähnliche Gebäudeaufsätze oder, auf indirekte Weise, durch Wind. Einige der hier genannten Aspekte sind in den folgenden Abschnitten näher beleuchtet, andere sind bereits im Kap. 9 beschrieben.

13.1.2 Vom biologischen Umgang mit der Sonnenstrahlung

H. Tributsch, Strahlungsbiophysiker und Physikochemiker, hat sich Gedanken darüber gemacht, wie die vorindustrielle Architektur ebenso wie die Lebewesen mit der Sonnenstrahlung umgeht. Er hat beobachtet, dass skandinavische Häuser, die häufig bunt bemalt werden, im Süden immer heller werden und in den „heißesten"

Südgebieten weiß sind. Offensichtlich soll damit stärkere Sonneneinstrahlung stärker reflektiert werden, so dass es nicht zur Überhitzung kommt. Häuser sind „Immobilien", mobile Tiere benutzen jedoch ebenfalls den Effekt der „angepassten Farbgebung". So können viele Echsen ihre Oberflächenfarbe der Lichteinstrahlung anpassen. „Ein Iguana von den Fidschi-Inseln wird z.B. ums so heller, je heißer die Sonne scheint und je wärmer er selbst wird. Schwarze Käfer in der Namib-Wüste überziehen sich bei großer Hitze mit einem Wachsfilm, den sie aus Drüsen absondern. Damit reflektieren sie zusätzlich 40% des Sonnenlichts und kühlen deutlich ab."

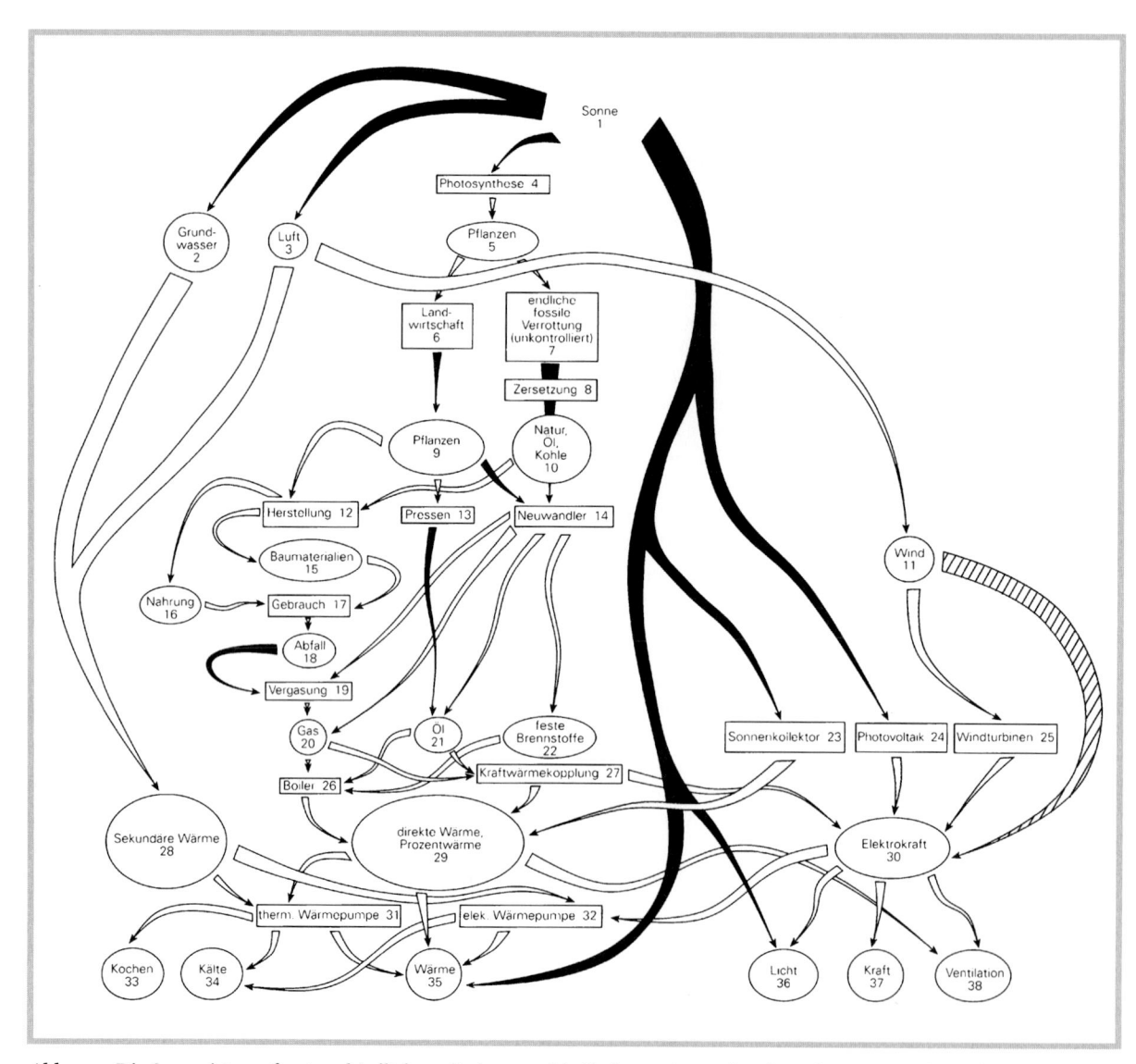

Abb. 13-1 Die Sonne ist – auf unterschiedlichen, direkten und indirekten, ein- und mehrstufigen, Kurzzeit- und Langzeitwegen – letztlich die einzige Energiequelle, die auch dem Menschen zur Verfügung steht. Schwarze Pfeile: direkte Nutzung (emissionsfrei); gestrichelte Pfeile: einfach (physikalisch) umgewandelte Nutzung (emissionsfrei); feinpunktierte Pfeile: mehrfach (biologisch/physikalisch) umgewandelte Nutzung von nachwachsenden Rohstoffen. Verbrennungsemission; CO_2-neutral wegen kurzfristiger Absorptionszyklen). Grobpunktierte Pfeile: mehrfach (biologisch/physikalisch) umgewandelte Nutzung von endlichen Rohstoffen (Verbrennungsemission; treibhausrelevant) *(nach Kaiser aus Herzog (Ed.) 1996)*

Ähnlich agiert auch die Vogelwelt, doch es gibt Ausnahmen. So existieren auch schwarze Vögel in heißen Regionen, beispielsweise im Jemen ein Schwarzstorch, in Westafrika ein Austernfischer. Unter der Voraussetzung, dass das Federnkleid gut wärmeisolierend wirkt, heizen sich die schwarzen Federn zwar auf, doch wird die Wärme u. a. durch den Fahrtwind beim Flug leicht konvektiv abgeführt. Vorteile ergeben sich dann, wenn sich ein schwarzer Vogel im Schatten aufhält. Auf Grund der Umkehrbarkeit der Strahlungsaufnahme und Abgabe, strahlt er über ein schwarzes Gefieder dann stärker Wärme ab als ein weißer Vogel. Vielleicht ist das der Grund, warum Beduinen und andere Wüstenstämme häufig schwarz gekleidet sind.

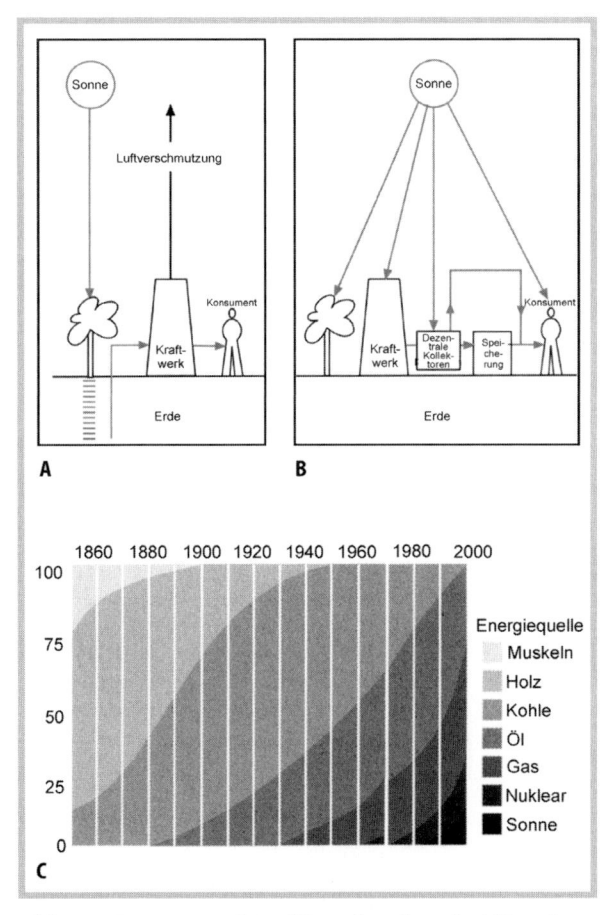

Abb. 13-2 Sonnenenergie und Energieverbrauch. **A** Vorsolares Zeitalter, **B** Solarzeitalter, **C** Zusammensetzung des Energiebedarfs in den letzten 150 Jahren *(nach Kaiser aus Behling 1996)*

Wie sehr Wärmestrahlung eine Rolle spielen kann, folgt auch aus der Beobachtung, dass sich Rehe im Sommer gerne an Waldrändern aufhalten, und zwar an der sonnenabgewandten Seite. Da das Himmelsgewölbe dort relativ kälter ist, strahlt der Waldrand viel Wärme ab, und es ist dort im Durchschnitt 2–3 °C kühler als im Waldinneren. „Diesen Effekt haben traditionelle Architekten aus wärmeren Regionen gerne genutzt. Sie bauen die Veranda so, dass man von ihr zur Zeit der Mittagshitze ebenfalls den von der Sonne abgewandten Himmel sah. Man musste also einen baumfreien Rasen vor der Veranda haben, dann war die Veranda richtig temperiert."

Warum können Möwen ihre Eier in der vollen Sonne liegen lassen, ohne dass sie überhitzen? Bei der Möwe *Larus heermanii* wurde in den Schalen ein Farbstoff nachgewiesen, der 42 % der Wärmestrahlen (nahes und weiteres Infrarot) reflektiert. In der vollen Sonne heizen sich die Eier nur auf 30 °C auf, ohne den schützenden Farbstoff würden sie 45–50 °C heiß, und damit würde der Embryo absterben. Warum nicht weiße Fassadenfarben mit ähnlichen Reflexionseigenschaften konzipieren? Vorstellbar wären nach Tributsch auch schwarze Gebäude in der Wüste, die nur gut isoliert sein müssten. „Ein Schaf auf der Weide verliert durch Wärmeabstrahlung ebensoviel Wärme wie durch Wärmeableitung. Die Strahlungsgesetze zu beachten wäre ein Vorteil für unsere Architektur, und traditionelle Baumeister haben dies auch durch Erfahrung zu nutzen gelernt".

Dies ist richtig und gehört zu dem Erfahrungsschatz im Umgang mit Sonne und Wind, Erdwärme und Erdfeuchte, Licht und Schatten, Wasserreichtum und Wasserarmut und was es alles gibt. Man kann von „kumulativen Effekten" sprechen. Es wird somit nötig sein, nicht nur Solareffekte einzeln und in allen Details zu studieren, sondern sie und andere bauökologisch wichtigen Effekte fallweise auch passend zusammenzuführen. H. Tributsch sieht hier ein breites Betätigungsfeld, allein schon was die solaren Gesichtspunkte anbelangt: „Auch die Bauingenieure zukünftiger Solarhäuser werden nebeneinander zahlreiche Energietechniken anwenden müssen, um eine hohe Perfektion und optimale Lebensbedingungen zu erzielen. Dies ist für die Technologie keine ungewöhnliche Entwicklung. Denken wir nur daran, wie viel Einzeltechniken bereits unser Auto oder ein Flugzeug beinhaltet. Auch für die Solarenergienutzung müssen wir, um eine hohe Perfektion zu erzielen, zahlreiche Techniken parallel entwickeln und sie synergetisch optimal zusammenarbeiten lassen."

Moderne Architekten besinnen sich langsam wieder sowohl auf die (einfachen) physikalischen Grundlagen, als auch auf den Erfahrungsschatz, der in sog. „primitiven Bauten" steckt, solchen also, die sich – analog der natürlichen Evolution – in einem Versuchs-Irrtums-Feld ohne den einflussnehmenden Spezialisten entwickelt haben.

13.1.3
Makroskopische solarbetriebene Energiesysteme

In ihrer „bilanzmäßigen" Einfachheit ist die Fotosynthese der grünen Pflanzen zweifellos das faszinierendste solare Energiesystem, vielleicht auch das mit dem größten Technologiepotenzial für eine zukünftige Energiewirtschaft. Im Abschn. 13.2 wird davon die Rede sein. Doch gibt es auch andere, makroskopische – der Techniker würde sagen „direkte" – Möglichkeiten der Sonnenenergienutzung. H. Tributsch hat auch diese in seine zusammenfassenden Überlegungen einbezogen. Wärme- und Kälteerzeugung gehören ebenso dazu wie Lichtsammlung, Wechselwirkung zwischen Lichtauffall und Oberfläche. Dazu kommt noch das auch von den Blattpflanzen weidlich genutzte Prinzip der solaren Verdunstung. In Abb. 13-3 sind die wichtigsten Prinzipien zusammengestellt.

13.1.3.1
Wärme, Kälte

Da der Wärmehaushalt in Biologie wie Technik einen erheblichen Teil des gesamten Energieumsatzes eines Systems ausmacht, ist auf einen geschickten Umgang mit Wärme und Kälte besonders zu achten. Darauf lag in der biologischen Entwicklung ein hoher Selektionsdruck. Die Technik hat diesen Gesichtspunkt – wegen weitaus zu geringer Energiepreise – oft vernachlässigt, wird jedoch im künftigen Zeitalter der Energieknappheit hier alle nur denkbaren Mechanismen nutzen müssen.

In der Natur haben kleine und große Tiere unterschiedliche Wärme- und Kälteschutzstrategien entwickelt, wie nach der bekannten Bergmann'schen Regel ohne weiteres verständlich ist: das (Wärme produzierende) Volumen eines Tiers ist der dritten Potenz der Körperlänge proportional, die (wärmeaustauschende) Oberfläche nur der zweiten. Arktische Tiere sollten deshalb groß und dick sein und damit eine relativ dicke isolierende Fellschicht entwickeln können, Wüstentiere

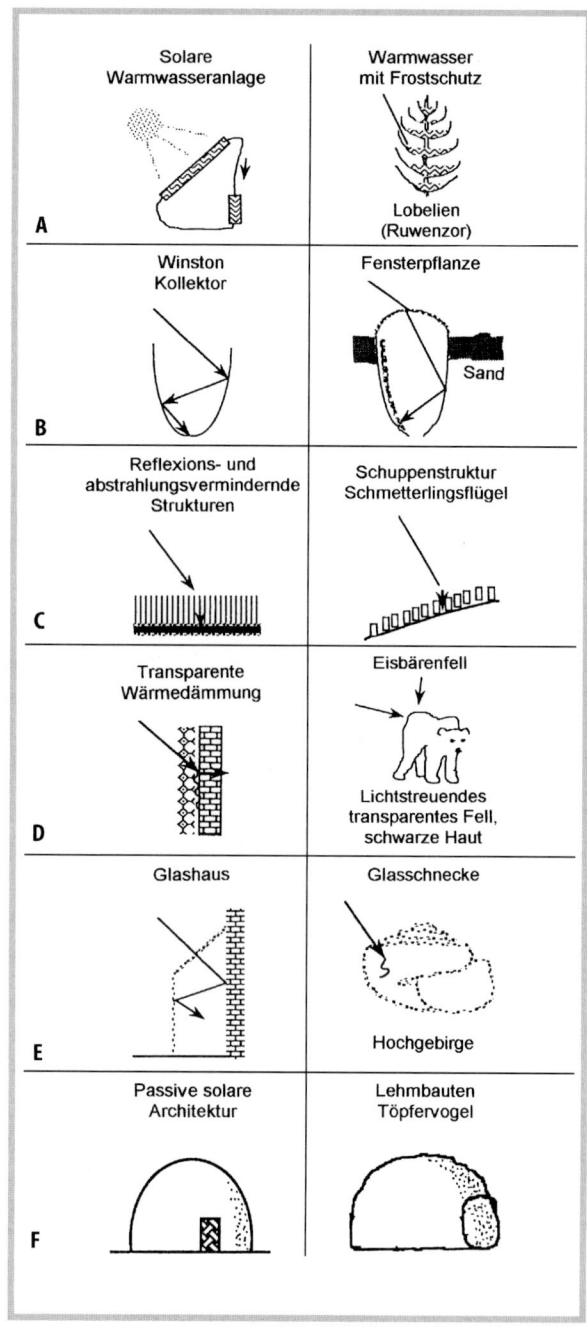

Abb. 13-3 Sechs Beispiele für makroskopische, solar betriebene Energiesysteme in Natur und Technik. **A** Solare Warmwassernutzung, **B** Lichtsammlung, **C** Reflexions-Streulicht Optimierung, **D** Transparente Wärmedämmung, **E** Treibhauseffekt, **F** Temperaturkontrolle über massive Lehmwände *(nach Tributsch 1995, verändert)*

dagegen im Vergleich zum Volumen große wärmeaustauschende Oberflächen entwickeln. Die Ohren des Wüstenfuchses sind denn auch sehr viel größer als die des Polarfuchses. Die wärmedämmenden Eigenschaften von Pelzen und Gefiedern mit ihren eingeschlossenen Lufthohlräumen sind ad hoc regulierbar und können auch (durch Fellersatz oder Mauser) jahreszeitlich variieren. Es gibt zahlreiche Wärmeaustauscher-Einrichtungen bei Wasser- und Landtieren.

Einrichtungen für die solare Wärmegewinnung erwärmen Wasser in strahlungsabsorbierenden Kollektoren. Dieses kann man in einen Zwischenspeicher füllen und erst in der kühlen Nacht zirkulieren lassen. Im Hochgebirge des Ruvenzori/Uganda arbeiten hochwachsende Lobelien nach einem analogen Prinzip. Regenwasser sammelt sich in den Blattzwickeln und wird mit abgegebenem Gefrierschutzmittel angereichert. Dadurch kann Frost – die Nächte werden etwa –15 °C kalt – den Lobelien nichts anhaben (Abb. 13-3 A).

13.1.3.2
Lichtsammlung, Tageslichtsysteme

Maximale Lichtausbeute (und damit auch Ausbeute an längerwelligen IR-Strahlen) lässt sich auf Grund der beschränkten Apertur nicht mit Linsen erreichen, sondern am besten mit innenverspiegelten, paraboloiden Trichtern (Winston-Kollektoren, Abb. 13-3 B). Deren Lichtausbeutung ist proportional dem Quadrat des Brechungsindex des darin enthaltenen Materials. Ein besonderer Vorteil: Die reflektierenden Flächen müssen nicht der Sonne nachgeführt werden. Analoge biologische Lichtleitersysteme finden sich z. B. in den Ommatidien von Krebsaugen (vgl. Abschn. 8.9) oder auch bei Pflanzenkeimlingen, die Licht nach dem Prinzip der Totalreflektion bis in die feinsten Wurzelspitzen leiten können.

In H. Tributschs Labor wurde die kleine südafrikanische Fensterpflanze *Fritia pulchra* nach Lichtleiterprinzipien untersucht. Sie ist kolbenähnlich gebaut, wie der Winston-Reflektor (Abb. 13-3 B), trägt direkt oben ein lichttransparentes Fenster („Fensterpflanzen") und lebt in ihrer Heimat im Boden vergraben; nur das Fenster wölbt sich über die Erdoberfläche. In der Form ist die Pflanze fast identisch mit dem komplex zu berechnenden Winston-Kollektor (Abb. 13-4 A). Ähnlich gebaut sind auch die Arten der Gattung *Fenestraria* (Abb. 13-5). Das Kuppelfenster sorgt für eine Lichtsammlung unabhängig vom Sonnenstand. Das in die Tiefe geleitete Licht wird über die randständigen fotosynthetisierenden Zellen genutzt. Wärme heizt dagegen nur die großvolumigen, wasserhaltigen Fensterzellen auf und wird rasch wieder abgestrahlt („Wasser-Wärmefilter"). Durch Intensitätsschwächung bei der Lichtleitung erreicht das in die Tiefe strahlende Licht gerade die für die Fotosynthese richtige Intensität. Da die fotosynthetisierenden Zellen außen sitzen, profitieren sie von einem weiteren Kühlungsprinzip (Erdkühle).

Während unsere moderne Wüstenarchitektur dem Klima nur sehr wenig angepasst ist und mit großen Kühlleistungen arbeiten muss, zeigt das Vorbild der

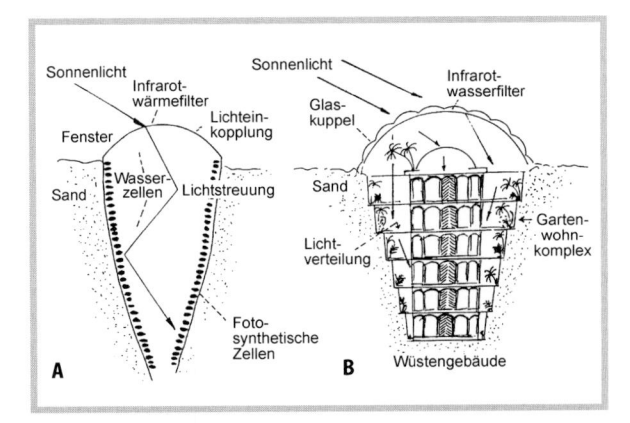

Abb. 13-4 Vorschlag für ein Wüstengebäude (**B**), abstrahiert von dem Baukonzept der Fensterpflanze *Fritia pulchra* (**A**) *(nach Tributsch 1995)*

Abb. 13-5 Fensterpflanze *Fenestraria spec.* mit lichtdurchlässigem „Fenster", mit Lichtleiter-Optik von oben angestrahlt *(Foto: Nachtigall)*

Fensterpflanze, wie man klimatisch autarke, wüstenangepasste Architektur besser machen könnte. Ein Vorschlag H. Tributschs ist in Abb. 13-4 B skizziert. Die Wohnhäuser sollten demnach in die Tiefe gebaut werden, „überdeckt von einer Glaskuppel mit einem wärmeabsorbierenden Wasserfilter. Wie bei der Fensterpflanze sollte das Licht durch Streuung in die Tiefe geleitet werden, wo es Wohnräume, aber auch Gärten erreicht, die von der Kühle des Bodens profitieren".

13.1.3.3
„Intelligente" Oberflächenstrukturen

Der Iguana *Brachylophus vitiensis* von den Fidschi-Inseln wirkt am frühen Morgen bei niedriger Temperatur dunkel, und er absorbiert damit möglichst viel Sonnenwärme. Mit steigendem Sonnenstand wird der Iguana immer hell-grüner; die „intelligente" Außenhaut schützt ihn dann vor zu starker Strahlung. Pflanzen drehen ihre Blätter dem Sonnenstand nach oder stellen sie mit der Breitseite in Nord-Süd-Richtung (Nutzung der Frühsonne: „Kompass-Pflanzen", in unseren Breiten z. B. der Stachel-Lattich *Lactuca serriola*). Unsere Haut enthält Schweißdrüsen, welche die Oberfläche bei Überhitzungsgefahr durch Verdunstungskälte kühlen.

Manche Schmetterlinge sammeln über ihre Flügel solare Energie (Abb. 13-3 C). So kann der große Tagfalter *Ornithoptera priamus poseidon* aus Neu-Guinea bei starker Sonneneinstrahlung Temperaturen im Rumpf bis zu 61°C erreichen, wie Experimente gezeigt haben (er wird den rasch ablaufenden Aufheizprozess entsprechend früh abbrechen). Nach Abschneiden der Flügel sinkt die experimentell induzierte Rumpftemperatur auf etwa 50°C. Solche Flügel sind also, wie im Abschn. 13.1.4 näher ausgeführt, solare Energiesammler.

Fragen der transparenten Wärmedämmung in Technik und Biologie (Abb. 13-3 D) sind in Abschnitt 9.3 behandelt. Über Wintergarten- und Treibhauseffekte (selbst Glasschnecken, die im Hochgebirge leben, tragen mit ihrer durchscheinenden Köperhülle einen eigenen „Wintergarten" mit sich herum; Abb. 13-3 E) existiert eine reichhaltige Literatur. Massive Adobe-Strukturen, wie sie sowohl die Pueblos mit ihren dicken Lehmbauten als auch Töpfervögel und Töpferwespen zeigen (Abb. 13-3 F), halten das Innere auch bei sehr unterschiedlichen Tag-Nacht-Temperaturverteilungen gleichmäßig temperiert (Wärmespeichervermögen, verzögerte Wärmeabgabe, Abschn. 9.5).

13.1.4
Schmetterlingsflügel als Solarfänger und Vorbilder für die Computerchip-Kühlung

Die im submikroskopischen Maßstab sehr grazil gebauten Schuppen auf Schmetterlingsflügeln (Abb. 13-6 C) sind multifunktionelle Einrichtungen. Sie erhöhen durch veränderte Fluidreibung und Duktbildung den aerodynamischen Auftrieb um etwa 10 %, ermöglichen nach dem Prinzip der Farben dünner Blättchen und anderen physikalischen Prinzipien Schillerfarben, die bei der Geschlechterfindung eine Rolle spielen und dienen der Thermoregulation. Die Oberflächenstrukturen bewegen sich im Mikro- bis Nanobereich, werden in Form der Einzelschuppen durch „digitalisierte Selbstbildungs-

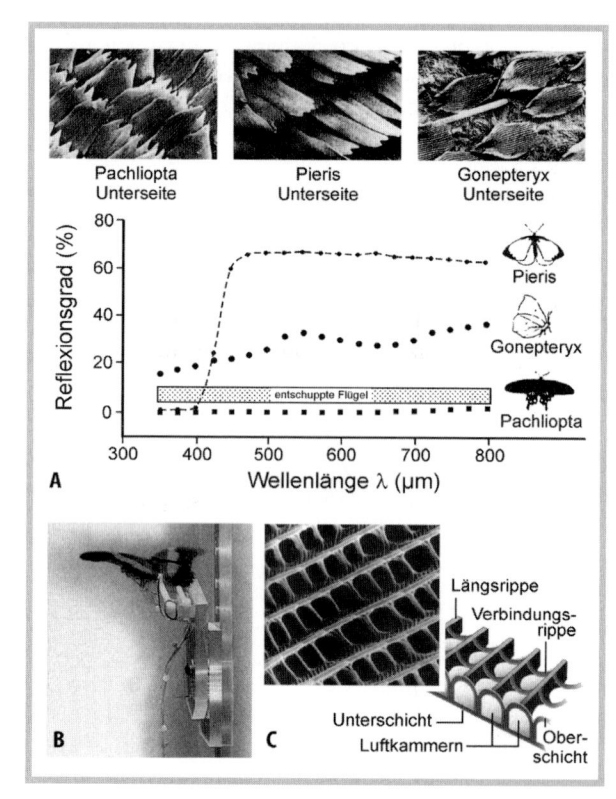

Abb. 13-6 A Spektraler Reflexionsgrad und Flügelschuppung je einer Art von drei Schmetterlingsgattungen, *Pieris brassicae, Gonepteryx rhamni, Pachliopta aristolochiae*. (nach Schmitz 1994), **B, C** Vorbilder für die Kühlung von Computerchips durch Mikrostrukturierung nach Art von Schmetterlingsschuppen, *B* Versuchsaufbau zur Strahlungsabsorbtion, *C* Schuppen-Struktur bei einem Schmetterling unbekannter Art (REM) und bei dem Tropischen Ritterfalter *Papilio palinurus* (nach Helmcke o.J. und nach Wong 1998)

prozesse" geformt und können in ihrer funktionellen Multifunktionalität Anregungen für entsprechende technische Oberflächenausformungen geben.

Schmetterlinge brauchen für das Funktionieren ihres Muskelmotors eine Thoraxinnentemperatur von etwa 40 °C. Des Morgens stellen sich viele Arten mit schräggeklappten Flügeln so zur Sonne, dass die Flügeloberflächen das Sonnenlicht ideal auf den Thorax reflektieren. Spezielle, polsterartige Thoraxschuppen verhindern, dass die aufgenommene Wärme rasch entweicht. Eine Reihe von Flügeladern sind von Haemolymphe durchströmt. Diese wird somit über die exponierten Flügel direkt aufgeheizt, strömt in den Rumpf und wärmt ihn zusätzlich auf.

Unterschiedliche Arten sind mit durchaus unterschiedlichem Reflexions- und Absorptionsvermögen ihrer Flügel ausgestattet, was man, wie der Bonner Zoologe H. Schmitz gezeigt hat, zu ihrer Lebensweise korrelieren kann. Abb. 13-6 A zeigt das spektrale Reflexions- und Absorptionsvermögen von Vertretern der drei Gattungen *Pieris* (Weißlinge, weiß), *Gonepteryx* (Zitronenfalter, gelb) und *Pachliopta* (trop. Osterluzeifalter, dunkel), und zwar von unveränderten Flügeln und von entschuppten Flügeln. Zugeordnet ist die jeweilige Form der Schuppen. Das Reflexionsvermögen ist verständlicherweise am höchsten beim weißen *Pieris* und am geringsten beim dunklen *Pachliopta*. Unbeschuppte Flügel haben aber übereinstimmend ein sehr geringes Reflexionsvermögen von einigen wenigen Prozent. In etwa gegenläufig ist das spektrale Absorptionsvermögen der Flügel (am größten beim intakten *Pachliopta*, bei intakten Flügeln stets höher als bei entschuppten), und das spektrale Durchlässigkeitsvermögen (am geringsten beim dunklen *Pachliopta*, bei intakten Flügeln stets geringer als bei entschuppten).

Pachliopta legt die Flügel zusammen und absorbiert Wärmestrahlung mit seinen schwarz beschuppten Unterseiten; auch im Zwischenraum zwischen den zusammengelegten Flügeln erwärmt sich die Luft. *Pieris* und der im zeitigen Frühjahr bereits aktive *Gonepteryx* spreizen die Flügel dagegen unter einem mittleren Winkel und reflektieren mit ihren Oberseiten Sonnenlicht auf den Thorax.

Strahlungseffekte sind umkehrbar. So könnte über große Körperhitze über die genannten Strukturen auch Wärme abgestrahlt werden. Am tropischen Tagfalter *Papilio palinurus*, der mit einem Absorptionsvermögen etwa 80 % Sonnenstrahlung aufnimmt, wurde die Wärmebilanz von T. J. Wong vom Institut für Maschinen-

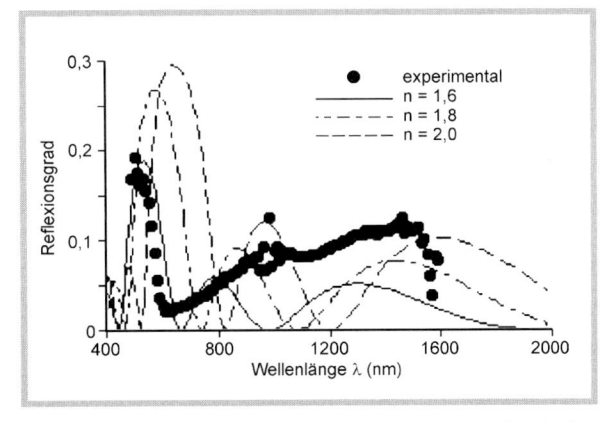

Abb. 13-7 Spektrale Reflektivität beschuppter Flügel des Schmetterlings *Papilio blumei*, eines tropischen Tagfalters mit grünschillernden Flügelbanden (Comp. Biomech. Lab. website, Tufts University, Medford MA 1999)

bau der Tufts Universität Medford, USA, gemessen (Abb. 13-6 B). Eine Oberflächenstrukturierung nach Art der gegitterten, durch Längs- und Querrippen gliederten Schuppen dieses Schmetterlings könnte der Oberfläche von elektronischen Chips aufgeprägt werden, die während der Arbeitssituation leicht überhitzen. Sie würden sich damit – in Umkehrung des Schmetterlingsprinzips – selbst kühlen. Dabei scheinen die Feinheiten der submikroskopischen Strukturen wesentlich zu sein. Die tropischen Falter *Papilio palinurus* und *Urania fulgens* unterscheiden sich in der Schuppenmorphologie nur in kleinen geometrischen Eigenheiten. Die „Chitinzäune" der erstgenannten Art sind ungefähr ein Viertel der Wellenlänge der typischen Farbe auseinander, was zu Interferenzerscheinungen führt, die letztendlich die Strahlungsenergie innerhalb dieser Schichten „vernichten", d. h. die Schichten aufheizen. Bei der zweitgenannten Art sind die Abstände etwas größer, so dass viel mehr Strahlung reflektiert wird und damit für die Direktaufheizung verloren geht. Auch diese Aspekte lassen sich zur Computerchip-Kühlung umkehren.

Wie die Abb. 13-7 zeigt, ist bei Schmetterlingsschuppen der theoretische Verlauf des Reflektionsgrads über die Wellenlänge abhängig vom Brechungsindex n. Experimentelle Daten stehen mit der Rechnung in Übereinstimmung für Wellenlänge bis etwa 800 nm und einem gängigen Brechungsindex von etwa 1,6. In bestimmten Grenzen kann also das spektrale Reflektionsvermögen von Dünnschicht-Strukturen bereits mit numerischen Programmen vorhergesagt werden.

Wie effektiv derartige Systeme arbeiten, haben Schmitz und Tributsch an gespannt getrockneten Faltern gezeigt, die mit Hilfe eines Strahlungsgeräts mit 0,1 W cm^{-2} bestrahlt worden sind. Besonders interessant sind Alpenfalter, die in Hochgebirgsbiotopen vorkommen. Flügel des Alpenapollos *Parnassius phoebus* absorbieren stark: 87% bei 350 nm (Ultraviolettbereich) und noch 28% bei 800 nm (Infrarotbereich). Entschuppt man die Flügel, so betragen die Werte noch 38% bei 350 nm, 3% bei 800 nm. Dabei erreicht das Präparat des Alpenapollo Thoraxtemperaturen von 59 °C, im basalen Flügelbereich noch 56 °C. Schneidet man die Flügel ab, so erreicht das Rumpfpräparat nur eine um 10–11 °C niedrigere Thoraxtemperatur. Die Flügel dienen also als Aufheizer, und ihre Fähigkeit als Solarabsorber ist 3–7 mal größer, wenn sie Schuppen besitzen. Die getrockneten Falter waren in natürlicher „Sonnungsposition" gespannt.

13.2
Indirekte Solarnutzung – künstliche Fotosynthese und Wasserstofftechnologie

13.2.1
Molekulare solare Energiesysteme: Mechanismen und Umsetzungspotenzial

13.2.1.1
Visionen

Neue Realitäten beginnen immer mit Visionen. In seinem Buch „Technik und Mensch im Jahre 2000" hat A. Lübke 1927 die Fotosynthesemöglichkeit der grünen Pflanze treffend als „Grüne Kohle" bezeichnet und klassische Ansätze zitiert:

„Rigollet erfand schon im Jahre 1897 ein photogalvanisches Element, und noch älter ist das von Becquerel im Jahre 1839. Wildermann erfand in den letzten Jahren ein lichtelektrisches Element, das aus zwei mit Chlorsilber bedeckten Silberplatten und Kochsalzlösung besteht. Im Jahre 1912 erfand Winther einen Lichtakkumulator. Der Erfinder geht von der Feststellung aus, dass eine Mischung von Ferrochlorid und Mercurichlorid (Sublimat) in wässriger Lösung durch ultraviolette Lichtstrahlen in eine Mischung von Ferrichlorid und Mercurochlorid (Calomel) umgewandelt wird. Der Erfinder konnte mit diesem Element eine elektrische Spannung von 0,1 V erhalten.

Wie man sieht, sind die Anfänge gegeben zu einer ganz neuen Wissenschaft, der Photodynamik, zu einer neuen Industrie, der Photomechanik, und einer neuen Wirtschaft, der modernen Lichtwirtschaft, wenn es einmal gelungen sein wird, der Natur ihre Geheimnisse abzulauschen.

Man könnte auch den Assimilationsprozess der Pflanzen künstlich nachahmen. Dieser Vorgang, so schreibt der Chemiker Ziamizian, stellt die Umkehrung des gewöhnlichen Verbrennungsprozesses dar. Die künstliche Reproduktion eines ähnlichen Prozesses mit Hilfe von ultravioletten Strahlen ist Daniel Berthelot gelungen. Warum sollte es nun nicht möglich sein, mit gewissen Abänderungen derartige Prozesse, die durch die ganze Atmosphäre drängen und die Erdoberfläche erreichen, in rationeller Weise auszunutzen? Dass dieses möglich ist, lehren die Pflanzen. Es sollte demnach mit Hilfe passender Katalysatoren auch gelingen, eine Mischung von Wasser und Kohlendioxid in Sauerstoff und Methan überzuführen oder andere endergonische Prozesse durchzuführen.

Ziamizian kommt zu folgendem, allerdings etwas fantastischen Schluss: „Wo die Vegetation üppig ist, wird man die fotochemische Arbeit den Pflanzen überlassen. In den Wüstengebieten dagegen wird in erster Linie die reine Fotochemie zur praktischen Verwertung der Sonnenenergie dienen. Auf den dürren Gebieten werden dann Industrieniederlassungen ohne Rauch und ohne Schornstein entstehen. In Glashäusern und Röhren werden dort fotochemische Prozesse zur Durchführung kommen, die bisher nur den Pflanzen eigen waren, und die nun die Menschheit zu ihrem Nutzen verwenden wird. Wenn dann in einer weit entfernten Zukunft einmal die Kohlenvorräte erschöpft sind, wird die Kultur deshalb kein Ende haben, denn Leben und Kultur werden der Dämmerung nicht entgehen, solange die Sonne scheint. In den winzigen Blattgrünkörnern, die jede Zelle eines Pflanzenblatts erfüllen, spielt sich, solange die Sonne scheint, dauernd ein chemischer Vorgang ab, durch den anorganische Stoffe in organische verwandelt werden. Die dazugehörige Energie nehmen die Pflanzen den Sonnenstrahlen. Bis heute ist es nicht möglich gewesen, diesen Vorgang, die Kohlensäureassimilation, künstlich nachzuahmen."

Wahrhaft visionäre Sätze! Heute ist das Rennen, die in der Fotosynthese verborgene Wasserstofftechnologie „künstlich nachzuahmen" in vollem Gange.

13.2.1.2
Heutige Sichtweise

Seit etwa 15 Jahren wird die Wasserstoff-Technologie als möglicher Zukunftsweg aus dem derzeitigen Energiedilemma ernsthaft diskutiert. Mit ihren fotosynthetischen Vorgängen beherrschen grüne Pflanzen eine „interne Wasserstoff-Technologie" in Perfektion. Die ist zwar nicht direkt übertragbar, doch können eine ganze Reihe von Mechanismen in den komplexen Transferketten der Fotosynthese von technischem Interesse sein. Dieses kann sich auf einzelne Mechanismen selbst oder auf das kettenförmige Zusammenwirken solcher Mechanismen beziehen. Aus diesen allgemeinen Gründen ist das Abklopfen der pflanzlichen Fotosynthese ebenso wie der Vorgänge im Bakterien-Rhodopsin von höchstem Interesse für eine molekulare solare Energietechnik der Zukunft. Der Berliner Physikochemiker H. Tributsch hat, als einer der Pioniere dieses Gebiets, eine Reihe von Aspekten formuliert, bei denen die Pflanze durchwegs besser abschneidet als die Technik:

- Grüne Pflanzen *produzieren die Stoffe*, die zur regenerativen Solarnutzung nötig sind, *bei Umgebungstemperatur*. Technische Vorgänge zur Herstellung des nötigen Siliziums, Glases oder Aluminiums benötigen sehr hohe Temperaturen und damit sehr viel Energie.
- Die Natur *baut die fotosynthetisch aktiven Stoffe in extrem leichte Membranen* ein, die innerhalb – ebenfalls relativ leichter – Blätter ausgespannt werden. Diese Träger können im Windstrom bewegt werden und brauchen *keine massiven Halterungen*. Technische Solarzellen werden massiv verankert und sind damit schwer, teuer und bauaufwendig.
- Blätter können sich durch energetisch unaufwendige *Nachführeinrichtungen tageszeitlich nach der Sonne ausrichten*, technische Solar-Paneele brauchen dazu mechanisch und kybernetisch aufwendige, schwere und teuere Mechanismen.
- Bei *zu hoher Sonneneinstrahlung* können die gleichen Prozesse Blätter *von der Schmalkante* anstrahlen lassen, zum Wegkippen von Sonnen-Paneelen braucht die Technik wiederum teuere und schwere Mechanismen.
- *Pflanzen nutzen auch indirektes Licht* und Streulicht als integrierten Prozess; die Technik tut sich in dieser Hinsicht schwer.

- Primäre und sekundäre Mechanismen zur Nutzung der Solarenergie sind bei Pflanzen *energetisch optimal aufbaubar*, in ihrer Lebensdauer begrenzt und *vollständig rezyklierbar*. Die Technik braucht dazu einen hohen Energieaufwand und hinterlässt schlecht abbaubaren Zivilisationsschutt.
- Die pflanzlichen *Einrichtungen zur Solarenergienutzung sind multifunktionell.* (Fotosynthese-Aspekte, statische Aspekte, Wassertransport-Aspekte und andere mehr sind in ein und dasselbe System integriert.) Technische Konstruktionen sind fast stets noch rein monofunktionell und werden kettenförmig hintereinandergeschaltet.
- Im Extremfall beträgt die *gesamte Energieausbeute der pflanzlichen Fotosynthese* an die 10 %. Dies ist kaum schlechter als der Wirkungsgrad derzeitiger hochgezüchteter Silizium-Solarzellen.
- Derzeitig werden Solarzellen aus gesägten Silizium-Scheiben hergestellt. Ein einziges „Gigawatt-Kraftwerk aus derartigen Solarzellen würde allein schon *7000 t Reinst-Silizium* beanspruchen, rund ein Viertel der jährlichen Weltproduktion!"

Es zeigt sich aus dieser Gegenüberstellung, wie wichtig es ist, die unterschiedlichen angesprochenen Aspekte der Natur sehr eingehend zu studieren und soviel wie möglich zu lernen. Das Ziel muss sein, umweltverträgliche, leicht rezyklierbare, leichte und bei Niedertemperatur herstellbare „bionische" Solarzellen z.B. als Folien herzustellen und im größten Maßstab – d.h. eben auch großflächig – zu nutzen.

13.2.1.3
Prinzipabläufe an der Fotosynthesemembran

Im molekularen Bereich hat die Natur den Problemkreis „Umwandlung von Lichtenergie in chemische Energie" auf sehr eigentümliche Weise gelöst und perfektioniert.

Abb. 13-8 A zeigt eine Prinzipskizze der fotosynthetischen Membran mit ihrer doppelt strukturierten Fettsäureschicht, den eingelagerten Proteinen und den wichtigsten daran ablaufenden energieumwandelnden Prozessen. In Abb. 13-8 A und B sind die Fotosyntheseprozesse in zwei grafisch unterschiedlichen, inhaltlich aber identischen Schaubildern zusammengestellt. Der grundlegende Vorgang der Energieumwandlung besteht darin, dass über zwei hintereinandergeschaltete Lichtreaktionen, bei denen Chlorophyll beteiligt ist, Elektronen energetisch hochgehoben und transportiert

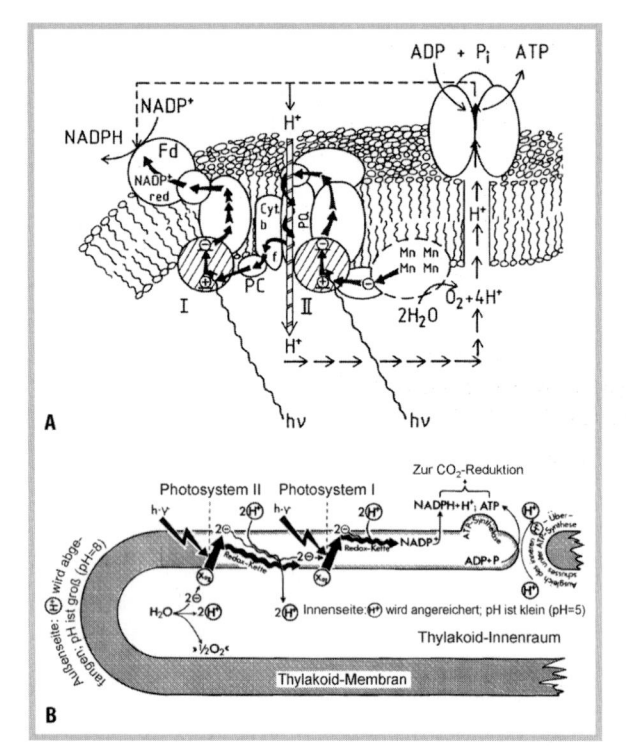

Abb. 13-8 Prinzipbau einer fotosynthetischen Membran (**A**) *(nach Tributsch 1995)*, und prinzipielle Reaktionsabläufe (**B**) *(nach Nachtigall 1977)*; zwei Darstellungen des gleichen Systems

werden, wobei Elektronen letztlich an der Innenseite der fotosynthetischen Membran dem Wasser entrissen und an der Außenseite auf einen chemischen Energieträger übertragen werden. Gleichzeitig bewegen sich, angetrieben von der Lichtreaktion, gegen das sich aufbauende elektrische Feld Protonen – positiv geladene Wasserstoffionen – von der Außenseite der Membran zur Innenseite. Der lichtbetriebene Elektronenstrom führt zur Erzeugung des reduzierten Elektronenträgers NADPH, der Protonenstrom über eine ATP-Synthetase zur Erzeugung des Energieträgers ATP (ADP + P → ATP). Beide Träger zusammen gewährleisten in der anschließenden Dunkelreaktion die Fixierung des Kohlendioxids und somit den Aufbau der Biomasse. Ersterer stellt das „Material" zur Verfügung (Wasserstoff), Letzterer die zum Aufbau des energiereichen Moleküls „Glukose" nötige Energie, wozu sich der Energieträger ATP wieder „entlädt" (ATP → ADP + P).

Der Mechanismus an der fotosynthetischen Membran ist erheblich komplizierter als der in einer Silizium-Solarzelle, die „lediglich Strom aus Licht" erzeugt. Vereinfacht dargestellt kann man fünf wesentliche Prinzipien der Energieumwandlung unterscheiden.

– Das erste ist die Umwandlung von Licht in elektrische Energie als Folge einer *lichtinduzierten Ladungstrennung* durch die Membran.
– Das zweite besteht darin, dass *Elektronen durch das Licht in zwei Etappen angeregt* werden und an der entgegengesetzten Membranoberfläche einen reduzierten chemischen Energieträger (NADPH) erzeugen.
– Ein weiteres Elementarprinzip besteht darin, dass *Lichtanregung zum Pumpen* von *Protonen durch die Membran* (gegen die Wirkung eines Feldes) führt.
– Wieder ein weiteres Prinzip besteht darin, dass durch Licht angeregtes Chlorophyll, also ein angeregtes Farbstoffmolekül, Elektronen in einen geeigneten Leiter in der Membran – hier die Elektronentransfer-Proteinkette – injiziert. Das an die Membran angekoppelte Farbstoffmolekül pumpt also unter Nutzung von Lichtenergie *Elektronen von niedrigen energetischen Zuständen zu höheren*.
– Das fünfte wichtige Prinzip für die Energieumwandlung bei der Fotosynthese besteht in der wirksamen *Katalyse der Wasserspaltung*. Die Natur schafft es so in bisher unnachahmlicher Weise, mittels eines manganhaltigen Proteinkomplexes, Sauerstoff so aus Wasser freizusetzen, dass Wasserstoff während der Fotosynthese an molekulare Energieträger gebunden werden kann.

13.2.1.4
Elementarschritte und ihre technische Übertragung

Bei der Übertragung dieser Prinzipien der solaren Energieumwandlung auf künstliche Systeme stellt sich unmittelbar das Problem der Materialien. Biologische Membranen enthalten Bestandteile, die nur in den Organismen stabil gehalten werden können (Abb. 13-8 A). Künstliche fotoelektrochemische Energiesysteme – die übrigens bisher, vor allem wegen ihrer begrenzten Langzeitstabilität, noch keine durchschlagende technische Bedeutung gewonnen haben – nutzen anstelle von Chlorophyll, Proteinen, Fettsäuren, technischen Farbstoffen, Halbleiter und Metalle als Materialien. Halbleiter erlauben es, Lichtenergie umzuwandeln, da Elektronen über eine Energielücke in ein Leitungsband eingespeist werden, wo sie weitergeleitet und von der zurückbleibenden positiven Ladung getrennt werden können.

Die Abb. 13-9 A und B zeigen die Umwandlung von Licht in elektrische Energie im natürlichen Fall und in einer künstlichen elektrochemischen Solarzelle. Anstatt elektronische Ladungsträger durch eine Membran zu trennen, werden sie im letzteren Fall im bestehenden elektrischen Feld von einer lichtempfindlichen Halbleiteranode zu einer metallischen Kathode transportiert. Elektronenübertragende Moleküle im Redox-Elektrolyten schließen den Kreis (in Festkörper-Solarzellen ersetzt eine Halbleiterschicht diesen Elektrolyten).

13.2.1.5
Lichtbetriebene biologische Protonenpumpe

Während jedermann die Fotosynthese der grünen Pflanzen ein Begriff ist, gibt es nur geringe allgemeine Kenntnis über vergleichbare Vorgänge bei Bakterien. Die Basis für eine solare Energienutzung stellt hier das Bakterienrhodopsin dar, eine flächig angelegte, extrem hoch geordnete Molekülanordnung. Bei ihrem Aufbau spielen Selbstorganisationsvorgänge (s. Abschn. 15.2) eine wesentliche Rolle; ihr Feinbau wurde in allerletzter Zeit vor allem mit der modernen Methode der Raster-Kraft-Elektronenmikroskopie bis ins Detail studiert.

Diese sog. Purpur-Membran des halophilen (salzliebenden) Bakteriums *Halobacterium halobium* erfährt unter Licht eine Konformationsänderung an den Bakterienrhodopsinmolekülen, wodurch Protonen aus dem Zellinneren nach außen gepumpt werden. Über dem entstehenden Protonengradient kann seinerseits Arbeit geleistet werden, die letztlich dazu benutzt wird, die Energiespeicher-Moleküle ATP zu synthetisieren („Energieakkus aufzuladen"). Tributsch vergleicht das System zurecht mit einer Solarzelle, die Strom über einen Lastwiderstand leitet, in dem Arbeit geleistet wird. Nur fließen bei der Solarzelle Elektronen, beim Bakterienrhodopsin Protonen.

„Die Idee, mit Hilfe von Licht Protonen zu pumpen, erwies sich als so faszinierend, dass darüber nachgedacht wurde, wie mit verfügbaren künstlichen Materialien ein ähnlicher lichtbetriebener Prozess realisiert werden kann. Tatsächlich sind inzwischen im Labor erste lichtbetriebene Protonenpumpen mit Hilfe kombinierter lichtempfindlicher Elektronen-Ionenleitern, hergestellt worden. Dabei erzeugt der Lichtprozess eine Photospannung, welche die reduktive Einlagerung von Wasserstoff-Ionen und deren Weiterdiffusion als Wasserstoff durch die Materialschicht ermöglicht. Immer wenn belichtet wird, wandert Wasserstoff durch die Materialschicht, um schließlich an der Gegenseite als Pro-

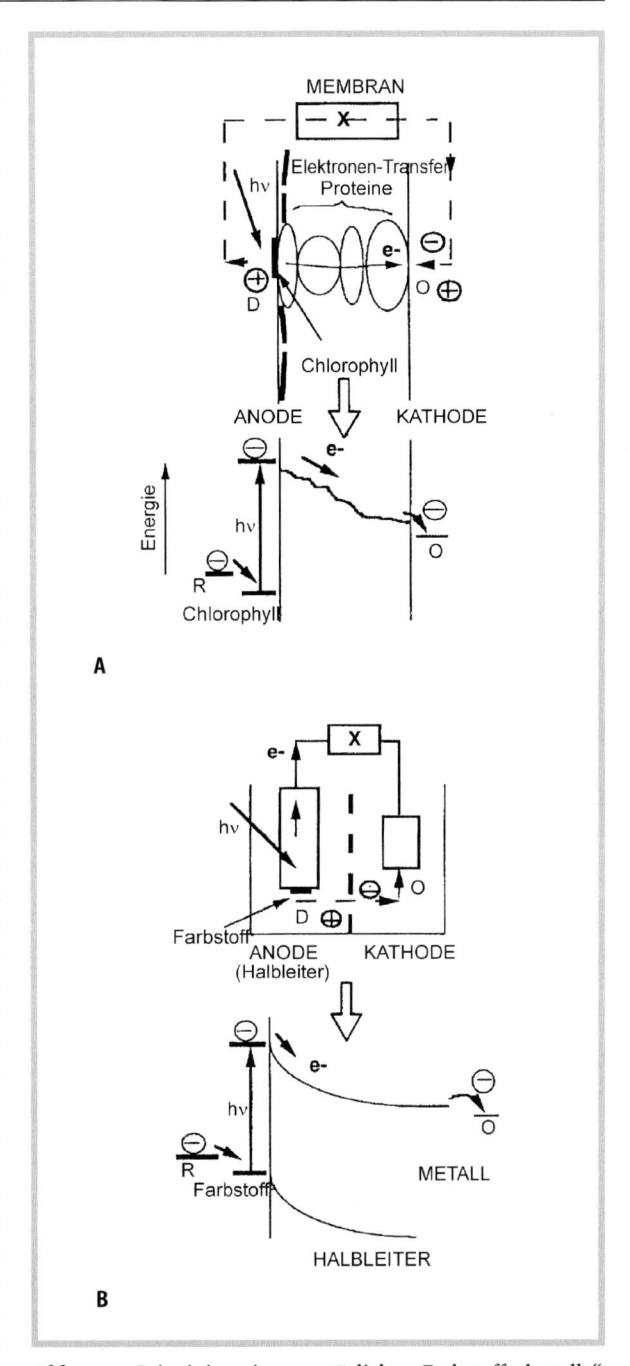

Abb. 13-9 Prinzipien einer „natürlichen Farbstoffsolarzelle" und einer elektrochemischen technischen Farbstoffsolarzelle. **A** angeregtes Chlorophyll in der fotosynthetischen Membran als elektroneninjizierendes System. **B** angeregter Farbstoff an einer Halbleiterelektrode in einer elektrochemischen Zelle *(nach Tributsch 1995)*

tonenstrom wieder entladen zu werden. Letztlich wird ein genaueres Verständnis des biologischen Pumpprozesses helfen, diesen ungewöhnlichen Mechanismus der Quantenenergie-Umwandlung für die praktische Anwendung weiterzuentwickeln".

13.2.1.6
Erforschungsgeschichte und prospektive Potenz technischer Farbstoff-Solarzellen

Vor zweieinhalb Jahrzehnten gelang es erstmals, über den Sensibilisierungsprozess mit Hilfe von Farbstoffen wie Chlorophyll in fotoelektrochemischen Zellen Lichtenergie in elektrische Energie umzuwandeln. Im Bereich des Absorptionsspektrums des Farbstoffs werden Elektronen angeregt und in das Leitungsband des Halbleiters injiziert, so dass auf diese Weise Photoströme auftreten (Abb. 13-9 A,B). Farbstoff-Solarzellen sind seit Matsumura et al. 1980 über mehr als zwei Jahrzehnte erforscht worden und 1992 ist es gelungen, durch Vergrößerung der realen Elektrodenoberfläche der elektronenaufnehmenden Substanz und damit einer Erhöhung der Fotostromdichte auf 7–9 % Energieausbeute zu bringen Statt viele fotosynthetische Membranen hintereinander zu schichten, erweist es sich bei technischen Prototypen als einfacher, Oxidelektroden (z. B. Titandioxid) mit sehr großer, hochstrukturierter Oberfläche zu nehmen, auf der sehr viele lichtabsorbierende Farbstoffmoleküle Platz finden können, wie O'Regan und Grätzel gezeigt haben. Allerdings bestehen auch heute noch ernsthafte Bedenken, ob solche nassen Solarzellen über Jahre stabil bleiben, wie es für kommerzielle Anwendungen erforderlich wäre. Deswegen ist versucht worden, unter Wahrung des interessanten Energieumwandlungsprinzips der Farbstoff-Sensibilierungszelle den flüssigen Elektrolyten durch eine stabile elektronenleitende Festkörperschicht zu ersetzen. Weiter unten wird darüber berichtet. Auch können die Farbstoffschichten durch extrem hochabsorbierende, stabilere Halbleiterschichten ersetzt werden. Das Prinzip dieser Sensibilisierungs-Solarzelle kommt dem Mechanismus der primären Solarenergie-Umwandlung in der Fotosynthese über Chlorophyll sehr nahe und beinhaltet gegenüber der konventionellen Silizium-Solarzelle folgende Vorteile:

– Die Prozesse der *Ladungserzeugung und des Ladungstransports erfolgen getrennt.*
– Deswegen braucht der Elektronenleiter, i. d. R. ein transparentes Material wie Titandioxid, *nur eine geringe elektronische Materialqualität* aufzuweisen.
– Die in der extrem dünnen Sensibilisatorschicht (welche die Rolle von Chlorophyll in der Fotosynthese vertritt) durch Licht angeregten Elektronen können *extrem schnell in den Elektronenleiter* injiziert werden, wo sie praktisch nicht mehr verloren gehen.

13.2.1.7
Der solare Brennstoffzyklus als Denkanstoß

Eine ausgewogene solare Energienutzung ist nur über einen effizienten Brennstoffkreislauf gewährleistet. Die Natur betreibt im Prinzip eine solare Wasserstoffwirtschaft, allerdings mit der Einschränkung, dass Wasserstoff nicht als Gas umgesetzt, sondern an organische Moleküle gebunden wird. Diese werden durch die Fixierung von Kohlendioxid und unter Verwendung weiterer reichlich in der Umwelt vorhandener anorganischer Moleküle wie Wasser und Salze synthetisiert. Damit entschärft sich auch das Energiespeicherproblem, zumal die Energieträger problemlos gelagert werden können. Energieträger für die unmittelbare Energieversorgung sind Adenosintriphosphat oder Elektronendonatoren wie NADPH, längerfristig wird Energie vor allem in Fettverbindungen gespeichert.

Die Natur liefert ein direktes Vorbild für die Machbarkeit der solaren Wasserstoffwirtschaft über die Spaltung von Wasser. Das Sonnenlicht wird über die Blätter als Solarzellen umgewandelt und Wasserstoff über chemische Brennstoffe bereitgestellt. An vielen Etappen dieses solaren Brennstoffkreislaufs könnte der Mensch durch bionische Forschung wesentliche Erkenntnisse sammeln. Man möchte hinzufügen: Es ist absolut überlebenswichtig, dass den Menschen dies gelingt. Die Abb. 13-10 A fasst zusammen, welche wesentlichen Übertragungsschritte hier anstehen.

13.2.2
Artifizielle Fotosynthese aus molekularer Sonnenenergiekonversion

In diesem Abschnitt werden die Überlegungen zur molekularen fotosynthetischen Sonnenenergiekonversion von Abschnitt 13.2.1 nochmals aufgegriffen und unter spezielleren Aspekten beleuchtet: denen der Sensibilisatoren, Elektronenrelais und Katalysatoren fotochemischer Verfahren. Der Saarbrücker Chemiker Heinz Dürr hat dazu Pionierarbeit geleistet und seine Forschungen in einen allgemeineren Darstellungsrahmen eingebettet.

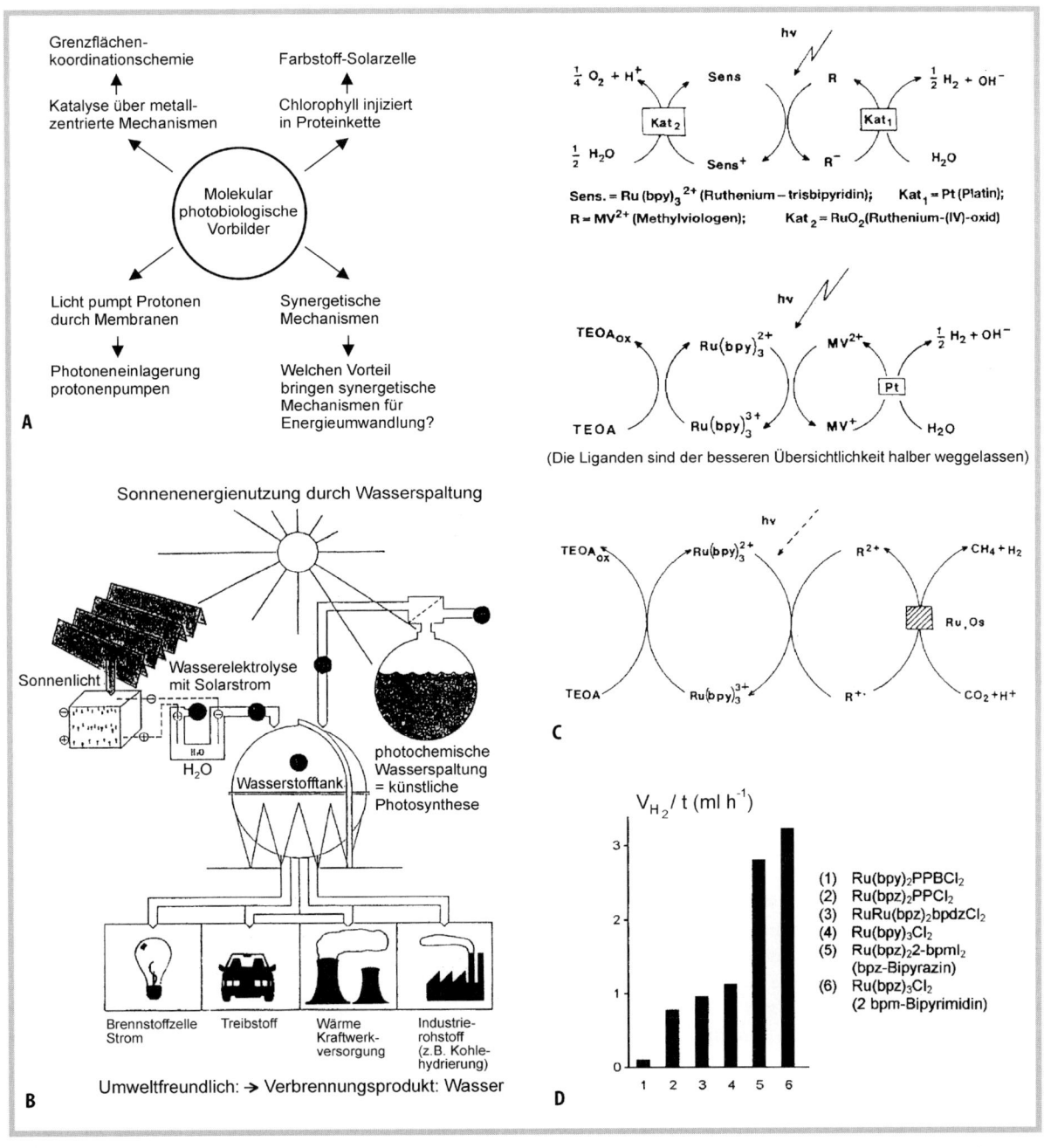

Abb. 13-10 Zur fotosynthetisch basierten Wasserstofftechnologie. **A** Schema bionischen Lernens anhand fotobiologischer Mechanismen solarer Energieumwandlung *(nach Tributsch 1995, verändert)*, **B** Erzeugung und Nutzung von Wasserstoff, der mittels fotochemischer Sonnenenergiekonversion gebildet worden ist; Denkschema für eine zukünftige Wasserstofftechnologie, **C** Schemata zur Reduktion von Wasser und Kohlendioxid. Oben: zyklische Wasserspaltung. Mitte: sakrifizielle Wasserspaltung (oxidativer Ast des Systems), unten: sakrifizielle Reduktion von Kohlendioxid; Methanbildung, **D** Beispiele für Wasserstoffproduktion (Volumen H_2 pro Zeiteinheit in Millilitern pro Stunde) bei konstanten Randbedingungen mit unterschiedlichen Sensibilisatoren, *(nach Dürr 1998)*.

Betrachtet man die bisher beschrittenen Wege zur Sonnenenergienutzung, kann man solarthermische, fotovoltaische, fotoelektrochemische und fotochemische Verfahren unterscheiden.

13.2.2.1
Solarthermische Verfahren

Luft wird in geeigneter Weise erhitzt, dehnt sich aus, steigt auf und treibt dabei Turbinen an. Beispiele für ausgeführte Pilotprojekte sind etwa Eulios in Sizilien, SEGS I und II in Kalifornien. Die Gesamtwirkungsgrade betragen etwa 10%.

13.2.2.2
Fotovoltaische Verfahren

Silizium-Solarzellen die, für sich betrachtet, relativ hohe Wirkungsgrade (bis zu etwa 20 %) erreichen können, erzeugen Elektrizität, mit Hilfe derer Wasser elektrolytisch zerlegt werden kann. Der Wirkungsgrad der Zerlegung ist höchstens 80 %, so dass der Gesamtwirkungsgrad des Systems höchstens 16 % betragen kann. Es gibt bereits photovoltaische Großanlagen, wie das Solarkraftwerk Carrisa Plains in Kalifornien, das im Jahr eine elektrische Energie von $1,4 \times 10^7$ kWh liefern kann. Von Silizium-Technologien handeln die Abschnitte 13.3.1 und 13.3.2.

13.2.2.3
Fotoelektrochemische Verfahren

Sonnenbestrahlung von Fotohalbleitern (CdS, $MoSe_2$ etc.) können in wässrigen Elektrolytlösungen Ladungen trennen und über Außenwiderstände Strom fließen lassen, oder es kann, im System selbst, elektrolytisch Wasserstoff und Sauerstoff erzeugt werden. (Ein analoges Verfahren, das aber bisher keine technische Bedeutung erlangen konnte, nämlich die Gewinnung von Wasserstoff und Sauerstoff durch Algen und fototrophe Bakterien in Nährlösungen, wird in Abschn. 13.2.5 geschildert.)

13.2.2.4
Fotochemische Verfahren

Zu dieser Gruppe gehören unimolekulare Umlagerungsreaktionen (z. B. Norcaradienquadricyclan, Fotodissoziation (z. B. $NO_2 \rightarrow NO + 1/2\, O_2$). In diese Rubrik ist allerdings auch die fotochemische Wasserspaltung (artifizielle Photosynthese) einzureihen, über die hier berichtet wird.

13.2.2.5
Mechanismen fotochemischer Verfahren zur Reduktion von H_2O und CO_2

Weder Wasser noch Kohlendioxid absorbieren nennenswert sichtbares Licht. Auf direkte Weise kann Strahlungsenergie der Sonne deshalb nicht zu deren Reduktion verwendet werden. Es sind dazu lichtauffangende Substanzen (Sensibilisatoren), Elektronenüberträger (Relais-Quencher) und Substanzen nötig, die Elektronen vom Relais zum Wasserstoffion übertragen (Katalysatoren).

Als artifizielle Fotosynthese wurde von früheren Autoren ein zyklisches System zur Wasserspaltung vorgeschlagen, das aber nicht reproduziert werden konnte (Abb. 13-10 C, oben). Nachteilig ist weiter, dass man an bestimmte Katalysatoren (Rutheniumdioxid, für den sauerstoffliefernden Ast) in der Praxis kaum einzuhaltende Reinheits- und Selektivitätsanforderungen stellen muss. Aus diesen Gründen hat es sich als günstig erwiesen, den gekoppelten Gesamtprozess in zwei Teilprozesse aufzuspalten, einen für die Wasserstofferzeugung und einen für die Sauerstofferzeugung. Auf die Durchführung des sauerstoffliefernden Asts wird verzichtet und dreiwertiges Ruthenium wird durch einen „sakrifiziellen" Donor zu zweiwertigem Ruthenium regeneriert. Hierbei wird kein Sauerstoff frei und man spricht deshalb im Gegensatz zur zyklischen Wasserspaltung (Abb. 13-10 C, oben) von einer sakrifiziellen Wasserspaltung (Abb. 13-10 C, Mitte).

13.2.2.6
Kohlendioxidreduktion

In analoger Weise kann man zu einer sakrifiziellen Reduktion des Kohlendioxids kommen. Man kann damit aus dem CO_2 der Luft z. B. als Brennstoff einsetzbares organisches Methan erhalten (Abb. 13-10 C, unten). Dürr weist darauf hin, dass ein großer Vorteil darin besteht, dass die einzelnen Parameter (Sensibilisator-Quencher-Katalysator) getrennt untersucht, getrennt optimiert und danach zu einem optimalen Gesamtsystem wieder zusammengeführt werden können. Sakrifizielle Systeme, bei denen also ein Ast „simuliert" wird (Sauerstoff wird z. B. nicht frei, aber dieser Weg wird in der Kette intern ersetzt), haben sich dabei als praktikable Ansätze erwiesen.

13.2.2.7
Sensibilisatoren

Die Auswahl geeigneter Sensibilisatoren ist von essenzieller Bedeutung. Man prüft ihre Eignung „nach Kriterien des reversiblen Redoxverhaltens, der geeigneten Potenziale, der fotochemischen und thermischen Stabilität, der Absorptionseigenschaften und der Lebensdauer des angeregten Zustands." Auf dem Weg zu einer Idealsubstanz wurden zahlreiche Vorschläge gemacht (Abb. 13-10 D); Dürr und Schwarz haben z. B. auf Fotosensibilisatoren ein Patent genommen, das neue Ruthenium-(II)-Komplexe von ausgezeichneten fotophysikalischen Eigenschaften, insbesondere einer hohen Fotostabilität betrifft.

13.2.2.8
Quencher

Die von den Sensibilisatoren aufgenommene Strahlungsenergie kann noch nicht direkt auf Protonen übertragen werden; es bedarf einer elektronenübertragenden Relaiskette. Auch die Entwicklung dieser Substanzen ist aufwendig, denn Elektronenrelais dürfen weder thermisch noch fotochemisch unstabil sein. Sie müssen Elektronen reversibel austauschen können und bei dieser Austauschreaktion stabil bleiben. Als geeignete Substanz konnten Verbindungen aus der Stammverbindung Dimethylviologen synthetisiert werden, deren Redoxpotenzial durch unterschiedliche Methylierung eingestellt werden konnte.

13.2.2.9
Katalysatoren

Als Substanzen, die Elektronen vom Quencher übernehmen und zum Wasserstoffion transportieren, wurden unterschiedliche Systeme getestet. Hierbei kann der Katalysator als Übergangsmetallsol vorliegen oder auf einer Trägersubstanz angeordnet sein (z. B. auf der Halbleitersubstanz Titandioxid). Katalysatoren vom letztgenannten Typ erwiesen sich als stabiler, waren effizienter (weniger Katalysator nötig bei gleicher Effizienz) und der industriellen Herstellung zugänglicher.

Sakrifizielle Lösungen, wie sie hier vorgestellt worden sind (Abb. 13-10 C, Mitte und unten), erscheinen Dürr als forschungsmäßig nötige Zwischenstufen auf dem Weg zu einer effizienten vollzyklischen Verkettung nach Art der Abb. 13-10 C, oben.

Besonders aussichtsreich erscheint ihm daneben die solare Produktion energiereicher Roh- oder Brennstoffe, in erster Linie also solar erzeugten Wasserstoffs (Abb. 13-10 B), „da diese Systeme in ihrer Flexibilität der Energiespeicherung den nur zur Strom- oder Wasserstoff geeigneten fotovoltaischen Methoden überlegen sind."

13.2.3 Wasserstoff als Energiespender der Zukunft

Die hier diskutierte fotochemische Wasserspaltung lässt sich als künstliche oder artifizielle Fotosynthese bezeichnen. Nach geeigneter Optimierung könnte diese artifizielle Fotosynthese mit höheren Wirkungsgraden arbeiten als das natürliche Vorbild. Man braucht dazu Sonnenkraftwerke im großen Maßstab. Gelänge deren Entwicklung, so wäre damit der Energiebedarf der zukünftigen Menschheit zu befriedigen. Der Energiebedarf Deutschlands könnte z. B. theoretisch von einer Fläche von rund 220 × 220 km in der Sahara gedeckt werden. Probleme des Wasserstofftransports sind lösbar und auch kaufmännisch längst bedacht. Manches ist auch schon technisch realisiert (H_2-Netz der Firma Hüls).

Im Rahmen dieser Technologie muss freilich auch dafür gesorgt werden, dass Sonnenenergie in energiereichen, transport- und lagerfähigen Substanzen gespeichert werden kann. Die Bildung solcher Substanzen erfolgt in der Sekundärreaktion der Fotosynthese, und was wir heute verheizen, sind letztendlich fossile, fotosynthetisch gebildete Speichersubstanzen. Als Basis zur Lösung des Speicherproblems bieten sich die genannten Methoden zur Zerlegung von Wasser in Wasserstoff und Sauerstoff sowie die Reduktion von Kohlendioxid zu Kohlenmonoxid, Methanol oder Methan an.

Die Wasserzerlegung besitzt Vorteile: Bei der Verbrennung von Wasserstoff entsteht nur Wasser. Wasserstoff kann als Brennstoff für Automobile und Kraftwerke universell eingesetzt werden. Abb. 13-10 B zeigt eine Zusammenfassung von Möglichkeiten, die dem Organischen Chemiker H. Dürr vorstellbar erscheinen.

Es ist wenig bekannt, dass all diese Aspekte ein Pionier der Wasserstofftechnologie – E. Justi – schon vor Jahrzehnten im Detail ausgearbeitet und unermüdlich, aber erfolglos vorgeschlagen hat, wenngleich in seiner klassischen Arbeit (1955) nicht näher ausgeführt hat. Ich erinnere mich an zahlreiche faszinierende Gespräche mit ihm bei den Treffen der Akademie der Wissenschaft und Literatur zu Mainz. Vorstellungen in dieser Richtung gehen aber noch viel weiter zurück. 1874 schrieb Jules Verne: „Die zerlegten Elemente des Wassers, Wasserstoff und Sauerstoff, werden auf unabsehbare Zeit hinaus die Energieversorgung der Erde sichern".

Fossile Energieträger sind endlich, Wasservorräte als Basis für solarerzeugten Wasserstoff nicht. Fossile Energieträger erhöhen bei der Verbrennung den CO_2-Gehalt der Atmosphäre (der bekannte Treibhauseffekt), die Verbrennung von Wasserstoff zu Wasser dagegen nicht. Zur Zeit wird an vielen Stellen fieberhaft nach Methoden für eine „Entkarbonisierung der Kraftstoffs" insbesondere für Autos geforscht. Dafür werden solarthermische Großkraftwerke in Erwägung gezogen, wie sie heute z. B. in der kalifornischen Mojave-Wüste bereits mit 360 MW laufen, und für die Breitenregionen um den 40. Breitengrad ideal sind. Modellrechnungen (ein wenig Milchmädchen-Rechnungen freilich) zeigen, dass Europas Energiebedarf jeweils mit Solarkraftwerken, die einer Fläche von 3 % der Sahara entsprechen, zu decken wäre.

Im Wasserstoff „gespeicherte Solarenergie" verlangt auch entsprechende Tanksysteme. Bei BMW und Partnern wurde ein hochisoliertes Kryotanksystem entwickelt, das flüssigen Wasserstoff bei –253 °C speichert. Die Energiedichte in derartigem Wasserstoff ist 3,4 mal so hoch wie die in Superbenzin. Wasserstoffverbrennungsmotoren sind unschwer aus den vorhandenen Verbrennungsmotoren zu entwickeln; mit einem 2-Liter-Vierzylinder erreichte das BMW-Modell 520 seinerzeit (bereits 1979) 140 km/h. Der BMW 750 L verfügt über einen 140-Liter-Wasserstofftank. Dieser kann über einen Wasserstoffverbrennungsmotor oder eine Brennstoffzelle Elektroantriebe speisen. Mit Wasserstoff betrug die Reichweite dieses Modells im Jahre 2001 350 km – ein Modell lief über 100 000 km problemlos. „Damit wird die Vision vom emissionsfreien Fahren zunehmend Wirklichkeit".

13.2.4
Wasserstoffproduktion durch artifizielle Bakterien-Algen-Symbiose

Ein Vorschlag, natürliche Stoffwechsel- und Fotosyntheseprozesse nicht künstlich nachzuahmen, sondern natürliche Systeme in geschickter Koppelung unter Randbedingungen zu bringen, über die sie selbst Wasserstoff produzieren, stammt von Ingo Rechenberg. Er hat nicht nur im Labor gezeigt, dass diese Grundüberlegungen verifizierbar sind, sondern auch in Feldforschungen in der Sahara Umweltbedingungen getestet, unter denen derartige Kraftwerke, sofern eine großtechnische Umsetzung erreichbar ist, arbeiten müssten.

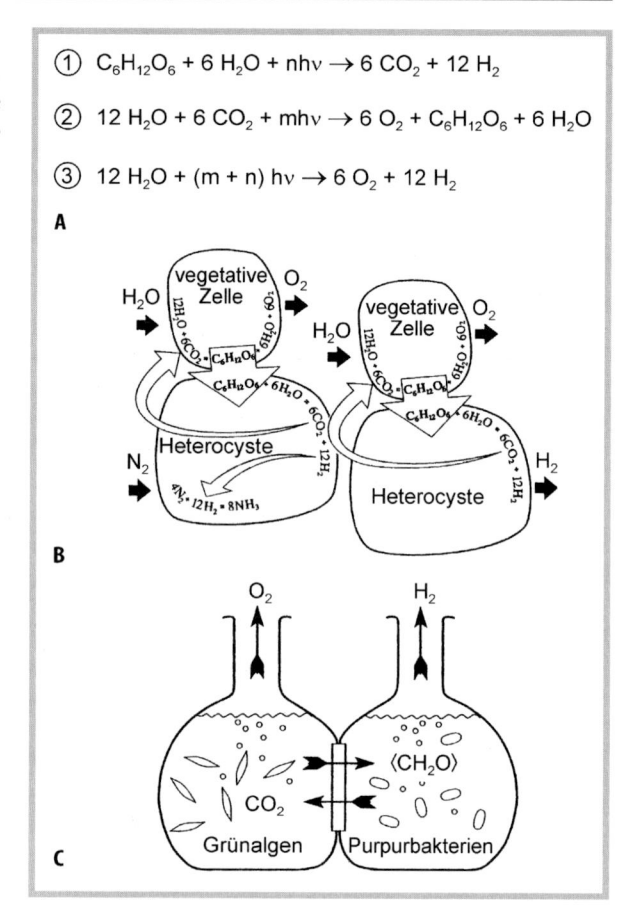

① $C_6H_{12}O_6 + 6 H_2O + nh\nu \rightarrow 6 CO_2 + 12 H_2$

② $12 H_2O + 6 CO_2 + mh\nu \rightarrow 6 O_2 + C_6H_{12}O_6 + 6 H_2O$

③ $12 H_2O + (m + n) h\nu \rightarrow 6 O_2 + 12 H_2$

Abb. 13-11 Wasserstoffproduktion über artifizielle Bakterien-Algen-Symbiose. **A** Summengleichungen, **B** N_2-Bindung (links) und H_2-Produktion (rechts) im Zellenverbund, **C** Grünalgen-Purpurbakterien-Verbund als biologische „Elektrolysezelle" *(nach Rechenberg 1994)*

13.2.4.1
Grundlagen

Purpurbakterien erzeugen Wasserstoff aus Kohlehydraten (Abb. 13-11 A, Gleichung 1). Dieses Verfahren ließe sich nutzen, wäre aber nicht sehr elegant, es müssten ja erst künstlich oder natürlich erzeugte Zucker synthetisiert werden. Die Fotosynthese der grünen Pflanzen spaltet in ihrem Primärvorgang Wasser (Wasserstofffreisetzung aus Wasser wäre das ideale Endziel einer „Techno-Mimese") und baut in ihrem Sekundärvorgang Kohlenhydrate auf (Gleichung 2). Der Nachteil der Fotosynthese: Es wird intermediär kein molekularer Wasserstoff frei. Wasserstoff wird vielmehr in Form von H^+

und e⁻ intermediär transportiert und findet sich letztlich chemisch gebunden im Kohlenhydrat wieder.

Eine biologische Wasserspaltung ließe sich durch eine gekoppelte pflanzliche und bakterielle Fotosynthese verwirklichen. In der Bilanz würden sich dann aus 12 Molekülen Wasser unter Energieaufnahme 6 Moleküle Sauerstoff und 12 Moleküle Wasserstoff bilden (Gleichung 3).

13.2.4.2
N_2-Bindung und H_2-Produktion im Zellenverbund

Wie Rechenberg mit Recht herausstellt, ist auch dieser verkoppelte Prozess oder Verbundprozess eine „Erfindung der Natur". Dem Mikroskopiker ist bekannt, dass manche fädigen Blau"algen" in ihren rosenkranzähnlichen Ketten neben normalen vegetativen Zellen auch abweichend gebaute sogenannte Heterozysten besitzen (Beispiel: *Nostoc muscorum*). Die (wasserspaltende) Fotosynthese findet in den normalen, vegetativen Zellen statt. Ihre Produkte werden durch Membrankanäle in die Heterozysten transportiert. Dort läuft der Prozess nach Gleichung 1 weiter. Der Wasserstoff wird aber nicht frei, sondern zur Stickstoffbindung gebraucht (Ammoniaksynthese; Abb. 13-11 B, links). Genau in dieser Richtung läuft auch Gleichung 1 bei Purpurbakterien weiter (Wasserstoff als H-Donator für Ammoniaksynthese). Voraussetzung ist selbstredend Anwesenheit von Stickstoff, sonst kann ja kein Ammoniak gebildet werden. Sorgt man experimentell dafür, dass Stickstoff fehlt, so findet der Wasserstoff keinen Akzeptor und wird molekular freigesetzt (Abb. 13-11 B, rechts).

Wasserstoffproduktion durch Cyanobakterien ist auch im natürlichen Umfeld nichts Ungewöhnliches. Die Naturwissenschaftliche Rundschau referierte kürzlich: „Submerse und teilsubmerse Cyanobakterien-Matten im marinen Küstenbereich produzieren beträchtliche Mengen Wasserstoff. Die H_2-Bildung erfolgt nur während der Nachtstunden und wird auf die Aktivität des N_2-fixierenden Nitrogenase-Systems zurückgeführt. Es wird postuliert, dass die H_2-Produktion durch Cyanobakterien-Matten im späten Archaikum entscheidend zur Erhöhung der O_2-Konzentration in der Erdatmosphäre beigetragen hat."

13.2.4.3
Grünalgen-Purpurbakterien-Verbund

Auf diesem Verbund kann eine biologische Verbund-Elektrolysezelle aufgebaut werden (Abb. 13-11 C). Der Kunstgriff: Purpurbakterien werden funktionell so verwendet, wie die Blaualgen ihre Heterozysten gebrauchen. Auf diese Weise entsteht Sauerstoff und Wasserstoff nicht im selben Kompartiment; Knallgasbildung wird vermieden.

Algen-Bakterien-Stufen haben jeweils 5 % Wirkungsgrad. Beim Hintereinanderschalten würden sich die beiden Wirkungsgrade multiplizieren, so dass ein Gesamtwirkungsgrad von 0,25 % resultieren würde – sehr gering. Der Grünalgen-Purpurbakterien-Verbund entspricht jedoch elektrotechnisch zwei parallel geschalteten Widerständen. Es addieren sich die Kehrwerte der Wirkungsgrade. Aus zwei 5-%-Wirkungsgraden ergibt sich damit ein Gesamtwirkungsgrad von immerhin 2,5 %.

13.2.4.4
Feldforschung in der Sahara

In mehreren Expeditionen in die Sahara hat I. Rechenberg Randbedingungen getestet, unter denen Flachreaktoren der folgenden Art funktionieren können: Die Grünalge *Chlamydomonas oblonga* wird in solchen Reaktoren kultiviert. Die Lösung mit den Ausscheidungsprodukten und den Algen selbst wird mit Purpurbakterien angeimpft. Es wird getestet, ob dabei fotobiologisch Wasserstoff frei wird. Diese Prinzip-Versuchseinrichtung wird in vielfältiger Weise variiert. 1988–1990 hat Rechenberg damit immerhin 124 l Wasserstoff produ-

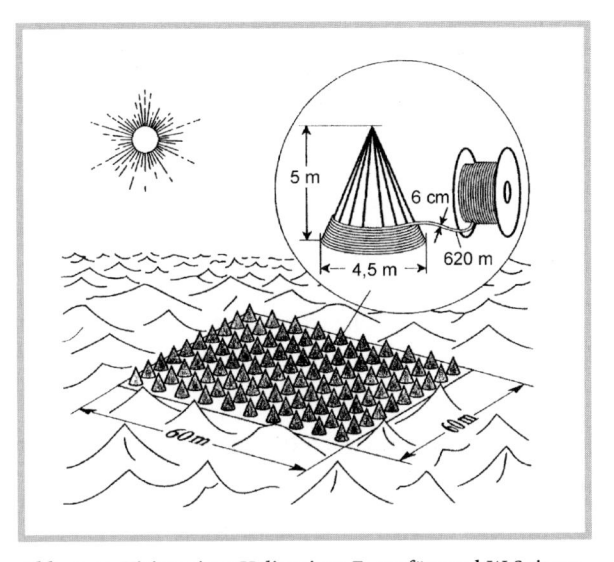

Abb. 13-12 Vision einer Heliomiten-Farm für 100 kW Spitzenleistung (nach Rechenberg 1994)

ziert. Damit wurde demonstriert, dass diese Verbundtechnologie unter den Bedingungen des Sahara-Klimas im Kleinmaßstab funktionieren kann.

Abb. 13-12 zeigt die Vision einer futuristischen fotobiologischen Wasserstoff-Farm. Dabei werden etwa 5 m hohe konusartige Gebilde aus gewickelten, durchsichtigen Schläuchen als Reaktoren benutzt („Heliomiten"). Bei einem oberflächenbezogenen Wirkungsgrad von 4,3 % und optimalen Licht- und Abstandsverhältnissen bräuchte man für eine 10-MW-Heliomitenfarm eine Fläche von 600 × 600 m mit 10 000 Heliomiten.

Der hohe Flächenbedarf kann aber beim Vergleich mit anderen Kraftwerken relativiert werden. Der Autor sagt dazu: „Diese Flächenintensität wäre auch anderen Kraftwerkstypen zu eigen, wenn ehrlich gerechnet würde. Beim Kernkraftwerk wären Wiederaufbereitungsanlagen und Endlagerstätten hinzuzuzählen. Das Kohlekraftwerk bekäme zumindest die Bergwerksfläche zugeschlagen. Ganz schlecht würde das Kohlekraftwerk dastehen, wenn ihm eine Kohlendioxidrückhaltung auferlegt würde. Vielleicht müsste dann Calciumkarbonat mit gebundenem CO_2 endgelagert werden."

13.2.5
Fotosynthetische Proteinkomplexe bei Cyanobakterien

Cyanobakterien („Blaualgen") fotosynthetisieren im Prinzip ähnlich wie höhere Pflanzen. Sonnenlicht wird mit Antennenpigmenten absorbiert und dann zu Reaktionszentren in zwei Proteinkomplexen (Fotosysteme I und II) mit Chlorophyllmolekülen geleitet. Als äußere Antennenkomplexe wirken hier Phycobilisomen. Diese werden bei Eisenmangel abgebaut; statt ihrer entwickelt sich ein anderer Membranprotein-Komplex, der neben allen Fotosystem-I-Untereinheiten als zusätzliche Bestandteile ein IsiA-Protein (1700 kDA anstelle des Fotosystems I mit 900 k DA) enthält. Der Komplex besteht aus trimerem Fotosystem I, das von einem Ring aus 18 IsiA-Molekülen umgeben ist (Abb. 13-13). Diese Moleküle haben zusätzliche Chlorophylle gebunden. Die Fotosystem-I-Antenne vergrößert sich dadurch um 60 % – die Alge kann so mehr Licht einfangen und den Eisenmangel kompensieren.

Die fotosynthetischen Proteinkomplexe bei diesen niederen Organismen sind also überraschend komplex und anpassbar; sie dürften, wie Boekema und seine zahlreichen Koautoren ausführen, bei der „Planung schonender biologischer Energiegewinnungsanlagen" eine Rolle spielen.

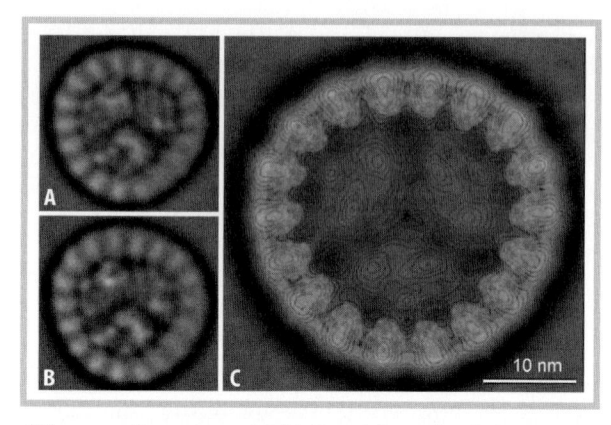

Abb. 13-13 Fotosystem-I-IsiA-Proteinkomplex bei unter Eisenmangel fotosynthetisierenden Cyanobakterien. **A, B** Unterschiedliche Ansichten des Komplexes nach digitaler Bildauswertung elektronenmikroskopischer Aufnahmen **C** Interpretation: Ein Ring von Seifenmolekülen (notwendig zum Aufreinigen) umgibt einen Ring von IsiA-Proteinen (Lichtsammelfunktion), der seinerseits ein trimeres Fotosystem I (fotosynthetisches Reaktionszentrum) umgibt. Vergrößerung $1,5 \times 10^6$-fach *(nach Boekema et al. 2001)*

13.2.6
Algenkonverter – Fluidreinigung, Nahrungsmittel- und Wertstoffproduktion in einem System

Algenblüten sind bei Badegästen gefürchtet, kennzeichnen eigentlich aber einen erwünschten Selbstreinigungsprozess: Massenhaft vorhandene Nährstoffe im Wasser führen zu einer Hochproduktion von Algen; auf diese Weise werden die Nährstoffe in die Biomasse eingebaut und das Wasser wird geklärt.

Diesen Vorgang, der mit weiteren erwünschten Effekten gekoppelt ist, haben die Diplombiologen André Stelling und Olaf Richert (Abb. 13-14) im Labormaßstab unter Kontrolle gebracht: Nutzung eines natürlichen Vorgangs mit natürlichen Partnern in einem technischen System.

13.2.6.1
Algen als Wasser- und Luftreiniger

In Flachkonvektoren, die dünne, von Licht durchstrahlte Schichten bilden, werden Grünalgen mit nährstoffreichem Wasser versetzt. Man kann versuchsweise sogar stickstoff- und phosphatreiche Gülle zusetzen. Die Algen bauen diese vom Menschen aus gesehen als Schadstoffe zu bezeichnenden Verbindungen in ihre Biomasse ein, verbrauchen dabei auch CO_2 und liefern O_2. Der Vorgang ist solange selbstbeschleunigend, bis

befasst sich mit der kombinierten Abluft- und Prozesswasserreinigung in einem Kompositwerk mittels Algentechnologie bei gleichzeitiger Produktion von Biomassen mit hohem Wertschöpfungspotenzial. Die Abb. 13-14 B zeigt einen als Gebrauchsmuster patentierten Fotobioreaktor. Zu diesem Thema sind im Jahre 1999 von Richert und Stelling zwei Dissertationen vorgelegt worden.

13.2.6.2
Algen und Wasserpflanzen als Nahrungsmittelproduzenten

Die produzierte Biomasse kann vielseitig verarbeitet werden; in Japan wird Algenprotein ganz regelmäßig als Nahrungsmittelgrundstoff eingesetzt, bei uns noch nicht so sehr („eiweißreiche Algentabletten für Leistungssportler"). Auch höherer Pflanzen, die sich auf und im Wasser sehr gut vermehren – etwa die „Entengrütze" (Gattung *Lemna*) und andere – werden neuerdings als Nährstoffproduzenten getestet; Pionierarbeiten laufen wiederum in Japan.

13.2.6.3
Algen als Wertstoffproduzenten

Zahlreiche chemische Verbindungen, die man technisch besehen als „Wertstoffe" bezeichnen kann, liefern die Algen bei ihrem Stoffwechsel, je nach Art unterschiedliche. So können Vitamine, Mineralien und Farbstoffe produziert werden, die man Hautcremes beifügen kann. Gezüchtete Massen von Blutregen-Algen werden in der Lachszucht-Industrie dem Futter beigemengt und sorgen für die schöne rote Farbe – eine freilich etwas zweischneidige Anwendung. Wichtiger ist, dass Algenfarbstoffe offensichtlich keine nennenswerten Allergien hervorrufen. Die Autoren des hier zitierten Artikels sind deshalb sicher, dass derartige Farbstoffe für die Kleiderindustrie immer interessanter werden.

Bisher wurden Mikroalgen-Biokonverter für mittlere Maßstäbe entwickelt, bis 1000 l. Zusammen mit den Japanern wird eine mobile großtechnische Versuchsanlage mit einer Reinigungskapazität von 10 000 l vorbereitet.

13.3
Fotovoltaik – solarbedingte Spannungserzeugung

13.3.1
Prinzipielle Wirkungsweise fotovoltaischer Zellen

Derartige Zellen bestehen aus Halbleitern (z. B. Silizium). Gezielte Verunreinigungen (Dotierung) verändern die

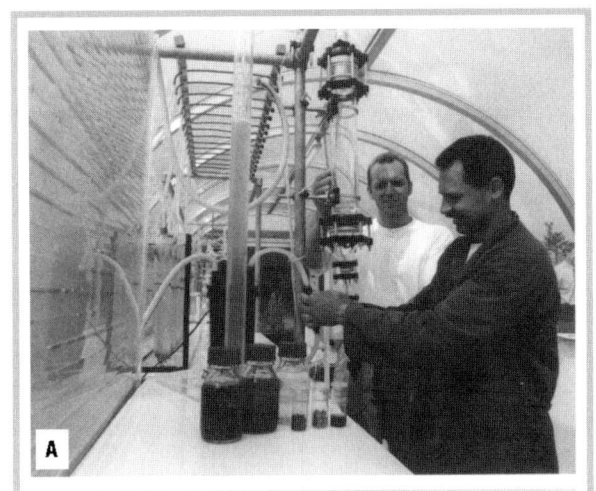

Abb. 13-14 Versuchsanlagen zur koordinierten Abluft- und Prozesswasserreinigung mittels Algentechnologie. **A** Versuchs-Dünnschichtreaktor mit Grünalgen, **B** praktikabler Fotobioreaktor *(Fotos: v. Reeken, Stelling)*

der Nährstoffgehalt aufgezehrt ist. Dann kommt die Reaktion zum Stillstand, das Wasser ist gesäubert.

Stelling und Rickert haben auch in einer Art Biowaschverfahren Algen zur Reinigung von Abluft eingesetzt. In der Abluft von Kompostieranlagen ist reichlich CO_2 und Ammoniak enthalten, ebenso in der Abluft von technischen Werken. Perlt die Luft durch algenhaltige Bioreaktoren, lösen sich die Abgase im Wasser und die Algen können sie umsetzen.

Inzwischen ist das Algenkonverter-Projekt als großtechnische Versuchsanlage, die im Rahmen der Expo 2000 präsentiert wurde, realisiert worden. Das Projekt

Leitfähigkeit auf Grund erleichterter oder erschwerter Freisetzung von Elektronen. Dotierung bspw. mit Phosphor resultiert in der Bildung von n-Silizium (n negativ), das mehr freie Elektronen enthält und ein besserer Leiter ist. Dotierung mit Bor resultiert in p-Silizium (p positiv), das mehr Löcher (weniger Elektronen) enthält und damit positiv geladen ist. Kommen ein n- und ein p-Silizium schichtflächig aneinander, so bildet sich eine elektrisches Feld, das an der Grenzfläche Elektronenbarrieren aufbaut und nur einen einseitigen Elektronenfluss ermöglicht (in Richtung auf +), bis es zu einem Gleichgewicht kommt (Abb. 13-15 A). Ein absorbiertes Lichtquant kann normalerweise ein Elektron herausschlagen und damit ein Loch freisetzen; jedes tendiert dazu, zur entgegengesetzt geladenen Seite zu wandern. Verbindet man die beiden Seiten über einen Außenwiderstand, so können Elektronen zur p-Seite fließen, wo sie sich mit den hierher transportierten Löchern vereinigen (Abb. 13-15 B).

Das Produkt aus generierter Spannung und fließendem Strom entspricht der elektrischen Leistung der fotovoltaischen Zelle. Ihr Wirkungsgrad kann höchstens etwa 25 % betragen, realiter ist er geringer. Der Prinzipaufbau einer solchen Zelle ist in Abb. 13-15 C skizziert. Derartige Zellen können aus Silizium-Einkristallen aufgebaut werden (vgl. Abb. 13-16), aber auch aus polykristallinem Silizium, amorphem Silizium (kleine Wirkungsgrade, aber auch geringerer Preis), Galliumarsenid, Kupferindiumdiselenid, Cadmiumtelorid und anderen. In jedem Fall ist der Aufbau komplex, relativ teuer, erfordert viel Energie und i. Allg. hochreine Bearbeitungsräume.

Derartige technologische Schwierigkeiten treiben den Preis hoch; insbesondere der hohe Energieverbrauch macht derartige fotovoltaische Zellen ökologisch problematisch. Verständlich, dass nach Alternativen gesucht wird. Diese hat man als „organische Solarzellen" bezeichnet, und sie werden derzeit, wie in den Folgeabschnitten gezeigt, an verschiedenen Stellen nach pflanzlichen Vorbildern mit Hochdruck entwickelt. Es gibt aber auch ein Beispiel für „tierische Solarzellen" (Abschn. 13.3.3).

13.3.2
Probleme der Fotovoltaik auf Siliziumbasis

Abbildung 13-16 zeigt den prinzipiellen Weg vom Quarzsand bis zum fertigen Siliziumwafer. Er ist komplex, chemisch und mechanisch (Silanproduktion und Einkristall-Ziehen) nicht unkritisch und vor allem energetisch aufwendig (Reduktion bei 1100 °C). Beim Diamantsägen des Einkristalls zu Wafern gibt es auch großen Verlust. Bei all dem ist der „energetische Rücklauf" heute i. Allg. positiv: Auf die Lebenszeit berechnet geben siliziumbasierte Fotovoltaik-Elemente mehr Energie ab, als sie beim Herstellen gekostet haben. Allerdings beträgt die Amortisationszeit Jahre, möglicherweise Jahrzehnte, und es ist nicht ganz klar, ob für derartige Berechnungen alle Zusatzaspekte (z. B. Transportkosten) eingegangen sind. Auf jeden Fall ist die Siliziumtechnologie derzeit noch unersetzbar. Insbesondere auf Grund ihres hohen Energieaufwands und der komplexen Technologie dürfte sie jedoch mittelfristig durch andere Technologien ersetzt werden (s. u.).

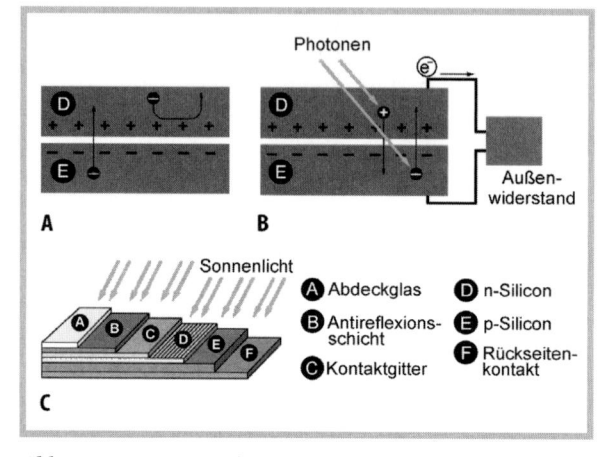

Abb. 13-15 Prinzipwirkung und Prinzipbau fotovoltaischer Solarzellen. **A** Effekt eines elektrischen Felds (Spannungsgenese), **B** Stromfluss über einen angelegten Außenwiderstand, **C** Aufbau *(Neuzeichnungen, basierend auf Aldous 2001)*

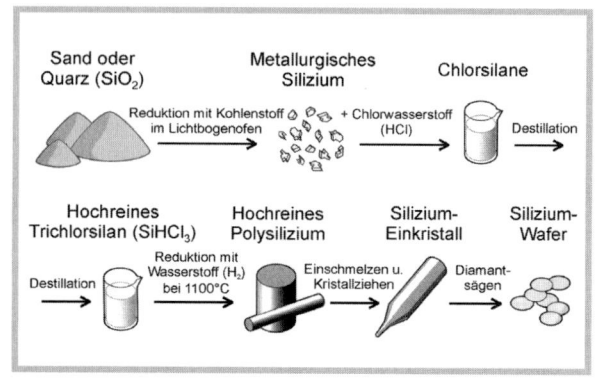

Abb. 13-16 Prinzipskizze „Vom Sand zum Silizium-Wafer" *(nach Bernreuter 2001)*

Bereits jetzt braucht die Fotovoltaik-Industrie dringend eine neue Quelle für Silizium; Siliziumabfälle aus der Halbleiterindustrie reichen nicht mehr aus, wie Bernreuter ausgeführt hat. War 1998 die Nachfrage nach Solarsilizium noch auf 2 300 t beschränkt, rechnet man für 2 010 mit 8 000 t. Für Reinstsilizium mit nur noch einem Fremdatom unter 10^9 Siliziumatomen werden bisher bereits bis zu 65 €/kg gezahlt. Eine Reihe von Firmen hat Konzepte für neuartige Herstellungsverfahren billigen Reinstsiliziums vorgelegt, u. a. Bayer/Leverkusen, die Wackerchemie/Burghausen, die Kawasaki Steel Corparation (die den Preis auf 20 €/kg drücken will). Die gute Absicht des Hunderttausend-Dächer-Programms, das zusammen mit dem erneuerbare Energiegesetz einen Fotovoltaikboom ausgelöst hat, würde im Sand versickern, wenn fotovoltaische Anlagen entweder in zu geringem Umfang oder nur übertevert geliefert werden könnten; nach der vorliegenden Prognose kommt wohl beides zusammen. Ein Grund mehr, intensiv Ausschau zu halten nach Alternativen im Bereich organischer Solarzellen-Technologien.

13.3.3
Fotovoltaische und thermoelektrische Effekte bei Hornissen

Anfang der 90er-Jahre beobachtete J. S. Ishay von der Tel Aviv-Universität das Auftreten einer elektrischen Spannung zwischen einem belichteten und einem benachbarten unbelichteten Flächenanteil der Kutikula bei der Orientalischen Hornisse *Vespa orientalis*. Bei Umkehr der Beleuchtungsverhältnisse polte sich auch die Spannung um. Effektiv waren bereits eine geringe flächenbezogene Strahlungsleistung sichtbaren Lichts von einigen mW cm^{-2}. Die maximale Quantenausbeute lag im Spektralbereich von 360 bis 380 nm (nahe UV). Es wurde der Schluss gezogen, dass die Kutikula dieser Hornissen als biologische Solarzelle wirkt. Der Effekt war größer an der Hinterkante der Abdominaltergite als an der Vorderkante. Ähnliches wurde beim Puppenkokon der selben Art gefunden und in seiner Abhängigkeit von Randbedingungen wie Temperatur, relativer Feuchtigkeit, Lichtstärke und Expositionszeit untersucht. Bei jeweils 2-minütigen Beleuchtungen (365 nm; 100 μW cm^{-2}) ergaben sich Ströme von einigen nA mit Zeitkonstanten von $\tau_1 = 18$ s für den Anstieg und $\tau_2 = 30$ s für den Abfall (Abb. 13-17 A). Diese Messungen waren in Einklang mit früheren Befunden, nach denen sich die Hornissen-Kutikula wie ein organischer Halbleiter, die Messfläche wie eine Diode verhält. Der Gesamteffekt wurde

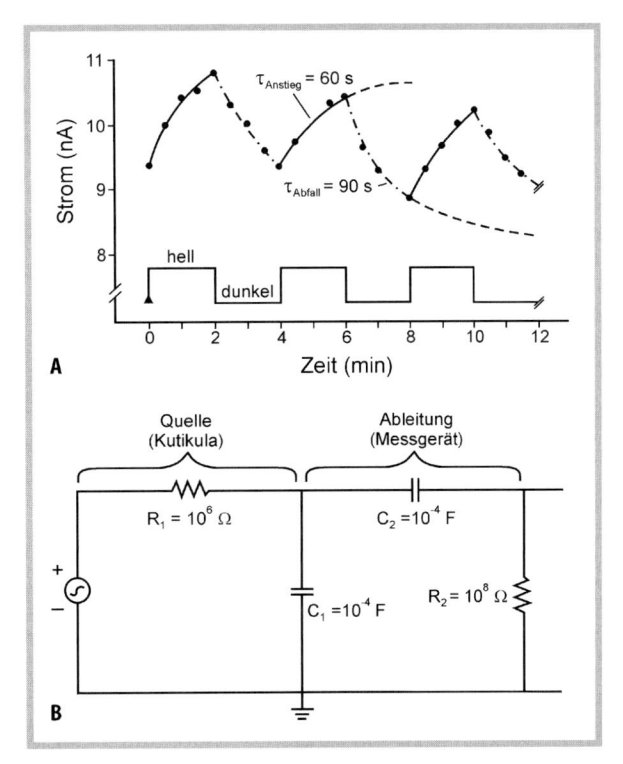

Abb. 13-17 „Bio-Solarzellen" (?) in der Kutikula der Orientalischen Hornisse *Vespa orientalis*. **A** Messungen an der frontalen Kappe der Puppenhülle ($\lambda = 365$ nm, $P_{rel} = 100$ μW cm^{-2}), **B** elektrisches Ersatzschaltbild *(nach Ishay et al. 1992, ergänzt)*

als Kombination eines fotovoltaischen Effekts und eines Wärmeeffekts gedeutet; beide verursacht durch die Absorption derselben Strahlung.

Wie das elektrische Ersatzschaltbild (Abb. 13-17 B) zeigt, ist der Innenwiderstand des Ableitungsastes um Größenordnungen höher als der des Produktionsastes; bei Strommessungen ist der Spannungsabfall am Instrument um Größenordnungen kleiner als an der Kutikula, was beides messtechnisch zu fordern ist. Simulationsexperimente unter Verwendung des Ersatzschaltbilds führten zu prinzipiell ähnlichen Ergebnissen.

Für die Puppenhülle wurde in einer Folgearbeit geschlossen, dass sie ein System darstellt, das die Intensität des abgreifbaren Stroms mit dem Niveau der thermischen Umgebungsenergie korrespondieren lässt: ein organischer thermoelektrischer Konverter. Aufheizexperimente mit Wärmesträngen bestätigten offenbar diese Sichtweise.

Schließlich wurde bei Untersuchungen der thermoelektrischen Eigenschaften der Waben von Hornissenbauten auch gezeigt, dass diese eine Einrichtung darstellen könnten, die elektrische Energie produziert, transformiert und für die gesamte Kolonie speichert.

Mit morphologischen und elektronenmikroskopischen Ansätzen wurde versucht, die Querbeziehungen zwischen morphologischen und elektrischen Änderungen herauszufinden, die durch Temperatur- und Beleuchtungsänderungen induziert werden. Im Querschnitt erscheint die Kutikula – gängigerweise – als vielfach geschichtete Struktur. In der Draufsicht ist sie polygonal gefiltert, herauspräpariert und von unten besehen erscheint sie jalousieartig gegliedert. Einige dieser geometrischen Kenngrößen ändern sich mit der Temperatur, parallel damit ändern sich die elektrischen Spannungen bzw. die abgreifbaren Ströme (Temperaturbereich 19–33 °C). Es wird geschlossen, dass die Kutikula unter Beleuchtung bzw. Erhitzung Polarisationsänderungen erfährt, wie sie auch von fotosynthetischen Membranen bekannt sind und einen Elektret-Effekt aufweist. Es ist bekannt, dass sich Elektrete, wie z. B. belichtetes Bienenwachs, unter hohen Spannungsgradienten ab etwa 10 kV cm^{-1} bilden; es gibt aber auch Hinweise, dass dies bei sehr viel geringeren Gradienten geschehen könnte (einige Dutzend mV cm^{-1}), wie sie in den Kutikulae auftritt.

Die Reaktion der Hornissen-Kutikula auf Licht kann als extraretinale Fotoperzeption bezeichnet werden. Die Unterscheidung der thermoelektrischen Effekte im Dunklen und der fotoelektrischen Effekte im Hellen und ihre Rückführung auf feinmorphologische und submikroskopische Mechanismen ist dabei noch nicht klar. Dass biologische Effekte damit gekoppelt sind, scheint jedoch sicher. So wurde z. B. gezeigt, dass betäubte Hornissen drastisch früher aus einer Äthernarkose erwachen, wenn man einen dünnen Lichtstrahl auf die Region der abdominalen Tergite fallen lässt. Bei höherer Lichtintensität und kürzerer Wellenlänge (jeweils höhere Energieübertragung) wachen sie eher auf.

In neueren Arbeiten haben Ishay und Koautoren versucht, Querbeziehungen zwischen der kutikulären Mikrostruktur der gelben Streifen auf den Abdominaltergiten von Hornissen und ihre Wirkung als fotovoltaisches System aufzudecken. Die Streifen bestehen aus etwa 30 Einzelschichten, von denen die weiter obengelegenen dicker sind (bis etwa 5 µm), durchbrochen von Poren in Abständen von 10–50 µm. Letztere sind im Längsschnitt eigentümlich geformt, so dass zwischen den Poren und den endokutikularen Schichten sinusförmige Regionen entstehen können, die Granula gelben Pigments enthalten, die wohl in Haemolymphe suspendiert sind. Die Parallellamellen werden als Teile eines elektrischen Kondensators gedeutet, eingebunden in das fotovoltaische System Endokutikula/gelbe Pigmente.

Die Diskussion der funktionellen Querbeziehungen führt zur Arbeitshypothese, dass die Hornissen diese Einrichtung für die Thermoregulation über thermoelektrische Vorgänge nutzen. Zusammen mit neueren Ergebnissen über die Puppenkutikula als Fotodetektor ergibt sich somit ein im Detail noch verwirrendes, in den Grundzügen aber möglicherweise zukunftsweisendes Bild über organische fotoelektrische Halbleiter bei Tieren. Dieses Feld wurde, wie überhaupt elektrische Erscheinungen im Bereich der belebten Welt (abgesehen von solchen, deren Nerven- und Muskelerregung sowie der Reiz-Erregungs-Transformation in Sinnesorganen), bisher forschungsmäßig sträflich vernachlässigt, so dass auch die Akzeptanz dieser und ähnlicher Untersuchungen im naturwissenschaftlichen Bereich durchaus unterschiedlich ist – weitere gezielte Forschung tut Not. Solange man die molekularen Mechanismen photoelektrischer Effekte bei Arthropoden, die wohl als nachgewiesen gelten können, nicht kennt, kann man auch ein möglicherweise hochinteressantes Anregungspotenzial für bionische Umsetzung nicht nutzen.

Man sollte aber auch die Aufdeckung von „Effekten an sich" nicht unterbewerten. Zum einen ist es anfangs schon schön, wenn man sie auch nur „teilkausal" modellieren kann, zum anderen gehören noch nicht vollständig erklärbare Effekte zu den stärksten Stimulantia, welche die naturwissenschaftliche Forschung kennt.

13.3.4
Organisch-fotovoltaische Solarzellen

13.3.4.1
Grätzels Farbstoff-sensitive Solarzelle

Konventionelle Solarzellen konvertieren Lichtenergie in elektrische Energie mit Hilfe des fotovoltaischen Effekts an Halbleiter-Grenzflächen (Abschn. 13.3.1). Die verwendeten Halbleiter müssen hochrein und defektfrei sein, was ihre Herstellung kompliziert, energieaufwendig und teuer macht. In der Arbeitsgruppe von M. Grätzel im Labor für Photonics und Grenzflächen am Schweizer Institut für Technologie, Lausanne, wurde eine Farbstoff-sensitivierte Solarzelle entwickelt. Während in konventionellen, siliziumbasierten Fotovoltaikanlagen die Halbleiter gleichzeitig Licht absorbieren und für die Trennung elektrischer Ladungen (in „Elektronen" und „Löcher") sorgen, übernimmt bei der letzteren Zelle eine monomolekulare Farbstoffschicht die Aufgabe der Lichtabsorption und die Halbleiter-Grenzschicht die Aufgabe der Ladungstrennung: beide Aufgaben werden auf unterschiedliche Elemente verteilt. Die im Prinzip einfache, in der Ausführung allerdings von mehreren kritischen Parametern beherrschte Methode weist den Weg für „einfach" konstruierte, umweltverträgliche, energiearme und deutlich preiswertere Solarzellen. Kalyanasundaram und Grätzel beschreiben das Prinzip wie folgt (Abb. 13-18 A):

„Die Lichtabsorption geschieht durch eine monomolekulare Farbstoffschicht (S), die durch chemische Bindung an eine Halbleiteroberfläche angekoppelt ist. Nach Erregung durch ein Photon (S*) wird die Farbstoffschicht in die Lage versetzt, ein Elektron auf einen Semikonduktor (TiO_2; „Injektionsprozess") zu übertragen. Auf Grund des entstehenden elektrischen Felds kann ein Elektron aus dem Halbleitermaterial abgezogen werden. Formal wird deshalb eine positive Ladung von dem Farbstoff (S^+) auf einen Redoxmediator (A) (Prozess der „Interzeption") übertragen, der die Lösung zwischen den beiden Elektroden enthält. Von dort gelangt die positive Ladung zur Gegenelektrode. Sobald der Mediator in den reduzierten Zustand zurückgesprungen ist, ist der Kreis geschlossen, und über einen Außenwiderstand kann Strom fließen. Die theoretische Maximalspannung einer solchen Einrichtung entspricht der Differenz zwischen den Redoxpotenzialen des Mediators und dem Fermizustand des Halbleiters."

Diese hier pars pro toto besprochene Schweizer Entwicklung, die auf den Beginn der 90er-Jahre zurückgeht, führte ebenso wie die Bremer Entwicklung von D. Wöhrle zu den ersten „Bio-Solarzellen". Sie verwendet nanokristalline Filme von TiO_2. Die Solarzelle besteht aus zwei leitenden Glaselektroden in Sandwich-Konfiguration mit einem Redoxelektrolyt dazwischen. Eine TiO_2-Schicht von wenigen µm Dicke wird aus einer kolloidalen Lösung monodispersierter Partikel von TiO_2 niedergeschlagen. Diese Schicht ist porös und weist deshalb eine große Oberfläche auf, an der Farbstoffmoleküle in monomolekularer Verteilung ankoppeln können. Nach einer geeigneten Hitzebehandlung, die den Widerstand dieses Films reduzieren soll, wird die Elektrode mit der Oxidschicht in eine geeignete Farbstofflösung einige Stunden lang eingetaucht. Die poröse Oxidschicht wirkt wie ein Schwamm, nimmt die Farbstoffmoleküle sehr effektiv auf und färbt sich dabei. Molekulare Absorptionen von drei und darüber

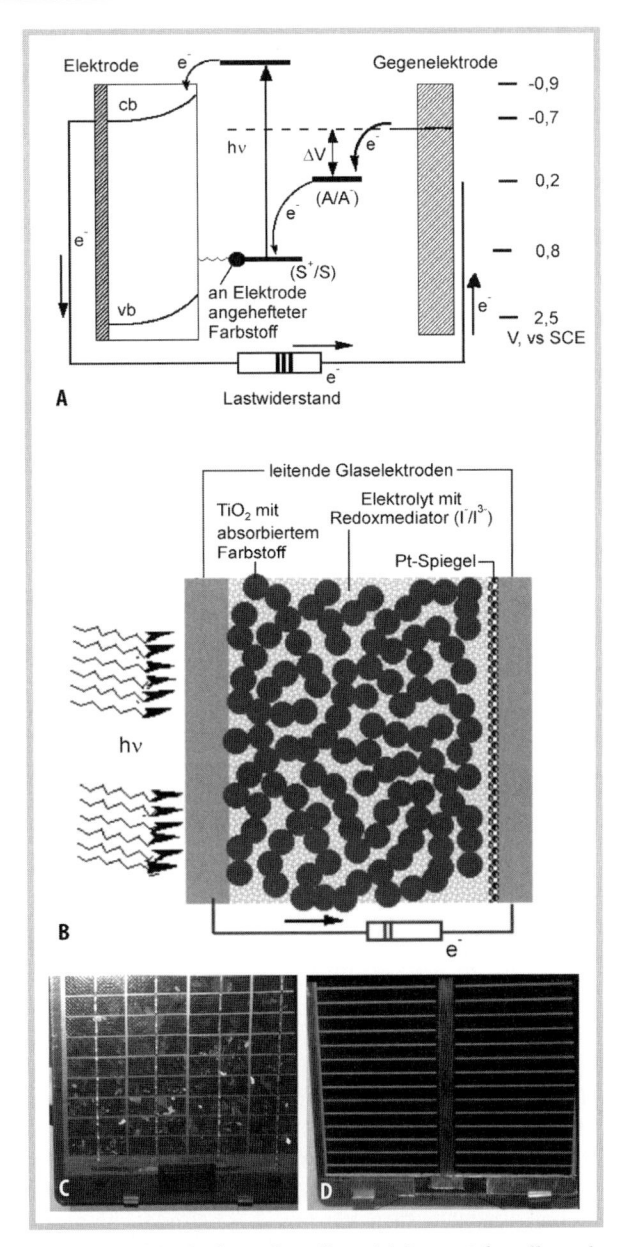

Abb. 13-18 Prinzip der Farbstoff-sensitivierten Solarzelle nach Grätzel. **A** Schema einer derartigen Solarzelle, **B** nanokristalline Solarzelle, **C** Foto einer Silizium-Verbundzelle, **D** Foto einer Kurth-Verbundzelle, C, D Teile, jeweils gleiche Größe *(nach Kalyanasundaram, Grätzel 1999, Fotos: Nachtigall)*

werden mit RU-Polypyridylkomplexen innerhalb dieser dünnen Schicht leicht erreicht. Die so präparierte Elektrode wird dann in Verbindung mit einer weiteren Elektrode aus leitfähigem Glas gebracht, und der Zwischenraum wird mit einem organischen Elektrolyt (üblicherweise mit einem Nitril) gefüllt (I^-E/EI^{---}). Auf der Gegenelektrode wird eine dünne Schicht von Platin deponiert, welche die Reduktion von Triodid in Jodid katalysieren soll. Dann werden an den beiden Elektroden Kontakte angebracht und das Ganze wird versiegelt". Das Schema dieser Zelle ist in Abb. 13-18 B skizziert.

Die Lichtabsorption an monomolekularen Farbstoffschichten erfolgt mit geringen Ausbeuten. Ein ausreichender fotovoltaischer Wirkungsgrad kann deshalb nicht mit glatten Oberflächen, sondern eher mit schwammigen nanostrukturierten Filmen einer sehr hohen internen Oberfläche erreicht werden. Eindringendes Licht wird damit stärker gestreut und überquert Hunderte absorbierender monomolekularer Schichten, so dass die Absorptionswahrscheinlichkeit und damit auch die Lichtausbeute deutlich steigt. Die Anordnung sorgt auch dafür, dass der Wirkungsgrad der Zelle bei schwachem Licht nicht sinkt, was im Kontrast steht mit klassischen siliziumbasierten Systemen.

Eine fotovoltaische Zelle sollte etwa 20 Jahre halten damit sie sich amortisiert. Die Lausanner Entwicklung muss auf dem Weg dahin noch Hürden der Praktikabilität und der Korrosionsbeständigkeit nehmen.

Auf Grund von Alterungsprozessen konnte die Grätzel-Zelle, ebenso wie ähnliche andere, bisher nicht zur Serienreife entwickelt werden, vor allem deshalb, weil die Leiterschichten oxidierten.

M. Kurth und seine Mitarbeiter R. Monard und F. Flury haben Zellen dieser Art weiterentwickelt und insbesondere durch Anwendung eines Keramik-Korrosionsschutzes ihre Haltbarkeit verbessert. Im äußeren Habitus unterscheidet sich eine konventionelle Anordnung fotovoltaischer Elemente (Abb. 13-18 C) kaum von einer solchen Kurth-Zelle (Abb. 13-18 D). Anfragen zu Detailkonzepten beantworten die Erfinder nicht, so dass diese Weiterentwicklung nicht im Vergleich gewertet werden kann. Bei Sonne ist der Wirkungsgrad dieser Zelle mit 7,8 % im Vergleich zu Silizium-Solarzellen relativ niedrig; dafür soll die Zelle auch bei diffuser Beleuchtung, selbst bei nebeligem Wetter, noch aktiv sein und dann mit Wirkungsgraden von 5,5 % arbeiten. Hervorgehoben wird auch, dass die Entsorgung solcher Zellen nach Ablauf ihrer Lebensdauer unproblematisch ist. Das von Wissenschaftsjournalisten bejubelte Konzept wurde mit dem Unternehmerpreis 2000 der Schweizer W. A. De Vigier-Stiftung bedacht. Über seine Umsetzung in die Anwendungspraxis ist zum gegenwärtigen Zeitpunkt noch nichts bekannt. Doch könnte es vielleicht um 2010 zu durchgehenden Anwendungen dieser und ähnlicher Zellen kommen. Damit betrüge die Entwicklungszeit von der ersten vergleichbaren Solarzellen mit 1 % Ausbeute, die C. W. Tang von der Kodak Corporation im Jahr 1986 gegeben hat, (nur) knapp 25 Jahre.

13.3.4.2
Wirkungsgraderhöhung und Selbstorganisation bei organisch-fotovoltaischen Solarzellen

Bei organischen Halbleiter-Solarzellen wurde eine Verbesserung des Wirkungsgrad dadurch erreicht, dass in fotovoltaische Dioden vom Schottky-Typ, die auf Pentacen basieren, das Pentacen mit Iodin gedopt wurde. Damit konnte der an sich sehr geringe Gesamtwirkungsgrad auf 2,4 % gesteigert werden, bezogen auf standardisiertes Solarspektrum. Eine Dünnfilmtechnologie, basierend auf gedoptem Pentacen, erscheint deshalb erfolgversprechend für die Produktion effizienter organischer „Plastiksolarzellen", besonders geeignet für flexible Substrate.

Das Prinzip ist in Abb. 13-19 A aufgezeigt. Ein einstrahlendes Photon (hv) wird absorbiert. Das damit formierte Exziton diffundiert zum Iodin (B) und formt

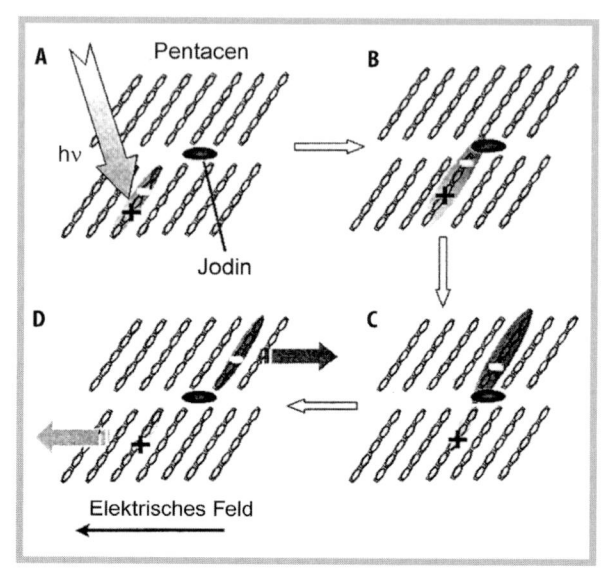

Abb. 13-19 Ladungsträgergenerierung und Ladungstrennung in Iodin-gedoptem Pentacen *(nach Schön et al. 2000)*

einen Komplex, damit und mit den benachbarten Pentacenmolekülen (C). Ladung wird auf das Iodin übertragen; durch das eingebaute elektrische Feld werden die Ladungen getrennt und zu den Kontakten transportiert (D).

Eine verblüffende Methode der Selbstorganisation „komplizierter", elektronenübertragender Schichtenmuster für organische Solarzellen ist in Abschn. 15.2. referiert.

13.3.5
Bereits weitgediehen: die Plastik-Solarzelle

Der im oberösterreichischen Linz forschende Physiochemiker S. Sariciftci steht einer von mehreren weltweit aktiven Forschergruppen vor, die organische Solarzellen auf der Basis einer künstlichen Fotosynthese entwickeln. Als Beispiel sei sein Ansatz geschildert, der in Zusammenarbeit mit dem in der Legende zu Abb. 13-20 genannten Institutionen bereits auf dem Weg zur industriellen Umsetzung ist.

Entwicklungsziel ist eine Plastik-Solarzelle, die automatisch zu fertigen und gegen mechanische Belastung unempfindlich ist (Abb. 13-20 A). Abbildung 13-20 B zeigt eine mögliche Aufbauvariante, hier noch auf Glasträger. Wie Abb. 13-20 C erkennen lässt, werden mit Indiumzinnoxid (ITO) überzogene Polyesterfolien oder Gläser (Widerstand zwischen 10 und 100 Ω cm^{-2}) verwendet. Als Donor kommt 3,7-Dimethyl-octyloxymethyloxy-PPV zur Anwendung (allgemein: Alkaloxy PPV). Als Akzeptor wird ein Fulleren verwendet, nämlich 1-(3-Methoxycarbonyl) Prophyl-1-Phenyl [6,6] C_{61} (abgekürzt PCBM). Bei Belichtung tritt ein ultraschneller Elektronentransfer zwischen dem konjugierten Polymer und dem Fulleren auf. Die Übergangszeit ist $< 4 \cdot 10^{14}$ s (!). Deshalb ist der interne Quantenwirkungsgrad der Ladungsgeneration auch sehr hoch, nahe 100 %. Die Grundkonzepte stammen bereits aus dem Jahr 1992. Abbildung 13-20 D zeigt ein Stromdichte-Spannungs-Diagramm für Dunkelsituation und Beleuchtung mit der angegebenen flächenbezogenen Strahlungsleistung. Hierbei konnte eine flächenbezogene Maximalleistung von 2,6 mW cm^{-2} entnommen werden; der Wirkungsgrad betrug immerhin 3,3 %.

Konzepten wie diesen ist eine große Zukunft zu prophezeien. Freilich sind noch viele praktisch wichtige Aspekte zu lösen, so z. B. die Alterungsbeständigkeit, die Versprödungsunempfindlichkeit, die Übertragung auf großflächige Einrichtung und eine Reduktion der derzeit noch hohen Produktionskosten.

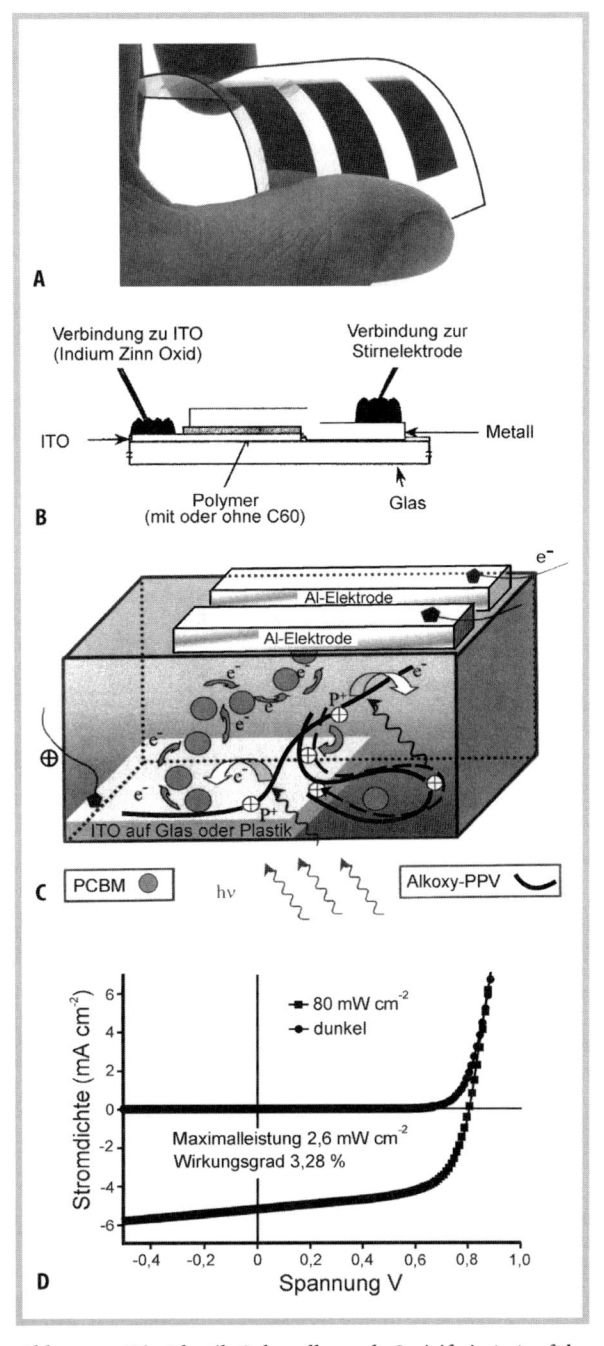

Abb. 13-20 Die Plastik-Solarzelle nach Sariciftci. **A** Ausführungsbeispiel, **B** Schichtungsbeispiel *(nach Blattsammlung Sariciftci)*, **C** Prinzipkonzept, **D** Messbeispiel für eine organisch/anorganische Hybrid-Solarzelle *(nach C. Doppler Laboratory for Plastic Solar Cells und Quantum Solar Energy, Linz, 2001)*

Die Vision, die Physikochemiker zur Zeit entwickeln, liegt darin, die ungezählten Fassaden und Fenster in technischen Gebäuden zu nutzen. Eine leichtgetönte Fensterscheibe, von der man bei Sonneneinstrahlung einen elektrischen Strom über einen Außenwiderstand fließen lassen kann – es gibt ungezählte Fensterscheiben!

Im Prinzip liefern derartige organische Zellen elektrischen Strom ganz entsprechend den heute bereits weitgehend verwendeten Solarzellen auf Kristallbasis. Bereits bei diesen ist die Energiebilanz positiv. Das heißt, auf ihre Lebenszeit betrachtet liefern sie mehr Energie, als sie für ihre Herstellung brauchen. Allerdings ist bei der Recherche dieser Bilanzierung nicht sicher nachzuvollziehen, ob wirklich alle negativen Randbedingungen einkalkuliert sind (so, wie bei einer Bilanzierung des Autos ja auch sämtliche Straßen mit einkalkuliert werden müssten). Es könnte durchaus sein, dass die organischen Solarzellen sehr viel energieärmer herstellbar sind und damit die gesamte Leistungsbilanz verbessern. Sie dürften letztlich auch viel billiger zu machen sein, da keine ultrareinen Räume und Hochvakuumtechniken nötig sind. Allerdings dürften sie eher verschleißen. Sollten sie sich in großtechnischem Maßstab bewähren, wäre auch eine Wasserstofftechnologie durch Wasserzersetzung mittels elektrischen Stroms vorstellbar, wobei der Strom von derartigen Zellen stammt. Die gesamte Energieausbeute, d. h. der Gesamtwirkungsgrad, dürfte dabei allerdings sehr klein sein, vielleicht 1–2 % betragen. Trotzdem könnte sich das für sehr großflächige Anlagen in ariden Regionen (Nordafrika!) rechnen.

Die Forschungen zu organischen Solarzellen haben längst eine breite Basis gefunden. Die erste internationale Konferenz zu diesem Thema fand unter der Leitung von Dieter Meissner 1998 in Cadarache, Frankreich statt. Sie vereinigte Forscher aus Deutschland, den USA, Japan und anderen Länder. Erstmals wurde dort auch eine definitorische Untergliederung in „Molekulare Organische Solarzellen" (MOSC), „Polymer- (oder Plastik-) Organische Solarzellen" (POSC) und „Sensitization Solarzellen" (SSC) versucht. Diese wurden in getrennten Sitzungen behandelt, an die sich Sitzungen über chemische Aspekte, Primärprozesse bei der Stromerzeugung und über Hybrid-Systeme der organischen und anorganischen Solarzellen anschlossen. Alle diese Teilgebiete befinden sich in stürmischer Entwicklung.

13.4
Solarverdunstung – ein bislang vernachlässigtes Naturverfahren

Der Berliner Physikochemiker H. Tributsch hat auf ein erstaunliches Phänomen hingewiesen. So gigantisch die Umsatzraten aller fotosynthetisierenden Organismen auf dieser Welt sind: Noch mehr Energie wird umgesetzt durch den solar induzierten Wassertransport von den Wurzeln bis in die Wipfel der höchsten Bäume (Abb. 13-21 A). Er wird dadurch induziert, dass Wasser auf der Blattoberfläche solar verdunstet und aus den Spaltöffnungen diffundiert. Über spezielle Leitungsgefäße wird Wasser dann aus dem Erdreich nachgezogen, bei Mammutbäumen weit über 100 m hoch, ohne dass der Wasserfaden zerreißt. Das ist kein reiner Kapillareffekt; durch die Kapillarwirkung dünner Röhrchen würde das Wasser nur einige wenige Meter hoch steigen können – maximal. „Mit den damit erzeugten Unterdrücken versorgen sich Bäume mit Wasser, kühlen sich oder entsalzen, wie z. B. die Mangrove, direkt das Meerwasser. Der Zustand des Wassers unter negativem Druck (unter Zugbelastung) ist bisher recht wenig erforscht. Hier können Zugspannungen bis 2 000 kPa auftreten! Im Laboratorium gelingt es, diesen Zustand nur für kurze Zeit mit hochreinem Wasser aufrechtzuerhalten. Dann reißt die zugbelastete Wassersäule. Wie gelingt es den Bäumen in den feinen Kapillaren Wasserfäden unter Zugbelastung den ganzen Sommer über aufrecht zu erhalten? Hier ist intensive bionische Forschung gefordert. (Tributsch hat im Übrigen atmosphärische Störungen, die gerade diesen Prozess beeinträchtigen, als mögliche und möglicherweise wesentliche Ursache für das Waldsterben genannt.)

Der Gewinn einer bionischen Umsetzung für die Menschheit wäre enorm. Meerwasserentsalzung wäre ein Aspekt, solar betriebene Pumpen, die Wasser 100 m hoch in Speicherbecken transportieren, ein anderer. Tributsch macht einen weiteren interessanten Vorschlag: „Wüstenpflanzen können mit Unterdrücken von 10 000 kPa Wasserspuren selbst aus strohtrocken erscheinenden Böden aufsaugen. Würde man Wasser unter 'Spannung' in porösen Keramikrohr-Rohleitungen für die Bewässerung anbieten, könnten nur Pflanzen mit ihrer Fähigkeit, hohe Zugkräfte zu mobilisieren, daraus Feuchtigkeit entnehmen. Kein Tropfen würde zusätzlich durch Verdunstung verloren gehen."

Es ist möglich, dass für diese Leistungen eine gewisse Kühlung des Wasserfadens nötig ist. Baumrinden (Ab-

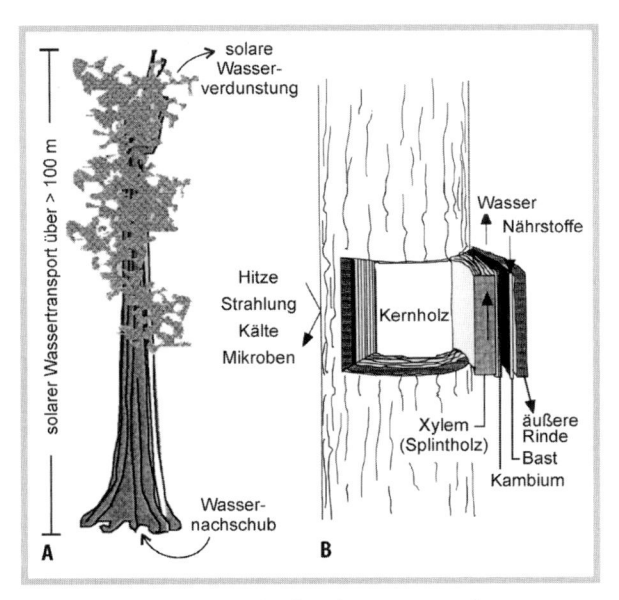

Abb. 13-21 Verdunstungskraftwerk Baum. **A** Solarer Wassertransport bei Mammutbäumen, **B** Wärmedämmung durch Rinde *(nach Tributsch 2001)*

bildung 13-21 B) können effektive Wärmedämmung bieten. Bekannt ist die Korkeiche, die mit einer optimierten Mikrostrukturierung in ihr Grundmaterial viele kleine Lufträume einschließt, die isolierende Eigenschaften haben. In die äußere Rinde, Borke genannt, ist in Zellulose-Grundsubstanz die Verbindung Suberin (Korksubstanz) eingelagert, die thermisch isolierend wirkt. Hilfsubstanzen dienen zur Stabilisierung und Infektionsverhütung. Im Gegensatz zu technischen Dämmmaterialien (z. B. Glasvliese) sind Materialien dieser Art vollständig verrottbar und damit rezyklierbar.

13.5
Wassergewinnung durch Nebelkondensation

Die Kanarische Kiefer *Pinus canariensis* besitzt besonders lange Nadeln, die etwa 20 cm erreichen. An ihnen kondensieren die insbesondere in der Nordostregion Teneriffas aufsteigenden Nebel, wobei möglicherweise auch elektrische Erscheinungen eine Rolle spielen. Die abtropfenden Wassertropfen fallen in den Bereichen auf den Boden, welche die Kiefer mit ihren feinen Saugwurzeln erreicht.

Die Namib-Wüste, die sich über 2000 km über die gesamte Länge Namibias/Südafrika hinzieht, wird durch täglich aufsteigende Nebel „befeuchtet", die jedoch nur wenige Lebewesen nutzen können. In Nebelwolken erreichen die Wassertröpfchen Größen zwischen 1 und 40 µm, die an 60–200 Tagen im Jahr einen Niederschlag von immerhin 180 mm ergeben. Der Dunkelkäfer *Onymacris unguicularis* steht mit gesenktem Kopf gegen den aufsteigenden Nebel gerichtet (Abb. 13-22 A); die Wassertröpfen, die an seinem Körper, insbesondere dem Abdomen, kondensieren, laufen abwärts bis zur Mundregion, wo das Tropfwasser aufgenommen wird. Ähnlich verhält sich der Gecko *Palmatogecko rangei* und die Sandviper *Bitis peringueyi*. Ein anderer Dunkelkäfer, die Art *Lepidochora kahani* schaufelt Rillen in den Sand und trinkt das dort anfallende Kondenswasser.

Das Dünengras *Stipagrostis sabulicola* wurzelt nur 1–20 cm tief, dafür aber an die 20 m auslaufend. Es nimmt mit den Saugwurzeln die bei Nebel von seinen Blättern tropfende Wasser auf, noch bevor es vollständig im Boden versickern kann. Vom Nebel profitieren auch der Dünenzwergstrauch *Trianthema hereroensis* und die Bleistiftpflanze *Arthraerua leubnitziae*, allerdings nutzen diese Arten das Wasser direkt über Blätter und Stämmchen. Unter Steinchen laufendes konden-

Abb. 13-22 Nebelkondensation. **A** Kondensation am Dunkelkäfer *Onymacris unguicularis* in der Namib *(nach einem Foto im Namibia-Pavillon auf der Expo 2000)*, **B** Kondensation an einem Nebelnetz bei Chungungo, Chile *(nach Enders, Henschel 2000, Foto: Zeitler, verändert)*

siertes Nebelwasser nutzen bestimmte Algen und Schnecken, großflächig auch die artenreichen Namib-Flechten. Es verwundert, dass Menschen diese Wasserquelle bisher nicht genutzt haben.

Der Ökologe J. Henschel und die Wissenschaftsjournalistin M. Enders haben über das Problem der Nebelwassernutzung in der Namib berichtet. Sie konnten dabei auf vergleichbare Projekte in der Atacama-Wüste Chiles zurückgreifen. Dort decken bspw. die Bewohner des Dorfes Chungungo bereits seit 1986 fast ihren gesamten Süßwasserbedarf mit Nebelfängern. Man hat dort von Olivenbäumen und anderen Bäumen gelernt. Wissenschaftler mehrerer Universitäten aus Kanada und Chile haben 75 Nebelnetze (Abb. 13-22 B) aufgestellt, die am Tag etwa 11 m³ Wasser für Chungungo abtropfen lassen. Das Wasser ist rein, muss nur gelegentlich chloriert werden, um Trinkwasser-Qualität zu haben; das System ist unaufwendig, leicht zu installieren und zu unterhalten und schädigt die Umwelt nicht. Die Netze bestehen aus lokal erhältlichen Polypropylen-Maschenwerk und enden 2 m über dem Grund, um Pflanzen und Tieren den Grundnebel zu belassen.

Diese Nebel-Kollektortechnologie ist inzwischen in 30 Ländern auf 6 Kontinenten versuchsweise installiert worden. R. Schemenauer, Wissenschaftler am Environment/Kanada und einer der Projektleiter, ist zufrieden, und die UNISCO, ohne deren frühe Unterstützung der mit Hingebung aber wenig Geld arbeitenden Aktivisten in Chile und Peru das Projekt wohl nichts geworden wäre, ist es sicher auch.

Für die Namib hat man nun versucht, von den südamerikanischen Erfahrungen zu lernen und selbst weiterexperimentiert, und zwar mit 1 m² großen Testnetzen. Auf Hügeln liefert eine solches Netz zwischen 1 und 14 l täglich (sofern Nebel aufstiegen), durchschnittlich 3,3 l. Pro Jahr ergaben sich im Durchschnitt etwa 0,4 m³/m² Netzfläche. Am ertragreichsten waren die „Südfrühlingsmonate" September und Oktober, sowie dann wieder der März. Die Netze reinigen sich selbst; lediglich nach längerer Pause muss der erste Eintrag verworfen werden, da er Netzstaub und Salzablagerungen enthält, er kann aber noch zur Viehtränkung dienen. Zur Zeit wird geprüft, ob sich die chilenischen Netzgrößen (12 m Breite, 4 m Höhe) auf die Namib übertragen lassen können. Für die kleinräumige Versorgung wird mit 0,12 m³-Auffangbecken und 0,6 m⁻³-Hauptspeicherbecken gearbeitet. Wenn es gelänge, die Netze zu kühlen, könne man noch zu Ertragssteigerungen kommen. Solche Einrichtungen könnten sich insbesondere für Randbereiche von Wüsten am Rande von Nebelgebieten eignen.

13.6
Verträgliche Frostschutzmittel

Bei seinem gegebenen Salzgehalt friert Antarktiswasser unter –1,5 °C. Kleine arktische Fische haben damit Körpertemperaturen unter dem Gefrierpunkt reinen Wassers. Sie frieren nicht durch, weil sie biologische Frostschutzmittel besitzen. Diese wirken vor allem so, dass sie in das geometrische Muster sich ausbreitender Eiskristalle eingreifen können und damit das weitere Wachstum zerstörerischer Miniatur-Eiskristalle in Zellen verhindern.

Bei diesen natürlichen Frostschutzmitteln harmonieren kennzeichnende Abstände im Molekül mit kennzeichnenden Abständen in Eiskristallen (Abb. 13-23 A, B). Sie können sich deshalb anstelle von Wassermolekülen „einklicken" und verhindern so das weitere Kristallwachstum (Abb. 13-23 C). Das biologische Gefrier-

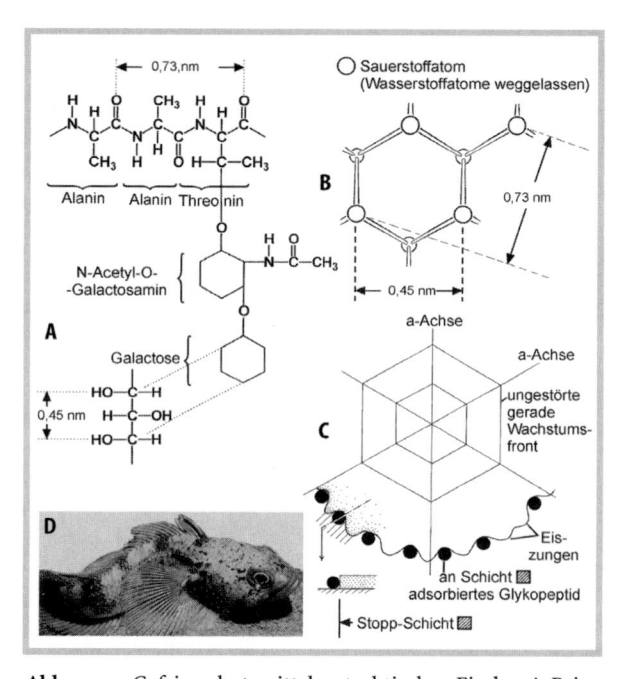

Abb. 13-23 Gefrierschutzmittel antarktischer Fische. **A** Prinzipbau eines körpereigenen Gefrierschutzmittels, **B** Prinzipbau eines Eiskristalls, **C** Interaktion Gefrierschutzmittel-Eiskristallwachstum. *(basierend auf verschiedenen Autoren aus Vorlesungsumdrucke Physiologie, Nachtigall o.J.),* **D** Antarktisfisch *Trematomus nicolai (nach Stetter/König aus Nachtigall 2001)*

schutzmittel des Antarktisfisches *Trematomus nicolai* (Abb. 13-23 D), der bei etwa –1,8 °C lebt, hat das körpereigene Gefrierschutzmittel im Blut, den Zellen und in den interstitiellen Körperflüssigkeiten verteilt und senkt den Gefrierpunkt auf –2,8 °C. Das ist eine Temperatur, die antarktisches Wasser im flüssigen Zustand nicht erreicht.

Der chemische Aufbau dieser Mittel ist bekannt. Sie lassen sich auch synthetisieren, aber nicht in ausreichender Menge, und sie sind in der Herstellung zu teuer. Außerdem sind die natürlichen Mittel relativ unbeständig. R. Behn und Mitarbeiter von der Landesuniversität New York haben bioanaloge Frostschutzmittel mit andersartigen chemischen Bindungen entwickelt, die stabiler sind als die natürlichen chemischen Vorbilder. Sie lassen sich bereits heute im größeren Maßstab produzieren, müssen aber vermarktungsmäßig noch optimiert werden. Einsetzbar sind sie beispielsweise zum Schutz gegen Gefrierbrand in der Tiefkühltruhe oder Frostschäden am Obst. Sie sind völlig gesundheitsunschädlich. Auch an ein optimales Kühlen von zu transplantierenden Organen wird gedacht.

Antarktische Schwämme enthalten Steroide unterschiedlicher Art, bis zu 74 in einem Schwamm. Ihre Struktur unterscheidet sich stark von Steroiden der Landlebewesen. Wahrscheinlich dienen auch diese Verbindungen der Kälteanpassung. Der Mechanismus ist noch unbekannt.

13.7
Selbstreinigende pflanzliche Oberflächen – schmutzabweisende Beschichtungen

Die Oberflächen von Pflanzen, insbesondere die Blattoberflächen sind sehr häufig mit feinen Wachsausscheidungen der äußeren Deckschicht (Epikutikula) bedeckt, welche die Blattoberflächen wasserabweisend machen. Die spezielle mikroskopische Feingestaltung der Wachsausscheidungen sorgt auch dafür, dass Schmutzpartikelchen weniger fest ankleben können als bei glatten Oberflächen, so dass sie die abrollenden Wassertropfen entfernen können. Dieser Selbstreinigungsmechanismus ist bei der Lotus-Blume *Nelumbo nucifera* besonders ausgeprägt. Sein Erstbeschreiber hat ihn deshalb als „Lotus-Effekt" bezeichnet. Bereits vor 20 Jahren entdeckt wurde der Mechanismus erst vor kurzem physikalisch so weit aufgeklärt, dass dieser Effekt einer technischen Nutzung zugeführt werden kann. Die volkswirtschaftliche Bedeutung einer bionischen Übertragung dieses Effekts kann sehr hoch eingeschätzt werden: Verschmutzungsprobleme spielen bekanntlich eine große Rolle; ihre Beseitigung ist sehr zeit- und energieaufwendig (Autolacke – Autowäsche; Hauswände – Fassadenverschmutzung etc.).

13.7.1
Epidermale Oberflächenstrukturen

Sehr viele pflanzliche Oberflächen sind mit Wachsen überzogen, die filigranartig-zarte Strukturen bilden. Leicht abwischbar sind die bekannten Wachsüberzüge auf Pflaumen und Weintrauben. Die Kutikula als äußerste Deckschicht, welche die Pflanze gegen Umwelteinflüsse schützt, besteht aus einem Grundgerüst von Cutin – einem hochpolymeren, stabilen Fettsäureester –, in das Sekundärsubstanzen eingelagert sind. Eine davon stellen die Wachse dar, welche die Pflanzenoberfläche wasserabweisend machen. Charakteristischerweise

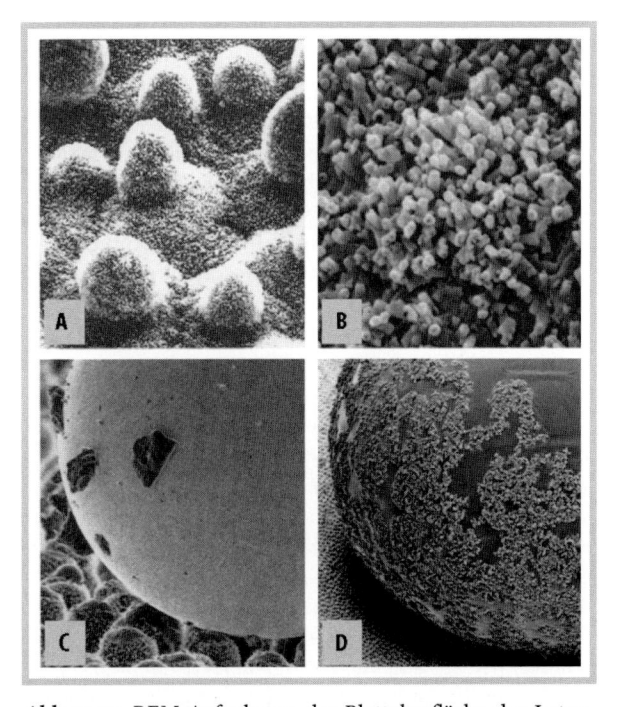

Abb. 13-24 REM-Aufnahmen der Blattoberfläche der Lotusblume. **A** Vergrößerung ca. 1000 ×, Noppenstruktur, **B** Vergrößerung ca. 20 000 ×, Details der Oberflächenwachse, **C**, **D** REM-Aufnahmen von Quecksilber-Tröpfchen auf der Blattoberseite der asiatischen Taropflanze *Colocasia esculenta* C auf papillärer Blattepidermis. Marke: 20 µm, D auf adaxialer Blattoberfläche mit anhängenden („abrollbaren") Partikeln einer kontaminierenden Substanz. Marke: 50 µm *(nach Barthlott 1992)*

bilden diese Wachse meistens keine glatten Überzüge, sondern spaghettiartige, submikroskopische Oberflächenstrukturen (Abb. 13-24 B). Im mikroskopischen Bereich kann die Oberfläche fein genoppt erscheinen (Abb. 13-24 A); solche Noppen sind u.U. bereits mit einer starken Lupe zu sehen. Die Unbenetzbarkeit pflanzlicher Oberflächen ist auf eine günstige Kombination dieser beiden Effekte zurückzuführen: wachsartige Substanzen und mikroskopische und/oder submikroskopische Rauheit.

13.7.2
Experimente über Selbstreinigungseffekte

In einer Serie aufeinander aufbauender Experimente haben Barthlott und Neinhuis (zusammenfassende Darstellung 1997) erstmals nachgewiesen, dass das Beziehungsgefüge zwischen Oberflächenrauhigkeit, reduzierter Partikeladhäsion und Wasserabweisung der Schlüssel zum Verständnis des Selbstreinigungsmechanismus vieler biologischer Oberflächen ist. Bisher existierten zu diesem Problemkreis nur unzusammenhängende, wenngleich auch teilweise schon weit zurückliegende Beschreibungen (z. B. Lundström 1884).

Die Pflanzen wurden mit unterschiedlichen Partikeln künstlich kontaminiert und anschließend in unterschiedlicher Weise gereinigt. Dann wurde bestimmt, wieviel von den ursprünglich pro Flächeneinheit ausgezählten Schmutzpartikeln prozentual noch an der Oberfläche hafteten.

Grund für diese Untersuchungen war eigentlich eine Nebenbeobachtung. In einem ausführlichen Programm haben Barthlott und Mitarbeiter (1990) die Blattoberflächen von Pflanzen unter systematischen Gesichtspunkten mit dem Mikroskop untersucht. Dabei fiel auf, dass – unabhängig von der Art und dem Grad der Verschmutzung – Pflanzen mit glatten Blattoberflächen vor der elektronenmikroskopischen Untersuchung gereinigt werden mussten, solche mit epicuticulären Wachskristallen dagegen nicht. Auf der Spur dieses Effekts wurden 340 Pflanzenarten sowohl hinsichtlich der Kontaktwinkel aufgelagerter Wassertropfen als auch mit hochauflösenden rasterelektronenmikroskopischen Verfahren untersucht. Aus dieser Serie wurden acht Pflanzen ausgewählt, und zwar jeweils vier Pflanzen von geringer bzw. hoher Benetzbarkeit. Sie sind in Abbildung 13-25 aufgelistet. Mit diesen acht Pflanzen wurden – pars pro toto – Kontaminations/Reinigungsversuche durchgeführt. Es handelte sich um zwei immergrüne Bäume (*Gnetum*, *Magnolia*), eine krautige Pflanze des Regenwalds (*Heliconia*) und die Buche (*Fagus*) auf der einen Seite, die Lotusblume (*Nelumbo*), Kohlrabi (*Brassica*), die asiatische Taropflanze (*Colocasia*) und eine Komposite (*Mutisia*) auf der anderen Seite. Abgesehen von der letztgenannten Pflanze (Blütenblätter) wurden Blattoberflächen untersucht.

In einer Kontaminationskammer von 60 × 60 × 100 cm wurden ganze Pflanzen oder einzelne Blätter mit kontaminierenden Partikel überblasen. Sie setzten sich dann langsam auf den Oberflächen ab. Die Partikelzahl pro Oberfläche wurde nach REM-Aufnahmen über ein digitales Bildanalyseprogramm vor und nach der Reinigung bestimmt.

Die Reinigung erfolgte durch künstliches Begießen oder natürlichen Regen und schließlich durch künstliche Taubildung. Begossen wurde mit einem Sprinkler, der Tröpfen von 0,5–3 mm Durchmesser produzierte. Als natürliches Pendant wurden Regenschauer unterschiedlicher Dauer und Intensität ausgenutzt. Künstlicher Tau wurde über ein Hochdruck-Nebelsystem produziert, das sehr feine Nebeltröpfchen (1–20 μm

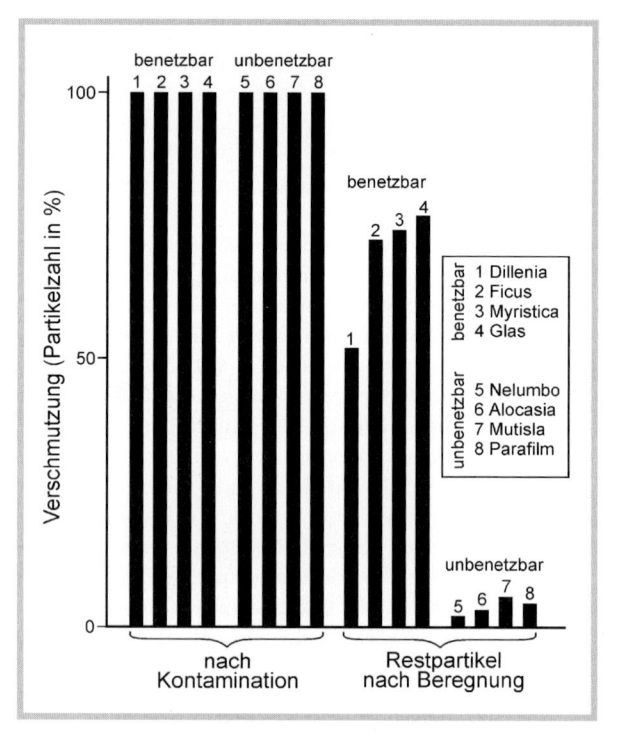

Abb. 13-25 Selbstreinigungsvermögen benetzbarer und unbenetzbarer Blattoberflächen und technischer Oberflächen nach künstlicher Kontamination und nachfolgender Beregnung *(nach Barthlott 1992)*

Durchmesser) freisetzt. Die Untersuchung mit künstlichem Tau wurden gemacht, damit man zwischen Feuchtigkeitswirkung und mechanischer Wirkung unterscheiden kann; im Gegensatz zu den Tautröpfchen könnten Wassertropfen die Oberfläche ja auch durch den mechanischen Effekt des massiven Aufklatschens reinigen.

Voruntersuchungen an anderen Arten und an technischen Oberflächen (Glas, Parafilm) haben unter Mittelung unterschiedlicher Kontaminations/Reinigungsverfahren Folgendes ergeben: Bei benetzbaren Oberflächen haften nach Reinigung noch, grob gesprochen, 50–75 % aller Partikel, bei unbenetzbaren dagegen nur noch einige wenige Prozent, maximal etwa 5 %.

In differenzierenden Ansätzen wurden nun unterschiedliche Kontaminations- und Reinigungsverfahren kombiniert (Abb. 13-27).

Die Abb. 13-26 A zeigt Folgendes: Es wurde mit den angegebenen Farbstoffen, anorganischen Substanzen, Pilzsporen und -konidien kontaminiert; dann wurde 2 min lang bei 15° Neigungswinkel abgegossen. Während den glatten Oberflächen noch 40–80 % der Partikel anhingen, waren die skulpturierten Oberflächen praktisch völlig reingewaschen.

Aus Abb. 13-26 B ist zu entnehmen: Von glatten Oberflächen wurde eine größere Zahl von Teilchen nur dann abgespült, wenn sie sehr heftigen Regenschauern ausgesetzt wurden. Regentropfen dieser Art sind sehr groß und haben eine hohe kinetische Energie. Dies zeigt sich nach fünfminütiger Exposition und vorhergehender Kontamination mit Siliciumkarbid-Teilchen unterschiedlicher Korngröße.

Schließlich lässt sich an Abb. 13-26 C Folgendes ablesen: Verhindert man mechanische Effekte durch Beaufschlagung in einer Nebelkammer, so werden von glatten Oberflächen gröbere Teilchen (SC 360) eher, feine Teilchen (SC 1200) aber kaum abgespült. Bei Verwendung der feinsten Teilchen gibt es noch merkliche Rückstände, auch bei den „lotusartigen" Oberflächen, weil sich die Teilchen in den Zwischenräumen zwischen den größeren Papillen (vgl. Abb. 13-24 A) verfangen. Natürlicher Regen spült solche Teilchen jedoch anschließend ohne weiteres heraus, so dass die Oberflächen wieder völlig klar sind. Den gleichen Effekt haben Wassertropfen, die man aus einer Pipette aus einer Höhe von 5 cm auftropfen lässt.

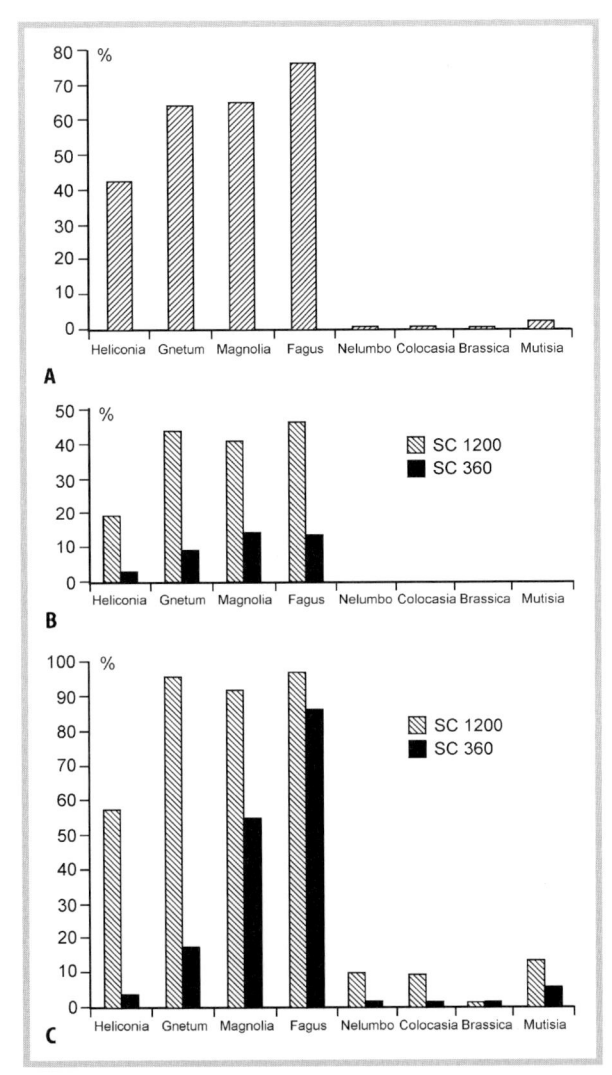

Abb. 13-26 Zurückbleibende Partikelzahl nach Kontamination und nachfolgender Reinigung bei ± glatt-benetzbaren Oberflächen (4 Säulen links) und ± rau-unbenetzbaren Oberflächen (4 Säulen rechts). **A** Mittelwerte von 4 Kontaminationsreihen (mit Sudan III, BaSO$_4$, *Cibotium schiedei*-Sporen und *Botrytis-cinerea*-Konidien), nachfolgendes Abspülen, **B** Kontamination mit Siliciumkarbid (2 Korngrößen, s Einschaltbild), nachfolgend einem natürlichen Regenschauer ausgesetzt, **C** Kontamination wie B; nachfolgend einem künstlichen Tau von 1 mm Höhe bei 15° Neigung ausgesetzt *(nach Barthlott, Neinhuis 1997)*

13.7.3
Ökologische Bedeutung und Störung der Selbstreinigungseffekte

Die Partikelentfernung hat für Pflanzen, die ja jederzeit durch Pathogene (Bakterien, Pilzsporen etc.) bedroht sind, eine wichtige Bedeutung: sie bietet praktisch perfekten Schutz vor Infektionen. In unserer Zeit kann „saurer Regen" (SO_2, NO_x) die epikutikulare Wachsschicht partiell oder vollständig zerstören, so dass an sich unbenetzbare Pflanzen ihre Fähigkeit zur Pathogenabwehr verlieren. Die Gefahr ist nicht von der Hand zu weisen, dass gleiches für die Verwendung von Tensiden gilt, die man beim Spritzen anwenden muss, damit Wirksubstanzen überhaupt eindringen können. Hier besteht Forschungsbedarf. Andererseits haben diese Forschungen auch Anregungen gegeben, sich mit gegenteiligen Aspekten zu befassen, der Frage nämlich, wie Substanzen besonders gut auf Oberflächen – auch Pflanzenoberflächen – haften.

13.7.4
Physikalische Grundlagen der Selbstreinigung

Die Benetzbarkeit fester Oberflächen ist physikalisch gut untersucht. Man kann deshalb im Hinblick auf Blattoberflächen abstrahieren.

Ob Wasser eine feste Oberfläche, die gegen Luft grenzt, benetzt, hängt von den relativen Oberflächenspannung ab. Den Zusammenhang zwischen den drei Oberflächenspannungen (γ) zwischen Wasser und Luft (γ_{Wl}), Wasser und Festfläche (γ_{WF}) und Festfläche gegen Luft (γ_{Fl}), und dem Kontaktwinkel θ zwischen dem Wassertröpfchen und der Oberfläche formuliert die Young-Gleichung: $\gamma_{Fl} - \gamma_{WF} = \gamma_{Wl} \cos \theta$. Ein Kontaktwinkel von 0° bedeutet vollständige Benetzung, einer von 180° vollständigen Nichtbenetzung (theoretische Extremwerte). Pflanzencuticulen liegen dazwischen. Auf Teflon bildet das Wasser fast kugelige Tröpfchen, weil γ_{Fl} klein ist. Messungen des Kontaktwinkels (Abb. 13-27) reichen von 110° bei jungen bis < 10° bei alten, mikroskopisch glatten Blättern; bei mikroskopisch rauen Blättern, welche die genannten epiculären Wachsausscheidungen aufweisen und papillöse Epidermiszellen enthalten (Abb. 13-24 B, A) waren die Kontaktwinkel immer > 150°.

Wie stark ein Wassertröpfchen die Oberfläche benetzt, hängt vom Verhältnis der für die Oberflächenvergrößerung auszugebenden und der durch Absorption gewonnen Energie ab. Im Gleichgewicht ist die Gesamtenergie des Systems am geringsten.

Je nach Benetzbarkeit verhielten sich aufgespritzte Wassertröpfchen (mittleres Volumen 40 µl) unterschiedlich, während sie vom Blatt abliefen. Bei wasserabstoßenden Oberflächen bildeten sich tatsächlich Kügelchen, die sehr rasch abliefen, sogar bei ganz leichten Neigungen von < 5°; es wurden keine Wasserspuren auf dem Blatt hinterlassen. Bei glatten Blättern dagegen bildeten sich etwa halbkugelige Tröpfchen, die relativ langsam abliefen, und das erst bei höheren Neigungswinkeln von 10–30°. Im Extremfall (glatte Oberflächen und geringe Kontaktwinkel) verbreiterten sich die aufgesprühten Tröpfchen rasch, und Wasser lief erst bei sehr hohen Neigungswinkeln von > 40° ab.

Oberflächen mit nur wenigen oder gar keinen polaren Gruppen zeigen nur eine sehr geringe Oberflächenspannung. Dies gilt auch für viele Bestandteile epikutikularer Wachse (Kohlenwasserstoffe). Bei wasserabstoßenden rauen Oberflächen wird Luft zwischen den Kristalloiden der epikutikularen Wachse (die „Spagettiformen" von Abb. 13-24 B) eingeschlossen, und es re-

Heliconia densiflora	28,4 ± 4,3
Gnetum gnemon	55,4 ± 2,7
Magnolia denutata	88,9 ± 6,9
Fagus sylvatica	71,7 ± 8,8
Nelumbo nucifera	160,4 ± 0,7
Colocasia esculenta	159,7 ± 1,4
Brassica oleracea	160,3 ± 0,8
Mutisia decurrens	128,4 ± 3,6

Abb. 13-27 Mittelwerte und Standardabweichung der statistischen Kontaktwinkel adaxialer Blattoberflächen der Arten, die für Kontaminationsexperimente verwendet worden sind. Die ersten 4 Arten sind ± „glatt-benetzbar", die letzten 4 Arten sind ± „rau-unbenetzbar" *(nach Barthlott 1992)*

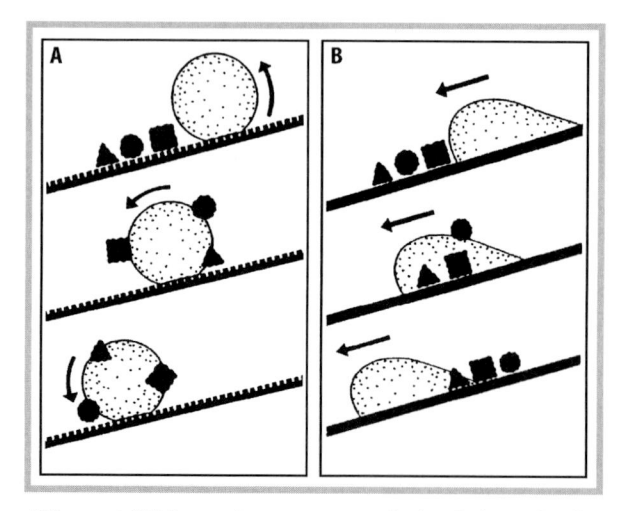

Abb. 13-28 Wirkung einer genoppten, hydrophoben Oberfläche (**A**) gegenüber einer glatten, hydrophilen (**B**) *(nach Barthlott, Neinhuis 1997)*

sultiert eine phasenmäßig zusammengesetzte Oberfläche, auf der Tröpfchen irgendwelcher Art sich abrunden (Abb. 13-28 A). Hier wird nämlich die Wasser/Luft-Grenzfläche vergrößert, während die Festkörper/Wasser-Grenzfläche einem Minimum zustrebt. Auf einer derartigen „Niederenergie-Oberfläche" kann das Wasser nur sehr wenig Energie durch Absorption gewinnen, die zur Kompensation einer möglichen Oberflächenvergrößerung nötig wäre. Infolgedessen zerfließt der Wassertropfen nicht, sondern nimmt angenähert Kugelform an (im REM nur mit Quecksilbertropfen dokumentierbar, Abb. 13-24 C, D); der Kontaktwinkel des Tröpfchens hängt hierbei praktisch alleine von der Oberflächenspannung des tropfbaren Materials ab.

Partikelchen, welche die Blattoberflächen kontaminieren können, sind nun fast imer leichter benetzbar als die hydrophoben Wachskomponenten. Außerdem sind sie i. Allg. größer als die submikroskopischen Oberflächenstrukturen, und schließlich ruhen sie meistens nur auf den Spitzen der Wachs-Noppen. Somit wird die Grenzschicht zwischen Wachsoberfläche und Kontaminationspartikel minimiert.

Wenn ein Tropfen über ein solches Partikel rollt, reduziert sich die Oberfläche des Tropfens relativ zur Luft, die Absorptionsenergie erhöht sich und das Partikel haftet an dem Tropfen (Abb. 13-24 C, D). Es könnte davon nur dann entfernt werden, wenn die Adhäsionskraft zwischen Partikel und Wassertropfen durch eine andere Kraft übertroffen wird. Im vorliegenden Fall könnte das nur eine Adhäsionskraft zwischen Festkörperfläche und Partikel bewerkstelligen, die dann größer seine müsste als die Adhäsionskraft zwischen Partikel und Wassertropfen. Dies ist aber nicht der Fall, weil die Grenzfläche zwischen Partikel und der rauen Oberfläche sehr klein ist. Deshalb bleibt das einmal überrollte Partikel „eingefangen" und wird mit dem abrollenden Wassertropfen entfernt (Abb. 13-28 A).

Auf einer glatten, nicht hydrophoben und nicht genoppten Oberfläche dagegen zerfließt der Wassertropfen jedenfalls partiell, und da die Adhäsionskräfte zwischen Partikel und Oberfläche nun relativ höher sind, bleiben die Partikel oberflächengebunden und werden nur überflossen (Abb. 13-28 B).

Zusammenfassend kann gesagt werden, dass die Kombination von Wachskristalloiden, Lufteinschluss und Noppung eine Oberflächensituation schafft, die es abrollenden Wassertropfen erlaubt, praktisch alle Verschmutzungspartikel wegzutragen. Kommt die kinetische Energie aufprallender Wassertropfen dazu, um so

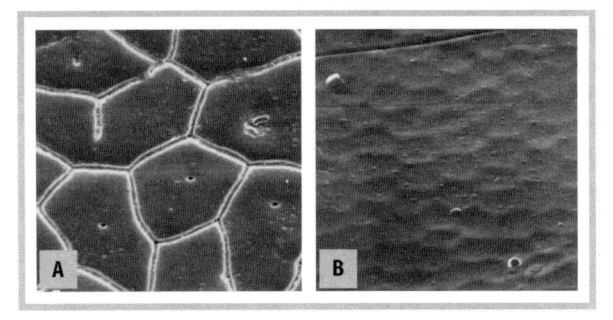

Abb. 13-29 REM-Aufnahmen. **A** Oberflächenstruktur auf den Flügeldecken des Wasserkäfers *Dytiscus marginalis* (Foto: Wisser), **B** Oberflächen-Dellenstrukturen auf den Flügeldecken des Waldmistkäfers *Geotrupes sylvaticus* (Foto: Gerber)

besser. Im anderen Fall (bei Tau, Nebelkondensation) wirkt der Effekt aber in prinzipieller Weise gleich. Feinste Partikel können allerdings in den Tälern zwischen den Noppen gefangen bleiben; der nächste Regen spült sie dann jedoch weg. Die Effekte scheinen „einfach" zu sein, doch sind sie höchst verblüffend: Es gibt keine Möglichkeit, dass auf solchen Oberflächen irgendwelche Partikel haften.

Diese Effekte sind nicht auf Pflanzenblätter beschränkt. Sie wurden von Wagner et al. auch für Insektenflügel nachgewiesen, und wir haben in Saarbrücken Untersuchungen über die Selbstreinigungseffekt an den Elytren von Wasserkäfern (Abb. 13-29 A) laufen, die ja bekanntlich durch den schlimmsten Schlamm kriechen können und lupenrein wieder herauskommen. Gleiches gilt für Mistkäfer und Verwandte, die z. B. im Kuhdung leben (Abb. 13-29 B). Diese Käfer benutzen (auch) andere Prinzipien, deren Funktion noch nicht vollständig geklärt sind.

13.7.5
Technische Umsetzung des „Lotus-Effekts"

Bisher wurden mehrere Patente genommen, und es wurde in Zusammenarbeit mit Spezialfirmen die Entwicklung geeigneter Produkte begonnen; die Lotusan-Fassadenfarbe ist seit wenigen Jahren auf dem Markt. Eigene Versuche mit dem Lotusan haben ergeben, dass damit bestrichene Oberflächen durch mikroskopische kleine Algen genauso drastisch „begrünen" wie konventionelle Fassadenfarben; die Algen (*Chlorella* u. a.) entwickeln eine Art Klebegel und werden von Nieselregen nicht abgewaschen – ganz im Gegensatz zu Schmutzpartikelchen. Für die Weiterentwicklung empfehlen sich deshalb biozide Beischläge.

Von der Deutschen Umweltstiftung wurde die Erforschung und Umsetzung des „Lotus-Effekts" mit größeren Summen gefördert.

Wie rasch eine ursprüngliche Bionik-Idee in technologisch-eigenständige Weiterforschung mündet, auch das zeigt das Beispiel der Lotusan-Fassadenfarbe. A. Born und J. Ermuth von der Firma Ispo haben unter der Überschrift „Copyright by nature" über diese neue Silikonharzfarbe (MSH-Farbe) mit Lotus-Effekt für trockene und saubere Fassaden berichtet. Zudem wurde ein Prüfbericht des Fraunhofer-Instituts für Bauphysik und des Forschungsinstituts für Pigmente und Lacke (Holzgärungen Stuttgart) vorgelegt. Es zeigt sich daran, dass die Weiterentwicklung vom Effekt selbst wegführt, hin zu Aspekten, die von großer praxisnaher Bedeutung sind (Abb. 13-30 A, B). Es geht dabei immer um Kenngrößen der Fassadenfarben und ihre Beeinflussung durch die Integration des Lotus-Effekts.

- *Trockene Fassaden*: Bei der MSH-Farbe perlt das Wasser sofort ab.
- *Saubere Fassaden*: Die MSH-Farbe ist sauber, natürlich belastetes Regenwasser perlt ab und nimmt lose aufliegende Schmutzpartikel mit.
- *Feuchtebeständige Fassaden*: Die geringe Wasseraufnahme von der MSH-Farbe minimiert das Quellen und Schwinden des Films.
- *Kreidungsbeständige Fassaden*: Die geringe Kreidung der MSH-Farbe verhindert Substanzverlust.

Die Effekte wurden quantifiziert und mit konkurrierenden Fassadenbeschichtungen verglichen, mit Silikonharzfarbe, Dispersionsfarbe und Dispersions-Silikatfarbe nach DIN 18363. In allen Fällen schneidet die „bionische Farbe" durchaus besser ab. Dies insbesondere auch deshalb, weil bei den konventionellen Anstrichen ein Benetzungsfilm auftritt. Dabei wird die Feuchtigkeit oberflächlich aufgenommen. Sie muss wieder abgegeben werden, was Zeit braucht. Ganz im Gegensatz zur MSH-Farbe: Hier perlt das Wasser sichtbar ab und die Beschichtung nimmt das Wasser nicht erst auf.

Dies ist beim Lotus-Effekt selbst ja nicht der Fall. Wenn das Pflanzenblatt oder das Blütenblatt sich entfaltet hat, wird die Oberfläche der Witterung sozusagen fertig präsentiert. Sie muss nicht erst aushärten. Hier haben wir also einen typischen Funktionsunterschied zwischen Natur und Technik. Allein dieser Gesichtspunkt zeigt, wie technische Weiterentwicklung vom natürlichen Vorbild weggehen und Eigengesetzlichkeiten beachten muss, will sie letztlich auf dem Markt erfolgreich sein.

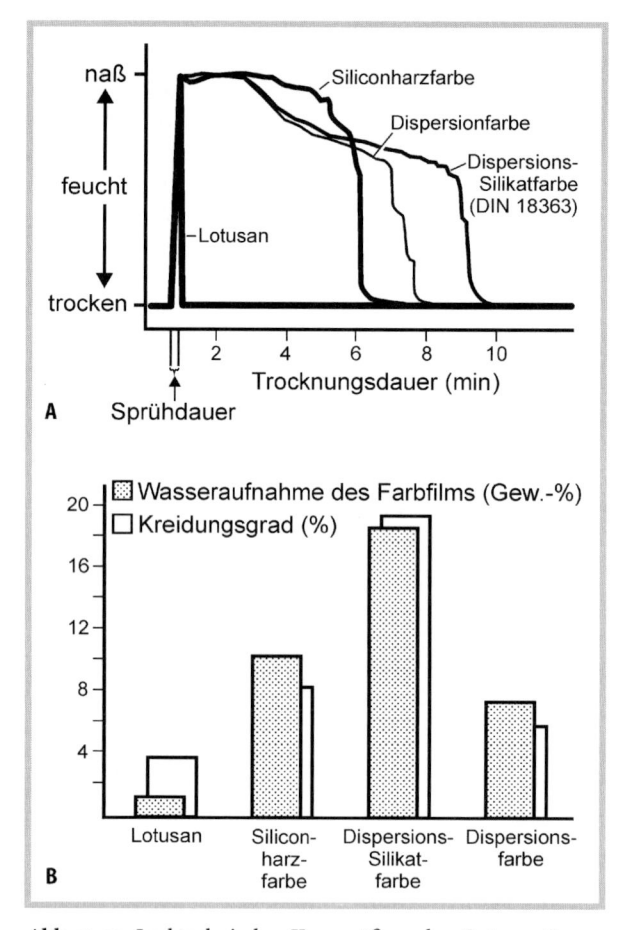

Abb. 13-30 Lacktechnische Kenngrößen der Lotusan-Fassadenfarbe im Vergleich mit anderen Farben. **A** Unterschiedliche Trocknungszeiten, **B** unterschiedliche Wasseraufnahme und Kreidung *(nach Born, Ermuth/Neinhuis 1999/2000)*

13.8
Verpackungen in der Natur – Ideenreservoir für die Technik

13.8.1
Natürliches Verpacken und natürliche Verpackungen

Die Forschungsstelle für Ökosystemforschung und Ökotechnik der Universität Kiel befasst sich bei ihren Forschungen zur technischen Übertragbarkeit von Naturstrategien u.a. mit dem Thema des Verpackungsdesigns. Unter der Projektleitung von A. Mieth hat diese Forschungsstelle eine Ausstellung „Verpackungstechnik in der Natur" konzipiert. Zweck der Ausstellung war es, auf das immense Anregungspotenzial hinzuweisen, das die Natur gerade auf diesem Gebiet der Technik bietet. Die Ausstellung ist in eine Reihe von Sektionen gegliedert, die ich hier in geringfügiger Abänderung anführe. Man kann sie als Anforderungskatalog für zukünftige Verpackungstechniken des Menschen verstehen.

13.8.1.1
„Verpackungs"- Materialien in der Natur

Nur wenige Grundstoffe sind nötig, um die vielseitigsten Hüllen und Verpackungstypen aufzubauen. Wesentlich ist, dass alle diese Stoffe in das totale Recyclierungssystem der Natur eingebunden sind. Kein Stoff ist schädlich im Sinne toxischer Wirkung (von „gezielt eingesetzten" pflanzlichen Abwehrstoffen abgesehen). Alle diese Stoffe können Teil einer massenarmen Verpackung sein; sie werden zudem mit relativ geringer Energie aufgebaut bzw. eingelagert.

In Abb. 13-31 sind vier der wichtigsten Stoffe und einige ihrer Kombinationsmöglichkeiten angegeben: Lignin, Chitin, Kalk, Silikate. Die Ausstellung hat folgende Aspekte dieser häufig eingesetzten Stoffe genannt: häufige Stoffe – organisch und mineralische Stoffe, vielseitig kombinierbare Materialien – chlorfreie Plaststoffe und Polymere – lang- und kurzlebige Materialien nebeneinander.

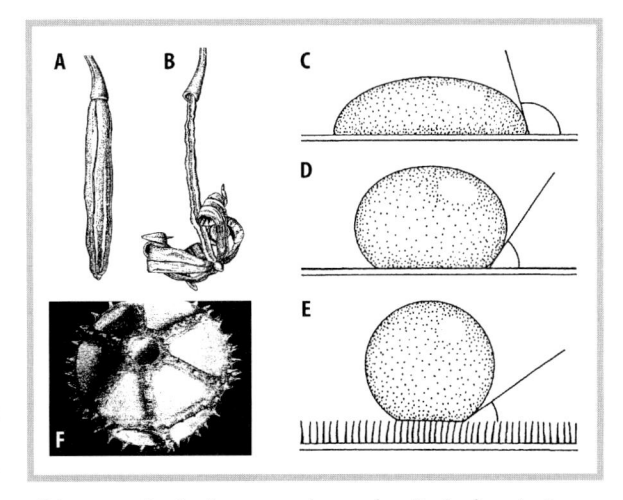

Abb. 13-32 Explosionsverpackung des Springkrauts *Impatiens nolitangere.* **A** Fruchtkörper geschlossen, **B** Fruchtkörper geöffnet, **C–E** wasserabweisende Oberfläche von Naturverpackungen, C ohne Beschichtung, D mit Wachsschicht, E mit Wachshautbeschichtung, **F** Langzeitverpackung „Pollenkorn" *(nach Mieth (Ed.) o. J.)*

13.8.1.2
Öffnung von Verpackungen

Auch in der Natur sollen Verpackungen den Inhalt dauerhaft schützen; ggf. sollen sie aber auch leicht, rasch und verlässlich geöffnet werden können. Diese Mechanismen dürfen nicht zu ungewünschter Zeit oder durch ungewöhnliche Belastungen „aufgehen", müssen sich aber u. U. störungsarm bedienen lassen. In der Natur gehören dazu Einrichtungen, die über Sensoren die Umweltbedingungen messen und die Öffnung im richtigen Moment veranlassen. Häufig vorkommende Mechanismen sind Sollbruchstellen, Wasserbenetzung als Auslöser, Ausgleich von Vorspannungen (Abb. 13-32 A, B), Aufreißen entlang präformierter Linien, Aufreißen durch Veränderung von Umweltfaktoren. Die Ausstellung nennt folgende Charakteristika für die Öffnungsprinzipien: technisch anspruchsvoll – sparsam im Materialverbrauch – als Mikro- und Makrotechniken erfunden – mit Biosensoren eng gekoppelt – auf Auslöser wie Wasser, Feuchte, Wärme, Trockenheit programmiert – fehlerfreundlich.

13.8.1.3
Schichten, Hüllen und Verbundverpackungen

Biologische Materialien bestehen vielfach aus aufeinander abgelagerten Schichten; jede pflanzliche Zellwand

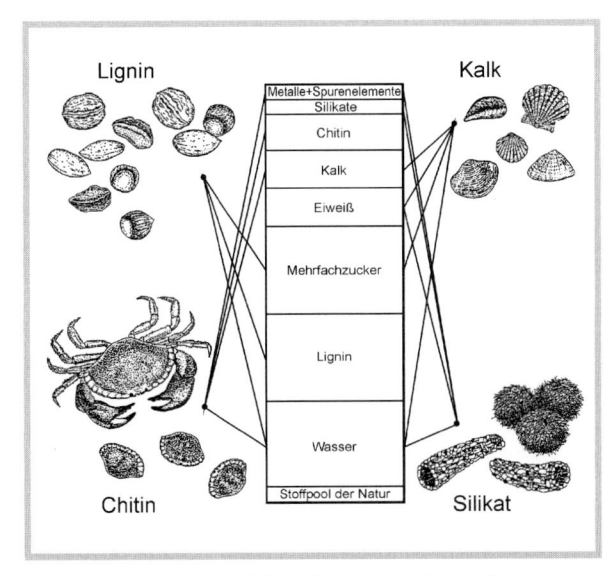

Abb. 13-31 Grundmaterialien biologischer Verpackungen und Beispiele *(nach Mieth (Ed) o. J.)*

demonstriert das. Der Vorteil: Jede Schicht kann eine andere mechanische Eigentümlichkeit aufweisen. Oberflächen sind oft „beschichtet", so dass Wassertropfen nicht zerlaufen können (Abb. 13-32 C–E; vgl. dazu auch Abschn. 13.7). Die Ausstellung formuliert als Vorteile für Verbundverpackungen: Materialverbund im Wandaufbau – Beschichtungstechniken an Ober- und Innenflächen – sparsamer Materialeinsatz in dünnen Schichten – Gewährleistung von Trenntechniken – Einpassung aller Materialien in Stoffkreisläufe.

13.8.1.4
Farben und Farbmuster

In der Werbung sind heute Farben und grafische Gestaltung nicht wegzudenken. Auch diesem Aspekt wird die Natur in sehr ausgefeilter und raffiniert erscheinender Weise gerecht, wenn z.B. Blütenbesucher zur Bestäubung angelockt werden oder Tiere die Früchte verbreiten sollen. So werden Vögel durch rote Samen oder Beeren angelockt, Insekten häufig durch gelb-blaue Farbgestaltung und so fort. Es gibt aber noch andere Aspekte der Farbgestaltung. Die Ausstellung nennt: Schutz vor UV-Strahlen – Speicherung von Wertstoffen – Herstellung optisch wirksamer Scheinverpackungen – Tarnung der Verpackungen schützenswerter Inhalte.

13.8.1.5
Verpackungen für Extremanforderungen

In der Technik ist es schwierig, Verpackungen zu entwickeln, die z.B. Säuren, tropfende Nässe, extreme Hitze und UV-Strahlung – getrennt oder zur gleichen Zeit wirkend – aushalten. Die Natur schafft diese Kombinationen ohne weiteres. Ein Beispiel ist die extrem haltbare „Langzeitverpackung" von Pollenkörnern (Abb. 13-32 F), die mit dem speziellen Karotin-Stoff „Sporopollenin" ihren kostbaren Inhalt an Erbmaterial über Jahre und Jahrzehnte verlässlich gegen Nässe, Trockenheit, Hitze, Kälte, UV-Strahlung, Alterung und biologischen Abbau schützen. Bis zu 1000 Jahre alte Sporen haben sich noch als keimfähig erwiesen! Die Ausstellung spricht in diesem Zusammenhang von: Härtung von Biomaterialien mit mineralischen Stoffen – Einlagerung konservierender Stoffe in das Verpackungsmaterial (Imprägnierung) – Oberflächenbeschichtungen mit widerstandsfähigen Materialien – „intelligente" Mikroarchitektur von Materialoberflächen – Nutzung resistenter Biopolymere.

13.8.1.6
Unterschiedliche funktionelle Anforderungen

Auf dem Lebensweg eines verpackten Objekts wird die Verpackung i.d.R. hintereinander unterschiedlichen Anforderungen unterworfen. In der Technik geht es z.B. einmal um Transportsicherheit, dann um optimale Präsentation. Die vielschichtigen und trotzdem leichten Naturverpackungen sind auf solche funktionelle Unterschiede optimal eingestellt. Dies zeigt u.a. die Änderung der Verpackungsfunktion in der Lebenswegkette einer Mohnblüte (Abb. 13-33). Hier folgen nacheinander eine Schutzverpackung (Umverpackung) in Form einer wasserabweisenden Knospenhülle (A), Verpackungsöffnung und Entfaltungsmöglichkeit für die nächste Verpa-

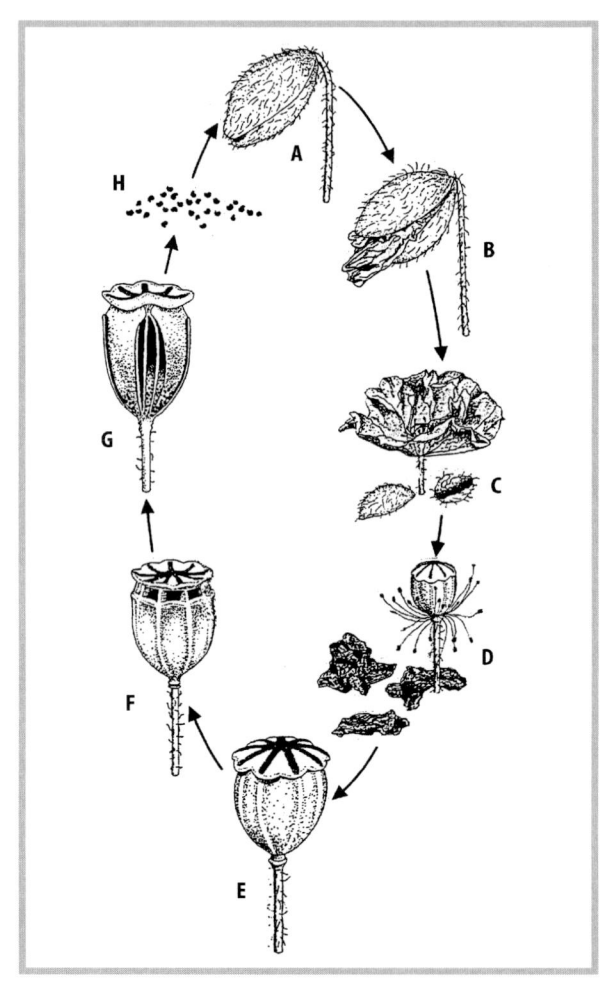

Abb. 13-33 Funktionsänderung von Verpackungen in der Lebenswegkette einer Mohnblüte *(nach Mieth (Ed.) o. J.)*

ckungsfunktion (B), Präsentationsverpackung für Pollen und Nektar (C), der Fruchtknoten als neue, mitwachsende und stabile Umverpackung (unter Abfall der Reste früherer Verpackungselemente, die aber massenmäßig gering sind und leicht recycliert werden können (D, E)). Der wachsende Fruchtknoten führt zu einer reifen Fruchtkapsel mit Öffnungen für die Samenkörner (F, G), und jedes Samenkorn schließlich dient als Schutz und Transportverpackung für seinen Inhalt in gleicher Weise. Die Ausstellung nennt die Vorteile einer solchen Verpackungsserie: alle Verpackungsfunktionen am selben Ort – wechselnde Verpackungsfunktionen mit wenig zusätzlichem Material – Vermeidung hoher Materialverluste durch Geringhalten von Reststoffen – funktionsübergreifender Materialeinsatz – geschlossene Funktionskreisläufe.

13.8.1.7
Druckfeste Verpackungen

Sicherer Schutz der eingeschlossenen Teile beinhaltet ein druckfestes Verpackungssystem. Hohe Druckfestigkeit soll mit relativ geringem Materialaufwand erreicht werden. Die Punktbelastbarkeit von Nüssen z. B. ist mit rund 500 N bereits für eine Walnuss sehr groß; bei einer Kokosnuss ist sie noch zehn mal größer (Abb. 13-34). Solche Nussschalen gehören tatsächlich zu den härtesten und dauerhaftesten Naturverpackungen. Freilich arbeiten sie mit einem nicht geringen Materialaufwand. Die Ausstellung sagt zu diesen hochstabilen Verpackungen, sie seien: besonders haltbar, langlebig und lange nutzbar – konkurrenzstark in Extremsituationen – oft auf Zuwachs programmiert – gleichzeitig voll recyklierungsfähig.

13.8.1.8
Raum- und materialsparende Verpackungen

Wer kennt nicht die tetraederartigen Getränkepäckchen, die sich durch Zusammenlegen in einer hexagonalen Kiste raumsparend stapeln lassen (Abb. 13-34). Die Natur hat eine große Zahl in ihrer Geometrie „ausgeklügelter" Verpackungsdesigns entwickelt, die mit dem Verpackungsmaterial äußerst sparsam umgehen. Zum Beispiel wird die Oberfläche des einzelnen Elements minimiert. Oft sind die einzelnen Elemente einer Sammelverpackung in einem kleinstmöglichen Volumen verstaut, so dass auch die Umverpackung minimiert werden kann. Beispiele zeigen Faltverpackungen etwa bei Blüten- und Blattknospen, auch beim sich entwickelnden und entfaltenden Insektenflügel, Waben von Bienen, Tier- und Pflanzenzellen und – insbesondere – Samen und Samenanlagen bei Früchten und Fruchtständen. Die Raum- und Materialersparnis wird erreicht durch: Faltprinzipien und Einrolltechniken – Sammelverpackungen mit „intelligenter" Anwendung geometrischer Gesetze – kugelförmige Verpackungen – sparsame Materialverstärkungen zur Stabilisierung – polygonale Behältnisse.

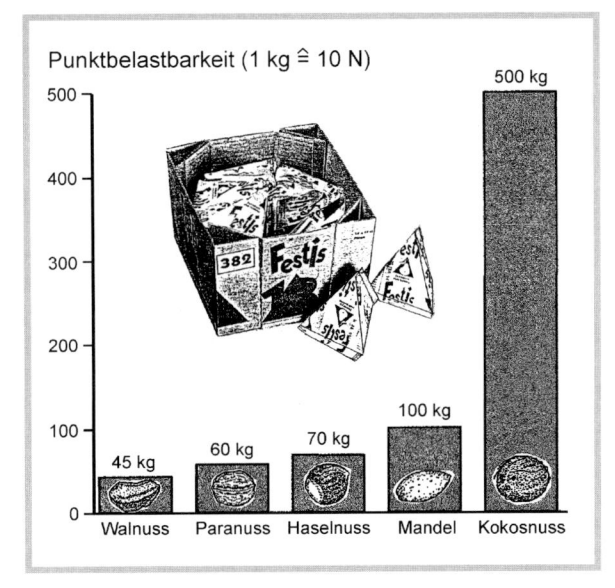

Abb. 13-34 Druckfestigkeit von Nüssen und raumsparende technische Tetraederverpackung *(nach Mieth (Ed.) o. J.)*

13.8.1.9
Mitwachsende Verpackungen

Wenn ein System wächst, braucht es nach kurzer Zeit eine neue Verpackung, in der Technik jedenfalls. Die Natur liefert mitwachsende Umweltverpackungen, die materialarm vergrößert werden können, oder solche, die sich durch Dehnung ohne zusätzliche Materialanlagerung vergrößern können. Ein Extrembeispiel zeigt Abb. 13-35: die Eimasse im Hinterleib ist bei der wachsenden Termitenkönigin von einer extrem dehnbaren Membran umschlossen, die auch bei 15facher Volumenvergrößerung noch passgenau umhüllt. Die Ausstellung meint zu den Vorteilen mitwachsender Verpackungen, sie seien: besonders bedarfsgerecht, flexibel und fehlerarm, arbeiteten mit sparsamem Materialeinsatz bei mehr Verpackungsinhalt, vergrößerten sich unter Bei-

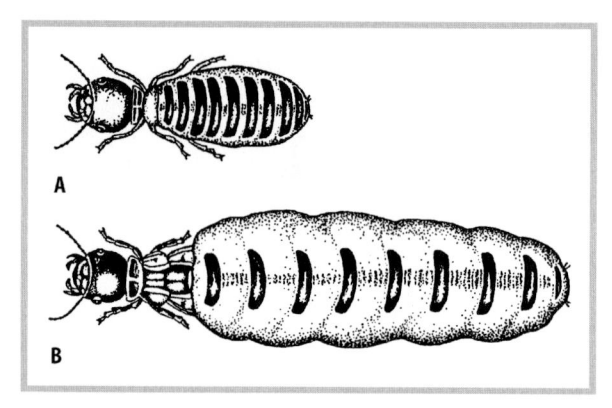

Abb. 13-35 Termitenköniginnen. **A** jung, mit wenigen Eiern, **B** alt, mit vielen Eiern; Abdomen 15fach gedehnt *(nach Mieth (Ed.) o. J.)*

behaltung der Form und geometrischer Prinzipien, zeigten besondere Stabilität durch gewachsene Schichten und seien langlebig und lange nutzbar.

13.8.1.10
Die Kokosnuss: Eine Multifunktions-Verpackung

Auch in der Technik muss man allmählich Abschied nehmen von „einfachen" Systemen; das typische Design wird immer komplexer in dem Sinn, dass heterogene Aspekte zusammenfließen. Nach außen erscheint es oft „ganz einfach"; die Einzelelemente sind aber nicht nur hochkomplex, sondern sie spielen auch auf komplexe Weise zusammen. Was die Verpackung anbelangt, liefert die Natur auch hierfür gute Beispiele für die „intelligente" Kombination unterschiedlicher Funktionen, Materialien und Techniken in einer einzigen Verpackung.

Die Kokosnuss (Abb. 13-36) ist umhüllt von einer sonnenlichtbeständigen, wasserabweisenden Außenhülle (A). Es folgt das leichte, stoßfeste Faserpolster aus Zellulose, das als Aufprallschutz wirkt und außerdem die Kokosnuss im Meerwasser schwimmen lässt (B). Die „Steinschale" der Kokosnuss besteht aus Holzsubstanz und bildet eine extrem druckfeste Kapsel, sozusagen eine Konservendose für das Fruchtfleisch und das Fruchtwasser (C). Nach innen folgt dann die ölhaltige Markhülle als energiereicher Nährstoffvorrat für den Keimling (D) und letztlich das Fruchtwasser, die „Kokosmilch", als Wasser- und Nährstoffvorrat (E).

Wie erreicht nun die Natur die Kombination verschiedener Funktionen in einer einzigen Verpackung? Die Ausstellung zählt auf: Entwicklungsabläufe – Schichtenaufbau und Hüllentechnik – Kombination verschiedener Materialien – vielseitige Materialeigenschaften – erfindungsreiche, integrierte Konstruktionen – Falttechniken.

13.8.1.11
Rezyklierung der Verpackungen

Die beste Verpackung nutzt nichts, wenn sie nachher auf dem Müllhaufen landet und nicht abgebaut werden kann. Wie schon des Öfteren in Erinnerung gebracht worden ist, arbeitet die Natur fast durchweg ohne Rückstände. Im Gegenteil: Die Verpackungselemente sind materialmäßig wertvoll und können zuletzt auch – in Niedrigtemperaturprozessen! – noch energetisch genutzt werden. (Anders als es heute in den meisten unserer technischen Prozesse noch der Fall ist, „behandelt die Natur verwendete Materialien bis zuletzt als Wertstoffe" (Mieth))

Dieses „Wertstoffrecycling" leistet der Natur unter: niederen Temperaturen – stofflich genau angepassten Abbau- und Aufbautechnologien auf Enzymbasis – Freigabe neu und universell einsetzbarer Werkstoffe – Einbeziehung verschiedener, ineinandergreifender Stoffkreisläufe – Nutzung von Wertstofflagern bei weitgehender Vermeidung von Dauerdeponien.

Die vorgestellten Überlegungen mögen die grundlegenden Charakteristiken bionischen Designs aufzeigen. Man kann keinen einzigen dieser Punkte durch „Eins-zu-eins-Kopie" in die Technik übernehmen. Wichtig ist aber das Einsehen der Grundkonzeptionen der Natur,

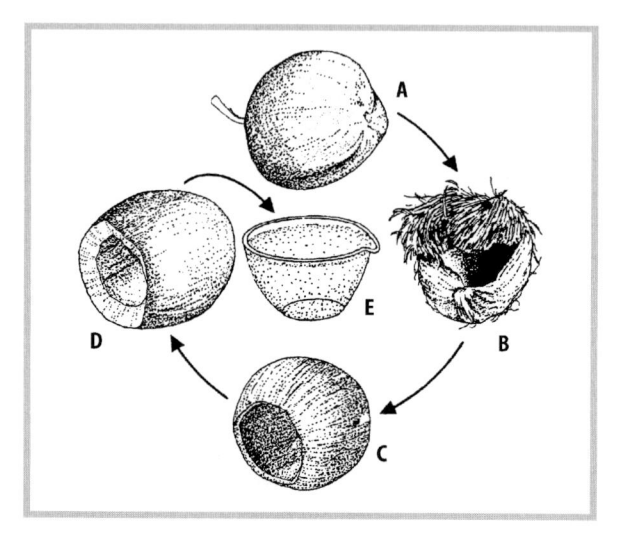

Abb. 13-36 Multifunktionsverpackung Kokosnuss *(nach Mieth (Ed.) o. J.)*

die dann mit technologisch angemessenen Mitteln „umgesetzt" werden können. Dieses geradezu gigantische Anregungspotenzial aufzuzeigen, scheint mir mit dieser Ausstellung in ganz vorzüglicher Weise gelungen zu sein.

13.8.2
Bionisch orientierte Verpackungen

R. Edwards vom Food and Packaging Cooperations Research Center in Australien hat ein biologisch voll abbaubares Verpackungsmaterial aus Weizen-Stärke hergestellt. Daraus lassen sich Einkaufstüten, Gemüseverpackungen und Gebäckumhüllungen herstellen. Je nach zusätzlich abbaubaren Additiven zersetzt sich ein solches Produkt in 30–60 Tagen. Über kompostierbare Naturstoffe und „Biokunststoffe" wurde in den Abschnitten 6.5 und 6.6 bereits geschrieben.

Aus Fischresten lässt sich ein geruchloses Protein eluieren, aus dem man ein Gel gewinnen kann, dass das 600fache seines Gewichts an Wasser aufnimmt. Man könnte daraus ideale Babywindeln herstellen, auch eine Art der „Verpackung". Sie wären innerhalb einer Woche abzubauen, was man von den heutigen Windeln nicht sagen kann: In Deutschland soll der Hausmüll zu etwa 3 % aus Windeln bestehen (!)

Im Jahre 2001 wird der deutschlandweit erste Großversuch mit kompostierbaren Verpackungen durchgeführt. Er ist auf ein Jahr angesetzt und soll die Akzeptanz kompostierbarer Tragetaschen, die in Kasseler Supermarktketten und anderen Geschäften angeboten werden, testen. Das Produkt wird aus Kartoffel- oder Maisstärke hergestellt. Es lässt sich in Form von Folien für Obst oder Schalen für Fleisch oder als Joghurtbecher herstellen. Der Großversuch wird von der Universität Weimar begleitet. Es ist die Frage zu prüfen, ob die Kunden die kompostierbaren Verpackungen – wie vorgesehen – in der Biotonne entsorgen.

Das deutsche Verpackungsinstitut e.V. hat bereits bei seinem 19. Deutschen Verpackungswettbewerb 1996 auch zwei bionisch orientierte Lösungen prämiert. Die Firma Hipp K.G., Pfaffenhofen, hat ein von der Firma Natura GmbH Salzbergen hergestellten biologisch abbaubaren Sack aus Kartoffelstärke (gedacht für Biohof Speisekartoffeln, Abb. 13-37 A) vorgelegt, der mitsamt dem Etikett (mit biologisch abbaubaren Farben) auf der Intensivrotte in 14 Tagen, auf einer normalen Kompostanlage in 45 Tagen verrottet. Prämiert wurde auch eine Wabendose, die wölbstrukturiert worden ist (Abb. 13-37 B). Sie wurde von der Dr. Mirtsch GmbH, Teltow, gestaltet und von der Continental Can Europe, Ratingen hergestellt. Bei gleicher Festigkeit spart sie 35 % Blechdicke; für die Fertigung wird das Naturprinzip der Selbstorganisation benutzt.

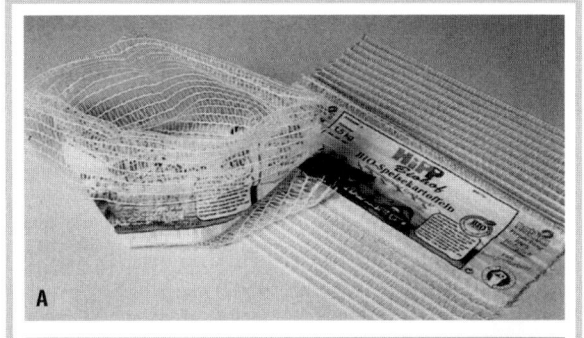

Abb. 13-37 Prämierte, bionisch orientierte Verpackungen. **A** Biologisch abbaubares Sackmaterial, **B** wölbstrukturierte Konservendose *(nach: Deutscher Verpackungswettbewerb 1996, DVI e.V. Berlin)*

13.9
Diagene Mineralisation nach dem Vorbild der biogenen Mineralisation

Kontrollierte oder unkontrollierte Biomineralisation ist sehr weit verbreitet in der belebten Welt. Man denke einerseits an unsere Knochen, bei denen Kalkkristalle (Hydroxylapatit) auf eine Proteinmatrix (Kollagen) aufgelagert werden, andererseits an die Kalkausscheidung auf Moosblättchen bei der Tuffbildung. Biogene Mineralisation findet häufig unter dem Vorhandensein einer elektrischen Spannung statt; positive geladene Kalziumionen lagern sich z.B. an negativ geladenen Stellen ab.

W. Hilbertz hat sich Gedanken gemacht, wie man die Prinzipien der biogenen Mineralisation zur Ablagerung von Salzen aus Meerwasser benutzen könnte. Er nennt diese technische Umsetzung „diagene Mineralisation".

Er weist darauf hin, dass biogene Mineralisation außerordentlich häufig vorkommt: Arten aus fünf Reichen, die zu mind. 55 Großgruppen gehören, mineralisieren Matrices zum Zweck der strukturellen Versteifung oder für Schutzfunktionen. Sie produzieren ungefähr 60 verschiedene Mineralien, wobei Kalziumcarbonat eines der häufigsten ist. Dies geschah in erdgeschichtlichen Perioden so umfangreich, dass dadurch die Chemie der Ozeane und der Atmosphäre dramatisch beeinflusst wurde; auf diese Weise haben sich zum größten Teil die Sedimente gebildet, die heute als Kalkalpen in den Himmel ragen. Gerade auch im Meer lebende Kleinlebewesen trugen und tragen dazu bei. Zooxanthellen, Dinoflagellaten, die symbiontisch mit tropischen Riffkorallen leben, spielen bspw. eine große Rolle bei der $CaCO_3$-Deposition, wenn auch auf indirekte Weise: Für ihre Fotosynthese nehmen sie Kohlensäuresalze von Ablagerungsstellen weg und limitieren dadurch die Kalzifikationsrate, wodurch die Ablagerung von Aragonit favorisiert wird.

Manche Mollusken nutzen elektrische Potenziale zur Ablagerung von Mineralien für ihre Schalen. Zunächst stellen sie ein Protein-Grundgerüst als organische Schalenmatrix her, in dem Sequenzen von Asparaginsäure durch Schichten von Serin getrennt werden. An die negativ geladenen Asparaginsäuren lagern sich positiv geladene Kalziumionen ab, wodurch es zur Schalenverkalkung kommt (vgl. Abschn. 6.3).

1974 wurden die ersten Versuche gemacht, Mineralien und Gase, die im Meerwasser gelöst sind, zu benutzen um Ablagerungen als „wachstumsfähige Strukturen" zu erzeugen (Abb. 13-39). Die nötigen Spannungen kann man bspw. mit einem windgetriebenen Generator erzeugen, der auf ein Korallenriff aufgesetzt wird; metallener Maschendraht bietet die Basis (Abb. 13-39 A). Abbildung 13-39 B zeigt ein Beispiel, ein teilweise mit Kalk überzogenes konzentrisches Metallnetz. Man kann damit künstliche Riffe für Fische und andere Meeresbewohner bilden (wichtig vielleicht wegen des zunehmenden Rückgangs originärer Korallenriffe). Man kann aber auch Schalenformen (vgl. Abb. 13-39 B), z.B. einfache Bootsrümpfe, mit Metallnetzen vorformen, die dann durch Salzablagerung zu einer einheitlichen Schalenstruktur zuwachsen und „abgeerntet" werden können.

Dem Autor ist der Hinweis wichtig, dass ein Volumen von $1,4 \times 10^9$ km³ Seewasser existiert, in dem $54,4 \times 10^{15}$ t Materialien gelöst sind, beispielsweise Kohlendioxid, Wasserstoff und Sauerstoff. Biogen werden pro Jahr rund 10^{11} t Kohlenstoff aus der Atmosphäre vom Meerwasser absorbiert und etwa $0,98 \times 10^{11}$ t wieder als CO_2 in die Atmosphäre entlassen. Nur 2×10^9 bis 4×10^9 t Kohlenstoff werden jährlich in organisches Material und in Sedimente inkorporiert. Kohlenstoffbindung wäre also wichtig, gerade auch angesichts der Zunahme der atmosphärischen CO_2-Konzentration auf Grund der Verbrennung fossiler Treibstoffe. Sobald einmal alle verbrannt sind, würde die CO_2-Konzentration in der Atmosphäre auf 1500 ppm steigen, von jetzt 352 ppm. Diagenetische Mineralisation wäre also wichtig.

Hilbertz hat Visionen von großtechnischen Maßstäben. Man könnte damit ganze Inseln bilden und große Mengen an CO_2 binden. Die Inseln könnten so nebeneinander liegen, dass rasche Meeresströmungen durch geeignete Küstenformung mit „Düseneffekt" induziert würden, die große Generatoren zur Stromerzeugung antreiben könnten.

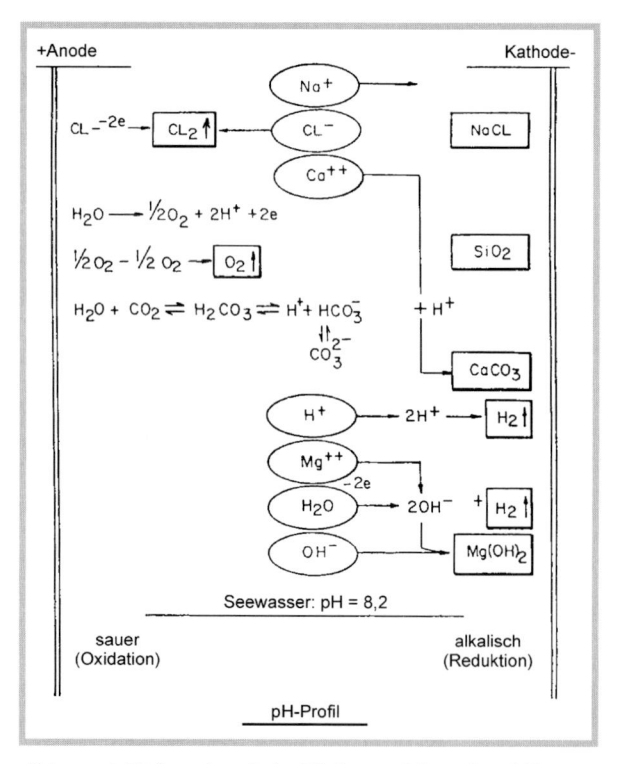

Abb. 13-38 Elektrochemische Pfade von Mineralausfällungen aus Seewasser *(nach Hilbertz 1991/92)*

Über Aspekte dieser Art existiert bereits eine reichhaltige Literatur; ihre Grundlagen sind in der Arbeit des Autors aus dem Jahr 1988 zusammengefasst.

13.10
Kurzanmerkungen zum Themenkreis „Verfahren und Abläufe"

13.10.1
Lichtausnutzung durch Oberflächenschichtung bei Pflanzenblättern und Fotozellen

In Pflanzenblättern mit dicker und dichter Hypodermis werden schräg einfallende Strahlen A (Abb. 13-40 A) zur fotosynthetisch aktiven Palisadenschicht hin gebrochen und dort teils absorbiert und teils gestreut (B). Das rückgestreute Licht kann an der Epidermis reflektiert werden (C) und wieder auf die Palisadenschicht fallen (D), wo sich der Vorgang wiederholt. Wie E. Lüthje ausführt, steigt damit die Lichtausnutzung; nicht absorbierte Lichtquanten haben immer noch eine Chance, sekundär (oder tertiär etc.) absorbiert zu werden. Mikropyramiden auf modernen Solarzellen (Abb. 13-40 B) wirken im Prinzip ähnlich (Abb. 13-40 C). Bei senkrechtem Einfall werden Quanten maximal absorbiert (A), bei Schrägeinfall (B) kann ein Teil des reflektierten Lichts sekundär absorbiert werden.

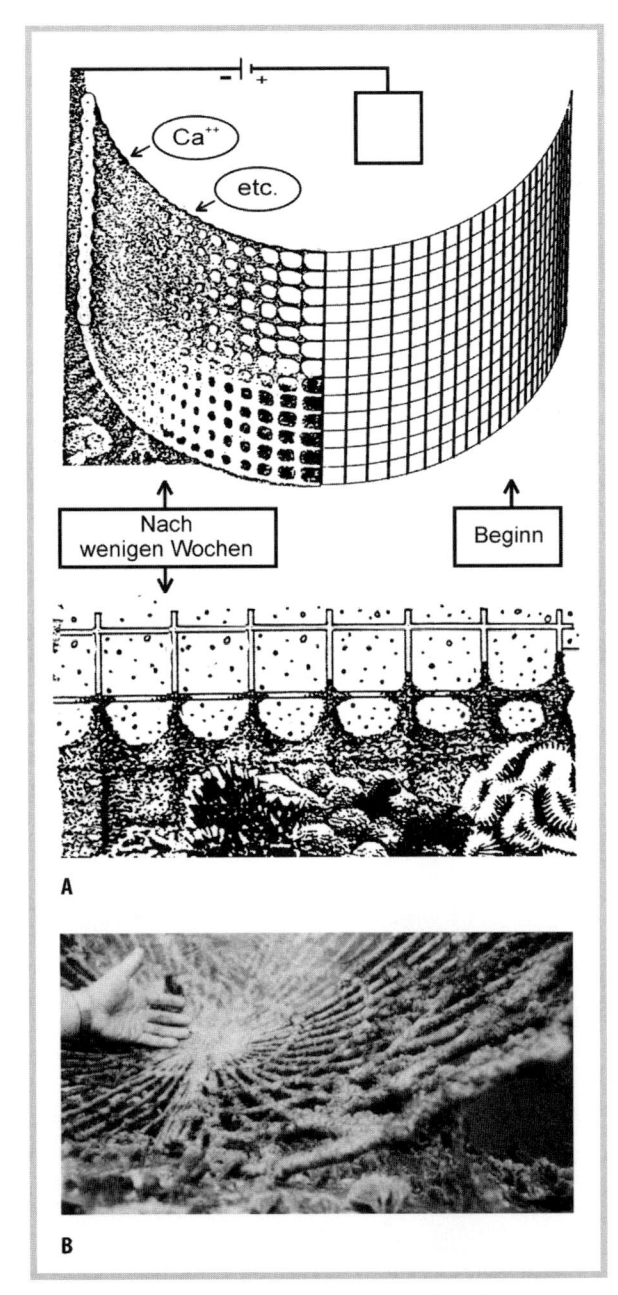

Abb. 13-39 Prinzip der Salzabscheidung (A) und Demonstrationsbeispiel (B, C) für die Mineralisierung eines Metallgitters im Meer *(nach Hilbertz 1988, A verändert)*

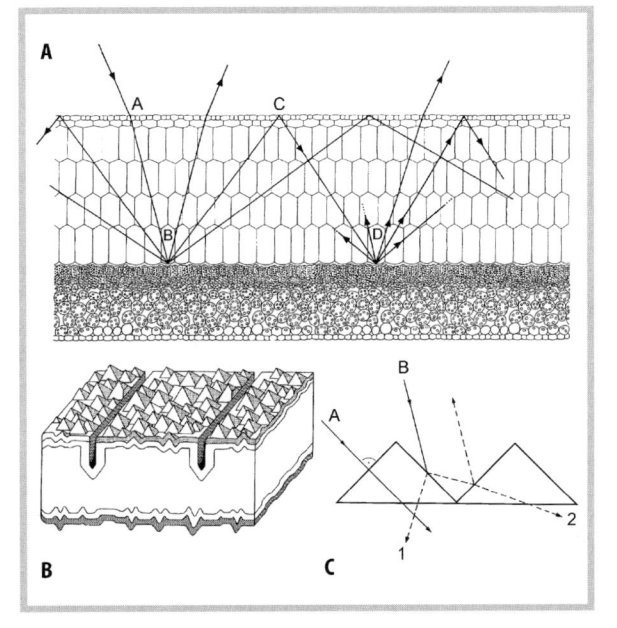

Abb. 13-40 Genoppte Oberflächen und Lichtnutzung. A Strahlengang in einem Blatt der Schamblume *Aeschynanthus speciosus (nach Lüthje 2001)*, B, C Mikropyramiden auf der Oberfläche einer modernen Solarzelle und ihre Wirkungsweise *(B nach Gren aus Lüthje 2001, C nach Lüthje 2001)*

13.10.2
Solardachstein und Solarschiefer

Die Firma Solara, Hamburg, will in Zusammenarbeit mit der französischen Modulhersteller Photowatt einen neuen Solardachstein auf den Markt bringen, für den rezyklierte Abfälle aus dem „gelben Sack" verwendet worden sind. Es handelt sich also nicht um einen echten Tonziegel, sondern um einen Kunststoffdachstein (Abb. 13-41 A). Er hat die Abmessungen zweier Dachziegel des Typs „Frankfurter Pfanne" und enthält ein Miniatur-Solarmodul mit einer Leistung von 10,5 W. Weitere Daten: UOC 4,8 V; UMPP 3,8 V, ISC 2,76 A, IMPP 2,70 A, Gewicht 5,7 kg. Die Dachsteine sind rückseitig mit verpolungssicheren Steckern verbindbar.

Schieferdächer haben eine alte Tradition. Heute, im Zeitalter der Renaissance natürlicher Materialien, werden sie wieder verstärkt verwendet. Die britische Firma Intersolar hat einen amorphen Solardachschiefer „Electro-Slate" entwickelt, der ab 2002 in die Produktion gehen sollte. Er passt sich nahtlos in Schieferdächer ein (Abb. 13-41 B), soll bei voller Bestrahlung 2 W leisten, bei einer Spannung von 48 V. Die Platte ist 50 cm lang und 30 cm breit; der Nicht-Überlappungsbereich beträgt 20 × 30 cm.

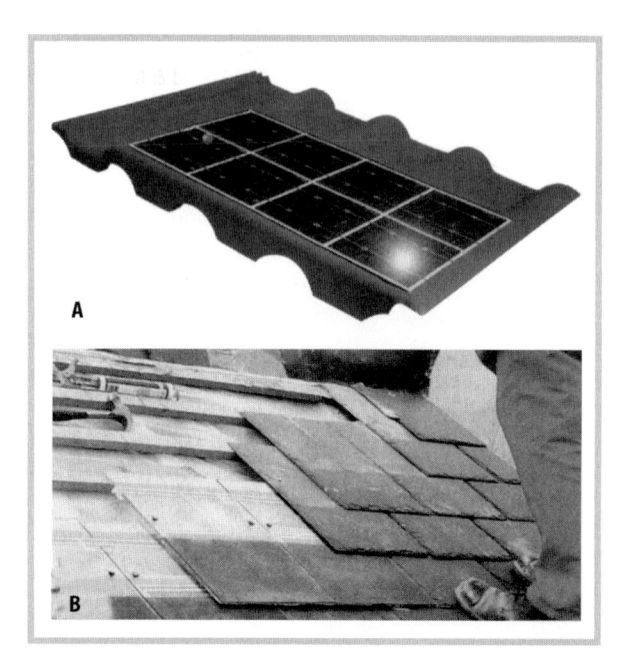

Abb. 13-41 Solar-Dachbedeckungen. **A** Solar-Power-Dachstein SM 120 DZ der Firma Solara/Hamburg *(nach Photon 7/2001,)*, **B** Solarschiefer der Firma Intersolar *(nach Photon 10/2001)*

13.10.3
Papierherstellung

Der ägyptische Papyrus und das teure Pergament waren in unseren westlichen Kulturen bis zum Beginn der Neuzeit die bevorzugten Mittel zur Festhaltung von Schriften. Eine spätere Alternative war die Herstellung von Papier aus Lumpen. Die Chinesen kannten Papierherstellung aus zerfaserten Lumpen allerdings schon 2000 Jahre vor dieser Zeit. Moderne Papierherstellung aus Holz scheint tatsächlich auf eine biologische Beobachtung zurückzugehen. Y. Coineau und B. Kresling gehen näher darauf ein.

René Antoine Ferchould de Réaumur (Abb. 13-42) beobachtete im Jahre 1719, wie Wespen ihre Nester bauen. Sie zerkauen dazu Holzfaser, die sie von verwitternden Holzoberflächen abraspeln, mit einem Speichelsekret. Ein entsprechender Hinweis bei der Akademie der Wissenschaften in Paris, Papier nach Wespenart aus Holz herzustellen, blieb ohne Konsequenz. Ähnlich ging es zwei weiteren Naturbeobachtern, Jacob Christian Schaeffer und Friedrich Gottlob Keller. Ersterer schrieb in seinem 1762 erschienenen Buch „Die Kunst Papier zu machen": „Die Wespennester sind der wahre Grund von der Wahrheit des, wie es scheint, sich widersprechenden Satzes: hölzernes Papier. Vielleicht, ich glaube gewiss, wäre ich und kein sterblicher Mensch je auf den Gedanken gekommen, dass sich aus Holz Papier machen lasse, wenn es keine Wespennester gäbe". Keller befasste sich etwa seit 1840 mit Papierersatzstoffen und

Abb. 13-42 Der französische Naturforscher René Antoine Ferchould de Réaumur (1683–1757), auf den die den Wespen abgeschaute Methode zurückgeht, Papier aus Holz zu machen

hatte keinen Erfolg, „bis ich ein Wespennest sah, dessen künstlicher Bau wie graues Papier aussieht und mich überzeugte, dass zu dessen Herstellung diese Tierchen sich der von der Natur gelösten Holzfasern bedienen". Damit hatte er seinen Ersatzstoff gefunden, „weil derselbe in großen Mengen und billig zu haben ist".

Réaumur hatte bereits im frühen 18. Jh. eine geradezu prophetische Sichtweise, was die spätere Technische Biologie und Bionik anbelangt:

„Die Erforschung der Naturgeschichte kann, mag sie auch nur purer und eitler Neugierde zu dienen scheinen, sehr wohl von ganz reellem Nutzen sein, was sie gegenüber denen zu rechtfertigen vermöchte, die wollen, dass man nur nutzbringende Dinge suche, wenn man diesen nicht gleich einen Vorwurf draus machte,
sondern geduldig wartete, bis die Zeit gelehrt habe, welcher Art Gebrauch man aus ihr ziehen könne".

Max Planck hat das später kurz und bündig so gesagt:

„Dem Anwenden muss das Erkennen vorausgehen".

Mit anderen Worten: Bevor man bionisch übertragen kann, muss man technisch-biologische Grundlagenforschung betreiben. Dabei darf man sich auch nicht irre machen lassen, wenn diese etwas Zeit und Geld kostet – Réaumur hat's schon klar ausgedrückt.

Literatur

Aldous S (2001) How solar cells work. htpp://www.howstuffworks.com/solar-cell.htm
Barthlott W (1990) Scanning electron microscopy of the epidermal surface in plants. In: Claugher, D. (Ed.): Scanning electron microscopy in taxonomy and functional morphology. Clarendon, Oxford, 69–94
Barthlott W (1992) Die Selbstreinigungsfähigkeit pflanzlicher Oberflächen durch Epicuticularwachse. Klima- und Umweltforschung an der Universität Bonn, Rheinische Friedrich-Wilhelms-Universität Bonn, 117-120
Barthlott W, Neinhuis C (1997) Purity of the sacred lotus or escape from contamination in biological surfaces. Planta, 202, 1–8 (In dieser Arbeit ausführliches Literaturverzeichnis, auch zu den physikalischen Effekten)
Barthlott W, Neinhuis C (1998) Lotusblumen und Autolacke: die Selbstreinigungsfähigkeit mikrostrukturierter Oberflächen. In: Nachtigall W, Wisser A (Eds.): BIONA-Report 12, Akad. Wiss. Lit. Mainz, Fischer, Stuttgart etc., 281–293
Bernreuter J (2001) Der Zeitdruck ist enorm: die Photovoltaikindustrie braucht dringend eine neue Quelle für Silizium. Photon 9, 10–21
Betz G, Tributsch H (1988) Light-induced proton transfer reactions at polymer electrolyte interface. In: Solid State Ionics 28-30, 1197–1200
Born A, Ermuth J (1999) Copyright by nature – Neue Micro-Siliconharzfarbe mit Lotus-Effekt für trockene und saubere Fassaden, FARBE & LACK – Sonderdruck (3/99) Vincentz Verlag, Hannover, 96 ff.
Born A, Ermuth J (2001) Hydrophobie schützt. In: FARBE & LACK-Sonderdruck (7/01), Vincentz Verlag, Hannover, 87–93
Born A, Ermuth J, Neinhuis C (2000) Fassadenfarbe mit Lotus-Effekt: Erfolgreiche Übertragung bestätigt. Phänomen Farbe, 2, 34–36
Boekema EJ, Hifney A, Yakushevska AE, Piotrowski M, Keegstra W, Berry S, Michel K-P, Kruip J (2001) A giant chlorophyll-protein complex included by iron-deficiency in cyanobacteria. Nature 417, 745–748
Christian Doppler Laboratory for Plastic Solar cells und Quantum Solar Energy (Project Leader: Sariciftci NS); Linz (2001): http://www.ipc.uni-linz.ac.at/os/plastic/index.html
Coineau Y, Kresling B (1989) Erfindungen der Natur. Tessloff, Nürnberg, Hamburg. (Papierherstellung pp. 24–26)
Deutsches Verpackungsinstitut e.V. (1996): 19. Deutscher Verpackungswettbewerb. Prämierte Verpackungslösungen. NV Neue Verpackungen, Hütling, Heidelberg, 1–24
Dürr H (1989) Artifizielle Photo-Synthese. Ein Beitrag zum Problem der Sonnenenergie-Konversion. Magazin Forschung der Universität des Saarlands 1, 61–67 (In dieser Arbeit Zitate bis 1987)
Dürr H, Schwarz R (Erfinder) Patentanmeldung: „Photosensibilisatoren hoher Stabilität und Verfahren zu ihrer Herstellung", AZ P 42 17588, 7, Deutsches Patentamt
Enders M, Henschel J (2000) Nebel – Wasserquelle in der Wüste. Spektrum der Wissenschaft (2), 38–41
Grätzel M (1993) Low-cost solar cells. The World & I, 228–235
Grätzel M, Liska P (1992) Photoelectrochemical cells and process for making same, U.S. Patent, 5,084,365
Henschel J et al. (1998) Namfog: Namibian application of fog collecting systems. Desert research foundation of Namibia
Hilbertz W (1988) Growing and fading structures: Experiments, Applications, Ideas. In: SFB 230 (Ed.): 1st Int. Symp. „Natural structures – Natürliche Konstruktionen" (Teil I), Stuttgart, 107–114
Hilbertz W (1991) Solar generated artificial and natural construction materials and world climate. In: SFB 230 (Ed.): 2nd Int. Symp. „Natural structures – Natürliche Konstruktionen" (Teil II), Stuttgart, 119–127
Hilbertz W (1992) Solar-generated building material from seawater as a sink for carbon. Ambio 21(2), 126–129
Ishay JS, Shmuelson M (1996) Thermoelectric properties of the hornet comb: A device for producing transforming and storing electrical energy for the entire colony. Physiol. Chem. & Physics and Medical NMR. 28: 41–54
Ishay JS, Litinetsky L (1996) Thermoelectric current in hornet cuticle: Morphological and electrical changes induced by temperature and light. Physiol. Chem. & Physics and Medical NMR 28, 55–67
Ishay JS, Goldstein O, Rosenzweig E, Kalicharan D, Jongebloed WL (1997) Hornets yellow cuticle microstructure: Photovoltaics system. Physiol. Chem. Phys. & Med. NMR 29, 71–93. (Hierin relevante Literatur bis 1997)

Justi E (1955) Probleme und Wege der zukünftigen Energieversorgung der Menschheit. Jahrbuch 1955 der Akademie der Wissenschaften und Literatur zu Mainz, 200–221

Kaiser N (1966) Maximen für solares Bauen – auf dem Weg zu solaren Standards. In: Herzog T (Ed.): Solar energy in architecture and urban planning. Prestel, München, New York, 20–45

Kalthoff M, v Reeken T (1996) Biologische Saubermänner – Algen. Netzwerk 3/96, 14–15

Kalyanasundaram K, Grätzel M (1999) Sensitised Solar cells (DYSC), based on nanocrystalline oxide semiconductor films. http://www.epfl.ch/icp/Icp-2/solarcellE.html. (Hierin Angabe von Review-Artikeln)

„Kurth-Zelle": http://www.habito.de/HAPHO.htm und: http://www.wissenschaft.de/sixcms/detail.php?id=41028

LaCroix P (1998) Clouds on Tap: Harvesting Fog Around the World. IDRC Reports: http://www.idrc.ca/reports/read_article_english.cfm?article_num=284.

„Lotus-Effekt" (1997) Offenlegungsschrift für Europa: Selbstreinigende Oberflächen von Gegenständen sowie Verfahren zur Herstellung derselben. 95 927 720.3-2307

„Lotus-Effekt" (1997) Offenlegungsschrift für die USA: Self-cleaning surfaces of objects and process for producing same. 08/776.313 (1997)

Lundström AN (1884) Pflanzenbiologische Studien. Lundequist, Upsala

Lüthje E (2001) Das Blatt – Grundorgan und High-Tech-Solarzelle. Mikrokosmos 90(1), 53–57

Matsumura M, Matsudaira S, Tsubomura H, Takata M, Yanagida H (1980) Ind. Eng. Chem. Prod. Res. Dev. 19, 415

Meissner D (o. J.) Solar technology. In: Elvers B et al. (Eds.): Ullmanns Encyclopedia of Industrial Chemistry, VCH, Weinheim

Mieth A (o. J.) Verpackungstechniken in der Natur. Begleitheft zu einer Wanderausstellung der Forschungsstelle für Ökosystemforschung und Ökotechnik der Universität Kiel. Nach einer Konzeptidee von B. Heydemann

Nachtigall W (1977) Funktionen des Lebens. Hoffmann & Campe, Hamburg

Nachtigall W (2001) Natur macht erfinderisch. Ravensburger, Ravensburg

O'Regan B, Grätzel M (1991) A low cost, high efficiency solar cell based on dye-sensitised colloidal TiO_2 films. Nature, 353

„Plastic Solar Cells": http://www.esqsec.unibe.ch/pub_11.htm

Rechenberg I (1994) Photobiologische Wasserstoffproduktion in der Sahara. Frommann-Holzboog, Stuttgart

Rechenberg I (1981) Wasserstofferzeugung mit Purpurbakterien. Wissenschaftsmagazin TU Berlin (1), 36–43

„Reflektivität Schmetterlingsschuppen": http://www.tufts.edu/as/tampl/museum/butterfly.html

Richert O (1999) Solare Biokonversion: Einsatz von Mikroalgen zur Konversion nutzbarer Stoffströme aus einer Bioferm-Kompostierungsanlage. –1. Aufl. – Berlin Wissenschaft und Technik Verl., Zugl.: Bremen, Univ., Diss.

Sariciftci NS, Smilowitz L, Heeger AJ, Wudl F (1992) Photoinduced electron-transfer from a conducting polymer to buckminsterfullerene. Science 258, 1474

Sariciftci NS (2001) Organische Solarzellen auf Basis der künstlichen Photosynthese. Umdrucksammlung; Inst. Sariciftci

Schmitz H (1994) Thermal characterization of butterfly wings: 1. Absorption in relation to different colour, surface structure and basking type. J. Therm. Biol 19, 403–412

Schmitz H, Tributsch H (1994) Die Eigenschaften von Schmetterlingsflügeln als Solarabsorber. Verh. Dtsch. Zool. Ges. 87, 112

Schön JH, Kloc CH, Bucher E, Batlogg B (2000) Efficient organic photovoltaic diodes based on doped pentacene. Nature 403, 408–410

„Solardachstein" Photon 7 (2001) p. 52

„Solarschiefer": http://www.Intersolar.com

Stelling A (1999) Solare Biokonversion: Entwicklung und Bewertung einer Mikroalgen-Biokonversionsanlage zur Prozesswasseraufbereitung aus Biogasanlagen bei gleichzeitiger Produktion von Biomassen hoher Wertschöpfung. 1. Aufl. – Berlin : Wissenschaft und Technik Verl., 1999 Zugl.: Bremen, Univ., Diss.

Stelling A, Richert O (1997) „Photobioreaktor" Deutsch. Gebrauchsmuster 297 07 043.6 (11.12.97)

Tada H, Mann SE, Miaoulis IN, Wong PY (1998) The effects of butterfly scale microstructure on the iridescent color observed at different angles. Applied Optics, Vol. 37, No. 9, 1579–1584

Tang CW (1986) Two-layer organic photovoltaic cell. Appl. Phys. Lett. 48, 183

Tributsch H (1972) Reaction of excited chlorophyll at electrodes and in photosynthesis. Photochem. Photobiol. 16, 261

Tributsch H (1992) The water-cohesion-tension insufficiency syndrome of forest decline. J. Theor. Biol. 156, 235–267

Tributsch H (1995) Bionik solarer Energiesysteme. In: Nachtigall W, Wisser A (Eds.): BIONA-report 9, Akad. Wiss. Lit. Mainz, Fischer, Stuttgart etc., 147–170

Tributsch H (2001) Regenerative Energienutzung: Solarenergie. Unterricht-Arbeit + Technik 10, 62–64

Tributsch H (2001) Bionische Vorbilder für eine solare Energietechnik. In: v. Gleich A (Ed.): Bionik. Ökologische Technik nach dem Vorbild der Natur? 2. Aufl. Teubner, Stuttgart etc., 247–261

Wagner T, Neinhuis C, Barthlott W (1996) Wettability and contaminability of insect wings as a function of their surface sculpture. Acta Zool. 77, 213–225

„Wasserstoff-Produktion durch Cyanobakterien". Kurzbericht Naturwiss. Rundschau 55 (2) (2002)

Wöhrle D, Meissner D (1991) Organic Solar Cells. Review Article for Advanced Materials. 3, 129–138

Kapitel 14

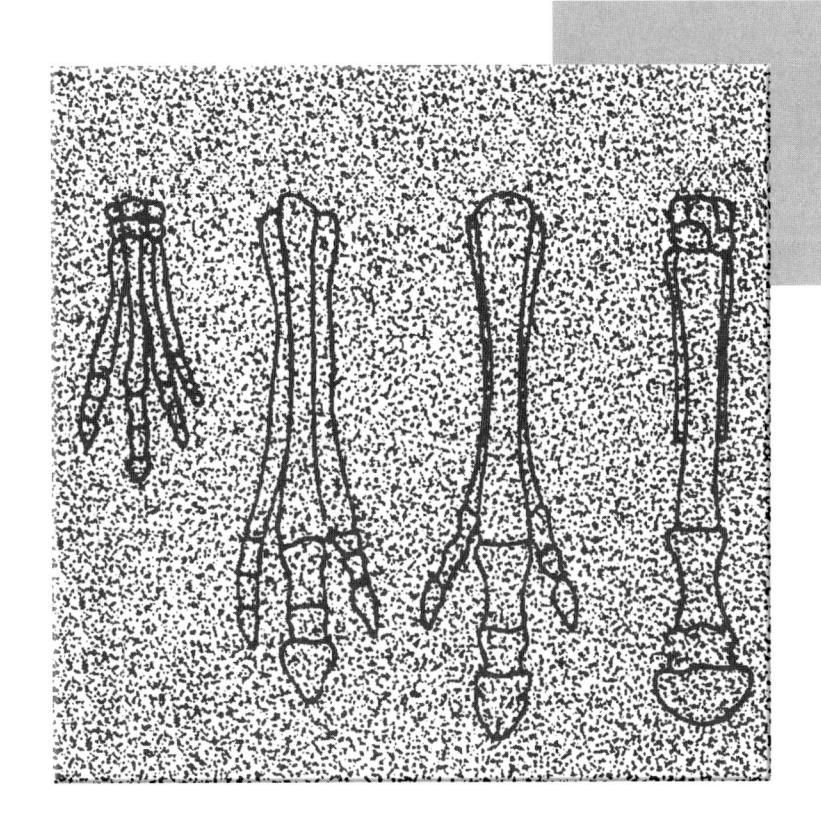

14 Evolution und Optimierung

14.1 Optimierung in der Natur – kann man sie erkennen, beschreiben und nachahmen?

Die hier angeführten Verfahren, Sichtweisen und Beispiele versuchen, die Strategien „nachzuahmen", über welche die belebte Welt zu ihren Konstruktionen und Verfahrensweisen kommt. Das sind die Strategien der Evolution. Es wird dabei stets – ausgesprochen, unausgesprochen – vorausgesetzt, dass die natürlichen Konstruktionen und Verfahren „optimiert" sind. Die Nachahmungsstrategien sollten dann ebenfalls zu „optimierten Ergebnissen" führen. Können jedoch überhaupt klare Aussagen darüber getroffen werden, ob ein Produkt der Natur „optimiert" ist?

Wenn dem so ist, könnte man ja sagen, „lasst uns ein Produkt der Technik so gestalten, dass es ebenso optimiert ist wie das Produkt der Natur, das als Vorbild dient". Wenn dem wiederum so ist, muss das noch nicht bedeuten, dass technische Strategien, die auf den Evolutionsprinzipien der Natur beruhen – Mutation, Rekombination, Selektion (s. u.) – sinnleer wären. Man könnte dann ja sagen, „es ist zwar keine sichere Aussage darüber zu treffen, ob ein „Vorbild aus der Natur" optimiert ist, aber lasst uns annehmen, dies sei der Fall, auch wenn wir das (momentan noch) nicht sicher sagen können".

Auf jeden Fall ist ein – wenn auch nur vermutetes – Optimum ja mit den Evolutionsprinzipien der Natur erreicht worden. Ihre Nachahmung geschähe dann sozusagen mit einem gewissen Gottvertrauen, wäre aber immer noch zulässig. Wenn sie zu guten Ergebnissen führt, hätte man sozusagen eine Bestätigung a posteriori für die pragmatische Sinnhaftigkeit der Vorgehensweise.

Abschnitt 14.1 soll zeigen, dass man sich mit der letztgenannten Möglichkeit bescheiden muss. Die Aussage, ein Produkt der belebten Welt sei „optimiert", ist aus pragmatischen Gründen auch dann (noch) nicht zu führen, wenn man die Randbedingungen (in welcher Weise, wofür ... optimiert?) halbwegs angeben kann.

14.1.1 Der Optimierungsbegriff in Wirtschaft und Technik

Zur Behandlung von Optimierungsproblemen sind in Wirtschaft und Technik Verfahren der Optimierungsrechnung entwickelt worden. Solche Probleme sind lösbar, wenn sich die Fragestellung mathematisch formulieren lässt. Das Problem muss also formalisierbar sein, und diese Vorgehensweise muss zu einer Kenngröße führen, über die – im Idealfall – eine Ja-Nein-Aussage zu treffen ist, ob das betrachtete System für einen Satz von Randbedingungen optimiert ist. Solche Ansprüche wären dann auch an die Formulierung von Problemen und Lösungen aus der belebten Welt zu stellen. Häufig reicht im wirtschaftlichen und technischen Bereich der einfachste Fall linearer Optimierung, wie er hier kurz charakterisiert wird.

Bei jedem Problem beeinflussen viele – sagen wir n – zusammenspielende Variablen x_i die zu optimierende Größe, nämlich $x_1, x_2, \ldots x_n$, aber in unterschiedlicher Gewichtung. Jeder Variablen x_i kann man eine Konstante als Gewichtungsfaktor c_i zuordnen, die man nach den gegebenen Optimierungskriterien bestimmt. Die Variable x_2 z. B. ginge mit dem Einfluss $x_2 c_2$ summativ in das Gesamtsystem ein. Die Summe

$$Z = c_1 x_1 + c_2 x_2 + \ldots c_n x_n = \Sigma c_i x_i$$

nennt man Zielfunktion der zu optimierenden Größe. Sie soll – für einen Satz von Nebenbedingungen, der stets angegeben werden muss – einen Extremwert annehmen. Häufig wünscht man sich einen Maximalwert ($Z \to$ max), etwa bei der Gewinnoptimierung eines Betriebs. Nicht selten erwartet man aber auch einen Minimalwert ($Z \to$ min), etwa bei der Suche nach insgesamt geringstmöglichen Transportkosten zwischen mehreren Erzeugern (z. B. Kohlenbergwerken) und Verbrauchern (z. B. Heizkraftwerken). Allgemein spricht man von einem Optimalwert, der dann je nach Fragestellung ein Maximum oder Minimum der Zielfunktion darstellen kann.

Für die rechnerische Bestimmung des Bestwerts einer *zu optimierenden* Größe muss diese erst einmal formuliert werden (z. B. → finanzielle Einnahmen Σ). Man muss dazu alle *Variablen* kennen, die diese Größe beeinflussen (z. B. → produzierte Waren x_i eines Betriebs). Schließlich muss man den Einfluss der Variablen auf den Optimierungserfolg jeweils mit einer Konstanten kennzeichnen, den *Gewichtungsfaktor* (z. B. → Wert c_i des Einzelprodukts). Sind all diese Werte – und die zugeordneten *Randbedingungen* – bekannt, kann man die *Zielfunktion Z* formulieren. Hierin werden die Variablen nun so lange verändert – was oft einigen nummerischen Aufwand und entsprechend lange Rechenzeiten impliziert – bis Z einen *Extremwert* (*Maximum* oder *Minimum*) angenommen hat. Mit den dann resultierenden Werten für $x_1, x_2, \ldots x_n$ hat man die *betrachtete Größe* optimiert.

Die Strategie soll an einem Beispiel aus der Technik illustriert werden, das mit der Evolutionsstrategie arbeitet, wie sie in den Abschn. 14.3–14.5 beschrieben ist.

Ein Stab-Tragwerk (Abb. 14-1 A) besteht im Idealfall aus Stäben, die nur auf Druck oder Zug belastet werden, wobei die Druckstäbe knickgefährdet sind, die Zugstäbe nicht. Je dicker ein Einzelstab ist, desto größere Druck- oder Zugkräfte kann er aufnehmen (und desto knickfester wird der Druckstab), desto schwerer (und teurer) wird dann allerdings auch das gesamte Tragewerk: *gegenläufige Einflussgrößen*. Ein solches Stabtragwerk gilt dann als optimal, wenn es für den gegebenen Lastfall und definierte Randbedingungen mit dem geringstmöglichen Eigengewicht auskommt. (Diese Fragestellung kann man eines Tages vielleicht einmal auf Säugerskelette übertragen. Sind sie „gewichtsoptimiert" im Hinblick auf eine mittlere, vorherrschende – oder auf eine hohe, selten auftretende – Belastung ?)

In nummerischer Modellierung mit dem Rechner werden nun Stabdicken, Stablängen und Stabwinkel so lange verändert, bis das Kriterium eines geringstmöglichen Eigengewichts des gesamten Tragwerks erfüllt ist. Mit einem iterativen Programm unter Anwendung der Evolutionsstrategie wurde, ausgehend von der üblichen, nichtoptimierten „Kastenträgerform" (Abb. 14-1 A) eine reichlich skurril erscheinende Bestform gefunden (Abb. 14-1 B). Man darf sie im Rahmen der oben genannten Definition als Optimalform bezeichnen, denn genau für diese Form hat die Zielfunktion, die das Ei-

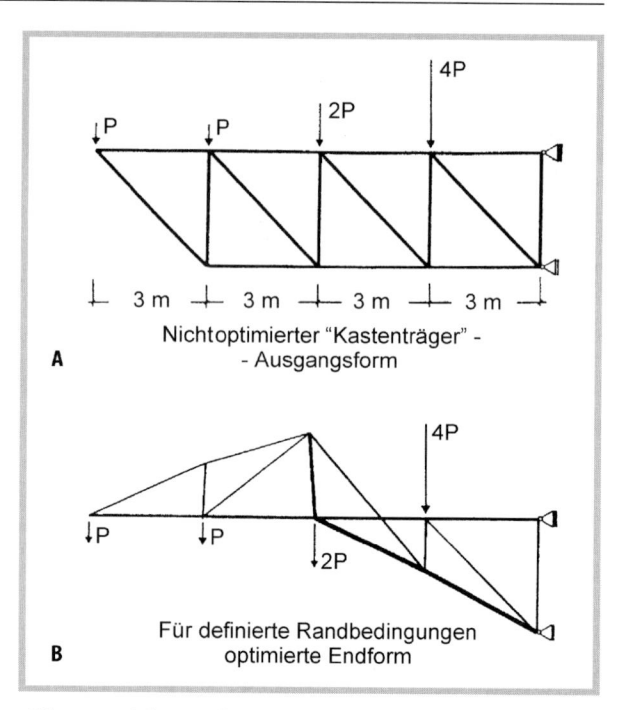

Abb. 14-1 Nichtgewichtsoptimierte Ausgangsform (A) und für definierte Randbedingungen gewichtsoptimierte („gewichtsminimierte"), rechnerisch sich ergebende Endform (B) eines Kragträgers (*nach Bletzinger 1988*)

gengewicht beschreibt, ein Minimum, und zwar für die Randbedingungen „Lastverteilung P_i gegeben, kleine Lastintensitäten, kein Materialfließen zugelassen, Knickstabilität nach DIN 18800, Eulerfall 2". Der somit optimierte Kragträger B ist nicht nur leichter als der Träger A; er ist für die gegebenen Randbedingungen nicht mehr leichter zu machen! Man sagt, er sei (für diese Randbedingungen) gewichtsoptimert. Genau so gut könnte man nach den obigen Ausführungen auch sagen, er sei gewichtsminimiert: Hier ist die Optimalform eben dadurch gekennzeichnet, dass der Extremwert der Zielfunktion ein Minimum erreicht hat.

14.1.2
Der Optimierungsbegriff in der Biologie

Auf Grund des großen Komplexheitsgrads lassen sich in der Biologie die zur Festlegung des Optimierungsbegriffs nötigen Randbedingungen und Optimierungskriterien nur selten so fassen, dass eine eindeutige Zielfunktion formulierbar ist. Zum Teil allerdings lässt sich das Aufstellen einer Zielfunktion und die Suche nach ihren Extremwerten experimentell oder wenigstens in gedanklicher Näherung erreichen. Biologische Systeme seien bei den folgenden Überlegungen als „real existierende Formen" betrachtet, nicht als solche, deren phylo- oder ontogenetische Entwicklung zu betrachten ist.

14.1.2.1
Beispiel 1: Ein Optimalwert ergibt sich aus einer Theorie; die tatsächlich gemessene Kenngröße erfüllt die Theorie: der Baumstamm als Körper gleicher Festigkeit

Der Hauptträger eines pflanzlichen Hochbausystems (Halm eines Grases, Schaft eines Bambusgewächses, Stamm eines Baums) sollte aus Materialgründen und aus energetischen Gründen – Materialanhäufung kostet Bauenergie – nirgendwo einen größeren Radius r erreichen als er zum Abfangen einer zulässigen Spannung σ_{zul} gerade nötig ist. Er wäre dann, analog zu vielen baustatischen Konstruktionen der Technik, ein „Körper gleicher Festigkeit". Unter der Windkraft F (Abb. 14-2 A) würde er nicht an einer bestimmten Stelle brechen; die Bruchchancen wären in jedem beliebigen Abstand y vom oberen Stammende (Abb. 14-2 B) gleich. Die Theorie für kreisrunde „Träger gleicher Festigkeit" ergibt die Proportion r

$$r \sim (\text{const} \cdot y)^{1/3}$$

mit $4\,F/\pi\,\sigma_{zul}$ als Proportionalitätskonstante und somit die Gleichung $r = (4\,Fy/\pi\,\sigma_{zul})^{1/3}$. Schon im 19. Jh. wurde gezeigt, dass Pflanzen diese Beziehung präzise erfüllen. Eine Einzelmessung von Rechenberg an einer frisch gefällten, gerade gewachsenen Kiefer ergab, dass die Beziehung Radius (Höhe) präzise einer kubischen Parabel folgt (Abb. 14-2 C); für die Übereinanderzeichnung der Messpunkte und der theoretischen Kurve wurden die Konstanten bis zur Bestübereinstimmung verändert.

Zumindest die theoretische Proportion ist also erfüllt, so dass man den vermessenen Kiefernstamm als „Körper gleicher Festigkeit" ansehen kann. Heißt das Optimierungskriterium „Annäherung an einen Körper gleicher Festigkeit", so kann man aus dem Vergleich Theorie – Messung schließen, dass der Baum in Bezug auf dieses Kriterium tatsächlich optimiert ist. Für einen quantitativen Vergleich (Gleichung statt Proportion) fehlt allerdings die Kenntnis von Randbedingungen (Konstanten, so die Windlast F).

14.1.2.2
Beispiel 2: Ein Optimalwert ergibt sich aus einem Experiment; die tatsächlich gemessene Kenngröße stimmt mit der experimentell bestmöglichen überein: Partikelstrom von Säugerblut und Hämatokrit

Atmungsphysiologisch betrachtet ist das Blut der Wirbeltiere eine Suspension atemgasbindender Teilchen (Erythrocyten). Die sekündlich transportierte Gesamtmasse dieser Teilchen – der Partikelstrom Q_p – sollte möglichst hoch sein, weil dann auch die Sauerstoff-Transportkapazität groß ist. Das heißt: Sowohl die Teilchenzahl als auch die Strömungsgeschwindigkeit v sollten möglichst hoch sein. Erhöht man im Gedankenexperiment die Erythrocytenzahl stark, so verstopft ein kleines Gefäß rasch; v und damit Q_p sinkt drastisch. Verringert man sie stark, so steigt zwar v, doch sinkt wegen der nun sehr geringen Teilchenzahl die Größe Q_p. Bei einem bestimmten „prozentualen Anteil der Erythrocyten am Gesamtblutvolumen" (so ist der Hämatokritwert H definiert) sollte Q_p maximal sein.

Blut kann man also im Hinblick auf diese Fragestellung als optimiert betrachten, wenn im Experiment bei künstlich verändertem Hämatokrit H der maximale Partikelstrom Q_p gerade bei dem Hämatokrit H_{Natur} auftritt, der für frisch entnommenes Blut typisch ist.

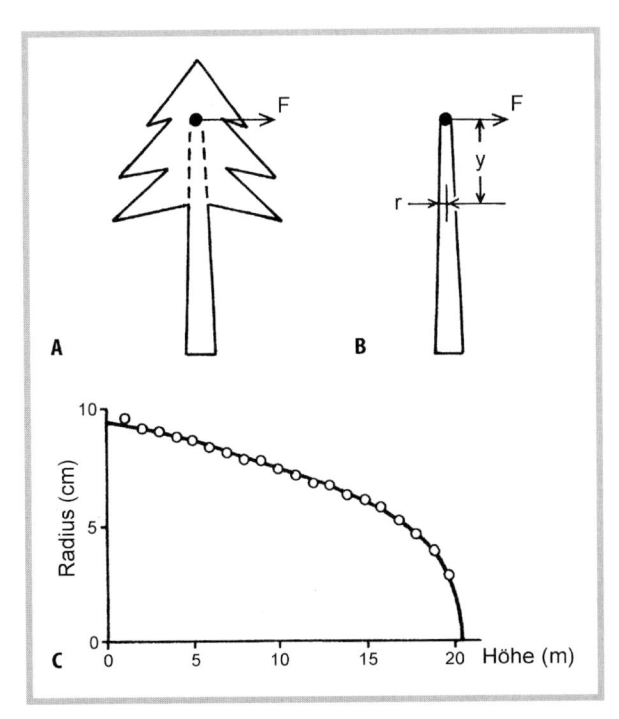

Abb. 14-2 Anwendung des Prinzips der Trägeroptimierung auf einen Baumstamm. Erläuterung von **A** und **B** im Text, **C** Nach Messungen von Rechenberg 1993

Der Partikelstrom Q_P kann aus der Auslaufgeschwindigkeit berechnet werden, wenn man Blut bekannten Hämatokrits aus einer mit bekannter Kraft belasteten leichtgängigen Spritze auslaufen lässt. Man kann im Experiment jeden beliebigen Hämatokrit einstellen, wenn man Serum und sedimentierte Blutzellen neu mischt.

Von Loder wurde für das Schwein ein natürlicher Hämatokrit H_{Natur} = 41 % gemessen, (zum Vergleich: beim Mensch liegt der Hämatokrit zwischen 42 und 44 %). Abbildung 14-3 A zeigt die Ergebnisse des Auslaufversuchs. Tatsächlich liegt das Q_P-Maximum jeweils über H_{Natur}. Gleiches gilt für ein weiteres, experimentell bearbeitetes Tier, das Schaf. Hier beträgt H_{Natur} 32 %.

Damit lässt sich sagen, dass das Blut des Schweins und des Schafs hinsichtlich eines möglichst großen Q_P optimiert ist: der natürliche Hämatokrit H_{Natur} ist der bestmögliche; jede Abweichung nach unten oder oben führt zu schlechteren (geringeren) Q_P-Werten.

Auch für dieses Beispiel ist als Optimierungskriterium eine Zielgröße formulierbar, nämlich $Q_{P\,max}$. Diese wird im Zusammenspiel zahlreicher, im Einzelnen freilich nicht bekannter Parameter erreicht.

Optimierungsvorgänge sind also stets multifunktionell, können sich letztlich jedoch, bei gut gewählten Kenngrößen, in einfachen experimentellen Beziehungen äußern. Die in diesem Beispiel genannten zusammenspielenden Parameter sind im Einzelnen nicht bekannt. Man kann dafür stellvertretend eine experimentell zugängliche Variable benutzen, nämlich den Hämatokrit H.

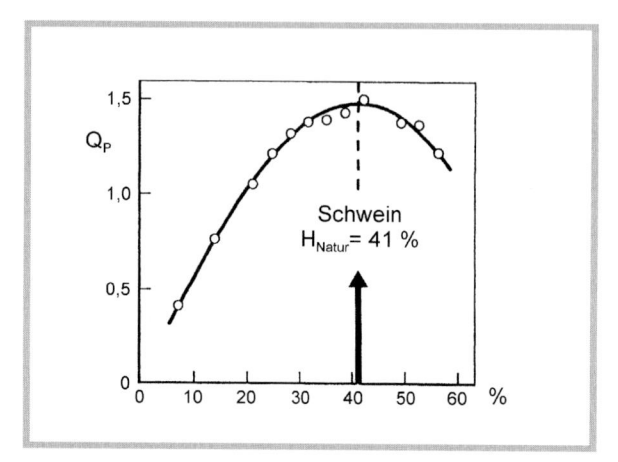

Abb. 14-3 Der Volumenstrom Q_P ist für Schweineblut in arttypischer Weise bei einem bestimmten Hämatokrit H maximal (*nach Loder 1975*)

Dem komplexesten Fall – in der Biologie leider praktisch immer der Regelfall – entspricht das folgende Beispiel.

14.1.2.3
Beispiel 3: Ein Optimalwert ergibt sich aus dem Vergleich mehrerer experimentell zu ermittelnder Werte von Kenngrößen, die wiederum von Randbedingungen abhängig sind: Gleitanpassung beim Vogelflug und Gleitzahl

Plattenförmige Körper, die zur Anströmung schräg angestellt sind, erzeugen neben unvermeidbarem Widerstand F_W in Richtung der Anströmung auch eine Seitkraft senkrecht dazu, traditionell (aber sprachlich nicht sehr glücklich) als Auftrieb F_A bezeichnet. Die Befähigung eines Körpers zur Widerstandserzeugung ist durch seinen Widerstandsbeiwert c_W gekennzeichnet; dieser sollte – von Bremsfallschirmen etc. abgesehen – stets möglichst klein sein. Die Befähigung des Körpers zur Auftriebserzeugung wird durch den analog zu formulierenden Auftriebsbeiwert c_A gekennzeichnet. Beim Tragflügel sollte er möglichst groß sein.

Wohlgeformte Flügel helfen afrikanischen Geiern, aus einer gegebenen Höhe h heraus (auf die sie Thermiken gehoben haben) über eine möglichst große Strecke s über Land zu gleiten. Gelingt es ihnen, das Verhältnis s/h besonders groß zu halten, so können sie bei gegebener Energie ein besonders großes Gebiet nach Aas absuchen und vergrößern gleichzeitig die Chance, vor dem nächsten Bodenkontakt eine weitere Thermik zu finden: erkennbare ökologische und energetische Vorteile. Das Verhältnis $s/h = c_A/c_W$ wird als Gleitzahl ε bezeichnet. Vögel liegen etwa in dem Bereich $6 < \varepsilon < 20$.

Somit erreichen Vögel nicht die mit technischen Extremflügeln langer Streckung möglichen Gleitzahlen; bei den Reynolds-Zahlen der Technik kommen ε-Werte von 50 und mehr vor. Aber Flügel und Rümpfe haben im biologischen Fall ja noch andere Aufgaben. Die Flügel müssen zusammenlegbar sein, was Extremstreckungen ausschließt. Sie haben im zusammengelegten Zustand eine wichtige thermoregulatorische Funktion, was nur mit einer gewissen Federdicke erreichbar ist und eine aerodynamische Idealprofilierung ausschließt und so fort. Es lassen sich leicht ein Dutzend Parameter finden, welche die Flügelgestalt und damit auch die Gleitfähigkeit mit beeinflussen. Der Geier als „Optimalkonstruktion für effizienten Gleitflug" ist also in weitest gehendem Maße eine Kompromisskonstruktion.

Es kommt noch etwas hinzu. Die Gleitzahl ist Re-abhängig (Abb. 14-4). Sehr kleine Individuen oder Arten

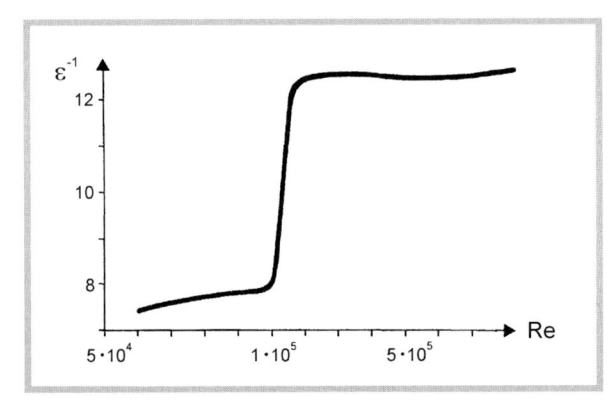

Abb. 14-4 Gleitzahl $\varepsilon = c_A/c_W$ eines Lachmöwen-Modells, abhängig von der Reynolds-Zahl Re (*nach Feldmann 1944, ergänzt*)

von Vögeln werden aus physikalischen Gründen schlechtere Gleitzahlen in Kauf nehmen müssen. Die Fähigkeit zum „guten" Gleiten, welche die großen Geier zweifellos haben, ist damit auch ganz direkt ein Effekt ihrer gegebenen Körpergröße. Inwiefern ist der Geier also in Bezug auf den Gleitflug optimiert?

Im Widerstreit unterschiedlicher, oft gegenläufiger Anforderungen (z. B. große Gleitzahl des Vogels – große Flügelstreckung; große mechanische Stabilität der Flügel – kleine Flügelstreckung) hat die Evolution zu einem Kompromiss geführt, dessen „Gütegrad" man nur erahnen kann. Die Gleitzahl ist wohl gerade so groß, dass sie die Flügelstabilität noch nicht entscheidend schwächt. Alle letztendlich die Gleitzahl mitbestimmenden Parameter sind keineswegs bekannt, und erst recht gilt das für die Gewichtungen der Einzelparameter. Eine Zielfunktion unter Einbeziehung aller derartiger gewichteter, Parameter lässt sich somit – zumindest beim gegenwärtigen Forschungsstand – nicht formulieren.

14.1.3
Konsequenzen für die Verwendung des Optimierungsbegriffs bei bionischen Übertragungen

Die drei Beispiele zeigen, dass der Begriff „Optimierung" im biologischen Bereich nur dann einen klaren Erklärungswert besitzt, wenn die Optimierungsparameter bekannt, die Zielstrategien erkennbar und die Zielfunktionen formulierbar sind (halbwegs erfüllt für die Beispiele 1 und 2). Aus rein pragmatischen Gründen ist dies derzeit für die meisten auch nur halbwegs komplexen Zusammenhänge (Beispiel 3) nicht möglich.

Aus diesem Grunde gilt das oben Gesagte: Man kann nicht sicher sagen, inwiefern und inwieweit ein „Vorbildsystem" optimiert ist. Trotzdem kann man mit technischen Strategien den Weg nachzeichnen, auf dem die Natur zu ihren Systemen kommt.

14.2
Evolution und Optimierung – Umsetzung der Art, wie biologische Konstruktionen entstehen

H.-P. Schwefel hat in den 60er-Jahren zusammen mit I. Rechenberg und P. Bienert in Berlin an der Entwicklung der Evolutionsstrategie gearbeitet. Diese und verwandte Konzepte sind heute als evolutionäre Algorithmen weltweit im Einsatz, als Rechner-basierte Suchverfahren nach guten Lösungen für Entwurfs-, Planungs- und Steuerungsaufgaben. Zwei ältere Beispiele aus den Jahren 1968 bzw. 1982 sind besonders anschaulich.

Eine frühe, von Schwefel bearbeitete und sehr bekannt gewordene klassische Arbeit betrifft die experimentelle Optimierung einer Zweiphasen-Überschalldüse. In Abb. 14-5 A ist rechts die konventionelle Ausgangsform, links die optimierte Form dargestellt. Zu maximieren war der Schub bzw. der Austrittsimpuls bei konstantem Mengenstrom. Verwendet wurde die sog. (1+1)-Evolutionsstrategie, näher beschrieben in den Abschn. 14.3 und 14.4.

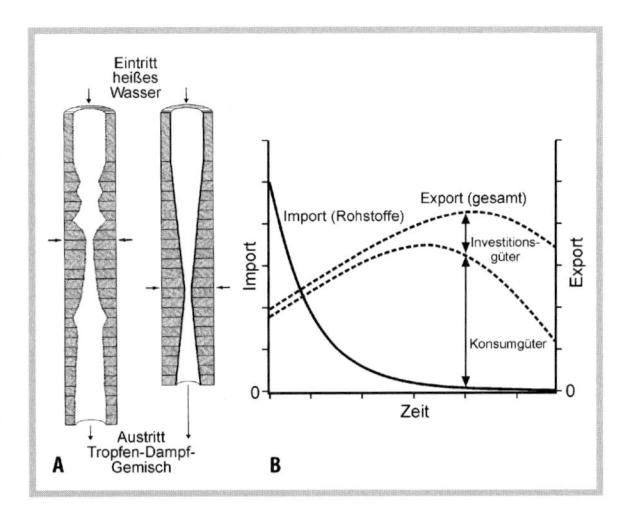

Abb. 14-5 Zwei Anwendungsbeispiele für evolutionsstrategisches Optimieren. **A** Experimentelle Optimierung einer Zweiphasendüse, **B** nummerische Optimierung eines dynamischen Außenhandelsmodells (*nach Schwefel 1981/82*)

„Die Aufgabe bestand darin, die Form einer konvergent-divergenten Düse zu optimieren, in der es im Überschallbereich zur teilweisen Entspannungsverdampfung von überhitztem Wasser kommt (wie bei einer Heißwasser-Rakete). Zu maximieren war der Düsenwirkungsgrad bzw. der horizontale Austrittsimpuls bei konstantem Mengenstrom. Die Düse sollte später in einem geschlossenen Flüssigmetall-MHD (Magnetohydrodynamik)-System eingesetzt werden. Das Problem, bei hohem Druck und hoher Temperatur die Düsenkontur variabel zu gestalten, wurden dadurch gelöst, indem sie aus konisch gebohrten Ringsegmenten zusammengesetzt wurde. Mit einem Reservoire von nur 300 Ringen war die notwendige Flexibilität gegeben."

Das zweite Beispiel handelt von der nummerischen Optimierung eines dynamischen Außenhandelsmodells mit einem spieltheoretischen Ansatz. Es ging darum, langfristig eine von allen Partnern akzeptierte Lösung für den Austausch energiereicher Rohstoffe gegen Konsum- bzw. Investitionsgüter zu finden (Abb. 14-5 B).

„Eine Gruppe von Ländern mit noch wenig Industrie, aber großen Vorräten an fossilen Energie-Rohstoffen und eine zweite Gruppe hochindustrialisierter Länder ohne fossile Energievorräte suchen nach einem fairen langfristigen Abkommen für den Tausch von Energierohstoffen gegen Konsum- und Investitionsgüter. Dabei wird nicht verlangt, dass die gegenseitige Zahlungsbilanz zu jedem Zeitpunkt ausgeglichen ist. Mit Hilfe eines spieltheoretischen Ansatzes wurde mit Computersimulationen mit überlagerter Optimierung eine – rein qualitative – Lösung ermittelt. Der zum Aufbau der Industrie in der industriell zunächst unterentwickelten Region benötigte Ausbau des Bildungssystems wurde berücksichtigt. Abbildung 14-5 B zeigt die wichtigsten, den Außenhandel betreffenden charakteristischen Größen, aufgetragen über die Zeit. Importe und Exporte betreffen dabei die von der rohstoffarmen Industrieregion aus zu sehenden Größen."

Welcher Nutzen, so fragt Schwefel, kann nun aus dem Analysieren und Nachahmen von Evolutionsprinzipien gezogen werden? Zu dem Problemkreis „Systemanalyse und Evolution" findet er drei Lernmöglichkeiten.

- *Für die Vergangenheit:* ein besseres Verständnis für den historischen Ablauf der Entwicklungsgeschichte.
- *Für die Gegenwart:* eine Optimierungsmethode zur Lösung besonders schwieriger experimenteller wie auch nummerischer Probleme. Je besser die Evolutionsprinzipien nachgebildet wurden – so zeigte sich –, desto größer wurde die erreichbare Konvergenzgeschwindigkeit. Eine weiterführende Systemanalyse der Evolution ist sicher lohnenswert im Hinblick auf den Entwurf geeigneter Algorithmen für Probleme der diskreten und globalen Optimierung.
- *Für die Zukunft:* ein besseres Verständnis für die Rolle des Menschen als Objekt und Subjekt der Evolution. Selbstorganisierende Planung unter Ausnutzung des Erlernten ist überlebensnotwendig!

Die bisherigen Beispiele haben gezeigt, dass es sinnvoll ist – in Vergangenheit und Gegenwart vielfältig belegt und für die Zukunft sehr erfolgversprechend –, Konstruktionen und Verfahrensweisen der Natur als Vorbild für technische Weiterentwicklungen zu nehmen. In den Abschn. 14.3.–14.5. wird nun verdeutlicht, wie sehr auch die Übernahme der Vorgehensweise, mit der die Natur zu ihren Konstruktionen und Verfahren kommt, der Technik zugute kommen kann. Es hat sich dafür der Begriff der Evolutionsstrategie (in Amerika etwa gleichzeitig der Begriff „genetische Algorithmen" und heute weltweit der Oberbegriff „evolutionäre Algorithmen") eingebürgert. Er geht zurück auf I. Rechenberg, der sich, zusammen mit H.-P. Schwefel und P. Bienert, bereits als Student an der TU Berlin mit derartigen Übertragungsmöglichkeiten befasst hat (Rechenberg 1965).

14.3
Evolutionsprinzipien: Stufen der Imitation biologischer Evolutionsprozesse

14.3.1
Evolution und Evolutionsnachahmung

Die biologische Evolution, wie man sie sich seit den klassischen Ansätzen von Darwin (1859) vorstellt, beruht (im Wesentlichen) auf Mutation, Rekombination und Selektion.

Unter Mutation werden kleine, ungerichtete Schwankungen im genetischen Material (Genotyp) verstanden, die sich im fortpflanzungsfähigen Organismus ausprägen (Phänotyp). Bei der Fortpflanzung wird das genetische Material der Elternindividuen neu angeordnet und zufallsbedingt auf die Nachkommen verteilt (Rekombination). Als Selektion wird die Wirkung der Summe aller äußeren und inneren biotischen und abiotischen Faktoren auf das Überleben eines Lebewesens und damit auf den Fortpflanzungserfolg seiner Eltern bezeichnet.

Mutationen stellen die notwendige genetische Varianz zur Verfügung, so dass bei unvorhersehbaren Umweltänderungen stets Individuen vorhanden sein können, die mit diesen Änderungen besser zurechtkommen als andere. Die Rekombination sichert eine günstige und rasche Verteilung und Weitergabe des genetischen Materials. Die Selektion schließlich ist das Prüffeld, das dem besser situationsangepassten System größere Fortpflanzungschancen und damit Chancen der Weitergabe seines genetischen Materials einräumt.

Die Nachahmungen der „natürlichen Evolution" kann durch Mechanismen geschehen, die diese drei Aspekte simulieren. Kleine, ungezielte Änderungen in den prüfinteressanten Eigenschaften eines technischen Systems („Mutationen") werden nach naturentsprechenden Strategien kombiniert und vervielfältigt („Rekombination", „Fortpflanzung","Vermehrung"). Es wird dann getestet, inwieweit die Individuen der Folgegeneration dem Prüfkriterium besser oder schlechter entsprechen als die Elterngeneration. Sind sie schlechter, werden sie verworfen. Sind sie besser, werden sie als Eltern einer weiteren Folgegeneration akzeptiert (Selektion). Sie werden dann wiederum mutiert, rekombiniert und nach dem Selektionskriterium getestet.

Wenn die Verfahren der natürlichen Evolution angemessen übernommen werden, kann erwartet werden, dass sich eine Generationenkette bildet, deren Einzelstufen dem Prüfkriterium (im Durchschnitt) immer besser angepasst sind, bis sie sich schließlich einem Optimum nähern. Bei zahlreichen Beispielen der Technik hat diese Strategie bereits zu Optimallösungen geführt.

Wenn man das Optimum rechnerisch vorherbestimmen kann oder aus anderen Quellen kennt, bietet sich eine Testmöglichkeit für die Güte der zufallsbedingten Evolutionsstrategie an. Charakteristischerweise kommt sie auch zu Lösungen, wenn theoretische Ansätze noch nicht oder nicht mit genügender Genauigkeit möglich sind. Dies ist eine besonders wesentliche Domäne technischer Näherungsstrategien, die auf dem Evolutionsprinzip beruhen.

Diesen Abschnitt und Abschn. 14.3.2 durfte ich in der vorliegenden Form übernehmen (s. Vorwort). Es sind Teilkapitel des in der Literaturangabe genannten Beitrags von I. Rechenberg (1988), der auf einer Arbeitstagung der Freien Akademie (Berlin) vom 24.–27. 3. 1988 gegeben worden ist. Im Mittelpunkt dieser Tagung standen die Fragen: Wie funktioniert Evolution? Welche Strategien werden dabei angewandt? Was können wir aus dem Verständnis dieser Vorgänge lernen?

14.3.2
Elementare Spielregeln für die Evolutionsstrategie

Ziel soll es sein, Handlungsregeln für eine schrittweise genauer werdende Nachahmung der biologischen Evolution zu entwerfen. Ein von mir gern benutztes Mittel, um Evolutionsstrategien anschaulich darzustellen, sind symbolische Spiele mit Karten (Rechenberg 1978). Diese Kartenspiele werden unter Einhaltung gewisser elementarer Spielregeln, die durch Spielzeichen angedeutet sind, durchgeführt. Sämtliche Spielzeichen, die für die Evolutionskartenspiele benötigt werden, sind in Abb. 14-6 zusammengestellt. Wir wollen die Bedeutung dieser Spielzeichen der Reihe nach abhandeln:

- *Spielzeichen „Variablensatz"*. Eine Karte stellt einen Informationsträger dar. Auf diesem Informationsträger sind die Einstellzustände der Variablen des technischen bzw. biologischen Systems niedergeschrieben. Das sind üblicherweise Dezimalzahlen in der Technik bzw. quaternär kodierte Nukleotidbasentripletts in der Biologie.
- *Spielzeichen „Population"*. Ein Satz von Karten enthält die Gesamtinformation der zu einer Population zusammengeschlossenen Individuen einer Generation. Die Variabilität einer Population ist durch die unterschiedlichen Einstellwerte der Variablen auf den einzelnen Karten gegeben.
- *Spielzeichen „Zufallswahl"*. Die Umrandung eines Kartensatzes soll eine Urne symbolisieren. Das mit einem Pfeil versehene w bedeutet, dass eine Karte zufällig aus dieser Urne herausgegriffen wird. Befinden sich innerhalb der Umrandung mehrere Populationen, so bezieht sich die Zufallsauswahl auf diese Einheiten. Wenn nicht anders vereinbart, so erfolgt

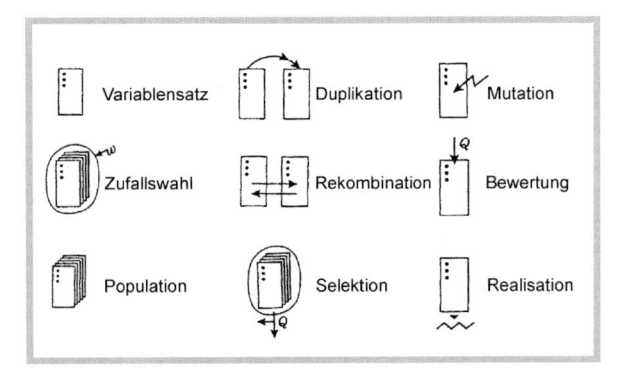

Abb. 14-6 Spielzeichen für Evolutionsstrategien (*nach Rechenberg 1988*)

die Zufallswahl nach einer gleichverteilten Wahrscheinlichkeit.
- *Spielzeichen „Duplikation".* Ein Doppelpfeil weist auf eine Kartenverdoppelung hin. Die Information der einen Karte soll auf eine zweite übertragen werden. Ein Doppelpfeil an einer Population heißt, dass der gesamte Kartensatz kopiert werden soll.
- *Spielzeichen „Selektion".* Die Umrandung kennzeichnet wieder eine Urne, aus der Karten herausgenommen werden. Der sich verzweigende Pfeil mit dem danebenstehenden Buchstaben Q heißt, dass dabei eine Auslese nach der Qualität Q vorgenommen wird. Die selektierten Karten weisen höhere Qualitätswerte auf als der aus dem Prozess herausfallende Rest. Befinden sich innerhalb der Umrandung mehrere Populationen, so bezieht sich die Selektion auf diese Einheiten. Eine Populationsqualität Q' kann größer sein als das Mittel der Individuen-Qualitäten Q. Das ist z. B. der Fall, wenn sich soziale Verhaltensstrukturen in einer Population bewähren.
- *Spielzeichen „Rekombination".* Zwei gegenläufige Pfeile symbolisieren einen Mischungsprozess. Es können erstens die Variablenwerte zweier oder mehrerer Karten gemischt werden (Mischungspfeile zwischen einzelnen Karten). Es können zweitens auch die Individuen zweier oder mehrerer Populationen neu gemischt werden (Mischungspfeile zwischen Kartensätzen). Wir wollen in Gedanken die Variablen auf jeder Karte von 1 bis n durchnummerieren. Bei der Variablenmischung ist dann dafür zu sorgen, dass für den Aufbau einer Nachkommenkarte jede Variablennummer genau einmal aus einer Mischungsurne gezogen wird, damit wieder ein vollständiger Variablensatz entsteht. Einfacher vollzieht sich die Individuenmischung. Sämtliche Karten der zu mischenden Populationen gelangen in eine Mischungsurne. Dann wird aus der Urne so oft eine Karte gezogen, bis eine Population mit der ursprünglichen Individuenzahl wiederhergestellt ist. Die hier angesetzten Mischungsregeln sind mathematisch besonders einfach zu fassen. Die Regeln müssen modifiziert werden, sobald die biologische Realität genauer stimuliert werden soll.
- *Spielzeichen „Mutation".* Ein Zickzackpfeil an einem Variablensatz heißt, dass die Variablenwerte dieses Satzes durch einen Zufallsprozess (meist mit normalverteilter Wahrscheinlichkeitsdichte) abgeändert werden sollen. Dabei können sämtliche Variablenwerte einer Zufallsänderung unterworfen werden. Es können aber ebenso nur einige Variablennummern herausgewürfelt werden, die dann allein eine Zufallsänderung erfahren.
- *Spielzeichen „Realisation."* Mit diesem Spielschritt wird die Ebene der Information verlassen. Die auf der Karte vermerkten Einstellgrößen der Objektvariablen werden realisiert. In der biologischen Welt entsteht aus der genetischen Information das Erscheinungsbild des Lebewesens (Phänotyp). In der Technik wird nach den Angaben auf dem Protokollblatt bspw. die Form eines Rohrkrümmers eingestellt. Das Zeichen für die Realisation, eine Zickzacklinie, wurde der „historischen Gelenkplatte" nachempfunden.
- *Spielzeichen „Bewertung".* Die Notierung der Qualität auf der betreffenden Karte ist als eine Hilfsorganisation anzusehen, die in der biologischen Realität nicht auftritt. Die gemessene Qualität Q, als Ergebnis der mutierten Einstellung der Objektvariablen, wird auf der Karte vermerkt. Durch diesen spieltechnischen Trick kann die Selektion formal in der Informationsebene durchgeführt werden.

Algorithmen von Evolutionsstrategien

Wir wollen mit unseren elementaren Spielzeichen jetzt verschiedene Formen von Evolutionsstrategien aufbauen. Wir beginnen mit der einfachen

- *(1+1)-gliedrigen Evolutionsstrategie (Abb. 14-7).* Der Variablensatz eines Elters wird dupliziert. Das erhaltene Duplikat wird mutiert und bewertet. Dann gelangen Elter und Nachkomme in eine Selektionsurne, aus der die qualitätsbeste Datenkarte ausgelesen und zum Elter nachfolgenden Generation erklärt wird.
- Die (1+1)-ES haben wir bereits unter dem Namen zweigliedrige Evolutionsstrategie kennengelernt. Besser wird die biologische Wirklichkeit wiedergegeben, wenn der Elter nicht nur einen, sondern mehrere Nachkommen erzeugt. So arbeitet z. B. eine
- *(1+5)-gliedrige Evolutionsstrategie (Abb. 14-8).* Der Variablensatz eines Elters wird jetzt 5 mal dupliziert. Die mutierten und nach der Realisation bewerteten Kartenduplikate gelangen zusammen mit der Elternkarte in die Selektionsurne. Hier wird wieder die beste Datenkarte ausgelesen und zum Elter der nachfolgenden Generation erklärt.

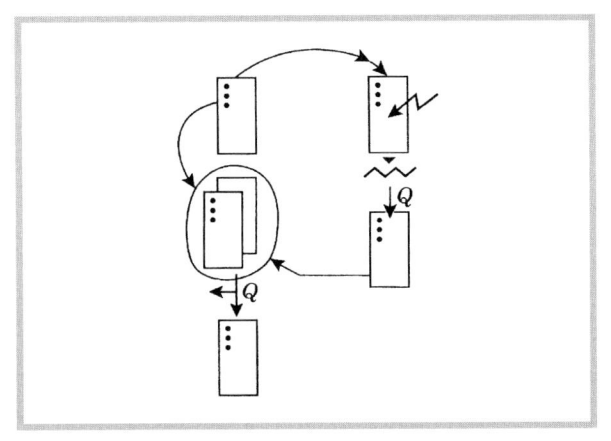

Abb. 14-7 (1+1)-gliedrige Evolutionsstrategie (*nach Rechenberg 1988*)

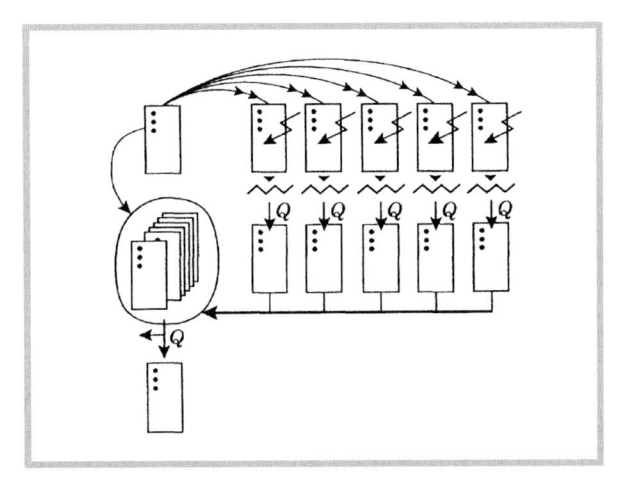

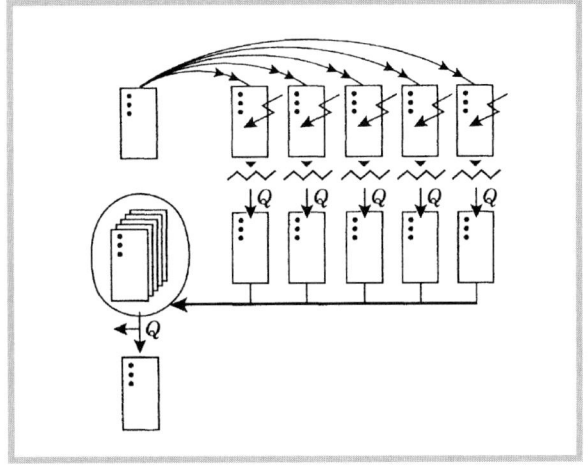

Abb. 14-8 (1+5)-gliedrige Evolutionsstrategie (*nach Rechenberg 1988*)

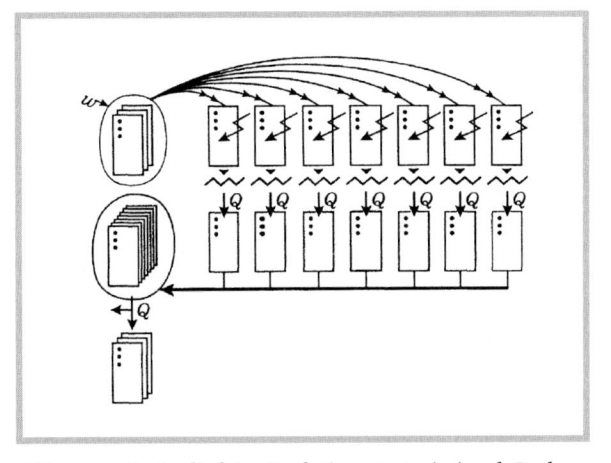

Wir wollen die (1+5)-gliedrige Evolutionsstrategie durch eine kleine Modifikation umwandeln in eine

– *(1,5)-gliedrige Evolutionsstrategie (Abb. 14-9)*. Dieses Schema unterscheidet sich von dem vorangegangenen darin, dass nicht mehr der Elter plus die Nachkommen, sondern nur noch die Nachkommen in die Selektionsurne gelangen. Der Elter scheidet aus dem Prozess aus, auch wenn er eine höhere Qualität als sämtliche Nachkommen aufweist.

Wiederum besser wird die biologische Evolution simuliert, wenn in einer Generation mehrere Eltern Nachkommen produzieren. Ein Beispiel für ein solches Schema ist eine

– *(3,7)-gliedrige Evolutionsstrategie (Abb. 14-10)*. Drei Eltern erzeugen in zufälliger Folge insgesamt sieben Nachkommen. Die mutierten und nach der Realisation bewerteten Datenkarten der Nachkommen gelangen wieder in die Selektionsurne. Diesmal werden die drei besten Datenkarten ausgelesen und zu Eltern der nachfolgenden Generation erklärt.

Die oben beschriebenen Evolutionsstrategien tragen die gemeinsame Kurzbeschreibung (μ +, λ)-ES. Lies: Mü Plus oder Komma Lambda gliedrige Evolutionsstrategie. Dabei bedeutet μ die Zahl der Eltern und λ die Zahl der Nachkommen in einer Generation. Das

Abb. 14-9 (1,5)-gliedrige Evolutionsstrategie (*nach Rechenberg 1988*)

Abb. 14-10 (3,7)-gliedrige Evolutionsstrategie (*nach Rechenberg 1988*)

Pluszeichen steht für den Fall, dass Eltern und Nachkommen zusammen in die Selektionsurne eingebracht werden. Das Kommazeichen wird gewählt, wenn die Eltern nicht in die Auslese einbezogen werden. Damit die Kommastrategie funktioniert, muss $\lambda \geq \mu$ sein. Die elegante Nomenklatur der Plus- oder Kommastrategie wurde erstmals von H.-P. Schwefel in seiner Dissertation eingeführt (Schwefel 1977).

Es ist nun an der Reihe, in das Handlungsschema der Evolutionsstrategie einen Mischungsmechanismus nach dem Vorbild der sexuellen Fortpflanzung in der Natur einzufügen. Ein Schema mit Mischung der Variablenwerte zweier Eltern beschreibt beispielsweise die

– *(6/2,10)-gliedrige Evolutionsstrategie (Abb. 14-11)*. Hier erzeugen sechs Eltern insgesamt zehn Nachkommen, wobei allerdings ein Elter im Mittel nur die Hälfte seiner Variablenwerte auf einen Nachkommen überträgt. Genaugenommen entsteht der Nachkomme wie folgt: Zwei Elternkarten werden zufällig aus der Population herausgegriffen und dupliziert. Die Variablen (Nummer und Wert zusammen) werden aus den Karteiduplikaten gewissermaßen herausgeschnitten und in eine Mischungsurne eingebracht. Aus der Urne wird der neue, vollständige Variablensatz des Nachkommen gezogen. Wie bisher gelangen die zehn Nachkommenkarten dann nach vollzogener Mutation, Realisation und Bewertung in die Selektionsurne, aus der dann die sechs besten Karten herausselektiert und als Eltern für die nachfolgende Generation verwendet werden.

In der Evolutionstheorie wird i. d. R. das Individuum als Selektionseinheit betrachtet. Damit lässt sich jedoch nicht erklären, weshalb Eigenschaften durch Evolution entstehen können, die für das Individuum neutral oder sogar nachteilig sind und lediglich die Population als Ganzes begünstigen. Um z. B. die Entwicklung altruistischer Verhaltensweisen oder einer genetisch festgelegten Lebenszeit bei Lebewesen zu verstehen, müssen wir annehmen, dass in der Evolution nicht nur das Individuum, sondern zuweilen auch die Population als Selektionseinheit wirksam ist. So gesehen bildet die biologische Art ein Aggregat miteinander konkurrierender Populationen. Wir wollen in unserem Evolutionskartenspiel auch diesen Aspekt berücksichtigen. Beispiel für ein Schema, bei dem neben der Individuenauslese auch ganze Populationen selektiert werden, ist eine

– *[2,3(4,7)]-gliedrige Evolutionsstrategie (Abb. 14-12)*. Die Schreibweise als Zweiklammer-Ausdruck soll andeuten, dass es sich hier um eine formale Erweiterung des bisherigen Musters handelt. Innerhalb der runden Klammer stehen weiterhin Individuen als Spieleinheiten. Außerhalb der runden, also in den eckigen Klammern, befinden sich dagegen Populationen als Spieleinheiten. Das Verfahren läuft wie folgt ab: Zwei Elternpopulationen führen dreifach parallel eine (4,7)-gliedrige Evolutionsstrategie aus. Die Selektion nach der individuellen Qualität Q liefert also

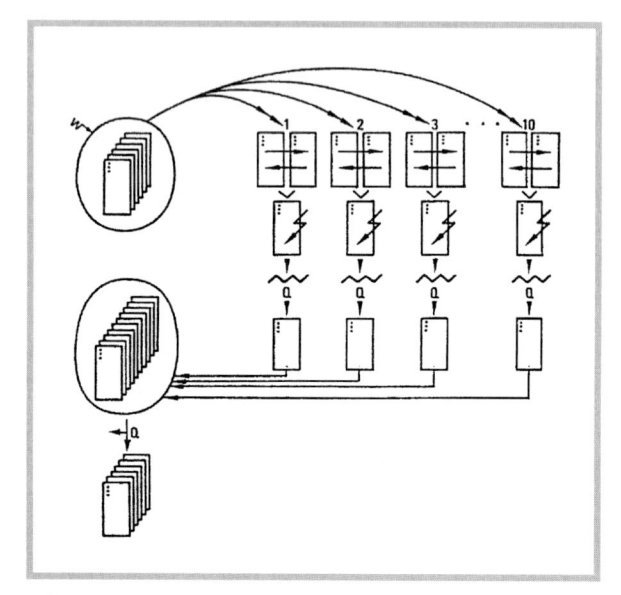

Abb. 14-11 (6/2,10)-gliedrige Evolutionsstrategie (*nach Rechenberg 1988*)

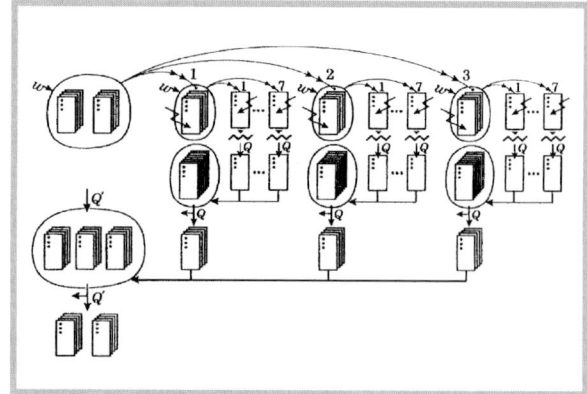

Abb. 14-12 [3,3(4,7)]-gliedrige Evolutionsstrategie (*nach Rechenberg 1988*)

drei Nachkommenpopulationen. Diese gelangen nun als Einheiten in eine zweite Selektionsurne, aus der aufgrund ihrer gruppenspezifischen Qualität Q' die zwei besten Populationen herausgesucht werden. Die gruppenspezifische Qualität Q' wird hier durch den Mittelwert Q der Individuen-Qualitäten ausgedrückt. Damit kann auf ein Realisierungs- und Bewertungszeichen in der Populationsebene verzichtet werden.

Nun ist der Fall denkbar, dass es neben dem bisher gefolgten Weg „bergan" einen zweiten Weg gibt, der zu einem weiteren, vielleicht sogar höheren Gipfel führt. Dieser zweite Weg könnte durch eine Weggabelung entstehen. Möglich wäre auch, dass der zweite Weg durch eine Barriere vom Erstweg getrennt ist. Aber dennoch möge eine Mutation auf ihm landen. Vielleicht liegt dieser zweite Weg sogar etwas unterhalb des ersten Wegs. In jedem Fall wäre es vorteilhaft, wenn die Evolution für eine gewisse Zeitspanne beiden Wegen folgte. Dafür ist es nötig, dass Populationen, falls sie sich auf verschiedenen Wegen befinden, ihre Höherentwicklung für eine längere Zeit unabhängig voneinander fortsetzen. Ein Schema, das diese Forderung erfüllt, ist eine

- [1,2(4,7)^{30}]-gliedrige Evolutionsstrategie (Abb. 14-13). Gegeben ist eine 4-Eltern-Population. Durch Duplikation des Kartensatzes werden daraus zwei 4-Eltern-Populationen hergestellt. Beide Populationen führen 30 mal hintereinander den Spielzug einer (4,7)-ES durch. Mit anderen Worten: Die beiden Populationen besteigen für die Dauer von 30 Generationen parallel das Optimierungsgebirge. Erst dann werden die Entwicklungshöhen der zwei Populationen gemessen. Die beste Population wird ausgewählt und der Zyklus beginnt von vorn.

Schließlich gibt es in der Populationsbiologie noch den wichtigen Faktor des Genflusses zwischen Populationen. Darunter versteht man den genetischen Mischungsprozess, der sich einstellt, wenn Individuen zwischen getrennten Populationen derselben Art ausgetauscht werden. Wir gelangen zur Schreibform einer Evolutionsstrategie mit Individuenmischung, indem wir das innerhalb der Individuenklammer verwendete Schreibzeichen für die Variablenmischung formal auf die Populationsklammer übertragen. Ein Spielschema, bei dem sowohl einzelne Variable als auch ganze Variablensätze miteinander gemischt werden, ist z. B. eine

- [4/3, 6(5/2,7)]-gliedrige Evolutionsstrategie(Abb. 14-14). Es wird 6fach parallel ein (5/2,7)-gliedriger Evolutionszug ausgeführt. Für jeden dieser Unterzüge wird eine Ausgangspopulation aus drei Elternindividuen benötigt. Diese Elternpopulationen werden durch folgenden Mischungsprozess hergestellt: Aus dem Pool der vier Ausgangspopulationen werden zufällig drei Populationen ausgewählt. Deren Individuen werden nach Mischung in einer Urne zu je einer neuen Population zusammengestellt. Der restliche Spielablauf mit diesen Elternpopulationen folgt den bereits bekannten Regeln.

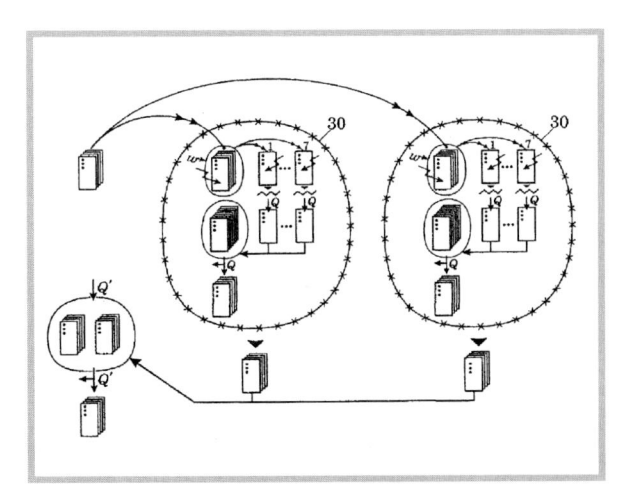

Abb. 14-13 [1,2(4,7)^{30}]-gliedrige Evolutionsstrategie (*nach Rechenberg 1988*)

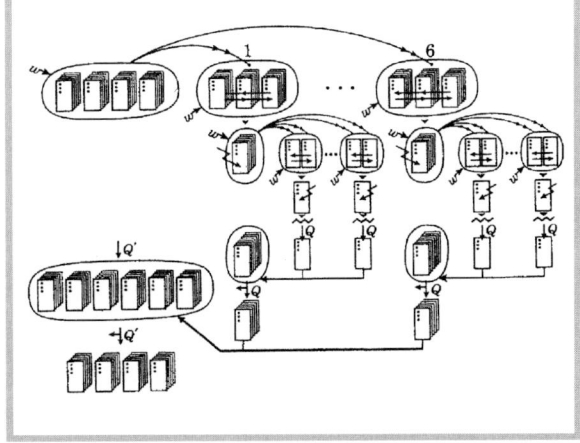

Abb. 14-14 [4/3,6(5/2,7)]-gliedrige Evolutionsstrategie (*nach Rechenberg 1988*)

14.3.3
Universelle Nomenklatur für Evolutionsstrategien

Sämtliche im Abschn. 14.3.2 beschriebenen Formen von Evolutionsstrategien lassen sich unter der Kurzbezeichnung

$$[\mu'/\rho' + \lambda' \, (\mu/\rho + \lambda)^\gamma]^{\gamma'} - ES$$

zusammenfassen. Dabei bedeuten:

- μ' Zahl der Eltern-Populationen
- ρ' Mischungszahl auf Populationsebene
- λ' Zahl der Nachkommen-Populationen
- μ Zahl der Elternindividuen
- ρ Mischungszahl auf Individuenebene
- λ Zahl der Nachkommenindividuen
- γ Zykluszahl für Individuenklammer
- γ' Zykluszahl für Populationsklammer

Es ist klar, dass bei der Übersetzung des verwickelten biologischen Evolutionsgeschehens in abstrakte Spielschemata erhebliche Vereinfachungen vorgenommen werden mussten. Dabei war der Leitgedanke entscheidend, die elementaren Spielregeln für den Aufbau von Evolutionsstrategien so zu gestalten, dass sie sich mathematisch so einfach wie möglich handhaben lassen. Selbstverständlich durfte das biologische Grundphänomen niemals verletzt werden. Es sind also hauptsächlich mathematische Gründe, weshalb z. B. für die Mechanismen der Zufallswahl und Rekombination gleichverteilte Wahrscheinlichkeiten und für die Mutationssprünge normalverteilte Wahrscheinlichkeiten angesetzt werden. Gewiss müssen weitere Spielzeichen eingeführt werden, wenn der biologische Evolutionsvorgang genauer simuliert werden soll. Das hätte in dem hier verfolgten Konzept aber nur dann einen Sinn, wenn sich herausstellt, dass solche besonders wirklichkeitsgetreuen Evolutionsstrategien ein Optimum schneller finden.

Tatsache ist: Das obige universelle Spielschema beinhaltet bereits eine außerordentlich große Vielfalt an evolutionsstrategischen Spielvarianten. Selbst Populationswellen, ein wahrlich exotischer Vorgang in der Biologie, können mit diesem Schema erzeugt werden. Dazu ist notwendig, die Größen μ und λ sinusförmig mit der Generationszahl zu verändern. Ferner kann Selektion für eine gewisse Zeitspanne außer Kraft gesetzt werden, indem die Elternzahl μ gleich der Nachkommenzahl λ gesetzt wird. Und schließlich lässt sich auch eine biologische Gründersituation simulieren, indem die Elternzahl μ, beginnend mit $\mu = 1$, monoton mit der Generationszahl wächst.

14.4
Evolutionsstrategisches Bergsteigen – eine naturbasierte Vorgehensweise

I. Rechenberg hat im Abschn. 14.3 sein Instrumentarium für eine Evolutionsstrategie beschrieben. Nun geht es um die „Technik" ihrer Anwendung.

14.4.1
Zwischen Erfolg und Fortschritt

Die Ergebnisse der evolutionsanalogen Experimente könnten den Eindruck hinterlassen, dass ein klein wenig Zufall wahre Wunder bewirkt. Dazu sei klargestellt, dass alle Aufgaben nur deshalb erfolgreich gelöst wurden, weil die Größe des Zufalls (die Mutationsschrittweite) stets richtig eingestellt war. Die Mutationsschrittweite erweist sich als die zentrale Größe der Evolutionsstrategie. Das zeigt die folgende Plausibilitäts-Betrachtung.

Gesucht sei das Maximum einer quadratischen Qualitätsfunktion.

$$Q = Q_{max} - x_1^2 - x_2^2 - \ldots - x_n^2 \Rightarrow \text{Max!}$$

Für die Variablenzahl n = 2 lässt sich die Funktion durch ein Höhenlinienbild darstellen (Abb. 14-15). Die Höhenlinien (Q = konst.) bilden konzentrische Kreise um das Funktionsmaximum; und das wiederum befindet sich im Koordinatenursprung. Wir starten vom Optimum entfernt. Wir zeichnen einen kleinen Kreis um den Startpunkt. Der Radius dieses Kreises bestimme das Einzugsgebiet der Mutationen. Ist er sehr klein (gegenüber der Zielentfernung), dann entarten die Höhenlinien innerhalb des Mutationseinzugsgebiets zu Geraden. Die Höhenlinie durch den Testpunkt (= Elternpunkt) trennt den Bereich positiver Mutationen vom Bereich negativer Mutationen. Bei einer geraden Höhenlinie wird im Mittel jede 2. Mutation ein Erfolg sein. Das sieht gut aus, ist es aber nicht. Denn die differenziell kleinen Mutationsstrecken ergeben auch nur differenziell kleine Fortschritte. Nun machen wir das Mutations-Einzugsgebiet wesentlich größer. Die durch den Testpunkt laufende Höhenlinie ist jetzt gekrümmt, womit sich das Erfolgsgebiet einschnürt. Es gibt wesentlich mehr mutative Misserfolge als Erfolge. Der große Fortschritt, den die seltenen positiven Mutatio-

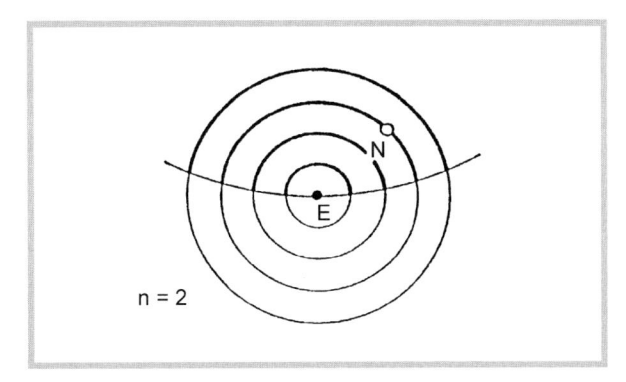

Abb. 14-15 Höhenlinienbild einer quadratischen Qualitätsfunktion (*nach Rechenberg 1988*)

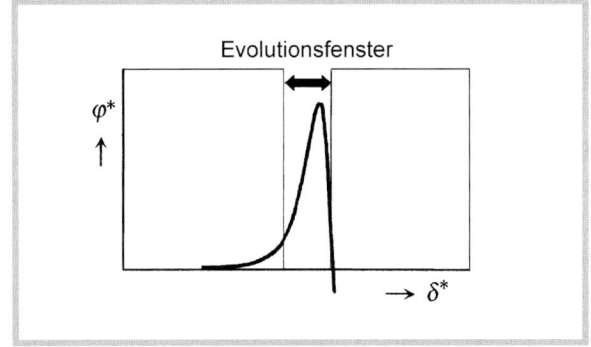

Abb. 14-16 Das zentrale Fortschrittsgesetz der Evolutionsstrategie (*nach Rechenberg 1988*)

nen erzielen, kann die große Zahl von Misserfolgen nicht aufwiegen. Es gibt einen optimalen Kompromiss zwischen der Erfolgshäufigkeit von Mutationen und der Größe des Fortschritts von Mutationen. Die Erfolgsgebiet-Einschnürung wird immer dramatischer, je größer die Variablenzahl ist (hoch n: Volumengesetz). Die Einstellung einer angepassten Mutationsschrittweite wird bei vielen Variablen so zum entscheidenden Faktor für die Konvergenz der Evolutionsstrategie.

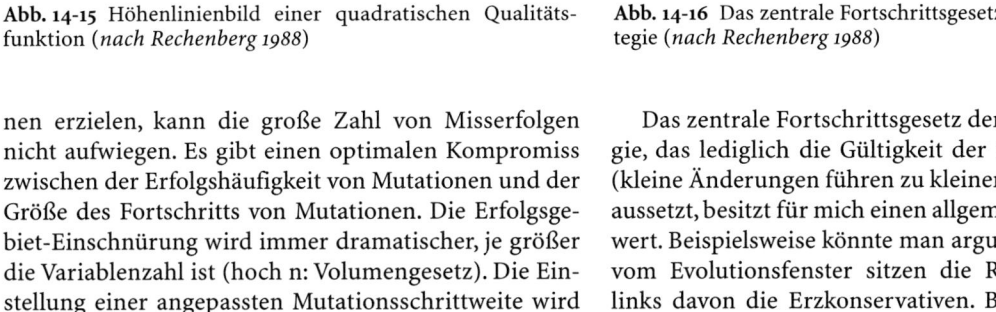

14.4.2
Das zentrale Fortschrittgesetz

Das Problem der Gratwanderung zwischen Erfolgszahl und Fortschritt konnte mathematisch exakt behandelt werden (Rechenberg 1984). Dabei wurde eine Quadrikgleichung als allgemeinste quadratische Qualitätsfunktion angesetzt. Im Nachhinein zeigt sich, dass Glieder höherer als quadratischer Ordnung tatsächlich unberücksichtigt bleiben dürfen, da für schnellstes evolutionsstrategisches Fortschreiten Mutationen niemals über das quadratische Einflussgebiet einer Taylor-Funktionsentwicklung hinauszielen dürfen. Abbildung 14-16 zeigt das Ergebnis der Theorie: Die Fortschrittsgeschwindigkeit φ^* (in universeller Schreibweise) wird als Funktion von der Mutationsschrittweite δ^* (ebenfalls in universeller Schreibweise) dargestellt. Es fällt das scharfe Maximum ins Auge. Evolution findet nur in einem sehr engen Mutations-Schrittweitenbereich statt. Ich habe das schmale Band „Evolutionsfenster" genannt. Der möglichen Kritik, dass dieses schmale Band durch die logarithmische Skala bedingt sei, ist entgegenzuhalten: Die Mutationsschrittweite δ^* ändert sich bei einer Optimierung über Zehnerpotenzen hinweg.

Das zentrale Fortschrittsgesetz der Evolutionsstrategie, das lediglich die Gültigkeit der starken Kausalität (kleine Änderungen führen zu kleinen Wirkungen) voraussetzt, besitzt für mich einen allgemeinen Erkenntniswert. Beispielsweise könnte man argumentieren: Rechts vom Evolutionsfenster sitzen die Revolutionäre und links davon die Erzkonservativen. Bei den Revolutionären gibt es Rückschritt, bei den Erzkonservativen kommt es zur Stagnation. Sich für die richtige Schrittweite entscheiden: Das ist die Kunst, die für den Politiker, Manager und Ingenieur gleichermaßen wichtig ist.

14.4.3
Evolution zweiter Art

Wie bringt es die Evolution zustande, mit ihrer Mutationsschrittweite stets ins Fortschrittsfenster zu zielen? Die Antwort lautet: durch eine Evolution zweiter Art. Dieser Typus einer Optimierung vollzieht sich nicht an phänotypischen Merkmalen, sondern an strategischen Einflussgrößen. Die Evolution zweiter Art arbeitet an ihrer eigenen Effektivität. Doch die Effektivität einer Strategie kann sich nur im Vergleich herausstellen. Hierzu ein Beispiel aus dem Alltag des Alpinismus:

Jeder Alpinist hat seinen persönlichen Kletterstil. Ein bergsteigerischer Laie, der einen Bergsteiger bei einer schwierigen Tour beobachtet, wird gewiss Beifall spenden, wenn dieser wohlbehalten den Gipfel erreicht. Dem Laien bleibt verborgen, ob dessen Klettertechnik gut oder schlecht war. Es fehlt die Möglichkeit des Vergleichs. Völlig anders ist die Situation während einer Alpiniade. Nun zeigt sich vor aller Augen, welcher Kletterstil der beste ist. Auch jetzt kommen alle Wettbewerber oben an, jedoch einer ist der Erste.

Übertragen auf den Vorgang der Optimierung heißt dies: Ein Optimierungsgebirge muss simultan mehrfach bestiegen werden. Im Ensemble der differierenden Simultan-Algorithmen wird sich so die schnellste Strategievariante offenbaren. Veränderte Mutationsschrittweiten δ^* wären Varianten des Evolutions-Algorithmus. Simultanes evolutionsstrategisches Gipfelsteigen eröffnet somit die Möglichkeit, Schrittweiten schnellsten Fortschritts (Fenster-Mutationen) zu selektieren. Das ist die Methode der biologischen Evolution: Die Population ist die biologische Erfindung zum simultanen Gipfelsteigen mit dem Ergebnis einer Evolution zweiter Art.

14.4.4
Gipfelklettern im Hyperraum

Wie sieht es aus, wenn eine Population nach den Regeln der Evolutionsstrategie einen Berg zum Optimum hinaufklettert? Der Optimierungsberg werde beschrieben durch die einfachst mögliche nichtlineare Form:

$$Q = Q_{max} - x_1^2 - x_2^2 - \ldots - x_n^2 \Rightarrow Max$$

Geklettert wird in einem Hyperraum mit so vielen Dimensionen wie es Variablen gibt. Der n-dimensionale Raum ist eine mathematische Konstruktion, bei der das ebene kartesische Koordinatensystem über das räumliche kartesische Koordinatensystem hinaus extrapoliert wird. Dreidimensionale geometrische Objekte lassen sich bekanntlich in zwei Dimensionen projizieren. Genauso lässt sich auch der Evolutionsweg aus dem n-dimensionalen Raum in zwei Dimensionen abbilden. Bewährt hat sich eine Vorschrift, die den Punkt P $\{x_1 \ldots x_n\}$ im Hyperraum wie folgt auf den Punkt P$\{X,Y\}$ der Ebene abbildet:

$$X = \sqrt{x_1^2 + x_2^2 + \ldots x_{n_2}^2}$$
$$Y = \sqrt{x_{n/2+1}^2 + \ldots x_n^2}$$

Die Regeln der Projektion verleihen der Abbildung spezielle Eigenschaften. Eine besonders gewünschte Eigenschaft wäre die Abstandstreue: Hat ein Punkt P im Hyperraum den Abstand D vom Optimum dann sollte das Abbild P auf der XY-Ebene ebenfalls den Abstand D vom Gipfel besitzen. Und wenn ein Elter im Hyperraum Mutanten produziert, dann sollte der Abstand der Nachkommenpunkte vom Elternpunkt die Mutationsschrittweite δ^* widerspiegeln. Beide Forderungen werden (wenn auch mit gewissen Einschränkungen) von

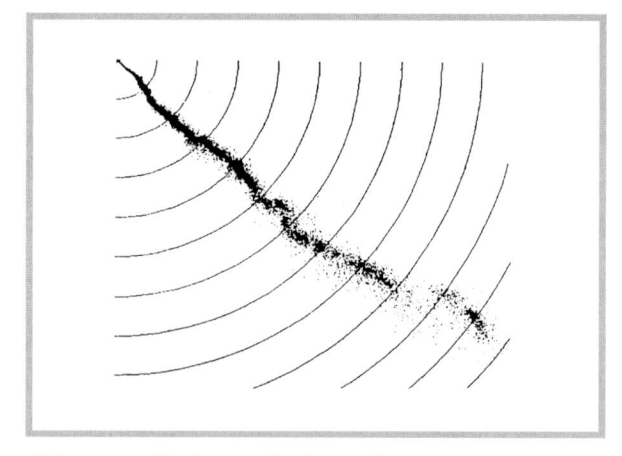

Abb. 14-17 Diffusionsstraße der Evolutionsstrategie im 100-dimensionalen Hyperraum (*nach Rechenberg 1988*)

der obigen Abbildungsvorschrift erfüllt. Abbildung 14-17 zeigt ein evolutionsstrategisches Optimierungsbild, das aus dem 100-dimensionalen Hyperraum in die Ebene projiziert wurde. Es überrascht die Schmalheit der Suchstraße. Die auf schnellstes Fortschreiten selbstadaptierte Mutationsschrittweite erweist sich als bemerkenswert klein gegenüber dem Zielabstand. Der Grund ist: Die evolutionsstrategische Optimumsuche verliert sich nicht im immens voluminösen Hyperraum. Evolutionsstrategisches Gipfelklettern heißt, mit optimaler „freier Weglänge" (= Schrittweite δ) den Gradientenweg hinaufdiffundieren. Der Gradientenweg fungiert als Ariadne-Faden, der zum Gipfel ausgelegt ist.

14.4.5
Optimierung mit Technologietransfer

Interdisziplinäres Arbeiten gilt heute als das Ideal in Wissenschaft und Technik. Spezialisten arbeiten an Detailproblemen. Erfolgreiche Erkenntnisse werden dann untereinander ausgetauscht. Das ist in der Natur nicht anders. Genetischer Technologietransfer ist eine uralte Erfindung der biologischen Evolution. Die Methode heißt sexuelle Fortpflanzung. Tatsächlich werden die Individuen einer Population viele unterschiedliche lebensverbessernde Mutationen in sich tragen. Im Zuge der sexuellen Fortpflanzung können diese positiven Mutationsereignisse zusammengebracht werden, und zwar mit einer Wahrscheinlichkeit, die das mutative Glücksspiel bei weitem übertrifft. Mit anderen Worten: In einer Generationen-Abfolge muss nicht erst gewartet werden, bis die positive Mutation eintritt, die sich bei einem Artgenossen als leistungsverbesserndes Merkmal schon längst manifestiert hat.

Die Einführung des Prinzips der sexuellen Rekombination im Algorithmus der Evolutionsstrategie hat zu der bemerkenswerten Erkenntnis geführt: Es ist vorteilhaft, sämtliche Eltern einer Population zu rekombinieren. Die Fortschrittsgeschwindigkeit ist merklich höher als bei einer Zweier-Rekombination. Doch was bei der Computersimulation so einfach ist, bereitet der Biologie möglicherweise große Probleme, nämlich das genetische Material aller Individuen in einen Topf zu werfen, um es dann auf einen Nachkommen neu aufzuteilen. Multi-Rekombination hat sich in der Biologie nicht durchsetzen können; doch die Evolutionsstrategie nutzt den Vorteil.

14.4.6
Logik der Optimierung

Laien auf dem Gebiet der Optimierung erwarten von einer Optimierungsstrategie oft wahre Wunder. Es herrscht die Meinung, dass es geschickte Operationen (Rechenregeln ähnlich) geben müsse, mit denen man das Optimum in einem Zug ermittelt. Zu dieser Fehleinschätzung trägt sicherlich bei, dass es eine Methode gibt, die tatsächlich auf einen Schlag das Optimum findet: Es ist dies das Nullsetzen der ersten Ableitung einer stetigen Funktion.

Analytisch differenzierbare Funktionen bilden jedoch auf dem Feld der Optimierung seltene Ausnahmen. Ein Optimum zu finden wird im Regelfall zur langwierigen Prozedur. Häufig gelingt es nicht einmal, das Optimierungsobjekt mathematisch zu modellieren. In diesem Fall muss durch Messen am realen Objekt das Eingangs-Ausgangs-Verhalten erst umständlich erkundet werden. Beispiele dafür sind der Rohrkrümmer und die Zweiphasendüse. Bemerkenswert ist nun die Tatsache: Scheitert das Ableitungsverfahren, dann benutzen alle Optimierungsstrategien dasselbe Grundprinzip für eine schrittweise Optimum-Annäherung, egal ob in der mathematischen oder in der experimentellen Ebene. Ich möchte die universelle Methodik des Optimum-Ansteuerns an dem folgenden Beispiel veranschaulichen:

Angenommen es ist sehr neblig und wir befinden uns in einer Berglandschaft. Wir halten Ausschau nach dem Gipfel, können ihn aber nicht sehen. Nach einigem Umherirren kommen wir zu beschilderten Wegen. Wir lesen auf dem ersten Schild „Waldlehrpfad". Ein nächstes Schild trägt die Aufschrift „Trimm-Dich-Pfad". Und schließlich erreichen wir einen Weg, der mir „Gradientenpfad" ausgeschildert ist. Es ist jedem einsichtig: Er muss dem Gradientenpfad folgen, um zum Gipfel zu gelangen. Obgleich es trivial erscheint: Optimierungsstrategien machen es nicht anders. Auch sie schlängeln sich den Gradientenweg entlang. Lediglich die Methoden des Folgens des Gradientenwegs sind von Strategie zu Strategie andere. Abbildung 14-17, die ein 100-dimensionales Gipfelklettern illustriert, beweist es: Auch die Evolutionsstrategie folgt dem Gradientenweg.

Diese Optimierungslogik bricht zusammen, wenn es keine Hügellandschaft gibt. Das ist der Punkt, zu dem das Prinzip der starken Kausalität eine gewichtige Aussage macht. Die moderne Chaos-Forschung hat gezeigt, dass es Vorgänge gibt, bei denen kleinste Abweichungen der Ursache zu völlig anderen Wirkungen führen, wohingegen gleiche Ursachen immer noch gleiche Wirkungen hervorbringen. Objekte mit chaotischem Verhalten sind – so meine These – nicht optimierbar, es sei denn durch vollständige Enummeration des Variablenraums. Bedingung für Optimierbarkeit ist die Gültigkeit der starken Kausalität: Kleine Änderungen der Ursache müssen auch kleine Änderungen der Wirkung zur Folge haben. Nur dann gibt es die Chance, dass das Optimierungsproblem eine Hügellandschaft aufspannt, auf deren Gradientenwegen man zum Optimum fortschreiten kann.

Einen Alptraum für jeden Optimierer stellt das Rippelgebirge in Abb. 14-18 dar. Tatsache ist, dass die Evolutionsstrategie mit Multi-Rekombination den gezeigten verrauschten Berg durchaus noch besteigen kann. Das Eingangs-Postulat „Optimieren ist nur bei starker Kausalität möglich" muss abgeschwächt werden. Es genügt als Bedingung für die Optimierbarkeit, wenn eine verschwommene Berglandschaft existiert. Das Prinzip der starken Kausalität darf stückweise durchbrochen werden.

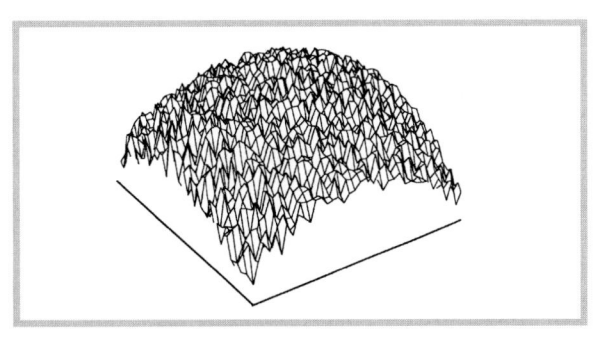

Abb. 14-18 Zerklüftetes Qualitätsgebirge – Alptraum des Optimierers (*nach Rechenberg 1988*)

14.5
Evolutive Systemoptimierung – Naturstrategien zum Nutzen von Technik und Wirtschaft

Systemik und Evolutionsstrategie berühren sich, und beide müssen mit „unscharfen Sichtweisen" zurechtkommen bzw. verkehren den Nachteil in einen Vorteil durch Nutzung der methodeninhärenten Gesetzlichkeiten. Jeder zeitliche Querschnitt durch einen Evolutionsbaum der Natur zeigt, wie ungemein komplex und vermascht die Querbeziehungen sind; von einem Querschnitt zum nächsthöheren gelangt die Natur evolutiv unter Einbeziehung von Zufallsprinzipien. U. Küppers und A. Scheel haben diese verkoppelten Gesichtspunkte als evolutive Systemoptimierung bezeichnet, die auch auf technisch-wirtschaftliche Fragestellungen anwendbar ist. Einige Aspekte seien hier in Kürze dargestellt.

„Sowohl für wirkungsvolle Lösungen gesellschaftlich-wirtschaftlicher Probleme als auch bei der Suche nach technischen Innovationen stellt die Natur effiziente Lösungsalternativen bereit. Die wirtschaftlich-technische Anforderung der natürlichen Optimierungsstrategie durch die evolutive Systemoptimierung ist hierfür ein Beispiel.

Alles in allem optimiert die Natur demnach ihre vernetzten Teilsysteme unter Berücksichtigung einer nachhaltigen Entwicklung des Komplexen Ganzen („Natural sustainable development")".

14.5.1
Ökonomische Lösungsstrategie für technisch-wirtschaftliche Innovationen

Abbildung 14-19 zeigt die Grobstruktur einer Optimierung, wie sie als sog. MESKEE-Algorithmus von Küppers und Scheel angewandt wird. Wie im Vergleich mit den Abschn. 14.3 und 14.4 erkennbar ist, handelt es sich im Kern um eine Evolutionsstrategie, die allerdings in vielerlei Hinsicht weiterentwickelt und abgeändert worden ist. Dies geschah durch ausführliche Simulationsversuche mit dem Rechner und führte zu:

- einem *einfacheren ontogenetischen Lernalgorithmus*
- *wirkungsvolleren Mutationsschrittweiten*
- einem *effektiveres Konvergenzkriterium*
- einer *stärkeren Robustheit* gegenüber Störungen
- einer *praktikableren „endlichen" Reproduzierbarkeit* im Verlauf der Optimierung.

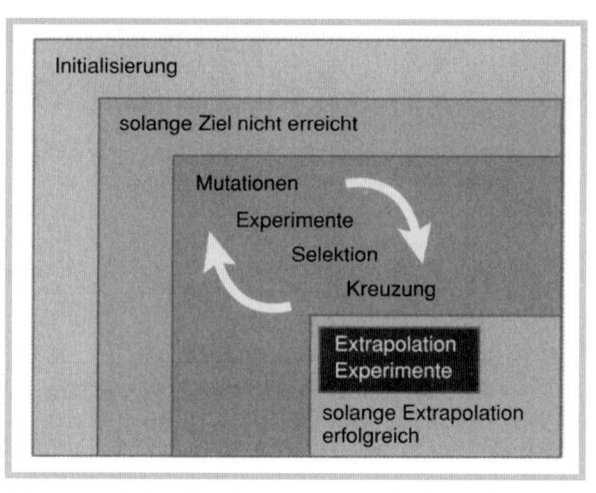

Abb. 14-19 Grobstruktur der MESKEE-Optimierung (*nach Küppers, Scheel 1995*).

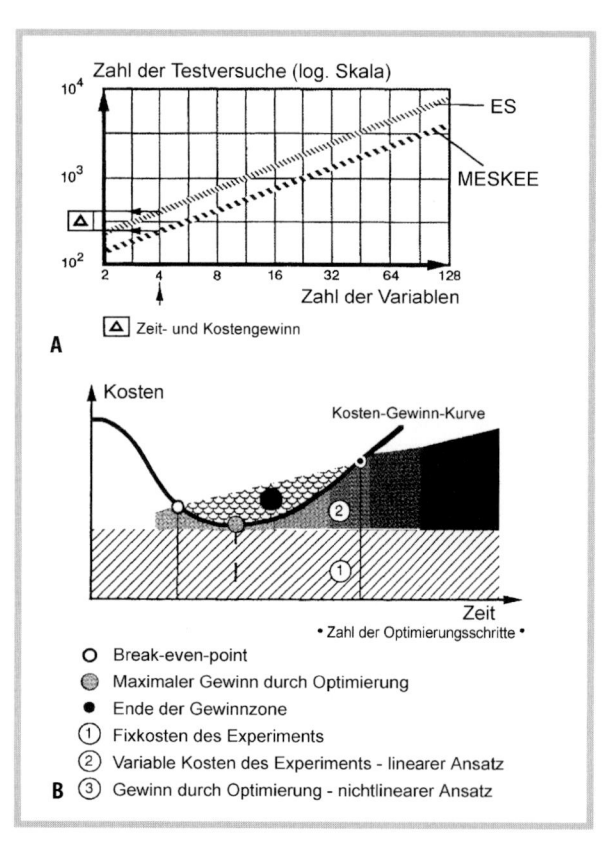

Abb. 14-20 Konvergenzergebnisse beim Vergleich einer klassischen 1 λ-Evolutionsstrategie mit der MESKEE-Methode (**A**) und Kosten/Gewinn-Zeitfunktion der letzteren (**B**) (*nach Küppers, Scheel 1995*)

Einen der Vorteile zeigt Abb. 14-20 A; im Vergleich erreicht der MESKEE-Algorithmus eine Reduktion des Kostenfaktors zwischen 20 und 40 %, je nach Variablenzahl.

14.5.2
Kosten/Gewinn-Zeitfunktion

Eine derartige Funktion ist in Abb. 14-20 B dargestellt und erläutert. Die Zeitfunktion der Kostenentwicklung erreicht ein Minimum; zu diesem Minimum (maximaler Gewinn) sollte die Optimierung führen. Im Grenzfall liegen die Kosten dann eben nur unwesentlich über den Fixkosten des Experiments. Mit dieser Kosten-Gewinn-Funktion, die in den Ablauf der Systemoptimierung einbezogen worden ist, wurde ein technisch-ökonomisches Kriterium bei einer nichtlinearen Evolutionsoptimierung eingesetzt. Insbesondere dann, wenn in das System mehrere nichtlinear variable Größen einfließen, könnte die evolutive Systemoptimierung wirtschaftliche Vorteile aufweisen. Erste Erfolge wurden bei Wirtschaftsprodukten aus der Verpackungsindustrie und der Anlagentechnik (Rohrkrümmer) erreicht.

Diese Kurzdarstellung zeigt, dass die Evolutionsstrategie vielseitig entwickelbar und anpassbar ist.

14.6
Optimierung mit Evolutionsstrategien – weitere Beispiele

In einer Arbeit „Optimieren mit Evolutionsstrategien" hat der Münchner Evolutionsstratege P. Ablay eine praxisorientierte Darstellung gegeben. Sie enthält Aspekte der Einteilung von Optimierungsverfahren, den Grundalgorithmus, Verfahren zur Überwindung von Suboptima und zur Erfolgserreichung über begrenzte Verschlechterung, nichtlineare Programme, populationsdynamische Aspekte und Überlegungen zum Durchtunneln unzulässiger Bereiche. Es seien zwei Beispiele zitiert.

„Das Problem des Handelsreisenden, auf kürzestem Weg eine größere Zahl von Städten zu verbinden, lässt sich exakt oder evolutionsstrategisch lösen. Die Abbildung 14-21 A zeigt die kürzeste Rundreise, die durch 120 Städte aus den ehemaligen Bundesländern einschl. Berlin mit Kurzabstechern in die Schweiz und nach Österreich führt. Es gibt etwa 6×10^{196} mögliche Routen – weitaus mehr als das Universum insgesamt an Elementarteilchen enthält". M. Grötschel von der Universität Augsburg hat diese Problem mit 13 Durchläufen an einem Großrechner unter Zugrundlegung exakter Verfahren gelöst. P. Ablay fand die Lösung mit einer gewichteten Mutations-Selektions-Evolutionsstrategie mit einem Durchlauf von 66 s.

„Beim Flowshop-scheduling, einer Sonderform der Maschinenbelegungsplanung, geht es darum, für meh-

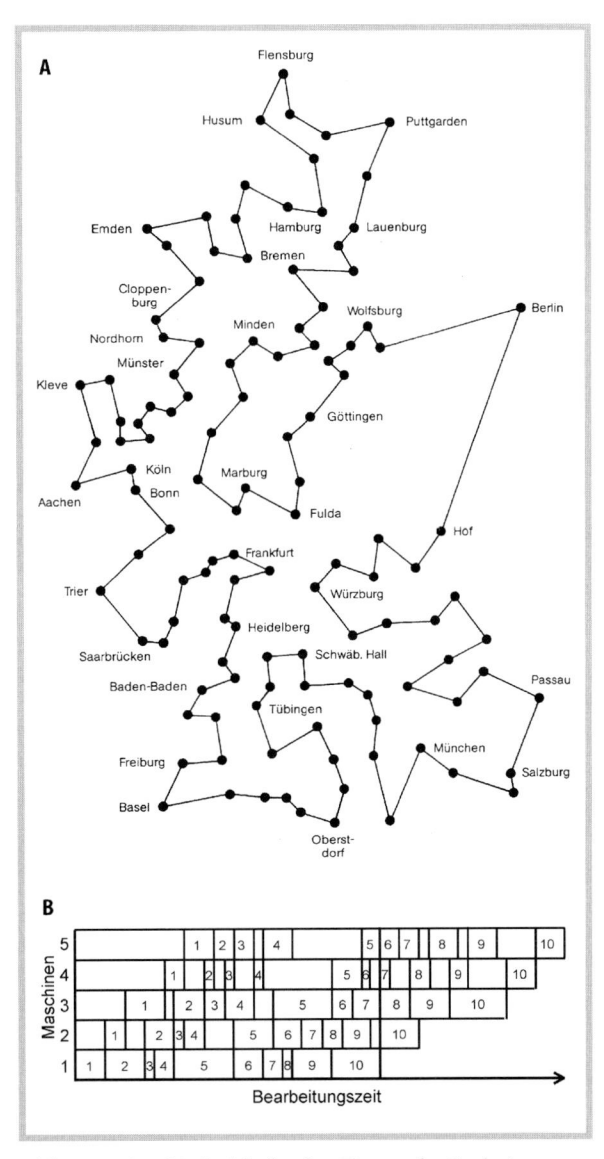

Abb. 14-21 Zwei Beispiele für den Einsatz der Evolutionsstrategie in sehr komplexen Anwendungsbereichen. **A** Beispiel „Handelsreisender", **B** Beispiel „Maschinenbelegungszeiten" (*nach Ablay 1987*)

rere Werksaufträge, die nacheinander auf verschiedenen Maschinen bearbeitet werden müssen, die Reihenfolge zu finden, bei der die Bearbeitungszeit insgesamt am geringsten ist. In Abb. 14-21 B ist ein Beispiel mit zehn Aufträgen gezeigt, die über fünf Maschinen laufen müssen. Die Optimierung der Maschinenbelegung ist ein wirtschaftlich sehr bedeutendes Problem, an dessen Komplexität exakte Lösungsverfahren in aller Regel scheitern. Da in der Praxis kaum Optimierungsverfahren verwendet werden, sind die allermeisten Maschinenanlagen sicherlich nicht optimal genutzt". Im hier zitierten Fall ließ sich die Bearbeitungszeit, im Vergleich mit der schlechtest möglichen Lösung bis um 38 % senken."

14.7
Adaptives Wachstum – nach dem Vorbild der Bäume konstruieren

Formen der Natur erscheinen dem betrachtenden Auge außerordentlich komplex: der Baum am Waldrand, der verschmolzene Beckenknochen eines Vogels, der Schalenpanzer eines Seeigels. Bei all dem hat man das Gefühl, dass diese komplexen Formen im Laufe ihrer Jahrmillionen langen Evolution in irgendeiner Weise optimiert sind. Biomechanische Ansätze erlauben es nun, solche Optimierungen – bisweilen in erstaunlich überzeugender Weise – praktikabel zu formulieren, auch wenn zu Grunde liegende biologische Optimierungskriterien im oben genannten Sinn kaum formulierbar erscheinen (vergl. Abschn. 14.1).

Versucht man, die Optimierungskriterien nach technischen Gesichtspunkten auf den einfachsten Nenner zu bringen, stellt sich das Prinzip der konstanten Spannung als wesentlichstes Grundprinzip heraus. Claus Mattheck, der dies vor allem bei Bäumen untersucht und dann auch auf die Technik angewandt hat, führt aus, „dass es wohl nur eine einzige sehr allgemeingültige Designregel in der Natur gibt, die weite Bereiche biologischen Designs definiert: das Prinzip der konstanten Spannung. Es besagt, dass im zeitlichen Mittel auf der Bauteiloberfläche überall die gleiche Spannung wirkt, die Belastung also „gerecht verteilt ist".

Schnitzt man in einen Baum einen Buchstaben, so stellt dies eine – wenn auch kleine – mechanische Schwachstelle dar. Sie wird bald verheilen, und zwar so, dass im Verlauf einer „biomechanischen Selbstoptimierung" der Kraftfluss nicht mehr unterbrochen ist. Auch wenn durch Stürme Äste abbrechen oder der Baum ganz normal wächst und sich neu verzweigt, bestimmt diese biomechanische Selbstoptimierung mit dem Optimierungsziel „überall konstante Spannungen" die stetig sich wandelnde Form. Claus Mattheck hat nach dem Vorbild dieser biologischen Selbstoptimierung – anders ausgedrückt eines adaptiven Wachstums – ein computerisiertes technisches Optimierungsverfahren entwickelt, das er als CAO (Computer Aided Optimization) bezeichnet. Mit ihm lässt sich u. a. das Wachstum der Bäume, der Knochen und anderer biologischer Strukturen von der Tigerkralle bis zum Seeigelskelett verstehen bzw. vorhersagen. CAO ermöglicht somit das Verständnis der biologischen Formgebung als Konsequenz des Axioms konstanter Spannung.

Nach der Begriffsdefinition des vorliegenden Buchs entspricht diese Vorgehensweise genau der TECHNISCHEN BIOLOGIE: Natürliche Konstruktionen verstehen durch Einbringung technisch-physikalischen Wissens.

Des Weiteren hat C. Mattheck jedoch auch versucht, nach dieser Methode technische Bauteile zu optimieren. Dies gelang in zunehmender Breite. In kleinen, aufeinanderfolgenden Schritten wird das Bauteil solange verändert, bis es bei gegebener Belastung überall gleiche Spannung aufweist und diese Spannungen dann auch an jeder Stelle mit dem geringst möglichen Materialaufwand abfängt. Es kommen somit zwei Aspekte zusammen, Ausformung eines Körpers gleicher Spannung (oder gleichen Widerstands) und Materialeinsparung bis zum vorgegebenen Sicherheitslimit: „Ein Maschinenbauteil, das durch „Wachstum" in eine Gestalt mit konstanter Spannungsverteilung dimensioniert wird, hat weder Soll-Bruchstellen (lokal überhöhte Spannungen) noch verschwendet es Material (nicht ausgelastete Bereiche). Es ist im wahren Sinn ein „biologisches" Design – ultraleicht und hochfest. Mit dieser Möglichkeit mechanischen Konstruierens beginnt sich hier eine Lücke zu schließen, die zwischen Technik und Natur klafft und die im mechanischen Bereich in der Existenz von überdimensionierten, viel zu schweren Bauteilen mit höchst ungleichmäßiger Lastverteilung besteht".

Dies ist – wieder genau nach der in diesem Buch vorgestellten Definition – das Vorgehen der BIONIK par excellence: Natürliche Konstruktionen und Verfahrensweisen werden als Vorbild genommen für eigenständig-technisches Konstruieren.

Mit dem CAO-Verfahren werden Bauteile nicht nur elegant ausgeformt, wie im Folgenden an einigen Beispielen gezeigt wird. Sie sind auch nicht nur „überall gleich sicher" – eine alte Forderung der Baustatik. Die

Ausformung bis zum absoluten Massenminimum spart auch ungemein viel an teurem und energetisch oft nur aufwendig herzustellenden Material (Aluminium!). Gerade bei Bauteilen, die in großen Serien geformt werden, spielt das eine nicht zu unterschätzende ökonomische und ökologische Rolle.

Die Anwendung biomechanischer Selbstoptimierungsprinzipien der Natur auf die Formoptimierung technischer Bauteile hat schon vielerlei Erfolge gezeigt. Das CAO-Verfahren ist bei unterschiedlichen Firmen bereits fest verankert und dürfte des Weiteren eine nicht unbeträchtliche volkswirtschaftliche Bedeutung erlangen, vor allem auch in seiner Weiterentwicklung zum CAIO-Verfahren (Abschn. 14.7.10).

Im Folgenden wird die CAO-Methode kurz vorgestellt. Dann wird gezeigt, dass die Anwendung auf biologische Probleme zu Formen führt, wie man sie in der Natur vorfindet. Es ist dies ein indirekter Nachweis dafür, dass man mit dieser unkonventionellen Methode tatsächlich Formoptimierungs-Strategien der Natur simulieren konnte und damit offensichtlich richtig erkannt hat. Zum dritten wird an mehreren Beispielen vorgestellt, wie man diese Methode mit Vorteil auf technische Problemlösungen anwenden kann. Alle Beispiele beziehen sich auf die Arbeiten von C. Mattheck und seiner Mitarbeiter.

14.7.1
Methodische Grundlagen

Die Optimierungsstrategie geht mehrstufig vor. Die folgende fünfstufige Kausalkette bezieht sich auf die Angaben von Mattheck. Die einzelnen Schritte werden kurzgefasst erläutert.

Technische Aufgabenstellung
Die technische Aufgabenstellung gibt die ungefähre Bauteildimension (Grenzabmessungen), die angreifenden äußeren Belastungen und die Randbedingungen (Einspannungen, Auflage, Führungen etc.) vor.

Das zu konstruierende Teil muss zumindest nach seiner Prinzipgeometrie vorgegeben sein. Außerdem muss bekannt sein, welchen Belastungen es später ausgesetzt werden soll (etwa welche Biegemomente von einer Kurbelwelle toleriert werden sollen) und an welchen Stellen und unter welchen Belastungen es mit anderen Bauteilen in Kontakt treten soll.

Mechanische Grundlagen
Die Mechanik liefert mit der *Finite-Elemente-Methode* (FEM) ein nummerisches Handwerkszeug zur Bestimmung der Spannungen, Dehnungen und Verschiebungen im Bauteil.

Ein Körper, z. B. eine Lasche (Abb. 14-22 A), wird in kleine geometrische Einheiten („Finite Elemente") zerlegt (Abb. 14-22 B), die durch die Koordinaten ihrer Eckpunkte definiert sind. Jedem Element werden definierte Materialeigenschaften zugeschrieben (z. B. E-Modul, Wärmeausdehnungszahl, Querkontraktionszahl). Randbedingungen der Elementlagerung im späteren Betrieb werden definiert, ebenso die späteren Belastungen. Lastabhängige Verformungen, die Spannungen induzieren, werden zugelassen. Danach wird der energetisch günstigste Zustand (statischer Gleichgewichtszustand) berechnet, so dass dann die an jedem Finiten Element wirkenden (lokalen) Dehnungen und Spannungen bekannt sind.

Beseitigung nichttragender Bauteilbereiche
Die *Soft-Kill-Option* (SKO) beseitigt vorsichtig („soft") nichttragende Bauteilbereiche, die nur unnötiger Ballast wären, und stellt damit einen recht gut voroptimierten Leichtbau-Designvorschlag bereit, der aber noch Kerbspannungen aufweisen kann.

Es gibt zwei Methoden: Die spannungsgesteuerte E-Modul-Verteilung und die spannungsinkrement-gesteuerte E-Modul-Verteilung.

Im ersteren Fall wird das FEM-Netz eines groben Designentwurfs vorgegeben (Abb. 14-23 A). Man berechnet unter den oben genannten Randbedingungen mit dem FEM-Verfahren die Spannungsverteilungen unter Annahme eines konstanten E-Moduls. Dann wird dieser Modul dergestalt variiert, dass der lokale E-Modul gleich der lokalen Spannung gesetzt wird. (Dieses mutvolle Verfahren bedeutet mit anderen Worten, dass Elemente unter höherer Last härter werden und umgekehrt.) Mit dieser Abänderung wird FEM-iteriert (Abb. 14-23 B). Damit

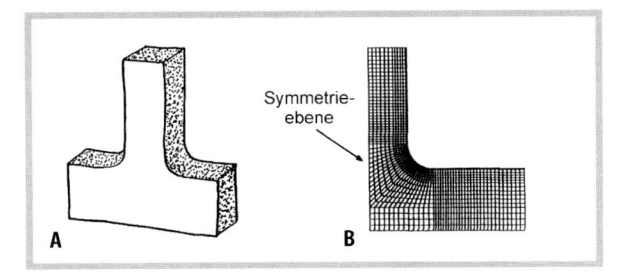

Abb. 14-22 Finite-Elemente-Idealisierung eines mechanischen Bauteils. Auf Grund des Vorliegens einer Symmetrieebene reicht für die Rechnung die Erzeugung einer halben Struktur, **A** Bauteil (Lasche), **B** FEM-Idealisierung (*nach Mattheck 1992*)

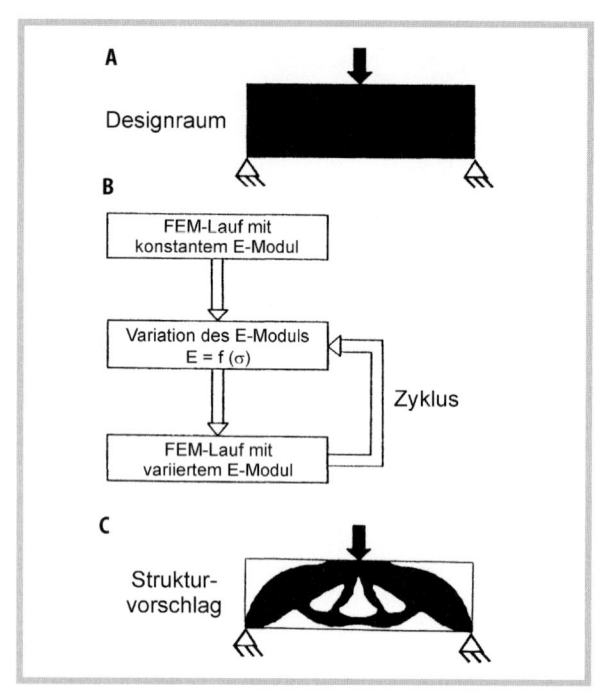

Abb. 14-23 A–C Prinzip der spannungsgesteuerten SKO-Methode (*nach Mattheck 1992*)

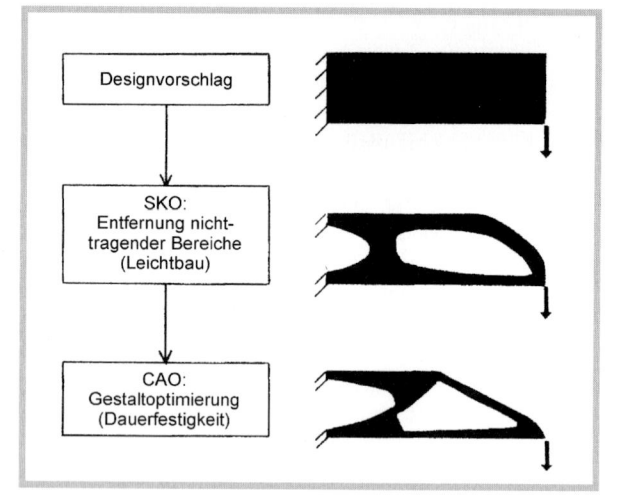

Abb. 14-24 Zusammenspiel von SKO und CAO bei einer Tragwerksoptimierung. Einseitig eingespannter Träger. SKO: lokale Inkrement-Methode; v.-Mises-Spannungsverteilung (im Original als Farbcode eingetragen) hier nicht dargestellt (*nach Mattheck 1992, verändert*)

vergrößern sich die Härtedifferenzen und es schält sich immer schärfer ein eigentliches Tragwerk heraus. Sobald die Spannungen der „weicheren" Elemente unter eine gewisse Grenze fallen, werden sie gleich Null gesetzt, und damit werden solche Elemente eliminiert („gekillt: Option"). Es bleibt eine Struktur (Abb. 14-23 C), die allerdings noch Kerbspannungen aufweisen kann.

Variationen dieses Verfahrens, nämlich spannungsinkrement-gesteuerte SKO-Methoden (Lokalinkrement-Methode und Globalinkrement-Methode) können rascher arbeiten und zu feiner differenzierten Strukturvorschlägen führen (vergl. Mattheck 1992). Auch diese können aber noch Kerbspannungen aufweisen, die in einem weiteren Bearbeitungsverfahren eliminiert werden müssen.

Abbau von Kerbspannungen
Mit *Computer Aided Optimization (CAO)* werden diese Kerbspannungen durch simuliertes biologisches Wachstum abgebaut und durch Schrumpfung eventuell noch vorhandene nichttragende Bereiche entfernt.

Die CAO-Methode ist im Prinzip sehr einfach. Analog dem Knochenwachstum sorgt sie dafür, dass an überlasteten Bereichen Material angebaut wird, an anderen Bereichen unterbelastetes Material abgebaut wird.

In dem aus der SKO-Methode resultierenden Strukturvorschlag werden die berechneten von Mises-Spannungen einer fiktiven Temperaturverteilung formal gleichgesetzt. Der E-Modul der Oberfläche wird gleichzeitig auf 0,25 % des Durchschnittswerts herabgesetzt. (Diese höchst mutvollen Tricks haben folgenden Vorteil: Das Bauteil kann nun wie ein glühendes Teil berechnet werden, das an belasteten Stellen heißer ist und dessen Oberfläche damit leichter verformbar ist.) Es erfolgen iterierend neue FEM-Läufe unter diesen Randbedingungen, wobei die jeweils resultierenden thermischen Verschiebungen zu den jeweiligen Knoten der FEM-Elemente addiert werden. Auf diese Weise verschiebt sich mit jeder Iteration das FEM-Netz, und durch „verträgliches Nachgeben" in der weichen Oberfläche werden die Kerbspannungen allmählich abgebaut und gleichmäßig verteilt. Abbildung 14-24 zeigt das Zusammenspiel von SKO und CAO bei der Optimierung eines einseitig eingespannten Trägers.

Ergebnis
SKO und CAO realisieren das *Axiom konstanter Spannung* und schaffen dauerfeste und ultraleichte Bauteile mit höchster Lebensdauer bei minimalem Gewicht. Dies ist in Abb. 14-25 schematisch dargestellt und wird auch unter dem Begriff „Bauteilauslegung" (Layout) zusammengefasst.

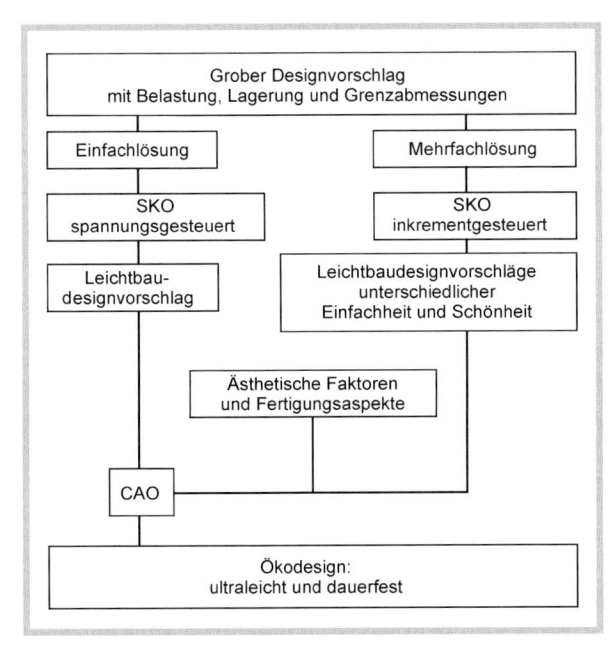

14.7 Adaptives Wachstum – nach dem Vorbild der Bäume konstruieren

Abb. 14-25 Bauteilausformung durch „biologisches Wachstum" (*nach Mattheck 1992*)

ren. Bei Strukturen der Natur hat man das bereits optimierte Endprodukt vor Augen. Ersetzt man dies durch eine grobe Vorform und wendet die genannten Verfahren im Rahmen der natürlichen Randbedingungen an, müsste sich wieder die ausgereifte Endform ergeben. Damit lässt sich in gewisser Weise auch die Güte dieser der Natur entlehnten Methoden testen. Für diese Sichtweise („TECHNISCHE BIOLOGIE") seien zunächst einige Beispiele gegeben.

14.7.3
Beispiel: Optimierung der Baumgestalt nach Läsionen

Entfällt der Wipfel, bspw. durch Blitzschlag, so wird ein Seitenast zum neuen Wipfeltrieb. Beim Wachstum verbiegt er sich durch sich verkürzendes Zugholz auf der Oberseite (Laubbäume) bzw. sich ausdehnendes Druckholz auf der Unterseite (Nadelbäume), bis er wieder etwa mittig über dem Reststamm steht. Die Computersimulation über eine FEM-Strukturierung der Stamm- und Astoberfläche arbeitet mit analoger Abkühlung der Astoberseite (Zugholz bei Laubbäumen) bzw. Erhitzung der Astunterseite (Druckholz bei Nadelbäumen). Dickenwachstum wird formal unterbunden, und der momentane Abweichungswinkel gegen die Vertikale wird der Temperatur im Reaktionsholz proportional gesetzt (d. h.: bei stärkerer Abweichung vom vertikalen Sollwert arbeitet der Aufrichtungsmechanismus intensiver).

Abbildung 14-26 zeigt Startdesign, Computersimulation und damit zu vergleichendes biologisches Endstadium für drei Fälle: Führungsübernahme durch einen Seitenast (A), Mäanderbildung bei hoher Steifigkeit des aufgerichteten Astendes (B) sowie Aufrichtung durch Hangrutschung seitlich gekippter Bäume („Säbelbäume", C). Man erkennt die erstaunliche Ähnlichkeit des Computerenddesigns mit der biologischen End-Ausformung.

Die biologische Optimierung der Baumgestalt nach Läsionen erfolgt im Zusammen- und Gegeneinanderspiel dreier Wachstumsregulatoren: Apikaldominanz (der Wipfeltrieb setzt sich durch und verhindert eine Aufstellung der Seitenäste), negativer Geotropismus (Reaktionsholz richtet die Baumachse vertikal und lässt den Baum nach oben wachsen) und Fototropismus (der Baum wächst dem Licht entgegen). Für den gesamten komplexen Mechanismus reichen diese drei Grundphänomene (zumindest theoretisch) aus.

Mattheck setzt den groben Designvorschlag des Ingenieurs gerne einem mit der Axt gebeilten Rohling analog, den SKO-Designvorschlag einem gefrästen Modell und schließlich das CAO-Resultat einer mit feinstem Sandpapier behandelten und feinst polierten Endform. In der Verfahrenskette bezeichnet er das SKO-Verfahren (analog der Knochenmineralisierung) und das CAO-Verfahren (analog dem adaptiven Wachstum bei Bäumen) als neu. Beide Verfahren simulieren die biologische Designfindung. Damit besteht einige Berechtigung, das Endprodukt als ein „ÖKO-DESIGN" zu bezeichnen, wie es der Autor mutvoller Wortschöpfungen denn auch tut.

14.7.2
Anwendung der CAD-Methode auf biologische Objekte

Die im Abschn. 14.7.1 kurz vorgestellte Gesamtmethode – hier, pars pro toto, nur als CAD-Methode im allgemeinsten Sinn formuliert – geht von einem nur grob angenäherten Formteil aus. Dieses gilt es, im Zusammenspiel aufeinander bezogener Verfahren, im Sinne eines Körpers gleicher Festigkeit und geringsten Materialbedarfs für gegebene Rahmenbedingungen zu optimie-

14.7.4
Beispiel: Baumgabelung als Zugzwiesel und Wurzelquerschnitt bei Biegebelastung

Ein Zugzwiesel entsteht an einem Baum, wenn sich die beiden Gabelteile voneinander wegbiegen. Die Innenseite der Gabelung steht infolge der auftretenden Biegemomente unter Zug. Nimmt man im Modell zunächst eine halbkreisförmige Kerbform an, so zeigen sich an den Rändern extrem hohe Zugspitzen, die sich als Kerbspannungen äußern (Abb. 14-27 A, B, D). Eine im Bereich der Kerbe nur mäßige Umwandlung durch leichte Materialumschichtung resultiert nach nur wenigen Iterationsschritten bereits in einen Körper gleicher Spannung (C, B, D). Genau diese Form findet sich beim lebenden Baum (E). „Der vorher so gefährliche Kerbgrund ist in keinem größeren Maße bruchgefährdet als die beiden Teilstämme oberhalb der Gabel. Dieses Naturphänomen ist ein konstruktiver Geniestreich, ein Meisterdesign – eine Kerbe ohne Kerbspannungen".

Ähnliche Formoptimierungen unter Spannungsreduktion finden sich auch bei Wurzeln. Das Computermodell einer zunächst als rund angenommenen Fichtenwurzel (Abb. 14-27 F) wird durch die Wirkung eines Moments auf Biegung beansprucht. Es verformt sich dabei unter 90 %igem Spannungsabbau zu einem Querschnitt in Form einer Acht. Die natürliche Wurzel verhält sich genauso (Abb. 14-27 G, H).

14.7.5
Beispiel: Optimaler Faserverlauf im Holz

Im Längsschnitt durch einen Stamm erscheinen die zylinderförmig ineinandergeschachtelten Jahresringe als Schnittbilder, d.h. als parallele Geraden. Man spricht dann auch im allgemeinen Sinn von „Fasern". Computersimulationen haben gezeigt, dass sich diese Holzfasern entlang des Kraftflusses formen, d.h. also Punkte des „Bauteils" zu Linien verbinden, die nicht unter Schubspannung stehen. Auf Kontaktflächen, seien sie anorganisch (Steine) oder organisch (andere Bäume), stellen sich die Fasern deshalb stets senkrecht (Abb. 14-28 A) und verbreitern sich. Als Nebeneffekt reduzieren sie damit auch den Auflagedruck (die Druckkraft wird auf eine größere Fläche verteilt) und vermindern auch sehr drastisch die Biegebelastung an der Auflagestelle, wie sie bspw. durch Winddruck induziert wird (Abb. 14-28 A).

Verheilt eine Wunde, verdicken sich die neuen Jahresringe und wachsen senkrecht auf die Wundfläche zu,

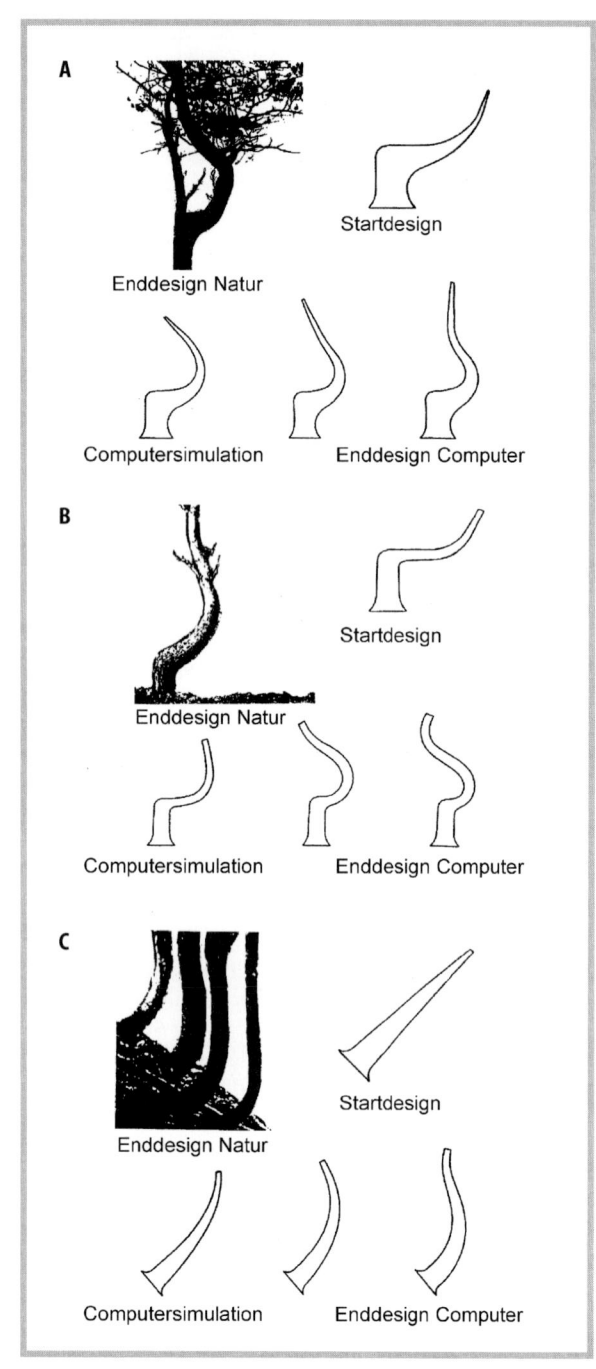

Abb. 14-26 Beispiele für Startdesign, Computersimulationsstadien sowie biologisches und Computerenddesign bei der Baumregeneration. **A** Führungsübernahme durch Seitenast, **B** Mäanderbildung bei hoher Aststeifigkeit, **C** Säbelbaum-Bildung. (*nach Mattheck 1992, verändert*)

wobei sie sich einrollen (B). Würden sie sich nicht einrollen, ergäben sich über Gleitvorgänge Schubbelastungen (C), die das gegen solche Belastungen empfindliche Holz tangential reißen lassen würden. Durch die Überwallung und Einrollung drücken die Jahresringe dagegen senkrecht auf die Wundfläche, so dass kein Schub entsteht. In der Folge kommen die Überwallungen in Kontakt und drücken aufeinander. Die entstehende Kerbe wird ausgefüllt und die folgenden Jahresringe umschließen das Ganze wieder einheitlich ohne Knickbildung (D). Damit bleibt die Überwachung der Wundregion schubfrei.

Abgestorbene Äste werden umwallt und beim Dickenwachstum immer mehr in den Baum integriert (E). Die CAO-Methode erlaubt nun die Vorhersage (F) der Jahresringanordnung im Sägeschnitt. Ähnlich wie bei der Wundheilung entwickelt sich zunächst durch die aufeinanderzulaufenden Schnitte eine Kerbe, die allerdings bald (meist innerhalb eines Jahres) aufgefüllt wird (H). Die neugebildeten Jahresringe umfassen das Ganze wiederum zirkulär und knickfrei. Mit zunehmendem Dickenwachstum schiebt sich das System immer weiter nach außen und der tote Ast wird, von unten nach oben fortschreitend, spannungsfrei oder doch spannungsarm ins Holz integriert. Der tatsächliche Sägeschnitt (G) stimmt gut mit der CAO-Vorhersage (F) überein.

Man kann sagen, dass in solchen Fällen die äußeren Jahresringe bei Kontakt „verschweißen", sobald sie von beiden Seiten stetig und knickfrei ineinander übergehen und sobald diese stetige Verbindungslinie in Richtung des Kraftflusses verläuft.

Anders als beim Knochen, der sich nach einem Bruch durch internen Umbau völlig verändern und neu anpassen kann, ändern sich die einmal gewachsenen Jahresringe beim Holz nicht mehr. Auf dem Sägeschnitt erzählen sie damit die Lastgeschichte eines Baumteils in vergangener Zeit. Sobald wieder zirkuläre, gemeinsame Jahresringe gebildet worden sind, ist ein Störfall behoben. Seine Geschichte bildet sich aber an den älteren Jahresringen ab.

Die drei Beispiele haben gezeigt, dass die computerunterstützten Designmethoden gut verwenden werden können, das mechanische So-Sein eines Baums zu ver-

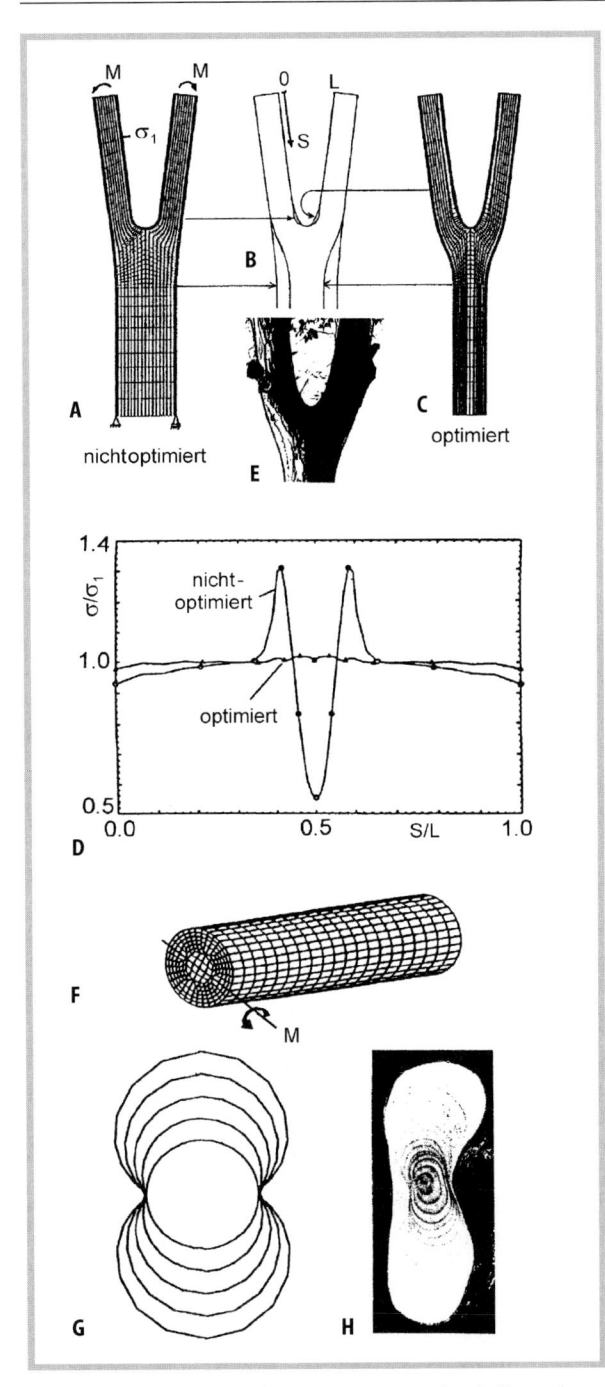

Abb. 14-27 Gestaltveränderung einer zunächst halbrund angenommenen, nicht optimierten Baumgabelung (**A**) in eine optimierte Form (**C**), deren Vergleich (**B**) und die natürliche Form (**E**). Nach der Optimierung sind die Kerbspannungsspitzen verschwunden (**D**). M Biegemoment, σ_1 lokale Spannung, σ_0 Mises-Spannung, o und L Anfangs- und Endpunkt der Abwicklung der Strecke S. Eine als rund angenommene Fichtenwurzel (**F**) verformt sich bei Biegebelastung unter 90 %iger Spannungsreduktion zu einer Acht (**G, H**), M Biegemoment. (*nach Mattheck 1992, verändert*)

stehen. C. Mattheck hat dies in ein allgemeines Schema gebracht (Abb. 14-29) in dem die hier ausgewählten Beispiele enthalten sind.

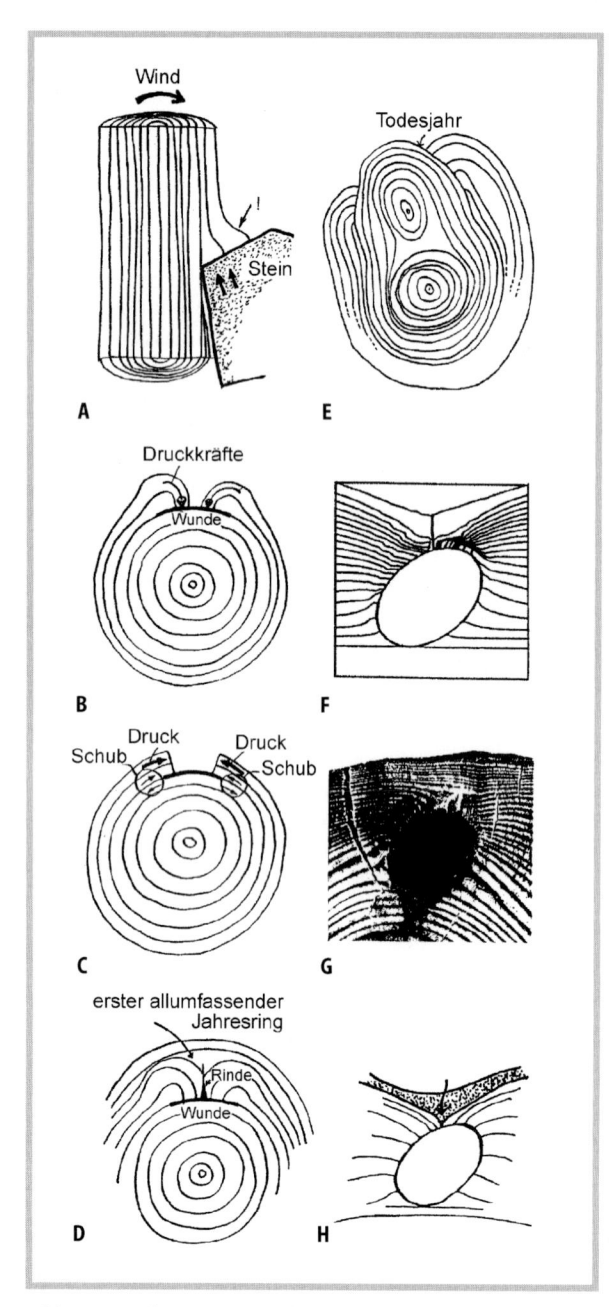

Abb. 14-28 Jahresringverlauf beim Anpressen an einen Stein (A), bei der Wundheilung (B-D) und bei der Umwachsung eines toten Astes (E-H) (*nach Mattheck 1992, verändert*)

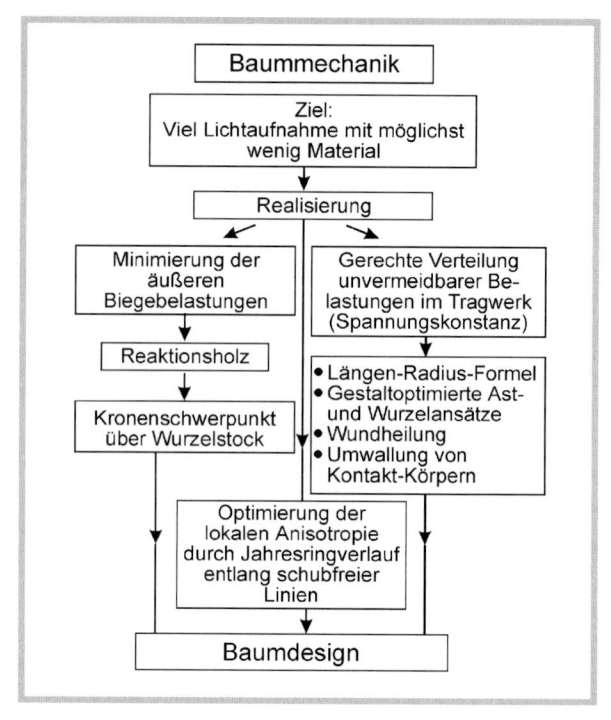

Abb. 14-29 Schematische Darstellung der Baummechanik (*nach Mattheck 1992*)

14.7.6
Gestaltoptimierung von Maschinenelementen nach Art des biologischen Wachstums

„Maschinenteile wachsen wie Bäume" – Diesen leicht provokativ wirkenden, aber in sich durchaus stimmigen Ausspruch hat Mattheck geprägt. Er meint damit die bionische Übertragung seiner naturanalogen Computersimulationen auf Probleme des Maschinenbaus. Auch dafür wieder drei Beispiele, diesmal aus dem technischen Bereich.

14.7.7
Beispiel: Gewindeoptimierung einer orthopädischen Schraube

Orthopädische Schrauben werden benutzt, um Implantate an Knochen festzumachen. Abbildung 14-30 A zeigt ein solches Implantat, das nach einer Wirbelkörperfraktur die Wirbelsäule entlasten soll. Unter der (in der Abbildung nicht gezeigten) Fraktur wird die Last über die implantierte Platte und ihre orthopädischen Schrauben in intakte Wirbelkörper abgeleitet. „Ein Schraubengewinde ist jedoch nichts weiter als eine spiralig gewundene Ringkerbe, und insbesondere der erste Gewindegang ist zumeist der Prügelknabe der Konstruktion. Just an diesem brachen auch die Schrauben, deren Fragmente (B) sich nur schwer wieder entfernen lassen dürften". Das Gewinde dieser Schrauben (C) war an der Basis halbkreisförmig ausgeformt und damit nicht optimiert (D). Hohe Kerbspannungsspitzen waren die Folge (F). Das CAO-optimierte Schraubengewinde ist an der Basis flacher ausgeformt, wie ein zarter Schüttkegel eines Bergs (E). Die Kerbspannungsspitzen sind verschwunden (F). „Das Gewinde ist nun eine Kerbe ohne Kerbspannung, also eine gestaltoptimierte Kerbe".

Der Test auf periodischen Lastwechsel ergab sehr interessante Werte: Die optimierte Schraube hielt um das Zwanzigfache mehr Lastwechsel aus als die nichtoptimierte; danach wurden die Versuche abgebrochen. Es zeigte sich keinerlei Tendenz zur Rissbildung. Die bionische Gestaltoptimierung solcher Schrauben ist deshalb von großer praktischer Bedeutung, weil sie als Pedikelschrauben durch einen dünnen Steg am Wirbelkörper (Pedikel genannt) verlaufen müssen und deshalb höhere Stabilität nicht einfach mit größerer Dicke erkaufen können.

14.7.8
Beispiel: Gestaltoptimierung einer Balkenschulter

Verjüngt sich eine Welle abrupt, nennt man diese Stelle eine Wellenschulter. Analog kann die lokale Verjüngung eines Balkens als Balkenschulter bezeichnet werden. Die Wellenschulter entspricht sozusagen einer rotationssymmetrischen Balkenschulter; die beiden Elemente sind somit vergleichbar. Wird der in der Zeichnung vertikale Teil des Elements durch ein Moment M auf Biegung belastet, so entstehen an den halbrunden Übergängen des Ausgangsteils gefährlich hohe Kerbspannungen. Durch leichte Verbreiterung und eine andere Übergangsform (Abb. 14-31 A, B) lassen sie sich vollständig zum Verschwinden bringen. Damit konnte auch die sog. Formzahl $S = \sigma_{max}/\sigma_0$ von 1,85 auf 1,07 deutlich reduziert werden. Als Folge davon steigt die Lebensdauer bei periodischer Belastung dramatisch an: Obwohl der Unterschied gar nicht so sehr bemerkbar erscheint, hatte das optimierte Bauteil 15mal mehr Bruchlastspiele ausgehalten, ohne dass es zur Rissbildung kam. Beim nichtoptimierten Bauteil traten Risse nach 2,5 Mio. Lastspielen auf, beim optimierten selbst nach 90 Mio. Lastspielen noch nicht (bis zur Rissbildung wurden die teuren Versuche nicht fortgesetzt).

14.7.9
Beispiel: Dreidimensionale Formoptimierung einer Welle mit Rechteckfenster

Die bisher genannten Beispiele zur CAO-Formgebung bezogen sich auf zweidimensionale Analysen. Die Optimierung ist jedoch auch im Dreidimensionalen möglich. Dies zeigt die zufriedenstellende Lösung eines Industrieproblems. Die fragliche Welle hatte rechteckige Fenster (Abb. 14-31 C), deren Übergänge halbrund gestaltet waren. Sie zeigte charakteristische Ermüdungsbrüche nach etwa 200 000 Biegeschwingungen gerade

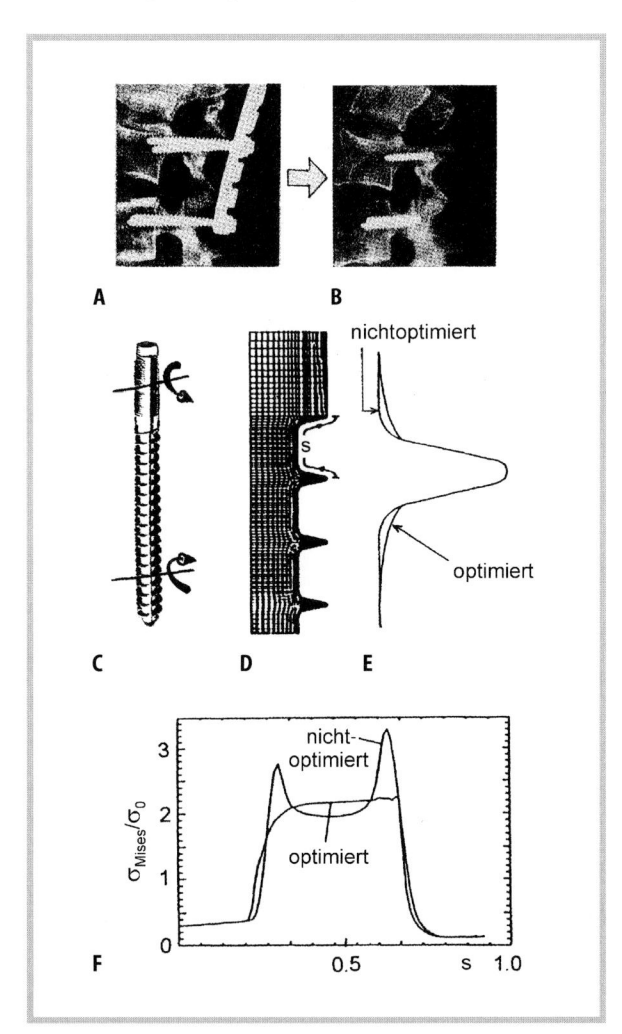

Abb. 14-30 A-F Optimierung einer orthopädischen Schraube durch CAO-Bearbeitung. Zu F vergl. Abb. 14-27 D (*nach Mattheck 1992, verändert*)

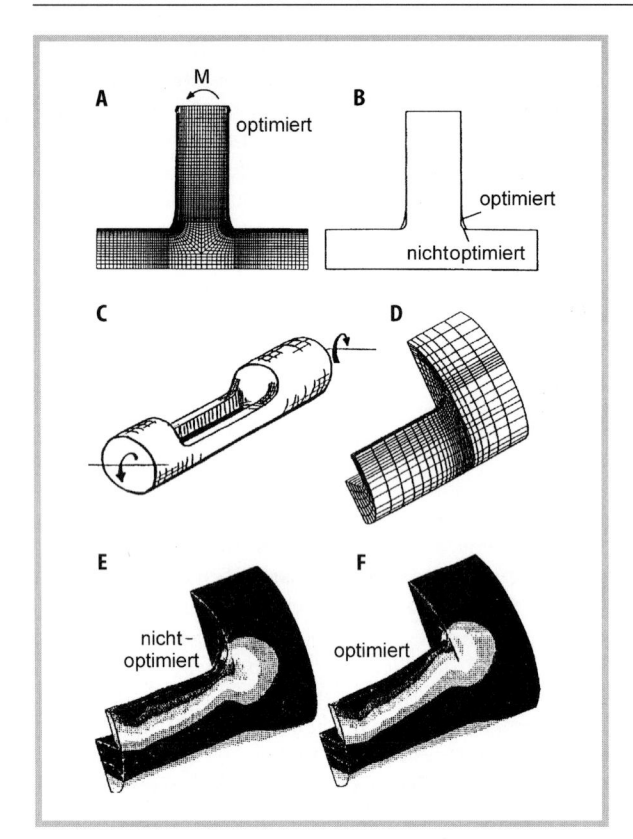

Abb. 14-31 Gestaltoptimierungen. **A, B** Biegebelastete Balkenschulter, CAO-Bearbeitung. A Endform, B Formenvergleich, **C, D** dreidimensionale Optimierung einer Welle mit Rechteckfenster. C Skizze, D FEM-Optimierung. **E, F** v.-Mises-Spannungsverteilung. Bei D sind die sehr hohen Kerbspannungen an der Fensterkante verschwunden. (Wegen des fehlenden Farbcodes geben C und D die Spannungsreduktion nur unvollkommen wieder) (*nach Mattheck 1992, verändert*)

14.7.10
Eine Weiterentwicklung: das CAIO-Verfahren

Als CAIO – Computer Aided Internal Optimization – bezeichnet Mattheck ein Verfahren, das den internen Faserverlauf in Formteilen mitberücksichtigt und diese Fasern nicht – wie es in der Technik häufig geschieht – an geometrischen Störungen (etwa Löchern) durchtrennt und somit ihren Verbund schwächt.

Er geht von Ästen oder Baumstämmen aus, an denen man die Verläufe der Holzfasern studieren kann: „In sanften Kurven werden die Fasern um Astanbindungen entlang des Kraftflusses herumgelenkt. Schaut man sich unter dem Mikroskop den Querschnitt eines Baums an, fällt auf, wie die Holzstrahlen in entsprechender Form um die Gefäßzellen gelegt sind (Einschaltbild in Abbildung 14-32). Auch die Fibrillen, aus denen sich die Zellwände der Holzzellen zusammensetzen, zeigen diese Optimierungsform. In allen Dimensionen des Baums kann man die Ausrichtung der Fasern entlang des Kraftflusses wiederfinden. So zeigt sich die Selbstiterierung in der Natur von ihrer eindrucksvollsten Seite. Gleiches findet sich auch beim Knochen, dessen Lamellen ebenfalls lastgerecht angeordnet sind. Die Natur fand im Laufe der Evolution die optimale Lösung, und es zeigt sich immer wieder, dass sie mit wenigen Wirkungsprinzipien auskommt".

an diesen Übergangsbereichen. Nach den früher genannten Beispielen war zu erwarten, dass dort hohe Kerbspannungen auftraten. Die Formoptimierung durfte an der Geometrie der Welle nichts ändern; auch Länge und Breite des Fensters sollten erhalten bleiben. Beim Rechteckfenster können die beiden Ränder mit einem einzigen Fräsvorgang herausgearbeitet werden, was Kosten spart. Die Optimierung sollte so geschehen, dass dieses Verfahren beibehalten werden konnte.

Die Konturoptimierung mit der FEM-Methode führte zu einer Fensterform mit leicht angehobenen Kanten (D). Im Biegeschwingungsversuch wies die Welle auch nach einer 40mal höheren Zahl von Lastspielen noch keine Ermüdungsrisse auf.

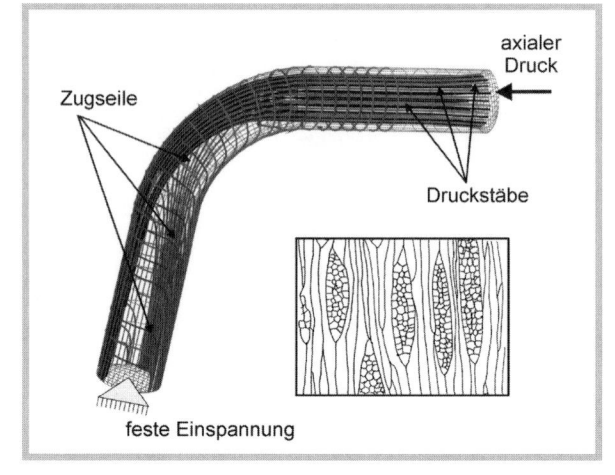

Abb. 14-32 CAIO-Optimierung eines axial belasteten Winkelträgers. Darstellung des Kraftflusses entlang den Hauptmaterialrichtungen (Richtungen der größten Steifigkeit) durch Faserlinien. Einschaltbild: Lastgerechte Umlenkung von Holzfasern und spindelförmige Holzstrahlquerschnitte bei *Bursera simaruba* (*nach Mattheck, Reuschel 1999; Einschaltbild nach Eschrich 1995*)

Für die technische Übersetzung wird darauf hingewiesen, dass auch an technischen Bauteilen die Fasern entlang der Kraftflüsse zu orientieren sind. Dies ermöglicht das Programm CAIO. Als Konsequenz davon werden die Schubspannungen in einem Bauteil bei gegebener Belastung auf ein Minimum reduziert. Die Methode geht von einem kommerziellen FE-Programm aus. Aus einem Ausgangsmodell mit orthotropem Material beliebiger Orientierung wird damit ein ortsvariabel orthotroper Werkstoff berechnet, in dem die Schubspannungen wegen der Umorientierung der Orthotropieachsen des Materials entlang der Hauptspannungstrajektorien i. d. R. bereits in der ersten Iteration um bis zu 90 % reduziert sind. Iterativ lassen sich die Schubspannungen weiter reduzieren, bis um 99 %.

Abbildung 14-32 zeigt einen Winkelträger, in dem Fasern und Stäbe die Druck- und Zugbelastungen visualisieren. „Man darf erwarten, dass technische Probleme bei hochbelasteten Leichtbauteilen, wie das kerbspannungsfreie Einweben von Sensoren in Flugzeugteile aus Faserverbundwerkstoffen oder das lastgerechte Verbinden von Komposit-Teilen, mit dieser Methode optimiert werden können".

An zahlreichen weiteren Beispielen – etwa 200 sind bearbeitet und z. T. bis zur Industriereife geführt worden – konnte die Gruppe um Claus Mattheck zeigen, wie wichtig der Satz von der konstanten Spannung nicht nur zur Erklärung der Ausgestaltung biologischer Formen, sondern auch als Vorschrift für technische Designoptimierung ist. Man kann annehmen, dass die kombinierte Verwendung der SKO- und CAO- (oder CAIO-)Methoden das Industriedesign noch weitgehend beeinflussen wird. Bisher ist diese Methode jedenfalls bei der Industrie gut angekommen, wie die große Zahl der Lizenzkäufe bestätigt. Die Interessenten kamen aus der Kraftfahrzeugindustrie, dem chemischen Anlagenbau, dem Elektromaschinenbau, dem allgemeinen Maschinenbau, der Feinwerktechnik ebenso wie von Betrieben zur Herstellung von Waschmaschinen und Rasierapparaten. Auch technische Überwachungsvereine, Biomechanik-Institute und Turbinenhersteller waren darunter, kurz im Wesentlichen solche Unternehmen, die sich Ermüdungsbrüche bei Maschinenbauteilen nicht leisten können.

Die Idee, einen Maschinenbauteil wachsen zu lassen wie einen Baum oder ein Tierskelett, ist also aufgegangen und führt nun zu weitergehenden Konzepten im Bereich der Feinanpassung. Die bionische Übertragung des adaptiven Wachstums der Natur ist damit gelungen.

Mattheck zeigt sich denn auch ganz zufrieden: „Es sieht ganz danach aus, als wäre im Überlappungsbereich von Biologie und Technik noch ein hohes Erfolgspotential".

14.8
CAO-optimierte Autobauteile – weniger Material- und Energieverbrauch bei gleicher Stabilität

Matthecks CAO-Methode der „Computer Aided Optimisation" wurde im Abschn. 14.7 ausführlich dokumentiert. Die folgenden Kurzbeispiele zeigen, wie sehr diese dem natürlichen Design von Bäumen entlehnte Methode bereits in die Industrie ausstrahlt.

14.8.1
Beispiel: Neue Leichtmetallfelgen und Motorenhalter

Viele technische Bauteile sind überstabil, damit unnötig schwer und dadurch wiederum unnötig teuer (Material-Masse) und umweltschädigend (unnötiger Energieverbrauch bei der Herstellung unnötiger Material-Massen). Die Adam Opel AG hat – in einem heute bereits klassischen Ansatz – eine Aluminiumfelge nach der CAO-Methode optimiert. Löcher in einer Aluminiumfelge machen das System leichter, verringern das Trägheitsmoment und sparen damit Antriebsleistung, doch schwächen sie das Material. Die CAO-Methode kann nun dafür eingesetzt werden, die Begrenzung solcher Löcher derartig zu optimieren, dass die zulässigen Spannungen an keiner Stelle überschritten werden. Damit wird der Vorteil – Materialeinsparung – erhalten, der Nachteil – lokale Bruchgefährdung – kompensiert.

Für die FEM-Analyse wurde als Ausgangspunkt bei jedem Flächenelement die Maximalspannung eingesetzt, die während einer Rotation des Rads auftritt; zum Zweck der Rechenzeiteinsparung wurde mit Schritten von 18° gearbeitet, die eine ausreichende Auflösung gewährleisteten. Aus Vergleichsgründen wurde mit einem nichtdurchlöcherten Modell aus der laufenden Produktion begonnen, an dem die relevanten Randbedingungen festgelegt werden konnten, nämlich der ungünstigste Lastfall und die maximal auftretende Spannung. Als Optimierungskriterium wurde vorausgesetzt, dass ein optimierter Rand keine höheren Spannungen aufweisen sollte als der bislang vorliegende. Aus Fabrikationsgründen sollte die äußere Kontur unbeeinflusst bleiben. Damit konnte nur die Art der Speichengestaltung

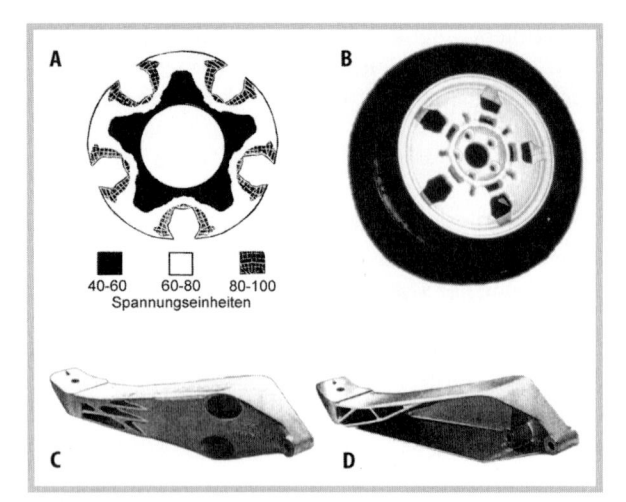

Abb. 14-33 Nach der CAO-Methode optimierte Leichtmetallfelgen und Motorenhalter. **A** Lokale Spannungen in einer Felge bei bestimmten Randbedingungen (Zwischenergebnis) *(nach Bappert et al. (Ed.) 1996, umgezeichnet und vereinfacht)*, **B** Holzmodell der neuen Felge, ausgestellt auf der Hannover-Messe 1996 *(Foto: Nachtigall)*, **C** Motorenhalter, zu optimierende Form, **D** optimierter Motorenhalter *(nach Adam Opel Dokumentation 1996)*

optimiert werden. Nach zwanzig Iterationen wurde eine Spannungsverteilung erreicht, die im Bereich von 4% homogen war. Sodann wurden 5 Löcher vorgesehen, deren Grenzen so geformt wurden, dass die maximal zulässige Spannung der Referenzspannung entsprach. Das Ergebnis zeigt Abb. 14-33 A. Im nächsten Schritt wurde die SKO-Methode mit einer spezifischen Adaptation weiterverwendet, die sich aus der Art der FEM-Modellierung ergibt. Es ergab sich eine leicht veränderte Konfiguration. Daraus wurde schließlich ein endgültiges Modell entwickelt, bei dem die Grenzen der Löcher und ebenso die Dicke der Speichen mit der CAO-Methode noch leicht verbessert werden konnten. Ein endgültig ausgeformtes Holzmodell zeigt Abb. 14-33 B. Bei gleichen Randbedingungen unterliegt es derselben Maximalspannung wie das Ausgangsprodukt (das keine Löcher hatte), ist aber 26 % leichter.

Motorenhalter

Motorenhalter (Abb. 14-33 C) müssen große Belastungen aushalten und eine hohe Zahl von Schwingungen; dabei sollten sie so leicht wie möglich sein. Die Anwendung der CAO-Methode führte nicht nur zu einer Reduktion der Spannungen im Inneren des Halters um etwa 60 %, sondern auch zu einer Gewichtsverminderung von etwa 25 %. Wie Abb. 14-33 D zeigt, ist der Halter nur sparsam an den Stellen versteift, die statisch und schwingungsdynamisch bedeutsam sind; alles andere ist „ausgemagert".

14.8.2
Beispiel: Locherzeugung und optimale Sickenanordnung: Schaltgestänge

Da die biologische Wachstumsregel zu Strukturen führt, die bei ausreichender Festigkeit minimales Gewicht aufweisen, kann sie in der Technik genau für diese Zielsetzung eingesetzt werden. L. Harzheim von der Adam Opel AG sieht das so: Man simuliert die Wachstumsregel auf dem Computer und wendet diese entweder auf die Oberfläche eines Bauteils (CAO, Formoptimierung) oder auf den gesamten verfügbaren Bauraum (SKO, Topologieoptimierung) an. Man erhält dann ein Design, das ein Baum oder Knochen annehmen würde, wenn er die Funktion des Bauteils übernehmen müsste. Dieses kann man entweder wie bei der Formoptimierung direkt übernehmen oder wie bei der Topologieoptimierung als Designvorschlag nutzen, um ein Bauteil zu konstruieren. Vor allem die Topologieoptimierung hat sich in der Praxis als sehr fruchtbar erwiesen. Sie kann bspw.

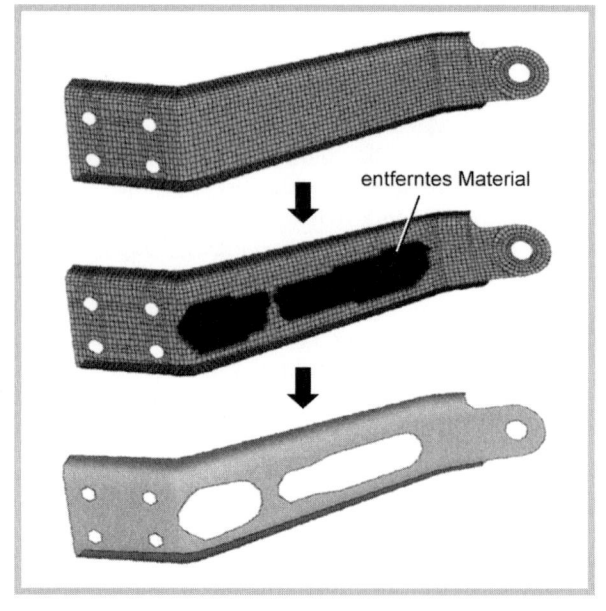

Abb. 14-34 Halter für ein Schaltergestänge. Oben: FE-Modell des Ausgangsdesigns, Mitte: SKO-Designvorschlag, unten: optimiertes Design *(nach Harzheim et al. 1999)*

eingesetzt werden, wenn aus Gründen der Gewichtseinsparung Löcher in einem Bauteil eingebracht werden sollen, ohne dessen Festigkeit zu gefährden. Ein Beispiel zeigt die Abb. 14-34, in der die Optimierung eines Halters für ein Schaltgestänge dargestellt ist.

Besonders hat sich die Topologieoptimierung jedoch für Gussteile bewährt, wie z. B. Achsschenkel und Lenker aus dem Fahrwerksbereich oder Motorhalter. Die Optimierung eines solchen Bauteils stellt eine besondere Herausforderung an den Konstrukteur dar, weil er auf der einen Seite ein hohes Maß an Gestaltungsfreiheit (Querschnitt, Anzahl und Lage von Rippen etc.) hat, auf der anderen Seite jedoch aus der Vielzahl von Möglichkeiten das optimale Design herausfinden muss. Hier hilft der Designvorschlag, diese optimalen Merkmale im ersten Schritt des Konstruktionsprozesses festzulegen, der natürlich entsprechend modifiziert werden muss.

14.8.3
Weitere Anwendungsmöglichkeiten

Mit prinzipiell gleicher Vorgehensweise konnten u.a. die Kerne von Dämpfungsblöcken optimiert werden, des Weiteren Kühlerstützen, andere Motorenhalter sowie Achsschenkel. In Abb. 14-35 A, B sind der konventionelle Designprozess und ein verbesserter Designprozess einander gegenübergestellt. Letzterer unterscheidet sich dadurch, dass die Topologieoptimierung bereits in der Konzeptphase eingesetzt wird. „Der Konstrukteur erzeugt im ersten Schritt kein detailliertes Modell eines Bauteils, sondern nur ein CAD-Modell des Designraums. Dieses ist schnell und ohne großen Aufwand zu erstellen. Basierend auf dem Designraum wird eine Topologieoptimierung durchgeführt, um die wichtigsten Merkmale des Bauteils festzulegen, wie z. B. Querschnitt und Rippenanordnung. Erst dann wird ein detailliertes CAD-Modell des Bauteils erstellt, das zur Kontrolle noch gegengerechnet und ggf. feinoptimiert wird, was die Interpretation vereinfacht.

Bei Opel hat man zur Beschleunigung dieses Prozesses den Designraum automatisch mit Hexaeder-Elementen vernetzt (Programm HEXE) und schließlich mit geeigneten Programmen für eine Glättung des Designvorschlags gesorgt. Es resultieren geglättete, optimierte Bauteile (Abb. 14-35 C).

„Auch wenn – wie zahlreiche Beispiele belegen – mit Hilfe der Topologieoptimierung viele Bauteile „nach dem Vorbild des Knochens" erfolgreich optimiert werden können, gestaltet sich die Anwendung nicht immer

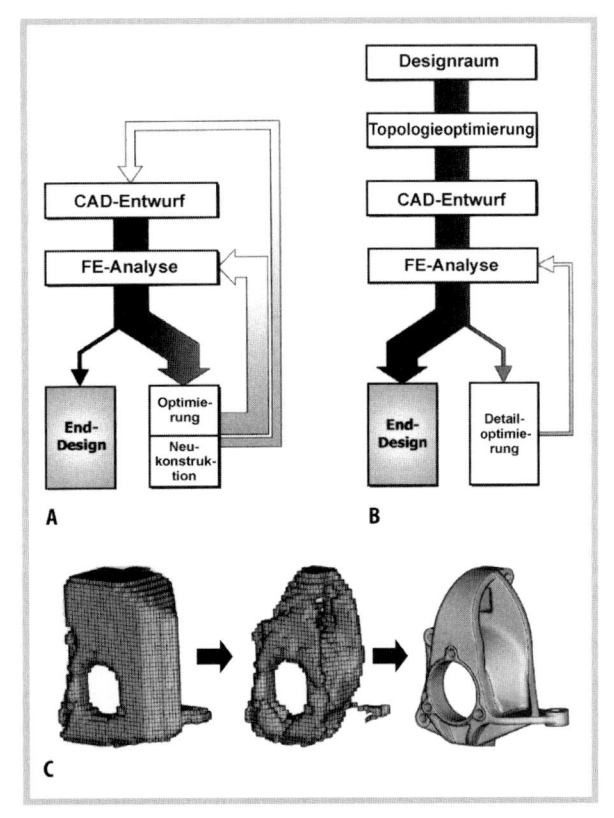

Abb. 14-35 Topologieoptimierung und Entwicklungsprozess. **A** Konventioneller Designprozess, **B** verbesserter Designprozess, **C** Festigkeitsoptimierung eines Al-Achsenschenkels mit SKO. Links: Hexaeder-Modell des Designraums, Mitte: SKO-Designvorschlag, rechts: optimiertes, geglättetes Bauteil *(nach Harzheim et al. 1999)*

problemlos. Der Grund ist, dass ein Knochen keine Fertigungsrestriktionen kennt. Das hat zur Folge, dass die Wachstumsregel die Tendenz hat, hohle und fachwerkartige Designvorschläge zu erzeugen. Es ist bekannt, dass solche Strukturen Paradebeispiele für ein Leichtbaudesign darstellen, jedoch sind sie so normalerweise nicht direkt in ein herstellbares Bauteil umzusetzen, sondern müssen interpretiert und entsprechend modifiziert werden. Dies erschwert die praktische Anwendung.

Die Qualität der Designvorschläge kann drastisch erhöht werden, wenn beim Optimierungsprozess keine Löcher zugelassen werden und die Entformungsrichtung vorgegeben werden kann. Diese Zusatzrestriktionen sind in dem Programm TopoShape, das bei Opel entwickelt wurde, integriert worden. Dies zeigt anschaulich, dass das Wachstum eines Knochen simuliert wird, der die Funktion des Bauteils übernehmen soll und zusätzlich Fertigungsrestriktionen beachten muss." Als Ergebnis erhält man nach L. Harzheim Designvorschläge, die nicht nur einfacher zu interpretieren sind, sondern auch näher an dem herstellbaren Enddesign liegen. Erste Ergebnisse weisen auf eine zusätzliche Gewichtseinsparung von 10–20 % hin.

14.9 Krümmeroptimierung – ein Beispiel aus der Rohrströmungsmechanik

Überall wo Rohrsysteme verlegt werden – bspw. bei jeder Wohnungsheizung – werden Krümmer benötigt. Da Wände oft senkrecht aneinander stoßen, werden dort Viertelkreiskrümmer eingebaut. Diese ziehen aber hohe Leistungsverluste nach sich. Wenn viele Krümmer hintereinander angeordnet werden, ergibt sich somit ein großer Druckabfall im Leitungssystem, der durch beachtliche Zusatzleistungen überwunden werden muss. Der Bremer Bioniker U. Küppers hat in einer experimentellen Arbeit 60°-Krümmer in Form eines Kreisausschnitts mit bionisch optimierten Krümmern verglichen (Abb. 14-36 A). Vorbild dafür waren u. a. Flussbiegungen, die in oft unregelmäßiger Weise mäandrieren und den Volumenstrom des Flusses sozusagen automatisch maximieren.

Im Experiment wurde mit 60°-Optimierung (Abbildung 14-36 A links, daneben auch mit 30- bis 90°-Optimierung) gearbeitet, und zwar bei Rohrdurchmessern von 8,5 cm, einem Kreisbiegeradius-Rohrdurchmesser-Verhältnis von 8 und konstanter Geschwindigkeit von 14 m s^{-1} in Luft. An dem flexiblen, zunächst 60° kreissektorartig gebogenen Rohr wurden an mehreren Stellen Abstände zum Krümmungsmittelpunkt zufällig verändert. War der Volumenstrom bei gegebener Leistung größer, wurde weiterexperimentiert, im anderen Fall wurde auf die Ausgangsform zurück gegriffen und eine weitere Veränderung angebracht. 240 solcher Schritte führten schließlich zum Optimum (Abb. 14-36 A, rechts), das im Verhältnis zum Kreiskrümmer bei einer Antriebsleistung von 140 W (die während der Optimierung konstant blieb) zwar nicht am Krümmereingang, aber am Krümmerausgang eine Volumenstromerhöhung von 12–14 % erbrachte (Abb. 14-36 B). Im Extremfall wurden mehr als 20 % erreicht. Bei vielen hintereinandergeschalteten Krümmern addiert sich das dramatisch auf.

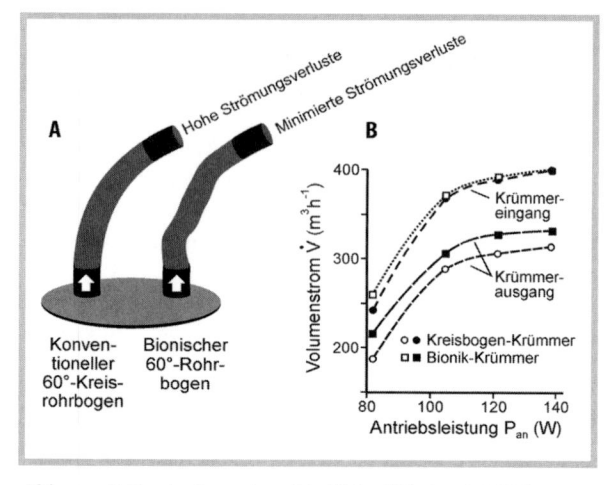

Abb. 14-36 Zwei sehr unterschiedlich effektive 60°-Krümmer. **A** Formvergleich, **B** Funktionsvergleich. Die Werte bleiben im Messbereich 140 W < P$_{an}$ < 200 W in etwa konstant (*nach Küppers 1997*)

Küppers schreibt dazu: „Die Palette wirtschaftlich innovativer Anwendungen von energetisch und strömungstechnisch optimierten Rohrkrümmersystemen ist breit gestreut. Sie reicht von stationären Kraftwerken – ein Kraftwerk besitzt 10 000 und mehr Rohrkrümmer! – über innerstädtische Gas-Versorgungssysteme, verfahrenschemische Anlagen, Rohstoffindustrie, Nahrungsmittelindustrie, Konsumgüterindustrie, Kraftfahrzeugindustrie, Spezialanwendungen wie bspw. bei der Feuerwehr, bis zu einschlägigen Handwerksbereichen.

Eine Veröffentlichung über bionische Rohrkrümmer in der Fachzeitschrift Chemietechnik führte zu einem Rücklauf von circa 250 Anfragen aus Konzernen, Großunternehmen, klein- und mittelständigen Unternehmungen, Instituten und Handwerksbetrieben. Vertreten waren dabei sowohl Energieversorgungsunternehmen, Kraftwerke, chemische Industrie, Maschinenbau, Verfahrensanwender, Dienstleister, pharmazeutische Industrie, Nahrungsmittelindustrie aus dem In- und Ausland. Die ersten Kontakte führten interessanterweise auch zu unternehmerischen Problemfeldern, die direkt mit bionischen Rohrkrümmern nicht zu lösen sind, wohl aber mit der Art des Verfahrens, wie bionische Rohrkrümmer entwickelt werden".

Das wäre also ganz bestimmt eine marktorientierte Lösung, für die man sich, nachdem sie erst einmal genügend bekannt geworden ist, eine ebenso große Breitenwirkung vorstellen kann wie bei dem heute bereits weidlich ausgereizten Lotus-Effekt (Abschn. 13.7).

14.10
Kurzanmerkungen zum Thema „Evolution und Optimierung"

14.10.1
Zum Verständnis der Konturierung von Tiger- und Bärenkrallen

Mit der CAO-Methode haben Mattheck und Reuss Tierkrallen untersucht, und zwar die des Tigers *Felis tigris* und des Schwarzbären *Ursus americanus*. Diese werden durch Kräfte an der Spitze auf Biegung belastet. Ihre Innenkonturen entsprechen in etwa logarithmischen Spiralen, die nicht weit vom Optimum entfernt liegen (Abb. 14-37 A). Die Computeroptimierung führt zu einem sehr ausgeglichenen Verlauf der v.-Mises-Spannungen über die abgewickelte Innenkontur, während eine viertelkreisförmige Innenapproximation eine mindestens doppelt so hohe Spannungsspitze erreicht (Abb. 14-37 B).

14.10.2
Knochen und Lasthaken

Nackenhorst und Witfeld haben sich am Institut für Mechanik der TU Stuttgart mit nummerischen Berechnungsverfahren zur Simulation des beanspruchungsgemäßen Wachstums von Knochen befasst. „Neben medizintechnischen Anwendungen zur Untersuchung von Knochenumbauphänomenen nach endoprothetischen Maßnahmen eigen sich diese Simulationsmethoden auch zur Designoptimierung mechanisch beanspruchter Bauteile". Auch hier werden Finite-Elemente-Modellierungen verwendet. Als Beispiel geben die Autoren die Modellierung eines Lasthakens (Abb. 14-37 C), der in der Ausgangskonfiguration eine starke Spannungskonzentration (Maximalwert 584 MPa) am innern Rand aufwies, aber auch am äußeren Rand erheblichen Beanspruchungen ausgesetzt war. Mit an die 200 Simulationsschritten sinkt die auf Ausgangsbedingungen normierte Verzerrungsenergie und ebenso die Masse, so dass man mit 75–70 % der Ausgangswerte auskommt. Im Endstadium ist die maximale Beanspruchung am inneren Rand auf 240 MPa gesunken; ansonsten liegt eine weitestgehend homogene Materialausnutzung vor (Dickenoptimierung; Abb. 14-37 D). Mit dieser Methode kann man z.B. auch die optimale Bewehrung von Stahlbeton oder faserverstärkten Bauteilen berechnen.

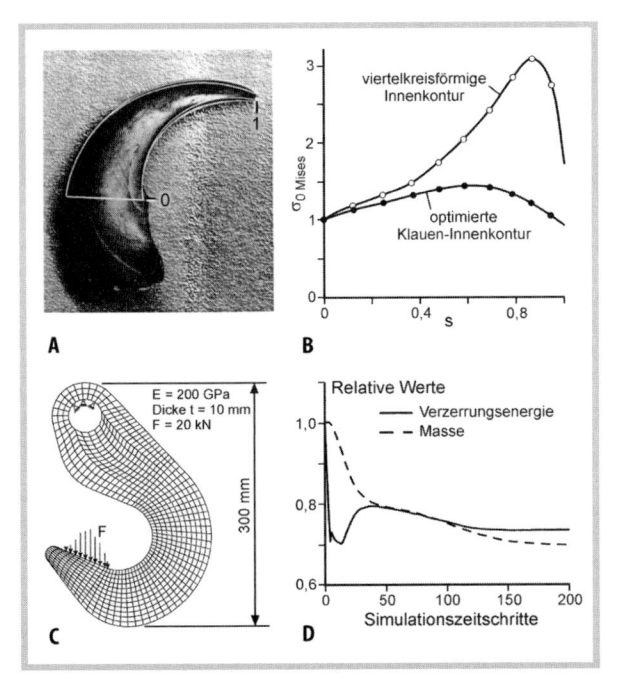

Abb. 14-37 Weitere Beispiele für Bauteileoptimierung. **A, B** Tigerklaue. A Innere weiße Linie: Designvorschlag, äußere weiße Linie: Optimaldesign. B Verteilung der v. Mises-Spannungen an einer viertelkreisförmigen und einer optimalen Innenkontur *(nach Mattheck, Reuss 1991)*, **C, D** Lasthaken. C Modell mit Finite-Elemente-Netz, D auf Relativwerte normierter Verlauf von Verzerrungsenergie und Masse *(nach Nackenhorst, Witfeld 1996/97)*

Literatur

Ablay P (1987) Optimieren mit Evolutionsstrategien. Spektrum der Wiss. 7/1987, 104–115

Bienert P, Rechenberg I, Schwefel H-P (1966) Messung kleiner Wandschubspannungen bei turbulenten Grenzschichten in Ablösenähe. Interner Bericht des Hermann Föttinger-Instituts für Strömungstechnik Wi 8/45, Technische Universität Berlin, September 1966

Bletzinger KU (1988) Zur baustatischen Optimierung von Tragwerksformen. In: Natürliche Konstruktionen, Mitteilungen des SFB 230, Heft 1 (1988), Institut für leichte Flächentragwerke, Universität Stuttgart, 145–152

Darwin C (1859) On the origin of the species by means of natural selection. London

Feldmann E (1944) Windkanaluntersuchungen am Modell einer Möwe. Luftfahrttechnik, 219–222

Harzheim L, Graf G (1995) Optimization of engineering components with the SKO method. In: Proc. 9. Internat. Conf. on vehicle structural mechanics and CAE, Cots automotive engineers, Inc 400 Commonwealth Drive, Warrendale, PA 15096-0001 USA, 235–243

Harzheim L, Graf G, Klug S, Liebers J (1999) Topologieoptimierung im praktischen Einsatz. ATZ Automobil-technische Zeitschrift 101 (7/8), 530–539

Harzheim L, Graf G (2002) TopShape: An attempt to create design proposals including manufacturing constraints. Intern. J. of Vehicle Design (IJVD), 28 (4)

Helmcke JG (1972) Ein Beispiel für die praktische Anwendung der Analogieforschung. Zit. Mittlg. d. Inst. f. leichte Flächentragwerke (IL), Univ. Stuttgart, 4, 6–15

Küppers U (1997) Der Natur abgeschaut. Bionische Rohrkrümmer minimieren Strömungsverluste. Chemietechnik 26(11), 85–87

Küppers U, Scheel A (1995) Evolutive Systemoptimierung - Von der Natur lernen zum Nutzen für Technik und Wirtschaft. In: Nachtigall W (Hrsg.): BIONA-Report 9, Akad. Wiss. Lit. Mainz, Fischer, Stuttgart etc., 177–181

Loder J (1975) Messung des Strömungswiderstands von Blut für verschiedene Hämatokritwerte. Studienarbeit Fachgebiet Bionik und Evolutionstechnik TU Berlin, unpubl.

Mattheck C (1992) Design in der Natur. Der Baum als Lehrmeister. Rombach, Freiburg

Mattheck C, Reuss S (1991) The claw of the tiger: An assessment of its mechanical shape optimization. J. Theor. Biol. 150, 323-328

Mattheck C, Reuschel D (1999) Design nach der Natur. Physik in unserer Zeit 30 (6), 253–258

Mattheck C, Breloer H (1994) Handbuch der Schadenskunde von Bäumen. Der Baumbruch in Mechanik und Rechtsprechung. Rombach, Freiburg

Nackenhorst U, Witfeld H (1996/97) Die Natur als Vorbild der Technik: Bauteiloptimierung nach physiologischen Regeln, Uniforschung, Forschungsmagazin der Universität der Bundeswehr Hamburg, 6./7. Jahrgang, Ausgabe 1996/97, 32–40

Nachtigall W (1971) Biotechnik. Quelle & Meyer, Heidelberg

Nachtigall W (1986) Konstruktionsmorphologie und Analogieforschung. In: Pflanzenbiomechanik (Schwerpunkt Gräser). Konzepte SFB 230, Heft 24, 21–66

Nachtigall W (1990) Teilgebiete der Bionik. In: Rundschreiben Nr. 2 der Gesellschaft für Technische Biologie und Bionik, Saarbrücken, p. 2

Nachtigall W (1992) Technische Biologie und Bionik. Ein neues Forschungs- und Ausbildungskonzept. Campus (Universität des Saarlandes) 2/92, 10–11

Nachtigall W (1995) Zum Optimierungsbegriff in der Biologie, Ableitung, Ansatzmöglichkeiten, Aussagegrenzen In: Kull V, Ramm E, Reiner R (Eds.): Evolution und Optimierung. Strategien in Natur und Technik. Hirzel, Stuttgart

Nachtigall W, Wisser A, Wisser C-M (1986) Pflanzenbiomechanik (Schwerpunkt Gräser). Konzepte SFB 230, Heft 24, 12–22

Rechenberg I (1965) Cybernetic solution path of an experimental problem. Royal Aircraft Establishment, Library Translation 1122, Farnborough

Rechenberg I (1978) Evolutionsstrategien. In: Schneider B, Ranft U (Hrsg.): Simulationsmethoden in der Medizin und Biologie, Springer, Berlin

Rechenberg I (1984). The evolution strategy. A mathematical model of Darwinian evolution. In: Frehland E (Ed.): Synergetics - from microscopic to macroscopic order, Springer, Berlin, 122–132

Rechenberg I (1988) Evolutionsstrategie. Arbeitstagung der Freien Akademie Berlin, 24.-27.3.1988

Rechenberg I (1994) Evolutionsstrategie - Optimierung technischer Systeme nach Prinzipien der biologischen Evolution. Frommann-Holzboog, Stuttgart 1973. Neubearbeitung (1994): Evolutionsstrategie '94. Gleicher Verlag

Rechenberg I (1989) Evolution strategy: Nature's way of optimisation. Lecture notes in Engineering. Vol. 47, Springer, Berlin

Scheel A (1994) Hypothesen zur evolutiven Optimierungsstrategie. Schriftenreihe der höheren technischen Bundeslehranstalt Weiz, Österreich

Schütz M, Schwefel H-P (2000) Evolutionary approaches to solve three challenging engineering tasks. Comput. Methods Appl. Mech. Engrg. 186, 141–170

Schwefel H-P (1968) Experimentelle Optimierung einer Zweiphasendüse. Ber. 35 AEG Forsch. Inst. Proj. MHD-Staustrahlrohr (Nr. 11034/68), Berlin

Schwefel H-P (1977) Numerische Optimierung von Computer-Modellen mittels der Evolutionsstrategie. Birkhäuser, Basel und Stuttgart

Schwefel H-P (1981/82) Evolution und Optimierung. Jahresberichte der KFA Jülich, 67–77

da Vinci L (1505) Sul volo degli uccelli. Florenz

Vogt U (1975) Zur Optik des Flusskrebsauges. Z. Naturforschung 30 c, 692

Kapitel 15

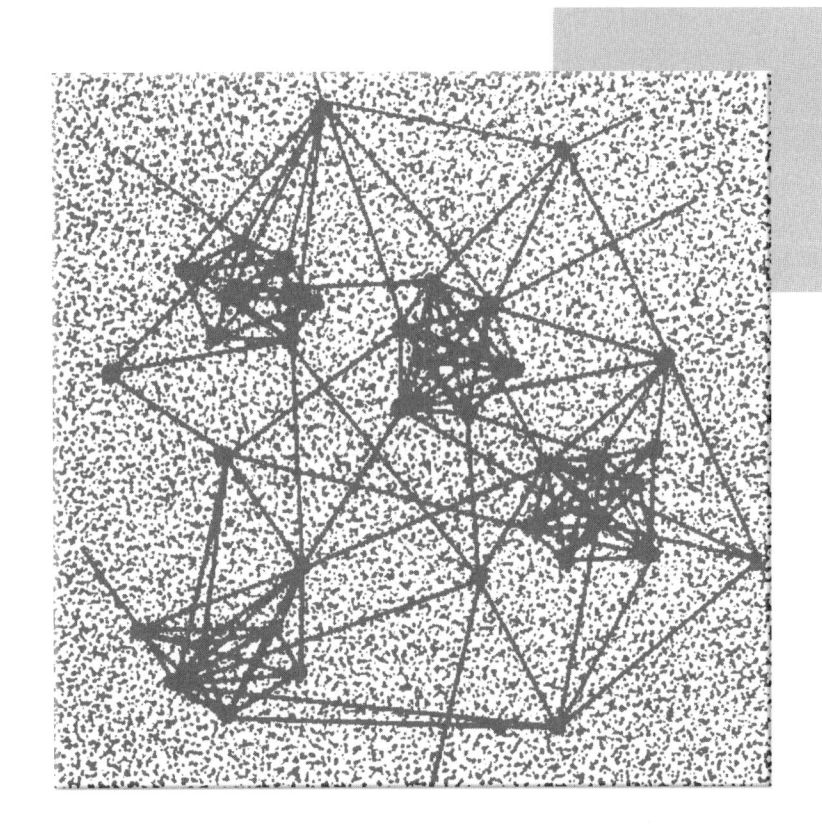

15 System und Organisation

15.1
Selbstorganisation – Ein Naturprinzip und seine sozioökonomische Anwendung

15.1.1
Über das Prinzip Selbstorganisation

Camazine et al. (2001) geben in ihrem Buch „Self-organisation in biological systems" dankens- (und ausnahms-)weise eine klare Definition über das, wovon ein Buch handelt: „Self-organization is a process in which pattern at the global level of a system emerges solely from numerous interactions among the lower-level components of the systems. Moreover, the rules specifying interactions among the system's components are executed using only local information, without reference to the global pattern."

Eine Gruppe von Arbeitern, die Anordnungen eines systemexternen Vorgesetzten durchführen, wären demnach, wie Haken (1977) ausführt, nicht selbst organisiert; würden sie dagegen ausschließlich durch systeminterne, laufende gegenseitige Abstimmungen an einem Projekt arbeiten, wären sie selbst organisiert.

Typische, sich selbst organisierende Systeme sind z. B. (vergl. Abb. 15-1) Windrippel auf einer Sanddüne, Bénard-Konvektionszellen in Flüssigkeiten, Spiralstrukturen bei Belousov-Zhabotinski-Reaktionen, die Art und Weise, wie Flechten auf einer Mauer wachsen und sich dabei gegenseitig abgrenzen und durchdringen, wie Muster auf Muschel und Schneckenschalen entstehen – ebenso auf der Haut von Korallenfischen, Zebras und Giraffen –, wie sich Fische und Vögel zu Schwärmen zusammenfinden. Die Form, wie sich Bienen zu einem funktionierenden Staat zusammen tun, wie sich Ameisen in einer fremden Umgebung oder über selbstgelegte Duftspuren orientieren gehört ebenso dazu wie die Art und Weise, wie Wanderameisen eine Ausbreitungsfront bilden oder wie zunächst wild durcheinander blitzende „Feuerfliegen" schließlich allesamt synchron blitzen oder schließlich wie Termiten kollektiv ihre Nester bauen.

Dazu kommt eine ungeheure Vielzahl biologischer Effekte auf molekularem und zellphysiologischem Niveau, z. B. die Formierung von Cytoskeletten, die submikroskopische Ausbildung von Chitin- oder Wachsoberflächen, die mikroskopische Strukturierung und Skulpturierung von Arthropodenskeletten und vieles andere mehr.

Insgesamt geht es hierbei um Musterbildung in Raum und Zeit. Wesentlich erscheint dabei, dass die sich ausbreitenden Informationen von lokalen Elementen ausgehen. Die Art und Weise, wie u. a. zwei Termiten zufällig zusammen arbeiten oder zusammen bauen

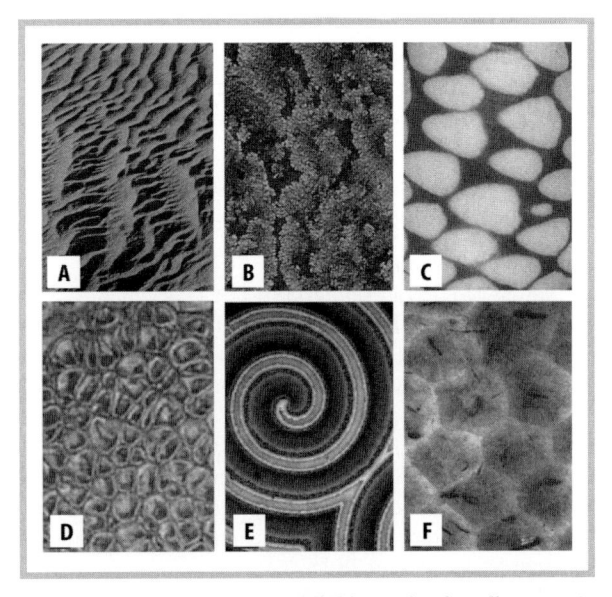

Abb. 15-1 Beispiele für Musterbildung durch Selbstorganisationsprozesse. **A** Sanddünenrippel, **B** Flechtenwachstum, **C** Schalenmuster Meeresschnecke, **D** Bénard-Zellen, **E** Belousow-Zhabotinski-Reaktion, **F** *Tilapia*-Nestaggregation (*nach Fotos verschiedener Autoren aus Camazine et al. 2001, jeweils Ausschnitte, neu zusammengestellt*)

oder zwei Ameisen in entgegengesetzter Richtung an einer Beute zerren, bis sich eine durchsetzt und damit die Richtung entscheidet – das sind typische Beispiele. Über die hier hereinspielenden Begriffe „dissipative Strukturen", „komplexe Strukturen" und „Chaos" existiert seit Längerem schon eine reichhaltige Literatur, bspw. die Übersicht von Prigogine und Glanzdorf.

Die Autoren beziehen zur Kennzeichnung des Wirkungsmechanismus der Selbstorganisation kybernetische Aspekte ein:

- *Negative Rückkopplung dämpft* Systemschwingungen
- *Positive Rückkopplung erhöht* Systemschwingungen
- *Positive Rückkopplung muss abgebrochen werden*, bevor sie ein System zerstört (Beispiel: Besetzung einer Nestfläche nach dem Motto „Ich baue mein Nest dort, wo auch andere ihr Nest bauen, sofern die Fläche noch nicht überbevölkert ist". Die positive Rückkopplung sorgt für eine gleichmäßige und dichte Nestplatzbesetzung, das genetische Programm sorgt für einen Abbruch vor Erreichen einer unfunktionell hohen Nestdichte)
- *Informationssammlung vom Nachbar* (Beispiel: Fisch-Schule: Ich schließe mich der größten bereits existierenden Fischgruppe an (positive Rückkopplung), es sei denn, der Abstand wird zu eng (negative Rückkopplung). Oder: Beispiel: Termitenbau: Informationssammlung von dem sich entwickelnden Projekt. Ein angefangener Termitenbau induziert das Weiterbauen.)

Die Eigenschaften sich selbst organisierender Systeme charakterisieren die Autoren wie folgt:

- Sie *sind dynamisch*
- Sie *zeigen Entwicklungsfähigkeit* (Larven des Borkenkäfers *Dendroctonus* tun sich dann stärker gehäuft zusammen, wenn die Ausgangsflächendichte der Larven größer ist. Bénard-Konvektionszellen ordnen sich schlagartig zu rechteckigen Strukturen, wenn die Hitzezufuhr ein Limit überschritten hat.)
- *Parameter tuning* (Im Sinne einer Bifurkation erzwingt eine auch nur geringe Änderung eines Systemparameters einen plötzlichen Übergang von einem Muster in ein anderes.)
- *Multistabilität* (Es können mehrere stabile Zustände oder Attraktoren auftreten, deren zeitliche Abfolge oft nicht vorhersehbar ist.)

In ihrer Zusammenstellung weisen Prigogine und Glanzdorf auch auf Alternativen und Fehleinschätzungen hin, die mit dem Begriff „Selbstorganisation" zusammenhängen und geben mathematische Näherungen.

Von den dreizehn Abschnitten zu Fallstudien handelt einer von der Mustergenerierung durch Bakterien und Myxomyceten, einer vom Schwarmverhalten der Fische. Alle anderen beziehen sich – die Autoren sind Entomologen – auf Insektstudien: Nahrungsaufnahme – Zusammenballungen von Borkenkäfern – synchronisiertes Blitzen von Glühwürmchen – Auswahl von Nektarquellen durch Honigbienen – Pfadformierung bei Ameisen – Ausschwärmen von Wanderameisen – Thermoregulation im Bienenstock – Wabenmuster bei Honigbienen – Bauten von Ameisen – Aufbau von Termitenhügeln – Struktur von Wespennestern – Hierarchie bei Feldwespen.

Mit dieser Fülle von Beispielen wird gezeigt, das auch komplexe Handlungen oder Bauwerke entstehen können, ohne das jeder Beteiligte einen vollständigen „Bauplan" kennen muss. In den Abschn. 15.2 und 15.3 dieses Buchs werden dazu, nach Originalarbeiten, kennzeichnende Beispiele gegeben. Darüberhinaus lassen sich die hier einerseits am Beispiel der Tierstaaten und des Aggregationsverhaltens, andererseits am Beispiel der Musterbildung bei chemischen und physikalischen Reaktion aufgezeigten Selbstorganisationsprinzipien auch auf das zelluläre und molekulare Niveau übertragen.

Ohne den souveränen Einbau von Selbstorganisationsprinzipien hätte die Evolution keine Chance gehabt, über präbiotische Aggregationen hinauszukommen. Selbstorganisation ist nicht auf das Leben beschränkt, doch ist das Leben erst durch den Einbau solcher Prinzipien erfolgreich und evolutionsfähig geworden; es zeigt nun Selbstorganisation auf sehr unterschiedlichen Niveaus und in sehr viel weitergehender Art als im Präbiotischen. Ein Grund, die biologischen Fassetten der Selbstorganisation zu studieren und zu versuchen, sie in bionischer Übertragung auf technische, möglicherweise auch wirtschaftliche, Prozesse anzuwenden.

15.1.2
Selbstorganisation in der Sozioökonomie

R. Reiner hat das Prinzip der im Abiotischen und im Biotischen auftretenden Selbstorganisation auf Organisitionsformen der menschlichen Zivilisation übertragen. Unter Selbstorganisation versteht der Autor „die Eigenschaft komplexer Systeme, aus unstrukturiertem Input eine innere Struktur, einen strukturierten Output zu schaffen".

15.1.2.1
Vergleichskenngrößen

Benutzt werden die folgenden Kenngrößen, die bei der biologischen Evolution für die Selbstreproduktion von Systemen sorgen:

- *Zufall (Mutation)*: Voraussetzung dafür, dass neue Aspekte in den Pool möglicher Alternativen einbezogen werden können.
- *Selektion*: Die evolutionäre Entwicklung folgt Pfaden zunehmender „Fitness"
- *Populationsprinzip*: Die Individuen einer Population besitzen unterschiedliche „momentane Fitness"; bei sich verändernden Rahmenbedingungen besitzt die Population dadurch mit höherer Wahrscheinlichkeit die nötige Fähigkeit zur Weiterentwicklung, als dies bei einer homogenen (geklonten) Gesellschaft möglich wäre.
- *Modularität*: Die Systeme sind nach einem Baukastenprinzip aufgebaut, das die Funktionssicherheit etwa beim Ausfall eines Teils erhöht und andererseits ganz unterschiedliche Varianten durchspielen lässt, die ohne dieses Prinzip zum Erreichen des gleichen Effekts zu viele Veränderungen gleichzeitig erforderlich machen würden.
- *Hierarchisierung*: Module können selbst wieder aus Modulen aufgebaut werden.

Diese Vergleichskenngrößen haben sich selbst erst im Laufe der Evolution entwickelt. Selbstorganisation scheint auch dafür ein maßgebliches Prinzip zu sein.

15.1.2.2
Voraussetzungen für eine Selbstorganisation

Als Paradigma für die Selbstorganisation gilt in der Physik der Laser. Er erzeugt kohärentes Licht, bei dem die Abstrahlung der Elektronen der einzelnen Atome „im Takt" erfolgt. Diese Kohärenz wird durch die Fähigkeit des Lasers zur Selbstorganisation erreicht. Die von den Elektronen erzeugte Lichtwelle wirkt auf die Abstrahlung der einzelnen Elektronen zurück; die Struktur (Kohärenz des Laserlichts) ist die Folge einer systeminternen Rückkopplungsschleife zwischen Makrostruktur (Lichtwelle) und Mikroverhalten (Strahlung der einzelnen Elektronen).

Wird dieses Prinzip verallgemeinert, so kann man sagen, dass die folgenden Voraussetzungen für das Auftreten von Selbstorganisationsfähigkeiten gegeben sein müssen:

- *offene Systeme*,
- die *hinreichend weit vom thermischen Gleichgewicht entfernt* sind und die
- eine *operationale Geschlossenheit* aufweisen.

Die letzte Eigenschaft ist Voraussetzung dafür, dass sich eine Rückkopplungsschleife zwischen der Makrostruktur und dem Mikroverhalten ausbilden kann. Selbstorganisation wird, wie in Abschn. 15.1.1 verdeutlicht, vielfach auch als „biologisches Prinzip" verstanden. Das ist zwar nicht unbedingt richtig, wie das Laser-Beispiel zeigt, doch wäre Leben ohne Selbstorganisationsprinzipien unvorstellbar. Es gibt demnach auch sehr viele Beispiele für Selbstorganisationsphänomene in der Biologie, die über die oben genannten hinausgehen, vom Räuber-Beute-System der Ökologie bis zu den Eigen'schen Hyperzyklen.

15.1.2.3
Selbstorganisation in sozioökonomischen Systemen

Sozioökonomische Systeme sind „eine Gesamtheit von ökonomischen Objekten und individuellem Verhalten von Entscheidungsträgern und den Wechselbeziehungen zwischen diesen Teilsystemen". Solche Systeme entwickeln sich evolutiv weiter, weil der Mensch die Fähigkeit zur sprachlichen Kommunikation und schriftlichen Tradition entwickelt hat: „Kulturelle Evolution". Wie können in diese Evolution die „biologischen" Prinzipien der Selbstorganisation eingebaut werden? Dass dies der Fall sein kann, ist nicht zu bezweifeln, denn sozioökonomische Systeme erfüllen die oben genannten Voraussetzungen. Auch sozioökonomische Systeme sind offene Systeme (bzgl. Energieaustausch, Informationsinput, Warenströmen etc.); sie erfüllen auch die Voraussetzung der operationalen Geschlossenheit.

Wenn die Gesellschaft denn als „sich selbst organisierendes System" betrachtet werden kann, so erzeugen Entscheidungen und Handlungen Einzelner eine Makrostruktur, die das individuelle Verhalten maßgeblich beeinflusst. In diesem Zusammenhang wird auf die Rückkopplungsschleifen in Abb. 15-2 verwiesen.

Abbildung 15-3 zeigt eine Gegenüberstellung biologischer und sozioökonomischer Systeme in Bezug auf die Kenngrößen Zufall – Selektion – Population – Modularität – Hierarchisierung; angefügt ist schließlich das hier zu besprechende Prinzip der Selbstorganisation. Damit sind gleichzeitig die einzelnen Schritte der Vorgehensweise formuliert, die angewendet werden müssen, um zu einem Simulationsmodell zu kommen.

Dieses sollte möglichst mathematisch formalisiert sein, doch auf dem Weg dahin sind qualitative und teilquantitative Zusammenhänge zu betrachten.

Die Kriterien der Abb. 15-2 sind dabei auf die Fragestellung zu projizieren. Man geht aus von empirischen Daten und versucht, zu Aussagen über das Marktpotenzial des betrachteten Marktsegments zu kommen. „Die Neuheit des Ansatzes besteht darin, dass das Modell sich nicht auf Gleichgewichtszustände beschränkt und daher auch für sich entwickelnde Märkte anwendbar ist. Eine Kalibrierung kann bereits kurz nach Markteintritt eines neuen Produkts erfolgen. Damit lässt sich über die anschließende Simulation des fiktiven Marktgleichgewichts das zu erwartende Marktpotenzial prognostizieren."

Ein solches Modellierungskonzept lässt sich auf eine große Zahl sozioökonomischer Fragestellungen anwenden.

15.1.2.4
Anwendungen

Das in seinen Prinzipien abgesteckte Modellierungskonzept wurde bisher u. a. auf die folgenden Fragestellungen angewandt und hat dort – z.T. sehr detaillierte und überraschende – Ergebnisse gezeigt: Nachfragedynamik in Energieversorgungssystemen – interregionale Migration (Einfluss von Wanderungen und Bevölkerungsaustausch auf eine regionale Bevölkerungsentwicklung) – Wählerwanderungen (interessant für die Wahlforschung) – Transportsysteme (zeitabhängige Auslastung von Verkehrsnetzen, Bevorzugung bestimmter Verkehrsmittel) sowie Investitionsverhalten (Abgleich von Risikobereitschaft und Renditeüberlegungen). Einzelheiten sind der Arbeit von Reiner (1992) zu entnehmen.

Bei allen Modellierungskonzeptionen hängt der Erfolg entscheidend davon ab, ob es gelingt, ein betrachtetes System adäquat zu definieren, d. h. auch abzugrenzen. Die hierfür relevanten Kenngrößen können kaum aus einer einzigen Wissenschaftsdisziplin kommen; interdisziplinäre Zusammenarbeit ist gefragt. Die Problemstellungen in Wissenschaft und Wirtschaft werden immer komplexer. Dafür braucht es ein angemessenes Behandlungspotenzial. Die Einbeziehung von Selbstorganisationsaspekten könnten hierzu einen wichtigen Baustein darstellen.

Watzlawick et al. haben das bereits 1969 fast prophetisch klar gesehen:

„Die Phänomene, die in den Wechselbeziehungen zwischen Organismen im weitesten Sinn des Wortes (Zellen, Organe, Organsysteme, komplexe elektronische Netze, Tiere, Personen, Familien, wirtschaftliche und politische Systeme, Kulturen, Nationen usw.) auftreten, unterscheiden sich grundsätzlich und wesentlich von den Eigenschaften der beteiligten Einzelorganismen.

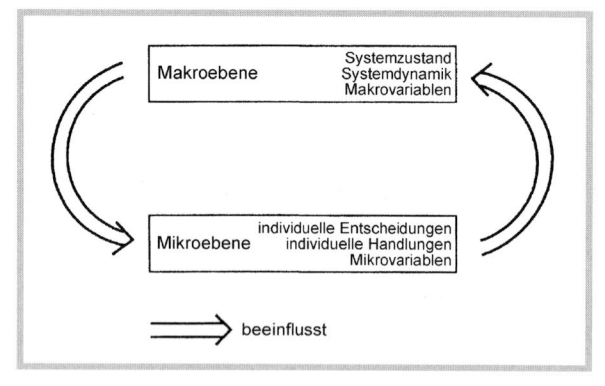

Abb. 15-2 Die Gesellschaft als sich selbst organisierendes System (*nach Reiner 1992*)

Prinzip	Biologisches System	Sozioökonomisches System
Zufall	Mutationen, die sich in der Regel auf einzelne Eigenschaften beziehen, sind nicht vorhersagbar.	Individuelle Gründe, Entscheidungsverhalten sind nur stochastisch behandelbar.
Selektion	In der biologischen wie in der sozioökonomischen Evolution wird „erfolgreiches Verhalten" selektiert. Der Begriff „Fitness" als Kardinalgröße ist in beiden Anwendungsbereichen nicht einfach fassbar. Damit ist eine Modellierung mit Methoden der technischen Optimierung weitgehend ausgeschlossen.	
Populations-prinzip	Dieses Prinzip bezieht sich nicht notwendigerweise immer auf Individuen, vielmehr ist es auch für die Behandlung von Verhaltensweisen relevant.	
Modularität und Hierarchisierung	Zellen, Organe, Individuen, Arten ... sind eine hierarchische Abfolge von Entitäten, die praktisch in jeder Stufe der Komplexität ihre eigene Relevanz haben.	Individualverhalten, Gruppenverhalten, Rechtssysteme, Staatsformen bilden eine Hierarchie von miteinander verknüpften Teilsystemen der Gesellschaft. Ähnliches gilt für die Reihe Individuum, Familie, Gruppe, Gemeinde, Land usw.
Selbst-organisation	Erst die Fähigkeit zur Selbstorganisation ermöglicht die Ausbildung von Strukturen in Systemen mit sehr vielen Freiheitsgraden, Systemen, die aus einer großen Zahl von miteinander wechselwirkenden Subsystemen aufgebaut sind.	

Abb. 15-3 Vergleich biologischer und sozioökonomischer Systeme (*nach Reiner 1992*)

Während diese Tatsachen in der Biologie und in ihr verwandten Disziplinen unbestritten akzeptiert wird, fußt die menschliche Verhaltensforschung noch auf monadischen Auffassungen vom Individuum und auf der ehrwürdigen wissenschaftlichen Methode der Isolierung von Variablen."

Nichtlineare Modellierung höchst komplexer, vermaschter Systeme unter Einbeziehung von Selbstorganisationsprinzipien ist die heutige Antwort auf diese frühe Kritik.

15.2
Molekulare Selbstorganisation – Oberflächen und Materialien

15.2.1
Sich selbst organisierende biomolekulare Materialien

Gießt man die Lösung einer Substanz, deren Moleküle lipophile und hydrophile Enden aufweisen, in einer monomolekularen Schicht auf eine Wasseroberfläche, so ordnen sich die Moleküle selbstständig parallel, mit den lipophilen Enden vom Wasser weg. Vergrößert man das Gussvolumen, so dass es für eine bimolekulare Schicht reicht, so ordnet sich die zweite Schicht mit den lipophilen Enden gegen die lipophilen Enden der ersten. Das ist das Prinzip der biologischen Einheitsmembran, der Phospholipid-Doppelschicht mit einer Gesamtschichtdicke von etwa 7 nm. Abbildung 15-4 A zeigt weitere, sich selbst organisierende Membranstrukturen; die Einheitsmembran ist rechts oben abgebildet. Durch Hochziehen von der Wasseroberfläche (rechts unten) kann die Polarität der Membran auch umgekehrt werden. Um Fettelemente können sich Phospholipide mit den lipophilen Enden rundum anlagern („Micellen"). In die Zelle aufzunehmende Partikel können mit Membranelementen umschlossen werden (Endocytose); die Bläschen können durch die Zelle wandern (Zytopempsis) und die aufgenommen Elemente können an anderen Stellen, evtl. verändert, wieder abgegeben werden, wobei sich die Bläschen-Membran in die dortige Membran integriert (Exocytose). Bei all diesen Vorgängen sind Grenzflächen-Selbstbildungsvorgänge beteiligt.

Die Mimese solcher Vorgänge könnte z. B. helfen, Medikamente über Barrieren in Zellen einzuschleusen, oder sie könnte die Basis für synthetische Materialien darstellen. Die zugrundeliegenden Einzelelemente oder -komplexe können dabei von durchaus unterschiedlicher Größenordnung sein, etwa zwischen 1 und 1000 nm (Abb. 15-4 B).

„Biomolecular self-assembling materials" – ein Projekt der National Academy of Sciences – nennt fünf allgemeine Eigenschaften, die biomolekularen Materialien ihre unverwechselbaren Eigenschaften geben:

– Die Wechselwirkung ihrer Moleküle beruht auf *unterschiedlichen, schwachen, von der Orientierung abhängigen Kräften.*

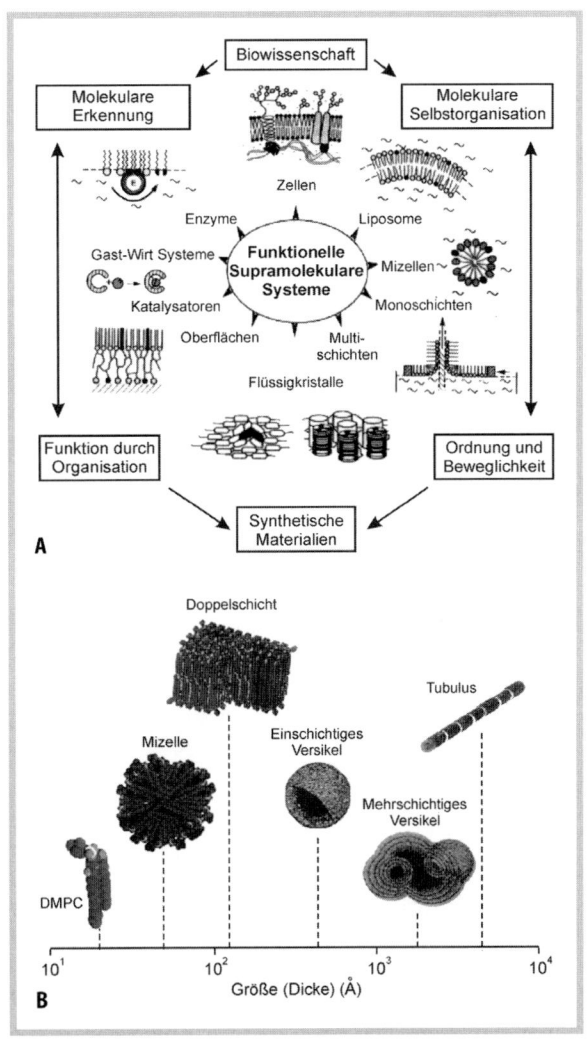

Abb. 15-4 Selbstorganisationsaspekte biomolekularer Materialien. **A** Einige Querbeziehungen zwischen biomolekularen Materialien im Bereich der belebten Welt (*nach Ringsdorf 1996, verändert*), **B** Größenskalen von Materialien nach A (*nach Schnur 1993, verändert*)

- Auf Grund der schwachen Interaktion sind *thermische Fluktuationen* wichtig.
- Die Materialien *orientieren sich i. Allg. selbst zu Strukturen* zwischen 10 nm und 10 mm Länge.
- Diese sich selbst organisierenden *Strukturen können hierarchisch aufgebaut sein*. Das heißt, sie umfassen unterschiedliche Längenskalen mit unterschiedlichen Funktionen für jede Skala.
- Die letztlich resultierenden *Systeme umfassen stets mehrere Komponenten*.

Die National Academy of Sciences gibt fünf zukunftsweisende Beispiele:

- *Polymer-Biosynthese.* Bio-basierte Polymere können z. B. natürliche Fasern sein, modifizierte natürliche Proteine oder synthetische, in der Natur nicht vorkommende Proteine.
- *Sich selbst organisierende Mono- und Multischichten.* Solche Schichten könnten eine Rolle in der hochauflösenden Mikro-Lithografie spielen. Sie haben Potenziale für chemische Sensoren, nichtlineare optische Elemente neuraler Netzwerke, ganz allgemein für funktionelle organische Filme.
- *Membranen mit Einbaumöglichkeiten.* Entsprechend den pflanzlichen Zellwänden könnten solche Membranen auf aktive Weise bspw. gebundene Proteine einbauen, kolloidale Partikel absorbieren etc.
- *Organisierte Strukturen auf mesoskopischer Skala.* Relativ hochmolekulare Gebilde lassen sich auf diese Weise formen, die kristalline Strukturen annehmen können, welche wiederum als Molekularsiebe gebraucht werden können.
- *Biomineralisation.* Biomolekulare Grundstrukturen können anorganische Komponenten anlagern. Dies ist bei Molluskenschalen der Fall, die auf diese Weise nachgeahmt werden können.

15.2.2
Selbstorganisation bei der Herstellung organischer Solarzellen

Organische Solarzellen setzen hochgeordnete Strukturen voraus, die technisch aufwendig sein können. L. Schmidt-Mende und Koautoren haben ein Verfahren entwickelt, bei dem sich zwei fotoaktive Substanzen selbstständig so organisieren, dass eine hocheffektive Fotovoltaik-Schicht entsteht. Voraussetzung dafür ist, dass sich die beiden verwendeten Substanzen in ihrer molekularen Organisation stark unterscheiden. Die eine,

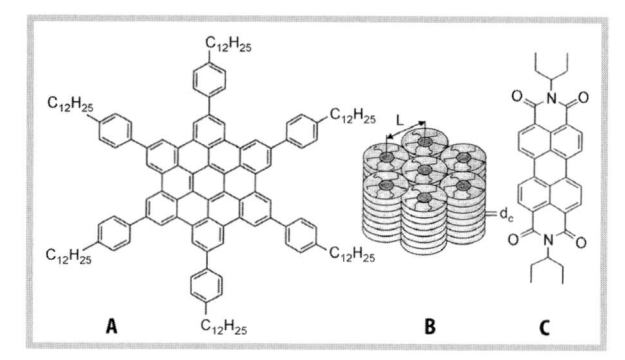

Abb. 15-5 Die bei der Schmidt-Mende-Zelle verwendeten, sich selbst in funktioneller Schichtung organisierenden Substanzen. **A** Hexabenzocoronen (HBC-PhC$_{12}$), **B** Stapelbildung von A; L = 34 Å, d$_c$ = 3,5 Å, **C** Perylen (*nach Schmidt-Mende et al. 2001*)

ein Hexabenzocoronen (HBC) ist ein großes Molekül von scheibenförmiger Gestalt (Abb. 15-5 A); die Scheiben ordnen sich selbständig zu Stapeln an (Abb. 15-5 B). Die andere, ein Perylenfarbstoff, weist eine ausgeprägte Vorzugsrichtung aus, so dass nadelförmige Kristalle entstehen (Abb. 15-5 C). Beide sind gute elektrische Leiter und besitzen – funktionelle Voraussetzung – etwas unterschiedliche Elektronenaffinität. Lässt man eine Lösung mit den beiden Substanzen auf die Mitte einer rotierenden Siliziumscheibe tropfen, so bildet sich eine oberflächennahe Mischschicht und eine oberflächenferne Schicht aus; Letztere enthält praktisch nur das Perylen. Lässt man die Sonne auf den so gewonnenen dünnen Film scheinen, so kommt es an der riesigen Kontaktfläche und auf Grund der unterschiedlichen Elektronenaffinität zur Ladungstrennung und zur Entfernung der unterschiedlichen Ladungen voneinander; von zwei Elektroden abgegriffen fließt über einen Außenwiderstand ein solargenerierter Strom. Der Wirkungsgrad soll an die 30 % (!) betragen. Das Herstellungsverfahren für das zwar hochkomplexe, infolge der Selbstorganisation aber unaufwendige Fotovoltaikmaterial ist ökologisch vorteilhaft, da es mit geringem Energieaufwand vor sich geht, und ebenso ökonomisch vorteilhaft, weil die Herstellung biegsamer und damit vielseitig anwendbarer Filme auf billige Weise möglich ist.

15.2.3
Selbstorganisation und Nanomaschinen

„Der fundamentalste Gegenstand nanotechnologischer und nanobiotechnologischer Ansätze besteht darin,

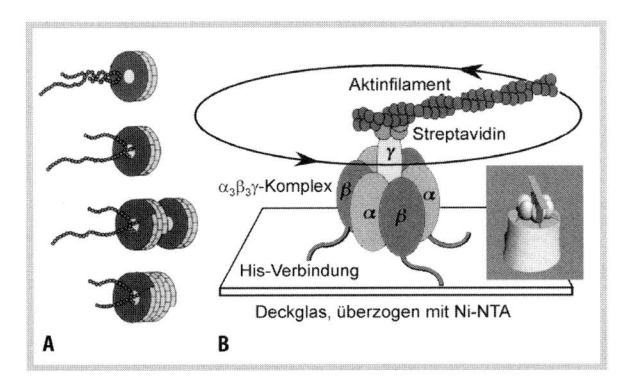

Abb. 15-6 Selbstorganisation und Nanomaschinen. **A** Selbstorganisation des Tabakmosaikvirus (*nach Hartmann 2001*), **B** Aus biologischen Funktionseinheiten komponierter Rotationsantrieb; Einschaltbild: entsprechende einzelne Nanomaschine. (*nach Montemagno, NBTC Cornell, aus Hartmann 2001*)

Baupläne und Ordnungsprinzipien der Natur in umfassender Weise zur Herstellung technischer Produkte zu verwenden. Dabei geht es insbesondere um eine konsequente Nutzung von Selbstorganisations- und Autoreproduktionsprozessen, wie sie bei der Entstehung der komplexen biologischen Funktionseinheiten realisiert werden. Um hierauf basierende Produktionsmethoden zu entwickeln, ist es zunächst einmal essenziell, die Prozesse zu verstehen und zu beherrschen, was Gegenstand intensiver Nanostrukturforschung ist", so der Saarbrücker Nanophysiker Uwe Hartmann.

Ein relativ gut verstandenes Beispiel für einen komplexen Selbstorganisationsmechanismus ist die in Abbildung 15-6 A dargestellte Entstehung des Tabakmosaikvirus.

Gelänge es, Selbstorganisationsprozesse wie beim Entstehen des Tabakmosaikvirus zur Herstellung von „Nanomaschinen" zu nutzen, so eröffneten sich Möglichkeiten, die unsere derzeitige technologische Kultur gänzlich umwälzen könnten. „Produktionsprozesse wären durch ein Minimum an Materialaufwand, durch ein Maximum an Fehlertoleranz, durch optimale ökologische Rahmenbedingungen und durch ein hohes Maß an Adaptivität geprägt. Die Herstellung von Funktionseinheiten, Bauelementen und Materialien würde in „Molekularfabriken" stattfinden. Molekulare Maschinen wie z.B. der in Abb. 15-6 B schematisch dargestellte Motor würden ihre Energie aus chemischen und fotochemischen Reaktionen beziehen oder ganz einfach aus der thermischen Anregungsenergie. Die sich selbst organisierenden Motoren (Einzelbeispiel Einschaltbild in Abb. 15-6 B) könnten myriadenfach angeordnet werden, um ein komplexes Logistiksystem zu realisieren.

In ähnlicher Weise sind auch Linearantriebe auf einer Nanometerskala realisierbar, indem gezielt das Adressieren und Lösen bestimmter Bindungspositionen genutzt wird.

Nicht nur im Bereich mechanischer Maschinen, sondern auch im Bereich der Elektronik könnten nanobiotechnologisch hergestellte Bauelemente zu einer industriellen Umwälzung führen. Gegenstand der Bemühungen sind letztendlich insgesamt Maschinen, die mit einer gewissen Sensorik, Aktorik und Eigenintelligenz ausgestattet sind.

Es ist evident, dass sich angesichts der außerordentlichen Leistungsfähigkeit biologischer Systeme langfristig ausgerichtete nanotechnologische Ansätze auf den direkten Einsatz biologischer Bausteinen auf breiter Front, z.T. in Kombination mit Festkörpertechnologie, und auf die Entwicklung bioinspirierter Ansätze wie z.B. neuronale Netzwerke, oder auf biomimetische Vorgehensweisen etwa bei der Materialentwicklung konzentrieren sollten. Aus Sicht maximaler Miniaturisierung bei maximaler Funktionalität der Organisationseinheit würden biologische Moleküle die ultima ratio für elektronische Bauelemente darstellen.

In der Tat gibt es eine Fülle vielversprechender Resultate der Grundlagenforschung, die auf der Basis molekularelektronischer und fotochemischer Ansätze weitere Forschungen in diesem Bereich massiv rechtfertigen".

15.3
Organismische Selbstorganisation – Ameisen und Verwaltungen

15.3.1
Ameisenartiges Zusammenarbeiten autonomer Roboter

Wenn autonome Kleinroboter Rasen mähen oder Staub saugen sollen, müssten sie in irgendeiner Weise zusammenarbeiten, am besten ohne direkte Kommunikation und ohne ein übergeordnetes Steuer- und Regelzentrum. Ameisen, die den Bau „unkoordiniert" aber äußerst effektiv versorgen, tun das ja auch, wie H. Schmundt in einem Spiegel-Artikel feststellt. An mehreren Stellen wird an solchen Projekten gearbeitet, z.B. von R. Kube und E. Bonabeau vom Edmonton Research Parc, University of Alberta. Roboter dieser Art wären vergleichsweise billig herzustellen und der Ausfall einzelner oder mehrerer würde das Gesamtsystem nicht zusammenbrechen lassen. Ein Studentenprojekt hatte bspw. die Aufgabe, in einem umgrenzten Gebiet sechs Roboter so laufen zu lassen, dass zufällig verteilte Pingpong-Bälle auf einen Haufen transportiert werden. Das geschieht, wenn jeder Roboter für sich dem folgenden einfachen Programm folgt: „Trifft der Roboter in Bahnlängsrichtung auf eine Kugel, so nimmt er sie mit und dreht sich dabei um einen 30°-Winkel. Trifft er auf eine zweite Kugel, tut er das Gleiche. Trifft er auf eine dritte Kugel, so legt er beide Kugeln ab, dreht sich um 180° und sucht weiter."

Ameisen tragen Futter auf kürzestem Weg in ihren Bau. Um Hindernisse laufen sie zunächst statistisch herum und legen Pheromonspuren, von denen eine letztlich von allen Ameisen übernommen wird (vergl. Abschn. 15.3.3): Da auf kürzeren Wegen ein größeres Gedränge mit größerer Pheromonabgabe herrscht, wird letztlich der kürzere Weg herausselektiert.

Informatiker haben für die Brennstofffirma Pina Petroli am Luganer See, die viele schwer erreichbare Einzelgehöfte zu versorgen hat, ein „Ant collective optimization program Aco" entwickelt, mit dessen Pfadfinder-Techniken Speditionen ihre Routenpläne besser festlegen können. M. Dorigo vom Institut für Künstliche Intelligenz Iridia in Brüssel ist einer von etwa 200 Informatikern, die sich weltweit mit Problemen dieser Art befassen. Für seine Doktorarbeit schrieb er ein Programm, „das die Ameisen-Duftstoffe nachahmt: Jedes Datenpaket hinterlässt eine Spur von Informationen, die mit der Zeit automatisch schwächer werden: die Codezeilen „verdunsten" nach Vorbild der Ameisen-Pheromone. Wenn sich viele Datenpakete auf demselben Lösungspfad tummeln, verstärkt sich dort der „Duft" des Erfolgs – und lockt so weitere Datenpakete an. Umständliche Lösungspfade dagegen veröden."

MIT-Forscher haben fingergroße „Kunstameisen" gebaut, die Infrarotsignale abgeben und aufnehmen können. Mit einfachstem Datenaustausch konnte z. B. erreicht werden, dass die „Ameisen" einer „Leitameise" folgen oder sich – im Gelände freibeweglich – alle um eine „Futterquelle" sammeln. Es genügt, wenn die erste Ameise, die Futter gefunden hat, ein Signal „Futter gefunden" ausstrahlt. Nahegelegene Ameisen, die dieses auffangen, reagieren mit dem Signal „Ameise gesehen, die Futter hat" und bewegt sich auf die erste zu. Jede weitere Ameise bewegt sich auf das Signal der vorhergehenden zu. Letztendlich kommen sie dadurch alle zusammen.

Programme dieser Art haben schon in die Anwendung geführt. Der Autokonzern Daimler Chrysler ließ

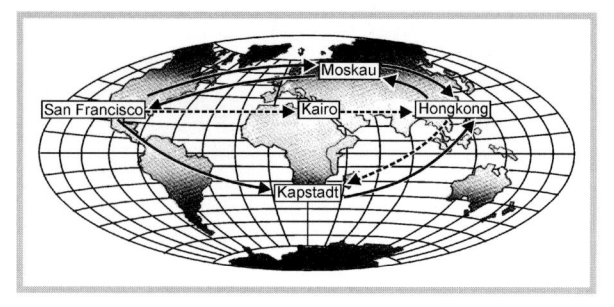

Abb. 15-7 Routenplanung mit Ameisen-Software. (*nach Schmundt 2000*)

bereits testen, wie die Abläufe an den Lackier-Förderbändern mit Hilfe solcher Programme verbessert werden könnten. Und beim kanadischen Unternehmen Alcan kommen derartige Programme sogar schon zum praktischen Einsatz. In einer Fabrik des zweitgrößten Aluminium Herstellers der Welt haben gleichsam elektronische Ameisen das Kommando übernommen; sie helfen, Maschinen, Schmelzöfen und Transportbänder präzise aufeinander abzustimmen. Mit diese Steuer-Software, die sich wie ein Ameisenvolk verhält, konnte die Effizienz in einigen Bereichen um bis zu 10 % gesteigert werden.

Abbildung 15-7 verdeutlicht den Einsatz der Ameisen-Strategie für die Routenplanung im Internet. Sobald eine E-Mail die schnellstmöglichste Route durch das Internet gefunden hat, hinterlässt sie eine Datenspur. Dieser folgen dann die weiteren E-Mails.

15.3.2
Nistplatzfinden und Verteidigungsverhalten bei Honigbienen

Wenn Bienen ausgeschwärmt sind und einen neuen Nistplatz suchen, schicken sie von vorläufigen Ruheplätzen Schwarmbienen aus, welche die Gegend erkunden. In einem kompliziert erscheinenden Entscheidungsprozess wählen sie aus und siedeln dann neu an einem besonders geeigneten Ort. Bienenforscher wie P. Visscher, S. Camazine oder J. Millor haben sich mit dieser Problematik befasst. „Die kollektive Entscheidung eines Schwarms scheint nicht auf komplexe kognitive Vergleichsleistungen zu beruhen, sondern auf eher beschränkten kognitiven Aufgaben und Rückmeldungen. Obgleich selbstorganisiert ist dieser Prozess verhaltensmäßig selektiert. Auf diese Weise formt die Natur Komplexität, allerdings auf der Basis vorhandener lokaler Information und einfacher Gesetzmäßigkeiten."

Im Laufe der Explorationszeit sammeln sich immer mehr Schwarmbienen an geeigneten Nestorten an: positive Recruitment-Rückkopplung. Nach einigen Tagen haben sich alle tanzenden Bienen auf diesen einen Ort eingestellt (scheinbar „geeinigt"), den der Schwarm dann auch aufsucht. Dabei erfolgt das Übernehmen der Tanzinformation von Pfadfinderbienen zufällig. Weitere Pfadfinderbienen folgen z. B. den Tanzangaben für zwei unterschiedliche Nestorte proportional der Menge der vorhergehenden Pfadfinderbienen, die für einen jeweiligen Ort tanzen. Wenn aber keine Alternativen geboten werden, die Bienen also nicht vergleichen können, erreichen sie auch nicht oder nicht so rasch eine einheitliche Entscheidung. Daraus folgt, dass offensichtlich einfache kognitive und verhaltensmäßige Prozesse das „Sich einigen auf einen endgültigen Nestort" bestimmen. Es wird damit die (komplexere) Hypothese unwahrscheinlich, dass die Pfadfinderbienen verschiedene Nestorte explorieren, vergleichen und anderen auf irgend eine Weise den geeignetsten Ort als solchen mitteilen können. Das genannte einfachere Verfahren, arbeitet wohl mit stochastischen Faktoren (u.a. individuelle Unterschiede innerhalb der Bienen, für die Entdeckung nötige Zeit). Nach einiger Zeit fallen die ersten Pfadfinderbienen (Spurbienen) aus und die „Folgegeneration" setzt diesen Entscheidungsprozess fort, bis im Auswahlversuch (Abb. 15-8 A) eine – die ungünstigere – Alternative „überstimmt" worden ist.

Der Effekt, ein gemeinsames, nicht leicht definierbares Ziel aus einer Serie von Alternativen auszuwählen und diesem dann auch zu folgen, basiert also offensichtlich nicht auf einer komplexen Kenntnis aller Parameter der verschiedenen Ziele, einem Abgleich und einer vergleichenden Entscheidung, sondern auf einer Art Lawine positiver Rückkopplung, die Alternativen sukzessive ausblendet bis eine Möglichkeit übrig bleibt, auf die sich das System in scheinbar demokratischer Weise „geeinigt" hat.

Selbstorganisationsvorgänge bestimmen offensichtlich auch das Verteidigungsverhalten von Honigbienen. Verhaltensforscher haben in einer Entfernung von 0,5 m vom Nesteingang Bienen zwei 22 × 15 cm große Lederlappen, getrennt durch einen 50 cm Abstand, geboten. Diese Lappen wurden mit Stichen attackiert. Abbildung 15-8 B zeigt die Stichverteilung bei dem stärker attackierten Lappen – den mittleren Anteil der Stiche am stärker attackierten Lappen im Verhältnis zur Gesamtstichzahl auf den beiden Lappen – als Funktion der Gesamtstichzahl auf den beiden Lappen. Die charakteristische Verteilung der Mittelwerte a, b, c wird als klassisches „Bifurkation"-Phänomen der nichtlinearen Dynamik interpretiert. Dies bedeutet, dass sich aus zunächst kleinen anfänglichen (mehr zufälligen, aber doch signifikanten) Unterschieden (Region a in Abb. 15-8 B), d.h. auch aus zunächst kleinen Unterschieden in der Attraktivität von Angriffszielen, große Unterschiede herausorganisieren und damit den Angriff auf eines der beiden Ziele fokussieren (b). Nach einiger Zeit verlaufen sich die Unterschiede wieder (c), vielleicht auch ausgelöst durch mechanische oder chemische Hemmfaktoren (zu viele Bienen auf dem bevorzugten Ziel machen sich Raumkonkurrenz, zu viel pro Stich freigesetztes Pheromon erreicht eine Sättigung etc.).

Die Einbeziehung von Selbstorganisationsprozessen in die modellmäßige Abstraktion des Stichverhaltens gibt Hinweise darauf, warum die Bienen fähig sind

- Angriffsziele zu lokalisieren und sich *auf eines davon zu konzentrieren*
- bei unterschiedlichen Völkern *unterschiedliche Angriffsintensität* auszubilden
- innerhalb eines Volks *zeitliche und örtliche Variabilität* auszubilden
- *kleine Unterschiede* zwischen ähnlichen Zielen *zu „verstärken"* und sich damit, zumindest für einige Zeit, auf ein Ziel zu konzentrieren.

15.3.3
Organisation von Erkundungspfaden bei Ameisen

Der Biologe J. L. Deneubourg von der Universität Bruxelles und Koautoren haben untersucht, wie die Argen-

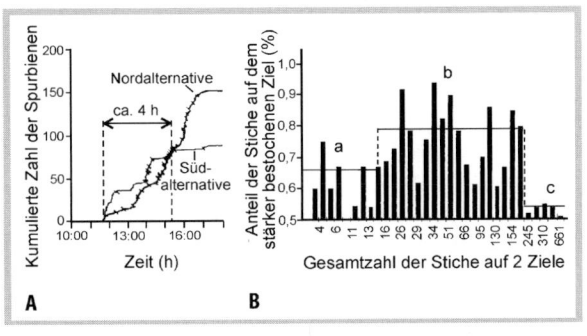

Abb. 15-8 Selbst organisiertes Verhalten von Honigbienen. **A** Auswahl einer (der nördlicheren) Nestalternative zu Ungunsten einer anderen bei Schwarmbienen (Ausschnitt). Gleiche Häufigkeit findet sich vier Stunden nach Beginn des Entscheidungsprozesses (*nach Visscher, Camazine 1999*). **B** Stichanteil auf dem stärker gestochenen von zwei gleichartigen Zielen vor einem Bienenstock (*nach Millor et al. 1999*)

tinische Ameise *Iridomyrmex humilis* auf einer knapp 1 m² großen Sandarena die Umgebung erkundet und welches Erkundungsmuster dabei eingestellt wird. Es werden immer mehr Kundschafter rekrutiert, während sich der Ameisenzug vergrößert und vorne verbreitet (Abb. 15-9 B). Er ähnelt damit stark den Erkundungszügen von Wanderameisen. Dabei scheint das kollektive Muster auf schlichten, sich selbst verstärkenden Interaktionen zwischen den Einzelameisen zu beruhen, die einfach reagierende, identische Elemente darstellen. Man kann dieses autokatalytische Verhalten deshalb auch als Selbstorganisation bezeichnen. Autokatalyse würde in diesem Fall bedeuten, dass die Bewegungen einer Erkundungsameise von denen der vorhergehenden Erkunder bestimmt oder mitbestimmt werden. Dies ist der Fall, weil die Ameisen Pfad-Pheromonen folgen, die vorhergehende Ameisen gelegt haben. Man kann das in einem Entscheidungsexperiment mit einer Papierbrücke mit zwei Möglichkeiten (Einschaltbild in Abb. 15-9 A) zeigen. Zunächst werden beide Brückenhälften mit gleicher Wahrscheinlichkeit durchschritten. Kleine Abweichungen verstärken sich aber, und nachdem etwa 1000 Ameisen durchgelaufen sind, bevorzugen 90 % eine der beiden Brücken. Geht man davon aus, dass jede Ameise laufend binäre Entscheidungen macht, so kommt man zu einem zweidimensionalen Netzwerk nach Art des Einschaltbilds in Abb. 15-9 C, linkes Teilbild. Eine entsprechende Monte-Carlo-Simulation ergibt Verteilungen, die den beobachteten durchaus ähnlich sind (vgl. Abb. 15-9 C mit Abb. 15-9 B). Prinzipiell ähnliche Muster zeigen auch ausschwärmende Wanderameisenarten (Abb. 15-9 D), wie Franks und Koautoren festgestellt haben.

Mit einem Algorithmus konnte gezeigt werden, wie sich das Ausschwärmverhalten einer Ameisenkolonie aus einfachen Regeln des individuellen Verhaltens erklären lässt. Wichtig erscheint, dass die Individuen dabei keinerlei vergleichende Beurteilungen ausführen; die Art und Weise wie sie ausschwärmen, ist *nur* auf die Interaktionen zwischen Einzelindividuen zurückzuführen. Bei der Beschreibung der Wahl zweier Wege oder des Anpeilens zweier Nahrungsquellen etc. resultieren Kurven, die denen in Abb. 15-9 A ähneln.

Es zeigt sich auch hier wieder, dass scheinbar komplexe Verhaltensmuster auf ganz einfache Elementarentscheidungen und eine strukturelle Basis (Pheromon-Spuren) zurückgeführt werden können, welche die Datenverarbeitungskapazitäten der Einzelelemente (hier Einzelameisen) nicht überfordern. Die 2D-Simulation

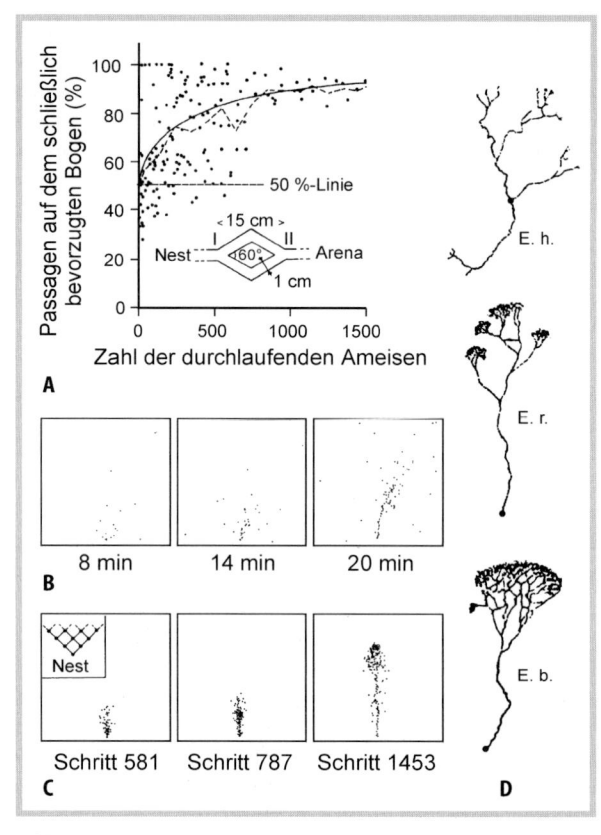

Abb. 15-9 Organisation eines Erkundungsmusters bei der Argentinischen Ameise *Iridomyrmex humilis*. **A** Einschwingen auf eine der beiden im Einschaltbild gezeichneten Passagen, **B** Musterentwicklung einer Kolonie von 600 Arbeiterinnen auf 0,8 m × 0,8 m Sandboden. (Jeder Punkt stellt eine Ameise dar), **C** Musterbildung einer Monte Carlo-Simulation der Erkundung eines 2D-Netzwerks (Einschaltbild) (300 „Ameisen", jeder Punkt stellt zumindest eine „Ameise" dar) (nach Deneubourg et al. 1990), **D** Ausschwarmmuster dreier Wanderameisenarten: *Eciton hamatum, Eciton rapax, Eciton burcheli* (nach Franks et al. 1991, basierend auf Burton, Franks 1985)

zeigt eben, „that the ants, whose trail-laging and trail-following behavior is reduced to its simplest expression, generate all the features of the complex collective pattern observed".

15.4
Suchstrategien beim Absuchen von Arealen

Wie kleine Insekten mit einer beschränkten Anzahl datenverarbeitender Neurone die Umwelt erkunden, das ist nicht nur als biologische Grundlagenforschung, sondern auch als Basis für Algorithmen zur technischen Bewertung und Auswahl von Zielobjekten interessant.

Der Tübinger Biophysiker K. G. Götz hat dazu Messungen im Flugsimulator und in der Wahlarena mit Taufliegen *Drosophila melanogaster* gemacht und schreibt einleitend: „Um erfolgreich nach Futterquellen und Artgenossen suchen zu können, haben alle Lebewesen im Verlauf ihrer Evolution geeignete Suchstrategien entwickelt und optimiert. Verhaltensstudien an Tieren mit verhältnismäßig kleinen Nervensystemen vermitteln eine Vorstellung von den Grundlagen der einfacheren Suchstrategien, die sich möglicherweise technisch verwerten lassen. Das bisher kaum erschlossene Gebiet verspricht den Naturwissenschaftlern neue Erkenntnisse und den Technikern neue Anregungen.

Die 1 mg schwere Taufliege *Drosophila melanogaster* ist darauf angewiesen, die im Folgenden als „Figuren" bezeichneten visuellen Objekte vor dem „Hintergrund" ihrer Umwelt zu entdecken, anzusteuern und auf ihre Verwendbarkeit zu untersuchen. Mit etwa 100 000 Nervenzellen ist ihr Nervensystem etwa 100 000mal kleiner als das menschliche Gehirn. Ihr Gesichtsfeld erfasst gleichzeitig 86 % der gesamten Umgebung. Dieses Weitwinkelpanorama wird in etwa 1400 retinale Bildpunkte zerlegt und erzeugt in den entsprechenden Schichten des visuellen Nervensystems landkartenartige Erregungsmuster für spezielle Reizeigenschaften, wie z.B. die Rückwärts-, Vorwärts-, Aufwärts- und Abwärtsbewegung sichtbarer Umweltstrukturen. Die Errechnung dieser Erregungsmuster und ihre Auswertung bei der Kurs- und Höhensteuerung im freien Flug beanspruchen einige Prozent des gesamten Nervensystems. Man kann dieses Teilsystem als einen parallel organisierten neuronalen Prozessrechner auffassen, der die Lauf- und Flugbewegungen bei Ortsveränderungen in einer ruhenden Umwelt stabilisiert. Untersuchungen an diesem Teilsystem können dazu beitragen, die Konstruktionsprinzipien des neuronalen Prozessrechners zur Verarbeitung visueller Erregungsmuster und die bisher noch weitgehend unbekannten Instruktionsprinzipien für den Aufbau dieses Rechners im Entwicklungsstadium der Fliege besser zu verstehen."

Dazu einige Ergebnisse, die eine Beteiligung des visuellen Systems an der Bewertung und Auswahl von Zielobjekten erkennen lassen. Bei den Versuchen wurde die Fliege u.a. in Konflikt zwischen zwei oder mehreren identischen oder mehr oder minder unähnlichen Zielobjekten gebracht.

1 Dabei hat sie u.a. gezeigt, dass sie eine Strategie entwickelt, die auf *ständigem spontanen Wechsel des Zielobjekts beruht*. Dies erleichtert die Suche nach lohnenden Objekten. Die Strategie verhindert, dass die Fliege am erstbesten Objekt „hängen bleibt".

2 Gibt es keine Zielobjekte auf der Arena, so macht *Drosophila Erkundungsläufe, die in flächendeckendes Suchen übergehen*. Die mittlere freie Weglänge (bevor die Fliege einen Knick in ihrer Suchbahn macht) ist zunächst klein und steigert sich im Verlauf etwa einer halben Stunde: „Beim Fehlen von Zielobjekten erhöht sich die Reichweite der Fliege und damit die Wahrscheinlichkeit, in ergiebigere Gebiete vorzudringen."

Die Fliegen orientieren sich somit wie folgt: Sie laufen auf nähere Einzelobjekte zu. Bei konkurrierenden Objekten wechseln sie die Präferenz nach objektunabhängigen Kriterien, wodurch sich dann der Sucherfolg erhöht und eine Objektbindung nicht eintritt. Bei fehlenden Objekten verfolgt die Fliege eine Strategie zeitlich zunehmender Laufarialvergrößerungen zum Vordringen in Gebiete mit möglichen neuen Objekten. Bei mehreren Objekten führt ihr Verhalten zur Kombination der Punkte (1) und (2).

Das Einbringen von Algorithmen für die einfachen Suchstrategien der *Drosophila*-Fliege in technische Orientierungssysteme „könnte bei geringem technischen Aufwand erheblichen Nutzen bringen".

15.5 Biologische Verpackungsstrategien – Entwicklung umweltökonomischer Verpackungen

15.5.1 Sichtweisen des Deutschen Verpackungsinstituts

In den 90er-Jahren hat die Verpackungsindustrie erkannt, dass sie ihre Produkte „ganzheitlich" betrachten und werten muss, sollen sie in Zeiten steigenden Umweltbewusstseins Bestand haben oder sogar eine Vorreiterrolle spielen. Das Deutsche Verpackungsinstitut DVI sieht Verpackungen eingebettet in den Waren- und Wirtschaftskreislauf (Abb. 15-10), der letztlich in die komplexen Wirtschafts- und Ökosysteme unserer Erde einzubinden ist. „Zukünftig werden Unternehmen und Produkte jeder Art nicht nur nach ihrer Wirtschaftsbilanz, sondern auch nach ihrer Umweltbilanz beurteilt." Wie richtig! Verpackungen werden also bionisch ausgerichtet sein müssen.

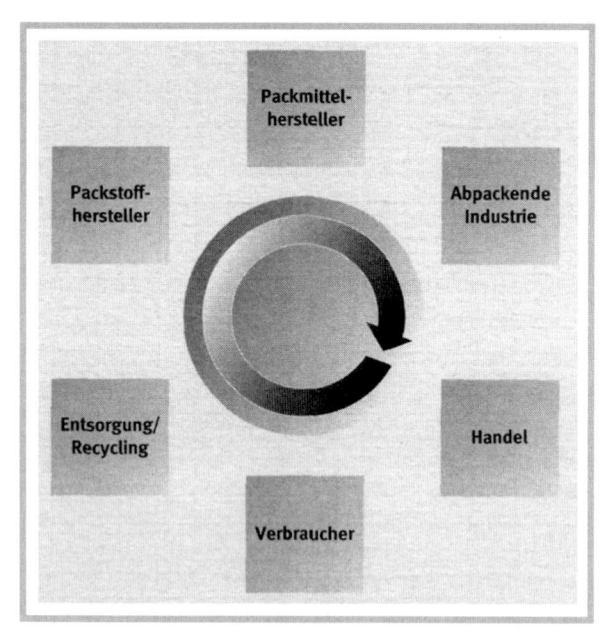

Abb. 15-10 Waren- und Wirtschaftskreisläufe aus der Sicht des Deutschen Verpackungsinstituts (*nach DVI: Verpackung im Dialog 1995*)

Die neue Verpackungsordnung hat einen Innovationsschub bewirkt, der die „3Vs – Vermeiden, Vermindern, Verwerten" – von einer lästigen Begleiterscheinung zu einem Innovationsfaktor gemacht hat. Das 1990 gegründete DVI sieht denn auch eine seiner Zielsetzungen darin, „den Sinn von Verpackungen in ganzheitlicher Betrachtungsweise begründet und gesicherte Erkenntnisse zu Verpackungsfragen sachlich darzustellen, und zwar in Abwägung der naturwissenschaftlichen, technischen, ökonomischen und ökologischen Aspekte sowie der Wechselbeziehungen zwischen Ware und Verpackung. Damit ist also eine gewisse Sensibilität erreicht worden und eine Basis gegeben für bionische Aspekte zur Verpackungswirtschaft, die ja per se fachübergreifend, ökologisch eingebettet und ganzheitlich zu sehen sind. Die Berliner Bioniker U. Küppers und H. Tributsch haben dazu 2001 ein Buch publiziert, in dem sowohl Einzelbeispiele als auch deren Vermaschungen zu Gesamtsystemen dargestellt sind.

15.5.2
Umweltökonomische Verpackungsorganisation

Im Abschnitt 13.8 werden natürliche Verpackungen als vielseitige Optimalkonstruktionen vorgestellt. Hier nun geht es darum, Strategien, mit denen die Natur Verpackung im Kreislauf hält, auf ihren Nutzen für eine nachhaltige Verpackungsentwicklung für den Menschen abzuklopfen.

Dies ist gerade auch deshalb wichtig, weil das herkömmliche Verpackungsmanagement immer weniger mit den klarer und klarer sich abzeichnenden umweltökonomischen und umweltpolitischen Grenzen zurechtkommt. U. Küppers und H. Tributsch haben sich auch dazu detailliert geäußert.

15.5.2.1
Alte und neue Zielkriterien der Verpackungstechnik

Wie bei anderen Aspekten der Bionik ist es wichtig, auch hier gleich eingangs klarzustellen, dass man weder natürliche Strukturen noch natürliche Verfahrensweisen im 1:1-Verfahren übernomen werden können. Die wesentlichen Punkte sieht U. Küppers so:

– „Biologische Verpackungen sind in ihrem natürlichen Umfeld optimierte *Produkte evolutionärer Entwicklungsprozesse.*
– *Technische Verpackungen optimieren Zielvorgaben nach technisch-wirtschaftlichen,* gesetzlichen und anderen *Kriterien* bzw. Randbedingungen.
– Daher sind blaupausenartige Kopien biologischer Verpackungen für die Lösung technisch-wirtschaftlicher Verpackungsprobleme reine Scharlatanerie. Die Verpackungsbionik interessiert sich vielmehr für die *Mechanismen, die zu energetisch und stofflich optimalen Verpackungsergebnissen geführt haben.* In einem zweiten Schritt versucht sie, aus dieser Erkenntnis *ingenieurmäßige Lösungen abzuleiten* und unter Berücksichtigung technisch-wirtschaftlicher Randbedingungen *bionische Produkte und Verfahren zu entwickeln.*"

Eine Neuordnung der Verpackungsstrategien auf diesem Planeten ist allein schon deshalb nötig, weil in Zukunft die Marktposition einer jeden Facette in unserer Industrie nur dann gesichert oder gar ausgebaut werden kann, wenn die bisherigen, auf das Wachstum ausgerichteten betriebswirtschaftlichen Ziele durch neuartige, umweltökonomisch ausgerichtete Ziele ersetzt werden. Dies gilt im Bereich der Verpackung für Verpackungsstoffe selbst, für die Hilfsstoffe, für die Fertigungsverfahren, die Transportwege, die Entsorgung und so fort. Es gilt in prinzipiell gleichartiger Form für jedes industrielle Produkt und jedes industrielle Verfahren. In jedem Fall wird in Zukunft eine neue systemische Art unternehmerischen Einsatzes gefordert werden.

15.5.2.2
Technische Verpackungen und Ökologie

Es gibt bereits eine große Zahl von Verpackungen die hinsichtlich eines einzigen Ziels hochentwickelt sind, nämlich den Inhalt optimal zu schützen. Die Palette reicht von Faltschachteln über Umzugkartons, Füllmaterialien bis zu den Elementen zum Öffnen und zum Verschließen. Die drei marktwirtschaftlichen Hauptaspekte unserer derzeitigen Verpackungen sind:

- *Qualitätssicherung*: Schützen des Inhalts
- *Warentransport*: Rationeller Umschlag
- *Information/Marketing*: Information über den Verpackungsinhalt

Diese marktwirtschaftlichen Kriterien werden in Zukunft jedoch nicht mehr die eigentliche Hauptrolle spielen. Gründe dafür sind u. a.:

- *Umweltprobleme* bei exzessiv genutzten Rohstoffen
- *Entsorgungsprobleme* bei vielen bisher verwendeten Materialien
- *Umweltprobleme* bei der Herstellung und der Wiederverwertung bestimmter Verpackungsmaterialien
- *Akzeptanzprobleme* durch zunehmend kritisches Verbraucherverhalten
- *Zulassungsprobleme* in Form gesetzgeberischer Anforderungen an zukünftige Verpackungen
- *Zulassungsprobleme* im Zusammenhang mit zukünftig vorgeschriebenen Umweltverträglichkeitsprüfungen
- *Finanzierungsprobleme* durch Überprüfung von Umweltaspekten bei der Vergabe von Krediten
- *Juristische Probleme* beim Abschließen von Versicherungsvereinbarungen
- *Juristische Probleme* durch Klagezulassung gegen betriebliche Umweltverschmutzungen.

Auch aus diesen Gründen wird eine Verpackungstechnik der Zukunft an die rückgekoppelten Regelkreismechanismen angelehnt sein müssen und sich ihrer Strukturen, Mechanismen und Verfahrensweisen bedienen: Grundideen für effiziente Energieumsätze und Materialverarbeitungen, optimierte Verpackungsformen und -strukturen sowie effiziente Verpackungsabläufe.

15.5.2.3
Verpackungsbionik als systemischer Lösungsansatz

„Die klassische abendländische Sichtweise ist die der kausalen Bezugnahme; sehr häufig sind monokausale Sichtweisen die Denkstrukturen, die wir den zu bearbeitenden Problemen überstülpen. Dies gelingt aber nur bei Problemen, die in ihrer Gänze erfassbar sind, für die also ein vollständiger Lösungsansatz oder eine vollständige Theorie vorliegt. Es ist bekannt, dass derartige Lösungsfindungen bei kompliziert vermaschten Einflussgrößen nicht zum Erfolg führen. Problemlösungsstrategien der Natur entwickeln und optimieren demgegenüber Produktvarianten in komplex vernetzten Wirkungszusammenhängen mit Wirkungsgraden, die die vergleichbarer technischer Alternativen weit übertreffen. Eine Art symbiotischer Zusammenarbeit beider Entwicklungsstrategien könnte also durchaus ertragsbringend sein, sowohl für die stabile Sicherung unserer Umwelt als auch unserer Wirtschaft.

Dies gilt, pars pro toto und zudem besonders ausgeprägt auch für die Verpackungsbionik. U. Küppers definiert denn auch diesen Begriff unter Verwendung dreier Grundkenngrößen.

„*Verpackungsbionik* ist die Kunst, die evolutionär optimierte *Struktur*, *Form* und *Systemik* biologischer Verpackungen zu analysieren, zu bewerten und aus dieser Wissensbasis heraus umweltökonomische Verpackungsprodukte, -verfahren und -organisationsstrukturen unter Berücksichtigung technisch-vernetzter Randbedingungen zu entwickeln." Im Einzelnen kann man sagen:

- *Verpackungstruktur* untersucht z. B. Materialeigenschaften in ihrer Abhängigkeit von Umwelteinflüssen, Makro- und Mikrostrukturen, physikalischen und chemischen Austauschprozessen und so fort.
- *Verpackungsform* untersucht die Reichhaltigkeit biologischer Vorlagen nach morphologischen, biomechanischen und funktionellen Randbedingungen. Gesichtspunkte der Materialoptimierung sind hierbei ebenso wichtig wie Aspekte der energetischen Optimierung.
- *Verpackungssystemik* erfasst und bewertet komplexe Verpackungsvorgänge der Natur und versucht auch, zeit- und kosteneffiziente Wege im Gesamtnetzwerk zu erfassen und zu bewerten. Abbildung 15-11 führt einige Aspekte an, die bereits bei ersten, grundsätzlichen Überlegungen aus der hoch evoluierten Verpackungsstrategie der Natur abgeleitet werden können.

Abb. 15-11 Ziele bionischer Verpackungsentwicklung (*nach Küppers 1995*)

15.5.2.4
Drei Verpackungstricks der Natur als Anforderungskriterien

Nähere Überlegung führt zu (mindestens) drei Grundaspekten der Natur, die unter ingenieurtechnischen Gesichtspunkten studiert werden sollten, und in denen ein großes Anregungspotenzial liegt, so „selbstverständlich" sie auch erscheinen mögen:

- *Produkt*: Die Verpackungsoptimierung berücksichtigt gleichzeitig mehrere Einflussparameter mit multimodaler Zielsetzung vor dem „DIN".
- *Energie, Material, Information*: Kontinuierliches Wachstum verträgt sich nicht mit zu optimierenden Verpackungsfunktionen und anzustrebenden, stabilen Zuständen in einem Verpackungssystem.
- *Arbeitsweise, Organisation*: Übergeordnete, rückgekoppelte Arbeitsabläufe wirken stabilisierend auf das Verpackungssystem und fördern die spezifische Weiterentwicklung auf den verschiedenen Stufen des Lebenswegs einer Verpackung.

15.5.2.5
Vernetzte Rückkopplungen bei Verpackungsnetzwerken

Sowohl in der Natur als auch in der Technik kann von einer vernetzten Verpackungswirtschaft gesprochen werden. Doch unterscheiden sich die Netzwerke biologischer (Abb. 15-12 A) und technischer Verpackungen (Abb. 15-12 B) bisher noch grundlegend. In jedem Fall werden zwar in vernetzten Regelkreisen Materialien, Energien und Informationen gelenkt und von einer „Bearbeitungsstation" in die andere geschickt. Die Natur stabilisiert in ihrem Verpackungssystem ein dynamisches Gleichgewicht, indem sie, zeitlich und räumlich stark vernetzt, artübergreifendes Verpackungsmanagement betreibt. Dies wiederum geschieht durch sich selbst regulierende und damit optimierte Anpassung zwischen quantitativen und qualitativen, wachstumsbeeinflussenden und funktionsoptimierenden Prozessen. Im Endeffekt kommt es zu einer Stabilität des Umsatzes auf einem umweltverträglichen Niveau (Abb. 15-12 A).

Die stabilisierende, dämpfende Wirkung eines abgestimmten, vermaschten Regelmechanismus fehlt den derzeitigen technischen Verpackungsnetzwerken noch sehr. Wie Abb. 15-12 B zeigt, gibt es noch eine Großzahl von sich gegenseitig aufschaukelnden (verstärkenden) Querbeziehungen zwischen den einzelnen Prozessen des Verpackungskreislaufs. Im Endeffekt ist derzeit noch kein Gleichgewicht zu erkennen; die Verpackungsflut und die energetischen sowie die Probleme bei der Wiederaufbereitung steigen immer stärker an (Abbildung 15-13 A). Eine Lösung durch Annäherung der Technik an die vorbildlichen natürlichen Systeme könnte sich durch die Strategie einer biologisch-evolutionären Verpackungsoptimierung ergeben. In den Abschnitten 14.3–14.6 wurden die Grundaspekte der Evolutionsstrategie vorgestellt. Sie wurden bereits auf die Lösung technischer Verpackungsprobleme angewandt. Es handelt sich um vielparametrische Einflüsse, also die klassische Spielwiese der Evolutionsstrategie. Küppers und Scheel haben dafür mathematische Algorithmen entwickelt.

15.5.2.6
Wachstumskurven und Ausblick

Es ist hinreichend bekannt – und an vielen Beispielrechnungen zur Evolution der Erdbevölkerung ist dies auch immer wieder deutlich gemacht worden – dass quantitatives Wachstum zur Systemzerstörung führt, qualitatives zur Einstellung eines Optimums führen kann, das mit gegebenen Randbedingungen im Einklang steht (die Weltbevölkerung z. B. mit den ökologischen Möglichkeiten unseres Planeten). Abbildung 15-13 führt dies am Beispiel der hier diskutierten Verpackungsaspekte vor Augen.

Quantitatives Wachstum (Abb. 15-13 A) führt zum exzessivem Verbrauch von Verpackungsmaterialien und Energie, vermehrtem Abfall, erhöht die Folgekosten und führt zu drastisch höheren Naturbelastungen.

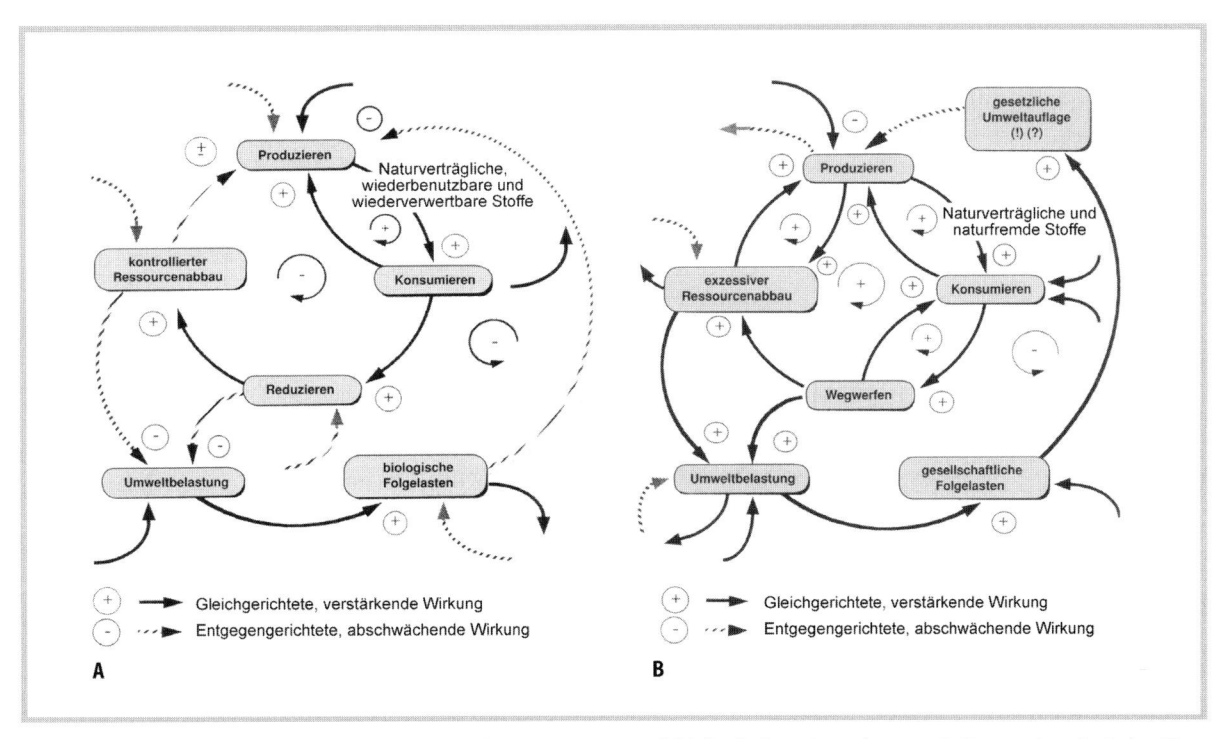

Abb. 15-12 Ausschnitt aus Netzwerken von Verpackungen. **A** Netzwerk biologischer Verpackungen, **B** Netzwerk technischer Verpackungen (*nach Küppers 1995*)

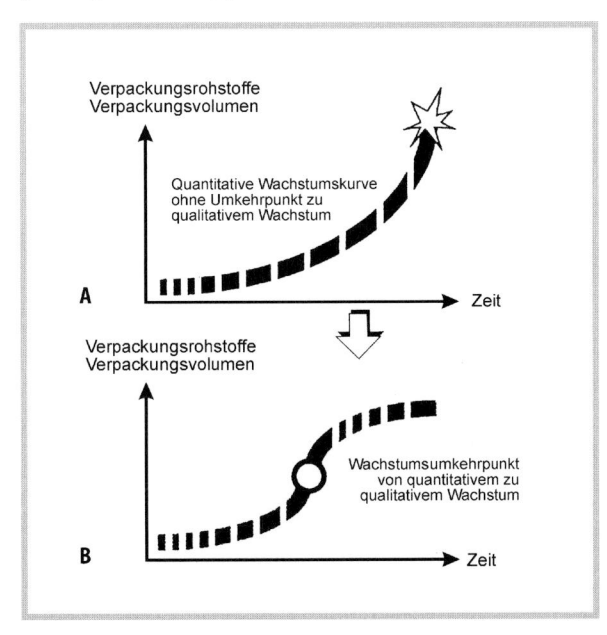

Abb. 15-13 Verpackungsorientierte Wachstumskurven. **A** Technisch-wirtschaftlich, **B** biologisch-umweltökonomisch (*nach Küppers, Aruffo-Alonso 1995*)

Qualitatives Wachstum entspricht einem kontrollierten Verbrauch von Verpackungsmaterialien und Energien, vermindert den Abfall, die Folgekosten und die Naturbelastung (Abb. 15-13 B).

Naturverpackungen geben somit in fast jeder auch technischen Hinsicht essenzielle Anregungen für zukünftiges technologisches Gestalten. Man kann richtiggehend von einer Ideenschmiede sprechen; Details stehen in Abb. 15-14 A. Diese Vorstellungen müssen jedoch in Übereinstimmung mit den Systemeinflüssen gebracht werden, die sich technischen Verpackungen auf ihrem Lebensweg stellen. Diese sind vielseitig, heterogen und prinzipiell schwer beeinflussbar (Abb. 15-14 B). Trotzdem wird in Zukunft kein Weg daran vorbeiführen, die beiden Aspekte aneinander zu spiegeln: Naturanregung und technologische Notwendigkeiten. Alles in allem ergeben sich damit Zielvorstellungen für ein umweltökonomisches Verpackungsmanagement. Grundvoraussetzung hierfür: Man muss sich von dem bisherigen wachstumsfixierten Denken und Handeln „mit seinen ansteigenden Folgelasten im Rucksack marktwirtschaftlichen Geschehens" lösen. Dies gilt für den Kreislauf technischer Verpackungen ebenso wie für jedes andere Spielfeld unserer zivilisatorischen Existenz.

Küppers verlangt zur Lösung letztlich eine Art symbiontischen Denkens: „Wirtschaftliches Verpackungsmanagement, das aus dem eigenen Unternehmen heraus Konkurrenzdenken und -handeln betreibt, gefährdet auf die Dauer die eigene Existenz und läuft immer eigenen Innovationen hinterher."

15.6
Funktionshilfe bei komplexen Wirtschaftssystemen – Analogien können Impulse geben

Auch einfach erscheinende biologische Systeme weisen bei näherem Hinschauen eine derartige Fülle von Querbeziehungen auf, dass sie „linear" nicht mehr durchschaubar sind. Genau das gleiche ist der Fall bei kom-

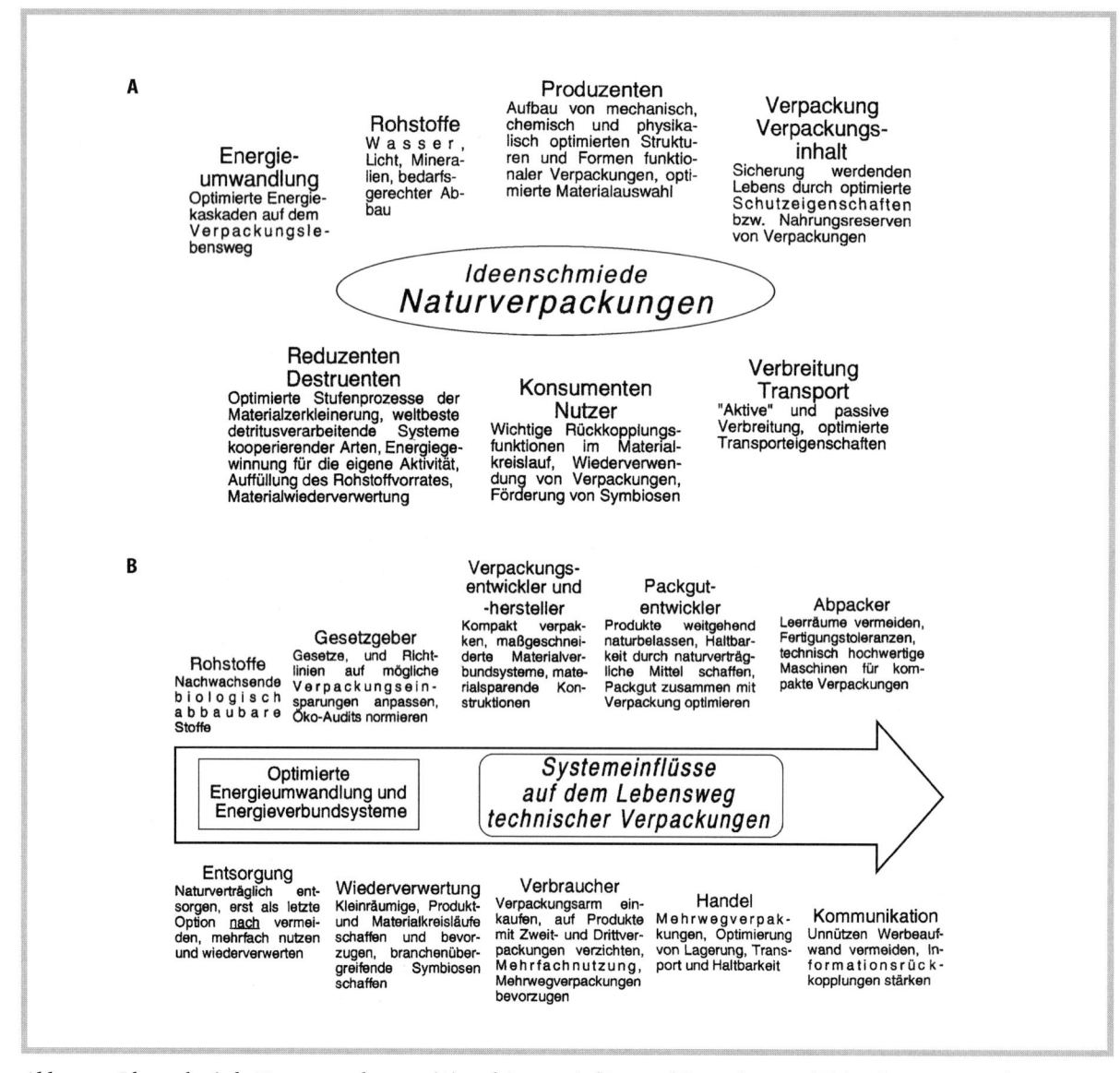

Abb. 15-14 Ideenschmiede Naturverpackungen (A) und Systemeinflüsse auf Verpackungen (B) (*nach Küppers 1995*)

15.6 Funktionshilfe bei komplexen Wirtschaftssystemen – Analogien können Impulse geben

plexen Beziehungsgefügen in Verwaltung und Wirtschaft. Unter dem Gesichtspunkt des „Managements komplexer Systeme" sind die beiden anscheinend grundsätzlich unterschiedlichen Systeme nun durchaus vergleichbar. Bei beiden liegt die Grundaufgabe vor, ein solches System für eine gewisse Zeit zu stabilisieren, d. h. das zeitlich und räumlich fluktuierende Beziehungsgefüge ihrer Quervernetzungen in etwa analoger Weise funktionsfähig zu erhalten. Weiter liegt auch stets die Aufgabe vor, ein solches Beziehungsgefüge zu entwickeln, d. h. dem wabbernd-vernetzten System eine Zeitfunktion überzustülpen. In der Natur, etwa beim Beziehungsgefüge eines Waldrands, erzwingt diese Zeitfunktion ein Pulsieren im Jahresrhythmus. Die Wirtschaft strebt andauerndes Wachstum an, aber aus einleuchtenden Gründen kann das auf Dauer nicht funktionieren. Oft kommt es deshalb zu abrupten Zusammenbrüchen, obwohl eine „vernünftig" gesteuerte, behutsame Entwicklung zu einem Optimum und dann ein systemangemessenes Abklingen (und Übertragen der Aktivität auf ein andersartiges Folgesystem) sinnvoller wäre. In jedem Fall dreht es sich darum, das System für eine gewisse Zeit störungsarm laufen zu lassen, ob es sich nun dabei irgendwohin entwickelt oder nicht.

15.6.1
Vernetzte Querbeziehungen in Beziehungsgefügen des Waldes

Abbildung 15-15 zeigt nach Dylla und Krätzner ein (bereits stark vereinfachtes) Schema des Beziehungsgefüges in der Biozönose des Waldes. Mit unterschiedlicher

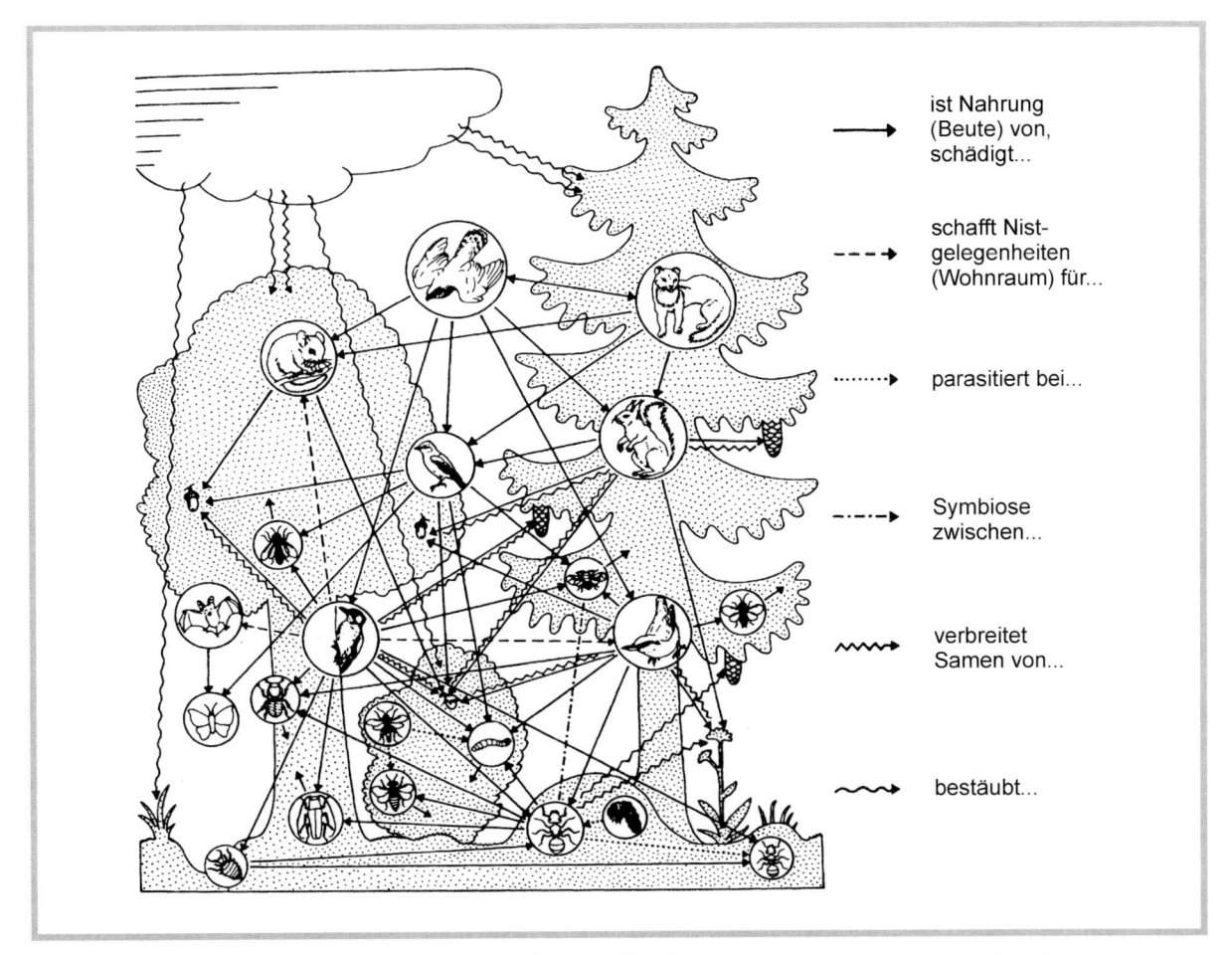

Abb. 15-15 Querbeziehungen in der Biozönose des Waldes, (*nach Dylla und Grätzner 1972 aus Nachtigall 1979*)

grafischer Pfeilsymbolik sind Querbeziehungen verdeutlicht, die jedermann kennt: Einige Pflanzen oder Tiere sind Beute anderer, einige Pflanzen oder Tiere wirken symbiotisch zusammen, Pflanzen schaffen Wohnraum für Tiere, Tiere verbreiten Samen von Pflanzen, Pflanzen parasitieren bei Pflanzen und Tieren, Tiere parasitieren bei Tieren und Pflanzen, Tiere bestäuben Pflanzen – und so können noch viele Funktionen aufgezeigt werden.

Letztlich ist der sehr große Komplexheitsgrad auch ein Sicherheitsfaktor für das Bestehen des Ökosystems während einer gewissen Zeit. Gleiches könnte für wirtschaftliche Gebilde gelten. Während die Natur ihre Systeme aber i. Allg. „angenähert zeitkonstant" erhält, will das in der Wirtschaft oft nicht gelingen. Man kann das System auch nicht sich selbst überlassen in der Hoffnung, dass es sich schon selbst regeln wird („Der Markt regelt alles"). Die Natur scheut sich nicht vor sehr vielen, kybernetisch zusammen- oder gegeneinanderspielenden Einflussnahmen in Biosystemen. So kann man am Beispiel des Waldes sagen, dass der Grünspecht Ameisen frisst und damit manchen Insektenraupen nutzt, welche die Ameisen vertilgen, aber auch manchen Bäumen schadet, deren Blätter die Insektenraupen fressen. Es ist müßig, ob man das nun so sieht, dass die Natur Mechanismen entwickelt hat, welche die Insektenraupen klein halten (oder eben nicht) oder dass sich in einem natürlichen System ein Puzzlespiel „ganz von selbst" entwickelt hat, das die Insektenraupen klein hält (oder eben nicht). Tatsache ist, dass sehr viele Parameter in unterschiedlicher Weise zusammen- und gegeneinanderspielen. Diese Querbeziehungsmechanismen halten das System für eine gewisse Zeit konstant, obwohl es in sich ungemein dynamisch ist und immer an allen nur denkbaren Stellen zum Überschwingen neigt. Aber dies ist eben, von Katastrophen abgesehen (Insektenschädlinge in nicht angepassten Fichten-Monokulturen zum Beispiel) trotz einer inhärenten System-Instabilität i. Allg. nicht der Fall.

Es soll an dieser Stelle nicht ausgeführt werden, wie die Natur das macht und was man daraus technologisch lernen kann. Das gäbe ein eigenes Buch. Doch soll klar werden, dass eine Analyse und entsprechend technisch-wirtschaftliche Übertragung sinnvoll sein können. Der Grundaspekt: In der Wirtschaft müssen Strukturen gefunden werden, die das vielparametrische und komplexe Zusammenspiel von Einzelfaktoren stabilisieren, auch wenn man die funktionellen Querbeziehungen im linearen Zusammenwirken aller Beziehungsmechanismen niemals verstehen wird (vgl. Abschn. 16.2.2). Bionik im Sinn eines Analogievergleichs zwischen Natur und Technik kann hier zumindest helfen, die richtigen Fragen zu stellen und nicht gleich an dem anscheinend unlösbaren Komplexheitsgrad zu verzweifeln.

15.6.2
Zufall und Regelung im Funktionsablauf von Tiersozietäten

Etwas anders gelagert sind die Analogien, die von der Analyse des komplex zusammenwirkenden Gefüges bei Insektenstaaten ausgehen können, bspw. der Ameisen und der Bienen. Auch hier scheint es so, als ob das gesamte Systeme „reibungsfrei" und vielparametrisch zusammenwirkt. Doch wird das Zusammenwirken, so „zufällig" wie es sich im einzelnen Fall darstellt (z.B. das Angreifen einer Beute durch eine Arbeiterin, Abbildung 15-16), „im Prinzip" strikt zentral gesteuert. Die Königin gibt Substanzen ab, die sich durch das ganze Nest verteilen, besonders auffällig bei den Termiten, und damit Verhaltensweisen in die eine oder die andere Richtung ablaufen lassen. Einzelverhalten läuft dagegen oft zufällig ab. Dieses im Grunde simple Konzept lässt sich in eine größere Zahl von Prinzipmechanismen untergliedern, deren Zusammenspiel in der Biologie bereits recht gut erforscht ist, wie im Abschn. 15.3 dargestellt worden ist. Eine Übertragung auf die Strukturierung des Steuerns und Regelns in komplexen wirtschaftliche Systemen könnte ebenfalls helfen, die richtigen Fragen zu stellen, auf jeden Fall die Scheu vor anscheinend Nichtfunktionellem zu verlieren.

Abb. 15-16 Blutrote Raubameise (*Raptiformica sanguinea*) greift Kurzflügler (*Dinarda dentata*) an: der Einzelakt des Beutefangs läuft mehr oder minder zufällig ab, die adäquate Futterversorgung der Larven – die eigentliche Zielgröße also – ist jedoch vielparametrisch geregelt (*nach Rammer 1933*)

15.7
Innovationsmanagement – „Nachhilfe in Biologie" für Manager

15.7.1
Postindustrielles Innovationsmanagement

Der Betriebswirtschaftler J. Hauschildt, derzeit Leiter des Studienkollegs in Kiel, hat in einem Buch über Innovationsmanagement Perspektiven der Entwicklung von der industriellen zur postindustriellen Gesellschaft skizziert und in der Presse darüber berichtet. Diese Perspektiven haben direkt nichts mit Bionik zu tun, tangieren jedoch die hier vorgestellte Sichtweise.

Bionik beeinflusst Innovationsprozesse. Und „Innovation ist nie ein ausschließlich technisch bestimmtes Problem. Innovation ist vielmehr immer eine neuartige Kombination von Technik und Anwendung".

Hauschildt unterscheidet Innovation, die von der gewünschten Anwendung hin zur Technik führt und durchwegs üblich ist („gegeben ein Anwendungsproblem, gesucht eine technische Lösung"), von der umgekehrten Entwicklungsrichtung, die viel seltener ist: „für bewährte Technologien systematisch neue Anwendungen zu finden".

Als Beispiel für die erste Haltung nennt er die Innovationsskala der pharmazeutischen Industrie. Sie sucht u.a. nach neuen Wirkungsqualitäten, größerer Wirksamkeit, besserer Verträglichkeit, besserer Bioverfügbarkeit, besserer Handhabbarkeit. Beispiele für letztere Sichtweise sind die Verwendung von Fresnel-Linsen in Overheadprojektoren, die Nutzung des Vakuumflaschenprinzips für Thermoskannen, die Verwendung eines Magnetrons als Mikrowellenherd. „Innovationsmanagement ist in dieser Sichtweise die systematische Suche nach neuen Anwendungsfeldern für die wohlbekannte Technologie."

Diese Aussage entspricht dem bionischen Konzept. *„Wohlbekannt" (oder eben durch technisch-biologische Forschung „wohlbekannt gemacht") sind Konstruktionsprinzipien, Verfahrensweisen und Evolutionsstrategien der belebten Welt. Für sie wird in der Technik nach Anwendungsmöglichkeiten gesucht.* Die Probleme, die bionisches Gestalten auch in der Forschung, Entwicklung und in der innerbetrieblichen Praxis vorfindet, entsprechen durchaus den Problemen eines Innovationsmanagements im letztgenannten Sinne.

Am ehesten erscheinen Hauschildt die „Barrieren des Nicht-Wissens" überwindbar. „Sie werden von denen aufgerichtet, die ihr bisheriges Fachwissen durch die Innovation in Frage gestellt sehen, oder denjenigen, die sich sträuben, die notwendigen Lernprozesse zu vollziehen."

Die „Barriere des Nicht-Wollens" zu überwinden bedarf allerdings anderer Vorgehensweisen. „Ihre Wurzeln reichen in tiefere Schichten, weit in die Psyche der Beteiligten und Betroffenen. Hier mischen sich die unterschiedlichsten Motive für eine Ablehnung des Neuen. Das Innovationsmanagement muss hier ganz andere Instrumente einsetzen: Konfliktmanagement, Machteinsatz und Motivation. *Innovation verlangt kreative Individuen, die sich prinzipiell von überkommenen Bindungen frei machen können. Diese Individuen sind oft unbequem und passen gewöhnlich nicht in eine traditionell entstandene bewusst gepflegte Unternehmens-Kultur.*" Sie fordern als Querdenker, dass man ihnen erlaubt, eigenwillige Gedanken zu entwickeln und nicht zuletzt, dass man ihnen zuhört.

Genau das sind die Aspekte, mit denen unsere Studienabsolventen der Technischen Biologie und Bionik leicht ihren Weg in die industrielle Praxis finden, obwohl es ein definiertes Berufsbild des *Bionikers* noch gar nicht gibt. Das fächergreifende, innovative Querdenken ist gefragt, allerdings kombiniert mit profunden Kenntnissen des Datenverarbeitens und mit den Kenntnissen der Grundlagen der Ingenieurwissenschaften – der Biologie sowieso –, die dem biologisch orientierten Bioniker den Umgang mit anderen Naturwissenschaftlern, Ingenieuren und Technikern ermöglicht. „Postindustrielles Innovationsmanagement ist mithin zugleich ein Appell an alle Institutionen, auch dort neuartige Lösungen zu suchen und durchzusetzen, in denen nicht der Gewinn der Innovationstreiber ist." Exakt dieses gilt auch für biologische Näherungen. Wobei dieses Buch mit Beispielen voll ist, dass bionische Innovationen Gewinn abwerfen. Was manchen genialen Leuten, z.B. an der Saarbrücker Universitätsspitze, genau so wurscht ist wie die Tatsache, dass Bionik (auch) angewandtes Innovationsmanagement ist. Bewusster Innovationsverzicht sei eine Todsünde, haben wir früher gelernt.

15.7.2
Produktive Kreativität zur Förderung von Innovationen

Kreativitätsseminare für die Industrie sind sehr beliebt. Zum einen regen sie zu neuem Denken an, zum anderen ermöglichen sie es dem gestressten Ingenieur, gelegentlich dem Betriebsalltag zu entfliehen. (Das sollte man nicht zu laut sagen, aber es ist so.) Es ist interessant zu sehen, dass derartige Seminare heutzutage mehr und mehr auch die Bionik einbeziehen als „Problemlösungswege der Natur". Der Seminarleiter R. Brakebusch, Hannover hat eines seiner Seminare nach sechs Aspekten aufgebaut: Grundlagen der Kreativität – Produktives Denken – Produktives Verhalten in Gruppen – Problemlösungssystematik – Methodik systematischer Ideenfindung – Anwendung auf Praxisfälle. Zur Methodik systematischer Ideenfindung zählt er: Brainstorming – Brainwriting – Analogiemethodik – Bionik (Problemlösungswege der Natur – Methode 635 – Morphologie).

Dass der bionische Vergleich von Technik und Natur die kreative Kraft des Ingenieurs – vor allem der jungen Leute – beflügelt, steht außer Zweifel. Das sehe ich bei eigenen Kreativitätsseminaren immer wieder. Wenn ich Problemlösungen aus der Natur vorstelle, höre ich regelmäßig: „Das ist ja direkt patentierbar!"

Bionik hat auch bereits die Chefetagen der Wirtschaft erreicht. Erstaunlicherweise hören Manager mit Interesse zu, wenn Biologen die Steuerungs- und Regelungskonzepte des Organischen erläutern, seien es Abläufe in Einzelorganismen, sei es das Zusammenwirken von solchen oder die Vermaschung zu ganzen Ökosystemen. Obwohl selbst mir als überzeugtem Bioniker solche Analogien schon „sehr analog" erscheinen, sehen das die eigentlichen Adressaten viel lockerer, wie das folgende Zitat zeigt. Auch der Bioniker muss also dazulernen und auftretende Probleme oder Sichtweisen zur Kenntnis nehmen. Es kommt immer mehr vor, dass er sich mit seinen Kenntnissen nicht mühsam einklinken muss, sondern um diese schlicht gebeten wird.

„Nachhilfe in Biologie für Manager" hat Rudolf Pistilli bereits 2000 einen Beitrag auf „cityweb.de" genannt (hier gekürzt), in der er ein Industrieseminar mit F. Vester beschreibt:

„Karl Roderich Häge, Vertriebsleiter von Siloanlagen aus Süddeutschland, strahlt übers ganze Gesicht: Seit seiner Schulzeit hat der 32-Jährige all die Bücher des berühmten Professors verschlungen, bis heute prägen die Theorien Frederic Vesters sein Handeln. Jetzt steht sein Idol, Mitglied im Club of Rome, am Podest und erschüttert gnadenlos das Weltbild so manch hartgesottenen Managers.

Lohn-Preis-Spiralen, Ursache-Wirkung-Reaktionen, autonome Arbeitsbereiche und all die anderen bisher verinnerlichten Wirtschaftsmodelle seien veraltet. 'Stattdessen', so Vester, 'muss man nur den Gesetzmäßigkeiten einer Körperzelle folgen.' Ratlos blicken sich Damen und Herren im noblen Zwirn in die Augen. In der Natur liege die Zauberformel für so manches Problem einer Firma. Vester nennt es 'organisatorische Bionik'.

Mucksmäuschenstill ist es im Saal. So wie sich ein Organismus selbst reguliere und auf Störungen der Außenwelt reagiere, genau so müsse ein Betrieb funktionieren. Die Voraussetzung dazu sei, die Komplexität der Abläufe innerhalb und außerhalb einer Firma zu erfassen. 'Dazu bedarf es ganzheitlichen Denkens.

Ein System muss funktionieren, statt nur produktorientiert zu arbeiten', erklärt Frederic Vester. Ellenbogenmentalität schade, Erfolg verspreche das 'Jiu-Jitsu-Prinzip': Negative Energie von Mitarbeitern müsse genutzt werden, nur die Richtung solle man steuern. Tosender Beifall.

Mit den Worten 'haben Sie den Mut, Ihre Firma als Organismus zu begreifen, der sich selbst reguliert – dann sind Sie für die Zukunft gewappnet', beendet Vester den Kurs. Frenetischer Jubel – auch so manch knallharter Personalchef spendet minutenlang Applaus."

15.8
Bereichsüberschreitungen 1. Art – Anregungen aus der Biologie können in andere Funktionsbereiche hineinwirken

Beim bionischen Arbeiten ergibt es sich gar nicht so selten, dass man von biologischen Strukturen qualitative Anregungen bekommt, die in völlig andere Bereiche hineinwirken. Dazu drei Beispiele.

15.8.1
Beispiel 1: Umströmung des Pinguins

Es kann erwartet werden, dass Pinguine auf Grund ihrer scharfen Schnabelspitzen etc. „von Anfang an" *turbulent* umströmt werden. Aus Pinguinformen haben Bannasch und Mitarbeiter Idealspindeln konfiguriert, die für nahezu vollständig *laminare* Umströmung ideale Widerstandseigenschaften haben. Solche Formen könnten Vorbild sein für die Konzeption neuartiger Formen für Luft- oder Unterwasserfahrzeugen, die bei hohen Reynolds-Zahlen einen relativ kleinen Gesamtwiderstand aufweisen bzw. die – bei gegebener Fortbewegungsgeschwindigkeit und gegebener Größe – die Volumeneinheit mit geringstmöglichem Leistungsaufwand über die Streckeneinheit transportieren sollen.

15.8.1.1
Schwimmleistungen

Gut untersucht sind z. B. die Arten der Gattung *Pygoscelis*, zu denen auch der Eselspinguin *Pygoscelis papua* gehört. Beim Schwimmen strecken sich die Eselspinguine zu einer Körperlänge von etwa 0,65–0,70 m. Sie schwimmen mit durchschnittlich 2,3 m s^{-1} pro Tag etwa 100 km. Die kurzfristig erreichbare Maximalgeschwindigkeit beträgt rund 4,5 m s^{-1}, also etwa 6,5 Körperlängen pro Sekunde. Die größten Pinguine (z. B. Kaiserpinguin *Aptenodytes forsteri*) sind beim Schwimmen bis zu 1,1 m lang und können Höchstgeschwindigkeiten über 7 m s^{-1} erreichen. Bei den relativ hohen Geschwindigkeiten und langen Schwimmzeiten sind günstige Strömungsanpassungen zu erwarten. Wir haben Eselspinguine bei Re-Zahlen um 10^6 untersucht (vgl. Abschnitt 10.6.1); der Berliner Bioniker R. Bannasch ist bis Re ≈ 10^7 gegangen.

15.8.1.2
Pinguin-Modelle und abstrahierte Rotationskörper

Abbildung 15-17 zeigt oben eine Ineinanderzeichnung eines kleinen, mittleren und großen Pinguinrumpfs in Seitenansicht beim Schwimmen. Zeichnet man die Rumpfkonturen über eine gegebene Gesamtstrecke übereinander, so unterscheiden sie sich nur wenig. In jedem Fall sind sie Spindeln, deren Dickenrücklagen relativ hoch und deren Längen-Dicken-Verhältnis relativ klein ist. Es handelt sich also um ziemlich dicke Körper, deren größter Querschnitt relativ weit hinten liegt. In Dorsalansicht erscheinen sie spiegelsymmetrisch, in Seitenansicht ergibt sich eine leichte dorsoventrale Asymmetrie. Die Stirnfläche – ihre Projektionsfläche, betrachtet von vorne in Richtung der Körperlängsachse – ist ziemlich genau kreisförmig. Gefühlsmäßig könnte man sie als Laminarspindeln einschätzen, doch dürften Unebenheiten, vor allem der lange, spitze Schnabel, für eine frühzeitige Turbulenz sorgen. Man nimmt heute an, dass der Gesamtkörper nach wenigen Zentimetern Laufstrecke vollturbulent umströmt wird. Dieser abstrahierte Rotationskörper konnte mit oder ohne Turbulenzgenerator (Drahtring am Schnabelansatz, also etwa bei 5 % der Körperlänge, der eine laminar-turbulente Transition der Grenzschicht erzwingt) untersucht werden.

Für Widerstandsmessungen in Strömungskanälen wurden geometrisch ähnliche, glatte Epoxy-Modelle von allen vermessenen Arten gebaut. Durch Mittelung aller auf eine Einheitslänge bezogenen geometrischen Rumpfkoordinaten wurde ein rotationssymmetrischer Strömungskörper abstrahiert (Abb. 15-17, unten). Dieser zeigt einen doppelt gestuften Anstieg bis zur relativ weit hinten liegenden größten Querschnittsfläche und dann einen „angeschmiegten" Abfall bis zum Rumpfende.

15.8.1.3
Strömungsvisualisierung

Abbildung 15-18 A zeigt das Modell eines Eselspinguins (*Pygoscelis papua*) im Rauchkanal bei einer auf die Körperlänge bezogene Reynolds-Zahl von Re$_l$ = 5,1 × 10^5. Wie erkennbar liegt die Strömung gut an und reißt erst spät, im Schwanzbereich, ab. In Abb. 15-18 B ist ein Videobild reproduziert, das die Umströmung beim Eselspinguin während des Schwimmens in einer Strömungswanne zeigt, die während der Antarktis-Expedition von Bannasch 1995 aufgebaut worden war. An zwei Stellen wurde Farblösung über Röhrchen eingebracht, welche die Grenzschicht anfärbte. Die Farblösung quoll gleichmäßig aus dem Gefieder hervor, ohne dass die Rumpfumströmung gestört wurde. Zu sehen ist, dass die Grenzschicht bereits vor dem größten Rumpfquerschnitt turbulent erscheint; dafür spricht auch das „grieselige" Erscheinungsbild der Grenzschichtränder (Intermittenz, entrainment). Die Reynolds-Zahl betrug hier Re$_l$ = 5,8 × 10^5.

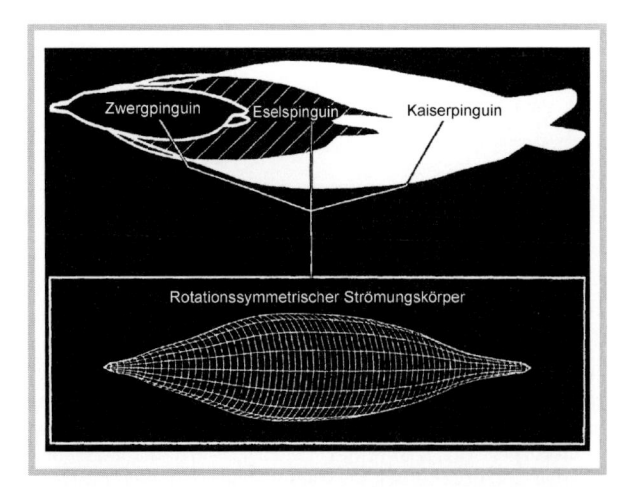

Abb. 15-17 Größenvergleich von Zwerg-, Esels- und Kaiserpinguin: *Eudoptula minor, Pygoscelis papua, Aptenodytes forsteri*, vgl. den Text (*nach Bannasch 1996, verändert*)

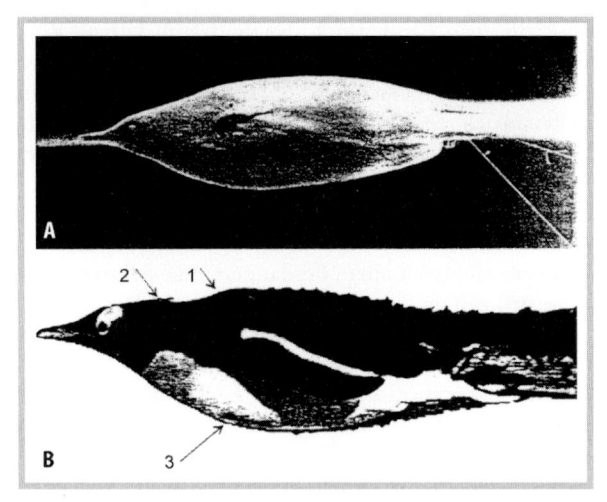

Abb. 15-18 Eselspinguin *Pygoscelis papua*. **A** Starres Modell im Rauchkanal. Länge des Modells l = 0,7 m, Anströmgeschwindigkeit v_{Luft} = 11 m s^{-1}, kinematische Zähigkeit von Luft $v_{Luft\ 20\ °C}$ = 1,5 × 10^{-5} m^2 s. Auf Länge bezogene Reynolds-Zahl Re_l = v l v^{-1} = 5,1 × 10^5. Auf größten Durchmesser bezogene Reynolds-Zahl $Re_{d\ max}$ ≈ 1/4 Re_l = 1,3 × 10^5, **B** Grenzschichtvisualisierung an einem lebenden, mit etwa 1,5 m s^{-1} schwimmenden Exemplar, Videobild. Bei 1 langgezogene Luftblase, bei 2 und 3 Austrittspunkte der Farblösung, Länge l ≈ 0,7 m v_{Wasser} = 1,5 m s^{-1}, $v_{Wasser,\ 0°}$ = 1,8 × 10^{-6} m^2 s^{-1}. Auf Länge bezogene Reynolds-Zahl Re_l = 5,8 × 10^5, auf größten Durchmesser bezogene Reynolds-Zahl $Re_{d\ max}$ ≈ 1/4 Re_l = 1,5 × 10^5 (*nach Bannasch 1996, verändert*)

15.8.1.4
Widerstandsmessungen

In Abb. 15-19 A sind die Stirnflächen-Widerstandsbeiwerte der vermessenen Modellkörper als Funktion der auf die größte Körperdicke bezogenen Reynolds-Zahl aufgetragen (Letzteres erfolgte aus Konsistenzgründen; beim Eselspinguin ist die auf die Länge bezogene Reynoldszahl etwa vier mal größer). Die Kennlinie ist im doppelt-logarithmischen Koordinatensystem eine Gerade, entspricht also einer Potenzfunktion: c_{WS} = 11,975 $Re_d^{-0,4434}$. Bei geringen Geschwindigkeiten sind die Werte praktisch identisch mit den von mir und Bilo im Auslaufverfahren bei kleineren Re-Zahlen bestimmten Widerstandsbeiwerten. Mit größerer Geschwindigkeit, d.h. größerer Reynolds-Zahl, sinken die Werte, im Extremfall bis auf etwa c_{WS} = 0,03 bei Re_d = 6,3 × 10^5. Damit liegen sie bis zu 35% niedriger als die Werte bester Luftschiffkörper, die Hoerner in seiner Zusammenfassung von 1965 anführt. Für turbulente Umströmung sind die Beiwerte somit außerordentlich klein.

Im Gegensatz zu den Pinguin-Rumpfmodellen verhielt sich der abstrahierte Rotationskörper anders; bei Re = 2,3 × 10^5 betrug sein c_{WS}-Wert lediglich 0,0156; er stieg dann mit größerer Re-Zahl auf den Geraden-Wert an. Dies lässt vermuten, dass er bei der geringen Re-Zahl angenähert laminar umströmt war und dass bei größeren Re-Zahlen eine laminar-turbulente Transition einsetzt. Testen kann man dies, indem man ihn von vorne herein mit einem Turbulenzgenerator vermisst. In diesem Fall lagen alle Werte auf der Kennlinie.

15.8.1.5
Übertragungspotential

Die Pinguine schwimmen realiter mit mehr oder minder *vollturbulenter* Umströmung. Man kann aus ihnen

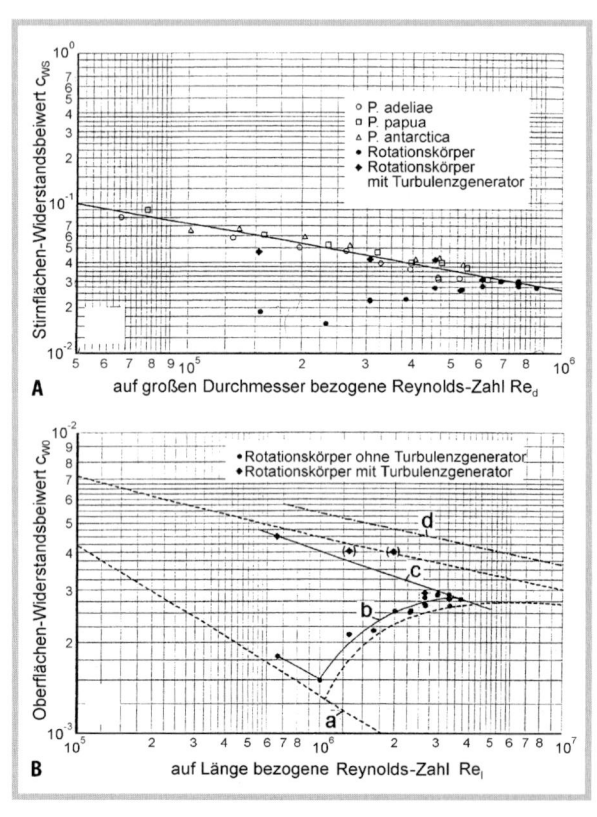

Abb. 15-19 Widerstandsbeiwert c_W abhängig von Reynolds-Zahlen Re. **A** Modellkörper von drei Pinguinarten (nach Abb. 15-17 oben) und des davon abgeleiteten „integrativen" Rotationskörpers (nach Abb. 15-17 unten) im Windkanal, **B** integrative Rotationskörper im Wasserkanal. Grenzkennlinien: a ebene Platte, laminar. b ebene Platte, Übergang laminar → turbulent, c ebene Platte, turbulent. d Spindelkörper, turbulent, Länge/Dicke = 4,24/1 (*nach Hoerner 1965*)

jedoch einen Rotationskörper abstrahieren, der für mehr oder minder *voll-laminare* Umströmung geeignet ist: strömungsmechanisch betrachtet ein völlig anderer Bereich. Niemand hätte zunächst daran gedacht, dass so etwas möglich wäre, dass eine für bestimmte Randbedingungen optimierte Form die Basis abgeben könnte für Optimalformen, die mit ganz anderen Randbedingungen zurechtkommen müssen. Bei bionischen Übertragungen kann man also seine Überraschungen erleben. Dies kann noch weitergehen: Es können Anregungen gezogen werden, die in völlig andere Bereiche hineinspielen. Dies zeigt das nächste Beispiel.

15.8.2
Beispiel 2: Stachel des Seeigels Diadema setosum

W. Hasenpusch hat mit rasterelektronenmikroskopischen Aufnahmen den Aufbau dieses eigenartigen Seeigelstachels dargestellt (Abb. 15-20 A–D). Der Seeigel lebt auf den Kanaren, im Mittelmeer und im Atlantik.

15.8.2.1
Aufbau

Zum Aufbau seiner Stacheln schreibt Hasenpusch kurzgefasst: „Die Stacheln sind perforierte Hohlsysteme, die aus einem Zentralrohr mit 48 exakt übereinanderliegenden Lochreihen und einem zentrosymmetrischen, um das Zentralrohr auf Abstand gehaltenen Schuppenmantel mit 24 übereinanderliegenden Calcit-Schuppenreihen bestehen." Abbildung 15-20 A–D zeigt Einzelheiten in der Draufsicht und von der Bruchkante her.

15.8.2.2
Abstrahierte Ideen

Hasenpusch findet, dass der Querschnitt an ein Filtersystem denken lässt, und betrachtet man die Abb. 15-20 B und C, kann man sich dem anschließen: Eigenartig ist nur, dass im Seeigelstachel letztlich nichts filtriert wird! Trotzdem kann der Bau Anregung geben für ein schwer verschmutzendes und sich selbstreinigendes Filtersystem. Der Autor stellt das wie folgt dar: „Nach einer Grobfilterung des einströmenden Wassers (ca. 50 μm) folgt eine Feinfiltration durch Spaltsiebe mit Spaltweiten von etwa 10 μm. In einer nachfolgenden Verwirbelungskammer zerstören Querstreben, die den Schuppen-Lamellen gleichzeitig Halt verschaffen, laminare Strömungen. Die verwirbelte Flüssigkeit gelangt nun endlich zur Feinfiltration an das zentrale Siebrohr. Es kann die ebenfalls etwa 10 μm weiten Sieblöcher passieren oder quer zur Sieboberfläche abströmen (Abb. 15-21 A): Eine elegante Lösung von direkter Filtration und einer Querstromfiltration. Letztere kennen wir aus der Verfahrenstechnik, wenn es darum geht, Filteroberflächen von leicht verstopfenden Substanzen freizuhalten. Insgesamt haben wir es also mit einem vierstufigen Filtersystem zu tun: Auf die Grobfiltration folgen Feinfiltration durch Spaltsieb, Verwirbelung und die Kombination aus direkter Filtration/Querstromfiltration."

Erstaunlich, welche Anregungen sich durch die Umfunktionierung einer biologischen Morphe ergeben. Darüber hinaus weist Hasenpusch darauf hin, dass Schornsteine bei ungünstigen Wetterlagen laminare Schläuche hoher Schadstoffkonzentration abtreiben lassen. Schornsteine können Verwirbelungskammern zur Vermeidung laminaren Ausstroms besitzen (Abb. 15-21 B, links). Lufteinsaugen über Seitenklappen könnte die gleiche Aufgabe erfüllen (Abb. 15-21 B, rechts). Die äußere Konturierung könnte bei der Großausführung bereits bei relativ geringen Reynolds-Zahlen eine überkritische Umströmung erzwingen, wie man es z. B. von spiraligen Leitblechen um Schornsteine kennt. Ein langgestreckter Zylinder springt bei Geschwindigkeitssteigerung der Umströmung nach Überschreiten einer kritischen Reynolds-Zahl auf einen sehr deutlich geringeren Widerstandsbeiwert, wird damit strömungssta-

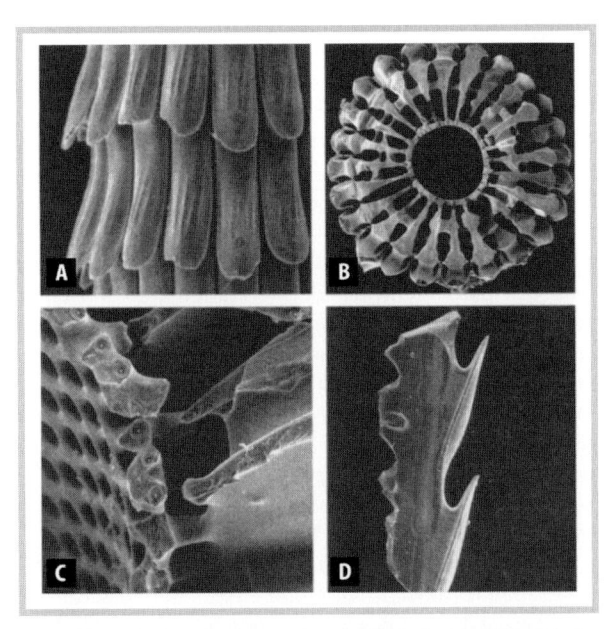

Abb. 15-20 REM-Aufnahmen des Stachels des Seeigels *Diadema setosum*. **A** Aufsicht mit Lamellenleisten, **B** Querbruch, **C** Details der Innenregion, **D** herausgebrochene Lamellenleiste (*nach Hasenpusch 1997*)

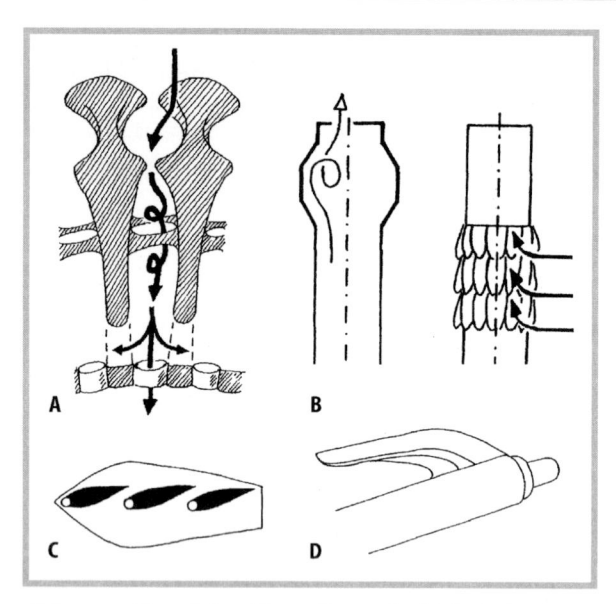

Abb. 15-21 Abstraktionsideen, die von der biologischen Morphe ausgehen, jedoch auf ganz andere Funktionsbereiche zielen. **A** Ein Filterprinzip, **B** ein Schornstein mit Verwirbelungskammer und ein neuartiger Schornstein mit Quereinströmung, **C** ein Flügelsegler, **D** ein Kugelschreiberhalter (*nach Hasenpusch 1997*)

biler und gerät nicht mehr so leicht durch periodische Wirbelablösung im Sinne einer Kármán-Straße ins Schwingen. Auch dieser Effekt ließe sich durch eine Art Außenkonturierung erreichen. Interessant ist die Profilierung der Seeigelstachel-Lamellen, die man als Vorbild für die Profilierung fester Segel nehmen könnte (Abb. 15-21 C). Schließlich haben die Lamellenhaken (Abb. 15-21 D) Formen, die sich für das Gebrauchsdesign verwenden ließen, bspw. als Klemmhalter für Kugelschreiber(Abb. 15-21 B).

Auch aus diesem morphologisch orientierten Beispiel, dessen Abstraktionen dem Leser durchaus mutvoll erscheinen müssen, kann man ersehen, dass das „Vorbild Natur" in der Lage sein kann, Gedankengänge anzustoßen, deren Ergebnisse letztendlich auf ganz anderen Gebieten zum Tragen kommen können.

15.8.3
Beispiel 3: Das Bienenwabenprinzip

15.8.3.1
Bienenwaben

Bienenwaben sind – mit wenigen Zehntel Prozent Abweichung – „mathematisch ideale" Konstruktionen, die eine gegebene Raumpackung unter gegebenen Randbedingungen mit geringstmöglichem Materialaufwand erreichen. Diese Aussage alleine erfasst sicher noch nicht die „Konstruktionsabsicht". Zum einen sind die Zellen der beiden gegenüberliegenden Seiten einer Wabe nach Art verschachtelter Rhombendodekaeder ineinandergefalzt, was neben Stabilität auch einen größtmöglichen Rauminhalt der Einzelzelle ermöglicht. Zum andern sind die Oberkanten der Waben verstärkt, so dass die Öffnungen manchmal eher kreisförmig erscheinen (vgl. Abb. 9-20 A). Mindestens 30 % des gesamten Wachsgewichts einer Wabe steckt in diesen versteiften Rändern. Sie sorgen nicht für eine Optimierung des Wachsverbrauchs, sondern, wie der Würzburger Zoologe Tautz (1999) ausgeführt hat, für eine optimale Übertragung von Schwingungssignalen (Frequenzen ca. 15 Hz und ca. 260 Hz), die Bienen während ihres Schwänzeltanzes auf der Wabe abstrahlen. Über das Netz der Randverstärkungen breiten sich die Schwingungen optimal aus und können von Folgebienen ertastet werden.

15.8.3.2
Klassische Umsetzungen des Bienenwabenprinzips

Wie dem auch sei: Die Eigenstabilität der Wabe, bezogen auf den minimalen Wachsverbrauch ist sicher das auffallendste Kennzeichen dieser Optimalkonstruktion. In dieser Hinsicht ist dieses Wabenkonzept analog zu den „Honeycomb-Streckmetallen", die das Innere vieler Flugzeugflügel darstellen. Sie sind mit Epoxyharzen an zwei Deckschichten geklebt und bilden ein äußerst leichtes und dabei außerordentlich formstabiles Sandwich (Abb. 15-22 A).

Wo es auf große Stabilität ankommt, hat das Bienenwabenprinzip mehrfach Pate gestanden, so bei einer extrem hochbelastbaren Lautsprechermembran der französischen Firma Cabasse (Abb. 15-22 B). Auch diese stellt ein Sandwich mit zwischenliegender hexagonaler Wabenstruktur dar. Die Membran ist hochsteif, trotz ihrer großen Fläche. Sie eignet sich für die Klangwiedergabe mit maximalen Stärken von 150 W (Spitzenwerten von 1 kW nach DIN 45573) bei optimaler Wiedergabequalität.

Neben der Stabilität hat die Raumaufteilung der Bienenwaben technische Anregungen gegeben, z. B. für das „Trelement-Haus", das in den 60er-Jahren von Neckermann vertrieben wurde (Abb. 15-22 C). Sechsstrahlige Aluminiumstreben bilden die Pfeiler; von ihnen gehen strahlenartige Verbindungselemente an der Decke aus, die zum nächsten Pfeiler oder einem toten Knotenpunkt laufen. Insgesamt ist das sechseckige Grundraster auf diese Weise in Dreieckselemente aufgelöst. Die konstruktive Bedeutung dieser Baugestaltung liegt darin, dass man einen sechseckigen Grundriss in Einheitsdreiecke parzellieren kann, die man umgekehrt wieder zu Sechsecken oder Teilen davon zusammensetzen kann. Dies zeigt u.a. das Schema der Abb. 15-22 C für ein auch äußerlich sechseckiges Haus (was nicht unbedingt immer der Idealfall sein muss). Das äußere Sechseck hat eine Gesamtfläche von 127 m². Die dreieckigen Einzelelemente umfassen jeweils 2,30 m² (das reicht z. B. aus für eine Wasch-Dusch-Toiletteneinheit). Sechs solcher Dreiecke bilden zusammengesetzt ein 12,72 m² großes, wiederum sechseckiges Zimmer. Fügt man an das kleine Sechseck ein Dreieck an, so entsteht außen eine Wandflucht in einer Linie. Auch größere Häuser, versetzt aneinandergebaut, sind möglich, und diese Bauweise – von den Bienen ja gleichfalls geübt – führt zu pavillionartig aufgelockerten Hausfluchten.

15.8.3.3
Ziegel, wie Honigwaben strukturiert

Konventionelle Ziegel sind sehr schwer; sie sind „unnötig stabil" und Wände aus ihnen erreichen hohe k-Werte, was nachteilig ist. Poröse Ziegel, die etwas leichter sind und besser isolieren, sind seit längerem bekannt.

Einen etwa 35 cm breiten Backsteinziegel, der den Wabenbauten sozialer Insekten nachempfunden sein könnte, hat die Firma Freiburg & Lausanne AG auf den Markt gebracht (Abb. 15-23). Er kombiniert Leichtigkeit mit ausreichender Stabilität und guter Dämmwirkung. Ein derartiger Ziegel könnte das 15000fache seines Eigengewichts tragen. Dank der in den vielen röhrchenförmigen Hohlräumen eingeschlossenen Luft garantiert dieser „Thermo-Backstein" eine hervorragende Wärmedämmung.

Des Weiteren wurde das Bienenwabenprinzip auf Autoreifen übertragen, also auf technische Gebilde, zu denen es auf den ersten Blick nun überhaupt nicht zu passen scheint.

Abb. 15-22 A Technisches Sandwichprinzip mit zwischen zwei Deckschichten liegendem Bienenwaben-Streckmetall (*nach Nachtigall 1997*), B hochbelastbare Lautsprechermembran nach dem Sandwichprinzip der Firma Cabasse (*nach Coineau aus Coineau und Kresling 1989*), C hexagonales Trelement-Haus, Raumaufteilung (*nach einem Trelement-Prospekt aus Nachtigall 1974, ergänzt*)

Abb. 15-23 ThermoCellit-Backsteine mit hexagonaler Wabenstruktur der Firma Freiburg & Lausanne AG (*Demonstration Naturkundemuseum St. Gallen, Foto Nachtigall*)

15.8.3.4
Bienenwaben-Autoreifen

Die Lauffläche von Reifen ist in Blöcke eingeteilt, die durch grobe Zwischenräume getrennt sind. Diese Blöcke kann man glatt lassen oder lamellenförmig strukturieren, z. B. in Querlamellen, aber auch, wie das die Firma Continental/Hannover getan hat, in bienenwabenartigen Lamellen (Abb. 15-24 A, B). Es hat sich gezeigt, dass der Bienenwaben-strukturierte TS 780 auf glatter Fahrbahn, insbesondere auf Eis, Vorteile bei der Traktion, der Seitführung und der Bremsung erreicht.

Die Funktion der hexagonal konstruierten Bienenwabe ist ja nun wahrhaftig eine andere. Dass man damit bei geringem Materialaufwand große Festigkeiten erreichen kann, wurde gezeigt. Die genannten Vorteile eines hexagonalen Lamellennetzes („Wabenlamellen") waren dagegen nicht von vorn herein zu erwarten. In der Entwicklung des TS 780 wurde die Hexagonal-Lamellierung zunächst aus mechanisch-geometrischen Gründen gewählt. Ausschlaggebend war die Kompaktheit der hexagonalen Prismen bei maximaler Griffkantendichte. Bei der Formung des Werkzeugs – das ein Muster dünner Stege darstellt (Abb. 15-24 C), die sich beim Einbringen in die beim Vulkanisieren sehr heiße Kautschukmasse nicht verformen dürfen – wurde dagegen das Stabilitätsprinzip der Bienenwabe dezidiert eingebracht.

Hexagonale Strukturierung und damit eine eindeutige Analogie zeigt sich auch an Haftorganen im Tierreich, z. B. an den Fingerspitzen und Bauchseiten von Baumfröschen. John P. Barnes von der Universität Glasgow hat das System untersucht und darauf hingewiesen, dass darin vielleicht Grundideen für die Verbesserung der Reifenhaftung liegen könnten. R. Mundl/Conti Hannover hat auch diese Mechanismen vergleichend studiert und den Schritt in die Fertigungstechnik gewagt, die in diesem Fall von zwei bionischen Übertragungen befruchtet worden ist, einer funktionell näherliegenden und einer weiter entfernt liegenden.

Abb. 15-24 „Bienenwaben-Reifen", Conti WinterContact-TS 780. **A** Reifenstrukturierung; von links nach rechts: unlamelliert – Querlamellen – Wabenlamellen des CS 780, **B** abrollender Reifen bei Schneematsch; Artist's impression, **C** Schemadarstellung der wabenförmigen Lamellierung; Zwischenräume (→ Werkzeug) herausgehoben, **D, E** Schema einer Katzenpfote und des Conti-Sport-Contact 2 beim normalen Aufsetzen bzw. Abrollen (links) und beim Abbremsen (rechts) (*nach Contintal-Werbebroschüre, Winter 1999*)

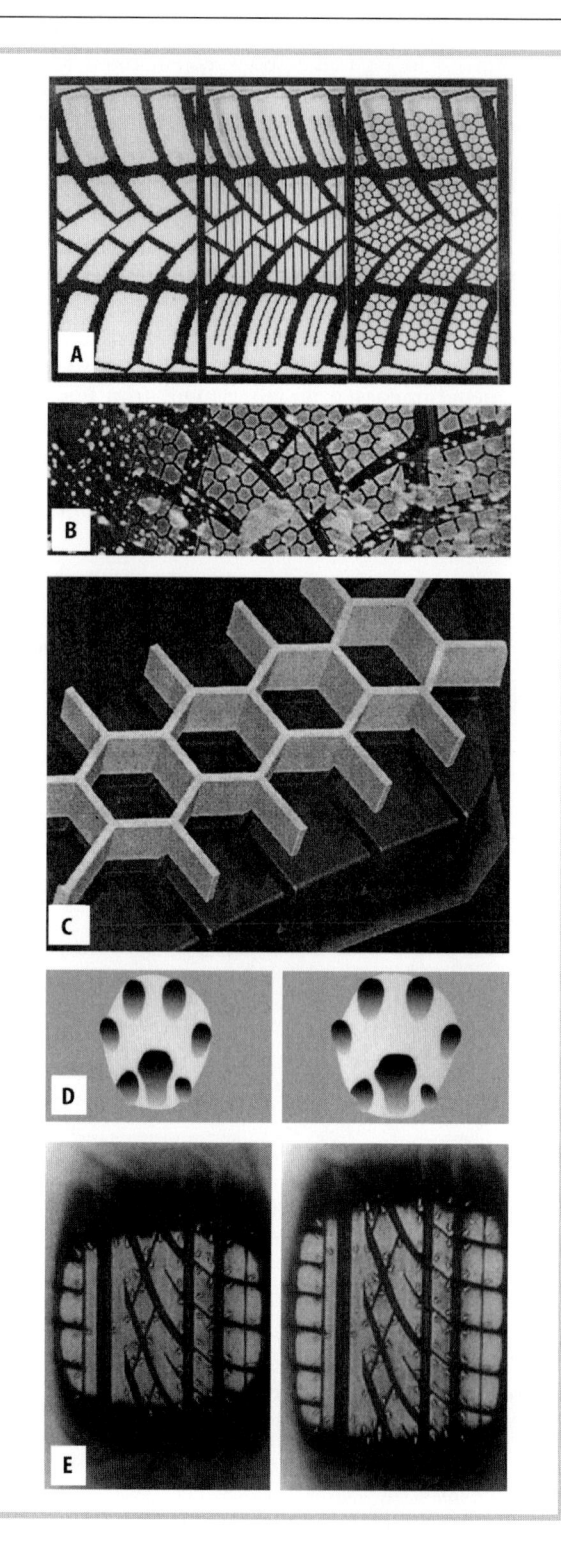

Letztlich kommt es bei Winterreifen allerdings auf die Haftkenngrößen bei rutschigen Straßen an. Die Verbesserung solcher Kenngrößen war unerwartet hoch, so dass die bionische Einbringung der natürlichen Vorbilder gute Effekte „an ganz anderen Stellen" aufgewiesen hat. Im Vergleich zum TS 760 (ohne Wabenprofil) haben sich folgende Verbesserungen ergeben: Schneetraktion 102 %, Schneeseitenführung 108 %, Eis-Bremsen 105 %, Aquaplaning 106 %, Geräuschverminderung 108 %. Das Trocken-Handling (auf nicht nasser und nicht vereister Straße) blieb unverändert bei 100 %. Bemerkenswert ist neben der Bremsverbesserung insbesondere die hohe Effizienz bei der Seitenführung, so dass der Wagen auf schneeglitschiger Straße nicht so leicht ausbricht. Als Kundennutzen wird herausgestellt:

- *Trockene Straße*: Versetzte Schulterblöcke ergeben verteiltes Auftreffen der Blockkanten auf die Fahrbahn: geringeres Profilgeräusch. Relativ dünne Lamellen verringern den Bewegungsspielraum des Klotzteils und sorgen für verbessertes Abriebverhalten.
- *Nasse Straße*: Zwei Umfangsrillen bauen den Staudruck vor dem Reifen ab: weniger Aquaplaning. Ein richtungsorientiertes Grundprofil verbessert die Seitendrainage: weniger Aquaplaning. Der Wandcharakter der Profilblöcke im Mittenbereich wirkt versteifend: besseres ABS-Nassbremsen.
- *Schnee- und Eisuntergrund*: Wabenlamellen bewirken eine deutlich verbesserte Seitenführung

In der Reifentwicklung der Continental AG waren die Blöcke vor 1975 unlamelliert. Ab 1975 erhielten sie geschlossene Lamellen, ab 1989 offene gerade Lamellen, dann zu Beginn der 90er-Jahre offene Wellenlamellen, 1998 CLS-Lamellen und schließlich 1999 die genannten Wabenlamellen. Mit Einführung dieser Entwicklungen verbesserte sich sukzessive der Kraftschluss in Bezug auf Traktion und Seitenkraft. Parallel dazu gingen die Verkaufszahlen in die Höhe.

Der Vergleich zeigt, dass die „Bienenwabenidee" erst im Verbund mit zahlreichen anderen reifentechnologischen Charakteristiken ihre Vorteile, insbesondere die Seitenführungsverbesserung, ausspielen kann.

Wiederum ergibt sich, dass die Übernahme einer Naturidee erst mit einem abgestimmten Gesamtkonzept sinnvoll ist. Des Weiteren zeigt sich, dass eine solche Idee, über den primären Zweck (hier Werkzeugstabilität) hinausgehend, an Stellen wirken kann, an die man vorher gar nicht gedacht hat.

Eine von uns durchgeführte Recherche über technologische Aspekte biologischer Haftung hat noch zahlreiche andere, möglicherweise einsetzbare Vorbilder gebracht, die über das Bienenwabenprinzip hinausgehen, hier aber eingefügt werden, da sie zum „Problemkreis Reifen" gehören.

Auf Sommerreifen wurde durch die Continental AG das Prinzip der Katzenpfote übertragen, die sich beim Bremsen aus schnellem Sprunglauf spreizt und dabei in der Auflagefläche um mindestens 30 % vergrößert (Abbildung 15-24 D). Aspekte dieser Art wurden beim Conti-Sport-Contact 2 mitberücksichtigt:

1 *asymmetrisches Profil*,
2 die genannte *bionische Konturierung*,
3 eine *neue Gummimischung* aus zwei aufeinander abgestimmten Netzwerken (analog Spinnennetzen; eine stabile für gute Steifigkeit und eine flexible für gute Haftung).

Die Punkte 1 und 2 sorgen für eine beim Bremsen um 10 % größere Auflagefläche, „womit ein Zielkonflikt zwischen Aquaplaning und Trockenbremsen beseitigt werden konnte". Punkt 3 verringert den Rollwiderstand und verbessert Haftung und Spurhaltung, insbesondere auch bei nasser Fahrbahn. Damit hat sich der Bremsweg bei gegebenen Randbedingungen aus Tempo 100 km h^{-1} von 40 auf 36 m (90 %) verringert. Angepeilt werden durch Einbringung neuer bionischer Ansätze 30 m (75 %).

Besonders interessant erscheint in diesem Zusammenhang die „nichtrutschende Eisbärpfote". Aus einsehbaren Gründen ist diese aber schwer zu studieren. Der Haftreibungsbeiwert von Winterreifen auf Schnee beträgt etwa 0,4. Das heißt, 40 % des Gewichts eines Pkw können damit in Antriebs- oder Bremskraft umgesetzt werden. Eine Umsetzungsstudie für das Eisbärtazen-Prinzip würde sich lohnen, wenn der genannte Beiwert bei der Bärentatze höher ist, etwa 0,5. Das „Lernen von der Natur" kann also bereits mit der Fragestellung unter definierten Randbedingungen geschehen.

15.9
Bereichsüberschreitungen 2. Art – Verklammern von Einzelfächern

15.9.1
Kratzen am Kontinuum

Natur und Technik sind nicht prinzipielle Gegensätze, müssten es zumindest nicht sein. Der Mensch mit seinem Gehirn ist auch ein Teil der Natur, und was in seinem Gehirn entsteht damit ebenfalls. Selbstredend ist die kulturelle Evolution dazugekommen, und es muss nicht betont werden, dass die Entwicklung des Großhirns zu zivilisatorischen Konzepten und zu Verhaltensweisen des modernen Menschen geführt hat, die dazu beitragen, den Ast abzusägen, auf dem er sitzt: die vielbeklagte Diskrepanz zwischen den modernen konzeptuellen Möglichkeiten und den noch archaischen Verhaltensweisen. Doch ist, wie gesagt, das uns umgebenden Kontinuum, in dem wir selbst eingebettet sind, erkennbare Realität. Die Untergliederung, die Betrachtung aus verschiedenen Blickwinkeln, die Ausbildung von Fächern, die mit dieser Methodik oder jener arbeiten – all das ist sekundär. Die Einsicht, dass sich jeder von uns auf seine Weise bemüht, ein wenig an diesem gigantischen Kontinuum zu kratzen, ist wesentlich, sie prägt zumindest das Bild, dass sich der Forscher von sich selbst machen muss, entscheidend mit.

15.9.2
Bionik in der Schule

In diesem Zusammenhang ist auch die Einbeziehung der Schule wichtig. Schüler von heute sind Studenten von morgen und Systemträger von übermorgen. In den Schulfächern geschieht im kleinen Maßstab das, was letztlich die „große Weltsicht" ausmacht: man versucht in Unterrichtsfächern mit unterschiedlichen Methoden an demselben Kontinuum herumzufeilen. Die Einsichten, die vermittelt werden, stehen üblicherweise für sich. Der Schüler sieht i. Allg. nicht, wie sich Mathematik, Physik, Biologie, Chemie und auch die Geistes- und Sprachwissenschaften zu einem großen – großartigen – Block verzahnen. Bionik in der Schule – das soll kein neues Fach sein, sondern eine nur gelegentlich einzusetzende, dann aber äußerst sinnvolle Betrachtungsweise. Und wenn sich nur eine einzige Schulstunde mit einer derartigen grenzüberschreitenden Verzahnung befasst – sie kann absolut prägend sein. Dazu ein Beispiel.

In der Schulmathematik lernt man u.a. Potenzfunktionen kennen. Sie stehen für sich. In der Schulbiologie kann die Rede auf große und kleine Lebewesen kommen. Die Erkenntnisse stehen auch für sich. In der Physik lernt man Kräfte und Momente kennen. Auch das führt sein Eigenleben. Mathematik, Physik und Biologie ließen sich an einem Beispiel wie folgt verzahnen.

Die Mathematik erklärt die Potenzfunktion und die Ablesung des Exponenten im doppelt logarithmischen System.

Die Biologie bringt Längen-Durchmesser-Relationen bei Bäumen und Sträuchern; größere „biologische Bauten" werden plumper (geringeres Durchmesser-Längen-Verhältnis).

Die Physik erklärt, warum Hochbauten unter Eigenlast „dicklicher" werden müssen: Höhe ~ Durchmesser^{1,5}.

Der Vergleich mit der Biologie zeigt, dass sich die Lebewesen genau nach diesem allgemeinen Gesetz richten wie auch jeder technische Hochbau – bereits eine wichtige Einsicht.

Die grafische Auftragung der Durchmesser und Höhen von Bäumen im doppelt logarithmischen Koordinatensystem ergibt nach rechnerischem Ausgleich (Mathematik, Statistik) eine Gerade, deren Steigung nicht signifikant von 1,5 unterschieden ist!

Daraus folgt: Es gibt nicht nur eine qualitative, sondern auch eine quantitative Übereinstimmung; der Exponent 1,5 – der besagt, dass ein höheres derartiges Bauwerk nicht proportional der Länge sondern proportional der Länge mal der Wurzel aus der Länge dicker werden muss – beinhaltet einen Ausschnitt aus einem allumfassenden Naturgesetz, das Biologie wie Technik beherrscht. Der Weg von einer qualitativen in eine quantitative Einsicht wird somit erkennbar.

Leider bleiben sowohl in der Schulausbildung wie auch in der Hochschullehre wenige derartige fachübergreifende und allgemeine Einsichten vermittelnde Aspekte im Gedächtnis haften. Was sollen Details, die man sowieso entweder vergisst und/oder auf einfache Weise nachlesen kann? Sie besetzen nur Speicherplätze im Gehirn.

Der Weg der Erkenntnis vom Studium der Umwelterscheinungen bis hin zum Bild, das man sich von seiner Umwelt und damit auch von sich macht, führt von der qualitativen Frage über die (oft mühsame) quantitative Bearbeitung hin wieder zu einer qualitativen Antwort. Fachübergreifende bionische Ansätze sind geradezu prädestiniert, griffige Beispiele für ein derartiges Erkennen abzugeben.

Überlegungen zum Stichwort „Bionik in Schulen" haben wir zusammen mit einem Bionik-Studientag des Gymnasiums Unterhaching/Bayern erarbeitet, unterstützt von einem aufgeschlossenen Schulleiter (H. Durner) und engagierten Lehrern (H. Birkner, A. Thanbichler). Ein Architekturbionik-Konzept aus einer Schülerinnenarbeit dieser Schule wird in Abb. 9-19 vorgestellt.

Der bayerische Staat wollte für einige Zeit einen Lehramtskandidaten abstellen, der mit uns zusammen diese Aspekte in Form von Unterrichtskonzepten ausarbeitet. Darauf warten wir heute noch (ebenso wie – nach Adolf Gondrell – der bayerische Landtag auf die himmlische Eingebung).

15.10
Kurzanmerkungen zum Themenkreis „Systemik und Organisation"

15.10.1
Sich selbst organisierende Biomaterialien

In der Reihe „Bioengineering of materials" haben K. McGrath und D. Kaplan ein Buch herausgegeben, in dem der erstgenannte Herausgeber und M. Butler einen Abschnitt über Proteinsysteme, die sich selbst assemblieren, als Modelle für die Materialwissenschaft geschrieben haben. Danach werden „Self-assembling systems" wie folgt definiert:

„Als sich selbst organisierend kann jedes System bezeichnet werden, das spontan von niederen zu höheren Ordnungsstufen struktureller Komplexität fortschreitet." Man kann darunter auch jedes System verstehen, *„das eine Anzahl kleinerer struktureller Elemente zu supramolekularen Komplexen kombiniert"*. „Spontan" organisieren sich solche Systeme, wenn der Organisationsprozess bei gegebenen Randbedingungen (Temperatur, Druck, Lösungskenngrößen) insgesamt unter einer Reduktion der freien Energie des Systems erfolgt.

Den einfachsten Fall der Selbst-Kondensation, der eine größere Zahl biologischer Phänomene beschreibt – Dimerisationen, Polymersationen – kann man so formulieren, dass n Moleküle von A sich zu einem einzigen Komplex A_n von n Molekülen zusammentun: $nA \leftrightarrow A_n$. Der Prozess läuft spontan ab, wenn die Reaktionsgleichgewichtskonstante $K > 1$ ist: $(K = A_n/A^n) > 1$. Diese geht in die Gleichung für die freie Energie ein: $\Delta G = -RT \ln K$ (mit $R = 8{,}31$ J K^{-1} mol^{-1} und T in °K). Die Änderung der freien Energie ist ein Maß für die Änderung der energetischen Stabilität pro Mol der Reaktionspartner. Mit $\Delta G = \Delta H - T\Delta S$ kann man auch schreiben $\ln k = -\dfrac{\Delta H}{RT} + \dfrac{\Delta S}{R}$ (ΔH Änderung der Reaktionsenthalpie, ΔS Änderung der Entropie). Mit diesem Ansatz lässt sich der Einfluss von Änderungen der Enthalpie und Entropie auf den Organisationsprozess eines Systems ausdrücken und damit auch der Weg kennzeichnen, den Proteine von ihrer Primärstruktur über die Sekundär-, Tertiär- zur Quartärstruktur nehmen können.

Dabei spielen auch elektrostatische Interaktionen zwischen geladenen Teilen der Molekülkette eine Rolle, die durch das Coulomb'sche Gesetz beschreibbar sind, und die Polmomente der Moleküle, Wasserstoffbrücken, Wasseranlagerung und -auslagerung und hydrophobe Interaktionen, insbesondere auf dem Weg zu komplementären Protein-Protein-Assoziationen. Als Beispiele werden die Selbstorganisation des Tabakmosaikvirus in Abhängigkeit vom pH und des Ionisationsgrads (vgl. Abb. 15-6 A) gegeben, die Polymerisation von Mikrotubuli, die Selbstorganisation von Keratin, Collagen, Ferritin und anderen Verbindungen. Abbildung 15-25 zeigt eine Peptidmembran-Blattstruktur, aus der sich durch Selbstorganisation lamelläre Blätter mikroskopischer Dicke aufbauen können.

Die lesenswerte, da einführende und zugleich weiterführende Zusammenfassung über die *Grundlagen der Selbstorganisation von Proteinen* einschließlich von Denovo-Peptiden enthält die Literatur bis 1996.

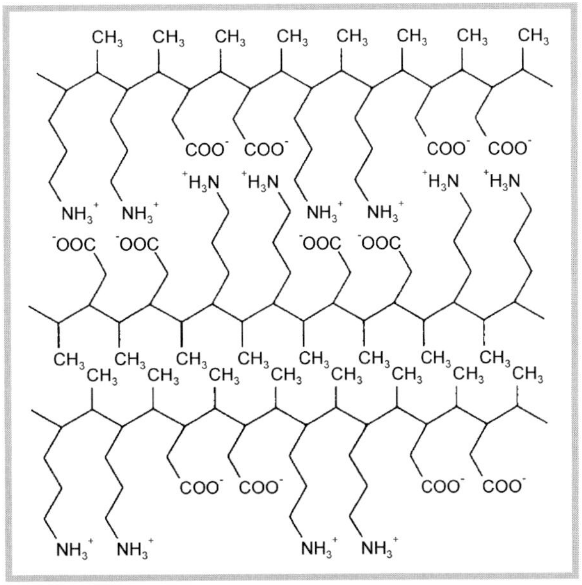

Abb. 15-25 Spontane Organisation einer Peptidmembran. Ionische Interaktionen verlaufen jeweils zwischen Lys- und Glu-Resten und stabilisieren das abgebildete Blatt in einer β-Strang-Konfiguration. Wasserstoffbrücken zwischen Strängen und hydrophobe Interaktionen zwischen Alanyl- und Methylgruppen stabilisieren aneinandergelegte derartige Blätter in einer β-lamellären Querstruktur. (*nach Grath, Kaplan (Eds.) 1997*)

15.10.2
**Evolutionäres Gestalten –
eine Alternative zum Recycling?**

Axel Grischow hat in seiner Homepage über evolutionäres Gestalten H. J. Harborth angeführt, der die folgenden Forderungen für eine Versorgung und Ressourcenverteilung der Zukunft aufgestellt hat:

- *Materielle Mindestversorgung für alle*: Befriedigung der Grundbedürfnisse: ausreichend Nahrung, eine sichere Behausung, Gesundheit und eine Bildung, welche die Menschen u.a. in den Stand versetzt, ihre eigene Situation zu erkennen und ggf. zu verändern.
- *Definition des maximal möglichen Wohlstands*: Er wird begrenzt durch: die Bestände und Bestandsveränderungen der Ressourcen (erneuerbarer und nicht erneuerbarer), Umweltbelastungen und -zerstörungen, Zahl und Zunahme der Bevölkerung, Art und Umfang des Kapitalstocks und des technischen Wissens.
- *Verbrauch knapper Ressourcen nur übergangsweise*: Nicht erneuerbare und nicht ausreichend substituierbare Ressourcen dürfen bestenfalls als Übergangslösung bis zum Umstieg auf andere Produktions- und Verbrauchsstrukturen angesehen werden. Ebenso dürfen Schadstoffe langfristig nur in dem Umfang erzeugt werden, in dem sie auch abgebaut werden können.
- *Erneuerbare Ressourcen dürfen nicht zerstört werden*: Für strategisch wichtige Ressourcen sollte die global maximale dauerhafte Ergiebigkeit bestimmt werden, wie es heute schon für Walfangquoten getan wird. Ebenso müssten maximale Belastungsquoten für Schadstoffe und Abfälle festgelegt werden.
- *Maximale Zumutbarkeit*: Da Nutznießer und Belasteter oftmals verschieden voneinander sind, müssen Belastungen wie Lärm, Risiken, Geruch, Enge, ästhetische Ärgernisse diskutiert und evtl. begrenzt werden.
- *Anpassung des Individualverbrauchs an die Bevölkerungszahl*: Der zulässige Pro-Kopf-Verbrauch ist von dem ökologisch dauerhaften Maximalniveau und der Bevölkerungszahl abhängig. Bei steigender Bevölkerungszahl sinkt der Pro-Kopf-Verbrauch. Derzeit verbraucht 1/5 der Weltbevölkerung 2/3 des Maximalniveaus, die Mehrheit verbraucht weniger als 1/3 der Ressourcen. Ähnlich sieht es bei der Schadstoffproduktion aus.
- Es lässt sich erkennen, dass uneingeschränktes Wachstum, welches einer der wichtigsten Faktoren in der westlichen Wirtschaftslehre ist, langfristig nicht zum Ziel einer sich im Gleichgewicht zwischen Ressourcenaufnahme und -abgabe befindlichen Welt beträgt.

Axel Grischow versucht nun darauf zu antworten und fragt zum Beispiel: „Wie kann man Dinge so konstruieren, dass sie von anderen/späteren auch noch genutzt werden können und ihnen ein möglichst geringes Hindernis darstellen? Wie kann man Dinge entwerfen, die ihren Zweck erfüllen, aber die Freiheit haben, sich neuen Anforderungen im Laufe der Zeit anzupassen?" Die Homepage berichtet über die Möglichkeiten der evolutiven Gestaltung, Beispiele für eine flexible Gestaltung, den Problemkreis Dekonstruktivismus und natürliche Konstruktionen sowie Übertragungsmöglichkeiten.

Literatur

Bannasch R (1996) Widerstandsarme Strömungskörper – Optimalformen nach Patenten der Natur. In: Nachtigall W, Wisser A (Eds.): BIONA-report 10, Akad. Wiss. Lit. Mainz, Fischer, Stuttgart, 151–176

„*Biomolecular self-assembling materials*" (1996) http://bob.nap.edu/readingroom/books/bmm, Projektsbericht der National Academy of Sciences

Birkner H (Ed.) (1995) Bionik - Lernen von der Natur. Studientag der 11ten Klasse des Gymnasiums Unterhaching

Camazine S, Deneubourg J-L, Franks NR, Sneyd, J, Theraulaz, G, Bonabeau E (2001) Self-Organization in biological systems. Princeton University Press, New Jersy

Dylla K, Krätzner G (1977) Das biologische Gleichgewicht. Quelle & Meyer, Heidelberg

Götz KG (1992) Exploration der Umwelt: Suchstrategien einer Taufliege. In: Nachtigall W (Ed.): BIONA-report 8, Akad. Wiss. Lit. Mainz, Fischer, Stuttgart etc., 27–38

Grischow A (1996) http://alf.zfn.uni-bremen.de/~grischow/evolut.htm

Hanna G, Barnes WJP (1991) Adhesion and detachment of the toe pads of tree frogs. J. Exp. Biol. 155: 103–125

Harborth HJ (1991) Dauerhafte Entwicklung statt globaler Selbstzerstörung: Eine Einführung in das Konzept des 'sustainable development'. Edition Sigma, Berlin, 122 p

Hartmann U (2001) Nanobiotechnologie. Eine Basistechnologie des 21. Jahrhunderts. Zentrale für Produktivität und Technologie Saar, Saarbrücken

Hasenpusch W (1997) Seeigel-Stacheln – Ein Objekt für die Bionik. Mikrokosmos 86 (4), 211–215

Hauschildt J (1997) Innovationsmanagement. 2. Aufl., Vahlen, München, 25–38

Hauschildt J (2001) Innovationsmanagement. Überblicksartikel (wie am 06.08.01 in der FAZ erschienen): http://www.bwl.uni-kiel.de/studienkolleg/forschung/Hauchildt_PostindIM.pdf

Hoerner SF (1965) Fluid Dynamic Drag. Hoerner (Ed.), Bricktown, N.J

Kube CR, Bonabeau E (2000) New Scientist, 29.1.2000 und Studentenprogramm Bielefeld

Kube CR, Bonabeau E (2000) Cooperative transport by ants and robots. In: Robotics and Autonomous Systems, vol. 30, 85–101

Küppers U (1991) Naturstrategien für optimierte Verpackungen, Systemstudie im Auftrag der TFH-Berlin

Küppers U (1995) Bionik der Verpackungen: Evolutionäre Verpackungsstrategien der Natur im Spannungsfeld zwischen marktwirtschaftlicher und umweltökonomisch-nachhaltiger Verpackungsentwicklung. In: Nachtigall W (Ed.): BIONA-Report 9, Akad. Wiss. Lit. Mainz, Fischer, Stuttgart etc., 1–16

Küppers U, Aruffo-Alonso C (1995) Verpackungsbionik – umweltökonomische Optimierung technischer Verpackungen. In: Nachtigall W (Ed.): BIONA-Report 9, Akad. Wiss. Lit. Mainz, Fischer, Stuttgart etc., 171–175

Küppers U, Tributsch H (1993) Verpackungsstrategien der Natur-Vorbild für eine ganzheitlich vernetzte Materialwirtschaft. VDI Berichte 1060, 333–343

Küppers U, Tributsch H (2001) Bionik der Verpackung. Verpacktes Leben – verpackte Technik. Wiley-VCH

McGrath K, Kaplan D (Eds.) (1997) Protein-Based Materials. Birkhäuser, Boston

Millor J, Pham-Delegue M, Deneubourg JL, Camazine S (1999) Self-organized defensive behavior in honeybees. Proc. Nat. Acad. Sci. USA, 96, (No. 22), 12611–12615

Mundl R (pers. Mitteil.) Die beschriebenen Zusammenhänge sowie die konkreten Angaben zur Verbesserung der Reifeneigenschaften des TS 780 (Hexagonallamellen) vs. TS 760 (Sinuslamellen) stammen aus der offiziellen Produktvorstellung des TS 780 in Reykjavik/lsland vom 29.9.99 bis 9.10.99. Die Präsentation wurde per CD-ROM verteilt.

Nachtigall W (1979) Unbekannte Umwelt – Die Faszination der lebenden Natur. Hoffmann und Campe, Hamburg

Nachtigall W, Bilo D (1980) Strömungsanpassung des Pinguins beim Schwimmen unter Wasser. J. Comp. Physiol. 137, 17–26

Pistilli R (2000) Nachhilfe in Biologie für Manager. Ein Beitrag in: http://www.cityweb.de vom 03.04.2000

Prigogine I, Glansdorff P (1971) Thermodynamic Theory of Structure, Stability and Fluctuations. Wiley, New York

Reiner R (1992) Selbstorganisation: Anwendung eines biologischen Prinzips. In: Nachtigall W (Ed.): BIONA-report 8, Akad. Wiss. Lit. Mainz, Fischer, Stuttgart etc., 13–26

Reiner R (1991) Migratory systems: Theory and empirical valuation. In: Ebeling W et al. (Eds.): Models of selforganization in complex systems. Akademie Verlag, Berlin.

Ringsdorf H (1996) Aus: „Biomolecular self-assembling materials": http://bob.nap.edu/readingroom/books/bmm, Projektsbericht der National Academy of Sciences

Schmidt-Mende L, Fechtenköffer A, Müllen A, Moons E, Friend RH, Mac Kenzie JD (2001) Self-organized discotic liquid crystals for high-efficiency organic photovoltaics. Science 293, 1119–1122

Schmundt H (2000) Computer: Duft der Daten. Der Spiegel 46/2000, 264

Schnur JM (1993) Lipid tubules: A paradigm for molecularly engineered structures. Science 262, 1669–1675

Scholz C (1999) Tierisch viel Grips – Die Natur zeigt, wie es funktioniert. Reifenmagazin – Die Zeitschrift für Kunden der Continental AG, Nr. 3 (Dez. 1999), 16–18

Vester F (1980) Neuland des Denkens. Vom technokratischen zum kybernetischen Zeitalter. DVA, Stuttgart

Vester F (1999) Die Kunst, vernetzt zu denken. Deutsche Verlagsanstalt, Stuttgart

Visscher, PK, Camazine S (1999) Collective decisions and cognition in bees. Nature 397, 400

Watzlawick P, Beavin JH, Jackson DD (1969) Menschliche Kommunikation. Huber, Bern

Kapitel 16

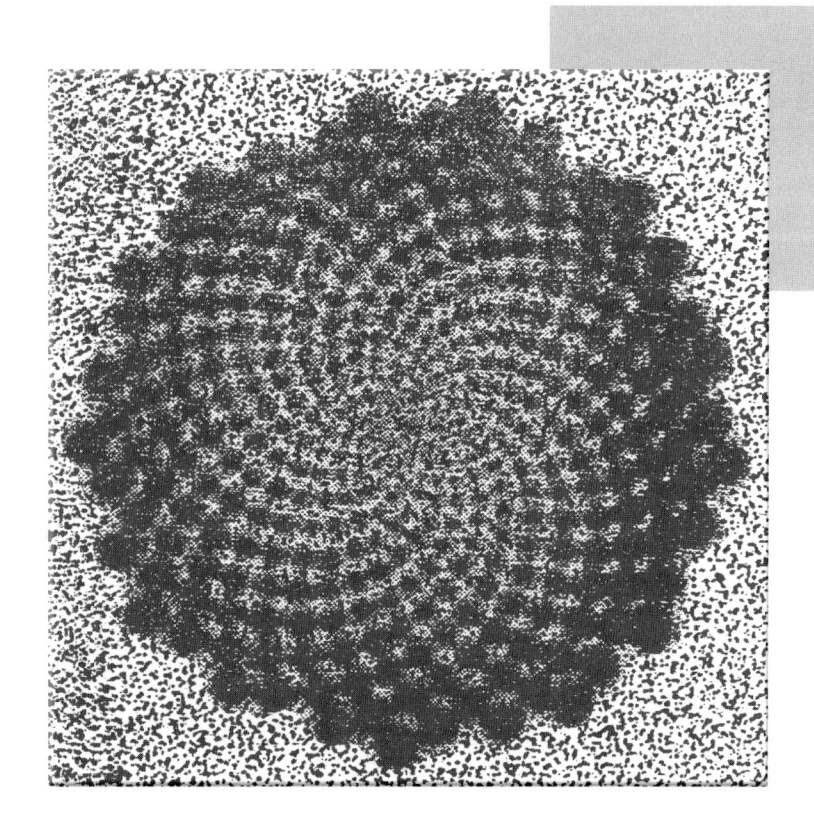

16 Konzeptuelles und Zusammenfassendes

16.1
Bionik als technische und wirtschaftliche Herausforderung – was nicht gegen Naturgesetze verstößt, ist prinzipiell machbar

Diese Überschrift hätte man fast jedem Abschnitt dieses Buchs voranstellen können. Einige Beispiele waren von fundamentaler technologischer Bedeutung, bis hin zu einer großen Relevanz für eine Überlebensstrategie. Andere waren mehr akzessorisch zu sehen, stellten kleine Teilaspekte für eine Technologie der Zukunft da. Alle aber tendieren in Neuland. Die Technologie wird anders sein, sein müssen, als unsere heutige. Bionik kann an vielerlei Stellen unterschiedliche und unterschiedlich bedeutsame Beiträge leisten. Dies zu zeigen war Aufgabe der Beispielsammlung. Gleichzeitig stecken diese Beispiele Felder ab, auf denen eine besonders rasche Entwicklung zu erwarten ist.

Es ist wohl deutlich geworden, dass Bionik, wie vielfach ausgeführt worden ist, kein sklavisches Kopieren der Natur bedeutet. Derartige Ansätze wären bereits im Prinzip verfehlt. Dadurch, dass Bionik oft Schwieriges, offensichtlich nicht so leicht Machbares ansteuert – im Vertrauen darauf, dass die Natur das ja auch kann, dass dies also nicht gegen Naturgesetze verstößt – fordert sie den Ingenieur vielmehr, sein konstruktiv geschultes Gehirn für die Bearbeitung und Lösung solcher Aspekte und Fragen einzusetzen, für die die Natur gute Lösungen gefunden hat.

Bionik kann die Ausrede „das geht nicht" nur dann akzeptieren, wenn ein Konzept gegen physikalische Naturgesetze verstößt. Wirtschaftliche oder politische Gründe mögen der Auslöser für eine Entwicklung sein; sie können sie begleiten, fördern oder hemmen, doch nicht eigentlich aus dem Boden zaubern oder verhindern. Ideen, die in eine technologische Zukunft weisen, liegen immer in der Luft. Ideen, die in der Natur verwirklicht sind, aufzugreifen, anzupassen, umzusetzen – oder aber sich von Strukturen, Verfahrensweisen und Evolutionsprinzipien der Natur anregen zu lassen zu weitergehendem Denken, das von dem „Vorbild Natur" durchaus auch wegführen kann in eigenständige Entwicklungen – all das sind Entwicklungspotenziale, die sich in einen erweiterten Bionik-Begriff einordnen lassen. So passt z. B. die Verwendung ganzer lebender Zellen oder von Teilen von Tieren oder von Pflanzen in hybriden bio-technologischen Systemen oder organisch/anorganischen Materialien im Grunde nicht ganz in einen eng gefassten Bionik-Begriff, von dem ursprünglich ausgegangen worden ist. Ebenso verhält es sich mit dem Zusammenwirken prothetischer Gebilde und Lebewesen, vorzugsweise Menschen, oder auch mit dem Versuch, bio-informatische Schnittstellen zwischen Kohlenstoff- und Silizium-Technologie zu schaffen. In mehreren Abschnitten wurde über all diese Fragen berichtet.

Schließlich jedoch sind die vielseitigen Anregungen, die aus einem analogen Gegenüberstellen von Verfahrensweisen der Natur resultieren, ja auch Projektionen belebter Systeme auf unsere Technik und Wirtschaft. Dies gilt bspw. Für das komplexe „Management" eines Ökosystems und entsprechende Aspekte der Verwaltung und Wirtschaft und die Suche danach, ob nicht die Strukturierung tierischer Sozietäten ein gewisses Anregungspotenzial für wirtschaftliches Management enthalten. Versucht man diese ebenfalls in mehreren Abschnitten abgehandelten Aspekte im Sinn einer Wissenschafts- oder Methodenstrukturierung in vorhandene Beschreibungskategorien einzuordnen, so passen sie am besten in den erweiterten Bionik-Begriff von Abschnitt 1.2, der sich damit im retrospektiven Vergleich als tragfähig erweist.

16.2
Bionik als Betrachtungsaspekt – die fächerübergreifende kybernetische Sichtweise

„Wo die erste Rückkopplung war, war das erste Leben", sagte mit Recht ein Pionier dieser Betrachtungsweise, der Humanphysiologe Richard Wagner (bei dem ich in München noch Medizinische Physiologie gehört habe). Er war einer der Begründer der kybernetischen Betrachtungsweise.

16.2.1
Die kybernetische Betrachtungsweise

Steuern und Regeln – diese Termini sind begrifflich zu unterscheiden. Abbildung 16-1 A zeigt, wie der Begriff „Steuerstrecke oder Steuerkette" und „Regelkreis" zu definieren ist, wie man von der Steuerstrecke zum Regelkreis kommt, durch Kreisschluss über eine Rückkopplung.

Bei der Steuerstrecke sagt der Steuermann einem zu steuernden System, was es zu tun hat, bekommt von diesem aber keine Rückmeldung. Störgrößen, die das zu steuernde System etwas anderes tun lassen als der Steuermann ihm vorschreibt, können leicht zur Systemzerstörung führen. Im Fall der Regelung informiert die Regelstrecke den Regler (der dann nicht mehr Steuermann heißt) über mögliche Störgrößen, die ein eingebautes Fühlerglied registriert. Der Regler vergleicht einen Nennwert oder Sollwert, den ihm ein Sollwertgeber gibt, mit dem Ist-Wert, den er vom Fühler bekommt, einfach durch die Bildung der Differenz beider Werte. Solange diese Differenz ungleich Null ist, informiert er das Stellglied des zu regelnden Prozesses, diesen Prozess so zu handhaben, dass die Störgröße ausgeregelt wird. Sobald dies der Fall ist, gibt der Fühler keine vom Sollwert abweichende Information mehr; die Differenz zwischen beiden Werten ist Null, und der Regler lässt das Stellglied nicht weiter arbeiten: die Störgröße z ist ausgeregelt. (Diese Prinzip-Betrachtung gilt für eine einfache Proportionalregelung.)

Abbildung 16-1 B zeigt ein Schema der Drehzahlregelung einer Dampfturbine. Man kann sich hier mehrere Störgrößen vorstellen, z. B. eine Zusatzlast z_1, ein Ansteigen oder Abfallen des Dampfkesseldrucks z_2 und einen kleineren oder größeren Auslaufwiderstand z_3 von der Dampf-Druckleitung. In jedem Fall vergleicht der Regler die momentane Drehzahl x_{ist} mit einer vom Programmgeber vorgegebenen Solldrehzahl x_{soll}. Solange eine Abweichung da ist, lässt er eine Stellgröße $y \neq 0$ auf einen Ventilmagnet wirken, der das Ventil dann sinngemäß öffnet oder schließt, bis die Störgröße ausgeregelt ist und die zunächst leicht beschleunigende oder verzögernde Dampfturbine wieder mit ihrer Nenndrehzahl arbeitet.

Im biologischen Bereich gibt es eine Vielzahl solcher Beispiele für Proportionalregelung (P), dazu Differentialregler (D), Integralregler (I) und kombinierte DI- und schließlich PDI-Regler. Durch ein vermaschtes System solcher Regelkreise mit unterschiedlichen Regeleigenschaften, die mit unterschiedlichen Fühlern und Stellgliedern arbeiten, wird z. B. unsere Körpertemperatur und unser Blutdruck auf einem Nennwert angenähert konstant gehalten, unabhängig also von äußeren Stellgrößen wie Wärme oder Kälte, exzessive Arbeit oder Ruhe etc. Biologische Regelmechanismen können äußerst komplex sein.

Die hier im Grundsatz kurz skizzierten Ansätze wurden und werden nun in vielfältiger Weise auf biologische, technische, wirtschaftliche und andere Systeme angewandt. Der Vorteil: Unabhängig von der Zuordnung kann man ein System über solche Sichtweisen mit einem völlig anderen vergleichen, beispielsweise die Einstellung, mit der ein Auge auf Helligkeitsschwan-

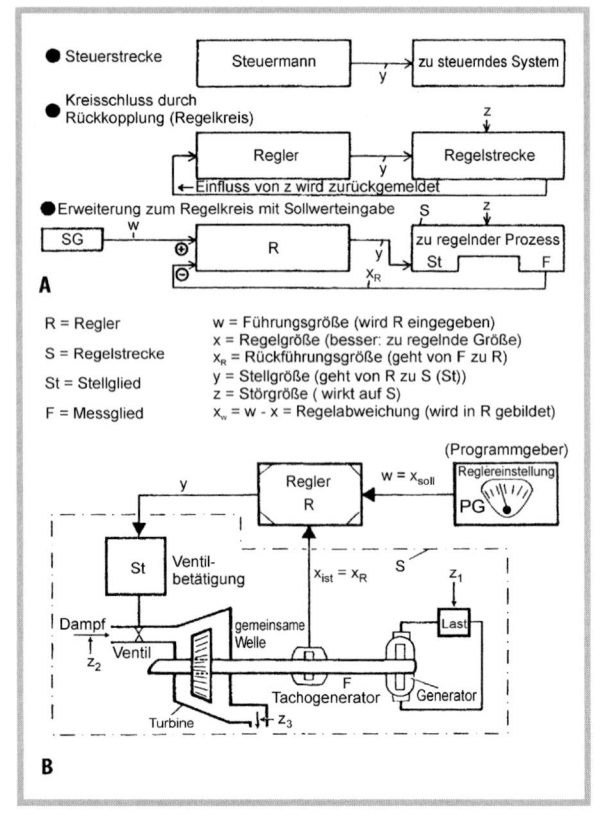

Abb. 16-1 Steuern und Regeln. A Von der Steuerkette zum Regelkreis, B Drehzahlregelung bei einer Dampfturbine (*nach Nachtigall 1983*)

kungen reagiert, mit der Art und Weise, wie das Kaufpotenzial einer Bevölkerungsgruppe auf einkommensrelevante politische Vorgaben reagiert.

16.2.2
Vermaschung, Vernetzung komplexer Systeme

Die Umwelt als vermaschtes System, als ein System gegenseitig voneinander abhängiger und sich gegenseitig beeinflussender Regelkreise zu sehen, zu erkennen, wie komplex die wechselseitigen Abhängigkeiten sind, einzusehen, wie sich eine Störung an bestimmter Stelle an einer anderen, ganz unerwarteten, drastisch bemerkbar macht – vielleicht vielfach potenziert –, mit anderen Worten systembezogen und kybernetisch zu denken, das ist der einzige Weg, die selbstmörderischen Kreisläufe positiver Rückkopplung, auf die sich der Mensch eingelassen hat, zu überwinden.

Es ist keineswegs eine Übertreibung zu behaupten, dass in der Unterordnung unter dieses Wissen die einzige mögliche Überlebensstrategie liegt. Ich versuche, diesen Gesichtspunkt, für den auch Frederic Vester so vehement eintritt (vergl. Abschn. 16.4) am Beispiel „Ökosystem Hecke" (oder „Ökosystem Waldrand") zu verdeutlichen, das Dylla und Krätzner eingeführt haben.

In Abb. 16-2, Schema 1 ist ein schlichtes, linear und logisch noch einfach durchschaubares Beziehungsschema gegeben. Allgemein ist es so zu deuten: System 2 wirkt negativ auf System 1. Wirkt System 3 negativ auf System 2, so wirkt es damit notwendigerweise positiv auf System 1: Gabelschwanzraupen (2) fressen Zitterpappelblätter (1). Kohlmeisen (3) fressen Gabelschwanzraupen. Damit nützen die Kohlmeisen indirekt den Zitterpappeln.

Dieses Beziehungsschema kann man als Kristallisationspunkt betrachten und immer weitere Einflusssphären dazuaddieren. Bereits bei einem vier- oder fünfgliedrigen Beziehungsschema wird es schwer, das Ganze logisch zu durchschauen, bei mehrgliedrigen praktisch unmöglich (Abb. 16-2, Schema 2).

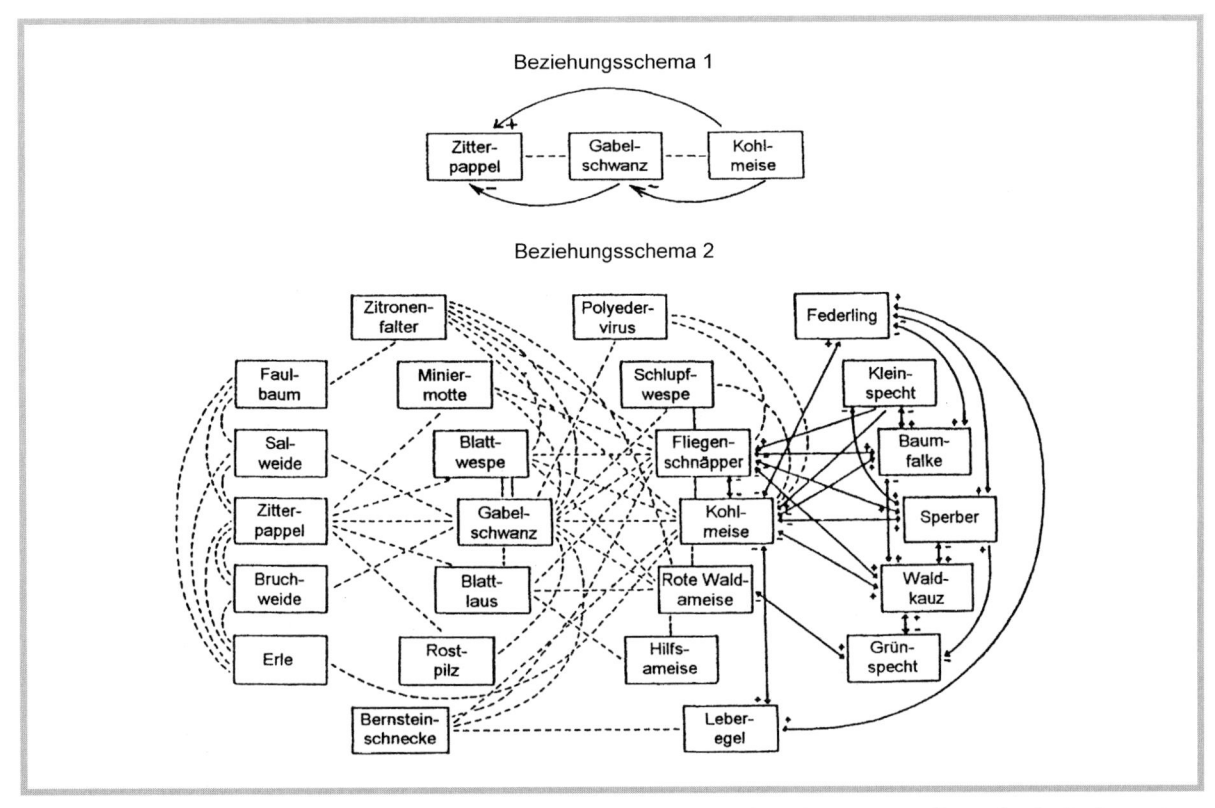

Abb. 16-2 Vernetztes System „Hecke". **A** Einfachstes Beziehungsschema zwischen drei Partnern: linear durchschaubar, **B** Ausschnitt aus dem komplexen realen Beziehungsgefüge: linear nicht mehr durchschaubar (*nach Dylla, Krätzner, aus Nachtigall 1997*)

Dazu eine kleine Überlegung zur letzten (in Abb. 16-2, Schema 2, rechten) Stufe, die – wenn man so will – die Konsumenten dritter Art einbezieht. Falken, Sperber und Käuze jagen Meisen, einige Spechtarten fressen Ameisen. Federlinge schwächen Kleinvögel, die dann eher Beute eines Greifs werden, zumal wenn sie zusätzlich mit anderen Parasiten – etwa Würmern – infiziert sind. Die Übertragung dieser Würmer auf die Jäger können diese Glieder der letzten Stufe so schwächen, dass sie keine Kleinvögel mehr schlagen können und eingehen.

Auf vielfältige Weise ist also das Beziehungsschema vermascht, vielfach auch durch mehrere indirekte, sich gegenseitig wieder aufhebende Querbeziehungen. So wirkt sich die Tatsache, dass der Kleinspecht Bruthöhlen baut, negativ auf die Gabelschwanzpopulation (und damit positiv auf die Zitterpappeln) aus: später nisten in diesen Bruthöhlen nämlich Meisen, und diese dezimieren die Gabelschwanzraupen. Der Grünspecht dagegen frisst Rote Waldameisen, was den Gabelschwanzraupen eine bessere und größere Überlebenschance garantiert. Wirkt der Kleinspecht also indirekt negativ auf die Population der Gabelschwänze, so ist das beim Grünspecht genau umgekehrt.

Es ist wohl deutlich geworden, dass ein Verständnis aller Querbeziehungen und aller Einzelheiten sachlich-logisch kaum möglich ist, auch wenn man die wechselseitigen Abhängigkeiten noch so gut kennt. Eine kleine Änderung in diesem Maschenwerk zieht nichtvorhersehbare Änderungen an allen anderen Maschen mehr oder minder dramatisch nach sich.

Bedenkt man darüber hinaus, dass die Beziehungspfeile in den Schemata ja eigentlich mehr Ersatzsymbole für Teile von Regelkreisen oder für vollständige derartige Kreise sind, räumt man weiter ein, dass dieses Beispiel noch relativ einfache ökologische Zusammenhänge aus dem unendlich vielfältigen vermaschten und vernetzten Gefüge eines Biotops herausgreift, so dürfte wohl klar sein: Durch logisch-kausale Punktzuordnung lassen sich komplexe biologische Systeme, seien es Organismen oder Ökosysteme, keinesfalls analysieren. Man muss Verfahren erarbeiten, die der Komplexität angemessen sind, wenn man überhaupt forschen, beschreiben und Schlüsse ziehen will: Netzplandenken. Darüber wird im Abschn. 16.4 gesprochen.

16.2.3
Ökosysteme als kybernetische Systeme

Alle Welt beschreibt Ökosysteme mit Hilfe kybernetischer Aspekte. Die Berechtigung dazu wurde aber immer wieder einmal bestritten. Kritiken dieser Art haben sich jedoch nie halten lassen; sie haben gewissermaßen vor lauter Bäumen den Wald übersehen. Würde man Ökosysteme nicht als vermaschte Regelmechanismen akzeptieren, so würde man nicht verstehen, warum sich die Biosphäre überhaupt hält.

Kybernetik ist die Wissenschaft von der Steuerung, Regelung und Kommunikation. Nach der Originaldefinition von Wiener, die 1948 formuliert worden ist, impliziert Kybernetik einen Informationsfluss bei Kontrollprozessen. Sie nimmt an, dass diese prozesskontrollierenden Gesetzmäßigkeiten allgemein anwendbar sind auf Mensch und Maschine, organische und anorganische Systeme.

Was macht nun ein Ökosystem aus? Es besteht aus Lebewesen, die ihre Lebensbedingungen wechselseitig beeinflussen, und aus unbelebter Materie, die sich auf die Lebewesen auswirkt. Diese Wechselwirkungen erscheinen manchmal unsystematisch-zufällig. Tatsächlich aber spielen Koordination, Regelung, Kommunikation und Kontrolle ausschlaggebende Rollen. Deshalb sind diese Wechselwirkungen und damit auch die Systeme kybernetisch zu beschreiben. McNaughton und Coghenour haben das an einem Beispiel verdeutlicht, dem Zusammenleben eines Fichtenkäfers mit seiner Wirtspflanze, der Ponderosa-Kiefer. Dieses ausführliche Beispiel habe ich 1983 in einer Darstellung zur Biostrategie aufbereitet. Es zeigt sehr klar, dass sich Materie- und Energieflüsse bei näherer Kenntnis der Zusammenhänge als Folge vorausgegangener Informationsflüsse erweisen. Kybernetische Systeme sind in Bezug auf die Information geschlossene Systeme, in Bezug auf Materie und Energie dagegen offene: Materie und Energie können frei ins System eintreten und wieder austreten, während die Informationsstrecken und Kontrollmechanismen systemimmanent bleiben. Da zwischen Organismen und der Umwelt Information ausgetauscht werden muss, sind Organismen selbst keine reinen kybernetischen Systeme, weil ihr Informationsfluss nicht in sich geschlossen ist. Im Zusammenwirken mit den jeweiligen Umweltfaktoren (dazu gehören auch andere Mechanismen) ergibt sich ein Ökosystem, das bei jeder ökologischen Interaktion Informationen austauscht. Unter dem Aspekt der Information betrachtet stellt es insgesamt ein geschlossenes System dar. Ökosysteme sind damit echte kybernetische Systeme oder „Überorganismen".

Im Vergleich dazu sind die meisten Systeme der menschlichen Organisation keine echten kybernetischen Systeme. Täglich können wir den Zeitungen Berichte über Zusammenbrüche, Konkurse und andere Formen der Zerstörung und Selbstzerstörung entnehmen: bei ökonomischen Prozessen fehlt das Prinzip des vielfachen Informationsflusses mit Rückmeldungen zu Untersystemen.

So können zusammenfassend folgende sehr wichtige Schlussfolgerungen gezogen werden: Viele anthropogene Systeme – Organisationsformen technischer, wirtschaftlicher, sozialer Art – sind einfach deshalb nicht dauerhaft lebensfähig, weil sie nicht über Rückmeldung und über Ist-Soll-Zustandsvergleiche durch regelnde Elemente verfügen. *Sie sind noch nicht oder noch zu wenig kybernetisch ausgerichtet, ganz im Gegensatz zu den Systemen der belebten Welt.*

Natürliche Systeme dagegen, Ökosysteme, selbst die einfachsten, sind viel komplizierter als jedes noch so komplexe anthropogene System. Sie funktionieren jedoch als geregelte Mechanismen. Sie erhalten sich selbst, fluktuieren normalerweise mit kleinen (bei stärkeren Störfällen auch mit großen und dann sehr merklichen) Schwankungen um bestimmte Sollwerte.

Wenn wir also komplexe Systeme des Menschen sinnvoll und weitgehend störungsfrei gestalten und den Bedürfnissen des Menschen entsprechend ein organisiertes Zusammenspiel von Technologie, Kultur und anderen Faktoren der Zivilisation schaffen wollen, müssen wir die kybernetischen Regelprinzipien übernehmen, mit denen die Natur Organismen und Ökosysteme ausgestattet hat.

Welche pragmatischen Prinzipien kann man dabei erkennen? Wie ich meine sind es drei Prinzipien oder drei Gruppen solcher Prinzipien: Symbioseprinzip – Recycling und Verbundtechnologie – Wachstum, Funktion und Organisation. In Abschn. 16.9 ist davon die Rede.

16.3
Bionik als Kreativitätstraining – die Vielfalt biologischer Lösungsmöglichkeiten regt die kreative Fantasie an

Auf diesen Aspekt will ich lediglich hinweisen, ohne ihn auszuarbeiten. Bei meinen Bionik-Studenten, gerade auch bei jungen Ingenieuren, sehe ich immer wieder, dass die Sichtweisen sehr eingeengt sind, vor allem durch die konventionellen Fragestellungen und Teilgebiete, mit denen man sich nolens volens in einem Fachstudium beschäftigt. Ein Seminar – besser gesagt ein Spiel – kann zu Aha-Erlebnissen führen, die den gordischen Knoten durchschlagen. Es reicht dabei, wenn man sich an einem einzigen Beispiel einmal klar gemacht hat, wie unendlich komplex, vielseitig, überraschend und weiterführend Konstruktionen der Natur sind, im Vergleich mit dem, was man sich bei einer einfachen (oder scheinbar einfachen?) technischen Fragestellung so vorstellt.

In der Bionik-Ausbildung und bei Industrieseminaren werfe ich z. B. gerne die folgende Frage auf:

„Stellen sie sich vor, sie müssten zwei Teile so miteinander verkoppeln, dass sie eine Zeit lang fest aneinander haften, sich aber auch leicht wieder lösen lassen. Was fällt ihnen dazu ein (Kenntnisstand, eventuelle Weiterentwicklung)?"

Wir arbeiten dann mit mehreren Gruppen, d. h. auch mehreren Unterfragestellungen, z. B. Falzverbindungen – Haken-Ösen-Verbindungen – Klammereinrichtungen – Saugverbindungen.

In etwa 20 min überlegt sich jede Gruppe, was ihr dazu einfällt, skizziert dies auf eine Folie und ein Vertreter der Gruppe stellt das vor. Ich halte dann anschließend jeweils ein kurzes Koreferat und zeige, was sich die Natur dazu hat einfallen lassen.

Ein Beispiel: die Saugverbindungen. Meistens fällt den Seminarteilnehmern der Handtuchhalter im Bad und der Klostampfer ein. Die Natur hat Saugverbindungen aufs extremste „kultiviert", vom Mikrobereich zum extremen Makrobereich (Protozoen, die auf Süßwasserpolypen herumkreisen und „temporäre" Saugverbindungen bis hin zu Riesensaugnäpfen bei Tiefsee-Tintenfischen, die auf Pottwalen ihre tellergroßen Eindrücke hinterlassen. Hochkomplex und optimal aufeinander abgestimmt sind auch die kleinen und großen Saugnäpfe an der Vorderkante der männlichen Gelbrand-Käfer, mit denen sich diese bei der Kopulation am glatten Halsschild der Weibchen festhalten. Jeweils charakteristisch ist, dass die Einzelstruktur aufs allerfeinste auf die Einzelfunktion abgestimmt ist. So gibt es Insektenlarven, die mit sechs Bauchsaugnäpfen auf glitschigen Steinen in Wasserfällen hausen. Bei der Häutung wird ein Saugnapf nach dem anderen abgelöst und ein regenschirmartig verstaut darunter liegender wird in Sekundenbruchteilen aufgeklappt und funktionsfähig: Ersatzteilprinzip. Und so geht das weiter. Einige wenige Beispiele zeigt Abb. 16-3.

Die *Vielfalt der Lösungsmöglichkeiten bei derselben, auch und gerade anscheinend simplen technischen Anforderung* verblüfft dann jeweils und erregt vielfaches

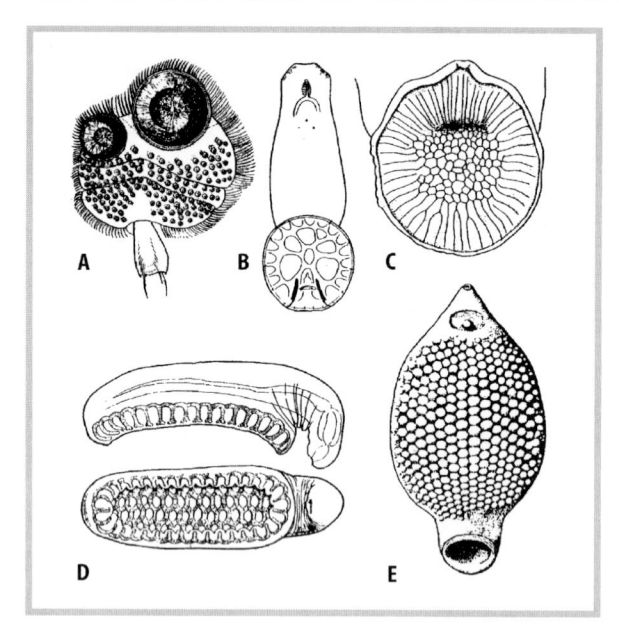

Abb. 16-3 Ein winziger Ausschnitt aus der Vielfalt biologischer Saugnapf-Konstruktionen. **A** Gelbrandkäfer *Dytiscus marginalis*, Männchen, **B** Saugwurm *Merizocotyle diaphanum*, **C** *Haemadipsa zeylanica*, **D** Saugwurm *Lophotaspis vallei*. **E** Saugwurm *Homalogaster spec*. (*nach verschiedenen Autoren zusammengestellt*)

Kopfschütteln „Ist ja direkt patentierbar!". Es wird dann rasch auch der Gesichtspunkt klar, dass Anregungen aus der Natur dazu führen können, Konstruktionsdetails so abzuändern oder zu ergänzen, dass eine ähnliche Konstruktion patentfähig wird.

16.4
Bionik als Ansporn für vernetztes Denken – auf dem Weg zu einer zukunftsorientierten Bildung

Durch das Lebenswerk von Frederic Vester zieht sich wie ein roter Faden das Werben für vernetztes Denken. Seine Simulationsprogramme, die in Technik und Wirtschaft weite Verbreitung gefunden haben, beziehen das Netzplandenken als grundlegendes Element komplexen Managements mit ein. Vorbilder aus der Natur spielen hier weniger eine Rolle – höchstens in Form allgemeiner Anregungen – als die Tatsache, dass die komplexe, offensichtlich wohl geordnet ablaufende Natur mit linearen Denkansätzen des Menschen nicht verstanden werden kann. Nur „bewusst unscharfes Hinsehen", das seit Jahrzehnten gerne an dem unscharfen Pixel-Bild Abraham Lincolns exemplifiziert wird (Abb. 16-4) bringt eine Chance, innerhalb der erdrückenden Komplexheit einen Verständnisweg oder eine Einsicht zu finden. Nicht von ungefähr hat daher die Logik der unscharfen Beziehungen, die sog. „Fuzzy Logic" von Lotfi Zadeh (die auch die Basis von Vesters „Sensitivitätsmodell" ist), auf Grund ihrer besseren Bewältigung komplexer Zusammenhänge seit den 90er-Jahren einen Siegeszug in der automatischen Prozesssteuerung und anderen technischen Zweigen angetreten, erlaubt sie es doch, mit wenigen Ordnungsparametern höchst komplexe Abläufe sich ändernden Einflüssen ohne Verzögerung flexibel anzupassen.

Vernetztes Denken bedeutet nicht, in der üblichen linearen Weise ein System nach dem anderen zu verstehen suchen und es hinterher zu einem „vernetzten Ganzen" wieder zusammenzusetzen. Es bedeutet vielmehr, diese Denk- und Sichtweise von vornherein anzuwenden, dabei notwendigerweise in Kauf zu nehmen, dass ein Durchschauen aller Details nicht möglich sein wird. Dafür kann sich vielleicht ein Grundverständnis des Ganzen anbahnen – und man kann mit dieser Sichtweise möglicherweise auch sehr komplexe technisch-wirtschaftliche Zusammenhänge in den Griff kriegen. Günstigenfalls wird das System erhalten bleiben und kann gefördert werden, ohne dass man immer weiß, welche momentane Einflussgröße welche (vielleicht, insgesamt betrachtet, gar nicht so sehr bedeutungsvolle) Effekte nach sich zieht.

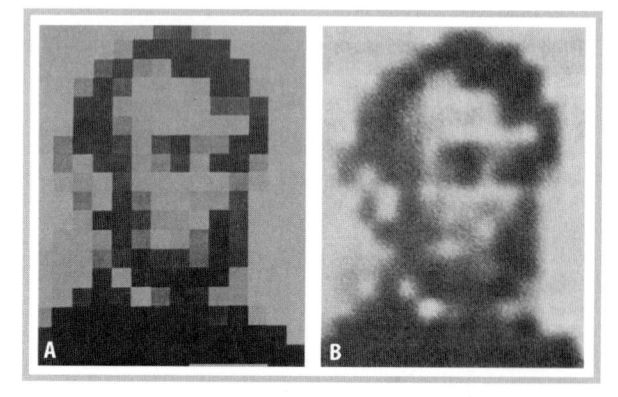

Abb. 16-4 Bei „unscharfer Betrachtung" (Augen zusammenzwicken, auf Ferne akkomodieren, Bild bewegen) sieht man im Teilbild A nicht mehr nur ein Muster unterschiedlich heller Quadrate sondern „erahnt" das Bild einer bekannten Persönlichkeit der amerikanischen Geschichte. Das Teilbild B zeigt A, fotografiert mit unscharf eingestellter Kamera (*nach Vester 1988*)

Wichtig ist, um einen bekannten Mann zu zitieren, „was letztlich hinten raus kommt". Wie sich das zusammenbraut, ist gar nicht so wesentlich. Wichtig ist ausschließlich, dass das Endergebnis richtig ist.

Vester hat nach einer Vielzahl von Ansätzen, die auch „ein neues Verständnis der Wirklichkeit" ermöglichen sollen, konsequenterweise auch auf die Bedeutung des vernetzten Denkens und Lernens für eine zukunftsorientierte Bildung hingewiesen.

Bionik ist eben nicht nur eine „abgrenzbare Disziplin, die zu direkt anwendbaren Neuerungen führen kann. Sie ist eine Sichtweise, die es in den Köpfen der zukünftigen Generation zu verankern gilt."

16.4.1
Bewusstseinswandel zum vernetzten Denken und Reaktion der Bildungsgremien

Vester war einer der Gründer einer Einbeziehung der Technikfolgenabschätzung „von Anfang an" in technologische Prozesse. Darüber hat er viel publiziert und aus dem Vergleich der Zusammenhänge erkannt, wie wichtig diese Erkenntnisse in der Ausbildung sind. Wie alle anderen Warner in der Wüste ist er darin aber zunächst erfolglos geblieben. „Da trotz des starken Bedarfs nach Technikfolgenabschätzung im Hinblick auf die dazu nötige Ausbildung nichts geschah", hat er sich direkt in Wirtschaftsprojekten engagiert, auch um neue betriebswirtschaftliche und volkswirtschaftliche Kriterien zu erarbeiten, die dem bereits ausgebildeten Spezialisten helfen könnten, sich im systemvernetzten Denken zu orientieren oder junge Mitarbeiter von vornherein in dieser Denkweise zu schulen. Er beklagt, dass die Bildungsgremien nicht angemessen reagieren. Es wird zwar diskutiert, was, wie viel und von wem gelehrt werden soll, aber kaum *wozu*. Wofür soll Ausbildung in Schule und Universität dienen? Doch wohl dazu, dass sich das Individuum als soziales Wesen in seinem Umfeld gut zurechtfinden kann. Es wird aber immer noch viel zu sehr Lernstoff in Systemen unzusammenhängender Bildungsfächer angehäuft, statt dass danach gefragt wird, wie man das Ziel am besten erreichen kann.

16.4.2
Neue Ansätze des Lernens als Überlebensunterweisung

Unser Lernen ist essenziell dadurch geprägt, dass wir nicht allein stehen; kein Lebewesen steht für sich allein. In der frühesten Kindheit lernen wir durch Ausbildung von Gehirnzellen und deren Vernetzung (anatomisches Lernen, „Hardware", wie Vester das nennt). Es folgt die Phase des „neurologischen Lernens" („Software-Phase"), mit der diese Hardware programmiert wird, im Verlauf des ganzen übrigen Lebens. Die Lernstrategie der Natur ist, gespiegelt an ihrem sonst so sparsamen Agieren, überraschend komplex und aufwendig. Letztendlich sollen sich damit die Überlebenschancen erhöhen. Überlebenschancen bedeuten aber immer ein sich Behaupten in der biotischen und abiotischen Umwelt. Lernen bedeutet demnach auch, Informationen aus dieser Umwelt aufzunehmen und in diese Umwelt zurückzuprojizieren. Wenn die Umwelt gestört ist oder wenn der Bewohner gestört ist oder der Prozess des Austauschs, funktioniert das nicht.

16.4.3
Probleme beim Verständnis komplexer Zusammenhänge

Unsere Umwelt ist sehr komplex geworden, gerade auch unsere technisch-zivilisatorische. Man denke sich aus Abb. 16-5 die Beziehungspfeile weg. Es bleibt ein Sachgebietskatalog aus der Regionalplanung, bestehend aus isolierten, unvernetzten Einzelbereichen. In ähnlicher Weise erscheinen uns alle Phänomene der Umwelt zunächst als „existierend", und zwar nebeneinander existierend. „Und so sehen auch die Türschilder in den entsprechenden Behörden aus. Dahinter sitzt dann jeweils ein Sachbearbeiter, der dafür kompetent ist und diese Kompetenz eifersüchtig gegen andere abschottet. Und deshalb glaubt er nun, er könne dieses Sachgebiet beurteilen. Er kann es am allerwenigsten. Denn in Wirklichkeit stehen die Dinge nicht allein, sondern sie bilden ein Netz von Rückkopplungen und verschachtelten Regelkreisen". Abbildung 16-5 zeigt dies mit eingezeichneten positiven und negativen Beziehungspfeilen.

Worum geht es? Sicher nicht darum, den Erholungswert einer Region für sich zu beurteilen oder den Arbeitskräftebedarf einer Region für sich zu ermitteln. Letztlich geht es darum, das komplexe Zusammenspiel aller Parameter, die eine Regionalplanung ausmachen, auch mit all ihren vielfältigen positiven und negativen Wechselwirkungen (Abb. 16-5 zeigt ja nur einen kleinen Ausschnitt) zu verstehen und aus diesem Verständnis angemessen zu behandeln. Dies gelingt aber nur, wenn man die systemische Funktion jeder einzelnen Komponente kennt und an jeder einzelnen anderen Komponente abspiegelt. Die eine kann ein Fühler sein, der einem anderen System (einem Regler) Daten liefert, das

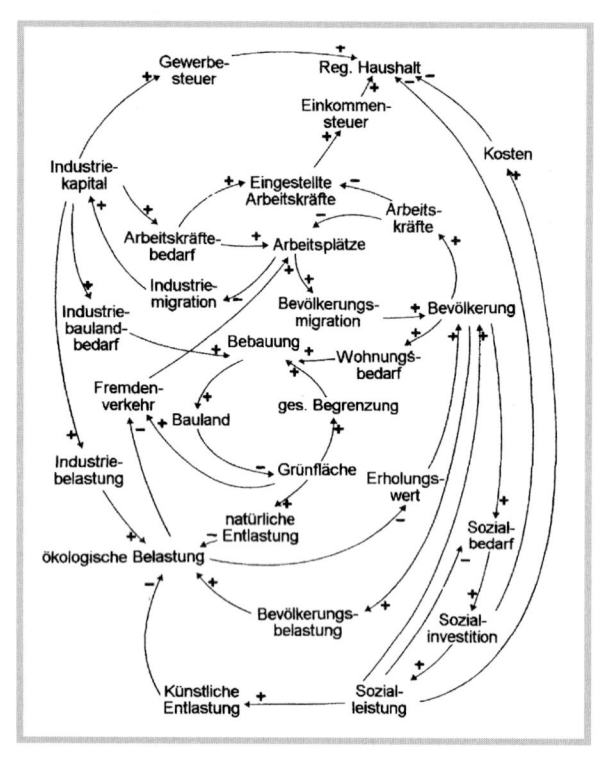

Abb. 16-5 Vernetzte Querbeziehungen von Kenngrößen, die für eine Regionalplanung wichtig sind, vergl. auch Abb. 16-6 A (*nach Vester 1988, verändert*)

seinerseits jedoch von einem dritten Systemteil voreingestellt wird und so weiter und so fort. Man hat keinerlei Chancen, das komplexe Zusammenspiel durch Verfolgen der Beziehungspfeile logisch-linear zu verstehen. Das Beispiel ist in Abb. 16-6 A und dem zugeordneten Text weitergeführt.

16.4.4
Spielen hilft verstehen; Unschärfe erlaubt Muster erkennen

Wie Kinder spielen, das kann einen Weg weisen: Versuch und Irrtum werden zwanglos eingebaut, Fehler gehören zum System, sie werden erkannt und als Anregung benutzt, es zukünftig besser zu machen, sie werden nicht bestraft. Dies kommt unserem angeborenen vernetzten Denken entgegen, wird von der Schule aber nicht gefördert. Vester beklagt zurecht, dass wir zwar über unzusammenhängende Details gut Bescheid wissen, im Umgang mit komplexen Problemen jedoch weitgehend hilflos sind. So entstand in den Köpfen eine Art „Klassifizierungsuniversum", in dem die Dinge zwar schön nach Klasse und Merkmal geordnet sind, aber nicht ein heute so zwingend nötiges „Relationsuniversum", das die Beziehungen zwischen den Dingen erfasst und aus dem heraus man sinnvoll handeln kann.

Die Betrachtung der klassischen Abb. 16-4 zeigt in aller Deutlichkeit, dass Fixierungen auf Einzelelemente (in diesem Fall auf Quadrate) – eine Sichtweise, welche die Schule auch heute noch fördert –, die komplexe Wirklichkeit nicht erahnen, geschweige denn verstehen lässt, sondern „den Blick fürs Ganze trübt". Vester will aber nicht als Bilderstürmer verstanden sein, behauptet nicht, dass man das Studium von Details nicht gebrauchen kann: „Für den Bau einer Maschine ist es genau das Richtige. Hier würden wir mit dem unscharfen Bild nicht weiter kommen. Die Maschine würde nicht funktionieren. Doch schon für den sinnvollen Einsatz dieser Maschine in der Umwelt brauchen wir ein Muster des Systemzusammenhangs – und das erfassen wir nur, wenn wir uns auf eine höhere Ebene der Aggregation begeben, so dass sich eine Resonanz mit unserem eigenen Organismus, mit der Struktur eines lebensfähigen Systems einstellt, an der alleine wir die Wirkung unseres Tuns im größeren Zusammenhang bemessen können."

16.4.5
Lernen vom Fertigungsbetrieb Natur

Auch Vester ist ein Verfechter der Analogieforschung (Abschn. 1.2.8). Aus dieser Forschung eröffnen sich völlig neue Wege, sei es für unsere technischen und wirtschaftlichen Organisationsformen, für das Management oder für Technologien selbst. Er zitiert in diesem Zusammenhang meine Gegenüberstellung von Werkzeugen bei Insekten und technischen Werkzeugen aus dem Jahr 1986 und kommt dann auf den „Fertigungsbetrieb Zelle" zu sprechen: etwa 10^4 unterschiedliche Abläufe und ebenso viele unterschiedliche Stoffe werden in Körperzellen durchfahren bzw. gebildet und umgesetzt. „Und dies mit einer ausgeklügelten Logistik. Wobei dann ein ausgewogenes Sortiment von Produkten mit ähnlichen Strukturen und Funktionen wie in der Technik entsteht – aber eben auf ganz andere Weise wie in unseren Fabriken". Die Zelle ist eben ein komplexes Ganzes, dessen Elemente jedoch so subtil abgestuft aufeinander bezogen sind, dass es weder Unter- noch Überkapazität gibt. „Wird ein Produkt vom Markt, d. h. vom Zellplasma nicht mehr aufgenommen, dann wird es von den gleichen Maschinen, die zu seiner Herstellung dienten, wieder in seine Ausgangsstoffe zurückverwandelt, die nun für andere Produkte zu Verfügung stehen. Das müssen wir z. B. bei der Autoproduktion erst mal nachmachen!"

16.4.6
Fachübergreifend Ganzheit erkennen

Die Beispiele zeigen, wie ich meine, worauf es ankommt: Wenn wir eine Zelle verstehen wollen, müssen wir eben Fähigkeiten entwickeln, sie als Ganzes zu sehen. Im übertragenen Sinn „ist es daher eine wesentliche Voraussetzung für eine zukunftsträchtige Umorientierung, dass wir uns in unserem Planen und Handeln von der Beziehung auf isolierte Einzelobjekte, Einzelbestimmungen, Einzelvorschläge und Einzelaspekte abwenden – auch wenn sie aus der ökonomischen Ecke kommen – und stattdessen damit beginnen, ganzheitlich vorzugehen, überlebensfähige, umweltangepasste Subsysteme aufzubauen".

16.5
Bionik und weiterführende Netzwerkplanung – vom vernetzten Denken zum Sensitivitätsmodell

Ausgehend von den Systemansätzen, die unter dem Schlagwort „vernetztes Denken" zusammengestellt sind, hat F. Vester ein praktikables Computermodell entwickelt, mit dem komplexe Systeme jeder Art zwar „unscharf", dafür aber komplexitätsangemessen beurteilt werden können. Besonders wichtig ist dieses Modell für die Beurteilung zukünftiger Entwicklungen von Großeinrichtungen, die von vielerlei, teils noch nicht so recht in ihrer zukünftigen Bedeutung erfassbaren Vorgängen beeinflusst werden. In Abschn. 16.4.3 wurde das Problem der vernetzten Querbeziehungen von Kenngrößen für die Regionalplanung angesprochen. An diesem Beispiel (Abb. 16-5 und 16-6 A) und am Beispiel „Großviehschlachthof München" (Abb. 16-6 B, C) sollen einige Aspekte dieser Ansätze verdeutlicht werden. Sie sind symptomatisch für vielparametrische Systeme.

Ein jedes derartiges System wird von einer Vielzahl von Variablen beeinflusst. Man kann diese in ein übersichtliches zweidimensionales Schema bringen (Abbildung 16-6 A), indem nach Bewertung ihrer gegenseitigen Wirkungssphären in einer Einflussmatrix auf der Ordinate die jeweilige „Aktivsumme" aufgetragen wird, auf der Abszisse die „Passivsumme". Die Steigung vom Ursprung ausgehender Geraden wird als Q-Wert bezeichnet, Scheitelpunkte der eingetragenen Übergangshyperbeln als P-Wert. Die vier Ecken des Systems kann man mit den Begriffen „aktiv", „puffernd", „reaktiv" und „kritisch" belegen. Die relevanten Variablen können nun nach Standardisierung in das System eingetragen werden. Im mittleren Neutralbereich zwischen den vier genannten Extremen liegende Komponenten erlauben zwar eine schlechte Systemsteuerung, sind dafür aber „gut geeignet für die Selbstregulation". Abbildung 16-6 ist mit genauer Definition ihrer Parameter detailliert erklärt in der Software zum „Sensitivitätsmodell" Vester, vgl. auch die Webseite der Studiengruppe für Biologie und Umwelt über das computergestützte Instrumentarium der Studiengruppe für Biologie und Umwelt, München.

Eines der damit bearbeiteten Probleme lief unter dem Stichwort „Großviehschlachthof München" und behandelte die Zukunft des Münchner Schlachthofs im Großmarktviertel. Die Großviehschlachtung kostete die Stadt jährlich 2 Mio €, und es war zu untersuchen, ob es günstiger ist, diese weiter zu gewähren oder den Zuschuss zum Teil oder zur Gänze einzustellen und den Großmarkt zu schließen oder zu privatisieren.

Eine Beurteilung der Problematik war nicht möglich ohne Einbeziehung von „Randaspekten", die z. T. weit von der harten Kernfrage entfernt lagen. Die harte Kernfrage ist mit Stichworten wie Kapazitätsauslastung, Investitionsbedarf und Konkurrenzsituation beschreibbar. Es spielten aber auch Aspekte der Akzeptanz herein, u. a. BSE-Angst, Hormonskandale, Tierschutzgesichtspunkte, welche die Massentierhaltung kritisch betrachten lassen, Leid, das den Tieren bei Transporten zugefügt wird, Umweltbelastung und verändertes Verbraucherverhalten, das von ausgeprägtem Fleischverzehr weggdriftet.

Dazu kamen Interessenskenngrößen von direkt oder indirekt betroffenen Gewerbebetrieben, Verbänden und Behörden.

Mit seiner Studiengruppe und unter Einsatz seines Sensitivitätsmodells hat Vester zusammen mit Beteiligten, Betroffenen und Interessenten ein Wirkungsgefüge erarbeitet, (ähnlich dem von Abb. 16-6 A). Daraus ging bereits bei oberflächlicher Betrachtung hervor, dass „die bloße Schließung durch der Stadt wahrscheinlich weit höhere Folgekosten beschert hätte als der bisherige Zuschuss ausmachte". Schließung war also nicht stimmig. Als nächstes wurden Privatisierungsmodelle erprobt. Bei einer Vollprivatisierung ergab sich kurzfristig ein Gewinn für die Stadt, langfristig aber „ein finanzielles Desaster, in dem steigende Sozialkosten, Verlust an Lebensqualität im Stadtviertel, Vernachlässigung des lokalen Gewerbes durch Fremdaufträge, Aufgabe des assoziierenden Viehmarkts, fehlende Herkunftsgarantie und vieles andere zu befürchten waren" (Abbildung 16-6 B).

Durch Veränderung der Randbedingungen wurde schließlich ein Modell erarbeitet, das die genannten Aspekte stabilisiert (so auch die Stadtfinanzen). Es rät der Stadt zwar zum Verkauf, sie müsste aber in gewissem Rahmen einen kontrollierenden Einfluss behalten, der dann letztlich eine gewisse Bestandsgarantie abgäbe (Abb. 16-6 C).

Vorhersagen dieser Art sind mit einem „strikten" Modell, das alle relevanten Parameter in all ihren Querbeziehungen nummerisch behandelt, schon deshalb nicht möglich, weil weder alle Parameter noch alle Querbeziehungen genügend bekannt und weil auch die be-

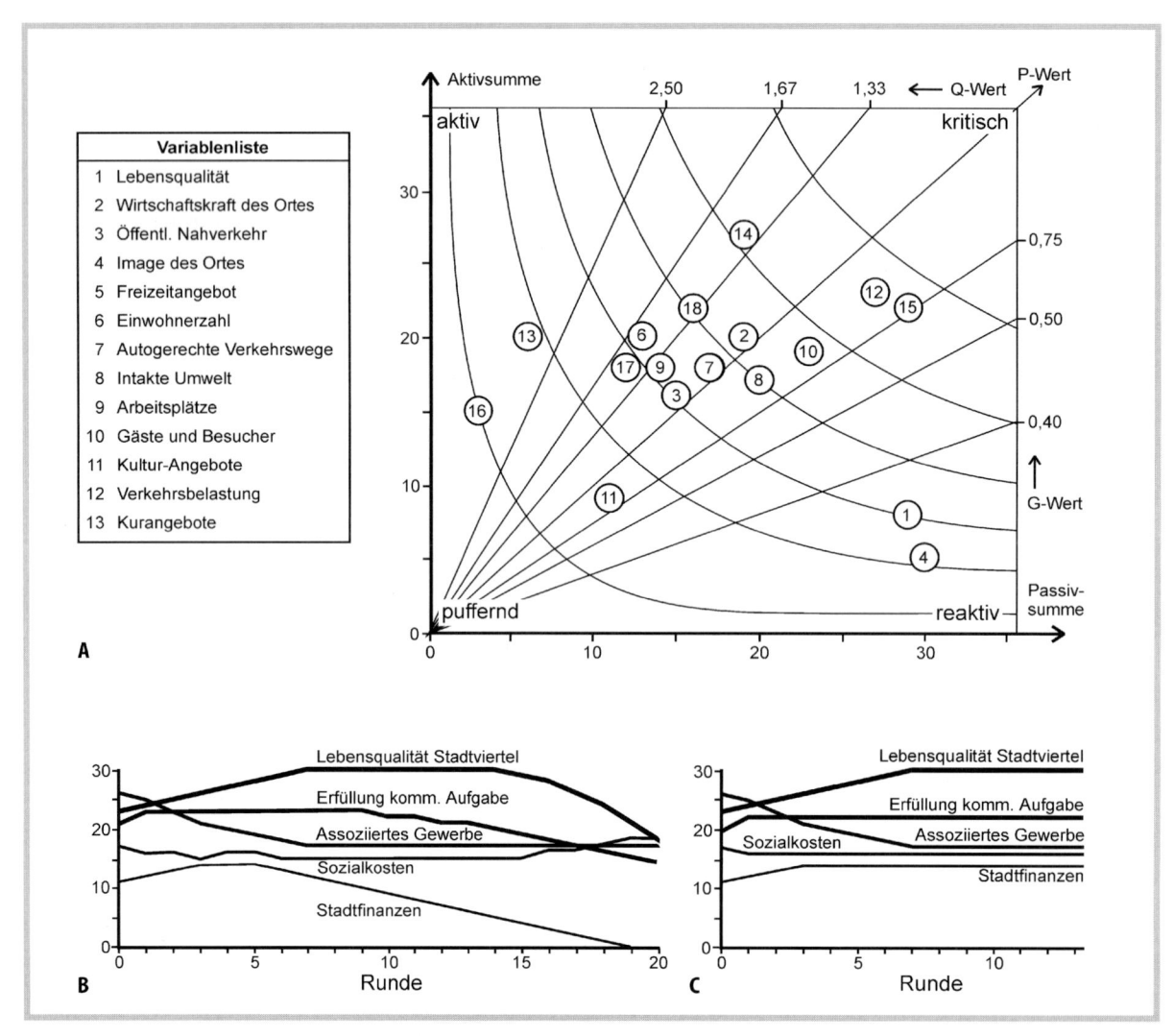

Abb. 16-6 Zu F. Vesters Ansätzen. **A** Projekt „Regionalplanung" Systemmodell zur Rolle der relevanten Variablen, **B** „Großviehschlachtung München". Entwicklung einiger wesentlicher Variablen während der Simulation einer reinen Privatisierung, **C** wie B, Privatisierung mit städtischer Bestandsgarantie (*nach Vester 1999*)

kannten häufig nicht im strikten Sinne formulierbar sind. Im Gegensatz dazu verzichtet das Sensitivitätsmodell von vornherein auf durchgehende Logik und bezieht statistische oder nur qualitativ formulierbare Beziehungen mit ein.

Es entspricht damit genau der Art und Weise, wie wir mit dem Instrumentarium unserer Sinnesorgane unsere Umwelt sehen und uns in ihr orientieren und einrichten. Die kybernetischen Grundaspekte, die diesem Modell inhärent sind, sind auch die Grundaspekte des Lebens. Sie sorgen dafür, dass wir in einer „ursprünglichen und natürlichen Umwelt" überhaupt existieren können. Abstrahieren wir sie nun, wie das im vorliegenden Modell getan worden ist, und wenden wir sie auf die vom Menschen veränderte Umwelt an, so bewähren sie sich wieder in einem sekundären Sinn: Sie erlauben uns nun, in einer „anthropogenen und veränderten Umwelt" zu existieren.

Und hat die kybernetische Grundausrichtung des „Organismus Mensch" ursprünglich dazu beigetragen, dass er sich bei der Interaktion mit der natürlichen Umwelt nicht selbst vernichtet, so trägt die Abstraktion dieser kybernetischen Grundeinrichtung nun dazu bei, dass der Mensch nicht die von ihm selbst veränderte und in Teilen neu geschaffene Umwelt vernichtet. Das ist für den heutigen Menschen als Zivilisationswesen genau so wichtig wie es der Erhalt der natürlichen Umwelt für das naturverbundene Wesen „Steinzeitmensch" war. Eine Vernichtung der anthropogenen Umwelt vernichtet heutzutage letztendlich auch den Organismus Mensch.

16.6
Bionik und Ansatzmöglichkeiten – Grundregeln für bionische und biokybernetische Ansätze

Aus dem Nachdenken über bionische und verwandte Ansätze haben mehrere Autoren Grundregeln oder Grundprinzipien entwickelt. Ich stelle hier drei dieser Sichtweisen zusammen, die wohl die wesentlichsten Aspekte erfassen, meine (1997), die von Vester (2000) und unter Abschn. 16.7 die von Hill (1999).

16.6.1
Zehn Grundprinzipien natürlicher Systeme mit Vorbildfunktion für die Technik

Ich sehe zehn Grundprinzipien, die typisch für natürliche Systeme sind. Sie seien hier nur kurz aufgelistet.

Die ausführliche Darstellung (Nachtigall 1997), enthält zugeordnete Beispiele.

- *Prinzip 1*: Integrierte statt additiver Konstruktion (Abb. 16-7 A)
- *Prinzip 2*: Optimierung des Ganzen statt Maximierung eines Einzelelements
- *Prinzip 3*: Multifunktionalität statt Monofunktionalität (Abb. 16-7 B)
- *Prinzip 4*: Feinabstimmung gegenüber der Umwelt
- *Prinzip 5*: Energieeinsparung statt Energieverschleuderung

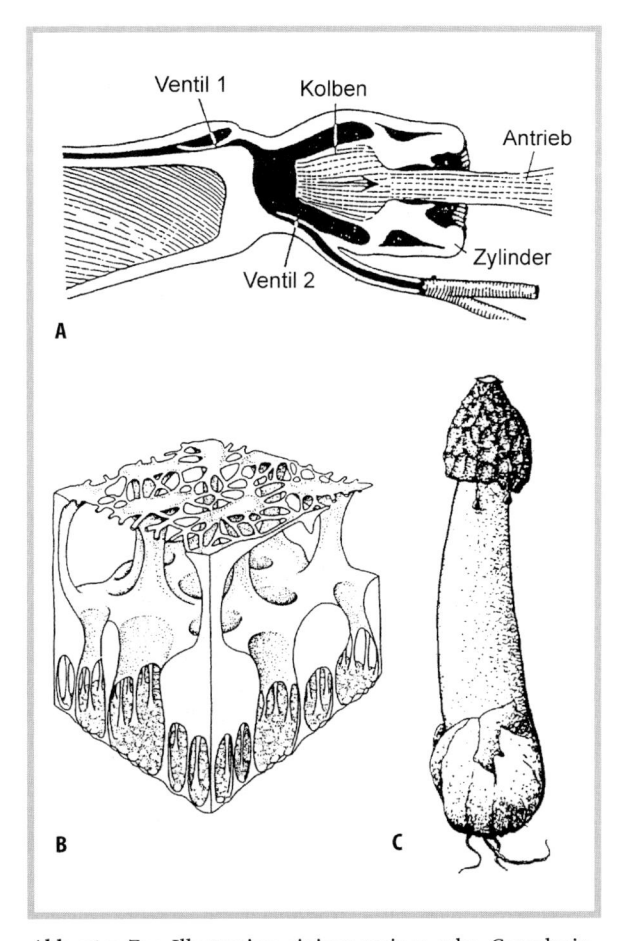

Abb. 16-7 Zur Illustration einiger meiner zehn Grundprinzipien. **A** Zu Prinzip 1: Speichelpumpe einer Rinderwanze als „integrierte Mikrokonstruktion", **B** zu Prinzip 3: Blockausschnitt der multifunktionellen Schale eines Fliegeneis, **C** zu Prinzip 7: Stinkmorchel als Konstruktion terminierter Lebensdauer (*nach Weber 1934, Pflugfelder 1983, Strasburger 1978*)

- *Prinzip 6*: Direkte und indirekte Nutzung der Sonnenenergie
- *Prinzip 7*: Zeitliche Limitierung statt unnötiger Haltbarkeit (Abb. 16-7 C)
- *Prinzip 8*: Totale Rezyklierung statt Abfallanhäufung
- *Prinzip 9*: Vernetzung statt Linearität
- *Prinzip 10*: Entwicklung im Versuchs-Irrtums-Prozess

Natürlich kann man auch andere als die hier genannten „10 Gebote des bionischen Designs" finden und sie anders gruppieren oder zusammenfassen; man wird aber auch da immer wieder auf die gleichen oder ganz ähnliche, absolut wesentliche Grundaspekte treffen. Vester (1999) hat zum Beispiel „acht Grundregeln der Biokybernetik" herausgearbeitet.

16.6.2
Acht Grundregeln der Biokybernetik mit Vorbildfunktion für komplexe technische Systeme

„Dem Kriterium der Lebensfähigkeit liegen acht Regeln zu Grunde, deren Befolgung, verbunden mit einem vernetzten Denken, bereits die größten Planungsfehler vermeiden hilft. Allein ihre Berücksichtigung lässt schon neue Ideen aufkommen und versetzt einen in die Lage, ein System in Hinblick auf Problemlösungen neu zu beurteilen. Ihre Umsetzung hilft dann jedem Projekt, eine höhere „kybernetische Reife" zu erlangen und bietet handfeste Argumentationshilfen zur Durchsetzung dessen, was systemverträglich und daher der Vernunft des Menschen angemessen ist. Vor nunmehr 25 Jahren im Rahmen einer UNESCO-Studie erstmals von mir formuliert sind diese Grundregeln nicht etwa erfunden, sondern der Natur abgeschaut. Sie sind weniger als Verbote denn als Innovationsanreiz zu verstehen" – so Vester. Diese Grundregeln sind die folgenden.

- *Regel 1*: Negative Rückkopplung muss über positive Rückkopplung dominieren

  Positive Rückkopplung bringt die Dinge durch Selbstverstärkung zum Laufen. Negative Rückkopplung sorgt dann für Stabilität gegen Störungen und Grenzüberschreitungen (Abb. 16-8 A).

- *Regel 2*: Die Systemfunktion muss vom quantitativen Wachstum unabhängig sein.

  Der Durchfluss an Energie und Materie ist langfristig konstant. Das verringert den Einfluss von Irreversibilitäten und das unkontrollierte Überschreiten von Grenzwerten.

- *Regel 3*: Das System muss funktionsorientiert und nicht produktionsorientiert arbeiten.

  Eine entsprechende Austauschbarkeit erhöht Flexibilität und Anpassung. Das System überlebt auch bei veränderten Angeboten.

- *Regel 4*: Nutzung vorhandener Kräfte nach dem Jiu-Jitsu-Prinzip, statt Bekämpfung nach der Boxermethode.

  Fremdenergie wird genutzt (Energiekaskaden, Energieketten), während eigene Energie vorwiegend als Steuerenergie dient. Die Nutzung vorhandener Kräfte profitiert von vorliegenden Konstellationen und fördert die Selbstregulation.

- *Regel 5*: Mehrfachnutzung von Produkten, Funktionen und Organisationsstrukturen

  Mehrfachnutzung reduziert den Durchsatz, erhöht den Vernetzungsgrad und verringert den Energie-, Material- und Informationsaufwand (Abb. 16-8 B).

- *Regel 6*: Recycling: Nutzung von Kreisprozessen zur Abfall- und Abwasserverwertung

  Ausgangs- und Endprodukte verschmelzen. Materielle Flüsse laufen gleichförmig. Irreversibilität und Abhängigkeiten werden gemildert (Abb. 16-8 C).

- *Regel 7*: Symbiose. Gegenseitiger Nutzen von Verschiedenartigkeit durch Kopplung und Austausch.

  Symbiose begünstigt kleine Abläufe und kurze Transportwege. Sie verringert Energieverbrauch, Durchsatz und externe Dependenz, erhöht statt dessen interne Dependenz.

- *Regel 8*: Biologisches Design von Produkten, Verfahren und Organisationsformen durch Feedback-Planung.

  Biologisches Design berücksichtigt endogene und exogene Rhythmen, nutzt Resonanz und funktionelle Passformen, harmonisiert die Systemdynamik und ermöglicht organische Integration neuer Elemente nach den acht Grundregeln."

Vester hat in diese Grundaspekte, die auch v. Weizsäcker, Lovins, Lovins und ich zum Gutteil sinngemäß vertreten, mit überzeugenden Beispielen untermauert, die im Detail seiner zusammenfassenden Darstellung von 1999 zu entnehmen sind.

Er schließt mit Überlegungen, die man als Bioniker nur unterschreiben kann:

„In Zukunft sollten wir daher nicht nur Produkte und Verfahrensweisen, sondern auch Organisationsformen vermeiden, welche die acht Grundregeln überlebensfähiger Systeme verletzten. Denn es handelt sich um Regeln, die im Prinzip für sämtliche lebenden Systeme gelten – von der kleinsten Zelle bis zum regionalen Lebensraum. Diese allgemeine Gültigkeit hat ihren Grund darin, das alle komplexen Systeme unserer Welt durch ihre Verschachtelung Teil der gleichen höheren Ordnung sind und ein Grundmuster besitzen, das sich durch alle Größenordnungen hindurch immer wiederholt."

Weizsäcker, Lovins und Lovins verwenden und verfechten in ihrem Buch „Faktor 4" den Slogan „Doppelter Wohlstand – halbierter Naturverbrauch". Auch diese Sichtweise tangiert die Bionik stark, insbesondere die Energetobionik. Die Autoren geben in ihrer informativen Zusammenstellung Beispiele für vervierfachte Energieproduktivität, vervierfachte Stoffproduktivität und vervierfachte Transportproduktivität.

16.7
Fünf Aspekte – Einkoppeln bionischer Aspekte in den Konstruktionsprozess

Der Designer und Konstrukteur Bernd Hill, z. Z. Münster, ist einer der wenigen Vertreter der technisch orientierten Disziplinen, die sich darüber Gedanken gemacht haben, wie bionisches Arbeiten in technische Problemlösungsstrategien einfließen kann.

Abbildung 16-9 zeigt sein Grundkonzept eines Strategiemodells zur Zielbestimmung und Lösungsfindung in bionisch orientierten Entwicklungsprozessen. Es folgt daraus, dass Zielbestimmung und Lösungsfindung eine mehrstufige Prozesskette darstellen, und dass die Einbringung bionischer Aspekte auf nicht nur einer Stufe wesentlich, ja nötig ist.

Vorgehensweisen der technischen Lösungsfindung sind in VDI-Richtlinien niedergelegt, z. B. in der Richtlinie 2.2.2.1. Hill findet, dass es fünf Aspekte gibt, bei denen Bionik im Vergleich zu den traditionellen Vorgehensweisen technisches Konstruieren beeinflussen kann:

– Aspekt 1: „Die Komplexität der Betrachtung technischer Entwicklungsprozesse wird erweitert. Um diese Komplexität handhabbar zu machen, werden Orientierungsmodelle zur Überwindung von Denkbarrieren konzipiert.

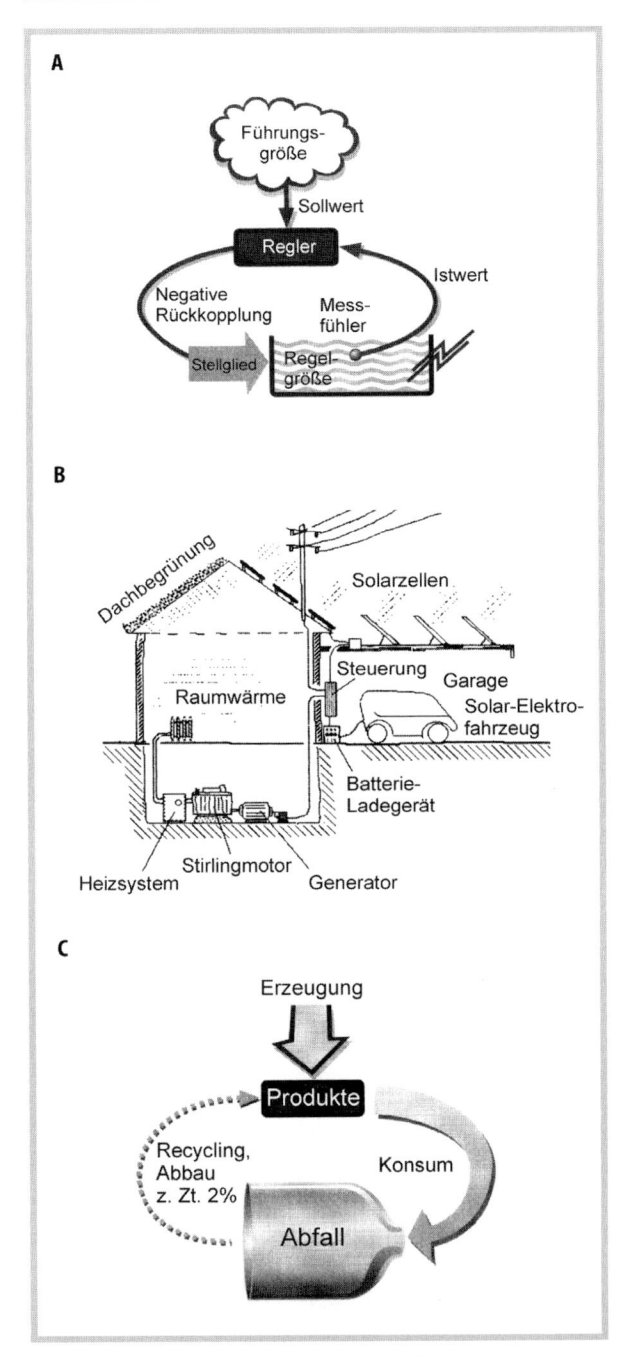

Abb. 16-8 Zur Illustration einiger der acht Regeln F. Vesters. **A** Zur Regel 1: Vereinfachtes Schema eines Regelkreises, **B** zur Regel 5: Mehrfachnutzung durch Verbund Neue Haustechnik-Fahrzeugantrieb, **C** zur Regel 6: Konsum und – z. Z. noch unbefriedigendes – Recycling schließen sich zu einer Kreis-Verbund-Wirtschaft (*nach Vester 1999, A ergänzt*)

- *Aspekt 2*: Die Aufgaben- bzw. Zielbestimmung nimmt größeren Raum ein. Biostrategische Orientierungsmittel in Form von Katalogen zu Gesetzmäßigkeiten der biologischen Evolution werden zur Ableitung technischer Teilaufgaben genutzt.
- *Aspekt 3*: Es geht nicht darum, möglichst viele Lösungsvarianten zu erzeugen, um dann nur eine bzw. nur wenige davon zu verwenden, sondern die funktionalen Anforderungen an die zu entwickelnde technische Lösung werden so weit „zugespitzt", dass dadurch Widersprüche erkennbar werden, die bei der Lösungsfindung durch Nutzung der oben genannten Kataloge zu erfinderischen Strukturansätzen führen können.
- *Aspekt 4*: Neben der funktionsorientierten wird die widerspruchsorientierte Betrachtung in die Strategie einbezogen, die es ermöglicht, die „treffende" Entwicklungsaufgabe bzw. Suchfrage zu formulieren und Lösungen mit hoher Effizienz anzustreben.
- *Aspekt 5*: Für die Gewinnung von Lösungsansätzen sind verschiedene Analogieklassen als Katalogblätter zur Auslösung von Assoziationen geeignet. Die Lösungsfindung ist strukturierter."

Die Modelle zur Lösungsfindung, die Hill vorschlägt, harmonieren im Großen und Ganzen mit meinen und z. T. auch mit Vesters Überlegungen. Für die Praxis wird die Systematisierung biologischer Strukturen an Orientierungsmodellen vorgesehen, die sich in der Aufstellung von Katalogblättern manifestieren (realiter oder in Computerspeicherung). *Stoff*, *Energie* und *Information* sind demnach die drei Grundaspekte, die beim Nachdenken über technisches Konstruieren eine Rolle spielen; auf allen drei Ebenen können „*Katalogblätter*" *der Natur* eingebracht werden, wenn darauf geachtet wird, dass sie keine zu direkte Übernahme als Mittel der Wahl suggerieren.

„Der Konstrukteur erhält so einen schnellen Überblick über mögliche Prinzipien und den ihnen zu Grun-

---

1 Zielbestimmung

Schritte/methodische Hilfen

1.1
Untersuchung der Markt- und Bedarfssituation (speziellen Betrachtungsbereich ermitteln)/W-Fragen-Methode

1.2
Durchführung einer Systemanalyse/Funktionsanalyse, Strukturanalyse

1.3
Erfassung des Standes der Technik/Entwicklungsstandstabelle

1.4
Durchführung einer Generationsbetrachtung/Generationstabelle

1.5
Bestimmung des Evolutionsstands/Evolutionsstandstabelle

1.6
Bestimmung von Effektivitätsfaktoren/Effektivitätsgleichung

1.7
Aufstellung der Anforderungsmatrix und Auswahl relevanter Widersprüche

1.8
Bezeichnung der paradoxen Forderung

Entwicklungsaufgabe mit erfinderischer Zielstellung

2 Lösungsfindung

Schritte/methodische Hilfen

2.1
Bestimmung der den widersprechenden Forderungen zugrundeliegenden Grundfunktionen/Orientierungsmodell biologischer Grundfunktionen

2.2
Aufdeckung relevanter biologischer Strukturen mit gleichen oder ähnlichen Funktionsmerkmalen/Katalogblätter

2.3
Zusammenstellung relevanter Strukturen in einer Tabelle und Ableitung erster Lösungsansätze (Prinziplösungen)/Tabelle biologischer Strukturdarstellungen

2.4
Übertragung der ermittelten Lösungsansätze in eine technische Lösung entsprechend den Anforderungen, Bedingungen (ökonomische, technischtechnologische, ökologische, soziale, ...)

2.4.1
Variieren und/oder Kombinieren relevanter Merkmale/Variations- und/ oder Kombinationsmethode

2.4.2
Bewertung von Lösungselementen bzw. technischen Varianten/ Bewertungsmethoden

2.5
Ausarbeitung der technischen Lösung

Technische Lösung

Abb. 16-9 Strategiemodell zur Zielbestimmung und Lösungsfindung in bionisch orientierten Entwicklungsprozessen (*nach Hill 1999*)

de liegenden Repräsentanten und kann die für das vorliegende Problem geeigneten Strukturen auswählen. Durch die Verwendung dieser Assoziationskataloge haben Nutzer aller Fachgebiete technischer Richtungen ein reiches Arsenal analoger Lösungsmöglichkeiten für konstruktive Probleme zur Auswahl. Sie sind für den Konstrukteur eine strategische und lösungsgenerierende Hilfe."

16.8 Nochmals Bionik und Organisation – systemisches Organisationsmanagement

Grundlagen der Organisationsbionik werden in Kap. 15 besprochen. Hier sei ein spezieller, den vorliegenden Kontext betreffender Aspekt dazugenommen. Wie der Bremer Bioniker U. Küppers gezeigt hat, kann man auch vom naturnahen Organisationsmanagement ursprünglicher Bevölkerungsgruppen ausgehen. Ihre Naturverbundenheit, ihre Wirtschaftsformen, sozialen Beziehungen und Organisationsformen könnten auch im heutigen „soziotechnischen Wirtschaftsgefüge eine entscheidende Rolle für unsere eigene Weiterentwicklung spielen". Ausgeprägt ist ihre Nachhaltigkeit im Umgang mit den Nahrungsressourcen und anderen Gütern des täglichen Bedarfs. Sie sehen die Natur nicht als System an, das es auszubeuten gilt, sondern als Arbeits- und Lebenspartner. Ihr Beziehungsgefüge (Abb. 16-10 A) entspricht einem Wirkungsnetz vernetzter Handlungen zwischen ihnen und der Natur, das vielfach rückgekoppelt ist. Selbst dieses Beziehungsnetz ist bereits so kompliziert, dass es mit linearer Vorgehensweise nicht verstanden werden kann. Die adäquate Deskription nennt Küppers „Wirkungsnetzanalyse"; sie liegt dem vorher geschilderten „Sensitivitätsmodell" von F. Vester nahe. Mit E. P. Odum werden fünf Aspekte genannt, die geeignet sind, den Aufbau eines biologischen Systems – und das System Eingeborene ↔ Natur entspricht durchaus einem solchen – zu beschreiben:

- *Eigenschaften*
- *Kräfte*
- *Flüsse*
- *Wechselwirkungen*
- *Rückkopplungsschleifen*

Angewandt auf ein systemisch-bionisches Organisationsmanagement für ein Unternehmen ergibt sich statt einer hierarchischen Organisationssteuerung mit jeweils voneinander abhängigen Untergliederungen ein vernetztes System mit miteinander vielfach verbundenen Unterbereichen.

Im Gegensatz zum überwiegend reagierenden, hierarchiegesteuerten technisch-ökonomischen Organisationsmanagement (Abb. 16-11 A) kann Letzteres als ein überwiegend agierendes, bedürfnisgeregeltes, bionisches Organisationsmanagement bezeichnet werden (Abbildung 16-11 B).

Durch die Vernetzung wird, entsprechend den Nahrungsketten und Beziehungsgefügen in der Natur (vergl. „Waldrand"), das System weitaus stabiler gegen Außeneinflüsse. Es kommt bei weitem nicht so leicht zu einem Kollaps und zur Selbstzerstörung wie bei unseren jetzigen Wirtschaftssystemen.

Ein Netzwerk miteinander vermaschter Unternehmen und Systemparameter könnte wie Abb. 16-10 B aussehen. Dieses Netzwerk setzt nicht auf die „Auswahl der Besten" (die nicht immer die Tauglichsten sind), nicht auf Mengenwachstum und nicht auf rein kausales Denken, das Element, Ereignis und Stabilität bestimmt. Es setzt vielmehr auf Ganzheitlichkeit, Komplexität, Emergenz und ein Beziehungsgefüge aus Querverbindungen, Zyklen, Mustern und Dynamik. Mit anderen Worten: Grundlage ist ein systemisches Denken und Handeln, nicht ein linear-kausales.

In einem solchen Netzwerk erfahren die drei Begriffe Evolution, Komplexität und Wirtschaft, die drei Säulen also, auf denen jedes wirtschaftliche Wirkungsfeld ruht, eine weitergehende Interpretation.

- *Evolution* steht für eine nachhaltige, adaptive unternehmerische Entwicklung nach dem Vorbild biologischer Mechanismen und Prinzipien.
- *Komplexität* steht für eine unternehmerische Entwicklung nach Ordnungsmustern im Netzwerk rückgekoppelter Wirkungen.
- *Wirtschaft* steht für eine qualitative, umweltökonomische Wertschöpfung.

Insbesondere die letztere Formulierung von U. Küppers weicht von der Definition unserer heutigen Wirtschaft, die ja auf Ressourcenausbeutung, nichtsystemische Nutzung und Abfallanhäufung beruht, weit ab. Quantitatives Wachstum wird durch qualitatives ersetzt. Die Wertschöpfung ist nicht rein kapitalorientiert, sondern umweltökonomisch.

Es spricht alles dafür, dass mit einem derartigen System auf Dauer ein größeres Finanzvolumen umgesetzt und damit auch mehr Gewinn gemacht werden kann

440 16 Konzeptuelles und Zusammenfassendes

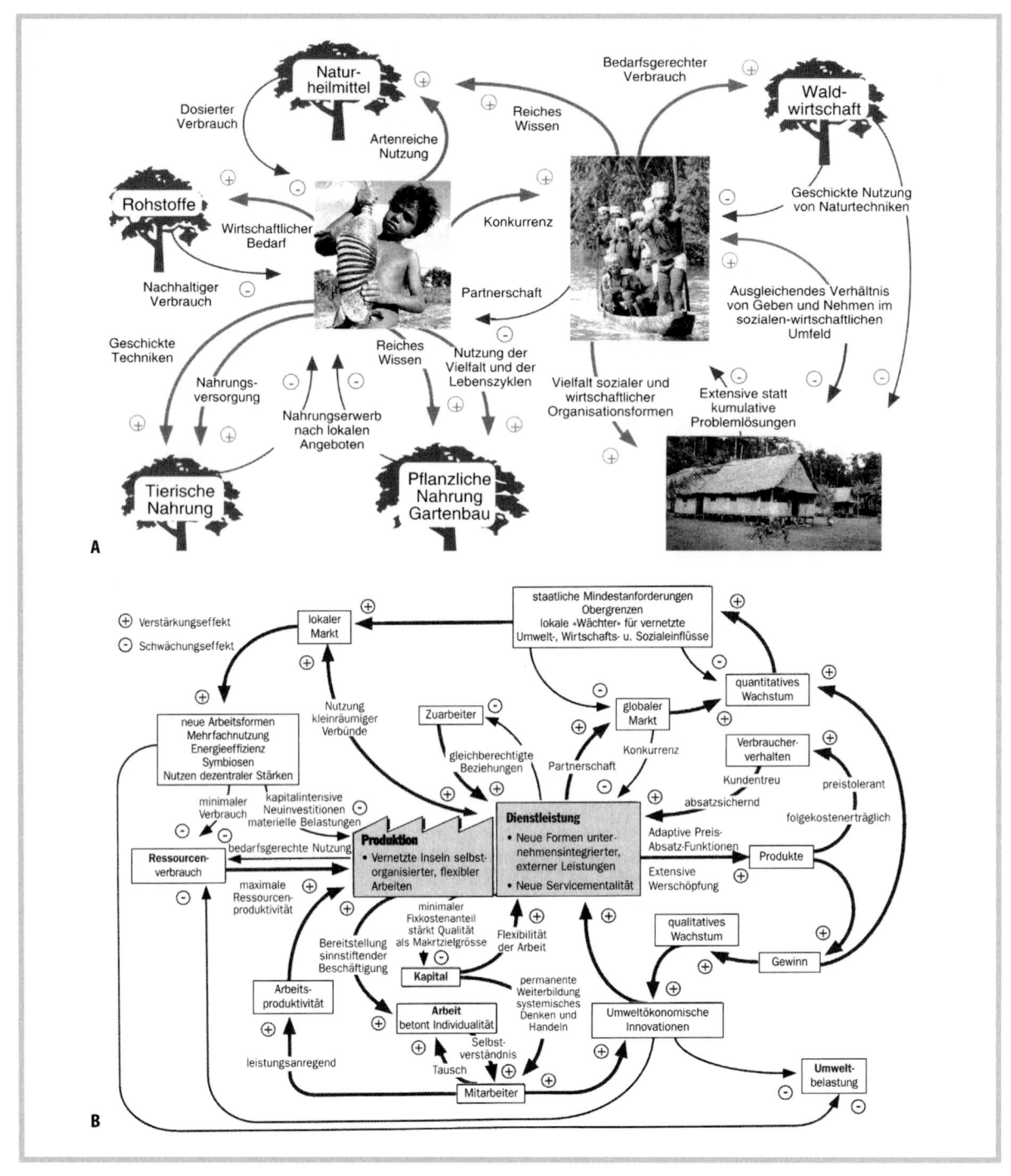

Abb. 16-10 A Wirkungsnetz des Eingeborenen-Organisationsmanagements mit der Natur als Arbeits- und Lebenspartner, **B** Wirkungsnetz eines nachhaltigen biologischen Organisationsmanagements mit „adaptiver Emergenz", Ausschnitte (*nach Küppers 2000*)

als mit dem klassischen. Es besteht also wohl auch aus Sicht der Wirtschaftsökonomen aller Grund, die Wirtschaftssysteme der Zukunft an „umweltökonomischer Wertschöpfung" zu messen.

16.9
Bionik als Teil einer Überlebensstrategie – vom Ökosystem zum Wirtschaftssystem

In diesem Buch wurden viele Beispiele dafür gegeben, wie bionische Ansätze in die Technik hineinwirken können, von der Verbesserung eines mechanischen Elements bis hin zur Sichtweise „vernetzte Systeme". Die Summe aller derartigen Ansätze könnte man, einem 1983 von mir gewählten Buchtitel folgend, „Biostrategie" nennen.

16.9.1
Biostrategie – die Summe bionischer Ansätze

Bionische Ansätze und damit ihre übergeordnete Bezeichnung „Biostrategie" orientieren sich an Vorbildern aus der belebten Welt. Sie gehen davon aus, dass diese Vorbilder, die sich im Laufe von Millionen von Jahren entwickelt und äußerst effizient gestaltet haben, beispielgebend sein können für die Planung zukünftiger zivilisatorischer Strukturen. Das vermag vermessen oder gar blauäugig klingen. Eines ist jedoch sicher: Auf unserer Erde existiert eine Unzahl von Organismen, Mechanismen und Systemen – von der Einzelzelle über Organe und Organismen bis zu Populationen, Ökosystemen und der gesamten Biosphäre –, die alle eine gemeinsame Eigenschaft haben: Sie funktionieren reibungslos, wenn sie nicht durch äußere Einflüsse (meist des Menschen) gestört werden.

Diese Aussage kann man für trivial halten oder als großartige Erkenntnis bezeichnen. Bei allem gilt: Die Systeme funktionieren (von Schwankungen abgesehen, die sich aber wieder austarieren, oder die zu einer Stabilisierung auf anderem Niveau führen). Jedes funktioniert für sich; und sie funktionieren auch im wechselseitigen Zusammenspiel seit Jahrtausenden, bisweilen gar seit Jahrmillionen. Die Arten sind dem Zufalls-Auswahl-Mechanismus der Evolution unterworfen. Das bedeutet: Einerseits sind sie ihren derzeitigen Existenzbedingungen meist optimal angepasst, andererseits waren sie vorher nicht so und werden auch nicht so bleiben, wie sie sind: „relative zeitliche Konstanz".

Die relative Konstanz und das relative Funktionieren biologischer Systeme sind alles andere als selbstver-

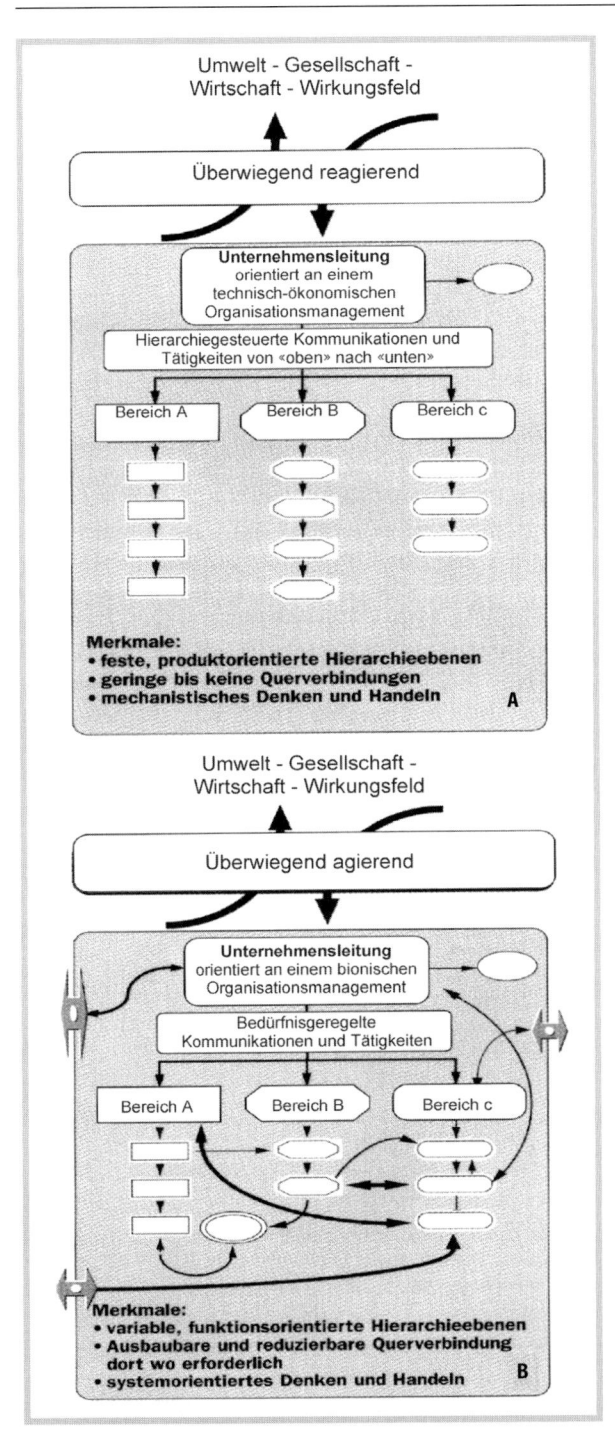

Abb. 16-11 Managementschemata. **A** Klassisches, **B** systematisch-bionisches Organisationsmanagement eines Unternehmens (*nach Küppers 2000*)

ständlich. Alle biologischen Formen und Funktionen sind äußerst komplex; bereits die mikroskopisch kleine Zelle eines Urtierchens ist wesentlich komplizierter organisiert als das größte Industriewerk.

Vor diesem Hintergrund mag es uns Zeitgenossen der Computerära schon verwundern, dass die ungeheuer vielfältigen physiologischen Vorgänge allein schon in einer solchen winzigen Zelle i. Allg. ohne erkennbare Fehlsteuerung perfekt zusammenspielen, die viel weniger komplexen Systeme des Menschen, etwa solche soziologischer und volkswirtschaftlicher Art, dagegen i. Allg. schlecht oder gar nicht funktionieren, ja, zu Katastrophen wie Kriegen, Umweltzerstörung und Hungersnöten führen.

Es ist deshalb sinnvoll, die Methoden zu studieren, mit deren Hilfe die belebte Welt ihre überaus komplizierten Strukturen und Systeme zusammenspielen lässt. Hierbei können die Biowissenschaften in all ihren Teildisziplinen die Richtung weisen, daneben auch die technologisch orientierte Disziplin der Bionik.

Hochkomplexe Biosysteme haben sich entwickelt, ohne dass eine erkennbare Planung im Spiel gewesen wäre. Es kann deshalb nicht falsch sein, Strategien der Evolution nachzuspüren und diese, wenn geeignet, in die Technologie zu übernehmen. Genau dies versuchen die fachübergreifenden Ansätze der Evolutionsstrategie, wie sie in den Abschn. 14.3–14.5 dargestellt sind. Darüber hinaus hat die belebte Welt Methoden „entwickelt", vornehmlich Strategien der Steuerung und Regelung von Großsystemen, die dem modernen Menschen zahlreiche Orientierungshilfen geben können, wenn es gilt, für soziales und ökonomisches Zusammenspiel, für technologische und wirtschaftliche Planung, für Umweltnutzung und – last but not least – für politische Konfliktlösungen die angemessenen Formen zu finden.

An all diesen Problemen ist der Mensch bisher überwiegend jämmerlich gescheitert, obwohl sein Gehirn über eine neurale Schaltkapazität verfügt, die von keinem anderen Lebewesen erreicht wird. Prinzipiell vergleichbare oder doch ähnliche Probleme stellen sich auch in der nichtmenschlichen belebten Welt, doch ist es dort erstaunlicherweise gelungen, allen Anforderungen auf durchaus nichtlogische Weise, weitgehend sogar auf Grund zufälliger Entwicklungen, gerecht zu werden. Beobachtet man die belebte Welt unter diesen Aspekten, werden Zusammenhänge erkennbar, die ganze Strategiekomplexe bilden.

Ich nenne die Summe all dieser natürlichen Verfahrensweisen „**Biostrategie**". Diese Strategie beinhaltet Denkansätze und Methoden, die helfen könnten, uns vor der drohenden Selbstzerstörung zu bewahren, deren Opfer wir unweigerlich werden, wenn wir nicht endlich erkennen, wie labil das Gleichgewicht zwischen allen Faktoren unserer Gesellschaft ist: „Biostrategie – eine Überlebenschance für unsere Zivilisation", die keineswegs nur den ökologischen und technischen Bereich einschließt, sondern auch den sozialen und kulturellen.

Alle ihre Vorschläge laufen darauf hinaus, Gleichgewichte herzustellen, komplexen Systemen einen störungsfreien Ablauf zu gewährleisten. Das bedeutet mit anderen Worten: Ökonomische, ökologische und technologische Maßnahmen müssen sinnvoll aufeinander abgestimmt werden, und dafür sollen die Regelkreise der Natur uns Denkanstöße geben. Dazu gehört die Entwicklung neuartiger Materialien ebenso wie Energieeinsparung, durchdachter Umweltschutz und die Berücksichtigung aller volkswirtschaftlichen Kriterien – vor allem aber auch intensive Forschung im Sinn eines kybernetischen Informationsflusses und einer kybernetischen Systemregelung.

Es ist wohl in diesem Buch deutlich geworden, dass die Ziele bionischer Forschung und Praxis, die letztendlich in einer Biostrategie einmünden, nicht sklavisches Kopieren von Naturvorbildern darstellen können: klimatechnisch optimale Gebäude- und Wohneinheiten sollen keineswegs eine äußerliche Entsprechung mit den – klimatechnisch optimal ausgestalteten – Termitenbauten aufweisen. Vielmehr geht es darum, die raum-, energie- und materialsparenden Prinzipien natürlicher Verfahrensweisen mit Verstand, Fantasie und Flexibilität auf die Bedürfnisse unserer modernen Gesellschaft zu übertragen. Dazu gibt es Hilfestellungen aus der Menge der entdeckten biologischen Prinzipien. Eines davon ist das Symbioseprinzip.

16.9.2
Das Symbioseprinzip

Unter Symbiose versteht man das Zusammenwirken von Organismen zum gegenseitigen Nutzen. Vor etwa hundert Jahren hat der Botaniker Debrit diesen Begriff eingeführt, und man kennt heute eine Unzahl von Symbioseformen zwischen unterschiedlichsten Lebewesen: Pilz und Alge, die gemeinsam eine Flechte bilden – Seeanemone und Anemonenfisch – Einsiedlerkrebs und Seerose. Kleine Grünalgen im Körper von Urtieren, Süßwasserpolypen und Strudelwürmern liefern ihren Wirten Sauerstoff und beziehen dafür selbst Nahrungsprodukte: ein Zusammenwirken, das für beide Beteiligten von Vorteil ist. Symbiotische Mikroorganismen sorgen dafür, dass ein entsprechendes Organ eines kleinen Tintenfischs anfängt zu leuchten. Hefezellen im Darmsystem des Brotkäfers schließen seine schwerverdauliche Nahrung auf, genießen aber gleichzeitig Schutz und können sich optimal vermehren. Mikroorganismen im Darmsystem der Bruch- oder Nagekäfer schließen Holzsubstanz auf, die der Käferorganismus selbst nicht nutzen könnte.

Symbiosen sind stets auch biokybernetisch zu verstehen, da das wechselweise Zusammenspiel fein gesteuert und geregelt ist. Kein Partner vermehrt sich etwa so, dass er dem anderen damit schadet. Ein gutes Beispiel für diese Balance sind die Flechten. Wird der Pilz nämlich zu stark, so wächst er mit Saughyphen, Haustorien genannt, in die Algenzellen ein und kann die Algenzellpopulation stark schädigen. In diesem Fall wehren sich die Zellen jedoch: Sie bilden eine „dicke Haut", der Pilz erhält weniger Nahrung. Möglich ist auch, dass die Zellen dem „Angriff" der Pilze einfach durch verstärkte Vermehrung begegnen. Beide Reaktionen stellen biokybernetische Regelungen dar.

Fast scheint es überflüssig zu betonen, wie nützlich das Symbioseprinzip auch für die Volkswirtschaft wäre. Und dennoch ist davon bislang so gut wie kein Gebrauch gemacht worden. So sollten etwa energieerzeugende und energieverarbeitende Systeme (Steinkohlebergwerke, Steinkohlekraftwerke) so nahe wie möglich beieinander liegen und ihr Produktions- respektive Arbeitsvolumen aufeinander abstimmen, wie bei manchen Hütten der 90er-Jahre im Ruhrgebiet. Wenn Rohstoffe dort verarbeitet werden, wo man sie auch erzeugt, können beträchtliche Transport- und Energiekosten gespart werden. Darüber hinaus sind derartige Gesamtsysteme stabiler, d.h. weniger anfällig für Störungen durch Verkehrsbehinderungen, Streiks etc. Monokulturen müssen eben zugunsten ineinander verzahnter Mischkulturen abgebaut werden.

Fabriken sollten ihre Produkte nicht parallel, sondern in symbiotischer Vernetzung der Produktionsgänge herstellen, was die Preise der einzelnen Erzeugnisse senken würde. Rohmaterialien, Erfahrungen, Hilfsmittel und Innovationen sollte kein Produktionszweig dem anderen aus Konkurrenzgründen vorenthalten. Mit Hilfe symbiotisch aufeinander abgestimmter Verfahren kann das Problem der Abfallerzeugung und -beseitigung weitgehend gelöst werden. Der bei der Herstellung eines Produkts entstehende Abfall kann sehr oft als Grundsubstanz für die Herstellung eines anderen Produkts dienen: das sattsam missachtete Prinzip des Recycling.

16.9.3
Recycling und Verbundtechnologie

In der Natur entsteht niemals Abfall. Die belebte Welt ist ein geschlossenes System. Was ein Organismus an Rückständen hinterlässt, wird von einem anderen Organismus verwertet und so wieder in den Kreislauf eingeführt. „Recycling" heißt dieser Vorgang im angelsächsischen Sprachgebrauch.

Die gigantomane, törichte Produktionsstrategie des Menschen ist in ihrer gegenwärtigen Form nicht aufrechtzuerhalten. Wir bauen mit gewaltigem Energieaufwand unwiederbringlich Rohstofflager ab, setzen sie, wiederum unter großem Aufwand an Energie, in Konsumgüter um, die dann auf Abfallhalden landen. Eine unsinnigere Strategie ist überhaupt nicht vorstellbar, und in der Natur findet man für eine derartige Zerstörungstechnologie, ja, Selbstzerstörungsform, nicht einmal andeutungsweise eine Entsprechung. Bei genauerem Hinsehen stößt man ganz im Gegenteil auf Verbundtechnologien, die darauf beruhen, dass „zwischenzeitlich" entstehende Abfälle von anderen Systemen weiter aufbereitet werden, die dann aus dieser Aufbereitung ihre zum Leben nötige Energie ziehen und nach ihrem Tod zu einfachen Verbindungen abgebaut und dann in den großen Kreislauf mit eingeschleust werden. Diese Strategien wie Recycling, Verbundtechnologie, Wiederverwertung, Aufeinanderaufbauen, konsequente Vermeidung nicht mehr nutzbarer

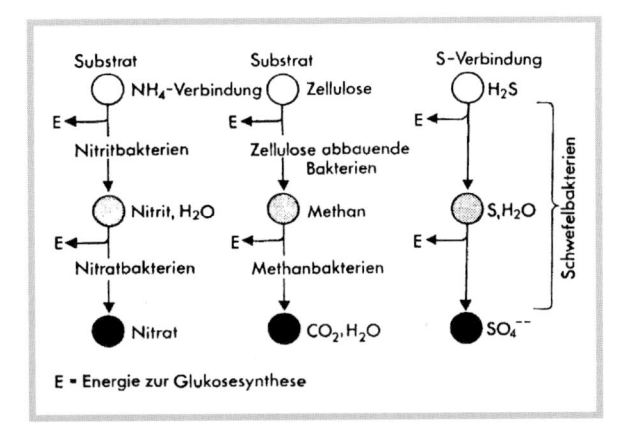

Abb. 16-12 Gekoppelte Bakterienketten: Endprodukt des einen ist Substrat für den anderen (*nach Nachtigall 1983*)

Abfälle findet man in der gesamten belebten Welt, in der großen Biosphäre ebenso wie in einem Krümelchen Ackerboden.

Die Recycling-Verbundtechnologie der belebten Welt ist die einzige auf Dauer funktionierende, sich selbst erhaltende, die Umwelt nicht zerstörende Technologie. Sie ist gleichzeitig die einzige Technologie, die dem Menschen auf Dauer eine Chance gibt, zu überleben. Damit stellt sie das wichtigste biokybernetisch-bionische Beispiel dar und darüber hinaus die größte Herausforderung an zukünftige menschliche Technologien.

Was ist nun biologische Verbundtechnologie? Man versteht darunter zwei Phänomene, einmal eine Art linearen Verbunds: Populationen von Energieerzeugern (Lebewesen) arbeiten zusammen. Was der eine als Abfallprodukt hinterlässt, verwertet der andere. Zum anderen sind solche linearen Abbauketten vernetzt und vermascht und durch Querbeziehungen zu einem sehr komplexen Ganzen verbunden, dessen gegenseitige Abhängigkeiten biokybernetisch gesteuert und geregelt werden. Am Beispiel gekoppelter Bakterienketten in Wasser oder Boden lässt sich dieses Zusammenwirken gut demonstrieren (Abb. 16-12).

16.9.4
Wachstum, Funktion, Organisation

Die Behauptung, unsere Wirtschaft funktioniere nur auf Grund stetigen Wachstums, das Bruttosozialprodukt müsse fortwährend steigen, ist töricht, ja, höchst gefährlich, weil sie verleugnet, dass auch die Zivilisation Teil eines großen biologischen Regelkreises ist.

16.9.4.1
„Stetiges Wachstum"

Diese Ansicht ist aus der einseitig linearen Betrachtungsweise der drei Faktoren Geldwertstabilität, Wirtschaftswachstum und Vollbeschäftigung entstanden, die einander angeblich bedingen. Diese unlogische Auffassung wird mit ideologischem Eifer verteidigt. Sie ist unlogisch, weil sie in einem linearen Bezugssystem dazu führen muss (wie bereits erklärt), dass die Bedingungen, unter denen diese Ziele zu erreichen sind, einander elementar widersprechen.

Sie ist darüber hinaus unlogisch, weil sie einen vierten Gesichtspunkt, den eines endlichen Ressourcenvorrats, der Bequemlichkeit halber vernachlässigt. Berücksichtigt man also diesen vierten Punkt und die

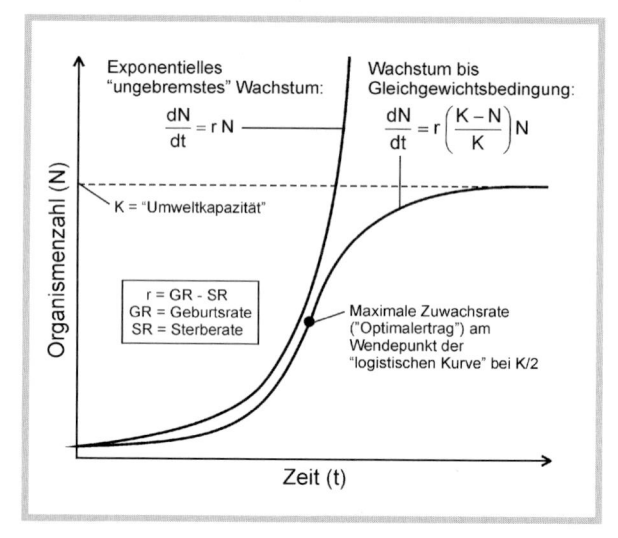

Abb. 16-13 Prinzipdarstellung des ungebremsten und des gebremsten Wachstums (*nach Nachtigall 1983*)

Querverbindungen, mit denen die vier Faktoren zueinander in Beziehung treten, ergibt sich folgerichtig, dass Stabilität nur durch Nullwachstum zu erreichen ist und dies eben keineswegs wirtschaftlichen Zusammenbruch bedeuten muss. In einem kybernetischen, also einem geregelten System, tarieren sich die Schwankungen aus. Es ist also keineswegs esoterischer Selbstbetrug, der von den Realitäten unserer technologischen Umwelt wegführt, wenn man sich die Prinzipien der Steuerung und Regelung natürlicher Technologien zum Vorbild nimmt. Im Gegenteil: Nur wenn wir endlich lernen, fachübergreifend zu denken und zu handeln, werden wir unsere Zivilisation erhalten und die Umweltzerstörung aufhalten können.

Was Wachstum eines Systems in der Natur bedeutet, kann man sich leicht am Beispiel von Bakterienkulturen klarmachen. Impft man auf eine Petrischale mit Agar-Nährlösung ein einziges Bakterium über, so wird es sich in etwa 20 min teilen. Die beiden neu entstandenen Individuen teilen sich in weiteren 20 min erneut, und so ergibt sich eine Wachstumsfolge von 1-2-4-8-16-32 ... Nach jeweils 20 min verdoppelt sich die vorhandene Menge. Trägt man die momentan vorhandene Bakterienmasse als Funktion der Zeit grafisch auf, so ergibt sich eine Kurve, die besagt, dass die Änderung dN der Anzahl der Organismen N in der Zeiteinheit dt proportional ist der momentanen Zahl N der Organismen: $(= r \times N)$. Durch Integration erhält man eine Exponentialkurve (Abb. 16-13, linke Kurve). Der Proportionalitätsfaktor r ist der berühmte Malthusen'sche Parameter, auch spezifische Vermehrungsrate genannt. Er ist gleich der Differenz zwischen der Geburten- und der Sterberate. Dieses Prinzip lässt sich auch volkswirtschaftlich formulieren.

16.9.4.2
Exponentielles Wachstum

Exponentielles Wachstum entsteht im biologischen Bereich nur in der noch ungestörten Anfangsphase eines Wachstumsprozesses oder während der Entwicklung einer Population. Dies gilt für die genannten Bakterien, aber auch für Anpflanzungen im Forstwirtschaftsbereich oder für eine bereits entwickelte Spezies, die sich konkurrenzfrei in einem für sie neuen Raum ansiedelt (Eissturmvögel auf den Britischen Inseln: ein von Remmert diskutiertes Beispiel). Im biologischen Bereich bezeichnet man diese anfänglich exponentielle Wachstumsrate als Einschwingvorgang. Allerdings verharren Organismen und Ökosysteme in dieser Anfangsphase. Ansonsten hätten sich in kürzester Zeit die eingangs genannten Bakterien so stark vermehrt, dass sie die Petrischale, den Tisch, das Land, ja, die Erde vollständig besiedeln würden. Haben sie erst einmal die halbe Erde bedeckt, so bedecken sie theoretisch 20 min später die ganze!

16.9.4.3
„Sigmoides Wachstum"

Zu extremen Massenvermehrungen kommt es allerdings nie oder fast nie im Bereich der belebten Welt. Stets liegt die exponentielle Wachstumskurve (Abb. 16-13, rechte Kurve) so, dass sich die Beziehung letztlich in einer S-Kurve manifestiert. Sie verläuft asymptotisch auf einen Wert aus, der der Individuenzahl (pro Raumeinheit oder was immer man als Bezugsgröße nimmt) entspricht, welche die Umwelt momentan gestattet – im biokybernetisch fein geregelten Prozess der Anpassung der sich vermehrenden Individuen an ihre belebte und unbelebte Umwelt. Untergrund, Konkurrenz zu anderen Lebewesen etc. spielen eine Rolle. Bezeichnet man diese „Umweltkapazität" im angeführten Sinn mit dem Symbol K, so kommt, mathematisch gesprochen, noch ein Faktor $(K - N)/K$ zum Malthusen'schen Parameter r dazu. Er beschreibt, dass sich die Populationsgröße nach genügend langer Zeit schließlich einem bestimmten Endwert K nähert und nicht ins Unendliche explodiert. Entnimmt man einer solchen sigmoid steigenden Population „Masse", aus einer Fischzucht etwa Fische, aus einem forstwirtschaftlichen Bereich Bäume, so ist der optimale Ertrag durch den Wendepunkt der Kurve gekennzeichnet (also **nicht** durch den Bereich maximaler Produktionsrate!). Er liegt bei $K/2$ und entspricht einer ganz bestimmten Zeit nach Beginn der Entwicklung.

Solche logistischen Wachstumskurven kennzeichnen alle nur denkbaren Wachstumsvorgänge im Bereich der belebten Welt: die Zahl der Körperzellen eines sich entwickelnden Organismus ebenso wie die Zahl der Wasserflöhe oder Fische, die sich in einem Teich oder See in Wettstreit mit den biotischen und abiotischen Konkurrenzfaktoren entwickeln und halten können, eine einleuchtende Tatsache, die nicht nach näheren formalen oder mathematischen Erklärungen verlangt.

Die „Vernunft" dieses biologischen Systems – so selbstverständlich und dem „gesunden Menschenverstand" ohne weiteres zugänglich – wird nun vielfach im Bereich der Wirtschaftspolitik nicht akzeptiert. Die Forderung nach Wirtschaftswachstum von jährlich mind. 5 % entspricht nämlich genau einer exponentiellen Wachstumskurve, die aus den eingangs diskutierten Gründen eben nur für ungestört sich entwickelnde, in einen Freiraum vorstoßende System gilt, für eine Anfangsphase der Entwicklung also. Sie kann sich niemals auf Dauer fortsetzen, ohne verheerende Folgen zu haben. Es grenzt deshalb an Volksverdummung und Wählerbetrug, eine derartige Entwicklungsform festschreiben zu wollen. Die Vertreter von Wirtschaft, Gewerkschaften und Politik, denen diese Zusammenhänge im Prinzip doch bekannt sein sollten, beharren dennoch auf exponentiellem Wachstum und sind nicht bereit zu konzidieren, dass unter Konkurrenzbedingungen (also außerhalb einer ungestörten Anfangsphase eines Wachstums) kein System anders als logistisch wachsen kann.

Statt dessen werden Nachdenkliche, die zur Besonnenheit mahnen, als Verfechter nichtrealisierbarer Utopien in die Ecke weltfremder Sektierer gestellt. Wer sich aber der Einsicht verweigert, dass sich – wie die sigmoide Wachstumskurve zeigt – jedes Wachstum einem Grenzwert nähert, dem es sich langsam anpasst, verkennt die Vernetzung auch innerhalb eines isolierten Systems. Wachstum muss also irgendwann zum „äußeren Stillstand" kommen. Unsere gegenwärtigen Technologien haben wohl allgemein den Wendepunkt optimalen Ertrags überschritten und nähern sich dem logistischen Endwert K bzw. täten das oder hätten es getan, wenn sie nicht gegen jede Einsicht immer wieder exponentiell hochgeputscht würden. Eine derartige Wirtschafts- und Marktstrategie führt auf Dauer nicht zu Systemstabilität, sondern zur Systemzerstörung. Dabei gilt das Plädoyer für eine kybernetische, eine geregelte Wirtschaft keineswegs nur, wenn man die Faktoren der Umweltzerstörung und der knapper werdenden Ressourcen mit einbezieht. Auch ohne diese – für das Leben auf der Erde unverzichtbare – Erkenntnis könnte ein Wirtschaftssystem, das nicht berücksichtigt, wie labil die Querbeziehungen der eine Wirtschaft stützenden Faktoren sind, nicht auf Dauer existieren.

16.9.4.4
Systemstabilität

Wann ist das System stabil? Cum grano salis dann, wenn es den Endwert K erreicht hat (oder sich ihm entsprechend genähert hat). Dann haben wir das „berühmt-berüchtigte Nullwachstum", einen Zustand, der – wie schon erwähnt – zu Unrecht gefürchtet wird. Nullwachstum ist – unideologisch gesehen – dadurch gekennzeichnet, dass in einer bestimmten Zeiteinheit ebensoviel produziert wie verbraucht, ebensoviel zerstört wie neu aufgebaut wird – mit anderen Worten: dass sich die positiven und negativen Prozesse gegenseitig ausgleichen, und zwar nach einem Prinzip, das sich im biologischen Bereich selbst hilft (wenn es nicht gestört wird), im Bereich der Zivilisation aber mit Hilfe kybernetischer Denkansätze unserer Definition entsprechend geregelt werden muss.

Dies ist eine der wichtigsten Einsichten, die eine bionisch-biokybernetische Betrachtung in diesem Zusammenhang vermitteln kann: Nullwachstum ist der „ganz normale" Endzustand in einem ausgeglichenen komplexen System. Es ist sinnlos, diese Tatsache zu ignorieren, und viel vernünftiger, diesen „steady state" zu akzeptieren, ja, anzustreben, denn darauf laufen alle Systeme hinaus. Zusammenbrüche im biologischen und volkswirtschaftlichen Bereich sind die Folge, ignoriert man die Tatsache. Irrtümlich glauben offenbar Technologen, Wirtschafter und Ökonomen, dieser Zustand sei gleichzusetzen mit einer „tödlichen", einer statischen Entwicklung. Diese Vermutung trifft nicht zu: Auch im Steady-state-Zustand kann sich ein System qualitativ verbessern, während es quantitativ bei einer bestimmten Masse stehen bleibt. In der Technologie heißt das, quantitatives durch qualitatives Wachstum, Vermehrung durch interne Verbesserung und Umstrukturierung zu ersetzen. Auch für den letztgenannten Aspekt kann der Blick in die belebte Welt hilfreich sein.

Ein Gehirn etwa entwickelt sich, weil die Zahl der Zellen zunächst exponentiell zunimmt, und schwenkt dann, entsprechend einer logistischen Wachstumskurve, auf einen relativ früh erreichten Endzustand ein. Die weitere Entwicklung im postembryonalen Leben läuft dann eben nicht mehr in Richtung auf eine Vergrößerung der Zahl der Einzelelemente, sondern auf eine bessere interne Verschaltung. Es bilden sich Schaltungskomplexitäten heraus, die das Gehirn immer besser arbeiten lassen, es wird immer mehr Information gespeichert und das System wird, obwohl es nicht mehr weiterwächst oder seine Neuronenzahl sogar reduziert, funktioneller und besser. Die Ziele der Entwicklung haben sich gewissermaßen geändert. Das Organ selbst vergrößert sich nicht mehr; dagegen verbessert sich seine Funktionsfähigkeit. Auch das kostet sehr viel Energie durch innere Umstrukturierung, das Schließen neuer neuraler Verbindungen und so weiter.

Man kann diesen Prozess durchaus in Analogie zur Entwicklung eines Industriesystems setzen. Es ist sinnlos, Industriezweige, oft an der realen Notwendigkeit vorbei (s. Kernkraftwerke!), künstlich zu immer größeren Komplexen auszubauen, nur weil dadurch angeblich Arbeitsplätze geschaffen werden (die dann an anderer Stelle verloren gehen). Viel vernünftiger ist es, einen volkswirtschaftlich sinnvollen Gleichgewichtszustand rechtzeitig herzustellen und Arbeit dort einzusetzen, wo der Wirkungsbereich erweitert und die Umweltbelastung verringert werden kann. Der ideale Betrieb ist nicht einer, der zur Sicherung von 1000 Arbeitsplätzen überflüssige Produkte ausstößt, sondern einer, der die 1000 Arbeitsplätze bei einem Optimalvolumen dazu benutzt, wirklich benötigte Produkte so herzustellen, dass die Umwelt nicht geschädigt wird.

Umweltschutz in einem Sinn, der dem Wort gerecht wird, ist ein außerordentlich arbeitsintensives Feld. Wenn sich das Verursacherprinzip erst einmal durchgesetzt hat, wird man immer mehr Arbeit aufwenden müssen, um die Umweltschäden zu kompensieren, die bei der Produktion (in der dann relativ wenige Leute eingesetzt sind) entstehen. Dem konservativen Volkswirtschaftler mag das zunächst nicht einleuchten. Doch bei fachübergreifender Betrachtung kann sich eigentlich niemand der Erkenntnis verschließen, dass Produktionssteigerung durch (energieaufwendige) Vollautomatisierung immer zu Lasten der Vollbeschäftigung und der Umwelt geht. Wer die Wiederherstellung des ökologischen Gleichgewichts als oberste Maxime akzeptiert – und diese Akzeptanz ist schlicht eine Frage des Überlebens –, darf die geschilderte Situation nicht ignorieren.

16.9.4.5
Ausblick

Was ist also nötig? Zunächst sollten folgende Maßnahmen durchgesetzt werden: frühzeitige Hinwendung zum qualitativen Wachstum an Stelle des quantitativen, zu biokybernetisch orientierter Steuerung und Regelung des Produktflusses, bei dem so wenig Abfall wie möglich entsteht, Verkoppelung von Industriezweigen, die Transportenergie und Zeit einspart, nach dem Prinzip gekoppelter Energieketten in der belebten Welt, extensive Nutzung des Symbioseprinzips, Verbundtechnologien, stärkere Berücksichtigung der Funktion, des Entwicklungsziels an Stelle einer sinnlosen Überproduktion, Vermeidung zerstörerischen exponentiellen Wachstums. Nötig ist ferner eine Änderung der Prioritäten und die konsequente Anwendung des Verursacherprinzips, ohne welche die Vertreter von Industrie und Wirtschaft kaum umdenken werden. Es muss schließlich zu einer Umverteilung der Lasten und Kosten der Produkte kommen, wobei zwangsläufig die schlichte Erhaltung der Umwelt in einem lebens- und besiedlungsfähigen Zustand viel mehr Energie, Kosten, Arbeitsplätze implizieren wird als das Produzieren selbst.

Biostrategie reicht also weit in die Zukunft, als Denk- und Ansatzmethode einerseits, als Bündelung bionisch orientierter Aktivitäten andererseits und schließlich auch als eine ethischer Ansatz, welcher der jüngeren Generation in der Ausbildung an Schulen und Hochschule mitgegeben werden sollte. Hubert Markl hat während seiner Zeit als Präsident der Deutschen Forschungsgemeinschaft diese im Grunde fast selbstverständlichen Zusammenhänge als „Ökologische Steinzeitmoral" bezeichnet und die folgenden, in ihrer Schlichtheit schlagenden Prinzipien formuliert:

„Das eine Prinzip ökologischer Steinzeitmoral: Nur soviel ernten wie sich im gleichen Zeitraum regenerativ ergänzen kann.

Das andere Prinzip ökologischer Steinzeitmoral: Das Wachstum der Population zu begrenzen, dass alle die Chance für ihr Auskommen haben.

Und, letztlich als übergeordnete Sichtweise: Die Entscheidung zur Änderung unseres Handelns darf nicht erst fallen, wenn blanke ökonomische Not dies erzwingt."

Dem ist nichts hinzuzufügen. Nur wenn wir die ungeheuren Gefahren, von denen unser Planet bedroht ist, nicht länger verharmlosen und die Chance ergreifen, die uns ein neues Paradigma bietet, kann die Biostrategie wirklich zu einer Überlebensstrategie werden.

Nur wenn diese Notwendigkeiten in politisches Wollen einmünden, haben alle in diesem Buch zitierten Ansätze eine Chance. Auch für ökonomische Alternativen muss politisches Wollen die Basis schaffen.

Nur wenn die verheerende Bevölkerungsexplosion abgeblockt werden kann, kann sich ökologisches, ökonomisches und damit auch politisches Wollen manifestieren. Im anderen Fall sind alle genannten Ansätze nutzlos.

Die beste Strategie wäre eine solche, die es endlich fertig brächte, Sexus und Fortpflanzung zu trennen. So gesehen wäre die allerwichtigste Strategie nun genau genommen eine Anti-Biostrategie. Diese Konzession an Zivilisation und Kultur, die alleine dem Menschen zukommen, muss man wohl machen.

16.10
Kurzanmerkungen zum Themenkreis: „Konzeptuelles und Zusammenfassendes"

16.10.1
Neue Formen in Unterricht und Bildung

Aus Aspekten wie den geschilderten ergeben sich Forderungen, die nach F. Vester in Form einiger Statements zusammengestellt sind.

16.10.1.1
Schule und Unterricht

„Schule und Hochschule sollten nicht nur Einzelwissen anhäufen, sondern – auf Fakten aufbauend – fachübergreifend Ganzheiten erkennen lehren.

Ein großer Teil unserer Schwierigkeiten, mit den komplexen Vorgängen in unserer Welt fertig zu werden, liegt in den Lern- und Denkformen unserer Schulen und Universitäten.

Biologisch sinnvolles Lernen bedeutet, nicht gegen den Organismus sondern mit ihm zu arbeiten, die Einheit von Körper, Geist und Seele nicht weiter zu ignorieren und das „Missverständnis vom isolierten Intellekt" aufzugeben.

Natürlich geht es nicht ohne Grundwissen (Fakten)", sehr bald geht es aber mehr darum, die Fähigkeiten einzuüben, mit Grundwissen umzugehen.

Verschwinden die Kenntnisse von den Zusammenhängen, so entsteht eine Art Kreuzworträtsel-Intelligenz, die uns nicht weiterbringt.

Unser Gehirn speichert nicht Begriffe, sondern arbeitet mit Assoziation, über die Vertrautheit und Verständnis die zwischen Organismus und Umwelt entsteht.

Lernkiller, wie Angst, Stress, Frustration und Prestigekämpfe konteragieren effektives Lernen. Der Lernvorgang funktioniert dann optimal, wenn er in einer Konstellation abläuft, die Freude verspricht, „in der wir unbekümmert spielen und ausprobieren können". Grundtatsachen der Lernbiologie, ja der menschlichen Natur überhaupt, sollten also einbezogen werden.

Vester fasst zusammen: „Was wir brauchen, wäre ein Unterricht, der erstens wie beim Spiel mit dem ganzen Organismus arbeitet, der zweitens alles Neue mit vertrauten Elementen einführt, der drittens eine lernfreundliche, entspannte Atmosphäre schafft, der viertens das Gefühl der Sicherheit gibt statt zu verunsichern, und der fünftens den Schüler motiviert, Interesse weckt und Erfolgserlebnis, Freude und Spaß einsetzt, also die wichtigsten stressabbauenden Elemente. Dies gilt in der Schule wie in der Berufsausbildung und in der Erwachsenenbildung. Denn hier gibt es keine Unterschiede, weil der Lernvorgang als grundlegender biologischer Prozess von der Geburt über die Schulzeit bis zum Alter immer der gleiche ist".

16.10.1.2
Bildungsschwerpunkt „Fähigkeiten entwickeln"

Für eine zukunftsorientierte Überlebensstrategie brauchen wir neben einem Grundwissen vor allem eine Schulung, weiteres Wissen zu erlangen, es flexibel zu erhalten, der Fähigkeit zu abstrahieren, zu konkretisieren, Analogien zu bilden, der Fähigkeit zu vergleichen und zu assoziieren, der Fähigkeit Wirkungsgefüge zu erstellen, Systeme zu simulieren, Muster zu erkennen – um nur einiges zu nennen, was uns eine zukunftsträchtige Ausbildung vermitteln sollte.

Wir brauchen vernetztes Denken heute mehr denn je. Eine durchgehende Änderung unseres ganzen Ansatzes in der Ausbildung ist nicht nur nötig, um die Welt besser zu verstehen; sie würde ebenso das Lernen als solches erleichtern und im Hinblick auf seine sinnvolle Umsetzung weit effizienter machen.

Die wesentlichen Grundaussagen der Vester'schen Überlegungen habe ich im Abschn. 16.6.2 und hier in Zitatform gebracht: der Autor formuliert in einer speziellen, kaum sekundär zu interpretierenden Diktion.

Man hat ihm häufig vorgeworfen, dass er sich sehr allgemein ausdrückt, zu stark analogisiert, sich um die „Schwierigkeiten des Einzelfakts" nicht kümmert. Ich meine dagegen, dass man anders als in etwa so gar nicht vorgehen kann. Die wesentlichsten Grundelemente dieser Sichtweise sind wohl folgende:

- *Lineares Denken*: ja, aber dort belassen, wo es sinnvoll und nötig ist (z. B. Konstruktion einer Maschine).
- *Vernetztes Denken*: auf alle Bereiche praktischen Lebens und Überlebens anwenden. Damit deutlich weiter gehen und andersartig vorgehen, als unsere klassische naturwissenschaftliche Bildung das bisher befürwortet.

Keine Angst vor dem Qualitativen, keine Angst vor Gefühlen! Es ist besser, komplexe Zusammenhänge in ihrer Art, ihren Chancen und Risiken etwas unscharf zu erfühlen als sie linear-logisch überhaupt nicht nachzeichnen zu können. Damit entwickelt sich vernetztes Denken zu einer bitter nötigen „Überlebensstrategie".

16.10.2
Glühwürmchen und der Sinn allen Forschens

B. Trimmer von der Tufts University/Mass. hat herausgefunden, wie Glühwürmchen ihre Laternen anwerfen: die Erhöhung der Stickoxidkonzentration im Abdomen reduziert die Mitochondrienaktivität, so dass weniger Sauerstoff veratmet und deshalb mehr für die enzymatische Leuchtkaskade zur Verfügung gestellt wird. Darauf entstand im Internet eine Diskussion über Sinn und Unsinn solcher Forschung. „Need to know" oder „nice to know", das schien hier die Frage zu sein. Hierzu kamen fünfzig Diskussionsbeiträge zusammen. Sie reichten von massiver Ablehnung über schwärmerische Kenntnisnahme bis zu vorsichtigem Zuspruch. Die im Folgenden genannten drei Aspekte scheinen mir die typischsten zu sein.

- *1. Gruppe*: „Oh Danke, Gott, für diese herrliche Enthüllung. Jetzt, wo die Antwort gegeben ist, soll die Welt sich erfreuen an tausend Jahren glücklichen, goldnen Friedens"
- *2. Gruppe*: „Gut zu wissen, dass heutzutage Leute immer noch daran interessiert sind, Geld hinaus zu werfen." oder „Ich pfeif' auf Ungeziefer mit leuchtendem Hinterteil. Ein gutes Fliegenspray ist alles, was mir dazu einfällt. Es gibt auch Wichtigeres. Was für eine verdammte Geldverschwendung."

- *3. Gruppe*: „Selbst Alexander Flemming glaubte nicht, dass er mit Schimmelpilzen Kranke heilen könnte. Durch Zufall fand er in ihnen Penicillin. Müssen wir kritisieren, was wir nicht verstehen? Glücklicherweise jagen diese Forscher nicht dem Geld hinterher und investieren Jahre ihres Lebens in die Suche nach einem kleinen Stein im Puzzle. In unserer Gesellschaft werden dagegen so viele belohnt für etwas, wofür sie kein Tropfen Herzblut geben."

So etwa wird die Stellungnahme zu allen Grundlagenforschungen sein, u.a. auch zur *Technischen Biologie, Basis für die Bionik*. Zuerst müssen wir ja Unbekanntes bekannt machen (→ Technische Biologie), dann erst können wir aus dem Gelernten Anregungen in die Technik übertragen (→ Bionik). Dass vieles, was zum Erforschen des Unbekannten dient, dem Außenstehenden als reichlich skurril und vielleicht sogar geldverschwenderisch erscheint, muss wohl in Zukunft ebenso in Kauf genommen werden wie das bisher üblich war.

Literatur

Anonymus (2001) Glühwürmchen und der Sinn des Forschen. LaborJournal 07/08, 7

Hill B (1999) Naturorientierte Lösungsfindung. Entwickeln und Konstruieren nach biologischen Vorbildern. Expert-Verlag, Renningen-Malmsheim

Küppers U (2000) Bionik als Organisationsmanagement. IO management 6, 22–31

McNaughton SJ, Coughenour MB (1981) The cybernetic nature of ecosystems. Amer. Nat. 117: 985–989

Nachtigall W (1983) Biostrategie – Eine Überlebenschance für unsere Zivilisation. Hoffmann und Campe, Hamburg. Taschenbuch gleichen Titels: Heyne, München 1986

Nachtigall W (1984) Erfinderin Natur. Konstruktionen in der belebten Welt. Rasch und Röhring, Hamburg

Nachtigall W (1986) Konstruktionen. Biologie und Technik. VDI-Verlag, Düsseldorf

Nachtigall W (1997) Vorbild Natur. Bionik-Design für funktionelles Gestalten. Springer, Berlin etc.

Remmert H (1984) Ökologie. 3. Aufl., Springer, Berlin etc.

„Studiengruppe für Biologie und Umwelt" (2002) http://www.frederic-vester.de/sminfo.htm

Törne O (1910) Die Saugnäpfe der männlichen Dytisciden. Zool. Jahrb. Anat. 29, 415–448

Vester F (1985) Neuland des Denkens. Vom technokratischen zum kybernetischen Zeitalter. 3. aktualisierte Auflage. dtv, München

Vester F (1988) Leitmotiv Vernetztes Denken. Heyne, München

Vester F (1994) Ballungsgebiete in der Krise. Vom Verstehen und Planen menschlicher Lebensräume mit Hilfe der Biokybernetik. 5. aktualisierte Auflage. dtv, München

Vester F (1997) Denken Lernen Vergessen. Aktualisierte Neuausgabe. dtv, München

Vester F (1999) Die Kunst, vernetzt zu denken. Ideen und Werkzeuge für einen neuen Umgang mit der Komplexität. DVA, München

v. Weizsäcker EU, Lovins AB, Lovins LA (1995) Faktor vier. Doppelter Wohlstand – halber Naturverbrauch. Droemer Knaur, München

Kapitel 17

17 Patente und Rechtsaspekte

17.1
Zwei historische Patente – eines davon hat die Welt verändert

Dass Naturbeobachtung der Ausgangspunkt für eine technologische Revolution sein kann, zeigt das erstgenannte Patent – der Stahlbeton Joseph Moniers. Das zweitgenannte Patent von Raoul H. Francé betrifft „nur" einen Salzstreuer. Es ist aber deshalb interessant, weil der Autor damit testen wollte, ob die Patentämter „Erfindungen der Natur" überhaupt als patentfähig akzeptieren.

17.1.1
Der Stahlbeton Joseph Moniers (Patente ab 1867)

Der Pariser Joseph Monier war „Horticulteur, Paysachiste", hatte also viel mit gärtnerischen Problemen zu tun. Aus dem Ärger, wie teuer und bruchgefährdet steinerne oder tönerne große Pflanztöpfe sind, und aus der Beobachtung, dass die aus einem Opuntienblatt herauswitternde, vernetzte Sklerenchym-Struktur der Blattmasse Festigkeit gibt, entstand die Idee, Pflanztöpfe in Mehrkomponentenbauweise herzustellen. Ein Drahtkorb – entsprechend dem Sklerenchym-Netz von Pflanzen – gibt Zugfestigkeit und hält gleichzeitig die druckfeste Zementmasse – entsprechend dem Parenchym der Pflanzen – in Form. Die Zementmasse stabilisiert die Lage des Drahtkorbs.

Nach dieser Grundüberlegung entstanden später auch andere Gefäß- und Lagertypen; z.B. Eisenbahnschwellen, Gitterroste, Brückenkonstruktionen, und damit ergab sich der Beginn einer völlig neuen Bauindustrie.

Nach der Beschreibung im deutschen Patent (1880) sei das neuartige Prinzip für Eisenbahnschwellen herausgegriffen. Die Patentschrift (s. Literaturhinweise) beginnt mit dem Satz: „Nach diesem Verfahren werden Gefäße aller Art aus mit Zement umgossenen Metallgerippen hergestellt, wodurch größere Haltbarkeit, Er-

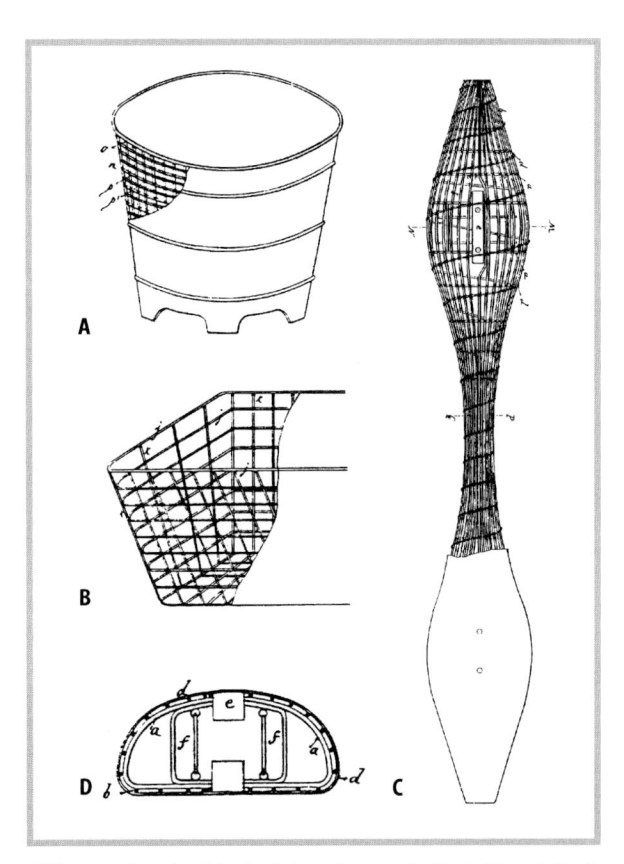

Abb. 17-1 Aus der Monier'schen Patentschrift. **A** Pflanzkübel, **B** Zuchttrog, **C** Wicklungsschema für die Bewehrung einer Monier'schen Eisenbahnschwelle, **D** ein Querschnitt der Schwelle (*nach Monier 1880*)

sparnis an Zement und Arbeit bezweckt wird". Angewandt auf Eisenbahnschwellen (Abb. 17-1 C, D) ergibt sich nach der Patentschrift die folgende Erweiterung. „Die Schwelle, in unregelmäßiger Form, besteht aus zwei nebeneinanderliegenden Ovalen, die an derjenigen Stelle ihre größte Weite haben, an welcher die Schienen aufliegen. Diese Schwellen werden aus Querringen hergestellt, die durch eiserne Längsstäbe und Verbindungen miteinander verbunden sind; das Ganze wird noch mit einem starken Bandeisen schraubenförmig umwickelt.

Wenn das eiserne Gerippe fertig ist, so wird es in Zement eingehüllt. Der Zement haftet am Metallgerippe und füllt das Innere desselben aus".

In der Folge wird dann noch die Herstellung eines Wasser- oder Futtertrogs beschrieben (Abb. 17-1 A, B). Danach „besteht das Metallgerippe aus ringsherum gehenden, horizontalen Eisenstäben und vertikalen Stäben, die durch Eisendraht miteinander verbunden sind. Sobald das Gerippe so hergerichtet ist, wird es mit Zement umgeben". Schließlich wird noch die Herstellung eines Blumen- oder Gewächstopfs angegeben; „dieselbe ist analog der des Troges".

Die Grundidee der Übertragung scheint mir typisch bionisch: Es wird ein Prinzip der Natur abstrahiert; dabei wird nichts sklavisch kopiert. Das Naturprinzip heißt: mechanisches Zusammenwirken eines zugfesten Sklerenchym-Netzzylinders mit einer druckfesten Parenchym-Matrix. Das technische Prinzip heißt demnach: mechanisches Zusammenwirken zwischen einer sklerenchym-analogen Stahlarmierung mit einer parenchym-analogen Zementmasse.

17.1.2
Der „Salzstreuer" Raoul H. Francés (Patent 1920)

Francé, in allen biologischen Zirkeln seiner Zeit zu Hause, ist heute noch am ehesten bekannt als Begründer der Lehre vom Edaphon, der Kleinlebewelt im Boden. Weniger bekannt ist, dass er einer der Mitbegründer der Technischen Biologie und Bionik war (oder der „Biotechnik", wie es damals hieß). Dabei war er ein äußerst vielgelesener Autor seiner Zeit. Aus heutiger Sicht klingt sein Stil ein wenig salbungsvoll doch ist er frisch und persönlich, und ich will Francé in Auszügen zitieren.

„Ich trat eines Morgens in mein Laboratorium, nachdenklich und missmutig, denn ich war mit meinen Arbeiten wieder einmal steckengeblieben und konnte nicht weiter. Ich studierte um jene Zeit das Leben des Ackerbodens. Längst war festgestellt, dass die tote, schwarze Erde nicht tot sei, sondern durchsetzt und erfüllt von Myriaden kleinster Lebewesen. Und es lag nahe anzunehmen, dass es gelingen würde, vielfältige Frucht zu ernten, wenn es zuvor gelänge, die nützlichen Erdbewohner zu vermehren. Der einfachste Weg schien zu sein, den Boden mit ihnen zu impfen. Ganz gleichmäßig, jeden Quadratmillimeter mit einem Dutzend der kleinsten Lebenskeime bestreuen. Das war die Aufgabe des Tages. Sie konnte ich nicht lösen, und darum war ich missmutig und nachdenklich.

Ich versuchte zuerst Verschiedenes. Ich hatte schon Erde bereit, die reichlich die in Frage kommenden Kleinpflanzen enthielt. Ich schüttelte sie mit viel Wasser durch und begoss mein „Versuchsfeld" mit dieser „Aufschwemmung" aus einer kleinen Kanne. Dann untersuchte ich das Ergebnis; alles war ungleich verteilt.

Ich versuchte, den Boden gleichmäßig zu überschwemmen. Es misslang. Es wurde mir klar, man müsse die „Impferde" in einem halbtrockenen Zustand ganz gleichmäßig ausstreuen.

Am nächsten Morgen brachte ich Streuer mit. Mehrere Modelle, so wie ich sie auftreiben konnte. Ein gewöhnliches Salzfass, einen Puderstreuer für Ärzte und kleine Kinder, einen Zerstäuber. Dann ging es ans Versuchen. Auf Bogen weißen oder schwarzen Papiers, die mit nummerierten Quadraten bedeckt waren, wurde mein Material leicht ausgestreut und dann auf den Quadraten gezählt, wie viele Körnchen sich darauf befanden.

Mit dem Zerstäuber ging es überhaupt nicht. Und Puderbüchse und Salzfass streuten Reihen.

Ein beiläufiger Einfall brachte die Wendung: Die im Anfang ganz bedeutungslos erscheinende Frage, wie denn die Natur das Ausstreuen besorge. Ich fand die Problemlösung in den Kapseln des Mohns. Jedermann kennt sie, jedermann weiß, dass die unter dem Deckel in Kreisen angeordneten Löcher dazu dienen, die kleinen Mohnkörner auszustreuen, aber noch nie hat jemand daran gedacht, dass hier eine Erfindung der Pflanze gegeben sei, welche die unserigen übertrifft. Ich weiß das deshalb so genau, weil ich es geprüft habe. Eine Mohnkapsel, gefüllt mit den Körnchen meiner Erde, streute sie viel gleichmäßiger aus als es mir bis dahin gelungen war.

Mit einem kühnen Entschluss wollte ich Gewissheit haben. Ich zeichnete einen Streuer für Salz, für Puder und sonst medizinische Zwecke nach dem Modell der Mohnkapseln und meldete das als Erfindung zum Musterschutz an (Abb. 17-2).

Man hat mir den Schutz nicht bestritten; eine Erfindung war gemacht. Nach kurzem erhielt ich das vom Patentamt bestätigt unter der Nummer 723730."

Francé schreibt dann, dass er gar kein Interesse daran habe als Erfinder zu gelten, „denn ich bin nur ein elender Kopist der Natur. Das Wichtigste war mir das Prinzip, das richtige Gesetz, und indem das sorgsam

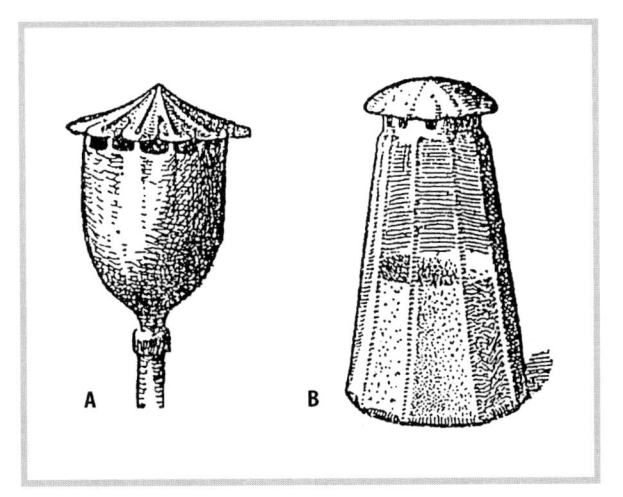

Abb. 17-2 Aus der Francé'schen Patentschrift. Mohnkapsel (A) und Francé'scher Streuer (B) (*nach Francé 1920*)

wägende und alles Technische kennende Patentamt mir bestätigt, dass hier wirkliche Erfindungen vorliegen, hat es mein Gesetz, die Wahrheit meiner Lehre bestätigt und damit den praktischen Nutzen einer Philosophie gewissermaßen amtlich beglaubigt, bevor noch diese Philosophie richtig ins Leben getreten war. So ist eine neue Wissenschaft entstanden: die Biotechnik."

17.2
Sind Vorbilder aus der Natur patentschädigend? – Patentrechtliche Verwertung von Bionik-Erfindungen

17.2.1
Vorbemerkungen

Wenn man – wie z.B. ich – in Patentschriften nachforscht, ob ein Patent wirklich auf Naturbeobachtung zurückzuführen ist, wie man es nach der Patentformulierung vermuten kann, erlebt man gerade bei neueren Patenten oftmals eine Enttäuschung. Die Patentschriften enthalten keine oder nur versteckte Hinweise auf das „Vorbild Natur". Patentanwälte raten heute allgemein dazu, solche Hinweise nicht aufzunehmen, sie könnten sich patentschädigend auswirken. Früher war das nicht so. So schreibt Zdenko Ritter von Limbeck in seinem bereits in Abschn. 6.2 zitierten Patent für einen „Fischpropeller", dass dieser „nach Art der Schwanzflosse der Fische ... eine vorwärtstreibende Bewegung"

ausüben soll. Der italienische Architekt P. C. Nervi, der in den 50er-Jahren gerne leichtgebaute isostatische Rippen-Träger nach Art der Knochen-Spongiosa gebaut hat, schreibt in seiner Patentschrift über vorgefertigte Betonelemente mit isostatischen Rippen aus dem Jahr 1951: „Beispiele dafür findet man häufig in der Natur, und das der Knochenbälkchen, die Culmann als erster beobachtete, ist klassisch".

Einige der wenigen Arbeiten, die zu diesem Problemkreis patentrechtlich Stellung nehmen, hat W. Schickedanz (1974) veröffentlicht. Trotz einiger Recherchen habe ich nichts Moderneres gefunden, das die hier dargestellten Überlegungen relativieren könnte.

Schickedanz schreibt zunächst über Bionik als neue Disziplin und bringt kurzgefasste Einführungsbeispiele zum Begriff der Kybernetik (N. Wiener) und zu den damals in unterschiedlicher Weise verwendeten Begriffen der Biotechnik (Nachtigall 1971: Lernen von der Technik für Naturerkenntnis; Bogen 1973: Planmäßige Nutzung von Mikroorganismen) und Bionik (Nachtigall 1971: Lernen von der Natur für die Technik). Als Klassiker zitiert er O. Lilienthal mit seinem Studium des Vogelflugs als Grundlage der Fliegekunst und W. v. Siemens, der beschreibt, dass v. Helmholz bereits im 19. Jh. einer Mikrofonmembran die konische Form eines Trommelfells gegeben hätte. In weiteren Ansätzen bezieht er sich auf J. Steeles Bionik-Definition, Hertels Delfinrümpfe, neurale Prinzipien in Frosch- und Insektenaugen, die Infrarotdetektoren der Klapperschlangen, digitale Übertragungsmechanismen bei der Nervenleitung und das Fledermaus-Radar.

17.2.2
Patentrechtliche Wertung der Neuheit von Bionik-Erfindungen

Schickedanz führt drei Beurteilungsprinzipien an. Einer Erfindung kann man Neuheit attestieren, wenn die Aufgabe neu ist, die Lösung neu ist oder der Zweck neu ist oder wenn Kombinationen zwischen diesen drei Kriterien möglich sind – im Idealfall also, wenn sowohl Aufgabe als auch Lösung und Zweck neu sind.

Ein Kombinationsschema zeigt Abb. 17-3. Demnach sind Erfindungen, welche die erste Zeile erfüllen in jedem Fall als Neuheit einzustufen, solche, die nur die letzte Zeile erfüllen, auf jeden Fall nicht. Was dazwischen steht, kann neu sein, das kommt auf die Wertung der einzelnen Kriterien an. Die drei gestrichelt umrahmten Kombinationen sind regelmäßig neu.

Aufgabe	Lösung	Zweck
n	n	n
n	n	b
n	b	n
n	b	b
b	n	n
b	n	b
b	b	n
b	b	b

Abb. 17-3 Beurteilungsschema für die Patentierbarkeit von Erfindungen. b bekannt, n nicht bekannt (*nach Schickedanz 1974*)

17.2.2.1
Mögliche Neuheit bei der Aufgabenstellung

Schickedanz bringt das Beispiel der Delfinhaut, die technisch abstrahiert zur Verringerung des Widerstands von Torpedos verwendet worden ist. Im Vergleich erkennt man, „dass das Problem der Verringerung von Wasserturbulenzen in beiden Fällen gleichgelagert ist. Natürlich ist es etwas gewagt, bei biologischen Systemen von einer „Aufgabenstellung" zu sprechen, denn gewöhnlich werden Aufgaben von Menschen formuliert. Doch ist im patentrechtlichen Sinn die technische Aufgabe (ist gleich Problem) eine objektive, d. h., es kann nicht darauf ankommen, ob sich der Erfinder von vornherein ein bestimmtes Ziel gestellt hat, das er erreichen wollte." „Definiert man die technische Aufgabe auf diese Weise, so erscheint es erlaubt, auch bei biologischen Objekten von einer zu Grunde liegenden Aufgabe zu sprechen, gleichgültig, ob die Natur tatsächlich die unterstellte Aufgabe lösen wollte oder nicht. Hiernach muss die Aufgabe einer Bionik-Erfindung als bekannt bezeichnet werden, denn sie ergibt sich aus der Betrachtung des biologischen Objekts." Demnach ist die Neuheit der Aufgabenstellung bei Bionik-Erfindungen zu verneinen.

17.2.2.2
Mögliche Neuheit der Lösung

Schickedanz findet, dass diese Frage ersichtlich zu bejahen ist, „wenn man eine Lösung schon dann als neu betrachtet, wenn sie keine identische Nachahmung ist. Eine identische Nachahmung scheidet aber bei Bionik-Erfindungen aus, weil Lebewesen grundsätzlich (noch) nicht identisch nachgebildet werden können. Es findet aber eine sinngemäße oder analoge Nachbildung statt."

Nachdem das Delfinprinzip nochmals kurz beschrieben und das technische Analogon der künstlichen Delfinhaut betrachtet worden ist, fährt der Autor fort: „Die Frage ist, ob diese Unterschiede ausreichen, die technische Lösung als neu zu bezeichnen. Nach der Rechtssprechung des Deutschen Bundesgerichtshofs ist dies nicht der Fall, denn hiernach sind auch technisch äquivalente Mittel neuheitsschädlich. Allerdings wird diese Rechtssprechung von den Befürwortern der Patentfähigkeit von Auswahlerfindungen (unausgesprochen) in Frage gestellt. Stellt man sich jedoch auf den Standpunkt des Bundesgerichtshofs, so folgt als überraschendes Zwischenergebnis, dass die Bionik-Erfindung hinsichtlich Aufgaben und Lösung nicht neu ist."

17.2.2.3
Mögliche Neuheit des Zwecks

Damit bleibt als Rettungsanker für die Patentfähigkeit nur noch der „Zweck", der durch die Übertragung eines an sich bekannten Prinzips erfüllt werden soll. Dieser Zweck besteht z. B. darin, das Bedürfnis, einen schnellen Torpedo zu bauen, befriedigen zu können. Der Zweck ist auch neu, weil der Übertragungsgedanke als solcher nicht von der Natur vorgegeben ist. Damit ist die Bionik-Erfindung neu.

17.2.3
Patentrechtliche Wertung des technischen Fortschritts von Bionik-Erfindungen

Dass Bionik-Erfindungen das zweite patentrechtliche Kriterium, das des technischen Fortschritts erfüllen, bestreitet der Autor nicht: „In der Regel wird mit einer Bionik-Erfindung ein technischer Fortschritt erzielt, der darin besteht, eine bestimmte Funktion erstmalig oder verbessert ausführen zu können".

17.2.4
Patentrechtliche Wertung der Erfindungshöhe von Bionik-Erfindungen

Dieser dritte Gesichtspunkt für die patentrechtliche Wertung erscheint Schickedanz bei Bionik-Erfindungen als besonders problematisch. Nachdem, wie im Abschnitt 17.1 dargestellt, Bionik-Erfindungen sowohl die Neuheit der Aufgabe wie auch der Lösung abgesprochen werden muss, bleibt im besten Fall nur die Zeile 7 (– bekannt – neu) übrig und es fragt sich, ob man mit dieser Wertung eine ausreichende Erfindungshöhe, also eine für die Patentgewährung vorauszusetzende überdurchschnittliche Erfindungsleistung damit kennzeichnen kann: „Die Ausgangsposition der Bionik-Erfindung für die Anerkennung einer erfinderischen Leistung ist also denkbar ungünstig.

Trotzdem wird man in vielen Fällen die Erfindungshöhe anerkennen müssen, weil Aufgabe und Lösung eben doch nur im Prinzip bekannt sind, d. h. nur mit Hilfe der Äquivalenzlehre als bekannt gelten können."

Man kann aus diesen Ausführungen eine Kompromissbereitschaft herauslesen, Bionik-Erfindungen auch dann anzuerkennen, wenn streng juristisch gesehen Aufgabe und Lösung nicht als neu eingestuft werden können. Wird aber nicht erst angegeben, dass die Ausgangsidee aus der Naturbeobachtung stammt, so entfällt diese formale Schwierigkeit. Das ist der Grund, warum Patentanwälte ihren Klienten empfehlen, Naturhinweise nicht erst aufzunehmen. Für die Wissenschaftsgeschichte und den Nachweis, dass bestimmte Erfindungen aus der Naturbeobachtung sich entwickelt haben, ist dies natürlich misslich; wenn der Erfinder nicht mehr lebt und befragt werden kann, ist ein strenger Nachweis wissenschaftshistorisch nicht (mehr) zu führen.

Schickedanz endet seine Überlegungen mit einem weiteren, zunächst etwas seltsam anmutenden Satz, der eigentlich für die Anerkennung von Bionik-Erfindungen spricht: „In der Praxis kommt natürlich noch hinzu, dass biologische Systeme weder Veröffentlichungen noch offenkundige Vorbenutzungen sind, so dass sie bei der Beurteilung von Neuheit, Fortschritt und Erfindungshöhe sowieso außer Betracht zu bleiben haben. Etwas anderes kann nur gelten, wenn vorveröffentlichte Beschreibungen der biologischen Systeme bestehen".

Patentrelevante Einzelheiten, die sich bei Bekanntwerden patentschädigend auswirken können, sind bekanntlich bei Patentverfahren zu unterlassen. Die natürlichen Systeme selber, die der „große Schöpfer" ja offensichtlich „veröffentlicht hat", gelten aber patentrechtlich nicht als derartige „Publikationen"(!). Anders ist es, wenn ein Forscher die natürlichen Systeme schon beschrieben hat und ein zweiter, aus der Lektüre dieser Arbeiten, auf eine patentfähige Idee kommt, nicht direkt aus der Analyse eines noch nicht beschriebenen biologischen Systems. Ob sich solche Differenzen in Einzelfällen patentrechtlich bereits ausgewirkt haben, entzieht sich meiner Kenntnis.

Zusammenfassend muss man Bionik-Erfindern – leider – doch den Rat geben: Besser keinen Hinweis auf das „Vorbild Natur" in Patentschriften!

Es sei hier am Rande noch auf eine zweite Arbeit des selben Autors verwiesen, die das Problem der Erfindungshöhe bei „Erfindungen, die auf Entdeckungen beruhen" näher beleuchtet.

17.2.5
Aufgabe-Lösung-Zweck: neuere Sichtweise

Zwischen Aufgabe, Lösung und Zweck (Abb. 17.3) wird in der Fachwelt oft nicht deutlich unterschieden. Zur „Aufgabe" sind seit Erscheinen des hier zitierten Aufsatzes Publikationen erschienen, welche die Rechtssprechung des BGH beeinflusst haben und welche die „Aufgabe der Erfindung" teils als „unergiebigen Rechtsbegriff" kennzeichnen.

„Nach heutiger Lehre, insbesondere vor dem Europäischen Patentamt, wird die Aufgabe im Hinblick auf die Nachteile des Stands der Technik definiert. Beispiel: Es ist *Aufgabe* der Erfindung die Leistung des aus der Patentschrift xyz bekannten Motors zu erhöhen. Die Lösung kann dann z. B. in der Verwendung eines neuen Zylinder- oder Kolbenmaterials bestehen, das eine höhere Verdichtung erlaubt. Hieraus ergibt sich, dass die „Aufgabe" an technischen Merkmalen orientiert ist. Der Zweck hat dagegen oft nichts mit der Technik zu tun, sondern ist auf soziale Bedürfnisse gerichtet. Beispiel: Mit dem neuen Motor, der eine höhere Leistung hat, soll der Zweck erfüllt werden, auch kleine Autos mit starkem Motor versehen zu können. Der Zweck ist somit stark mit der Verwendungsart verknüpft. Wenn bspw. erkannt wird, dass das Kopfschmerzmittel Aspirin auch zur Blutverdünnung dient, dann ist mit der Verwendung von Aspirin als blutverdünnendes Mittel eine neuer Zweck erreicht" (Schickedanz, Pers. Mittg.)

17.3
Patentrechtliche Formulierungsprobleme – Beispiel Ausstülpungsschlauch

In Abschn. 8.10.1 wird ein Ausstülpungsschlauch nach biologischem Vorbild für medizinische Katheterisierungs-Zwecke vorgestellt. Man kann die Patentschrift auch als ein gutes Beispiel für weitgehende Patentansprüche zitieren. Ihre Lektüre zeigt, wie sehr ein Patentnehmer bemüht sein muss, die Vielfalt der Einsatzmöglichkeiten seiner Erfindung in der Patentschrift abzustecken. Wird eine vergessen, ist die fehlende Erwähnung natürlich patentschädigend. Ich zitiere nach dem Abschnitt (1) nun auch die Abschnitte (2)–(10) des zusammenfassenden Patentanspruchs auszugsweise:

2 Ausstülpungsschlauch nach dem Anspruch 1, dadurch gekennzeichnet, dass die *Faltungsform* als drei oder mehrzackige Sternform, U-förmig, Z-förmig, M-förmig oder W-förmig ausgebildet ist.
3 Ausstülpungsschlauch nach den Ansprüchen 1 und 2, dadurch gekennzeichnet, dass der eingestülpte und gefaltete Schlauch um seine Längsachse *spiralig oder schraubenartig verdreht* vorliegt…
4 Ausstülpungsschlauch nach den Ansprüchen 1, 2 und 3, dadurch gekennzeichnet, dass der eingestülpte und gefaltete Schlauch an seinen Innenflächen … mit flüssigen oder nicht flüssigen *Haftmitteln* versehen ist …
5 Ausstülpungsschlauch nach den Ansprüchen 1–4, dadurch gekennzeichnet, dass an dem hinteren Ende des sich ausstülpenden Schlauchs *ein weiterer … befestigt ist*…
6 Verwendung eines Ausstülpungsschlauch nach den Ansprüchen 1–5 *im medizinischen Bereich für* Sonden, Endoskope, Katheter zur Elektroden- oder Lichtleiterführung, Herzkatheter, Ballonkatheter, Harnblasenkatheter, Uretherenkatheter, Nasen-Rachenraum-Katheter, Rectalkatheter, Ösophaguskatheder, Trachealkatheter oder für einen Dilatator oder für Injektionsspritzen.
7 Verwendung eines Ausstülpungsschlauchs nach Anspruch 6 *für therapeutische Zwecke*, dadurch gekennzeichnet, dass die innere Oberfläche … mit … Medikamenten … versehen ist.
8 Verwendung eines Ausstülpungsschlauchs nach Anspruch 1–5 *auf dem Gebiet der Brandbekämpfung* für Feuerlöscheinrichtungen, Feuerwehr-Ausstülpungsschläuche oder Sprenkleranlagen.
9 Verwendung eines Ausstülpungsschlauchs nach Anspruch 1–5 *für künstliche Glieder* in der biomedizinischen Technik, Hebebühnen, Krananlagen, Antennenausricht- oder Aus- und Einzugseinrichtungen.
10 Verwendung eines Ausstülpungsschlauchs nach Anspruch 1–5 *zum Einziehen von Kabeln* von Leitungen und/oder Zugseilen oder Zugeinrichtungen in Kanäle, Räume oder Öffnungen."

Vorbilder aus der Biologie sind eben nicht 1:1 zu kopieren. Was übertragen wird, ist die Grundidee. Diese befruchtet jedoch häufig ein größeres Feld von Anwendungsmöglichkeiten, auf die man erst nach längerem Nachdenken kommt. Diese müssen in der Patenschrift angeführt werden, soll sich der Patentschutz nicht nur auf die naheliegendste Einsatzmöglichkeit beschränken.

17.4
Patente in Biologie und Medizin I – Die Wirkungen des Patents

Unter dem genannten Titel ist eine Serie in der Zeitschrift Laborjournal erschienen. Verfasser sind meist Patentanwälte, Rechtsanwälte und promovierte Biologen. Im vorliegenden Zusammenhang werden Ausschnitte aus zwei Beiträgen über die Wirkung des Patents und Lizenzierung von Erfindungen (hier biotechnologischer Art) zitiert, die von A. Schrell, S. Lange und N. Heide vorgestellt worden sind. Zur Wirkung des Patents schreiben die beiden erstgenannten Autoren:

„Eine patentierte Erfindung ist geschützt wie materielles Eigentum. Doch es gibt Ausnahmen: Sie darf nicht in die Privatsphäre eingreifen, genauso wenig in die Behandlungsfreiheit des Arztes. Und sie sollte den Fortschritt von Wissenschaft und Technik nicht hemmen.

Das Patent hat die Wirkung, dass allein der Patentinhaber befugt ist, die patentierte Erfindung zu nutzen. Bei den Stoffpatenten (z. B. ein neues Peptid) ist der Schutz i. Allg. am umfassendsten, da es unerheblich ist, wie der geschützte Stoff hergestellt oder gewonnen wird und welche Verwendungsmöglichkeiten in Betracht kommen. Bei einem Verfahrenspatent (bspw. ein neues Isolierverfahren für Peptide) besteht Schutz für das Verfahren und das damit unmittelbar hergestellte Erzeugnis. Da man einem Erzeugnis häufig nicht ansieht, wie es hergestellt wurde, gilt bei einem Erzeugnis, das von einem Dritten hergestellt wurde, bis zum Beweis des Gegenteils die Annahme, es sei mit dem patentierten Verfahren hergestellt – vorausgesetzt, es handelt sich um ein neues Erzeugnis. Diese Beweislastumkehr schützt den Patentinhaber zusätzlich. Jedem Dritten ist es daher verboten, ohne die Zustimmung des Patentinhabers das patentierte Erzeugnis herzustellen, anzubieten oder in Verkehr zu bringen; weiterhin ist es verboten, ein patentiertes Verfahren anzuwenden, es zur Anwendung anzubieten oder das durch das Verfahren unmittelbar hergestellte Erzeugnis anzubieten, in Verkehr zu bringen etc..

Der Patentinhaber genießt aber auch Schutz vor mittelbaren Patentverletzungen. Die unberechtigte Benutzung der geschützten Erfindung soll nämlich schon im Vorfeld verhindert werden, weshalb unter bestimmten Umständen schon allein das Anbieten und Liefern von Mitteln unzulässig sein kann, die sich auf ein wesentliches Element der Erfindung beziehen. Die Inhaber von Patenten können sich also an Lieferanten halten, wenn derartige Mittel angeboten werden. Ein Beispiel: In einem patentierten chromatografischen Verfahren zur Reinigung von Proteinen wird erstmals Zement als Säulenmaterial eingesetzt. Wird nun in einem Feinchemikalienkatalog in dem Abschnitt „Protein-Isolierung" neben anderem auch Zement mit einem entsprechenden Hinweis angeboten, kann eine mittelbare Patentverletzung vorliegen.

Wenn die Handlungen eines Dritten vorsätzlich oder fahrlässig vorgenommen sind, hat der Patentinhaber einen Schadensersatzanspruch bspw. in Form des entgangenen Gewinns oder einer angemessenen Lizenzgebühr bzw. der Gewinnherausgabe. Eine patentierte Erfindung ist also ähnlich stark geschützt wie das materielle Eigentum. Wegen des starken Schutzes muss allerdings ein Ausgleich zwischen den Interessen des Patentinhabers und der Allgemeinheit geschaffen werden. Es gibt daher einige Einschränkungen bei der Wirkung des Patents. Patente sind Instrumente des Wirtschaftsverkehrs und sind daher nicht bestimmt für Eingriffe in die Privatsphäre oder die Verordnungs-/Rezepturfreiheit des Arztes und ähnliches. So kann der Patentinhaber nicht gegen Handlungen von Dritten vorgehen, die im privaten Bereich zu nichtgewerblichen Zwecken erfolgen; d.h., die Benutzung der Erfindung zum häuslichen Gebrauch für rein persönliche, private Zwecke ist vom Patentschutz ausgenommen. Um die Entwicklung der Wissenschaft und Technik nicht ungebührlich in ihrer Entwicklung zu hemmen, sind unter bestimmten Umständen Versuchshandlungen, die an dem Gegenstand der patentierten Erfindung vorgenommen werden, patentfrei. Die versuchsweise Benutzung eines geschützten Erzeugnisses oder Verfahrens, um Unsicherheiten und Unklarheiten über das Erzeugnis oder Verfahren zu beseitigen, wird daher vom Patent nicht erfasst. Von den aufgezählten engen Ausnahmen abgesehen, besitzt der Patentinhaber insgesamt jedoch ein starkes Recht. Entscheidend für die Durchsetzung der Rechte ist immer auch die Qualität und Rechtsbeständigkeit des einzelnen Patents. Vor wenigen Tagen erklärte ein amerikanisches Gericht ein Patent auf ein Enzym für ungültig, mit dem fast alle Biologen schon einmal gearbeitet haben: der Taq-Polymerase für die PCR. Die Konkurrenz konnte zeigen, dass in dem 1991 für 300 Mio. US$ verkauften Patent absichtlich wichtige Informationen verschwiegen wurden".

17.5
Patente in Biologie und Medizin II – Lizenzierung biotechnologischer Erfindungen

Zu dieser Thematik schreiben A. Schrell und N. Heide: „Bei der Lizenzierung räumt der Inhaber eines Schutzrechtes (Lizenzgeber) einem Verwerter (Lizenznehmer) ein Nutzungsrecht an dem Schutzrecht ein. Der Lizenzgeber wird sich diese Lizenzierung regelmäßig durch eine sog. Lizenzgebühr vergüten lassen. Anders als beim Veräußerungsgeschäft bleibt der Lizenzgeber Inhaber des Schutzrechts. Durch die Lizenzierung kann er insoweit eine dauerhafte Einnahmequelle erschließen. So erzielt die Morphosys AG allein 10 % ihres Umsatzes mit der Entwicklung von Antikörpern für die Pharmaindustrie, der große Rest entfällt auf die Lizenzierung der dafür notwendigen Technologie. Eine geschickte Lizenzpolitik ermöglicht es folglich, biotechnologischen Startup-Unternehmen die Grundlage für eine solide Wachstumsfinanzierung zu legen. Zunehmende Bedeutung gewinnt die Lizenzierung auch an Universitäten und außeruniversitären Forschungseinrichtungen. So hat etwa die Max-Planck-Gesellschaft mit der Garching Innovation eine Einrichtung geschaffen, welche sich gezielt um die Lizenzvergabe für Erfindungen bemüht, die Forscher an den Max-Planck-Instituten hervorbringen. Der Lizenzvertrag begründet eine längerfristige Rechtsbeziehung. Diese Ausrichtung auf eine dauerhafte Zusammenarbeit beeinflusst die Rechte und Pflichten, die sich aus dem Vertragsverhältnis ableiten. Unter Berücksichtigung der Dauer der Zusammenarbeit sollten die Parteien des Lizenzvertrags eine möglichst genaue Regelung möglicher Konfliktfälle vornehmen. Vor allem Inhalt und Umfang des Nutzungsrechts sollten sie im Einzelnen regeln. Zum Beispiel kann das Nutzungsrecht etwa räumlich oder sachlich begrenzt werden. Der Lizenzgeber muss sich die Frage stellen, ob er einen Lizenznehmer allein zur Nutzung des Schutzrechts berechtigen will (ausschließliche Lizenz), oder ob er eine Lizenz an mehrere Verwertungsinteressierte erteilen will (einfache Lizenz)". Soweit die Fachautoren.

Patente kamen bisher selten von den Hochschulen. Etwa 51 000 Patente wurden im Jahr 2000 in Deutschland angemeldet; davon kamen etwa 4 % aus Hochschulen. Um dies zu verbessern, wird derzeitig eine Novellierung des sog. „Hochschulprivilegs" im Arbeitnehmer-Erfindungsgesetz vorgesehen. Bisher war es so, dass die Professoren völlig frei waren, ihre Erfindung anzumelden oder nicht. Oftmals wurden Erfindungen nicht angemeldet, weil damit unbequeme (und ggf. auch teure) Wege verbunden sind.

Künftig sollen die Hochschulen und Fachhochschulen berechtigt sein, Erfindungen, die ihre Professoren gemacht haben, zu patentieren und damit auch zu vermarkten. Das kann im Rahmen einer Inanspruchnahme der Erfindung geschehen; die Hochschulen tragen dann auch die Anmeldekosten und das Erfolgrisiko. Bringt das Patent Erfolg, so bekommt der Professor einen bestimmten Prozentsatz der Einnahmen; der Rest fällt an die Hochschule. Zur professionellen Vermarktung sollen an den Hochschulen Verwertungsgesellschaften entstehen, so ähnlich wie das oben für die Max-Planck-Gesellschaft mit der „Garching Innovation" geschildert worden ist.

Eine wesentliche Schwierigkeit lag bisher darin, dass über Arbeiten, über die ein Patent angemeldet werden soll, öffentlich nichts berichtet werden darf. Hochschullehrer sind aber gehalten, über ihre Tätigkeit zu berichten, auf Fachsymposien, Kongressen, bei Posterausstellungen, im Gespräch mit Kollegen. Die Problematik soll durch die Einführung einer „Neuheitsschonfrist" vereinfacht werden. Demnach soll eine Erfindung innerhalb eines halben Jahres auch dann zum Patent angemeldet werden können, wenn sie auf Kongressen oder Ähnlichen bereits vorgestellt oder in Fachpublikationen oder Kongressberichten dargestellt worden ist. Der alte Spruch „Was einmal publiziert ist, darf nicht mehr patentiert werden", der tatsächlich innovationshemmend ist, soll damit umgangen werden.

Gegen diese Vorgehensweise kommt auch Kritik, speziell von Professorenverbänden, etwa dem Deutschen Hochschulverband (DHV): „Die Folgen werden nicht mehr, sondern weniger Patente für die Universitäten sein". Ob dem so sein wird, muss sich zeigen.

Es spricht freilich einiges dafür, dass sich die Änderung in der Praxis bewährt. In Amerika gilt das schon lange. Auch im Unternehmensbereich. Da spricht man häufig von „Diensterfindungen", welche die Forscher an das Unternehmen verkaufen müssen, oft für einen symbolischen Dollar. Da sind die Uni- und FHS-Professoren noch gut dran.

17.6
Geistiges Eigentum – Sinn und Unsinn von Patenten auf Lebewesen oder Teilen davon

Der Usus der Patentämter, Patente auf Lebewesen oder Teile davon zu gewähren, hat bereits zu skurrilen Situationen geführt und kann sowohl Forschungen wie erst recht Anwendungen in der Zukunft und damit unser aller Wohl und Wehe entscheidend beeinflussen. Obwohl sich die Patentämter in neuester Zeit kritischer verhalten, bleibt die schwerwiegende Problematik bestehen. Die Wissenschaftspublizistin, Filmemacherin und Essayistin Petra Thorbrietz, die in München und Budapest arbeitet, schreibt dazu:

„Im 18. Jahrhundert stellte man sich zum ersten Mal die Frage, ob Wissen etwas sei, das man besitzen könne – wie ein Gebäude, Ländereien oder eine Fabrik. Die Antwort war: nein – Utopie einer bürgerlichen Gesellschaft, der Wissen zu einem Aufstieg verhalf, der grenzenlos schien.

Die Utopie hat sich bis heute gehalten, auch wenn sich das Licht längst verdunkelt hat: In einigen zentralen Forschungsbereichen ist Wissen längst nicht mehr Allgemeingut, sondern liegt wie Juwelen weggeschlossen hinter Panzerschranktüren und wird dort gehortet wie ein Staatsgeheimnis."

Die jüngste Debatte um die Stammzellforschung zeigt das besonders nachdrücklich: Nur einige wenige Firmen weltweit sind im Besitz solcher Zellen, die noch die Fähigkeit haben, sich in verschiedenste Gewebe auszudifferenzieren. Und weil die Methode, solche Zellen zu gewinnen und im Labor am Leben zu erhalten, längst patent-geschützt ist, werden diese Unternehmen zu den neuen Landherren eines Forschungsterrains, das lebensentscheidend sein kann: Mit der Hilfe von Stammzellen sollen Ersatzorgane, neue Nervenzellen und Kunsthaut entwickelt werden.

Gerade in den *life sciences,* der Molekularbiologie und ihren Satelliten Medizin, Chemie und Pharmazie, wächst auch die Begierde des Staats, das Licht der Aufklärung nicht auf alle gleichermaßen scheinen zu lassen, sondern es in ganz bestimmte Richtungen zu lenken. Weltweites Aufsehen erregte die Entscheidung des amerikanischen Präsidenten George W. Bush im Sommer 2001, öffentliche Forschungsgelder nur für die Arbeit mit den bereits existierenden Stammzelllinien zu bewilligen. Diese wenigen Zellen reichten nicht aus, reklamierten viele Wissenschaftler – zumal das Klonen von Embryonen, eine mögliche Methode, um neue Stammzellen zu gewinnen, in vielen Ländern sogar verboten ist.

George W. Bush hat mit dieser Entscheidung zwei Fliegen mit einer Klappe geschlagen: Einerseits hat er der Forschung in den USA (und damit auch in der Welt) ethische Grenzen gesetzt und so Konzessionen gegenüber den Abtreibungsgegnern gemacht (Stammzellen werden u. a. aus dem Gewebe abgetriebener Föten gewonnen). Gleichzeitig aber hat er auch die Verfügungsrechte einiger weniger der 150 überwiegend amerikanischen – Unternehmen zementiert, denen es gelungen war, Stammzellforschung privat zu finanzieren.

In den USA boomt der *gold rush* der Genetik: Hier glitzern ungeheure Heilversprechen, auch wenn noch längst nicht geklärt ist, ob sie eingelöst werden können. Aber sie reichen, um das Pokerspiel an der Börse anzutreiben oder um Risikokapital zu werben, das in wenigen Jahren Ertrag fordert: Erkenntnisgewinn, der sich in knallharten Zahlen niederschlägt.

Dieser Druck führt dazu, dass wichtige Forschungserkenntnisse zurückgehalten werden: Ein amerikanisches Biotech-Unternehmen (Incyte) z. B. besitzt die Baupläne von mind. 40 verschiedenen Krankheitserregern. Darunter sind wichtige Details über den Aufbau des *Staphylococcus aureus,* einem Bakterium, das inzwischen gegen fast alle Antibiotika resistent ist. Dieser Mikroorganismus könnte eine Epidemie auslösen, erste Todesfälle hat es bereits gegeben. Doch trotz dieser Gefahr wurden die Daten nicht freigegeben, sondern für Millionenbeträge an andere Firmen verkauft. Man sei zuallererst den Aktionären gegenüber verpflichtet, verteidigte sich das Unternehmen. Weil öffentlich finanzierte Forscher trotz langwieriger Verhandlungen keinen Zugang zu den Daten erhielten, muss die amerikanische Seuchenbehörde NIAID nun Millionen von Dollar in eigene Forschung stecken, um herauszufinden, was die privaten Unternehmen längst wissen.

Ein anderes Beispiel ist Craig Venter. Der amerikanische Biologe gab seine Stellung im öffentlich finanzierten Human Genome Project auf, um mit der privaten Firma Celera schneller als alle anderen den menschlichen Gen-Code zu knacken. Kurz vor dem Ziel hatten ihn der damalige US-Präsident Bill Clinton und Großbritanniens Premier Tony Blair beinahe angefleht, seine Daten der Allgemeinheit zur Verfügung zu stellen. Das macht er jetzt – für eine angemessene Beteiligung an den finanziellen Erträgen.

Die öffentliche Forschung wird durch die Macht des intellektuellen Eigentums zunehmend an die Wand gedrückt: „Wir müssen uns ganz spezielle Nischen suchen, wo wir wissenschaftlich überleben können", erklärt ein Pflanzengenetiker der deutschen Max-Planck-Gesellschaft, immerhin Schmiede vieler Nobelpreisträger. „Beim Run auf das große Geld können wir nicht mithalten!"

Der Schweizer Konzern Syngenta und das US-amerikanische Unternehmen Myriad Genetics z. B. haben in diesem Frühjahr erklärt, das Reisgenom entschlüsselt zu haben. Reis gilt als Musterpflanze für viele andere und könnte vielleicht dazu beitragen, die Folgen der Wasserknappheit in Asien durch Entwicklung neuer Sorten zu mildern. Die Unternehmen versprechen zwar eine Kooperation mit anderen Forschern, aber die ist begrenzt: Die Daten werden nicht veröffentlicht. Das von Japan geleitete internationale Reisgenom-Projekt wird voraussichtlich erst 2004 so weit sein. Bis dahin ist, im wahrsten Sinne des Wortes, viel Wasser den Bach hinuntergelaufen.

Doch in den USA und anderen Industriestaaten mehren sich die kritischen Stimmen, die einer verfehlten Patentpolitik die Schuld an diesen Entwicklungen geben. Nicht nur von vielen Wissenschaftlern, sondern immer häufiger auch von internationalen Unternehmen kommt der Vorwurf, das Patentrecht habe sich längst in sein Gegenteil verkehrt: Während die Schutzrechte früher explizit der Offenlegung von Erkenntnissen dienten, ersticken sie heute Forschung und Entwicklung.

Dabei geht es vor allem um die umstrittenen „Patente auf Leben": Rechtfertigt das Entschlüsseln einer einzigen Genfunktion schon, dass sämtliche darauf beruhende Erkenntnisse, medizinische Verfahren, Arzneimittel und Therapien wirtschaftlich ausgebeutet werden können?

Zufallsfunde werden durch das Patentrecht besser belohnt als kreative Entwicklungsarbeit: Die Universität von Rochester z. B., die ein Enzym „entdeckte", kassiert jetzt dafür Milliarden Dollar Lizenzgebühren, obwohl nicht sie, sondern die US-amerikanischen Firmen Searle und Pfizer damit ein neuartiges Schmerzmittel entwickelt hatten – ohne überhaupt von dem Patent zu ahnen. Oder Boehringer Ingelheim. Das deutsche Unternehmen hält ein Patent auf den Botenstoff Interferon, der zur Behandlung von Leukämie eingesetzt wird. Als eine Konkurrenzfirma aus dieser Substanz ein Medikament für einen ganz anderen Zweck – die Rheumatherapie – entwickelte, musste sie dieses nach einer Klage wieder vom Markt nehmen – obwohl Boehringer kein vergleichbares Mittel anbot oder auf den Markt bringen wollte.

Aber Wissen lässt sich auch nicht einfach verschenken: Der Züricher Wissenschaftler Ingo Potrykus musste das feststellen, als es ihm gelang, Reis gentechnisch mit Vitamin A anzureichern. Als er diesen der Dritten Welt kostenlos überlassen wollte, kam er mit immerhin 32 Patentinhabern und 70 Patenten in Konflikt, die alle an seiner Erfindung beteiligt sind.

In den USA wird deshalb wie in Europa diskutiert, ob man die unterschiedlichen Patentrechte nicht angleichen sollte – generell (wie bisher nur in Europa üblich) Einspruch zuzulassen und die Patentfristen zu verkürzen. Denn oft steht der geringe Aufwand, ein Schutzrecht erteilt zu bekommen, in keinem Verhältnis mehr zu den umfassenden und langjährigen Monopolen. Außerdem gibt es Überlegungen, ob die Finanzierung der Patentämter nicht kontraproduktiv ist: Je mehr Schutzrechte sie erteilen, desto mehr verdienen die Patentämter daran – egal, ob die Patente Gehalt haben oder Müll sind."

Literatur

Francé RH (1920) Die Pflanze als Erfinder. 12. Auflage. Franckh, Stuttgart.

Francé RH (ca. 1929) Deutsches Patentamt, Patent Nr. 723730

Monier J (1867) Nouveau système de caisses e bassins mobiles e portatifs au fer e ciment, applicable à l`horticulture. Prevet Francais Nr. 77.165. Zusätze 1868/1869/1873/1875

Monier J (1880) Verfahren zur Herstellung von Gegenständen verschiedener Art aus einer Verbindung von Metallgerippen mit Cement. Kaiserliches Patentamt, Patentschrift Nr. 14673, Klasse 80

Schickedanz W (1974) Die Patentierbarkeit von Bionik-Erfindungen. Mitt. Dtsch. Patentanwälte 65, 232–234

Schickedanz W (1972) Zum Problem der Erfindungshöhe bei Erfindungen, die auf Entdeckungen beruhen. GRUR; 161–165

Schrell A, Lange S (2000) Die Wirkungen des Patentes. Laborjournal 02, 40

Schrell A, Heide N (2000) Lizenzierung biotechnologischer Erfindungen. Laborjournal 05, 46

Thorbrietz P (2001) Geistiges Eigentum. NEW WORLD (Siemens Magazin) 4/2001, 60–61

Zerbst E (1988) Ausstülpungsschlauch - Patentschrift deutsches Patentamt DE 37 39 532 C1 vom 8.12.1988

Kapitel 18

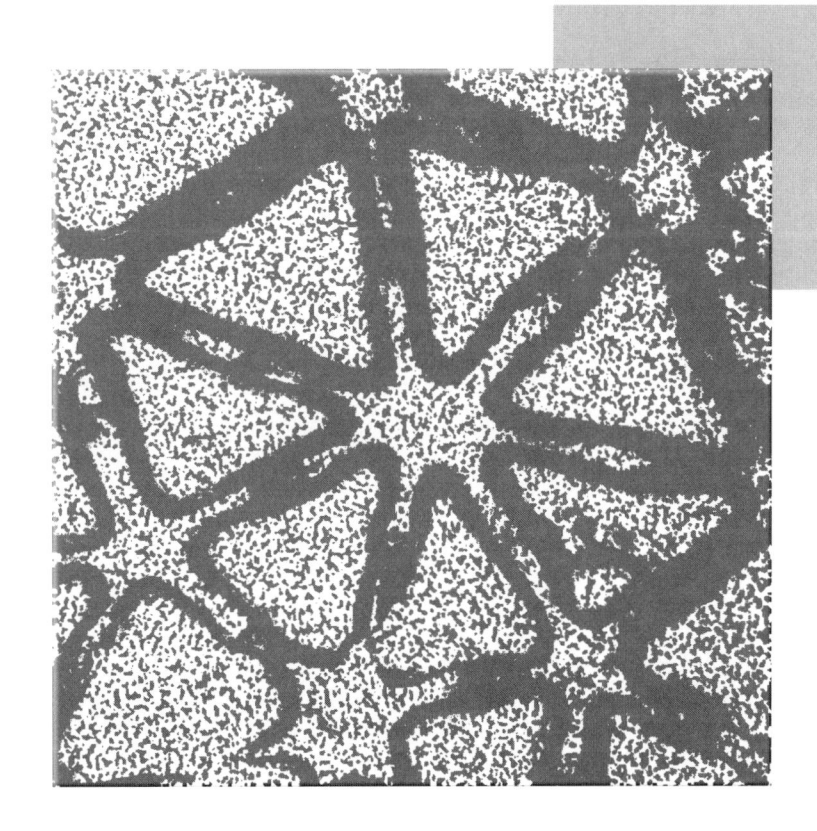

18 Statt eines Ausklangs: Fragen und Antworten zur Bionik

Bei Gesprächen über Bionik treten unweigerlich immer ähnliche, wenn nicht die selben Fragen auf. Mit einigen Antworten will ich dieses Buch beschließen.

Frage: *Was ist eigentlich Bionik?*

Lernen von der Natur für eine Technik von morgen. Und damit für ein besseres Zusammenfügen von Mensch, Natur und Technik. ***Immer dort, wo Ideen für technisches Gestalten aus der Naturbeobachtung oder Erforschung der Natur kommen, kann man von bionischem Vorgehen sprechen.***

Frage: *Das Wort „Bionik" klingt wohl etwas abstrakt?*

Kein Wunder: Man kann es als Kunstwort ansehen, zusammengesetzt aus BIOlogie und TechNIK. Es stellt aber wohl die kürzestmögliche und präziseste Formulierung dar. Alle anderen Bezeichnungen sind umständlicher, z. B. „Biostrategie" oder „Ökologische Technik", im Englischen „biomimetics"

Frage: *Also bezeichnet „Bionik" eine Wissenschaft?*

Ja, allerdings mehr als das. Die Wissenschaft „Bionik" hat sich in den letzten Jahren wohl etabliert. Bionik ist jedoch auch eine Sichtweise, die unsere Zeit erfordert.

Frage: *Inwiefern ist Bionik eine Sichtweise?*

Man kann eine Konstruktion so und so machen. Oder ein Verfahren. Oder eine Entwicklung. Bisher war unsere Technologie eigenständig, hat sich nicht um die Natur „außerhalb des vom Menschen Gemachten" gekümmert. Die Sichtweise: Die getrennten Teile „Natur" und „Technik" müssen sich in Zukunft besser zusammentun und an den Berührungsgrenzen durchdringen.

Die Technik wird dann die Natur nicht mehr als uninteressant bezeichnen, oder als etwas, das es zu überwinden gilt. Sie wird vielmehr ihr ungeheures Anregungspotenzial einbeziehen. Die Biologie andererseits wird lernen, im Interesse der Weiterexistenz des Menschen mit der Technik zu kooperieren statt sie zu verdammen. Das ist die im Grunde schlichte, aber unabdingbare Sichtweise, wenn es um unser zukünftiges Überleben geht.

Frage: *Also bedeutet Bionik „Zurück zur Natur"?*

Genau das bedeutet es nicht. Bionik ist keine Naturschwärmerei im Sinn von Rousseau oder im Sinn der heutigen Basisgrünen. Bionik bedeutet: *Vorwärts in eine Technik in besserem Einklang mit der Natur.* Das ist eine der fundamentalsten Herausforderungen, der sich die Menschheit je gestellt hat. Dafür bedarf es der Höchsttechnologien. Die Natur arbeitet immer schon mit Höchsttechnologien. Sie ist deshalb der ideale Vorbildgeber. (Im Übrigen wird mit bionisch orientierten Technologien außerordentlich viel Geld umgesetzt und verdient.)

Frage: *Warum kommt man erst jetzt auf die Bionik?*

Im Grunde ist die Sichtweise schon sehr alt. Seit Leonardo da Vinci gibt es sie. Aus zwei Gründen kommt sie erst heute so recht zum Tragen:

Die Technologie war bisher auch ohne das „Vorbild Natur" erfolgreich. Warum sollte sie auf die Natur schauen?

Fast alle Technologien des Menschen stecken z. Z. in einer Sackgasse. Die Umweltbeeinflussung wirkt erst jetzt als limitierender Faktor, aber mit zunehmender Dramatik. Deshalb halten alle Industriezweige Ausschau nach Auswegen. Und deshalb sind sie jetzt erst willens (i. Allg. wohl nicht aus Einsicht, sondern eher aus äußerer Notwendigkeit), sozusagen mit der Natur zusammenzuarbeiten. Das ist die neue und zugleich alte Sichtweise, die die Technik der Zukunft mitbestimmen wird.

Frage: *Warum finden Sie, dass gerade jetzt ein guter Zeitpunkt ist, sich für Bionik zu engagieren?*

Weil wir gerade in den letzten Jahren ein explosives Interesse der Öffentlichkeit, der Technik und der Wirtschaft an Bionik feststellen können.

Weil wir die Jahrtausendwende erst vor kurzem überschritten haben, bekanntlich ein emotionelles Datum für einen Neuanfang.

Weil wir die Expo hatten. Sie gebrauchte zwar nicht das Schlagwort Bionik (obwohl das mit einem eigenen Pavillon einmal geplant war, aber an den zu kurzen Vorbereitungszeiten und an den Kosten gescheitert ist). Allerdings hatte sie mit ihren Schlagworten „Mensch-Umwelt-Technik" genau das angesprochen, was die Bionik will, nämlich diese Aspekte zusammenzuführen.

Weil wir seit April 2001 das Bionik-Netzwerk BioKoN haben.

Frage: Was hat es mit dem Bionik-Netzwerk auf sich?

Das Bionik-Kompetenznetz BioKoN stellt einen vom BMBF geförderten Zusammenschluss von zunächst sechs Institutionen dar – in Berlin und Saarbrücken als Zentren sowie in Bonn, Ilmenau, Karlsruhe, Münster –, die bionisch arbeiten. Zweck ist zum einen der Aufbau einer Netzstruktur zum Zusammenführen der jeweiligen Spezialkenntnisse, zum anderen die Vertretung des Bionik-Gedankens nach außen, zum dritten das Induzieren und die Vermarktung von Bionik-Ansätzen und das Zusammenbringen von Institutionen, Industrie und Wirtschaft. Wir merken von allen Seiten ein sehr starkes Interesse.

Frage: Woran erkennt man denn dieses „große Interesse" an Bionik?

An einer Flut von Publikationen über Bionik. Von den populären Magazinen über die großen Illustrierten und Nachrichtenmagazinen bis hin zu Naturzeitschriften und sogar Hausfrauen- sowie Fernsehzeitschriften.

An der zunehmenden Zahl von Fernsehsendungen und Radiointerviews.

An langen Abendsendungen im deutschen und englischen Fernsehen über bionische Themen.

An einer ganzen Reihe populärwissenschaftlicher und fachwissenschaftlich orientierter Bionik-Bücher.

An der zunehmenden Zahl von Anfragen und Kooperationsangeboten aus Industrie und Wirtschaft.

An der Einrichtung von Bionik-Studiengängen; bspw. hat die FHS und der Senat Bremen die Neueinrichtung eines solchen Studiengangs beschlossen.

Am Angebot bionischer Lehrveranstaltungen in bereits vielen Studiengängen an Universitäten, Fachhochschulen und anderen Ausbildungseinrichtungen.

An der Ausarbeitung vielfältiger und gut besuchter Bionik-Ausstellungen im deutschen Sprachbereich.

Frage: Gab und gibt es auch Bionik-Kongresse?

Ja, Kongresse unserer Gesellschaft für Technische Biologie und Bionik haben in Wiesbaden, Saarbrücken, Mannheim, München, Dessau und 2002 wieder in Saarbrücken stattgefunden. Daraus haben sich vielerlei Tagungen und Ableger entwickelt, im ersten Halbjahr 2002 z. B. in Bremen und in Slowenien.

Frage: Und wie ist es mit der Wirtschaft? Interessiert sie sich?

Ja, sehr. Die Berichterstattung ist u. a. deshalb schwierig, weil es zwar kaum ein großes Industrieunternehmen gibt, das sich nicht mit Bionik befasst (im Kraftfahrzeugbau z. B. jeder der großen deutschen Namen), die Unternehmen dies aber aus Konkurrenzgründen nicht an die große Glocke hängen. Im Flugzeugbau wird die Evolutionsstrategie bereits routinemäßig eingesetzt. Eine Reihe von Produkten, die auf Bionik-Patenten beruhen, kommen jetzt in die Gewinnphase, bspw. eine Fassadenfarbe, die den Lotuseffekt nutzt. Dazu kommen viele Gebrauchsmusterschutzanmeldungen.

Zunehmendes Interesse findet sich an Industrietagungen über Bionik, an Lehr- und Lernveranstaltungen für jüngere Ingenieure und an Ausstellungsprojekten. Im Industriebereich zeichnen hohe Sensibilität und genaues gegenseitiges Beobachten, aber auch zunehmende Verschwiegenheit für die „Einvernahme einer neuen Technologiestrategie". Der Natur entlehnte Verfahren werden nicht mehr belächelt, sondern ernsthaft (und unter konkurrierender Geheimhaltung) eingebaut. Ähnliche Entwicklungen gibt es in Amerika, England und insbesondere Japan, weniger auffällig in Frankreich und Russland. Im Designbereich gibt es Vorreiter vor allem in Italien. Bionik-Aspekte greifen auch schon für Entwicklungsländer, etwa die Wasserkondensation nach dem Vorbild von Wüsten-Dunkelkäfern und bestimmten Pflanzen.

Frage: Wie steht es mit Politik und Bionik?

Die Grünen sind stark aufgesprungen, allerdings noch etwas naiv. Der Bundesumweltminister hat eine Bionik-Ausstellung in Bonn eröffnet. Die Grünen haben schon vor zwei Jahrzehnten Lehrstühle für ökologisches Konstruieren gefordert. Dies wird jetzt allen Ortens verwirklicht, wenn auch nicht immer unter dem Stichwort Bionik. Es kommt aber auch nicht darauf an: Bionik ist ja nur das Schlagwort, das auf kürzeste Weise all die nun ja wohl genügend charakterisierten Bemühungen zusammenfasst. Das BMBF hat Bionik als Förderungsgebiet aufgenommen. Überwiegend politisch zu verstehen ist auch die Aktivität des Bundesumweltamtes in Osnabrück, das Bionik-Anträge fördert. Der Bundesumweltpreis 1999 ging u. a. an den Entdecker des Lotuseffekts. Die entsprechende Feier in Weimar war im Grunde eine Bionik-Veranstaltung. Der Bundespräsident und andere Referenten haben massiv auf die Bedeutung dieses Fachs hingewiesen und u.a. die „Zusammenführung von Biologie und Technik" gefordert; in langen Passagen habe ich meine Aufbauarbeit wiedergegeben gefunden. Nicht wenige Einzelpolitiker in allen Parteien sind vom Bionik-Gedanken überzeugt und äußern sich entsprechend in der Öffentlichkeit.

Eine letzte Frage: *Sie legen in dieser zweiten Auflage Ihres Buchs die Bionik relativ breit an. Besteht damit nicht die Gefahr der Verwässerung?*

Unsere ursprüngliche Bionik-Definition war – gerade auch um zu vermeiden, dass Esoteriker aufspringen – sehr stringent. Es wurde deshalb mehrfach moniert, dass damit eine wesentliche Aufgabe nicht eben vereinfacht wird, nämlich die Verzahnung von Fachgebieten. Ich habe deshalb versucht, *nun auch die Grenzgebiete anzuführen und aufzuzeigen, wie Bionik-Ansätze grenzüberschreitend in die Nachbargebiete hineinwirken können.*

Es wäre selbstverständlich müßig, alles und jedes unter „Bionik" anzusiedeln – das würde diese Disziplin und ihre Sichtweise nur aushöhlen. In der fachlichen Zugehörigkeit bleiben Fächer, die man, von der Bionik aus gesehen, als Grenzfächer betrachten kann – z.B. Robotik, regenerative Biomaterialien, Nanobiotechnologie – in ihren angestammten Disziplinen. Worauf es mir aber sehr ankommt, das ist die Betonung der gemeinsamen Sichtweise.

Viele dieser Fächer lernen selbstredend explizit von der Natur. Am Beispiel der Nanobiotechnologie wurde dies ausgeführt. Dieses Lernen wird aber häufig sozusagen als sekundäre Begleiterscheinung einer Technologie gesehen, nicht als prinzipiell bedeutsame, innovationsträchtige Tätigkeit: *Aus solchen verschämten Einzelansätzen aber kann kein Strom entstehen!*

Wenn man Bionik als das Werkzeug benutzen will, als das es ja hier eingeführt wurde, ist es zwingend nötig, *die gemeinsamen erkenntnistheoretischen Grundlagen all dieser Bemühungen herauszuarbeiten und alle Ansätze, welche die Einbeziehung der belebten Welt als Partner und/oder als Ideengeber beinhalten, zu bündeln.* Erst dann entsteht eine fachübergreifende methodische Basis auch für eine allgemeine Akzeptanz der Vorgehensweise. **Erst damit wird aus verstreuten Einzelsichtweisen eine technologisch, wirtschaftlich und auch politisch wirksame Kraft.**

Sachverzeichnis

kursiv gestellte Seitenzahlen beziehen sich auf Begriffe in Abbildungen

β-lamelläre Querstruktur, Peptidmembran *419*
2-Phasen-Überschalldüse *14*
3-, 4-rädrige Kleinwagenkonzepte 201
6-beiniger Waldroboter 190
60°-Optimierung, Krümmung 386

A340-300 Langstreckentyp 209
Abbildungsprinzip orthogonale Spiegeloptik 140
Abbildungsstrahlengang, Krebsauge 140
Abdomendehnung, Termitenkönigin *348*
Ablagerung, Aragonit 350
Ablagerungen, wachstumsfähige Strukturen 350
Abseilfäden, Spinnen 64
Absorptionsenergie 343
Abstandssensor, industrieller *251*
abstrahierte Rotationskörper, Pinguin 411
Abwasserförderung mit Schwingflächenpumpe 53
adaptive Flügel (AIDF) 235
adaptive Emergenz, Organisationsmanagement 440
adaptives Wachstum 374
Adhäsionskraft 343
Adobe 161
–, -Ziegel 162
ADP 320
Aerodynamik, Kleinfluggeräte 231
Airbus
–, A320 209
–, A340-300 Langstreckentyp 209
Aktin-Myosin-Querbrückenzyklus *118*
Aktionspotenzial 253
Aktivitätsmuster, räumlich-zeitliches 250
Algen 328
–, als Nahrungsmittelproduzent 329
–, Wasser- und Luftreiniger 328
Algen-Ersatzmaterial, osteokonduktives 305
Algenkonverter 328
Alpha-Flavon, Nivea Visage 303

Ambulacralfüßchen
–, Seeigel 131
–, Zug 131
Ameisen und Verwaltungen 397
Ameisenroboter 261
Analogieforschung 9, 41, 49
–, Bionik 9
Anpeilen von Unterseebooten 249
Anschlagskontraktion, Muskel *116*
Anstellwinkel 131
„Ant collective optimization program" (Aco) 398
Antarktisdiatomeen 87
Anthropotechnik 285, 287
Antriebskonzept „künstlicher Fisch" *194*
Anwendungsfeld, biologisches 88–91
Apatit-
– Keramik 305
– Metall-Kompositwerkstoffe 80
– Polymer-Kompositwerkstoffe 80
Apfelwachs, Schutzwirkung 303
Arbeitsstelle Technische Biologie und Bionik 21
architektonische Formensprache 167
Architektur, biomorphe 153
Armbewegung, bionisches Konzept 176
Armplatte, Schlangenstern 63
Arthropodenkutikula 60
Arthropodenoberflächen, Mikrostrukturierung 60
Asimo 179
„Assocation pour la promotion de la Bionique" 20
„Association for Ecology Design" 20
assoziative Speicherung 269
Atemrhythmus-Mustergenerator, Spitzhornschnecke 298
ATP 320, 321
Aufgabe-Lösung-Zweck, Patentrecht 457
Aufprallexperiment 287
Auftriebserhöhung, Mittel zur 215
Auftriebs-Widerstands-Quotient 230
Ausgleitkenngrößen, Eselspinguin 199

Außenhandelsmodell, dynamisches 361, 362
Ausstellungen über Bionik 30
Ausstülpungsmechanismen 142
Ausstülpungsschlauch 142
–, Patentformulierungen 457
–, technischer 143
Autokarosserien *201*
autonomes Laufen 185
–, Ausweichreaktionen 185
–, Bewegungsanalyse 185
–, bipedale Laufmaschine 186
–, Blickverfolgung 185
–, Laufmaschine 185
–, muskuläres Ansteuerungsmodell 185
–, Schrittplanung 185
–, Trajektorienberechnung 185
Autoreifen 416
–, Bienenwabenprinzip 416
–, Katzenpfotenprinzip 416
–, Wabenlamellen 416
Autoreparation 59
Axiom konstanter Spannung 376

Bag-dir-Einrichtungen 165
Bakterien 71
–, transgene 71
Bakteriengeißel 125
Bakterienketten, gekoppelte 443
Bakterienrhodopsin 272, 321
Ballon, widerstandsarmer 40
Bändchenmikrophon 243
Bänderstrukturen 58
Bärenkralle 387
Barrakuda 46
Bau 149
Bauästhetik 152
Baudurchströmung, Präriehund 164
Bauformen, ökologische Betrachtung 150
Baustoffe mit Zellulosederivaten 74
Bauteilauslegung 376
Bauteileoptimierung 387
Bauchschuppe *120*
Bauen
–, anonymes 151

–, Extremsituationen 150
–, natürliches 12
–, regionales, Begründungen 149
–, traditionelles, klimatische Anpassung 151
Baumgabelung 379
–, Zugzwiesel 378
Baummechanik 86
Baumregeneration 378
Baumrindenverletzung 58
Baumstamm, Körper gleicher Festigkeit 359
Baumwolle, Faserwicklung 180
Beduinen, schwarze Bekleidung 313
Beinkonzept 182
 –, Pantographen-Prinzip 183
 –, Bauplaneigentümlichkeiten 182
 –, dynamische Stabilität 182
 – für Laufmaschinen 182
 –, geringes Trägheitsmoment 182
 –, Geschwindigkeitserhöhung 182
 –, Größenabhängigkeit 182
 –, pseudomonopodiale Beinfunktion 183
 –, Reaktionskraftausrichtung 183
 –, statische Stabilität 182
Beißkiefer 61
Bekleidung, schwarze, Beduinen 313
Belastungs-Dehnungs-Kennlinien, Implantatwerkstoffe *302*
Benetzbarkeit 340
Bergbauernhäuser 151
Bergsteigen, evolutionsstrategisch 368
Bermuda-Dreieck 214
Bernoulli-Prinzip 163, *164*
Berwian 5, 134
Beschichtungen, schmutzabweisende 339
Beschleunigungsaufnehmer 243
Beschleunigungsgeber, Haustaube 227
Bestrahlungsgerät nach Schwebungsprinzip 305
Beton
 –, Heilung von Mikrorissen 86
 –, Selbstheilungsprozess 85
Betonbau 150
Betrachtung, unscharfe *430*
Bewegungskorrelation, Regenbogenforelle 194
Bewegungsphysiologie 43
Bewegungsrhythmus-Generation 251
Bewegungssteuerung 251
Beziehungsgefüge
 – des Waldes 407f.
 –, ökologisches *14*
 –, ökonomisch-technisches *14*
Biege-Drehschwingung
 –, gekoppelte 53
 –, Phasenlage 192, 193
Biene, „mechanische" 223

Bienenflügel 236
Bienenventilator 223
Bienenwaben, schwingende 170
Bienenwabenprinzip 414, 415
 –, Aufbau 414
 –, Autoreifen 416
 –, klassische Umsetzungen 414
 –, Ziegel 415
Bifurkation-Phänome 399
Bildung, zukunftsorientierte 430
Bindungen, kovalente 125
Bio-Klebstoff 68
Bio-Kunststoffe 69
 – aus Pflanzen 70
Bio-Mulchfolien, Pflanzenzucht 72
Bio-Plastik, aus Pflanzen 70
Bio-Solarzellen 333
Bio-Verpackungschips 78
Bioabbau 74
Bioabbaubarkeit 72
Bioabfallverordnung 74
Biocam-Kurbelmechanismus *290*
Biofouling 211
Biokatalysator, immobilisierter *273*
biokompatible Titanwerkstoffe 301
 –, Kenngrößen 302
biokompatible Werkstoffe 300
BioKoN 20
 –, Kompetenznetz 19
 –, Mitglieder 20
Biokorrosion 72, 74
Biokunststoffe 5
Biokybernetik 44
 –, Grundregeln 436
„Biologically inspired Robots" 191
Biologie und Kultur 151
Biologie und Technik 46, *48*
biologisch abbaubare Werkstoffe 72
biologisch abbaubares Sackmaterial *349*
biologische Elektrolysezelle *326*
biologische Faserverbundwerkstoffe 61
biologische Gefrierschutzmittel 338
biologische Klebesysteme 87
biologische Klebstoffe 88
biologische Kompositmaterialien 58
biologische Materialien 57
 –, Differenzierung durch Oberflächenkräfte 57
 –, funktionelle Kompartimierung 57
 –, hierarchischer Aufbau 57
 –, Mehrkomponentenaufbau 57
 –, Multifunkionalität 58
 –, Polylayeraufbau 57
 –, Sandwichbauweise 57
 –, Schichtungen 57
 –, Selbstreparabilität 58
 –, Sukzessivformung 57
 –, terminierte Lebensdauer 58
 –, totale Rezyklierbarkeit 58

–, typische Eigenschaften 57
biologische Optik 45
biologische Verbund-Elektrolysezelle 327
biologische Verpackungen 345
 –, Druckfestigkeit 347
 –, Extremanforderungen 346
 –, Farben und Farbmuster 346
 –, Funktionelle Anforderungen 346
 –, Materialeinsparung 347
 –, Materialien 345
 –, Mitwachsen 347
 –, Öffnen 345
 –, Raumsparung 347
 –, Rezyklierung 348
 –, Verbunde 345
biologische Verpackungsstrategien 401
biologisches Anwendungsfeld
 –, Bauindustrie 89
 –, Medizinbereich 89
 –, Verpackungsindustrie 89
 – in Industrie und Medizin 89
 –, Beispiele 91
 –, Besonderheiten 88
 –, Prinzipielles 90
 –, Strategien und Techniken des Klebeeinsatzes 89
Biomechanik von Holz 85
biomechanische Mikromaschine *126*
biomedizinische Technik 113, 285
Biomimese 85
Biomimetics (Zeitschrift) 85
biomimetischer Unterwasserroboter 196
Biomineralisation 79
„Biomolecular self-assembling materials" 395
biomolekulare Materialien 395
Biomoleküle in der Biosensorik *273*
Biomonitoring 274
biomorphe Architektur 153
biomorphes Verkehrsflugzeug *46*
Biomüllbeutel 72
Bionics 6
Bionik 3, 19, 25, 35, 39, 57, 60, 99, 115, 123, 374, 425, 465
 –, Abgrenzung vom Kreationismus 3
 – als Ansporn 430
 – als Betrachtungsaspekt 425
 – als Herausforderung 425
 – als Kreativitätstraining 9, 429
 – als Überlebensstrategie 441
 –, analoge Gegenüberstellungen 10
 –, Analogieforschung 9
 –, Anregungen aus der Natur 4
 –, Anthropo- und biomedizinische Technik 13
 –, Antipode für Technische Biologie 7

–, Anwendungspotenzial 6
–, Aufgaben *20*
–, Ausstellungen 30
–, Bau und Klimatisierung 11
–, Begriffsbildung 4
–, Begriffsherkunft 5
–, Begriffskennzeichnung 4
–, Bionikdefinition 467
–, Bücher 25
–, Definition 3
–, erster Kongress 5
–, erweiterte Definition 3
–, Evolution und Optimierung 13
–, Fachstudium und Fachtagungen 10, 35
–, Film und Fernsehen 31
–, Formgestaltung und Design 11, 99
–, Fragen und Antworten 465-467
–, Gesellschaften 20
–, Gliederungen 10
–, Grunddefinition 3
–, Grundprinzipien 435
– im Automobilbau 201
– in der Schule 418
–, Kompetenznetz BioKoN 19
–, Konstruktionen und Geräte 11
–, Konzeptuelles und Zusammenfassendes 14
–, Materialien und Strukturen 11, 57
–, Messen und Zentren 30
–, Patente und Rechtsaspekte 15
–, Personen und Organisationen 10, 19
–, Praktische Notwendigkeit 7
–, Publikationen und Öffentlichkeitsarbeit 10, 25
–, Robotik und Lokomotion 12
–, Sensoren und neuronale Steuerung 12
–, Studiengänge 35
–, Tagungen und Kongresse 35f
–, Teilgebiete 10
– und Ansatzmöglichkeiten 435
– und Konstruktionsprozess 437
– und Organisation 439
– und Politik 466
– und Technische Biologie 4
– und weiterführende Netzwerkplanung 433
–, Verfahren und Abläufe 13
–, Vorgehensweise 5
–, Vorwissenschaftliches und Historisches 10, 39
–, Werbung 31
–, Wettbewerbe und Preise 31
–, Wurzeln und Vorgehensweisen 8
–, Zeitschriftenartikel 27
–, Zusammenschlüsse 20

Bionik-Aspekte im Design 106
Bionik-Ausbildung in Saarbrücken 36
Bionik-Begriff 4
Bionik-Design 99
 –, Akzeptanz im Designbereich 100
 –, Anregungsquelle für ein kreatives Design 100
 –, Funktionsaspekt 102
 –, Ideenwettbewerb Judenburg 102
 –, materialtechnische Möglichkeiten 100
 –, Problemkreise 100
 –, Quelle aller Kenntnis und Inspiration 100
 –, Quelle ästhetischer Anregungen 100
 –, Sichtweisen und Vorbilder 99
Bionik-Erfindungen, Patentrechtliches 456
Bionik-Netzwerk BioKoN 466
Bionik-Verband 20
bionisch orientierte Verpackungen 349
bionische Ansätze
 –, Grundregeln 435
bionische Drucksensoren 279
bionische Fassadenfarben 343
bionische Grundhaltung, Bau 152
bionische Rohrkrümmer 386
bionische Segel, Surfbretter *144*
bionische Solarzellen 319
bionische Verpackungsentwicklung
 –, Ziele 404
Bionsensorik
 –, Biomoleküle *273*
 –, prinzipieller Sensoraufbau 273
Bioplastik-Becher *71*
Bioplastiken *71*
 –, Verrottbarkeit 72
BIOPOL 73
Biopolflaschen *71*
Biostahl aus Ziegenmilch 66
Biostrategie 441
 –, Recycling 443
 –, Summe bionischer Ansätze 441
 –, Symbioseprinzip 442
 –, Systemstabilität 446
 –, Verbundtechnologie 443
 –, Wachstum, Funktion, Organisation 444
Biosubstrate, Mikrocharakterisierung 60
Biosynthese von Poly (3 HB) 71
Biotechnik 4, 42
Biotemplating 78
Biozönose, Wald 407
Blasenschleier-Effekt *213*
Blattstellung von Rosettenpflanzen *12*
BMW 750 L 326

Boeing 737-800, Schleifenflügel *134*
Bootsdesign, Beginn des neuzeitlichen 105
Bootsvortriebe 192
„Bottom-Up"-Ansatz 125
Braunalge, Anhaftung 67
Brechungsindex 137, 138
Bremsflug 217
Brennstoffzyklus, solarer 322
Brille, Entspiegelung 245
Bruchenergie 83, 128
Bruchgeometrie von Strombus-Schalen *62*
Bruchspalt in Perlmutt *63*
Bruchverhalten
 –, bei geschichteten Werkstoffen 62
 –, gutmütiges 82
Bruchverläufe 128
Buchstabe, assoziative Speicherung *269*
Bürobeleuchtung, blendfreie 158
Bürogebäude Harare 159
Byssus-Anheftungsfäden *68*

CAIO-Optimierung 382
Calcitlinsen, Schlangenstern 63
Calcitmaterial, biofunktionelles 63
CAO-optimierte Autobauteile 383
CAO-Verfahren 375
Carausius-Bein 186
Carnot'scher Kreisprozess 154
Cellophan 73
Cellulose 73
Chip-Arrangement, zirkuläres 297
Chirplaut, Delfine 278
Chitin 61, 69
Chitinfaseranordnungen *61*
Chitosan 69, 70
 –, Brandwundenbehandlung 70
 –, Cholesterineffekte 70
 –, sonstige Anwendungen 70
 –, Wundheilung 70
 –, Zellanbindungsaktivität 70
Chungungo, Wasserversorgung 338
„Clap and fling" 228
„Closed-loop"-Muskel 253
Cockpit-Anzeigen *286*
„Compliant mechanisms" 114
„Computer Aided Optimization" (CAO) 376
Computerchip-Kühlung 316
Copf-Implantat 292
Cornea *138*
Cornea-Facette, Krebsauge 137
Cuff-Elektrode *300*
c_w-Auto, Minimalwert 203
c_w-Werte von Autokarosserie-Formen *204*
Cyanobakterien 327, *328*
 –, Matten 327

Dachreiter und Lüftung 164
Daumenfittich 40, 216
– als Hochauftriebserzeuger 216
–, Effekt 216
– und Strömungsabriss 217
–, Vorflügel 216
Deckgefieder
–, Effekt 215
–, Rückstromkeil 215
– vieler Vögel 215
Deckgefiederklappen
–, Auftriebsverbesserungen 215
–, Flugversuche 215
Dehnungskennlinien, Kreuzspinnenfäden 65
Dehnungsmessstreifen 243
Delfinhaut 46, 211
Delfinrumpf 40
Delfinschwimmen 46
Delfinsprache 278
Delfinverständigungslaute 278
Delta-Dart II 134
Demonstrator, fliegenäugiger 259
Design
–, formähnliches 11
–, funktionelles, in Biologie und Technik 99
– und Bionik 101
Design-Center, Linz 164
Designhilfen aus der Natur 181
Detektor für Infrarotstrahlung 248
Deutsches Biosensor-Symposium 272
Deutsches Verpackungsinstitut
–, Sichtweisen 401
DI-Regler 426
diagene Mineralisation 349, 350
Diatomeenschalen 10
dicke Rümpfe 197
dicker Rumpf, Flugzeug 137
Differentialregler 426
Dinitrotoluen 279
Dipterenflug 217
Diskomfort, zeitlich limitiert 168
DNS-Moleküle 124
Doppel-T-Träger 40, 41
Doppelantriebsmechanik für Schlagumkehr 223
Doppelstrategie Technische Biologie und Bionik 7
Dornier Do 209, 328
Dosis-Wirkungs-Kurven, Antennenantworten 275
Dreh- und Biegeschwingung 192
Drehzahlregelung, Turbine 426
Drosophila, Erkundungsläufe, Selbstorganisation 401
Druck, statischer 136
Druckaktoren, fluidische 180
Druckfestigkeit
–, kontrollierte 65

–, Nüsse 347
Drucksensoren 279
–, biologische 279
–, bionische 279
–, technische 279
Druckspannungstrajektorien
–, Knochen 292
–, Knochenspongiosa 290
Dummies 287
Dunkeladaptation, Krebsauge 139
Dünnschichtreaktor mit Grünalgen 329
Durchschnittsvogel 230
Durchströmung, gerippte Röhre 210
Durchströmungsanlage nach Staudruckprinzip 165
Düsenoptimierung 14
„Dynamic encoding" 250

E-Modul 59
ebene Platte, Flügelprofile 232
Ecoflex 72
Effekte
–, instationäre 220
–, mikrobiologische 119
–, piezoelektrische, Knochen 86
–, thermoelektrische, Hornisse 331
Efferenzkopie 253
Einlegsohlen, Stoßdämpfung 128
Einstandspeiler 248
Eisbär 156
–, Hautabsorptionskoeffizienten 156
Eisbärfell 154, 156, 167
–, solar betriebene Wärmepumpe 154
–, Technologiepotenzial 157
–, transparentes Isoliermaterial 157
Eisbärhaar 154
–, Funktionen 156
–, kennz. Gleichungen 155
–, Lichtfalle 154
–, Lichtleiter 154
–, Lumineszenz 154
–, Morphologie 154
–, Strahlungseffekte 154
–, Totalreflexion 155
Eisbärpfote, nichtrutschende 417
Eisenbeton 41
Eiskristallwachstum, Gefrierschutz 338
Eissturmvogel 228
–, Wedeln 228, 229
Eisvogel, Form 105
elastische Flosse 193
elastischer Wirkungsgrad, Sehnen 129
Elastizitätsmodul 69
elektrischer Fisch 251
elektrisches Feld
–, Auftriebserhöhung 236
–, schwach elektrischer Fisch 251
Elektroaerodynamik 236
elektroaktive Polymeraktuatoren 86

Elektroantennogramm (EAG) 274, 275
Elektroden-Arrays in CMOS-Bauweise 295
Elektrofahrzeug 202
–, CITY El 202
–, Hotzenblitz 203
–, Leichtelektromobil TWIKE 202
–, SAM 203
Elektrolysezelle, biologische 326
Elektromyogramm 128
Elektronenüberträger 324
Elektrosensoren 249
Elfenbein 85
Endoprothetik 286, 291
Energieausbeute, Fotosynthese 319
Energiebilanz von Gebäuden 158
Energiedissipation, fraktionierte 69
Energierückgewinnung 128
Energiespender Wasserstoff 325
Energiesysteme
–, makroskopisch solarbetrieben 314
–, molekulare solare 318
Energieumwandlung, Prinzipien 320
Energieverbrauch 311
Energieverluste
–, Häuser 159
–, Niederenergiehaus 159
Energiezwischenspeicherung 178
Enthaftung 118
Entomopteren 217
–, zweiflügelige 217
Entspiegelung 246
– durch Feinstnoppung 245
Entspiegelungseffekt 245
epidermale Oberflächenstrukturen, Pflanzen 339
Epikutikula, E-Modul 69
Epiretina-Implantat 13
Erdfeuchte 311
Erdkühle 315
Erdkühlenutzung 166
Erdtemperatur 311
Erdwärmenutzung 166
Ersatzmaterial, osteokonduktives 305
ESKA Implants 290
ESKA-Metall-Spongiosa 291
Etrich's Taube 234
Euro-Null-Energie-Haus 166
Europäischer IT Preis 190
Evolution 362
evolutionäres Gestalten, Recycling 420
Evolutionsnachahmung 362
Evolutionsobjekt, Zickzack-Platte 47
Evolutionsprinzipien 362
Evolutionsstrategie 47, 363
–, Algorithmen 364ff. 364
–, Bewertung 363, 364
–, Diffusionsstraße 370
–, Duplikation 363, 364

–, elementare Spielregel 363
–, Mutation 363, 364
–, Population 363
–, Realisation 363, 364
–, Rekombination 363, 364
–, Selektion 363, 364
–, Spielzeichen 363
–, universelle Nomenklatur 368
–, unterschiedliche Formen 364
–, Variablensatz 363
–, Zufallswahl 363
evolutionsstrategisches Bergsteigen
  –, Erfolg und Fortschritt 368
  –, Evolution zweiter Art 369
  –, Gipfelklettern im Hyperraum 370
  –, Logik der Optimierung 371
  –, naturbasierte Vorgehensweise 368
  –, Optimierung mit Technologietransfer 370
  –, zentrales Fortschrittgesetz 369
evolutionsstrategisches Optimieren 361
evolutive Systemoptimierung 372
exponentielles Wachstum 445
extrem geringe Stoffkonzentrationen, Messung 274
extrem geringer c_w-Wert 203
Extremschnellschwimmen 214

Fachagentur „Nachwachsende Rohstoffe" 78
Fahrrad 289
  –, Charakteristiken 289
  –, elliptischer Kettenantrieb 289
  –, Linearantrieb 290
  – und Mensch 289
Fahrzeugkonturen 201
Fahrzeugtüren, Innenverkleidung 75
Fallkanal 212
Farbgebung, angepasste 312
Farbstoff-Solarzellen 322
  –, Forschungsgeschichte 322
  –, natürliche 321
  –, prospektive Potenz 322
Farbstoffzellen, organische 14
Faserausrichtung, Funktionsanpassung 61
Faser, pflanzliche 80
  –, Eigenschaften 81
Faserorientierung im Chitin 61
  –, helicoidal 61
  –, laminiert 61
  –, longitudinal 61
  –, tangential 61
Faserverbundmaterialien 80
Faserverbundplatte mit Flachsfasern 78
Faserverbundwerkstoffe
  –, biologische 61
  – für Türinnenverkleidungen 79

Faserverlauf
  –, Holz 378
  –, optimaler 378
Faserwicklung, Knochen-Osteon 180
Fassadenfarben, bionische 343
FE-Modell, Seeigelschale 131
Feder-Dämpfer-Masse-Modell, Gehörknöchelchenkette 294
Federcharakteristik 129
federnde Netzhaut 246
„Feedback"-Steuerung 252
„Feedbackward"-Kontrolle 254
„Feedforward"-Kontrolle 254
Feinstnoppung, Sichtverbesserung 245
Felleffekte auf Umströmung 216
Felloberflächen 216
  –, Gleitbeutler 216
  –, Rauchkanaleffekte 216
  –, Strömungsbeeinflussungen 215
Femurhalsprothese 291
Fenster, ovales 294
Fermi-Neuronen 270
Ferse, Mensch 127
Festkörper/Wasser-Grenzfläche 343
Festo-Fluidmuskeln 180
  –, Anwendungsbeispiele 181
Fett-Dämpfung, Ferse, Mensch **127**
Feuerkäfer 247
Fibroplasten-Orientierung 302
Filiplume 235
Finite-Elemente-Analyse 130
Fisch 11
  –, elektrischer 251
  –, künstlicher 192, 194
  –, schwach elektrischer 250
Fischernetze, abbaubare 74
Fischflosse 218
Fischpropeller 48
Fischroboter 194
Fischschleime 212
  –, künstliche 46
Flächenbelastung 230
Flachsfasern in Faserverbundplatten 78
Fledermaus, Beuteortung 13
Fledermaussegel 143. 144
Fledermaussonar 13
Fliege 218
  –, Suchflüge 265
Fliegenauge, schwingendes 246
fliegenäugiger Demonstrator 259
Fliegenflügel 217
  –, Abschlag 219
  –, aerodynamischer Anstellwinkel 218
  – als stationärer Luftkrafterzeuger 219
  –, Aufschlag 219
  –, Bewegung 217
  –, Gleitzahl α_{ae} 219
  –, Hub 219

  –, kinematische Parameter 220
  –, Luftkrafterzeugung 218
  –, maximaler Auftriebsbeiwert 218
  –, morphologische Parameter 220
  –, optimale Gleitzahl 219
  –, optimaler Anstellwinkel 220
  –, polare, stationäre 219
  –, Rückläufige Schleife 218
  –, Schlag- und Drehschwingung 218
  –, stationäre Kräfteverhältnisse 218
  –, stationäre Polare 219
  –, Umkehrpunkte 219
  –, Vortrieb (Schub) 219
Fliegenmaden als Wundheiler 306
Fliegensegel 143, 144
Flosse, elastische 193
Flossenpropeller 49, 53
Flossenpumpe 11
Flügel, adaptiver 235
Flügelantrieb, indirekter 223
Flügelbewegung, freie 217
Flügelenden
  –, Boing 73, 133
  –, Gestaltung 131
Flügelklappen, Gefiederprinzip 215
Flügelprofile
  –, ebene Platte 232
  –, gewölbte Platte 232
Flügelschuppung, Schmetterlinge 316
Flügelspitzengestaltung 133
Flugleistung, Kleinfluggeräte 231
Flugmuskeln, Heuschrecke 252
Flugroboter 260
Flugsimulator, muskelspezifischer 252
Flugsimulatorexperiment 253
Flugzeug
  –, dicker Rumpf 137
Flugzeugbug 135
„Fluidischer Muskel" 180
  –, Entwicklung 179
Fluidreinigung durch Algen 328
Fluss, translatorischer optischer 258
„Flüssiges Holz" 76
Flusskrebsauge 140
Focke-Kolthoff-Wulf A5 233
Fokker 100 137
Folien, verrottbare 72
Forelle 194
  –, Schwanzflosse 192
  –, Schwanzflossenfrequenz 194
  –, Schwimmgeschwindigkeit 194
Formenprägung, organische 153
Formensprache, architektonische 167
Formgestaltung und Design 105
Formkontrolle 59
Formzahl 381
Forschen, Sinn 448
Fotobioreaktor 329

fotomechanischer Wärmestrahlungsdetektor 246
fotonische Kristalle, Meermaus 279
Fotosynthese 319
 –, artifizielle 322
 –, Energieausbeute 319
 –, künstliche 318
Fotosynthesemembran, Prinzipabläufe 319
fotosynthetisch basierte Wasserstofftechnologie 323
fotosynthetische Membran, Prinzipbau 320
fotosynthetische Proteinkomplexe 328
Fotovoltaik 329
fotovoltaische Effekte, Hornisse 331
fotovoltaische Zellen, Wirkungsweise 329
Fovea centralis 280
fraktionierte Energiedissipation 69
Frauen-Existenzgründer-Förderpreis 306
Frequenz
 –, reduzierte 222
 –, Gehörknöchelchenkette 294
Frequenzverschiebung 155
 –, Lumineszenz 154
Frischluftvorwärmung, aktive 161
Frostschutzmittel 338
Fühler 243
Funktionsmorphologie 43
Fütterungs-Roboter 179

Gangarten-Diagramm des Pferdes 47
Garnelen-Roboter 197
Gartenschlauch, Längenkonstanz 179
Gebäude, Energiebilanz 158
Gecko 120, 122
 –, Haftung 121
 –, Setae 120f.
 –, Spatula 120f.
 –, Haftfüße 122
Geckoroboter 122
Gefrierschutzmittel
 –, antarktische Fische 338
 –, biologische 338
Gehirn, kleinstes 266
Gehirnpotenziale, Steuerung 280
Gehörknöchelchen 294
Geier als Optimalkonstruktion 360
Geigenkästen aus Verbundmaterial 93
Gekko gekko 121
Gekkomat 122
Gel-Faser 234
Gele 84
 –, intelligente 85
Gelenkknorpel 58
Gelenkmembrane 61
Genotyp 362
Geruchssensoren 249

Gestaltoptimierung 382
 –, Maschinenelemente 380
Getriebemechaniken, Kleinstflugzeug 223
Gewebeanwachsen auf technischen Materialien 300
Gewölbetechnik mit „mud-bricks" 150
gewölbte Platte, Flügelprofile 232
Gingiva-Anwachsen, Oberflächenrauheit 302
Gingiva-Fibroblasten 301
Glasfaseroptik, Übertragungskapazität 279
Glaubersalz, Wärmespeicher 169
Gleitanpassung, Vogelflug 360
Gleitflug, Gleitbeutler 216
Gleitreibungskoeffizient 214
Gleitzahl 360
Gliederroboter Koryu 191
Globalinkrement-Methode 376
Glycoprotein-Moleküle 213
Gossomer Kondor 224
Gräser
 –, FEM-Modellierung 83
 –, hochwachsend 83
 –, Sklerenchymanordnungen 83
Grätzel-Solarzelle 332, 333
Grenzschicht 212
 –, turbulente 208
Größenskalen, Materialien 395
Größenvergleich, Pinguine 411
Grubenorgan, Feuerkäfer 247
Grünalgen-Purpurbakterien-Verbund 326
Grundlüftung 160

H_2-Produktion 327
 – durch Cyanobakterien-Matten 327
 – im Zellenverbund 327
Haarsensillum 243
Haftpolster 60
Haftreibungskoeffizient 214
Haftung 118, 120
Hai 204
 –, Haut 204
 –, Riefung der Schuppen 204
 –, schnellster 208
 – -schuppen 204, 207
 ––, geriefte 204
 –, Schuppenmuster 205
 –, Schwimmgeschwindigkeit 204
 –, Schwimmstil 204f.
 –, Widerstandsverminderung 204
Haiderabad, Bad-dir 165
Haken-Friktionseinrichtungen 122
Halbspannweite 132
Halteren 265
Hämatokrit 359

Hämolymph-Durchströmung, Flügelader 210
Handlungsreisender, Problem 373
Handschwingen, freie 131
Harare, Temperaturen 160
Harnblasenschrittmacher 300
Hauptspannungstrajektorien, Knochen 292
Haus, Energieverlust 159
Hausfliege
 –, bewegungssensitive Neurone 264
 –, „love spot" 264
 –, Ocelli 265
 –, Ommatidium 264
 –, optische Elemente 264
 –, optische Ganglien 264
 –, optosensorisches Verrechnungssystem 264
 –, Sequenzdiskrimination 265
 –, Wendesakkaden 265
Haussperlingsflügel 225
 –, aerodynamischer Anstellwinkel 226
 –, Morphologie 226
 –, Profilschnitte 226
 –, stereometrische Rekonstruktion 226
 –, Untersuchung 225
Haustaube 226
 –, „clap and fling" 228
 –, Gewichts-Zeit-Diagramm 226
 –, Hub-Zeit-Diagramm 226
 –, Vertikalbeschleunigung 226
 –, Windkanalflug 227
Haustaubenflügel 226
 –, Armfittich, Schlagbahn 227
 –, Handfittich, Schlagbahn 227
 –, Profile 226
 –, Profilveränderung 226
 –, Schlagbewegung 227
Hautabsorptionskoeffizient, Eisbär 156
„Head-up Guidance System" (HUGS) 286
Hebb-Synapse 253
Hecht-Roboter 194, 196
Hecke, Vernetzung 427
Heliomiten-Farm 327
Helladaption, Krebsauge 139
Herzklappenersatz 286
Herzregelkreis 44
Heterozysten 327
Heuschreckenflug 251, 254
 –, Bewegungssteuerung 251
 –, Lernen 252
Hierarchischer Aufbau von biologischen Materialien 57
Hindernisvermeidung 258
Hinterkante, variable
 –, Landeklappe 235

Hochgeschwindigkeits-Streckenflug 235
Hochseesegler 132
Holz 58, 77, 78
 –, als Solarspeicher 77
 –, Biomechanik 85
 –, Hochtemperaturpyrolyse 78
 –, künstliches 85
 – und Bionik 105
Hölzer und Gräser 80
Holzfasern 82. 382
Holzstrahlquerschnitte *382*
Holzwerkstoffe aus Lignin 76
Holzzellen 82
Holzzellstoff 75
Honda-Roboter 178
Honigbiene, fächelnde 224
 –, Verhalten
 – –, Selbstorganisation 399
Hornissen-Kutikula 332
Hüftgelenkimplantat, spannungstrajektorielles *292*
Hüftgelenksendoprothesen 291
Hüllenmaterialien, abbaubare 74
„Humanoide Roboter", DFG-Projekt 179
Hummerauge 141
Hunderttausend-Dächer-Programm 331
Hybride aus Zellen *296*
hybrides Netz mit Lymnaea-Neuronen 297
Hybridkunststoff mit Kieselalgen-Silikat 80
Hybridschaltungen, biologisch-technische 297
hydratisiertes Siliciumdioxid 79
hydraulische Dämpfung 128
Hydrogel-Aktuator 234
Hydrogel-Linearaktuator *235*
Hydroxyl-Apatitkeramik 305
Hydroxylapatit 79

ICE-Design 105
Ichu-Gras 162
Ideenwettbewerb Bionik-Design 102
Igelstachel 127
IL-Berichte 152
Implantate und Knochen 290
Implantatsteifigkeit 302
Impuls 225
Impulsdiagramme, Vogelflug 225
Impulsflächen
 –, negative 225
 –, positive 225
induzierter Widerstand 132
Infrarotsensor
 –, thorakaler 248
Inhibition, laterale 263

Innovationsmanagement 409
 –, post-industrielles 409
Insektenantennen 274
Insektenbeine 115, *183*
Insektenflug 217
Insektenflügel, Selbstreinigung 343
instationäre Effekte 220
 –, Blitzsupinationsmechanismus 221
 –, „delayed stall" *221*
 –, Duktnutzung 220
 –, Gegenströmungsnutzung 221
 –, Kantenschwungmechanismus 220
 –, kinematische Voraussetzungen 220
 –, morphologische Voraussetzungen 220
 –, „rotational circulation" *221*
 –, Überziehungsmechanismus 221
 –, „wake capture" 221
Integralregler 426
intelligente Gele 85
intelligente Materialien 84
intelligente Oberflächenstrukturen 316
Interaktion
 –, des Organismus mit Wellen 303
 –, Gefrierschutzmittel-Eiskristallwachstum 338
 –, Kohlenstoff-Technologie – Silizium-Technologie 295
 –, Mensch-Maschine 288
Intermittenz, „entrainment" 411
I-Regelkreis, lernender 255

Jahresringverläufe *380*
Jute 74

Kabelquerschnitt *42*
Kälte, Wärme-Nutzungspotenzial 314
Kälteanpassung durch Steroide 339
Kalziumcarbonat 350
Kanaken-Kulturzentrum 165
Kängurusprung 129
Kapilux-H-Panel *157*
kaskadierter Linearantrieb *118*
Katzenpfotenprinzip, Autoreifen 417
Kegelmantelflächen
 –, virtuell spiegelnde 141
Kenngrößen, Regionalplanung *432*
Kenngrößenvergleich, Flieger *230*
keramische Sintertechnologie 79
keramisches Sperrholz 62
Keramisierung von Bio-Strukturen 79
Kerbe ohne Kerbspannung 381
Kerbspannungen, Abbau von 376
Kiefernpollenkorn *41*
Kinematik im Tierreich 179
Klebeeinrichtungen 88
Klebestreifen, trockene 122
Klebesysteme, spezielle 88

Klebetechnik, organismische 67
Klebetypen 86
Klebeverbindung, Seepocken 91
Klebstoff 87
 –, biologischer 88
Klebung 87
 –, Beutefang 88
 –, Haftscheiben 87
 –, Kleberöhrchen 87
 –, Papillen 87
Klebungen in der Natur 86, 87
Kleinfahrzeug, bionisches 201
 –, Akkus 202
 –, Geschwindigkeit 202
 –, Kleinheit 202
 –, Materialien 202
 –, Materialverteilung 202
 –, Räderzahl 202
 –, Sitzanordnung 202
 –, solare Aufladung 202
 –, strömungsmechanische Formoptimierung 202
 –, Strukturoptimierung 202
Kleinfluggeräte
 –, Aerodynamik 231
 –, Entwicklungsschritte *232*
 –, Flügelprofile *232*
 –, Flugleistung 231
 –, Struktur 231
 –,technische Aspekte 229
kleinste Gehirne
 –, Grin-Optiken 267
 –, kollektive Intelligenz 266
 –, optischer Horizontdetektor 267
 –, polarisationserhaltende optische Fasern 267
 –, Polarisationskompass 267
 –, Tandemfotodetektoren 268
 –, Vibrationsgyroskop 267
Kleinstfluggeräte 220
Klettern 190
Kletterroboter 190
Klettfrüchte 122
Klettverschlüsse, technische 122
Klimatisierung 149
Klimatisierungskonzepte 150
Knieprothese
 – mit Energierückgewinnungssystem 293
 –, elastische 292
Knochen 86, 92
 –, piezoelektrische Effekte 86
 –, Selbstheilung 86
Knochen-Substitute 80
Knochenbälkchen 290
Knochenheilung 85
Knochenmaterial 59
Knochenspongiosa 290, *291*
Koeffizient der Energierückgewinnung 292

Kofferfisch 203
Kohlendioxid, sakrifizielle Reduktion 323
Kohlenstoffbindung 350
Kokosnuss, Multifunktions-Verpackung 348
Kollagenvorstufen 59
Kommunikation über Schallwellen 278
Kompartimierung, funktionelle, biologische Materialien 57
Kompass-Pflanzen 316
Kompetenznetz Bionik BioKoN 19
Komplexaugen, analoges Roboterauge 257
Kompositmaterialien
 –, biologische 58
 –, technische, pflanzliche Strukturen 78
Kompositplatte 82
Konservendose
 –, wölbstrukturierte 349
Konstanthalte-Mechanismus 44
Konstruktionen, strömungsmechanische 131
Konstruktivismus, russischer 42
Kontaktierung regenerierender Nerven 299
Kontaktwinkel 342
Kontaminationsexperimente 342
Kontaminationspartikel 343
Kontaminationsversuche, Selbstreinigung 340
Konturenlinie, konkave 136
Kopf-Rückschwingen nach Aufprall 287
Kopfarretierungssystem, Libelle 119
Koppelung Biomoleküle Messelektroden 272
Koppelung Mikroorganismen Messelektroden 272
Kopplung Biosysteme Geräte 274
Kopplung Neuron→Chip 298
Korallenkalk, osteokonduktive Zwecke 306
Korallenriffe, künstliche 350
Körber-Preis/Hamburg 186
Körper, luftschiffartiger 200
Koryu II 191
Kosten/Gewinn-Zeitfunktion, MESKEE-Optimierung 372
Kraft-Geschwindigkeits-Kennlinien, Fahrrad 289
Kraftfluss 382
Kreativitätsseminare 409
Krebsauge 8, 137, 141
Krebsaugen-Röntgenteleskop 8
Krebsaugen-Teleskop 141
Kriechen 190
Kriechroboter, schlangenartige 191
Kristalle, fotonische, Meermaus 279

Kristallkegel 137, *138*
Kristallzylinder *138*
Krümmeroptimierung 386
Kryotanksystem für H_2 326
Kunstbiene 223
künstliche Fische 192, 194
künstliche Fotosynthese 318
künstliche Muskeln 86
künstliche Nasen 279
künstliche Spinnenseide 66
 –, Formierung 67
künstliches Holz 85
Kunststoffe 72
 –, abbaubare 72
 –, kompostierbare 72, 77
 –, mikrobieller Abbau 73
Kunststoffsäcke, bioabbaubare 74
Kunstwurm 123
Kurth-Verbundzelle *333*
Kutikula 57
kybernetische Betrachtungsweise 426

laminare Umströmung 410
Laminarisierung 213
Landeklappe mit variabler Hinterkante 235
Landsegler 132, 133
Längen-Maximalbreiten-Verhältnisse, Strömungskörper *200*
Langlaufskibelag *120*
Langsamflug 133
Langzeitverpackung 346
Lasche, FEM-Idealisierung *375*
Lasthaken, optimierter *387*
laterale Inhibition 263
Laubbaum-Schatten 150
Laufen, autonomes 185
Laufmaschinen 48, 181
 –, achtbeiniges Laufen 181
 – analog der Stabheuschrecke *187*
 –, Beinauslegung 188
 –, Beinkonzept 182
 –, Beinregelungskonzept *189*
 –, Einzelbeinregler 189
 –, Geländegängigkeit 182
 –, Laufregelung 189
 –, Manövrierfähigkeit 182
 –, Masse 189
 –, Steigvermögen 182
 –, Transportkosten 182
 –, zweibeiniges Laufen 181
Laufmaschinenbein 188
 –, Antrieb 188
 –, Freiheitsgrade 188
 –, konstruktiver Aufbau 188
Laufmuster
 –, Kennzeichnung 187
 –, Parameter 187
Laufroboter 178, 190
 –, autonomes Laufen 185

–, Elastizitäten in *178*
–, Entwicklungspotenzial 184
–, Feder-Flamingo *178*
–, spezifische Kraft-Drehmomentsrelation *178*
Lautsprechermembran, Cabasse 414
Lebewesen, Patente 461
„Leg laboratory" an MIT 190
Lehm 161
Lehmhaus, Klimapuffer 150
Leichtmetallfelgen, CAO-optimierte 383
Leitungszellen, pflanzliche 211
Lernen
 –, motorisches 253, 255
 –, Schema *254*
 –, neue Ansätze 431
lernender I-Regelkreis 255
Lernschema 254
 –, Bedeutung 256
Libellenflügel 211
Licht, polarisiert 261
Lichtausnutzung, Oberflächenschichtung 351
Lichtfangsystem des Eisbärpelzes 157
Lichtlenkung zur Tiefenausleuchtung 167
Lichtnutzung, Fotosynthese, Aspekte der 319
Lichtreaktionen, Fotosynthese 319
Lichtsammlung 315
Lichtsensoren, retinaartige 280
Lignin 76
Lilienthalgleiter *234*
Linearantrieb, kaskadierter *118*
Linsen, Schlangenstern 63
Lithiumbatterie, Energiedichte 231
Lizenzierung biotechnologischer Erfindungen 459
Lobula 266
„Local Motion Detector" 257
Logik-Chip, Retina 292
Lokalinkrement-Methode 376
Lokomotion 175
Lösungsfindung, bionisch orientiert 438
Lotsenfisch 49
Lotus-Effekt 209, 344
 –, technische Umsetzung 343
Lotusan-Fassadenfarbe
 –, Feuchtigkeitsbeständigkeit 344
 –, Kreidungsbeständigkeit 344
 –, Sauberhaltung 344
 –, Trocknungszeit 344
 –, Vergleichsfarben 344
„Low cost-building" 150
Luftblasenschleier 213
 –, wandreibungsreduktive Rohrströmung 213
Luftschiff *41*

luftschiffartiger Körper 200
luftschiffartiger Tropfenkörper 199
Lüftung im alten Iran 164
Lüftungskanäle bei Termitenbauten 159
Lüftungswärmeverluste, Reduzierung 161
Lumineszenz
 –, Eisbärhaar *154*
 –, weißes Ponyhaar 154
Lymnaea-Neurone 297

Magnetohydrodynamik 362
Maisstärke 78
Makroreibung *123*
Makuladegeneration 293
Malvenhochhaus *42*
Mammutbäume *337*
Manipulationssysteme, technische *117*
Manschettenelektrode *300*
Marsroboter 246
Maschinen, molekulare 86
Maschinen im Menschen 285
Maschinenbelegungszeiten-Problem 373
Materialchimären, biologisch-technische 74
Materialgestaltung, hierarchische 58
Materialien
 –, autoreparable 84
 –, biologische 57
  – –, Differenzierung durch Oberflächenkräfte 57
  – –, Mehrkomponentenaufbau 57
  – –, Sandwichbauweise 57
 –, biomolekulare 395
 –, intelligente 84
 –, natürliche hierarchische 59
 –, regenerative, Allgemeines 76
 –, Sukzessivformung 57
 –, terminierte Lebensdauer 58
 –, totale Rezyklierbarkeit 58
 –, unterschiedliche Porengröße 79
 –, viskoelastische 66
Matrixaufbau, Pferdehuf *127*
Maximierung, Bau 152
„mechanische Biene" 223
mechanische Mikrocharakterisierung 60
mechatronische Systeme 114
 –, multifunktionelle 114
 –, stoffkohärente 114
Medikamentfreigabe, pH-abhängig gesteuert 86
Meeresschnecken, Perlmut 62
Meeresseegler 132
Meerwasserentsalzung 336
Membran
 –, fotosynthetische *320*

–, gel-basierte 85
–, Gelenk- 61
Mensch und Auto 285
Mensch und Flugzeug 286
Mensch-Maschinen-Zusammenwirken 285
Menschen an Maschinen 285
Merkel'sche Körperchen 279
MESKEE-Optimierung 372
Mesorauigkeit 61
Messelektrode mit Mikroorganismen 273
Messen über Bionik 30
Messtechnik
 –, mikrobielle, Biosensorik 273
 –, molekulare, Biosensorik 272
Messungen, Funktion, Hai-Riefen 205
Metallgitter im Meer, Mineralisierung 351
Metallspongiosa-Implantate 290
Methylzellulose 74
„Micro aerial vehicles competition" 232
Micronas, Freiburg 295, *296*
Miesmuschel
 –, Anheftung 68
 –, Byssus-Fäden 68
 –, Drüsenkomplex im Fuß *91*
 –, funktioneller Zuggradient 68
 –, Fuß *91*
 –, Klebsubstanzen, Gerinnung 68
 –, Zusammensetzung Haftfäden 68
 –, Anhaftung 67
Mikroalgen-Biokonverter 329
Mikroantriebssysteme, präzisionstechnische 116
Mikrobruchspalten 62
 –, stoppbare 63
Mikrocharakterisierung von Biosubstraten 60
Mikrochips im Auge 292
Mikrogreifer 115
Mikrohakensysteme 119
Mikrokonstruktion, chitinöse *69*
Mikromaschine 122
 –, biomechanische *126*
Mikronoppung 245, 246
Mikropyramiden, Solarzelle 351
Mikrorauigkeit 61
Mikroreibung *123*
Mikrorisse im Beton 85, 86
Mikrosysteme 112
 –, Mikro-Bionik *113*
 –, Mikrogreifer 115, *116*
 –, Mikrostrukturen *112*
 –, Rotor 112
Mikrotribologie 118, 122
Mikrotrichien 118
Mikroturbulenz 135
Mikrovehikel, autonome 260

Mikroverhakung, Libellen *119*
Mikrowelleneinkopplung 303
 –, lichtbetriebene 304
Mikrowirbel 213
Mineralisierung, Metallgitter im Meer 351
Miniatur-Flachbett-Kanal 301
Miniatur-Schlagflügel-Ventilator 224
Miniatur-Schwingflügler 222
Miniaturentomopteren 222
Miniaturhörgerät nach Raupenfliegen-Prinzip 249
Miniaturisierungstendenzen, Kleinstfluggeräte 232
Miniaturkugellager 125
Miniaturrotor 112
Miniaturrückstrombremsen, Pelzfädchen 216
Minimalflächen, Spinnennetz 168
Mittelohrimplantat, dynamisch angepasstes *294*
Modell
 –, autoassoziatives 270
 – für motorisches Lernen 253
Modellbildung
 –, parametergestützte *113*
Mohnblüte
 –, Funktionsänderung *346*
 –, Lebenswegkette *346*
Mohnkapsel 454
Molekulare Sonnenenergiekonversion 322
molekulare Maschinen 86
molekulare Messtechnik, Biosensorik 272
molekulare organische Solarzellen 336
molekulare Selbstorganisation 395
molekulare solare Energiesysteme 318
Moleküle als Wärmespeicher 169
Molluskenschale 92
Monier, Patentschrift *453*
Monitorierung von Phenolspuren 276
Monokulturen, Störungsanfälligkeit 77
Monopalme-Schwimmflosse 144
Monopod *183*
Mörtelnest 161
 –, Töpfervogel *162*
Motorenhalter, CAO-optimierte 383f.
motorisches Lernen 253, 255
 –, Schema 254
Motorradhelme 128
„mud-brick"-Tonnengewölbe 150
Mulchfolien auf Stärkebasis 78
Multi-Mikroelektroden-Array 295
Multielektrodenanordnung *296*
Multifunktionalität von biologischen Materialien 58
Multifunktionsverpackung, Kokosnuss *348*
Multilayer-Reflektoren, Krebsauge *138*

Multilayer-Schichten, Krebsauge 137
Multisensoren 295
Muschelschalen 92
Musculus
 –, gastrocnemius *128*
 –, plantaris *128*
Muskel 118, 175
 –, Elektromyogramm *128*
 –, fluidischer 179
 –, künstlicher 86, 179
 –, Längs- 176
 –, Spannungs-Dehnungs-Charakteristik 176
Muskel als Elastizitätsglied 12
Muskel und Linearantrieb *118*
Muskelfaser *118*
Muskelmodell *176*
Mustergenerator, zentraler 251
Mutation 362

Nachlaufwirbel 132
Nachlaufzirkulation 132
Nachtfalteraugen-Prinzip 245, 246
nachwachsende Rohstoffe 76, 78
 –, Fachagentur 78
 –, Negativkriterien 76
 –, Nutzung als Baustoffe 77
 –, Nutzung als Betriebsstoffe 77
 –, pflanzliche 76
 –, Positionskriterien 76
NADPH 320, 322
Nahrungsmittelproduktion durch Algen 328
Namib-Lebewesen 337
Nano-Biomineralisation 80
Nanobiotechnologie 5, 123, *124*
Nanokügelchen von Polykieselsäure 80
Nanomaschinen 122, *126*
 –, Selbstorganisation 397
Nanorotationsantrieb *124*, 126
Nanotechnologie 5
NASA-3M-Rillenfolien 208
Nase, künstliche 279
Natriumsulfat, Wärmespeicher 169
Naturfaser-Verbundmaterialien, strukturoptimiert 82
natürliche hierarchische Materialien 59
 –, dauerhafte Kontaktschichtung 59
 –, Eigenschaftsänderungen 59
 –, Ermüdungsunempfindlichkeit 59
 –, kontrollierte Elementorientierung 59
 –, molekulare Konstituenten 59
 –, Wassereinbau 59
natürliche Verpackungskriterien
 –, Arbeitsweise, Organisation 404
 –, Energie, Material, Information 404
 –, Produkt 404
natürliches Bauen 12
natürliches Verpacken 344

Naturstoffe 303
 –, als Pflegemittel 303
 –, als Schutzmittel 303
Naturverpackungen *406*
Naturvorbild, Vogel 233
Navigationsfähigkeit von Insekten 262
Nebelnetze 338
negative Impulsflächen 225
Nervenkontakt
 –, technischer *299*
Nervenquerschnitt *42*
Nervus ischiadicus *299*
Nesselkapsel-Schläuche 143
Netzfäden, Spinnen 64
Netzhaut, federnde 246
Netzwerk biologischer Verpackungen 405
Netzwerk, neuronales 250
Neuheit 456
 –, Aufgabenstellung, Patentrecht 456
 –, Lösung, Patentrecht 456
 –, Zweck, Patentrecht 456
Neunaugen-Roboter *197*
Neunaugen-Schwimmroboter 196
Neuro-Chip-Schnittstelle *298*
Neuro-Chip-Schnittstellenkombinationen 297
Neuro-Neuro-Schnittstelle *298*
neuronales Netz 190, 262, 268
 –, Bewegungssimulation 270
 –, erste Schritte 263
 –, Hundert-Schritte-Paradoxon 263
 –, Klassifikationsprinzip 263
 –, Leistungsvergleich *272*
 –, Lernfähigkeit 271
 –, Prinzipien 262
 –, Schätzungsprinzip 263
Neurone 269
 –, bewegungsempfindliche 257
Neuronenverbände, kleine 263
 –, neuronale Netze 262
„Neutraler Winkel" (54,7°) 179
New Gourna, Modelldorf 150
Nichtbenetzung 342
Nickelcadmiumbatterie, Energiedichte 231
Niederenergie, Oberfläche 343
Niedrigenergiehaus 159
 –, Solarhaus 166
Nistplatzfinden, Honigbiene, Selbstorganisation 398
Nitrozellulose 74
Noppen, mikrostrukturierte 245
Nullwiderstandsbeiwert 132
Nüsse, Druckfestigkeit *347*

Oberfläche
 –, biologische 340
 ––, Selbstreinigungsmechanismus 340

–, Festkörper/Wasser 343
–, genoppte 342
 ––, Lichtnutzung *351*
–, glatte 342
–, hydrophile 342
–, hydrophobe 342
–, Niederenergie 343
–, selbstreinigende pflanzliche 339
–, Wasser/Luft 343
Oberflächen-Widerstandsbeiwert 46
Oberflächengestaltung, widerstandsvermindernde 210
Oberflächenrauheit nach Gingiva-Anwachsen 302
Oberflächenspannung 343
–, relative 342
Oberflächenstruktur
–, epidermale, Pflanzen 339
–, intelligente 316
Oberflächenstrukturierung, Chip-Kühlung 317
Oberflächenwachse, Lotusblume 339
Oberflächenwiderstandsbeiwert 198, *136*, *200*
Objekteigenschafts-Sensor *251*
Öcological Design-Társulat 20
Öffentlichkeitsarbeit für Bionik 25
Okkalux-TWD-Materialien 158
ökologisches Konstruieren 48
ökonomische Lösungsstrategie 372
Ökosystem → Wirtschaftssystem 441
Ökosysteme, kybernetische Systeme 428
Ölkanal, berliner 207
Ölkanalmessungen, Ribletfolien 206
Öltankmessungen Essigfliegenflügel 222
Ommatidium *138*, 140, 245, 258, 315
–, Krebsauge 137
Online-Biomonitoring 276
– mit Forellen *277*
– mit Nilhechten *277*
– mit Wandermuscheln *277*
„Open-loop"-Muskel 253
Optik
–, biologische 45
–, physiologische 45
Optimallösung 363
Optimalwert 360
Optimierung 357
–, Baumgabelung 378
–, Baumgestalt 377
–, Einflussgrößen 358
–, evolutionsstrategische *361*
–, Extremwert 358
–, Gewichtungsfaktor 358
– in der Biologie 358
– in der Natur 357
– in Wirtschaft und Technik 357
–, Kriterien 357

–, lineare 357
–, Maximum 358
–, Minimum 358
 – mit Evolutionsstrategien 373
–, orthopädische Schraube *381*
–, Randbedingungen 358
–, variable 358
–, Zielfunktion 357
–, zu optimierende Größe 358
Optimierungsbegriff
 –, Biologie 358
 –, bionische Übertragung 361
 –, Wirtschaft und Technik 357
Optimierungskriterien 374
Optimierungsvorgänge, multifunktionelle 360
Organisationsmanagement
 – der Eingeborenen 440
 –, klassisches *441*
 – mit adaptiver Emergenz 440
 –, nachhaltig biologisches 440
Organotümelei 153
Orientierungspräzision 261
Orientierungssystem
 –, optisches 261
Orientierungswinkel, optimaler 83
Ormocer-Prägung 245
Ornithopteren 224
orthogonale Spiegeloptik 140
orthopädische Schraube, Gewindeoptimierung 380
osteokonduktives Ersatzmaterial 305
oszillierende Thorax-Box 223

Pantographen-Prinzip, Beinkonzept 183
Papierherstellung, Wespen 352
Parenchymtaschen, Gräser 84
Partikelstrom, Säugerblut 359
Patente 453
 – auf Lebewesen 460
 –, historische 453
 – in Biologie und Medizin I 458
 – in Biologie und Medizin II 459
 –, Salzstreuer 454
 –, Stahlbeton 453
Patentierbarkeit, Erfindungen *456*
Patentrecht, Aufgabe-Lösung-Zweck 457
patentrechtliche Formulierungsprobleme 457
patentrechtliche Verwertung 455
 –, Neuheit, Bionik-Erfindungen 455
 – von Bionik-Erfindungen 455
patentrechtliche Wertung 456
 –, Erfindungshöhe 456
 –, technischer Fortschritt 456
Pausenhofüberdachung 168
PDI-Regler 426
Pedaltreten 288
 –, Kraftvektoren 288
 –, Tretkraft 288

Pedipulator 47
Pelikanflügel *235*
Pelzfädenoberfläche 216
peptid-amphiphile Nanostruktur *59*
Perlmutt *63*
 –, mechanische Eigenschaften 62
 – Mehrkomponentenwerkstoffe, biologische 62
Petaurus-Fell 216
Pfadfinderbienen 399
Pfahlrohr 82
 –, Bruchverhalten 82
 –, Dämpfung 82
 –, Energiedissipation 82
 –, Rhizom 82
 –, Spannungs-Dehnungs-Kennlinie 82
Pferdehufe 127
Pflanze, technische Leistungen 41
Pflanzenfasern 74
Pflanzenhaar 180
 –, Faserwicklung 180
Pflanzenoberfläche
 –, wasserabweisende 339
Pflanzenzellen, verholzt 58
Pflanztöpfchen auf Stärkebasis 78
Phänotyp 362
Phantasie der Schöpfung 47
Pheromonkonzentration in Luft 275
PHF-Produktion 72
Piezoeffekt 84
Pinguin-Modelle 411
Pinguine 213
Pinguinrumpf 199
Planungsprozess und Bionik 165
pneumatische Stellglieder *12*
Polarisationsmuster am Himmel 262
polarisiertes Licht 261
Politik und Bionik 466
Poly (3HB), Biosynthese 71
Polyäthylenoxid (Polyox) 212
Polycaprolacton, Abbau *73*
Polyestermaterialien, abbaubare 73
Polyimid als Trägermaterial 298
Polyimid-Siebelektrode 299
Polylayeraufbau bei biologischen Materialien 57
Polymeraktuatoren, elektroaktive 86
Polymer-Hydrogel-Aktuator 234
polymere Gele 84
Polymersolarzelle 336
Polyox 212, 213
 –, Laminarisierung 213
 – nach Fischschleim 212
 –, Ölpipelines 213
 –, Polyäthylenoxial 213
 –, Spritzwasser 213
Polysacharid-Technikum der Bayer AG 74
Porengröße, einstellbare 93

Porenlüftung 160
Porenlüftungsbauteil *161*
Positionssensor auf Bewegungssensor-Basis 261
PowerSkip-Sportgerät 129
Präriehundbau 164
Präsentationsverpackung 347
Präzisionsbewegung, kräftekontrollierte 181
Primatenarm 175
Prinzip
 –, Flügelwölbung 233
 –, konstante Spannung 374
 –, Selbstorganisation 391
Problemkreise zum Bionik-Design
 –, Forschung und Anwendung 100
 –, Innovation 100
 –, Interdisziplinarität 100
Problemlösungswege der Natur 410
Profile mit S-Schlag 225
Proportionalregler 426
Propriorezeptoren 177
Proteine 123, 125
Proteineinigung 125
Proteinkomplexe, fotosynthetische 328
Protonenpumpe, lichtbetriebene 321
Prozessroute, nanobiotechnologische 124
Pterygoid der Python-Schlange 102
Punktauge 265
Puppenkokon, orientalische Hornisse 331
Purpur-Membran 321

Quadrupede 183
Qualitätsfunktion, quadratische, Höhenlinienbild 369
Qualitätsgebirge, zerklüftetes *371*
Querelastizitäten 176

Radfahrer und Rad 288
Radulazähne 130
Raketenschlittenversuche *287*
Randwirbel 132
Randwirbelspule 133
Rauheit, submikroskopische, Pflanzenblätter 340
Raumbewegungsdetektion 260
Raumbilddetektion 260
Reafferenzprinzip 177, 254
 –, Schema 255
Reaktionsholz 85
Rechtsaspekte 453
Reflektivität, spektrale 317
 –, Schmetterlingsflügel 317
Reflexions-Streulicht Optimierung 314
Reflexionsgrad-λ-Kennlinie, Schmetterlingsflügel 316

Regelkreis 44, 255, 426
Regelung, Tiersozietäten 408
Regionalplanung, Kenngrößen *432*
Reibung 120
Reibungskoeffizient 118
Reibungswiderstand
 – von Fischschleim-Lösungen *212*
 – von Schleimlösungen *212*
Reibungswiderstandsbeiwert *136*
Reizung Chip → Neuron *298*
Rekombination 363
Retinaimplantate 292
Retinaimplantationschips, Größenvergleich *293*
Retinastimulation 293
Retinastimulator *300*
Retinitis pigmentosa 293
Reynold'sche Ähnlichkeit 230
Reynolds-Zahl *136*, 199, *204*, 207, 211, 228, 230, 360
Riblet, Anwendungen 210
Ribletfolien 204, *206*, 207
Riechen, Zeitverzögerung 249
Riechprozesse, Nachahmung 279
Riefenfolien 206, 207
Riefenstrukturen, Haischuppen 205
Rillenfolien 208, 209
Rillenstrukturen, richtungsbeeinflussende 208
Rindenwanze, Speichelpumpe *69*
Roboter 175, 258
 –, Ameisen- 261
 –, Arme 175
 –, autonome, ameisenartiges Zusammenarbeiten 397
 –, autonomes Laufen 185
 –, beweglicher *258*
 –, Ghengis 184
 –, Gliederroboter 191
 –, humanoide 178
 –, lernende und kooperierende, SFB 179
 –, Manövrierfähigkeit 185
 – mit Beinen 184
 –, schlangenartige 191
 –, Sahabot 262
 –, Thunfisch- 194, 196
Roboterarm 175
 –, dezentrale Steuerung 233
 –, Experiment-Schrieb *177*
 –, Krakenprinzip 233
 –, Positionstoleranz 177
 –, zweigliedriger *176*
Roboterorientierung 251
Robotersteuerung nach Fliegenaugenprinzip 257
Robotik 175
 –, Geschwindigkeitsrückführung 176
 –, Serienelastizitäten 175

Rohrkrümmer 373
 –, bionische 386
Rohrströmung mit Chlorbenzol 213
Rohrströmungsmechanik 386
Rohstoffe, nachwachsende 76, 78
Rollreibung 212
Röntgenfokussierung durch Krebsaugen-Linse *142*
Röntgenkollimator 137, 141, 244
Röntgenteleskop 8, 268
Röntgenteleskopie 137
Rope-Dispenser 276
Rostralfortsätze, schwertartige 135
Rostrum 136
Rotationskörper
 –, abstrahierte 411
Rotor, biologisch kleinster 125
Rückkopplungsmodell 270
Rückkopplungsreduktion 254
Rückmeldung 257
Rückstromkeil 215
Ruderbein, Rückenschwimmer 114
Rumpf, dicker, Flugzeug *137*
Rümpfe, dicke 197
Rumpler-Taube 234

Sackmaterial, biologisch abbaubar 349
Säbelbaum-Bildung *378*
Sahabot 262
Sakkade 258, 265
sakkadische Suppression 259
sakrifizielle Wasserspaltung *323*
Salzstreuer R. H. Francés 454
Sandfisch 214
Sandfischoberfläche 214
Sandwich 83
Sandwichbauweise von biologischen Materialien 57
Saricifti-Solarzelle *335*
Saugnapf-Konstruktionen, biologische 430
Saugverbindungen 429
Schädel, Dreischichtbau 127
Schädlingsbekämpfung mit Pheromonen 276
Schalenbiologistik 62
Schallschnelle-Einstandspeiler 248
Schaltergestängehalter, optimierter 384
Schaltschema, Neuronen *269*
Schichtungen
 – von biologischen Materialien 57
 –, biologische 62
Schichtwinkelverlauf 83
Schiffdesign, frühes 106
Schiffsanstriche 211
Schiffsvortriebe
 –, frühe 49, *50*
 –, Konzepte 48
Schimmel 154
Schkwal-Torpedo 214

Schlagflossenboot 52, 192
Schlagflügel
 –, Luftkrafterzeugung 217
 –, Schräganströmung 51
Schlagflügelboot 52
Schlammziegel 150
Schlangenkriechen *191*
Schlangenschuppen 120
Schleifenflügel 133, *134*
Schleifenpropeller 133, *134*
Schleimhautzellen, Anwachsen auf Zahnimplantatmaterial 300
Schleuderzuckung 176, 177, 256
Schmeißfliege
 –, Ei 58
 –, Flugbewegung 217
Schmetterlingsflügel als Solarfänger 316
Schmetterlingsschuppen 57, *316*
Schnabelspitzen-Trajektorien, Eselspinguin 199
Schneidewerkzeuge 130
Schneidewinkel 131
Schockabsorption bei Motorradhelmen 127
Schraube, orthopädische, Gewindeoptimierung 380
Schräganströmung 51
Schrägtextur, „Mud-brick"-Gewölbe 150
Schubspannungswaage, Differenzverfahren 206
Schubwirkungsgrad 44
Schule
 –, fachübergreifende Einsichten 418
 – und Unterricht 447
schusssichere Westen aus Seide 64
Schwämme, antarktische 339
Schwammsubstanz 291
Schwanzflosse 193
Schwanzflossenbahn, Forelle *192*
Schwanzflossenprinzip, Übertragung 192
Schwebung 304
Schwellenenergie 243
Schwellenleistung 243
Schwertfischnase 135, *137*
Schwimmanzug Fastskin 211
Schwimmen unter dem Sand 214
Schwimmhaar 115
Schwimmleistungen, Pinguin 411
Schwimmroboter 192, 195
 –, Hecht 195
 –, Neunauge 196
 –, Thunfisch 195
Schwingflächenpumpe 49, 52, *53*
Schwingflosse 51
Schwingflossentest *193*
Schwingungsdynamik, Mittelohrimplantat 294

Sachverzeichnis

Schwingungsunterdrückung, aktive 177
Seeigelschalen 131
Seeigelstacheln
 –, Aufbau 413
 –, Übertragunspotenzial 413
Seeigelzähne 57
Segel, bionische *144*
Sehkreis 258
Sehnen 129
 –, elastischer Wirkungsgrad 129
Seidenraupenfäden
 –, Fibroin 64
 –, Produktbedeutung 64
Seidenrüstungen 64
Seifenhautmodelle 168
Seitenverhältnisse 50
Selbstbildung 126
Selbstdarstellung, architektonische 153
Selbstorganisation 335, 391
 –, Anwendung 394
 –, Ausschwärmen Ameisen 400
 –, Bénard-Zellen 391
 –, Bifurkation 392
 –, Biomaterialien 419
 –, Biomineralisation 396
 –, biomolekulare Schichtungen 395
 –, Blitzen von Glühwürmchen 392
 –, Erkundungsläufe, Drosophila 401
 –, Erkundungsmuster, Ameisen 400
 –, Flechten auf Mauer 391
 –, Gesellschaft 394
 –, Hierarchien 392
 –, im Materialbereich 59
 –, kollektive Nahrungssuche 392
 –, kollektiver Nestbau 391
 –, Membranen mit Einbaumöglichkeiten 396
 –, molekulare 395
 –, Mono- und Multischichten 396
 –, Multistabilität 392
 –, Muschelschalen-Muster 391
 –, Nanomaschinen 396
 –, Nestaggregate 391
 –, Nistplatzfinden, Biene 398
 –, organisch-fotovoltaische Solarzellen 334
 –, organische Solarzellen 396
 –, organisierte Strukturen auf mesoskopischer Skala 396
 –, organismische 397
 –, Peptidmembran 419
 –, Pfadformierung 392
 –, Polymer-Biosynthese 396
 –, Rückkopplungen 392
 –, Schmidt-Mende-Zelle 396
 –, Schwarmbildungen 391
 –, sozioökonomische Systeme 393
 –, Stichverhalten, Biene 399
 –, Systemvergleich 394

 –, Tensidaggregate 272
 –, Thermoregulation 392
 –, Vergleichskenngrößen 393
 –, Verteidigungsverhalten, Biene 398f.
 –, Voraussetzungen 393
 –, Windrippel 391
 –, Wirkungsgrad 396
Selbstorganisationsvorgänge 75
selbstreinigende pflanzliche Oberflächen 339
Selbstreinigung, physikalische Grundlagen 342
Selbstreinigungseffekte
 – in der Botanik 60
 –, Experimente 340
 –, ökologische Bedeutung 341
Selbstreinigungsmechanismus biologischer Oberflächen 340
Selbstreparabilität von biologischen Materialien 58
Selektion 363
Sensibilisatoren, Wasserstoffproduktion 323
Sensitivitätsmodell 433
Sensoraufbau, Biosensorik 273
Sensoren 243, 295
 –, akustische 248
 –, elektrische 249, 250
 –, Fische 250
 – für Abwasserkontrolle 295
 – für Bluttoxine 295
 – für Brauchwasserkontrolle 295
 –, geruchliche 249
 –, optische 244
 –, retinaartige 280
 –, schwache 250
 –, wärmetechnische 244
Serienelastizitäten, Robotik 175
Setae 120
Sexuallockstoff-Monitoring 274
Shampooflaschen
 –, verrottbare 72
 –, Schnappverschluss *69*
Shinkansen *105*
Sickenanordnung, optimale 384
Siebelektroden 299
sigmoides Wachstum 445
Silizium-Verbundzelle *333*
Sinnesorgan *243*
 – für Druck *279*
 –, Infrarot-, Feuerkäfer 247
Sintertechnologie, keramische 79
SiSiC-Keramiken 79
Skelettmuskel 116
Skibelag 120
Sklerite 61
Smart 202
„Smart materials" 114
smarte Materialien, Übersicht 84

„Soft Gripper" *191*
„Soft-Kill"-Option (SKO) 375
Solar-Dachbedeckungen 352
Solarbedingte Spannungserzeugung 329
Solardachstein 352
solarer Brennstoffzyklus 322
solare Energieumwandlung 320
Solarfänger, Schmetterlingsflügel 316
Solarkamine 158
 –, Gebäude 158
 –, Termitenbauten 158
Solarnutzung 311
 –, indirekte 318
Solarschiefer 352
Solarverdunstung 336
Solarzellen
 –, bionische 319
 –, fotovoltaisch, Prinzipbau *330*
 –, molekulare organische 336
 –, organisch/anorganische Hybrid- *335*
 –, organische 336
 –, organisch-fotovoltaische 332
 –, Plastik- *335*
Sollwert 253, 255
Sonarpeilgeräte 248
Sonderforschungsbereich 230 „Natürliche Konstruktionen" 152
Sonne als Energiespender 311, *312*
Sonnenenergie
 – und Energieverbrauch *313*
 –, Wege *312*
Sonnenenergiekonversion, molekulare 322
Sonnenenergienutzung 324
 –, fotochemische Verfahren 324
 –, fotoelektrochemische Verfahren 324
 –, fotovoltaische Verfahren 324
 –, Katalysatoren 325
 –, Kohlendioxidreduktion 324
 –, Mechanismen 324
 –, Quencher 325
 –, Reduktion von H_2O und CO_2 324
 –, Sensibilisatoren 325
 –, solarthermische Verfahren 324
Sonogramm, Delfinlaute 278
Spaltsinnesorgan *243*
Spannung, konstante, Axiom 376
Spannungs-Elastizitätsmodul-Kennlinie, Implantatwerkstoffe 302
spannungsinkrementgesteuerte SKO-Methoden 376
Spannweitenverkleinerung, Kleinstfluggeräte 233
Spatulae 120
Spechtrumpf *40*
Speedo-Schwimmanzug *210*
Speichelpumpe, Rindenwanze *69*

Speicherung, assoziative 269
Sperrholz, keramisches 62
Spezifika, mikromechanische 113
Spiegelebene, virtuelle 140
Spiegeloptik 137, 244
– , orthogonale 140
Spielzeugroboter 179
Spinndrüse 67
Spinndukt, Spinne *67*
Spinnenfäden 64
 – als Feinstaubsammler 93
 – , Dehnbarkeit 64
 – , Dehnungsrate *65*
 – , Durchmesser 67
 – , E-Modul, initialer 67
 – , Festigkeit 67
 – , fraktioniertes Mikroreißen 66
 – , initialer E-Modul 67
 – , Kenndaten 64
 – , künstliche 66
 – , mechanische Eigenschaft *65*
 – , Nephila-Seide 67
 – , Produktbedeutung 64
 – , Reißenergie 67
 – , Reißlänge 64
 – , Reißspannung 67
 – , SLP 92
 – , Spannungs-Dehnungs-Kennlinien 65
 – , viskoelastische Eigenschaften 66
 – , Wassergehalt 65
 – , Zusammensetzung 64
Spinnenhaar 57, 180
 – , Faserwicklung 180
Spinnenseide 92
 – , künstliche 66
 – – , Formierung 67
Spitzenwirbel, Propeller *134*
Spongiosa 290
Spongiosanachahmung 290
 – , direkte 290
 – , indirekte 290
Sportgeräte, zweibeinige 191
„Spring Walker" 130
Springen 190
Springroboter 191
Sprunggeräte 127
Sprunglauf 128, 130, 191
Spulenmethode 274
Spurbienen 399
Stabheuschrecken 186
 – , Bein 186
 – , Beinbewegung 186
 – , Drei-Bein-Gang 186
 – , Gang 186
 – , Tetrapoden-Gang 186
Stabheuschrecken-analoge Laufmaschine 186, *187, 189*
Stabheuschreckenbein, Freiheitsgrade 188

Stabilisierung, visuelle 260
Stahlbeton Joseph Moniers 453
Standschub 51, 133
Stärke 73
 – , aufgeschäumte 78
statischer Druck 136
statischer Wanddruck 136
Staubsauger-Roboter 178
Staudruck 136, 165
Staudruck-Prinzip-Nutzung 165
Staudruckfänger 165
Stechmücken 248
 – , Antennen 248
Steigerung von Enzymaktivitäten 303
Stellglieder, pneumatische *12*
Stemme Aircraft Company 215
stetiges Wachstum 444
Steuerkette 426
Steuern und Regeln *426*
Steuerstrecke 426
Steuerung über Gehirnpotenziale 280
Stirnflächenwiderstandsbeiwert 198, *200*
Störgrößenunterdrückung *248*
Stoßdämpfer
 – , biogene *127*
 – im Vogelschädel 66
Stoßdämpfung 127
Stoßfänger 128
Strahlenverläufe, Krebsauge *139*
Strategiemodell zur Zielbestimmung 438
Strombus-Schale, Bruchfestigkeit 62
Stromlinienkörper *136*
Strömungsbeeinflussung durch Felloberflächen 215
Strömungskörper, technische 199
Strömungsvisualisierung, Pinguin 411
Struktur, Kleinfluggeräte 231
Strukturen, reflexionsvermindernde 314
Struktur-Funktionsdiagramm, Greiforgane 117
Strush-Schwimmanzüge *210*
Stuhlbein und Schlangen, Pterygoid 102
Suberin 337
Subgenualorgan *243*
Subretina-Implantat 13
Suchflüge, Fliegen 265
Sukzessivformung an biologischen Materialien 57
„Sul volo degli uccelli" 39
Suppression, sakkadische 259
Surfbrettsegel 143
System
 – , mechatronisches 114
 – und Organisation 391
Systemeinflüsse auf Verpackungen 406
Systemik, Verpackungsbionik 403

systemisches Organisationsmanagement 439
Systemmodell
 – , Regionalplanung *434*
 – , Großviehschlachtung München *434*
Systemoptimierung, evolutive 372
Systemstabilität 446

Tabakmosaikvirus, Selbstorganisation *124*
Taukammer, Kontamination 341
Technik 285
 – , biomedizinische 113, 285
Technische Biologie 2, 4, 60, 115, 137, 217, 244, 374, 377
 – , Antipode für Bionik 7
 – , Begriffskennzeichnung *4*
 – , Wurzeln und Vorgehensweisen 8
 – , zivilisatorisch-kulturelle Aufgabe 7
Technische Biologie und Bionik 20
 – , 19. u. 20. Jh. 39
 – als integrative Disziplinen 7
 – , Anfangsentwicklung 39
 – , Ausbildung 20
 – , Ausbildung in Saarbrücken 36
 – , Entwicklung nach dem Zweiten Weltkrieg 43
 – , erste Ansätze 39
 – , Fachstudium 36
 – , Hauptfachanforderungen (Uni Saarbrücken) 36
 – , Istzustand und Ausblick 48
 – , Nationalsozialismus und Kommunismus 41
 – , Nebenfachanforderungen (Uni Saarbrücken) 36
 – , Strömungsvisualisierung, Pinguin 411
 – , Studienaufbau (Uni Saarbrücken) 36
 – , Übergang zur funktionellen Verknüpfung 43
 – , weitere Beispielgruppen 45
technische Verpackungen und Ökologie 403
technischer Ausstülpungsschlauch 143
technologische Umsetzungen, Krebsauge 141
Teleskopbein, zyklisches *184*
Temperaturkontrolle über Lehmwände 314
Tensidaggregate 272
Tensulae 292
Termitenbau 158
 – , Klimaregelung 158
 – , Lüftungskanäle 159
 – , Porenlüftung 161
 – , Solarkamine 158
Termitenkönigin 348
Tetrapoden-Gang, Stabheuschrecke 186

Sachverzeichnis

Thai-Seide 64
Thorax-Box, oszillierende *223*
Thunfisch-Roboter 194, 196
Tigerkralle 387
Timberjack 190
Titanimplantate 301
Titanwerkstoffe, biokompatible 301
–, Kenngrößen 302
Ton- und Mörtelnester 161
„Top-Down"-Ansatz 125
Topf-Deckel-Prinzip *223*
Topologieoptimierung 385
Totalreflexion 315
Trägeroptimierung 359
Tragflügelenden *133*
Translationsphase, Fliegenaugen-Roboter 259
Transparentes Isolationsmaterial (TIM) 160
Treibhauseffekt *314*
Treibstoffeinsparungen durch Ribletfolien 209
Trelement-Haus 414
Tretboot *193*
– mit Flossenantrieb 192
Triebflügel 231
Triebkopf 105
–, ICE 105
–, Shinkansen 105
Trimethylsilylcellulose 75
Trochanter major, Oberschenkelknochen 291
Trommelfell 294
Tropfenkörper, luftschiffartiger 199
TUB-TUB 46, 48, 52
Tuffbildung 349
Türinnenverkleidung, pflanzenverstärkt 75
Turgor 84

Übertragungsfaktor 254
Übertragungsmöglichkeiten, Vogelflug 224
Übertragungspotential, Pinguinstudien 412
Überziehen 215
U-Boot, schlängelndes 197
Umsatzrate ATP 304
Umströmung
–, Felleffekte 216
–, Pinguin 410
–, turbulente 410
Umwelt und Bauten 149
Unfallforschung 287
–, Aufprallexperiment 287
–, Aufprall und Kopfbewegung *287*
Unschärfe- und Mustererkennung 432
unscharfe Betrachtung 430
Unterschicht, viskose 208, 211
Unterwasser-Sonarpeilgeräte 249

Unterwassergeschosse 213
Unterwasserkommunikation 278
Unterwasserroboter, biomimetischer 196
Unterwasserruder 115

Van-der-Waals-Kräfte 120, 122
variable Hinterkante, Landeklappe 235
„variable speed scanning" 261
Vater-Paccinische-Körperchen 279
Venenwand 57
Venturi-Prinzip *164*
Verbrennung fossiler Treibstoffe, Effekte 350
Verbund-Elektrolysezelle, biologische 327
Verbund-Pressmaterialie *71*
Verbundverpackungen 345
Verbundwerkstoffe
–, organische 79
–, anorganische 79
Verdrängerkolbenantrieb 115
Verdunstungskraftwerk Baum *337*
Vergleich, analoger 9
Verkehrsflugzeug, biomorphes 46
Vermaschung komplexer Systeme 427
Verminderung
– der Festkörperreibung 214
– des Strömungswiderstands 197
– des Treibstoffverbrauchs 209
vernetzte Querbeziehungen *432*
vernetztes Denken 433
vernetztes System, Hecke *427*
Verpacken, natürliches 344
Verpackungen 74
–, biologische 345
––, Grundmaterialien *345*
––, Netzwerk *405*
–, bionisch orientierte 349
– der Natur. 344
–, druckfeste 347
–, mitwachsende 347
–, Öffnung 347
–, raum- und materialsparende 347
–, Systemeinflüsse *406*
–, umweltökonomische 401
Verpackungs-Materialien, Natur 345
Verpackungsbionik
– als systemischer Lösungsansatz 403
–, Verpackungsform 403
–, Verpackungssystemik 403
–, Verpackungsstruktur 403
Verpackungsentwicklung, bionische 404
Verpackungskriterien, natürliche 404
Verpackungsorganisation, umweltökonomische 402
Verpackungsstrategien, biologische 401
Verpackungstechnik, Zielkriterien 402

Verrottung von Biopol *71*
Verschattungselemente 167
Verständnis komplexer Zusammenhänge 431
Versuch und Irrtum, Bautechnik 151
Verteidigungsverhalten, Honigbiene, Selbstorganisation 398
Vielfalt der Lösungsmöglichkeiten 429
Viertelkreiskrümmer 386
Visionen zur Solarnutzung 318
Vogelflug 224
–, Gleitanpassung 360
Vogelflügel 8, 235, 236
–, freie Handschwingen 8
Vogelhandschwingen 133
Vogelschädel 57
Volumen-Widerstandsbeiwert 201
Volumenänderung durch IR-Absorption 248
Volumenwiderstandsbeiwert 198, *200*
Von-Neumann-Computer 260
Vorbild Vogelflügel 235
Vortrieb, Forelle *192*
Vortriebserzeugung, Forelle *192*
Vortriebstheorie, Fischschwanz 192

Wabe, orientalische Hornisse 331
Wabenlamellen, Autoreifen 416
Wachskristalloide 343
Wachstum
–, exponentielles 445
–, gebremstes 444
–, nach Baumvorbild 374
–, quantitatives 404
–, sigmoides 445
–, stetiges 444
–, ungebremstes 444
Wachstumskurven 404
–, verpackungsorientierte 405
Wald, Beziehungsgefüge 407
Waldbrand-Detektor 247
Waldpflege-Laufmaschine Timberjack 190
Wanddruck, statischer 136
Wanderameise, Erkundungsmuster, Selbstorganisation 400
Wandreibungsmessungen 206
Wandreibungsverminderung *207*
Wärme, Kälte-Nutzungspotenzial 314
Wärmedämmung
–, Rinde *337*
–, translucide 157
–, transparente 157, *314*
Wärmefluss 155
Wärmespeichervermögen, Adobe-Materials 163
Wärmestrahlungsdetektor, fotomechanischer 246
Wärmestrahlung und Waldrand 313

Wasser-Mikroluftblasen-Gemisch 214
Wasser/Luft-Grenzfläche 343
Wasserfächer 50
Wassergewinnung, Nebelkondensation 337
Wasserkäfer 43, 114
 –, Analysen zur Schwimmdynamik 44
 –, Beinkinematik 43
 –, c_W-Wert 43
 –, Reynolds-Zahl 43
 –, Wirkungsgrade 43
Wasserkühlen, Bäume 336
Wasserpflanzen als Nahrungsmittelproduzenten 329
Wasserschnecke, Neurone 297
Wasserspaltung, zyklische 323
Wasserstoff, Energiespender 325
Wasserstoff-Farm 328
Wasserstoffproduktion, artifizielle Bakterien-Algen-Symbiose 326
Wasserstofftechnologie 318, 319
 –, fotosynthetisch basiert 323
Wasserstoffverbrennungsmotor 326
Wasserwanze 114
Wedeln, Eissturmvogel 229
Weidenarten 81
 – als Verbundmaterialien 81
 –, Bruchfläche 81
 –, Bruchverhalten 81
 –, Energiedissipation 81
 –, Spannungs-Dehnungs-Kennlinien 81
Wella-Haarpflegemittel 303
Wellenschwingungsantrieb 50
Wellensittich
 –, „clap and fling" 228
 –, Flügelgittereffekte 228
 –, Rückschnelleffekte 228
 –, Steigflug 228
Wellpappe 127
Weltklasseschwimmanzüge 210
Werbung für Bionik 31
Werkstoffe
 –, biokompatible 300
 –, biologisch abbaubare 72
 –, geschichtete, Bruchverhalten 62
 –, poröse 93
Wertstoffproduktion durch Algen 328

Wespennest 353
Weste, schusssichere 64
Wettbewerbe für Bionik 31
Wettschwimmanzüge 210
Widerstand, induzierter 132
Widerstandbeiwertsbestimmung, Auslaufverfahren 198
widerstandsarmes Ökoauto 203
Widerstandsbeiwert 199
 –, Definition 199
Widerstandsmessungen, Pinguinmodelle 412
Widerstandsprinzip 115
Widerstandsvermindernde Oberflächengestaltungen 210
Widerstandsverminderung
 – durch die Delfinhaut 46
 – durch Fädchen 213
 –, Haischuppen, Interpretation 208
Windberg, Jugendbildungsstätte 167
Windkanal, Zickzack-Platte 47
Windkanalflug, Haustaube 227
Windkraft, Einbindung 163
Windlinse 135
„Windschirme" Numéa 165
Windstärkeanpassung, Fledermaussegel 144
Windturbine, Berwian 5
Winggrid, Flügelende 133
Winglet-Konstruktionen 133
Winglets 131, 133
Winkelträger, axial belastet 382
„Winnerless competition" 250
Winston-Kollektor 314, 315
Wintergarten 153
Wirbel, helicale 136
Wirbelspule 134
Wirbelspulen-Windlinse 135
Wirbeltierknochen 93
Wirkstofffreisetzung, kontrollierte 305
Wirkungen des Patents 458
Wirkungsgrad 51, 128, 330, 334, 335
 –, elektrischer, Sehnen 129
Wirkungsnetz
 –, Eingeborenen-Organisationsmanagement 440
 –, nachhaltiges biologisches Organisationsmanagement 440

Wissensverzicht, bewusster 4
Wundheiler, Fliegenmaden 129
Wulf 233
Wurzelquerschnitt, Biegebelastung 378
Wüstengebäude 315
Wüstenpflanzen, Wasseraufnahme 336

Zähne
 –, Abriebfestigkeit 130
 –, Optimaldesign 131
 –, Stabilität 130
Zahnimplantate 301
Zellen, fotovoltaische, Wirkungsweise 329
Zellglas 73
Zellulose 74
 –, -derivate 74
 –, -umsetzung 75
 – als nachwachsender Rohstoff 76
 – als Strukturbildnerin 75
 –, Biozyklus und Molekularstruktur 75
 –, Chemierohstoff aus der Natur 74
 –, Eigenschaften 74
 –, Funktionalisierung, selektive 75
 –, modifizierte 74
 –, Produktion 74
 –, Produktionsmöglichkeiten 75
 –, Schichtarchitektur 75
 – und Biomedizin 76
 – und Biotechnologie 76
 – und Medizin 76
 – und Pharmazie 76
Zentrum, Numéa 165
Zielbestimmung, Strategiemodell 438
Zielfunktion 361
 –, Optimierung 357
Zielkriterien der Verpackungstechnik 402
Zisternen, Zwangslüftung 164
Zugdesign, Handskizzen 105
Zugspannungstrajektorien
 –, Knochen 292
 –, Knochenspongiosa 290
Zweiphasendüse 361
Zwiebelschalenprinzip 153
Zwischenwirbelscheiben 128

Tier- und Pflanzenverzeichnis

kursiv gestellte Seitenzahlen beziehen sich auf Begriffe in Abbildungen

Abalone 88
Acetobacter xylinium 273
Ackerschmalwand 71
Aedes 248
Aeschynanthus speciosus *351*
Alge 79, *327*, *329*, *343*, *442*
Alpenapollo 318
Ameisen 118, 391, 398, 408, 428
Amsel *217*
Anas platyrhynchos *217*
Anemonenfisch *442*
Antarktisfisch *338*, 339
Apfel 303
Apfelwickler 276
Aphrodite spec. *279*
Apis mellifica 60, *69*
Aplysia 263
Aptenodytes forsteri 411
Arabidobsis thaliana 71
Araneus diadematus *65*
Arenicola 163
Argentinische Ameise 399, *400*
Arthraerua leubnitziae 337
Arthropoden 60, *61*
Arundo donax 81
Arzneipflanzen 77
Ascidien 68
Astacus 137
Astacus leptodactylus *138*
Austern 70
Austernfischer 313

Bacillariophyceae 80
Bakterien 70, 79, *126*, 273, 321, 327, 392, *461*
Bambus 41, 359
Bandwurm 142
Bär 417
Barrakuda 46, 212
Bärtierchen 87
Bauchhärling 87
Bäume 58, 77, 359, 374, 378, 382, 384
Baumfrosch 416
Baumwolle 74
Bekreuzter Traubenwickler 276
Bienen 170, *223*, 266, 271, 347, 391, 398, 408, 414

Birke 103
Bitis peringueyi 337
Blattschneiderameise 88, 102
Blaualge 327, 328
Blaue Schmeißfliege 144
Blutregen-Alge 329
Blutrote Raubameise *408*
Bonito 212
Borkenkäfer 392
Botrylloides 68
Botrytis cinerea *341*
Brachylophus vitiensis 316
Brassica 340
Brassica napus 71
Braunalge 68
Brauntang 68
Brokkoli 78
Brotkäfer 443
Bruchkäfer 443
Bruchweide 81
Buche 103, 340
Bursera simaruba *382*

Calliphora erythrocephala 144, *218*
Calliphora *219*, *222*
Calliphora vicina *60*
Carabus violaceus *60*
Carausius morosus *186*, *187*, 270
Carcharhinus falciformis *205*
Cataglyphis *262*, 267
Cataglyphis bicolor *262*
Chamäleon 102
Chlamydomonas oblonga 327
Chlorella 343
Cibotium schiedei *341*
Cladium mariscus *41*
Coccolithophoriden 57
Colocasia 340
Colocasia esculenta *339*
Columba livia *226*, *228*
Crematogaster *119*
Crustaceen 69, 70
Cupiennius salei 243
Cyanobakterien 327, 328
Cylindrotheca fusiformis 80
Cynomys ludovicianus 164

Delfin 40, 45, 211, 214, 278
Delichon urbica *201*
Dendroctonus 392
Diadema setosum *413*
Diatomeen 46, 87
Dinarda dentata *408*
Dinoflagellate 350
Dionaea muscipula 88
Dipteren 217
Distel 76
Dreissena polymorpha 277
Drosera 88
Drosophila *222*, 401
Drosophila melanogaster 401
Dünengras 337
Dünenzwergstrauch 337
Dunkelkäfer 337
Dytisciden 43
Dytiscus marginalis *343*, *430*

Echinus esculentus *131*
Eier 79
Einsiedlerkrebs *442*
Eisbär 149, 154, 160, 166, 167
Eissturmvogel 228, *229*, 445
Eisvogel 105
Encarsia formosa *223*, 228
Entengrütze 329
Entenmuschel 87
Erinaceus europaeus *127*
Eriophora fuliginea *65*
Escherichia coli *126*, 274
Eselspinguin 197, *199*, *200*, 201, *213*, 411, *412*
Essbare Seeigel *131*
Essigfliege 221, *222*
Etmopterus spinax *204*
Eudyptula minor *411*
Europäischer Igel *127*
Eciton burcheli *400*
Eciton hamatum *400*
Eciton rapax *400*

Fächerfisch 135
Fagus 340
Falke 428
Farn 106

Faultier 102
Federling 428
Feldheuschrecke 191
Feldwespe 392
Felis tigris 387
Fenestraria 315
Fenestraria spec. *315*
Fensterpflanze 315
Fettkraut 88
Feuerfliege 391
Feuerkäfer 246, *247*
Fichte 103, 408
Fichtenkäfer 428
Fisch 44, 87, 106, 135, 214, 218
Flachs 74, 76, 93
Flamingo 190
Flechte 391, 442
Fledermaus 143, *144*
Fliege 45, *60*, 88, 116, 139, 143, *60,* 217, 221, *258*, 264, 266, 271, 306
Flügelschnecke 62
Flugsaurier 230
Flusskrebs 140
Forelle 52, 135, 194
Fritia pulchra 315
Fruchtfliege Drosophila 87
Frühsalat 72
Fucus 68
Fulmarus glacialis *229*
Furnarius rufus 88, 162

Gabelschwanz 428
Gabelschwanzraupe 427, 428
Garnele *60*, 69, 197
Gastropoda 130
Gebuchteter Hammerhai *204*
Gecko 118, 120, 121, 337
Geier 360, 361
Gekko gekko 121
Gelbrand-Käfer 429, *430*
Gemüse 72
Geotrupes sylvaticus *343*
Getreide 77
Gewürzpflanzen 77
Giraffe 391
Glasschnecke 316
Gleitbeutler 215, *216*
Gliedertiere 61, 87
Glühwürmchen 392
Gnathonemus petersii 250
Gnetum 340
Gonepteryx 317
Gonepteryx rhamni *316*
Gräser 80, 83, 359
Grauweide 82
Großblättrige Weide 81
Großlibelle 119
Grünalge 41, 327, *329*, 442
Grünalgen-Purpurbakterien 326
Grünspecht 408, 428

Gymnarchus spec. *277*
Gyriniden 43

Haemadipsa zeylanica *430*
Hai 49, 204
Haliotis 88
Haliotis rufescens *63*
Halobacterium halobium 321
Hanf 74, 76, 77, 93
Hausfliege *264*
Hausmaus 216
Haussperling 225
Haussperling *226, 227*
Haustaube 225, *226, 227, 228*, 230, 233
Hecht 194, 212
Hefezelle 443
Heliconia 340
Hemiechinus spec. *127*
Heuschrecke 60, 253, 267
Höckerschwan 52
Höheren Pflanzen 72
Holz 77
Homalogaster spec. *430*
Honigbiene *60*, 69, *222, 223*, 262, 392, 399
Hornisse 332
Hund 128
Hundertfüßler 88
Hydropsychidae 165

Igel 127
Iguana 316
Ilyobacter tartaricus 125, *126*
Insekten 57, 60, 69, 100, 103, 182, *183*, 186, 217
Invertebrate 85
Iridomyrmex humilis 400
Istiompax 135
Istiophoridae 135
Istiophorus 135
Isurus 208
Isurus oxyrhynchus *205*
Ixodes rizinus *60*

Käfer *60*
Käferschnecke 130
Kaiserpinguin 411
Kalifornischer Thunfisch 212
Kanarische Kiefer 337
Känguru 128, 184, 190
Kannenpflanzen 118
Kartoffel 66, 77, 349
Katzen 417
Kauz 428
Kiefer 337, 359
Kieselalge 79, 80
Kleinlibelle *119*
Kleinspecht 428
Köcherfliegenlarve 165
Kofferfisch 203

Kohlmeise 427
Kohlrabi 340
Kokosnuss *348*
Kompasstermite 159
Koralle 103, 350
Korallenfisch 391
Krabbe 69, 182, 197
Krake 233
Krapp 77
Kratzwurm 142
Kräuselnetzspinne *65*, 66
Krebs 45, 60, 69, 101, 137, 141, *142*, 211
Krebstier 87
Kreuzspinne 65
Kurzflügler *408*
Kutikula 57

Lactuca serriola 316
Langflossen-Mako *205*
Larus heermanii 313
Laubbaum 377
Leimadorphys 120
Leimadorphys spec. *120*
Lemna 329
Lepidochora kahani 337
Libelle 69, 119, 211, 220, 229, *232*
Linum usitatissimum *78, 79*
Lobster 142
Lolium 83
Lolium perenne 83
Lophotaspis vallei *430*
Lotus 209
Lotusblume 339, 340
Lucilia sericata *306*
Lymnaea stagnalis 296, 297, *298*

Macaranga pruinosa *119*
Macropus eugenii 128
Macropus rufus 129
Macrotermes 159
Macrotermes bellicosus 158
Macrotermes spec *159*
Macrozannonia 233
Magnolia 105, 340
Mais 70, 77, 349
Makaira 135
Mako *205*, 208
Makrele 135
Makroalge 68
Malve *42*
Mammutbaum 336, *337*
Mangrove 336
Maus *296*
Meeraal 197
Meeresalgen 211
Meeresfische *105*
Meeresmuschel 43, 85
Meeresschnecke 62, 79, 263
Meereswurm 279
Meermaus 279

Meerohr 85
Meerohr-Schnecke *63*
Mehlschwalbe 199, 201
Meise 428
Melanophila 246
Melanophila acuminata *247*
Melopsittacus undulatus *228*
Merizocotyle diaphanum *430*
Merlin 135
Miesmuschel 67, 85, 88, 91
Mikroorganismen 72
Milbe *60*
Mohn 346, 454
Molinia 83
Molinia coerulea 83
Molluske 92, 350
Mormyride 250
Möwe 313
Musca domestica 264, *265*
Muschel 68, 70, 79, 88, 91, 101, 391
Mutisia 340
Mytilus edulis 68, 88, *91*
Myxomyceten 392

Nachtfalter 245
Nacktschnecke 88
Nadelbaum 85, 377
Nagekäfer 443
Napfschnecke 130
Nashornkäfer 85
Nelumbo 340
Nelumbo nucifera 339
Nepenthes 118
Nephila 67
Nephila clavipes 64
Nephila edulis 66
Neunauge 196, 197
Nilhecht *250, 276, 277*
Nostoc muscorum 327
Notonecta glauca *115*

Octopus 233
Olivenbaum 338
Öllein 77
Oncorhynchus mykiss 192, 276, *277*
Onymacris unguicularis 337
Ophiocoma wendtii *63*
Orange 101
Orchidee 88
Orconectes 8, 137
Orconectes limosus *138*
Orientalischen Hornisse 331
Ormia ochracea 249
Ornithoptera priamus poseidon 316
Osterluzeifalter 317
Ostracion 203

Pachliopta 317
Pachliopta aristolochiae *316*
Palaemon elegans *60*

Palmatogecko rangei 337
Papilio blumei 317
Papilio palinurus *316*, 317
Papyrus 352
Pardosa lugubris *60*
Parnassius phoebus 318
Passer domesticus *226*
Patella vulgata *130*
Pazifische Makrele 212
Pazifischer Fächerfisch 135
Petaurus 215
Petaurus breviceps papuanus *216*
Pfahlrohr 81
Pfeifengras 83
Pferd *47*, 48, 127, 128
Pflanzen 90, 91
Pflaume 118, 339
Pieris 317
Pieris brassicae *316*
Pierwurm 163
Pilotwal 211
Pilz 69, 70, 72, 442
Pinguicula 88
Pinguin 106, 198, 201, 213, 412
Pinus canariensis 337
Podostomaceen 88
Polyplacophora 130
Ponderosa-Kiefer 428
Ponys 154
Pottwal 429
Präriehund 164, 166
Protozoe 429
Purpurbakterien 326
Pygoscelis 411
Pygoscelis papua *197, 213*, 411
Pyrochroa coccinea *60*
Python 102

Quallen 79, 85
Quetzalcoatlus northropi 230

Radiolarien 57
Radnetzspinne 92
Ralstonia eutropha *71*
Raps 71, 76, 77
Raptiformica sanguinea *408*
Ratte 280, 299
Raupenfliege 249
Regenbogenforelle 48, 53, *192*, 276, 277
Regenwald 120
Reis 461
Rhodospirillum rubrum *71*
Riffkoralle 350
Rindenwanze *69*
Rinderwanze *435*
Rote Waldameise 428
Rotes Riesenkänguru 129

Salat 78
Salix appendiculata 81, 82
Salix eleagnos *81,* 82
Salix fragilis 81
Sandfisch 214
Sandskink 214
Sandviper 337
Säuger 182
Saugwurm *430*
Schabe 183, 280
Schachtelhalm 102
Schaf 360
Schamblume *351*
Schildkröte 43
Schimmel 154
Schimmelpilz 449
Schlangen 102, 120, 191
Schlangenstern 63
Schmeißfliege 58, 144, 217, *218*, 221
Schmetterling 57, 92
Schnecke 88, 391
Schwalbe 91, 161
Schwamm 339
Schwarzbär 387
Schwarzer Dornhai *204*
Schwarzstorch 313
Schwein 360
Schwertfisch 135, 136
Scincus scincus 214
Seeanemone 442
Seeigel 57, 131, 374, *413*
Seeohr 88
Seepocke 88, 91, 211
Seerose 442
Seidenhai *205*
Seidenraupen 64
Seidenspinne 64
Seidenspinner 64
Sitka-Weide 83
Skink 214
Snake 191
Soja 70
Sonnentau 88
Spargel 72
Sparrow 201
Specht 40, 428
Speerfisch 135
Sperber 428
Sphyrna lewini 204
Spinne 57, 60, 64, *67*, 92, 182, 184, 243
Spitzhornschnecke 296, 297, *298*
Springspinne 246
Stabheuschrecke 186, *187,* 188, *189,* 196, 270, *271*
Stachel-Lattich 316
Staphylococcus aureus 461
Star 225, 230
Stechmücke 248, 249
Stinkmorchel *435*
Stipagrostis sabulicola 337

Stockente *217*
Strahlentierchen 57
Strandkrebs 102
Strombus 62
Strombus gigas 62
Strudelwurm 442
Stubenfliege 264
Süßgras 82
Süßwasserpolyp *142,* 429, 442

Tabak 66
Tabakmosaikvirus *124,* 126, 397
Tammar-Känguru 128
Taropflanze *339,* 340
Taufliege 222, 401
Taumel-Lolch 83
Tausendfüßler 60, 88, 182
Technomyrmex *119*
Termiten 88, 91, 149, 158, 347, *348*
Tetrapterus 135
Thunfisch 194
Tiefsee-Tintenfisch 429
Tiefseegarnele 137
Tiger 374, 387
Tilapia *391*
Tintenfisch 70, 443

Töpfervogel 88, 162, 316
Töpferwespe 316
Trematomus nicolai *338,* 339
Trianthema hereroensis 337
Tropischen Ritterfalter *316*
Turdus merula *217*

Ulobarus spec. 66
Urania fulgens 317
Ursus americanus 387
Urtier 442

Venusfliegenfalle 88
Vertebrate 85
Vespa orientalis 331
Viren 123
Vögel 57, 66, 102, 106, 132, 162, 224, 228, 230, 374
Vogelmilbe 87

Waldmistkäfer *343*
Walnuss 347
Wanderameise 391, 400
Wanderheuschrecke 252
Wandermuschel 277
Wanze 69

Wasserkäfer 43, *44,* 114, 115, *343*
Wassermoose 87
Wasserwanze 114
Weide 81
Weintraube 339
Weißling 317
Weißstorch 224, 233
Weizen 77, 349
Wellensittich 228
Wespe 222, *223,* 228, 392
Wirbeltiere 92, 164
Würmer 87, 142, 163
Wüstenameise 261, *262,* 267
Wüstenameise *262*

Xiphias gladius 135, *136, 262*
Xiphiidae 135

Zannonia macrocarpa 233
Zebra 391
Zitronenfalter 317
Zitterpappel 427, 428
Zooxanthellen 350
Zuckerrübe 77
Zwergziege 66
Zwiebel 103
Zygoptera *119*

Personenverzeichnis

Abbé E 45
Abbott AV 290
Ablay P 373
Affeld K 11, 52, 53
Aggsten D 103
Ahrendt H 235
Aizenberg J 63
Aksay JA 63
Aldous S 330
Alexander RMcN 129
Aleyev YG 135
Ambsdorf J 90
Angel JLG 8
Angel R 141
Archibald T 222
Aruffo-Alonso C 405
Arup O 159
Autrum H 45
Autumn K 121
Ayers J 196

Baer 58
Bahadori M 164, 166
Baker M 105
Bannasch R 19, 133, 181, 199, 278, 410
Bappert R 30, 384
Barnes JP 416
Barth F 243, 264
Bartha S 20
Barthlott W 31, 339
Bässler U 186, 271
Batal J 120, 121
Batav L 40
Baudinette RV 128
Baumann W 295, 296
Bechert DW 31, 206, 209, 215
Becker W 70
Becquerel d'E 318
Behling S & S 162, 165, 313
Behn R 339
Beier W 25
Beismann H 81
Bemis W 198
Bendit ED 156
Beniash E 59
Benney 208
Benyus JM 27

Berger 123
Berger E 103
Bernoulli D 163
Bernreuter J 203, 330
Biehl V 301
Bienert P 361
Biewener A 128
Bilger B 306
Bilo D 43, 198, 224, 235
Birkner H 168
Blair T 461
Blake RW 44
Bleckmann H 247
Bletzinger KU 358
Bleymehl K 106
Blickhan R 182, 194
Blüchel KG 27
Boekema EJ 328
Bögelsack R 112
Bonabeau E 397
Borcherding 277
Borelli A 40
Born A 344
Bothe H-W 13
Bower FO 41
Braitenberg V 264
Brakebusch R 410
Braun K 20, 30
Breme J 300
Brock D 234
Brodbeck T 31
Bronder S 221
Brooks RA 270
Brott LL 80
Brown L 271, 290
Brunton A 141
Bublath J 31
Budig F 51
Budig J 52
Budig R 51
Burkhardt B 30
Burton JL 400
Bush GW 460
Busse JG 285

Cajal SR 266, 298
Calavatras S 100

Camazine S 391
Castanet G 120
Cayley Sir G 40
Celibi HA 233
Chagneux R 261
Chaplin RC 83
Chown M 141
Clark RD 198
Clinton B 461
Coghenour MB 428
Cohen GB 287
Coineau Y 12, 25, 30, 352, 415
Colani L 100
Coles 208
Copf Fsen. 291, 292
Cornford NE 46, 212
Coyne K 68
Cruse H 31, 186, 270
Culmann K 455

da Vinci L 8, 11, 39, 224, 235, 465
Dario T 279
Darwin C 42, 362
de Laurier JD 222
de Réaumur RAF 353
Debrit 442
Deneubourg JL 399
Detlefsen E 41
Dettmering W 26
di Bartolo C 100
Dick GJ 130
Dickinson M 221
Dietelmeier S 168
Dieterle F 272
Dillinger S 60
Dinkel A 306
Dinkelacker A 206, 208
Dodd G 279
Dorigo M 398
Drexler E 125
Dry C 85
Dryden R 143
Drzal L 70
Dubs 215
Dupré P 144
Durner H 168

Dürr H 322-324
Dylla K 14, 407, 427

Eck B 201
Eder P 103
Edwards EA 130
Edwards R 349
Eisenbarth E 300
Eisenreich N 76
Ellington CP 222
Enders M 337
Engel M 13
Engels F 42
Epple M 93
Ermuth J 344
Eschrich 382
Etheridge D 169
Etrich I 233
Exner S 263, 266
Eyerer P 76

Farber BS 292
Färbert P 275
Fathy H 150, 151, 162
Federle W 119
Felder T 103
Ferchould de Réaumur RA 352
Flash T 234
Fleischmann W 306
Flemming A 449
Flury F 334
Foerster H 5
Francé RH 25, 41, 453
Franceschini N 246, 257, 264
Francis MS 233
Franke H-W 30
Franks NR 400
Frei O 30, 152
Freitas R 125
French MJ 289
Frense D 272
Freude 165
Friessnegg T 103
Fröhlich H 103
Fromherz P 295
Frost Ch 50
Fukushima EF 191

Gasc JB 120
Gaudi A 101
Gérardin L 13, 25
Gerber 343
Gerthsen 305
Gheorghe U 26
Giacometti R 8, 11, 39
Gibbs-Smith CH 40
Giesen 130
Giesenhagen K 41
Gießler A 25, 42
Gindl J 105

Glanzdorf 392
Glaß K 25
Göksel B 236
Goldberg I 85
Gorb S 60, 69, 118, 122
Gordon JE 83
Gosline JM 64, 127
Götz KG 221, 401
Gran 208
Grath 419
Grätzel M 322
Greenewalt 224
Greil P 78
Gren 351
Griffin DRV 13
Grimm E 93
Grischow A 420
Grojean RE 156
Gross GW 295
Groß M 125
Grötschel M 373
Guerette 65

Haberland G 40
Haffner MT 287
Häge KR 410
Haken 391
Hall AH 273
Handley-Page 216
Harborth HJ 420
Harris JM 222
Harrison JY 289
Hartgerink JD 59
Hartmann U 123, 397
Harzheim L 384
Hasaprathed 64
Hasenpusch 413
Hassenstein B 44
Hatschepsut 150
Hauck G 115
Hauschildt J 409
Heide N 458
Helmcke JG 9, 46, 100, 316
Henderson M 127
Henderson S 289
Hengstenberg R 246
Henschel J 337
Hepburn 69
Heppner I 3
Hermann A 26
Hertel H 11, 25, 46, 48, 49, 52, 53, 192, 216, 455
Herzog T 157, 164, 167, 312
Hesse 117, 181
Heynert H-H 25
Heywang H 30
Hilbertz W 350
Hildebrand M 47
Hill B 61, 435, 437, 438
Hinz T 103

Hirose S 191
Hochner B 234
Hoerner SF 136, 412
Hofer E 103
Holst EV 254
Hoy R 249
Hundertwasser F 153

Inoue H 178
Ishay JS 331

Jackson AP 62
Jambor A 203
Janocha H 84
Jauch G 31
Jenkner M 297
Jeronimidis G 83, 85
Jung C 71
Junge M 222
Justi E 325

Kaestner A 142
Kage M 4, 45
Kaiser N 311
Kallenborn HG 115
Kalyanasundaram K 333
Kamat S 62
Kaplan D 58, 419
Kasapi M 127, 128
Kauer J 279
Kebkal KG 278
Keller FG 352
Kempf B 217
Kesel A 83, 106, 210, 220
Keto JE 5
Kirschfeld K 8, 45
Klemm D 75, 76
Knight DP 67
Kobbe B 67
Koch U 274
Koehnen M 41
Koenig-Fachsenfeld R 203
Kokubo T 79
König 338
Koon DW 156
Koprionik R 103
Kramer MO 45, 46, 211
Krämer P 286
Krätzner G 14, 407, 427
Kresling B 12, 25, 27, 30, 100, 352, 415
Kress C 276
Kube R 397
Küchemann D 229, 232
Kühnelt W 150
Kükenthal-Matthes 142
Kulagin V 278
Kumph JM 195
Kunz L 221
Küppers U 87, 100, 372, 386, 402, 404, 439

Kurazume 191
Kurth M 334

Lachmann 216
Lambrinos D 262
Land MF 8, 137, 141, 142
Landolt O 246
Lange S 458
Langmuir 86
Lauck A 227
Lebedev IS 12, 26, 42
Lee W 235
Lenin WI 42
Lentsch H 103
Lesuer 63
Levis 64
Lichtblau F & W 166
Lie C 11, 49
Lilienthal O 224, 233, 455
Lincoln A 430
Lippsmeier G 163
Lissaman PBS 230, 232
Liston RA 47
Loder J 360
Lohberger F 103
Lorenz K 151, 153
Lötsch B 149, 151
Lovins AB & LA 436, 437
Lübke A 318
Ludwig O 179, 185
Lundström AN 340
Lüscher M 158
Lüthje E 351

Madsen B 66
Maltzev LJ 136
Marguerre H 26
Markl H 447
Martin W 235
Marx K 42
Maschwitz U 119
Mason A 249
Massa DP 196
Matsumura M 322
Mattheck C 374, 387
McCulloch 6
McGrath K 419
McMichael JM 233
McNaughton SJ 428
Meissner D 336
Menzel P 179
Merculow VJ 136
Merkle R 125
Metta G 280
Meyer 303
Mieras 142
Mieth A 90, 91, 344
Migliaresi 64
Millor J 398
Mironow L 25

Mittelstaedt H 44, 254
Möhl B 175, 185, 251
Moineau JL 50, 51
Möller R 262
Monard R 334
Monier J 41, 453
Montemagno 124, 397
Mow 58
Mücklich F 120
Müller B 297
Müller R-J 71, 73
Müller W 215
Mundl R 416

Nachtigall W 4, 7, 9, 13, 30, 36, 43,
   69, 126, 131, 158, 161, 199, 210, 213,
   276, 285, 303, 315, 320, 338, 415, 426,
   435, 443, 455
Nackenhorst U 387
Nägele H 76
Navarro X 298
Neff 175
Neinhuis C 340
Nervi PC 455
Netter T 261
Neumann D 3, 209
Neumann H 235
Nitschke P 206
Noser T 10

O'Regan B 322
Odenwald S 93
Odum EP 439
Ohlmer W 213
Oligmüller D 165
Ortlepp CS 65
Ossada J 86
Ottke G 211
Owers P 127

Patone G 215
Pearce M 159
Pennycuick CJ 224
Persaud K 279
Peter G 90
Pfeiffer F 31, 185
Pfeiffer M 103
Pfitzer J 76
Pflugfelder 435
Philippi U 131
Piano R 165
Pistilli R 410
Planck M 7, 60, 353
Popescu A 26
Possard W 120
Post M 100
Potrykus I 462
Pratt GA 178
Prigogine I 392

Rabinovich M 250
Rachold V 93
Rammer 408
Rasdorsky W 41
Rauch M 103
Rechenberg I 14, 26, 35, 47, 134, 135,
   212, 326, 359, 361
Reck C 306
Recktenwald T 120
Reder J 216
Rediniotis OK 197
Reif W-E 31, 204
Reiner R 392, 394
Remmert H 445
Renous S 120
Reuleaux F 179, 180
Reuschel D 382
Reuss S 387
Richert O 328
Riekel C 65
Riemer D 118, 123
Rigollet 318
Ringsdorf H 395
Ritter von Limbeck Z 48, 455
Röck S 100, 106
Röder 209
Rogers 129
Rojas R 272
Ronacher A & H 152
Rosen MW 46, 212
Ross D 156
Roth E 186
Ruder 185
Rudolph S 305
Rummel G 158
Rüppell G 221, 229
Russel P 279

Sachs J 41
Saline 116
Sanchez DS 266
Sandini G 280
Sariciftci S 335
Sarikaya M 62
Savage KN 65
Schaeffer JC 352
Scheel A 372
Schemenauer R 338
Scherge M 122, 123
Schickedanz W 455
Schief A 248
Schiehlen 185
Schilling C 112
Schlüter G 100
Schmidt 185
Schmidt-Mende L 396
Schmitz H 247, 316
Schmundt H 397
Schneider D 275
Schneider M 208

Schnur JM 395
Schön JH 334
Schönbeck C 26
Schramm H 50, 51
Schrell A 458, 459
Schuhn W 193, 195
Schuster C 103
Schütz S 247
Schwalm FU 295
Schwarz S 250, 325
Schwefel H-P 14, 26, 35, 47, 361, 362
Schwendener S 40
Science PI 120
Segalman D 235
Seibold F 268
Sieber H 78
Siegel RA 85
Sielmann A 159
Simons AH 65
Smith F 159
Snodgrass RE 248
Snyder AW 267
Soef K 232
Spargo BJ 305
Sparmann A 178, 179
Spatz H-Ch 80, 82
Speakman J 230, 231
Speck T 80
Spedding GR 223, 230, 232
Spillner R 223
Sporn D 245
Springmann E 234
Stadler H 60
Steele JE 5, 35, 455
Steger 123
Steinbüchel A 71
Stelling A 328
Stetter 338
Stieglitz T 298
Stoll W 134
Strasburger E 435
Strehle G 105
Stupp S 59

Tang CW 334
Tautz J 170

Tennekes 230
Thallemer A 180
Thanbichler G 168
Thews G 12
Thorbrietz P 460
Tirrell 64
Toms PA 213
Töpfer K 48
Triantafyllou GS & MS 194
Tributsch H 14, 25, 154, 311, 313, 318, 336, 402
Trimmer B 448
Trummer A 103
Tschchaidse 288
Tucker VA 224
Türscherl R 103

Unterrainer S 103
Utzon J 101

v. Frisch K 162, 262
v. Gleich A 26
v. Helmholtz H 45, 455
v. Holst E 227, 231, 232
v. Reeken 329
v. Siemens W 455
v. Vonck J 125
v. Weizsäcker EU 436
van den Broeck F 102
van der Waal P 130
Veliu A 103
Venter C 461
Verne J 325
Versali MF 70
Vester 14
Vester F 30, 410, 427, 430, 447
Videler J 130, 136, 137
Vincent J 85, 127
Viollet S 261
Visscher P 398
Vogel S 27, 164
Vogt K 8, 45, 137, 138, 139, 142
Vollrath F 66
Volpers 277
Voß W 48, 52, 193

Wagner 265
Wagner R 44, 426
Waite H 68, 91
Walker J 203
Walsh MJ 205, 207, 208
Ward S 230
Warnke U 30, 236, 305
Watzlawick P 394
Wauro F 294
Weber H 69, 435
Weich J 60, 61
Weis-Fogh T 223, 228
Weiss DG 296
Welzien R 27
Wenig B 78
Werzinger B 20, 30
White J 279
Wiener N 44, 428, 455
Wieser J 226
Wildermann 318
Willis D 27, 84
Wilson DG 290
Winkler G 122, 191
Winther 318
Wisser A 20, 30, 36, 83, 144, 195, 343
Witfeld H 387
Witkowski W 235
Witte 185
Wohlgemuth U 134
Wöhrle D 333
Wolf J 277
Wong TJ 316, 317
Wu 52
Wurmus H 112, 116, 294

Young 208

Zadeh L 430
Zanker J 221
Zbikowski R 223
Zeck G 296
Zeitler 337
Zerbst E 25, 143
Ziamizian 318
Zimmer H 131, 132
Zwick C 134